ALLE·ZEIT·WACH
1842

E. Truckenbrodt

Fluidmechanik

Band 2

Elementare Strömungsvorgänge dichteveränderlicher Fluide sowie Potential- und Grenzschichtströmungen

Dritte, überarbeitete Auflage

Mit 170 Abbildungen und 20 Tabellen

Springer-Verlag
Berlin Heidelberg NewYork London Paris
Tokyo Hong Kong Barcelona Budapest

Dr.-Ing. Dr.-Ing. E. h. Erich Truckenbrodt
o. Professor, em. Lehrstuhl für Fluidmechanik
der Technischen Universität München

ISBN 3-540-54270-1 3. Aufl. Springer-Verlag Berlin Heidelberg New York

CIP-Titelaufnahme der Deutschen Bibliothek
Truckenbrodt, Erich:
Fluidmechanik/E. Truckenbrodt. - Berlin, Heidelberg, New York, London, Paris, Tokyo, Hong Kong, Barcelona, Budapest: Springer.
Bd. 2. Elementare Strömungsvorgänge dichteveränderlicher Fluide sowie Potential- und Grenzschichtströmungen. - 3. überarbeitete Aufl. - 1992

Satz: Macmillan India Ltd., Bangalore
Druck: Color-Druck Dorfi GmbH, Berlin
Bindearbeiten: Lüderitz & Bauer, Berlin
62/3020-5 4 3 2 1 0

Vorwort zur dritten Auflage

Nach dem 1989 erschienenen ersten Band der dritten Auflage des 1980 in zweibändiger Form herausgegebenen Werkes (erste Auflage einbändig unter dem Titel "Strömungsmechanik", 1968) wird jetzt die dritte, überarbeitete Auflage des zweiten Bandes vorgelegt. Neben der Berichtigung von Druckfehlern und kleineren sachlichen Unstimmigkeiten wurden verschiedene Teile des Buches überarbeitet.

Wegen der engen Verbindung der Fluidmechanik mit der Thermodynamik wird eine tabellarische Zusammenstellung der wichtigsten thermodynamischen Beziehungen elementarer Zustandsänderungen vorangestellt. In Kap. 4 über die Strömungsvorgänge dichteveränderlicher Fluide ist die Ausbreitung schwacher Druckstörungen (Schallgeschwindigkeit) ausführlicher dargestellt. Die lineare Theorie der instationären Fadenströmung sowie die Beschreibung der Strömung dichteveränderlicher Fluide in Rohrleitungen haben größere textliche Umstellungen erfahren. In Kap. 5 über drehungsfreie und drehungsbehaftete Strömungen ist bei den ebenen Potentialströmungen dichteveränderlicher Fluide die Abschätzung der Größenordnungen bei kleiner Störung neu dargestellt. In Kap. 6 über Grenzschichtströmungen wird die Abhängigkeit des Verhältnisses der Dicken der Strömungs- zur Temperaturgrenzschicht anschaulich erklärt. Untersucht wird das Auftreten eines Wendepunkts bei den Temperaturgrenzschichtprofilen. Die Herleitung der Integralverfahren der Grenzschichttheorie und die Zusammenstellung der verschiedenen Näherungsverfahren (Impuls-, Energieverfahren) sind stark gekürzt wiedergegeben. Für die Anwendung mittels einfacher Quadraturformeln werden neue Vorschläge gemacht.

Wegen meiner umfangreichen Änderungswünsche bei der neuen Auflage wurde der Text einschließlich der Formeln vollständig neu gesetzt. Ich bin den Mitarbeitern des Springer-Verlags für diese Entscheidung sehr dankbar. Bei der textlichen und zeichnerischen Fertigstellung des Manuskripts sowie auch bei der Durchsicht der Korrekturen waren mir Frau E. Rathgen und Frau A.-M. Winkler außerordentlich behilflich, so daß auch ihnen mein besonderer Dank gilt.

München, im November 1991 E. Truckenbrodt

Aus dem Vorwort zur zweiten Auflage

Mit dem vorliegenden zweiten Band der „Fluidmechanik“ bringe ich die zweite Auflage des im Jahr 1968 unter dem Titel „Strömungsmechanik“ erschienenen Werks zum Abschluß. Die Zielsetzung und Einteilung des Buches habe ich bereits im Vorwort zu Band 1 sowie in dem Auszug des Vorworts der ersten Auflage erläutert.

Der Band 2 enthält die Kapitel 4 bis 6. Während sich Kapitel 1 mit der Einführung in die Strömungsmechanik und Kapitel 2 mit den Grundgesetzen der Fluid- und Thermo-Fluidmechanik befassen, werden in Kapitel 3 elementare Strömungsvorgänge dichtebeständiger Fluide behandelt. Kapitel 4 schließt unmittelbar an Kapitel 3 an und beschreibt elementare Strömungsvorgänge dichteveränderlicher Fluide. Dabei tritt die Fluidstatik wieder als Sonderfall auf. Gegenüber der ersten Auflage haben die Ausführungen über die instationäre Fadenströmung und über die Rohrströmung bei dichteveränderlichem Fluid eine wesentliche Erweiterung erfahren. In Kapitel 5 werden die drehungsfreien und drehungsbehafteten Potentialströmungen einer gemeinsamen Darstellung unterzogen. Dadurch gelingt es, das Verhalten der mehrdimensionalen reibungslosen Strömung in geschlossener Weise wiederzugeben. Ein Unterkapitel beschreibt einige verwandte Probleme der Potentialtheorie, wie die Strömung mit freier Stromlinie und die Sickerströmung durch ein poröses Medium. Die Grenzschichtströmungen in Kapitel 6 betreffen die Strömungs- und Temperaturgrenzschicht bei laminarer und turbulenter Strömung an einer festen Wand. Dabei kommt die differentielle und integrale Behandlung zur Anwendung. Ein Unterkapitel berichtet über Grenzschichtströmungen ohne feste Begrenzung, wie sie beim Freistrahl und bei der Nachlaufströmung auftreten. Fragen der Intermittenz und des Coanda-Effekts werden kurz gestreift.

Neben den Literaturverzeichnissen im Anschluß an jedes Kapitel befindet sich am Schluß des Buches eine aus etwa 1500 Büchern zur Fluidmechanik ausgewählte und nach Sachgebieten geordnete Bibliographie.

München, im August 1980 E. Truckenbrodt

Aus dem Vorwort zur ersten Auflage

Um die wissenschaftliche und technische Entwicklung, welche die Strömungsmechanik in den letzten Jahrzehnten erfahren hat, ausreichend erfassen zu können, ist eine möglichst einheitliche Beschreibung der Strömungsvorgänge sowohl bei inkompressiblen und kompressiblen als auch bei reibungslosen und reibungsbehafteten Fluiden anzustreben. Die Grundlagen und Methoden, wie sie bei vielen Fragestellungen in ähnlicher Weise häufig wieder auftreten, sind daher weitgehend unter gemeinsamen Gesichtspunkten zu sehen. Eine zu starke Beschränkung nur auf stationäre Strömungen, wie sie sich aus didaktischen Gründen in manchen Fällen anbietet, soll möglichst vermieden werden. Der dargebotene Stoff soll das Verfolgen des Weges vom Ansatz bis zum praktisch verwertbaren Ergebnis erleichtern.

Aus dieser Aufgabenstellung heraus ergibt sich der Grundaufbau des Werkes. Es gliedert sich in acht Kapitel. Kapitel 1 beschreibt die physikalischen Eigenschaften und Stoffwerte der Fluide. Das hinsichtlich des Einflusses von Reibung, Kompressibilität und Schwere teilweise analoge Verhalten strömender Fluide wird einander gegenübergestellt. Die Ähnlichkeitsgesetze der Strömungsmechanik werden aus der Dimensionsanalyse hergeleitet und in ihrer Bedeutung und Anwendung besprochen. Kapitel 2 befaßt sich mit den ruhenden Fluiden und berichtet über die im allgemeinen bekannten Tatsachen der Hydro- und Aerostatik. Ein sehr umfangreiches Kapitel 3 beschäftigt sich sodann mit den Grundgesetzen der Strömungsmechanik. Den ausführlich dargestellten Bewegungsgleichungen der reibungslosen, zähigkeitsbehafteten (laminaren), turbulenten und schleichenden Strömungen folgen die Transportgleichungen und die Erhaltungssätze, wie Massenerhaltungs-, Impuls- und Energiesatz, die sowohl in integraler als auch in differentieller Form gebracht werden. Die Kapitel 4 und 5 beschreiben elementare Strömungsvorgänge bei inkompressiblen und kompressiblen Fluiden. Diese beiden Kapitel dienen in besonderem Maße der Anwendung und Vertiefung der Grundgesetze der Strömungsmechanik. Neben der Rohrhydraulik und der Strömung in offenen Gerinnen findet man in diesem Teil des Buches u. a. Ausführungen über Wellen und Stöße bei Überschallströmungen. Die Kapitel 6 und 7 betreffen die drehungsfreien Potentialströmungen und die drehungsbehafteten Wirbelströmungen. Es wird der Einfluß der Kompressibilität, der Zähigkeit und der Schwere, letzterer bei instationärer Potentialströmung mit freier Oberfläche, aufgezeigt. Kapitel 8 behandelt schließlich Grenzschichtströmungen. Neben den Grundlagen der Grenzschichttheorie werden besonders die Strömungs- und Temperaturgrenzschicht an der längsangeströmten Platte besprochen. Die Aufnahme der Integralsätze der Grenzschichttheorie in dieses Buch dient der Erfassung des Einflusses des Druckgradienten der Außenströmung auf die Ausbildung der Grenzschicht. Fragen der abgelösten Grenzschichtströmungen sowie die Grenzschichten ohne feste Begrenzung bilden den Abschluß der Darstellung.

Dies nahezu alle Bereiche der Strömungsmechanik ansprechende Werk kann für die sehr fortgeschrittenen Teilgebiete, wie etwa diejenigen der kompressiblen Strömungen und der Grenzschichtströmungen, naturgemäß nur als Einführung dienen. Auf die Behandlung der Strömungen realer Gase sowie auf die kinetische Gastheorie mußte verzichtet werden. Um die mathematisch notwendigen Ableitungen leichter verständlich zu machen, ist der Text mit zahlreichen anschaulichen Abbildungen und einfachen Beispielen versehen. Ein sehr ausführliches Schrifttumsverzeichnis weist auf Originalarbeiten sowie Lehr- und Handbücher hin.

Das vorliegende Werk stellt zunächst ein Lehrbuch für Studierende der naturwissenschaftlichen und technischen Fächer dar. Daneben wendet es sich auch an berufstätige Ingenieure und Physiker, die sich mit den neueren Fortschritten der Strömungsmechanik vertraut machen wollen. Für viele Aufgaben kann es als Nachschlagewerk benutzt werden.

München, im Herbst 1968 E. Truckenbrodt

Inhaltsverzeichnis

Verzeichnis der Tabellen

Bezeichnungen, Dimensionen, Einheiten[1]

Formelzeichen

$a = \lambda/\varrho c_p$	Temperaturleitfähigkeit in m^2/s, Tab. 1.1
b	Breite, Flügelspannweite in m
c	Schallgeschwindigkeit in m/s, Tab. 1.1
$\hat{c}$	Ausbreitungsgeschwindigkeit einer schwachen Druckstörung in einem elastischen Rohr in m/s, Abb. 4.6
c_p, c_v	spezifische Wärmekapazität in J/K kg, Tab. 1.1
$c_p = \Delta p/q_\infty$	Druckbeiwert [−]
c_A, c_W	Kraftbeiwert für Auftrieb, Widerstand [−]
c_D, c_F, c_T	Beiwert für Dissipationsarbeit, Plattenwiderstand, Wandschubspannung [−]
c_L	Laval-Geschwindigkeit in m/s
d	Profildicke in m, Abb. 5.33a
$\boldsymbol{e}$	Einheitsvektor [−]
f	Profilwölbungshöhe in m, Abb. 5.33b
g	Fallbeschleunigung in m/s^2, Normfallbeschleunigung $g_n = 9{,}807\ m/s^2$
h	Höhe in m
h	spezifische Enthalpie in J/kg
$h_t = \hat{h}$	spezifische totale Enthalpie in J/kg
$i = \sqrt{-1}$	imaginäre Einheit [−]
i	spezifisches Druckkraftpotential, Druckfunktion in J/kg
k	Rauheitshöhe in m, Durchlässigkeit in m^2
l	Länge, Bezugslänge, Flügel-, Plattentiefe in m; $d\boldsymbol{l}$ Linienelement in m
m	Masse in kg
$\dot{m}, \dot{m}_A$	Massenstrom in kg/s
n	Polytropenexponent [−]
n	(turbulenter) Geschwindigkeitsexponent [−]
n, t	natürliche Koordinaten (normal, tangential) in m
p	Druck in bar, Druckspannung in N/m^2 = Pa
$\tilde{p}$	Schalldruck in N/m^2 = Pa
p_e	strömungsmechanischer Energieverlust in $N/m^2 = J/m^3$
$q = (\varrho/2)v^2$	Geschwindigkeitsdruck in Pa
q	massebezogene Wärmemenge in J/kg
$\boldsymbol{r}$	Ortsvektor in m
r	Recovery-Faktor [−]
r, φ, z	zylindrische Koordinaten, Abb. 1.13; r, φ polar, r, z drehsymmetrisch
r_k	Krümmungsradius in m, Abb. 6.17
r_0	radiale Kugelkoordinate in m
s	spezifische Entropie in J/K kg
s', ds'	Wirbellinienkoordinate in m
s, ds	Stromlinienkoordinate in m
t	Zeit in s

[1] Eine Zusammenstellung der Basis- und abgeleiteten Größen mit ihren Dimensionen und Einheiten gibt Tabelle A in Bd. 1, S.

t_r	Reflexionszeit in s
$u, v = v_x, v_y$	Geschwindigkeitskomponenten bei ebener Strömung in m/s
$u_\infty, v_\infty, w_\infty$	Anströmgeschwindigkeit in m/s
$u_\tau = \sqrt{\tau_w/\varrho}$	Schubspannungsgeschwindigkeit in m/s
u_B	spezifisches Massenkraftpotential, spezifische äußere potentielle Energie in J/kg
v	spezifisches Volumen in m^3/kg
$\boldsymbol{v}, v_i$	Geschwindigkeitsvektor in m/s
$\tilde{v}$	Schallschnelle in m/s
w	massebezogene Arbeit (mit Index) in J/kg
w, w_*	komplexe, konjugiert komplexe Geschwindigkeit in m/s, Abb. 5.10
w_i	wirbelinduzierte Abwärtsgeschwindigkeit in m/s, Abb. 5.65
$x, y, z; x_i$	kartesische (rechtwinklige) Koordinaten, Abb. 1.13
z	Hochlage in m, $z > 0$ nach oben
$z = x + iy$	komplexe Zahlenebene, Abb. 5.10
$\alpha, \alpha_e, \alpha_i$	geometrischer, effektiver, induzierter Anstellwinkel [−], Abb. 6.65
α_T, α_p	Ausdehnungskoeffizient [−], Tab. C.
α_v	Spannungskoeffizient [−], Tab. C.1
β_1, β_2	Grenzschicht-Formparameter [−]
γ	Intermittenzfaktor [−]
γ	Wirbel-(Zirkulations-) dichte (eben) in m/s
δ	Schlankheitsgrad [−], Abb. 5.33
δ	Grenzschichtdicke in m
$\delta_1, \delta_2, \delta_3$	Verdrängungsdicke, Impuls-, Energieverlustdicke in m, Tab. 6.2
ε	Quelldichte (eben, räumlich)
$\zeta = \xi + i\eta$	konform abgebildete komplexe Zahlenebene
ζ	Rohrverlustbeiwert [−]
ζ	Dichte-Viskositätsfunktion [−], vgl. Abb. 1.5
η	dynamische Viskosität, Scherviskosität in Pa s, Tab. 1.1, Abb. 1.4
ϑ	Winkel, Umlenkwinkel, [−], Abb. 4.32
ϑ_K	Keilwinkel [−], Abb. 4.33
$\varkappa = c_p/c_v$	Verhältnis der Wärmekapazitäten (= Isentropenexponent $\varkappa_s$ bei idealem Gas) [−], Tab. 1.1
$\varkappa \approx 0,4$	Konstante (von Kármán) [−]
$\varkappa_S$	Isentropenkoeffizient [−], Tab. C.1
λ	Wärmeleitfähigkeit in J/s m K, Tab. 1.1
λ	Rohrreibungszahl [−]
μ	Machwinkel [−], Abb. 4.39
$\nu = \eta/\varrho$	kinematische Viskosität in m^2/s, Tab. 1.1
ν	Prandtl-Meyer-Winkel [−], Abb. 4.39
ξ, η	Charakteristiken, bei supersonischer Strömung, Abb. 4.18a
ϱ	Dichte in kg/m^3, Tab. 1.1; dichteveränderlich $\varrho(p, T)$, kompressibel = barotrop $\varrho(p)$, dichtebeständig $\varrho = const$
σ	Grenzflächenspannung, Kapillarkonstante in N/m, Tab. 1.4
σ	Frontwinkel, Stoßwinkel [−], Abb. 4.36
$\boldsymbol{\sigma}, \sigma_{ij}$	gesamte (druck- und reibungsbehaftete) Spannung in N/m^2 = Pa, Tab. 2.8 ($i = j$ Normal-, $i \neq j$ Tangentialspannung)
$\boldsymbol{\tau}, \tau_{ij}$	reibungsbedingte Spannung in N/m^2 = Pa
τ_w	Wandschubspannung in N/m^2 = Pa
φ_w	Wärmestromdichte an der Wand in J/s m^2
ω	Drehung (Rotation) des Fluidelements in 1/s, ($\omega_{ij} = -\omega_{ji}$), Tab. 2.3
A	Fläche, Bezugsfläche, Flächenvektor $\boldsymbol{A}$ (positiv nach außen), Querschnitts-, Mantelfläche in m^2, Abb. 5.1
A	Auftriebskraft in N (normal zur Anströmrichtung), Abb. 5.65
A_τ, A_q	(turbulente) Impulsaustauschgröße, Wärmeaustauschgröße in Pa s
$\mathrm{Bo} = vl/D$	Bodenstein-Zahl [−]
$C = \mathrm{Ma} \sin\sigma$	Stoßparameter [−]
$Cr = v/v_{max}$	Crocco-Zahl [−] (v_{max} = Ausströmen ins Vakuum), Abb. 4.7
D	Diffusionskoeffizient in m^2/s
$D = 2R$	Durchmesser (Rohr, Kreiszylinder, Kugel) in m
E	Ergiebigkeit (Quelle, Sinke) in m^2/s (eben), in m^3/s (räumlich)
E_F, E_R	Elastizitätsmodul (Flüssigkeit, Rohrwerkstoff) in Pa

$\boldsymbol{F}$	Kraft (mit Index) in N
H, H_{12}, H_{23}	Geschwindigkeitsformparameter (Grenzschicht) [−], Abb. 6.26
$\dot{I}_x$	Impulsstrom (Freistrahl) in kg m/s²
$K = \dot{I}_x/\varrho$	kinematischer Impulsstrom (Freistrahl) in m^4/s^2, Tab. 6.6
$K = Ma\,\vartheta$	Hyperschallparameter [−]
L	Rohrlänge in m
$La = v/c_L$	Laval-Zahl [−], Abb. 4.7
M	Kraftmoment in N m
$M = El$	Dipolmoment (eben, räumlich; $E \to \infty$, $l \to 0$)
$Ma = v/c$	Mach-Zahl [−]
$Pe = vl/a$	Péclet-Zahl [−]
$Pr = \nu/a$	(molekulare) Prandtl-Zahl [−], Tab. 1.1
$Pr' = A_\tau/A_q$	turbulente Prandtl-Zahl [−]
$R = D/2$	Halbmesser (Radius) in m
R	spezifische (spezielle) Gaskonstante in J/K kg, Tab. 1.1
$Re = vl/\nu$	Reynolds-Zahl [−], $l = D$ bei Rohr
S	Regelquerschnittsfläche, Flügelprojektionsfläche in m^2 (konstante Flügeltiefe $S = bl$)
S	Schubkraft in N
T	absolute Temperatur in K
T_e	Eigentemperatur (adiabate Wandtemperatur) in K, (6.65)
T_w	Wandtemperatur in K
$U = u_a$	Geschwindigkeit am äußeren Rand der Grenzschicht ($y = \delta$) in m/s
V	Volumen in m^3
$\dot{V}, \dot{V}_A$	Volumenstrom in m^3/s
W	Widerstandskraft in N (in Anströmung)
W_i	wirbelinduzierter Widerstand in N, Abb. 5.65
Γ	Zirkulation in m^2/s
Θ	dimensionslose Massenstromdichte [−], (4.70)
Θ_2, Θ_3	modifizierte Grenzschichtdicke, (6.170)
$\Lambda = b^2/S$	Flügelstreckung (Flügelseitenverhältnis) [−]
Π	Grenzschichtformparameter (Nachlauf) [−]
Φ	skalares Geschwindigkeitspotential in m^2/s
$\boldsymbol{\Psi}, \Psi$	vektorielles Geschwindigkeitspotential, ebene Stromfunktion in m^2/s
$\underline{\Phi}$	komplexe Potentialfunktion in m^2/s, (5.48a)
$(O) = (A) + (S)$	geschlossene raumfeste Kontrollfläche, Abb. 6.37
$(A), (S)$	freier, körpergebundener Teil der Kontrollfläche

Fußzeiger

a	außen (Grenzschicht $y = \delta$)
b	Bezugszustand
$i, j = 1, 2, 3$	kartesische Zeiger
n	normal, Normzustand
o	oben (Flügelprofil)
0	Ruhezustand (Kessel, Staupunkt), Oberfläche (Flüssigkeit)
r	reibungsbedingt
r, φ, z	zylindrische Komponenten
t	tangential, total
u	unten (Flügelprofil)
u	laminar-turbulenter Umschlag
v	geschwindigkeitsbedingt
w	beströmte Wand
x, y, z	kartesische Komponenten
z	zähigkeitsbedingt
$*$	konjugiert komplexe Größe
∞	ungestörter Zustand
B	Massenkraft (Volumenkraft)
D	Dissipationsarbeit
E	Trägheitskraft
F, G	Flüssigkeit, Gas

K	fester Körper, Keil, Kreiszylinder, Kugel
P	Druckkraft
R	Reibungskraft
S	Strömungsgrenzschicht
T	Temperaturgrenzschicht
Z	Zähigkeitskraft
1, 2	Punkte im Strömungsfeld, längs einer Linie (Stromfaden, Rohr), Zustandsänderung
$1 \to 2$	Weg im Strömungsfeld; Prozeßablauf

Kopfzeiger

•	Ableitung nach der Zeit
$\vee$, $\wedge$	flaches, tiefes Wasser
*	Laval-Zustand (kritischer Zustand), Abb. 4.28
$'$, $''$, $'''$	1., 2., 3. Fassung der sub- und supersonischen Ähnlichkeitsregel

Sonstige Symbole

d	substantielles (vollständiges) Differential
$\bar{d}$	wegabhängiges (unvollkommenes) Differential
∂	partielles Differential
$\sim$	proportional
$\backsim$	von gleicher Größenordnung
Δ	Laplace-Operator, Fußnote 41 S. 185; Tab. 2.1D
$\Box$	d'Alembert-Operator, Fußnote 41 S. 185
diss $\boldsymbol{v}$	Dissipationsfunktion, Tab. 2.12
div $\boldsymbol{v}$	Divergenz des Geschwindigkeitsfelds, Tab. 2.1A
div $\boldsymbol{\omega}$	Divergenz des Wirbelfelds, Tab. 2.1A
grad s	Gradient des Entropiefelds, Tab. 2.1C
grad Φ	Gradient des skalaren Geschwindigkeitspotentials, Tab. 2.1C
rot $\boldsymbol{v}$	Rotation des Geschwindigkeitsfelds, Tab. 2.1B
rot $\boldsymbol{\Psi}$	Rotation des vektoriellen Geschwindigkeitspotentials, Tab. 2.1B
Δp	Laplace-Operator des Druckfelds, Tab. 2.1D
$\Delta \boldsymbol{v}$	Laplace-Operator des Geschwindigkeitsfelds, Tab. 2.1D
$(i = 1, 2, 3)$	hinter Formel, bedeutet, daß Summationsvereinbarung nicht anzuwenden ist, sondern die Formel jeweils für $i = 1$, 2 und 3 anzuschreiben ist

Begriffe

spezifische Größe: Zustandsgröße/Masse
(masse-)bezogene Größe: Prozeßgröße/Masse
Größendichte: Größe/Volumen
Größenstrom: Größe/Zeit
Größenstromdichte: Größe/Zeit · Fläche

Tabelle C. Thermodynamische Beziehungen elementarer Zustandsänderungen (Koeffizienten, Zustandsgrößen)

C.1 thermodynamische Zustandseigenschaft		allgemeines Fluid	raumbeständiges Fluid	ideales Gas		Gleichung
				thermisch	vollkommen	
thermische Zustandsgleichung	v 1	$v = v(p, T)$	$v = \text{const}$	$pv = RT$		(1.7a)
	$\frac{dv}{v}$	$-\alpha_T \frac{dp}{p} + \alpha_p \frac{dT}{T}$	$\frac{dv}{v} = 0$	$\frac{dv}{v} = -\frac{dp}{p} + \frac{dT}{T}$		(1.2a) (1.7c)
Ausdehnungskoeffizient	α_T	$-\frac{p}{v}\left(\frac{\partial v}{\partial p}\right)_T = \frac{\alpha_p}{\alpha_v}$	$\alpha_T = 0$	$\alpha_T = 1$		(1.2b)
	α_p	$\frac{T}{v}\left(\frac{\partial v}{\partial T}\right)_p = \alpha_T \alpha_v$	$\alpha_p = 0$	$\alpha_p = 1$		(1.2b)
Spannungskoeffizient	α_v	$\frac{T}{p}\left(\frac{\partial p}{\partial T}\right)_v = \frac{\alpha_p}{\alpha_T}$	$\alpha_v = \frac{T}{p}\frac{dp}{dT}$	$\alpha_v = 1$		
Isentropenkoeffizient	$\varkappa_s$ 2	$-\frac{v}{p}\left(\frac{\partial p}{\partial v}\right)_s = \frac{\varkappa}{\alpha_T}$	$\varkappa_s = \frac{1}{\alpha_T} = \infty$	$\varkappa_s = \varkappa(T)$	$\varkappa_s = \varkappa = \text{const}$	(1.26b) (1.28b)
spezifische Wärmekapazität (Tabelle 1.2)	$c_v = \left(\frac{\partial u}{\partial T}\right)_v$	$\frac{\alpha_p \alpha_v}{\varkappa - 1}\frac{pv}{T}$	$c_v = c_v(T)$	$c_v(T) = \frac{1}{\varkappa - 1} R$	$c_v = \text{const}$	(1.24b)
	$c_p = \left(\frac{\partial h}{\partial T}\right)_p$	$\frac{\varkappa \alpha_p \alpha_v}{\varkappa - 1}\frac{pv}{T}$	$c_p = c_p(T)$	$c_p(T) = \frac{\varkappa}{\varkappa - 1} R$	$c_p = \text{const}$	(1.24b)
	$c_p - c_v$	$\alpha_p \alpha_v \frac{pv}{T}$	$c_v(T) = c_p(T)$	$c_p - c_v = R = \text{const}$ 3		(1.25a) (1.28c)
	$\varkappa = \frac{c_p}{c_v}$	$\left(\frac{\partial v}{\partial p}\right)_T \left(\frac{\partial p}{\partial v}\right)_s = \alpha_T \varkappa_s$	$\varkappa = 1$	$\varkappa = \varkappa(T)$	$\varkappa = \text{const}$	(1.25b)

C.2 thermodynamische Zustandsgleichung		allgemeines Fluid	raumbeständiges Fluid	ideales Gas thermisch	ideales Gas vollkommen	Gleichung
spezifische innere Energie (Tabelle 1.3)	u	$u = h - pv$				(1.30b)
	du	$c_v\,dT - (1 - \alpha_v)p\,dv$	$c(T)\,dT$	$c_v(T)\,dT$	$u = c_v T = \frac{1}{\varkappa - 1} pv$	(1.29a) (1.31a)
spezifische Enthalpie (Tabelle 1.3)	h	$h = u + pv$				(1.30b) (1.32d)
	dh	$c_p dT + (1 - \alpha_p)v\,dp$	$c\,dT + v\,dp$	$c_p(T)\,dT$	$h = c_p T = \frac{\varkappa}{\varkappa - 1} pv$	(1.29b) (1.31b)
spezifische Entropie	$T\,ds$	$du + p\,dv = dh - v\,dp$				(2.214a)
		$c_v\,dT + \alpha_v p\,dv$	$c\,dT$	$c_v\,dT + p\,dv$		
		$c_p dT - \alpha_p v\,dp$		$c_p dT - v\,dp$		
	ds	$\frac{c_v}{\alpha_v}\frac{dp}{p} + \frac{c_p}{\alpha_p}\frac{dv}{v}$	$c\frac{dT}{T}$	$c_v\frac{dp}{p} + c_p\frac{dv}{v}$	$s = c_v \ln(pv^{\varkappa})$	(2.221)
	$ds = 0$	$\frac{dp}{p} + \varkappa_s\frac{dv}{v} = 0$	$T = \text{const}$	$\frac{dp}{p} + \varkappa\frac{dv}{v} = 0$	$pv^{\varkappa} = \text{const}$	(1.5) (1.26a)

[1] v = spezifisches Volumen, $\varrho = 1/v$ = Massendichte
v = const: volumen-, raumbeständig
ϱ = const: dichtebeständig, inkompressibel

[2] $\varkappa_s$ = const: Isentropenexponent

[3] $R = \mathbf{R}/M$ = spezifische Gaskonstante
$\mathbf{R}$ = universelle Gaskonstante (M = Molmasse)

4. Elementare Strömungsvorgänge dichteveränderlicher Fluide

4.1 Überblick

In ähnlicher Weise wie in Kap. 3 für das dichtebeständige Fluid sollen in diesem Kapitel vornehmlich die Anwendungen einfach zu übersehender elementarer Strömungsvorgänge eines dichteveränderlichen Fluids betrachtet werden. Ohne immer besonders darauf hinzuweisen, wird unter einem dichteveränderlichen Fluid meistens ein ideales Gas verstanden. Auf den Unterschied der Begriffe dichteveränderlich und kompressibel wurde in Kap. 1.2.2.1 eingegangen. Danach handelt es sich um eine kompressible Strömung, wenn die Dichte ϱ des Fluids nur vom Druck p abhängt, d. h. wenn ein barotropes Fluid mit $\varrho = \varrho(p)$ vorliegt. Spielt auch die Temperatur T eine Rolle, d. h. ist $\varrho = \varrho(p, T)$, soll von einer Strömung bei dichteveränderlichem Fluid gesprochen werden. Angaben über den Druck- und Temperatureinfluß auf die Dichte von Fluiden sowie auf die Ausbreitungsgeschwindigkeit von Dichteänderungen (Schallgeschwindigkeit) findet man in Kap. 1.2.2.2 bzw. 1.2.2.3.

Zunächst wird in Kap. 4.2 das dichteveränderliche Fluid im Ruhezustand (Aerostatik) als Grenzfall einer Strömung mit verschwindender Geschwindigkeit behandelt. Kap. 4.3 befaßt sich mit der eindimensionalen reibungslosen Strömung eines dichteveränderlichen Fluids, d. h. der Stromfadentheorie. Dabei werden sowohl stetige als auch unstetige Strömungen (Überschallströmung mit Verdichtungsstoß) untersucht. Kap. 4.4 behandelt die Rohrströmung eines dichteveränderlichen Fluids, wobei sowohl Einflüsse des Wärmeaustausches als auch der Reibung untersucht werden. Einflüsse der Schwere werden nicht so ausführlich wie in Kap. 3.3 bis 3.5 besprochen. In Kap. 4.5 werden Fragen der Umlenkung von Überschallströmungen durch Wellen und Stöße (MachWellen, schiefe Verdichtungsstöße) erörtert.

Bei der Strömung eines dichteveränderlichen Fluids spielt nach Kap. 3.3.2.2 (Schlußbemerkung) die Schallgeschwindigkeit des Fluids eine wichtige Rolle. Dies gilt sowohl bei um- als auch bei durchströmten Körpern. Auf das grundsätzlich verschiedene Verhalten von Unter- und Überschallströmungen wurde schon in Kap. 1.3.3.4 hingewiesen. Das Verhältnis der Strömungsgeschwindigkeit v zur zugehörigen Schallgeschwindigkeit c bezeichnet man nach (1.47e) als Mach-Zahl $Ma = v/c$. In zwei Punkten des Strömungsfelds (1) und (2) seien die zugehörigen Mach-Zahlen $Ma_1 = v_1/c_1$ bzw. $Ma_2 = v_2/c_2$. Bei Strömungen eines dichtebeständigen Fluids ist $c = \infty$, d. h. hierfür gilt $Ma = 0$. Für $Ma > 0$ nimmt man zunächst die nachstehende Einteilung der Mach-Zahl-Bereiche vor: subsonisch für

$0 < Ma < 1$, transsonisch für $Ma \approx 1$ und supersonisch für $Ma > 1$. Hierbei wird vorausgesetzt, daß im allgemeinen Ma_1 und Ma_2 von etwa gleicher Größenordnung sind. Ist nun $Ma \gg 1$, so spricht man von hypersonischer Strömung, wobei jedoch drei Fallunterscheidungen möglich sind, nämlich $Ma_1 \gg 1$ und $Ma_2 \gg 1$ oder $Ma_1 \gg 1$ und $Ma_2 \lessgtr 1$ oder $Ma_1 \lessgtr 1$ und $Ma_2 \gg 1$. Solche Strömungen können auftreten bei mit Hyperschallgeschwindigkeit ($Ma_1 > 5$) angeströmten Körpern sowie bei mit Hyperschallgeschwindigkeit durchströmten Überschalldüsen.

Eine zusammenfassende Darstellung der theoretischen Grundlagen der sub- und supersonischen Strömung geben Sauer [54] und Schiffer [55].[1]

4.2 Dichteveränderliche Fluide im Ruhezustand (Aerostatik)

4.2.1 Ausgangsgleichungen

Polytrope Zustandsgleichung. Spielt bei einem Fluid im wesentlichen nur der Druckeinfluß eine Rolle, so läßt sich dieser barotrope Zustand $\varrho(p)$ durch die Polytrope (1.4) beschreiben. Tritt auch die Temperatur T auf, so gilt für den Zusammenhang von Dichte, Druck und Temperatur zusätzlich bei einem idealen Gas die thermische Zustandsgleichung (1.7) mit $p = \varrho RT$. Aus (1.4c) und (1.7d) erhält man die Zusammenhänge zwischen dem Dichte-, Druck- und Temperaturverhältnis zu

$$\frac{\varrho_2}{\varrho_1} = \left(\frac{p_2}{p_1}\right)^{\frac{1}{n}} = \left(\frac{T_2}{T_1}\right)^{\frac{1}{n-1}}; \quad \frac{T_2}{T_1} = \left(\frac{p_2}{p_1}\right)^{\frac{n-1}{n}} \text{(Gas)}, \qquad \text{(4.1a, b; c)}$$

wenn (*1*) und (*2*) zwei zeitlich oder räumlich festgelegte Gaszustände sind. Es ist n der Polytropenexponent, und zwar wird mit $n = 0$ die Isobare ($p = \text{const}$), mit $n = 1$ die Isotherme ($T = \text{const}$) und mit $n = \varkappa$ die Isentrope (Adiabate) wiedergegeben. Der Fall $n = \infty$ stellt die Isochore ($\varrho = \text{const}$) dar.[2]

In Abb. 4.1a, b sind für die isentrope Zustandsänderung mit $\varkappa = 1{,}4$ das Dichte- und Temperaturverhältnis über dem Druckverhältnis jeweils als Kurve (*1*) dargestellt. Bei Depression ($0 \leqq p_2/p_1 < 1$) liegt Verdünnung (Expansion) bzw. Temperaturabnahme und bei Kompression ($p_2/p_1 > 1$) Verdichtung bzw. Temperaturzunahme vor. Vakuum tritt bei $p_2/p_1 = 0$ mit $\varrho_2/\varrho_1 = 0 = T_2/T_1$ ein.

Die in Abb. 4.1 dargestellte isentrope Zustandsänderung gilt sowohl für den Ruhe- als auch für den Bewegungszustand.

Aerostatische Grundgleichung. Ausgangspunkt stellt die statische Energiegleichung der Fluidmechanik (2.13) dar. Sie lautet in differentieller Form oder

---

[1] Einschlägiges in Buchform erschienenes Schrifttum ist in der Bibliographie (Abschnitt B) am Ende dieses Bandes zusammengestellt. Im übrigen enthalten die meisten Lehrbücher über Fluidmechanik mehr oder weniger ausführliche Abschnitte über Strömungen dichteveränderlicher Fluide.

[2] Da die angegebenen Größen nicht nur auf Verbindungslinien zwischen zwei Orten, sondern im ganzen vom Fluid angefüllten Raum konstant sein sollen, müßte die Vorsilbe iso- richtiger durch homo- (vor Selbstlauten meist is- bzw. hom-) ersetzt werden.

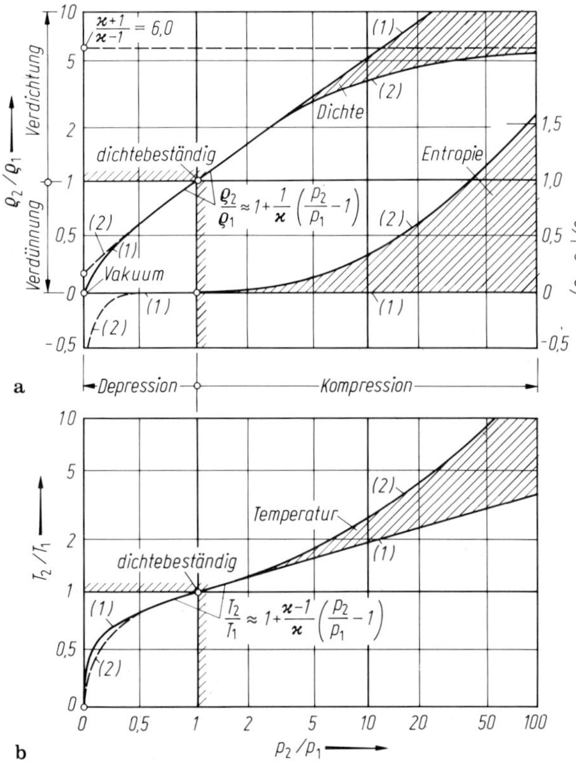

Abb. 4.1. Einfluß des Druckverhältnisses bei adiabater Zustandsänderung eines dichteveränderlichen (barotropen) Fluids (Luft, $\varkappa = 1{,}4$) auf:

a Dichteverhältnis und Entropieänderung; **b** Temperaturverhältnis.
(*1*) Isentrope (adiabat-reversible) Zustandsänderung: mit konstanter Entropie stetig verlaufende Strömung, (*2*) anisentrope (adiabat-irreversible) Zustandsänderung: mit Verdichtungsstoß (normal oder schief) unstetig verlaufende Strömung, (*1*) ÷ (*2*) anisentrope Zustandsänderung: mit mehreren schiefen Verdichtungswellen oder -stößen verlaufende Strömung

angewendet auf zwei Stellen (1) und (2) des fluidgefüllten Raums

$$dp + \varrho g\,dz = 0; \quad i_1 + gz_1 = i_2 + gz_2 \quad \text{mit} \quad i_2 - i_1 = \int_{(1)}^{(2)} \frac{dp}{\varrho(p)} \qquad (4.2a;\ b,\ c)$$

mit i als spezifischem Druckkraftpotential nach (2.5b). Für ein Fluid (Gas), welches einer polytropen Zustandsänderung $\varrho \sim p^{1/n}$ gemäß (1.4) gehorcht, erhält man nach Ausführen der Integration, vgl. (1.32d),

$$i_2 - i_1 = \frac{n}{n-1}\frac{p_1}{\varrho_1}\left[\left(\frac{p_2}{p_1}\right)^{\frac{n-1}{n}} - 1\right] \qquad (n \neq 1)\,, \qquad (4.3a)$$

$$i_2 - i_1 = \frac{p_1}{\varrho_1}\ln\left(\frac{p_2}{p_1}\right) \quad (n = 1)\,. \qquad (4.3b)$$

Hierin läßt sich $i_2 - i_1$ nach (4.2b) durch $g(z_1 - z_2)$ ersetzen und so das Druckverhältnis p_2/p_1 in Abhängigkeit von der Hochlage $(z_2 - z_1)$ darstellen, vgl. (4.13). Für $n = \infty$ ergibt sich mit $\varrho_1 = \varrho = \text{const}$ die hydrostatische Grundgleichung (2.14).

Energiegleichung. Thermodynamische Einflüsse auf das Verhalten eines dichteveränderlichen Fluids lassen sich durch die Gleichung der Wärmeübertragung (= Energiegleichung der Thermo-Fluidmechanik im mitbewegten Bezugssystem nach Kap. 2.6.3.1) erfassen. Bei einem ruhenden Fluid tritt in (2.193) die Dissipationsarbeit nicht auf ($\bar{d}w_D = 0$), während die bezogene Volumenänderungsarbeit $\bar{d}w_V$ nach (2.197) gegeben ist.[3] Aus (2.193b) folgt für die spezifische Enthalpieänderung eines barotropen Fluids

$$dh = \frac{dp}{\varrho} + \bar{d}q = di + \bar{d}q \quad \text{mit} \quad i = \int \frac{dp}{\varrho(p)} \qquad (4.4\text{a, b, c})$$

als Druckfunktion nach (1.32d). Werden mit (*1*) und (*2*) Anfang bzw. Ende einer Zustandsänderung gekennzeichnet, so erhält man durch Integration die massebezogene zu- oder abgeführte Wärme zu[4]

$$q_{1\to 2} = h_2 - h_1 - (i_2 - i_1) = -\frac{\varkappa - n}{n(\varkappa - 1)}(i_2 - i_1) \quad \text{(Gas)}\,. \qquad (4.5\text{a, b})$$

Die letzte Beziehung folgt durch Einsetzen des Zusammenhangs von h und i nach (1.32c). Die Größe $(i_2 - i_1)$ ist als spezifisches Druckkraftpotential durch (4.3) gegeben. Bei isothermer Zustandsänderung ($n = 1$) gilt $q_{1\to 2} = -(i_2 - i_1)$. Wird Wärme weder zu- noch abgeführt ($q_{1\to 2} = 0$), liegt eine isentrope (adiabat-reversible) Zustandsänderung ($n = \varkappa$) vor. Es ist dann $(i_2 - i_1)$ die Änderung der spezifischen Enthalpie bei konstanter Entropie, vgl. (1.32e, f). Aus (4.5b) erkennt man, daß für $1 \leqq n < \varkappa$ stets $q_{1\to 2} \sim -(i_2 - i_1)$ ist.

Die von den Druckkräften verrichtete bezogene Volumenänderungsarbeit $w_{1\to 2}$ erhält man durch Integration über $\bar{d}w_V = (p/\varrho^2)\,d\varrho$ nach (2.197b) mit $d\varrho = (\varrho/np)\,dp$ nach (1.4b) zu

$$w_{1\to 2} = \frac{1}{n}\int\limits_{(1)}^{(2)} \frac{dp}{\varrho(p)} = \frac{1}{n}(i_2 - i_1) = -\frac{\varkappa - 1}{\varkappa - n}\,q_{1\to 2}\,. \qquad (4.6\text{a, b})^5$$

Für ein dichtebeständiges Fluid (isochore Zustandsänderung mit $n = \infty$) folgt, wie zu erwarten, $w_{1\to 2} = 0$. Bei isothermer Zustandsänderung ($n = 1$) gilt $w_{1\to 2} = -q_{1\to 2}$, was bedeutet, daß die Volumenänderungsarbeit vollständig in Wärme umgewandelt wird.

Entropiegleichung. Für die Änderung der spezifischen Entropie gilt nach Tab. C.2 sowie (4.2a) für ein Gas

$$ds = \frac{1}{T}\left(c_p dT - \frac{dp}{\varrho}\right) = \frac{1}{T}(c_p dT + g\,dz) \quad \text{(Gas)}\,. \qquad (4.7\text{a, b})$$

---

[3] Es sei besonders vermerkt, daß in (2.193) die Arbeit der Massenkraft nicht auftritt.

[4] Die verschiedene Schreibweise der Indizes soll anzeigen, daß h_1, h_2, i_1 und i_2 die Werte der Zustandsgrößen h und i in den Systemzuständen (1) und (2) bedeuten, während $q_{1\to 2}$ die Wärme und $w_{1\to 2}$ die Volumenänderungsarbeit sind, welche als Prozeßgrößen das System vom Zustand (1) in den Zustand (2) überführen.

[5] Für den bei $n = \varkappa$ und $q_{1\to 2}$ auftretenden unbestimmten Ausdruck gilt $w_{1\to 2} = c_v(T_2 - T_1)$.

Bei ungeänderter Entropie folgen mit $ds = 0$ die Beziehungen

$$c_p dT + g\,dz = 0\,, \qquad \frac{dT}{dz} = -\frac{g}{c_p} < 0 \quad \text{(isentrop)}\,. \tag{4.8a, b}$$

Die in diesem Kapitel zugrunde gelegte Polytrope kann man vorteilhaft zur Beschreibung des Aufbaus der ruhenden Atmosphäre in Kap. 4.2.3.1 sowie zur Darstellung der Prozesse in Strömungsmaschinen in Kap. 4.2.3.2 verwenden.

4.2.2 Gasdruck auf feste Begrenzungsflächen

4.2.2.1 Druck in einem abgeschlossenen Behälter

In einem nach Abb. 4.2a ringsum geschlossenen, mit einem ruhenden Gas gefüllten Behälter befinde sich bei (1) eine Öffnung, durch welche mittels eines langsam verschiebbaren Kolbens eine Druckwirkung auf das Gas ausgeübt werden kann. Die Größe des Drucks p_1 sei bekannt. An einer beliebigen Stelle (2) im Behälter berechnet sich der Druck p_2 nach (4.2a). In vielen Fällen der praktischen Anwendung ist der Druck p_1 so groß, daß der Einfluß der Schwere ihr gegenüber unberücksichtigt bleiben kann ($gz_2 \approx gz_1$). Mit $g \to 0$ gilt dann

$$dp \approx 0, \qquad p_2 \approx p_1 \approx p \approx \text{const} \qquad \text{(Gas)}\,. \tag{4.9a, b}$$

Hieraus folgt, daß in einem im mechanischen Gleichgewicht befindlichen eingeschlossenen Gas bei Vernachlässigung der Schwere an jeder Stelle und nach jeder Richtung der gleiche Druck herrscht. Nach Abb. 4.2b drückt das Gas auf jedes Flächenelement dA_1 der Kolbenfläche, soweit es mit dieser in Berührung ist, mit der Kraft $p\,dA_1$. Die Form des Kolbens sei an der dem Gas zugewandten Seite beliebig vorgegeben. Bezeichnet α den Winkel der Flächennormale gegen die Kolbenachse, so wird die Komponente $p\,dA_1$ in Richtung dieser Achse $p\,dA_1 \cos\alpha$. Da aber $dA_1 \cos\alpha = dA$ die Projektion von dA_1 auf die zur Kolbenachse normale Querschnittsfläche A des Kolbens darstellt, erhält man unter Beachtung von (4.9a) die gesamte von dem Gas auf den Kolben in Richtung seiner Achse ausgeübte Druckkraft

$$F_p = \int_{(A)} p\,dA \approx pA \qquad \text{(Kolbenkraft)}\,. \tag{4.10a, b}$$

Die Kraft ist von der besonderen Form der Kolbendruckfläche unabhängig. Bei reibungsfreier Führung des Kolbens muß also zur Erzeugung des Drucks p im Gas auf den Kolben eine äußere Kraft (Kolbenkraft) von der Größe $F_K = F_P \approx pA$ ausgeübt werden.

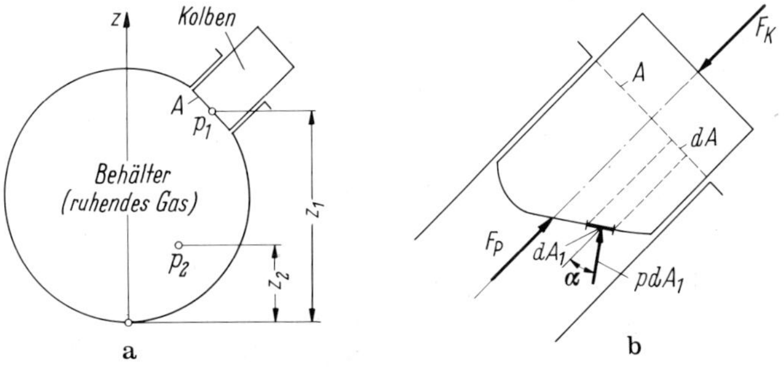

Abb. 4.2. In einem abgeschlossenen Behälter unter Druck stehendes ruhendes Gas. **a** Druck im Behälter, **b** Druckkraft auf Kolben (Kolbenkraft)

4.2.2.2 Schwebende Körper

Schwebebedingung. Ist ein Körper vom Volumen V nur von Gas (Luft) der Dichte ϱ_G umgeben, dann ergibt sich der aerostatische Auftrieb nach (2.18) zu

$$F_A = gm_G = \varrho_G g V \quad \text{(Archimedes)} \tag{4.11a, b}$$

mit m_G als Masse des vom Körper verdrängten Gases. Bei einem dichteveränderlichen Gas ist für ϱ_G ein Mittelwert der Gasdichte etwa in Höhe des Volumenschwerpunkts einzusetzen. Damit der Körper schwebt, muß in Analogie zur Schwimmbedingung nach (3.14a) der Auftrieb F_A gleich dem Körpergewicht F_K sein. Dies besteht bei einem Gasballon aus den Gewichten der Hülle, der Gondel und des eingeschlossenen Füllgases.

Tragkraft eines Gasballons. Die Tragkraft F_T eines Freiballons oder Luftschiffs vom Volumen V ist gleich dem Auftrieb F_A nach (4.11) vermindert um das Gewicht des Füllgases $F'_G = \varrho'_G g V$, d. h.

$$F_T = (\varrho_G - \varrho'_G) g V = \left(1 - \frac{\varrho'_G}{\varrho_G}\right) \varrho_G g V = \left(1 - \frac{\varrho'_G}{\varrho_G}\right) m_G . \tag{4.12a, b, c}$$

Nach Tab. 1.1 beträgt bei Helium (nicht brennbar) $\varrho'_G \approx 0{,}18\ \text{kg/m}^3$ und bei Wasserstoff (brennbar) je nach Reinheit 0,09 bis $0{,}15\ \text{kg/m}^3$. Bei Luft als umgebendem Gas mit $\varrho_G \approx 1{,}275\ \text{kg/m}^3$ ergibt sich $0{,}93 < 1 - \varrho'_G/\varrho_G < 0{,}86$. Gleichgewicht herrscht, wenn $F_T = F_B$ ist, wobei $F_T = F_A - F'_G$ die Tragkraft und $F_B = F_K - F'_G$ das Ballongewicht (Hülle + Gondel) ist. Außerdem muß sich der Ballonschwerpunkt unter dem Schwerpunkt der verdrängten Luftmasse befinden.

4.2.3 Beispiele zur Mechanik und Thermodynamik ruhender Gase

4.2.3.1 Ruhende Atmosphäre

Polytrope Atmosphäre. Für die Bestimmung des Gleichgewichts eines ruhenden Gases in der Atmosphäre bedarf es einer Annahme über die Abhängigkeit der Dichte ϱ vom Druck p. Zugrunde gelegt werde die polytrope Zustandsänderung nach (4.1). Fällt der Koordinatenursprung in die Erdoberfläche $z_1 = z_0 = 0$ (Index 0), so erhält man in einer Höhe $z_2 = z$ (ohne Index) nach (4.1a) sowie (4.3) mit (4.2b) das Druck- und Dichteverhältnis nach Umformung zu

$$\frac{p}{p_0} = \left(\frac{\varrho}{\varrho_0}\right)^n = \left(1 - \frac{n-1}{n}\frac{z}{h}\right)^{\frac{n}{n-1}} \quad (n \neq 1), \qquad \frac{p}{p_0} = \frac{\varrho}{\varrho_0} = \exp\left(-\frac{z}{h}\right) \quad (n = 1). \tag{4.13a, b}$$

Als Abkürzung wurde die Größe

$$h = \frac{p_0}{g\varrho_0} = \frac{RT_0}{g} = \frac{\varkappa - 1}{\varkappa}\frac{c_p}{g} T_0 > 0 \quad \text{(Gas)} \tag{4.13c}$$

eingeführt, wobei berücksichtigt ist, daß $p_0 = \varrho_0 R T_0$, $R = c_p - c_v$ und $\varkappa = c_p/c_v$ ist. Es hat h die Dimension einer Länge und wird Skalenhöhe genannt. Da $z = h$ der Höhe einer Gassäule von konstanter Dichte ϱ_0 entspricht, bezeichnet man sie auch als Höhe der gleichförmigen Atmosphäre.

Von besonderer Bedeutung ist auch die Temperaturverteilung in der Atmosphäre. Aus (4.1c) findet man in Verbindung mit (4.13a, c) für das Temperaturverhältnis

$$\frac{T}{T_0} = 1 - \frac{n-1}{n}\frac{z}{h}, \qquad \frac{dT}{dz} = -\frac{n-1}{n}\frac{g}{R} = -\frac{\varkappa(n-1)}{n(\varkappa-1)}\frac{g}{c_p}. \tag{4.14a, b}$$

Die Temperatur ändert sich linear mit der Höhe. Für einen konstant gehaltenen Wert $n > 1$ besitzt die Atmosphäre eine endliche Höhe. An ihrer oberen Grenze $z = H$, d. h.

$$H = \frac{n}{n-1} h \quad (h = 8{,}43\ \text{km},\ H = 29{,}52\ \text{km}) \tag{4.14c}$$

ist die Temperatur T auf den absoluten Nullpunkt zurückgegangen. Druck und Dichte sind bei diesem Zustand ebenfalls null. Die in (4.14c) in der Klammer angegebenen Zahlenwerte beziehen sich auf die isentrope Atmosphäre ($n = \varkappa = 1{,}4$). Der Druck p_0 und die Dichte ϱ_0 entsprechen den Werten der

Normatmosphäre nach (4.15). Für die isotherme Atmosphäre ($n = 1$) ist die Atmosphäre nach oben nicht begrenzt, $H = \infty$.

Für Werte $\infty \geqq n > 1$ ($n = \infty$: isochor, $n = 1$: isotherm) sind die Temperaturgradienten negativ ($dT/dz < 0$). Dies gilt also auch für die isentrope (= adiabat) Zustandsänderung mit $n = \varkappa$. Bei adiabater Schichtung der Atmosphäre beträgt der Gradient der Temperaturabnahme für Luft ($g = 9{,}8067\ \text{m/s}^2$, $\varkappa = 1{,}4$ und $R = 287{,}2\ \text{m}^2/\text{s}^2\text{K}$) $dT/dz = -0{,}0098\ \text{K/m} \approx -10\ \text{K/km}$, d. h. die Lufttemperatur nimmt auf je 1 km Höhe um rund 10 K ab. Bei isothermer Schichtung ist $dT/dz = 0$. Für Werte $1 > n > 0$ ($n = 0$: isobar) sind die Temperaturgradienten positiv ($dT/dz > 0$).

In diesen Bereich ist die atmosphäre Inversion einzuordnen. Inversionen wirken als Sperrschichten in der Atmosphäre, welche die Vertikalbewegungen abbremsen und an denen es zur Anreicherung von Staub und Dunst kommt.

Normatmosphäre. Luftdichte und Temperatur sind in der Atmosphäre ständigen Schwankungen unterworfen. Sie ändern sich von Tag zu Tag und sind an verschiedenen Orten der Erde im allgemeinen verschieden. Für die Zwecke der Flugtechnik hat man daher eine internationale Normatmosphäre eingeführt. Dieser sind als Bodenwerte folgende Größen zugrunde gelegt [68];

$$p_0 = 1\ \text{atm} = 1{,}0133\ \text{bar}\,, \qquad \varrho_0 = 1{,}225\ \text{kg/m}^3, \qquad c_0 = 340{,}3\ \text{m/s}\,,$$

$$T_0 = 288{,}15\ \text{K}, \qquad t_0 = 15\,°\text{C}, \qquad (dT/dz)_0 = -6{,}5\ \text{K/km} \qquad (0 \leqq z \leqq 11\ \text{km})\,. \tag{4.15}$$

In Abb. 4.3a sind für die isotherme Atmosphäre ($n = 1$), für die isentrope (adiabate) Atmosphäre ($n = \varkappa$) sowie die Normatmosphäre ($n = 1{,}235$) das Druck- und Dichteverhältnis über der Höhe z als Kurve (*1*), (*2*) bzw. (*3*) dargestellt. Beide Größen nehmen stark mit der Höhe ab. Für $\varrho = \varrho_0 = \text{const}$ erhält man aus (4.13a) mit $n = \infty$ für die isochore Atmosphäre den linearen Verlauf $p/p_0 = T/T_0 = 1 - z/h$, Gerade (*4*) in Abb. 4.3a.

Stabilitätsbetrachtung. Die statische Stabilität der Schichtung der Atmosphäre beurteilt man aus dem Verhalten einer kleinen Luftmenge (Luftteilchen), wenn man diese vertikal verschiebt. Stabiles Gleichgewicht liegt vor, wenn die bei der Verschiebung auftretende Kraft das Luftteilchen in seine Ausgangslage zurücktreibt. Abb. 4.3b (oben) zeigt diesen Vorgang schematisch dargestellt. Aufgrund irgendeiner Störung möge das Luftteilchen aus seiner Ruhelage $z = z_1$ mit dem zugehörigen Druck $p = p_1$ in die Lage $z = z_2$ geraten. Dabei nimmt das Teilchen den Umgebungsdruck $p = p_2$ an. In der Schicht $z = z_2$ liegt also eine isobare Zustandsänderung vor. Wenn dieser Vorgang schnell genug erfolgt und dissipative Einflüsse unbedeutend sind, ändert sich die spezifische Entropie der Luftmenge nicht (Wärmeleitvorgänge beanspruchen Zeit), $s = s_1$. Bei der Verschiebung des Teilchens $\Delta z = z_2 - z_1$ geht also seine Dichte von $\varrho(p_1, s_1)$ in $\varrho(p_2, s_1)$ über, während in seiner Umgebung die Dichte $\varrho(p_2, s_2)$ mit $s_2 \neq s_1$ herrscht. Das Luftteilchen kehrt in seine Ausgangslage zurück, wenn $\varrho(p_2, s_1) > \varrho(p_2, s_2)$ ist.

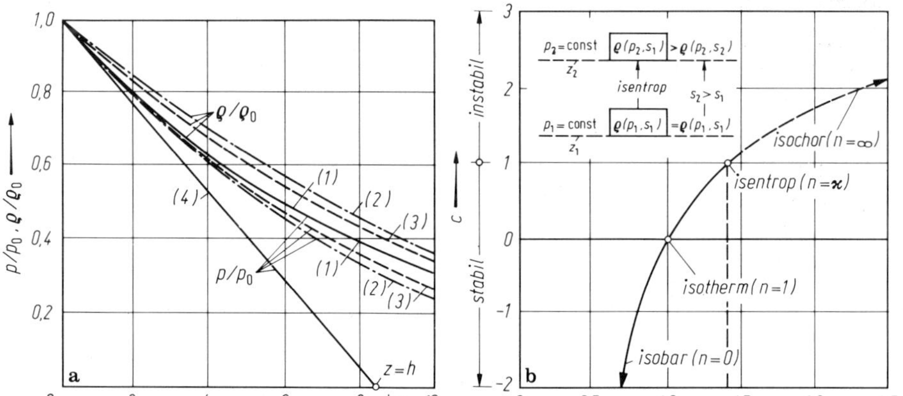

Abb. 4.3. Ruhende Atmosphäre. **a** Druck- und Dichteverhältnis in Abhängigkeit von der Höhe [56]. (*1*) Isotherme Atmosphäre, (*2*) adiabate Atmosphäre, (*3*) Normatmosphäre [68], (*4*) isochore Atmosphäre. **b** Stabilitätsverhalten

Aufgrund dieses Dichteverhaltens lautet die Stabilitätsbedingung

$$\Delta\varrho = \varrho(p_2, s_2) - \varrho(p_2, s_1) < 0\,, \qquad d\varrho < 0 \qquad (z = z_2)\,. \tag{4.16a}$$

Eine Aussage über die Entropieänderung $\Delta s = s_2 - s_1$ bzw. ds erhält man durch Heranziehen der für ideales Gas gültigen Beziehung (4.7a). Wegen $dp = 0$ in der Schicht $z = z_2$ bestehen zwischen der Entropie- und Dichteänderung die Zusammenhänge

$$ds = -\frac{c_p}{\varrho}\,d\varrho > 0\,, \qquad \Delta s = s_2 - s_1 > 0\,. \tag{4.16b}$$

Bei stabiler Schichtung muß die Entropie mit der Höhe zunehmen.

Mit $ds/dz > 0$ liefert die Entropiegleichung (4.7b) die Bedingung für stabiles Gleichgewicht in der Form $dT/dz > -g/c_p$. Maßgebend für stabiles, indifferentes oder instabiles Verhalten ist also das Vorzeichen des Temperaturgradienten, $dT/dz \lesseqgtr 0$. Unter Einsetzen von (4.14b) für dT/dz lautet die Stabilitätsbedingung für die polytrope Atmosphäre

$$\frac{dT}{dz} = -c\frac{g}{c_p} \geqq -\frac{g}{c_p} \quad \text{mit} \quad c = \frac{\varkappa(n-1)}{n(\varkappa-1)} \leqq 1 \quad \text{(stabil)}\,. \tag{4.17a, b}$$

Das Gleichheitszeichen bedeutet indifferentes Gleichgewicht. Aus der letzten Beziehung folgen die Kriterien:

$$\left.\begin{aligned} &c < 1\text{: stabil } (0 < n < \varkappa)\,,\\ &c = 1\text{: indifferent } (n = \varkappa)\,,\\ &c > 1\text{: instabil } (n > \varkappa)\,. \end{aligned}\right\} \tag{4.17c}$$

Die Schichtung ist um so stabiler, je geringer die Temperaturabnahme mit der Höhe ist. Die isotherme Atmosphäre ($n = 1$) hat eine sehr stabile Schichtung, während bei der isentropen (adiabaten) Atmosphäre ($n = \varkappa$) die Schichtung indifferent (neutral) ist.[6] Im letzten Fall wird sich ein Luftteilchen, das um eine bestimmte Höhe gehoben wird, infolge der Expansion gerade so viel abkühlen, wie es der Temperaturabnahme mit der Höhe entspricht. Das Teilchen nimmt also gerade die Temperatur seiner neuen Umgebung an und ist damit in jeder Höhe in indifferentem Gleichgewicht. Abb. 4.3b (unten) faßt die gefundenen Ergebnisse zusammen. Für ein vertieftes Studium sei Eskinazi [18] empfohlen.

4.2.3.2 Quasistatische Arbeitsprozesse bei Gasen

Allgemeines. Vorgänge in einem thermodynamischen System (Strömungsmaschine), bei denen sich Zustandsgrößen ändern, nennt man thermodynamische Prozesse. Ist das Fluid am Ende eines Prozesses wieder im gleichen Zustand wie zu Anfang, so hat es einen Kreisprozeß durchlaufen. Beschränkt man sich auf ruhende Fluide, so dient die äußere Arbeit zum Überwinden der äußeren auf die Oberfläche wirkenden Druckkräfte. Die Drücke sind bei langsamen, d. h. quasistatisch verlaufenden Zustandsänderungen gleich dem inneren Druck.

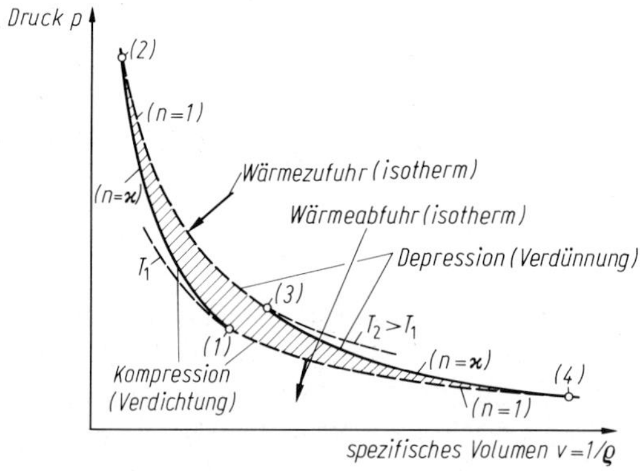

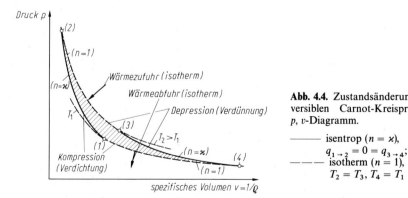

Abb. 4.4. Zustandsänderungen des reversiblen Carnot-Kreisprozesses im p, v-Diagramm.
——— isentrop ($n = \varkappa$), $q_{1\to2} = 0 = q_{3\to4}$;
— — — isotherm ($n = 1$), $T_2 = T_3$, $T_4 = T_1$

[6] Bei Werten $n < 1$, d.h. $dT/dz > 0$, handelt es sich um sog. atmosphärische Inversionsschichten.

Carnot-Kreisprozeß. Dies ist der wichtigste thermodynamische Vergleichsprozeß, da er zwischen zwei Wärmebehältern mit jeweils konstanten Temperaturen durch eine einfache gedankliche Vorstellung vollständig reversibel durchgeführt werden kann. ZurAbleitung der Beziehungen denkt man sich ein Gas (Arbeitsmedium) in einen Zylinder gebracht, der durch einen reibungsfrei geführten Kolben abgeschlossen ist. Das Gas läßt man bei einem arbeitsgewinnenden Prozeß entsprechend dem p, v-Diagramm nach Abb. 4.4 nacheinander folgende Zustandsänderungen in der Reihenfolge *(1)–(2)–(3)–(4)–(1)* rechts herum durchlaufen:

(1)–(2): adiabate (isentrope) Kompression (Verdichtung) mit $n = \varkappa$, $q_{1\to 2} = 0$ und $p_2 > p_1$ bei einer Temperaturzunahme $T_2 > T_1$,

(2)–(3): isotherme Depression (Expansion, Verdünnung) mit $n = 1$ und $p_3 < p_2$ bei der ungeänderten Temperatur $T_2 = T_3$ mit Wärmezufuhr $q_{2\to 3} > 0$,

(3)–(4): adiabate (isentrope) Depression mit $n = \varkappa$, $q_{3\to 4} = 0$ und $p_4 < p_3$ bei einer Temperaturabnahme $T_4 < T_3$,

(4)–(1): isotherme Kompression mit $n = 1$ und $p_1 > p_4$ bei der ungeänderten Temperatur $T_4 = T_1$ mit Wärmeabfuhr $q_{4\to 1} < 0$.

Die Gln. (4.1) und (4.5b) in Verbindung mit (4.3b), sinngemäß auf den Carnot-Prozeß angewendet, liefern für die isentropen Zustandsänderungen ($n = \varkappa$) und für die isothermen Zustandsänderungen ($n = 1$) die Zusammenhänge

$$\frac{p_2}{p_1} = \left(\frac{T_2}{T_1}\right)^{\frac{\varkappa}{\varkappa - 1}} = \left(\frac{T_3}{T_4}\right)^{\frac{\varkappa}{\varkappa - 1}} = \frac{p_3}{p_4} > 1\,, \qquad \frac{p_2}{p_3} = \frac{\varrho_2}{\varrho_3} = \frac{\varrho_1}{\varrho_4} = \frac{p_1}{p_4}\,; \tag{4.18a}$$

$$q_{2\to 3} = -\frac{p_2}{\varrho_2}\ln\left(\frac{p_3}{p_2}\right) > 0\,, \qquad q_{4\to 1} = \frac{p_4}{\varrho_4}\ln\left(\frac{p_4}{p_1}\right) < 0\,. \tag{4.18b}$$

Die gesamte während des Kreisprozesses beteiligte massebezogene Wärme erhält man durch Summation der Teilwärmen zu $q_{1\to 1} = q_{2\to 3} + q_{4\to 1}$. Nach (4.6b) beträgt mit $n = 1$ die massebezogene Volumenänderungsarbeit

$$w_{1\to 1} = -q_{1\to 1} = \left(\frac{p_2}{\varrho_2} - \frac{p_1}{\varrho_1}\right)\ln\left(\frac{p_3}{p_2}\right) = R(T_2 - T_1)\ln\left(\frac{p_3}{p_2}\right). \tag{4.19}$$

Es bedeutet $-w_{1\to 1}$ die beim Prozeß gewonnene Arbeit. Sie ist in bekannter Weise als schraffierter Flächeninhalt des Kurvenzugs *1–2–3–4–1* in Abb. 4.4 dargestellt. Der thermische Wirkungsgrad η_t des Kreisprozesses gibt an, welcher Teil der zugeführten Wärme $q_{2\to 3}$ in Arbeit $-w_{1\to 1} = q_{1\to 1}$ verwandelt wird. Es ist

$$\eta_t = \frac{q_{1\to 1}}{q_{2\to 3}} = 1 - \frac{\varrho_2\, p_1}{\varrho_1\, p_2} = 1 - \frac{T_1}{T_2} < 1 \tag{4.20}$$

unabhängig von der Art des arbeitenden Gases. Der Carnot-Kreisprozeß hat den höchstmöglichen Wirkungsgrad.

Läßt man den reversiblen Carnot-Kreisprozeß in der umgekehrten Reihenfolge *(4)–(3)–(2)–(1)–(4)* links herum durchlaufen, so kehren sich die Vorzeichen der Wärme und Arbeit um. Es wird keine Arbeit gewonnen, sondern es muß die Arbeit $w_{1\to 1}$ zugeführt werden.

4.3 Stromfadentheorie dichteveränderlicher Fluide (Gase)

4.3.1 Einführung

Während in Kap. 3.3 ausführlich über die Stromfadentheorie dichtebeständiger Fluide berichtet wurde, soll jetzt die Untersuchung auf die Strömung dichteveränderlicher Fluide erweitert werden.[7] Die Definition und Darstellung eines Strom- bzw. Kontrollfadens ist unter Bezugnahme auf die Abb. 2.15 und 2.26 in Kap. 3.3.1

---

[7] Für die numerische Behandlung der in diesem Kapitel dargelegten Theorien stehen entsprechende Formelsammlungen und Tabellen zur Verfügung [3, 5, 8, 15, 25, 27, 29, 32].

gegeben. Abb. 4.5 faßt die in diesem Kapitel benötigten Bezeichnungen nochmals zusammen. Dabei handelt es sich an den betrachteten Stellen (*1*) und (*2*) auf der Fadenachse um die Hochlagen z_1 und z_2, die Fadenquerschnitte A_1 und A_2 bzw. ihre jeweils nach außen positiv gerichteten Flächennormalen $\boldsymbol{A}_1$ und $\boldsymbol{A}_2$, die Dichten ϱ_1 und ϱ_2, die Drücke p_1 und p_2 sowie die in Strömungsrichtung verlaufenden Geschwindigkeitsvektoren $\boldsymbol{v}_1$ und $\boldsymbol{v}_2$. Die Verbindungsfläche zwischen der Ein- und Austrittsfläche ist die Mantelfläche (Stromröhre) $A_{1\to2}$ bzw. ihre Flächennormale $\mathrm{A}_{1\to2}$. Es gilt die Beziehung $\boldsymbol{A}_1 + \boldsymbol{A}_{1\to2} + \boldsymbol{A}_2 = 0$.

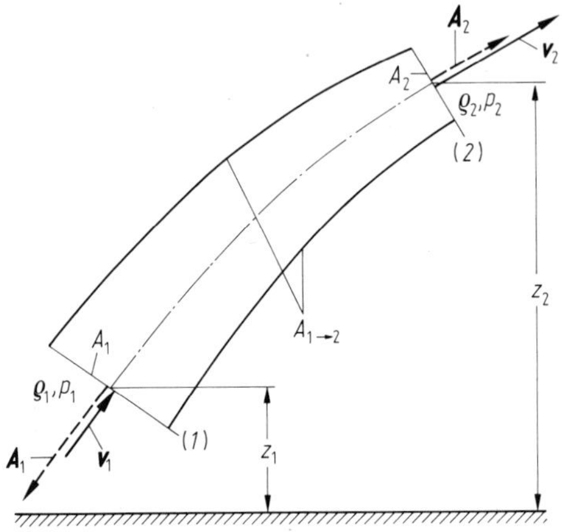

Abb. 4.5. Zum Begriff des Stromfadens (Kontrollfadens) und Erläuterung der auftretenden Größen

4.3.2 Stationäre Fadenströmung eines dichteveränderlichen Fluids

4.3.2.1 Voraussetzungen und Annahmen

Die folgenden Ausführungen setzen eine stationäre eindimensionale Strömung eines dichteveränderlichen Fluids (Gas) bei Vernachlässigung der Schwere und Reibung (Viskosität, Turbulenz) voraus. Das Gas soll sich vollkommen ideal verhalten, vgl. Kap. 1.2.5.2. Neben den genannten Voraussetzungen kann man annehmen, daß sich die physikalischen Größen, wie z. B. die Dichte ϱ, der Druck p, die Temperatur T und die Geschwindigkeit v über die Kontrollfadenquerschnitte gleichmäßig verteilen.

Im folgenden hängt die Dichte nur vom Druck ab, d. h. es liegt ein barotropes Fluid $\varrho = \varrho(p)$ vor, so daß man im vorliegenden Fall auch von einer kompressiblen Strömung im tatsächlichen Sinn sprechen kann, vgl. Kap. 1.2.2.1. Weiterhin soll kein Wärmeaustausch des strömenden Fluidelements mit seiner Umgebung stattfinden (= abgeschlossenes thermodynamisches System). Die Strömung verläuft bei adiabater Zustandsänderung. Dies bedeutet nicht notwendigerweise eine adiabatreversible, d. h. isentrope Zustandsänderung. Die gemachte Annahme gilt auch für eine adiabat-irreversible, d. h. anisentrope Zustandsänderung, wie sie bei unstetig verlaufender Überschallströmung mit Verdichtungsstoß auftreten kann.[8]

4.3.2.2 Ausgangsgleichungen der stationären Fadenströmung

Zustandsgleichungen. Für thermisch ideale Gase steht die thermische Zustandsgleichung (1.7) mit

$$p = \varrho R T, \qquad \frac{\varrho_2}{\varrho_1} = \frac{p_2}{p_1}\frac{T_1}{T_2}; \qquad \frac{d\varrho}{\varrho} = \frac{dp}{p} - \frac{dT}{T} \quad \text{(Gas)} \tag{4.21a, b; c}$$

zur Verfügung. Diese Beziehungen gelten sowohl für isentrope als auch anisentrope Zustandsänderung. Für die isentrope Zustandsänderung bestehen darüber hinaus für vollkommen ideale Gase nach (4.1) mit $n = \varkappa$ sowie unter Beachtung von (1.10b) für die Schallgeschwindigkeit $c \sim \sqrt{T}$ die Zusammenhänge

$$\frac{\varrho_2}{\varrho_1} = \left(\frac{p_2}{p_1}\right)^{\frac{1}{\varkappa}} = \left(\frac{T_2}{T_1}\right)^{\frac{1}{\varkappa - 1}} = \left(\frac{c_2}{c_1}\right)^{\frac{2}{\varkappa - 1}}, \tag{4.22a}$$

$$\frac{d\varrho}{\varrho} = \frac{1}{\varkappa}\frac{dp}{p} = \frac{1}{\varkappa - 1}\frac{dT}{T} = \frac{2}{\varkappa - 1}\frac{dc}{c} \quad \text{(isentrop)}\,. \tag{4.22b}$$

Herrscht an der Stelle (2) Vakuum, dann sind wegen $\varrho_2 = 0$ auch $p_2 = 0$, $T_2 = 0$ und $c_2 = 0$.[9] Die Abhängigkeit des Dichte- und Temperaturverhältnisses vom Druckverhältnis ist in Abb. 4.1a, b jeweils als Kurve (*1*) dargestellt. Auf die Wiedergabe einer Zustandsgleichung für Flüssigkeiten und auf die daraus folgenden Zusammenhänge wird verzichtet.

Kontinuitätsgleichung. Nach dem Massenerhaltungssatz (Kap. 2.4.2.2) gilt bei normal zur Kontrollfadenachse liegenden Querschnitten nach (2.59) für den Massenstrom

$$\dot{m}_A = \varrho_1 v_1 A_1 = \varrho_2 v_2 A_2 = \text{const}\,, \qquad \frac{d\varrho}{\varrho} + \frac{dv}{v} + \frac{dA}{A} = 0\,. \tag{4.23a, b}$$

Bezeichnet $\Theta = \varrho v$ die Massenstromdichte (Massenstrom/Querschnittsfläche), dann gilt $d\Theta/\Theta = -dA/A$. Dies besagt, daß sich bei einer Querschnittsvergrößerung eine Abnahme der Massenstromdichte einstellt, während bei einer Querschnittsverkleinerung eine Zunahme der Massenstromdichte erfolgt.

Impulsgleichung. Der Impulssatz (Kap. 2.5.2.2) liefert nach (2.83) die Kraftgleichung

$$(p_1 + \varrho_1 v_1^2) A_1 + (p_2 + \varrho_2 v_2^2) A_2 = (\boldsymbol{F}_A)_{1 \to 2}\,. \tag{4.24}$$

---

[8] Die Einflüsse der Reibung und eines Wärmeaustausches werden in Kap. 4.4 am Beispiel der Rohrströmung dichteveränderlicher Fluide untersucht.

[9] Praktisch wird $p_2 = 0$ nicht erreicht werden können, weil sich wegen der gleichzeitigen Temperaturabnahme ein reales Gas vor Erreichen von $p_2 = 0$ verflüssigt.

Unberücksichtigt bleibt die Massenkraft (Schwerkraft). $(\boldsymbol{F}_A)_{1\to 2}$ ist die Oberflächenkraft auf die Mantelfläche des Kontrollfadens. Die Impulsgleichung (4.24) ist eine Vektorgleichung, die keinerlei Einschränkungen hinsichtlich möglicher Unstetigkeiten (Verdichtungsstöße bei Überschallgeschwindigkeit), auftretender Strömungsverluste (Reibungswärme) oder zu- bzw. abgeführter Energie (Wärmeleitung) unterliegt. Sie kann entweder zeichnerisch oder numerisch gelöst werden. Oft ist die Komponentendarstellung zu wählen. Die differentielle Form der Impulsgleichung (4.24) findet man durch Annäherung der Querschnitte A_1 und A_2. Wegen $\boldsymbol{A}_1 + \boldsymbol{A}_2 = -d\boldsymbol{A}$ bzw. $f_1\,\boldsymbol{A}_1 + f_2\,\boldsymbol{A}_2 = -d(f\,\boldsymbol{A})$ mit $f = (p + \varrho v^2)$ für die linke Seite und $(\boldsymbol{F}_A)_{1\to 2} = -p\;d\boldsymbol{A}$ für die rechte Seite ergibt sich zunächst die Beziehung $\boldsymbol{A}\;dp + d(\varrho v^2 \boldsymbol{A}) = 0$. Die Fläche $\boldsymbol{A}$ eliminiert man dadurch, daß man mit $\boldsymbol{v}$ skalar multipliziert und beachtet, daß $v\boldsymbol{A} = \pm\,\boldsymbol{v}\,A$ sowie $\boldsymbol{v}\cdot\boldsymbol{A} = \pm\,v\,A$ ist. Da nach der Kontinuitätsgleichung $\varrho v A = \text{const}$ ist, folgt mit $\boldsymbol{v}\cdot d\boldsymbol{v} = v\,dv$ das gesuchte Ergebnis zu

$$v\,dv + \frac{dp}{\varrho} = 0 \quad \text{(reibungslos)}\,. \tag{4.25}$$

Dies stellt die Energiegleichung der Fluidmechanik bei kompressibler, reibungsloser Strömung mit $\varrho = \varrho(p)$ (Bernoullische Energiegleichung) dar.

Energiegleichung. Der Energiesatz (Kap. 2.6.2.3) liefert nach (2.181) und (2.189b) die Energiegleichung der Thermo-Fluidmechanik für die kompressible Strömung mit $gz = 0$

$$\frac{v_2^2}{2} + h_2 = \frac{v_1^2}{2} + h_1 + q_{1\to 2}, \qquad v\,dv + dh = \bar{d}q \quad \text{(diabat)}\,. \tag{4.26a, b}$$

Es ist h die spezifische Enthalpie, und zwar gilt für ein vollkommen ideales Gas (1.31b). Mit $q_{1\to 2}$ wird die über die Kontrollfläche des Kontrollfadens ausgetauschte massebezogene Wärme bezeichnet. Der Beziehung (4.26) liegt die Annahme zugrunde, daß die Ersatzleistung (Leistung der Oberflächenkräfte auf den freien Teil der Kontrollfläche) nur den druckbedingten Anteil enthält. Bei adiabater, jedoch nicht notwendigerweise reversibler Zustandsänderung wird mit $q_{1\to 2} = 0$ für das vollkommen ideale Gas

$$\frac{v_1^2}{2} + \frac{\varkappa}{\varkappa - 1}\frac{p_1}{\varrho_1} = \frac{v_2^2}{2} + \frac{\varkappa}{\varkappa - 1}\frac{p_2}{\varrho_2}, \quad \frac{v_1^2}{2} + \frac{c_1^2}{\varkappa - 1} = \frac{v_2^2}{2} + \frac{c_2^2}{\varkappa - 1} \quad \text{(adiabat)}\,. \tag{4.27a, b}$$

Bei adiabat-reversibler (isentroper) Zustandsänderung ist in (4.26a, b) nach (1.32e) $h = i$ bzw. $dh = di$ die spezifische Enthalpie bei konstanter Entropie. Es wird also

$$\frac{v_1^2}{2} + i_1 = \frac{v_2^2}{2} + i_2, \qquad v\,dv + \frac{dp}{\varrho} = 0 \quad \text{(isentrop)}\,. \tag{4.28a, b}$$

Die Enthalpiedifferenz $(i_2 - i_1)$ ist mit $n = \varkappa$ in (4.3a) angegeben. Im übrigen kann man (4.28a) auch herleiten, wenn man die Gleichung für die isentrope Zustandsänderung (4.22a) unmittelbar in (4.27) einsetzt.

Entropiegleichung. Die Änderung der spezifischen Entropie $(s_2 - s_1)$ erhält man aus (2.222a) zu, vgl. Tab. C.2,

$$s_2 - s_1 = c_p \ln\left[\frac{\varrho_1}{\varrho_2}\left(\frac{p_2}{p_1}\right)^{\frac{1}{\varkappa}}\right] = c_p \ln\left[\frac{T_2}{T_1}\left(\frac{p_1}{p_2}\right)^{\frac{\varkappa-1}{\varkappa}}\right] \quad \text{(Gas)}\,. \tag{4.29a, b}$$

Nach dem zweiten Hauptsatz der Thermodynamik muß bei adiabater Zustandsänderung $(s_2 - s_1) \geqq 0$ sein, was zu der in (2.223) angegebenen Bedingung führt, vgl. (4.58a, b).

Rücken die Stellen (1) und (2) infinitesimal dicht zusammen, so muß bei stetiger Strömung $\varrho_2 = \varrho_1$ und $p_2 = p_1$ sein. Dies bedeutet, daß nach (4.29a) die spezifische Entropie $s_2 = s_1$ ist, d. h. ein solcher Strömungsvorgang verläuft bei konstant gehaltener Entropie, vgl. (4.22a) und Kap. 4.3.2.5.

Schlußbemerkung. Es sei vermerkt, daß die Zustandsgleichung (4.21a, b), die Kontinuitätsgleichung (4.23a), die Impulsgleichung (4.24), die Energiegleichung (4.26a) und (4.27) und die Entropiegleichung (4.29) sowohl für stetig bei ungeänderter Entropie verlaufende Strömungen als auch für unstetige mit Verdichtungsstoß verbundene Strömungen gelten.

4.3.2.3 Ausbreitungsgeschwindigkeit schwacher Druckstörungen (Schallgeschwindigkeit)

Vorbemerkung. Schwache Druckstörungen oder Druckwellen breiten sich, wie schon in Kap. 1.2.2.3 und 1.3.3.4 gezeigt wurde, mit der Schallgeschwindigkeit c aus. Die Kenntnis dieser Ausbreitungsgeschwindigkeit (Fortpflanzungsgeschwindigkeit) ist für die Behandlung von Strömungen dichteveränderlicher Fluide, insbesondere von Gasen, von grundlegender Bedeutung. Von dem im Strömungsfeld ablaufenden thermodynamischen Prozessen sei angenommen, daß sie stets im thermodynamischen Gleichgewicht sind.

Instationäre Betrachtung. Nach Abb. 4.6a möge sich eine freie Druckwelle in Form einer Wellenfront mit der Geschwindigkeit c in ein ruhendes Fluid (Geschwindigkeit $v = 0$, Druck p und Dichte ϱ) von rechts nach links bewegen. Hinter der Wellenfront haben sich dabei Geschwindigkeit, Druck und Dichte jeweils

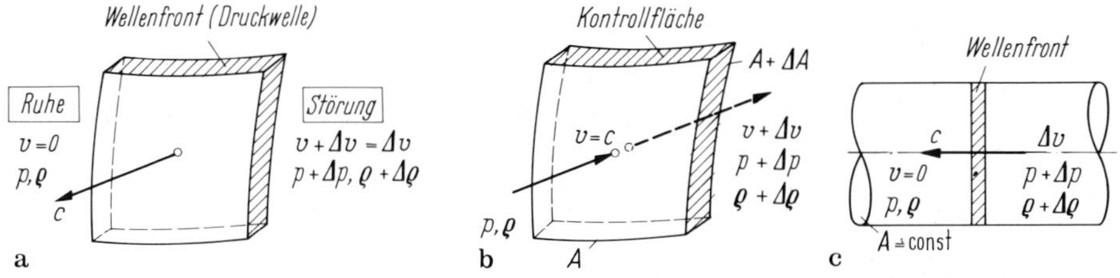

Abb. 4.6. Zur Ausbreitung von Druckwellen (Wellenfronten), **a** ruhendes Bezugssystem, **b** mitbewegtes Bezugssystem, **c** im Rohr

geändert und betragen $v + \Delta v = \Delta v$, $p + \Delta p$ bzw. $\varrho + \Delta \varrho$. Von einem ruhenden Beobachter aus gesehen handelt es sich bei der beschriebenenWellenbewegung um einen instationären Vorgang. Die allgemeine Beziehung erhält man aus der Bewegungsgleichung für reibungslose Strömung, d. h. der Kontinuitätsgleichung (2.60a) und der Impulsgleichung (2.98a), wenn man diese mit Rücksicht auf die schwachen Störungen linearisiert. Auf die theoretische Ableitung in [70] sowie auf die anschauliche Herleitung in [46, 56] sei verwiesen. Danach gilt für das Quadrat der Schallgeschwindigkeit (Gleichgewichtsschallgeschwindigkeit)

$$c^2 = \frac{dp}{d\varrho} = \left(\frac{\partial p}{\partial \varrho}\right)_s = \varkappa\left(\frac{\partial p}{\partial \varrho}\right)_T = \varkappa_s \frac{p}{\varrho} \quad \text{(schwache Druckwelle)}\,. \qquad (4.30\text{a, b, c, d})^{10}$$

Schwache Druckstörungen verlaufen bei ungeänderter Entropie, d. h. bei isentroper (adiabat-reversibler) Zustandsänderung, $ds = 0$. Für (4.30a) ist also genauer (4.30b) zu schreiben. Die Beziehungen (4.30c) und (4.30d) folgen unter Einsetzen von (1.25b) bzw. (1.26b). Dabei stellt $\varkappa = c_p/c_v$ das Verhältnis der spezifischen Wärmekapazitäten und $\varkappa_s$ den Isentropenkoeffizienten dar, vgl. Tab. C.1.

Da der Druck p, die Dichte ϱ und die Temperatur T bei Strömungsvorgängen im allgemeinen orts- und zeitabhängig sind, stellt die Schallgeschwindigkeit keine konstante physikalische Größe dar.

Stationäre Betrachtung. Wird der Beobachter mit der Welle mitbewegt, dann kann der Strömungsvorgang stationär betrachtet werden, Abb. 4.6b. Das Fluid durchströmt die Wellenfront normal, und zwar an der Eintrittsfläche A mit der Geschwindigkeit $v = c$ und an der Austrittsfläche $(A + \Delta A)$ mit der Geschwindigkeit $v + \Delta v$. Analoge Aussagen gelten für die Druck- und Dichteänderung. Die Druckwelle sei so schwach, daß die Dicke der Wellenfront als sehr dünn angesehen werden kann. Das bedeutet, daß man $\Delta A/A \approx dA/A$ und wegen der schwachen Zustandsänderung $\Delta v \approx dv$, $\Delta p \approx dp$ und $\Delta \varrho \approx d\varrho$ setzen darf.

Ausgangsgleichungen für die Berechnung der Ausbreitungsgeschwindigkeit $v = c$ sind die Kontinuitäts- und Energiegleichung der stationären Stromfadentheorie (4.23b) bzw. (4.28b). Nach dem Quadrat der Geschwindigkeit v^2 aufgelöst und unter Berücksichtigung von (4.30a) mit $c^2 = dp/d\varrho$ erhält man

$$v^2 = \frac{c^2}{1 + \varepsilon} \quad \text{mit} \quad \varepsilon = \frac{\varrho}{A}\frac{dA}{d\varrho} \qquad (4.30\text{e})$$

als Querschnittseinfluß. Da die Beziehung $v = c$ besteht, muß bei der stationären Betrachtung für die sehr dünne Wellenfront $\varepsilon \approx 0$, d. h. $dA/A \approx 0$, angenommen werden. Hieraus folgt auch, daß die Ermittlung der Schallgeschwindigkeit in einem Rohr konstanten Querschnitts nach Abb. 4.6c als allgemein gültig anzusehen ist.

Schallgeschwindigkeit strömender Gase. Für das vollkommen ideale Gas, bei dem $R = \text{const}$, $c_p = \text{const}$ und $\varkappa_s = \varkappa = \text{const}$ ist, gilt unter Einsetzen der thermi-

---

[10] Der Ausdruck für die isotherme Schallgeschwindigkeit bei Gasen $c_T = \sqrt{(\partial p/\partial \varrho)_T}$ stammt von Newton und wurde später von Laplace in $c = \sqrt{(\partial p/\partial \varrho)_s}$ verbessert.

schen Zustandsgleichung (4.21a) in (4.30d)

$$c^2 = \varkappa \frac{p}{\varrho} = \varkappa R T = (\varkappa - 1) c_p T \, , \quad \left(\frac{c_2}{c_1}\right)^2 = \frac{T_2}{T_1} \quad \text{(Gas)} \, . \tag{4.31a, b}$$

Den Zusammenhang zwischen der Schallgeschwindigkeit c und der Strömungsgeschwindigkeit v erhält man bei stationärer Strömung aus (4.27b) zu

$$c_2^2 = c_1^2 + \frac{\varkappa - 1}{2}(v_1^2 - v_2^2) \, , \qquad c\,dc = -\frac{\varkappa - 1}{2} v\,dv \quad \text{(adiabat)} \, . \tag{4.32a, b}$$

Stellt die Stelle (1) einen Ruhezustand (Kessel, Staupunkt, Index 0) dar, bei dem die Geschwindigkeit $v_1 = v_0 = 0$ $(c_1 = c_0)$ ist, dann wird für eine beliebige Stelle (2) (hier ohne Index) für die örtliche Schallgeschwindigkeit $c_2 = c$ $(v_2 = v)$ bei stationärer Strömung

$$c = \sqrt{c_0^2 - \frac{\varkappa - 1}{2} v^2} \leqq c_0 \quad \text{mit} \quad c_0 = \sqrt{\varkappa \frac{p_0}{\varrho_0}} = \sqrt{\varkappa R T_0} \quad (v = 0) \tag{4.33a, b}$$

als Schallgeschwindigkeit des Ruhezustands. Die örtliche Schallgeschwindigkeit c hängt von der örtlichen Geschwindigkeit v ab und ist stets kleiner als c_0, vgl. Abb. 4.7. Die maximal erreichbare Geschwindigkeit v_{max} stellt sich im Grenzzustand des Vakuums mit $c = 0$ ein, d. h.

$$v_{max} = \sqrt{\frac{2}{\varkappa - 1}} c_o (=) \, 2{,}236 c_0 \quad (c = 0) \, . \tag{4.33c}$$ [11]

Laval-Geschwindigkeit. Ist die Geschwindigkeit v gerade gleich der Schallgeschwindigkeit c, so bezeichnet man diesen kritischen Zustand (Schallzustand)

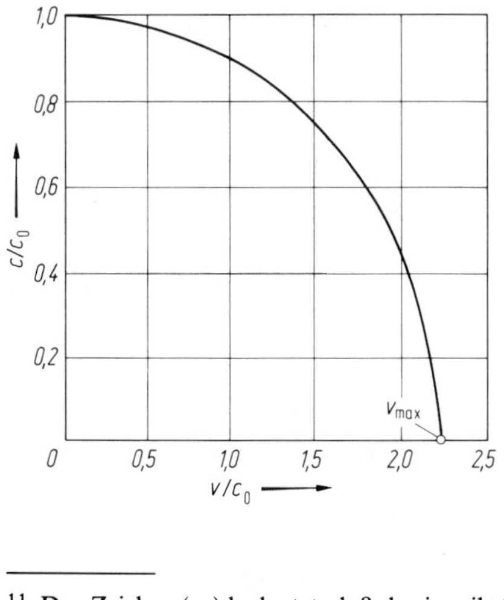

Abb. 4.7. Ausbreitungsgeschwindigkeit einer Druckstörung (Schallgeschwindigkeit), Luft ($\varkappa = 1{,}4$), in Abhängigkeit von der Strömungsgeschwindigkeit

[11] Das Zeichen (=) bedeutet, daß der jeweils folgende Zahlenwert für Luft mit $\varkappa = 1{,}4$ gilt.

nach [57] als Laval-Zustand. Entsprechend führt man die Laval-Geschwindigkeit $v = c = c_L$ ein:

$$c_L = \sqrt{\frac{2}{\varkappa + 1}}\, c_0 = \sqrt{\frac{2\varkappa}{\varkappa + 1} R T_0} \,(=)\, 0{,}913 c_0 < c_0 \quad (v = c)\,. \tag{4.34a, b}$$

Im Gegensatz zur zeit- und ortsveränderlichen Schallgeschwindigkeit c nach (4.33a) ist die Laval-Geschwindigkeit c_L nicht vom Strömungsvorgang abhängig. Sie ist wie die Ruhe-Schallgeschwindigkeit c_0 nach (4.33b) eine konstante Stoffgröße des betrachteten Gases.

Ausbreitungsgeschwindigkeit im elastischen Rohr. Bei nicht starrer, sondern elastischer Rohrwand muß bei der Ermittlung der Ausbreitungsgeschwindigkeit einer Druckstörung die Nachgiebigkeit des Rohrwerkstoffs mitberücksichtigt werden [28, 46, 47, 59], vgl. Kap. 4.3.3.2. An die Stelle der Schallgeschwindigkeit c im starren Rohr tritt bei Berücksichtigung der Ringdehnung des dünnwandigen elastischen Rohrs die rechnerische Schallgeschwindigkeit $\hat{c}$. Es gilt nach (4.30e) mit $v = \hat{c}$

$$\frac{\hat{c}}{c} = \frac{1}{\sqrt{1 + \varepsilon}} < 1 \quad \text{mit} \quad \varepsilon = \frac{E_F}{E_R}\frac{D}{e} > 0 \quad \text{(elastisches Rohr)} \tag{4.35}$$

als Elastizitätsmaß. Dabei ist E_F der Elastizitätsmodul des Fluids, z. B. Wasser $E_F \approx 2 \cdot 10^9$ N/m², und E_R der Elastizitätsmodul des Rohrwerkstoffs, z. B. Eisen $E_R \approx 2 \cdot 10^{11}$ N/m² ($E_F/E_R \approx 1/100$), sowie D der von zeitlichen Schwankungen abgesehen unveränderliche Durchmesser und e die ebenfalls unveränderliche Wandstärke des Rohrs. Es ist stets $\hat{c}$ kleiner als c.

4.3.2.4 Kennzahlen und Druckbeiwert der Strömung dichteveränderlicher Fluide

Mach-Zahl und Laval-Zahl. Zur Kennzeichnung des Strömungsverhaltens eines dichteveränderlichen Fluids bedient man sich nach Kap. 1.3.2.2 geeignet gewählter Kennzahlen. Nach (1.47e) nennt man das Verhältnis von Strömungsgeschwindigkeit v zu Schallgeschwindigkeit c die Mach-Zahl

$$Ma = \frac{\text{Strömungsgeschwindigkeit}}{\text{Schallgeschwindigkeit}} = \frac{v}{c} \quad \text{(Definition)}\,. \tag{4.36}$$

Die Schallgeschwindigkeit ist nach (4.33) von der Geschwindigkeit v abhängig und damit im allgemeinen eine veränderliche Größe. Für ein dichtebeständiges Fluid ist $c = \infty$ und damit $Ma = 0$. Während man bei der Mach-Zahl die Schallgeschwindigkeit c heranzieht, kann man auch mit der Laval-Geschwindigkeit c_L eine Kennzahl, nämlich die Laval-Zahl

$$La = \frac{\text{Strömungsgeschwindigkeit}}{\text{Lavalgeschwindigkeit}} = \frac{v}{c_L} \quad \text{(Definition)} \tag{4.37}$$

bilden. Hierbei ist nach (4.34) die Laval-Geschwindigkeit c_L als diejenige (kritische) Geschwindigkeit definiert, bei der an einer bestimmten Stelle des Strömungsfelds die Strömungsgeschwindigkeit gerade gleich der dort herrschenden Schallgeschwindigkeit ist. Sie ist für das ganze Strömungsfeld eine unveränderliche Größe. Mithin ist also die Laval-Zahl im Gegensatz zur Mach-Zahl ein unmittelbares Maß für die Strömungsgeschwindigkeit $v \sim La$.

Unter Beachtung der Definitionen für die Mach- und Laval-Zahl nach (4.36) bzw. (4.37) sowie des Zusammenhangs $Ma/La = c_L/c$ wird mit (4.33a) und (4.34a) für das ideale Gas bei adiabater Zustandsänderung

$$La = \sqrt{\frac{\varkappa + 1}{2 + (\varkappa - 1)Ma^2}}\, Ma\,, \qquad Ma = \sqrt{\frac{2}{\varkappa + 1 - (\varkappa - 1)La^2}}\, La\,. \tag{4.38a, b}$$

Mach-Zahl und Laval-Zahl stimmen für $Ma = 0 = La$ und $Ma = 1 = La$ überein. Während die Mach-Zahl wegen $\infty \geqq c \geqq 0$ den ganzen Bereich von $0 \leqq Ma \leqq \infty$ durchlaufen kann, ist der Bereich Laval-Zahl nach (4.38a) auf $0 \leqq La \leqq La_{max}$ mit

$$La_{max} = \sqrt{\frac{\varkappa + 1}{\varkappa - 1}}\,(=)\,2{,}449\,, \qquad Ma_{max} = \infty \quad (c = 0) \tag{4.38c, d}$$

beschränkt. In Abb. 4.8 ist der Zusammenhang von Laval- und Mach-Zahl als Kurve (*1*) dargestellt. Im Bereich $0 < Ma < 1$, d. h. einer Unterschallströmung (subsonisch), ist $La > Ma$, und im Bereich $1 < Ma < \infty$, d. h. einer Überschallströmung (supersonisch), ist $La < Ma$. Laval- und Mach-Zahl stellen die beiden Kennzahlen für Strömungen dichteveränderlicher Fluide dar.[12]

Die Änderung der Mach- und Laval-Zahl infolge einer Geschwindigkeitsänderung erhält man wegen $d\,Ma = d(v/c) = Ma(dv/v - dc/c)$ in Verbindung mit (4.32b) bzw. $d\,La = d(v/c_L) = La(dv/v)$ zu

$$\frac{d\,Ma}{Ma} = \left(1 + \frac{\varkappa - 1}{2} Ma^2\right)\frac{dv}{v}, \quad \frac{d\,La}{La} = \frac{dv}{v} \quad \text{(adiabat)}\,. \tag{4.39a, b}$$

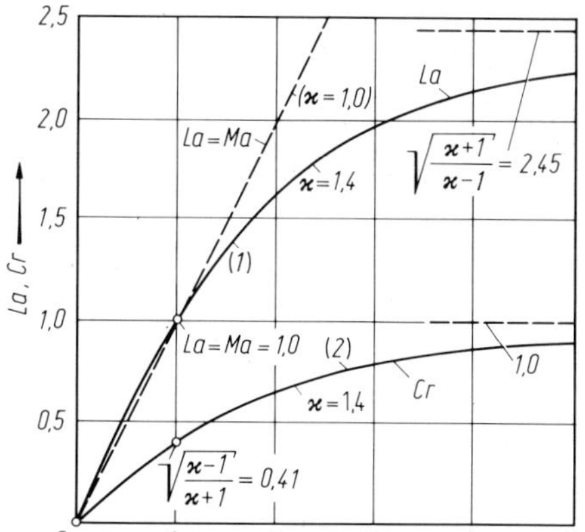

Abb. 4.8. Zusammenhang von Laval-Zahl $La = v/c_L$, Crocco-Zahl $Cr = v/v_{max}$ und Mach-Zahl $Ma = v/c$ für Luft ($\varkappa = 1{,}4$) Kurve (1) bzw. (2)

[12] Auf eine weitere Kennzahl, nämlich die Crocco-Zahl *Cr* nach (4.67) sei hingewiesen, Kurve (*2*) in Abb. 4.8.

Diese Beziehungen besagen, daß bei adiabater Zustandsänderung einer Erhöhung der Geschwindigkeit stets eine Vergrößerung der Mach- bzw. Laval-Zahl und einer Verringerung der Geschwindigkeit stets eine Verkleinerung der Mach- bzw. Laval-Zahl zugeordnet ist.

Einige Mach-Zahl-Abhängigkeiten. Mit $v_1/c_1 = Ma_1$ und $v_2/c_1 = (c_2/c_1)\, Ma_2$ findet man aus der Energiegleichung (4.27b) bei adiabater Zustandsänderung zwischen den örtlichen Mach-Zahlen und dem Verhältnis der Schallgeschwindigkeiten bzw. dem Temperaturverhältnis für Gase die Zusammenhänge

$$\left(\frac{c_2}{c_1}\right)^2 = \frac{T_2}{T_1} = \frac{2 + (\varkappa - 1) Ma_1^2}{2 + (\varkappa - 1) Ma_2^2},$$

$$Ma_2^2 = \frac{2}{\varkappa - 1}\left[\left(1 + \frac{\varkappa - 1}{2} Ma_1^2\right)\frac{T_1}{T_2} - 1\right]. \qquad (4.40a, b)$$

In Abb. 4.9a ist Ma_2 über Ma_1 mit $T_2/T_1 = (c_2/c_1)^2$ als Parameter aufgetragen. Wegen der Allgemeingültigkeit der Energiegleichung (4.27) gelten die dargestellten Kurven sowohl für die stetig mit konstanter Entropie verlaufende Depressions- (Expansions-)strömung (gestrichelte Kurven) als auch für die bei Überschallströmung unstetige mit Verdichtungsstoß verbundene Kompressionsströmung (ausgezogene Kurven), vgl. Kap. 4.3.2.5 bzw. Kap. 4.3.2.6 und 4.5.3.3.[13] Für sehr große Mach-Zahlen ($Ma_1 \gg 1$, $Ma_2 \gg 1$) gilt die asymptotische Lösung $Ma_2 = \sqrt{T_1/T_2}\, Ma_1$.

Erfolgt die Zuströmung aus einem Kessel, in dem sich das Fluid in Ruhe befindet, oder liegt bei einem umströmten Körper ein Staupunkt vor, in dem das Fluid ebenfalls zur Ruhe kommt, so spricht man vom Kessel-, Ruhe- oder Total- (Gesamt-) Zustand. Setzt man im ersten Fall $Ma_1 = 0$, $T_1 = T_0$, $Ma_2 = Ma$, $T_2 = T$ und im zweiten Fall $Ma_1 = Ma$, $T_1 = T$, $Ma_2 = 0$, $T_2 = T_0$, so folgt aus (4.40a) für beide Fälle

$$T_0 = \left(1 + \frac{\varkappa - 1}{2} Ma^2\right) T > T \quad \text{(adiabate Ruhetemperatur)}. \qquad (4.41)$$

Häufig bezeichnet man T_0 auch als Stautemperatur. T_0 stellt bei gegebener Mach-Zahl Ma und gegebener Temperatur T die größtmögliche Temperatur dar. Sie ist ein Maß für die im System gespeicherte Energie.

Herrscht an der Stelle (2) der in Kap. 4.3.2.3 definierte Laval-Zustand (kritischer Zustand, durch Stern * gekennzeichnet), so folgt wegen $v_2 = c_2 = c_2^*$ bzw. $Ma_2 = Ma_2^* = 1$ aus (4.40a) und in Verbindung mit (4.38b)

$$\left(\frac{c_2^*}{c_1}\right)^2 = \frac{T_2^*}{T_1} = 1 - \frac{\varkappa - 1}{\varkappa + 1}(1 - Ma_1^2)$$

$$= \left[1 + \frac{\varkappa - 1}{2}(1 - La_1^2)\right]^{-1} \quad (v_2 = c_2). \qquad (4.42a, b)$$

---

[13] Die Kurven $T_2/T_1 \lesseqgtr 1$ verlaufen spiegelbildlich zu der Geraden $T_2/T_1 = 1$.

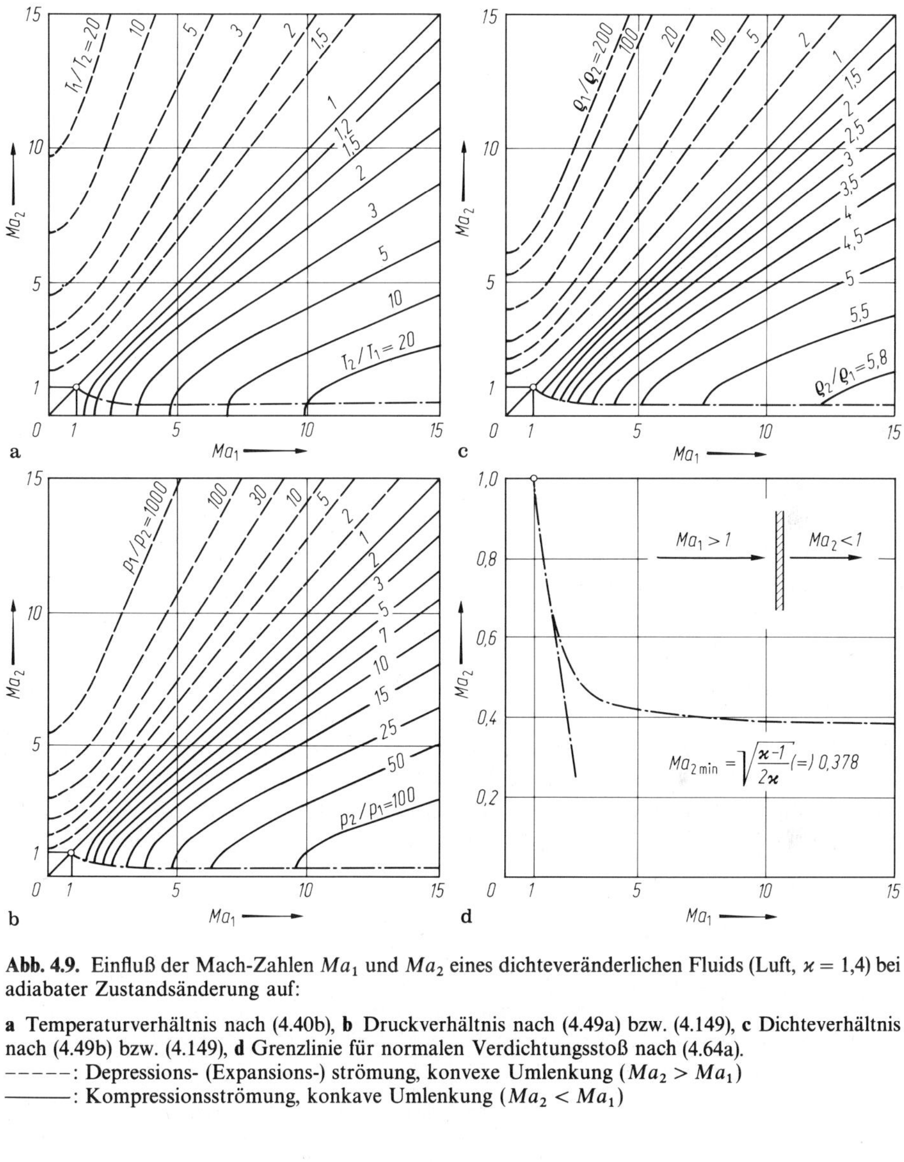

Abb. 4.9. Einfluß der Mach-Zahlen Ma_1 und Ma_2 eines dichteveränderlichen Fluids (Luft, $\varkappa = 1{,}4$) bei adiabater Zustandsänderung auf:

a Temperaturverhältnis nach (4.40b), **b** Druckverhältnis nach (4.49a) bzw. (4.149), **c** Dichteverhältnis nach (4.49b) bzw. (4.149), **d** Grenzlinie für normalen Verdichtungsstoß nach (4.64a).
-----: Depressions- (Expansions-) strömung, konvexe Umlenkung ($Ma_2 > Ma_1$)
———: Kompressionsströmung, konkave Umlenkung ($Ma_2 < Ma_1$)

Erfolgt die Zuströmung aus einem Kessel, in dem sich das Fluid in Ruhe befindet, d. h. im Ruhezustand (für Index 1 wird Index 0 gesetzt), dann ergeben sich die gesuchten Größen (Index 2, hier ohne Index) mit $Ma_1 = 0 = La_1$ zu, vgl. (4.34a) mit $c_L = c^*$,

$$\left(\frac{c^*}{c_0}\right)^2 = \frac{T^*}{T_0} = \frac{2}{\varkappa + 1}(=)\,0{,}833 \quad (Ma^* = 1 = La^*)\,. \tag{4.43}$$

Eine weitere Diskussion des Laval-Zustands wird bei der isentrop verlaufenden Strömung in Kap. 4.3.2.5 und Kap. 4.3.2.7 Beispiel a durchgeführt.

Druckbeiwert. Die Druckänderung $\Delta p = p_2 - p_1$ bezieht man auf den Geschwindigkeitsdruck (= auf Volumen bezogene Geschwindigkeitsenergie) an der Stelle (1)

$$q_1 = \frac{\varrho_1}{2} v_1^2 = \frac{\varkappa}{2} p_1 Ma_1^2 > 0 \quad \text{(Bezugsgröße)} \tag{4.44}$$

und schreibt für den dimensionslosen Druckbeiwert bei einem vollkommen idealen Gas ($\varkappa = \text{const}$)

$$\frac{\Delta p}{q_1} = \frac{p_2 - p_1}{\frac{\varrho_1}{2} v_1^2} = \frac{2}{\varkappa Ma_1^2}\left(\frac{p_2}{p_1} - 1\right) \gtrless 0 \quad \text{(Definition)}\,. \tag{4.45}$$

Bei Kompression ($p_2/p_1 > 1$) ergibt sich Überdruck ($\Delta p/q_1 > 0$) und bei Depression ($p_2/p_1 < 1$) Unterdruck ($\Delta p/q_1 < 0$).

4.3.2.5 Bei konstanter Entropie stetig verlaufende stationäre Strömung

Zustandsänderungen. Stetige Strömungsvorgänge reibungsloser Fluide ohne Wärmeaustausch der einzelnen Fluidelemente untereinander verlaufen bei konstanter Entropie (isentrop = adiabat-reversibel). Sie kommen vor bei Verdünnungs-(Expansions-) oder Depressionsströmungen sowie bei schwachen Verdichtungs- oder Kompressionsströmungen. Die maßgebenden Zustandsänderungen an zwei Stellen (1) und (2) entnimmt man für das ideale Gas (4.22). Sind die Verdichtungseinflüsse allerdings stärker, so verläuft die Strömung, sofern es sich um eine Überschallzuströmung handelt, nicht überall mehr stetig, sondern es treten unstetige Strömungsvorgänge mit Verdichtungsstößen (anisentrop = adiabat-irreversibel) auf. Hierüber wird in Kap. 4.3.2.6 und Kap. 4.5.3.3 berichtet.

Einfluß des Druckverhältnisses. Das Dichteverhältnis ϱ_2/ϱ_1 an zwei Stellen (1) und (2) längs der Kontrollfadenachse sowie das zugehörige Temperaturverhältnis T_2/T_1 sind für das ideale Gas gemäß (4.22a) in Abb. 4.1a, b als Kurven (*1*) über dem Druckverhältnis p_2/p_1 dargestellt. Dabei sind für den Bereich der Depression ($0 \leqq p_2/p_1 < 1$) lineare und für den Bereich der Kompression ($p_2/p_1 > 1$) logarithmische Maßstäbe für Abszisse und Ordinate gewählt. Auf die Bedeutung der Kurven (*2*) wird in Kap. 4.3.2.6 noch eingegangen. Aus (4.27a) erhält man in Verbindung mit (4.22a) die Geschwindigkeiten in Abhängigkeit vom Druckverhältnis

$$v_2 = \sqrt{v_1^2 + \frac{2\varkappa}{\varkappa - 1}\frac{p_1}{\varrho_1}\left[1 - \left(\frac{p_2}{p_1}\right)^{\frac{\varkappa-1}{\varkappa}}\right]} \quad \text{(isentrop)}\,. \tag{4.46}$$

Je kleiner das Druckverhältnis p_2/p_1 ist, um so größer wird bei gegebener Geschwindigkeit v_1 die Geschwindigkeit v_2. Diese ist für $p_2/p_1 = 0$ (Vakuum-Zustand) in ihrer Größe beschränkt.

Einfluß der Zuström-Mach-Zahl. Das Druckverhältnis p_2/p_1 erhält man aus (4.46) in Abhängigkeit von der Differenz der Geschwindigkeitsquadrate $v_2^2 - v_1^2$. In diese Beziehung soll die Mach-Zahl des Strömungszustands an der Stelle (*1*), d. h.

die Zuström-Mach-Zahl $Ma_1 = v_1/c_1$ eingeführt werden. Mit $c_1^2 = \varkappa p_1/\varrho_1$ nach (4.31a) ergibt sich für den Zusammenhang von Druck- und Geschwindigkeitsverhältnis

$$\frac{p_2}{p_1} = \left[1 + \frac{\varkappa - 1}{2}\left(1 - \left(\frac{v_2}{v_1}\right)^2\right)Ma_1^2\right]^{\frac{\varkappa}{\varkappa - 1}}. \tag{4.47}$$

Herrscht an der Stelle (2) Ruhe mit $v_2 = 0$, so wird dort der Druck p_2 am größten. Liegt bei (2) Vakuum mit $p_2 = 0$ vor, dann stellt sich das maximal mögliche Geschwindigkeitsverhältnis ein.

$$\left(\frac{p_2}{p_1}\right)_{\max} = \left(1 + \frac{\varkappa - 1}{2}Ma_1^2\right)^{\frac{\varkappa}{\varkappa - 1}}, \quad \left(\frac{v_2}{v_1}\right)_{\max} = \sqrt{\frac{2 + (\varkappa - 1)Ma_1^2}{(\varkappa - 1)Ma_1^2}}. \tag{4.48a, b}$$

Für $Ma_1 = v_1/c_1 = 0$, d. h. für $v_1 = 0$, wird $(v_2/c_1)_{\max} = \sqrt{2/(\varkappa - 1)}(=)\ 2{,}236$ in Übereinstimmung mit (4.33c).

Örtliche Mach-Zahlen. Während die Abhängigkeit des Temperaturverhältnisses von den örtlichen Mach-Zahlen Ma_1 und Ma_2 für das ideale Gas bereits in Abb. 4.9a dargestellt wurde, gewinnt man die entsprechenden Funktionen für das Druck- und Dichteverhältnis durch Einsetzen von T_2/T_1 aus (4.40a) in (4.22a).

$$\frac{p_2}{p_1} = \left(\frac{\varrho_2}{\varrho_1}\right)^{\varkappa} = \left(\frac{2 + (\varkappa - 1)Ma_1^2}{2 + (\varkappa - 1)Ma_2^2}\right)^{\frac{\varkappa}{\varkappa - 1}} \lesseqgtr 1 \quad \text{(isentrop)}. \tag{4.49a, b}$$

In den Abb. 4.9b und c sind Ma_2 über Ma_1 mit p_2/p_1 bzw. ϱ_2/ϱ_1 als Parameter für die mit konstanter Entropie verbundene Depressions- (Expansions-) strömung $(0 \leqq p_2/p_1 < 1)$ bzw. $(0 \leqq \varrho_2/\varrho_1 < 1)$ als gestrichelte Kurven dargestellt. Die ausgezogenen Kurven stellen die mit Verdichtungsstoß verbundene Kompressionsströmung $(p_2/p_1 > 1)$ bzw. $(\varrho_2/\varrho_1 > 1)$ dar, über die in Kap. 4.3.2.6 und Kap. 4.5.3.3 berichtet wird.

Laval-Zustand. In Kap. 4.3.2.3 wurde ein sogenannter kritischer Zustand definiert, bei dem an einer Stelle (2) die Strömungsgeschwindigkeit gerade gleich der Schallgeschwindigkeit $v_2 = c_2$, d. h. $Ma_2 = 1$, ist. Alle an der Stelle (2) sich einstellenden Größen seien mit einem Stern gekennzeichnet. Bei isentroper Zustandsänderung ergibt sich das kritische Druckverhältnis aus (4.22a) in Verbindung mit (4.42) oder nach (4.49a) mit $Ma_2 = Ma_2^* = 1$ zu

$$\frac{p_2^*}{p_1} = \left(\frac{2 + (\varkappa - 1)Ma_1^2}{\varkappa + 1}\right)^{\frac{\varkappa}{\varkappa - 1}} = \left(\frac{\varkappa + 1 - (\varkappa - 1)La_1^2}{2}\right)^{-\frac{\varkappa}{\varkappa - 1}} \quad (v_2 = c_2). \tag{4.50a, b}$$

Für $Ma_1 = 0 = La_1$, d. h. bei $v_1 = 0$ (Ruhe- oder Kesselzustand), ergibt sich der kleinste Wert zu

$$\left(\frac{p_2^*}{p_1}\right)_{\min} = \left(\frac{2}{\varkappa + 1}\right)^{\frac{\varkappa}{\varkappa - 1}}(=)\ 0{,}528 \quad \text{(Laval-Druckverhältnis)}. \tag{4.51a, b}$$

Das kritische Geschwindigkeitsverhältnis erhält man aus der Definition der Laval-Zahl (4.37), und zwar gilt für die Zuström-Laval-Zahl $La_1 = v_1/c_L$ mit $c_L = v_2^*$. Führt man nach (4.38a) auch die Zuström-Mach-Zahl Ma_1 ein, so erhält man

$$\frac{v_2^*}{v_1} = \frac{1}{La_1} = \sqrt{1 + \frac{2}{\varkappa + 1} \frac{1 - Ma_1^2}{Ma_1^2}} \quad (0 < Ma_1 \leqq \infty) . \qquad (4.52\text{a, b})$$

Bei $Ma_1 \doteq \infty$ bzw. $La_1 = La_{1\,max}$ ergibt sich der Kleinstwert für das kritische Geschwindigkeitsverhältnis

$$\left(\frac{v_2^*}{v_1}\right)_{min} = \sqrt{\frac{\varkappa - 1}{\varkappa + 1}} (=)\ 0{,}408 \qquad (Ma_1 = \infty) . \qquad (4.52\text{c})$$

Bei Unterschallzuströmung ($0 < Ma_1 < 1$) bzw. ($0 < La_1 < 1$) ist $\infty > v_2^*/v_1 > 1$ und $(p_2^*/p_1)_{min} < p_2^*/p_1 < 1$, d. h. es tritt der Laval-Zustand bei beschleunigter, isentroper Verdünnungsströmung auf, während sich bei Überschallzuströmung ($1 < Ma_1 \leqq \infty$) bzw. ($1 < La_1 \leqq La_{1\,max}$) der Laval-Zustand bei verzögerter, nach Voraussetzung isentroper Verdichtungsströmung mit $1 > v_2^*/v_1 \geqq (v_2^*/v_1)_{min}$ und $1 < p_2^*/p_1 \leqq \infty$ einstellt.

Ausgehend von (4.22a) lassen sich für den Fall der Zuströmung aus dem Ruhezustand ($Ma_1 = 0$) heraus unter Einsetzen von (4.51) alle anderen interessierenden kritischen Werte angeben. Sie sind in Tab. 4.1 zusammengestellt.

Stromfadenquerschnitt. Bei Strömungen dichteveränderlicher Fluide besteht hinsichtlich der Änderung des Stromfadenquerschnitts A mit der Geschwindigkeit v ein grundsätzlicher Unterschied, ob es sich um eine Unter- oder Überschallströmung handelt. Die Abhängigkeit der Dichteänderung $d\varrho/\varrho$ von der

Tabelle 4.1. Isentrope Depressions- (Expansions-) strömung von $Ma_1 = 0$ (Ruhezustand) auf $Ma_2 = Ma_2^* = 1$
(Laval-Zustand = kritischer Zustand, mit * gekennzeichnet) für Luft $\varkappa = 7/5 = 1{,}4$; Ausströmen aus einem Kessel, Abb. 4.11, $p_1 = p_0, p_2^* = p^*$, usw.

Druck	$\frac{p_2^*}{p_1} = \left(\frac{2}{\varkappa + 1}\right)^{\frac{\varkappa}{\varkappa - 1}}$	$\left(\frac{5}{6}\right)^{3,5} = 0{,}528$
Dichte	$\frac{\varrho_2^*}{\varrho_1} = \left(\frac{2}{\varkappa + 1}\right)^{\frac{1}{\varkappa - 1}}$	$\left(\frac{5}{6}\right)^{2,5} = 0{,}634$
Temperatur	$\frac{T_2^*}{T_1} = \frac{2}{\varkappa + 1}$	$\frac{5}{6} = 0{,}833$
Geschwindigkeit, Schallgeschwindigkeit	$\frac{v_2^*}{c_1} = \frac{c_2^*}{c_1} = \sqrt{\frac{2}{\varkappa + 1}}$	$\left(\frac{5}{6}\right)^{0,5} = 0{,}913$
Stromdichte	$\frac{\varrho_2^* v_2^*}{\varrho_1 c_1} = \left(\frac{2}{\varkappa + 1}\right)^{\frac{\varkappa + 1}{2(\varkappa - 1)}}$	$\left(\frac{5}{6}\right)^{3,0} = 0{,}579$

Geschwindigkeitsänderung dv/v findet man aus (4.30a) in Verbindung mit (4.28b) und (4.36) sowie die zugehörige Querschnittsänderung dA/A durch Einsetzen von $d\varrho/\varrho$ in die Kontinuitätsgleichung (4.23b) zu

$$\frac{d\varrho}{\varrho} = -Ma^2\frac{dv}{v} \lessgtr 0, \quad \frac{dA}{A} = -(1 - Ma^2)\frac{dv}{v} \lessgtr 0 \quad \text{(adiabat)}. \qquad (4.53\text{a, b})$$

Unabhängig von der Art des Fluids führt die als Hugoniot-Gleichung [26] bekannte Beziehung (4.53b) zu der Feststellung, daß sich bei adiabater Zustandsänderung im Unterschallbereich ($Ma < 1$) wegen $(1 - Ma^2) > 0$ bei einer Geschwindigkeitserhöhung (beschleunigte Strömung, $dv > 0$) eine stetige Stromfadenverengung ($dA < 0$) und umgekehrt bei einer Geschwindigkeitsverringerung (verzögerte Strömung, $dv < 0$) eine stetige Stromfadenerweiterung ($dA > 0$) einstellt. Im Überschallbereich ($Ma > 1$) liegen die Verhältnisse wegen des Vorzeichenwechsels der Klammer $(1 - Ma^2) < 0$ umgekehrt, und zwar ist $dA \gtrless 0$ für $dv \gtrless 0$. Man erkennt als Folge der Dichteänderung des strömenden Fluids das grundsätzlich verschiedene Verhalten für die Stromfadenquerschnitte bei Unter- und Überschallströmungen. In Abb. 1.19 wurde dieser Tatbestand bereits schematisch dargestellt und im Zusammenhang damit kurz beschrieben. Eine besondere Beachtung verdient der Sonderfall $Ma = 1$, für den (4.53b) die Bedingung $dA = 0$ liefert. Dies entspricht einem Extremwert des Stromfadenquerschnitts, der nach den vorhergehenden Betrachtungen nur ein Kleinstwert $A = A_{\min}$ sein kann. Dem Wert $dA = 0$ sind nach (4.53b) die Bedingungen $Ma = 1$, d. h. $v = c$, oder $dv = 0$, zugeordnet. Es stellt sich also im engsten Querschnitt entweder die Laval-Geschwindigkeit (kritische Geschwindigkeit) $v = c = c_L$ nach (4.34) ein oder die Geschwindigkeit v erreicht an dieser Stelle einen Extremwert.

In (4.53b) läßt sich der Ausdruck für die Geschwindigkeit dv/v durch eine Beziehung ausdrücken, die nur die Mach-Zahl $Ma = v/c$ enthält. Durch Einsetzen von (4.39a) erhält man für die Querschnittsänderung bzw. die Querschnittsverteilung selbst

$$\frac{dA}{A} = -\frac{2(1 - Ma^2)}{2 + (\varkappa - 1)Ma^2}\frac{dMa}{Ma}, \quad \frac{A}{A_{\min}} = \frac{1}{Ma}\left(\frac{2 + (\varkappa - 1)Ma^2}{\varkappa + 1}\right)^{\frac{\varkappa + 1}{2(\varkappa - 1)}}. \qquad (4.54\text{a, b})$$

Die zweite Beziehung ergibt sich aus der ersten durch Integration mit $A = A_{\min}$ bei $Ma = 1$ als Integrationskonstante.[14] Der Verlauf $A/A_{\min} = f(Ma)$ ist in Zusammenhang mit der Untersuchung über das Ausströmen aus einem Kessel (Beispiel a.1 in Kap. 4.3.2.7) in Abb. 4.11b als Kurve (*2*) dargestellt. Er bestätigt das bereits besprochene Ergebnis über das grundsätzlich verschiedene Verhalten der Stromfadenquerschnitte bei Unter- und Überschallströmung.

Strömungsumkehr. In Kap. 2.5.3.2 wurde gezeigt, daß man unter bestimmten Voraussetzungen für die Massenkraft und die Randbedingungen bei der reibungslosen Strömung die Strömungsrichtung umkehren kann, ohne dabei am Druckverhalten in der Strömung etwas zu ändern. Für die hier behandelte stetige Strömung,

[14] Es gilt auch $A/A_{\min} = \varrho^* v^*/\varrho v$ mit $\varrho^*/\varrho = (p^*/p)^{1/\varkappa}$ nach (4.50a) und v^*/v nach (4.52b).

die bei isentroper Zustandsänderung abläuft, kann man dies Ergebnis leicht bestätigen, indem man z. B. in (4.47) die Indizes 1 und 2 miteinander vertauscht. Dadurch wird am Strömungsverhalten nichts geändert.

4.3.2.6 Mit normalem Verdichtungsstoß unstetig verlaufende stationäre Strömung

Allgemeines. Bei den bisherigen Untersuchungen wurden stetig verlaufende Strömungen dichteveränderlicher Fluide mit konstanter Entropie (isentrope Strömung) behandelt. Die Erfahrung hat gelehrt, daß unter gewissen Voraussetzungen jedoch auch unstetig verlaufende Strömungen dichteveränderlicher Fluide mit sprunghafter Dichteänderung, d. h. Verdichtungsstoß bei Überschallzuströmung mit anisentroper Zustandsänderung, auftreten können. Solche unstetigen Strömungsvorgänge hat erstmalig Riemann [49] theoretisch erkannt. Sie lassen sich experimentell auf optischem Weg durch Beobachtung der Dichteänderung nachweisen (Interferenz-, Schlieren-, Schattenverfahren) [44, 71].

Zur Aufklärung des Vorgangs kann, wie schon bei der Berechnung der Ausbreitungsgeschwindigkeit einer schwachen Druckstörung in Kap. 4.3.2.3 die Strömung entweder in einem zylindrischen Rohr oder die Ausbreitung einer Druckstörung in einer freien Strömung betrachtet werden. Im ersten Fall denke man sich im Querschnitt A eines Rohrs von konstantem Querschnitt eine sprunghafte Verdichtung des Fluids (Gases), wodurch die vor dem Querschnitt vorhandene Geschwindigkeit v_1 unstetig auf den Wert v_2 abfällt, während gleichzeitig Druck und Dichte von den Werten p_1 und ϱ_1 auf p_2 bzw. ϱ_2 ansteigen. Im zweiten Fall sei in Analogie zu Abb. 4.6b die Störfront festgehalten und mit der Geschwindigkeit v_1 beim Druck p_1 und bei der Dichte ϱ_1 normal (senkrecht) zur Front, d. h. ohne Strömungsumlenkung angeströmt. Hinter der Front mögen dann die Größen v_2, p_2, ϱ_2 herrschen. Die beschriebenen Vorgänge können hierbei als stationär angesehen werden. Die Untersuchung des unstetigen Strömungsvorgangs möge nach Abb. 4.10a für den zweiten Fall gezeigt werden. Die Störfront zwischen den Stellen (1) und (2) sei vereinfacht als Unstetigkeitsfläche normal zur Strömungsrichtung angenommen. Stromaufwärts von (1) und stromabwärts von (2) verläuft die Strömung bei isentroper Zustandsänderung jeweils stetig. Durch die sehr dünne, im mathematischen Sinn infinitesimal klein angenommene Störfront hindurch verläuft die Strömung bei anisentroper Zustandsänderung unstetig. Der betrachtete Kontrollfaden wird nach Abb. 4.10b aus den Flächen A_1, A_2 und

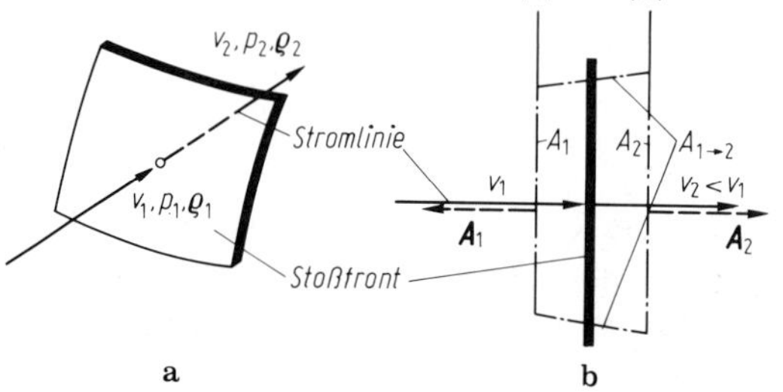

Abb. 4.10. Zur Theorie des normalen (senkrechten) Verdichtungsstoßes. **a** Stoßfront (Störfront), **b** Kontrollfaden

$A_{1\to 2} \approx 0$ gebildet. Für die Flächennormalen gilt $\boldsymbol{A}_1 \approx -\boldsymbol{A}_2$. Die Kontrollfläche wird also aus $(O) = (A_1) + (A_2)$ mit $A_1 \approx A_2$ gebildet.

Bestimmungsgleichungen. Zur Behandlung der gestellten Aufgabe stehen die thermische Zustandsgleichung sowie die Kontinuitäts-, Impuls-, Energie- und Entropiegleichung für den Kontrollfaden nach Kap. 4.3.2.2 zur Verfügung. Aus (4.23a), (4.24), (4.27a) und (4.29a) erhält man die Stoßgleichungen für das vollkommen ideale Gas bei adiabatem Zustand zu

Kontinuitätsgleichung: $$\varrho_1 v_1 = \varrho_2 v_2\,, \tag{4.55a}$$

Impulsgleichung: $$p_1 + \varrho_1 v_1^2 = p_2 + \varrho_2 v_2^2\,, \tag{4.55b}$$

Energiegleichung: $$\frac{\varkappa}{\varkappa - 1}\frac{p_1}{\varrho_1} + \frac{v_1^2}{2} = \frac{\varkappa}{\varkappa - 1}\frac{p_2}{\varrho_2} + \frac{v_2^2}{2}\,, \tag{4.55c}$$

Entropiegleichung: $$s_2 - s_1 = c_p \ln\left[\frac{\varrho_1}{\varrho_2}\left(\frac{p_2}{p_1}\right)^{\frac{1}{\varkappa}}\right]. \tag{4.55d}$$

Obwohl im Inneren des Verdichtungsstoßes Reibung und Wärmeleitung von Bedeutung sind, treten diese Einflüsse an der Kontrollfläche (reibungslose Strömung, adiabate Zustandsänderung) in (4.55) nicht explizit auf, man vergleiche die Bemerkung am Ende dieses Abschnitts. Eine triviale Lösung des obigen Gleichungssystems lautet $\varrho_1 = \varrho_2$, $p_1 = p_2$ und $v_1 = v_2$. Eine weitere Lösung liefert (4.55d) für den Fall konstanter Entropie $(s_2 = s_1)$. Über diese stetig verlaufende isentrope Strömung wurde bereits in Kap. 4.3.2.5 berichtet. Die dort zugrunde gelegte Zustandsänderung (4.49a) folgt unmittelbar aus (4.55d) wegen $(s_2 - s_1) = 0$, bzw. $\ln[\,..\,] = 0$, bzw. $[\,..\,] = 1$. Aus den noch nicht herangezogenen drei Beziehungen (4.55a, b, c) ergibt sich ein Gleichungssystem für drei Unbekannte, nämlich die Dichte, den Druck und die Geschwindigkeit. Dies System läßt sich elementar auflösen.

Einfluß des Druckverhältnisses. Aus (4.55a) und (4.55b) findet man zunächst für die Geschwindigkeitsquadrate

$$v_1^2 = \frac{\varrho_2}{\varrho_1}\frac{p_2 - p_1}{\varrho_2 - \varrho_1} \quad \text{und} \quad v_2^2 = \frac{\varrho_1}{\varrho_2}\frac{p_2 - p_1}{\varrho_2 - \varrho_1}\,, \tag{4.56a, b}$$

die man durch Einsetzen in (4.55c) eliminiert. Die Zusammenhänge zwischen dem Dichte- und Druckverhältnis ergeben sich dann zu

$$\frac{\varrho_2}{\varrho_1} = \frac{\varkappa - 1 + (\varkappa + 1)\dfrac{p_2}{p_1}}{\varkappa + 1 + (\varkappa - 1)\dfrac{p_2}{p_1}}\,, \quad \frac{p_2}{p_1} = \frac{-(\varkappa - 1) + (\varkappa + 1)\dfrac{\varrho_2}{\varrho_1}}{\varkappa + 1 - (\varkappa - 1)\dfrac{\varrho_2}{\varrho_1}}\,. \tag{4.57a, b}$$

Damit sind einfache Beziehungen zwischen den Zustandsgrößen ϱ und p vor und hinter der Stoßfront gegeben, wobei über die eingeschränkten Gültigkeitsbereiche noch zu berichten ist. Es besteht in gleicher Weise wie bei der stetigen Strömung nach (4.49a) ein barotroper Zustand $\varrho = \varrho(p)$, so daß man auch hier im tatsächlichen Sinn von einer kompressiblen Strömung sprechen kann. In Abb. 4.1a ist das Dichteverhältnis über dem Druckverhältnis als Kurve (*2*), auch Rankine-Hugoniot-Kurve (Stoßadiabate) genannt, aufgetragen [26, 48]. Das Dichteverhältnis ϱ_2/ϱ_1 wächst mit steigendem Druckverhältnis p_2/p_1 bis auf den asymptotischen Grenzwert

$$\left(\frac{\varrho_2}{\varrho_1}\right)_{\max} = \frac{\varkappa + 1}{\varkappa - 1} (=)\ 6{,}0 \qquad (p_2/p_1 \to \infty)\,. \tag{4.57c}$$

Luft kann also in einem normalen (senkrechten) Verdichtungsstoß nicht stärker als auf den sechsfachen Betrag des Ausgangswerts verdichtet werden. Das Dichteverhältnis ϱ_2/ϱ_1 wurde jeweils für die Bereiche der Depression (Verdünnung = Expansion) $0 \leqq p_2/p_1 < 1$ sowie der Kompression (Verdichtung) $p_2/p_1 > 1$ aufgetragen. Bei $p_2/p_1 = 0$ errechnet man nach (4.57a) theoretisch einen endlichen, von null verschiedenen Wert, nämlich $(\varrho_2/\varrho_1)_{\min} = (\varkappa - 1)/(\varkappa + 1)$ (=) 0,167, was physikalisch unmöglich ist, da für diesen Zustand Vakuum mit $\varrho_2/\varrho_1 = 0$ herrschen muß. In Abb. 4.1a ist zum Vergleich das Dichteverhältnis für die stetige Strömung nach (4.49a) als Kurve (*1*) dargestellt. Bei schwacher Verdünnung oder Verdichtung $p_2/p_1 \approx 1$ stimmen die Ergebnisse der stetig (isentrop = mit konstanter Entropie) und unstetig (anisentrop = mit Verdichtungsstoß) verlaufenden Strömung überein. Setzt man in (4.49a) und (4.57a) $(p_2/p_1 - 1) \ll 1$, dann wird bei Berücksichtigung nur der linearen Glieder von $(p_2/p_1 - 1)$ in beiden Fällen $\varrho_2/\varrho_1 = 1 + (1/\varkappa)(p_2/p_1 - 1)$. Daraus folgt, daß auch schwache Verdichtungen stetig, d. h. ohne Verdichtungsstoß vor sich gehen, und dieser Zustand als isentrop verlaufend angesehen werden kann.

Beim Durchgang durch den Verdichtungsstoß tritt eine Temperaturerhöhung auf. Ausgehend von der Zustandsgleichung (4.21b) findet man für das Temperaturverhältnis $T_2/T_1 = (p_2/p_1)(\varrho_1/\varrho_2)$. Sucht man die Abhängigkeit vom Druckverhältnis, so ist für ϱ_1/ϱ_2 der Zusammenhang nach (4.57a) einzusetzen. Das Ergebnis wird in Abb. 4.1b als Kurve (*2*) mit dem für isentrope Strömung gemäß Kurve (*1*) verglichen. Danach ist die Temperaturerhöhung hinter einem normalen Verdichtungsstoß größer, als wenn die Strömung bei konstanter Entropie verdichtet würde.

Die Darstellung in Abb. 4.1a zeigt, daß im Bereich der Depression (Auftragung in linearem Maßstab) die stetige Verdünnung kleinere Werte für das Dichteverhältnis ϱ_2/ϱ_1 ergibt als die theoretisch berechenbare unstetige Verdünnung. Im Bereich der Kompression (Auftragung in logarithmischem Maßstab) ergibt die stetige Verdichtung größere Werte als die mit einem normalen Verdichtungsstoß verbundene unstetige Verdichtung. Für sehr große Druckverhältnisse p_2/p_1 strebt im ersten Fall das Dichteverhältnis ϱ_2/ϱ_1 einem unbeschränkt großen Wert zu, während sich im zweiten Fall der Grenzwert nach (4.57c) ergibt. Sowohl bei der Depressions- als auch bei der Kompressionsströmung wären zwei mögliche Zuordnungen von Dichte- und Druckverhältnis denkbar. Physikalisch gesehen ist das gleichzeitige Auftreten der Kurven (*1*) und (*2*) nicht ohne weiteres vorstellbar. Die

Frage, welche Kurve die physikalisch mögliche ist, läßt sich mittels der Entropiegleichung (4.29) beantworten, nach der nämlich stets

$$\frac{\varrho_2}{\varrho_1} \leqq \left(\frac{p_2}{p_1}\right)^{\frac{1}{\varkappa}} = \left(\frac{\varrho_2}{\varrho_1}\right)_{s=\text{const}}, \quad \frac{T_2}{T_1} \geqq \left(\frac{p_2}{p_1}\right)^{\frac{\varkappa-1}{\varkappa}} = \left(\frac{T_2}{T_1}\right)_{s=\text{const}} \quad \text{(adiabat)} \tag{4.58a, b}$$

sein muß. Das heißt, daß bei gleichem Druckverhältnis jeweils die Kurven mit dem Dichteverhältnis bei konstanter Entropie oder gegebenenfalls einem kleineren Wert nur sinnvoll sind. Bei der Depression bedeutet dies, daß Verdünnungsstöße nicht auftreten können. Der unbrauchbare Teil der Kurve (*2*) ist gestrichelt wiedergegeben. Bei der Verdichtung ist der zwischen den Kurven (*1*) und (*2*) schraffierte Bereich physikalisch möglich, man vergleiche die Ausführung über den schiefen Verdichtungsstoß in Kap. 4.5.3.3. Analoge Überlegungen gelten für das Temperaturverhältnis T_2/T_1 in Abb. 4.1b.

Die Stärke eines Verdichtungsstoßes wird durch die Größe des Entropiesprungs $\Delta s = s_2 - s_1$ angegeben. Diesen erhält man für die hier angenommene adiabat verlaufende Strömung in Abhängigkeit von p_2/p_1 aus (4.55d), in die man ϱ_2/ϱ_1 nach (4.57a) einsetzt. Das ausgewertete Ergebnis ist in Abb. 4.1a rechts als Kurve (*2*) dargestellt, und zwar sowohl für die Depressions- als auch für die Kompressionsströmung. Man bestätigt hierdurch wieder, daß es keine Verdünnungsstöße geben kann. In dem in Frage kommenden Bereich ($0 \leqq p_2/p_1 < 1$) würde eine Entropieabnahme auftreten, was dem zweiten Hauptsatz der Thermodynamik widersprechen würde, nach dem $(s_2 - s_1)/c_p > 0$ sein muß. Bei Depressionsströmung kann, wie bereits gesagt wurde, die Strömung also nur isentrop, d. h. stetig verlaufen.

Einfluß der Zuström-Mach-Zahl. Im folgenden werden die Mach- oder Laval-Zahl des Strömungszustands vor dem Verdichtungsstoß an der Stelle (1) bei Zuströmung mit Überschallgeschwindigkeit mit $Ma_1 = v_1/c_1 > 1$ bzw. $La_1 = v_1/c_L > 1$ eingeführt. Aus (4.56a) erhält man mit $c_1^2 = \varkappa p_1/\varrho_1$ und $Ma_1 = v_1/c_1$ zunächst $p_2/p_1 = 1 + \varkappa Ma_1^2(1 - \varrho_1/\varrho_2)$. Nach Einsetzen von (4.57a, b) ergibt sich das Druck- und Dichteverhältnis zu

$$\frac{p_2}{p_1} = 1 + \frac{2\varkappa}{\varkappa+1}(Ma_1^2 - 1), \quad \frac{\varrho_2}{\varrho_1} = \frac{(\varkappa+1)Ma_1^2}{2 + (\varkappa-1)Ma_1^2} = La_1^2 \quad (Ma_1 > 1)\,, \tag{4.59a, b}$$

wobei das maximale Dichteverhältnis nach (4.57c) bei $Ma_1 = \infty$ bzw. $La_1 = La_{1\,\max}$ nach (4.38c) auftritt. Das Temperaturverhältnis erhält man wieder aus (4.21b) zu $T_2/T_1 = (p_2/p_1)\,(\varrho_1/\varrho_2)$. Unter Beachtung von (4.59a, b) kann man auch den Entropiesprung nach (4.55d) in Abhängigkeit von der Mach-Zahl Ma_1 ermitteln:

$$\frac{s_2 - s_1}{c_p} = \ln\left[\frac{2}{(\varkappa+1)Ma_1^2} + \frac{\varkappa-1}{\varkappa+1}\right] + \frac{1}{\varkappa}\ln\left[\frac{2\varkappa Ma_1^2}{\varkappa+1} - \frac{\varkappa-1}{\varkappa+1}\right]. \tag{4.60}$$

Es zeigt sich, daß die Entropiezunahme im normalen Verdichtungsstoß um so größer ist, je größer Ma_1 ist. In Abb. 4.46 sind die gefundenen Ergebnisse als Grenzfall (Stoßwinkel $\sigma = \pi/2$) dargestellt.

Die Druckerhöhung hinter einem normalen Verdichtungsstoß $\Delta p = p_2 - p_1$ bezogen auf den Geschwindigkeitsdruck der Zuströmung $q_1 = (\varrho_1/2) v_1^2$ nach (4.44) erhält man als Druckbeiwert nach (4.45) zu

$$\frac{\Delta p}{q_1} = \frac{4}{\varkappa + 1} \frac{Ma_1^2 - 1}{Ma_1^2} = 2 \frac{La_1^2 - 1}{La_1^2} > 0 \,, \quad \left(\frac{\Delta p}{q_1}\right)_{\max} = \frac{4}{\varkappa + 1} (=)\ 1{,}667 \,. \tag{4.61a, b}$$

Die maximale Druckerhöhung im normalen Verdichtungsstoß ergibt sich asymptotisch bei $Ma_1 = \infty$ bzw. $La_1 = La_{1\,\max}$.

Neben den Größen des Drucks, der Dichte, der Temperatur und der Entropie ist häufig auch die Kenntnis der Geschwindigkeit vor und hinter dem Verdichtungsstoß von besonderem Interesse. Aus der Kontinuitätsgleichung (4.55a) findet man für das Geschwindigkeitsverhältnis $v_2/v_1 = \varrho_1/\varrho_2$, womit gezeigt ist, daß alle für das Dichteverhältnis angegebenen Formeln in reziproker Form auch für das Geschwindigkeitsverhältnis gelten. Für die Abhängigkeit von der Mach-Zahl Ma_1 oder von der Laval-Zahl La_1 wird mit (4.59b)[15]

$$\frac{v_2}{v_1} = 1 - \frac{2}{\varkappa + 1} \frac{Ma_1^2 - 1}{Ma_1^2} = \frac{1}{La_1^2} < 1 \,, \quad \left(\frac{v_2}{v_1}\right)_{\min} = \frac{\varkappa - 1}{\varkappa + 1} (=)\ 0{,}167 \,. \tag{4.62a, b}$$

Bei der vorliegenden Überschall-Zuströmung $1 < Ma_1 \leqq \infty$ erstreckt sich das Geschwindigkeitsverhältnis auf den Wertebereich $1 > v_2/v_1 \geqq (v_2/v_1)_{\min}$ für $Ma_1 = \infty$. Aus (4.62a) folgen mit $La_1 = v_1/c_L$ die Beziehungen

$$v_1 v_2 = c_L^2 = \frac{2}{\varkappa + 1} c_0^2 = \text{const} \qquad \text{(Prandtl)} \,, \tag{4.63}$$

wobei c_L nach (4.34) die vom Strömungszustand nicht beeinflußte Laval-Geschwindigkeit (kritische Geschwindigkeit) ist. Das in (4.63) erstmalig von Prandtl [43] angegebene bemerkenswerte Ergebnis besagt, daß beim normalen Verdichtungsstoß die Geschwindigkeit $v_1 > c_L$ bzw. $La_1 > 1$ vor dem Stoß immer größer und die Geschwindigkeit v_2 hinter dem Stoß stets kleiner als die Laval-Geschwindigkeit c_L ist.

---

[15] Geht man von (4.55b) aus, indem man unter Beachtung von (4.55a) links und rechts durch $\varrho_1 v_1$ bzw. $\varrho_2 v_2$ dividiert und den Ausdruck p_2/ϱ_2 mittels (4.55c) ersetzt, dann folgt nach kurzer Zwischenrechnung mit $Ma_1^2 = v_1^2/c_1^2$ und $c_1^2 = \varkappa p_1/\varrho_1$

$$(v_1 - v_2)\left[\frac{\varkappa + 1}{2} - \left(\frac{\varkappa - 1}{2} + \frac{1}{Ma_1^2}\right)\frac{v_1}{v_2}\right] = 0 \,.$$

Die Gleichheit $v_2 = v_1$ entspricht dem trivialen Fall, bei dem kein Verdichtungsstoß auftritt, während der Wert Null für die eckige Klammer zu (4.62a) führt.

Mach-Zahl und Laval-Zahl hinter einem normalen Verdichtungsstoß. Unter Beachtung von

$$Ma_2^2 = \left(\frac{v_2}{c_2}\right)^2 = \left(\frac{v_2}{v_1}\right)^2 \left(\frac{c_1}{c_2}\right)^2 \left(\frac{v_1}{c_1}\right)^2 = \left(\frac{\varrho_1}{\varrho_2}\right)^2 \frac{T_1}{T_2} \left(\frac{v_1}{c_1}\right)^2 = \frac{\varrho_1}{\varrho_2}\frac{p_1}{p_2} Ma_1^2$$

sowie durch Einsetzen von (4.59a, b) erhält man die Mach- und Laval-Zahl hinter dem Verdichtungsstoß zu

$$Ma_2^2 = \frac{2 + (\varkappa - 1) Ma_1^2}{2\varkappa Ma_1^2 - (\varkappa - 1)} < 1 \ (Ma_1 > 1)\,, \quad La_2 = \frac{1}{La_1} < 1 \ (La_1 > 1)\,, \tag{4.64a, b}$$

wobei (4.64b) unmittelbar aus (4.62a) mit $La_2 = v_2/c_L$ und $La_1 = v_1/c_L$ folgt. Die gefundenen Beziehungen besagen, daß bei Überschall-Zuströmung hinter einem normalen Verdichtungsstoß immer Unterschallströmung herrscht. Die kleinstmöglichen Werte treten bei $Ma_1 = Ma_{1\,\max} = \infty$ bzw. $La_1 = La_{1\,\max}$ nach (4.38c) auf. Sie betragen

$$Ma_{2\,\min} = \sqrt{\frac{\varkappa - 1}{2\varkappa}} (=)\ 0{,}378\,, \quad La_{2\,\min} = \sqrt{\frac{\varkappa - 1}{\varkappa + 1}} (=)\ 0{,}408\,. \tag{4.64c, d}$$

Die Abhängigkeit der Mach-Zahl hinter dem Verdichtungsstoß $Ma_2 < 1$ von der Mach-Zahl vor dem Stoß $Ma_1 > 1$ ist in Abb. 4.9d wiedergegeben.

Schlußbemerkung. Die Untersuchungen haben gezeigt, daß bei einem normalen Verdichtungsstoß — die Aussage gilt auch für schiefe Verdichtungsstöße — eine irreversible, anisentrope Zustandsänderung vorliegt, d. h. eine Strömungsumkehr mit einem Verdünnungsstoß ist nicht möglich. Es wurde eine reibungslose Strömung eines vollkommen idealen Gases bei adiabater Zustandsänderung zugrunde gelegt.

In Wirklichkeit erfahren die dargestellten Vorgänge über den Verdichtungsstoß eine mehr oder weniger starke Abwandlung. Eine erste Ursache kann in der Reibung und Wärmeleitung gesehen werden. Diese Einflüsse spielen im Verdichtungsstoß selbst eine wesentliche Rolle, da sich nur hieraus die gefundene Entropieerhöhung erklären läßt. Die plötzliche Änderung der Zustandsgrößen im unstetig angenommenen Verdichtungsstoß bedeuten unendlich große Gradienten, so daß dort jede noch so kleine Viskosität oder Wärmeleitfähigkeit des Fluids eine endlich große Energiedissipation zur Folge hat. Tatsächlich findet der Übergang nicht unstetig, sondern innerhalb eines schmalen Raumbereichs von endlich großer Stoßdicke, welche jedoch nur von der Größenordnung der freien Weglänge der Fluidmoleküle (Gasmoleküle) ist, statt. Über Untersuchungen der Einflüsse von Reibung und Wärmeleitung in einem endlich ausgedehnten Stoßbereich mit stetigen Änderungen der Strömungsgrößen wird u. a. von Becker [6] berichtet. Hieraus wird erkenntlich, daß man ohne ausdrückliche Bezugnahme auf die Reibung und Wärmeleitung den Stoß als Unstetigkeitsfläche in einem reibungs- und wärmeleitungsfreien Strömungsfeld betrachten kann. Eine zweite Ursache kann in dem tatsächlichen Verhalten eines realen Gases gegenüber dem angenommenen idealen Gas, insbesondere bei höheren Temperaturen, gesehen werden. Der Verdichtungsstoß ist hierbei als Stoßfront mit anschließender Relaxationszone aufzufassen, in der bestimmte chemische Reaktionen ablaufen. Man vgl. hierzu wieder [6].

4.3.2.7 Anwendungen zur stationären Fadenströmung dichteveränderlicher Fluide

An einigen einfachen Beispielen sei die Anwendung der in Kap. 4.3.2.5 und 4.3.2.6 gefundenen Beziehungen auf stetig und unstetig ablaufende Strömungen eines dichteveränderlichen und reibungslosen Fluids (Gas) bei adiabater Zustandsänderung gezeigt.

a) Stationäre Expansionsströmungen

a.1) Ausströmen aus einem Kessel. In einem großen Kessel (Behälter) nach Abb. 4.11 befindet sich ein barotropes Gas in ruhendem Zustand (Index 0) und möge durch eine kleine Öffnung ins Freie ausströmen (Größen ohne Index). Der Kesselzustand (Ruhezustand) ist durch die unveränderlichen Größen $v_0 = 0$, p_0, ϱ_0, T_0, c_0 gekennzeichnet; entsprechend gilt für die veränderlichen Größen in der Austrittsöffnung v, p, ϱ, T, c. Ist der Gegendruck $p < p_0$, so findet eine stetige Depressions- (Expansions-)strömung bei isentroper Zustandsänderung statt. Wenn man den Kessel mit der Stelle (1) und die Austrittsöffnung mit der Stelle (2) gleichsetzt, erhält man bei gegebenem Druckverhältnis p/p_0 aus (4.46) die Ausströmgeschwindigkeit unter Einführen der Schallgeschwindigkeit des Ruhezustands c_0 gemäß (4.33b) zu

$$v = \sqrt{\frac{2}{\varkappa - 1}\left[1 - \left(\frac{p}{p_0}\right)^{\frac{\varkappa-1}{\varkappa}}\right]}\, c_0\,, \quad v_{\max} = \sqrt{\frac{2}{\varkappa - 1}}\, c_0 = \sqrt{2 c_p T_0} \quad (p/p_0 = 0)\,. \qquad (4.65\text{a, b})$$

Diese Beziehung wurde erstmalig von de Saint-Venant und Wantzel [53] angegeben. Sie gilt für $0 \leqq p/p_0 \leqq 1$ und ist in Abb. 4.11a als Kurve (*1*) über p/p_0 dargestellt. Bei $p/p_0 = 0$, d. h. bei Expansion des Gases bis ins Vakuum, nimmt die Geschwindigkeit den Höchstwert $v_{\max}$ nach (4.65b) an.[16] Dieser hängt außer von der Art des Gases (spezifische Wärmekapazität c_p) nur von der Kesseltemperatur T_0 ab und beträgt für Luft mit $c_p = 1{,}006 \cdot 10^3$ J/kg K nach Tab. 1.1 bei $T_0 = 273$ K etwas mehr als den doppelten Wert der Schallgeschwindigkeit $v_{\max} = 2{,}236 c_0 = 741$ m/s mit $c_0 = 331$ m/s. Im Laval-Zustand ist p^*/p_0 durch (4.51) gegeben. Dies führt nach (4.65a) zu dem Wert $v^*/c_0 = \sqrt{2/(\varkappa + 1)}\,(=)\,0{,}913$, vgl. Tab. 4.1.

Bezieht man die Ausströmgeschwindigkeit v auf die jeweils zugehörige Schallgeschwindigkeit c, d. h. bildet die Mach-Zahl $Ma = v/c$, so folgt unter Beachtung von (4.33a) für die Ausström-Mach-Zahl

$$Ma = \frac{v}{c} = \sqrt{\frac{2}{\varkappa - 1}\left[\left(\frac{p}{p_0}\right)^{-\frac{\varkappa-1}{\varkappa}} - 1\right]} \quad (0 \leqq p/p_0 \leqq 1)\,. \qquad (4.66)$$

Auch diese Beziehung ist in Abb. 4.11a, und zwar als Kurve (*2*), dargestellt. Im Laval-Zustand ist $v^*/c = 1$. Wegen $c < c_0$ ist $v/c_0 < v/c$. Der aus (4.66) ableitbare Zusammenhang $p/p_0 = f(Ma)$ ist in Abb. 4.11b als Kurve (*1*) wiedergegeben.

Das Geschwindigkeitsverhältnis $v/v_{\max}$ bezeichnet man auch als Crocco-Zahl Cr. Zwischen dieser Kennzahl und der Mach- bzw. Laval-Zahl bestehen die Zusammenhänge, vgl. (4.38),

$$Cr = \frac{v}{v_{\max}} = \sqrt{\frac{\varkappa - 1}{2 + (\varkappa - 1) Ma^2}}\, Ma = \sqrt{\frac{\varkappa - 1}{\varkappa + 1}}\, La \quad \text{(Definition)}\,. \qquad (4.67\text{a, b})$$

Für den gesamten Kennzahl-Bereich ($0 \leqq Ma \leqq \infty$, $0 \leqq La \leqq La_{\max}$) ist $0 \leqq Cr \leqq 1$, Kurve (*2*) in Abb. 4.8. Für $Ma = 0 = La$ ist $Cr = 0$. Für den in Kap. 4.3.2.3 definierten Laval-Zustand (kritischer

[16] Wegen der hier zugrunde gelegten Theorie der Kontinuumsmechanik ist dies Ergebnis nur bedingt richtig. Bei dem herrschenden stark verdünnten Gas müßte richtiger mit der kinetischen Gastheorie (Punktmechanik) gearbeitet werden.

Zustand), bei dem $Ma = 1 = La$ ist, ergibt sich die sog. kritische Crocco-Zahl zu

$$Cr^* = \sqrt{\frac{\varkappa - 1}{\varkappa + 1}} \, (=)\, 0{,}408 \quad \text{(Laval-Zustand)}\,. \tag{4.67c}$$

Den Zusammenhang zwischen dem Druckverhältnis und den Kennzahlen erhält man aus (4.66) in Verbindung mit (4.67) zu

$$\frac{p}{p_0} = (1 - Cr^2)^{\frac{\varkappa}{\varkappa-1}} = \left(1 + \frac{\varkappa - 1}{2} Ma^2\right)^{-\frac{\varkappa}{\varkappa-1}} \doteq \left(1 - \frac{\varkappa - 1}{\varkappa + 1} La^2\right)^{\frac{\varkappa}{\varkappa-1}} \leqq 1\,. \tag{4.68a, b, c}$$

Die Abhängigkeiten des Dichte- und Temperaturverhältnisses vom Druckverhältnis folgen aus (4.22a) zu, vgl. Abb. 4.1,

$$\frac{\varrho}{\varrho_0} = \left(\frac{p}{p_0}\right)^{\frac{1}{\varkappa}}, \quad \frac{T}{T_0} = \left(\frac{p}{p_0}\right)^{\frac{\varkappa-1}{\varkappa}}. \tag{4.69a, b}$$

Durch Einsetzen von (4.68) lassen sich diese Größen auch in Abhängigkeit von den Kennzahlen darstellen.

Von besonderer Bedeutung für die Beurteilung des Strömungsverhaltens eines dichteveränderlichen Gases bei isentroper Zustandsänderung ist die Kenntnis der Massenstromdichte ϱv, das ist der auf den Stromfadenquerschnitt A bezogene Massenstrom $\dot{m} = \varrho v A$. Mit ϱ/ϱ_0 nach (4.69a) und v/c_0 nach (4.65a) erhält man bezogen auf die Größe $\varrho_0 c_0$ das Verhältnis der Massenstromdichten zu

$$\Theta = \frac{\varrho v}{\varrho_0 c_0} = \sqrt{\frac{2}{\varkappa - 1}\left(\frac{p}{p_0}\right)^{\frac{2}{\varkappa}}\left[1 - \left(\frac{p}{p_0}\right)^{\frac{\varkappa-1}{\varkappa}}\right]}, \quad \Theta_{max} = \sqrt{\left(\frac{2}{\varkappa + 1}\right)^{\frac{\varkappa+1}{\varkappa-1}}} \, (=)\, 0{,}579 \tag{4.70a, b}$$

Dieser Zusammenhang ist in Abb. 4.11a als Kurve (*3*) eingetragen. Bei $p/p_0 = 0$ und bei $p/p_0 = 1$ ist $\Theta = 0$. Infolgedessen muß die dimensionslose Massenstromdichte Θ im Bereich $0 < p < p_0$ einen Extremwert haben. Dieser bestimmt sich aus der Bedingung $d(\varrho v)/dp = 0$. Führt man die Differentiation $\varrho\, dv/dp + v\, d\varrho/dp = 0$ aus und berücksichtigt (4.28b) sowie (4.30a), so findet man als Geschwindigkeit, bei der $\Theta = \Theta_{max}$ ist, zu $v = v^* = c = c_L$. Der maximale Wert $\Theta_{max} = \Theta^*$ stellt sich also bei

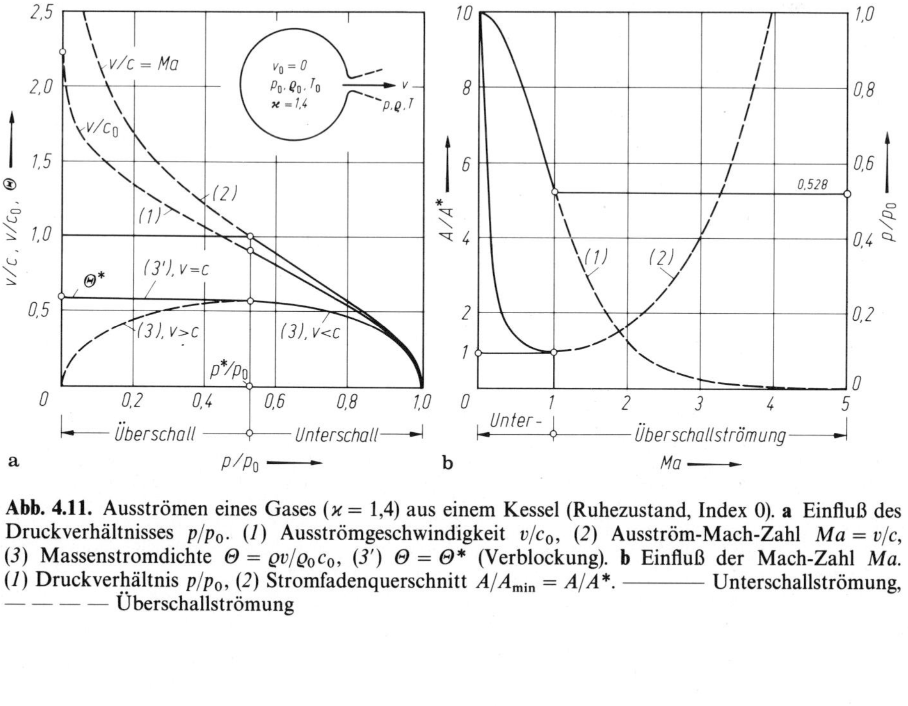

Abb. 4.11. Ausströmen eines Gases ($\varkappa = 1{,}4$) aus einem Kessel (Ruhezustand, Index 0). **a** Einfluß des Druckverhältnisses p/p_0. (*1*) Ausströmgeschwindigkeit v/c_0, (*2*) Ausström-Mach-Zahl $Ma = v/c$, (*3*) Massenstromdichte $\Theta = \varrho v/\varrho_0 c_0$, (*3'*) $\Theta = \Theta^*$ (Verblockung). **b** Einfluß der Mach-Zahl Ma. (*1*) Druckverhältnis p/p_0, (*2*) Stromfadenquerschnitt $A/A_{min} = A/A^*$. ——— Unterschallströmung, — — — — Überschallströmung

$Ma = v/c = La = v/c_L = 1$ ein. Dies entspricht dem in Kap. 4.3.2.3 beschriebenen Laval-Zustand (kritischer Zustand) mit dem für $Ma_1 = 0 = La_1$ zugehörigen Druckverhältnis $p^*/p_0 = (p_2^*/p_1)_{min}$ nach (4.51). Aus dem Gefundenen folgt die bemerkenswerte Aussage, daß für Drücke $p^* < p < p_0$ Unterschallströmung $v < c$ und für Drücke $0 < p < p^*$ Überschallströmung $v > c$ herrscht. Die weiteren kritischen Werte entnimmt man Tab. 4.1. Für jede Massenstromdichte $\Theta \neq \Theta_{max}$ gibt es bei der zugrunde gelegten isentropen Zustandsänderung zwei Druckverhältnisse $p/p_0 > p^*/p_0$ und $p/p_0 < p^*/p_0$.

Das Ausströmvermögen wird durch die Kontinuitätsgleichung (4.23a) mit $\dot{m} = \varrho v A = \Theta \varrho_0 c_0 A = \text{const}$ geregelt, wobei $\dot{m}$ die zeitlich durch den Querschnitt A tretende Masse m, d. h. den Massenstrom in kg/s, bezeichnet. Setzt man die dimensionslose Massenstromdichte Θ nach (4.70a) sowie den Zusammenhang zwischen dem Druckverhältnis und der Mach-Zahl nach (4.68b) ein, so findet man für den Massenstrom

$$\dot{m} = \varrho_0 c_0 A Ma \left(1 + \frac{\varkappa - 1}{2} Ma^2\right)^{-\frac{\varkappa + 1}{2(\varkappa - 1)}} \tag{4.71a}$$

$$\dot{m}^* = \varrho_0 c_0 A^* \left(\frac{\varkappa + 1}{2}\right)^{-\frac{\varkappa + 1}{2(\varkappa - 1)}} (=) \, 0{,}579 \varrho_0 c_0 A^* \quad (Ma = 1) \,. \tag{4.71b}$$ [17]

Die zweite Beziehung entspricht dem Laval-Zustand und gibt den größtmöglichen Massenstrom an. Für die Kesselgrößen kann man wegen $c_0^2 = \varkappa p_0/\varrho_0$ auch schreiben $\varrho_0 c_0 = \sqrt{\varkappa \varrho_0 p_0}$. Mit Rücksicht auf die Konstanz des Massenstroms längs des Stromfadens muß $\dot{m} = \dot{m}^* = \text{const}$ sein. Hieraus errechnet sich die Querschnittsverteilung längs der Stromfadenachse zu $A/A^* = \Theta^*/\Theta$. Da stets $\Theta \leqq \Theta^*$ ist, gilt $A^*/A \leqq 1$, d. h. es stellt $A^* = A_{min}$ den kleinstmöglichen Stromfadenquerschnitt dar. Man kann das Querschnittsverhältnis $A/A_{min} = \Theta_{max}/\Theta \geqq 1$ entweder nach (4.70a, b) in Abhängigkeit vom Druckverhältnis oder nach (4.71a, b) auch in Abhängigkeit von der Mach-Zahl beschreiben, d. h.

$$\frac{A}{A_{min}} = \frac{1}{Ma} \sqrt{\left[1 + \frac{\varkappa - 1}{\varkappa + 1}(Ma^2 - 1)\right]^{\frac{\varkappa + 1}{\varkappa - 1}}} (=) \frac{1}{Ma}\left[1 + \frac{1}{6}(Ma^2 - 1)\right]^3 . \tag{4.72a, b}$$

In Abb. 4.11b ist $p/p_0 = f(Ma)$ als Kurve (*1*) und $A/A_{min} = f(Ma)$ als Kurve (*2*) dargestellt. Für jedes Querschnittsverhältnis $A \neq A_{min}$ gibt es zwei Mach-Zahlen $Ma < 1$ und $Ma > 1$. Die Kurven für den Unterschallbereich sind ausgezogen und die für Überschallbereich gestrichelt gezeichnet. Aus Abb. 4.11b, Kurve (*2*), geht hervor, daß sich bei Erhöhung der Geschwindigkeit der Stromfadenquerschnitt im Unterschallbereich verengt, im Überschallbereich jedoch erweitert. Letzteres ist in der Skizze in Abb. 4.11a gestrichelt angedeutet. Man vergleiche hierzu auch die Ausführungen über das Querschnittsverhalten bei stetig verlaufenden Strömungen dichteveränderlicher Fluide in Kap. 4.3.2.5, Gl. (4.54b).

a.2) Einfache Düse. Es sei angenommen, daß die Austrittsöffnung (Index *a*) lediglich aus einer konvergenten Düse besteht, wie sie in der Skizze in Abb. 4.11a angedeutet und in Abb. 4.12a dargestellt ist. Der austretende Massenstrom hängt von dem Mündungsquerschnitt $A_a = A_{min}$, den Stoffgrößen des Fluids $\varkappa$, ϱ_0, p_0 (Kesselzustand) sowie dem Druckverhältnis p_a/p_0 ab. Aus dem Verlauf $\Theta = f(p_a/p_0)$, Kurve (*3*) in Abb. 4.11a, geht hervor, daß sich bei $p_a/p_0 = 0$ (Ausströmen ins Vakuum) kein Massenstrom $\dot{m} \sim \Theta$ einstellen würde. Es ist leicht einzusehen, daß ein solches Verhalten unmöglich ist. Tatsächlich läßt sich experimentell nachweisen, daß der aus der Mündung einer einfachen Düse austretende Massenstrom eines Gases der theoretischen Kurve für die Massenstromdichte $\Theta_a = f(p_a/p_0)$ nur im Bereich $p_0 > p_a \geqq p^*$ folgt. Sobald das Maximum, d. h. $\dot{m}_{max} \sim \Theta_{max}$, erreicht ist, ändert sich der Massenstrom bei Verminderung des Drucks ($p^* \geqq p_a \geqq 0$) nicht mehr, Gerade (*3'*) in Abb. 4.11a. Diese Erkenntnis besagt, daß für die Strömung durch eine einfache Düse alle für den Bereich $0 \leqq p_a \leqq p^*$ theoretisch gefundenen Abhängigkeiten ohne Bedeutung sind. Hierfür treffen also die den Gleichungen zugrunde gelegten Voraussetzungen nicht mehr zu. Vielmehr muß man folgern, daß es nicht möglich ist, ein Gas in einer einfachen Düse auf einen Zustand zu entspannen, der einem kleineren Druckverhältnis als dem Laval-Druckverhältnis p^*/p_0 entspricht. Solange $p_0 > p_a \geqq p^*$ ist, erfolgt völlige Entspannung (Expansion) im Mündungsquerschnitt. Wenn $p^* \geqq p_a \geqq 0$ ist, kann im Mündungsquerschnitt nur auf $p^*(v = c, Ma = 1)$ entspannt werden. Da im Mündungsquerschnitt die Strömungsgeschwindigkeit v gleich der Schallgeschwindigkeit c ist, kann sich eine Änderung des Außenzustands stromaufwärts auf den Ausströmvorgang nicht auswirken. Die weitere Entspannung von p^* auf den Gegendruck p_a erfolgt daher hinter dem Mündungsaustritt. Außerhalb des Austrittsquerschnitts erweitern sich die Querschnitte des Freistrahls, wobei Überschallgeschwindigkeit im Strahl erreicht wird,

---

[17] Um den Laval-Zustand zu kennzeichnen ist wegen $\Theta A = \text{const}$ zu setzen $\Theta = \Theta^*$ und $A = A^*$.

wenn das ruhende Gas neben dem Strahl unter einem Druck $p_a < p^*$ steht. Wegen der Trägheit des Gases expandiert der Strahl zu stark, so daß in einem gewissen Abstand hinter der Düse im Strahl Unterdruck entsteht. Dieser zieht den Strahl ungefähr auf die Größe der Austrittsfläche zusammen, wobei der Druck $p_a \approx p^*$ erreicht wird. Erst nach mehreren solcher stehender Schwingungen wird der austretende Gasstrahl durch Vermischen mit der Außenluft aufgelöst. Die freiwerdende Geschwindigkeitsenergie verbraucht sich für die Bildung von Wirbeln und ist technisch nicht ausnutzbar.

a.3) Laval-Düse. Die Überlegungen über das Ausströmen aus einem Kessel (Beispiel a.1) finden auch Anwendung bei der nach de Laval benannten Düse. Sie dient der Erzeugung von Überschallströmung (Überschalldüse) und besteht nach Abb. 4.12a aus einem Rohr mit der Querschnittsverteilung $A(x)$, dessen vorderes Stück sich zuerst bis auf einen Kleinstquerschnitt $A_{\min}$ verjüngt (konvergenter Teil = einfache Düse) und sich dann in bestimmter Weise stromabwärts wieder stetig bis auf einen Austrittsquerschnitt $A(x = x_a) = A_a$ (Index a) erweitert (divergenter Teil). Das Fluid (Gas) wird der Laval-Düse aus einem Kessel mit dem Ruhedruck p_0 zugeführt. Die Größe des Gegendrucks $p(x = x_a) = p_a < p_0$ bestimmt entscheidend die Verteilung des Drucks $p(x)$ und der Mach-Zahl $Ma(x)$ längs der Düsenachse. Druck und Geschwindigkeit seien jeweils konstant über die Düsenquerschnitte angenommen.

Sind im Austritt $x = x_a$ die Größen $Ma_a = \overline{Ma}_a > 1$, $p_a = \bar{p}_a < p^*$ und $A_a/A_{\min} > 1$ entsprechend Abb. 4.11b eindeutig einander zugeordnet, so stellen sich bei vorgegebener Mach-Zahl-Verteilung $(0 \leqq Ma(x) \leqq \overline{Ma}_a)$ gemäß Kurve (*1*) in Abb. 4.12c die aus den Abhängigkeiten $A/A_{\min} = f(Ma)$ und $p/p_0 = f(Ma)$ hervorgehenden Verläufe $A(x)$ und $p(x)$ als Kurve (*1*) in Abb. 4.12b ein. In diesem als Auslegungszustand bezeichneten Fall arbeitet die Laval-Düse bei isentroper Zustandsänderung einwandfrei und erzeugt die dem Auslegungsdruckverhältnis $\bar{p}_a/p_0$ zugehörige Austritts-Überschall-Mach-Zahl $\overline{Ma}_a$. Im engsten Querschnitt $A_{\min}$ wird der Laval-Zustand (Strömungsgeschwindigkeit = Schallgeschwindigkeit, d. h. $Ma = 1$, Laval-Druckverhältnis p^*/p_0) erreicht. Den beschriebenen isentropen

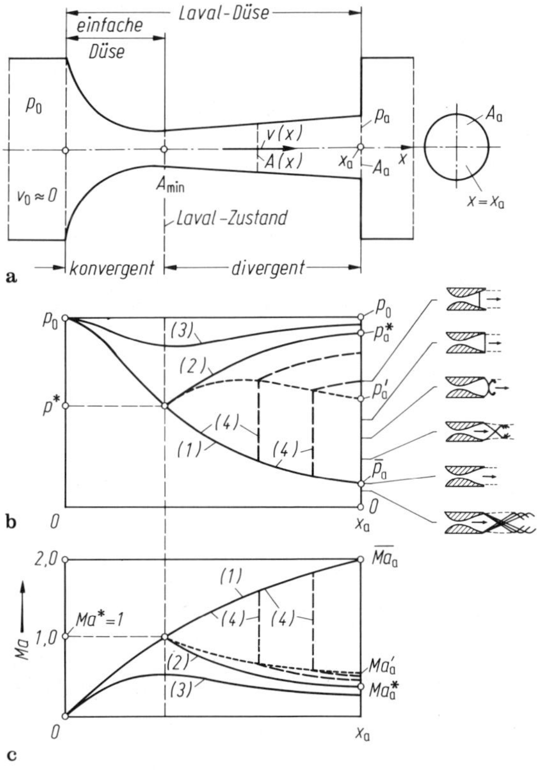

Abb. 4.12. Laval-Düse (konvergent-divergentes Rohr zur Erzeugung von Überschallgeschwindigkeit, Austritts-Mach-Zahl $Ma_a > 1$), vgl. Tab. 4.2, $\varkappa = 1{,}4$. **a** Düsenform (aufgetragen ist die Querschnittsfläche). **b** Druckverteilung längs Düsenachse. **c** Verteilung der örtlichen Mach-Zahl längs Düsenachse. (*1*) Asymmetrischer Laval-Grenzzustand (= einwandfrei arbeitende Laval-Düse, Auslegungszustand, isentrop, $\overline{Ma}_a = 2$); (*2*) symmetrischer Laval-Grenzzustand (isentrop, $Ma_a^* = 0{,}37$); (*3*) als Venturi-Rohr arbeitende Laval-Düse (isentrop, $0 < Ma_a < Ma_a^* < 1$); (*4*) Laval-Düse mit Verdichtungsstoß (anisentrop, $Ma_a^* < Ma_a < \overline{Ma}_a$)

Auslegungszustand kann man als asymmetrischen Laval-Grenzzustand bezeichnen, da sich die Strömung asymmetrisch zum engsten Querschnitt (Laval-Zustand) verhält. Der vorliegende Betriebszustand fördert den größtmöglichen Massenstrom $\dot{m}(x) = \dot{m}_{max}$. Er berechnet sich nach (4.71b) mit $\dot{m}^* = \dot{m}_{max}$ und $A^* = A_{min}$. In Tab. 4.2 sind für einige Austritts-Mach-Zahlen die zugehörigen Auslegungsdaten, wie die Laval-Zahl sowie das Druck-, Temperatur- und Querschnittsverhältnis zusammengestellt.

Neben dem asymmetrischen Laval-Grenzzustand gibt es einen symmetrischen Laval-Grenzzustand, für den ebenfalls eine isentrope Zustandsänderung möglich ist. Dabei herrschen im Austritt der Druck $p_a = p_a^* > p^*$ und die Mach-Zahl $Ma_a = Ma_a^* < 1$. Diese Lösung ist in Abb. 4.12b, c als Kurve (*2*) dargestellt. Es wird an keiner Stelle der Düse Überschallgeschwindigkeit erreicht. Mit Ausnahme des engsten Querschnitts, in dem sich Schallgeschwindigkeit (Laval-Zustand) einstellt, herrscht sowohl im konvergenten als auch im divergenten Teil der Laval-Düse Unterschallgeschwindigkeit. Die Strömung ist symmetrisch zum engsten Querschnitt. In gleich großen Querschnitten vor und hinter der engsten Stelle hat man nach (4.71a) gleiche Geschwindigkeit (Mach-Zahl) und gleichen thermodynamischen Zustand. Der Laval-Zustand ($p = p^*$, $Ma = 1$) entspricht dem Verzweigungspunkt, von dem aus sich stromabwärts je nach Größe des Gegendrucks die symmetrische oder asymmetrische Lösung entwickeln kann. Der Massenstrom beträgt in beiden Fällen $\dot{m}(x) = \dot{m}_{max} = \dot{m}_a$. Aus dem Vergleich der bisher behandelten zwei Grenzfälle erkennt man, daß eine Druckabsenkung $p_a \leqq p_a^*$ nicht zu einer Vergrößerung des Massenstroms führt. Die Tatsache, daß der Massenstrom nicht über den Wert $\dot{m}_{max}$ gesteigert werden kann, bezeichnet man als Verblockung (blockierte Strömung), Gerade (*3'*) in Abb. 4.11a.[18]

Für Gegendrücke $p_a \neq \bar{p}_a$ oder $p_a \neq p_a^*$ hat man die vier Bereiche $p_0 > p_a > p_a^*$, $p_a^* > p_a > p'_a$, $p'_a > p_a > \bar{p}_a$ und $\bar{p}_a > p_a > 0$ zu unterscheiden.

Bei $p_0 > p_a > p_a^*$ stellt sich sowohl im konvergenten als auch im divergenten Teil der Düse eine Unterschallströmung ($Ma < 1$) ein, Kurve (*3*) in Abb. 4.12b, c. Der Laval-Zustand wird im engsten Querschnitt nicht erreicht. Eine solche Düse ist als Venturi-Düse (Venturi-Rohr) bekannt, vgl. Abb. 3.12. Der Vollständigkeit halber sei erwähnt, daß bei $p_a = p_0$ keine Strömung durch die Düse erfolgt.

Bei Gegendrücken im Bereich $p_a^* > p_a > \bar{p}_a$ folgt im konvergenten Teil der Düse die Zustandsänderung des Gases wie bei der einwandfrei arbeitenden Laval-Düse mit $Ma < 1$. Im engsten Querschnitt wird stets Schallgeschwindigkeit mit $Ma = 1$ erreicht, womit der Massenstrom immer $\dot{m}_a = \dot{m}_{max} = \text{const}$ bleibt, unabhängig davon, was im divergenten Teil der Düse geschieht. Hier stellen sich gemäß Kurve (*1*) zunächst Drücke kleiner als der Laval-Druck ($p < p^*$) sowie Überschallströmung ($Ma > 1$) ein, die jedoch weiter stromabwärts abhängig von der Größe des Gegendrucks p_a unstetig mit einem normalen Verdichtungsstoß in Unterschallströmung mit $Ma < 1$ übergeht, Kurven (*4*). Im

Tabelle 4.2. Charakteristische Austrittsdaten einwandfrei arbeitender Laval-Düsen (isentroper Auslegungszustand bei $\varkappa = 1{,}4$)

Ma_a	0,5	1,0	1,5	2,0	3,0	5,0	∞
La_a	0,535	1,0	1,365	1,633	1,964	2,236	2,449
$\frac{p_a}{p_0}$	0,843	0,528	0,272	0,128	0,0272	0,0019	0
$\frac{T_a}{T_0}$	0,952	0,833	0,690	0,556	0,357	0,167	0
$\frac{A_a}{A_{min}}$	1,340	1,000	1,176	1,688	4,235	25,00	∞

[18] Englisch: Chocking, choked flow.

Verdichtungsstoß ändert sich der Gaszustand entsprechend Kap. 4.3.2.6 anisentrop, während weiter stromabwärts hinter dem Stoß wieder mit isentroper Zustandsänderung gerechnet werden kann.

Für den divergenten Teil der Düse, bei dem im engsten Querschnitt bei Gegendrücken $p_a \leqq p_a^*$ der Laval-Zustand ($A = A_{\min}$, $p = p^*$, $Ma = 1$) erreicht wird, läßt sich eine bemerkenswerte Beziehung herleiten, die sowohl für die stetig verlaufende Strömung, Kurve *(1)* und *(2)* in Abb. 4.12b, c, als auch für die mit Verdichtungsstoß verbundene unstetige Strömung, Kurven *(4)* in Abb. 4.12b, c, gilt. Im vorliegenden Fall beträgt der Massenstrom nach (4.71b) stets $\dot{m} = \dot{m}_{\max} = \varrho v A = \Theta_{\max} A_{\min} \varrho_0 c_0$. Hieraus ergibt sich für die Geschwindigkeit in Verbindung mit der thermischen Zustandsgleichung (4.21b)

$$\frac{v}{c_0} = \Theta_{\max} \frac{A_{\min}}{A} \frac{p_0}{p} \frac{T}{T_0} \quad \text{mit} \quad \left(\frac{c_0}{c}\right)^2 = \frac{T_0}{T} = 1 + \frac{\varkappa - 1}{2} Ma^2$$

nach (4.40a). Mit dem Wert für $\Theta_{\max}$ nach (4.70b) sowie mit $Ma = v/c$ folgt

$$\frac{A}{A_{\min}} \frac{p}{p_0} Ma \sqrt{\left(\frac{\varkappa + 1}{2}\right)^{\frac{\varkappa+1}{\varkappa-1}} \left(1 + \frac{\varkappa - 1}{2} Ma^2\right)} = 1 \quad \text{(divergenter Düsenteil)}\,. \tag{4.73}$$

Diese allgemeingültige Beziehung stellt die Bedingungsgleichung für die drei Größen $A/A_{\min}$, p/p_0 und Ma im divergenten Teil einer Laval-Düse, bei der im engsten Querschnitt $Ma = 1$ ist, dar. Auf eine besondere Diskussion wird verzichtet. Auf ein von Riester [50] entwickeltes Verfahren zur Berechnung der Strömung in Laval-Düsen sei hingewiesen.

Bei den zwischen den Grenzkurven *(1)* und *(2)* vorkommenden Zuständen sowie auch bei einer Nachexpansion hinter dem Düsenaustritt bei $p_a < \bar{p}_a$ tritt ein sehr verwickeltes unstetiges Strömungsverhalten im divergenten Teil der Laval-Düse bzw. im frei austretenden Strahl auf, das durch gerade, schiefe oder auch gegabelte Verdichtungsstöße sowie schwingungsartiges Verhalten des austretenden Gasstrahls gekennzeichnet ist. Diese Vorgänge sowie auch Reibungseinflüsse, die besonders beim Auftreten von Verdichtungsstößen in der Düse von erheblicher Bedeutung sind, lassen sich mit der dargelegten elementaren Fadentheorie eines dichteveränderlichen Fluids nicht erfassen. Anschauliche Darstellungen, z. T. mit fotografischen Aufnahmen des Strömungsverhaltens, findet man in [44] sowie in den sonstigen einschlägigen Arbeiten, vgl. Fußnote 1 auf S. 2.

Laval-Düsen finden in der Windkanal-, Dampfturbinen- und Raketentechnik bevorzugt Verwendung. Für die Windkanäle sind besonders solche Laval-Düsen wichtig, deren engster Querschnitt variabel ist. Dies wird zwangsläufig durch flexible Wände und einstellbar durch Lageveränderung von Wandelementen erreicht [46, 71].

a.4) Doppel-Laval-Düse. Von besonderem Interesse für die Windkanaltechnik mit Überschallströmungen sind auch Doppel-Laval-Düsen, bei denen der Kanalquerschnitt zweimal eingeschnürt wird. Bei genügend großem Druckgefälle gelingt es, im Parallelstück zwischen den beiden Verengungen eine homogene Überschallströmung zu erzeugen. Dabei müssen nach Abb. 4.13 die Querschnittsverhältnisse A_1/A_3 und A_2/A_3 so gewählt werden, daß im engsten Querschnitt A_1 Schallgeschwindigkeit herrscht und im Parallelstück keine Verdichtungsstöße auftreten.

Ausführlicher über die Wirkungsweise und über die Möglichkeit des Auftretens eines normalen Verdichtungsstoßes in einer Doppel-Laval-Düse berichtet Oswatitsch [41a].

a.5) Quellströmung bei dichteveränderlichem Fluid.[19] In engem Zusammenhang mit den bisher besprochenen Anwendungen stehen die ebene und räumliche Quell- oder Sinkenströmung nach Abb. 4.14. Ausschnitte solcher Strömungen kommen in keil- oder kegelförmigen divergenten und konvergenten Düsen vor.

Aus einem geraden, normal zur Strömungsebene stehenden zylindrischen Rohr der Breite b oder aus einem kugelförmigen Körper möge sich eine ebene bzw. räumliche Quellströmung eines dichteveränderlichen Gases radial nach außen ausbreiten. In einem Abstand r vom Ursprung aus gemessen betragen

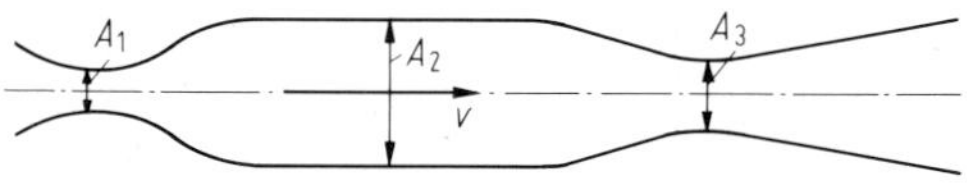

Abb. 4.13. Doppel-Laval-Düse

[19] Obwohl es sich bei diesem Beispiel um ebene oder räumliche Strömungen handelt, können diese Fälle mittels der Stromfadentheorie beschrieben werden.

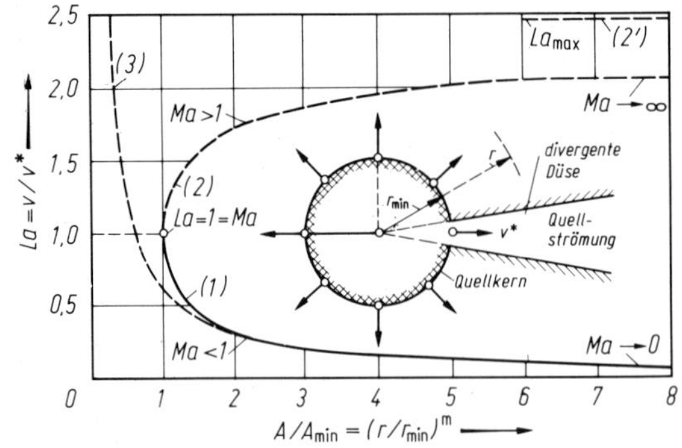

Abb. 4.14. Geschwindigkeitsverteilung (Laval-Zahl $La = v/v_L$ mit $v^* = v_L = \text{const}$) der ebenen und räumlichen Quellströmung eines dichteveränderlichen Fluids (Gas, $\varkappa = 1{,}4$). Ebene Strömung: $m = 1$, räumliche Strömung: $m = 2$. (*1*) Unterschallströmung $Ma < 1$ (————); (*2*) Überschallströmung $Ma > 1$ (— — — —); (*2'*) asymptotischer Wert zu Kurve (*2*), $Ma = \infty$, $La = La_{max}$; (*3*) dichtebeständiges Fluid

die durchströmten Oberflächen $A(r) = 2\pi br$ bzw. $A(r) = 4\pi r^2$. Auf solchen Flächen sind alle physikalischen Größen jeweils gleich groß. Nach der Kontinuitätsgleichung (4.23a) ist der durchtretende Massenstrom $\dot{m} = \varrho(r)v(r)A(r) = \text{const}$ von r unabhängig. Nach $A(r) = A$ aufgelöst, ist $A = C/\Theta$ mit $C = \dot{m}/\varrho_0 c_0$ als festem Wert und $\Theta = \varrho v/\varrho_0 c_0$ als dimensionsloser Massenstromdichte nach (4.70). Nach Abb. 4.11a, Kurve (*3*), besitzt Θ beim Laval-Zustand (kritischer Zustand) ein Maximum $\Theta = \Theta^*$, was bedeutet, daß bei diesem Zustand die durchströmte Oberfläche ein Minimum $A^* = A_{min} = C/\Theta^* = \dot{m}/\varrho^* v^*$ annimmt. Daraus ergeben sich die zugehörigen Radien $r^* = r_{min}$ zu

$$r_{min} = \frac{\dot{m}}{2\pi b \varrho^* v^*} \quad \text{(Zylinder)}\,, \qquad r_{min} = \sqrt{\frac{\dot{m}}{4\pi \varrho^* v^*}} \quad \text{(Kugel)}\,. \tag{4.74a, b}$$

Es sind ϱ^* und $v^* = c^* = c_L$ die Dichte bzw. Geschwindigkeit (= Schallgeschwindigkeit = Laval-Geschwindigkeit) für $r = r_{min}$. Das Oberflächenverhältnis A/A_{min} wird von (4.54b) beschrieben. Nach Einführen der Laval-Zahl $La = v/c_L$ entsprechend (4.38b) findet man dann nach dem Radienverhältnis aufgelöst

$$\left(\frac{r}{r_{min}}\right)^m = \frac{1}{La}\left[1 - \frac{\varkappa - 1}{2}(La^2 - 1)\right]^{-\frac{1}{\varkappa - 1}} \geqq 1 \quad \text{(Gas)}\,. \tag{4.75a}$$

Für die ebene Strömung ist $m = 1$ und für die räumliche Strömung $m = 2$ zu setzen. Danach ist die Quell- oder Sinkenströmung eines dichteveränderlichen Fluids nur außerhalb des Kreiszylinders bzw. der Kugel $r \geqq r_{min}$ möglich. In Abb. 4.14 ist die Geschwindigkeitsverteilung in der Form der Laval-Zahl $La = v/c_L$ auf einem Quellstrahl r/r_{min} dargestellt. Am Quellkern (Grenzzylinder, Grenzkugel) $r = r_{min}$ ist $La = 1 = Ma$, während im Strömungsfeld außerhalb des Kerns die Laval- und Mach-Zahl mit wachsendem Abstand bei $r \to \infty$ entweder als Kurve (*1*) auf $La = 0 = Ma$ abnimmt, oder als Kurve (*2*) bis auf $La = La_{max}$ nach (4.38c) bzw. $Ma = \infty$ zunimmt. Von der Oberfläche des Grenzzylinders oder der Grenzkugel strömt das Fluid (Gas) mit Schallgeschwindigkeit ab. Da jeder Stromfaden in der Quellströmung wie eine divergente Düse durchströmt wird, ist die Quellströmung je nach der Druckdifferenz zwischen der Quelle und dem Unendlichen entweder eine reine Unterschallströmung, in der das strömende Fluid auf $Ma = 0$ verzögert wird, eine reine Überschallströmung, in der es auf $Ma = \infty$ beschleunigt wird, oder eine gemischte Überschall-Unterschallströmung, in welcher das strömende Fluid zunächst stetig auf Überschallgeschwindigkeit beschleunigt, dann in einem Verdichtungsstoß unstetig auf Unterschallgeschwindigkeit abgebremst und stetig weiter auf $Ma = 0$ verzögert wird. Es besteht also ein enger Zusammenhang mit der bereits als Beispiel a.3 besprochenen Strömung durch eine Laval-Düse. Auch das in Abb. 1.19 dargestellte Verhalten über die Stromfadenquerschnitte bei Unter- und Überschallströmung dichteveränderlicher Fluide findet man bestätigt.

Zum Vergleich sei noch die Quellströmung eines dichtebeständigen Fluids betrachtet. Mit $\varrho = \varrho_0 = \text{const}$ als Dichte in sehr großem Abstand von der Quelle (Ruhezustand) gilt bei gleichem Massenstrom $\dot{m} = \varrho_0 v A = \varrho^* v^* A^*$, was mit $v^* = c_L$ sowie den Beziehungen für $A \sim r^m$ und $A^* \sim r_{min}^m$ zu

$$La = \frac{\varrho^*}{\varrho_0}\left(\frac{r_{min}}{r}\right)^m = \left(\frac{2}{\varkappa + 1}\right)^{\frac{1}{\varkappa - 1}}\left(\frac{r_{min}}{r}\right)^m (=) 0{,}634\left(\frac{r_{min}}{r}\right)^m \quad (\varrho = \text{const}) \tag{4.75b}$$ [20]

---

[20] Gl. (4.75b) folgt auch aus (4.75a) als Entwicklung für kleine Werte von $La \ll 1$.

führt, wobei der Wert für ϱ^*/ϱ_0 Tab. 4.1 zu entnehmen ist. Dieser Zusammenhang ist in Abb. 4.14 als Kurve (*3*) wiedergegeben. In Übereinstimmung mit den Ausführungen in Kap. 3.6.2.3, Beispiel e.1, ist die Quellströmung eines dichtebeständigen Fluids im ganzen Bereich $0 < r < \infty$ definiert. Für $r > 2\,r_{\min}$ weicht sie nur wenig von der Kurve (*2*) für die Unterschallströmung ab.

Auf die mit der ebenen Quellströmung in engem Zusammenhang stehende Strömung eines ebenen Potentialwirbels wird für den Fall des dichteveränderlichen Fluids in Kap. 5.4.4.1 eingegangen.

b) Stationäre Kompressionsströmungen

Staupunktströmung eines dichteveränderlichen Fluids. Bei der Umströmung eines vorn stumpfen Körpers tritt nach Abb. 3.10 ein Staupunkt (Index 0) auf, in dem die Geschwindigkeit örtlich zu null wird, $v = v_0 = 0$, $Ma_0 = 0$, und sich die ankommende Stromlinie teilt. Diese Aussage gilt sowohl für Unter- als auch Überschallanströmung des Körpers (Index ∞), wobei sich im letzteren Fall nach Abb. 1.18b vor dem Körper ein abgehobener Verdichtungsstoß ausbildet. Die Berechnung der physikalischen Größen im Staupunkt erfordert also besondere Aufmerksamkeit, je nachdem, ob es sich um eine Unter- oder Überschallanströmung handelt, $Ma_\infty \lesseqgtr 1$. Bei Unterschallanströmung befindet sich der Bezugszustand sehr weit (theoretisch unendlich weit) vor dem Körper, während bei Überschallanströmung der Bezugszustand mit dem Zustand unmittelbar vor dem Verdichtungsstoß übereinstimmt. Die Strömung erfolge bei adiabater Zustandsänderung (adiabate Kompression) eines reibungslosen Fluids (Gas).

b.1) Stetige Staupunktströmung. Es werde zunächst vereinfacht angenommen, daß sich die Entropie längs der auf den Staupunkt führenden Stromlinie nicht ändert. Für eine solche isentrop (adiabat-reversibel) verlaufende Strömung erhält man nach (4.49b), wenn man die Stelle (1) für den Anströmzustand und die Stelle (2) für den Staupunkt wählt, für das Dichteverhältnis im Staupunkt

$$\frac{\varrho_0}{\varrho_\infty} = \left(1 + \frac{\varkappa - 1}{2} Ma_\infty^2\right)^{\frac{1}{\varkappa - 1}} = 1 + \frac{1}{2} Ma_\infty^2 + \cdots \geqq 1\,. \tag{4.76a}$$

Bei $Ma_\infty = 0{,}2$ ergibt sich $\varrho_0/\varrho_\infty = 1{,}020$, und bei $Ma_\infty = 0{,}3$ wird $\varrho_0/\varrho_\infty = 1{,}045$. Hieraus folgt die bereits aus (3.24) gezogene Feststellung, wonach die Mach-Zahl $Ma_\infty \approx 0{,}3$ die obere Grenze darstellt, bei der das strömende Gas gerade noch als dichtebeständig angenommen werden kann. Für das Druckverhältnis gilt nach (4.49a)

$$\frac{p_0}{p_\infty} = \left(1 + \frac{\varkappa - 1}{2} Ma_\infty^2\right)^{\frac{\varkappa}{\varkappa - 1}} \geqq 1 \quad (p_0 = p_t = \text{Totaldruck})\,. \tag{4.76b}$$

Im vorliegenden Fall wird das Gas bei isentropem Zustand stetig zur Ruhe gebracht. Den bei einer isentropen Kompression auf den Ruhezustand entstehenden Druck (Ruhedruck) definiert man als Totaldruck $p_0 = p_t$, man vergleiche (3.23a) für die Strömung eines dichtebeständigen Fluids. Der nach (4.76b) berechenbare Totaldruck stellt den größtmöglichen Ruhedruck dar. Er wird von einer mit Verdichtungsstoß bei anisentroper Kompression ablaufenden Kompressionsströmung jedoch nicht erreicht, man vergleiche hierzu Abb. 4.16 und die hiermit im Zusammenhang gemachte Ausführung. Für den Druckbeiwert gilt nach (4.45) mit $\Delta p_0 = p_0 - p_\infty$ als reduziertem Staupunktdruck (= Staudruck bei dichtebeständigem Fluid)

$$\frac{\Delta p_0}{q_\infty} = \frac{2}{\varkappa Ma_\infty^2}\left[\left(1 + \frac{\varkappa - 1}{2} Ma_\infty^2\right)^{\frac{\varkappa}{\varkappa - 1}} - 1\right] \approx 1 + \frac{1}{4} Ma_\infty^2 + \cdots \geqq 1 \tag{4.77a, b}$$

mit $q_\infty = (\varrho_\infty/2)\, v_\infty^2$ als Geschwindigkeitsdruck der Anströmung (= auf Volumen bezogene kinetische Energie der Anströmung). Gl. (4.77b) erhält man bei binomischer Reihenentwicklung nach kleinen Werten von $[(\varkappa - 1)/2]\; Ma_\infty^2 \ll 1$. Sowohl das Druckverhältnis als auch der Druckbeiwert nehmen mit der Mach-Zahl stark zu. In Abb. 4.15a ist $\Delta p_0/q_\infty$ über Ma_∞ als Kurve (*1*) aufgetragen. Während sich bei der Strömung eines dichtebeständigen Fluids mit $Ma_\infty = 0$ der Wert $\Delta p_0/q_\infty = 1$ ergibt, gilt bei Unterschallanströmung $Ma_\infty < 1$ näherungsweise der von der Art des Gases unabhängige Zusammenhang (4.77b), Kurve (*1'*). Bei Überschallanströmung $Ma_\infty > 1$ gilt (4.77a) nur für schwache Verdichtung, bei welcher die Bedingung konstanter Entropie erfüllt ist. Die Druckdifferenz $\Delta p_0 = p_0 - p_\infty$ kann man unmittelbar mittels eines Prandtl-Rohrs nach Abb. 3.11c messen.

Für das Verhältnis der Stautemperatur T_0 zur Temperatur der Anströmung T_∞ wird nach (4.41)

$$\frac{T_0}{T_\infty} = 1 + \frac{\varkappa - 1}{2} Ma_\infty^2 \geqq 1\,, \qquad \frac{\Delta T_0}{T_\infty} = \frac{\varkappa - 1}{2} Ma_\infty^2\,(=)\,0{,}2\,Ma_\infty^2\,. \tag{4.78a, b}$$

Die Temperaturerhöhung infolge isentroper Kompression $\Delta T_0 = T_0 - T_\infty$ nimmt quadratisch mit der Mach-Zahl der Anströmung Ma_∞ zu. Dies Verhalten ist in Abb. 4.15b dargestellt. Nach Einführen der

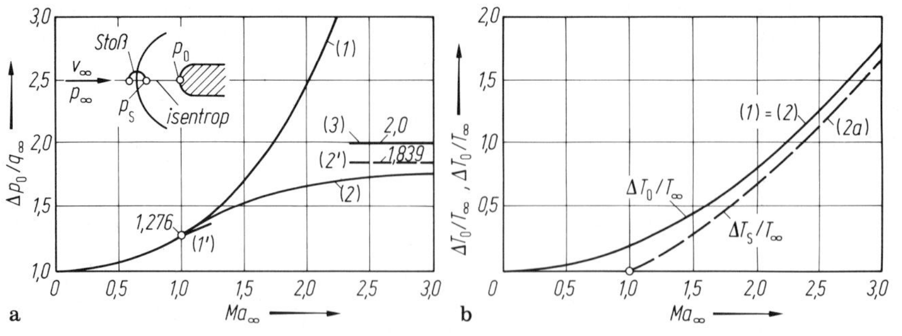

Abb. 4.15. Staupunktströmung eines dichteveränderlichen Gases, $\varkappa = 1{,}4$.
a Druckbeiwert $\Delta p_0/q_\infty$. **b** Temperaturerhöhung durch Kompression $\Delta T_0/T_\infty$. (*1*), (*1'*) stetige, mit konstanter Entropie ablaufende Kompression; (*2*), (*2'*) unstetige, mit normalem Verdichtungsstoß ablaufende Kompression bei Überschallanströmung; (*2a*) Temperaturerhöhung unmittelbar hinter dem Verdichtungsstoß $\Delta T_s/T_\infty$; (*3*) Näherung nach Newton

Enthalpie $h = c_p T$ mit $c_p = \text{const}$ kann man nach (4.26a) wegen $c_p T_0 = v_\infty^2/2 + c_p T_\infty$ auch $\Delta T_0 = v_\infty^2/2c_p$ schreiben.[21]

b.2) Unstetige Staupunktströmung. Bei Überschallanströmung bildet sich vor einem stumpfen Körper entsprechend Abb. 4.15a ein gekrümmter Verdichtungsstoß aus, dessen Form, Lage zum Körper und Stärke im allgemeinen nicht einfach zu berechnen sind. Ist der Körper symmetrisch zur Anströmrichtung, so kann man annehmen, daß die auf den Staupunkt hinführende Stromlinie den Verdichtungsstoß normal (senkrecht) trifft, ihn ohne Ablenkung durchschreitet und geradlinig auf den Staupunkt weiterläuft. Entsprechend einem Vorschlag von Prandtl [46] sei die Lösung in zwei Teilaufgaben vorgenommen. Die ankommende ungestörte Überschallströmung (Index ∞) erfährt am Ort des Verdichtungsstoßes einen unstetigen Strömungsverlauf mit anisentroper (adiabat-irreversibel) Zustandsänderung. Der Zustand unmittelbar hinter dem normalen Verdichtungsstoß (Index s) wird durch die Beziehungen aus Kap. 4.3.2.6 beschrieben. Mit den Größen dieses Zustands, der jetzt einer Ausgangsströmung mit Unterschallgeschwindigkeit entspricht, verläuft der Vorgang bis zum Staupunkt (Index 0) als stetige Strömung mit isentroper Zustandsänderung entsprechend den Beziehungen aus Kap. 4.3.2.5. Das Zusammenfügen beider Fälle ergibt dann die gesuchten Größen im Staupunkt. Während bei der stetigen Staupunktströmung der Druck im Staupunkt (Ruhedruck = Totaldruck) mit p_0 bezeichnet wurde, soll der Druck im Staupunkt bei der unstetigen Staupunktströmung mit $\hat{p}_0$ gekennzeichnet werden. Eine entsprechende Unterscheidung gilt auch für die anderen physikalischen Größen.

Der Verdichtungsstoß bewirkt nach (4.59a) eine Erhöhung des Drucks von $p_1 = p_\infty$ auf $p_2 = p_s$ und nach (4.64a) eine Erniedrigung der Mach-Zahl von $Ma_1 = Ma_\infty > 1$ auf $Ma_2 = Ma_s < 1$. Mithin sind bekannt $p_s/p_\infty = f(Ma_\infty)$ und $Ma_s = f(Ma_\infty)$. Durch die isentrope Verzögerung hinter dem Stoß ergibt sich hinter dem Ausgangszustand (Index s) nach (4.47) mit $p_1 = p_s$, $Ma_1 = Ma_s$ und $v_2 = 0$, $p_2 = \hat{p}_0$ das Druckverhältnis $\hat{p}_0/p_s = f(Ma_s)$. Das gesuchte Druckverhältnis im Staupunkt $\hat{p}_0/p_\infty$ erhält man dann aus der Beziehung $\hat{p}_0/p_\infty = (p_s/p_\infty)(\hat{p}_0/p_s)$, was nach elementarer Zwischenrechnung für $Ma_\infty \geqq 1$ zu

$$\frac{\hat{p}_0}{p_\infty} = \frac{\varkappa + 1}{2} Ma_\infty^2 \left[\frac{(\varkappa + 1)^2 \, Ma_\infty^2}{2[2\varkappa Ma_\infty^2 - (\varkappa - 1)]}\right]^{\frac{1}{\varkappa - 1}} \geqq \left(\frac{\varkappa + 1}{2}\right)^{\frac{\varkappa}{\varkappa - 1}} (=)\, 1{,}893 \tag{4.79}$$

führt [54]. Das Druckverhältnis $\hat{p}_0/p_0$ mit p_0 nach (4.76b) bezeichnet man als Drosselfaktor; es ist in Abb. 4.16 als Kurve (*1*) über der Mach-Zahl $Ma_\infty \geqq 1$ aufgetragen. Bei gleichem Anströmzustand ist der Ruhedruck bei Vorhandensein eines normalen Verdichtungsstoßes $\hat{p}_0$ stets kleiner als der Ruhedruck ohne Verdichtungsstoß $p_0 (= \text{Totaldruck } p_t)$.

In Abb. 4.15a ist der Druckbeiwert $\Delta p_0/q_\infty$ gemäß (4.45) mit $\hat{p}_0/p_\infty$ nach (4.79) in Abhängigkeit von der Zuström-Mach-Zahl $Ma_\infty \geqq 1$ für die unstetige, mit normalem Verdichtungsstoß ablaufende

---

[21] Auf die Temperaturerhöhung infolge Wandreibung, die bei wärmeundurchlässiger Wand etwa so groß ist wie diejenige durch adiabate Kompression, wird in Kap. 6.3.2.3 eingegangen, vgl. (6.70).

Strömung als Kurve (*2*) aufgetragen. Man erkennt, daß der Druckbeiwert für große Anström-Mach-Zahlen ($Ma_\infty \to \infty$) bei Vorhandensein eines normalen Verdichtungsstoßes einem Grenzwert, nämlich

$$\left(\frac{\Delta \hat{p}_0}{q_\infty}\right)_{\max} = \frac{4}{\varkappa + 1}\left[\frac{(\varkappa + 1)^2}{4\varkappa}\right]^{\frac{\varkappa}{\varkappa - 1}}, \quad \left(\frac{\hat{\varrho}_0}{\varrho_\infty}\right)_{\max} = \frac{\varkappa + 1}{\varkappa - 1}\left[\frac{(\varkappa + 1)^2}{4\varkappa}\right]^{\frac{1}{\varkappa - 1}} \tag{4.80a, b}$$

zustrebt. Die zweite Beziehung gibt das zugehörige Dichteverhältnis im Staupunkt an. Dies gewinnt man in ähnlicher Weise wie das Druckverhältnis. Für $\varkappa = 1{,}4$ errechnet man die Zahlenwerte $(\Delta \hat{p}_0/q_\infty)_{\max} = 1{,}839$ und $(\hat{\varrho}_0/\varrho_\infty)_{\max} = 6{,}438$, während die Werte unmittelbar hinter dem Stoß in (4.61b) und (4.57c) mit $(\Delta p_s/q_\infty)_{\max} = 1{,}667$ bzw. $(\varrho_s/\varrho_\infty)_{\max} = 6{,}0$ angegeben werden.

Eine näherungsweise Berechnung der Druckerhöhung im Staupunkt erhält man, wenn man nach Newton annimmt, daß die strömenden Fluidelemente ohne vom Körper stromaufwärts beeinflußt zu sein, diesen unmittelbar im Staupunkt treffen. Nach der Impulsgleichung (4.55b) wird mit $v_2 = 0$ der Druck im Staupunkt $\hat{p}_0 = p_\infty + \varrho_\infty v_\infty^2$, woraus sich mit $Ma_\infty^2 = (v_\infty/c_\infty)^2$ und $c_\infty^2 = \varkappa p_\infty/\varrho_\infty$ der Druckbeiwert

$$\frac{\Delta p_0}{q_\infty} = 2 \quad \text{(Newtonsche Näherung)} \tag{4.81}$$

errechnet. Dieser Wert ist nicht viel größer als der bei sehr großer Mach-Zahl Ma_∞ nach (4.80a) für Luft ($\varkappa = 1{,}4$) ermittelte Wert von 1,839. Mit $\varkappa = 1$ liefert (4.80a) exakt das Ergebnis von (4.81). Der Druckbeiwert im Staupunkt eines vorn stumpfen Körpers ist also für den gesamten Bereich von kleiner zu großer Geschwindigkeit ($0 \leqq Ma_\infty \leqq \infty$) bei einem Gas durch die Werte $1 \leqq \Delta \hat{p}_0/q_\infty \leqq 2$ begrenzt.

Die Temperaturerhöhung im Staupunkt bei einer Überschallanströmung mit Verdichtungsstoß könnte man grundsätzlich ähnlich berechnen, wie es bei der Druckänderung durch Zusammenfügen geschehen ist, d. h. $\hat{T}_0/T_\infty = (T_s/T_\infty)(\hat{T}_0/T_s)$. Man kommt aber schneller zum Ziel, wenn man beachtet, daß die Energiegleichung (4.41), aus der sich die Staupunkttemperatur berechnen läßt, sowohl den stetigen als auch den unstetigen Strömungsverlauf beschreibt. Mithin gilt auch hier (4.78) sowie Kurve (*1*) und (*2*) in Abb. 4.15b mit $\hat{T}_0 = T_0$. Kurve (*2a*) gibt den Einfluß der Temperaturerhöhung durch den Verdichtungsstoß $\Delta T_s/T_\infty = T_s/T_\infty - 1$ wieder. Es zeigt sich, daß bei größeren Überschall-Mach-Zahlen die isentrope Temperaturerhöhung nach dem Verdichtungsstoß, Unterschied zwischen Kurve (*2*) und (*2a*), nur gering ist. Es sei erwähnt, daß bei größeren Mach-Zahlen $Ma_\infty > 5$ die Temperaturerhöhungen so groß werden, daß die physikalischen Voraussetzungen eines idealen Gases als nicht mehr erfüllt anzusehen sind, sondern hier die Einflüsse eines realen Gases Berücksichtigung finden müssen.

Die Abnahme des Drosselfaktors mit steigender Mach-Zahl, Kurve (*1*) in Abb. 4.16, ist die Folge der Entropieerhöhung durch den Verdichtungsstoß. Aus (4.29b) erhält man die Entropieänderung gegenüber dem Anströmzustand $\hat{s}_0 - s_\infty > 0$ bzw. gegenüber der Strömung ohne Verdichtungsstoß

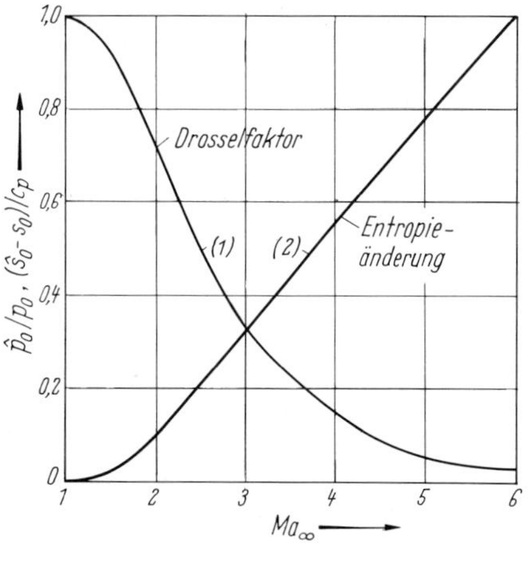

Abb. 4.16. Druck- und Entropieverhalten im Staupunkt eines mit Überschallgeschwindigkeit $Ma_\infty > 1$ angeströmten vorn stumpfen Körpers; Vergleich der Strömungen ohne und mit Verdichtungsstoß (durch ∧ gekennzeichnet). (*1*) Drosselfaktor, (*2*) Entropieänderung

$s_0 - s_\infty = 0$ mit $\hat{T}_0 = T_0$ und $T_0/T_\infty = (p_0/p_\infty)^{\frac{\varkappa-1}{\varkappa}}$ zu

$$\frac{\hat{s}_0 - s_\infty}{c_p} = \ln\left[\frac{\hat{T}_0}{T_\infty}\left(\frac{\hat{p}_0}{p_\infty}\right)^{-\frac{\varkappa-1}{\varkappa}}\right] = \frac{\hat{s}_0 - s_0}{c_p} = -\frac{\varkappa-1}{\varkappa}\ln\left(\frac{\hat{p}_0}{p_0}\right). \qquad (4.82\text{a, b})$$

Dies Ergebnis ist in Abb. 4.16 als Kurve (*2*) wiedergegeben.

c) Kompressible Strömung kleiner Störung

Bei der Umströmung eines quer zur Anströmrichtung nur mäßig ausgedehnten Körpers, d. h. eines schlanken Körpers (Flügelprofil), hat man es mit einer Strömung kleiner Störung zu tun. Bezeichnet die Stelle (*1*) den Anströmzustand und die Stelle (*2*) einen Punkt auf der Körperkontur, dann werde für die örtliche Geschwindigkeit $v_2 = v_1 + \Delta v$ oder $\Delta v = v_2 - v_1$ mit $|\Delta v/v_1| \ll 1$ gesetzt. Wegen der angenommenen kleinen Störung gilt für das Geschwindigkeitsverhältnis $v_2/v_1 \approx 1$, für das Druckverhältnis $p_2/p_1 \approx 1$ und für das Dichteverhältnis $\varrho_2/\varrho_1 \approx 1$. Dies bedeutet nach der Ausführung im Anschluß an (4.57c), daß die Strömung sowohl bei einer schwachen Druckabnahme (Depression, Verdünnung = Expansion) als auch bei einer schwachen Druckzunahme (Kompression, Verdichtung) bei konstanter Entropie stetig verläuft. Für stationäre Strömungen gelten somit die in Kap. 4.3.2.5 angegebenen Beziehungen.

c.1) Druckbeiwert. Die auf den Geschwindigkeitsdruck der Anströmung bezogene Druckänderung berechnet man nach (4.45) mit dem Druckverhältnis nach (4.47). Bei binomischer Reihenentwicklung nach kleinen Werten von $[(\varkappa - 1)/2]\,[1 - (v_2/v_1)^2]\,Ma_1^2 \ll 1$ erhält man zunächst

$$\frac{\Delta p}{q_1} = \left[1 - \left(\frac{v_2}{v_1}\right)^2\right]\left[1 + \frac{1}{4}\left(1 - \left(\frac{v_2}{v_1}\right)^2\right)Ma_1^2 + \cdots\right].$$

Man erkennt, daß die Anström-Mach-Zahl Ma_1 gegenüber dem Geschwindigkeitsverhältnis v_2/v_1 erst in zweiter Linie von Einfluß ist und daß der Wert $\varkappa$ überhaupt nicht auftritt.[22] Bei kleinen Störungen und nicht zu großen Mach-Zahlen kann man weiter vereinfachen. Benutzt man jetzt für die Größen des Anströmzustandes (Index 1) den Index ∞ und für die Größen am Ort der Körperkontur (Index 2) den Index K, so erhält man den Druckbeiwert bei stetiger Depressions- oder Kompressionsströmung kleiner Störungen

$$c_p = \frac{\Delta p}{q_\infty} = \frac{p_K - p_\infty}{q_\infty} \approx 1 - \left(\frac{v_K}{v_\infty}\right)^2 \approx -2\frac{\Delta v}{v_\infty} \quad (|\Delta v|/v_\infty \ll 1)\,, \qquad (4.83\text{a, b})$$

wobei $\Delta v = v_K - v_\infty$ die klein gegenüber v_∞ angenommene Geschwindigkeitsänderung ist.[23] Der Geschwindigkeitsdruck ist nach (4.44) mit $q_\infty = (\varrho_\infty/2)\,v_\infty^2$ gegeben. Für die Strömung eines dichtebeständigen Fluids (inkompressible Strömung) ist (4.83a, b) in Übereinstimmung mit (3.25a, b). Für die Strömung eines dichteveränderlichen Gases (kompressible Strömung) gilt (4.83a, b), wenn es sich um die Umströmung eines schlanken Körpers (kleine Störung) handelt. Unter dieser Voraussetzung gilt (4.83b) sowohl für die Unterschall- als auch für die Überschallanströmung mit $Ma_\infty \lesseqgtr 1$.

In Kap. 4.3.2.3 und 4.3.2.5 wurde der Fall, bei dem örtlich die Strömungsgeschwindigkeit gleich der Schallgeschwindigkeit ist, als kritischer Zustand (Lavalzustand) definiert. Das zugehörige Druckverhältnis ist durch (4.50a) gegeben. Da im Rahmen der Theorie kleiner Störung $p_2^*/p_1 \approx 1$ ist, muß $|[(\varkappa - 1)/(\varkappa + 1)]\,[1 - Ma_1^2]| \ll 1$ sein. Führt man in (4.50a) eine binomische Reihenentwicklung nach dieser Größe durch und setzt das Ergebnis in (4.45) ein, so erhält man für den kritischen Druckbeiwert[24]

$$c_p^* = \frac{\Delta p^*}{q_\infty} \approx -\frac{2}{\varkappa + 1}\,\frac{1 - Ma_\infty^2}{Ma_\infty^2} \quad (|\Delta v^*|/v_\infty \ll 1)\,, \qquad (4.84)$$

wobei die Indizes wie in (4.83) gewählt sind. Bei Unterschallanströmung ($Ma_\infty < 1$) ist $c_p^* < 0$, was einem kritischen Unterdruck entspricht. In Abb. 4.17 ist der kritische Druckbeiwert über der Mach-

---

[22] Mit $v_2/v_1 = 0$ liefert diese Beziehung den in (4.77b) für den Staupunkt bei Unterschallanströmung angegebenen Druckbeiwert.

[23] Da im Staupunkt $v_K = 0$ bzw. $\Delta v/v_\infty = -1$ ist, ist die Voraussetzung kleiner Störung für den Strömungsbereich in der Umgebung des Staupunkts nicht erfüllt. Gl. (4.83b) kann somit für diesen Fall nicht angewendet werden.

[24] Wegen $\Delta p^*/q_\infty \approx 1 - (v_K^*/v_\infty)^2$ nach (4.83a) folgt diese Beziehung auch aus (4.52b).

Zahl bei Unterschallanströmung als Kurve (*1*) aufgetragen. Zum Vergleich ist die exakte Lösung nach (4.50a) in Verbindung mit (4.45) als Kurve (*1a*) wiedergegeben.

c.2) Umströmung eines Flügelprofils mit Unterschallgeschwindigkeit. Wird ein Flügelprofil (schlanker Körper) mit einer Geschwindigkeit v_∞ angeströmt, so stellt sich etwa an der Stelle der größten Profildicke die maximale Umströmungsgeschwindigkeit $v_{K\max} = v_\infty + \Delta v_{\max}$ mit $\Delta v_{\max} > 0$ als Übergeschwindigkeit ein. Hierzu gehört der größtmögliche Unterdruck $p_{\min}$ bzw. Unterdruckbeiwert $\Delta p_{\min}/q_\infty < 0$. Bei kleiner Unterschall-Mach-Zahl der Anströmung Ma_∞ ist die Umströmungsgeschwindigkeit v_K zunächst immer kleiner als die örtliche Schallgeschwindigkeit c, d. h. $v_K < c$. Steigert man die Anström-Mach-Zahl gegenüber diesem Zustand, so kann die maximale Umströmungsgeschwindigkeit den Wert der Schallgeschwindigkeit erreichen. Dies entspricht dann dem in c.1 beschriebenen kritischen Zustand. Für die Druckbeiwerte gilt dann $\Delta p_{\min}/q_\infty = \Delta p^*/q_\infty$. Die zugehörige Machzahl wird kritische Anström-Mach-Zahl Ma_∞^* genannt. Sie erhält man aus (4.84) zu

$$Ma_\infty^* = \left(1 - \frac{\varkappa + 1}{2} \frac{\Delta p_{\min}}{q_\infty}\right)^{-\frac{1}{2}} < 1\,, \quad \frac{\Delta p_{\min}}{q_\infty} = \frac{1}{\sqrt{1 - Ma_\infty^2}} \left(\frac{\Delta p_{\min}}{q_\infty}\right)_{(Ma_\infty = 0)}. \qquad (4.85\text{a, b})$$

Wegen $\Delta p_{\min} < 0$ ist stets $Ma_\infty^* < 1$. Der Begriff der kritischen Mach-Zahl spielt eine wichtige Rolle für Flügelprofile, die mit hohen Unterschallgeschwindigkeiten angeströmt werden. In Abb. 4.17 ist die grafische Ermittlung der kritischen Anström-Mach-Zahl gezeigt. Für ein gegebenes Profil ist $\Delta p_{\min}/q_\infty = f(Ma_\infty)$ entsprechend (5.133) als Kurve (*2*) aufgetragen. Der Schnittpunkt mit Kurve (*1*) liefert die gesuchte Mach-Zahl Ma_∞^*. Nach Überschreiten der kritischen Mach-Zahl $Ma_\infty > Ma_\infty^*$ treten am Profil örtlich Überschallfelder auf, bei denen im allgemeinen die Überschallgeschwindigkeit mittels eines Verdichtungsstoßes in Unterschallgeschwindigkeit zurückkehrt. In solchen Verdichtungsstößen ändern sich nach Kap. 4.3.2.6 Druck und Dichte unstetig bei gleichzeitiger Entropieerhöhung. Der starke Druckanstieg im Verdichtungsstoß führt zur Ablösung der wandnahen Reibungsschicht und damit zu einer erheblichen Veränderung des Strömungsfelds um das Profil. Erste systematische Versuche über die Beeinflussung von Verdichtungsstoß und Reibungsschicht von Ackeret, Feldmann und Rott [2] sowie von Liepmann [36], bei denen die Reynolds-Zahl und die Mach-Zahl unabhängig voneinander verändert werden können, haben mancherlei Aufklärung über diese verwickelten Vorgänge gebracht. Einen Übersichtsbeitrag über die neueren Erkenntnisse gibt Green [36].

Der kritische Zustand (Erreichen der örtlichen Schallgeschwindigkeit) stellt den Grenzzustand dar, bis zu dem mit stetiger Strömung bei ungeänderter Entropie (isentrop) gerechnet werden kann.

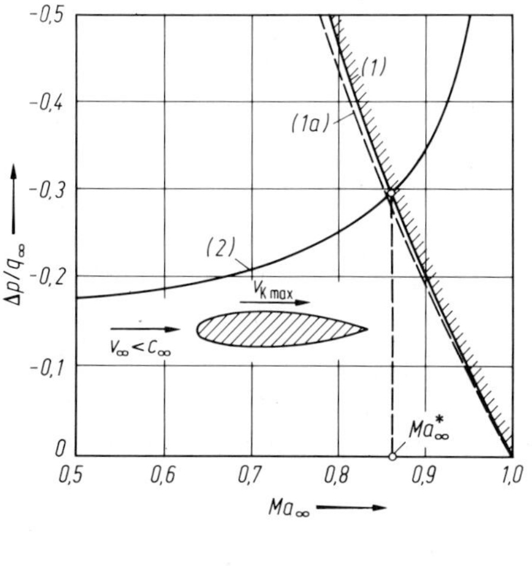

Abb. 4.17. Zur Bestimmung der kritischen Mach-Zahl Ma_∞^* eines mit Unterschallgeschwindigkeit angeströmten schlanken Körpers (Flügelprofil) mittels der Theorie kleiner Störung. (*1*) Kritischer Druckbeiwert nach linearer Theorie, (*1a*) kritischer Druckbeiwert nach exakter Theorie, (*2*) größter Unterdruckbeiwert nach (5.133) mit $(\Delta p/q_\infty)_{\min} = -0{,}15$ bei $Ma_\infty = 0$

4.3.3 Instationäre Fadenströmung eines dichteveränderlichen Fluids

4.3.3.1 Voraussetzungen und Annahmen

Die instationäre Strömung eines dichtebeständigen Fluids nach der Stromfadentheorie bei reibungsloser Strömung wurde in Kap. 3.3.3 besprochen. Die Anwendungen in Kap. 3.3.3.3 erstrecken sich auf die instationäre Bewegung von Flüssigkeitsspiegeln in oben offenen Gefäßen, und zwar auf die Flüssigkeitsschwingung in einem kommunizierenden Gefäß (Beispiel b) und auf den zeitlichen Ausfluß einer Flüssigkeit aus einem Gefäß (Beispiel c).[25] Es soll jetzt die Stromfadentheorie für die instationäre Strömung eines dichteveränderlichen Fluids behandelt werden. Da auch hier reibungslose Strömung angenommen wird, handelt es sich bei der folgenden Untersuchung lediglich um die Erfassung der Dichteänderung des Fluids (Kompressibilität).

Zu den instationären Strömungen dichteveränderlicher Fluide gehören neben zeitlich monoton ablaufenden Vorgängen besonders Schwingungsvorgänge, bei denen die Ausbreitung, Reflexion und Überlagerung von Druckwellen von großer Bedeutung sind. Mathematisch treten Systeme gewisser nichtlinearer partieller Differentialgleichungen von hyperbolischem Typ auf. Da neben den Ortskoordinaten auch die Zeit als unabhängige Veränderliche vorkommt, hängen die einzelnen Lösungen außer von den (örtlichen) Randbedingungen von den (zeitlichen) Anfangsbedingungen ab. Bei kleinen Druckunterschieden kann man die Gleichungen auf lineare Differentialgleichungen zurückführen (lineare Wellenausbreitung). Bei großen Druckunterschieden bleiben die Gleichungen jedoch nichtlinear und erfordern einen recht erheblichen mathematischen Aufwand. Eine ausführliche Darstellung dieses Fragenkreises ohne Berücksichtigung der Reibung, der Wärmeleitung und des Einflusses von Massenkräften wird von Sauer [54] gegeben, vgl. [37, 42, 52, 60, 61, 65].

Im allgemeinen können die geometrischen und physikalischen Größen von der Zeit t und von der Koordinate längs der Kontrollfadenachse x abhängen.[26] Dies gilt für den Fadenquerschnitt $A(t, x)$, die Geschwindigkeit $v(t, x)$ sowie alle Zustandsgrößen, wie z. B. den Druck $p(t, x)$, die Dichte $\varrho(t, x)$ und die spezifische Entropie $s(t, x)$. Die Geschwindigkeiten, Drücke und Dichten seien über die Fadenquerschnitte gleichmäßig verteilt. Der Strömungsvorgang soll weiterhin adiabat und stetig, d. h. bei isentroper Zustandsänderung der Fluidelemente ablaufen. Verdichtungsstöße werden also ausgeschlossen.

4.3.3.2 Lineare Theorie der instationären Fadenströmung

Ausgangsgleichungen. Zur Berechnung der Ausbreitung stetig verlaufender eindimensionaler Druckwellen stehen (2.56b), (2.94a) bzw. (2.217) zur Verfügung:

Kontinuitätsgleichung: $$\frac{d\varrho}{dt} + \varrho\frac{\partial v}{\partial x} + \frac{\varrho}{A}\frac{dA}{dt} = 0\,, \tag{4.86a}$$

[25] Der Einfluß der Reibung wird bei der Rohrströmung in Kap. 3.4.5.3 (Beispiel b und c) untersucht.

[26] Um Verwechslungen mit der spezifischen Entropie s auszuschließen, wird die Koordinate längs der gegebenenfalls auch gekrümmten Kontrollfadenachse mit x bezeichnet.

Impulsgleichung: $$\frac{dv}{dt} + \frac{1}{\varrho}\frac{\partial p}{\partial x} + g\frac{\partial z}{\partial x} = 0\,, \tag{4.86b}$$

Entropiegleichung: $$\frac{ds}{dt} = 0\,. \tag{4.86c}$$

Für die substantiellen Änderungen d/dt gilt (2.41a) mit $d/dt = \partial/\partial t + v(\partial/\partial x)$. Gl. (4.86c) sagt aus, daß jedes Fluidelement längs seiner Bahn keine Entropieänderung erfährt und daher einen adiabat-reversiblen Prozeß durchläuft. Unter Beachtung dieser Aussage gilt für die Dichteänderung gemäß $\varrho = \varrho(p, s) = \varrho(p)$

$$\frac{d\varrho}{dt} = \left(\frac{\partial \varrho}{\partial p}\right)_s \frac{dp}{dt} + \left(\frac{\partial \varrho}{\partial s}\right)_p \frac{ds}{dt} = \left(\frac{\partial \varrho}{\partial p}\right)_s \frac{dp}{dt} = \frac{1}{c^2}\frac{dp}{dt}\,, \tag{4.87}$$

wobei c die Schallgeschwindigkeit nach (4.30) ist. Handelt es sich bei der Fadenströmung um die Strömung durch ein elastisches Rohr mit konstantem Querschnitt bei unbelastetem Zustand, so erfaßt $dA/dp \neq 0$ das elastische Verhalten der Rohrwandung. Die infolge Druckänderung auftretende Ringdehnung des Rohrs findet man durch Anwenden des Hookeschen Gesetzes der Elastizitätstheorie. Es gilt für ein Rohr mit kreisförmigem Querschnitt $A = \pi R^2$, z. B. nach [28, 47, 59], die Beziehung $dA/A = (D/e)\,(dp/E_R)$ mit e als Wandstärke des Rohrs und E_R als Elastizitätsmodul des Rohrwerkstoffs. Mithin kann man für die Querschnittsänderung in (4.86a) schreiben, vgl. (4.35),

$$\frac{\varrho}{A}\frac{dA}{dt} = \frac{\varepsilon}{c^2}\frac{dp}{dt} \quad \text{mit} \quad \varepsilon = \frac{\varrho c^2}{E_R}\frac{D}{e} = \frac{E_F}{E_R}\frac{D}{e}\,. \tag{4.88a, b}$$

Die zweite Beziehung für ε gilt für eine Flüssigkeit, bei der nach (1.9a) näherungsweise $c^2 = E_F/\varrho$ mit E_F als Elastizitätsmodul des Fluids gesetzt werden kann.

Nach Einsetzen von (4.87) und (4.88a) in (4.86a) sowie Heranziehen von (4.86b) stehen jetzt die zwei quasilinearen Gleichungen

$$(1 + \varepsilon)\left(\frac{\partial p}{\partial t} + v\frac{\partial p}{\partial x}\right) + \varrho c^2 \frac{\partial v}{\partial x} = 0\,, \tag{4.89a}$$

$$\varrho\left(\frac{\partial v}{\partial t} + v\frac{\partial v}{\partial x}\right) + \frac{\partial p}{\partial x} + \varrho g\frac{\partial z}{\partial x} = 0 \tag{4.89b}$$

für die gesuchten Funktionen $v(t, x)$ und $p(t, x)$ der beiden unabhängigen Veränderlichen t und x zur Verfügung. Die Anfangs- und Randbedingungen müssen der jeweiligen Aufgabenstellung angepaßt werden. Auf die Wiedergabe von Lösungen der angegebenen mathematisch schwierigen Differentialgleichungen muß hier verzichtet werden, man vgl. wieder [54].

Linearisierung. Einer stationären Grundströmung mit der veränderlichen Geschwindigkeit $\bar{v}(x)$ sei eine instationäre Störströmung $\tilde{v}(t, x)$ überlagert, d. h. es gilt für die Geschwindigkeit, den Druck und die Dichte

$$v(t, x) = \bar{v}(x) + \tilde{v}(t, x),\; p(t, x) = \bar{p}(x) + \tilde{p}(t, x),\; \varrho(t, x) = \bar{\varrho}(x) + \tilde{\varrho}(t, x)\,. \tag{4.90a, b, c}$$

Dabei sind die Größen der Störströmung gegenüber denen der Grundströmung als klein anzusehen. Durch Linearisierung der Größen $\varrho \approx \bar{\varrho}$, $c \approx \bar{c}$ und $v \approx \bar{v}$ geht (4.89a, b) über in[27]

$$\left(\frac{\partial p}{\partial t} + \bar{v}\frac{\partial p}{\partial x}\right) + \bar{\varrho}\hat{c}^2\frac{\partial v}{\partial x} = 0\,, \tag{4.91a}$$

$$\bar{\varrho}\left(\frac{\partial v}{\partial t} + \bar{v}\frac{\partial v}{\partial x}\right) + \frac{\partial p}{\partial x} + \bar{\varrho}g\frac{\partial z}{\partial x} = 0\,. \tag{4.91b}$$

Es wurde nach (4.35) die rechnerische Schallgeschwindigkeit $\hat{c} = \bar{c}/\sqrt{1+\varepsilon}$ eingeführt mit ε nach (4.88b). Für die Hochlage der Rohrachse soll $z(t, x) = z(x)$ gelten.

Lineare Wellengleichung der eindimensionalen Störströmung. Wenn man die Abweichungen von der Grundströmung nur linear berücksichtigt, ergibt sich eine lineare Theorie, die u. a. auch die mathematische Grundlage der Akustik (schwingende Saite) ist. In Anlehnung an die Akustik seien die Störung der Fluidgeschwindigkeit $\tilde{v}$ als Schallschnelle und die Druckstörung $\tilde{p}$ als Schalldruck bezeichnet.

Durch Einsetzen von (4.90a, b) in (4.91) und Abspalten der Beziehungen für die Grundströmung erhält man zur Berechnung der Störströmung das Gleichungssystem

$$\left(\frac{\partial \tilde{p}}{\partial t} + \bar{v}\frac{\partial \tilde{p}}{\partial x}\right) + \bar{\varrho}\hat{c}^2\frac{\partial \tilde{v}}{\partial x} = 0\,, \tag{4.92a}$$

$$\bar{\varrho}\left(\frac{\partial \tilde{v}}{\partial t} + \bar{v}\frac{\partial \tilde{v}}{\partial x}\right) + \frac{\partial \tilde{p}}{\partial x} = 0\,. \tag{4.92b}$$

Die Lage der Rohrachse $\bar{z}(x)$ spielt für die Störströmung keine Rolle, so daß mit (4.92a, b) sowohl horizontale als auch vertikale Wellenausbreitungen erfaßt werden können.

Die Gln. (4.92a, b) gelten für das ruhende Bezugssystem. Sie lassen sich bei paralleler Grundströmung mit $\bar{v}(x) = \text{const}$ durch eine Galilei-Transformation auf ein mit der Geschwindigkeit $\bar{v} = \text{const}$ bewegtes Bezugssystem zurückführen. Es gelten hierfür die Transformationsformeln

$$t = t', \qquad x = x' + \bar{v}t'; \qquad \frac{\partial}{\partial t} = \frac{\partial}{\partial t'} - \bar{v}\frac{\partial}{\partial x'}, \qquad \frac{\partial}{\partial x} = \frac{\partial}{\partial x'}\,. \tag{4.93a; b}$$ [28]

[27] Aus (4.91a, b) erhält man mit $\partial/\partial t = 0$ und $\partial/\partial x = d/dx$ für die stationäre Grundströmung

$$\bar{v}\,d\bar{p} + \bar{\varrho}\hat{c}^2\,d\bar{v} = 0\,, \quad \bar{\varrho}\bar{v}\,d\bar{v} + d\bar{p} + \bar{\varrho}g\,d\bar{z} = 0\,.$$

Bei einer parallelen Grundströmung sind $\bar{v} = \text{const}$ und daraus folgend auch $\bar{p} = \text{const}$ sowie $\bar{z} = \text{const}$.

[28] Man beachte folgende Regeln für $t = t(t', x')$ und $x = x(t', x')$:

$$\frac{\partial}{\partial t} = \frac{\partial t'}{\partial t}\frac{\partial}{\partial t'} + \frac{\partial x'}{\partial t}\frac{\partial}{\partial x'} \quad \text{mit} \quad \frac{\partial t'}{\partial t} = 1 \quad \text{und} \quad \frac{\partial x'}{\partial t} = -\bar{v}\,,$$

$$\frac{\partial}{\partial x} = \frac{\partial t'}{\partial x}\frac{\partial}{\partial t'} + \frac{\partial x'}{\partial x}\frac{\partial}{\partial x'} \quad \text{mit} \quad \frac{\partial t'}{\partial x} = 0 \quad \text{und} \quad \frac{\partial x'}{\partial x} = 1\,.$$

Als Ergebnis erhält man für die lineare Wellenbewegung (Störgrößen) im mitbewegten Bezugssystem zunächst die beiden simultanen Differentialgleichungen

$$\frac{\partial \tilde{p}}{\partial t'} = -\bar{\varrho}\hat{c}^2 \frac{\partial \tilde{v}}{\partial x'}, \quad \frac{\partial \tilde{v}}{\partial t'} = -\frac{1}{\bar{\varrho}}\frac{\partial \tilde{p}}{\partial x'} \quad (\bar{\varrho} \approx \text{const}, \ \hat{c} \approx \text{const}) . \tag{4.94a, b}$$

Für $\bar{v} = 0$, d. h. bei der Wellenausbreitung in einem ruhenden Grundzustand, sind (4.92a, b) und (4.94a, b) identisch. Durch jeweilige partielle Differentiationen von (4.94a, b) nach t' und x' sowie entsprechende Zusammenfassungen findet man schließlich zwei getrennte Differentialgleichungen für $\tilde{p}(t', x')$ und $\tilde{v}(t', x')$

$$\frac{\partial^2 \tilde{p}}{\partial t'^2} = \hat{c}^2 \frac{\partial^2 \tilde{p}}{\partial x'^2}, \quad \frac{\partial^2 \tilde{v}}{\partial t'^2} = \hat{c}^2 \frac{\partial^2 \tilde{v}}{\partial x'^2} \quad \text{(Wellengleichungen)} . \tag{4.95a, b}$$

Dies sind lineare Differentialgleichungen zweiter Ordnung von hyperbolischem Typ für die Schallschnelle und den Schalldruck in Longitudinalwellen im mitbewegten Bezugssystem. Die allgemeinen Lösungen wurden bereits von Riemann [49] angegeben:[29]

$$\tilde{p}(t', x') = \varrho c^2[f(t' - x'/c) + F(t' + x'/c)] , \tag{4.96a}$$

$$\tilde{v}(t', x') = c[f(t' - x'/c) - F(t' + x'/c)] . \tag{4.96b}$$

Von der Richtigkeit dieser Ansätze überzeugt man sich durch Bilden der partiellen Differentialquotienten nach t' und x' sowie Einsetzen in (4.94a, b).[30] Die dimensionslosen Funktionen f und F sind zunächst willkürliche, noch unbekannte Funktionen der Argumente $t' - x'/c$ bzw. $t' + x'/c$, wobei t' und x'/c linear miteinander gekoppelt sind. Die Kurvenscharen $\xi = t' - x'/c = \text{const}$ und $\eta = t' + x'/c = \text{const}$ heißen Charakteristiken (MachLinien) der hyperbolischen Differentialgleichungen. Auf ihnen sind die Funktionen $f(\xi)$ und $F(\eta)$ und damit die Geschwindigkeiten $\tilde{v}$ und die Drücke $\tilde{p}$ jeweils unveränderlich, Abb. 4.18a.

Aus (4.96a, b) gewinnt man unmittelbar die sog. Verträglichkeitsbedingungen in folgender Form:

$$\frac{\tilde{p}(t', x')}{\varrho c^2} + \frac{\tilde{v}(t', x')}{c} = 2f(\xi) \quad \text{mit} \quad \xi = t' - \frac{x'}{c} = \text{const} , \tag{4.97a}$$

$$\frac{\tilde{p}(t', x')}{\varrho c^2} - \frac{\tilde{v}(t', x')}{c} = 2F(\eta) \quad \text{mit} \quad \eta = t' + \frac{x'}{c} = \text{const} . \tag{4.97b}$$

Man bezeichnet $f(\xi)$ und $F(\eta)$ als rechts- bzw. linksläufige charakteristische Veränderliche.

Ohne die Funktionen f und F im einzelnen zu kennen, können jedoch bereits Aussagen über die physikalische Bedeutung der durch sie beschriebenen fortschreitenden Wellen gemacht werden. Es seien die Funktionen f und F für sich betrachtet, und zwar zunächst der durch f gegebene Störvorgang. Für

---

[29] Im folgenden soll bei den konstanten Stoffgrößen $\bar{\varrho}$, $\hat{c}$ auf die Kennzeichnung durch Überstreichen verzichtet werden.

[30] Es ist z. B. $\partial\tilde{v}/\partial t' = c(\dot{f} - \dot{F})$, $\partial\tilde{v}/\partial x' = -\dot{f} - \dot{F}$ mit $\dot{f} = df/d(t' - x'/c)$, $\dot{F} = dF/d(t' + x'/c)$.

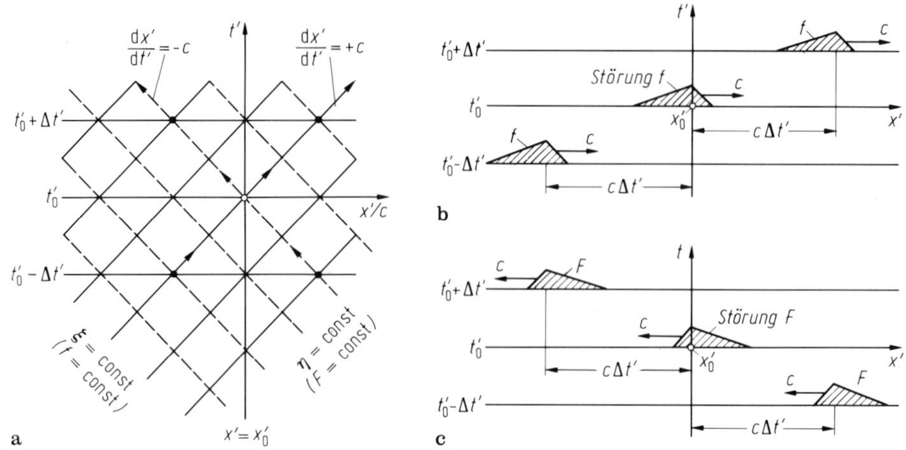

Abb. 4.18. Fortschreitende, geradlinig verlaufende lineare Wellen nach (4.96). **a** Charakteristiken-Diagramm in der Weg-Zeit-Ebene $\xi = t' - x'/c = \text{const}$, $f = \text{const}$, rechtsläufige Welle (Mach-Linie), $\eta = t' + x'/c = \text{const}$, $F = \text{const}$, linksläufige Welle (Mach-Linie). **b, c** Wellenbewegung der einzelnen Wellen f bzw. F

$t' - x'/c = \text{const}$ bleibt die Störung konstant. Aus $c\,dt' - dx' = 0$ ergibt sich die Geschwindigkeit $dx'/dt' = c$, mit der die Welle nach Abb. 4.18b in positiver x'-Richtung fortschreitet. Jede Störung f breitet sich stromabwärts mit der Schallgeschwindigkeit c aus. Dabei bleibt die Wellenform stets die gleiche. Eine entsprechende Aussage gilt für die durch F beschriebene Wellenausbreitung, wobei jetzt die Bewegung nach Abb. 4.18c in Richtung der negativen x'-Achse, d. h. stromaufwärts, erfolgt. Demnach muß z. B. der an der Stelle $x' = x'_0$ und zur Zeit $t' = t'_0$ durch f oder F festgelegte Zustand nach der Zeit $t' = t'_0 + \Delta t'$ an den Stellen $x' = x'_0 \mp \Delta x'$ mit $\Delta x' = c(t' - t'_0) = c\Delta t'$ angekommen sein. Für die Wellenform gilt $f(t', x') = F(t', -x')$.

Die durch die Funktion f oder F allein beschriebene Druckänderung $\tilde{p}$ sei als einfache Druckwelle bezeichnet. Man spricht von einer Überdruckwelle, wenn $\tilde{p} > 0$ ist ($f > 0$ bzw. $F > 0$), und von einer Unterdruckwelle, wenn $\tilde{p} < 0$ ist ($f < 0$ bzw. $F < 0$). Das Vorzeichen bestimmt also den Sinn der Druckwelle (gleichsinnig, gegensinnig). Weiterhin spricht man bei der Geschwindigkeitsänderung von einer Beschleunigungswelle, wenn $\tilde{v} > 0$ ist ($f > 0$ bzw. $F < 0$) und von einer Verzögerungswelle, wenn $\tilde{v} < 0$ ist ($f < 0$ bzw. $F > 0$). In diesem Fall bestimmt das Vorzeichen die Art der Welle. Eine Geschwindigkeitsänderung $\tilde{v} > 0$ vergrößert den Volumenstrom $\dot{V} = vA = (\bar{v} + \tilde{v})\,A$ im Rohr, während $\tilde{v} < 0$ ihn verkleinert. Die vier möglichen Typen sind in Tab. 4.3 zusammengestellt. Die vollständige Lösung besteht aus der Überlagerung zweier im allgemeinen verschiedener, aber mit gleicher Geschwindigkeit c nach entgegengesetzter Richtung fortschreitender Wellen. Die gleichsinnigen Typen (1) und (2) sowie (3) und (4) verstärken sich bezüglich der Druckänderung untereinander, während sich bezüglich der Geschwindigkeitsänderung die gleichartigen Typen (1) und (3) sowie (2) und (4) einander unterstützen. Die Ausbreitungsrichtung der Druckwelle stimmt

Tabelle 4.3. Verhalten einfacher Druckwellen nach der linearen Wellentheorie [37]

Sinn der Welle	Überdruckwelle		Unterdruckwelle	
Art der Welle	Beschleunigungswelle	Verzögerungswelle	Beschleunigungswelle	Verzögerungswelle
Wellenfunktion	$f > 0$	$f = 0$	$f = 0$	$f < 0$
	$F = 0$	$F > 0$	$F < 0$	$F = 0$
Richtung der Welle, x	→	←	←	→
Druckänderung, $\tilde{p}$	↑	↑	↓	↓
Geschwindigkeitsänderung, $\tilde{v}$	↑	↓	↑	↓
Volumenstrom, $\dot{V}$	↑	↓	↑	↓
Typ	(1)	(2)	(3)	(4)

jedoch nur für die Typen (1) und (4) mit der Richtung der Grundgeschwindigkeit $\bar{v}$ überein, [37].

Durch Rücktransformation entsprechend (4.93a, b) mit $t' = t$ und $x' = x - \bar{v}t$ geht (4.96a, b) über in

$$\tilde{p}(t, x) = \varrho c^2 \left[f\left[\left(1 + \frac{\bar{v}}{c}\right)t - \frac{x}{c}\right] + F\left[\left(1 - \frac{\bar{v}}{c}\right)t + \frac{x}{c}\right]\right], \tag{4.98a}$$

$$\tilde{v}(t, x) = c\left[f\left[\left(1 + \frac{\bar{v}}{c}\right)t - \frac{x}{c}\right] - F\left[\left(1 - \frac{\bar{v}}{c}\right)t + \frac{x}{c}\right]\right]. \tag{4.98b}$$

Die rücktransformierten Wellengleichungen (4.95a, b) nehmen z. B. für den Druck die Form

$$\frac{\partial^2 \tilde{p}}{\partial t^2} + 2\bar{v}\frac{\partial^2 \tilde{p}}{\partial t\, \partial x} + (\bar{v}^2 - c^2)\frac{\partial^2 \tilde{p}}{\partial x^2} = 0 \tag{4.98c}$$

an, man vgl. [54].[31]

Die analytischen Ausdrücke für f und F sowie ihre gegenseitige Verknüpfung können erst mit Hilfe der Grenzbedingungen, d. h. der Anfangs- und Randbedingungen bestimmt werden. Treten nur Anfangsbedingungen auf, so hat man es mit einer Anfangswertaufgabe zu tun. Kommen sowohl Anfangs- als auch Randbedingungen vor, so ist eine Anfangsrandwertaufgabe zu lösen.

Druckschwankungen in Rohrleitungen. Die drei wesentlichen physikalischen Erscheinungen, die eine rechnerische Behandlung der instationären Fadenströmung beeinflussen, sind die Dichteänderung und die Reibung des Fluids sowie

[31] Diese Beziehung läßt sich auch durch Zusammensetzen von (4.92a) und (4.92b) gewinnen.

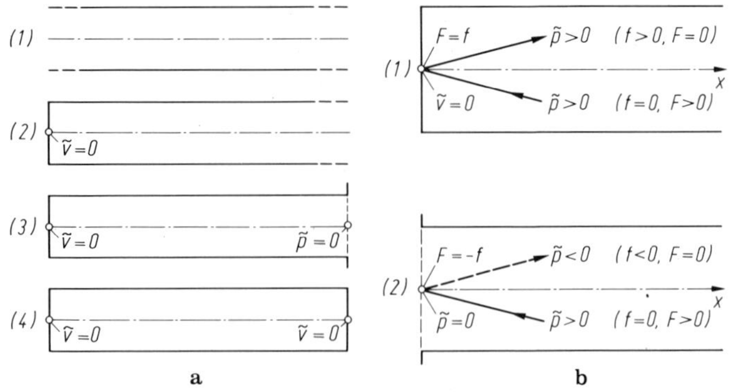

Abb. 4.19. Instationärer Druckausgleich in zylindrischen Rohren, **a** Mögliche Fälle, (*1*) bis (*4*). **b** Wellenreflexion, (*1*) geschlossenes Rohrende, (*2*) offenes Rohrende

gegebenenfalls die Elastizität der Rohrwand. Entsprechend den getroffenen Voraussetzungen soll die Reibung vernachlässigt werden. Bei einem dichtebeständigen Fluid und einer starren Rohrwand verhält sich die Fluidmasse in der Rohrleitung wie ein starrer Körper, was bedeutet, daß die Ausbreitungsgeschwindigkeit einer Druckwelle in dem Fluid unendlich groß ist. Eine beschleunigte oder verzögerte Störbewegung wäre sofort und gleichzeitig an allen anderen Punkten des Rohrleitungssystems wahrnehmbar. Es leuchtet ein, daß eine solche Annahme im allgemeinen den tatsächlichen Verhältnissen stark widerspricht. Nimmt man jedoch ein dichteveränderliches Fluid und gegebenenfalls eine elastische Rohrwand an, so breiten sich die Druckwellen in der vom Rohr eingeschlossenen Fluidmasse mit endlicher Geschwindigkeit aus. Die Geschwindigkeit dieser Druckwellen ist bei unelastischem Rohr gleich der Schallgeschwindigkeit des Fluids c und bei elastischem Rohr gleich $c = \hat{c}$ nach (4.35). Je nach dem Grad der getroffenen Voraussetzungen und Annahmen entspricht das ermittelte Ergebnis dem wirklichen Verhalten mehr oder weniger gut.

Beim Druckausgleich in zylindrischen Rohren kann es sich nach Abb. 4.19a um folgende Aufgaben mit den zugehörigen Anfangs- und Randbedingungen handeln:

Druckausgleich in einem auf beiden Seiten unendlich langen Rohr oder Druckausgleich in einem links geschlossenen und nach rechts unendlich langen Rohr (Reflexion an einer festen Wand) oder Druckausgleich in einem links geschlossenen und rechts offenen Rohr (Reflexion an einer festen Wand und an einem offenen Rohrende mit Überlagerung der reflektierten Wellen) oder Druckausgleich in einem auf beiden Seiten geschlossenen Rohr (Reflexion an zwei festen Wänden mit Überlagerung der reflektierten Wellen). Die erste Aufgabe ist eine reine Anfangswertaufgabe [54]. Sofern Randbedingungen auftreten, hat man zu unterscheiden, ob ein am Anfang oder Ende geschlossenes Rohr vorliegt, an der die Störgeschwindigkeit bei sonst ruhendem Fluid verschwinden muß, oder ob es sich um ein am Anfang oder Ende offenes Rohr handelt, an dem der Stördruck verschwinden muß. Es gilt somit:

$$\text{geschlossenes Rohr:} \quad \tilde{v} = 0 \quad \text{(kinematische Randbedingung)}\,, \tag{4.99a}$$

$$\text{offenes Rohr:} \quad \tilde{p} = 0 \quad \text{(dynamische Randbedingung)}\,. \tag{4.99b}$$

Aus der Randbedingung für das geschlossene Rohr mit $f = F$ und aus der Randbedingung für das offene Rohr mit $f = -F$ ergibt sich folgender allgemeiner Satz: Eine Überdruckwelle ($\tilde{p} > 0$) wird bei einem geschlossenen Rohr wiederum als Überdruckwelle ($\tilde{p} > 0$) und bei einem offenen Rohr als Unterdruckwelle ($\tilde{p} < 0$) reflektiert, vgl. hierzu Abb. 4.19b. Eine entsprechende Aussage gilt für eine Unterdruckwelle ($\tilde{p} < 0$).

4.3.3.3 Anwendungen zur instationären Fadenströmung dichteveränderlicher Fluide

Die in Kap. 4.3.3.2 dargestellte lineare Theorie kleiner Störungen soll an zwei technischen Beispielen instationärer Druckschwankungen in Rohrleitungen erläutert werden. Dabei befaßt sich der erste Fall mit der Gasströmung in einem Stoßwellenrohr und der zweite Fall mit der Flüssigkeitsströmung in der Druckrohrleitung einer Wasserkraftanlage.

a) Stoßwellenrohr

In der experimentellen Hochgeschwindigkeitsaerodynamik hat sich das Stoßwellenrohr als Versuchseinrichtung mit intermittierender Arbeitsweise bewährt. Dabei wird das stationäre Strömungsgebiet eines instationären Strömungsvorgangs für Modelluntersuchungen verwendet. Ein Stoßwellenrohr besteht in der einfachsten Form aus einem an beiden Enden geschlossenen Rohr konstanten Querschnitts, welches durch eine gasdichte Membran in einen Hochdruck- und in einen Niederdruckraum unterteilt ist. Im Hochdruckraum vor der Membran befindet sich hinter einer Laval-Düse die Meßstrecke mit dem zu untersuchenden Modellkörper. Vor dem Versuch werden in den beiden Teilrohren die gewünschten Drücke durch Hinein- bzw. Herauspumpen des Gases (Luft) eingestellt. Wird die Membran plötzlich zerstört (Schnellschlußventil), so wird ein Drucksprung (Verdichtungsstoß) erzeugt. Durch den Druckausgleich findet ein Strömungsvorgang statt, bei dem der Drucksprung in das Gas niederen Drucks läuft und dies verdichtet, erhitzt und in Bewegung setzt. In der Meßstrecke herrscht dabei zeitweilig eine Ausgleichsströmung konstanter Geschwindigkeit. Kennt man die Druck-, Dichte- und Temperaturerhöhung, dann liegt damit die für die Meßeinrichtung charakteristische Geschwindigkeit hinter der Druckwelle fest. Je nach Wahl der Länge des Rohrs, des verwendeten Gases und des eingestellten Druckverhältnisses ergibt sich die zur Verfügung stehende Meßzeit (10^{-2} bis 10^{-1} s). Wegen der Kürze dieser Zeit müssen besondere Kurzzeitmeßtechniken angewendet werden. Einen ersten Einblick in die Wirkungsweise eines Stoßwellenrohrs vermittelt die nachstehende Betrachtung der Ausbreitung eines schwachen Drucksprungs in einem beidseitig geschlossenen Rohr.

Stoßwellenrohr in linearisierter Behandlung. Zur Berechnung der Ausbreitung schwacher Druck- und Geschwindigkeitswellen in einem Stoßwellenrohr stehen (4.98a, b) zur Verfügung. Nach (4.90a, b) bedeuten dabei $\tilde{p}(t, x)$ und $\tilde{v}(t, x)$ die instationären Störgrößen gegenüber einem stationären Ausgangszustand $\bar{v}$ und $\bar{p}$. Der Ausgangszustand sei ein Ruhezustand mit $\bar{v} = 0$, so daß $v(t, x) = \tilde{v}(t, x) \approx 0$ ist.

Als Vorbereitung zur Lösung der gestellten Aufgabe sei zunächst die Ausbreitung eines in einem unendlich langen Rohr nach Abb. 4.20 am Ort $x = x_0$ zur Zeit $t = t_0$ vorgegebenen schwachen Drucksprungs Δp untersucht. Da keine Randbedingungen vorgegeben sind, handelt es sich um eine reine Anfangswertaufgabe. Abb. 4.20a, b zeigt die Entwicklung der Druck- und Geschwindigkeitswelle $\tilde{p}(t, x)$ bzw. $\tilde{v}(t, x)$ im Weg-Zeit-Diagramm. Nach (4.98a, b) ist die Druckwelle proportional der Summe und die Geschwindigkeitswelle proportional der Differenz der beiden Störfunktionen f und F, und zwar gilt $\tilde{p} = \varrho c^2(f + F)$ bzw. $\tilde{v} = c(f - F)$. Es seien $f = a$ und $F = a$ stückweise konstante Funktionen mit $a > 0$ als Amplitude der Störungen. Bei $t = t_0$ soll im ganzen Rohr $\tilde{v} = 0$ sein, d. h. es muß dort $f = F$ sein. Man kann sich die Ausbreitung der Wellen für $t \geqq t_0$ am einfachsten klarmachen, wenn man vom Zustand $t < t_0$ ausgeht, bei dem sich Wellen f und F noch nicht überlagert haben. Unter Beachtung der auf den Charakteristiken (Mach-Linien) dargestellten Pfeile gelangt man vom Zustand $t < t_0$ über den Zustand $t = t_0$ zum Zustand $t > t_0$, indem man die zugehörigen Überlagerungen berücksichtigt. Bei einem solchen Vorgehen kann auf eine analytische Behandlung der Aufgabe verzichtet werden. In Tab. 4.4 sind die Zustände für die mit (1), (2) und (3) gekennzeichneten Gebiete angegeben. Der Drucksprung im Gebiet (1) beträgt bei ruhendem Fluid $\tilde{p} = \Delta p = \varrho c^2(f + F) = 2\varrho c^2 a > 0$, während im Gebiet (2), welches weder von der Welle f noch von der Welle F berührt wird, sowohl der Druck als auch die Geschwindigkeit null sind. Im Gebiet (3) sinkt der Druck auf den halben Wert des vorgegebenen Drucksprungs $\tilde{p} = \varrho c^2 f = \varrho c^2 a = \Delta p/2 > 0$, und die nach rechts gerichtete Geschwindigkeit nimmt den Wert $\tilde{v} = cf = ca = v$ an. Der Strömungsvorgang ist physikalisch so zu verstehen, daß längs der

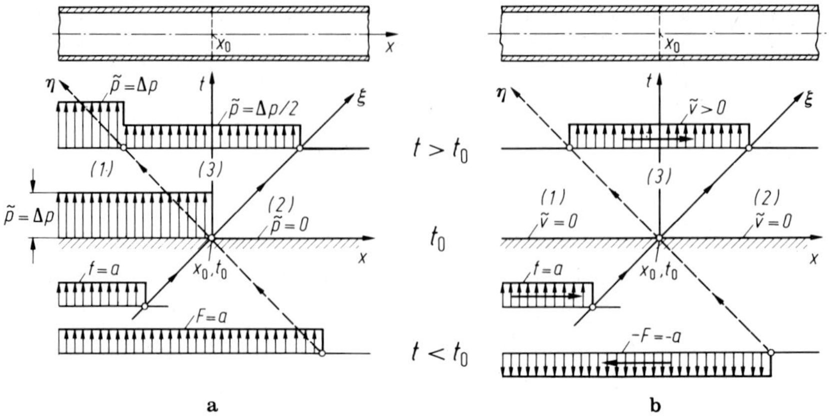

Abb. 4.20. Ausbreitung eines schwachen Drucksprungs in einem unendlich langen beidseitig offenen Rohr bei zunächst ruhendem Fluid ($\bar{v} = 0$), [54].
a Druckwelle $\tilde{p}(t, x) = \varrho c^2(f + F)$. **b** Geschwindigkeitswelle $\tilde{v}(t, x) = c(f - F)$.
Rechtsläufige Charakteristik (———): Verdichtung,
linksläufige Charakteristik (— — —): Verdünnung

Tabelle 4.4. Ermittlung der Druck- und Geschwindigkeitswellen in einem an beiden Enden geschlossenen Rohr (Stoßwellenrohr) nach der linearen Wellentheorie, Abb. 4.21, [54].
Eingerahmtes Feld: Anfangsbedingungen,
schraffiert eingerahmtes Feld: Randbedingungen,
Randbedingungen,
gestrichelt eingerahmtes Feld:
unendlich langes Rohr, Abb. 4.20

Zeit	Gebiet	Mach-Linie rechts	Mach-Linie links	Druck $\tilde{p}/\varrho c^2$	Geschwindigkeit $\tilde{v}/c$
		f ↗	F ↖	$f+F$	$f-F$
$t=t_0$	1	a	a	2a	0
	2	0	0	0	0
$t>t_0$	3	a	0	a	a
	4	0	0	0	0
	5	a	a	2a	0
	6	0	a	a	-a
	7	a	a	2a	0
	8	0	0	0	0

ausgezogenen Geraden $\xi = \text{const}$, d. h. $t = t_0 + (x - x_0)/c$, eine Verdichtung läuft, die einen Druckanstieg in das ruhende Fluid hineinträgt, während längs der gestrichelten Geraden $\eta = \text{const}$, d. h. $t = t_0 - (x - x_0)/c$, eine Verdünnung läuft, die den vorgegebenen Drucksprung auf den halben Wert abbaut.

Nachstehend wird ein nach Abb. 4.21 auf beiden Seiten geschlossenes Rohr betrachtet. Das Rohr habe die Länge $l = l_1 + l_2$. An der Stelle $x = x_0$ werde bei einem zunächst ruhenden Fluid zur Zeit $t = t_0$ ein schwacher Drucksprung der Stärke $\tilde{p}(t_0, x_0) = \Delta p = \text{const}$ erzeugt. An den Rohrenden $x_1 = x_0 - l_1$ und $x_2 = x_0 + l_2$ muß jeweils die kinematische Randbedingung (4.99a) erfüllt werden. Im vorliegenden Fall handelt es sich um eine Anfangsrandwertaufgabe. Diese kann als linearisierte Behandlung des Strömungsverlaufs in einem Stoßwellenrohr angesehen werden.

Die Reflexion an den Rohrenden (feste Wände) liefert wegen $\tilde{v}(t, x_1) = 0 = \tilde{v}(t, x_2)$ nach (4.98b) mit $\tilde{v} = 0$ die Verknüpfungen

$$f\left(t - \frac{x_1}{c}\right) = F\left(t + \frac{x_1}{c}\right), \quad f\left(t - \frac{x_2}{c}\right) = F\left(t + \frac{x_2}{c}\right). \tag{4.100a}$$

Nach Einsetzen in (4.98a) folgt hieraus für die Druckänderung an den Rohrenden

$$\tilde{p}(t, x_{1,2}) = 2\varrho c^2 f(t, x_{1,2}) = 2\varrho c^2 F(t, x_{1,2}). \tag{4.100b}$$

Bei der Reflexion an der Wand wird also der Wert der ankommenden Druckstörung einer einfachen Welle, d. h. $\tilde{p} = \varrho c^2 f$ oder $\tilde{p} = \varrho c^2 F$, verdoppelt.

Neben dem Reflexionsgesetz spielen bei den numerischen Methoden die Verträglichkeitsbedingungen (4.97a, b) eine wesentliche Rolle, d. h. es muß stets sein

$$\frac{\tilde{p}}{\varrho c^2} + \frac{\tilde{v}}{c} = 2f, \quad \frac{\tilde{p}}{\varrho c^2} - \frac{\tilde{v}}{c} = 2F. \tag{4.101a, b}$$

Abb. 4.21a, b zeigt die Entwicklung der Druck- und Geschwindigkeitswellen $\tilde{p}(t, x)$ bzw. $\tilde{v}(t, x)$ im Weg-Zeit-Diagramm. Die numerische Auswertung wird in Tab. 4.4 vorgenommen. Durch die Mach-Linien ξ = const und η = const wird der Strömungsverlauf durch gebietsweise homogene Strömungen analog Abb. 4.20 beschrieben. In den in Abb. 4.21 mit den Nummern (*1*) bis (*8*) numerierten Gebieten (Maschen) sind die Drücke und Geschwindigkeiten jeweils konstant. Bei $t = t_0$, d. h. auf der Abszisse

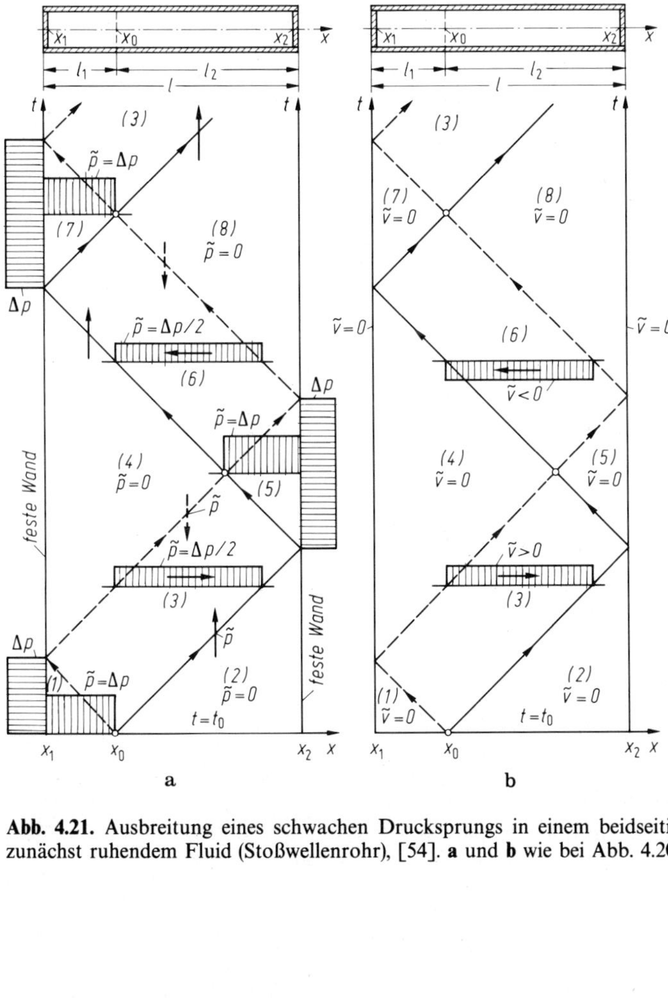

Abb. 4.21. Ausbreitung eines schwachen Drucksprungs in einem beidseitig geschlossenen Rohr bei zunächst ruhendem Fluid (Stoßwellenrohr), [54]. **a** und **b** wie bei Abb. 4.20

x ist $\tilde{v} = 0$ für $x_1 \leqq x \leqq x_2$ sowie $\tilde{p} = \Delta p$ für $x_1 \leqq x \leqq x_0$ und $\tilde{p} = 0$ für $x_0 \leqq x \leqq x_2$. Die Größen in den Gebieten (*1*) und (*2*) werden, ähnlich wie für das unendlich lange Rohr in Abb. 4.20, durch die Anfangsbedingungen (eingerahmte Felder in Tab. 4.4) bestimmt. Das Gebiet (*3*) wird von den Reflexionen an den Enden des Rohrs noch nicht beeinflußt. Druck und Geschwindigkeit entsprechen somit den Angaben für das Gebiet (*3*) in Abb. 4.20. Aufgrund der Reflexionsgesetze (4.100a) treten in den Gebieten (*4*), (*5*), (*7*) und (*8*) keine Geschwindigkeiten auf. Unter Beachtung der Verträglichkeitsbedingungen (4.101a, b) lassen sich in Tab. 4.4 alle Felder ausfüllen und damit die Druck- und Geschwindigkeitsverläufe in Abb. 4.21a, b darstellen. Durch horizontale Pfeile oder durch ihr Fehlen wird zum Ausdruck gebracht, ob in den betreffenden Teilen des Rohrs das Fluid nach rechts oder links strömt oder das Fluid sich in Ruhe befindet.

Wenn man das Charakteristiken-Netz (Mach-Netz) bei $x = \text{const}$ im Sinn wachsender Werte t durchläuft, kann man sofort feststellen, wann der Druck $\tilde{p}$ wächst oder abnimmt, vergleiche die vertikalen Pfeile in Abb. 4.21a. Bei einer Druckerhöhung nimmt die Dichte zu, und bei einer Druckerniedrigung nimmt die Dichte ab. In Abb. 4.21 sind Verdichtungslinien ausgezogen und Verdünnungslinien gestrichelt dargestellt. An den geschlossenen Rohrenden (feste Wand) erfolgen jeweils gleichsinnige Reflexionen.

Hat man die Druckschwankungen $\tilde{p}(t, x)$ bestimmt, so kann man z. B. für ein vollkommen ideales Gas unter Heranziehen der Isentropenbeziehung (4.22) auch die Dichte-,Temperatur- und Schallgeschwindigkeitsschwankungen angeben. Da es sich jeweils um schwache Störungen handelt, kann man (4.22b) mit $dp = \tilde{p}$, $d\varrho = \tilde{\varrho}$, $dT = \tilde{T}$ und $dc = \tilde{c}$ benutzen, und man erhält

$$\frac{\tilde{p}}{p} = \varkappa \frac{\tilde{\varrho}}{\varrho} = \frac{\varkappa}{\varkappa - 1} \frac{\tilde{T}}{T} = \frac{2\varkappa}{\varkappa - 1} \frac{\tilde{c}}{c} \qquad (4.102\text{a, b, c})$$

mit p, ϱ, T und c als Größen des Ruhezustands $t = t_0$.

Die vorstehend beschriebene lineare Theorie zur Berechnung von Druck- und Geschwindigkeitswellen in einem Stoßwellenrohr beruht auf der Annahme kleiner Störungen in einer isentrop verlaufenden eindimensionalen Strömung. Man kann die vorgenommenen Untersuchungen auf größere Störungen bei weiterhin isentroper Strömung erweitern, indem man die lineare Theorie raum-zeitlich lokal anwendet. Dies führt zur nichtlinearen Theorie der eindimensionalen Druckwellen mit isentroper Zustandsänderung. Da auch solche Untersuchungen den tatsächlichen Strömungsablauf in einem Stoßwellenrohr noch nicht vollständig wiedergeben, sind im Rahmen der nichtlinearen Theorie auch Verdichtungsstöße bei anisentroper Zustandsänderung zu berücksichtigen. Über die verschiedenen Berechnungsmethoden berichten Sauer [54] und Zierep [72]. Auf Einzelheiten der Wirkungsweise von Stoßwellenrohren sowie auf die verschiedenen Ausführungsmöglichkeiten sei hier nicht näher eingegangen. Man beachte hierzu besonders die umfangreiche Darstellung von Oertel [41].

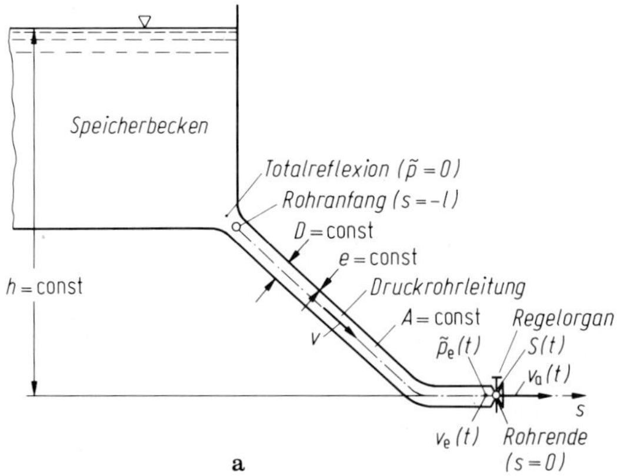

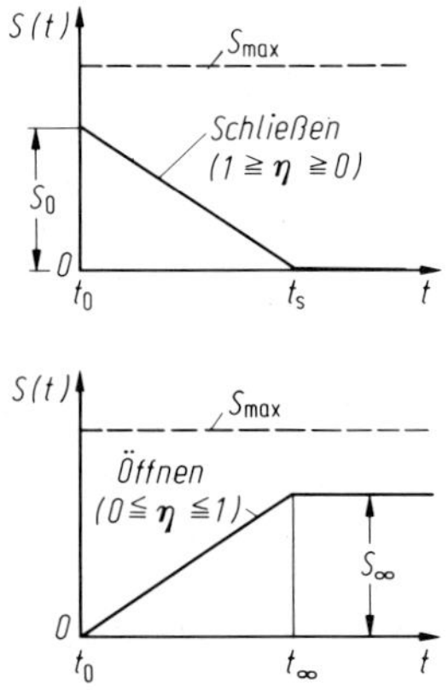

Abb. 4.22. Zur Berechnung der Druckwellen in der Druckrohrleitung einer Wasserkraftanlage, Bezeichnungen. **a** Anordnung. **b** Regelgesetze $\lambda = S/S_{max}$ (Schließen: $\eta = S/S_0$, Öffnen: $\eta = S/S_\infty$)

b) Druckrohrleitung einer Wasserkraftanlage

Bei einer Wasserkraftanlage nach Abb. 3.52 wird der Kraftstation (Turbine) das Wasser vom höher gelegenen Stau- oder Speicherbecken durch eine sogenannte Druckrohrleitung zugeführt. Bei stationärem Betriebszustand (= Beharrungszustand) entspricht der Druck des in die Turbine eintretenden Wassers der hydrostatischen Druckhöhe. Der zufließende Wasserstrom muß regelbar sein, d. h. die Rohrleitung muß z. B. durch eine Regelvorrichtung (Regelorgan) geschlossen oder geöffnet werden können. Beim Schließen des Schiebers entstehen zunächst Druckerhöhungen und beim Öffnen zunächst Druckerniedrigungen, die sich über die ganze Rohrleitung ausbreiten und die Rohrwandung entsprechend beanspruchen, man vergleiche hierzu die Ausführungen über die Wasserschloßschwingungen in Kap. 3.4.5.3 Beispiel d. Dabei interessiert in erster Linie die entstehende Druckwelle; besonders deren Spitzenwert, z. B. bei schnellem Schließen (Druckwellen kurzer Periode = Wasserschlag).[32] Für kürzere, insbesondere horizontale Rohrleitungen kann man die Druckwelle im allgemeinen in einem Wasserschloß auffangen, während man für längere, unter hohem Innendruck stehende Leitungen eine besondere Berechnung des instationären Vorgangs durchführen muß. Als erster hat sich mit dieser Aufgabe theoretisch Allievi [4] beschäftigt. Seine Theorie bildet die Grundlage für die Darstellungen in [16, 22, 28, 37, 47, 59]. Von diesen Arbeiten sei besonders das Buch von Löwy [37] hervorgehoben.

In Abb. 4.22a ist eine Druckrohrleitung schematisch dargestellt. Ein einfaches geneigtes Rohr (Falleitung) der Länge l mit der unveränderlichen Querschnittsfläche $A = \text{const}$ sowie mit der konstanten Wanddicke e mündet mit dem oberen Ende in ein Speicherbecken (Wasserfassung) ein und besitzt am unteren Ende die Regelvorrichtung (Schieber) mit der zeitlich veränderlichen Querschnittsfläche $S = S(t)$. Der Öffnungsgrad der Regelvorrichtung zu einer bestimmten Zeit (Schließ- oder Öffnungsgesetz) werde durch

$$\lambda(t) = \frac{S(t)}{S_{\max}} \leqq 1 \qquad \text{(Regelgesetz)} \tag{4.103}$$

beschrieben mit $S_{\max}$ als größtmöglichem Regelquerschnitt. Lineare Regelgesetze für Schließen oder Öffnen sind in Abb. 4.22b dargestellt.

Es empfiehlt sich, den Koordinatenursprung in den Ort zu legen, wo die hydraulische Störung erzeugt wird; das ist die Regelvorrichtung. Somit gilt für den Rohranfang $s = -l$ und für das Rohrende $s = 0$.[33] Die Größen im Rohr unmittelbar vor der Regelvorrichtung, d. h. am Rohrende ($s = 0 - \varepsilon$) mit $\varepsilon \to 0$, werden mit dem Index e und die Größen unmittelbar hinter der Regelvorrichtung, d. h. am Austritt ($s = 0 + \varepsilon$), mit dem Index a gekennzeichnet. Handelt es sich um Größen des instationären Betriebsvorgangs ($t \geqq t_0$), so wird dies jeweils durch $fkt(t)$ vermerkt, während im stationären Betriebszustand ($t = t_0$) die Größen ohne einen besonderen Zusatz verwendet werden. Für die instationäre Druckänderung im Rohr am Ort vor der Regelvorrichtung gilt $\tilde{p}_e(t)$ und für die Austrittsgeschwindigkeit $v_a(t)$ bzw. v_a.

Die Austrittsgeschwindigkeit $v_a(t)$ berechnet man unter der Annahme einer quasistationären Strömung aus der Torricellischen Ausflußformel (3.28b), vgl. (3.59b), zu

$$v_a(t) = \sqrt{2gh + \frac{2}{\varrho}\tilde{p}_e(t)} = \sqrt{1 + \sigma(t)}\, v_a \quad \text{mit} \quad v_a = \sqrt{2gh} = \text{const} \quad (s = 0 + \varepsilon)\,. \tag{4.104a, b}$$

Hierin ist $h = \text{const}$ der Höhenunterschied zwischen dem Wasserspiegel im Speicherbecken und der Regelvorrichtung, $\tilde{p}_e(t)$ der bei der instationären Strömung vor der Regelvorrichtung zusätzlich herrschende Druck sowie

$$\sigma(t) = \frac{\tilde{p}_e(t)}{(\varrho/2)v_a^2} = \frac{2}{\varrho}\frac{\tilde{p}_e(t)}{2gh} \lesseqgtr 0 \qquad (s = 0 - \varepsilon) \tag{4.105}$$

der mit dem Geschwindigkeitsdruck der Austrittsgeschwindigkeit $q_a = (\varrho/2)\, v_a^2$ gebildete zeitabhängige dimensionslose Druckbeiwert.[34]

---

[32] Häufig wird anstelle des Worts „Druckwelle" auch der Ausdruck „Druckstoß" verwendet. Da im folgenden die lineare Theorie kleiner Störung nach Kap. 4.3.3.2 zugrunde gelegt werden soll, bei der Verdichtungsstöße ausgeschlossen sind, wird die Bezeichnung „Druckstoß" weitgehend vermieden.

[33] Anstelle von x wird jetzt wieder s verwendet, vgl. Fußnote 26, S. 42.

[34] Im Wasserbau ist es üblich, mit Druckhöhen statt mit Druckbeiwerten zu rechnen, und zwar gelten hierfür die Zusammenhänge $\tilde{h}_e(t) = \tilde{p}_e(t)/\varrho g$ bzw. $\sigma(t) = \tilde{h}_e(t)/h$.

Auch die Strömung durch die Regelvorrichtung kann man als quasistationär ansehen. Unter Beachtung der Kontinuitätsgleichung (3.41a) für den Volumenstrom $v_e(t)A = v_a(t)S(t)$ ergibt sich für die Geschwindigkeit vor der Regelvorrichtung in Verbindung mit (4.103) und (4.104)

$$v_e(t) = \frac{S(t)}{A} v_a(t) = \frac{S_{\max}}{A} \sqrt{1 + \sigma(t)}\, \lambda(t)\, v_a \, . \qquad (4.106\text{a, b})$$

Am Rohranfang (offenes Rohr) herrscht ein der Wassertiefe im Becken entsprechender konstanter Druck; es treten dort wegen der dynamischen Randbedingung (4.99b) keine Druckänderungen auf, $\tilde{p}(t, -l) = 0$. Die von der Regelvorrichtung ausgehende Druckwelle wird nach Durchlaufen der Rohrlänge an der Einmündungsstelle des Beckens reflektiert und kehrt mit umgekehrten Vorzeichen an ihren Ausgangspunkt zurück, vgl. Abb. 4.19b. Man nennt diesen Vorgang eine Totalreflexion. Die Zeit eines solchen vollständigen Hin- und Rücklaufs einer Welle heißt die Reflexionszeit (Laufzeit) und umfaßt die sog. erste Phase. Sie beträgt

$$t_r = \frac{2l}{c} \quad \text{(Reflexionszeit)} \, . \qquad (4.107\text{a})$$

Da die Rohrlänge l mit eingeht, ist t_r eine für jede Anlage charakteristische Größe. Meistens betrachtet man die Wellenausbreitung zu den sog. Hauptzeiten

$$t = t_i = t_0 + it_r \quad \text{mit} \quad i = 0, 1, 2, \ldots \quad \text{(Hauptzeit)} \, . \qquad (4.107\text{b})$$

Es bedeutet $i = 0$, d. h. $t = t_0$, den Beginn des instationären Strömungsvorgangs und $i \geqq 1$ das Ende der ersten und der darauffolgenden Phasen.

Die durch (4.96a, b) beschriebenen Lösungsansätze enthalten zwei Wellen, deren eine, nämlich F, mit der Geschwindigkeit c stromaufwärts und deren andere, nämlich f, mit derselben Geschwindigkeit c stromabwärts läuft, vgl. Abb. 4.18b, c. Bei Totalreflexion am Rohranfang erhält man mit $\tilde{p}(t, -l) = 0$ aus (4.96a) die Verknüpfung $f(t + l/c) = -F(t - l/c)$, vgl. Abb. 4.19b (Bild 2). Auf diese Weise bestimmt die Eintrittsöffnung bei $s = -l$ den Zusammenhang zwischen den Funktionen f und F. Zur Zeit t trifft am Rohranfang eine Druckwelle $\tilde{p} = \varrho c^2 F$ ein, die zur Zeit $t - l/c$ am Rohrende ($s = 0$) entstanden ist. Sie wird in voller absoluter Größe am Rohranfang ($s = -l$) reflektiert und in eine mit umgekehrtem Vorzeichen versehene Druckwelle $\tilde{p} = -\varrho c^2 f$ umgewandelt. Diese erreicht das Rohrende zur Zeit $t + l/c$. In $s = 0$ sind also zwei Druckwellen überlagert, deren Laufzeit gleich der Reflexionszeit $t_r = 2l/c$ ist. Nimmt man eine Nullpunktverschiebung der Zeit vor, indem man t durch $t \pm l/c$ ersetzt, so wird für alle Stellen $-l \leqq s \leqq 0$

$$f(t) = -F(t - t_r), \qquad f(t + t_r) = -F(t) \qquad \text{(dynamisches Reflexionsgesetz)} \, . \qquad (4.108)$$

Die durch f dargestellte Druckwelle läuft um die Reflexionszeit t_r vor oder hinter der durch F dargestellten Druckwelle her. Diese sehr wichtige Eigenschaft der Wellenreflexion, die jedoch nur bei Totalreflexion am offenen Rohranfang auftritt, beherrscht das Problem der Ausbreitung von Druckwellen in einfachen Leitungen.

Während eine am Austritt (Rohrende) durch die Regelung entstandene Druckwelle am Eintritt (Rohranfang) vollständig und gegensinnig reflektiert wird, wird eine im Druckrohr absteigende Druckwelle am Austritt entweder gleichsinnig oder gegensinnig und ferner entweder vollständig, teilweise oder gar nicht reflektiert. Maßgeblich für Größe, Sinn und Art der reflektierten Welle in bezug auf die ankommende Welle sind Vorzeichen und Absolutwert des sog. Reflexionsfaktors $f(t + x/c)/F(t - x/c)$.

Druck und Geschwindigkeit am Ende der Rohrleitung unmittelbar vor der Regelvorrichtung sind die Unbekannten der Aufgabe. Dies trifft insbesondere für die durch die instationäre Strömung hervorgerufene Druckänderung $\tilde{p}_e(t)$ zu. Für die Zeit t erhält man aus (4.96a, b)

$$\tilde{p}_e(t) = \varrho c^2 [f_e(t) + F_e(t)], \qquad \tilde{v}_e(t) = c[f_e(t) - F_e(t)] \, . \qquad (4.109\text{a})$$

Schreibt man die Druck- und Geschwindigkeitsänderungen jetzt auch für die Zeit $(t - t_r)$ auf, so findet man unter Beachtung des Reflexionsgesetzes (4.108) den Zusammenhang zwischen den Druck- und Geschwindigkeitsänderungen zu den Zeiten t und $(t - t_r)$ als Verträglichkeitsbedingung, vgl. (4.97),

$$\tilde{p}_e(t - t_r) + \tilde{p}_e(t) = \varrho c [v_e(t - t_r) - v_e(t)] \qquad (s = 0 - \varepsilon) \, . \qquad (4.109\text{b})$$

Wegen (4.90a) darf anstelle der Differenz der Geschwindigkeitsänderungen $\tilde{v}_e(t - t_r) - \tilde{v}_e(t)$ die Differenz der Gesamtgeschwindigkeiten $v_e(t - t_r) - v_e(t)$ geschrieben werden.

Nach Einsetzen der Druckbeiwerte gemäß (4.105) und der Geschwindigkeiten gemäß (4.106b) für t und $(t - t_r)$ erhält man für die Berechnung der Druckwellen die Rekursionsformel

$$\sigma(t - t_r) + \sigma(t) = k[\sqrt{1 + \sigma(t - t_r)} \cdot \lambda(t - t_r) - \sqrt{1 + \sigma(t)} \cdot \lambda(t)] \, . \qquad (4.110)$$

Hierin stellt neben der Reflexionszeit t_r nach (4.107a) der Ausdruck

$$k = 2\frac{c}{v_a}\frac{S_{max}}{A} \quad \text{mit} \quad v_a = \sqrt{2gh} \quad \text{(Rohrcharakteristik)} \tag{4.111}$$

eine für jede Anlage typische Größe dar. Es ist $c \triangleq c/\sqrt{1+\varepsilon}$ nach (4.35) in Verbindung mit (4.88b) die Ausbreitungsgeschwindigkeit der Druckwelle. Sie erfaßt sowohl den Einfluß der Dichteänderung des Fluids als auch die Elastizität der Rohrwand.[35]

Zu den Hauptzeiten t_i entsprechend (4.107b) kann man mit $\sigma(t_i) = \sigma(t_0 + it_r) = \sigma_i$ usw. für (4.110) schreiben

$$\sigma_{i-1} + \sigma_i = k[\sqrt{1+\sigma_{i-1}}\cdot\lambda_{i-1} - \sqrt{1+\sigma_i}\cdot\lambda_i] \quad (i = 1, 2, \ldots)\,. \tag{4.112}$$

Nach Abb. 4.23a werden zwei Regelgesetze $\lambda_i = \lambda(t_i)$ ausgehend von $t_i = t_0$ betrachtet. Die Regelung möge als teilweises Schließen oder Öffnen der Regelvorrichtung bei $i = 0$ beginnen. Die Druckverläufe $\sigma_i = \sigma(t_i)$, auch Allievi-Drücke genannt, sind jeweils in Abb. 4.23b schematisch gezeigt. Am Ende der ersten Phase ($i = 1$) kann die Druckwelle $\sigma_1 \gtrless 0$ (Überdruck beim Schließen oder Unterdruck beim Öffnen) entweder wieder ab oder auch weiter zunehmen. Im ersten Fall stellt $\sigma_1 = \sigma_{max} > 0$ bzw. $\sigma_{min} < 0$ einen Extremwert und im zweiten Fall nur einen Zwischenwert dar. Die durch den Schließvorgang erzeugte Überdruckwelle kommt vom Rohranfang als Unterdruckwelle zurück (für den Öffnungsvorgang gilt die entgegengesetzte Aussage). Während der zweiten Phase überlagern sich beide Wellen, wodurch der instationäre Druck geringer wird, als wenn die Rücklaufwelle nicht eintreffen würde. Bei ihrer Ankunft am Rohrende wird diese Rücklaufwelle ihrerseits reflektiert, und zwar entweder als Unterdruck- oder als Überdruckwelle. Diese Welle wird aber erst darüber entscheiden, ob der Druck im Verlauf der zweiten Phase noch weiter über den Wert σ_1 hinaus ansteigt oder unter diesen Wert absinkt. Aus den Darstellungen in Abb. 4.23 liest man ab, daß $\lambda_{-1} = \lambda_0$ und $\sigma_{-1} = \sigma_0 = 0$ ist.

Mit $i = 1$ beginnend bezeichnet man (4.112), in der hier etwas abgewandelten Form, als die Allievischen Kettengleichungen, weil es sich hierbei um eine Serie von gekoppelten Gleichungen (Rekursionsformeln) für die verschiedenen durch $i \geqq 1$ beschriebenen Phasen handelt. Mittels dieser Gleichungen kann zu irgendeiner Zeit die instationäre Druckänderung am unteren Rohrende kurz vor der Regelvorrichtung schrittweise berechnet werden, wenn das Regelgesetz $\lambda(t)$ nach (4.103) sowie der Druckbeiwert $\sigma_0 = \sigma(t_0)$ bekannt sind. Die Wahl des zeitlichen Anfangspunkts, der nicht unbedingt mit

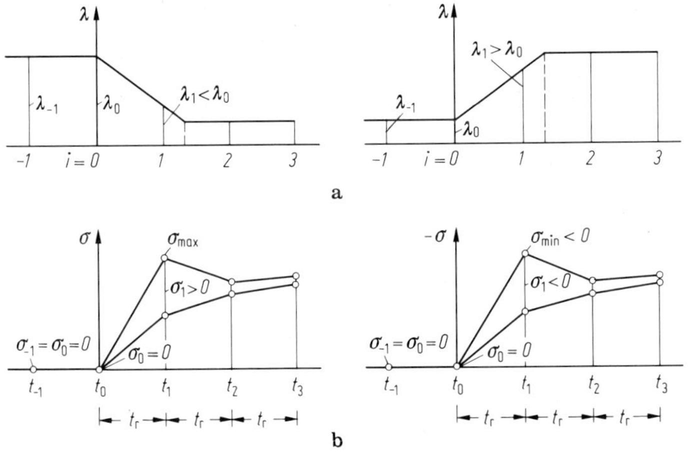

Abb. 4.23. Zur Berechnung der Druckwellen in der Druckrohrleitung einer Wasserkraftanlage nach Abb. 4.22 (schematische Darstellung). **a** Einfache Regelgesetze: teilweises Schließen oder teilweises Öffnen. **b** Mögliche Druckwellen (oszillierend, monoton): Überdruck- bzw. Unterdruckwellen

[35] Vgl. Fußnote 25, S. 42.

dem Beginn der Schließ- oder Öffnungsbewegung zusammenfallen muß, gestattet eine lückenlose Berechnung der Druckwellen am Rohrende.

Zur Veranschaulichung der dargelegten Theorie sollen jetzt einige grundlegende Beispiele besprochen werden.

Schneller Schließvorgang. Die Schließzeit $t_s - t_0$ sei, wie in Abb. 4.24a gezeigt, höchstens gleich der Reflexionszeit t_r, d. h. $t_0 + \varepsilon \leqq t_s \leqq t_0 + t_r$ mit $\varepsilon \to 0$. Dabei kann das Schließgesetz $\lambda(t)$ mit $\lambda(t = t_0) = \lambda_0$ beliebig, z. B. linear abfallend sein. Bei vollständigem Schließen wird $\lambda(t \geqq t_s) = 0$.

Der Fall des plötzlichen vollständigen Schließens wird durch den Sprung von $\lambda(t = t_0 - \varepsilon) = \lambda_0$ auf $\lambda(t = t_0 + \varepsilon) = 0$ beschrieben. Hierfür ist die Auswertung von (4.112) in Tab. 4.5 vorgenommen. Das Ergebnis für die instationären Druckbeiwerte $\sigma_i = \pm k\lambda_0$ mit $\lambda_0 = S_0/S_{\max}$ und $S_0 = S(t_0)$ ist für $i = 1, 2, 3$ in Abb. 4.24b als ausgezogener Linienzug wiedergegeben. Danach sind die Druckänderungen in den einzelnen Phasen dem Betrag nach konstant. Sie wechseln von Phase zu Phase das Vorzeichen (Über- bzw. Unterdruckwelle). Sie stellen die größtmöglichen Druckwellen am Ende der einfachen Rohrleitung nach Abb. 4.22a dar. Der maximale instationäre Druckanstieg (maximale Druckwelle), auch direkter Stoß oder Joukowsky-Stoß genannt, beträgt somit

$$\sigma_{\max} = k\lambda_0 = 2\frac{c}{v_a}\frac{S_0}{A} > 0\,, \qquad \tilde{p}_{e\max} = \varrho c \frac{S_0}{A}\sqrt{2gh} \qquad \text{(direkte Druckwelle)}\,. \qquad (4.113\text{a, b})$$

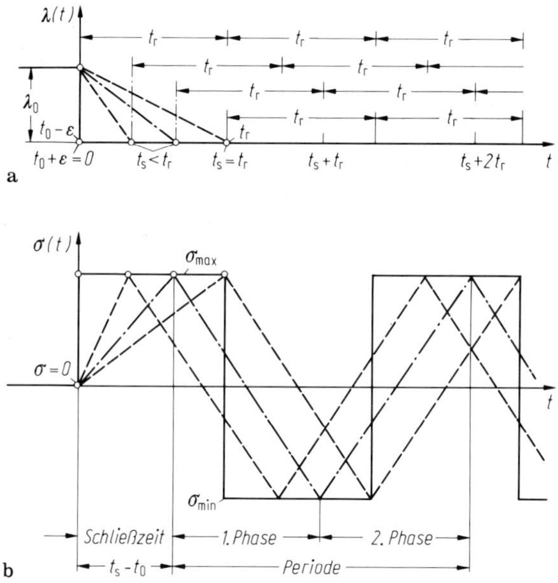

Abb. 4.24. Druckwellen am Ende der Druckrohrleitung einer Wasserkraftanlage bei schnellem vollständigem Schließen. **a** Regelgesetze: plötzlicher oder beliebiger Schließvorgang innerhalb der ersten Phase. **b** Zeitlicher Verlauf der Druckwellen am Rohrende (direkte Druckwelle)

Tabelle 4.5. Ermittlung des instationären Druckbeiwerts $\sigma_i = \sigma(t_i)$ am Ende einer plötzlich vollständig geschlossenen Druckrohrleitung nach der linearen Wellentheorie, Abb. 4.24

		Schließgesetz		Druckwelle	
	i	λ_{i-1}	λ_i	σ_{i-1}	σ_i
	0	λ_0	λ_0	0	0
Phase	1	λ_0	0	0	$+k\lambda_0$
Phase	2	0	0	$+k\lambda_0$	$-k\lambda_0$
Phase	3	0	0	$-k\lambda_0$	$+k\lambda_0$

Beim Fall des kontinuierlichen vollständigen Schließens innerhalb der ersten Phase $0 \leqq (t_s - t_0) \leqq t_r$ tritt die direkte Druckwelle ebenfalls auf. Es erfolgt noch keine Überlagerung mit der reflektierten Welle. Betrachtet man jetzt die Zeitpunkte nach dem Abschluß $t \geqq t_s$ mit $\lambda(t \geqq t_s) = 0$, so leitet man hierfür aus (4.110) die Rekursionsformel

$$\sigma(t_s + it_r) = -\sigma(t_s + (i-1)t_r) \qquad (t \geqq t_s, i = 1, 2, \ldots) \tag{4.114}$$

ab. Nach vollständigem Schließen pendelt also die Druckwelle entsprechend den gestrichelten Linienzügen in Abb. 4.24b mit positiven und negativen Druckänderungen gleicher absoluter Stärke zwischen den Hauptzeiten hin und her. Es stellt sich eine alternierende Druckschwingung mit der Periode $2t_r$ ein. In Wirklichkeit klingen die Amplituden im wesentlichen als Folge des reibungsbedingten fluidmechanischen Energieverlusts im Rohr mehr oder weniger stark ab.

Langsamer Schließvorgang. Ist die Schließzeit $(t_s - t_0) > t_r$, so tritt vom Zeitpunkt $t = t_0 + t_r$, bei welchem der Regelvorgang noch nicht vollständig abgeschlossen ist, Überlagerung mit den reflektierten Druckwellen ein, so daß der Wert der direkten Druckwelle σ_{max} nicht erreicht werden kann. Am Schluß der ersten Phase $(t_1 = t_0 + t_r)$ ist der Druckbeiwert am Rohrende nach (4.112) mit $\sigma_0 = 0$ und in Verbindung mit (4.113a) durch

$$\frac{\sigma_1}{\sigma_{max}} = 1 - \eta_1\sqrt{1+\sigma_1}, \qquad \frac{\sigma_{max} - \sigma_1}{\sigma_{max}} = \eta_1\sqrt{1+\sigma_1} > 0 \tag{4.115a, b}$$

gegeben mit $\eta_1 = \lambda_1/\lambda_0 = S(t_1)/S(t_0)$ als Schließgrad zur Zeit $t = t_1$ vgl. Abb. 4.22b. Gl. (4.115b) bestätigt, daß für den vorliegenden Fall $\sigma_1 < \sigma_{max}$ ist. Für den Fall des plötzlichen vollständigen Schließens ist $\eta_1 = 0$ und damit, wie bereits in (4.113a) angegeben, $\sigma_1 = \sigma_{max}$. In Abb. 4.25 ist ein typisches Druckwellendiagramm bei linearem vollständigem Schließen wiedergegeben [16][36]. Es sei darauf hingewiesen, daß die erste Druckwelle nicht immer ein Extremwert zu sein braucht, sondern auch $\sigma_i > \sigma_1$ für $i \geqq 2$ auftreten kann [47]. Nach Beendigung des vollständigen Schließens, d. h. für $t \geqq t_s$ oder für die von t_s ausgehenden Hauptzeiten $t = t_j = t_s + jt_r$ mit $j = 0, 1, 2, \ldots$, folgt aus (4.112) mit $\lambda_j = 0$ für die Druckbeiwerte zweier aufeinander folgender Phasen

$$\sigma_j = -\sigma_{j-1} \qquad (j = 1, 2, \ldots)\,. \tag{4.116}$$

Dabei ist $\sigma_0 = \sigma(t_s)$ der Druckbeiwert am Ende des Schließvorgangs. Wie beim schnellen Schließen stellt sich bei geschlossener Rohrleitung eine alternierende Druckschwingung ähnlich wie in Abb. 4.24 ein.

Bei teilweisem Schließen tritt nach Abschluß des Regelvorgangs entweder eine alternierende, jedoch abklingende Druckschwingung oder eine aperiodisch abklingende Druckschwingung auf.

Vorgang des Öffnens. Der Vorgang des Öffnens läßt sich in analoger Weise wie beim Schließen mittels (4.112) behandeln. Für den Fall des plötzlichen vollständigen Öffnens lautet das Schließgesetz

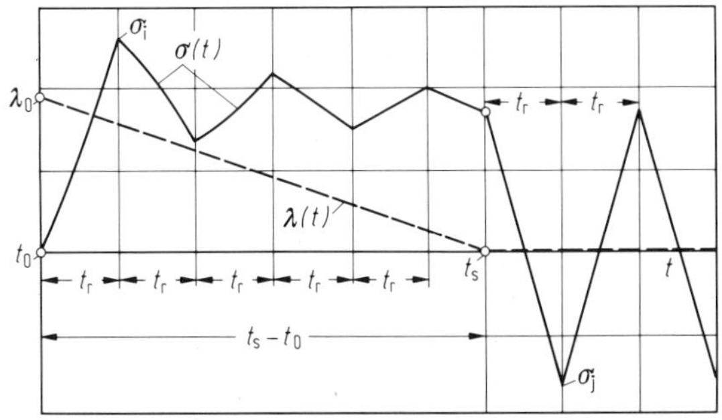

Abb. 4.25. Druckwelle am Ende der Rohrleitung bei langsamem linearem Schließvorgang, [16]

[36] Daß die diskreten Werte $\sigma_i = \sigma(t_i)$ nicht durch Geraden, sondern durch leicht gekrümmte Kurven miteinander verbunden sind, hängt mit der Berechnung des vollständigen Verlaufs $\sigma(t)$ zusammen.

$\lambda(t = t_0 - \varepsilon) = 0$ und $\lambda(t = t_0 + \varepsilon) = \lambda_\infty$. Mit $\lambda_0 = 0$ und $\sigma_0 = 0$ folgt aus (4.112) die Beziehung für den Wert der Druckwelle innerhalb der ersten Phase $\sigma_1 = -k\lambda_\infty\sqrt{1+\sigma_1}$ mit der Lösung

$$\sigma_1 = -k'\left[\sqrt{1+\left(\frac{k'}{2}\right)^2} - \frac{k'}{2}\right] < 0 \quad \text{mit} \quad k' = k\lambda_\infty = 2\frac{c}{v_a}\frac{S_\infty}{A}. \tag{4.117a}$$

Im Gegensatz zum Schließen, bei dem in der ersten Phase eine instationäre Überdruckwelle auftritt, bildet sich jetzt eine instationäre Unterdruckwelle aus. Für $k'/2 \ll 1$ nimmt (4.117a) einen negativen Extremwert an. Es gilt also

$$\sigma_1 > \sigma_{1\,\min} = -k\lambda_\infty = -2\frac{c}{v_a}\frac{S_\infty}{A} < 0\,. \tag{4.117b}$$

Verglichen mit (4.113a) erkennt man für $S_0 = S_\infty$ (vgl. Abb. 4.22b), daß $\sigma_{1\,\min}$ den gleichen Betrag wie die direkte Druckwelle annimmt.

4.4 Strömung dichteveränderlicher Fluide (Gase) in Rohrleitungen

4.4.1 Einführung

Allgemeines. In Kap. 3.4 wurde die Strömung dichtebeständiger Fluide (Flüssigkeiten) in Rohrleitungen besprochen. Diese Untersuchungen sollen im folgenden auf dichteveränderliche Fluide (Gase) ausgedehnt werden. Je nach Verwendungszweck kommen nichtwärmeisolierte Leitungen, z. B. lange unterirdische Fernleitungen, bei denen das strömende Gas die Umgebungstemperatur annimmt (Wärmeaustausch durch die Rohrwand), oder gut wärmeisolierte Leitungen, die z. B. dem Transport heißer oder kalter Gase dienen (kein Wärmeaustausch durch die Rohrwand), vor. Kurze Rohrleitungen verhalten sich ähnlich wie wärmeisolierte Leitungen.[37]

Strömungsverhalten und thermodynamischer Zustand. Die Rohrströmung eines dichteveränderlichen Fluids bewirkt nicht nur eine Änderung des Drucks stromabwärts, sondern auch Änderungen der Dichte und Temperatur. Als strömendes Fluid wird ein vollkommen ideales Gas angenommen, welches der thermischen Zustandsgleichung (4.21) gehorcht und konstante Wärmekapazität besitzt. Die Strömung verlaufe stationär. Neben dem Auftreten von Verlusten an fluidmechanischer Energie durch Reibungseinflüsse (laminar, turbulent) spielt bei der Fortleitung eines Gases die Art seiner Zustandsänderung eine wesentliche Rolle. Diese hängt von der technischen Ausführung der Rohrleitung ab. Während sich bei einer nichtwärmeisolierten Leitung nahezu ein isothermer Zustand einstellt, kann der Fall einer gut wärmeisolierten Leitung in guter Näherung als adiabater Zustand angesehen werden. Die genannten Zustandsänderungen stellen die Grenzfälle mit und ohne Wärmeaustausch dar. Dabei soll der Wärmeaustausch thermodynamisch reversibel angenommen werden. Ähnlich wie in Kap. 3.4.3 wird in Kap. 4.4.2 die Strömung von Gasen in geradlinig verlaufenden Rohren mit konstantem

[37] Für die numerische Behandlung der in diesem Kapitel dargelegten Theorien stehen entsprechende Formelsammlungen und Tabellen zur Verfügung [7, 8, 15, 25, 27, 29, 32].

Querschnitt behandelt, und zwar die reibungslose Strömung mit Wärmeaustausch (Rayleigh-Strömung) sowie die reibungsbehafteten Strömungen bei adiabater Zustandsänderung (Fanno-Strömung) und bei konstanter Temperatur (isothermer Zustand). Mit solchen Untersuchungen haben sich Shapiro und Hawthorne [63] sowie [13, 19, 20, 24, 31, 38, 64, 69] befaßt. Auf die Darstellungen in einigen Lehrbüchern [9, 14, 21, 42, 51, 62, 65] sei hingewiesen.

4.4.2 Gasströmung in geradlinig verlaufenden Rohren

4.4.2.1 Voraussetzungen und Annahmen

Geometrie. Die Rohrleitungen seien horizontal in x-Richtung verlegt, so daß der Schwereinfluß unberücksichtigt bleibt.[38] Längs der geradlinig oder nur schwach gekrümmt vorausgesetzten Rohrachse x seien die Querschnitte ungeändert $A(x) = A = \text{const}$. Ein nichtkreisförmiger Querschnitt soll durch den gleichwertigen Durchmesser D_g nach (3.77) erfaßt werden.

Rohranschluß. Das geradlinige Rohr sei nach Abb. 4.26a, b an einen Kessel (Index 0) angeschlossen und endet ins Freie (Index 2). Infolge des Druckgefälles $p_2/p_0 < 1$ bildet sich die Strömung im Rohr aus. Soll am Rohranfang (Index 1) Unterschallgeschwindigkeit ($Ma_1 < 1$) herrschen, so genügt beim Anschluß des Rohrs an den Kessel eine einfache konvergente Düse nach Abb. 4.26a. Soll dagegen die Strömung am Rohranfang mit Überschallgeschwindigkeit ($Ma_1 > 1$) erfolgen, so ist zwischen Kessel und Rohrleitung eine konvergent-divergente Düse (Laval-Düse) entsprechend Kap. 4.3.2.7 Beispiel a.3 einzubauen und diese Anordnung mit genügend großem Druckgefälle $p_1/p_0 < p^*/p_0$ zu betreiben.

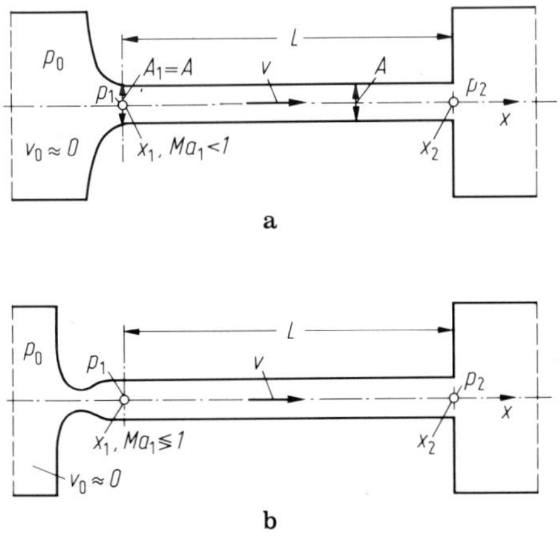

Abb. 4.26. Zur Berechnung der Gasströmung in einem Rohr der Länge L.
a Unterschall-Ausgangsströmung, konvergente Düse. **b** Überschall-Ausgangsströmung, konvergent-divergente Düse (Laval-Düse)

[38] Als Koordinate in Richtung der Rohrachse wird der Buchstabe x anstelle von s wie in Kap. 3.4.3 gewählt, um s als spezifische Entropie verwenden zu können.

Geschwindigkeit. Obwohl die Geschwindigkeitsverteilung über den jeweiligen Rohrquerschnitt, insbesondere als Folge des Reibungseinflusses, ungleichmäßig ist, soll mit einer annähernd konstanten mittleren Geschwindigkeit v gerechnet werden. Diese Annahme kann als berechtigt angesehen werden, da wegen der hohen Unter- oder Überschallgeschwindigkeiten die Strömung stets turbulent verlaufen dürfte. Die gemachten Annahmen bedeuten, daß der Strömungsvorgang als quasieindimensional aufgefaßt wird. Auf das Einführen von Ausgleichsbeiwerten im Sinn von (3.79b, c) wird also verzichtet.

In gleicher Weise wie bei der Geschwindigkeit sollen auch alle anderen Größen, wie z. B. die Dichte ϱ, der Druck p und die Temperatur T über den Rohrquerschnitt konstant sein.

Rohrreibung. Es sei angenommen, daß die Strömung bereits vom Rohranfang an über den gesamten Rohrquerschnitt von der Reibungswirkung erfaßt wird. Es handelt sich somit im Sinn von Kap. 3.4.3.1 um eine vollausgebildete Strömung. Die durch die Reibung bei der Fortbewegung des Gases verrichtete irreversible Dissipationsarbeit hat eine Verminderung der für den Strömungsverlauf zur Verfügung stehenden Energie zur Folge. Das Ergebnis der in Kap. 3.4.3.2 für die vollausgebildete Rohrströmung durchgeführten Energiebetrachtung läßt sich nach (3.87b, d) folgendermaßen darstellen:[39]

$$dw_D = -\,dw_R \quad \text{mit} \quad dw_D = \frac{dp_e}{\varrho} \quad \text{und} \quad dw_R = -\frac{4\tau_w dx}{\varrho D}. \qquad (4.118\text{a, b, c})$$

Hierbei handelt es sich im Einzelnen um massebezogene Arbeiten in $\mathrm{J/kg = m^2/s^2}$ für ein Rohrelement vom Durchmesser D und von der Länge dx. Es ist dw_D die von dem fluidmechanischen Energieverlust verursachte Dissipationsarbeit und dw_R die von der hemmenden Wandschubspannungskraft verrichtete Arbeit. In Verbindung mit (3.83a) läßt sich für (4.118b) schreiben

$$dw_D = \frac{v^2}{2}d\zeta = \lambda\frac{v^2}{2}\frac{dx}{D} > 0 \qquad \left(d\zeta = \lambda\frac{dx}{D}\right) \qquad (4.119\text{a})$$

mit v als mittlerer Geschwindigkeit, $d\zeta$ als Verlustbeiwert des Rohrelements, vgl. (3.64a) und λ als Rohrreibungszahl, über die anschließend berichtet wird. Nach Messungen von Frössel [23] an gasdurchströmten glatten Rohren mit konstantem Durchmesser stimmen die Werte für λ bei Unter- und Überschallgeschwindigkeit (die Nähe der Schallgeschwindigkeit sei ausgenommen) mit denjenigen für ein dichtebeständiges Fluid praktisch überein. Dies Verhalten kann dadurch erklärt werden, daß sich der Reibungsvorgang hauptsächlich in Wandnähe abspielt, wo sich wegen der kleinen örtlichen Geschwindigkeiten das Fluid nahezu dichtebeständig verhält. Hieraus folgt, daß die Rohrreibungszahl hinsichtlich ihrer Abhängigkeit von der Mach- und Reynolds-Zahl näherungsweise durch

[39] Auf eine besondere Kennzeichnung der Prozeßdifferentiale durch Überstreichen wird verzichtet, vgl. Band 1, S. 163, Fußnote 71.

$\lambda(Ma, Re) \approx \lambda(Re)$ dargestellt werden kann. Mit der Bestimmung der Rohrreibungszahl für Luft bei Unter- und Überschallströmung haben sich auch Keenan und Neumann [33] beschäftigt. Danach ergeben sich bei der Überschallströmung für λ Abweichungen in Richtung kleinerer Werte gegenüber der vorgeschlagenen Näherung. Für die Reynolds-Zahl gilt $Re = vD/\nu = \varrho vD/\eta$. Bei konstantem Rohrquerschnitt (D = const) und konstanter Massenstromdichte (ϱv = const) kann λ neben der Rauheit der inneren Rohrwand k/D (k = Rauheitshöhe, vgl. Tab. 3.4) nur von den Größen abhängen, welche die dynamische Viskosität η bestimmen. Wegen $\eta = \eta(T)$ nach Abb. 1.4 ist somit die Rohrreibungszahl nur noch von der Temperatur abhängig.

$$\lambda = \lambda(Re, k/D) = \lambda(T, k/D) \qquad (D = \text{const}) . \tag{4.119b}$$

Die Reynolds-Zahl tritt explizit nicht auf.

Für ein Rohr der Länge $L = x_2 - x_1$ ergibt sich der Rohrverlustbeiwert durch Integration über x zwischen den Stellen (1) und (2) zu

$$\zeta_{1\to 2} = \int\limits_{(1)}^{(2)} \lambda \frac{dx}{D} = \lambda \frac{x_2 - x_1}{D} = \lambda \frac{L}{D} > 0 \quad (\lambda = \text{const}) . \tag{4.120a, b}$$

Hierin gilt die zweite Beziehung für ein Rohr mit konstantem Durchmesser D unter der Annahme einer mittleren Rohrreibungszahl λ = const, vgl. (3.82b).

4.4.2.2 Grundlagen zur Berechnung der Gasströmung in Rohrleitungen

Allgemeines. Zur Beschreibung der Rohrströmung werden zunächst die Ausgangsgleichungen bei stationärer, eindimensionaler Bewegung sowie einige daraus zu ziehende Folgerungen sowohl in differentieller Form für ein Längenelement dx als auch in integraler Form zwischen zwei Stellen (1) und (2) längs der Rohrachse x bereitgestellt. Da das strömende Gas als dichteveränderliches Fluid angesehen werden soll, sind neben den Bilanzgleichungen auch die Stoffgleichungen mit heranzuziehen. Zugrunde gelegt wird ein vollkommen ideales Gas, vgl. Tab. 1.2. Da die Reynolds-Zahl nicht explizit auftritt, kommt als maßgebende Kennzahl nur die Mach-Zahl $Ma = v/c$ vor. Für sie und ihre Änderung gilt mit c^2 nach (4.31a)

$$Ma^2 = \frac{\varrho v^2}{\varkappa p} = \frac{v^2}{(\varkappa - 1)c_p T}, \quad \frac{dMa}{Ma} = \frac{dv}{v} - \frac{1}{2}\frac{dT}{T} . \tag{4.121a, b}$$

Ausgangsgleichungen in differentieller Form. Der jeweilige Gaszustand gehorcht unabhängig davon, ob ein Wärmeaustausch über die Rohrwand erfolgt, der thermischen Zustandsgleichung (4.21c). Als Stoffgröße spielt neben der Dichte $\varrho = \varrho(p, T)$ die Schallgeschwindigkeit c nach (4.31) eine wichtige Rolle. Die Kontinuitätsgleichung (4.23b) kann unverändert übernommen werden. Die Energiegleichungen der Fluid- und Thermo-Fluidmechanik folgen aus (2.185b) bzw. (2.189b) mit $du_B = 0$, $dw_Z = dw_R$, $dw_z = dw_r = 0$ wegen (3.87c) und $dh = c_p dT$ nach Tab. 1.3.

Zur Lösung der Aufgabe in differentieller Form steht also das folgende Gleichungssystem zur Verfügung:

$$\frac{d\varrho}{\varrho}+\frac{dT}{T}-\frac{dp}{p}=0\,,\qquad \frac{d\varrho}{\varrho}+\frac{dv}{v}+\frac{dA}{A}=0\,,\qquad (4.122\text{a, b})^{40}$$

$$v\,dv+\frac{dp}{\varrho}+dw_D=0\,,\qquad v\,dv+c_p dT=dq\,.\qquad (4.122\text{c, d})$$

Unter Beachtung von (4.119a) und (4.121a) kann man für (4.122c, d) auch schreiben

$$\frac{dv}{v}+\frac{1}{\varkappa Ma^2}\frac{dp}{p}=-\frac{\lambda\,dx}{2\,D}\,,\qquad (\varkappa-1)\,Ma^2\frac{dv}{v}+\frac{dT}{T}=\frac{dq}{c_pT}\,.\qquad (4.122\text{e, f})$$

Während in (4.122c) die durch die Rohrwand von außen reversibel zu- oder abgeführte Wärme dq nicht auftritt, enthält (4.122d) die von der Reibung des Fluids hervorgerufene irreversible Dissipationsarbeit dw_D nicht.

Änderung des Stromfadenquerschnitts. Aus (4.122a, b, e, f) erhält man eine Beziehung für die Änderung des erforderlichen Rohrquerschnitts dA/A bei Variation der Geschwindigkeit, der Reibung und des Wärmeaustausches längs der Rohrachse. Nach der Kontinuitätsgleichung $\varrho vA=\text{const}$ ist die Querschnittsänderung dA/A gleich der negativen Änderung der Massenstromdichte $d(\varrho v)/\varrho v$. Es gilt

$$\frac{dA}{A}=-\frac{d(\varrho v)}{\varrho v}=-(1-Ma^2)\frac{dv}{v}+\varkappa Ma^2\,\frac{\lambda\,dx}{2\,D}+\frac{dq}{c_pT}\lessgtr 0\,.\qquad (4.123)$$

Bei einer reibungslos und adiabat (isentrop) verlaufenden Strömung geht (4.123) mit $\lambda=0$ und $dq=0$ in die für die Änderung des Stromfadenquerschnitts nach (4.53b) abgeleitete Beziehung über.

Ausgangsgleichungen in integraler Form. Nachdem in (4.122) die Stoff- und Bilanzgleichungen in differentieller Form bereitgestellt und anschließend einige Folgerungen daraus gezogen wurden, soll jetzt die entsprechende Darstellung in integraler Form gebracht werden. Die Ausgangsgleichungen gewinnt man durch Integration von (4.122a, b, c, d) zwischen den Stellen (1) und (2) längs der Rohrachse. Zugrunde gelegt wird ein geradlinig verlaufendes Rohr mit gleichbleibendem Querschnitt ($A_1=A_2$). Mithin gelten folgende Gleichungen:

$$\frac{\varrho_2}{\varrho_1}=\frac{p_2T_1}{p_1T_2}\quad\text{(Zustand)},\qquad \varrho_2v_2=\varrho_1v_1\quad (A=\text{const})\,,\qquad (4.124\text{a, b})$$

$$p_2+\varrho_2v_2^2=p_1+\varrho_1v_1^2-\tau_{1\to2}\qquad\text{(reibungsbehaftet, diabat)}\qquad (4.124\text{c})$$

$$\frac{v_2^2}{2}+c_pT_2=\frac{v_1^2}{2}+c_pT_1+q_{1\to2}\qquad\text{(reibungsbehaftet, diabat)}\,.\qquad (4.124\text{d})$$

---

[40] Die linken Seiten von (4.122a, b, e, f) sind nach Tab. 4.6 jeweils Funktionen der Mach-Zahl Ma und der Größe $(\lambda/2)\,(dx/D)$ bzw. dq/c_pT.

Bei der Integration von (4.122c), was zu (4.124c) führt, beachte man, daß $\varrho v = \text{const}$ und $\tau_{1\to 2}$ die über Rohrlänge $x_2 - x_1$ gemittelte Wandschubspannung τ_w ist. Die Energiegleichung der Fluidmechanik ist gleichbedeutend mit der Impulsgleichung für den Kontrollfaden. Sie gilt für reibungsbehaftete Strömung, jedoch nicht notwendigerweise für adiabate Zustandsänderung. Die Energiegleichung der Thermo-Fluidmechanik gilt für diabate Prozeßänderung (mit Wärmeaustausch), jedoch nicht notwendigerweise für reibungslose Strömung und entspricht (4.26a).

Möglicher Strömungsablauf. Zur Beurteilung der thermodynamisch möglichen Zustandsänderung ist die Aussage des zweiten Hauptsatzes der Thermodynamik (Entropiegleichung) heranzuziehen. Hierüber wurde ausführlich in Kap. 2.6.4 berichtet. Nach (2.214a) und (2.218a) gilt für die Änderung der spezifischen Entropie

$$ds = \frac{1}{T}(dq + dw_D) = ds_a + ds_i \geqq ds_a \tag{4.125a, b}$$

mit ds_a als von außen zu- oder abgeführter Entropie und ds_i als im Inneren erzeugter Entropie, man vgl. Tab. 2.13. Da der Wärmeaustausch nach Kap. 4.4.1 reversibel erfolgen soll und damit keinen Beitrag zur inneren Entropie liefert, ist $ds_a = dq/T$ und $ds_i = dw_D/T$. Während die Änderung der äußeren Entropie durch die Art des Wärmeaustausches gegeben ist, läßt sich für die Änderung der inneren Entropie in einer Rohrströmung nach Einsetzen von (4.119a) in Verbindung mit (4.121a) ein Ausdruck herleiten, der das Reibungsgesetz enthält. Im einzelnen wird

$$ds_a = \frac{dq}{T} \gtrless 0 \quad \text{(Wärmeaustausch)}\,,$$

$$ds_i = (\varkappa - 1) c_p Ma^2 \frac{\lambda}{2} \frac{dx}{D} \geqq 0 \quad \text{(Reibung)}\,. \tag{4.126a, b}$$

Dabei gilt in (4.126b) das Gleichheitszeichen für den Fall reibungsloser Strömung ($\lambda = 0$). Tritt bei adiabater Zustandsänderung ($ds_a = 0$) ein irreversibler Verdichtungsstoß auf, dann muß nach (4.125b) die Entropieänderung zunehmen:

$$ds > 0 \quad \text{(Verdichtungsstoß)}\,. \tag{4.126c}$$

Die Differenz der spezifischen Entropien zwischen zwei Stellen (1) und (2) längs der Rohrleitung kann nach (4.29a) ermittelt werden, wenn man dort die Zustandsgleichung (4.124a), die Kontinuitätsgleichung (4.124b) sowie die Mach-Zahlen $Ma_1 = v_1/c_1$ und $Ma_2 = v_2/c_2$ mit $(c_2/c_1)^2 = T_2/T_1$ einsetzt. Man erhält

$$\frac{s_2 - s_1}{c_p} = \ln\left[\left(\frac{Ma_2}{Ma_1}\right)^{\frac{\varkappa - 1}{\varkappa}} \left(\frac{T_2}{T_1}\right)^{\frac{\varkappa + 1}{2\varkappa}}\right] \quad (\varrho v = \text{const})\,. \tag{4.127}$$

Bei adiabat verlaufender Strömung muß stets $s_2 - s_1 \geqq 0$ sein.

4.4.2.3 Reibungslose Rohrströmung mit Wärmeaustausch (Rayleigh)

Annahmen. Während in Kap. 4.3.2.5 die reibungslose Fadenströmung ohne Wärmeaustausch ($dw_D = 0$, $dq = 0$) ausführlich behandelt wurde, soll im folgenden ebenfalls bei reibungsloser Strömung der Einfluß

Tabelle 4.6. Gasströmungen durch ein Rohr von konstantem Querschnitt (A = const) bei konstanter Massenstromdichte (ϱv = const).

a) Zustandsänderungen infolge Wärmeaustausch und Reibungseinfluß
b) Zustandsgrößen, auf Grenzzustand $Ma^* = 1$ bezogen, (4.128a, b)
(1) reibungslos, mit Wärmeaustausch (Rayleigh)
(2) reibungsbehaftet, ohne Wärmeaustausch (Fanno)
(3) reibungsbehaftet, konstante Temperatur (isotherm)
(4) isentrope Strömung ($\varrho v A$ = const), zum Vergleich nach Kap. 4.3.2.5

a)	(1)	(2)	(3)
$\frac{d\varrho}{\varrho}$	$-\frac{1}{1-Ma^2}\frac{dq}{c_pT}$	$-\frac{\varkappa Ma^2}{1-Ma^2}\frac{\lambda dx}{2D}$	$-\frac{\varkappa Ma^2}{1-\varkappa Ma^2}\frac{\lambda dx}{2D}$
$\frac{dp}{p}$	$-\frac{\varkappa Ma^2}{1-Ma^2}\frac{dq}{c_pT}$	$-\varkappa Ma^2\frac{1+(\varkappa-1)Ma^2}{1-Ma^2}\frac{\lambda dx}{2D}$	$-\frac{1}{(\varkappa-1)Ma^2}\frac{dq}{c_pT}$
$\frac{dT}{T}$	$\frac{1-\varkappa Ma^2}{1-Ma^2}\frac{dq}{c_pT}$	$-\frac{\varkappa(\varkappa-1)Ma^4}{1-Ma^2}\frac{\lambda dx}{2D}$	0
$\frac{dv}{v}$	$\frac{1}{1-Ma^2}\frac{dq}{c_pT}$	$\frac{\varkappa Ma^2}{1-Ma^2}\frac{\lambda dx}{2D}$	$\frac{\varkappa Ma^2}{1-\varkappa Ma^2}\frac{\lambda dx}{2D}$
$\frac{dMa}{Ma}$	$\frac{1+\varkappa Ma^2}{2(1-Ma^2)}\frac{dq}{c_pT}$	$\frac{\varkappa}{2}Ma^2\frac{2+(\varkappa-1)Ma^2}{1-Ma^2}\frac{\lambda dx}{2D}$	$\frac{1}{(\varkappa-1)Ma^2}\frac{dq}{c_pT}$
b)	(1)	(2)	(4)
$\frac{\varrho}{\varrho^*}$	$\frac{1+\varkappa Ma^2}{(\varkappa+1)Ma^2}$	$\frac{1}{Ma}\left[\frac{2+(\varkappa-1)Ma^2}{\varkappa+1}\right]^{\frac{1}{2}}$	$\left[\frac{\varkappa+1}{2+(\varkappa-1)Ma^2}\right]^{\frac{1}{\varkappa-1}}$
$\frac{p}{p^*}$	$\frac{\varkappa+1}{1+\varkappa Ma^2}$	$\frac{1}{Ma}\left[\frac{\varkappa+1}{2+(\varkappa-1)Ma^2}\right]^{\frac{1}{2}}$	$\left[\frac{\varkappa+1}{2+(\varkappa-1)Ma^2}\right]^{\frac{\varkappa}{\varkappa-1}}$
$\frac{T}{T^*}$	$\left[\frac{(\varkappa+1)Ma}{1+\varkappa Ma^2}\right]^2$	$\frac{\varkappa+1}{2+(\varkappa-1)Ma^2}$	$\frac{\varkappa+1}{2+(\varkappa-1)Ma^2}$
$\frac{v}{v^*}$	$\frac{(\varkappa+1)Ma^2}{1+\varkappa Ma^2}$	$Ma\left[\frac{\varkappa+1}{2+(\varkappa-1)Ma^2}\right]^{\frac{1}{2}}$	$Ma\left[\frac{\varkappa+1}{2+(\varkappa-1)Ma^2}\right]^{\frac{1}{2}}$
$\frac{s-s^*}{c_p}$	$\ln\left[Ma^2\left(\frac{\varkappa+1}{1+\varkappa Ma^2}\right)^{\frac{\varkappa+1}{\varkappa}}\right]$	$\ln\left[Ma^{\frac{\varkappa-1}{\varkappa}}\left(\frac{\varkappa+1}{2+(\varkappa-1)Ma^2}\right)^{\frac{\varkappa+1}{2\varkappa}}\right]$	0

eines Wärmeaustausches über die Rohrwand (Wärmezufuhr = Heizen, Wärmeabfuhr = Kühlen) ($dw_D = 0$, $dq \neq 0$) untersucht werden. Die hier betrachtete diabate Rohrströmung erfolge bei reversibler Prozeßänderung ($ds = ds_a \lessgtr 0$) und wird als Rayleigh-Strömung bezeichnet.

Ein Sonderfall mit einem ganz bestimmten Wärmeaustausch stellt die isotherme Rohrströmung dar, über die in Kap. 4.4.2.5 berichtet wird. Die folgende Untersuchung sei auf Strömungen in einem Rohr von gleichbleibendem Querschnitt (A = const) beschränkt.

Zustandsänderungen. Durch einen Wärmeaustausch über die Rohrwand werden die Zustandsgrößen in bestimmter Weise geändert. Diese Änderungen sollen in Abhängigkeit von der Mach-Zahl Ma und der zu- oder abgeführten dimensionslosen Wärme dq/c_pT dargestellt werden. Aus (4.122a, b, e, f) und (4.121b) erhält man mit $dA = 0$ und $dw_D = 0 = \lambda$ die in Tab. 4.6a (Spalte 1) mitgeteilten Zusammenhänge. Diese Ergebnisse werden in Tab. 4.7a diskutiert, wobei durch einen aufwärts gerichteten Pfeil eine

Tabelle 4.7. Fluidmechanisches und thermodynamisches Verhalten bei Gasströmungen durch ein Rohr von konstantem Querschnitt
Depression (Expansion): $\varrho\downarrow$, $p\downarrow$; Kompression $\varrho\uparrow$, $p\uparrow$; Verzögerung: $v\downarrow$, $Ma\downarrow$; Beschleunigung: $v\uparrow$, $Ma\uparrow$; Wärmeabfuhr (Kühlen): $q\downarrow$; Wärmezufuhr (Heizen): $q\uparrow$

a) reibungslos, mit Wärmeaustausch (Rayleigh), $Ma' = 1/\sqrt{\varkappa}(=)\,0{,}845$

Mach-Zahl-Bereich		Wärmezufuhr, $dq > 0$							Wärmeabfuhr, $dq < 0$						
		ϱ	p	T	T_0	v	Ma	s	ϱ	p	T	T_0	v	Ma	s
$Ma < 1$	$Ma < Ma'$	↓	↓	↑	↑	↑	↑	↑	↑	↑	↓	↓	↓	↓	↓
	$Ma' < Ma < 1$			↓							↑				
$Ma > 1$	$Ma > 1$	↑	↑	↑	↑	↓	↓	↑	↓	↓	↓	↓	↑	↑	↓

b) reibungsbehaftet, ohne Wärmeaustausch (Fanno)

Mach-Zahl-Bereich	ϱ	p	T	v	Ma	s
$Ma < 1$	↓	↓	↓	↑	↑	↑
$Ma > 1$	↑	↑	↑	↓	↓	↑

c) reibungsbehaftet, konstante Temperatur (isotherm)

Mach-Zahl-Bereich	ϱ	p	v	Ma	q	s
$Ma < 1/\sqrt{\varkappa}(=)0{,}845$	↓	↓	↑	↑	↑	↑
$Ma > 1/\sqrt{\varkappa}(=)0{,}845$	↑	↑	↓	↓	↓	↓

Zunahme und durch einen abwärts gerichteten Pfeil eine Abnahme der Zustandsgröße gekennzeichnet wird. Man erkennt, daß sich die Änderungen der Zustandsgrößen mit Ausnahme der Entropie-, Temperatur- und Ruhetemperaturänderung bei Unter- und Überschallströmung ($Ma \lessgtr 1$) entgegengesetzt verhalten. Von dieser Feststellung weicht die Temperaturänderung im Mach-Zahl-Bereich $Ma' < Ma < 1$ mit $Ma' = 1/\sqrt{\varkappa}(=)\,0{,}845$ ab. Hier ergibt sich das bemerkenswerte Ergebnis, wonach eine Wärmezufuhr eine Temperaturabnahme und eine Wärmeabfuhr eine Temperaturzunahme bewirkt.

Im Unterschallbereich ($Ma < 1$) entsteht durch Wärmezufuhr ($dq > 0$) eine beschleunigte Strömung ($dv > 0$), während durch Wärmeabfuhr eine verzögerte Strömung auftritt. Im Überschallbereich ($Ma > 1$) sind die Verhältnisse umgekehrt. Eine Zu- oder Abfuhr von Wärme wirkt auf die Änderung der Strömungsgeschwindigkeit im gleichen Sinn wie eine Verengung bzw. Erweiterung des Stromfadenquerschnitts bei adiabater Strömung ($dq = 0$). In Analogie zur Laval-Düse nach Kap. 4.3.2.7 Beispiel a.3 spricht man daher bei einem Rohr mit Wärmeaustausch von außen von einer Wärmedüse.[41]

Zustandsgrößen. Für zwei durch (1) und (2) gekennzeichnete Stellen längs der Rohrleitung findet man die Verhältniswerte der zugehörigen Zustandsgrößen ϱ, p, T und v in Abhängigkeit von den Mach-Zahlen $Ma_1 = v_1/c_1$ und $Ma_2 = v_2/c_2$ aus (4.124a, b, c) mit $\tau_{1\to 2} = 0$ in Verbindung mit (4.121a). Diese Ergebnisse sind unter Anwenden von (4.128a) Tab. 4.6b (Spalte 1) zu entnehmen. Man beachte, daß $T_2/T_1 = (c_2/c_1)^2$ ist. Die Entropiedifferenz zwischen den Stellen (1) und (2) erhält man aus (4.127) durch Einsetzen von T_2/T_1. In der angegebenen Form enthalten alle Ergebnisse den Wärmeaustausch $q_{1\to 2}$ nicht. Die Kombination der Beziehungen für T_2/T_1 und $(s_2 - s_1)/c_p$ gestattet für eine vorgegebene Mach-Zahl Ma_1 die Aufstellung eines Temperatur-Entropie-Diagramms (T, s).[42] In Abb. 4.27a und b sind für eine Unterschallzuströmung ($Ma_1 = 0{,}5$) bzw. für eine Überschallzuströmung ($Ma_1 = 2{,}0$) solche Diagramme dargestellt. Die gestrichelten Kurven bezeichnet man als Rayleigh-Kurven. Bei

---

[41] Die Strömung in einer Laval-Düse mit beliebig verteilter Wärmezufuhr haben Jungclaus und van Raay [30] berechnet.

[42] In der Thermodynamik benutzt man im allgemeinen das Enthalpie-Entropie-Diagramm (h, s), was wegen $h = c_p T$ mit $c_p = \text{const}$ dem Temperatur-Entropie-Diagramm (T, s) entspricht.

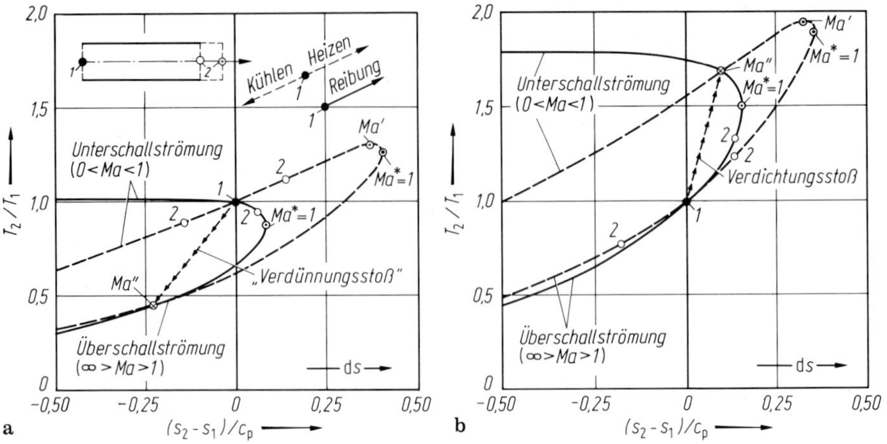

Abb. 4.27. Temperatur-Entropie-Diagramme für Gasströmungen ($\varkappa = 1{,}4$) in einem Rohr von konstantem Querschnitt. **a** Unterschall-Ausgangsströmung ($Ma_1 = 0{,}5$), **b** Überschall-Ausgangsströmung ($Ma_1 = 2{,}0$). ----: Reibungslose Rohrströmung mit Wärmeaustausch (Rayleigh), $Ma^* = 1$, $Ma' = 1/\sqrt{\varkappa}(=)\ 0{,}845$. ——: Reibungsbehaftete Rohrströmung ohne Wärmeaustausch (Fanno), $Ma^* = 1$, $Ma' \to 0$. Ausgangszustand: Ma_1, T_1, s_1; stromabwärts gelegener Zustand: Ma_2, T_2, s_2; unstetige Zustandsänderung: $Ma_1 \to Ma''$ ($Ma_1 = 0{,}5$, $Ma'' = 2{,}646$, entspricht Verdünnungsstoß, wegen $s_2 < s_1$ nicht möglich; $Ma_1 = 2{,}0$, $Ma_2'' = 0{,}577$, entspricht normalem Verdichtungsstoß, wegen $s_2 > s_1$ möglich)

$Ma_2 = Ma' = 1/\sqrt{\varkappa}$ besitzt das Temperaturverhältnis einen Höchstwert $(T_2/T_1)_{max}$. Die oberen Kurven stellen Unterschall- und die unteren Kurven Überschallströmungen dar, $Ma_2 \lesseqgtr 1$.

Grenzzustand. Für eine vorgegebene Zuström-Mach-Zahl $Ma_1 = Ma$ stellt sich bei der Mach-Zahl $Ma_2 = Ma^* = 1$ ein Grenzwert (Höchstwert, Index *) für die Entropieänderung $s - s^* = (s_2 - s_1)_{max}$ ein. Die auf den Grenzzustand bezogenen Zustandsgrößen sind in Tab. 4.6b zusammengestellt. Der Grenzzustand hat ein Analogon in dem in Kap. 4.3.2.5 definierten Laval-Zustand (stetige Strömung, isentrope Zustandsänderung). In Abb. 4.28 ist das Grenzdruckverhältnis p^*/p für die Laval-Strömung ($\varrho v A = \text{const}$, $q_{1\to 2} = 0$) und für die Rayleigh-Strömung ($\varrho v = \text{const}$, $q_{1\to 2} \neq 0$) in Abhängigkeit von

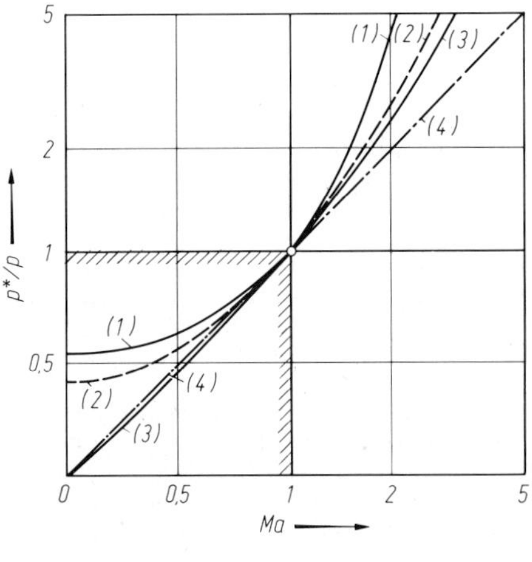

Abb. 4.28. Grenzdruckverhältnis für Gasströmungen in einem Rohr, Index * bedeutet $Ma^* = 1$, ($\varkappa = 1{,}4$). (*1*) Laval-Zustand nach (4.50a), isentrope Zustandsänderung (zum Vergleich); (*2*) Rayleigh-Zustand, diabate Zustandsänderung (reibungslos); (*3*) Fanno-Zustand, adiabate Zustandsänderung (reibungsbehaftet); (*4*) isotherme Zustandsänderung (reibungsbehaftet)

der Zuström-Mach-Zahl Ma als Kurve (*1*) bzw. (*2*) dargestellt. Bei $Ma = 0$ ist $(p^*/p)_{min} = 1/(\varkappa + 1)\,(=)\,0{,}417$.

Gebrauchsformeln. Die auf den Grenzzustand ($Ma^* = 1$, $z^* = \varrho^*$, $p^*, \ldots$) bezogenen Größen $z = \varrho, p, \ldots$ lassen sich in einfacher Weise berechnen und in Abhängigkeit von Ma tabellarisieren. Tabellen für die Verhältnisse $z/z^* = \varrho/\varrho^*, \ldots$ sowie die Differenz $z - z^* = (s - s^*)/c_p$ werden in [25, 27, 29] mitgeteilt. Benutzt man diese normierten Werte, so erhält man das Verhältnis oder die Differenz zweier Zustandsgrößen z_1, z_2 an den Stellen (1) und (2), für welche die Mach-Zahlen Ma_1 und Ma_2 gegeben sind, durch folgende Rechenregeln:

$$\frac{z_2}{z_1} = \frac{(z/z^*)_2}{(z/z^*)_1}, \qquad z_2 - z_1 = (z - z^*)_2 - (z - z^*)_1 \,. \tag{4.128a, b}$$

Wärmeaustausch. Bei den Untersuchungen über die Zustandsgrößen tritt die der Rohrströmung zu- oder abgeführte Wärme nicht explizit auf. Dies hängt damit zusammen, daß bisher von (4.124d) noch kein Gebrauch gemacht wurde. Unter Einführen der Mach-Zahlen Ma_1 und Ma_2 gemäß (4.121a) erhält man die auf die Masse bezogene Wärme zu

$$q_{1\to 2} = c_p(T_{02} - T_{01}) = \left(\frac{T_{02}}{T_{01}} - 1\right) c_p T_{01} \lesseqgtr 0 \,. \tag{4.129a, b}$$

Hierin stellen nach (4.78a) die Größen

$$T_{01} = \left(1 + \frac{\varkappa - 1}{2} Ma_1^2\right) T_1 \quad \text{und} \quad T_{02} = \left(1 + \frac{\varkappa - 1}{2} Ma_2^2\right) T_2 \tag{4.130a, b}$$

jede für sich die Ruhetemperatur (Stautemperatur) bei adiabater Zustandsänderung für die Zustände (1) bzw. (2) dar. Das Verhältnis der Ruhetemperaturen erhält man mit T_2/T_1 nach Tab. 4.6b zu

$$\frac{T_{02}}{T_{01}} = \frac{2 + (\varkappa - 1)\, Ma_2^2}{2 + (\varkappa - 1) Ma_1^2} \left(\frac{1 + \varkappa Ma_1^2}{1 + \varkappa Ma_2^2}\right)^2 \left(\frac{Ma_2}{Ma_1}\right)^2 . \tag{4.130c}$$

Es hängt T_{02}/T_{01} wieder nur von den beiden Parametern Ma_1 und Ma_2 ab. Für $z/z^* = T_0/T_0^*$ liegen in den genannten Quellen tabellarische Werte vor. Für die Änderung der Ruhetemperatur findet man aus (4.129a) unabhängig von der Mach-Zahl die einfache Beziehung

$$dq = c_p dT_0 \lesseqgtr 0 \qquad (q_{max}, dT_0 = 0) \,. \tag{4.131}$$

Dies Verhalten ist in Tab. 4.7a wiedergegeben.

Die von einem Zuströmzustand Ma_1 bis zum Erreichen der Grenz-Mach-Zahl $Ma_2 = Ma^* = 1$ erforderliche maximale Wärme (Wärmeaufnahmevermögen) erhält man aus (4.129b) in Verbindung mit (4.130a, c) zu

$$q_{max} = q_1^* = \frac{(1 - Ma_1^2)^2}{2(\varkappa + 1) Ma_1^2} c_p T_1 \qquad (Ma_2 = Ma^* = 1) \,. \tag{4.132}$$

Die bisherigen Untersuchungen haben gezeigt, daß man sowohl die Verhältnisse der Zustandsgrößen z_2/z_1 als auch die ausgetauschte Wärme $q_{1\to 2}$ als Funktionen der Mach-Zahlen Ma_1 und Ma_2 darstellen kann. Hieraus folgt, daß man bei gegebenen Werten an einer Stelle (1), d. h. Ma_1 und z_1, die Zustandsgröße an einer Stelle (2) durch die Abhängigkeit $z_2 = z_1 . f(Ma_1, q_{1\to 2})$ beschreiben kann.

Mögliches Strömungsverhalten. In Abb. 4.29a ist das Verhältnis der Ruhetemperaturen T_0/T_0^* über der Entropieänderung $(s - s^*)/c_p$ aufgetragen. Dabei ergeben sich für den Unter- und Überschallbereich ($Ma \lesseqgtr 1$) zwei getrennte Kurven, die für die Grenz-Mach-Zahl ($Ma^* = 1$) bei $s - s^* = 0$ den größtmöglichen Wert $T_0 = T_0^*$ annehmen. Bei stetiger Annäherung an $Ma = 1$ nimmt die Ruhetemperatur zu ($dT_0 > 0$), was nach (4.131) einer Wärmezufuhr ($dq > 0$) und entsprechend (4.126a) einer Entropieerhöhung ($ds = ds_a > 0$) entspricht. Beim stetigen Entfernen von $Ma = 1$ liegt Wärmeabfuhr ($dq < 0$) mit entsprechender Entropieabnahme ($ds < 0$) vor. Während für $Ma \to 0$ die Ruhetemperatur den Wert $T_0 = 0$ annimmt, strebt bei $Ma \to \infty$ das Verhältnis der Ruhetemperaturen dem Wert $(T_0/T_0^*)_{min} = (\varkappa^2 - 1)/\varkappa^2\,(=)\,0{,}490$ zu, was dem Zustand des Vakuums mit $T = 0$ entspricht.

Es seien zwei Stellen (1) und (2) längs der Rohrleitung betrachtet (voller bzw. leerer Punkt). Die thermodynamisch zulässigen Prozesse sind in Abb. 4.29a schematisch dargestellt.

Eine Unterschall-Ausgangsströmung ($Ma_1 < 1$) kann stetig durch Kühlen auf kleinere Mach-Zahlen ($Ma_2 < Ma_1$) und durch Erwärmen mit $q_{max} = q_1^*$ bis zur Grenz-Mach-Zahl ($Ma_2 = 1$) gebracht werden. Beim Kühlen ist bei ungeändertem Ausgangszustand die abgeführte Wärme

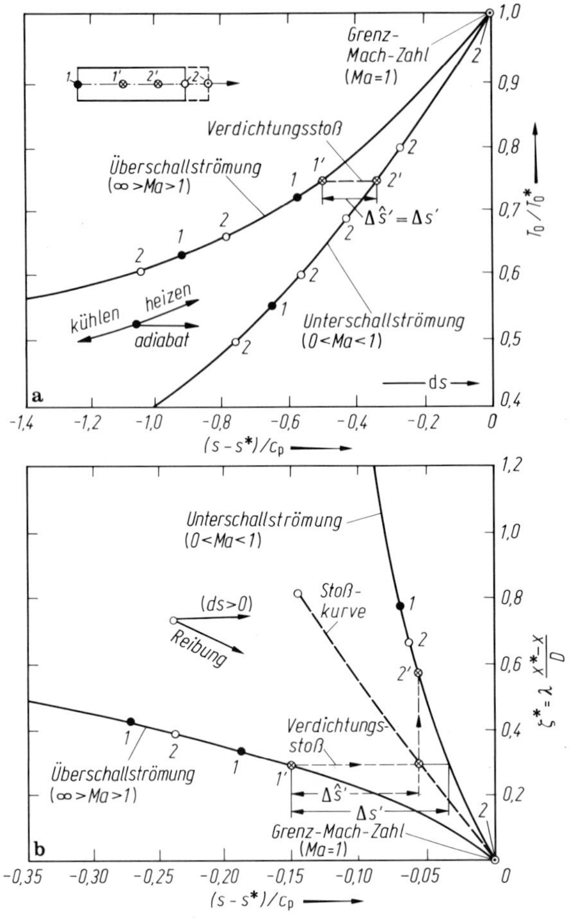

Abb. 4.29. Verhalten von Gasströmungen in einem Rohr: möglicher Strömungsablauf, (*1*) → (*2*). **a** Reibungslose Rohrströmung mit Wärmeaustausch (Rayleigh). **b** Reibungsbehaftete Rohrströmung ohne Wärmeaustausch (Fanno). ● Ausgangszustand; ○ stromabwärts gelegener Zustand; ⊙ Grenzzustand (Index*), $Ma = Ma^* = 1$; ⊗ durch Verdichtungsstoß erreichter Zustand

theoretisch unbegrenzt. Bei einem Wärmeaustausch nur in einer Richtung (Wärmezu- oder -abfuhr) kann man eine Unterschallströmung nicht in eine Überschallströmung überführen, da hierzu wegen $ds < 0$ gemäß (4.126c) ein thermodynamisch nicht möglicher „Verdünnungsstoß" erforderlich wäre. Eine Unterschall-Ausgangsströmung läßt sich jedoch stetig in eine Überschallströmung überführen, wenn man zunächst im Bereich $Ma_1 \leqq Ma \leqq 1$ das Fluid erwärmt und anschließend im Bereich $1 \leqq Ma \leqq Ma_2 > 1$ wieder abkühlt. Die zu- bzw. abgeführten Wärmen haben entgegengesetztes Vorzeichen. Mittels (4.129a) ist also zu zeigen, daß die Änderung der Ruhetemperatur in Stromrichtung bei $Ma = 1$ ihr Vorzeichen wechselt. Setzt man in (4.130c) für die Größen an irgendeiner Stelle x längs der Rohrleitung $T_0(x) = T_{02}$ und $Ma(x) = Ma_2$, so erhält man nach x differenziert

$$\frac{dT_0}{dx} = \frac{2(1 + \varkappa Ma_1^2)^2 T_1}{Ma_1^2} \frac{(1 - Ma^2) Ma \, dMa}{(1 + \varkappa Ma^2)^3 \, dx} \sim (1 - Ma^2) \frac{dMa}{dx} . \qquad (4.133a, b)$$

Bei wachsender Mach-Zahl in Richtung der Rohrachse x muß bei Unterschallströmung ($Ma < 1$) die Ruhetemperatur T_0 und damit nach (4.131) auch die Wärme zunehmen (geheiztes Rohrteil), während bei Überschallströmung ($Ma > 1$) die Wärme abnimmt (gekühltes Rohrteil). Bei $Ma = 1$ ist die Strömung wegen des dort vorliegenden adiabaten Zustands ($dq = 0$) nicht in der Lage, Wärme aufzunehmen oder abzugeben. Um diesen Strömungszustand zu „überbrücken", bedarf es zusätzlicher Maßnahmen, etwa indem der Querschnitt örtlich etwas erweitert und wieder eingeengt wird, damit an dieser Stelle der Übergang vom beheizten zum gekühlten Rohrteil vollzogen werden kann.

Eine Überschall-Ausgangsströmung ($Ma_1 > 1$) kann stetig durch Kühlen auf größere Mach-Zahlen ($Ma_2 > Ma_1$) und durch Erwärmen mit q_{max} bis zur Grenz-Mach-Zahl ($Ma_2 = 1$) gebracht werden. Bei sehr starkem Kühlen nimmt die Ruhetemperatur den asymptotischen Wert $(T_{02})_{min}$ an. Kleinere Werte für T_{02} lassen sich durch stetiges Abkühlen nicht erreichen. Diese kann man jedoch erhalten, wenn man zunächst im Bereich $Ma_1 \geqq Ma > 1$ erwärmt und dann bei Unterschallströmung $1 > Ma \geqq Ma_2$ wieder abkühlt. Bei adiabater Zustandsänderung ($dq = 0 = dT_0$) kann eine Überschallströmung, wie in Abb. 4.29a gezeigt, mittels eines normalen Verdichtungsstoßes unstetig (adiabat-irreversibel) in eine Unterschallströmung übergehen, was mit einer Entropieerhöhung ($ds > 0$) verbunden ist. Diese ist gerade so groß, wie der Entropieunterschied zwischen den beiden Kurven für $Ma > 1$ und $Ma < 1$ bei $T_0 = \text{const}$. Den Nachweis führt man folgendermaßen: Ist an der Stelle (1′) die Ausgangs-Mach-Zahl $Ma_{1'}$ bekannt, so stellt sich an der Stelle (2′) die durch den Verdichtungsstoß nach (4.64a) verkleinerte Mach-Zahl $Ma_{2'}$ ein. Mittels der Beziehung für die Entropieänderung $(s - s^*)/c_p$ nach Tab. 4.6b (Spalte 1) berechnet man die den beiden Mach-Zahlen $Ma_{1'}$ und $Ma_{2'}$ zugeordnete Entropieerhöhung $\Delta s' = s_{2'} - s_{1'} = (s - s^*)_{2'} - (s - s^*)_{1'}$. Diese Größe vergleicht man mit der Entropieerhöhung durch den Verdichtungsstoß nach (4.60) $\Delta \hat{s}' = s_{2'} - s_{1'}$ und findet bestätigt, daß $\Delta \hat{s}' = \Delta s'$ ist.

In einem zylindrischen Rohr kann ein Gasstrom bei gegebenem Ausgangszustand T_1 und Ma_1 nicht beliebig viel Wärme aufnehmen. Diese ist vielmehr durch q_{max} nach (4.132) begrenzt. Erzwingt man jedoch durch geeignet gewählte Maßnahmen das Eindringen eines höheren Wärmebetrags als q_{max}, so kann die stationäre Strömung mit dem Ausgangszustand T_1 und Ma_1 nicht bestehen bleiben. Es stellt sich ein neuer stationärer Strömungszustand (Anpassungszustand) ein, der mit (4.132) verträglich sein muß. Wegen $q_{max} = f(Ma_1, T_1)$ gilt für die Änderung des Wärmeaufnahmevermögens

$$\frac{dq_{max}}{q_{max}} = -\frac{2(1 + Ma_1^2)}{1 - Ma_1^2}\frac{d\,Ma_1}{Ma_1} + \frac{dT_1}{T_1} = -\frac{4(\varkappa + 1)\,Ma_1^2}{(1 + \varkappa Ma_1^2)(1 - Ma_1^2)}\frac{d\,Ma_1}{Ma_1} \lesseqgtr 0\,. \tag{4.134}$$

Bei der zweiten Beziehung wurde dT/T durch $d\,Ma/Ma$ entsprechend Tab. 4.6a (Spalte 1) ersetzt.

Im Unterschallbereich ($Ma_1 < 1$) kann man q_{max} vergrößern, indem man die Ausgangs-Mach-Zahl Ma_1 erniedrigt, während man im Überschallbereich ($Ma_1 > 1$) einen größeren Wert q_{max} durch Erhöhen der Ausgangs-Mach-Zahl Ma_1 erreicht. Wird beim Erwärmen die Wärme q_{max} überschritten, so reagiert die Strömung eines Unterschall-Ausgangszustands bei vorgegebenen Werten ϱ_1 und T_1 mit einer Verkleinerung der Massenstromdichte $\Theta_1 = \varrho_1 v_1 = \varrho_1 c_1\, Ma_1 = \varrho_1 \sqrt{\varkappa R T_1}\, Ma_1$. Man nennt dies eine thermische Drosselung oder Verstopfung[43]. Dies Verhalten bewirkt eine Änderung des Ausgangszustands in der Weise, daß mit zunehmender Drosselung die Ausgangs-Mach-Zahl $Ma_1 \to 0$ zustrebt. Wird bei einem Überschall-Ausgangszustand die Wärme q_{max} überschritten, so bildet sich ein Verdichtungsstoß aus, durch den die Strömungsgeschwindigkeit auf Unterschallgeschwindigkeit gebracht wird. Der Verdichtungsstoß breitet sich stromaufwärts aus und verursacht gegebenenfalls so im gesamten Rohr Unterschallströmung. Die ursprüngliche Ausgangs-Mach-Zahl $Ma_1 > 1$ paßt sich dann mit $Ma_1 < 1$ der neuen Sachlage an. Auf eine weitere Beschreibung solcher Anpassungszustände wird hier nicht eingegangen, man vgl. die in Kap. 4.4.1 angegebene Literatur.

4.4.2.4 Reibungsbehaftete Rohrströmung ohne Wärmeaustausch (Fanno)

Annahmen. Während in Kap. 4.4.2.3 die reibungslose Rohrströmung mit Wärmeaustausch ($dw_D = 0$, $dq \neq 0$) behandelt wurde, soll im folgenden die reibungsbehaftete Rohrströmung ohne Wärmeaustausch ($dw_D \neq 0$, $dq = 0$) untersucht werden. Die jetzt betrachtete adiabate Rohrströmung erfolgt bei irreversibler Zustandsänderung ($ds = ds_i > 0$) und wird als Fanno-Strömung bezeichnet.[44] Wegen $q_{1\to2} = 0$ gilt nach (4.124d) an jeder Stelle der vorliegenden Rohrströmung $v^2/2 + c_p T = c_p T_0 = \text{const}$. Eine solche Strömung wird nach (2.190a) als isenerget bezeichnet. Der Sonderfall einer reibungsbehafteten Strömung bei konstanter Temperatur (isotherm) wird in Kap. 4.4.2.5 besprochen. Die folgende Untersuchung sei wiederum auf die Strömung in einem Rohr von gleichbleibendem Querschnitt ($A = \text{const}$) beschränkt.

Zustandsänderungen. Durch die beim Durchströmen des Rohrs auftretende Wandreibung ändern sich die Zustandsgrößen in bestimmter Weise. Diese Änderungen sollen in Abhängigkeit von der Mach-Zahl Ma und dem die Wandreibung bestimmenden Rohrverlustbeiwert $\lambda\, dx/D > 0$ dargestellt werden. Aus (4.122a, b, e, f) und (4.121b) erhält man mit $dA = 0$ und $dq = 0$ die in Tab. 4.6a (Spalte 2)

[43] Englisch: Thermal shocking.

[44] Fanno, G.: Diplomarbeit ETH Zürich, 1904.

mitgeteilten Zusammenhänge. Diese Ergebnisse werden in Tab. 4.7b diskutiert. Man erkennt, daß sich die Änderungen sämtlicher Zustandsgrößen mit Ausnahme der Entropieänderung bei Unter- und Überschallströmung entgegengesetzt verhalten. Ein Vergleich der reibungsbehafteten Strömung ohne Wärmeaustausch (Tab. 4.7b) mit der reibungslosen Strömung mit Wärmezufuhr (Tab. 4.7a) zeigt hinsichtlich des Verhaltens bei Unter- und Überschallströmung für ϱ, p, v, Ma und s das gleiche Ergebnis. Bei der Temperatur T gilt diese Aussage nur für den Mach-Zahl-Bereich $1/\sqrt{\varkappa} < Ma < 1$ bzw. $Ma > 1$.

Zustandsgrößen. Für zwei durch (1) und (2) gekennzeichnete Stellen längs der Rohrleitung findet man die Verhältniswerte der zugehörigen Zustandsgrößen ϱ, p, T und v aus (4.124a, b, d) mit $q_{1\to 2} = 0$ in Verbindung mit (4.121a). Diese Ergebnisse sind unter Anwenden von (4.128a) Tab. 4.6b (Spalte 2) zu entnehmen. Die Entropiedifferenz zwischen den Stellen (1) und (2) erhält man aus (4.127) durch Einsetzen von T_2/T_1. In der angegebenen Form enthalten alle Ergebnisse den Rohrverlustbeiwert $\zeta_{1\to 2}$ nicht und lassen sich in Abhängigkeit der beiden Parameter Ma_1 und Ma_2 darstellen. Die Kombination der Beziehungen für T_2/T_1 und $(s_2 - s_1)/c_p$ gestattet, wie schon in Kap. 4.4.2.3 erwähnt, für eine vorgegebene Mach-Zahl Ma_1 die Aufstellung eines Temperatur-Entropie-Diagramms (T, s).[45] In Abb. 4.27a und b sind für die Unterschallzuströmung ($Ma_1 = 0{,}5$) bzw. für die Überschallzuströmung ($Ma_1 = 2{,}0$) solche Diagramme dargestellt. Die ausgezogenen Kurven bezeichnet man als Fanno-Kurven. Die oberen Kurven stellen Unter- und die unteren Kurven Überschallströmungen dar, $Ma_2 \lesseqgtr 1$. Bei $Ma_2 = Ma' = 0$ besitzt das Temperaturverhältnis einen asymptotischen Höchstwert $(T_2/T_1)_{\max}$. Bei der vorliegenden adiabaten Zustandsänderung muß die Entropie infolge des irreversiblen Reibungseinflusses stets zunehmen. Dies bedeutet, daß sich sowohl die Unter- als auch die Überschallströmung im Sinn wachsender Entropie bis zum Erreichen von $Ma_2 = Ma^* = 1$ entwickelt.

Grenzzustand. Für eine vorgegebene Zuström-Mach-Zahl $Ma_1 = Ma$ stellt sich wie bei den Rayleigh-Kurven auch bei den Fanno-Kurven bei $Ma_2 = Ma^* = 1$ ein Grenzwert (Höchstwert, Index *) für die Entropieänderung $s - s^* = (s_2 - s_1)_{\max}$ ein. Die auf den Grenzzustand bezogenen Zustandsgrößen sind in Tab. 4.6b zusammengestellt. Der Grenzzustand hat ein Analogon in dem in Kap. 4.3.2.5 definierten Laval-Zustand. In Abb. 4.28 ist das Grenzdruckverhältnis p^*/p für die Fanno-Strömung ($\varrho v = \text{const}$, $\zeta_{1\to 2} \neq 0$) in Abhängigkeit von der Zuström-Mach-Zahl Ma als Kurve (*3*) dargestellt. Es wird dort mit den Kurven (*1*) und (*2*) für die isentrop verlaufende Laval-Strömung bzw. für die Rayleigh-Strömung verglichen. Bei $Ma = 0$ ist $(p^*/p)_{\min} = 0$.

Gebrauchsformeln. Die auf den Grenzzustand ($Ma^* = 1$, $z^* = \varrho^*$, $p^*, \ldots$) bezogenen Größen $z = \varrho, p, \ldots$ lassen sich in einfacher Weise berechnen und in Abhängigkeit von Ma tabellarisieren. Tabellen für die Grenzwerte $z/z^* = \varrho/\varrho^*, \ldots$ sowie die Differenz $z - z^* = (s - s^*)/c_p$ werden in [25, 27, 29] mitgeteilt. Benutzt man diese normierten Werte, dann erhält man das Verhältnis oder die Differenz zweier Zustandsgrößen z_1, z_2 an den Stellen (1) und (2), für welche die Mach-Zahlen Ma_1 und Ma_2 gegeben sind, durch Anwenden von (4.128a, b).

Gegenüberstellung. Nach Abb. 4.27 stimmen die Fanno-Kurven mit den Rayleigh-Kurven im Ausgangszustand $Ma_1 \lesseqgtr 1$ und $T_2/T_1 = 1$ überein. Die Kurven schneiden sich darüber hinaus noch ein zweites Mal, nämlich bei $Ma'' \gtreqless 1$. Da die Punkte Ma_1 und Ma'' sowohl einer Rayleigh- als auch einer Fanno-Kurve angehören, herrscht in ihnen eine reibungslose, adiabat verlaufende Strömung. Ein Übergang von Ma_1 auf Ma'' kann nur unstetig im Sinn der dargestellten Pfeilrichtungen erfolgen.[46] Wegen der adiabaten Zustandsänderung ist jedoch nach dem zweiten Hauptsatz der Thermodynamik nur ein Fall mit einer Entropiezunahme $(s'' - s_1) > 0$ physikalisch möglich. Dies trifft für Abb. 4.27b zu und bedeutet, daß der unstetige Übergang von $Ma_1 > 1$ auf $Ma'' < 1$ durch einen normalen Verdichtungsstoß vor sich geht. Diese Feststellung ist in Übereinstimmung mit den in Kap. 4.3.2.6 für den normalen Verdichtungsstoß gefundenen Ergebnissen. Dort wurde auch gezeigt, daß ein „Verdünnungsstoß" verbunden mit abnehmender Entropie nicht auftreten kann. Ein solcher Fall liegt mit $(s'' - s_1) < 0$ in Abb. 4.27a vor.

Reibungseinfluß. Bei den Untersuchungen über die Zustandsgrößen tritt die von der inneren Rohrwand ausgeübte Reibungswirkung nicht explizit auf. Dies hängt damit zusammen, daß bisher von (4.124c) noch kein Gebrauch gemacht wurde. Den Zusammenhang zwischen dem Rohrverlustbeiwert

---

[45] Man vgl. Fußnote 42, S. 65.

[46] Diese Aussage folgt auch aus den Stoßgleichungen (4.55a, b, c), wie man durch Vergleich mit den Bestimmungsgleichungen für die Rayleigh- und Fanno-Strömung bestätigt findet.

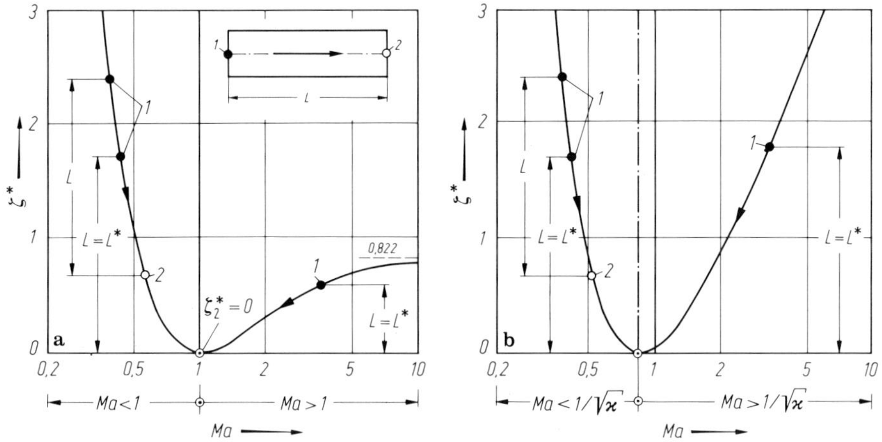

Abb. 4.30. Rohrverlustbeiwert $\zeta^* = \lambda \dfrac{x^* - x}{D}$, $\zeta_{1\to2} = \lambda \dfrac{L}{D} = \zeta_1^* - \zeta_2^*$ in Abhängigkeit von der Mach-Zahl *Ma*. **a** Adiabate Strömung (Fanno), **b** isotherme Strömung

$\zeta_{1\to2}$ nach (4.120) sowie den Mach-Zahlen Ma_1 und Ma_2 findet man durch Integration der in Tab. 4.6a (Spalte 2) für $d\,Ma/Ma = d\,Ma^2/2\,Ma^2$ angegebenen Beziehung. Man erhält das Ergebnis

$$\zeta_{1\to2} = \lambda \frac{x_2 - x_1}{D} = \frac{1}{\varkappa}\left(\frac{1}{Ma_1^2} - \frac{1}{Ma_2^2}\right) + \frac{\varkappa+1}{2\varkappa}\ln\left[\frac{2 + (\varkappa - 1)Ma_2^2}{2 + (\varkappa - 1)Ma_1^2}\left(\frac{Ma_1}{Ma_2}\right)^2\right]. \qquad (4.135\text{a})$$

Für $Ma_1 = Ma$ und $Ma_2 = Ma^* = 1$ sowie $x_2 = x^*$ und $x_1 = x$ bzw. $x^* - x = L^*$[47] sind die Werte

$$\zeta^* = \lambda \frac{x^* - x}{D} = \lambda \frac{L^*}{D} = \frac{1 - Ma^2}{\varkappa Ma^2} + \frac{\varkappa + 1}{2\varkappa}\ln\left[\frac{(\varkappa+1)Ma^2}{2 + (\varkappa - 1)Ma^2}\right] \qquad (4.135\text{b})$$

in Abb. 4.30a über *Ma* für $\varkappa = 1{,}4$ aufgetragen. Bei $Ma = 1$ gilt $\zeta^* = 0$. Im Unterschallbereich $(0 < Ma < 1)$ ist $\infty > \zeta^* > 0$, während im Überschallbereich $(1 < Ma < \infty)$ die Werte ζ^* begrenzt sind, nämlich $0 < \zeta^* < \zeta_\infty^*$ (=) 0,822. Sind an den Stellen (1) und (2) längs der Rohrleitung die Mach-Zahlen Ma_1 und Ma_2 gegeben, dann gilt in Analogie zu (4.128b) die Rechenregel

$$\zeta_{1\to2} = \lambda \frac{x_2 - x_1}{D} = \lambda \frac{x^* - x_1}{D} - \lambda \frac{x^* - x_2}{D} = \zeta_1^* - \zeta_2^*. \qquad (4.135\text{c})$$

Die bisherigen Untersuchungen haben gezeigt, daß man sowohl die Verhältnisse der Zustandsgrößen z_2/z_1 als auch den Rohrverlustbeiwert $\zeta_{1\to2}$ als Funktionen der Mach-Zahlen Ma_1 und Ma_2 darstellen kann. Hieraus folgt, daß man bei gegebenen Werten an einer Stelle (1), d. h. Ma_1 und z_1, die Zustandsgröße an einer Stelle (2) durch die Abhängigkeit $z_2 = z_1 \cdot f(Ma_1, \zeta_{1\to2})$ beschreiben kann.

Mögliches Strömungsverhalten. Ähnlich wie für die reibungslose Rohrströmung mit Wärmeaustausch (Rayleigh-Strömung) in Abb. 4.29a läßt sich auch für die reibungsbehaftete Rohrströmung ohne Wärmeaustausch (Fanno-Strömung) der mögliche Strömungsablauf aus dem Verhalten der Entropieänderung erklären. In Abb. 4.29b ist der Rohrverlustbeiwert ζ^* über der Entropieänderung $(s - s^*)/c_p$ aufgetragen. Wie in Abb. 4.29a ergeben sich wieder zwei getrennte Kurven für den Unter- und Überschallbereich $(Ma \lesseqgtr 1)$, die sich beide bei der Grenz-Mach-Zahl $(Ma^* = 1)$ treffen. Im vorliegenden Fall handelt es sich um eine irreversible Strömung $(ds = ds_i > 0)$ bei adiabater Zustandsänderung $(ds_a = 0)$, was nach (4.125b) besagt, daß in Strömungsrichtung stets $ds > 0$ sein muß. Dies bedeutet, daß alle von einer bestimmten Mach-Zahl $Ma \lesseqgtr 1$ ausgehenden Strömungen dem Wert $Ma = 1$ zustreben. Man kann daher die Grenz-Mach-Zahl auch mit Annäherungs-Mach-Zahl bezeichnen.

---

[47] In der Literatur wird häufig $L^* = L_{max}$ geschrieben.

Es werden jetzt wieder zwei Stellen (1) und (2) längs der Rohrleitung betrachtet (voller bzw. leerer Punkt). Die thermodynamisch zulässigen Prozesse sind in Abb. 4.29b schematisch dargestellt.

Eine Unterschall-Ausgangsströmung ($Ma_1 < 1$) verläuft im Mach-Zahl-Bereich $Ma_1 < Ma_2 < 1$ stetig. Ein Übergang in eine Überschallströmung $Ma_2 > 1$ ist auszuschließen, da dies einen nicht möglichen „Verdünnungsstoß" mit negativer Entropieänderung ($ds < 0$) zur Folge haben müßte. Eine Überschall-Ausgangsströmung ($Ma_1 > 1$) kann sich stromabwärts sowohl stetig als auch unstetig entwickeln. Im ersten Fall bleibt sie dabei eine stetig verlaufende Überschallströmung $Ma_1 > Ma_2 > 1$, während sie im zweiten Fall unstetig mittels eines normalen Verdichtungsstoßes in eine Unterschallströmung $Ma_2 < 1$ übergeht. Der Übergang von der Überschall- zur Unterschallströmung bedarf noch einer besonderen Erläuterung. Der Ausgangs-Mach-Zahl $Ma_{1'} > 1$ ist ein bestimmter Wert $\zeta_{1'} = (\lambda/D)\,(x^* - x_{1'})$ zugeordnet. Nach Tab. 4.6b (Spalte 2) beträgt hierfür die Entropieänderung gegenüber dem Grenzzustand

$$\left(\frac{s - s^*}{c_p}\right)_{1'} = -\frac{1}{\varkappa}\ln(Ma_{1'}^2) - \frac{\varkappa + 1}{2\varkappa}\ln\left[\frac{2}{(\varkappa + 1)Ma_{1'}^2} + \frac{\varkappa - 1}{\varkappa + 1}\right]. \tag{4.136a}$$

Durch den Verdichtungsstoß bei festgehaltenem Wert $\zeta_{1'}^* = \text{const}$ bzw. $x_{1'} = \text{const}$ erfährt die Entropie nach (4.60) eine Erhöhung um $\Delta\hat{s}' = s_{2'} - s_{1'}$, was mit $(\hat{s} - s^*)_{2'} = (s - s^*)_{1'} + \Delta\hat{s}'$ zu

$$\left(\frac{\hat{s} - s^*}{c_p}\right)_{2'} = -\frac{1}{\varkappa}\ln(Ma_{1'}^2) + \frac{1}{\varkappa}\ln\left[\frac{2\varkappa Ma_{1'}^2}{\varkappa + 1} - \frac{\varkappa - 1}{\varkappa + 1}\right]$$
$$+ \frac{\varkappa - 1}{2\varkappa}\ln\left[\frac{2}{(\varkappa + 1)Ma_{1'}^2} + \frac{\varkappa - 1}{\varkappa + 1}\right] \tag{4.136b}$$

führt. Diese Beziehung ist in Abb. 4.29b als Stoßkurve wiedergegeben. Es zeigt sich, daß der reibungsbedingte Entropiesprung von der Überschall- zur Unterschallströmung bei $\zeta_{1'}^* = \text{const}$ größer ist als der durch den Verdichtungsstoß verursachte Entropiesprung, d. h. $\Delta s' > \Delta\hat{s}'$. Nach Abb. 4.29b geht jetzt der weitere Übergang zur Unterschallkurve bei ungeänderter Unterschall-Mach-Zahl (Mach-Zahl hinter dem Verdichtungsstoß) entsprechend der Stoßkurve isentrop vor sich, bis der Punkt (2′) erreicht wird. Von hier ab kann sich die Strömung nur in Richtung auf die Grenz-Mach-Zahl ($Ma^* = 1$) entwickeln. Die bisherige Betrachtung hat gezeigt, daß sich die Größe $\zeta^* = \lambda(L^*/D)$ bei dem mit Verdichtungsstoß verbundenen Strömungsvorgang vergrößert hat. Bei der Beurteilung des Strömungsverhaltens der reibungsbehafteten Rohrströmung eines dichteveränderlichen Fluids spielt daher die zur Verfügung stehende Rohrlänge $L \lesseqgtr L^*$ eine wichtige Rolle.

Zusammenhang von Rohrlänge und Mach-Zahl. Werden mit (1) und (2) der Rohranfang bzw. das Rohrende bezeichnet, dann errechnet man den Rohrverlustbeiwert des endlich langen Rohrs nach (4.135c). Bei gegebenem Rohrdurchmesser $D = \text{const}$ und bekannter mittlerer Rohrreibungszahl $\lambda = \text{const}$, ist $\zeta_{1\to 2} = \lambda(L/D)$ nach (4.120b) ein unmittelbares Maß für die Rohrlänge $L = x_2 - x_1$. Bei konstant gehaltenem Wert $\zeta_{1\to 2}$ wirkt sich eine z. B. durch Rauheit der Rohrinnenwand hervorgerufene vergrößerte Rohrreibungszahl λ wie eine rechnerische Rohrverkürzung aus. Die gleiche Aussage gilt bei einer Verkleinerung des Rohrdurchmessers. Bei gegebenen Werten λ und D sind die Grenzlängen $L^* = x_2^* - x_1$ bei kleiner Unterschallgeschwindigkeit ($Ma \to 0$, $\zeta^* \to \infty$) wesentlich größer als bei Überschallgeschwindigkeit ($Ma \to \infty$; $\zeta^* \to 0{,}822$). Aus den bisherigen Betrachtungen hat sich gezeigt, daß bei reibungsbehafteter adiabater Strömung in einem Rohr konstanten Querschnitts die Strömung sowohl bei einer Unter- als auch bei einer Überschall-Ausgangs-Mach-Zahl $Ma_1 \lesseqgtr 1$ stromabwärts dem Grenzzustand ($Ma^* = 1$) zustrebt. Die Grenzlänge $L^*(Ma_1)$ ist dadurch gekennzeichnet, daß am Rohrende $Ma_2 = Ma^* = 1$ ist, vgl. Abb. 4.30a.

Tritt das Gas nach Abb. 4.31a bei hinreichend kleinem Druckverhältnis p_2/p_0, vgl. Abb. 4.26a, mit Unterschallgeschwindigkeit ($Ma_1 = 0{,}5$) in das gerade Rohr ein, so wird das Rohr der Länge $L < L^*$ mit Unterschallgeschwindigkeit ($Ma_2 < 1$) durchströmt. Im Grenzfall (Index *) kann der Wert $Ma^* = 1$ erreicht werden. Dieser Fall gilt bei gleicher Ausgangs-Mach-Zahl für das Rohr mit der größeren Länge $L = L^*$. Im Grenzzustand ($Ma_2^* = 1$) tritt Drosselung infolge Reibung ein[48]. Der Massenstrom erfährt hierdurch eine Verkleinerung. Einem weiter verlängerten Rohr $L > L^*$ paßt sich die Rohrströmung dadurch an, daß sich die ursprüngliche Eintritts-Mach-Zahl verkleinert. Ein solcher Anpassungszustand ist möglich, weil sich bei der vorliegenden Unterschallströmung eine Störung am Rohrende stromaufwärts bis zum Rohranfang auswirken kann.

---

[48] Englisch: Frictional shocking.

Tritt das Gas nach Abb. 4.31b mit Überschallgeschwindigkeit ($Ma_1 = 3{,}0$) in ein Rohr der Länge $L < L^*$ ein, so kann die Strömungsgeschwindigkeit bei hinreichend kleinem Druckverhältnis p_2/p_0, vgl. Abb. 4.26b, unter Vermeidung eines Verdichtungsstoßes innerhalb des Rohrs bei $L = L^*$ im Rohrquerschnitt Schallgeschwindigkeit ($Ma_2 = 1$) erreichen. Bei größerer Rohrlänge $L > L^*$ tritt innerhalb des Rohrs immer ein Verdichtungsstoß mit anschließender Unterschallströmung auf, wobei letztere am Rohrende immer Schallgeschwindigkeit erreichen muß. Eine zunächst mit Überschallgeschwindigkeit ablaufende Rohrströmung paßt sich also mittels eines Verdichtungsstoßes einer gegebenen Rohrlänge an. In Abb. 4.31b sind für die Ausgangs-Mach-Zahl $Ma_1 = 3$ drei typische Fälle entsprechend dem in Abb. 4.29b gezeigten Verfahren dargestellt. Mit wachsender Rohrlänge $L > L^*$ wandert der Verdichtungsstoß stromaufwärts.

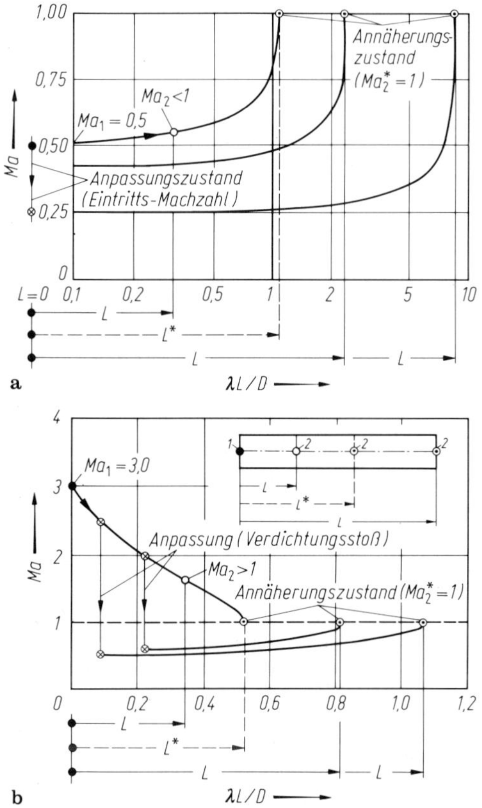

Abb. 4.31. Zusammenhang von Rohrlänge $L = x_2 - x_1$ und Mach-Zahl (Ma_1, $Ma(x)$, Ma_2) bei reibungsbehafteter Strömung ohne Wärmeaustausch ($\varkappa = 1{,}4$). **a** Unterschall-Ausgangs-Mach-Zahl $Ma_1 = 0{,}5$ mit Anpassungszustand $Ma_1 < 0{,}5$ für $L > L^*$. **b** Überschall-Ausgangs-Mach-Zahl $Ma_1 = 3{,}0$ mit Anpassungszustand (Verdichtungsstoß) für $L > L^*$

Massenstrom. Eine häufig gestellte Aufgabe besteht darin, für eine Rohrleitung mit den festen Daten $D = \text{const}$, $L = \text{const}$, $\lambda = \text{const}$, d. h. $\lambda(L/D) = \zeta_{1\to2} = \zeta_1^* - \zeta_2^* = \text{const}$, bei gegebenem Betriebszustand ϱ_0, p_0 (Kessel) und p_2 (Rohrende), d. h. für $p_2/p_0 = \text{const}$, den zugehörigen Massenstrom zu bestimmen. Die folgende Untersuchung sei auf den Fall der Unterschallströmung beschränkt.

Wenn das Gas dem Rohr durch eine Düse entsprechend Abb. 4.26a reibungslos und adiabat (isentrop) zugeführt wird, läßt sich der Massenstrom $\dot{m}$ bei bekannten Werten des Kesselzustands nach (4.70) aus dem Druckverhältnis p_1/p_0 oder nach (4.71a) aus der Mach-Zahl Ma_1 ermitteln. Es gilt

$$\dot{m} = \varrho_0 c_0 A_1 Ma_1 \left(1 + \frac{\varkappa - 1}{2} Ma_1^2\right)^{-\frac{\varkappa + 1}{2(\varkappa - 1)}} \quad (c_0^2 = \varkappa p_0/\varrho_0)\,. \tag{4.137a}$$

Weiterhin gilt für die interessierenden Druckverhältnisse nach (4.68b) und Tab. 4.6b (Spalte 2)

$$\frac{p_1}{p_0} = \left(1 + \frac{\varkappa - 1}{2} Ma_1^2\right)^{-\frac{\varkappa}{\varkappa - 1}}, \quad \frac{p_2}{p_1} = \frac{Ma_1}{Ma_2}\left[\frac{2 + (\varkappa - 1)Ma_1^2}{2 + (\varkappa - 1)Ma_2^2}\right]^{\frac{1}{2}} \tag{4.137b, c}$$

Bei der Berechnung des Massenstroms in dem vorgegebenen Rohr hat man nach Abb. 4.30a in die Fälle $\zeta_2^* = 0$ (Anpassungszustand) und $\zeta_2^* > 0$ zu unterscheiden. Im ersten Fall ist die End-Mach-Zahl $Ma_2 = Ma_2^* = 1$ bekannt, während man im zweiten Fall zunächst nur weiß, daß $Ma_2 < 1$ sein muß. Weiterhin folgt, daß die Ausgangs-Mach-Zahl im Anpassungszustand ein Maximalwert ist, $Ma_1 = Ma_{1\,max} < 1$. Der Rechengang zur Ermittlung des Massenstroms $\dot{m}$ wird nachstehend skizziert.

Fall 1 ($Ma_2 = 1$, $\zeta_2^* = 0$): $Ma_1 = Ma_{1\,max} = f(\zeta_1^*)$ nach (4.135b)[49]; $p_1/p_0 = f(Ma_1)$ und $p_2/p_1 = f(Ma_1, Ma_2 = 1)$ nach (4.137b, c); $p_2/p_0 = (p_2/p_1)(p_1/p_0)$; $\dot{m} = \dot{m}_{max} = f(Ma_1)$ nach (4.137a);

Fall 2 ($Ma_2 < 1$, $\zeta_2^* > 0$): $Ma_1 < Ma_{1\,max}$ (geschätzter Wert); $Ma_2 = f(\zeta_2^*)$ mit $\zeta_2^* = \zeta_1^* - \zeta_{1\to 2}$ nach (4.135b)[49]; $p_2/p_1 = f(Ma_1, Ma_2)$ nach (4.137c); $p_1/p_0 = (p_2/p_0)(p_1/p_2)$, wobei p_2/p_0 gegeben ist; $Ma_1 = f(p_1/p_0)$ nach (4.137b) = neuer Wert, mit dem vorstehende Rechnung wiederholt wird, bis durch Iteration Übereinstimmung erzielt ist; $\dot{m} = f(Ma_1) < \dot{m}_{max}$ nach (4.137a).

4.4.2.5 Reibungsbehaftete Rohrströmung bei konstanter Temperatur (isotherm)

Annahmen. In Kap. 4.4.2.3 und 4.4.2.4 wurde einerseits die reibungslose Rohrströmung mit beliebig vorgegebenem Wärmeaustausch ($dw_D = 0$, $dq \neq 0$) und andererseits die reibungsbehaftete Rohrströmung ohne Wärmeaustausch ($dw_D \neq 0$, $dq = 0$) untersucht. Es soll jetzt die reibungsbehaftete Strömung in einem Rohr von gleichbleibendem Querschnitt (A = const) mit Wärmeaustausch ($dw_D \neq 0$, $dq \neq 0$) behandelt werden, bei der die zu- oder abgeführte Wärme jeweils so groß ist, daß die Temperatur ungeändert bleibt (T = const). Es liegt also eine reibungsbehaftete, isotherme Rohrströmung ($dw_D \neq 0$, $dq \neq 0$, $dT = 0$) vor. Bei dieser Strömung hängt die Rohrreibungszahl λ nach (4.119b) nur von der Rauheit der Rohrinnenwand ab, d. h. $\lambda = \lambda(k/D)$. Im allgemeinen ändert sich das Verhältnis k/D nicht, so daß mit λ = const gerechnet werden kann.

Zustandsänderungen. Aus (4.122a, b, e, f) und (4.121b) findet man mit $dA = 0$ und $dT = 0$ die in Tab. 4.6a (Spalte 3) angegebenen Änderungen der Zustandsgrößen. Diese Ergebnisse werden in Tab. 4.7c diskutiert.

Zustandsgrößen. Für zwei durch (1) und (2) gekennzeichnete Stellen längs der Rohrleitung findet man mit $T_2/T_1 = 1$ die Verhältniswerte der zugehörigen Zustandsgrößen ϱ, p und v aus (4.124a, b). Man beachte, daß nach (4.121a) $Ma_2/Ma_1 = v_2/v_1$ ist. Es gilt

$$\frac{\varrho_2}{\varrho_1} = \frac{p_2}{p_1} = \frac{v_1}{v_2} = \frac{Ma_1}{Ma_2} \qquad (T_2/T_1 = 1) \,. \tag{4.138a, b}$$

Die Entropiedifferenz folgt unmittelbar aus (4.127).

Wärmeaustausch. Um eine konstante Temperatur aufrechtzuerhalten, muß nach (4.122d) mit $dT = 0$ die auf die Masse bezogene Wärme $dq = v\,dv$ zu- oder abgeführt werden. Mit (4.121a, b) folgt

$$\frac{dq}{c_p T} = (\varkappa - 1) Ma\, dMa \,, \qquad q_{1\to 2} = \frac{\varkappa - 1}{2}(Ma_2^2 - Ma_1^2)c_p T \lesseqgtr 0 \,. \tag{4.139a, b}$$

Diese beiden Beziehungen gelten sowohl bei reibungsloser als auch bei reibungsbehafteter, isotherm verlaufender Strömung.[50] Aus (4.139) geht hervor, daß bei Vergrößerung der Mach-Zahl Wärme zu- und bei Verkleinerung der Mach-Zahl Wärme abgeführt werden muß.

Grenzzustand. Bei der reibungsbehafteten und adiabaten Strömung (Fanno) wurde aus dem Temperatur-Entropie-Diagramm in Abb. 4.29b ein Grenzzustand bei $Ma = 1$ gefunden, der besagt, daß alle Zustandsgrößen im Unter- und Überschallbereich jeweils verschiedene Vorzeichen besitzen. Bei der isothermen Strömung ist die Aufstellung eines Temperatur-Entropie-Diagramms wegen T = const

[49] Da sich (4.135b) nicht explizit nach Ma auflösen läßt, benutzt man entweder eine Auftragung $Ma = f(\zeta^*)$ oder eine entsprechende Zahlentafel.

[50] Bei reibungsloser Strömung und isothermer Zustandsänderung erhält man nach Einsetzen von (4.139a) und (4.121b) in (4.123) für die Querschnittsänderung $dA/A = -(1 - \varkappa Ma^2)(dv/v)$. Verglichen mit der Querschnittsänderung bei isentroper Zustandsänderung nach (4.53b) steht jetzt in der Klammer $\varkappa Ma^2$ statt Ma^2. Der in Kap. 4.3.2.5 beschriebene Vorzeichenwechsel für dA/A tritt bei isothermer Zustandsänderung nicht erst bei $Ma = 1$, sondern schon bei $Ma = 1/\sqrt{\varkappa}\,(=)\,0{,}845$ auf.

nicht möglich. Um festzustellen, ob im vorliegenden Fall auch ein solcher Grenzzustand vorliegt, muß man das Verhalten der Entropie näher untersuchen. Führt man in (4.126a) die Beziehung für dq nach (4.139a) und in (4.126b) die Reibungsgröße $\lambda\, dx/2D$ in ihrer Abhängigkeit von der Mach-Zahl gemäß Tab. 4.6a (Spalte 3) ein, dann wird

$$\frac{ds_a}{c_p} = (\varkappa - 1)Ma^2\frac{dMa}{Ma} \lesseqgtr 0\,, \qquad \frac{ds_i}{c_p} = \frac{\varkappa - 1}{\varkappa}(1 - \varkappa Ma^2)\frac{dMa}{Ma} > 0\,. \qquad (4.140\text{a, b})$$

Die letzte Beziehung zeigt nun, daß wegen $ds_i > 0$ nur die Zuordnungen $\varkappa Ma^2 < 1$, $dMa > 0$ und $\varkappa Ma^2 > 1$, $dMa < 0$ physikalisch möglich sind. Durch diese Überlegung wird somit ein Grenzzustand festgelegt, der sich für jede Mach-Zahl Ma_1 bei $Ma_2 = 1/\sqrt{\varkappa}\,(=)\,0{,}845$ einstellt. Im Gegensatz zur Rayleigh- und Fanno-Strömung, bei denen der Grenzzustand bei $Ma_2 = 1$ auftritt, hat man jetzt nicht in einen Unterschallbereich ($Ma < 1$) und in einen Überschallbereich ($Ma > 1$) zu unterscheiden, sondern in einen Unterschallbereich $Ma < 1/\sqrt{\varkappa}\,(=)\,0{,}845$ sowie in einen Unter- und Überschallbereich $Ma > 1/\sqrt{\varkappa}\,(=)\,0{,}845$. $Ma = 1/\sqrt{\varkappa}$ hat wie $Ma = 1$ bei der Rayleigh- und Fanno-Strömung die Eigenschaft einer Grenz- oder Annäherungs-Mach-Zahl. Die gesamte Entropieänderung beträgt unter Beachtung von (4.125b)

$$\frac{ds}{c_p} = \frac{\varkappa - 1}{\varkappa}\frac{dMa}{Ma} = \frac{(\varkappa - 1)Ma^2}{1 - \varkappa Ma^2}\frac{\lambda\, dx}{2\,D} \lesseqgtr 0\,. \qquad (4.140\text{c})$$[51]

Das Verhalten des Wärmeaustausches und der Entropieänderung wird in Tab. 4.7c diskutiert.

Reibungseinfluß. Den Zusammenhang zwischen dem Rohrverlustbeiwert $\zeta_{1\to 2}$ nach (4.120) sowie den Mach-Zahlen Ma_1 und Ma_2 findet man durch Integration der in Tab. 4.6a (Spalte 3) für $d\,Ma/Ma = dMa^2/2Ma^2$ gegebenen Beziehung. Man erhält das Ergebnis

$$\zeta_{1\to 2} = \lambda\frac{x_2 - x_1}{D} = \frac{1}{\varkappa}\left(\frac{1}{Ma_1^2} - \frac{1}{Ma_2^2}\right) + \ln\left(\frac{Ma_1}{Ma_2}\right)^2 > 0 \qquad (T = \text{const})\,. \qquad (4.141\text{a})$$

Für $Ma_1 = Ma$ und $Ma_2 = 1/\sqrt{\varkappa}$ sind die Werte

$$\zeta^* = \lambda\frac{x^* - x}{D} = \lambda\frac{L^*}{D} = \frac{1 - \varkappa Ma^2}{\varkappa Ma^2} + \ln(\varkappa Ma^2) \qquad (4.141\text{b})$$

in Abb. 4.30b über Ma für $\varkappa = 1{,}4$ aufgetragen. Bei $Ma = 1/\sqrt{\varkappa}$ ist $\zeta^* = 0$. Im Gegensatz zu (4.135b) besitzt ζ^* für $Ma \to \infty$ keinen asymptotischen Wert. Sind an den Stellen (1) und (2) längs der Rohrleitung die Mach-Zahlen Ma_1 und Ma_2 gegeben, so gilt zur Ermittlung von $\zeta_{1\to 2}$ die Rechenregel (4.135c).

Auf eine weitergehende Behandlung der isothermen Rohrströmung, die in enger Anlehnung an diejenige der adiabaten Rohrströmung von Kap. 4.4.2.4 erfolgen kann sowie auch der Rohrströmungen, bei denen Einflüsse der Reibung und des Wärmeaustausches gleichzeitig auftreten, wird hier verzichtet, man vergleiche Michalke [40a].

4.4.2.6 Reibungsbedingtes Druckverhalten bei Rohrströmungen eines dichteveränderlichen Fluids

Der auf das Volumen bezogene Energieverlust (Dissipationsarbeit) einer reibungsbehafteten Rohrströmung ist in (4.118b) und (4.119a) mit

$$\frac{dp_e}{dx} = \frac{\lambda}{D}\frac{\varrho}{2}v^2 > 0 \qquad \text{(reibungsbehaftet)} \qquad (4.142)$$

angegeben. Dabei ist λ die Rohrreibungszahl, die sich bei einem dichteveränderlichen Fluid (Gas) nicht sehr stark von dem Wert bei einem dichtebeständigen

[51] Diese Beziehung wird bestätigt, wenn man von (2.221a) mit $T = \text{const}$, d. h. $ds = -(c_p - c_v)(dp/p)$ ausgeht und dp/p nach Tab. 4.6a (Spalte 3) einsetzt.

Fluid unterscheidet. Da p_e die Dimension eines Drucks mit der Einheit $J/m^3 = N/m^2$ besitzt, spricht man bei p_e häufig von einem „Druckverlust“. Diese Bezeichnung ist nur dann richtig, wenn sich bei der Strömung durch ein Rohr konstanten Querschnitts das Fluid dichtebeständig verhält. Auch der Begriff „Druckabfall“ für p_e ist nur bedingt richtig, wie im folgenden gezeigt wird.

Für die reibungsbehaftete Rohrströmung ohne Wärmeaustausch in Kap. 4.4.2.4 sowie für die reibungsbehaftete Rohrströmung bei konstanter Temperatur in Kap. 4.4.2.5 sind die Beziehungen für die Druckänderung in Tab. 4.6a (Spalte 2 bzw. 3) angegeben. Unter Einführen von $\varrho v^2 = \varkappa p Ma^2$ nach (4.121a) kann man für den mit der Rohrlänge sich ändernden Druck bei einem idealen Gas schreiben

$$\frac{dp}{dx} = -\frac{1 + (\varkappa - 1)Ma^2}{1 - Ma^2}\frac{\lambda}{D}\frac{\varrho}{2}v^2 \lessgtr 0 \quad \text{(adiabat)}, \tag{4.143a}$$

$$\frac{dp}{dx} = -\frac{1}{1 - \varkappa Ma^2}\frac{\lambda}{D}\frac{\varrho}{2}v^2 \lessgtr 0 \quad \text{(isotherm)}. \tag{4.143b}$$

Für die Rohrströmung eines dichtebeständigen Fluids ($Ma = 0$) gehen beide Formeln in (3.85a) in Verbindung mit (3.83a) über:

$$\frac{dp}{dx} = -\frac{dp_e}{dx} = -\frac{\lambda}{D}\frac{\varrho}{2}v^2 < 0 \quad \text{(dichtebeständig)}. \tag{4.143c}$$

In diesem Sonderfall ist der volumenbezogene Energieverlust gleich einem Druckabfall ($dp/dx < 0$).

Für die Rohrströmungen eines dichteveränderlichen Fluids (Gas) gilt diese Feststellung jedoch nicht. Bei der adiabaten Strömung ändert der Druckgradient bei $Ma = 1$ und bei der isothermen Strömung bereits bei $Ma = 1/\sqrt{\varkappa}(=)\,0{,}845$ das Vorzeichen. Druckabfall ($dp/dx < 0$) liegt also in ähnlicher Weise wie bei der Strömung eines dichtebeständigen Fluids bei Unterschallgeschwindigkeiten im Rohr vor, und zwar in den Mach-Zahl-Bereichen $0 \leqq Ma < 1$ bzw. $0 \leqq Ma < 1/\sqrt{\varkappa}$. Bei größeren Mach-Zahlen äußert sich der reibungsbedingte Energieverlust in einem Druckanstieg ($dp/dx > 0$). Bei adiabater Strömung ist dies bei Überschallgeschwindigkeiten ($Ma > 1$) im Rohr der Fall, während dies Verhalten bei der isothermen Strömung bereits bei hohen Unterschallgeschwindigkeiten ($Ma > 1/\sqrt{\varkappa}$) und darüber hinaus bei Überschallgeschwindigkeiten ($Ma > 1$) auftritt.

4.5 Umlenkung stationärer ebener Überschallströmungen durch Wellen und Stöße

4.5.1 Einführung

Bei einem mit Überschallgeschwindigkeit stationär angeströmten Körper werden die Stromlinien, wie in Abb. 1.18 gezeigt, in schräg zur Anströmrichtung liegenden, mehr oder weniger starken schiefen Störfronten (Wellen-, Stoßfront) umgelenkt.

Dabei treten hinter der Front stetige oder unstetige Änderungen der vor der Front herrschenden fluidmechanischen und thermodynamischen Größen auf. In Abb. 4.32 sind einige typische Fälle einfacher Strömungsumlenkungen zusammengestellt. Konvexe Umlenkungen (linke Seite) werden durch negative Umlenkwinkel ($\vartheta < 0$) und konkave Umlenkungen (rechte Seite) durch positive Umlenkwinkel ($\vartheta > 0$) beschrieben. Die Größen vor der Front, Stelle (1), werden mit dem Index 1 und diejenigen hinter der Front, Stelle (2), mit dem Index 2 gekennzeichnet.[52]

Bei der Umlenkung um eine schwach geknickte Wand (flache Ecke) ($|\vartheta| \to 0$) wird die Störfront nach Abb. 4.32a aus einer einzigen geraden MachWelle gebildet, die nur eine schwache, stetig verlaufende Änderung der Strömungsgrößen hervorruft. Bei der konvexen Umlenkung erfährt die Strömung eine Verdünnung ($\varrho_2 < \varrho_1$) und bei der konkaven Umlenkung eine Verdichtung ($\varrho_2 > \varrho_1$). Die Neigung der MachWelle (MachLinie) gegenüber der Richtung der Zuströmgeschwindigkeit v_1 wird durch den MachWinkel μ_1 gemessen, der sich nach (1.52) aus

$$\sin\mu_1 = \frac{1}{Ma_1} < 1 , \qquad \tan\mu_1 = \frac{1}{\sqrt{Ma_1^2 - 1}} \quad (Ma_1 > 1) \qquad (4.144\text{a, b})$$

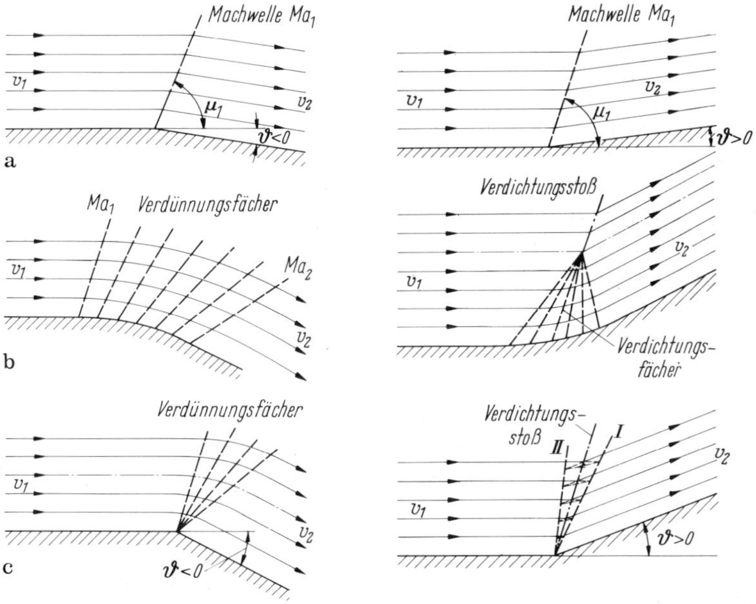

Abb. 4.32. Umlenkungen von Überschallströmungen ($v_1 > c_1$). **a** Schwach geknickte Wand, **b** gekrümmte Wand, **c** stark geknickte Wand. *Links*: konvexe Umlenkung, Verdünnung (= Expansion), Depression: $\vartheta < 0$, $v_2 > v_1$, $p_2 < p_1$, $\varrho_2 < \varrho_1$, $Ma_2 > Ma_1$. *Rechts*: konkave Umlenkung, Verdichtung, Kompression: $\vartheta > 0$, $v_2 < v_1$, $p_2 > p_1$, $\varrho_2 > \varrho_1$, $Ma_2 < Ma_1$

[52] Für die numerische Behandlung der in diesem Kapitel dargelegten Theorie stehen entsprechende Formelsammlungen und Tabellen zur Verfügung [3, 5, 25, 27, 32].

berechnen läßt. Längs einer MachLinie sind alle fluidmechanischen und thermodynamischen Größen ungeändert.

Bei allmählich vor sich gehender Umlenkung um eine gekrümmte Wand nach Abb. 4.32b bestehen die Störfronten aus mehreren hintereinander angeordneten MachWellen, die man bei konvexer Umlenkung als Verdünnungsfächer und bei konkaver Umlenkung als Verdichtungsfächer bezeichnet. Auch hierbei ändern sich die Strömungsgrößen beim Durchgang durch die Fronten stetig. Bei konkaver Umlenkung kann jedoch der Verdichtungsfächer in einiger Entfernung von der Wand in einen unstetigen Verdichtungsstoß übergehen. Bei einer stark geknickten Wand nach Abb. 4.32c bildet sich bei konvexer Umlenkung ähnlich wie in Abb. 4.32b ein Verdünnungsfächer aus. An der Knickstelle entsteht ein zentrierter Fächer mit stetiger Änderung der Strömungsgrößen. Bei starker konkaver Umlenkung stellt sich der Verdichtungsstoß gegenüber Abb. 4.32b bereits an der Knickstelle ein. Es entsteht ein schiefer Verdichtungsstoß mit unstetiger Änderung aller Strömungsgrößen hinter der Stoßfront.[53]

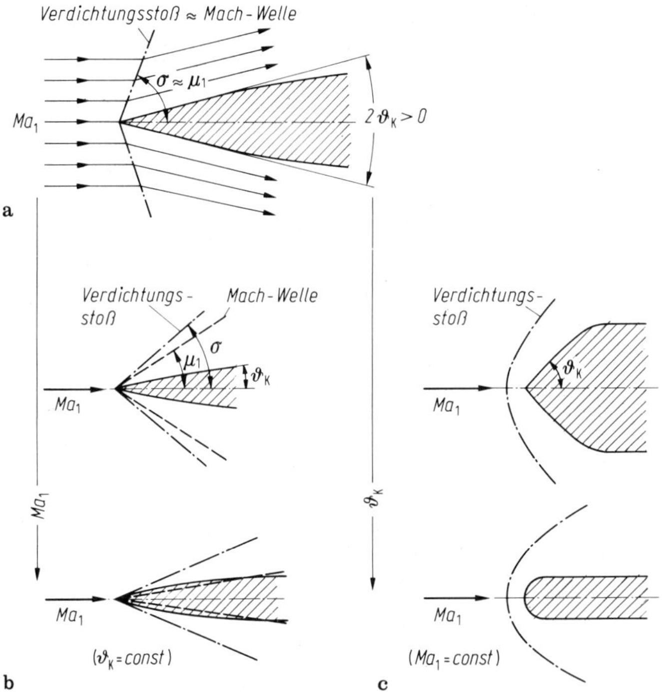

Abb. 4.33. Erläuterung des Unterschieds von Mach-Welle und Verdichtungsstoß bei mit Überschallgeschwindigkeit angeströmten keilförmigen Körpern. **a** Schwache Störung ($\vartheta_K \to 0$). **b** Wachsende Anström-Mach-Zahl, anliegender Verdichtungsstoß. **c** Wachsender Vorderkantenwinkel ϑ_K, abgehobener Verdichtungsstoß

[53] Zwischen den Mach-Wellen (*I*) und (*II*) würde sich eine physikalisch nicht denkbare rückläufige Strömung ergeben, wodurch sich die Unstetigkeit auch erklären läßt.

In Abb. 1.18 wurde auf das Entstehen von Wellen- und Stoßfronten bei mit Überschallgeschwindigkeit angeströmten Körpern kurz eingegangen. In diesem Zusammenhang wurden die Begriffe des geraden und gekrümmten sowie des anliegenden und abgehobenen Verdichtungsstoßes erläutert. In Abb. 4.33 wird dies fluidmechanische Verhalten weitergehend besprochen, und zwar wird gezeigt, welche Formen Verdichtungsstöße bei Körpern annehmen können, die mit verschiedener Mach-Zahl $Ma_1 > 1$ angeströmt werden. Abb. 4.33a zeigt einen vorn spitzen Körper ($\vartheta_K \to 0$), bei dem sich ein schwacher Verdichtungsstoß in Form einer MachWelle ausbildet. In Abb. 4.33b ist dargestellt, wie sich bei gleicher Körperkontur ($\vartheta_K = \text{const}$) durch Vergrößerung der Anström-Mach-Zahl Ma_1 MachWelle und Verdichtungsstoß voneinander unterscheiden. Bei sehr großer Mach-Zahl Ma_1 unterschneidet die MachWelle die Körperkontur, was zeigt, daß nicht die MachWelle, sondern der anliegende schiefe Verdichtungsstoß den Bereich der vom Körper gestörten Strömung stromaufwärts abgrenzt. Aus Abb. 4.33c geht die Bedeutung des Vorderkantenwinkels ($\vartheta_K \to \pi/2$) auf die Ausbildung des abgehobenen gekrümmten Verdichtungsstoßes bei festgehaltener Anström-Mach-Zahl Ma_1 hervor.

Die verschiedenen Möglichkeiten der Strömungsumlenkung bei Überschallströmungen seien im folgenden weitgehend gemeinsam behandelt, und gesonderte Untersuchungen erst dann vorgenommen, wenn dies unumgänglich wird.

4.5.2 Schiefe Störfront

4.5.2.1 Voraussetzungen und Annahmen

In Abb. 4.34a ist eine Störfront (Wellen- oder Stoßfront) dargestellt. Ihre Lage im Raum wird durch den Normalvektor $\boldsymbol{n}$ beschrieben, während der Tangentialvektor $\boldsymbol{t}$ in der Ebene der Störfront liegt. Die Störfront wird von den Flächen A_1, A_2 und $A_{1\to 2}$ begrenzt. Sie sei wie beim normalen Verdichtungsstoß nach Abb. 4.10 als sehr dünn, d. h. mathematisch als Unstetigkeitsfläche mit $A_{1\to 2} \approx 0$ und $A_1 \approx A_2 \approx A$ vorausgesetzt und werde schräg mit der Geschwindigkeit $\boldsymbol{v}_1(v_{1n}, v_{1t})$ stationär angeströmt. Beim Durchgang durch die Front ändert sich die Geschwindigkeit $\boldsymbol{v}_2(v_{2n}, v_{2t})$ nach Richtung und Größe. Die Strömung erfährt durch die schiefe Störfront eine Umlenkung. Es sei die reibungslose Strömung eines dichteveränderlichen Fluids (Gases) bei adiabater Zustandsänderung angenommen.

4.5.2.2 Grundlegende Erkenntnisse

Ausgangsgleichungen. Unter den getroffenen Voraussetzungen und Annahmen gelten bei schräg durchströmten Querschnittsflächen nach (2.53), (2.82) und (4.27a) die Ausgangsgleichungen

$$\text{Masse:} \quad \varrho_1 \boldsymbol{v}_1 \cdot \boldsymbol{A}_1 + \varrho_2 \boldsymbol{v}_2 \cdot \boldsymbol{A}_2 = 0 \,, \tag{4.145a}$$

$$\text{Impuls:} \quad p_1 \boldsymbol{A}_1 + \varrho_1 \boldsymbol{v}_1 (\boldsymbol{v}_1 \cdot \boldsymbol{A}_1) + p_2 \boldsymbol{A}_2 + \varrho_2 \boldsymbol{v}_2 (\boldsymbol{v}_2 \cdot \boldsymbol{A}_2) = 0 \,, \tag{4.145b}$$

$$\text{Energie:} \quad \frac{v_1^2}{2} + \frac{\varkappa}{\varkappa - 1} \frac{p_1}{\varrho_1} = \frac{v_2^2}{2} + \frac{\varkappa}{\varkappa - 1} \frac{p_2}{\varrho_2} \,. \tag{4.145c}$$

Wegen $\boldsymbol{A}_1 = -\boldsymbol{n}A$ und $\boldsymbol{A}_2 = +\boldsymbol{n}A$ sowie $v_{1n} = \boldsymbol{n}\cdot\boldsymbol{v}_1$ und $v_{2n} = \boldsymbol{n}\cdot\boldsymbol{v}_2$ lassen sich die in (4.145a, b) auftretenden skalaren Produkte in den Formen $\boldsymbol{v}_1\cdot\boldsymbol{A}_1 = -v_{1n}A$ und $\boldsymbol{v}_2\cdot\boldsymbol{A}_2 = v_{2n}A$ schreiben. Nach Einsetzen hebt sich die Fläche A heraus, und es wird

$$\varrho_1 v_{1n} = \varrho_2 v_{2n}\,, \tag{4.146a}$$

$$p_1\boldsymbol{n} + \varrho_1 v_{1n}\boldsymbol{v}_1 = p_2\boldsymbol{n} + \varrho_2 v_{2n}\boldsymbol{v}_2\,. \tag{4.146b}$$

Die vorstehende Impulsgleichung ist eine Vektorgleichung, die man als Komponentengleichungen für die n- und t-Richtung anschreiben kann.

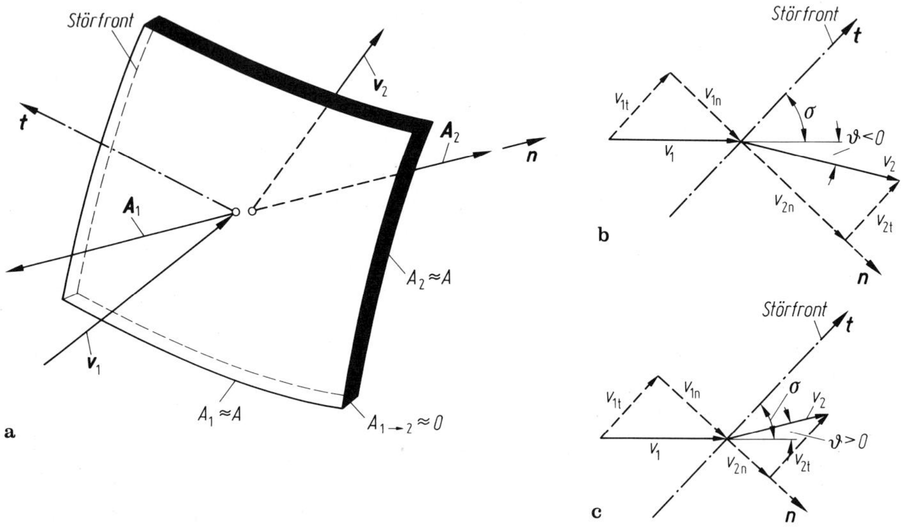

Abb. 4.34. Mit Überschallgeschwindigkeit schief angeströmte Störfront (Wellen- oder Stoßfront). **a** Störfront und Geschwindigkeitsebene, **b, c** Geschwindigkeiten und Winkel in der Umlenkebene, konvexe Umlenkung: $\vartheta < 0$, konkave Umlenkung: $\vartheta > 0$

Umlenkebene. Die Impulsgleichung für die t-Richtung lautet $\varrho_1 v_{1n} v_{1t} = \varrho_2 v_{2n} v_{2t}$. Wegen (4.146a) folgt hieraus, daß $v_{1t} = v_{2t}$ ist. Dies bedeutet, daß die Geschwindigkeitskomponenten in der Ebene der Störfront v_{1t} und v_{2t} vor und hinter der Front gleiche Richtung und gleiche Größe haben:

$$v_{1t} = v_{2t} = v_t = \text{const}\,. \tag{4.147}$$

Die Umlenkung erfolgt also in der vom Geschwindigkeitsvektor $\boldsymbol{v}_1$ und dem Normalvektor $\boldsymbol{n}$ aufgespannten Ebene. Für die Umlenkung ergibt sich somit das in Abb. 4.34b, c gezeigte Bild einer ebenen Strömung. Bei der konvexen Umlenkung ($\vartheta < 0$) ist $v_2 > v_1$, was einer Verdünnungsströmung (Expansionsströmung) entspricht, und bei der konkaven Umlenkung ($\vartheta > 0$) ist $v_2 < v_1$, wodurch eine Verdichtungsströmung (Kompressionsströmung) entsteht.

Bestimmungsgleichungen. Während zur Festlegung der Umlenkebene von der Impulsgleichung bereits die Komponentengleichung in t-Richtung verbraucht wurde, verbleibt für die weitere Behandlung von (4.146b) nur noch die Komponentengleichung in n-Richtung. Berücksichtigt man, daß $v_1^2 = v_{1n}^2 + v_{1t}^2$ und $v_2^2 = v_{2n}^2 + v_{2t}^2$ mit $v_{1t} = v_{2t}$ ist, dann erhält man das Gleichungssystem zur Berechnung einer schiefen Störfront:

Kontinuitätsgleichung: $$\varrho_1 v_{1n} = \varrho_2 v_{2n}\,, \tag{4.148a}$$

Impulsgleichung: $$p_1 + \varrho_1 v_{1n}^2 = p_2 + \varrho_2 v_{2n}^2\,, \tag{4.148b}$$

Energiegleichung: $$\frac{\varkappa}{\varkappa - 1}\frac{p_1}{\varrho_1} + \frac{v_{1n}^2}{2} = \frac{\varkappa}{\varkappa - 1}\frac{p_2}{\varrho_2} + \frac{v_{2n}^2}{2}\,. \tag{4.148c}$$

Analogie zum normalen Verdichtungsstoß. Bei der dargestellten Front handelt es sich um eine gerade schiefe Störfront, die man sich aus der geraden normalen Front durch Überlagerung einer in der Frontebene wirksamen konstanten Tangentialgeschwindigkeit $v_t = \text{const}$ entstanden denken kann. Diese Möglichkeit ist für den schiefen Verdichtungsstoß in Abb. 4.35 gezeigt.

Vergleicht man die Gleichungen (4.148a, b, c) mit denjenigen des normalen Verdichtungsstoßes (4.55), so stellt man Übereinstimmung fest, wenn man in den Gleichungen für den normalen Verdichtungsstoß v_1 durch v_{1n} und v_2 durch v_{2n} ersetzt.

Einfluß des Druckverhältnisses. Eliminiert man in (4.148a, b, c) die Geschwindigkeiten v_{1n} und v_{2n}, so erhält man die gleichen Abhängigkeiten zwischen Druck und Dichte vor und hinter der Störfront wie in (4.57a, b) für die normale Störfront. Es gilt somit die Auftragung für $\varrho_2/\varrho_1 = f(p_2/p_1)$ in Abb. 4.1a, Kurve (*2*), ebenfalls für die schiefe Störfront, bei der sich die Strömungsgrößen unstetig ändern. Bei einer stetigen Änderung der Strömungsgrößen $\varrho_2/\varrho_1 = 1 + d\varrho/\varrho$ und $p_2/p_1 = 1 + dp/p$ ergibt sich nach Einsetzen in (4.57a) sowie Linearisierung $d\varrho/\varrho = (1/\varkappa)(dp/p)$ und nach Integration $p/\varrho^\varkappa = \text{const}$. Dies ist die Beziehung für die Isentrope. Die in Kap. 4.3.2.6 gemachten Aussagen über die jeweils physikalisch möglichen Zustände gelten auch hier. Danach liegt als Kurve (*1*) für $0 < p_2/p_1 < \infty$ eine stetig verlaufende, nur durch Machwellen konvex oder konkav umgelenkte isentrope Strömung vor. Für $1 < p_2/p_1 < \infty$ verläuft die durch einen

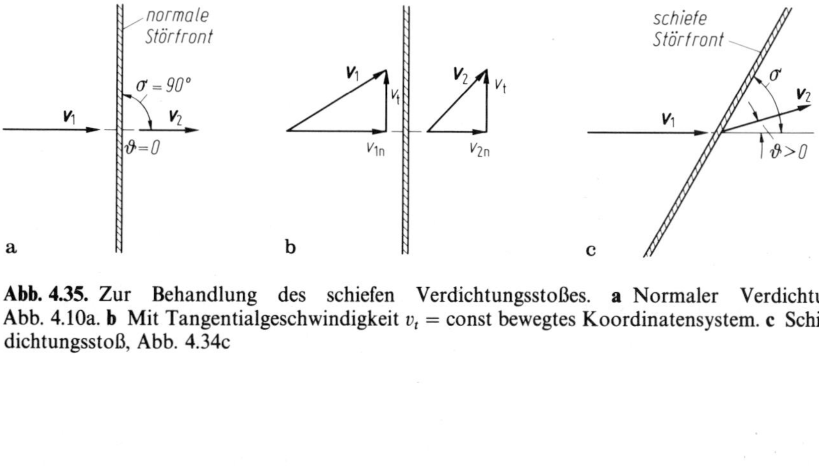

Abb. 4.35. Zur Behandlung des schiefen Verdichtungsstoßes. **a** Normaler Verdichtungsstoß, Abb. 4.10a. **b** Mit Tangentialgeschwindigkeit $v_t = \text{const}$ bewegtes Koordinatensystem. **c** Schiefer Verdichtungsstoß, Abb. 4.34c

schiefen Verdichtungsstoß konkav umgelenkte Kompressionsströmung unstetig entsprechend Kurve (*2*). Wird die Druckerhöhung durch mehrere hintereinanderliegende schwache schiefe Verdichtungsstöße, bei denen jeweils eine isentrope Verdichtung erfolgt, bewirkt, dann kann man von der Kurve (*2*) zur Kurve (*1*) gelangen. Es sind also Verdichtungsströmungen in dem schraffierten Bereich denkbar.

Da das Temperaturverhältnis T_2/T_1 nach (4.21b) und die Entropieänderung $(s_2 - s_1)/c_p$ nach (4.29a) nur vom Druck- und Dichteverhältnis bestimmt werden, können auch die diesbezüglichen Auftragungen in Abb. 4.1a, b für die schiefe Störfront übernommen werden.

Örtliche Mach-Zahlen. Ähnlich wie für die stetige Depressions- (Expansions-)-strömung in Kap. 4.3.2.5 läßt sich auch für die unstetige Kompressionsströmung das Temperatur-, Druck- und Dichteverhältnis in Abhängigkeit von den Mach-Zahlen vor und hinter dem Stoß, $Ma_1 = v_1/c_1$ bzw. $Ma_2 = v_2/c_2$, darstellen. Für T_2/T_1 wurde die Beziehung bereits mit (4.40a, b) angegeben und das Ergebnis in Abb. 4.9a dargestellt. Ausgehend von (4.21b) erhält man zunächst $T_2/T_1 = (p_2/p_1)(\varrho_1/\varrho_2)$ unter Einsetzen von (4.57a). Aus (4.40b) ergibt sich dann für die Abhängigkeit des Druckverhältnisses von den örtlichen Mach-Zahlen

$$Ma_2^2 = \frac{2}{\varkappa - 1}\left[\frac{p_1}{p_2}\,\frac{\varkappa - 1 + (\varkappa + 1)\dfrac{p_2}{p_1}}{\varkappa + 1 + (\varkappa - 1)\dfrac{p_2}{p_1}}\left(1 + \frac{\varkappa - 1}{2}Ma_1^2\right) - 1\right]. \quad (4.149)$$

In ähnlicher Weise läßt sich auch eine Beziehung für das Dichteverhältnis ϱ_2/ϱ_1 herleiten. Die Ergebnisse für $p_2/p_1 = f(Ma_1, Ma_2)$ und $\varrho_2/\varrho_1 = f(Ma_1, Ma_2)$ sind in Abb. 4.9b, c dargestellt.

4.5.2.3 Einfluß des Umlenk- und Frontwinkels

Die Lage der Störfront $\boldsymbol{t}$ gegenüber der Zuströmrichtung $\boldsymbol{v}_1$ sei nach Abb. 4.34 durch den Frontwinkel σ und die Umlenkung zwischen der Abströmrichtung $\boldsymbol{v}_2$ und der Zuströmrichtung $\boldsymbol{v}_1$ durch den Umlenkwinkel ϑ gegeben (konkav $\vartheta > 0$, konvex $\vartheta < 0$). Bei normal durchströmter Front ($\sigma = \pi/2$) ist $v_{t1} = v_{t2} = v_t = 0$, d. h. es tritt keine Umlenkung auf ($\vartheta = 0$). Handelt es sich bei der Störfront um eine Machwelle, so ist der Frontwinkel gleich dem Machwinkel, $\sigma = \mu$. In Abb. 4.36a und b sind eine konvexe bzw. eine konkave Umlenkung mit ihren Geschwindigkeitsdreiecken einander gegenübergestellt. Für die Beträge der Zu- und Abströmgeschwindigkeit soll $v_1 = |\boldsymbol{v}_1|$ bzw. $v_2 = |\boldsymbol{v}_2|$ geschrieben werden. Unter welchen physikalischen Voraussetzungen solche Strömungen auftreten können, wurde bereits in den obigen Ausführungen gesagt.

Aus den Geschwindigkeitsdreiecken findet man unmittelbar die trigonometrischen Beziehungen $\cos\sigma = v_{1t}/v_1$, $\tan\sigma = v_{1n}/v_{1t}$, $\cos(\sigma - \vartheta) = v_{2t}/v_2$ und $\tan(\sigma - \vartheta) = v_{2n}/v_{2t}$. Hieraus folgen wegen $v_{1t} = v_{2t}$ nach (4.147) für das Geschwindigkeitsverhältnis v_2/v_1 und die Geschwindigkeitsänderung $\Delta v = v_2 - v_1$ bezogen auf v_1 sowie wegen $\varrho_2/\varrho_1 = v_{1n}/v_{2n}$ nach (4.148a) für das

Dichteverhältnis die nur von den Winkeln σ und ϑ abhängigen Beziehungen

$$\frac{v_2}{v_1} = \frac{\cos\sigma}{\cos(\sigma - \vartheta)}, \quad \frac{\Delta v}{v_1} = \frac{\cos\sigma(1 - \cos\vartheta) - \sin\sigma\sin\vartheta}{\cos\sigma\cos\vartheta + \sin\sigma\sin\vartheta}, \tag{4.150a, b}$$

$$\frac{\varrho_2}{\varrho_1} = \frac{\tan\sigma}{\tan(\sigma - \vartheta)} = \frac{1 + \tan\sigma\tan\vartheta}{\tan\sigma - \tan\vartheta}\tan\sigma\,. \tag{4.150c}$$

Im folgenden sollen jetzt die Fälle der konvexen und konkaven Umlenkung durch Machwellen oder Verdichtungsstöße bei schwacher und starker Umlenkung im einzelnen besprochen werden.

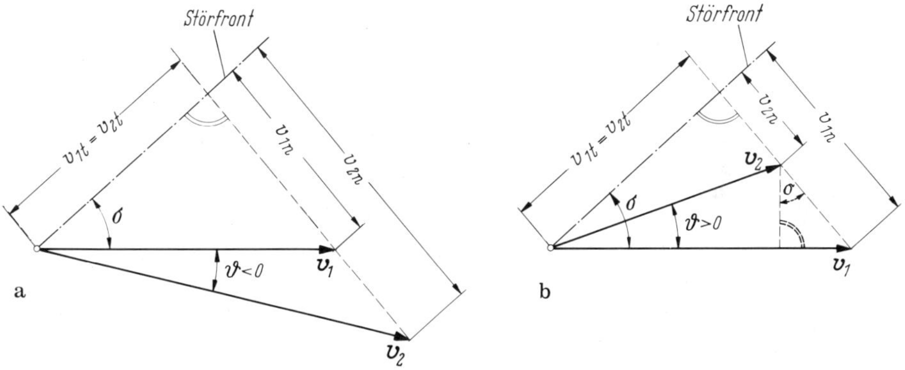

Abb. 4.36. Geschwindigkeitsdreiecke vor und hinter einer durch eine Störfront bedingten Umlenkung. **a** Konvexe Umlenkung ($\vartheta < 0$), Verdünnung, Beschleunigung. **b** Konkave Umlenkung ($\vartheta > 0$), Verdichtung, Verzögerung

4.5.3 Elementare Strömungsumlenkung bei Überschallanströmung

4.5.3.1 Schwache Umlenkung bei supersonischer Strömung (lineare Theorie)

Linearisierung. Es sei der Umlenkwinkel sehr klein angenommen und mit $\vartheta = \Delta\vartheta$ bezeichnet. Es gilt also $|\Delta\vartheta| \to 0$, was bedeutet, daß in (4.150b) $\cos\vartheta \approx 1$ und $\sin\vartheta \approx \Delta\vartheta$ gesetzt werden darf. Bei der angenommenen schwachen Umlenkung, auch flache Ecke genannt, stellt sich ein stetig verlaufender isentroper Strömungsvorgang ein. Die Störfront ist nach Abb. 4.32a eine Machwelle, was bedeutet, daß der Frontwinkel gleich dem Machwinkel der ankommenden Strömung ist, d. h. $\sigma = \mu_1$. Beachtet man die gemachten Annahmen, dann vereinfacht sich (4.150b) und führt zu

$$\frac{\Delta v}{v_1} = -\frac{\tan\mu_1\Delta\vartheta}{1 + \tan\mu_1\Delta\vartheta} \quad \text{oder} \quad \tan\mu_1\Delta\vartheta = -\frac{\Delta v/v_1}{1 + \Delta v/v_1}\,.$$

Wegen der angenommenen schwachen Umlenkung handelt es sich im Sinn von Kap. 4.3.2.7 Beispiel c um eine Strömung mit kleiner Störung, für die $|\Delta v/v_1| \ll 1$ ist.[54] Für die bezogene Geschwindigkeitsänderung sowie für den Druckbeiwert nach (4.83b) wird mit (4.144b)

$$\frac{\Delta v}{v_1} = -\frac{\Delta\vartheta}{\sqrt{Ma_1^2 - 1}}, \quad \frac{\Delta p}{q_1} = \frac{2\Delta\vartheta}{\sqrt{Ma_1^2 - 1}} \sim \Delta\vartheta \qquad (Ma_1 > 1)\,, \tag{4.151a, b}$$

[54] Wegen $|\Delta v/v_1| \ll 1$ ist auch $|\tan\mu_1\Delta\vartheta| \ll 1$.

wobei $\Delta v = v_2 - v_1$, $\Delta p = p_2 - p_1$ und $q_1 = (\varrho_1/2)v_1^2$ ist. Diese einfache in $\Delta\vartheta$ lineare Beziehung wurde erstmalig von Ackeret [1] gefunden. Sie gilt voraussetzungsgemäß nur für eine Überschallzuströmung mit $Ma_1 > 1$ und besagt, daß bei konvexer Umlenkung ($\Delta\vartheta < 0$) eine Geschwindigkeitserhöhung ($\Delta v > 0$) und eine Druckerniedrigung ($\Delta p < 0$) sowie bei konkaver Umlenkung ($\Delta\vartheta > 0$) eine Geschwindigkeitserniedrigung ($\Delta v < 0$) und eine Druckerhöhung ($\Delta p > 0$) auftreten. Unter einer supersonischen Strömung soll eine reine Überschallströmung mit $v_1 > c_1$ und $v_2 > c_2$ verstanden werden. Bei der angenommenen schwachen Störung kann $c_2 \approx c_1$ gesetzt werden.

Gültigkeitsbereich. Gl. (4.151) verliert ihren physikalischen Sinn, wenn an der Stelle (2) bei konvexer Umlenkung ($\Delta\vartheta < 0$) Vakuum ($p_2 = 0$) und/oder bei konkaver Umlenkung ($\Delta\vartheta > 0$) Schallgeschwindigkeit (Laval-Zustand, $v_2 = c_2$) erreicht wird. Bei gegebener Mach-Zahl $Ma_1 > 1$ lassen sich so maximal zulässige konvexe bzw. konkave Umlenkwinkel ($\Delta\vartheta' < 0$, $\Delta\vartheta'' > 0$) angeben. Es gilt unter Beachtung von (4.45)

$$\frac{\Delta p}{q_1} = \frac{2}{\varkappa Ma_1^2}\left(\frac{p_2}{p_1} - 1\right) = -\frac{2}{\varkappa Ma_1^2} = \frac{2\Delta\vartheta'}{\sqrt{Ma_1^2 - 1}} \qquad (p_2 = 0)\,,$$

$$\frac{\Delta v}{v_1} = \frac{v_2}{v_1} - 1 = \frac{c_2}{c_1}\frac{1}{Ma_1} - 1 = -\frac{\Delta\vartheta''}{\sqrt{Ma_1^2 - 1}} \qquad (v_2 = c_2)$$

mit c_2/c_1 nach (4.42). Aufgelöst nach $\Delta\vartheta'$ bzw. $\Delta\vartheta''$ erhält man

$$\Delta\vartheta' = -\frac{\sqrt{Ma_1^2 - 1}}{\varkappa Ma_1^2} < 0, \quad \Delta\vartheta'' = \left[1 - \frac{1}{Ma_1}\sqrt{\frac{2}{\varkappa + 1} + \frac{\varkappa - 1}{\varkappa + 1}Ma_1^2}\right]\sqrt{Ma_1^2 - 1} > 0\,.$$

In Abb. 4.37 sind die Grenzkurven über der Mach-Zahl Ma_1 als Kurve (*1*) und (*2*) dargestellt. Während die Winkel $\Delta\vartheta'$ bei $Ma_1 = \sqrt{2}$ einen Maximalwert mit $-\Delta\vartheta'_{max} = 1/2\varkappa\ (=)\ 0{,}357 = 20{,}5°$ annehmen, steigen die Winkel $\Delta\vartheta''$ mit wachsender Mach-Zahl an. Der Gültigkeitsbereich der linearen supersonischen Theorie wird für $1 < Ma_1 < 1{,}6$ durch die Kurve (*2*) und für $Ma_1 > 1{,}6$ durch die Kurve (*1*) bestimmt.

Der Gültigkeitsbereich ist auch hinsichtlich der Mach-Zahlen einzuschränken. Die Begrenzung des supersonischen Geschwindigkeitsbereichs läßt sich folgendermaßen abschätzen: Herrscht an der Stelle (1) die Überschallgeschwindigkeit $v_1 > c_1$ und an der Stelle (2) die Schallgeschwindigkeit $v_2 = c_2 \approx c_1$ (transsonische Strömung), dann lautet wegen $v_2 = v_1 + \Delta v$ mit $\Delta v < 0$ die erste Beziehung $c_1/v_1 \approx 1 + \Delta v/v_1$. Für den Fall, daß die Zusatzgeschwindigkeit $\Delta v = c_2 \approx c_1$ (hypersonische Strömung) erreicht, folgt die zweite Beziehung $c_1/v_1 \approx \Delta v/v_1$. Mit $Ma_1 = v_1/c_1$ und $\varepsilon = |\Delta v/v_1| \ll 1$ als Maß für die Störung erhält man den gesuchten Geschwindigkeitsbereich zu

$$\frac{1}{1 - \varepsilon} < Ma_1 < \frac{1}{\varepsilon} \qquad \text{(supersonischer Machzahl-Bereich)}\,. \tag{4.152}$$

Mit einem willkürlich angenommenen Wert für $\varepsilon = 0{,}25$ errechnet man die Zahlenwerte $Ma_1 = 1{,}33$ bzw. $Ma_1 = 4{,}0$. Nach dieser Abschätzung ist der Bereich der supersonischen Strömung durch $1{,}33 < Ma_1 < 4{,}0$ festgelegt. In Abb. 4.37 ist der Gültigkeitsbereich für die supersonische Strömung schraffiert dargestellt.

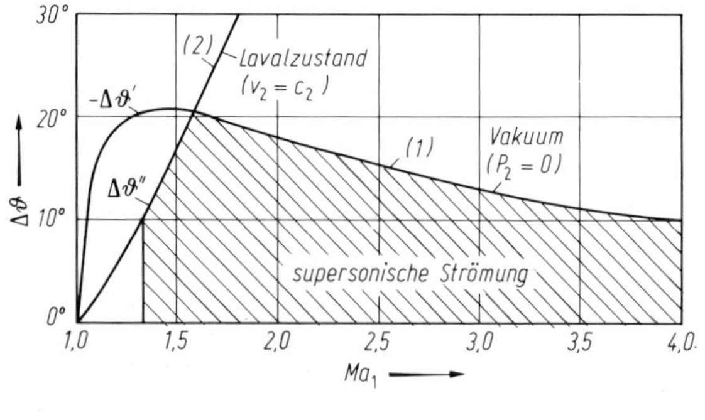

Abb. 4.37. Gültigkeitsbereich der supersonischen Theorie nach Ackeret ($\varkappa = 1{,}4$). (*1*) Maximaler konvexer Umlenkwinkel bei Expansion ins Vakuum, (*2*) konkaver Umlenkwinkel bei maximal zulässiger kleiner Geschwindigkeitsstörung

Beispiele zur Überschalltheorie kleiner Störung. Die Beziehung (4.151b) kann man in einfacher Weise zur Berechnung der Druckverteilung und der resultierenden Strömungskraft an flachen ebenen Körpern, z. B. Profilen, die mit mäßiger Überschallgeschwindigkeit angeströmt werden, benutzen. Dies beruht darauf, daß die Druckänderung Δp proportional demUmlenkwinkel $\Delta\vartheta$ ist. Auf die grundlegende Arbeit von Busemann [11] sei hingewiesen [55].

a) Angestellte ebene Platte. Als einfachstes Beispiel einer schwachen Umlenkung sei nach Abb. 4.38a die unter dem konstanten Winkel α angestellte ebene Platte bei Anströmung mit mäßiger Überschall-Mach-Zahl behandelt.[55] Auf der Plattenoberseite erfolgt eine konvexe Strömungsumlenkung mit $\Delta\vartheta = -\alpha$, d. h., dort herrscht Depressions- (Expansions-) strömung, während auf der Plattenunterseite wegen der konkaven Umlenkung mit $\Delta\vartheta = +\alpha$ Kompressionsströmung vorliegt. Von der Plattenvorderkante geht infolgedessen auf der Oberseite eine Verdünnungs-Machwelle und auf der Unterseite eine Verdichtungs-Machwelle aus. An der Plattenhinterkante liegt die Verdichtungswelle oben und die Verdünnungswelle unten. Hinter der Platte ist die Geschwindigkeit gleich der Anströmgeschwindigkeit v_∞ und der Druck gleich p_∞ wie vor der Platte. Die Strömung geht somit hinter der Platte ungestört weiter, und die Störung ist auf den Streifen zwischen den von der Vorder- und Hinterkante der Platte stromabwärts laufenden Machwellen beschränkt. Die Störung klingt in diesem Streifen nicht ab, und die Stromlinien verlaufen tangential zur Platte. Die Größe der Strömungsumlenkung an der Plattenhinterkante bestimmt sich aus der Bedingung, daß in der dort von der Plattenober- bzw. Plattenunterseite ausgehenden Stromlinie der gleiche Druck $p_0 = p_u$ bzw. $\Delta p_0 = \Delta p_u$ herrschen muß. Nach (4.151b) ist $\Delta p \sim \Delta\vartheta \lessgtr 0$. Hieraus folgt, daß die Abströmbedingung nur erfüllt werden kann, wenn $\Delta\vartheta = 0$ ist und die Stromlinie mit einem Knick in die Richtung der Anströmrichtung umgelenkt wird.

Gemäß (4.151b) verteilen sich die Drücke jeweils konstant über die Ober- und Unterseite. Die resultierende Druckverteilung beider Seiten $(p_u - p_0)$ beträgt bezogen auf den Geschwindigkeitsdruck der Anströmung $q_\infty = (\varrho_\infty/2)v_\infty^2$

$$\frac{p_u - p_0}{q_\infty} = \frac{4\alpha}{\sqrt{Ma_\infty^2 - 1}} = \text{const} \qquad (\alpha = \text{const}) . \tag{4.153}$$

Die hieraus für die Platte der Breite b und der Tiefe l resultierende Kraft R steht normal zur Platte und hat den Betrag $R = bl(p_u - p_0)$. Ihr Angriffspunkt befindet sich wegen der konstanten Druckverteilung über die Plattentiefe im Abstand $l/2$ von der Plattenvorderkante. Zerlegt man die Kraft R in den

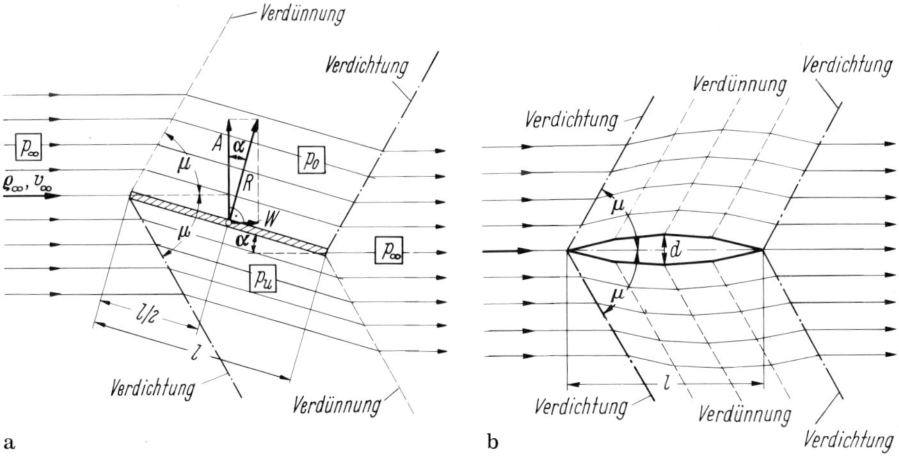

Abb. 4.38. Profiltheorie bei mäßiger Überschallanströmung (supersonische Theorie). **a** Angestellte ebene Platte. **b** Symmetrisch angeströmtes, endlich dickes Polygon-Profil

[55] Über eine genauere (nichtlineare) Behandlung wird in Kap. 4.5.3.3, Beispiel b und c berichtet.

Auftrieb A (normal zur Anströmrichtung) und in den Widerstand W (parallel zur Anströmrichtung), so hat man für kleine Anstellwinkel $A \approx R$ bzw. $W = R\alpha \approx A\alpha$. Führt man für den Auftrieb und den Widerstand dimensionslose Beiwerte ein, dann wird

$$c_A = \frac{A}{blq_\infty} = \frac{4\alpha}{\sqrt{Ma_\infty^2 - 1}} \lesseqgtr 0, \quad \frac{x_A}{l} = \frac{1}{2}, \tag{4.154a}$$

$$c_W = \frac{W}{blq_\infty} = \frac{4\alpha^2}{\sqrt{Ma_\infty^2 - 1}} = \frac{1}{4}\sqrt{Ma_\infty^2 - 1}\; c_A^2 > 0\,. \tag{4.154b}$$

Der Auftriebsbeiwert ist proportional dem Anstellwinkel, während der Widerstandsbeiwert proportional dem Quadrat des Anstellwinkels oder des Auftriebsbeiwerts ist. Da der Widerstand eine Folge der durch die Machwellen gestörten Strömung ist, nennt man ihn Wellenwiderstand.

b) Symmetrisch angeströmtes endlich dickes Profil. Als Beispiel einer Überschallströmung um einen flachen ebenen Körper sei die symmetrische Umströmung eines endlich dicken Profils mit scharfer Nase beim Anstellwinkel $\alpha = 0$ kurz besprochen. Ersetzt man das Profil näherungsweise durch ein Polygon nach Abb. 4.38b, so wird die Aufgabe auf die Berechnung der Strömung um flache Ecken zurückgeführt. An der Vorder- und Hinterkante sind die Ecken konkav, während alle übrigen Ecken konvex sind. Von den Ecken gehen im Sinn der linearen Theorie kleiner Störung Machwellen unter dem konstanten Machwinkel μ aus, wobei man es an der Vorder- und Hinterkante mit je zwei Verdichtungswellen und an den übrigen Ecken mit Verdünnungswellen zu tun hat. In Analogie zu (4.154b) liefern die an der Profiloberfläche angreifenden Druckkräfte einen in Anströmrichtung wirkenden Wellenwiderstand. Dieser ist proportional dem Quadrat des Dickenverhältnisses $(d/l)^2$. Aus dieser Erkenntnis erklärt sich, daß der Wellenwiderstand von Überschall-Profilen erheblich vermindert werden kann, wenn die Profile möglichst dünn sowie vorn und hinten spitz ausgebildet sind. Auf weitere Einzelheiten der Anwendung der linearen supersonischen Theorie auf schlanke, endlich dicke und gewölbte Profile sei hier verzichtet und auf das einschlägige Schrifttum verwiesen, z. B. [56].

4.5.3.2 Starke stetige Umlenkung (konstante Entropie)

In Kap. 4.5.3.1 wurde nach der linearen supersonischen Theorie kleiner Störung die Überschallströmung bei konvexer und konkaver Umlenkung behandelt. Im folgenden soll jetzt der allgemeine Fall der starken Störung, d. h. bei starker Umlenkung einer Überschallströmung besprochen werden. Wie bereits in Kap. 4.5.1 gezeigt wurde, tritt bei konvexer Umlenkung eine mit konstanter Entropie verbundene, stetig verlaufende Depressions- (Expansions-) strömung auf, während bei konkaver Umlenkung eine im allgemeinen mit einem schiefen Verdichtungsstoß verbundene, unstetige Kompressionsströmung vorliegt. In diesem Kapitel wird zunächst die stetige Umlenkung und anschließend in Kap. 4.5.3.3 die unstetige Umlenkung behandelt.

Umlenkwinkel. Eine Überschallströmung erfahre nach Abb. 4.39a zwischen den Stellen (1) und (2) eine konvexe Umlenkung längs einer gekrümmten Wand um den Winkel $\vartheta < 0$. Dies entspricht nach Abb. 4.32b (links) einer durch einen Fächer von Machwellen stetig umgelenkten homentropen Expansionsströmung. Die mit der Geschwindigkeit v_1 parallel ankommende Strömung wird an der Machwelle $Ma_1 > 1$ abgelenkt und geht an der Machwelle $Ma_2 > Ma_1$ wieder in eine parallel verlaufende Strömung mit der Geschwindigkeit $v_2 > v_1$ über. Die konvexe Umlenkung kann auch von einer am Ort (O) geknickten Wand ausgehen, vgl. Abb. 4.32c (links). Die zwischen den beiden in Abb. 4.39a strichpunktiert dargestellten Machwellen verlaufende Strömung ist als Prandtl-Meyersche Eckenströmung bekannt [40, 44]. Dieser Strömungstyp stellt eine exakte Lösung der nichtlinearen Potentialtheorie einer Überschallströmung dar. Sie wird häufig als ebene Strömung unter Benutzung von Polarkoordinaten berechnet, vgl. Kap. 5.3.3.2 Beispiel c.

Ausgangspunkt für die weitere Behandlung ist die Strömung bei einer schwachen Umlenkung nach Kap. 4.5.3.1. Von einer infinitesimal kleinen Umlenkung $d\vartheta$ gelangt man durch entsprechende Integration zu der gegebenen endlich großen Umlenkung ϑ. Nach (4.151a) gilt in differentieller Form

$$\frac{dv}{v} = -\frac{d\vartheta}{\sqrt{Ma^2 - 1}}, \qquad -d\vartheta = \frac{\sqrt{Ma^2 - 1}}{2 + (\varkappa - 1)Ma^2} \frac{d(Ma^2)}{Ma^2},$$

wobei die zweite Beziehung durch Einsetzen von dv/v nach (4.39a) folgt. Nach Ausführen der Integration zwischen den Stellen (1) und (2) wird für den Umlenkwinkel

$$-\vartheta = -\vartheta_2 + \vartheta_1 = \nu(Ma_2) - \nu(Ma_1) = \nu_2 - \nu_1 \tag{4.155}$$

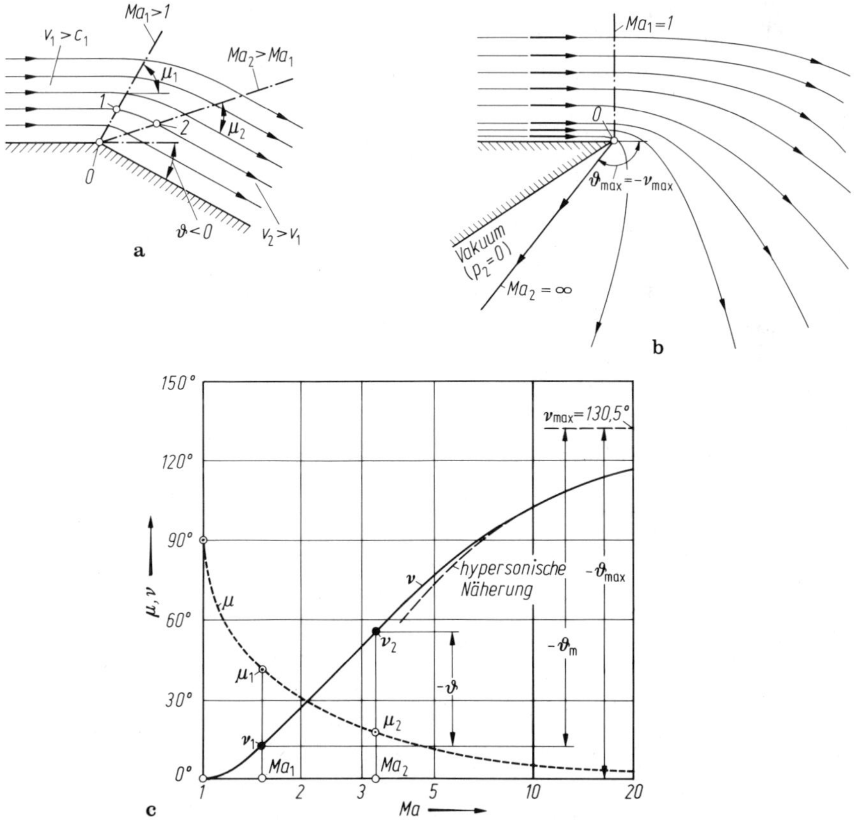

Abb. 4.39. Prandtl-Meyersche Eckenströmung ($\varkappa = 1{,}4$). **a** Bezeichnungen, Stromlinienbild, $Ma_1 > 1$. **b** Umlenkung ins Vakuum, $Ma_1 = 1$, $Ma_2 = \infty$. **c** Prandtl-Meyer-Winkel $\nu(Ma)$ nach (4.156), hypersonische Näherung nach (4.169)

mit $\nu(Ma)$ als Prandtl-Meyer-Winkel, auch Prandtl-Meyer-Funktion genannt. Für sie errechnet man

$$\nu(Ma) = k \arctan\left(\frac{1}{k}\sqrt{Ma^2 - 1}\right) - \arctan\left(\sqrt{Ma^2 - 1}\right) \geqq 0 \tag{4.156a}$$

mit $k = \sqrt{(\varkappa + 1)/(\varkappa - 1)} > 1$. Sie ist in Abb. 4.39c dargestellt. Die Kurve strebt mit größer werdender Mach-Zahl dem asymptotischen Wert

$$\nu_{max} = (k - 1)\frac{\pi}{2} = \left(\sqrt{\frac{\varkappa + 1}{\varkappa - 1}} - 1\right)\frac{\pi}{2} \, (=) \, 130{,}5° \quad (Ma = \infty) \tag{4.156b}$$

zu. In Abb. 4.39c ist als Beispiel für die Mach-Zahlen Ma_1 und Ma_2 die Bestimmung des Umlenkwinkels $-\vartheta = \nu_2 - \nu_1$ gezeigt. Bei der Umlenkung um eine scharfe Kante ins Vakuum ist $c_2 = 0$ und somit $Ma_2 = \infty$. Bei gegebener Mach-Zahl Ma_1 strebt der Umlenkwinkel dann jeweils einem maximalen Umlenkwinkel $-\vartheta_m = \nu_{max} - \nu_1$ zu. Den größtmöglichen Umlenkwinkel erhält man ausgehend von $Ma_1 = 1$ wegen $\nu(Ma_1 = 1) = 0$ zu $-\vartheta_{max} = \nu_{max}(=)\,130{,}5°$, Abb. 4.39b. Eine Überschallströmung eines Gases mit $\varkappa = 1{,}4$ kann man nicht vollständig, d. h. um 180°, konvex umlenken, auch wenn die räumliche Voraussetzung hierfür gegeben wäre. Eine vollständige Umlenkung $-\vartheta_{max} = 180°$ ist bei $Ma_1 = 1$ für ein Gas mit $\varkappa = 5/4$ möglich. In Abb. 4.39c ist auch die Abhängigkeit des Machwinkels μ von der Mach-Zahl Ma entsprechend (4.144a) wiedergegeben.

Nach (4.155) ist der Umlenkwinkel nur eine Funktion der Mach-Zahlen Ma_1 und Ma_2. Im unteren Teil der Abb. 4.40a ist diese Abhängigkeit für die Depres-

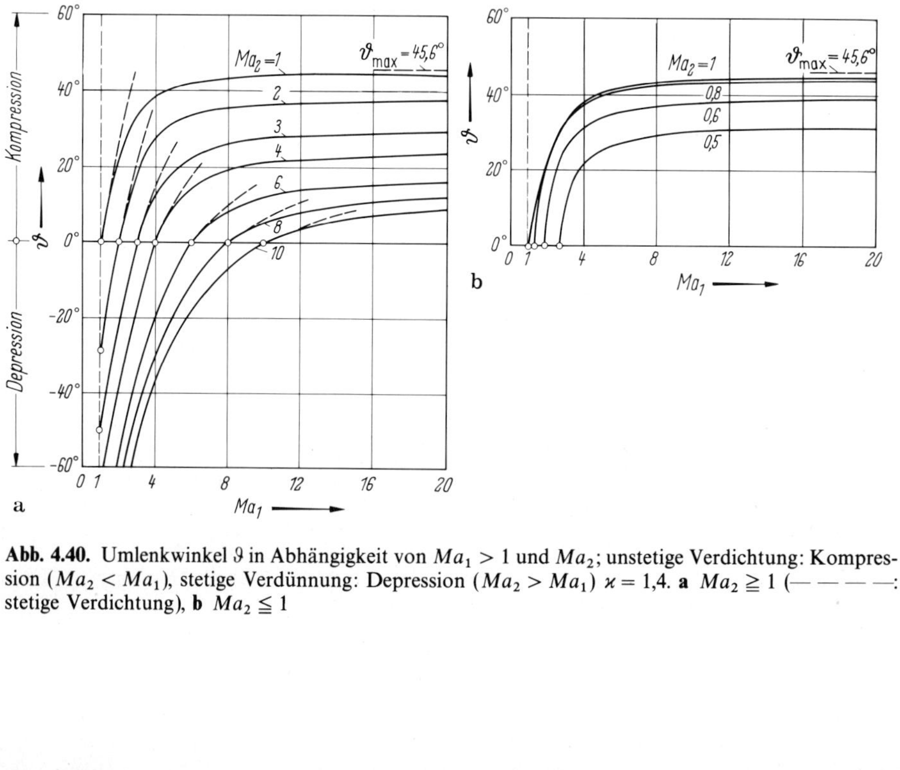

Abb. 4.40. Umlenkwinkel ϑ in Abhängigkeit von $Ma_1 > 1$ und Ma_2; unstetige Verdichtung: Kompression ($Ma_2 < Ma_1$), stetige Verdünnung: Depression ($Ma_2 > Ma_1$) $\varkappa = 1{,}4$. **a** $Ma_2 \geqq 1$ (— — — —: stetige Verdichtung), **b** $Ma_2 \leqq 1$

sions- (Expansions-) strömung $Ma_2 > Ma_1$ dargestellt. Nimmt man eine homentrop verlaufende Kompressionsströmung an, dann entspricht diese nach Abb. 4.32b (rechts) einer stetigen konkaven Umlenkung $\vartheta > 0$, bei der $Ma_2 < Ma_1$ ist. Die zugehörigen Umlenkwinkel sind entsprechend (4.155) im oberen Teil von Abb. 4.40a als gestrichelte Kurven dargestellt. Sie weichen im Bereich kleiner Werte von ϑ nur wenig von den ausgezogenen Kurven ab, die für eine Umlenkung durch einen schiefen Verdichtungsstoß gelten, man vergleiche hierzu die Ausführung in Kap. 4.5.3.3.

Zustandsgrößen. Alle an beliebigen Stellen (1) und (2) im Umlenkraum interessierenden Verhältnisse der Zustandsgrößen (Dichte, Druck, Temperatur) sind für die hier zugrunde liegende homentrope Strömung in Kap. 4.3.2.5 bereits angegeben. In Abb. 4.9 sind diese Größen für die stetig verlaufende Depressionsströmung als gestrichelte Kurven in Abhängigkeit von den beiden Mach-Zahlen Ma_1 und Ma_2 dargestellt. Darüber hinaus gibt (4.45) in Verbindung mit (4.49b) diese Abhängigkeit für den Druckbeiwert wieder. Da der Umlenkwinkel ϑ nach Abb. 4.40 auch eine Funktion der Mach-Zahlen Ma_1 und Ma_2 ist, lassen sich alle Zustandsgrößen als Funktionen der Zuström-Mach-Zahl Ma_1 und des Umlenkwinkels ϑ darstellen. Eine solche Auftragung wird in Abb. 4.41 für kleine und mäßig große Umlenkwin-

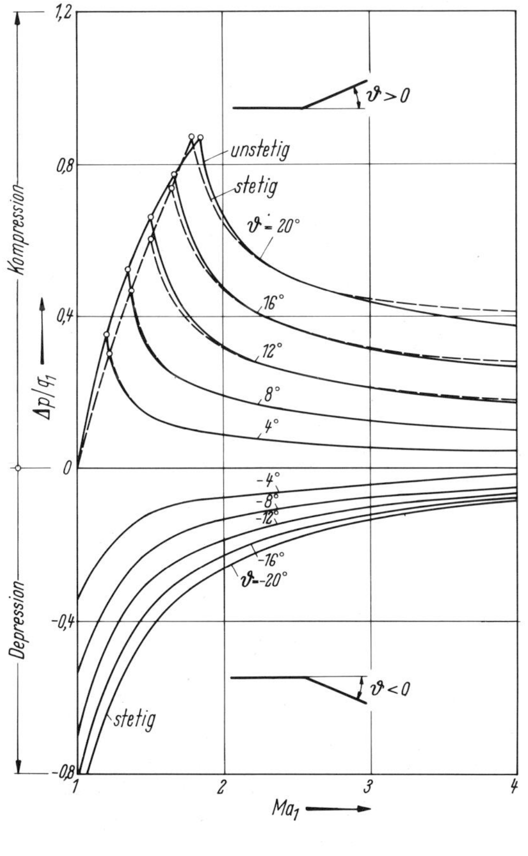

Abb. 4.41. Druckbeiwert bei einer Strömungsumlenkung um den Winkel ϑ($\vartheta < 0$: Depression, $\vartheta > 0$: Kompression) in Abhängigkeit von der Zuström-Mach-Zahl $Ma_1 \geqq 1$, $\varkappa = 1{,}4$. Vergleich der stetig bei konstanter Entropie verlaufenden Strömung und der unstetig mit Verdichtungsstoß verlaufenden Strömung. Näherung: stetige Kompression (– – – –)

kel $\vartheta \lessgtr 0$ gezeigt, und zwar im unteren Teil für die konvexe Umlenkung ($\vartheta < 0$) und im oberen Teil für die konkave Umlenkung ($\vartheta > 0$). Bei der stetig verlaufenden Kompressionsströmung mit konstanter Entropie (gestrichelte Kurven im oberen Teil der Abbildung) stimmen die Ergebnisse recht gut mit denjenigen der unstetig verlaufenden Strömung mit schiefem Verdichtungsstoß (ausgezogene Kurven) überein.

Charakteristikendiagramm. Bei einer homentrop umgelenkten Überschallströmung liegen alle möglichen Geschwindigkeiten zwischen den Werten $v = c = c_L$ (von Ruhezustand abhängige Laval-Geschwindigkeit nach (4.34)) und $v = v_{max}$ (maximale Geschwindigkeit bei Umlenkung ins Vakuum). Letztere ist gleichbedeutend mit der Ausströmgeschwindigkeit eines Gases aus einem Kessel ins Vakuum. Das Verhältnis v_{max}/c_L findet man mittels (4.65b). Infolge einer kleinen endlichen Druckstörung Δp, die sich mit ungeänderter Stärke längs einer Machlinie ausbreitet, erfährt die Geschwindigkeit eine kleine Änderung Δv, deren Vektor nach Abb. 4.42a stets normal zur zugehörigen Machlinie (Störfront) steht, vgl. Abb. 4.36a. Trägt man, z. B. für eine konvex umgelenkte Strömung nach Abb. 4.42b, die längs einer Stromlinie auftretenden Geschwindigkeiten von einem Festpunkt *O* aus auf und verbindet deren Endpunkte, so entsteht ein gebrochener Linienzug, der in eine stetig gekrümmte Kurve (Hodographenkurve) übergeht, sofern man die Druckstörungen als infinitesimal klein annimmt. Die Tangenten an diese Kurve stehen jeweils normal auf der zum Geschwindigkeitsvektor $\boldsymbol{v}$ gehörenden Machlinie.

Für die ebene Prandtl-Meyersche Eckenströmung läßt sich für die Beschreibung des Strömungsvorgangs nach Prandtl und Busemann [45] ein einfaches zeichnerisches Verfahren entwickeln, das zur Konstruktion eines sogenannten Charakteristikendiagramms führt, mit dessen Hilfe der Ablauf einer beliebigen homentrop verlaufenden Überschallströmung festgelegt werden kann. Entsprechend Abb. 4.42b lassen sich die Geschwindigkeitsvektoren in einem Hodographen (Geschwindigkeitsebene) darstellen. Dabei trägt man die Geschwindigkeitsvektoren $\boldsymbol{v}_2$ als Funktion des Umlenkwinkels $\vartheta \lessgtr 0$ in einem Polardiagramm nach Abb. 4.43 als gestrichelte Kurven (*1a, b*) und (*2a, b*)[56] ein. Für $\vartheta = 0$ ist $v_2 = v_1$,

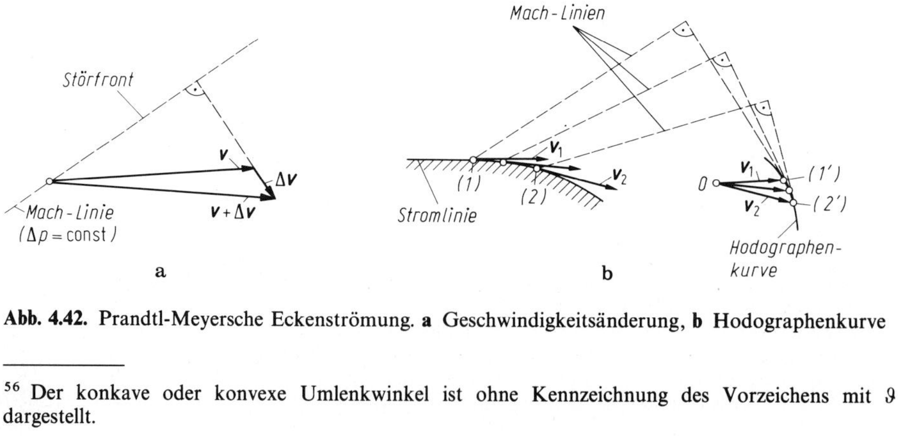

Abb. 4.42. Prandtl-Meyersche Eckenströmung. **a** Geschwindigkeitsänderung, **b** Hodographenkurve

[56] Der konkave oder konvexe Umlenkwinkel ist ohne Kennzeichnung des Vorzeichens mit ϑ dargestellt.

und für $\vartheta = \vartheta_{max}$ ist $v_2 = v_{max}$. Die Endpunkte der Geschwindigkeitsvektoren $\boldsymbol{v}_1$ und $\boldsymbol{v}_2$ beschreiben eine Kurve, welche zwischen den beiden konzentrischen Kreisen $v = c_L$ und $v = v_{max}$ liegt. Sie heißt die charakteristische Kurve der Ekkenströmung, oder kurz die Charakteristik. Sie ist eine Epizykloide, die entsteht, wenn man einen Kreis vom Durchmesser $(v_{max} - c_L)$ auf dem inneren Kreis vom Halbmesser c_L abrollen läßt. Für jeden Punkt des Geschwindigkeitsfelds gibt es zwei spiegelbildliche Charakteristiken, Kurve (*a*) bzw. Kurve (*b*). Die Auftragung in Abb. 4.43 bezieht sich auf eine bestimmte vorgegebene Überschallgeschwindigkeit $v_1 > c_1$ $(Ma_1 = v_1/c_1, c_1 = \sqrt{\varkappa p_1/\varrho_1})$ vor der Umlenkung (Zuströmrichtung), Punkt *A*. Erfolgt eine rechts- oder linksläufige konvexe Umlenkung um den Winkel $\vartheta < 0$, so kann man die Geschwindigkeiten $v_2 > v_1$ der zugehörigen Depressionsströmung auf den Kurven (*1a*) bzw. (*1b*) sofort ablesen. Bei entspre-

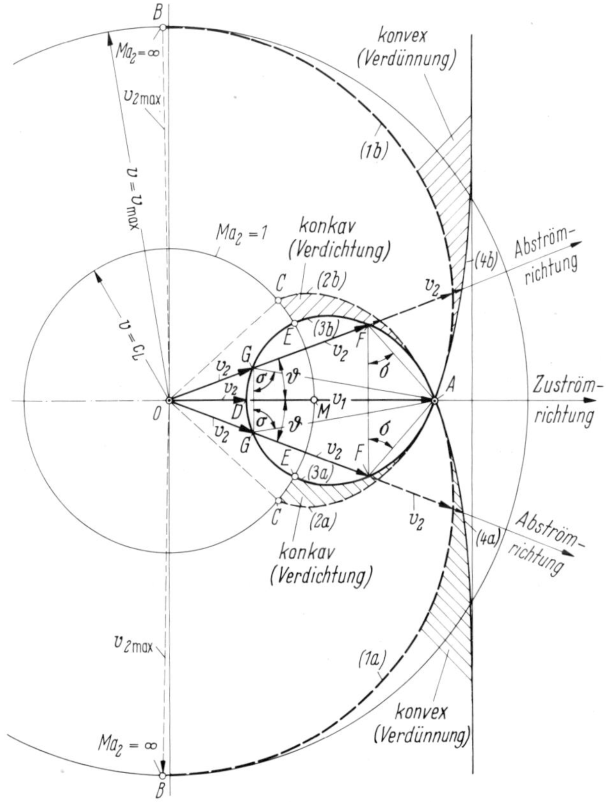

Abb. 4.43. Zeichnerische Lösung ebener Überschallströmungen in der Geschwindigkeitsebene (Hodograph); Zuström-Mach-Zahl $Ma_1 = 2{,}5$; $\varkappa = 1{,}4$.
Charakteristikendiagramm (— — — —): Umlenkung bei konstanter Entropie. Depression = Kurven (*1a*), (*1b*); Kompression = Kurven (*2a*), (*2b*) (nur bei schwacher Kompression gültig).
Stoßpolarendiagramm (————): Umlenkung durch schiefen Verdichtungsstoß. Kompression = Kurven (*3a*), (*3b*); Depression = Kurven (*4a*), (*4b*) (nach zweitem Hauptsatz der Thermodynamik nicht möglich)

chender konkaver Umlenkung $\vartheta > 0$ findet man die Geschwindigkeiten der zugehörigen, voraussetzungsgemäß homentropen Kompressionsströmung mit $v_2 < v_1$ auf den Kurven (*2a*) bzw. (*2b*)[57]. In allen Fällen sind die Größen der möglichen Umlenkwinkel beschränkt, und zwar bei der Depressionsströmung durch die Punkte *B*, welche die Expansion ins Vakuum mit $Ma_2 = \infty$ beschreiben, und bei der Kompressionsströmung durch die Punkte *C*, welche der Mach-Zahl $Ma_2 = 1$ entsprechen.

Ein vollständiges Charakteristikendiagramm besteht aus einer Schar von Charakteristiken im Depressions- (Expansions-) gebiet, Kurven (*1a*) und (*1b*) in Abb. 4.43, für verschiedene vom Pol *O* aufgetragene Zuströmgeschwindigkeiten $v_1 > v_L$, [54].

4.5.3.3 Starke unstetige Umlenkung (schiefer Verdichtungsstoß)

In Kap. 4.5.3.2 wurde die starke stetige Umlenkung behandelt. Eine konvex umgelenkte Depressions- (Expansions-) strömung ($\vartheta < 0$) verläuft bei konstanter Entropie. Es wurde auch gezeigt, daß bei konkaver Umlenkung eine Kompressionsströmung stetig verlaufen kann, sofern der Umlenkwinkel nur klein genug ist ($\vartheta \to 0$). Bei einer starken konkaven Umlenkung ($\vartheta > 0$) bildet sich nach Abb. 4.32c (rechts) ein schiefer Verdichtungsstoß aus. Auf die in Analogie zum normalen Verdichtungsstoß in Kap. 4.5.2.2 gefundenen Ergebnisse über den Einfluß des Druckverhältnisses und der örtlichen Mach-Zahl vor und hinter dem Stoß sei hingewiesen. Das Gleichungssystem (4.148) gibt die Stoßgleichungen für den schiefen Verdichtungsstoß wieder.

Örtliche Mach-Zahlen. Der in Kap. 4.5.2.3 eingeführte Frontwinkel entspricht jetzt dem Stoßwinkel $\sigma > 0$. Im folgenden soll seine Abhängigkeit von den Mach-Zahlen vor und hinter dem Stoß, d. h. Ma_1 bzw. Ma_2, hergeleitet werden. Nach (4.56a) mit $v_1 \triangleq v_{1n}$ und $v_{1n} = v_1 \sin\sigma$ nach Abb. 4.36b sowie $Ma_1 = v_1/c_1$ mit $c_1 = \sqrt{\varkappa p_1/\varrho_1}$ nach (4.31a) und ϱ_2/ϱ_1 nach (4.57a) erhält man zunächst

$$\sin^2\sigma = \frac{1}{\varkappa Ma_1^2}\,\frac{\varrho_2}{\varrho_1}\,\frac{p_2/p_1 - 1}{\varrho_2/\varrho_1 - 1} = \frac{\varkappa - 1 + (\varkappa + 1)p_2/p_1}{2\varkappa Ma_1^2}\,. \tag{4.157}$$

Löst man nach p_2/p_1 auf und setzt in (4.149) ein, so ergibt sich der gesuchte Zusammenhang $\sigma = f(Ma_1, Ma_2)$ zu

$$Ma_2^2 = \frac{(\varkappa + 1)^2 Ma_1^4 \sin^2\sigma - 4(Ma_1^2\sin^2\sigma - 1)(\varkappa Ma_1^2\sin^2\sigma + 1)}{[2\varkappa Ma_1^2\sin^2\sigma - (\varkappa - 1)][(\varkappa - 1)Ma_1^2\sin^2\sigma + 2]}\,. \tag{4.158a}$$

Das Ergebnis ist in Abb. 4.44a wiedergegeben. Es ist stets $Ma_2 \leqq Ma_1$. Für den normalen Verdichtungsstoß ($\sigma = \pi/2$) wird (4.64a) bestätigt, vgl. Abb. 4.9d. Die Gerade $Ma_2 = Ma_1$ bedeutet eine schwache Umlenkung, wobei der Stoßwinkel in

---

[57] Die ebenfalls in Abb. 4.43 dargestellte Stoßpolare (ausgezogene Kurven) wird in Kap. 4.5.3.3 besprochen.

den Machwinkel nach (4.144a) übergeht: $\sin\sigma = \sin\mu = 1/Ma_1 = 1/Ma_2$. Die zu bestimmten Werten σ gehörenden Werte μ sind in Abb. 4.44a durch Kreise besonders gekennzeichnet. Die Kurven $\sigma = \text{const}$ streben für $Ma_1 \to \infty$ jeweils asymptotischen Grenzwerten für Ma_2 zu. Diese errechnen sich aus (4.158a) zu

$$Ma_2 = \sqrt{\frac{\varkappa - 1}{2\varkappa}\left[1 + \left(\frac{\varkappa + 1}{\varkappa - 1}\right)^2 \cot^2\sigma\right]} \quad (Ma_1 = \infty)\,. \tag{4.158b}$$

Für den normalen Verdichtungsstoß ergibt sich mit $\sigma = \pi/2$ der kleinstmögliche Wert, nämlich $Ma_{2\min} = \sqrt{(\varkappa - 1)/2\varkappa}(=)\,0{,}378$. In Abb. 4.44b ist die Mach-Zahl Ma_2 über σ für die Fälle $Ma_1 = \infty$ und $Ma_1 = Ma_2$ aufgetragen. Während es sich im ersten Fall um einen schiefen Verdichtungsstoß handelt, beschreibt der zweite Fall eine Umlenkung mittels einer Machwelle ($\sigma = \mu$). Bei kleinen und mäßig großen Stoßwinkeln $\sigma < \sigma' = \arcsin\sqrt{(1 + 4\varkappa - \varkappa^2)/4\varkappa}(=)\,65{,}5°$ ist die Mach-Zahl Ma_2 hinter dem Stoß größer als die Mach-Zahl hinter der Machwelle, während bei großen Stoßwinkeln $\sigma > \sigma'$ die Mach-Zahl hinter dem Stoß kleiner als die Mach-Zahl hinter der Machwelle ist. In diesem Fall liegt für Stoßwinkel $\sigma > \sigma^* = \arcsin\sqrt{(\varkappa + 1)/2\varkappa}(=)\,67{,}8°$ Unterschallströmung ($Ma_2 < 1$) vor.

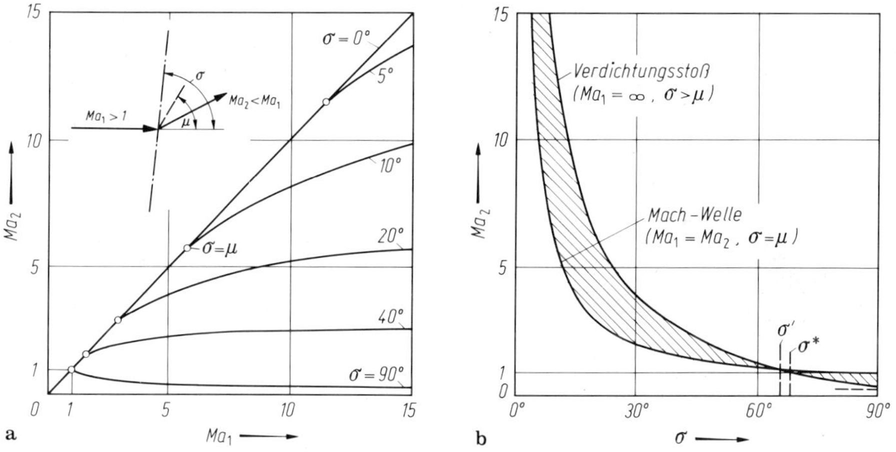

Abb. 4.44. Einfluß der örtlichen Mach-Zahlen Ma_1 und Ma_2 auf den Stoßwinkel σ; μ = Machwinkel, $\varkappa = 1{,}4$. **a** Kurven $\sigma = \text{const}$; **b** Kurven $Ma_1 = \infty$, Ma_2 und $Ma_1 = Ma_2$

Einfluß der Zuström-Mach-Zahl. Aus (4.157) findet man für das Druck- und unter Beachtung von (4.57a) für das Dichteverhältnis mit $C_1 = Ma_1 \sin\sigma$ die Ausdrücke[58]

$$\frac{p_2}{p_1} = 1 + \frac{2\varkappa}{\varkappa + 1}(C_1^2 - 1) > 1\,, \quad \frac{\varrho_2}{\varrho_1} = \frac{(\varkappa + 1)C_1^2}{2 + (\varkappa - 1)C_1^2} > 1\,. \tag{4.159a, b}$$

[58] Wegen der Analogie zum normalen Verdichtungsstoß stimmen diese Beziehungen mit (4.59a, b) überein, wenn man Ma_1 durch $Ma_1 \sin\sigma$ ersetzt.

Die Zuström-Mach-Zahl Ma_1 und der Stoßwinkel σ sind durch die Kennzahl (Stoßparameter, Mach-Zahl der Normalkomponente der Zuströmung)

$$C_1 = Ma_{1n} = Ma_1 \sin\sigma > 1 \qquad \text{(Stoßparameter)} \tag{4.160}$$

miteinander gekoppelt. Da bei der vorliegenden Kompressionsströmung $p_2/p_1 > 1$ ist, folgt aus (4.159a), daß stets $C_1 > 1$ sein muß. Mithin gilt für C_1 der Wertebereich $1 < C_1 < Ma_1$. Bei der Umlenkung mittels einer Machwelle ist $\sin\sigma = \sin\mu = 1/Ma_1$, was nach (4.160) zu $C_1 = 1$ führt. Dies bedeutet auch, daß bei gleicher Zuström-Mach-Zahl $Ma_1 = \text{const}$ der Stoßwinkel σ stets größer als der zugehörige Mach-Winkel $\mu_1 = \mu(Ma_1)$ ist, d. h.

$$\sigma > \mu \qquad \text{(Stoß-, Machwinkel)}\,. \tag{4.161}$$

Wird hinter einem schiefen Verdichtungsstoß Schallgeschwindigkeit erreicht, so erhält man bei gegebener Zuström-Mach-Zahl Ma_1 einen bestimmten Stoßwinkel $\sigma^* = \sigma(Ma_1, Ma_2 = 1)$. Diesen ermittelt man aus (4.158a). Er ist in Abb. 4.45 über Ma_1 aufgetragen. Bei $Ma_1 = 1$ ist $\sigma^* = \pi/2$. Für $Ma_1 = \infty$ strebt er dem bereits angegebenen Wert $\sigma^* = \sigma^*_\infty$ zu. Zwischen beiden Werten besitzt σ^* ein Minimum. Zum Vergleich ist der Verlauf $\mu(Ma_1)$ mitdargestellt.

Mittels (4.159a, b) lassen sich das Druck- und Dichteverhältnis bei konstant gehaltenem Stoßwinkel σ über der Zuström-Mach-Zahl Ma_1 darstellen, was in Abb. 4.46a und b gezeigt wird. Weiterhin findet man unter Beachtung von (4.21b) und (4.29a) die entsprechenden Auftragungen für das Temperaturverhältnis und die Entropieänderung in Abb. 4.46c und d. Aus diesen Darstellungen werden für die verschiedenen Zustandsgrößen die Unterschiede zwischen dem schiefen und normalen Verdichtungsstoß bei festgehaltener Zuström-Mach-Zahl besonders deutlich. So erzeugt z. B. der normale Verdichtungsstoß ($\sigma = \pi/2$) beim Strömungsdurchgang jeweils die größte Entropieänderung. Ein gerader schiefer Stoß ($\sigma = \text{const}$) bewirkt in allen Punkten hinter dem Stoß eine gleichgroße Entropiezunahme, während sich bei einem gekrümmten Stoß mit örtlich veränderlichem Stoßwinkel ($\sigma \neq \text{const}$) die Entropiezunahme von Stromlinie zu Stromlinie ändert. Es sei schon hier bemerkt, daß die Strömung hinter einem gekrümmten Verdichtungsstoß gemäß dem Croccoschen Wirbelsatz nach Kap. 5.4.4.3 drehungsbe-

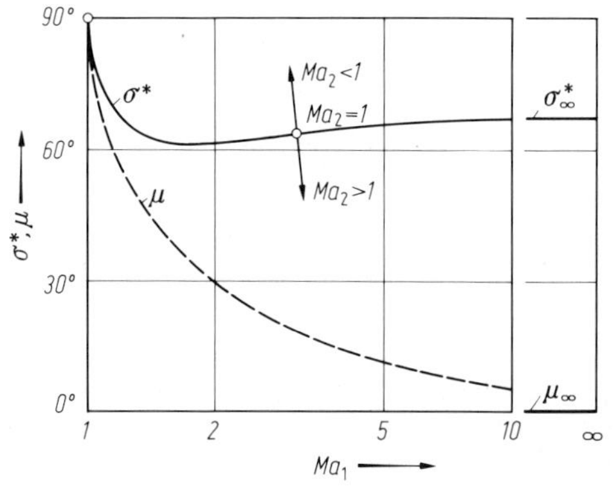

Abb. 4.45. Stoßwinkel $\sigma^* = \sigma(Ma_1, Ma_2 = 1)$; zum Vergleich $\mu = \mu(Ma_1)$, $\varkappa = 1{,}4$

haftet ist, vgl. Abb. 5.72a, b. Schiefe Verdünnungsstöße wären mit einer Entropieabnahme verbunden; sie sind ebenso wie normale Verdünnungsstöße mit Rücksicht auf den zweiten Hauptsatz der Thermodynamik physikalisch nicht möglich.

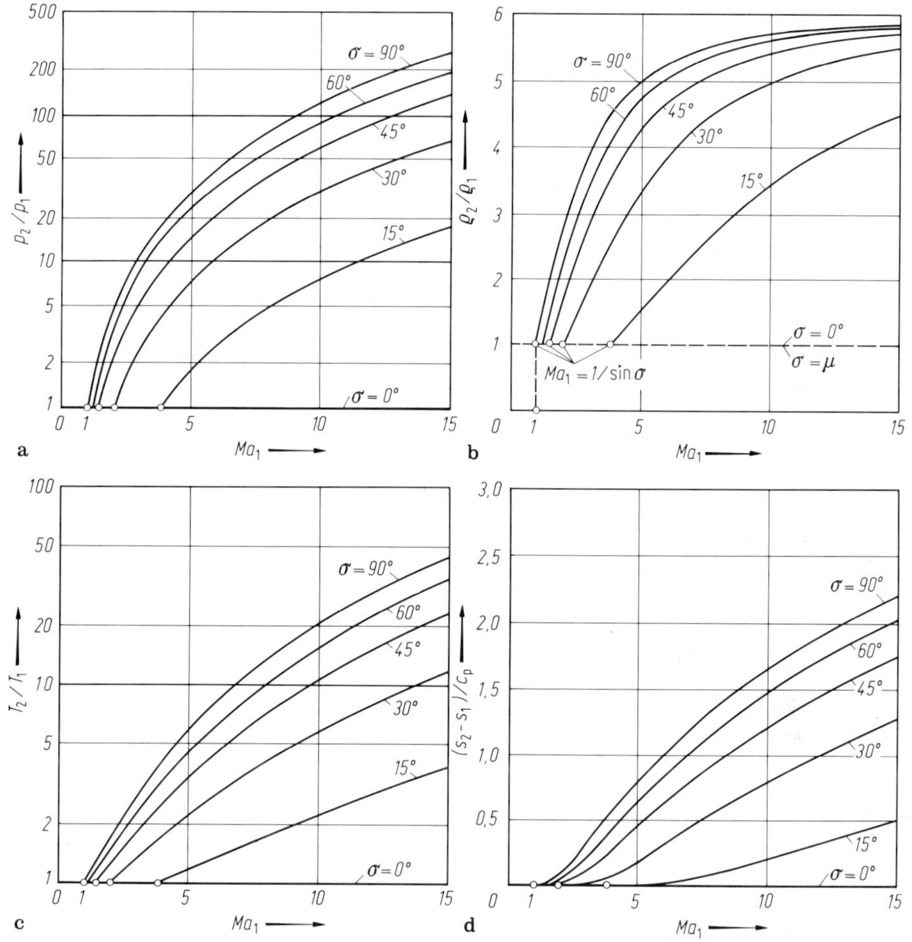

Abb. 4.46. Einfluß der Zuström-Mach-Zahl Ma_1 und des Stoßwinkels σ auf die physikalischen Größen hinter einem schiefen Verdichtungsstoß (normaler Verdichtungsstoß, $\sigma = 90°$) für $\varkappa = 1{,}4$. **a** Druckverhältnis p_2/p_1, **b** Dichteverhältnis ϱ_2/ϱ_1, **c** Temperaturverhältnis $T_2/T_1 = (c_2/c_1)^2$, **d** Entropieänderung $(s_2 - s_1)/c_p$

Geschwindigkeiten. Wegen $v_{2n}/v_{1n} = \varrho_1/\varrho_2$ nach der Kontinuitätsgleichung (4.146a) kann (4.159b) zur Ermittlung der Geschwindigkeiten vor und hinter dem Stoß herangezogen werden. Beachtet man, daß $C_1 = Ma_1 \sin\sigma = v_1 \sin\sigma/c_1 = v_{1n}/c_1$ ist, dann folgt für das Produkt der Normalgeschwindigkeiten

$$v_{1n}v_{2n} = [(\varkappa - 1)/(\varkappa + 1)]\, v_{1n}^2 + [2/(\varkappa + 1)]c_1^2 \,.$$

Aus der Energiegleichung (4.27b) entnimmt man $v_1^2 + [2/(\varkappa - 1)]c_1^2 = [2/(\varkappa - 1)]c_0^2$ mit c_0 als Schallgeschwindigkeit des Ruhezustands. Nach Abb. 4.36b ist $v_1^2 = v_{1n}^2 + v_{1t}^2$ mit $v_{1t} = v_t = \text{const}$ als Geschwindigkeitskomponente in Richtung des Verdichtungsstoßes nach (4.147). Somit erhält man

$$v_{1n} v_{2n} = \frac{2}{\varkappa + 1} c_0^2 - \frac{\varkappa - 1}{\varkappa + 1} v_t^2 = c_L^2 - \frac{\varkappa - 1}{\varkappa + 1} v_t^2 \quad \text{(Prandtl)} . \qquad (4.162\text{a, b})$$

In der letzten Beziehung wurde die Laval-Geschwindigkeit gemäß (4.34) eingeführt. Für den normalen Verdichtungsstoß geht (4.162) wegen $v_t = 0$ in die einfachere Beziehung (4.63) über.

Zusammenhang von Stoß- und Umlenkwinkel. Im folgenden wird gezeigt, wie Stoß- und Umlenkwinkel miteinander gekoppelt sind, man vgl. hierzu Abb. 4.36b. Setzt man (4.150c) in (4.159b) ein, dann folgt nach trigonometrischer Umformung mit $C_1 = Ma_1 \sin\sigma$ die gesuchte Beziehung zu

$$\cot\vartheta = \left(\frac{\varkappa + 1}{2} \frac{Ma_1^2}{Ma_1^2 \sin^2\sigma - 1} - 1\right) \tan\sigma \quad (\vartheta > 0) . \qquad (4.163)$$

In Abb. 4.47a ist der Stoßwinkel σ über dem Umlenkwinkel $\vartheta > 0$ mit der Zuström-Mach-Zahl Ma_1 als Parameter dargestellt. Es ist der Stoßwinkel stets größer als der Umlenkwinkel:

$$\sigma > \vartheta \quad \text{(Stoß-, Umlenkwinkel)} . \qquad (4.164)$$

Keine Umlenkung ($\vartheta = 0$, $\cot\vartheta = \infty$) ergibt sich für die Fälle $0 \leqq \sigma < 90°$ und $C_1 = Ma_1 \sin\sigma = 1$ sowie $\sigma = 90°$. Wie bereits gezeigt wurde, geht bei $C_1 = 1$ der Stoßwinkel in den Machwinkel über, d. h. $\sigma = \mu$. Im ersten Fall handelt es sich somit um eine durch Machwellen hervorgerufene schwache Verdichtung. Der zweite Fall entspricht dem normalen Verdichtungsstoß. Zu jedem Umlenkwinkel gehören bei der gleichen Mach-Zahl Ma_1 zwei Stoßwinkel. Man unterscheidet daher in die flachen oder schwachen und in die steilen oder starken Verdichtungsstöße (kleine bzw. große Entropieänderung nach Abb. 4.46d). Welcher Zustand sich einstellt, wird bei der Keilströmung, Beispiel a untersucht. Für jede Mach-Zahl gibt es eine größte Umlenkung ϑ_m. Die Verbindungslinie all dieser Punkte ist in Abb. 4.47a als Kurve (*1*) eingetragen. Die zugehörigen Stoßwinkel seien mit σ_m bezeichnet. Die größtmögliche Umlenkung ϑ_{max} tritt bei $Ma_1 = \infty$ auf und beträgt

$$\vartheta_{max} = \arcsin\left(\frac{1}{\varkappa}\right) (=) 45{,}6° \quad \text{bei} \quad \sigma^* = \arcsin\sqrt{\frac{\varkappa + 1}{2\varkappa}} (=) 67{,}8° . \qquad (4.165\text{a, b})$$

Abb. 4.47b zeigt den Verlauf von ϑ_m über Ma_1 für den Wert $\varkappa = 1{,}4$ und zum Vergleich auch für $\varkappa = 1{,}0$. Während im ersten Fall ϑ_m dem Wert $\vartheta_{max} = 45{,}6°$ zustrebt, gilt im zweiten Fall $\vartheta_{max} = 90°$. Der in Abb. 4.45 dargestellte Stoßwinkel $\sigma^*(Ma_1)$, bei dem hinter dem Verdichtungsstoß $Ma_2 = 1$ wird, ist in Abb. 4.47a als Kurve (*2*) wiedergegeben. Für kleine und mäßige Stoßwinkel $\sigma < \sigma^*$ herrscht hinter dem Stoß Überschall- und für große Stoßwinkel $\sigma > \sigma^*$ Unterschallströmung. Die Kurven $\sigma_m = \sigma(\vartheta = \vartheta_m)$ und $\sigma^* = \sigma(Ma_2 = 1)$ unterscheiden sich nicht sehr stark voneinander. Es ist $\sigma = \sigma(Ma_1, Ma_2)$ nach Abb. 4.44a und $\sigma = \sigma(\mathrm{Ma}_1, \vartheta)$ nach Abb. 4.47a bekannt. Eliminiert man den Stoßwinkel, dann erhält man für den Umlenkwinkel bei unstetiger Verdichtung die Beziehung $\vartheta = \vartheta(Ma_1, Ma_2)$. Dieser Zusammenhang ist für $Ma_2 > 1$ in Abb. 4.40a (oben) und für $Ma_2 < 1$ in Abb. 4.40b dargestellt.

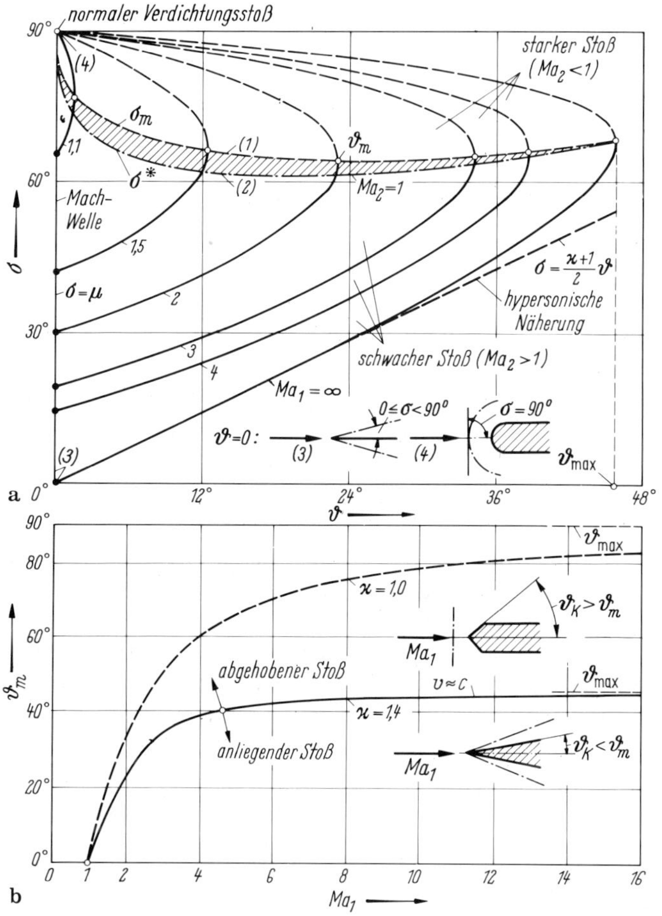

Abb. 4.47. Konkave Strömungsumlenkung durch schiefen Verdichtungsstoß. **a** Stoßwinkel σ in Abhängigkeit vom Umlenkwinkel $\vartheta > 0$ und von der Zuström-Mach-Zahl Ma_1 ($\varkappa = 1{,}4$); (*1*) größte Umlenkung ϑ_m, σ_m; (*2*) örtliche Mach-Zahl $Ma_2 = 1$, σ^*; ohne Umlenkung ($\vartheta = 0$): (*3*) sehr scharfer Keil (längsangeströmte ebene Platte), (*4*) angeströmter stumpfer Körper (normaler Verdichtungsstoß); Hypersonische Näherung bei schwacher Umlenkung nach (4.172b). **b** Maximaler Umlenkwinkel ϑ_m in Abhängigkeit von Ma_1 ($\varkappa = 1{,}4$ und $\varkappa = 1{,}0$)

Druckbeiwert. Die Druckerhöhung hinter einem schiefen Verdichtungsstoß $\Delta p = p_2 - p_1$ bezogen auf den Geschwindigkeitsdruck der Zuströmung $q_1 = (\varrho_1/2)v_1^2$ beträgt nach (4.45) in Verbindung mit (4.159a)

$$\frac{\Delta p}{q_1} = \frac{4}{\varkappa + 1} \frac{Ma_1^2 \sin^2\sigma - 1}{Ma_1^2} = 2\frac{\tan\sigma \tan\vartheta}{1 + \tan\sigma\tan\vartheta} > 0\,. \qquad (4.166\text{a, b})$$

Für $\sigma = \pi/2$ geht (4.166a) in (4.61a) über. Gl. (4.166b) erhält man durch Einsetzen von (4.163) in (4.166a). In Abb. 4.48 ist der Druckbeiwert nach (4.166b) über $\tan\sigma \tan\vartheta$ aufgetragen. Er strebt für sehr große Abszissenwerte der Asymptote $(\Delta p/q_1)_{\max} = 2$ zu, während sich der überhaupt mögliche größte Beiwert für den normalen Verdichtungsstoß mit $\sigma = \pi/2$ bei $Ma_1 = \infty$ zu $(\Delta p/q_1)_{\max} = 4/(\varkappa + 1)$ $(=)1{,}67$ für $\varkappa = 1{,}4$ ergibt. Der Wert $(\Delta p/q_1)_{\max} = 2$ würde für $\varkappa = 1{,}0$ erreicht. Gl. (4.166b) hat also nur im Bereich $0 \leqq \Delta p/q_1 \leqq 4/(\varkappa + 1)$ physikalische Bedeutung, d. h. für $0 \leqq \tan\sigma \tan\vartheta \leqq 2/(\varkappa - 1)(=)5{,}0$. In Abb. 4.48 sind die Fälle für $Ma_1 = \infty$ bei den Werten $\sigma = 45°$, $60°$ und $75°$ besonders gekennzeichnet.

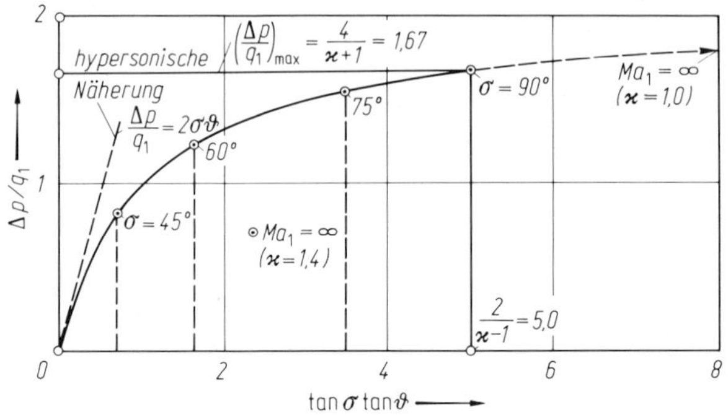

Abb. 4.48. Druckbeiwert beim Durchgang durch einen schiefen Verdichtungsstoß in Abhängigkeit vom Stoß- und Umlenkwinkel ($\varkappa = 1{,}4$ und $\varkappa = 1{,}0$), hypersonische Näherung bei schwacher Umlenkung nach (4.173a)

Stoßpolarendiagramm. Zur zeichnerischen Behandlung von Verdichtungsstößen kann das in Kap. 4.5.3.2 beschriebene Charakteristikendiagramm homentrop verlaufender Strömungen nicht verwendet werden. Zur Lösung dieser Aufgabe hat daher Busemann [10] ein Stoßpolarendiagramm entwickelt, mit dem man bei gegebener Geschwindigkeit v_1 vor dem Stoß zu einem bestimmten Umlenkwinkel $\vartheta > 0$ den Betrag der Geschwindigkeit v_2 hinter dem Stoß ermitteln kann. Auch der Stoßwinkel σ kann auf diese Weise zeichnerisch gefunden werden. Das Stoßpolarendiagramm hat den gleichen Aussagewert wie Abb. 4.47a. Wie beim Charakteristikendiagramm in Abb. 4.43 sei auch hier auf die Konstruktion des Stoßpolarendiagramms nicht näher eingegangen. Es werden wieder die Geschwindigkeitsvektoren $\boldsymbol{v}_2$ als Funktion des Umlenkwinkels $\vartheta \gtrless 0$ in einem Hodographen (Geschwindigkeitsebene) aufgetragen, und zwar in Abb. 4.43 als ausgezogene Kurven (*3a, b*) und (*4a, b*) dargestellt.[59] Grundlegend für die Darstellung des Stoßpolarendiagramms ist die Beziehung für die Geschwindigkeitskomponenten parallel zur Stoßfront gemäß (4.147). Die Stoßpolare ist bestimmt durch die beiden Konstanten v_1 und c_L, d. h. durch den Betrag der Geschwindigkeit vor dem Stoß und durch die vom Ruhezustand abhängige Laval-Geschwindigkeit gemäß (4.34). Die Stoßpolare ist eine Strophoide. Wie bei der Epizykloide des Charakteristikendiagramms gibt es zwei spiegelbildliche Äste der Strophoide im Stoßpolarendiagramm, Kurven (*a*) bzw. (*b*), je nachdem, ob es sich um eine links- oder rechtsläufige konkave Umlenkung handelt. Der Kreis $v = c_L$ teilt die Stoßpolaren an den

---

[59] Siehe Fußnote 56, S. 90.

Punkten E in zwei Abschnitte, denen, wie bereits nach Abb. 4.47a bekannt ist, Verdichtungsstöße mit Unter- bzw. Überschallgeschwindigkeit hinter dem Stoß entsprechen, $v_2 \lessgtr c_L$.

Die Auftragung in Abb. 4.43 bezieht sich wieder auf eine bestimmte vorgegebene Überschallgeschwindigkeit $v_1 > c_1(Ma_1 = v_1/c_1,\ c_1 = \sqrt{\varkappa p_1/\varrho_1})$ vor dem Stoß (Zuströmrichtung), Punkt A. Dem Punkt D entspricht der normale Verdichtungsstoß mit $\vartheta = 0$. Beim schiefen Verdichtungsstoß $\vartheta > 0$ treten zwei Schnittpunkte mit der Stoßpolare auf, wobei in den Punkten F hinter dem Stoß Überschallgeschwindigkeit und in den Punkten G Unterschallgeschwindigkeit herrscht. Welcher Zustand sich einstellt, wird bei der Keilströmung noch untersucht. Die Winkel zwischen der Normalen zur Zuströmung und den Strahlen $\overline{AF}$ bzw. $\overline{AG}$ sind nach Abb. 4.36b gleich den Stoßwinkeln σ. Die Umlenkwinkel sind beschränkt durch die bereits in Abb. 4.47b bezeichneten Winkel ϑ_m, welche sich in Abb. 4.43 als Winkel der Tangente von O an die Stoßpolare mit der Zuströmrichtung $\overline{OA}$ darstellen. Die Fortsetzung der Polare über den Doppelpunkt A hinaus würde eine Depressionsströmung mit einem Verdünnungsstoß beschreiben, was jedoch, wie bereits nachgewiesen wurde, physikalisch nicht möglich ist. Für das in Abb. 4.43 eingezeichnete Beispiel mit der Zuström-Mach-Zahl $Ma_1 = 2{,}5$ und dem Umlenkwinkel $\vartheta = 20°$ wäre bei der Depressionsströmung der Unterschied für die Geschwindigkeit v_2 zwischen dem exakten Wert nach dem Charakteristikendiagramm und dem an sich unzulässigen Wert nach dem Stoßpolarendiagramm nicht sehr groß. Er nimmt jedoch mit wachsendem Umlenkwinkel sehr schnell zu.

Ein vollständiges Stoßpolaren-Diagramm nach Busemann [10] besteht aus einer Schar von Stoßpolaren im Kompressionsgebiet, Kurven (*3a*) und (*3b*) in Abb. 4.43 für verschiedene vom Pol O aufgetragene Zuströmgeschwindigkeiten $v_1 > v_L$ (durch normierte Ordnungszahlen als Parameter gekennzeichnet). Miteingetragen sind im allgemeinen Kurven konstanten Stoßwinkels σ und Kurven konstanten Drosselfaktors $\hat{p}_0/p_0$ (Verhältnis des Totaldrucks einer infolge schiefen Verdichtungsstoßes unstetigen Staupunktströmung zum Totaldruck einer mit konstanter Entropie stetig verlaufenden Staupunktströmung[60]). Für $v_1 = c_L$ entartet die Stoßpolare in einen Punkt $M = A = D$, während für $v_1 = v_{max}$ die Stoßpolare in einen Kreis übergeht. Alle Stoßpolaren liegen im Inneren des Kreises und umschließen den Punkt M.

Beispiele zur Theorie schiefer Verdichtungsstöße. Zur Veranschaulichung der bisher mitgeteilten Beziehungen sollen im folgenden einfache Strömungen behandelt werden, die mit dem Auftreten schiefer Verdichtungsstöße verbunden sind.

a) Keilströmung. Denkt man sich eine Stromlinie, welche durch einen schiefen Verdichtungsstoß konkav umgelenkt wird, durch eine feste Wand ersetzt, so entspricht dies entweder dem plötzlichen Abknicken einer ebenen Parallelströmung mit Überschallgeschwindigkeit in einer stumpfen (konkaven) Ecke nach Abb. 4.32c (rechts), oder der Anströmung eines Keils mit Überschallgeschwindigkeit nach

---

[60] Die Auftragungen in Abb. 4.16 gelten auch für den schiefen Verdichtungsstoß, wenn man wegen der Analogie zum normalen Verdichtungsstoß anstelle der Mach-Zahl Ma als Abszissenwert den Stoßparameter $C = Ma \sin\sigma$ einführt.

Abb. 4.49a, vgl. auch Abb. 1.18a. Die Keilströmung nach Abb. 4.49a, b sei etwas näher untersucht. Von der Spitze des Keils mit dem halben Öffnungswinkel ϑ_K gehen bei einer Mach-Zahl $Ma_\infty > 1$ nach beiden Seiten gerade schiefe Verdichtungsstöße aus, durch welche die ankommende Strömung um $\vartheta = \vartheta_K$ umgelenkt wird. Vor den Stößen bleibt die Strömung vom Keil unbeeinflußt, während wegen des geraden Stoßes im Bereich zwischen Stoß und Körperkontur überall ein gleichförmiger, durch den schiefen Stoß mit dem Stoßwinkel σ und der Anström-Mach-Zahl Ma_∞ bestimmter Zustand herrscht. Aus Abb. 4.47a kann man für gegebene Werte $Ma_1 = Ma_\infty$ und $\vartheta = \vartheta_K$ die Größe des Stoßwinkels $\sigma > \vartheta_K$ entnehmen. Dies ist nur möglich, solange $\vartheta_K \leqq \vartheta_m$ ist. Nach Abb. 4.47a sind bei festgehaltener Zuström-Überschall-Mach-Zahl und gleichem Umlenkwinkel zwei Verdichtungsstöße (schwach oder stark bzw. flach oder steil) möglich, und zwar ein schiefer Verdichtungsstoß, hinter dem weiterhin Überschallgeschwindigkeit herrscht, oder ein fast normaler Verdichtungsstoß mit starker Verdichtung auf Unterschallgeschwindigkeit.[61] Welche der beiden Möglichkeiten sich einstellt, kann man sich klar machen, wenn man die Anströmung eines scharfen und eines stumpfen Keils betrachtet.

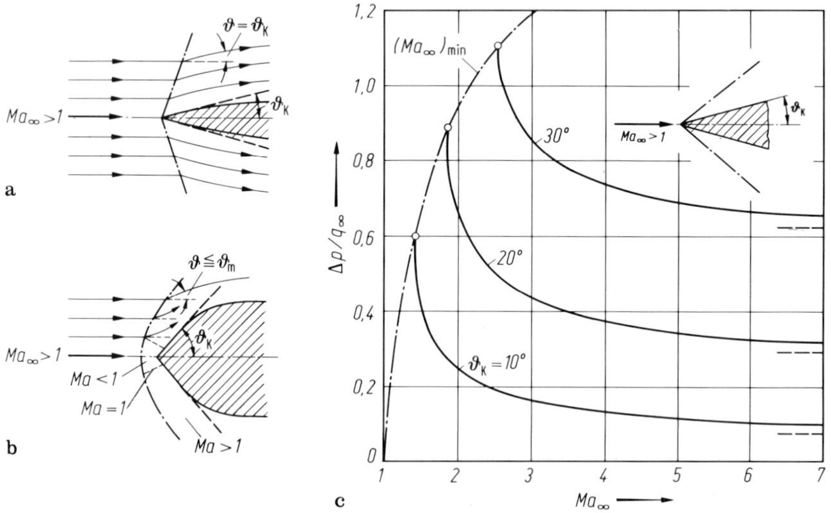

Abb. 4.49. Mit Überschallgeschwindigkeit angeströmte Keilspitzen. **a** Anliegender Verdichtungsstoß, **b** abgehobener Verdichtungsstoß, **c** Druckbeiwerte für verschiedene Keilwinkel (anliegender Verdichtungsstoß)

Bei der Umströmung eines sehr scharfen Keils mit $\vartheta_K \to 0$, d. h. nach Abb. 4.50a eines Falls ohne Strömungsumlenkung, ist ein steiler Verdichtungsstoß nicht vorstellbar. Bei Keilwinkeln $\vartheta_K \leqq \vartheta_m$ gehen somit nach Abb. 4.50b und c von der Keilspitze flache gerade Verdichtungsstöße ($\sigma = \text{const}$) als anliegende schiefe Verdichtungsstöße aus. Das Auftreten solcher schwachen Stöße wird experimentell bestätigt. Die Druckverteilung auf der Kontur des Keils in Form des Druckbeiwerts $\Delta p/q_\infty = (p_K - p_\infty)/q_\infty$ erhält man aus (4.166a) durch Eliminieren des Stoßwinkels σ mittels (4.163) aus der nicht nach $\Delta p/q_\infty$ auflösbaren Beziehung

$$\tan^2 \vartheta_K = \left(\frac{4Ma_\infty^2}{4 + (\varkappa + 1)Ma_\infty^2 c_p} - 1\right)\left(\frac{c_p}{2 - c_p}\right)^2 \qquad (c_p = \Delta p/q_\infty)\,. \tag{4.167}$$

Bei festgehaltenem Keilwinkel $\vartheta_K = \text{const}$ und gegebener Anström-Mach-Zahl Ma_∞ ist $\Delta p/q_\infty = \text{const}$. In Abb. 4.49c ist der Druckbeiwert über Ma_∞ mit ϑ_K als Parameter aufgetragen. Dabei zeigt sich in Übereinstimmung mit Abb. 4.47b, daß ein anliegender Stoß nur für Keilwinkel $\vartheta_K \leqq \vartheta_m$ möglich ist. Dem Fall $\vartheta_K = \vartheta_m$ entspricht eine kleinste Mach-Zahl $(Ma_\infty)_{\min}$, bei welcher der Verdichtungsstoß gerade noch anliegt. Diese Begrenzung ist in Abb. 4.49c dargestellt.

---

[61] Auf den kleinen Bereich zwischen σ_m und σ^* sei nicht besonders eingegangen.

Ist der Keilwinkel $\vartheta_K > \vartheta_m$, so liegt keine so einfache Lösung wie bei $\vartheta_K \leqq \vartheta_m$ vor. Vor solchen stumpfen Keilen beobachtet man nach Abb. 4.49b einen vom Körper abgehobenen gekrümmten Verdichtungsstoß. Der Stoßwinkel ist jetzt nicht mehr konstant ($\sigma \neq$ const), was bedeutet, daß der Strömungszustand zwischen Stoß und Körper nicht mehr gleichförmig ist. In der Symmetrieebene ist $\sigma = \pi/2$ und $\vartheta = 0$, während nach außen σ monoton abnimmt, wobei die Umlenkung stets $\vartheta \leqq \vartheta_m$ ist. In genügend großer Entfernung strebt bei endlich dickem Körper der Stoßwinkel dem zu Ma_∞ gehörenden Machwinkel μ zu, was im übrigen auch für den anliegenden Stoß bei einem endlich dicken Körper zutrifft. Während bei keilförmig zugespitzten Körpern bei Überschallanströmung je nach Mach-Zahl Ma_∞ und Keilwinkel ϑ_K sowohl anliegende als auch abgehobene Verdichtungsstöße auftreten, findet man bei Körpern, die nach Abb. 1.18b vorn stumpf sind, bei Überschallanströmung nur abgehobene Stöße. In der Umgebung der Stromlinie, die zum Staupunkt führt, herrscht hinter dem abgehobenen Verdichtungsstoß immer Unterschallströmung ($Ma < 1$). Unmittelbar vor dem Kopf bildet sich also ein Unterschallgebiet aus, in dem sich Störungen in einem gewissen Maß, d. h. bis zum Verdichtungsstoß, stromaufwärts bemerkbar machen. Der Unterschallbereich ist durch die Linie $Ma = 1$ begrenzt. Außerhalb des beschriebenen Bereichs herrscht zwischen Verdichtungsstoß und Körperkontur Überschallgeschwindigkeit ($Ma > 1$). Mit der bisher angegebenen Theorie ist es nicht möglich, Lage und Krümmung des abgehobenen Stoßes zu ermitteln. Fragen des Verdichtungsstoßes bei einer Überschallströmung werden zusammenfassend von Cabannes [12] behandelt.

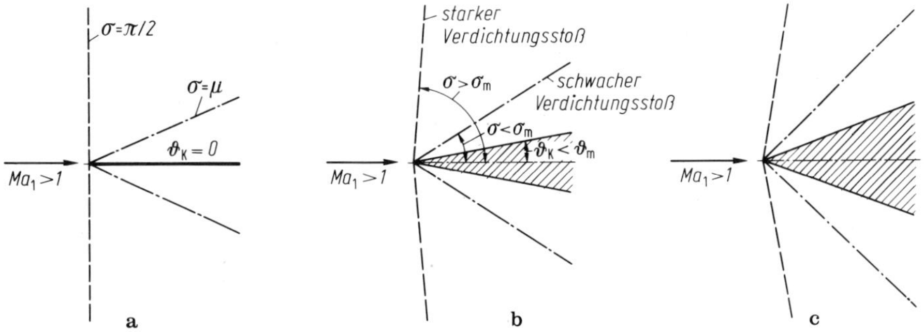

Abb. 4.50. Zur Frage des Auftretens anliegender schiefer Verdichtungsstöße an Keilspitzen, die mit Überschallgeschwindigkeit ($Ma_1 = 2{,}5$) angeströmt werden, vgl. Abb. 4.47. – · – · –: schwacher Stoß, — — — —: starker Stoß. **a** $\vartheta_K = 0$, **b** $\vartheta_K = 10°$, **c** $\vartheta_K = 20°$

b) Angestellte ebene Platte. In Kap. 4.5.3.1, Beispiel a, wurde die Anwendung der linearen supersonischen Theorie (Ackeret) auf die angestellte ebene Platte gezeigt, Abb. 4.38a. Im folgenden wird kurz über die nichtlineare Lösung berichtet, die mit den in diesem Kapitel für die unstetige Kompressionsströmung mit schiefem Verdichtungsstoß und in Kap. 4.5.3.2 für die stetige Depressionsströmung mit konstanter Entropie bereitgestellten Formeln und Methoden (Stoßpolaren- und Charakteristikendiagramm) arbeitet.

Die ebene Platte ist nach Abb. 4.51a unter dem Anstellwinkel α gegen die Anströmrichtung geneigt. Die Umlenkung der Strömung an der Vorderkante um die Winkel $\vartheta = \mp\alpha$ erfolgt auf der Oberseite der Platte durch einen zentrierten Verdünnungsfächer und auf der Unterseite durch einen schiefen Verdichtungsstoß. An der Hinterkante kehrt sich dies Verhalten um. In den Bereichen (*1*) und (*2*) verlaufen die Stromlinien tangential zur Platte. Die Drücke auf der Unter- und Oberseite der umströmten Platte liegen durch die Druckänderungen fest, die von dem Verdünnungsfächer bzw. von dem Verdichtungsstoß an der Vorderkante der Platte hervorgerufen werden. Das geschilderte Verfahren nennt man die Stoß-Expansions-Methode.[62]

An der Hinterkante der Platte wird die Strömung in eine konstante Parallelströmung umgelenkt. Dabei bestimmt sich die Größe der Umlenkung im Verdichtungsstoß und im Verdünnungsfächer aus der Bedingung, daß Strömungsrichtung und Druck in den Bereichen (*3*) und (*4*) übereinstimmen müssen. Diese Strömungsrichtung stimmt nicht genau mit der Anströmrichtung überein. Von der Hinterkante geht eine trennende Unstetigkeitsfläche als Wirbelschicht aus, vgl. Kap. 5.4.4.2. Die

[62] Englisch: Shock-expansion method.

geschilderte Strömung in Plattennähe bleibt stromabwärts bis zu den beiden Mach-Linien m_1 und m_2 bestehen, die dort ihren Ursprung haben, wo sich Verdichtungsstoß und Verdünnungswelle treffen.

Die für die angestellte ebene Platte gemachten Überlegungen lassen sich in analoger Weise auf das mit Überschallgeschwindigkeit angeströmte Doppelkeilprofil nach Abb. 4.51b übertragen. Die von der Keilspitze ausgehenden Verdichtungsstöße erstrecken sich in konstanter Stärke allerdings nur bis zu den Stellen, wo sie mit einer vom Ort der größten Profildicke ausgehenden Verdünnungswelle in Wechselwirkung treten und dadurch abgeschwächt werden.

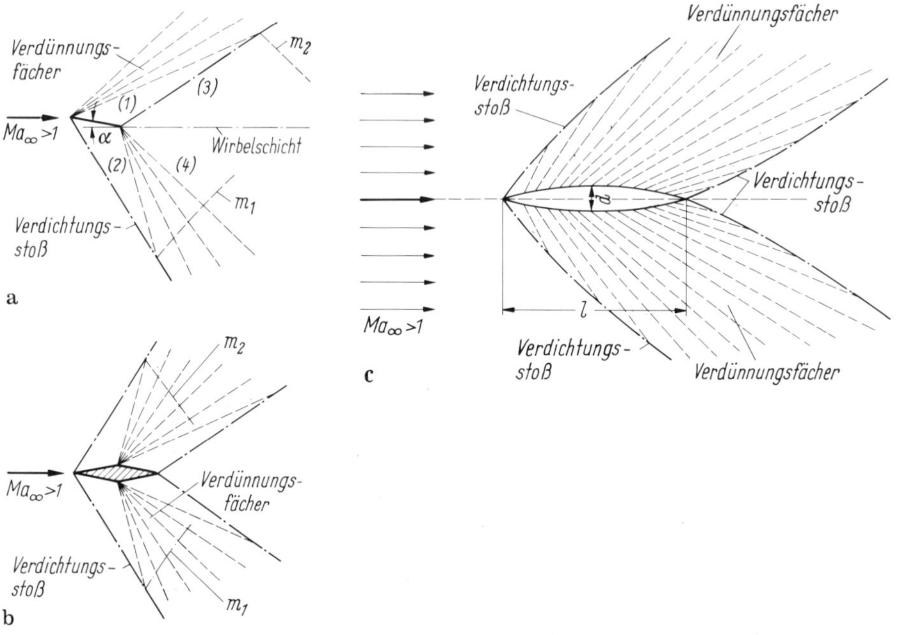

Abb. 4.51. Beispiele zur nichtlinearen supersonischen Profiltheorie. **a** Angestellte ebene Platte, **b** sehnenparallel angeströmtes Doppelkeilprofil, **c** sehnenparallel angeströmtes Parabelprofil

c) Symmetrisch angeströmtes endlich dickes Profil. In Kap. 4.5.3.1, Beispiel b, wurde auch die Anwendung der linearen supersonischen Theorie (Ackeret) auf ein sehnenparallel angeströmtes symmetrisches Polygon-Profil gezeigt. Das bei der angestellten ebenen Platte und beim Doppelkeilprofil beschriebene Verfahren läßt sich in der angegebenen einfachen Weise nicht auf stetig gekrümmte Profile übertragen. In Abb. 4.51c ist ein vorn und hinten spitzes bikonvexes Parabelprofil (Linsenprofil) dargestellt. Auch hierüber seien einige aus der nichtlinearen supersonischen Theorie folgende Bemerkungen gemacht.

An der Profilnase entsteht zunächst auf beiden Profilseiten je ein gekrümmter anliegender Verdichtungsstoß mit dahinterliegendem Überdruck. Infolge der konvexen Neigung der gekrümmten Profiloberfläche gehen von dieser Verdünnungswellen aus, durch welche der Überdruck allmählich wieder herabgesetzt und auf der rückwärtigen Profilseite sogar in Unterdruck verwandelt wird. Die von der Ober- bzw. Unterseite des Profils ausgehenden Machwellen treffen teilweise die beiden an der Vorderkante entstandenen Verdichtungsstöße; es tritt dann eine Reflexion der Wellen ein. Das Strömungsfeld stromabwärts von den vorderen Stößen enthält also sowohl auf der Oberseite als auch auf der Unterseite reflektierte Machwellen, die in Abb. 4.51c nicht eingetragen sind. Schließlich bilden sich an der Profilhinterkante nochmals zwei gekrümmte schiefe Verdichtungsstöße, die zu einer neuerlichen Druckerhöhung führen, und zwar bis zum Druck der ungestörten Anströmung. Die Stromlinien werden dadurch wieder in ihre anfängliche horizontale Lage abgelenkt.

Wegen der Krümmung des Verdichtungsstoßes ist die Strömung hinter dem Stoß aufgrund der von Stromlinie zu Stromlinie veränderten Entropie nicht homentrop. Bei hinreichend flachen Profilen ist die Krümmung der Stoßfront jedoch so klein, daß die Entropieänderungen hinter der Stoßfront vernachlässigt werden können. Die Strömung zwischen den Stoßfronten (Kopf- bzw. Schwanzstoß) und dem

Profil verhält sich dann homentrop. Die Konstruktion des Strömungsfelds kann mittels des Stoßpolaren- und Charakteristikendiagramms nach Abb. 4.43 erfolgen.

Vernachlässigt man die oben beschriebene Reflexion der Verdünnungswellen an den von der Vorderkante ausgehenden Verdichtungsstößen, so entspricht dies der bei der angestellten ebenen Platte (Beispiel a) beschriebenen Stoß-Expansions-Methode.

Wenn die Entropieänderungen hinter dem Kopfstoß nicht mehr vernachlässigbar klein sind, wie dies bei stärker gekrümmten, dickeren Profilen der Fall ist, liefern die bisher genannten Verfahren nur ungenaue oder unbefriedigende Lösungen. Die an den verschiedenen Stellen des gekrümmten Verdichtungsstoßes unterschiedliche Entropiezunahme bewirkt nach Kap. 5.4.4.3 eine drehungsbehaftete Strömung hinter dem Stoß, was die Behandlung solcher Aufgaben erheblich erschwert. Man hat daher das in Kap. 4.5.3.2 besprochene einfache Charakteristikenverfahren für drehungsfreie ebene Strömung auch auf drehungsbehaftete ebene Überschallströmung erweitert. Auch zur Beschreibung instationärer Überschallströmungen wurden Charakteristikenverfahren entwickelt. Ausführliche Darstellungen über die Behandlung von Überschallströmungen unter Zuhilfenahme von Charakteristikenverfahren findet man z. B. bei Meyer [39] und Sauer [54].

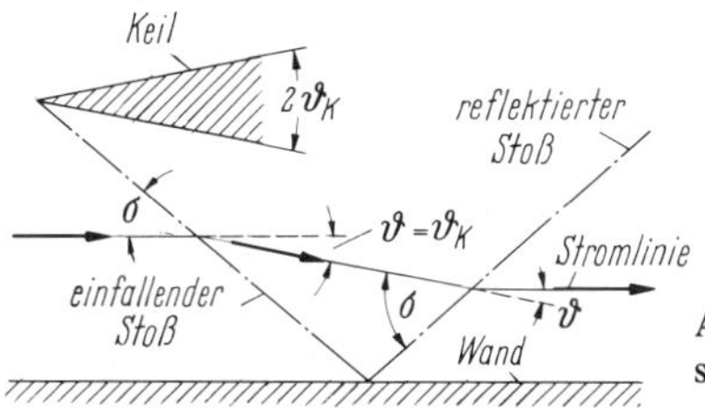

Abb. 4.52. Reflexion eines von einer Keilspitze ausgehenden schiefen Verdichtungsstoßes an einer festen Wand

d) Stoßreflexion. Trifft ein schiefer Verdichtungsstoß, der nach Abb. 4.52 von einer Keilspitze erzeugt wurde, auf eine feste Wand, so wird er an dieser mit gleicher Stärke reflektiert. Eine Stromlinie längs der Wand erfährt neben einer Ablenkung im Bereich zwischen den beiden Verdichtungsstößen beim Durchtritt durch den ein- und ausfallenden (reflektierten) Stoß eine erhöhte Drucksteigerung. Solange der Keilwinkel nicht zu groß ist, stellt sich eine normale Reflexion nach Abb. 4.52 ein. Bei größeren Keilwinkeln läßt sich die Randbedingung an der Wand nicht mehr so einfach erfüllen. Die Reflexion ist erheblich schwieriger zu beschreiben. Auf die vielfältigen Probleme, die mit der Reflexion von Wellen und Stößen an festen Wänden oder freien Strahloberflächen zusammenhängen sowie beim Durchkreuzen gegenläufiger Fronten auftreten, kann hier nicht eingegangen werden, man vgl. z. B. [6, 54].

4.5.3.4 Hypersonische Strömung

Allgemeines. Strömungen, bei denen sehr große Mach-Zahlen $Ma \gg 1$ auftreten, werden als hypersonische Strömungen bezeichnet, vgl. Kap. 4.1. Sie sind durch besondere physikalische und mathematische Merkmale gekennzeichnet, die bei supersonischen Strömungen, wie sie z. B. in Kap. 4.5.3.1 behandelt werden, nicht vorkommen. Hypersonische Einflüsse machen sich sowohl bei Depressions- (Expansions-) als auch bei Kompressionsströmung bemerkbar. Die verschiedenen Voraussetzungen, unter welchen man von hypersonischen Strömungen spricht, können hier nicht vollständig wiedergegeben werden.[63]

Beim Umströmen eines Körpers mit hoher Mach-Zahl ist es für die Stärke der Kompression entscheidend, ob der Körper vorn spitz oder stumpf ausgeführt ist.

---

[63] Einschlägiges in Buchform erschienenes Schrifttum ist in der Bibliographie (Abschnitt B) am Ende dieses Bandes zusammengestellt.

Im ersten Fall bildet sich vor dem Körper bei nicht zu großem Öffnungswinkel ein anliegender Stoß aus, während sich im zweiten Fall ein abgehobener Verdichtungsstoß einstellt, vgl. Abb. 1.18. Der Verdichtungsstoß schmiegt sich nach Abb. 4.53 der Körperform sehr eng an. Den Bereich zwischen dem Verdichtungsstoß und der Körperform nennt man auch die hypersonische Strömungsgrenzschicht. Am Körper selbst entsteht infolge der Viskosität des Fluids eine hypersonische Reibungsschicht, welche einen wesentlichen Anteil der hypersonischen Grenzschicht ausmacht. Bei hypersonischen Strömungen besteht daher eine sehr starke Beeinflussung zwischen dem Verdichtungsstoß und der Reibungsschicht. Die Größe der Expansion bei konvexer Strömungsumlenkung wird im wesentlichen von der Schlankheit des Körpers bestimmt. Beim Durchströmen eines Körpers mit hoher Mach-Zahl, d. h. bei einer Überschalldüse, kommt es auf die Kenntnis der entsprechenden Expansionsströmung an.

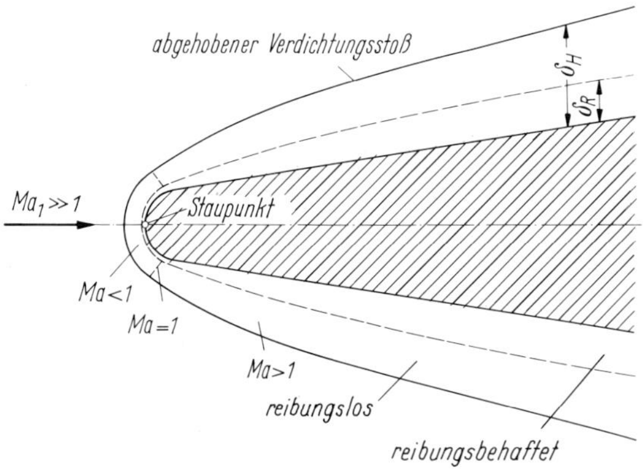

Abb. 4.53. Hypersonische Strömung um einen vorn stumpfen Körper. δ_H = hypersonische Grenzschicht, δ_R = Reibungsschicht

Eine Literaturzusammenstellung bis zum Jahr 1959 findet man bei Truitt [66]. Über die deutschen Forschungsarbeiten auf dem Gebiet der Hyperschallaerodynamik bis zum Jahr 1966 berichten Gersten, Heyser und Wuest [23a]. Einen Übersichtsbeitrag über die Entwicklungsrichtungen der Theorie hypersonischer Strömung gibt Schneider [58]. Der folgende kurze Abriß möge über einige Ergebnisse der hypersonischen Strömungen berichten. Weitergehende Ausführungen findet man in Kap. 5.3.3.4, Abschnitt c.

Schwache Umlenkung bei hypersonischer Strömung

Unter der Annahme nur kleiner Umlenkwinkel an einer Ecke nach Abb. 4.32a, d. h. $|\vartheta| \to 0$, weichen die Geschwindigkeiten vor und hinter der Umlenkung nicht sehr stark voneinander ab, d. h. es ist $v_2 \approx v_1$. Erfolgt die Zuströmung mit der hypersonischen Mach-Zahl $Ma_1 \gg 1$, dann gilt auch $Ma_2 \gg 1$. Mit diesen beiden Bedingungen lassen sich aus Kap. 4.5.3.2 und Kap. 4.5.3.3 sowohl für die Depressions- (Expansions-) als auch für die Kompressionsströmung Formeln für die hypersonische Strömung herleiten.

Als bestimmende Kennzahl stellt sich im Verlauf der nachstehenden Untersuchungen ein von Tsien [67] eingeführter Ähnlichkeitsparameter der hypersonischen Strömung heraus, der wie folgt definiert ist:

$$K_1 = Ma_1 \vartheta \lesseqgtr 0 \qquad \text{(Hyperschallparameter)}\,. \tag{4.168}$$

Dabei gilt das obere Vorzeichen für eine konvexe Umlenkung ($\vartheta < 0$) und das untere Vorzeichen für eine konkave Umlenkung ($\vartheta > 0$). Bei sehr großen Mach-Zahlen $Ma \gg 1$ ergibt sich der Machwinkel nach (4.144a) zu $\mu = 1/Ma$. Führt man Ma in (4.168) ein, so stellt $K_1 = \vartheta/\mu$ das Verhältnis von Umlenk- und Machwinkel dar.

Depressionsströmung. Durch Reihenentwicklung nach großen Werten von Ma erhält man aus (4.156) für den Prandtl-Meyer-Winkel

$$v(Ma) = v_{\max} - \frac{2}{\varkappa - 1}\frac{1}{Ma} \qquad (Ma \gg 1, \vartheta < 0)\,, \tag{4.169}$$

was in Abb. 4.39b als hypersonische Näherung eingetragen ist. Nach (4.155) wird dann für den konvexen Umlenkwinkel sowie für das häufig gebrauchte Verhältnis der Mach-Zahlen Ma_2 und Ma_1

$$-\vartheta = \frac{2}{\varkappa - 1}\left(\frac{1}{Ma_1} - \frac{1}{Ma_2}\right) \ll 1\,, \quad \frac{Ma_2}{Ma_1} = \left(1 + \frac{\varkappa - 1}{2} K_1\right)^{-1} > 1\,, \tag{4.170a, b}$$

wobei $K_1 < 0$ nach (4.168) der Ähnlichkeitsparameter der hypersonischen Depressions- (Expansions-) strömung ist. Die Strömung verläuft unter den gemachten Voraussetzungen bei konstanter Entropie.

Für das Druckverhältnis erhält man aus (4.49b) unter der Annahme, daß $Ma_1 \gg 1$ und $Ma_2 \gg 1$ ist, $p_2/p_1 = (Ma_1/Ma_2)^{2\varkappa/\varkappa - 1}$. Mit Ma_1/Ma_2 nach (4.170b) wird nach Einsetzen in (4.45) für den Druckbeiwert

$$\frac{\Delta p}{q_1} = -\frac{2}{\varkappa K_1^2}\left[1 - \left(1 + \frac{\varkappa - 1}{2} K_1\right)^{\frac{2\varkappa}{\varkappa - 1}}\right]\vartheta^2 < 0\,. \tag{4.171a}$$

Hiernach hängt der Druckbeiwert von K_1 ab und ist dem Quadrat des Umlenkwinkels ϑ proportional. Tritt nach der Umlenkung Vakuum mit $p_2 = 0$ ein, dann bleibt auch bei Vergrößerung des Parameters $-K_1$ die Druckänderung $\Delta p = p_2 - p_1 = -p_1$ konstant. Der zugeordnete Druckbeiwert $\Delta p/q_1 = -2/\varkappa Ma_1^2$ beträgt dann

$$\frac{\Delta p}{q_1} = -\frac{2}{\varkappa K_1^2}\vartheta^2 < 0 \quad \text{(Vakuum)}\,. \tag{4.171b}$$

Er wird nach (4.171a) erstmalig bei $K_1 = -2/(\varkappa - 1)(=) -5{,}0$ erreicht. In Abb. 4.54 ist $(-\Delta p/q_1)/\vartheta^2$ über $-K_1$ als Kurve (*1*) aufgetragen.

Kompressionsströmung. Bei sehr großer Mach-Zahl $Ma_1 \gg 1$ und schwacher Umlenkung $\vartheta \ll 1$ wird der Stoßwinkel nach Abb. 4.47a sehr klein, $\sigma \ll 1$. Unter Beachtung dieser Annahmen folgt aus (4.163) die quadratische Gleichung

$Ma_1^2[\sigma^2 - ((\varkappa+1)/2)\vartheta\sigma] = 1$ mit der Lösung für den Zusammenhang von Stoß- und Umlenkwinkel

$$\sigma = \left(\frac{\varkappa+1}{4} + \sqrt{\left(\frac{\varkappa+1}{4}\right)^2 + \frac{1}{K_1^2}}\right)\vartheta \geqq \frac{\varkappa+1}{2}\vartheta \qquad (\vartheta > 0)\,, \tag{4.172a, b}$$

wobei $K_1 > 0$ nach (4.168) der Ähnlichkeitsparameter der hypersonischen Kompressionsströmung ist. Die Gerade $\sigma = [(\varkappa+1)/2]\vartheta(=)\ 1{,}2\vartheta$ für $K_1 = \infty$, d. h. auch $Ma_1 = \infty$, ist in Abb. 4.47a als hypersonische Näherung eingetragen. Für $\varkappa = 1$ sind Stoß- und Umlenkwinkel gleich groß. Für den Druckbeiwert findet man aus (4.166b) und (4.172a)

$$\frac{\Delta p}{q_1} = 2\sigma\vartheta = \left[\frac{\varkappa+1}{2} + \sqrt{\left(\frac{\varkappa+1}{2}\right)^2 + \frac{4}{K_1^2}}\right]\vartheta^2 > 0\,. \tag{4.173a, b}$$

Er hängt wie bei der hypersonischen Depressionsströmung mit $K_1 < 0$ jetzt nur von $K_1 > 0$ ab und ist in gleicher Weise dem Quadrat des Umlenkwinkels ϑ proportional. Für $K_1 = \infty$, d. h. auch bei $Ma_1 = \infty$, ergibt sich der asymptotische Wert

$$\frac{\Delta p}{q_1} = (\varkappa+1)\vartheta^2(=)\ 2{,}4\vartheta^2 \qquad (Ma_1 = \infty)\,. \tag{4.173c}$$

In Abb. 4.54 ist $(+\Delta p/q_1)/\vartheta^2$ über $+K_1$ als Kurve (*2*) aufgetragen. Die Beziehung $\Delta p/q_1 = 2\sigma\vartheta$ ist in Abb. 4.48 dargestellt.

Die Ergebnisse für die hypersonische Depressions- und Kompressionsströmung bei schwacher Umlenkung sollen mit dem Ergebnis der supersonischen Strömung bei schwacher Umlenkung nach (4.151b) mit $\Delta\vartheta = \vartheta$ verglichen werden, indem man dort unter Verletzung der zulässigen Voraussetzung $Ma_1 \gg 1$ setzt. Dann gilt für den Druckbeiwert bei supersonischer Näherung

$$\frac{\Delta p}{q_1} \approx \frac{2}{Ma_1}\vartheta = \frac{2}{K_1}\vartheta^2 \lesseqgtr 0 \qquad \text{(supersonische Näherung)}\,. \tag{4.174}$$

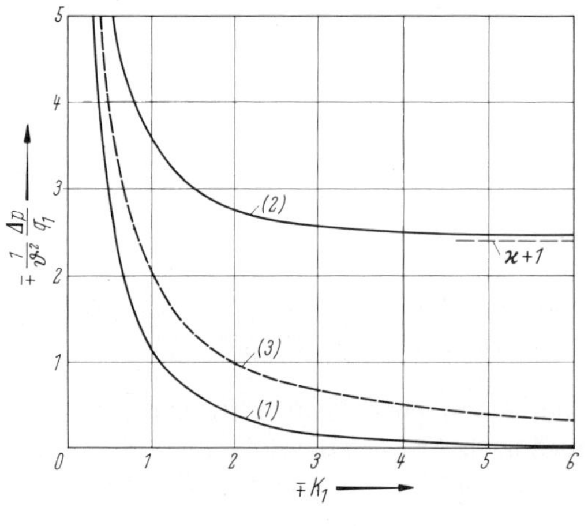

Abb. 4.54. Druckbeiwerte $\Delta p/q_1 \lesseqgtr 0$ bei hypersonischer Strömung in Abhängigkeit vom Hyperschallparameter $K_1 = Ma_1\vartheta$. (*1*) Depression (Expansion) ($K_1 < 0$), nach (4.171). (*2*) Kompression ($K_1 > 0$), nach (4.173). (*3*) Supersonische Näherung, nach (4.174)

Diese Näherung ist in Abb. 4.54 als Kurve (*3*) wiedergegeben. Sie entspricht der Entwicklung von (4.171a) und (4.173b) nach kleinen Werten von $|K_1| \ll 1$.

Beispiel: Angestellte ebene Platte bei Hyperschallströmung. Die in Abb. 4.38a dargestellte angestellte ebene Platte sei unter dem Winkel $\alpha = |\vartheta|$ mit Hyperschallgeschwindigkeit ($Ma_\infty \gg 1$) angeströmt. Bei $\alpha > 0$ ergibt sich auf der Oberseite nach (4.171) eine Depressionsströmung mit über Plattentiefe konstanter Druckverteilung und auf der Unterseite nach (4.173) eine Kompressionsströmung, ebenfalls mit konstanter Druckverteilung. Den nach (4.154a) definierten Auftriebsbeiwert erhält man dann zu $c_A = c_A(Ma_\infty \alpha)$, wobei $Ma_\infty \alpha$ den hypersonischen Ähnlichkeitsparameter der Plattenströmung bedeutet. In Abb. 4.55 ist der Auftriebsbeiwert c_A in Abhängigkeit vom Anstellwinkel α mit Ma_∞ als Parameter dargestellt. Zum Vergleich ist auch die lineare Theorie der supersonischen Strömung nach (4.154a) wiedergegeben. Bis zu Mach-Zahlen von $Ma_\infty < 3$ stimmt die supersonische Theorie mit der hypersonischen Theorie recht gut überein, während sich bei $Ma_\infty \approx 10$ bereits beträchtliche Unterschiede zwischen beiden Theorien zeigen. Der Auftriebsbeiwert bei $Ma_\infty = \infty$ ergibt sich nach (4.173c) zu

$$c_A = (\varkappa + 1)\,\alpha^2 (=)\, 2{,}4\alpha^2 \qquad (Ma_\infty = \infty)\,. \tag{4.175}$$

Es sei erwähnt, daß auf der Plattenoberseite Vakuum herrscht und hierfür nach (4.171b) wegen $K_1 \triangleq Ma_\infty \alpha = \infty$ der Druckbeiwert $\Delta p/q_1 \triangleq \Delta p/q\infty = 0$ ist. Während bei mäßiger Überschallanströmung (supersonische Strömung) der Auftriebsbeiwert nach (4.154a) linear vom Anstellwinkel α abhängt, ergibt sich bei Hyperschallströmung (hypersonische Strömung) bei $Ma_\infty = \infty$ eine quadratische Abhängigkeit von α.

Starke Umlenkung bei hypersonischer Strömung

Bei der Anströmung eines vorn stumpfen Körpers bildet sich vor dem Körper ein abgehobener Verdichtungsstoß (Kopfwelle) aus, der bei sehr hohen Mach-Zahlen Ma_1 nach Abb. 4.53 sehr stark gekrümmt ist. Die ankommende Hyperschallströmung wird auf der Stromlinie zum Staupunkt durch den Verdichtungsstoß unstetig

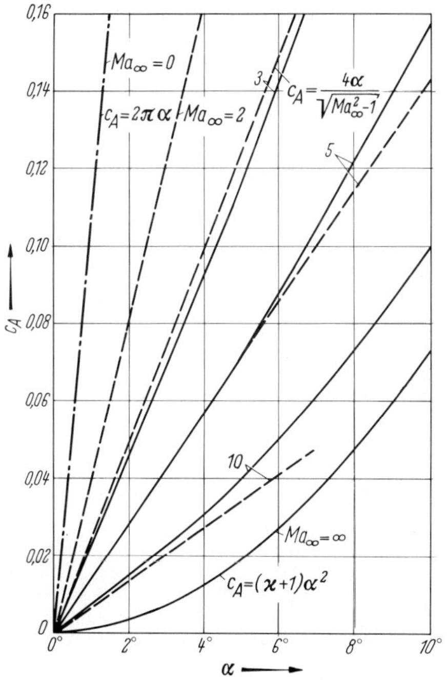

Abb. 4.55. Auftriebsbeiwert c_A der angestellten ebenen Platte bei Hyperschallanströmung ($\varkappa = 1{,}4$) in Abhängigkeit vom Anstellwinkel α für verschiedene Mach-Zahlen Ma_∞, nach [35]. ———: hypersonische Theorie (nichtlinear), ----: supersonische Theorie (linear), –·–·–: $Ma_\infty = 0$, $c_A = 2\pi\alpha$ nach (5.209a)

auf Unterschallgeschwindigkeit und im Staupunkt selbst auf den Wert der Geschwindigkeit null abgebremst, vgl. die Ausführungen über die Staupunktströmung in Kap. 4.3.2.7 Beispiel b. In Staupunktnähe entstehen außerordentlich hohe Temperaturen, die zu chemischen Reaktionen, wie z. B. Dissoziation und Ionisation des Gases und damit zu Abweichungen von den Eigenschaften des idealen Gases führen. Es gilt dann z. B. nicht mehr die Zustandsgleichung (4.21). Durch die starke Krümmung des Verdichtungsstoßes treten entsprechend der Ausführung in Kap. 4.5.3.3 beim Durchgang durch den Stoß von Stromlinie zu Stromlinie starke Entropieänderungen auf. Dies bedeutet nach Kap. 5.4.4.3, daß die hypersonische Strömung auch ohne den hier nicht berücksichtigten Reibungseinfluß bereits stark drehungsbehaftet ist. Die Berechnung der Strömung um eine stumpfe Vorderkante, insbesondere die Ermittlung der Lage und Form des Verdichtungsstoßes sowie die Berechnung der Druckverteilung am Körper erfordert einen größeren Aufwand weil im Strömungsgebiet super-, trans- und subsonische Geschwindigkeitsbereiche auftreten. Abb. 4.56a zeigt eine Strömungsaufnahme einer Kugel bei Hyperschallanströmung mit $Ma_1 = 9$. Die Lage des Abstands des abgehobenen Verdichtungsstoßes vom Staupunkt wurde u. a. von van Dyke [17] theoretisch ermittelt und ist in Abb. 4.56b für verschiedene Mach-Zahlen Ma_1 wiedergegeben.

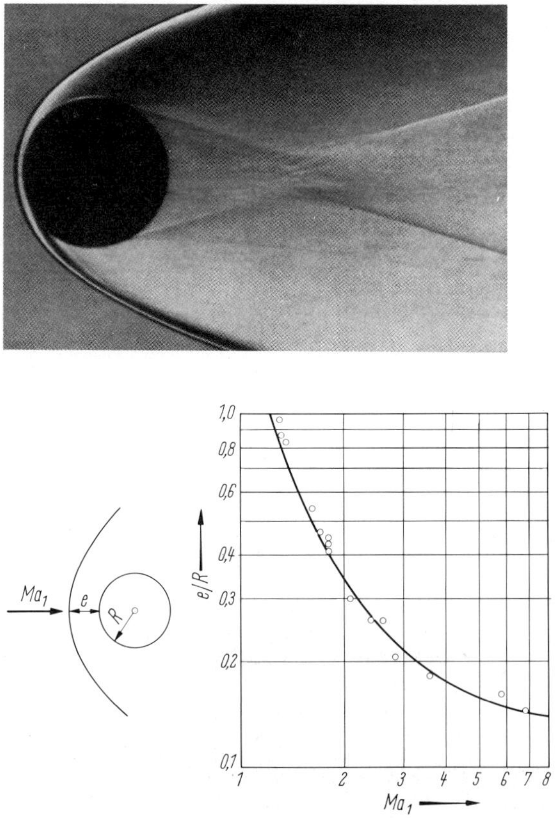

Abb. 4.56. Kugel bei Hyperschallanströmung. **a** Strömungsaufnahme bei $Ma_1 = 9$, nach Kurzweg. **b** Abstand e des abgehobenen Verdichtungsstoßes vom Staupunkt bei verschiedener Mach-Zahl Ma_1; Messungen für Luft, Theorie nach van Dyke [17] für $\varkappa = 1{,}4$

Wird der Verdichtungsstoß nahezu normal durchströmt, dann ist $\sigma \approx \pi/2$, und damit wird bei $Ma_1 \gg 1$ die in (4.160) angegebene Größe $C_1 = Ma_1 \sin\sigma \gg 1$. Man spricht in diesem Fall in Analogie zur Einteilung der schwachen und starken Stöße in Kap. 4.5.3.3 auch von einer starken Hyperschallströmung. Unter der getroffenen Annahme folgt für den Zusammenhang von Umlenk- und Stoßwinkel aus (4.163) sowie für den Druckbeiwert aus (4.166a)

$$\tan\vartheta = \frac{\sin(2\sigma)}{\varkappa + \cos(2\sigma)}, \quad \frac{\Delta p}{q_1} = \frac{4}{\varkappa + 1}\sin^2\sigma \quad (\sigma \to \pi/2)\,. \qquad (4.176\text{a, b})$$

Für das Dichteverhältnis hinter und vor dem Stoß gilt nach (4.159b) der bereits mit (4.57c) angegebene konstante Wert. Bei den hier behandelten starken Hyperschallströmungen tritt die Mach-Zahl überhaupt nicht auf. Man spricht daher auch vom Prinzip der Mach-Zahl-Unabhängigkeit der Hyperschallströmung oder vom hypersonischen Zustand.

Newtonsche Näherung. Für $\varkappa = 1$ findet man aus (4.176a), daß der Umlenkwinkel gleich dem Stoßwinkel $\vartheta = \sigma$ wird, d. h. die Strömung wird unmittelbar an der Körperfläche umgelenkt. In diesem Fall ergibt sich nach (4.176b) für den Druckbeiwert

$$\frac{\Delta p}{q_1} = 2\sin^2\vartheta, \quad \frac{\Delta p}{q_1} = \left(\frac{\Delta p}{q_1}\right)_0 \left(\frac{\sin\vartheta}{\sin\vartheta_0}\right)^2 \quad \text{(Newtonsche Näherung)}\,. \qquad (4.177\text{a, b})$$

Diese Beziehung ist als Newtonsche Näherung bekannt und läßt sich folgendermaßen leicht herleiten: Wird die Strömung mit der Geschwindigkeit v_1 erst beim Berühren eines nach Abb. 4.57a um den Winkel ϑ geneigten Flächenelements dA umgelenkt, so liefert die Impulsgleichung (4.148b) normal zu dA mit $v_{2n} = 0$ und $v_{1n} = v_1 \sin\vartheta$ die Druckänderung $p_2 - p_1 = \varrho_1 v_1^2 \sin^2\vartheta$. Hieraus erhält man unmittelbar den angegebenen Ausdruck für den Druckbeiwert. Die Beziehung gilt für die Körpervorderseite, d. h. $0 \leqq |\vartheta| \leqq \pi/2$, während auf der Körperrückseite die

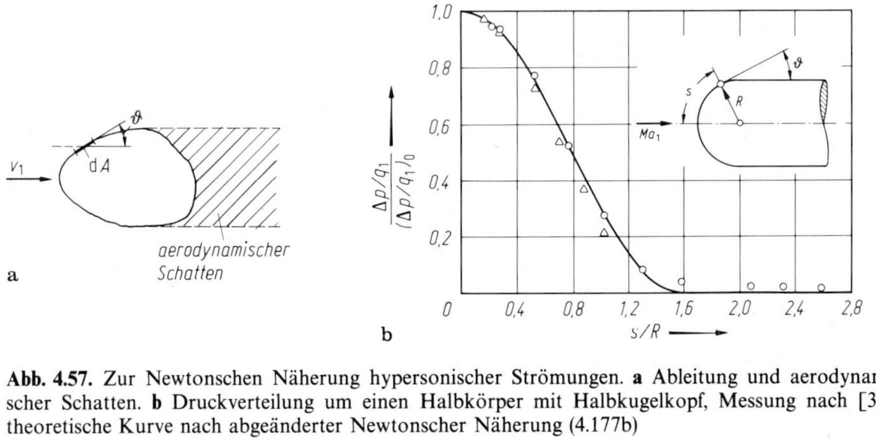

Abb. 4.57. Zur Newtonschen Näherung hypersonischer Strömungen. **a** Ableitung und aerodynamischer Schatten. **b** Druckverteilung um einen Halbkörper mit Halbkugelkopf, Messung nach [34], theoretische Kurve nach abgeänderter Newtonscher Näherung (4.177b)

gegebene Ableitung keine Aussage liefert. Man spricht hier vom sog. aerodynamischen Schatten. Bei kleiner Umlenkung würde sich $\Delta p/q_1 = 2\vartheta^2$ ergeben, was bei $\varkappa = 1$ in Übereinstimmung mit der hypersonischen Näherung für schlanke Körper nach (4.173c) ist. Man kann (4.177a) noch dadurch abändern, daß man ausgehend von dem Druckbeiwert $(\Delta p/q_1)_0$ an der Stelle ϑ_0 entsprechend (4.177b) auf den Druckbeiwert an einer Stelle ϑ schließt. In Abb. 4.57b ist die Druckverteilung an einem Halbkörper mit Halbkugelkopf nach [34] dargestellt. Die Übereinstimmung zwischen der Theorie nach (4.177b) und der Messung ist sehr gut.

Literatur zu Kapitel 4

1. Ackeret, J.: Luftkräfte auf Flügel, die mit größerer als Schallgeschwindigkeit bewegt werden. Z. Flugtechn. Motorluftschiff. 16 (1925) 72–74. NACA TM 1113, 1947
2. Ackeret, J.; Feldmann, F.: Rott, N.: Untersuchungen an Verdichtungsstößen und Grenzschichten in schnell bewegten Gasen. Inst. Aero. ETH Zürich, Mitt. 10, 1946
3. • Aeronautical Research Council: A selection of tables and graphs for use in calculations of compressible airflow. Oxford: Clarendon Press 1952/54[a])
4. Allievi, L.; Dubs, R.; Bataillard, V.: Allgemeine Theorie über die veränderliche Bewegung des Wassers in Leitungen (Übersetzung ital. Aufl. 1903). Berlin: Springer 1909
5. • Ames Research Staff: Equations, tables, and charts for compressible flow. NACA Rep. 1135 (1953)[a])
6. Becker, E.: Gasdynamik. Stuttgart: Teubner 1965
7. • Benedict, R. P.; Carlucci, N. A.: Handbook of specific losses in flow systems. New York: Plenum Press Data Div. 1966[b])
8. • Benedict, R. P.; Steltz, W. G.: Handbook of generalized gas dynamics. New York: Plenum Press Data Div. 1966[c])
9. Bosnjaković, F.: Knoche, K. F.: Technische Thermodynamik, Teil I, 7. Aufl. Kap. 13. Darmstadt: Steinkopff 1988. Focke, R. I.: Forsch. Ing.-Wes. 16 (1949) 43–50
10. Busemann, A.: Verdichtungsstöße in ebenen Gasströmungen. Vorträge aus dem Gebiet der Aerodynamik. Aachen 1929, 162–169. Berlin: Springer 1930
11. Busemann, A.: Aerodynamischer Auftrieb bei Überschallgeschwindigkeit. 5. Volta-Tagung 1935; Luftf.-Forsch. 12 (1935) 210–220. Ann. Rev. Fluid Mech. 3 (1971) 1–12
12. Cabannes, H.: Théorie des ondes de choc, Handb. Phys. (Hrsg. S. Flügge) IX, S. 162 bis 224. Berlin, Göttingen, Heidelberg: Springer 1960. Melkus, H.: Ing.-Arch. 19 (1951) 208–227
13. Chambré, P.; Lin, C.-C.: On the steady flow of a gas through a tube with heat exchange or chemical reaction. J. Aer. Sci. 13 (1946) 537–542; 14 (1947) 24, 63; 293–294
14. • Chapman, A. J.; Walker, W. F.: Introductory gas dynamics, Kap. 6. New York: Holt, Rinehart and Winston 1971[d])
15. • Daneshyar, H.: One-dimensional compressible flow. Oxford: Pergamon Press 1976[e])
16. Dubs, R.: Angewandte Hydraulik, Abschn. B III, IV. Zürich: Rascher 1947
17. Dyke, M. D. van: The supersonic blunt-body problem, Review and extension. J. Aero/Space Sci. 25 (1958) 485–496. Rusanov, V. V.: Ann. Rev. Fluid Mech. 8 (1976) 377–404
18. Eskinazi, S.: Fluid mechanics and thermodynamics of our environment, Kap. 4.11, New York: Academic Press 1975
19. Euteneuer, G.-A.; Heynatz, J. T.: Probleme der Rohrströmung. Forsch.-Ing.-Wes., VDI-Heft 547 (1971)
20. Foa, J. V.; Rudinger, G.: On the addition of heat to a gas flowing in a pipe at subsonic speed. J. Aer. Sci. 16 (1949) 84–94, 119; 317–318; 379–380; 566–567. Schrenk, O.: Ing.-Arch. 18 (1950) 272–276

• enthält numerische Tabellen
[a]) $\varkappa = 1{,}4$
[b]) $\varkappa = 1{,}1;\ 1{,}2;\ 1{,}3;\ 1{,}4;\ 1{,}67$
[c]) $\varkappa = 1{,}0;\ 1{,}1;\ 1{,}2;\ 1{,}3;\ 1{,}4;\ 1{,}67$
[d]) $\varkappa = 1{,}3;\ 1{,}4;\ 1{,}67$
[e]) $\varkappa = 1{,}33;\ 1{,}4;\ 1{,}67$

21. • Fox, R. W.; McDonald, A. T.: Introduction to fluid mechanics, Kap. 10. New York: Wiley & Sons 1973[a])
22. Franke, P.-G.: Hydraulik für Bauingenieure, Kap. 7. Berlin: de Gruyter 1974. Auch: Abriß der Hydraulik, Heft 9, 10. Wiesbaden: Bauverlag 1974/75
23. Frössel, W.: Strömung in glatten, geraden Rohren mit Über- und Unterschallgeschwindigkeit. Forsch. Ing. Wes. 7 (1936) 75–84. Jung, I.: Forsch. Ing.-Wes. VDI-Heft 380 (1936); Forsch. Ing.-Wes. 7 (1936) 157–158; Z. VDI 81 (1937) 496–498
23a. Gersten, K., Heyser, A., Wuest, A.: Deutsche Forschungsarbeiten auf dem Gebiet der Hyperschall-aerodynamik. Jahrbuch 1966 WGL, S. 67–88
24. Hicks, B. L.; Montgomery, D. J.; Wasserman, R. H.: On the one-dimensional theory of steady compressible fluid flow in ducts with friction and heat addition. J. Appl. Phys. 18 (1947) 891–902
25. • Houghton, E. L.; Brock, A. E.: Tables for the compressible flow of dry air, 2. Aufl. London: Arnold 1970[f])
26. Hugoniot, H.: Mémoire sur la propagation du mouvement dans les corps et spécialement dans les gazes parfaits. J. Ecole Polyt. 57 (1887) 1–97; 58 (1889) 1–125
27. • Imrie, B. W.: Compressible fluid flow, Kap. 5, 6. London: Butterworth 1973[a])
28. Jaeger, C.: Technische Hydraulik, Abschn. C II. Basel: Birkhäuser 1949
29. • Jordan, D. P.; Mintz, M. D.: Air tables, Tables of the compressible flow functions for one-dimensional flow of a perfect gas and of real air. New York: McGraw-Hill 1965[g])
30. Jungclaus, G.; Raay, O. van: Berechnung der Strömung in Lavaldüsen mit beliebig verteilter Wärmezufuhr. Ing.-Arch. 36 (1967/68) 226–236
31. Kämmerer, C.: Stationäre Gasströmung durch ein gerades Rohr mit und ohne Wärmedurchgang und Reibung. Österr. Ing.-Arch. 5 (1951) 340–370. Baer, H.: Forsch. Ing.-Wes. 16 (1949/50) 79–84. Stroehlen, R.: Arch. Wärmewirtsch. Dampfkessel. 19 (1938) 209–213. Weinlich, K.: Masch. bau und Wärmewirtsch. 6 (1951) 61–65
32. • Keenan, J. H.; Kaye J.: Gas tables. New York: Wiley & Sons 1948[c])
33. Keenan, J. H.; Neumann, E. P.: Measurements of friction in a pipe for subsonic and supersonic flow of air. J. Appl. Mech. (ASME) 13 (1946) A 91–100. Keenan, J. H.: J. Appl. Mech. (ASME) 6 (1939) A 11–20
34. Lees, L.: Hypersonic Flow. 5. Intern. Aero. Conf. Los Angeles 1955, 241–276. J. Aer. Sci. 20 (1953) 143–145
35. Linnel, R. D.: Two-dimensional airfoils in hypersonic flows. J. Aer. Sci. 16 (1949) 22–30
36. Liepmann, H. W.: The interaction between boundary layer and shock waves in transonic flow. J. Aer. Sci. 13 (1946) 623–637. Green, J. E.: Progr. Aerosp. Sci. 11 (1970) 235–340
37. Löwy, R.: Druckschwankungen in Druckrohrleitungen. Wien: Springer 1928
38. Lukasiewicz, J.: Adiabatic flow in pipes. Aircr. Eng. 19 (1947) 55–59; 86–92
39. Meyer, R. E.: Theory of characteristics of inviscid gas dynamics. Handb. Phys. (Hrsg. S. Flügge) IX, S. 225–282. Berlin, Göttingen, Heidelberg: Springer 1960
40. Meyer, T.: Über zweidimensionale Bewegungsvorgänge in einem Gas, das mit Überschallgeschwindigkeit strömt. Forsch. Ing.-Wes., VDI-Heft 62 (1908)
40a. Michalke, A.: Beitrag zur Rohrströmung kompressibler Fluide mit Reibung und Wärmeübergang. Ing. Arch. 57 (1987) 377–392
41. Oertel, H.: Stoßrohre, Shock tubes, Tubes à choc. Wien, New York: Springer 1966
41a. Oswatitsch, K.: Grundlagen der Gasdynamik, Kap. II, 12. Wien, New York 1976
42. Owczarek, J. A.: Fundamentals of gas dynamics, Kap. 6, 7, 8. Scranton (Penn.): Intern. Text 1964
43. Prandtl, L.: Beiträge zur Theorie der Dampfströmung durch Düsen, Z. VDI 48 (1904) 348–350. Nachdruck: Ges. Abh. 897–903; Berlin, Göttingen, Heidelberg: Springer 1961
44. Prandtl, L.: Neue Untersuchungen über die strömende Bewegung der Gase und Dämpfe. Phys. Z. 8 (1907) 23–30. Nachdruck: Ges. Abh. 943–956. Berlin, Göttingen, Heidelberg: Springer 1961
45. Prandtl, L.; Busemann, A.: Näherungsverfahren zur zeichnerischen Ermittlung von ebenen Strömungen mit Überschallgeschwindigkeit. Stodola-Festschrift (1929) 499 bis 509. Nachdruck: Ges. Abh. 986–997. Berlin, Göttingen, Heidelberg: Springer 1961
46. Prandtl, L.; Oswatitsch, K.; Wieghardt, K.: Führer durch die Strömungslehre, 9. Aufl. Braunschweig: Vieweg & Sohn 1990
47. Press, H.; Schröder, R.: Hydrodynamik im Wasserbau, Kap. 2.2.2. Berlin: Ernst & Sohn 1966
48. Rankine, W. J. M.: On the thermodynamic theory of waves of finite longitudinal disturbance. Phil. Trans. Roy. Soc. London A 160 (1870) 277–286

---

[f]) $\varkappa = 1{,}403$

[g]) $\varkappa = 1{,}2;\ 1{,}3;\ 1{,}4;\ 1{,}5;\ 1{,}6;\ 1{,}67$

49. Riemann, B.: Über die Fortpflanzung ebener Luftwellen von endlicher Schwingungsweite. Abh. Ges. Wiss. Göttingen, Math. Phys. Kl. 8 (1858/59) 43–65
50. Riester, E.: Ermittlung des Austrittszustandes aus Lavaldüsen bei zu hohem Gegendruck. Deutsch. Luft. Raumf. (1977) DLR-FB 77–45
51. • Rotty, R. M.: Introduction to gas dynamics, Kap. 6, 8. New York: Wiley & Sons 1962[c])
52. Rudinger, G.: Nonsteady duct flow, Wave-diagram analysis, 2. Aufl. New York: Dover 1969
53. Saint-Venant, B. de; Wantzel, L.: Mémoires et expériences sur l'écoulement de l'air déterminé par des différences de pressions considérables. J. Ecole Polyt. 27 (1839) 85–122
54. Sauer, R.: Einführung in die theoretische Gasdynamik, 3. Aufl. Nichtstationäre Probleme der Gasdynamik. Berlin, Göttingen, Heidelberg: Springer 1960/1966
55. Schiffer, N.: Analytical theory of subsonic and supersonic flows. Handb. Phys. (Hrsg. S. Flügge) IX, S. 1–161. Berlin, Göttingen, Heidelberg: Springer 1960
56. Schlichting, H.; Truckenbrodt, E.: Aerodynamik des Flugzeuges, 2. Aufl. 1. Bd. Kap. 1.4; 2. Bd. Kap. 8.131. Berlin, Heidelberg, New York: Springer 1967/1969
57. Schmidt, E.: „Laval-Druckverhältnis" statt „kritisches Druckverhältnis", Forsch. Ing.-Wes. 16 (1949/50) 154. Sillem, H.: Z. VDI 106 (1964) 398
58. Schneider, W.: Hyperschallströmungen, Entwicklungsrichtungen der Theorie. Übersichtsbeiträge zur Gasdynamik (Hrsg. E. Leiter, J. Zierep), 163–194. Wien, New York: Springer 1971.
59. Schröder, R.: Strömungsberechnungen im Bauwesen, Teil II, Instationäre Strömungen, Kap. 2.3. Berlin: Ernst & Sohn 1972
60. Schultz-Grunow, F.: Nichtstationäre eindimensionale Gasbewegung. Forsch. Ing.-Wes. 13 (1942) 125–134
61. Seifert, H.: Instationäre Strömungsvorgänge in Rohrleitungen an Verbrennungskraftmaschinen, Die Berechnung nach der Charakteristikenmethode. Berlin, Göttingen, Heidelberg: Springer 1962
62. • Shapiro, A. H.: The dynamics and thermodynamics of compressible fluid flow, 1. Bd. Kap. 6, 7, 8. New York: Ronald 1953[a])
63. Shapiro, A. H.; Hawthorne, W. R.: The mechanics and thermodynamics of steady one-dimensional gas flow. J. Appl. Mech. (ASME) 14 (1947) A 317–336. Edelman, G. M.; Shapiro, A. H.: J. Appl. Mech. (ASME) 14 (1947) A 344–351; 15 (1948) 169–175
64. Szczeniowski, B.: Flow of gas through a tube of constant cross-section with heat exchange through the tube walls. Can. J. Res. 23 A (1945) 1–11
65. Thompson, P. A.: Compressible-fluid dynamics, Kap. 6, 8. New York: McGraw-Hill 1972[a])
66. Truitt, R. W.: Hypersonic aerodynamics. New York: Ronald 1959
67. Tsien, H. S.: Similarity laws of hypersonic flows. J. Math. Phys. 25 (1946) 247–251
68. U. S. Standard Atmosphere, 1962/66. Washington D. C.: U. S. Government Printing. DIN 5450
69. Ward Smith, A. J.: Pressure losses in ducted flows. London: Butterworth 1971
70. Wieghardt, K.: Theoretische Strömungslehre, 2. Aufl., Kap. 2.3.2. Stuttgart: Teubner 1974 Geb. L. Prandtl 1945. Brieden, K.: Z. angew. Math. Phys. (1956) 297
71. Wuest, W.: Strömungsmeßtechnik. Braunschweig: Vieweg & Sohn 1969
72. Zierep, J.: Theoretische Gasdynamik, 3. Aufl. Kap. 4, 5. Karlsruhe: Braun 1976

5. Drehungsfreie und drehungsbehaftete Strömungen

5.1 Überblick

Ein den Strömungsraum erfüllendes Geschwindigkeitsfeld $\boldsymbol{v}(t, \boldsymbol{r})$ kann man in einen drehungsfreien und in einen drehungsbehafteten Anteil zerlegen. Der Begriff der Drehung eines Fluidelements wurde in Kap. 2.3.3.2 eingeführt, und zwar besteht zwischen dem Geschwindigkeitsvektor $\boldsymbol{v}(t, \boldsymbol{r})$ und dem Drehvektor $\boldsymbol{\omega}(t, \boldsymbol{r})$ nach (2.34a) der Zusammenhang

$$\boldsymbol{\omega} = \frac{1}{2} \operatorname{rot} \boldsymbol{v} \qquad \text{(Drehung)} \tag{5.1}$$

mit seinen Komponenten nach Tab. 2.3.

In Abb. 2.23 wird die physikalische Deutung der Drehung anschaulich gezeigt. Die drehungsfreien Strömungen $\boldsymbol{\omega} = 0$ unterscheiden sich von den drehungsbehafteten Strömungen dadurch, daß bei letzteren entweder alle strömenden Fluidelemente oder doch eine gewisse Gruppe von ihnen Elementardrehungen $\boldsymbol{\omega} \neq 0$ ausführen. Von besonderer Bedeutung ist die Feststellung, daß die in zwei Hauptklassen eingeteilten Strömungen (drehungsfrei und drehungsbehaftet) sich sowohl in ihrem physikalischen Verhalten als auch hinsichtlich ihrer mathematischen Behandlung wesentlich voneinander unterscheiden. In Kap. 2.5.3.2 wurde gezeigt, daß drehungsfreie Strömungen Lösungen der Eulerschen Bewegungsgleichung (reibungslose Strömung) sind, vgl. (2.101). Diese Aussage gilt sowohl für dichteveränderliche, barotrope Fluide $\varrho = \varrho(p)$ als auch für dichtebeständige Fluide $\varrho = \text{const}$. Bei der Strömung eines homogenen Fluids (unveränderliche Dichte und Viskosität) schließt die Drehungsfreiheit das Fehlen einer Zähigkeitskraft am Fluidelement von selbst mit ein, vgl. (2.118). Zur Beschreibung drehungsfreier Strömungen läßt sich, wie noch gezeigt wird, eine skalare und zur Darstellung drehungsbehafteter Strömung eine vektorielle Potentialfunktion einführen. Man kann daher die zugehörigen Strömungen auch drehungsfreie bzw. drehungsbehaftete Potentialströmungen nennen.

Kap. 5.2 erläutert zunächst einige grundlegende Begriffe und Gesetze, welche die Unterschiede zwischen drehungsfreien und drehungsbehafteten Strömungen aufzeigen. Kap. 5.3 befaßt sich sodann mit den drehungsfreien Strömungen, kurz Potentialströmungen genannt. Dabei wird die große praktische Bedeutung der drehungsfreien Potentialströmungen zur Beschreibung reibungsloser Strömungsvorgänge gezeigt. Die drehungsbehafteten Strömungen, auch Wirbelströmungen genannt, beschreibt für den Fall reibungsloser Strömungsvorgänge Kap. 5.4. Da man solche Strömungen aus einer vektoriellen Potentialfunktion herleiten kann, werden sie mit Potentialwirbelströmungen bezeichnet. In Kap. 5.5 wird über einige Sonderfälle reibungsbehafteter Strömung berichtet, die in engem Zusammenhang mit der in Kap. 5.2 bis 5.4 behandelten reibungsfreien Strömung stehen. Den reibungsbehafteten Strömungen mit fester oder freier Begrenzung, d. h. den Grenzschichtströmungen, ist Kap. 6 gewidmet.

5.2 Begriffe und Gesetze drehungsfreier und drehungsbehafteter Strömungen

5.2.1 Einführung

Bei einer Aufteilung der Strömung in einen drehungsfreien und in einen drehungsbehafteten Anteil (Index 1 bzw. 2) kann man für das stetig vorausgesetzte Geschwindigkeitsfeld v setzen

$$\boldsymbol{v} = \boldsymbol{v}_1 + \boldsymbol{v}_2 \, . \tag{5.2a}$$

Darüber hinaus sei bei stationärer Strömung das von $\boldsymbol{v}_1(\boldsymbol{r})$ beschriebene Strömungsfeld gegebenenfalls quellbehaftet und das von $\boldsymbol{v}_2(\boldsymbol{r})$ beschriebene Strömungsfeld quellfrei. Mithin gilt mit (5.1) und (2.60b)

$$\boldsymbol{v}_1: \quad \text{rot}\, \boldsymbol{v}_1 = 0, \quad \text{div}(\varrho \boldsymbol{v}_1) \neq 0 \quad \text{(drehungsfrei)}\, , \tag{5.2b}$$

$$\boldsymbol{v}_2: \quad \text{rot}\, \boldsymbol{v}_2 \neq 0, \quad \text{div}(\varrho \boldsymbol{v}_2) = 0 \quad \text{(quellfrei)}\, . \tag{5.2c}$$

Um die genannten Forderungen zu erfüllen, werden für das Geschwindigkeitsfeld bzw. für das Feld der Massenstromdichte die Ansätze

$$\boldsymbol{v}_1 = \text{grad}\, \Phi, \quad \varrho \boldsymbol{v}_2 = \varrho_b \text{rot}\, \boldsymbol{\Psi} \tag{5.3a, b}$$

gemacht. Hierin bezeichnet man Φ als skalares Geschwindigkeitspotential, auch Quellpotential genannt, und $\boldsymbol{\Psi}$ als vektorielles Geschwindigkeitspotential, auch Wirbelpotential genannt. Die Richtigkeit von (5.3a, b) zeigt man durch Einsetzen in (5.2b) bzw. (5.2c), vgl. die Ausführungen zu (2.64) sowie im Anschluß an (2.101). Durch Einführen des skalaren Geschwindigkeitspotentials Φ wird die Drehungsfreiheit des Geschwindigkeitsfelds $\boldsymbol{v}_1$ wegen $\text{rot}\, \boldsymbol{v}_1 = \text{rot}(\text{grad}\, \Phi) \equiv 0$ von selbst erfüllt. Bei dem verbleibenden drehungsbehafteten Geschwindigkeitsfeld stellt $2\boldsymbol{\omega} = \text{rot}\, \boldsymbol{v}_2 \neq 0$ das Wirbelfeld der Strömung dar. Eine drehungsfreie Strömung wird durch $\boldsymbol{\omega} = 0$ bzw. $\text{rot}\, \boldsymbol{v} = 0$ beschrieben.

Mit Fragen der Wirbelbewegungen hat sich erstmalig ausführlich von Helmholtz [28] befaßt. Andere und einfachere Beweise einiger seiner Sätze wurden später u. a. von Thomson [84] gegeben. Von den neueren Untersuchungen über Wirbelbewegungen seien die Arbeiten von Truesdell [89] sowie Küchemann und Weber [46] erwähnt.

5.2.2 Größen der Wirbelbewegung (Drehbewegung)

5.2.2.1 Kinematische Begriffe

Drehung. Der Vektor der Drehung (Rotation, Wirbelstärke) $\boldsymbol{\omega}(t, \boldsymbol{r})$ wurde in Kap. 2.3.3.2 aus dem Verhalten eines Fluidelements bei seiner Bewegung hergeleitet. Er ist rein kinematischer Natur und berechnet sich aus dem Geschwindigkeitsfeld $\boldsymbol{v}(t, \boldsymbol{r})$ nach (2.34), vgl. Tab. 2.3. Für ein dichtebeständiges Fluid ($\varrho = \varrho_b$) folgt unter Einführen des vektoriellen Geschwindigkeitspotentials $\boldsymbol{\Psi}$ nach (5.3b)

$$\boldsymbol{\omega} = \frac{1}{2}\,\mathrm{rot}\,\boldsymbol{v} = \frac{1}{2}\,\mathrm{rot}(\mathrm{rot}\,\boldsymbol{\Psi}) = \frac{1}{2}\,[\mathrm{grad}(\mathrm{div}\,\boldsymbol{\Psi}) - \Delta\boldsymbol{\Psi}] \qquad (\varrho = \mathrm{const}). \tag{5.4}$$

Hierin stellen div, rot, grad und Δ Tensor-Operatoren dar mit ihren Komponenten nach Tab. B. Für die ebene Strömung ($x, y, \partial/\partial z \equiv 0$; $v_x = u$, $v_y = v$, $v_z \equiv 0$) treten nur jeweils eine Komponente des Drehvektors und des vektoriellen Geschwindigkeitspotentials auf, d. h. $\omega_z = \omega$ und $\Psi_z = \Psi$.[1] Hierfür gilt

$$\omega = \frac{1}{2}\left(\frac{\partial v}{\partial x} - \frac{\partial u}{\partial y}\right) = -\frac{1}{2}\left(\frac{\partial^2 \Psi}{\partial x^2} + \frac{\partial^2 \Psi}{\partial y^2}\right) = -\frac{1}{2}\Delta\Psi \qquad \text{(eben)}\,. \tag{5.5a, b, c}$$

Diese Beziehung läßt sich in einfacher Weise auch finden, wenn man in die Bestimmungsgleichung für ω die Ausdrücke für die Geschwindigkeitskomponenten nach (2.66a) mit $u = \partial\Psi/\partial y$ und $v = -\partial\Psi/\partial x$ einsetzt.

Wirbellinie, Wirbelfaden. Unter einer Wirbellinie versteht man nach Kap. 2.3.3.2 in Analogie zur Stromlinie diejenige Kurve in einem drehungsbehafteten (wirbelbehafteten) Strömungsfeld, welche zu einer bestimmten Zeit an jeder Stelle mit der dort vorhandenen Richtung des Drehvektors (Wirbelvektor) übereinstimmt. Als Gleichung zur Berechnung der Wirbellinie wurde bereits (2.35) angegeben.

Die Gesamtheit aller Wirbellinien, die nach Abb. 5.1 durch eine Fläche A hindurchtreten, kann man in Analogie zum Stromfaden nach Abb. 2.15 zu einem Wirbelfaden zusammenfassen. Er besteht aus der Eintritts- und Austrittsfläche A_1 bzw. A_2 und der Mantelfläche $A_{1\to 2}$. Letztere bezeichnet man in Analogie zur Stromröhre mit Wirbelröhre. Im allgemeinen nimmt man an, daß $\boldsymbol{\omega}$ konstant über den Wirbelfadenquerschnitt verteilt ist.

Zirkulation. Für die Behandlung drehungsbehafteter (wirbelbehafteter) Strömungen wird eine weitere Größe, nämlich die Zirkulation, mit Vorteil verwendet. Sie wurde von Thomson [84] eingeführt und in ihrer Bedeutung z. B. für die Tragflügeltheorie wohl zuerst von Lanchester [50] erkannt sowie von Kutta [47] und Joukowsky [35] theoretisch verwertet. Ein in Bewegung befindliches Fluid erfülle vollständig einen in bestimmter Weise begrenzten Raum. Die augenblickli-

---

[1] Nach Kap. 2.4.3.2 wird Ψ als Lagrangesche Stromfunktion bezeichnet.

che Geschwindigkeit $\boldsymbol{v}$ sei an jeder Stelle des Raums bekannt. Man wähle nun nach Abb. 5.2 eine beliebige geschlossene Kurve (L), bilde für jedes Linienelement dl das skalare Produkt $\boldsymbol{v} \cdot d\boldsymbol{l}$ und integriere bei festgehaltener Zeit t über die ganze Linie. Das so entstehende Linienintegral der Geschwindigkeit längs der geschlossenen Kurve liefert die Zirkulation zu, vgl. (3.239a),

$$\Gamma = \oint_L \boldsymbol{v} \cdot d\boldsymbol{l} = \oint_L v_l \, dl = \oint_L v \cos \alpha \, dl \qquad \text{(Linienintegral)}\,, \qquad (5.6\text{a, b, c})$$

wobei $v = |\boldsymbol{v}|$ der Geschwindigkeitsbetrag, $dl = |d\boldsymbol{l}|$ der Betrag des Linienelements und α der Winkel zwischen dem Geschwindigkeitsvektor und der Linientangente

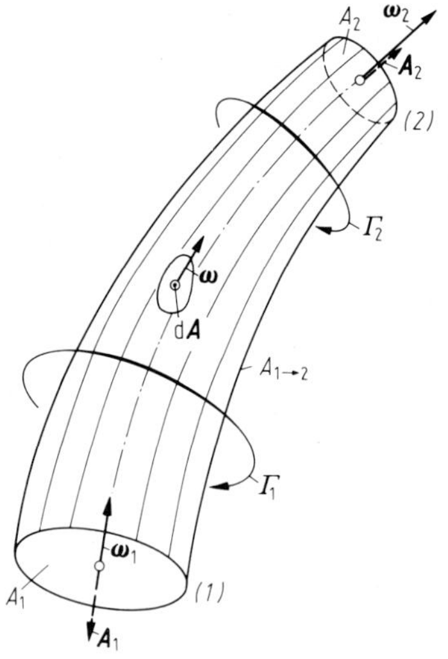

Abb. 5.1. Zum Begriff des Wirbelfadens (Analogie zum Stromfaden in Abb. 2.15) sowie zur Erläuterung des räumlichen Wirbel- und Zirkulationssatzes

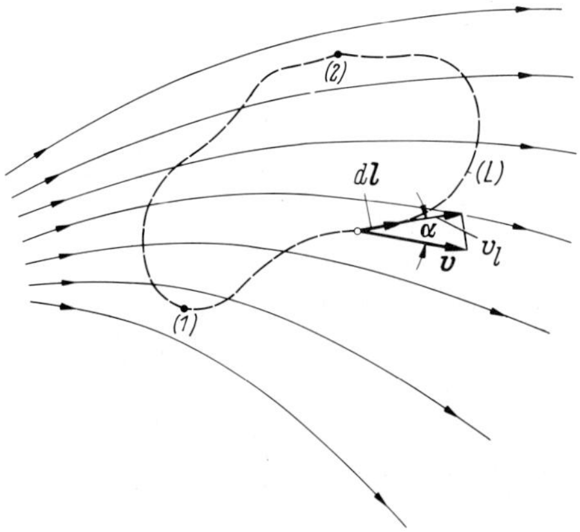

Abb. 5.2. Zur Berechnung der Zirkulation (geschlossenes Linienintegral der Geschwindigkeit)

sind[2]. Verläuft ein Linienelement dl normal zu den Stromlinien ($\alpha = \pi/2$), so ist wegen $\cos\alpha = 0$ der Beitrag zum Linienintegral $d\Gamma = \boldsymbol{v} \cdot d\boldsymbol{l} = 0$. Verläuft das Linienelement dl dagegen längs einer Stromlinie ($\alpha = 0$), so ist $\cos\alpha = 1$ und $d\Gamma = \boldsymbol{v} \cdot d\boldsymbol{l} = v\, dl$. Die Zirkulation Γ ist, wie die Drehung $\boldsymbol{\omega}$, eine rein kinematische Größe. Ihre Definition ist somit sowohl auf reibungslose als auch auf reibungsbehaftete Strömungen dichtebeständiger und dichteveränderlicher Fluide anwendbar.

Beispiele. Das über die Drehung und die Zirkulation Gesagte sei an zwei einfachen Beispielen kreisförmiger Strömungen erläutert:

a) Konstante Drehung. Es werde ein Strömungsgebiet betrachtet, welches sich nach Abb. 5.3a ähnlich einer Festkörperrotation mit der Winkelgeschwindigkeit $\omega = \text{const}$ um eine zur Bildebene normale Achse dreht (starrer Wirbel). Dem Radius r_1 entspricht dann die Umfangsgeschwindigkeit $u_1 = \omega r_1$ und dem Radius r_2 die Geschwindigkeit $u_2 = \omega r_2$. Für die Zirkulation längs der geschlossenen Linie, welche den in Abb. 5.3a schraffierten Bereich linksherum umhüllt, ergibt sich, da die beiden radialen Linienstücke keine Beiträge liefern, $\Gamma = u_2 r_2 \varphi - u_1 r_1 \varphi = (r_2^2 - r_1^2)\varphi\omega = 2\omega A$. Die letzte Beziehung folgt unter Einsetzen des Inhalts der betrachteten Fläche $A = (r_2^2 - r_1^2)(\varphi/2)$. Die Zirkulation ist also gleich dem doppelten Wert des Produkts aus der Winkelgeschwindigkeit ω und der eingeschlossenen Fläche A, d. h. dem doppelten Wert des Wirbelstroms. Die hier angestellte Überlegung gilt offenbar für jeden beliebigen, auch unendlich kleinen Kreisausschnitt, wobei die Winkelgeschwindigkeit ω für alle Flächenteile die gleiche ist. Da nach Beispiel d in Kap. 2.3.3.4 die Winkelgeschwindigkeit ω mit der Komponente des Wirbelvektors ω_z identisch ist, sind alle Fluidelemente des betrachteten Strömungsgebiets drehungsbehaftet und besitzen den gleichen Wirbelvektor $\boldsymbol{\omega}$.

b) Konstante Zirkulation. Als Gegenstück dazu sei jetzt nach Abb. 5.3b eine Strömung betrachtet, bei der die Stromlinien ebenfalls konzentrische Kreise sind, bei der aber die Umfangsgeschwindigkeiten $u_1 = a/r_1$ und $u_2 = a/r_2$ mit $a = \text{const}$ sind. Bildet man wieder die Zirkulation längs des Rands einer schraffierten Fläche wie in Abb. 5.3a, so wird $\Gamma = u_2 r_2 \varphi - u_1 r_1 \varphi = 0$. Das betrachtete Strömungsgebiet ist also drehungsfrei. Man stellt leicht fest, daß diese Überlegung für jeden beliebigen Linienzug $A - B - C - D - A$ in Abb. 5.3b gilt, welcher den Mittelpunkt ausschließt. Bildet man dagegen die Zirkulation längs eines geschlossenen Kreises mit r_1 oder r_2, welcher den Mittelpunkt ($r = 0$) mit einschließt, so wird $\Gamma_0 = 2\pi u_1 r_1 = 2\pi u_2 r_2 = 2\pi a = \text{const}$. Diese Zirkulation ist unabhängig von r und gibt die physikalische Bedeutung der Konstanten $a = \Gamma_0/2\pi$ an. Da Γ_0 einen von Null verschiedenen Wert hat, muß in der durch den Kreismittelpunkt 0 dargestellten Achse ein Wirbel vorhanden sein. Der Punkt $r = 0$ ist eine singuläre Stelle, für die u unendlich groß wird. Bei der besprochenen Strömungsform handelt es sich um eine Strömung mit konstanter Zirkulation (konstanter Drall).

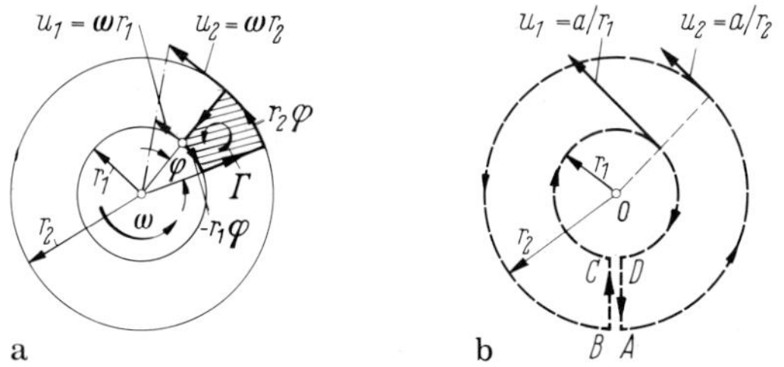

Abb. 5.3. Stationäre kreisförmige Strömungen. **a** Bewegung mit konstanter Drehung (starrer Wirbel, Festkörperrotation). **b** Bewegung mit konstanter Zirkulation (Potentialwirbel, konstanter Drall)

[2] Je nachdem, ob die Integration links- oder rechtsherum vorgenommen werden soll, kann dies durch die Symbole $\ointctrclockwise$ bzw. $\ointclockwise$ gekennzeichnet werden.

5.2.2.2 Zusammenhang von Drehung und Zirkulation (Stokes)

Da sowohl die Drehung als auch die Zirkulation von rein kinematischer Natur sind, liegt es nahe, einen Zusammenhang zwischen beiden Größen zu vermuten. Zur anschaulichen Ableitung einer Beziehung zwischen der Zirkulation längs einer geschlossenen Kurve und der innerhalb dieses Gebiets vorhandenen Drehung sei der Fall der ebenen Strömung betrachtet. Es sei nach Abb. 5.4 in der x,y-Ebene ein Flächenelement $dA = dx\,dy$ gegeben, für dessen Randkurve die Zirkulation $d\Gamma$ ermittelt werden soll. Besitzt der Punkt A die Geschwindigkeitskomponenten u und v, dann herrschen z. B. im Punkt C die Komponenten $u + (\partial u/\partial x)\,dx + (\partial u/\partial y)\,dy$ und $v + (\partial v/\partial x)\,dx + (\partial v/\partial y)\,dy$. Die in Abb. 5.4 dargestellten Geschwindigkeiten sind Mittelwerte längs der Seiten des betrachteten Flächenelements. Man erhält die Zirkulation $d\Gamma$ unter Beachtung der Vorzeichen des umlaufenden Wegs (hier linksherum positiv) als die Summe der Linienintegrale der Geschwindigkeiten längs der vier Rechteckseiten zu $d\Gamma = (\partial v/\partial x - \partial u/\partial y)\,dx\,dy = 2\omega_z\,dA$, wobei die letzte Beziehung durch Einsetzen des Ausdrucks für die Drehung ω_z nach (5.5a) folgt. Durch Integration über eine Fläche A wird somit

$$\Gamma = \oint_L v_l\,dl = 2\int_A \omega_z\,dA \qquad \text{(eben)}\,. \tag{5.7a}$$

Unter Beachtung der Definitionsgleichung für die Zirkulation (5.6b) ergibt sich, daß die Zirkulation um die Randkurve einer beliebigen, zunächst eben angenommenen Fläche gleich dem doppelten Wert des Wirbelstroms durch diese Fläche ist. Für den Fall einer einfachen Scherströmung nach Abb. 5.5 mit der Geschwindig-

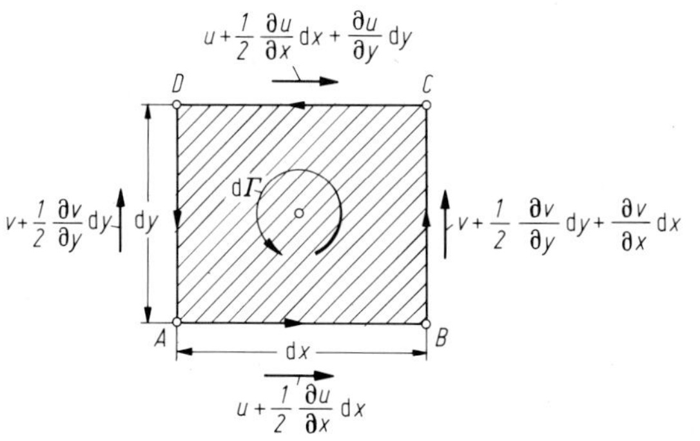

Abb. 5.4. Zusammenhang von Zirkulation und Drehung, (ebene Strömung), Stokesscher Zirkulationssatz

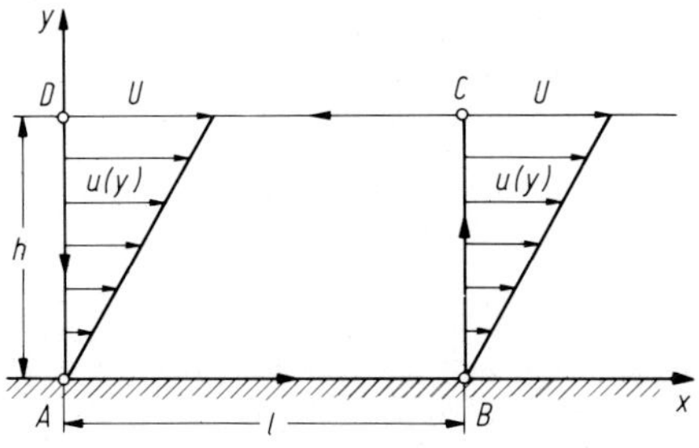

Abb. 5.5. Zur Bestätigung des Stokesschen Zirkulationssatzes am Beispiel der einfachen Scherströmung

keitsverteilung $u = (U/h)y, v = 0$ erhält man die Drehung nach (5.5a) zu $\omega_z = -U/2h = \text{const}$, man vgl. Beispiel c in Kap. 2.3.3.4. Die Zirkulation als Linienintegral über $A - B - C - D - A$ beträgt $\Gamma = 0 + 0 - Ul + 0 = -Ul$ und als Flächenintegral $\Gamma = 2\omega_z hl = -Ul$, was zu bestätigen war. Die zugehörige Komponente des Vektorpotentials Ψ_z (ebene Stromfunktion $\Psi_z = \Psi$) erhält man aus $u = \partial\Psi/\partial y$ zu $\Psi = (U/2h)\,y^2$.

Eine formale Ableitung und zugleich eine Erweiterung von (5.7a) auf den Fall einer räumlichen Strömung findet man in einfacher Weise durch Anwenden des Stokesschen Integralsatzes der Vektor-Analysis

$$\oint_L \boldsymbol{a}\cdot d\boldsymbol{l} = \int_A \operatorname{rot}\boldsymbol{a}\cdot d\boldsymbol{A} \qquad \text{(Stokesscher Integralsatz)}\,,$$

wonach man ein Linienintegral über (L) in ein Oberflächenintegral über (A) verwandeln kann. Mit $\boldsymbol{a} = \boldsymbol{v}$ und $\operatorname{rot}\boldsymbol{a} = \operatorname{rot}\boldsymbol{v} = 2\boldsymbol{\omega}$ wird unter Beachtung von (5.6a).

$$\Gamma = \oint_L \boldsymbol{v}\cdot d\boldsymbol{l} = 2\int_A \boldsymbol{\omega}\cdot d\boldsymbol{A} \qquad \text{(räumlich)}\,. \tag{5.7b}$$

Dies ist der Stokessche Zirkulationssatz für den allgemeinen Fall der räumlichen Strömung. Er ist in analoger Weise auszusprechen wie der Satz für die ebene Strömung: Die Zirkulation um die Randkurve einer beliebigen räumlichen, auch gekrümmten Fläche ist gleich dem doppelten Wert des Wirbelstroms (Flächenintegral über die Drehung) durch diese Fläche.

5.2.2.3 Zusammenhang von Drehung und Entropie (Crocco)

Neben dem in Kap. 5.2.2.2 angegebenen Zusammenhang zwischen der Drehung und der Zirkulation (mechanische Größen) läßt sich auch ein Zusammenhang zwischen der Drehung (mechanische Größe) und der Entropie (thermodynamische Größe) herleiten. Es sei ein instationäres, stetiges und reibungsloses Strömungsfeld zugrunde gelegt. Eliminiert man in der Eulerschen Impulsgleichung (2.98a) das druckbedingte Glied mittels der Entropiegleichung (2.219b), so folgt in Verbindung mit (2.29c) die Beziehung

$$T\operatorname{grad}s = \frac{\partial\boldsymbol{v}}{\partial t} - (\boldsymbol{v}\times\operatorname{rot}\boldsymbol{v}) + \operatorname{grad}\left(u_B + \frac{\boldsymbol{v}^2}{2} + h\right). \tag{5.8a}$$

Hierin stellt $h_t = \boldsymbol{v}^2/2 + h$ die spezifische totale Enthalpie dar. Für ein homenergetes Strömungsfeld mit $u_B + h_t = \text{const}$ ist $\operatorname{grad}(u_B + h_t) = 0$.[3] Unter dieser im allgemeinen für stationäre reibungslose Strömung zutreffenden Annahme findet man mit $\partial\boldsymbol{v}/\partial t = 0$ aus (5.8a) den gesuchten Zusammenhang in der Form

$$T\operatorname{grad}s = -(\boldsymbol{v}\times\operatorname{rot}\boldsymbol{v}) = -2(\boldsymbol{v}\times\boldsymbol{\omega}) \qquad \text{(reibungslos)}\,. \tag{5.8b}$$

Dies Ergebnis bezeichnet man als Croccoschen Wirbelsatz in seiner einfachsten Aussage [13]. Auf allgemeinere Ableitungen z. B. für instationäre Strömungen

[3] In Erweiterung von (2.190b) wird ein Strömungsfeld homenerget genannt, wenn $u_B + h_t = \text{const}$ ist.

sowie Strömungen mit Reibung kann hier nicht eingegangen werden, man vgl. [13, 17, 83, 93].

Nach dem Croccoschen Satz besitzt jede stationäre, homenergete und reibungslose Strömung im ganzen Strömungsfeld konstante Entropie, d. h. sie verläuft homentrop ($s = \text{const}$), wenn überall das vektorielle Produkt aus den Vektoren $\boldsymbol{v}$ und rot $\boldsymbol{v}$ verschwindet. Dies ist, abgesehen von dem trivialen Ergebnis $\boldsymbol{v} = 0$, der Fall, sofern entweder rot $\boldsymbol{v} = 2\boldsymbol{\omega} = 0$, d. h. die Strömung wirbelfrei (drehungsfrei) ist, oder wenn der Geschwindigkeitsvektor $\boldsymbol{v}$ und der Wirbelvektor (Drehvektor) $\boldsymbol{\omega}$ dieselbe Richtung haben. Weiterhin zeigt der Croccosche Satz, daß unter den oben genannten Voraussetzungen die Entropie jeder wirbelbehafteten (drehungsbehafteten) Strömung längs einer Stromlinie bei isenergeter Strömung konstant ist, d. h. isentrop verläuft, $ds/dt = 0$. Dies folgt daraus, daß der Vektor $(\boldsymbol{v} \times \text{rot}\,\boldsymbol{v})$ normal auf dem Stromlinienelement, welches dieselbe Richtung wie der Geschwindigkeitsvektor $\boldsymbol{v}$ besitzt, steht, man vgl. hierzu Abb. 2.18 und die dort gemachten Ausführungen. Eine Änderung der Entropie von Stromlinie zu Stromlinie bedingt das Entstehen von Wirbeln. Eine homenergete Strömung mit veränderlicher Entropie muß also notwendigerweise wirbelbehaftet sein.

Bei ebener Strömung steht der Wirbelvektor normal auf der Geschwindigkeitsebene. Unter Einführen der natürlichen Koordinaten t, n, z nach Abb. 5.6 folgt mit $\boldsymbol{v} = \boldsymbol{e}_t v$, $\text{rot}\,\boldsymbol{v} = 2\boldsymbol{e}_z \omega_z$ und $\boldsymbol{v} \times \text{rot}\,\boldsymbol{v} = -2\boldsymbol{e}_n v\omega_z$ sowie $\text{grad}\,s = \boldsymbol{e}_t(\partial s/\partial t) + \boldsymbol{e}_n(\partial s/\partial n) + \boldsymbol{e}_z(\partial s/\partial z)$ aus (5.8b).

$$T\frac{\partial s}{\partial n} = 2v\omega_z \qquad \text{(eben)}\,. \tag{5.9}$$

Die Anwendung dieser Beziehung wird bei der Berechnung der Entropieänderung durch einen gekrümmten Verdichtungsstoß in Kap. 5.4.4.3 gezeigt.

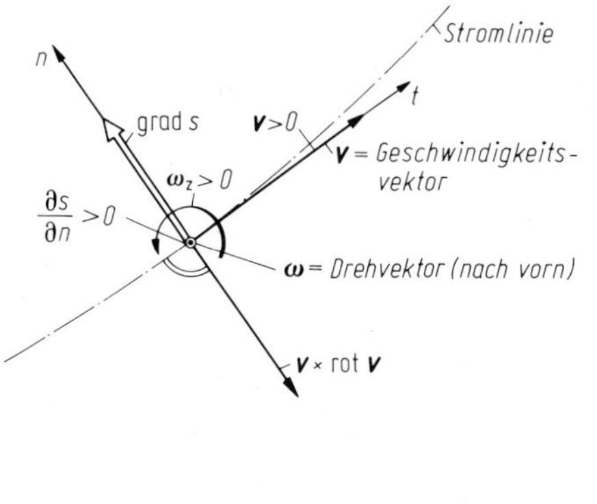

Abb. 5.6. Zur Erläuterung des Croccoschen Wirbelsatzes bei ebener Strömung

5.2.3 Wirbelgleichungen der Fluidmechanik

5.2.3.1 Räumlicher Wirbelerhaltungssatz

Differentielle Form. In Analogie zur Kontinuitätsgleichung (Massenerhaltungssatz) dichtebeständiger Fluide (2.61a) besteht auch für die Wirbelströmung ein Erhaltungssatz, der die sog. Quellfreiheit des Wirbelfelds beschreibt. Wegen div(rot $\boldsymbol{v}$) $\equiv 0$ wird unter Einsetzen von (5.1), vgl. Tab. B.4,

$$\operatorname{div} \boldsymbol{\omega} = 0 \qquad \text{(Kontinuität)}\,. \tag{5.10}$$

Dies stellt den räumlichen Wirbelerhaltungssatz dar. Er ist gleichbedeutend mit dem ersten Helmholtzschen Wirbelsatz. Gl. (5.10) ist eine rein kinematische Beziehung, die keinerlei physikalischen Voraussetzungen unterworfen ist und auch nicht von der Art des strömenden Fluids abhängt. Sie gilt sowohl für stationäre als auch für instationäre Strömung. Aus der Analogie zur Kontinuitätsgleichung lassen sich alle für die Strömung dichtebeständiger Fluide ausgesprochenen kinematischen Sätze sinngemäß auf die Wirbelströmungen übertragen. Es kann also gefolgert werden, daß ein Wirbelfaden im Inneren eines Strömungsbereichs weder beginnen noch enden kann. Wäre dies der Fall, so könnte an dieser Stelle die Kontinuitätsbedingung nach (5.10) nicht erfüllt sein. Eine Wirbellinie oder ein Wirbelfaden muß sich also entweder bis an die Grenzen des Strömungsbereichs erstrecken oder in sich zurücklaufend einen geschlossenen Wirbelring bilden.

Integrale Form. Unter der Voraussetzung der Stetigkeit des Wirbelfelds liefert der Gaußsche Integralsatz (Bd. 1, S. 84) mit $\boldsymbol{a} = \boldsymbol{\omega}$ für die Quellfreiheit des Wirbelfelds

$$\int_V \operatorname{div} \boldsymbol{\omega}\, dV = \oint_A \boldsymbol{\omega} \cdot d\boldsymbol{A} = 0\,, \qquad \Gamma = 0 \tag{5.11a, b}$$

mit Γ als Zirkulation nach (5.7b). Die über eine geschlossene Fläche A zu bildende Gesamtzirkulation Γ muß also verschwinden.

Wirbelfaden. Das Ergebnis von (5.11) sei für den in Abb. 5.1 dargestellten Wirbelfaden näher erläutert. Da auf der Mantelfläche (Wirbelröhre) Wirbelvektor $\boldsymbol{\omega}$ und Flächenvektor $d\boldsymbol{A}$ normal aufeinander stehen, ist dort überall $\boldsymbol{\omega} \cdot d\boldsymbol{A} = 0$. Es liefern also nur die Querschnittsflächen an den Stellen (1) und (2) Beiträge zum Flächenintegral über die Drehung. Nimmt man an, daß sich die Drehungen über die Flächen A_1 und A_2 gleichmäßig verteilen, so vereinfacht sich (5.11) zu $\boldsymbol{\omega}_1 \cdot \boldsymbol{A}_1 + \boldsymbol{\omega}_2 \cdot \boldsymbol{A}_2 = 0$, vgl. (2.54a). Stehen die Wirbelvektoren normal auf den Querschnittsflächen, dann ist $\boldsymbol{\omega}_1 \cdot \boldsymbol{A}_1 = -\omega_1 A_1$ und $\boldsymbol{\omega}_2 \cdot \boldsymbol{A}_2 = \omega_2 A_2$, und es folgt in Analogie zum Volumenstrom $\dot{V}_A$ nach (2.54b) bzw. (2.55) für den Wirbelstrom $\dot{W}_A$ in m^2/s

$$\dot{W}_A = \omega_1 A_1 = \omega_2 A_2 \qquad \text{(Wirbelstrom)}\,. \tag{5.12a}$$

Da A_1 und A_2 zwei längs des Wirbelfadens beliebig gewählte Querschnitte sein können, gilt (5.12a) für jeden Querschnitt A. Damit wird der Wirbelstrom bzw. die Zirkulation in m^2/s durch normal zur Wirbelfadenachse liegenden Querschnitt

$$\Gamma_A = 2\omega A = C \qquad \text{(Zirkulation)}\,. \tag{5.12b}$$

Gl. (5.12) sagt aus, daß der Wirbelstrom ωA bzw. die Zirkulation Γ eines Wirbelfadens mit örtlich veränderlichem Querschnitt A längs des Wirbelfadens konstant ist und bei einer Fortbewegung dauernd den gleichen Wert behält.

5.2.3.2 Zeitliche Änderung der Drehung

Während bei der Ableitung des räumlichen Wirbelerhaltungssatzes in Kap. 5.2.3.1 nur kinematische Gesichtspunkte zu beachten waren, sollen jetzt die auf den

Strömungsverlauf einwirkenden Kräfte mitberücksichtigt werden, d. h. die Überlegungen erstrecken sich auf das kinetische Verhalten. Es werden nacheinander die Fälle bei reibungsloser Strömung eines dichteveränderlichen Fluids sowie bei reibungsbehafteter Strömung eines dichtebeständigen Fluids betrachtet und die zugehörigen Wirbeldifferentialgleichungen abgeleitet.

Zeitlicher Wirbelerhaltungssatz. Ausgangspunkt für die Untersuchung der reibungslosen Strömung eines dichteveränderlichen Fluids bildet die Eulersche Bewegungsgleichung. Dabei wird ein barotropes Fluid mit $\varrho = \varrho(p)$ angenommen. Die Einflüsse des äußeren Kraftfelds u_B und des Druckkraftpotentials i eliminiert man in (2.98c) durch Bilden der Rotation. Dies Vorgehen führt auf die Beziehung (2.101b). Da nach den Regeln der Tensor-Analysis $\operatorname{rot}(\boldsymbol{v} \times \boldsymbol{\omega}) = \boldsymbol{\omega} \cdot \operatorname{grad} \boldsymbol{v} - \boldsymbol{v} \cdot \operatorname{grad} \boldsymbol{\omega} - \boldsymbol{\omega} \operatorname{div} \boldsymbol{v} + \boldsymbol{v} \operatorname{div} \boldsymbol{\omega}$ ist, wird unter Beachtung des räumlichen Wirbelerhaltungssatzes (5.10) für die substantielle Änderung der Drehung[4],

$$\frac{d\boldsymbol{\omega}}{dt} = \frac{\partial \boldsymbol{\omega}}{\partial t} + \boldsymbol{v} \cdot \operatorname{grad} \boldsymbol{\omega} = \boldsymbol{\omega} \cdot \operatorname{grad} \boldsymbol{v} - \boldsymbol{\omega} \operatorname{div} \boldsymbol{v} \,. \qquad (5.13a)$$

Der Ausdruck auf der linken Seite stellt die substantielle Änderung des Wirbelvektors entsprechend der Transportgleichung (2.42a) mit $\boldsymbol{E} = \boldsymbol{\omega}$ dar. Für ein quellfreies Strömungsfeld gilt die Kontinuitätsgleichung (2.60). Durch Eliminieren des Ausdrucks $\operatorname{div} \boldsymbol{v} = -(1/\varrho)\,(d\varrho/dt)$ in (5.13a) erhält man nach Umformung

$$\frac{d}{dt}\left(\frac{\boldsymbol{\omega}}{\varrho}\right) = \frac{\boldsymbol{\omega}}{\varrho} \cdot \operatorname{grad} \boldsymbol{v} \qquad \text{(reibungslos, barotrop)}\,. \qquad (5.13b)$$

Gl. (5.13) ist als Beltramische Diffusionsgleichung bekannt. Sie hat vektoriellen Charakter und besagt, daß die substantielle Änderung der Wirbelgröße $\boldsymbol{\omega}/\varrho$ gleich der Änderung dieser Größe durch Verlagerung und Dehnung ist. Gleichung (5.13) bestätigt, daß bei einem barotropen oder dichtebeständigen Fluid mit $\varrho = \varrho(p)$ bzw. $\varrho = \text{const}$ jede stetig verlaufende, drehungsfreie Strömung mit $\boldsymbol{\omega} = 0$ eine Lösung der Eulerschen Bewegungsgleichung ist, vgl. Kap. 2.5.3.2.

Bei ebener und drehsymmetrischer Strömung ist $\boldsymbol{\omega} \cdot \operatorname{grad} \boldsymbol{v} = 0$. In diesen Fällen stehen die Wirbelvektoren $\boldsymbol{\omega}$ jeweils normal auf den Geschwindigkeitsebenen und besitzen jeweils nur eine Komponente, nämlich $\omega = \omega_z$ bzw. $\omega = \omega_\varphi$. Aus (5.13b) und (5.13a) folgen die skalaren Beziehungen

$$\frac{d}{dt}\left(\frac{\omega}{\varrho}\right) = 0, \qquad \frac{\partial \omega}{\partial t} + \operatorname{div}(\omega \boldsymbol{v}) = 0\,. \qquad (5.14\text{a, b})^5$$

Bei ebener Strömung in der x,y-Ebene wird mit $v_x = u$ und $v_y = v$ bei instationärer Strömung

$$\frac{\partial \omega}{\partial t} + \frac{\partial(u\omega)}{\partial x} + \frac{\partial(v\omega)}{\partial y} = 0 \quad \text{(eben)}\,. \qquad (5.14c)$$

[4] Über die Bedeutung der Produkte $\boldsymbol{v} \cdot \operatorname{grad} \boldsymbol{\omega}$ bzw. $\boldsymbol{\omega} \cdot \operatorname{grad} \boldsymbol{v}$ vgl. man Tab. B.2.

[5] Man berücksichtige bei der Herleitung von (5.14b), daß $\operatorname{div}(\omega \boldsymbol{v}) = \boldsymbol{v} \cdot \operatorname{grad} \omega + \omega \operatorname{div} \boldsymbol{v}$ ist. Die Gln. (5.14a, b) lassen sich unter Beachtung der Transportgleichung (2.41c) und der Kontinuitätsgleichung (2.60a) ineinander überführen.

Für ein dichtebeständiges Fluid mit $\varrho = \text{const}$ folgt aus (5.14a), daß $d\omega/dt = 0$ ist. In diesem Fall stellt auch $\omega = \text{const}$ eine Lösung des Wirbelerhaltungssatzes dar.

Das für reibungslose Strömung gefundene Ergebnis läßt sich folgendermaßen zusammenfassen: Jede Bewegung aus der Ruhe heraus ist drehungsfrei, da in der Ruhe $\boldsymbol{\omega} = 0$ ist und wegen $d\boldsymbol{\omega}/dt = 0$ nach (5.13a) auch für alle weiteren Zeiten $\boldsymbol{\omega} = \text{const} = 0$ bleibt. Kein Fluidelement kommt in Drehung, welches nicht von Anfang an in Drehung begriffen ist. In der reibungslosen Strömung eines Fluids können Wirbel weder entstehen noch vergehen. Daraus folgt, daß die Wirbelung eine Eigenschaft ist, die an die Fluidelemente gebunden ist und mit diesen transportiert wird. Wirbel bestehen auch bei ihrer Fortbewegung dauernd aus denselben Fluidelementen. Die gemachten Aussagen nennt man den zeitlichen Wirbelerhaltungssatz. Er entspricht dem zweiten Helmholtzschen Wirbelsatz.

Wirbeltransportgleichung. Im folgenden soll jetzt der Einfluß der Viskosität η untersucht werden. Dabei sei ein homogenes Fluid ($\varrho = \text{const}$, $\eta = \text{const}$) angenommen. Ausgangspunkt für die weitere Untersuchung stellt die Navier–Stokessche Bewegungsgleichung dar. Von (2.120) bildet man die Rotation. Dabei nimmt das zähigkeitsbehaftete Glied unter Beachtung des räumlichen Wirbelerhaltungssatzes (5.10) mit $\operatorname{div} \boldsymbol{\omega} = 0$ die Form $\nu \operatorname{rot}(\Delta \boldsymbol{v}) = -2\nu \operatorname{rot}(\operatorname{rot} \boldsymbol{\omega}) = 2\nu \Delta \boldsymbol{\omega}$ an. In Erweiterung von (5.13a) findet man so mit $\operatorname{div} \boldsymbol{v} = 0$ nach (2.61a)

$$\frac{d\boldsymbol{\omega}}{dt} = \boldsymbol{\omega} \cdot \operatorname{grad} \boldsymbol{v} + \nu \Delta \boldsymbol{\omega} \qquad \text{(reibungsbehaftet, homogen)} \tag{5.15}$$

mit Δ als Laplace-Operator, vgl. Tab. B.5. Man nennt diese Beziehung die Wirbeltransportgleichung. Sie hat vektoriellen Charakter und besagt, daß sich die viskose Reibung in einer Diffusion der Wirbelstärke (Drehung) äußert.

Für die Fälle ebener und drehsymmetrischer Strömung entfällt in (5.15) auf der rechten Seite wieder das erste Glied, und man erhält als Erweiterung von (5.14a, b) die Beziehung

$$\frac{d\omega}{dt} = \frac{\partial \omega}{\partial t} + \boldsymbol{v} \cdot \operatorname{grad} \omega = \nu \Delta \omega \,. \tag{5.16a}$$ [6]

Bei ebener Strömung folgt hieraus als Erweiterung von (5.14c) die Formel

$$\frac{\partial \omega}{\partial t} + u \frac{\partial \omega}{\partial x} + v \frac{\partial \omega}{\partial y} = \nu \left(\frac{\partial^2 \omega}{\partial x^2} + \frac{\partial^2 \omega}{\partial y^2} \right) \qquad \text{(eben)} \,. \tag{5.16b}$$

Eine Lösung von (5.16) ist neben $\omega = 0$ auch $\omega = \text{const}$, was dem starren Wirbel (Festkörperrotation) entspricht. Auch die in Kap. 5.2.2.2 angegebene einfache Scherströmung wird von (5.16) erfaßt. Würde man nach (2.66a) für die Geschwindigkeitskomponenten $u = \partial \Psi / \partial y$ und $v = -\partial \Psi / \partial x$ einsetzen, so bilden (5.16b) und (5.5b) ein Gleichungssystem zur Berechnung der Drehung $\omega(t, x, y)$ und der Stromfunktion $\Psi(t, x, y)$.

---

[6] Man beachte, daß bei einem dichtebeständigen Fluid $\operatorname{div}(\omega \boldsymbol{v}) = \omega \operatorname{div} \boldsymbol{v} + \boldsymbol{v} \cdot \operatorname{grad} \omega = \boldsymbol{v} \cdot \operatorname{grad} \omega$ ist.

5.2.3.3 Zeitliche Änderung der Zirkulation

Nachdem im vorhergehenden Kapitel die Aufgabe behandelt wurde, wie sich die Drehung mit der Zeit ändert, sei jetzt die zeitliche Änderung der Zirkulation besprochen. Von der Zirkulation nach (5.6a) wird die substantielle Änderung $d\Gamma/dt$ gesucht, wobei die geschlossene Kurve $L(t)$, längs der zu integrieren ist, immer aus denselben strömenden Fluidelementen gebildet werden möge, d. h. eine fluidgebundene Linie sein soll. Die Differentiation geschieht offenbar dadurch, daß man das Zirkulationsintegral zur Zeit t von dem Zirkulationsintegral zur Zeit $t + \delta t$ abzieht, diese Differenz durch δt dividiert und den Grenzwert $\lim \delta t \to 0$ bildet. Da jede der beiden Integrationen bei festgehaltener Zeit ($t = \text{const}$ bzw. $t + \delta t = \text{const}$) vorgenommen wird, kann man schreiben

$$\frac{d\Gamma}{dt} = \frac{d}{dt}\oint_{L(t)} \boldsymbol{v}\cdot d\boldsymbol{l} = \oint_L \frac{d(\boldsymbol{v}\cdot d\boldsymbol{l})}{dt} = \oint_L \frac{d\boldsymbol{v}}{dt}\cdot d\boldsymbol{l} + \oint_L \boldsymbol{v}\cdot\frac{d(d\boldsymbol{l})}{dt}\,.$$

Während im vorletzten Integral der Integrand die substantielle Beschleunigung bedeutet, soll der Integrand im letzten Integral noch umgeformt werden. Nach Abb. 5.7 betrachte man ein Linienelement $d\boldsymbol{l}$ zur Zeit t, wobei sich die Punkte (*1*) und (*2*) mit den augenblicklichen Geschwindigkeiten $\boldsymbol{v}$ bzw. $\boldsymbol{v} + (\partial\boldsymbol{v}/\partial l)\,dl$ fortbewegen. Während der kleinen Zeit δt legen sie bis zu den Punkten (*1'*) und (*2'*) die in Abb. 5.7 gestrichelt gezeichneten Wege zurück. Dadurch geht das ursprüngliche Wegelement $d\boldsymbol{l}(t)$ in $d\boldsymbol{l}(t + \delta t) = d\boldsymbol{l} + \delta(d\boldsymbol{l})$ über. Aus der Streckensumme $(1 - 1' - 2' - 2 - 1)$ liest man den Zusammenhang $\delta(d\boldsymbol{l}) = (\partial\boldsymbol{v}/\partial l)\,dl\,\delta t$ ab. Mithin kann man für den Ausdruck unter dem letzten Integral schreiben

$$\boldsymbol{v}\cdot\frac{d(d\boldsymbol{l})}{dt} \equiv \boldsymbol{v}\cdot\frac{\delta(d\boldsymbol{l})}{\delta t} = \boldsymbol{v}\cdot\frac{\partial\boldsymbol{v}}{\partial l}\,dl = \frac{\partial}{\partial l}\left(\frac{\boldsymbol{v}^2}{2}\right)dl = \operatorname{grad}\left(\frac{\boldsymbol{v}^2}{2}\right)\cdot d\boldsymbol{l}\,.$$

Für die substantielle Änderung der Zirkulation gilt also

$$\frac{d\Gamma}{dt} = \oint_L \left[\frac{d\boldsymbol{v}}{dt} + \operatorname{grad}\left(\frac{\boldsymbol{v}^2}{2}\right)\right]\cdot d\boldsymbol{l} = \oint_L \frac{d\boldsymbol{v}}{dt}\cdot d\boldsymbol{l} \qquad (5.17\text{a, b})^7$$

mit $\boldsymbol{v}^2/2$ als eindeutiger Funktion des Orts.

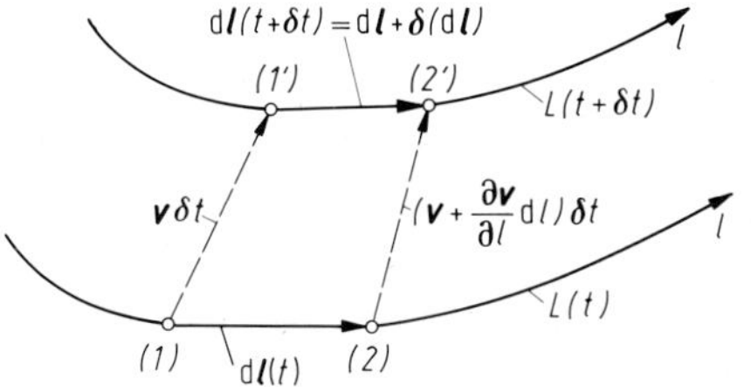

Abb. 5.7. Zur Ableitung des Satzes von der zeitlichen Änderung der Zirkulation

---

[7] Es gilt $\operatorname{grad}\cdot d\boldsymbol{l} = \left(\boldsymbol{e}_x\frac{\partial}{\partial x} + \boldsymbol{e}_y\frac{\partial}{\partial y} + \boldsymbol{e}_z\frac{\partial}{\partial z}\right)\cdot(\boldsymbol{e}_x dx + \boldsymbol{e}_y dy + \boldsymbol{e}_z dz) = \frac{\partial}{\partial x}dx + \frac{\partial}{\partial y}dy + \frac{\partial}{\partial z}dz = d$ mit d als totalem räumlichem Differential.

Wie bei der Ermittlung der zeitlichen Änderung der Drehung in Kap. 5.2.3.2 sollen nacheinander wieder die reibungslose Strömung eines dichteveränderlichen und die reibungsbehaftete Strömung eines dichtebeständigen Fluids behandelt werden.

Zeitlicher Erhaltungssatz der Zirkulation (Thomson). Für die reibungslose Strömung eines barotropen Fluids $\varrho = \varrho(p)$ wird die Eulersche Impulsgleichung (2.98a) in Verbindung mit (2.3a) und (2.5a) in (5.17b) eingesetzt, und man erhält

$$\frac{d\Gamma}{dt} = -\oint_L \operatorname{grad}(u_B + i) \cdot d\boldsymbol{l} = -\oint_L d(u_B + i) = 0\,. \qquad (5.18\text{a, b, c})^7$$

Da u_B und i eindeutige Funktionen des Orts sein sollen, liefert die Integration über die geschlossene Kurve (L) keinen Beitrag. Gl. (5.18) sagt aus, daß die zeitliche Änderung der Zirkulation längs einer geschlossenen, immer die gleichen Fluidelemente enthaltenden Kurve gleich null ist. Dies ist der Thomsonsche Zirkulationssatz, häufig auch als Kelvinsches Theorem bezeichnet (Thomson = Lord Kelvin [84]). Er gilt für jede reibungslose Strömung, bei der die Massenkräfte nur als konservative Kräfte wirksam sind. Das Fluid kann dichtebeständig $\varrho = \text{const}$ oder barotrop $\varrho = \varrho(p)$ sein. War eine solche Strömung wirbelfrei (drehungsfrei), die Zirkulation innerhalb des betreffenden Gebiets also gleich null, so bleibt sie auch im weiteren Verlauf wirbelfrei (drehungsfrei), da sich die Zirkulation nach dem obigen Satz nicht ändern kann. Nach dem Thomsonschen Satz ist also die Zirkulation von der Zeit unabhängig

$$\frac{d\Gamma}{dt} = 0, \qquad \Gamma(t) = \text{const} \qquad \text{(reibungslos, barotrop)}\,. \qquad (5.19)$$

Umgrenzt die geschlossene Kurve einen Strömungsbereich, in welchem die Strömung zur Zeit $t = 0$ wirbelbehaftet (drehungsbehaftet) verläuft, so besitzt die Zirkulation einen von null verschiedenen Wert. Nach dem Thomsonschen Satz muß diese Strömung, da sich die Zirkulation nicht ändern kann, auch für alle darauffolgenden Zeiten wirbelbehaftet bleiben.

Zirkulationstransportgleichung. Im folgenden soll jetzt die reibungsbehaftete Strömung eines homogenen Fluids ($\varrho = \text{const}$, $\eta = \text{const}$) untersucht werden. In (5.17b) wird die Navier–Stokessche Impulsgleichung (2.120) eingesetzt. Unter Beachtung von (5.18c) findet man[8]

$$\frac{d\Gamma}{dt} = \nu \oint_L \Delta\boldsymbol{v} \cdot d\boldsymbol{l} = -2\nu \oint_L \operatorname{rot}\boldsymbol{\omega} \cdot d\boldsymbol{l} \qquad \text{(reibungsbehaftet)}\,. \qquad (5.20\text{a, b})$$

Die zweite Beziehung folgt aus der Überlegung, daß bei der quellfreien Strömung eines dichtebeständigen Fluids nach der Kontinuitätsgleichung (2.61a) $\operatorname{div}\boldsymbol{v} = 0$ ist und somit hierfür $\Delta\boldsymbol{v} = -\operatorname{rot}(\operatorname{rot}\boldsymbol{v}) = -2\operatorname{rot}\boldsymbol{\omega}$ wird. Durch Anwenden des Stokesschen Integralsatzes (S. 119) kann man das Linienintegral in (5.20b) mit

---

[8] In Komponentendarstellung wurde dieser Ausdruck schon frühzeitig von Poincaré [28] angegeben, vgl. Kaufmann [84].

$\boldsymbol{a} = \text{rot}\,\boldsymbol{\omega}$ in ein Oberflächenintegral umformen. Mit (5.7b) erhält man dann unter Beachtung, daß $\Delta\boldsymbol{\omega} = -\text{rot}\,(\text{rot}\,\boldsymbol{\omega})$ mit $\text{div}\,\boldsymbol{\omega} = 0$ gemäß (5.10) ist,

$$\frac{d\Gamma}{dt} = 2\frac{d}{dt}\int_A \boldsymbol{\omega}\cdot d\boldsymbol{A} = 2\nu \int_A \Delta\boldsymbol{\omega}\cdot d\boldsymbol{A} \qquad \text{(homogen)}\,. \tag{5.20c}$$

Diese Gleichung stellt die integrale Form der Wirbeltransportgleichung (5.15) dar. Daß bei reibungsbehafteter Strömung im allgemeinen $d\Gamma/dt \neq 0$ ist, erklärt die Tatsache, daß Wirbel entstehen und vergehen können, wie z. B. das Auflösen von Rauchringen.

5.3 Drehungsfreie reibungslose Strömungen (Potentialströmungen)

5.3.1 Voraussetzungen und grundlegende Beziehungen

Allgemeines. In Kap. 5.2.1 wurde ein den ganzen Raum erfüllendes Strömungsfeld gemäß (5.2) in einen drehungsfreien und einen drehungsbehafteten Anteil aufgeteilt. Es sollen hier zunächst die drehungsfreien Strömungen untersucht werden. Solche Strömungen stellen nach Kap. 2.5.3.2, vgl. (2.101), Lösungen der Eulerschen Bewegungsgleichung für die reibungslose Strömung dar. Ein stationäres drehungsfreies Strömungsfeld besitzt nach dem Croccoschen Wirbelsatz (5.8b) überall die gleiche Entropie, d. h. es verhält sich homentrop.

Geschwindigkeitspotential. Die Bedingung der Drehungsfreiheit für das Geschwindigkeitsfeld $\boldsymbol{v}(t, \boldsymbol{r})$ wird durch Einführen einer skalaren Potentialfunktion, genauer (skalares) Geschwindigkeitspotential $\Phi(t, \boldsymbol{r})$ genannt, entsprechend (5.3a) mit

$$\boldsymbol{v} = \text{grad}\,\Phi \qquad (\text{rot}\,\boldsymbol{v} = 0) \tag{5.21a, b}$$

wegen $\text{rot}(\text{grad}\,\Phi) \equiv 0$ von selbst erfüllt. Die Geschwindigkeitskomponenten in kartesischen rechtwinkligen Koordinaten lauten nach Tab. B.1 mit $a = \Phi$

$$v_x = \frac{\partial\Phi}{\partial x}, \qquad v_y = \frac{\partial\Phi}{\partial y}, \qquad v_z = \frac{\partial\Phi}{\partial z}, \qquad v_i = \frac{\partial\Phi}{\partial x_i} \qquad (i = 1, 2, 3)\,. \tag{5.22a, b}$$

In Tab. 5.1 sind die Geschwindigkeitskomponenten für kartesische und zylindrische Koordinatensysteme zusammengestellt.

Für die ebene Strömung mit den Geschwindigkeitskomponenten $v_x = u = \partial\Phi/\partial x$ und $v_y = v = \partial\Phi/\partial y$ sowie mit der Drehung ω nach (5.5a)

$$\omega = \frac{1}{2}\left(\frac{\partial v}{\partial x} - \frac{\partial u}{\partial y}\right) = \frac{1}{2}\left(\frac{\partial^2\Phi}{\partial x\,\partial y} - \frac{\partial^2\Phi}{\partial y\,\partial x}\right) \equiv 0$$

läßt sich die Erfüllung der Bedingung der Drehungsfreiheit einfach nachweisen[9].

[9] Im allgemeinen ist das Vertauschen der partiellen Differentiale ∂x, ∂y in den Nennern zulässig.

Tabelle 5.1. Geschwindigkeitskomponenten als Gradienten eines (skalaren) Geschwindigkeitspotentials Φ, Koordinatensysteme nach Abb. 1.13

$\boldsymbol{v} = \operatorname{grad} \Phi$

x, y, z	$v_x = u = \dfrac{\partial \Phi}{\partial x}$	$v_y = v = \dfrac{\partial \Phi}{\partial y}$	$v_z = w = \dfrac{\partial \Phi}{\partial z}$
r, φ, z	$v_r = \dfrac{\partial \Phi}{\partial r}$	$v_\varphi = \dfrac{1}{r}\dfrac{\partial \Phi}{\partial \varphi}$	$v_z = \dfrac{\partial \Phi}{\partial z}$

Zusammenhang von Geschwindigkeitspotential und Zirkulation. Als eine wichtige kinematische Größe der Fluidmechanik wurde in Kap. 5.2.2.1 die Zirkulation gemäß (5.6) als Linienintegral der Geschwindigkeit längs einer geschlossenen Kurve eingeführt. Bei der vorliegenden Potentialströmung liefert ein Kurvenstück zwischen zwei Punkten (1) und (2) durch sinngemäßes Einsetzen von (5.21a) in (5.6a) zur Zirkulation den Beitrag

$$\Gamma_{1\to 2} = \int_{(1)}^{(2)} \boldsymbol{v} \cdot d\boldsymbol{l} = \int_{(1)}^{(2)} \operatorname{grad} \Phi \cdot d\boldsymbol{l} = \int_{(1)}^{(2)} d\Phi = \Phi_2 - \Phi_1 . \qquad (5.23)^{10}$$

Dieser ist gleich der Differenz der Werte, welche die Potentialfunktion in den Punkten (2) und (1) besitzt (Potentialsprung). Er ist zwischen (1) und (2) unabhängig vom Integrationsweg und eindeutig bestimmt, sofern Φ selbst innerhalb des betrachteten Gebiets eindeutig und endlich ist. Es sei nach Abb. 5.2 eine geschlossene Kurve (L) angenommen, für welche die Voraussetzung gelten soll, daß der Strömungsbereich, in dem sie liegt, einen einfach zusammenhängenden Raum bildet. Mit anderen Worten heißt das: Die geschlossene Kurve soll nur Fluid und keinen festen Körper umschließen. Bildet man nun in einer drehungsfreien Strömung die Zirkulation längs der geschlossenen Kurve gemäß (5.23), dann muß $\Gamma_{1\to 2} = 0$ sein, da wegen des Zusammenfallens der Punkte (1) und (2) die Differenz $\Phi_2 - \Phi_1$ verschwindet. Es ergibt sich der wichtige Satz: In einem einfach zusammenhängenden Raum, in dem überall (drehungsfreie) Potentialströmung herrscht, ist die Zirkulation längs jeder geschlossenen Kurve gleich null. Die gemachte Einschränkung, daß die geschlossene Kurve einen einfach zusammenhängenden Bereich umschließen soll, ist notwendig, wenn das Geschwindigkeitspotential Φ in diesem Bereich eindeutig und endlich sein soll. Bei mehrfach zusammenhängenden Räumen ist das Potential Φ dagegen mehrdeutig, da man nach einem Umlauf auf der betreffenden geschlossenen Kurve nicht wieder zu demselben Wert wie am Anfang gelangt. Für diese gilt also der obige Satz nicht. Man vergleiche als Beispiel den ebenen Potentialwirbel, auf den in Kap. 5.4.2.2 näher eingegangen wird.

[10] Vgl. Fußnote 7, S. 124.

Geschwindigkeitsfeld. Zur Beschreibung des Geschwindigkeitsfelds $\boldsymbol{v}(t, \boldsymbol{r})$ mittels (5.21a) muß jetzt eine Bestimmungsgleichung bereitgestellt werden, aus der man die Potentialfunktion Φ berechnen kann. Von den zur Verfügung stehenden fluidmechanischen Grundgesetzen kommen hierfür die Kontinuitätsgleichung und bei der Strömung dichteveränderlicher Fluide zusätzlich noch die Energiegleichung in Frage. Bei der Lösung der Aufgabe sind die jeweiligen Randbedingungen, z. B. an festen Wänden (Körperoberfläche) oder an freien Oberflächen (Flüssigkeitsspiegel) zu beachten. Bei der Umströmung eines Körpers mit masseundurchlässiger Wand, bei dem die ungestörte Strömung in großem Abstand vom Körper parallel zur x-Achse mit der Geschwindigkeit u_∞ erfolgt, lauten die Randbedingungen entsprechend der kinematischen Randbedingung (2.26a)

$$x = \pm\infty: \quad u_\infty = \frac{\partial \Phi}{\partial x}, \frac{\partial \Phi}{\partial y} = 0 = \frac{\partial \Phi}{\partial z}; \quad n = 0: \quad v_n = \frac{\partial \Phi}{\partial n} = 0\,, \qquad (5.24\text{a, b})$$

wobei n den Abstand normal von der Wand bedeutet. Bei der vorliegenden reibungslosen Strömung stellt sich die Geschwindigkeitskomponente in Wandrichtung $v_s = \partial\Phi/\partial s \neq 0$ mit s als Koordinate längs der Wand aus der Lösung für $\Phi(t, s, n)$ von selbst ein, vgl. hierzu (2.26a). Hat man die Potentialfunktion $\Phi(t, \boldsymbol{r})$ berechnet, worüber in Kap. 5.3.2 bis 5.3.4 ausführlich berichtet wird, so findet man die Geschwindigkeit $\boldsymbol{v}(t, \boldsymbol{r})$ entsprechend (5.21a) oder die Geschwindigkeitskomponenten $v_i(t, x_j)$ entsprechend (5.22). Aus der Kenntnis der Geschwindigkeitskomponenten lassen sich nach (2.24) jeweils die Stromlinienbilder ermitteln. Da es sich bei dem Beschriebenen um eine reibungslose Strömung handelt, kann nach Abb. 5.8 jede aus Stromlinien gebildete Stromfläche als feste Wand aufgefaßt werden.

Kontinuitätsgleichung. Führt man in (2.60a) den Ansatz für das Geschwindigkeitspotential nach (5.21a) ein, so erhält man für das quellfreie Strömungsfeld die Kontinuitätsgleichung in der Form

$$\frac{d\varrho}{dt} + \varrho \operatorname{div}(\operatorname{grad}\Phi) = \frac{d\varrho}{dt} + \varrho \Delta\Phi = 0 \qquad \text{(quellfrei)} \qquad (5.25\text{a, b})$$

mit Δ als Laplace-Operator angewendet auf eine skalare Funktion nach Tab. B.5 mit $a = \Phi$. In Tab. 5.2 ist $\Delta\Phi$ für kartesische und zylindrische Koordinatensysteme zusammengestellt. Für ein dichtebeständiges Fluid geht (5.25b) wegen $\varrho = \text{const}$ in die Laplacesche Gleichung $\Delta\Phi = 0$ über, worüber in Kap. 5.3.2 noch ausführlich berichtet wird.

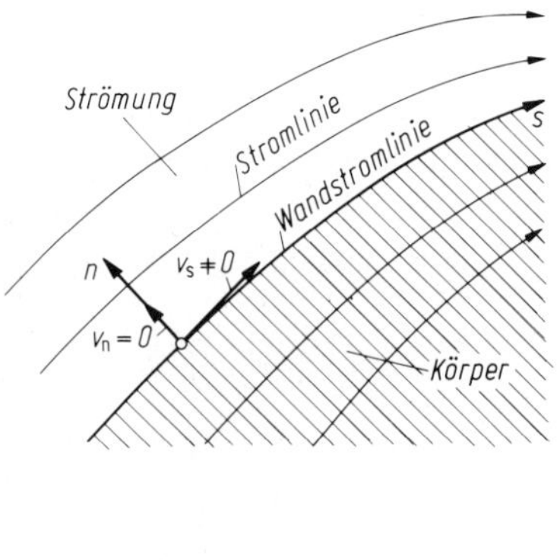

Abb. 5.8. Begriff der Wandstromlinie bei reibungsloser Strömung

Tabelle 5.2. Laplacesche Potentialgleichung für Strömungen dichtebeständiger Fluide, Koordinatensysteme nach Abb. 1.13

$\Delta\Phi = 0$	
x, y, z	$\dfrac{\partial^2\Phi}{\partial x^2} + \dfrac{\partial^2\Phi}{\partial y^2} + \dfrac{\partial^2\Phi}{\partial z^2} = 0$
r, φ, z	$\dfrac{1}{r}\dfrac{\partial}{\partial r}\left(r\dfrac{\partial\Phi}{\partial r}\right) + \dfrac{1}{r^2}\dfrac{\partial^2\Phi}{\partial\varphi^2} + \dfrac{\partial^2\Phi}{\partial z^2} = 0$

Impulsgleichung. Ausgangspunkt ist die Eulersche Impulsgleichung (2.98c) für ein barotropes Fluid $\varrho = \varrho(p)$ mit $\operatorname{rot}\boldsymbol{v} = 0$ und $\boldsymbol{v} = \operatorname{grad}\Phi$. Es gilt[11]

$$\operatorname{grad}\left(\frac{\partial\Phi}{\partial t} + \frac{\boldsymbol{v}^2}{2} + u_B + i\right) = 0 \qquad \text{(drehungsfrei)} \tag{5.26}$$

mit u_B als spezifischem Massenkraftpotential nach (2.10a) und i als spezifischem Druckkraftpotential nach (2.5a).

Energiegleichung. Der Klammerausdruck in (5.26) stellt die Energiegleichung der Fluidmechanik für drehungsfreie Strömungen dar, und zwar gilt als Integral von (5.26), vgl. (2.102a),

$$\frac{\partial\Phi}{\partial t} + \frac{\boldsymbol{v}^2}{2} + u_B + i = F(t) = \text{const} \quad \text{mit} \quad \boldsymbol{v} = \operatorname{grad}\Phi\,. \tag{5.27a}$$

Da auf der linken Seite nur über Raumkoordinaten zu integrieren war, tritt auf der rechten Seite die vom Ort unabhängige Zeitfunktion $F(t)$ auf. Diese hängt nur dann von der Zeit ab, wenn z. B. durch äußere Einwirkung (Randbedingung) der Druck im Strömungsbereich verändert wird. Die Ursache hierfür liegt in dem Druckkraftpotential $i = \int dp/\varrho(p)$ begründet. Die Funktion $F(t)$ kann mit dem Glied $\partial\Phi/\partial t$ zusammengezogen werden, ohne die Strömung in irgendeiner Weise zu beeinflussen, da die Geschwindigkeit gemäß (5.21a) nur von einer räumlichen Differentiation abhängt. Mit $F(t) \equiv \partial\Phi_0(t)/\partial t$ und $\Phi(t, \boldsymbol{r}) \triangleq \Phi(t, \boldsymbol{r}) - \Phi_0(t)$ kann man in (5.27a) auch $F(t) = \text{const}$ setzen.

Diese Gleichung werde noch dadurch umgeformt, daß man von ihr die substantielle Ableitung d/dt bildet. Nach der Transportgleichung für eine skalare Feldgröße (2.41c) mit $E = (\partial\Phi/\partial t + \boldsymbol{v}^2/2)$ und $di = dp/\varrho$ nach (1.32b) geht (5.27a) dann über in

$$\frac{\partial^2\Phi}{\partial t^2} + 2\frac{\partial}{\partial t}\left(\frac{\boldsymbol{v}^2}{2}\right) + \boldsymbol{v}\cdot\operatorname{grad}\left(\frac{\boldsymbol{v}^2}{2}\right) + \frac{du_B}{dt} + \frac{1}{\varrho}\frac{dp}{dt} = 0\,. \tag{5.27b}$$

[11] Da $\operatorname{grad}\Phi$ nur Differentiationen nach den Ortskoordinaten enthält, gilt $\partial(\operatorname{grad}\Phi)/\partial t = \operatorname{grad}(\partial\Phi/\partial t)$.

Dies ist die grundlegende Beziehung zur Berechnung des Geschwindigkeitspotentials $\Phi(t, \boldsymbol{r})$ bei einer instationären drehungsfreien und reibungslosen Strömung eines barotropen und sich homentrop verhaltenden Fluids. Dabei kann es sich sowohl um Strömungen ohne freie Oberfläche als auch um Strömungen mit freier Oberfläche (Flüssigkeitsströmungen) handeln.

Schallgeschwindigkeit. Auch bei der Darstellung der kompressiblen Potentialströmung spielt die Schallgeschwindigkeit (Ausbreitungsgeschwindigkeit einer schwachen Druckstörung) c eine wichtige Rolle. Für vollkommen ideale Gase gilt nach (4.30d) die Beziehung $c^2 = \varkappa(p/\varrho)$. Unter Einführung der spezifischen Enthalpie bei konstanter Entropie (spezifisches Druckkraftpotential) nach (1.32f) mit $i = (\varkappa/(\varkappa - 1)(p/\varrho))$ kann man schreiben

$$c^2 = c_0 - (\varkappa - 1)(i_0 - i) \qquad \text{(Gas)} . \tag{5.28a}$$

Hierin bedeuten c_0 und i_0 die Ruheschallgeschwindigkeit bzw. die Ruheenthalpie. Durch Einsetzen von (5.27a) erhält man bei Vernachlässigung des spezifischen Massenkraftpotentials $u_B \approx 0$ den Ausdruck

$$c^2 = c_0^2 - (\varkappa - 1)\left(\frac{\partial \Phi}{\partial t} + \frac{v^2}{2}\right) \qquad \text{(instationär)} . \tag{5.28b}$$

Für die stationäre Strömung vergleiche man (4.33a) und Abb. 4.7.

5.3.2. Stationäre Potentialströmungen dichtebeständiger Fluide ohne freie Oberfläche

5.3.2.1 Ausgangsgleichungen

Potentialgleichung. Des besseren Verständnisses wegen empfiehlt es sich, zunächst den Fall der Strömung eines dichtebeständigen Fluids ($\varrho = \text{const}$) zu besprechen. Nach (5.25b) findet man die Gleichung zur Berechnung des Geschwindigkeitspotentials unmittelbar aus der Kontinuitätsgleichung, und zwar lautet sowohl für stationäre als auch für instationäre quellfreie Strömungen die Laplacesche Potentialgleichung

$$\Delta \Phi = \frac{\partial^2 \Phi}{\partial x^2} + \frac{\partial^2 \Phi}{\partial y^2} + \frac{\partial^2 \Phi}{\partial z^2} = 0 \qquad \text{(dichtebeständig)} . \tag{5.29}$$ [12]

Diese Differentialgleichung hätte man auch sofort durch Einsetzen von (5.22a) in die Kontinuitätsgleichung für kartesische Koordinaten nach Tab. 2.5 erhalten. Die Laplacesche Potentialgleichung für die Strömung dichtebeständiger Fluide ist für kartesische und zylindrische Koordinatensysteme in Tab. 5.2 wiedergegeben.

Nach den Regeln der Vektor-Analysis ist $\Delta \boldsymbol{v} = \text{grad}(\text{div}\,\boldsymbol{v}) - \text{rot}(\text{rot}\,\boldsymbol{v})$, woraus wegen $\text{div}\,\boldsymbol{v} = 0$ (dichtebeständig) und $\text{rot}\,\boldsymbol{v} = 0$ (drehungsfrei) für quellfreie

---

[12] Mit $\Delta = \nabla^2$ bezeichnet man den Laplace-Operator (∇ = Nabla-Operator).

Potentialströmungen dichtebeständiger Fluide auch die Beziehung

$$\Delta \boldsymbol{v} = 0; \quad \Delta v_x = 0, \quad \Delta v_y = 0, \quad \Delta v_z = 0 \quad (\boldsymbol{v} = \operatorname{grad} \Phi) \qquad (5.30\text{a; b})$$

gilt[13].

Das Potential eines elektrischen Felds in einem homogenen Leiter genügt ebenso wie das Geschwindigkeitspotential einer reibungslosen Strömung dichtebeständiger Fluide der Laplaceschen Differentialgleichung (5.29). Ausgehend von dieser Analogie kann man mittels des sog. elektrolytischen Trogs insbesondere ebene Potentialgleichungen sichtbar machen und ausmessen.

Da die Potentialgleichung für das dichtebeständige Fluid allein aus der nur die Geschwindigkeit enthaltenden Kontinuitätsgleichung hergeleitet wurde, spielen für die Lösung der potentialtheoretischen Aufgabe weder die Schwere des Fluids noch der Druck in der Strömung eine Rolle. Im vorliegenden Kap. 5.3.2 wird die stationäre und quellfreie Strömung $\Phi = \Phi(\boldsymbol{r})$ behandelt.

Lösungsansatz für das Geschwindigkeitspotential. Die Laplacesche Potentialgleichung (5.29) ist eine lineare Differentialgleichung zweiter Ordnung von elliptischem Typ. Sie besitzt eine Lösung für die Potentialfunktion in der Form

$$\Phi(x, y, z) = \exp(\alpha x + \beta y + \gamma z) \quad \text{mit} \quad \alpha^2 + \beta^2 + \gamma^2 = 0\,. \qquad (5.31)$$

Von der Richtigkeit dieses Ansatzes überzeugt man sich leicht durch Einsetzen in (5.29). Über die zu erfüllenden Randbedingungen, z. B. bei der Umströmung masseundurchlässiger fester Wände, wurde bereits in (5.24) berichtet. Eine umfangreiche Sammlung von Lösungen, auch in anderen Koordinatensystemen, ist schon bei Lamb [48] zu finden.

Überlagerungsprinzip. Wegen der Linearität der Potentialgleichung (5.29) besteht ein einfaches lineares Superpositionsgesetz, das es ermöglicht, zwei oder mehrere bekannte Lösungen (Elementarströmungen), z. B. $\Phi_1, \Phi_2, \ldots, \Phi_n$, folgendermaßen zusammen zusetzen:

$$\Phi = a_1 \Phi_1 + a_2 \Phi_2 + \ldots + a_n \Phi_n \qquad \text{(lineare Überlagerung)}\,. \qquad (5.32)$$

Hierin können die Konstanten a_n beliebig gewählt und dem vorliegenden Problem angepaßt werden. Auf diese Weise lassen sich aus einfachen Strömungen durch Überlagerung verwickeltere Strömungen ableiten.

Geschwindigkeitsfeld. Kennt man das Potential z. B. in der Form $\Phi(x, y, z)$, dann findet man entsprechend (5.22a) die Geschwindigkeitskomponenten $v_x(x, y, z)$, $v_y(x, y, z)$ und $v_z(x, y, z)$. Für Zylinderkoordinaten gilt Tab. 5.1. Analog dem algebraischen Superpositionsgesetz für die Potentialfunktion nach (5.32) folgt das vektorielle Superpositionsgesetz für die Geschwindigkeit

$$\boldsymbol{v} = \operatorname{grad} \Phi = a_1 \boldsymbol{v}_1 + a_2 \boldsymbol{v}_2 + \ldots + a_n \boldsymbol{v}_n\,. \qquad (5.33)$$

Die Geschwindigkeitskomponenten lassen sich jeweils linear überlagern.

[13] Man beachte nach Tab. B.5 den Unterschied zwischen Δa und $\Delta \boldsymbol{a}$. In kartesischen Koordinaten ist $\Delta a_i = \operatorname{div}(\operatorname{grad} a_i)$.

Druckfeld. Hat man die Geschwindigkeit $\boldsymbol{v}(\boldsymbol{r})$ ermittelt, so erhält man hieraus die Druckverteilung im Strömungsfeld $p(\boldsymbol{r}) = p(x, y, z)$ mittels der Energiegleichung der Fluidmechanik (Bernoullische Gleichung) (5.27a) mit $u_B = gz$ (nur Schwereinfluß) und $i = p/\varrho$ zu

$$\frac{\varrho}{2}\boldsymbol{v}^2 + \varrho g z + p = \text{const} \qquad (\boldsymbol{v} = \operatorname{grad}\Phi)\,. \tag{5.34}$$

Wegen der großen Bedeutung der Potentialströmungen für die reibungslose Fluidmechanik werden nachfolgend einige ebene und räumliche Fälle näher untersucht.

5.3.2.2 Grundlagen der ebenen Potentialströmungen dichtebeständiger Fluide

Potential- und Stromfunktion. Spielen sich die Strömungen nur in parallelen x,y-Ebenen ab, so verschwinden alle Ableitungen normal zur Strömungsebene $\partial/\partial z = 0$ sowie die Geschwindigkeitskomponente $v_z = 0$. Für die Bestimmung der Potentialfunktion $\Phi(x, y)$ und der Geschwindigkeitskomponenten $v_x = u$, $v_y = v$ wird nach (5.29) bzw. (5.22a)

$$\Delta\Phi = \frac{\partial^2\Phi}{\partial x^2} + \frac{\partial^2\Phi}{\partial y^2} = 0; \quad u = \frac{\partial\Phi}{\partial x}, \quad v = \frac{\partial\Phi}{\partial y} \qquad (\operatorname{div}\boldsymbol{v} = 0)\,. \tag{5.35a; b}$$

Gl. (5.35a) stellt die Kontinuitätsgleichung (2.63a) in der Form $\partial u/\partial x + \partial v/\partial y = 0$ dar. In Kap. 2.4.3 wurde gezeigt, daß diese durch Einführen einer Stromfunktion $\Psi(x, y)$ mit den zugehörigen Geschwindigkeitskomponenten nach (2.66a) erfüllt werden kann. Angewendet auf drehungsfreie Strömungen, die der Bedingung nach (5.5a) mit $\partial v/\partial x - \partial u/\partial y = 0$ gehorchen müssen, folgt

$$\Delta\Psi = \frac{\partial^2\Psi}{\partial x^2} + \frac{\partial^2\Psi}{\partial y^2} = 0; \quad u = \frac{\partial\Psi}{\partial y}, \quad v = -\frac{\partial\Psi}{\partial x} \quad (\operatorname{rot}\boldsymbol{v} = 0)\,. \tag{5.36a; b}$$

Man erkennt, daß auch die Stromfunktion Ψ einer Laplaceschen Gleichung genügen muß.

Der Vergleich von (5.35b) und (5.36b) liefert die Cauchy-Riemannschen Differentialgleichungen

$$u = \frac{\partial\Phi}{\partial x} = \frac{\partial\Psi}{\partial y}, \qquad v = \frac{\partial\Phi}{\partial y} = -\frac{\partial\Psi}{\partial x} \qquad (\varrho = \text{const})\,. \tag{5.37a}$$

Diese Differenzierbarkeitsbedingungen besagen, daß das ebene Strömungsfeld eines dichtebeständigen Fluids quell- und drehungsfrei ist. Geht man auf natürliche Koordinaten in der Schmiegebene s, n (tangential bzw. normal zur Stromlinie) nach Abb. 2.17a über, so gelten unter Beachtung der kinematischen Randbedingung (2.26a) mit $v_n = 0 \neq v_t$ die Zusammenhänge

$$v_t = \frac{\partial\Phi}{\partial s} = \frac{\partial\Psi}{\partial n} \neq 0, \qquad v_n = \frac{\partial\Phi}{\partial n} = -\frac{\partial\Psi}{\partial s} = 0\,. \tag{5.37b}$$

Gl. (5.37a) ist für die mathematische Behandlung der ebenen Potentialströmungen

Tabelle 5.3. Grundgesetze ebener Potentialströmungen dichtebeständiger Fluide (kartesische Koordinaten $v_x = u$, $v_y = v$)

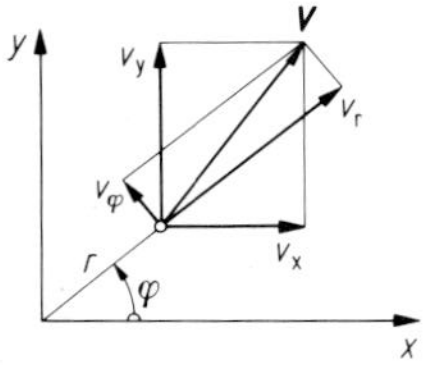	$z = x + \mathrm{i}y$ $= r(\cos\varphi + \mathrm{i}\sin\varphi)$ $= r\exp(\mathrm{i}\varphi)$	Potentialfunktion $\Phi(x, y)$, $\Phi(r, \varphi)$ $\boldsymbol{v} = \operatorname{grad}\Phi$ $\operatorname{grad}\Phi = \boldsymbol{e}_x v_x + \boldsymbol{e}_y v_y$	Stromfunktion $\Psi(x, y)$, $\Psi(r, \varphi)$, $\boldsymbol{\Psi} = \boldsymbol{e}_z \Psi$ $\boldsymbol{v} = \operatorname{rot}\boldsymbol{\Psi}$ $\operatorname{grad}\Psi = -\boldsymbol{e}_x v_y + \boldsymbol{e}_y v_x$	Komplexe Potentialfunktion $\mathcal{F}(z) = \Phi + \mathrm{i}\Psi$
Geschwindigkeits-komponenten	$v_x = v_r\cos\varphi - v_\varphi\sin\varphi$ $v_y = v_r\sin\varphi + v_\varphi\cos\varphi$	$v_x = \dfrac{\partial\Phi}{\partial x}$, $v_y = \dfrac{\partial\Phi}{\partial y}$	$v_x = \dfrac{\partial\Psi}{\partial y}$, $v_y = -\dfrac{\partial\Psi}{\partial x}$	$w_*(z) = \dfrac{d\mathcal{F}}{dz}$
	$v_r = v_x\cos\varphi + v_y\sin\varphi$ $v_\varphi = -v_x\sin\varphi + v_y\cos\varphi$	$v_r = \dfrac{\partial\Phi}{\partial r}$, $v_\varphi = \dfrac{1}{r}\dfrac{\partial\Phi}{\partial\varphi}$	$v_r = \dfrac{1}{r}\dfrac{\partial\Psi}{\partial\varphi}$, $v_\varphi = -\dfrac{\partial\Psi}{\partial r}$	$= v_x - \mathrm{i}v_y$
Kontinuitäts-gleichung $\operatorname{div}\boldsymbol{v} = 0$	$\dfrac{\partial v_x}{\partial x} + \dfrac{\partial v_y}{\partial y} = 0$	$\dfrac{\partial^2\Phi}{\partial x^2} + \dfrac{\partial^2\Phi}{\partial y^2} = 0$	von selbst erfüllt $\operatorname{div}(\operatorname{rot}\boldsymbol{\Psi}) \equiv 0$	von selbst erfüllt
	$\dfrac{1}{r}\left(\dfrac{\partial(rv_r)}{\partial r} + \dfrac{\partial v_\varphi}{\partial\varphi}\right) = 0$	$\dfrac{\partial^2\Phi}{\partial r^2} + \dfrac{1}{r}\dfrac{\partial\Phi}{\partial r} + \dfrac{1}{r^2}\dfrac{\partial^2\Phi}{\partial\varphi^2} = 0$		
Drehungsfreiheit $\operatorname{rot}\boldsymbol{v} = 0$	$\dfrac{\partial v_y}{\partial x} - \dfrac{\partial v_x}{\partial y} = 0$	von selbst erfüllt $\operatorname{rot}(\operatorname{grad}\Phi) \equiv 0$	$\dfrac{\partial^2\Psi}{\partial x^2} + \dfrac{\partial^2\Psi}{\partial y^2} = 0$	
	$\dfrac{1}{r}\left(\dfrac{\partial(rv_\varphi)}{\partial r} - \dfrac{\partial v_r}{\partial\varphi}\right) = 0$		$\dfrac{\partial^2\Psi}{\partial r^2} + \dfrac{1}{r}\dfrac{\partial\Psi}{\partial r} + \dfrac{1}{r^2}\dfrac{\partial^2\Psi}{\partial\varphi^2} = 0$	

von grundlegender Bedeutung. In Tab. 5.3 sind die Beziehungen für ebene Potentialströmungen eines dichtebeständigen Fluids in kartesischen rechtwinkligen Koordinaten und in Polarkoordinaten zusammengestellt, man vgl. Abb. 1.12a.

Potential- und Stromlinie. Denkt man sich jeweils alle Punkte in der x,y-Ebene, für welche die Potentialfunktion $\Phi(x, y)$ bzw. die Stromfunktion $\Psi(x, y)$ gleiche Werte haben, miteinander verbunden, d. h. $\Phi = a = \text{const}$ bzw. $\Psi = b = \text{const}$, so erhält man Linien gleichen Potentials (Äquipotentiallinien) oder auch kurz Potentiallinien genannt, bzw. Linien gleicher Stromfunktion, von denen in Kap. 2.3.2.2 bereits gezeigt wurde, daß sie gleichbedeutend mit den Stromlinien sind. Den Zusammenhang zwischen den Potentiallinien ($d\Phi = 0$) und den Stromlinien ($d\Psi = 0$) findet man in einfacher Weise aufgrund der Zusammenhänge

$$d\Phi = (\partial\Phi/\partial x)dx + (\partial\Phi/\partial y)dy = u\,dx + v\,dy = 0 \qquad (\Phi = \text{const}),$$

$$d\Psi = (\partial\Psi/\partial x)dx + (\partial\Psi/\partial y)dy = -v\,dx + u\,dy = 0 \qquad (\Psi = \text{const}).$$

Hierin bedeuten dx und dy die Komponenten des Linienelements einer Potentiallinie bzw. diejenigen einer Stromlinie. Führt man für die Potentiallinie $y_\Phi(x)$ und für die Stromlinie $y_\Psi(x)$ ein, so findet man die Beziehungen

$$\left(\frac{dy}{dx}\right)_{\Phi=\text{const}} = -\frac{u}{v}, \qquad \left(\frac{dy}{dx}\right)_{\Psi=\text{const}} = \frac{v}{u}. \tag{5.38a, b}$$

In Abb. 5.9 ist dies Ergebnis dargestellt. Danach zeigt sich, daß sich Stromlinie und Potentiallinie normal schneidet. Verallgemeinert heißt das also, daß innerhalb des ganzen Strömungsbereichs Stromlinien und Potentiallinien zwei Scharen sich normal schneidender Kurven, d. h. orthogonale Kurvenscharen bilden. Diese Aussage läßt sich wegen $\text{grad}\,\Phi = \boldsymbol{e}_x u + \boldsymbol{e}_y v$ und $\text{grad}\,\Psi = -\boldsymbol{e}_x v + \boldsymbol{e}_y u$ vektoranalytisch in der Form $\text{grad}\,\Phi \cdot \text{grad}\,\Psi = 0$ schreiben.

Überlagerungs- und Vertauschungsprinzip. Das in (5.32) angegebene lineare Überlagerungsprinzip für die Potentialfunktion Φ gilt wegen der formalen Übereinstimmung von (5.35a) und (5.36a) in gleicher Weise auch für die Stromfunktion Ψ. Aus dem gleichen Grund können weiterhin Potential- und Stromlinien hinsichtlich ihrer fluidmechanischen Deutung miteinander vertauscht werden, wobei es

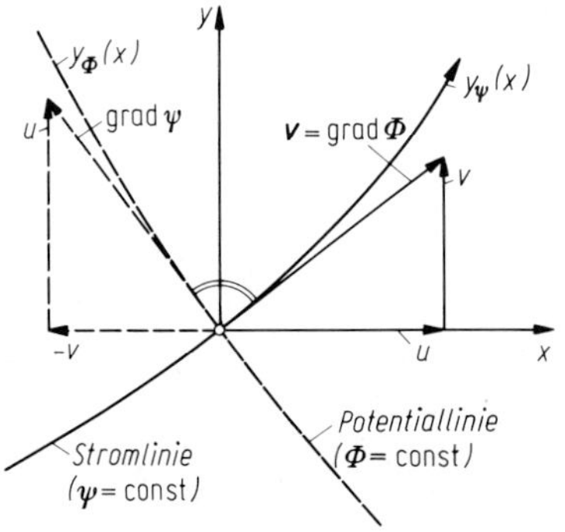

Abb. 5.9. Zusammenhang von Strom- und Potentiallinie, $\Psi = \text{const}$ bzw. $\Phi = \text{const}$, bei ebener Strömung

sich dann selbstverständlich um eine andere Strömung als im ursprünglichen Fall handelt.

Volumenstrom, Zirkulation. Die Gleichung zur Berechnung des Volumenstroms zwischen zwei durch Ψ_1 und Ψ_2 gekennzeichnete Stromlinien (b = Breite des betrachteten Strömungsraums) wurde in (2.69b) und diejenige zur Ermittlung der Zirkulation Γ zwischen zwei durch Φ_1 und Φ_2 gekennzeichnete Potentiallinien in (5.23) hergeleitet:

$$\dot{V}_{1\to 2} = b(\Psi_2 - \Psi_1), \qquad \Gamma_{1\to 2} = \Phi_2 - \Phi_1\,. \tag{5.39a, b}$$

Bei diesen Beziehungen kommt es jeweils nur auf die Differenzen der Werte für die Stromfunktion bzw. für die Potentialfunktion an.

5.3.2.3 Lösungsansätze ebener Potentialströmungen dichtebeständiger Fluide

Lösungsansatz I. Für den Fall der hier vorliegenden ebenen Strömung liefert (5.31) eine Lösung für die Potentialfunktion mit $\alpha^2 + \beta^2 = 0$, d. h. $\beta = \pm\,\mathrm{i}\alpha$ mit $\mathrm{i} = \sqrt{-1}$ in der komplexen Darstellung

$$\Phi(x, y) = \exp[\alpha(x \pm \mathrm{i}y)] = 1 + \alpha x + \frac{\alpha^2}{2}(x^2 - y^2) \pm \mathrm{i}[\alpha y + \alpha^2 xy] + \cdots\,, \tag{5.40a, b}$$

wobei die zweite Beziehung aus einer Reihenentwicklung entsteht. Entsprechend dem Überlagerungsprinzip (5.32) stellen sowohl die reellen als auch die imaginären Glieder (jeweils mit α oder α^2 multipliziert) Lösungen der Laplaceschen Potentialgleichung (5.35a) dar, auf die später in Kap. 5.3.2.4 näher eingegangen wird.

Lösungsansatz II. Für die Potentialfunktion kann man unter Ausnutzung des Überlagerungsprinzips (5.32) auch

$$\Phi(x, y) = \Phi_1(x + \mathrm{i}y) + \Phi_2(x - \mathrm{i}y) \tag{5.41a}$$

schreiben mit willkürlich wählbaren, stetigen und zweimal differenzierbaren Funktionen Φ_1 und Φ_2 der komplexen bzw. konjugiert komplexen Veränderlichen

$$z = x \pm \mathrm{i}y = r\exp(\pm\,\mathrm{i}\varphi) = r(\cos\varphi \pm \mathrm{i}\sin\varphi)\,, \tag{5.41b}$$

vgl. Abb. 5.10. Von der Richtigkeit dieses Ansatzes überzeugt man sich durch zweimalige Differentiation nach x und y sowie Einsetzen in (5.35a). Die Funktionen Φ_1 und Φ_2 sind den jeweiligen Randbedingungen anzupassen.

Die Lösungsansätze I und II zeigen, daß für die mathematische Behandlung der stationären ebenen quell- und drehungsfreien Strömung mit Vorteil die Theorie der komplexen Funktionen benutzt werden kann. Dies gilt zunächst für die Potentialfunktion Φ. Da die Beziehung zur Ermittlung der Stromfunktion Ψ nach (5.36a) denselben Aufbau wie die Laplacesche Potentialgleichung (5.35a) hat, gelten die Lösungsansätze für Φ nach (5.40) und (5.41) sinngemäß auch für Ψ.

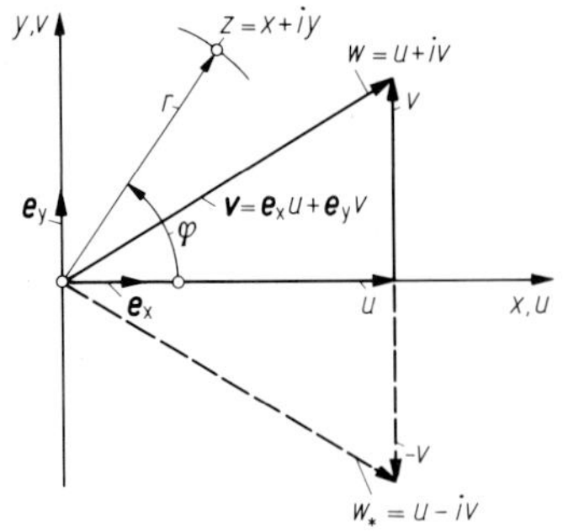

Abb. 5.10. Zur Erläuterung der komplexen und der konjugiert komplexen Geschwindigkeit w bzw. w_* in der komplexen Bildebene $z = x + \mathrm{i}y$ sowie des Geschwindigkeitsvektors $\boldsymbol{v} = \boldsymbol{e}_x u + \boldsymbol{e}_y v$

Lösungsansatz III. In der komplexen Ebene stellen nach Abb. 5.10

$$w = u + \mathrm{i}v, \qquad w_* = u - \mathrm{i}v \tag{5.42a, b}$$

die komplexe bzw. konjugiert komplexe Geschwindigkeit dar, wobei die Geschwindigkeit w durch Spiegelung von w_* an der reellen x-Achse entsteht. Setzt man die Geschwindigkeitskomponenten u und v entsprechend (5.37a) in (5.42b) ein und integriert über das komplexe Argument $dz = dx + \mathrm{i}\,dy$, dann wird

$$\Phi\!\!\!\!\!\!\;\;(z) = \int w_*(z)dz = \int\left(\frac{\partial\Phi}{\partial x}dx + \frac{\partial\Phi}{\partial y}dy\right) + \mathrm{i}\int\left(\frac{\partial\Psi}{\partial x}dx + \frac{\partial\Psi}{\partial y}dy\right). \tag{5.43a, b}$$

Dabei stellen die Integranden die totalen Differentiale $d\Phi$ bzw. $d\Psi$ dar, so daß die Integrationen sofort ausgeführt werden können. Die so gewonnene komplexe Funktion

$$\Phi(z) = \Phi(x + \mathrm{i}y) = \Phi(x, y) + \mathrm{i}\Psi(x, y) \qquad \text{(komplex)} \tag{5.44}$$

sei als komplexes Geschwindigkeitspotential bezeichnet. $\Phi(x, y)$ und $\Psi(x, y)$ nebst ihren partiellen Ableitungen nach x und y sollen stetige, reelle Funktionen von x und y sein. Die besondere Eigenschaft der komplexen Potentialfunktion besteht darin, daß sie an jeder Stelle des betrachteten Bereichs differenzierbar ist und damit der Laplaceschen Gleichung genügt. Da $\Phi(z)$ entsprechend den Cauchy-Riemannschen Differentialgleichungen (5.37a) sowohl die Quell- als auch die Drehungsfreiheit erfüllt, liefert jede analytische Funktion $\Phi(z)$ eine Potentialströmung. Bei der praktischen Behandlung bestimmter Aufgaben kommt es wesentlich darauf an, solche Ansätze für $\Phi(z)$ zu finden, deren Strömungsbilder den vorgeschriebenen Randbedingungen der Aufgabe gerecht werden. Das schon früher für die Potential- und gleichermaßen auch für die Stromfunktion erläuterte Überlagerungsprinzip (5.32) gilt auch in der komplexen Schreibweise

$$\Phi(z) = a_1\Phi_1(z) + a_2\Phi_2(z) + \cdots \qquad \text{(lineare Überlagerung)}\,. \tag{5.45}$$

Hierin können die Konstanten $a_1, a_2, \ldots$ auch komplexe Zahlen sein. Ist z. B. für eine reelle Zahl $a = \alpha$ die Lösung $\Phi(z) = \alpha[\Phi(x, y) + \mathrm{i}\Psi(x, y)]$ und für eine imaginäre Zahl $a = \mathrm{i}\alpha$ die Lösung $\Phi(z) = \mathrm{i}\alpha[\Phi(x, y) + \mathrm{i}\Psi(x, y)] = \alpha[-\Psi(x, y) + \mathrm{i}\Phi(x, y)]$, so sind die Potential- und Stromlinienbilder – letzteres unter Beachtung eines Vorzeichenwechsels — miteinander vertauscht, vgl. das bereits oben erkannte Vertauschungsprinzip.

Die konjugiert komplexe Geschwindigkeit w_* folgt aus (5.43a). Ihr Betrag $|w_*|$ ist gleich dem Betrag der resultierenden Geschwindigkeit $|w| = |\boldsymbol{v}|$, wenn $\boldsymbol{v} = \boldsymbol{e}_x u + \boldsymbol{e}_y v$ ist. Mithin gilt

$$w_*(z) = u - \mathrm{i}v = \frac{d\Phi}{dz}, \qquad w(z) = u + \mathrm{i}v, \qquad |\boldsymbol{v}| = \left|\frac{d\Phi}{dz}\right|. \qquad \text{(5.46a, b; c)}$$

Die Geschwindigkeitskomponenten an jeder Stelle des betrachteten Strömungsbereichs lassen sich also berechnen, sobald die komplexe Funktion $\Phi = \Phi(z)$ gegeben ist. Man braucht diese nur nach der komplexen Veränderlichen z zu differenzieren und das Ergebnis in den Real- und Imaginärteil aufzuspalten[14].

Methode der konformen Abbildung. Der besprochene Zusammenhang zwischen der Potential- und der Stromfunktion einer ebenen, drehungsfreien Strömung einerseits und der Theorie komplexer Funktionen andererseits ermöglicht die Anwendung der in der Funktionstheorie entwickelten Methode der konformen Abbildung auf ebene Strömungsprobleme. Eine eingehendere Darstellung der Methoden der konformen Abbildung mit vielen praktisch wichtigen Anwendungen ist bei Betz [5] zu finden.

Man betrachte zwei komplexe Ebenen, und zwar die z- und ζ-Ebene mit den Komponenten x, iy bzw. ξ, iη. Ist dann $\zeta = \zeta(z)$ gegeben, so bedeutet dies, daß jedem Punkt z der z-Ebene ein eindeutig festgelegter Punkt ζ der ζ-Ebene zugeordnet ist. Einem bestimmten Bereich der z-Ebene entspricht also ein ganz bestimmter Bereich der ζ-Ebene. Man sagt deshalb: Durch die Funktion $\zeta = \zeta(z)$ werden beide Bereiche aufeinander abgebildet; der eine ist das Bild des anderen. Diese Abbildung nimmt einen ganz speziellen Charakter an, wenn $\zeta = \zeta(z)$ analytisch ist, d. h. wenn die Cauchy-Riemannschen Differentialgleichungen (5.37a) erfüllt sind. In diesem Fall hat $d\zeta/dz$ an jeder Stelle des betrachteten Bereichs einen bestimmten Wert. Er stellt das Verzerrungsverhältnis an der betreffenden Stelle dar. Ist ein Bereich (B) der ζ-Ebene das mittels $\zeta = \zeta(z)$ gewonnene Bild eines Bereichs (A) der z-Ebene, so kann umgekehrt auch (A) als konforme Abbildung von (B) mittels $z = z(\zeta)$ angesehen werden. Mit Hilfe der konformen Abbildung gelingt es, aus einer bekannten Strömung (z. B. um einen Kreiszylinder oder um eine Platte) schwierigere Strömungsbilder, insbesondere um vorgegebene Körperformen, in einfacher Weise abzuleiten. Durch den Riemannschen Abbildungssatz ist es immer möglich, eine beliebig gestaltete Körperform konform auf einen Kreis abzubilden, und zwar so, daß einem beliebigen Punkt der Kreisperipherie ein Punkt der gegebenen Kontur und dem Kreismittelpunkt ein Punkt im Innern der Kontur entspricht.

[14] Eine Funktion $F(z)$ ist komplex differenzierbar, falls der Differentialquotient dF/dz unabhängig von der Differentiationsrichtung ist, d. h. unabhängig von der Richtung der vom Punkt z zum Nachbarpunkt $z + dz$ gezogenen Strecke. Es muß also z. B. der für eine beliebige Richtung gewählte Differentialquotient dF/dz dem in Richtung der reellen Achse $dz = dx$ oder auch dem in Richtung der imaginären Achse $dz = \mathrm{i}\,dy$ genommenen partiellen Differentialquotienten gleich sein, also $dF/dz = \partial F/\partial x = \partial F/\partial(\mathrm{i}y) = -\mathrm{i}\,\partial F/\partial y$.

Dieser Satz ist besonders geeignet, Strömungsbilder um Tragflügelprofile zu vermitteln, wobei die Strömung um die vorgelegte Kontur mittels einer analytischen Funktion auf die bekannte Strömung um einen Kreis zurückgeführt wird.

Allgemein kann man dabei folgendermaßen vorgehen. Ist die Strömung in der z-Ebene bekannt, so unterwerfe man sie durch Einführen der Abbildungsfunktion

$$\zeta = \xi + i\eta = \zeta(z) = \zeta(x + iy) \qquad \text{(konforme Abbildung)} \tag{5.47}$$

einer Transformation, wodurch die Strömung der z-Ebene samt ihrer Begrenzung auf eine ζ-Ebene abgebildet wird. Führt man nun in das komplexe Geschwindigkeitspotential $\underline{\Phi}(z) = \Phi + i\Psi$ der z-Ebene die inverse Funktion $z = z(\zeta)$ von (5.47) ein, so erhält man als neue komplexe Potentialfunktion einen Ausdruck der Form

$$\underline{\Phi}[z(\zeta)] = \underline{\Phi}(\zeta) = \Phi(\xi, \eta) + i\Psi(\xi, \eta)\,, \tag{5.48a}$$

wobei $\Phi(\xi, \eta)$ und $\Psi(\xi, \eta)$ die Potential- bzw. Stromfunktion der neuen Strömung in der ζ-Ebene darstellen. Es kommt also immer darauf an, die Funktion, welche die konforme Abbildung vermittelt, so zu bestimmen, daß die jeweiligen Randbedingungen befriedigt werden. Diese Aufgabe bereitet mitunter erhebliche Schwierigkeiten. Die konjugiert komplexen Geschwindigkeiten erhält man entsprechend (5.46a) zu $w_*(z) = d\underline{\Phi}/dz$ und $w_*(\zeta) = d\underline{\Phi}/d\zeta$. Zwischen beiden besteht also der Zusammenhang

$$w_*(\zeta) = \frac{dz}{d\zeta} w_*(z), \qquad |\boldsymbol{v}(\zeta)| = \left|\frac{dz}{d\zeta}\right| |\boldsymbol{v}(z)|\,, \tag{5.48b}$$

wobei die zweite Beziehung den Betrag der Geschwindigkeit in der ζ-Ebene angibt. Die Anwendung der konformen Abbildung wird in Kap. 5.3.2.4 für die normal angeströmte Platte (Beispiel f) und für die Umströmung von Flügelprofilen (Beispiel g) gezeigt.

Hodographen-Methode. Oft empfiehlt es sich, neben der physikalischen Strömungsebene $z = x + iy$ (komplexe Ortsdarstellung) die Geschwindigkeitsebene (Hodographen-Ebene) $w_* = u - iv$ (konjugiert komplexe Geschwindigkeit) zur Lösung bestimmter Aufgaben heranzuziehen. Jedem Punkt in der z-Ebene, in dem die Geschwindigkeit $\boldsymbol{v}$ die Komponenten u und v hat, kann man einen Punkt in der w_*-Ebene mit den Koordinaten u und $-iv$ zuordnen. Ebenso kann man dann das Netz der Linien $\Phi = \text{const}$ und $\Psi = \text{const}$ in die Hodographen-Ebene abbilden. Wiederum ist dies eine konforme Abbildung, denn, wenn $\underline{\Phi}(z) = \Phi + i\Psi$ analytisch ist, so ist es auch $w_* = d\underline{\Phi}/dz$. Das Bild der Stromlinien in der w_*-Ebene kann man somit als Darstellung einer neuen Strömung auffassen, die oft leichter zu übersehen ist, weil ihre Berandung geometrisch einfacher ist als diejenige der Strömung in der ursprünglichen z-Ebene. Der Übergang von der w_*-Ebene zurück in die z-Ebene läßt sich durch die Beziehung

$$z = \int \frac{d\underline{\Phi}}{w_*} \qquad \text{(Rücktransformation)} \tag{5.49}$$

vollziehen. Zwei Beispiele zur Anwendung der Hodographen-Methoden werden in Kap. 5.5.2.1 besprochen.

Kraft auf Körper mit beliebiger Querschnittsform. Die Methode der Anwendung komplexer Funktionen auf die ebene drehungsfreie Strömung gestattet nach Blasius [9] in einfacher Weise auch die Berechnung der angreifenden Kraft eines zu seiner Erzeugung normal angeströmten, unendlich langen prismatischen Körpers. Hierfür ist es nicht notwendig, die Querschnittsform des Körpers zu kennen. Der in Abb. 5.11 dargestellte Körper sei im Unendlichen mit der Geschwindigkeit $\boldsymbol{v}_\infty$ stationär angeströmt. Aus den auf denUmfang wirkenden Drücken $p(l)$ lassen sich durch entsprechende Integrationen die resultierende Kraft nach Größe und Richtung sowie das resultierende Moment ermitteln[15]. Die Betrachtung sei für das angegebene Koordinatensystem x, y durchgeführt. Auf den Körper mit der Breite b wirkt die Kraft $\boldsymbol{F}$ mit den Komponenten F_x und F_y.

Der Beitrag eines Oberflächenelements $dA = b\,dl$ zu den Kraftkomponenten beträgt

$$dF_x = pb\cos\varphi\,dl = pb\,dy, \qquad dF_y = -pb\sin\varphi\,dl = -pb\,dx\,.$$

Die Druckverteilung auf der Körperkontur (K) folgt aus der Bernoullischen Druckgleichung (5.34) zu $p = p_\infty + (\varrho/2)\boldsymbol{v}_\infty^2 - (\varrho/2)(u^2 + v^2)$. Mithin ergibt sich für die Kraftkomponenten

$$F_x = -b\frac{\varrho}{2}\oint_{(K)}(u^2 + v^2)\,dy, \qquad F_y = b\frac{\varrho}{2}\oint_{(K)}(u^2 + v^2)\,dx\,. \tag{5.50a, b}$$

Als nächster Schritt soll jetzt die komplexe Schreibweise eingeführt werden, d. h. nach (5.41b) $z = x + \mathrm{i}y$ und $dz = dx + \mathrm{i}dy$ sowie nach (5.46a) $w_* = u - \mathrm{i}v$. Beachtet man weiterhin die Stromliniengleichung für die Körperkontur nach (5.38b) mit $u\,dy = v\,dx$, dann folgt nach kurzer Zwischenrechnung

$$w_*^2\,dz = (u^2 + v^2)(dx - \mathrm{i}dy)\,.$$

Durch Vergleich mit (5.50a, b) erhält man die am Körper angreifende konjugiert komplexe Druckkraft zu

$$F_* = F_x - \mathrm{i}F_y = -\mathrm{i}b\frac{\varrho}{2}\oint_{(K)} w_*^2(z)\,dz\,. \tag{5.51a, b}$$

Man nennt dies die Blasiussche Formel für die Druckkraft, wobei es sich um die Auswertung eines komplexen Integrals handelt.

Ist außerhalb des Körpers die Geschwindigkeit überall endlich, d. h. befinden sich dort keine Singularitäten (Quelle, Sinke, Wirbel), so läßt sich die konjugiert komplexe Geschwindigkeit auf (K)

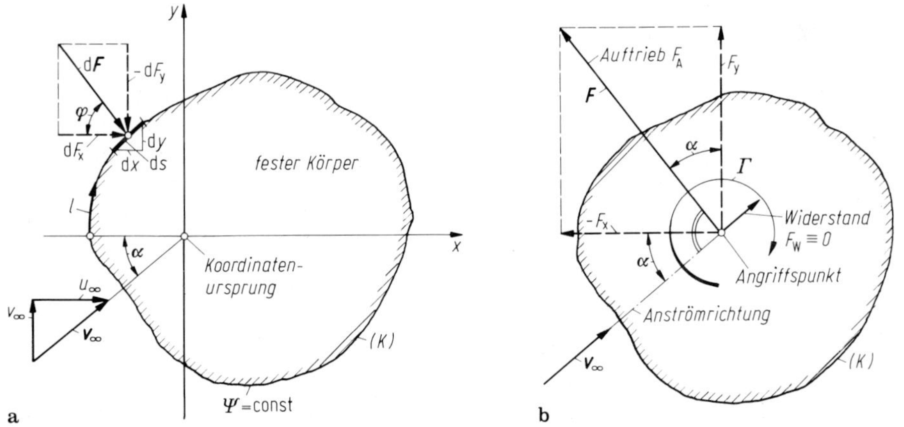

Abb. 5.11. Zur Berechnung der Kraft auf einen angeströmten prismatischen Körper mittels komplexer Funktion (Blasiussche Formel)

---

[15] Auf die Berechnung des Moments wird hier verzichtet, man vgl. 1. Aufl., S. 334.

Tabelle 5.4. Elementare ebene Potentialströmungen dichtebeständiger Fluide

	Bezeichnung	Stromlinienbild	Komplexe Potentialfunktion	Skalare Potentialfunktion	Skalare Stromfunktion
			$\underline{\Phi}(z)$	$\Phi(x, y)$	$\Psi(x, y)$
			$\underline{\Phi}(r, \varphi)$	$\Phi(r, \varphi)$	$\Psi(r, \varphi)$
a	Translationsströmung in x-Richtung	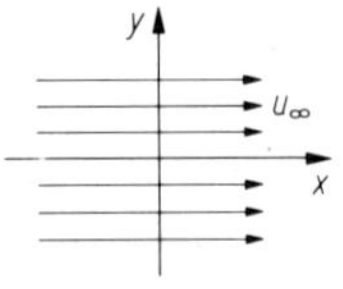	$u_\infty z$	$u_\infty x$	$u_\infty y$
			$u_\infty r \exp(\mathrm{i}\varphi)$	$u_\infty r \cos\varphi$	$u_\infty r \sin\varphi$
b	Translationsströmung in y-Richtung	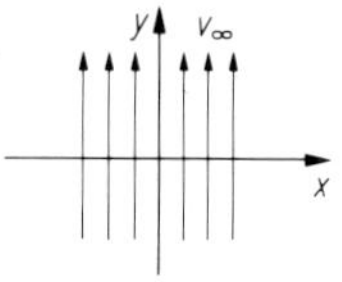	$-\mathrm{i} v_\infty z$	$v_\infty y$	$-v_\infty x$
			$-\mathrm{i} v_\infty r \exp(\mathrm{i}\varphi)$	$v_\infty r \sin\varphi$	$-v_\infty r \cos\varphi$
c	Staupunkt-, Eckenströmung a reell > 0	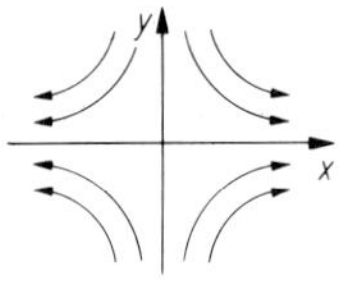	$\frac{a}{2} z^2$	$\frac{a}{2}(x^2 - y^2)$	axy
			$\frac{a}{2} r^2 \exp(\mathrm{i}2\varphi)$	$\frac{a}{2} r^2 \cos(2\varphi)$	$\frac{a}{2} r^2 \sin(2\varphi)$
d	Quelle, Sinke Ergiebigkeit ($E \gtrless 0$)	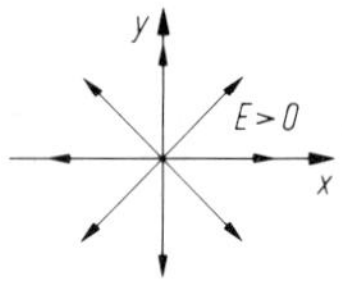	$\frac{E}{2\pi} \ln z$	$\frac{E}{2\pi} \ln\sqrt{x^2 + y^2}$	$\frac{E}{2\pi} \arctan\left(\frac{y}{x}\right)$
			$\frac{E}{2\pi}(\ln r + \mathrm{i}\varphi)$	$\frac{E}{2\pi} \ln r$	$\frac{E}{2\pi} \varphi$
e	Potentialwirbel Zirkulation ($\Gamma \gtrless 0$)	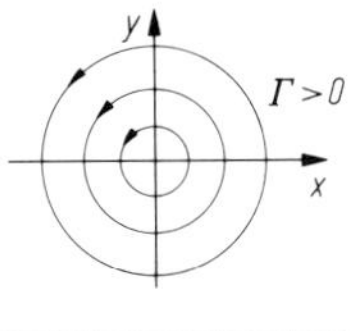	$-\mathrm{i}\frac{\Gamma}{2\pi} \ln z$	$\frac{\Gamma}{2\pi} \arctan\left(\frac{y}{x}\right)$	$-\frac{\Gamma}{2\pi} \ln\sqrt{x^2 + y^2}$
			$-\frac{\Gamma}{2\pi}(\mathrm{i}\ln r - \varphi)$	$\frac{\Gamma}{2\pi} \varphi$	$-\frac{\Gamma}{2\pi} \ln r$
f	Dipol Dipolachse: x-Achse Dipolmoment: ($M \gtrless 0$)	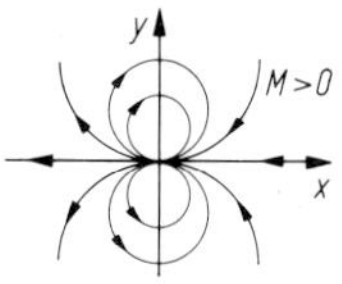	$\frac{M}{2\pi} \frac{1}{z}$	$\frac{M}{2\pi} \frac{x}{x^2 + y^2}$	$-\frac{M}{2\pi} \frac{y}{x^2 + y^2}$
			$\frac{M}{2\pi} \frac{1}{r} \exp(-\mathrm{i}\varphi)$	$\frac{M}{2\pi} \frac{\cos\varphi}{r}$	$-\frac{M}{2\pi} \frac{\sin\varphi}{r}$
g	Dipol Dipolachse: y-Achse Dipolmoment: ($M \gtrless 0$)	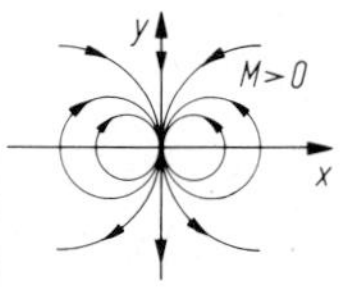	$\mathrm{i}\frac{M}{2\pi} \frac{1}{z}$	$\frac{M}{2\pi} \frac{y}{x^2 + y^2}$	$\frac{M}{2\pi} \frac{x}{x^2 + y^2}$
			$\mathrm{i}\frac{M}{2\pi} \frac{1}{r} \exp(-\mathrm{i}\varphi)$	$\frac{M}{2\pi} \frac{\sin\varphi}{r}$	$\frac{M}{2\pi} \frac{\cos\varphi}{r}$

(kartesische Koordinaten $v_x = u$, $v_y = v$), vgl. Tab. 5.3

Geschwindigkeitskomponenten

$v_x(x, y)$	$v_y(x, y)$	$v_r(x, y)$	$v_\varphi(x, y)$
$v_x(r, \varphi)$	$v_y(r, \varphi)$	$v_r(r, \varphi)$	$v_\varphi(r, \varphi)$
u_∞	0	$u_\infty \dfrac{x}{\sqrt{x^2 + y^2}}$	$-u_\infty \dfrac{y}{\sqrt{x^2 + y^2}}$
u_∞	0	$u_\infty \cos\varphi$	$-u_\infty \sin\varphi$
0	v_∞	$v_\infty \dfrac{y}{\sqrt{x^2 + y^2}}$	$v_\infty \dfrac{x}{\sqrt{x^2 + y^2}}$
0	v_∞	$v_\infty \sin\varphi$	$v_\infty \cos\varphi$
ax	$-ay$	$a \dfrac{x^2 - y^2}{\sqrt{x^2 + y^2}}$	$-a \dfrac{2xy}{\sqrt{x^2 + y^2}}$
$ar\cos\varphi$	$-ar\sin\varphi$	$ar\cos(2\varphi)$	$-ar\sin(2\varphi)$
$\dfrac{E}{2\pi} \dfrac{x}{x^2 + y^2}$	$\dfrac{E}{2\pi} \dfrac{y}{x^2 + y^2}$	$\dfrac{E}{2\pi} \dfrac{1}{\sqrt{x^2 + y^2}}$	0
$\dfrac{E}{2\pi} \dfrac{\cos\varphi}{r}$	$\dfrac{E}{2\pi} \dfrac{\sin\varphi}{r}$	$\dfrac{E}{2\pi} \dfrac{1}{r}$	0
$-\dfrac{\Gamma}{2\pi} \dfrac{y}{x^2 + y^2}$	$\dfrac{\Gamma}{2\pi} \dfrac{x}{x^2 + y^2}$	0	$\dfrac{\Gamma}{2\pi} \dfrac{1}{\sqrt{x^2 + y^2}}$
$-\dfrac{\Gamma}{2\pi} \dfrac{\sin\varphi}{r}$	$\dfrac{\Gamma}{2\pi} \dfrac{\cos\varphi}{r}$	0	$\dfrac{\Gamma}{2\pi} \dfrac{1}{r}$
$-\dfrac{M}{2\pi} \dfrac{x^2 - y^2}{(x^2 + y^2)^2}$	$-\dfrac{M}{2\pi} \dfrac{2xy}{(x^2 + y^2)^2}$	$-\dfrac{M}{2\pi} \dfrac{x}{(x^2 + y^2)^{3/2}}$	$-\dfrac{M}{2\pi} \dfrac{y}{(x^2 + y^2)^{3/2}}$
$-\dfrac{M}{2\pi} \dfrac{\cos(2\varphi)}{r^2}$	$-\dfrac{M}{2\pi} \dfrac{\sin(2\varphi)}{r^2}$	$-\dfrac{M}{2\pi} \dfrac{\cos\varphi}{r^2}$	$-\dfrac{M}{2\pi} \dfrac{\sin\varphi}{r^2}$
$-\dfrac{M}{2\pi} \dfrac{2xy}{(x^2 + y^2)^2}$	$\dfrac{M}{2\pi} \dfrac{x^2 - y^2}{(x^2 + y^2)^2}$	$-\dfrac{M}{2\pi} \dfrac{y}{(x^2 + y^2)^{3/2}}$	$\dfrac{M}{2\pi} \dfrac{x}{(x^2 + y^2)^{3/2}}$
$-\dfrac{M}{2\pi} \dfrac{\sin(2\varphi)}{r^2}$	$\dfrac{M}{2\pi} \dfrac{\cos(2\varphi)}{r^2}$	$-\dfrac{M}{2\pi} \dfrac{\sin\varphi}{r^2}$	$\dfrac{M}{2\pi} \dfrac{\cos\varphi}{r^2}$

und außerhalb (K) in eine Taylor-Reihe nach $1/z$ in der Form

$$w_*(z) = A_0 + \frac{A_1}{z} + \frac{A_2}{z^2} + \cdots, \qquad A_0 = w_*(z \to \infty) = u_\infty - \mathrm{i}v_\infty$$

entwickeln. Dabei hat A_0 die Bedeutung des Betrags der ungestörten Anströmgeschwindigkeit $|\boldsymbol{v}_\infty|$. Für die Druckkraft kann man nach Einsetzen in (5.51) schreiben

$$F_* = -\mathrm{i}b\frac{\varrho}{2}\oint_{(K)}\left(A_0 + \frac{A_1}{z} + \frac{A_2}{z^2} + \cdots\right)^2 dz = 2\pi\varrho b A_0 A_1 .^{16} \qquad (5.51c)$$

In diese Beziehung soll noch die Zirkulation um den Körper eingeführt werden. Für diese gilt nach (5.6a), rechtsdrehend positiv,

$$\Gamma = \oint_{(K)} \boldsymbol{v}\cdot d\boldsymbol{l} = \oint_{(K)} (u\,dx + v\,dy) = \oint_{(K)} w_*(z)dz = -\mathrm{i}2\pi A_1, \quad A_1 = -\mathrm{i}\frac{\Gamma}{2\pi}.^{16}$$

Schließlich ergibt sich die auf den angeströmten Körper ausgeübte Kraft zu

$$F_* = -\mathrm{i}\varrho b\Gamma(u_\infty - \mathrm{i}v_\infty), \qquad (5.52a)$$

$$F_x = -\varrho b\Gamma v_\infty < 0, \qquad F_y = +\varrho b\Gamma u_\infty > 0 . \qquad (5.52b)$$

Wegen $\tan\alpha = v_\infty/u_\infty = -F_x/F_y$ läßt sich zeigen, daß die resultierende Kraft $\boldsymbol{F}$ normal auf der Anströmrichtung steht. Man nennt diese fluidmechanisch orientierte Kraftkomponente Auftriebskraft, oder kurz Auftrieb F_A. Eine Kraftkomponente in Anströmrichtung, die man Widerstandskraft, oder kurz Widerstand F_W nennt, tritt nicht auf. Das heißt, in einer unendlich ausgedehnten, reibungslosen ebenen Strömung ist bei beliebiger Körperform der Widerstand gleich null, vgl. hierzu (2.81b) und (3.242c). Der Auftrieb entsteht nur, wenn um den Körper eine zirkulatorische Strömung herrscht, vgl. hierzu (3.242a, b). Es gilt somit

$$F_A = \varrho b\Gamma|\boldsymbol{v}_\infty|, \qquad F_W = 0 \quad \text{(Auftrieb, Widerstand)} \qquad (5.53a, b)$$

mit $|\boldsymbol{v}_\infty|$ als Betrag der resultierenden Anströmgeschwindigkeit. Durch Anwenden der Impulsgleichung wurde das Ergebnis bereits in Kap. 3.6.2.1 für das gerade Flügelgitter, den einzelnen Tragflügel sowie für den ebenen Körper mit beliebiger Querschnittsform gefunden (Kutta-Joukowskyscher Auftriebssatz, d'Alembertsches Paradoxon).

5.3.2.4 Beispiele ebener Potentialströmungen dichtebeständiger Fluide[17]

a) Ebene Winkel- und Eckenströmung

a.1) Ansatz. Die Methode der Anwendung komplexer Funktionen zur Beschreibung ebener Potentialströmungen sei am Beispiel der komplexen Potentialfunktion in Form eines Potenzansatzes

$$\underline{\Phi}(z) = \frac{a}{n}z^n = \frac{a}{n}(x + \mathrm{i}y)^n = \frac{a}{n}r^n[\cos(n\varphi) + \mathrm{i}\sin(n\varphi)] = \frac{a}{n}r^n\exp(\mathrm{i}n\varphi) \qquad (5.54)$$

erläutert. Hierin sei n eine reelle Zahl, während $a = a_1 \mp \mathrm{i}a_2$ auch eine komplexe Zahl sein kann. Je nach der Wahl von n und a ergeben sich sehr unterschiedliche Ergebnisse, die nachstehend besprochen werden. Wird der Faktor a als reelle Zahl angenommen, so liefert (5.54) durch Aufspalten in Real- und Imaginärteil sofort die Potential- und Stromfunktion zu

$$\Phi = \frac{a}{n}r^n\cos(n\varphi), \qquad \Psi = \frac{a}{n}r^n\sin(n\varphi) \qquad (a = \text{reell}) . \qquad (5.55a, b)$$

---

[16] Das Ergebnis der komplexen Integration längs des geschlossenen Wegs folgt aus dem Residuensatz der Funktionentheorie (rechtsläufiger Integrationsweg)

$$\oint z^{-n}dz = -2\pi\mathrm{i} \quad \text{für} \quad n = 1, \; = 0 \quad \text{für} \quad n = 2, 3, ..$$

[17] Zahlreiche Beispiele mit den zugehörigen Stromlinienbildern werden von Tietjens [86] mitgeteilt. Eine Zusammenstellung der wichtigsten Formeln ebener Potentialströmungen gibt Tab. 5.4.

Die Stromlinien Ψ = const sind durch $r^n \sin(n\varphi) = C$ gegeben. Diese kann man für verschiedene Werte der Konstanten C ermitteln und in der Ebene $r(\varphi)$ darstellen. Verschwindet die Konstante, dann muß $\sin(n\varphi) = 0$ sein, was bei $\varphi = \varphi_n = k(\pi/n)$ mit $k = 0, 1, 2, \ldots$ der Fall ist. Dies sind Geraden durch den Ursprung mit den Winkeln φ_n, welche man auch als feste Begrenzungen auffassen kann. Der durch zwei ebene Wände mit den Werten $k = 0$ und $k = 1$ gebildete Winkelraum wird nach Abb. 5.12a durch den Winkel $\varepsilon = \pi/n$ mit $n \geqq 2$ beschrieben[18]. Weiterhin gilt für den Ergänzungswinkel $\vartheta = \pi - \varepsilon = [(n-1)/n]\pi$. Für $2 > n > 1$ entstehen nach Abb. 5.12b Strömungen in konkaven Ecken mit Umlenkwinkeln $\vartheta > 0$. Für $1 > n > 1/2$ liegen nach Abb. 5.12c Strömungen um konvexe Ecken mit Umlenkwinkeln $\vartheta < 0$ vor. Werte $n < 1/2$ stellen keine Winkel- oder Eckenströmung dar, vgl. Beispiel d.2 mit $n = -1$. Die konjugiert komplexe Geschwindigkeit erhält man nach (5.46a) zu $w_*(z) = az^{n-1}$ und für den Betrag der Geschwindigkeit folgt hieraus

$$|\boldsymbol{v}| = |a| r^{n-1}; \qquad |\boldsymbol{v}| \sim r^{n-1} (n > 1), \qquad |\boldsymbol{v}| \sim \frac{1}{r^{1-n}} (n < 1) . \tag{5.56a; b}$$

Im Ursprung wird bei konkav umgelenkter Strömung mit $n > 1$ die Geschwindigkeit null, d. h. es bildet sich dort ein Staupunkt aus, während bei konvex umgelenkter Strömung mit $1/2 \leqq n < 1$ der Ursprung mit unendlich großer Geschwindigkeit umströmt wird.

$$r = 0: |\boldsymbol{v}| = 0 \quad \text{(konkav)}, \qquad |\boldsymbol{v}| = \infty \quad \text{(konvex)} . \tag{5.56c}$$

Die resultierende Geschwindigkeit $|\boldsymbol{v}(r)|$ ist auf konzentrischen Zylinderflächen (r = const) gleich groß.

Für die Druckverteilung gilt bei verschwindendem Schwereinfluß nach (5.34)

$$p = p_0 - \frac{\varrho}{2} \boldsymbol{v}^2 = p_0 - \frac{\varrho}{2} a^2 r^{2(n-1)} . \tag{5.57}$$

In gleicher Weise wie bei der resultierenden Geschwindigkeit ist auch der Druck $p - p_0$ auf den konzentrischen Zylinderflächen konstant. Da für $n > 1$, d. h. bei konkaver Umlenkung, die Geschwindigkeit mit wachsendem Abstand r zu- und der Druck entsprechend abnimmt, gibt es einen ausgezeichneten Radius r_0, bei dem der Druck den Wert $p = 0$ annimmt, was dem Zustand des Vakuums entsprechen würde. Für größere Abstände ($r > r_0$) würden sich negative Drücke errechnen, was jedoch physikalisch nicht möglich ist. Ein entgegengesetztes Verhalten gibt es für $n < 1$, d. h. bei der konvexen Umlenkung. In der Umgebung der Ecke ($r \to 0$) sind die Geschwindigkeiten sehr groß und die Drücke entsprechend sehr klein. Auch hier gibt es einen Radius r_0, bei dem $p = 0$ (Vakuum) wird. In unmittelbarer Nähe der Ecke ($r \to r_0$) wird also die Strömung physikalisch nicht richtig wiedergegeben. Infolge des starken Druckanstiegs tritt an der konvexen Ecke Ablösung der Strömung ein. Das sowohl bei der konkaven als auch bei der konvexen Umlenkung beschriebene eigentümliche Verhalten hat seine Ursache in der idealisierten Vorstellung des dichtebeständigen Fluids.

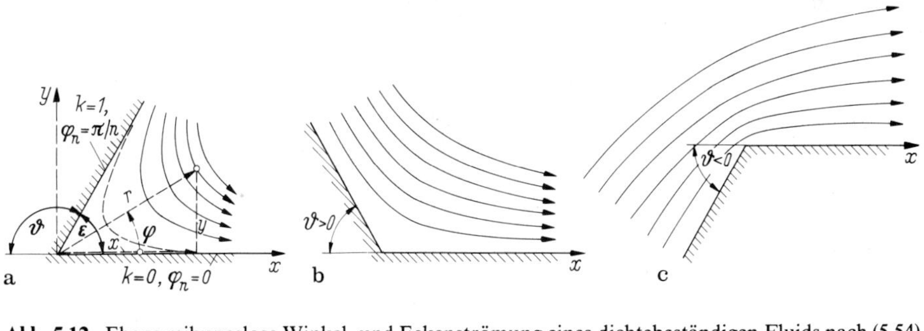

Abb. 5.12. Ebene reibungslose Winkel- und Eckenströmung eines dichtebeständigen Fluids nach (5.54), a = reell **a** Spitzer Winkel, $n = 3$, $\varepsilon = 60°$; **b** konkave Ecke $\vartheta > 0$, $n = 3/2$, $\vartheta = 60°$; **c** konvexe Ecke $\vartheta < 0$, $n = 3/4$, $\vartheta = -60°$

a.2) Ebene Translationsströmung. Für $n = 1$ ergibt sich mit $\varepsilon = \pi$ nach Abb. 5.13a keine Umlenkung der Strömung, d.h. hierfür liegt eine geradlinig verlaufende Parallelströmung mit $\not{\Phi}(z) = az$ und

---

[18] Auf Strömungsbilder für $k = 2, 3, \ldots$ wird hier nicht eingegangen, da hierdurch keine grundsätzlich neuen Erkenntnisse gewonnen werden.

$w_* = a$ vor. Mit $z = x + iy$ und $a = a_1 - ia_2$ folgt hieraus für die Potential- und Stromfunktion sowie die Geschwindigkeitskomponenten, vgl. Tab. 5.4a, b,

$$\Phi = a_1 x + a_2 y, \qquad \Psi = a_1 y - a_2 x; \qquad u = a_1, \qquad v = a_2 . \qquad (5.58a;\ b)^{19}$$

Dies Ergebnis ist in Übereinstimmung mit den in x und y linearen Gliedern von (5.40b). Die dargestellte Strömung besitzt nach (5.56a) mit $n = 1$ eine konstante Geschwindigkeit vom Betrag $|\boldsymbol{v}| = |a|$. Für $a =$ reell ($a_1 > 0$, $a_2 = 0$) stellt $a_1 = u = u_\infty$ die zur x-Richtung parallele Geschwindigkeit dar, während für $a =$ imaginär ($a_1 = 0$, $a_2 > 0$) die Geschwindigkeit mit $a_2 = v = v_\infty$ in y-Richtung verläuft.

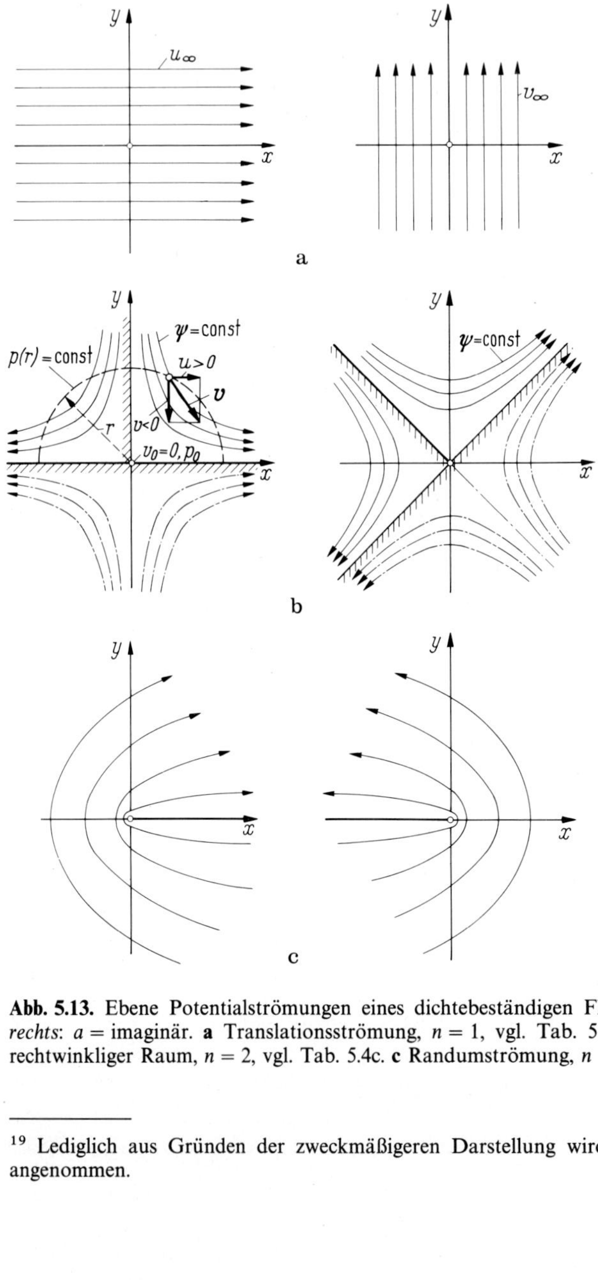

Abb. 5.13. Ebene Potentialströmungen eines dichtebeständigen Fluids nach (5.54). *Links*: $a =$ reell, *rechts*: $a =$ imaginär. **a** Translationsströmung, $n = 1$, vgl. Tab. 5.4a, b. **b** Staupunktströmung oder rechtwinkliger Raum, $n = 2$, vgl. Tab. 5.4c. **c** Randumströmung, $n = 1/2$

---

[19] Lediglich aus Gründen der zweckmäßigeren Darstellung wird der Imaginärteil von a negativ angenommen.

a.3) Ebene Staupunktströmung. Für $n = 2$ erhält man mit $\varepsilon = \pi/2$ und $\phi(z) = (a/2)\ z^2$ nach Abb. 5.13b (links) im ersten Quadranten die Strömung in einem durch zwei normal aufeinanderstehende ebene Wände gebildeten rechtwinkligen Raum. Nimmt man auch die Strömung in dem zweiten Quadranten mit hinzu, so handelt es sich um die ebene Strömung gegen eine normal stehende Wand. Diese bezeichnet man auch als Staupunktströmung, da sich bei ihr die Strömung im Ursprung teilt und wegen der dort verschwindenden Geschwindigkeit aufstaut. Nach (5.44) lauten die Potential- und Stromfunktion, vgl. Tab. 5.4c

$$\Phi = \frac{a}{2}(x^2 - y^2), \qquad \Psi = axy \qquad (a = \text{reell})\,. \tag{5.59a, b}$$

Das Ergebnis für Φ ist in Übereinstimmung mit den in x und y quadratischen Gliedern von (5.40b), während das Ergebnis für Ψ entsprechend dem Vertauschungsprinzip durch das gemischte Glied xy bestätigt wird. Die Stromlinien $\Psi = xy = \text{const}$ bilden eine Schar gleichseitiger Hyperbeln mit der x- und y-Achse als Asymptoten, wenn a reell ist. Dies Ergebnis kann man auch aus der Stromliniengleichung (5.38b) herleiten. Wegen $u = \partial\Phi/\partial x = ax$ und $v = \partial\Phi/\partial y = -ay$ wird $dy/dx = -y/x$, was nach Trennen der Veränderlichen und Ausführen der Integration ebenfalls zu $xy = \text{const}$ führt. Die Richtung der Stromlinien findet man, wenn man beachtet, daß im ersten Quadranten ($x > 0$, $y > 0$) für die Geschwindigkeitskomponenten ($u > 0$, $v < 0$) gilt. Entsprechend (5.56) und (5.57) verlaufen die Isotachen bzw. die Isobaren auf konzentrischen Kreisen um den Ursprung. Herrscht dort der Druck p_0, dann wird nach (5.57) der Druck an einer beliebigen Stelle $p(r) = p_0 - (\varrho/2)a^2r^2$. Gegenüber dem größten Druck im Staupunkt ($r = 0$) nimmt der Druck verhältnismäßig schnell mit wachsendem Abstand r ab.

Am Beispiel der ebenen Staupunktströmung sei in Abb. 5.14 die Anwendung der konformen Abbildung gezeigt. Es möge die ebene Translationsströmung in der z-Ebene $\phi(z) = az$, $w_*(z) = a$ konform in die ebene Staupunktströmung in der ζ-Ebene abgebildet werden. Mit der Abbildungsfunktion $\zeta^2 = 2z$ wird $\phi(\zeta) = (a/2)\zeta^2$. Für die konjugiert komplexe Geschwindigkeit erhält man durch Anwenden von (5.48b) mit $dz/d\zeta = \zeta$ die gesuchte Geschwindigkeit zu $w_*(\zeta) = a\zeta = a(\xi + i\eta)$ mit $u = a\xi$ und $v = -a\eta$ in Übereinstimmung mit dem oben angegebenen Ergebnis. In Abb. 5.14 sind die jeweils konform abgebildeten Bereiche (A, B, C, D) besonders gekennzeichnet.

a.4) Ebene Randumströmung. Für $n = 1/2$ findet man mit $\varepsilon = 2\pi$ bzw. $\vartheta = -\pi$ die Randumströmung nach Abb. 5.13c. Bei diesem Fall wird nach (5.56a) der Betrag der resultierenden Geschwindigkeit $|\boldsymbol{v}| = a/\sqrt{r} \sim 1/\sqrt{r}$. Die Umströmung der Kante $r \to 0$ erfolgt mit unendlich großer Geschwindigkeit. Diese Wurzelsingularität tritt bei der Strömung dichtebeständiger Fluide mit vollständiger Umlenkung um scharfe Kanten stets auf.

a.5) Keilanströmung. Ergänzt man das Stromlinienbild der Abb. 5.12b spiegelbildlich zur x-Achse und wählt eine entgegengesetzte Strömungsrichtung, dann erhält man die Umströmung eines vorn spitzen Körpers nach Abb. 5.15a mit dem halben Keilwinkel $\vartheta_K < \pi/2$. Nach (5.56a) beträgt die

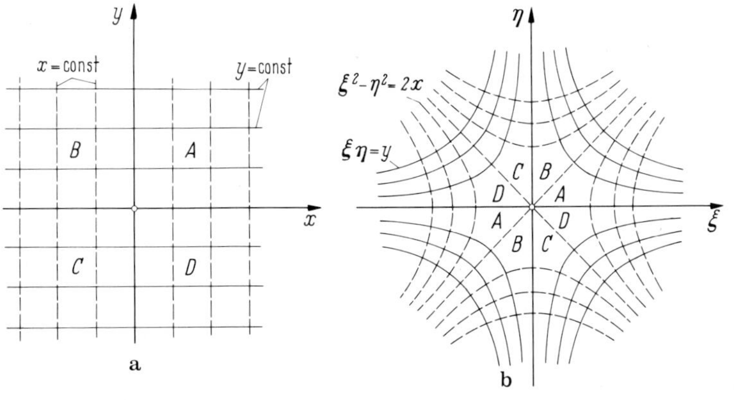

Abb. 5.14. Zur Anwendung der konformen Abbildung bei ebener Potentialströmung eines dichtebeständigen Fluids. **a** Translationsströmung in der z-Ebene. **b** Staupunktströmung durch $z = (1/2)\ \zeta^2$ konform in ζ-Ebene abgebildet

Geschwindigkeit auf der Körperkontur in der Umgebung der Körpervorderkante $v_K(r) = ar^m$ mit $m = \vartheta_K/(\pi - \vartheta_K)$.[20]

Für $\vartheta_K = 0$ ergibt sich die längsangeströmte Platte mit $v_K = a = \text{const}$ (Beispiel a.2) und für $\vartheta_K = \pi/2$ die Strömung in der nahen Umgebung eines vorn stumpfen Körpers (Nasenanströmung) nach Abb. 5.15b, wobei dieser Fall der bereits besprochenen ebenen Staupunktströmung entspricht (Beispiel a.3). An den Vorderkanten solcher Körper (keilförmig oder abgerundet) verschwindet die Geschwindigkeit $v_K(r = 0) = 0$. Es bilden sich dort durch den Ursprung gehende Staulinien in Richtung der Körpererzeugenden aus[21].

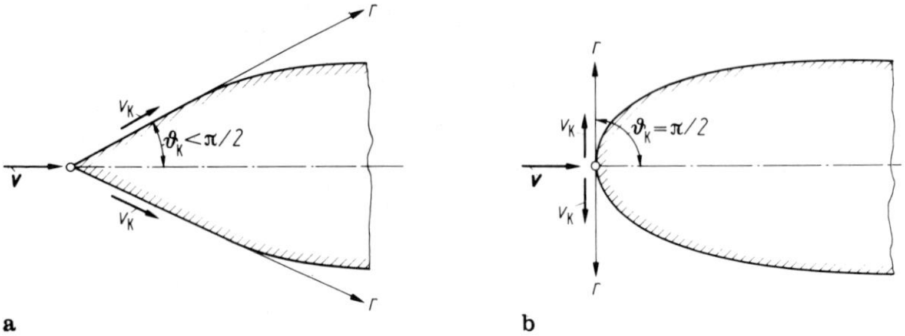

Abb. 5.15. Ebene Potentialströmung im vorderen Bereich eines Körpers bei einem dichtebeständigen Fluid. **a** Vorn spitzer Körper (Keilanströmung), **b** vorn stumpfer Körper (Nasenanströmung)

b) Ebene Quell- oder Sinkenströmung

Für die komplexe Potentialfunktion und damit nach Zerlegen in Real- und Imaginärteil für die Potential- und Stromfunktion sei der Ansatz, vgl. Tab. 5.4d,

$$\underline{\Phi}(z) = a \ln z; \quad \Phi = a \ln r, \quad \Psi = a\varphi \quad (a = E/2\pi = \text{reell}) \tag{5.60a, b, c}$$

gemacht.[22] Die Stromlinien sind nach Abb. 5.16a die Strahlen $\Psi = \text{const}$ vom Ursprung aus und die Potentiallinien die Kreise $\Phi = \text{const}$ um den Ursprung. Die konjugiert komplexe Geschwindigkeit ist $w_*(z) = a/z$ mit den Komponenten $v_r = a/r$ und $v_\varphi = 0$. Es handelt sich also um eine sich radial ausbreitende Strömung. Ist $a > 0$, so ist sie nach außen gerichtet und wird eine ebene Quellströmung, auch Stabquelle genannt. Ist dagegen $a < 0$, so verlaufen die Stromlinien nach innen; eine solche Strömung nennt man eine ebene Sinkenströmung. Die Größe a ist ein Maß für die Stärke der Quelle oder Sinke. Die Quellströmung wurde bereits in Kap. 3.6.2.3 Beispiel e.1 auf einfache Weise durch Auswerten der Kontinuitätsgleichung gefunden. Der aus der Quelle der Breite b austretende Volumenstrom in m³/s läßt sich nach (5.39a) aus der Differenz der Werte für die Stromfunktionen, die den Stromlinien $\varphi = \varphi_0$ und $\varphi = \varphi_0 + 2\pi$ zugeordnet sind, berechnen. Es ist φ_0 ein beliebig ausgewählter Ausgangswert. Es gilt

$$\dot{V} = b[\Psi(\varphi_0 + 2\pi) - \Psi(\varphi_0)] = b[a(\varphi_0 + 2\pi) - a\varphi_0] = 2\pi ab = bE, \quad E = \frac{\dot{V}}{b}.$$

---

[20] Es wird $m = n - 1$ gesetzt, und zwar ist $0 < m < 1$.

[21] In zähigkeitsbehafteter Strömung hat die ebene Strömung eines vorn stumpfen Körpers (normal angeströmte Wand) nach (6.77) eine endliche Verdrängungsdicke der Reibungsschicht, so daß hierfür die „Staulinie der vom Körper verdrängten Strömung" etwas vor dem Körper liegt. Bei den vorn spitzen Körpern fällt dagegen die Staulinie stets mit der Vorderkante zusammen, da hier die Reibungsschichtdicke null ist.

[22] Einen Zusammmenhang zur komplexen Potentialfunktion von (5.54) kann man herstellen, wenn man folgendermaßen schreibt:

$$\lim_{n \to 0} \frac{z^n - 1}{n} = \ln z = \ln r + i\varphi\,.$$

Mit $E = 2\pi a$ wird die auf die Breite b bezogene Ergiebigkeit der Quelle in m^3/s m bezeichnet. Damit wird der zunächst noch nicht definierten Konstanten $a = E/2\pi$ eine anschauliche physikalische Bedeutung gegeben.

Für die längs jeder Stromlinie konstante Radialgeschwindigkeit v_r, welche zugleich die resultierende Geschwindigkeit ist, gilt somit

$$v_r = \frac{E}{2\pi r} \sim \frac{1}{r}, \qquad v_\varphi = 0 \qquad \text{(Stabquelle)} \tag{5.61a, b}$$

mit $r = \sqrt{x^2 + y^2}$. Es ist $E > 0$ für die Quell- und $E < 0$ für die Sinkenströmung. Die Geschwindigkeit nimmt wie $1/r$ nach außen ab. Im Ursprung selbst geht die Geschwindigkeit gegen unendlich, d. h. es handelt sich hier um eine singuläre Stelle. Vom physikalischen Standpunkt aus gesehen ist also eine kleine Umgebung um den Ort der Quelle oder Sinke ($r \to 0$) auszunehmen. Damit sich eine Quell- oder Sinkenströmung tatsächlich einstellen kann, ist um Ursprung 0 ein ständiger Zu- oder Abstrom erforderlich. In Abb. 3.82b bis d werden Ausschnitte aus einer Quell- bzw. Sinkenströmung gezeigt, denen eine bestimmte praktische Bedeutung zukommt.

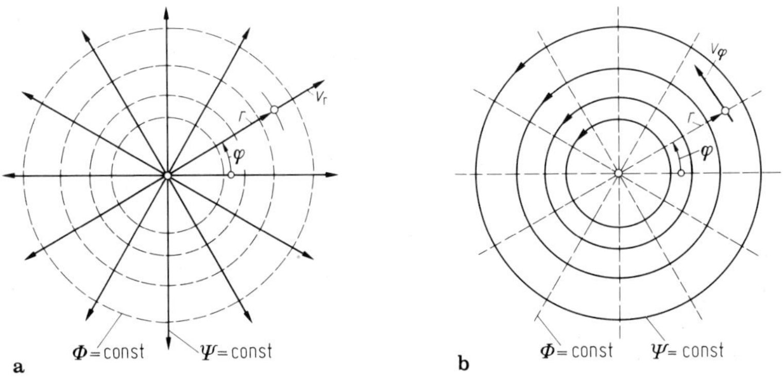

Abb. 5.16. Ebene Potentialströmung eines dichtebeständigen Fluids mit Singularität im Ursprung (Strom- und Potentiallinien). **a** Quelle, Sinke (Stabquelle), **b** Potentialwirbel (Stabwirbel)

c) Ebener Potentialwirbel

Nach dem in Kap. 5.3.2.2 angegebenen Vertauschungsprinzip können Strom- und Potentiallinien in ihrer physikalischen Deutung vertauscht werden. Angewendet auf das besprochene Beispiel der Quellströmung würde das bedeuten, daß die Stromlinien nach Abb. 5.16b jetzt Kreise um den Ursprung und die Potentiallinien entsprechend Gerade durch den Ursprung sind. In der komplexen Darstellung bedeutet dies, daß in (5.60) die Größe a jetzt imaginär anzunehmen ist. Es sei also $a = -ic$ gesetzt, wobei c eine reelle Zahl ist. Dies führt dann zu folgenden Ausdrücken für die komplexe Potentialfunktion sowie für die Potential- und Stromfunktion, vgl. Tab. 5.4e:

$$\underline{\Phi}(z) = -ic \ln z; \qquad \Phi = c\varphi, \qquad \Psi = -c \ln r \qquad (c = \Gamma/2\pi = \text{reell}) \tag{5.62a; b, c}$$

mit den Geschwindigkeitskomponenten $v_r = 0$ und $v_\varphi = c/r$. Es herrscht also nur eine Umfangskomponente der Geschwindigkeit, d. h. eine kreisende Bewegung. Die Größe c ist ein Maß für die Stärke der Drehbewegung. Zu ihrer Erfassung kann man die Zirkulation Γ nach Kap. 5.2.2.1 heranziehen. Diese kann man entweder nach (5.6) aus dem Linienintegral der Geschwindigkeit oder nach (5.23) aus der Differenz der Werte für die Potentialfunktion, die den Potentiallinien $\varphi = \varphi_0$ und $\varphi = \varphi_0 + 2\pi$ zugeordnet sind, berechnen. Ist im ersten Fall die Kurve (L), längs der die Integration ausgeführt werden soll, ein Kreis $r = R$, dann erhält man mit $L = 2\pi R$ und $v_l = v_\varphi(r = R) = c/R$ die Zirkulation (linksdrehend positiv) zu $\Gamma = 2\pi c$. Dasselbe Ergebnis folgt im zweiten Fall mit $\Phi(\varphi_0) = c\varphi_0$ und $\Phi(\varphi_0 + 2\pi) = c(\varphi_0 + 2\pi)$. Die Konstante c in (5.62) besitzt also die Bedeutung $c = \Gamma/2\pi$. Mithin gilt für das Geschwindigkeitsfeld der kreisenden Bewegung

$$v_r = 0, \qquad v_\varphi = \frac{\Gamma}{2\pi r} \sim \frac{1}{r} \qquad \text{(Stabwirbel)}\,. \tag{5.63}$$

Wegen $v_r = 0$ und $v_\varphi = v_\varphi(r)$ errechnet man die Komponente der Drehung um Achsen normal zur Strömungsebene nach Tab. 2.3 zu $\omega_z = (1/2r)[d(rv_\varphi)/dr]$. Solange $r \neq 0$ ist, wird wegen $rv_\varphi = \Gamma/2\pi = \text{const}$ die Drehung $\omega_z = 0$. Für $r = 0$ ergibt sich für ω_z zunächst ein unbestimmter Ausdruck 0/0. Daß dieser Wert zu $\omega_z \neq 0$ führt, läßt sich aufgrund des Stokesschen Zirkulationssatzes nach Kap. 5.2.2.2 zeigen, wonach das Vorhandensein einer Zirkulation notwendigerweise eine Drehung voraussetzt. Auf das hier vorliegende Beispiel angewendet bedeutet dies, daß sich im Ursprung normal zur Strömungsebene ein gerader Wirbelfaden (Wirbellinie) mit infinitesimalem Querschnitt, auch Stabwirbel genannt, befindet. Da man eine drehungsfreie Strömung als skalare Potentialströmung und eine drehungsbehaftete Strömung als Wirbelströmung bezeichnet, hat man den geraden Wirbelfaden auch als ebenen Potentialwirbel dargestellt, man vergleiche Abb. 5.3b und die dortige Ausführung. Auf weitere Potentialwirbelströmungen wird in Kap. 5.4.2 ausführlich eingegangen.

d) Ebene Quell-Sinkenströmung

Als erstes Beispiel des Überlagerungsprinzips nach (5.32) bzw. (5.45) sei das Zusammenwirken einer Quell- und einer Sinkenströmung beschrieben.

d.1) Quell-Sinken-Paar. In Abb. 5.17 seien auf der x-Achse eine Quelle im Abstand $x = -l$ und eine Sinke im Ursprung $x = 0$ jeweils mit gleich starker Ergiebigkeit $\pm E$ angeordnet. Die resultierende Stromfunktion erhält man aus (5.60c) zu $\Psi = (E/2\pi)(\varphi_1 - \varphi_2)$. Die Stromlinien $\Psi = \text{const}$ sind Kurven $(\varphi_2 - \varphi_1) = \text{const}$, was nach Abb. 5.17 eine Schar von Kreisen darstellt, deren Mittelpunkt in Richtung der y-Achse bei $x = -l/2$ derart verschoben sind, daß alle durch den Quell- und Sinkenpunkt gehen. Die Potentiallinien stellen in ähnlicher Weise Kreise dar, deren Mittelpunkte auf der x-Achse liegen.

d.2) Ebene Dipolströmung. Eine spezielle Lösung für das Quell-Sinken-Paar erhält man, wenn man den Abstand l gegen null gehen läßt und gleichzeitig die Ergiebigkeit E umgekehrt proportional zum Abstand l steigert, derart, daß $M = El = \text{const}$ bleibt. In diesem Fall bleibt wegen $l = 0$ und $E = \infty$ eine Wirkung nach außen übrig. Man bezeichnet die hieraus hervorgehende Strömung als Dipolströmung mit M als Dipolmoment. Die Strecke, auf der sich die Quelle und Sinke einander genähert haben, nennt man die Dipolachse. Ausgehend von (5.60a) gilt für die komplexe Potentialfunktion des Dipols, vgl. Tab. 5.4f,

$$\Phi(z) = \frac{M}{2\pi} \lim_{l \to 0} \frac{\ln(z+l) - \ln z}{l} = \frac{M}{2\pi z} = \frac{M}{2\pi} \frac{x - \mathrm{i}y}{r^2} \quad \text{(Dipol)} \qquad (5.64\text{a, b})^{23}$$

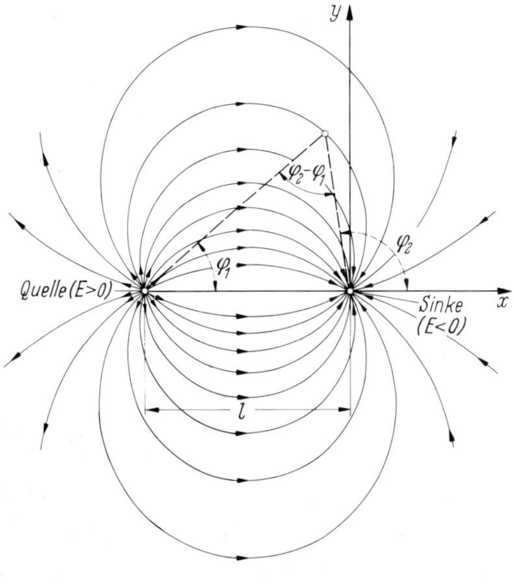

Abb. 5.17. Stromlinienbild eines ebenen Quell-Sinken-Paars bei Potentialströmung eines dichtebeständigen Fluids

[23] Dieser Ansatz ist mit $n = -1$ und $a = -M/2\pi$ in (5.54) enthalten.

mit $r^2 = x^2 + y^2$ sowie $x = r\cos\varphi$ und $y = r\sin\varphi$. Aus dem Real- und Imaginärteil erhält man entsprechend (5.44) unmittelbar die Ausdrücke für die Potential- und Stromfunktion. Die Stromlinien $\Psi = \text{const}$ der hier beschriebenen Dipolströmung sind nach Abb. 5.18a durch die Kreisschar (Zylinderflächen) gegeben, welche bei reellem Wert von M die x-Achse (Dipolachse) im Ursprung tangiert. Dies kann man sich an Hand von Abb. 5.17 klar machen, wenn man dort $l \to 0$ gehen läßt. Will man die y-Achse zur Dipolachse machen, so braucht man M in (5.64) nur imaginär durch iM zu ersetzen. Das zugehörige Stromlinienbild ist in Abb. 5.18b dargestellt, vgl. Tab. 5.4g.

Die konjugiert komplexe Geschwindigkeit und der Geschwindigkeitsvektor betragen für den Dipol nach Abb. 5.18a gemäß (5.46a, c) $w_* = u - \mathrm{i}v = -M/2\pi z^2$ bzw. $\boldsymbol{v} = \boldsymbol{e}_x u + \boldsymbol{e}_y v$. In Polarkoordinaten ergibt sich mit $u = v_x$ und $v = v_y$ mittels Tab. 5.4f für den Vektor und den Betrag der resultierenden Geschwindigkeit

$$\boldsymbol{v} = -\frac{M}{2\pi r^2}\left[\boldsymbol{e}_x\cos(2\varphi) + \boldsymbol{e}_y\sin(2\varphi)\right], \qquad |\boldsymbol{v}| = \frac{M}{2\pi r^2} \sim \frac{1}{r^2} \quad \text{(Stabdipol)} . \qquad (5.65\text{a, b})$$

Während bei der ebenen Quelle und Sinke der Geschwindigkeitsbetrag nach (5.61a) nach außen mit $1/r$ abnimmt, ändert er sich beim ebenen Dipol erheblich stärker, nämlich wie $1/r^2$. Wie bei der Strömung der Quelle oder Sinke sowie der Strömung des Potentialwirbels stellt $r = 0$ wieder eine singuläre Stelle in der Strömung dar.

Eine andere Möglichkeit, den ebenen Dipol nach Abb. 5.18a zu erzeugen, besteht darin, daß man nach Abb. 5.19 zwei Potentialwirbel gleicher Zirkulationsstärke aber entgegengesetzten Drehsinns auf der y-Achse anordnet und hierfür den Grenzübergang $l \to 0$ mit $M = \Gamma l$ vollzieht.

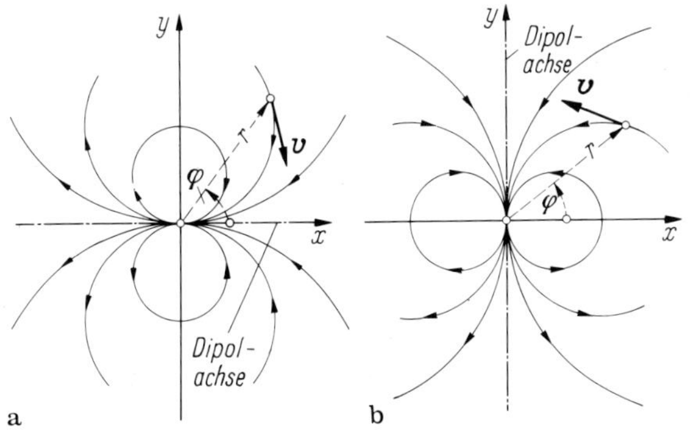

Abb. 5.18. Stromlinienbilder eines ebenen Dipols bei Potentialströmung eines dichtebeständigen Fluids. **a** Dipolachse = x-Achse, reelle Lösung. **b** Dipolachse = y-Achse, imaginäre Lösung

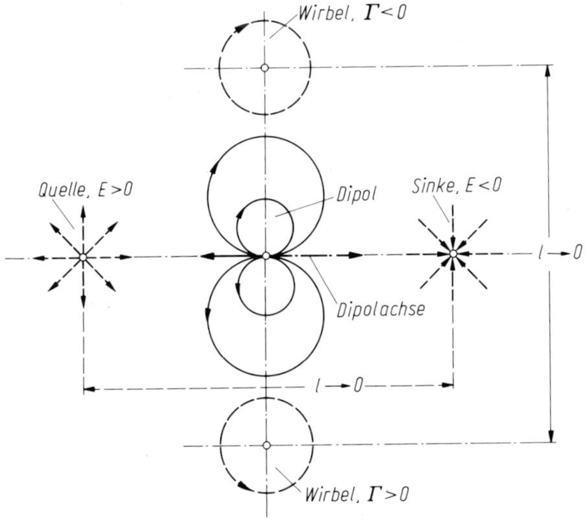

Abb. 5.19. Zur Entstehung eines ebenen Dipols aus einem Quell-Sinkenpaar oder aus einem gegensinnig drehenden Wirbelpaar; Grenzwert $\lim l \to 0$, Dipolmoment $M = El = \Gamma l$

Würde man anstelle der verwendeten Singularitäten (Quelle, Sinke, Wirbel) Dipole wählen, so kommt man zum sog. Quadrupol. Dieser entsteht in analoger Weise wie der Dipol, indem man wie in (5.64a, b) vorgeht:

$$\Phi(z) = \frac{M}{2\pi} \lim_{l \to 0} \left[\frac{1}{z+l} - \frac{1}{z} \right] = \frac{N}{2\pi z^2} \quad \text{(Quadrupol)} \tag{5.66}$$

mit $N = -Ml = \text{const}$ als Quadrupolmoment, vgl. [5].

e) Umströmung zylindrischer Körper

Das Überlagerungsprinzip läßt sich sehr vorteilhaft auch zur Beschreibung der reibungslosen Umströmung ebener Körper verwenden, die sich in einer zunächst ungestörten Parallelströmung (Translationsströmung) befinden.

e.1) Ebener Halbkörper. Fügt man eine Translationsströmung der Geschwindigkeit u_∞ mit einer ebenen Quellströmung der Ergiebigkeit E zusammen, so erhält man nach Abb. 5.20a einen vorn abgerundeten und hinten bis ins Unendliche parallel der Anströmrichtung verlaufenden offenen Körper.

Hinsichtlich des Verhaltens der Stromfunktion läßt sich folgende aufschlußreiche Betrachtung machen: Für die resultierende Stromfunktion erhält man mittels Tab. 5.4a und d

$$\Psi = u_\infty y + \frac{E}{2\pi}\varphi, \qquad \Psi_0 = \frac{E}{2} \quad \text{für} \quad y = 0, \ \varphi = \pi \quad (E = 2hu_\infty)\,. \tag{5.67a}$$

Für die Werte der Stromfunktion auf der Körperkontur muß $\Psi_0 = \Psi_1 = \Psi_2$ sein. Dies führt mit $\Psi_1 = -u_\infty h + E$ für $x = \infty$, $y = -h$, $\varphi = 2\pi$ und $\Psi_2 = u_\infty h$ für $x = \infty$, $y = h$, $\varphi = 0$ zu der Beziehung $E = 2hu_\infty$. Es ist $\dot V = bE$ der Volumenstrom, der bei $x = \infty$ durch die Fläche $2bh$ (b = Breite der Fläche) tritt. Würde man bedenkenlos mit (5.39a) rechnen, ergäbe sich ein falsches Ergebnis, nämlich $\dot V = b(\Psi_2 - \Psi_1) = 0$. Die Ursache beruht darauf, daß sich die Werte für Ψ beim Durchgang durch die bei $y = \pm 0$ gelegte Fläche sprunghaft ändern. Es ist nämlich $\Psi'_1 = E$ für $x > 0$, $\varphi = 2\pi$ und $\Psi'_2 = 0$ für $x > 0$, $\varphi = 0$. Mithin gilt für den Volumenstrom $\dot V = b(\Psi_2 - \Psi'_2 + \Psi'_1 - \Psi_1) = b(\Psi'_1 - \Psi'_2) = bE$ in Übereinstimmung mit dem richtigen Ergebnis.

Die Lage des auf der x-Achse liegenden Staupunkts berechnet sich wegen $u_0 = 0$ für $x = x_0$, $y = 0$ aus $u_\infty + E/2\pi x_0 = 0$ zu $x_0 = -E/2\pi u_\infty$. Für die geometrischen Parameter des durch eine Einzelquelle erzeugten ebenen Halbkörpers gelten somit die Zusammenhänge

$$x_0 = -\frac{E}{2\pi u_\infty} = -\frac{h}{\pi} < 0, \quad h = \frac{E}{2u_\infty} \sim E\,\frac{1}{u_\infty} \quad \text{(Halbkörper)}\,. \tag{5.67b}$$

Weitere Untersuchungen über die Strömung um einen ebenen Halbkörper (Körperform, Druckverteilung) findet man z. B. in [79, 86].

e.2) Geschlossener ovaler Körper. Ordnet man nach Abb. 5.20b neben der Quelle stromabwärts in einem bestimmten Abstand in Anströmrichtung noch eine Sinke gleicher Ergiebigkeit an, so stellt sich eine geschlossene Stromlinienfläche ein, die man entsprechend Abb. 5.8 als Begrenzung eines festen

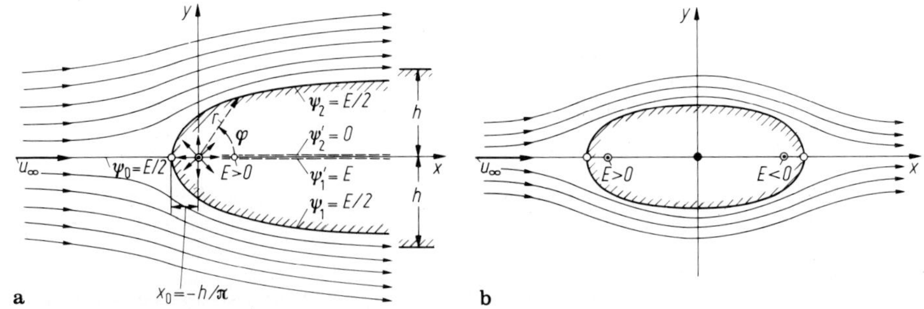

Abb. 5.20. Umströmte Körper in ebener Potentialströmung eines dichtebeständigen Fluids **a** Ebener Halbkörper, **b** ebener ovaler Körper

Körpers auffassen kann. Diese Methode wurde von Rankine [69] entwickelt. Die Form des so entstandenen ovalen ebenen Körpers, besonders seine Schlankheit, hängt dabei wesentlich von der Stärke der gewählten Einzelströmungen (Translationsströmung u_∞, Quell-Sinkenpaar $E \gtrless 0$) ab. Geht das ebene Quell-Sinken-Paar in den ebenen Dipol über, so erhält man die reibungslose Umströmung eines Kreiszylinders, über die nachstehend ausführlicher berichtet wird.

e.3) Kreiszylinder bei symmetrischer Umströmung. Einer ebenen Translationsströmung mit der Geschwindigkeit u_∞ wird eine ebene Dipolströmung mit dem Dipolmoment M überlagert, wobei die Anströmrichtung und die Dipolachse (x-Achse) zusammenfallen sollen. Unter Zuhilfenahme von Tab. 5.4a und f findet man die zusammengesetzte Stromfunktion in Polarkoordinaten zu

$$\Psi = \left(u_\infty - \frac{M}{2\pi r^2}\right) r \sin\varphi = u_\infty \left[1 - \left(\frac{R}{r}\right)^2\right] r \sin\varphi \quad (M = 2\pi R^2 u_\infty)\,. \qquad (5.68\text{a, b})$$

Zu der zweiten Beziehung kommt man durch nachstehende Überlegung: Für die Stromlinie $\Psi = \text{const} = 0$ verschwindet der Klammerausdruck in (5.68a), was bedeutet, daß es sich hierbei um eine kreisförmige Stromlinie vom Halbmesser $r = R$ handelt. Zwischen der Anströmgeschwindigkeit u_∞ und

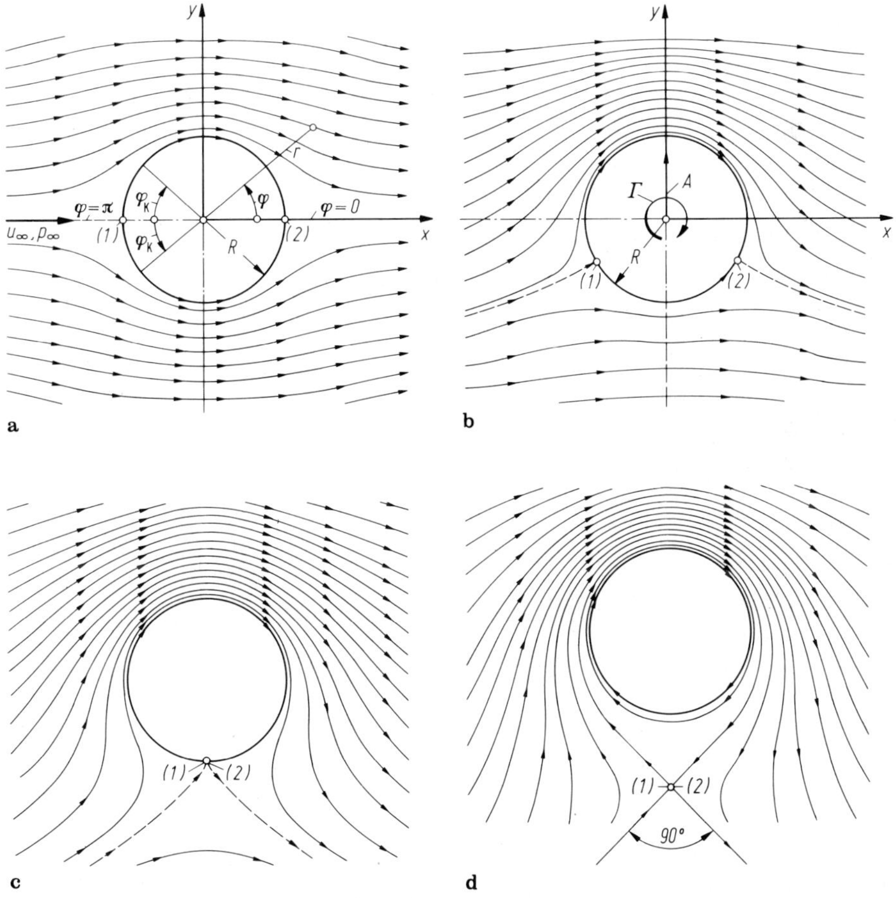

Abb. 5.21. Stromlinienbild eines in x-Richtung mit der Geschwindigkeit u_∞ angeströmten Kreiszylinders bei Potentialströmung eines dichtebeständigen Fluids. **a** Symmetrische Umströmung ohne Zirkulation, $\Gamma = 0$. **b**, **c**, **d** Unsymmetrische Umströmung mit Zirkulation, $\Gamma = 2\pi R u_\infty$, $\Gamma = 4\pi R u_\infty$, $\Gamma = 6\pi R u_\infty$

dem Dipolmoment M besteht dann der feste Zusammenhang $M = 2\pi u_\infty R^2$. Das Verschwinden des Faktors $r \sin\varphi$ in (5.68) für $\Psi = 0$ bedeutet, daß die durch $\varphi = 0$ und $\varphi = \pi$ gegebenen Geraden ebenfalls mit zur Stromlinie $\Psi = 0$ gehören. Diese Stromlinie besteht, wie in Abb. 5.21a gezeigt, aus einer Geraden, die sich an der Stelle $x = -R$, $y = 0$ teilt, um zwei halbkreisförmige Kurven zu beschreiben, und sich dann an der Stelle $x = R$, $y = 0$ wieder zu einer Geraden vereinigt. Faßt man den kreisförmigen Teil der Stromlinie entsprechend Abb. 5.8 als feste Begrenzung auf, dann stellt die Überlagerung der zugrunde gelegten Translations- und Dipolströmung die Umströmung eines Kreiszylinders vom Radius R mit der Anströmgeschwindigkeit u_∞ dar. Der Vollständigkeit halber seien die komplexe Potentialfunktion und die konjugiert komplexe Geschwindigkeit gemäß (5.46a) wiedergegeben, vgl. Tab. 5.4a und f,

$$\Phi(z) = u_\infty\left(z + \frac{R^2}{z}\right), \qquad w_*(z) = u_\infty\left[1 - \left(\frac{R}{z}\right)^2\right] \quad \text{(Kreiszylinder)}\,. \qquad (5.69\text{a, b})$$

In Abb. 5.21a ist das vollständige äußere Stromlinienbild dargestellt, vgl. Abb. 2.11a. Auf die Wiedergabe des vom Dipol im Innern des Kreiszylinders erzeugten Stromlinienbilds wird verzichtet, da es im Rahmen der hier behandelten Aufgabe ohne Bedeutung ist. Die Geschwindigkeitskomponenten ergeben sich nach Tab. 5.3 mit $v_r = (1/r)(\partial\Psi/\partial\varphi)$ und $v_\varphi = -\partial\Psi/\partial r$ zu,

$$v_r = u_\infty\left[1 - \left(\frac{R}{r}\right)^2\right]\cos\varphi, \qquad v_\varphi = -u_\infty\left[1 + \left(\frac{R}{r}\right)^2\right]\sin\varphi\,. \qquad (5.70\text{a, b})$$

Im folgenden seien noch die Geschwindigkeits- und Druckverteilung auf der Körperkontur berechnet. Für $r = R$ erhält man $v_r = 0$ und $v_\varphi = -2u_\infty \sin\varphi$. Für die Geschwindigkeitsverteilung auf der Körperkontur (Index K), gemessen in tatsächlicher Umströmungsrichtung $\varphi_K = \pi - \varphi$ im Bereich $0 \leqq \varphi \leqq \pi$ bzw. $\varphi_K = \varphi - \pi$ im Bereich $\pi \leqq \varphi \leqq 2\pi$, sei $v_K = -v_\varphi(r = R)$ bzw. $v_K = +v_\varphi(r = R)$ gesetzt, d. h.

$$v_K = 2u_\infty \sin\varphi_K \quad (0 \leqq \varphi_K \leqq \pi), \qquad v_{K\,\max} = 2u_\infty \quad \text{(Zylinder)}\,. \qquad (5.71\text{a, b})$$

An den Stellen $\varphi_K = 0$ und $\varphi_K = \pi$ wird $v_K = v_{K0} = 0$, dort stellen sich also potentialtheoretisch ein vorderer bzw. ein hinterer Staupunkt ein. Die größte Umströmungsgeschwindigkeit $v_K = v_{K\max}$ ergibt sich nach (5.71b) bei $\varphi_K = \pi/2$, d. h. dort, wo der Körper die größte Ausdehnung quer zur Anströmrichtung hat. Die Druckverteilung längs der Körperkontur liefert die Bernoullische Gleichung (5.34) zu

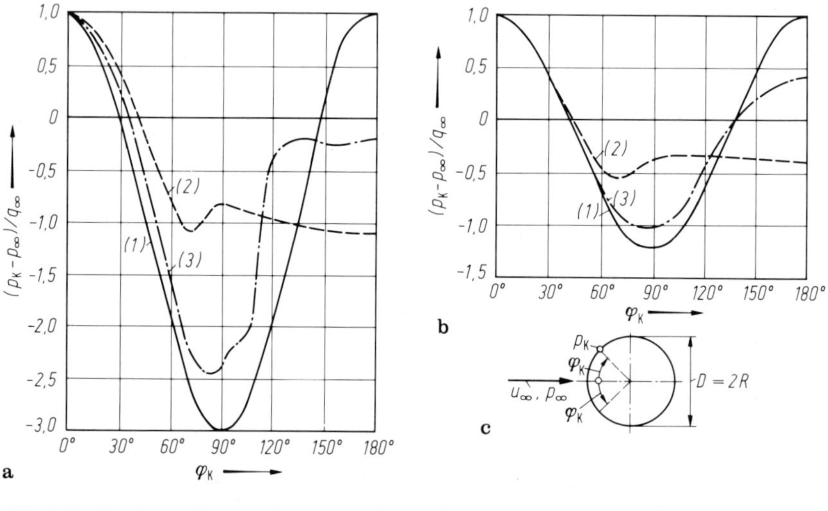

Abb. 5.22. Druckverteilung auf der Oberfläche eines Körpers mit kreisförmigem Querschnitt bei Strömung eines dichtebeständigen Fluids. **a** Kreiszylinder (ebenes Problem), **b** Kugel (räumliches Problem), **c** Geometrie. (1) potentialtheoretisch (reibungslos), (5.72), (5.93); **(2)** mit laminarem Reibungseinfluß (unterkritisch), $Re = u_\infty D/\nu = 1{,}86 \cdot 10^5$ bzw. $Re = 1{,}63 \cdot 10^5$; **(3)** mit turbulentem Reibungseinfluß (überkritisch), $Re = 6{,}7 \cdot 10^5$ bzw. $Re = 4{,}35 \cdot 10^5$

$p_K + (\varrho/2)\, v_K^2 = p_\infty + (\varrho/2) u_\infty^2$. Bezieht man auf den Geschwindigkeitsdruck der Anströmung $q_\infty = (\varrho/2) u_\infty^2$, so erhält man den potentialtheoretisch ermittelten Druckbeiwert zu

$$\frac{p_K - p_\infty}{q_\infty} = 1 - \left(\frac{v_K}{u_\infty}\right)^2 = 1 - 4\sin^2\varphi_K, \qquad \left(\frac{p_K - p_\infty}{q_\infty}\right)_{\min} = -3 . \tag{5.72a, b}$$

In Abb. 5.22a ist die hiernach errechnete Druckverteilung über dem abgewickelten Umfang als Kurve (1) aufgetragen. In den Staupunkten ($\varphi_K = 0, \pi$) ergibt sich der größte Überdruck zu $p_{K\,\max} - p_\infty = q_\infty$ und an der Peripherie der größte Unterdruck zu $p_{K\,\min} - p_\infty = -3q_\infty$. Die resultierende Kraft in Strömungsrichtung ist wegen der Symmetrie der Druckverteilung zu $\varphi_K = \pi/2$ null. Wie aus Abb. 5.22a hervorgeht, zeigen die tatsächlichen Druckverteilungen der Kurven (2) und (3) erhebliche Abweichungen von der potentialtheoretischen Verteilung. Dies Verhalten rührt daher, daß auf der Rückseite das wirkliche Strömungsbild erheblich anders aussieht, als es hier von der reibungslosen Strömung geliefert wird. Infolge der Reibungseinflüsse tritt auf der Rückseite eine Ablösung der Strömung vom Körper und damit eine Umgestaltung der Druckverteilung ein, die mit einem großen Widerstand (Druckwiderstand) verbunden ist, vgl. Abb. 3.84, Kurve (1). Hierüber wird in Kap. 6.3.5.2 noch berichtet.

Überlagert man der besprochenen symmetrischen Kreiszylinderströmung eine zirkulatorische Strömung, so ergibt sich das Stromlinienbild in Abb. 5.21b. Auf diese Strömungsform wird später in Kap. 5.4.2.2 als Beispiel b bei der Behandlung der Potentialwirbelströmungen eingegangen.

e.4) Elliptischer Körper. In ähnlicher Weise wie beim angeströmten Kreiszylinder läßt sich auch für den angeströmten elliptischen Körper eine einfache Lösung angeben. Für die Geschwindigkeitsverteilung auf der Körperkontur gilt [79]

$$v_K = \frac{(1+\delta)u_\infty}{\sqrt{1+\delta^2\cot^2\varphi_K}}, \qquad v_{K\max} = (1+\delta)u_\infty \qquad \text{(Ellipse)} \tag{5.73a, b}$$

mit $\delta = d/l$ als Dickenverhältnis (d = kleine Achse normal zur Anströmrichtung, l = große Achse in Anströmrichtung). Für den Kreiszylinder folgt mit $\delta = 1$ das in (5.71a, b) angegebene Ergebnis.

e.5) Beliebige ebene Körper. Neben den Lösungen e.2 und e.3 mit einzelverteilter ebener Quelle und Sinke bzw. einzelverteiltem Dipol werden auch kontinuierliche, längs einer Strecke angeordnete ebene Quell- und Sinken- oder Dipolverteilungen benutzt. Besitzt z. B. ein ebenes Quellelement der Länge dx' an der Stelle x', $y' = 0$ die Ergiebigkeit $dE(x', y' = 0) = \varepsilon(x')dx'$, und ist l die Länge einer im Nullpunkt 0 beginnenden Stabquelle, so lautet das Geschwindigkeitspotential dieser Singularitätenströmung an einer Stelle x, y nach sinngemäßer Anwendung von (5.60b) mit $r = \sqrt{(x-x')^2 + y^2}$

$$\Phi(x,y) = \frac{1}{2\pi}\int_{x'=0}^{l} \varepsilon(x')\ln\sqrt{(x-x')^2+y^2}\,dx' \qquad \text{(eben)} . \tag{5.74a}$$

Damit ein Körper entsteht, ist der Singularitätenverteilung eine Translationsströmung $\Phi_\infty = u_\infty x$ mit u_∞ als Anströmgeschwindigkeit zu überlagern. Die Lösung einer solchen Aufgabe liefert achsenparallel angeströmte zylindrische Körper.[24] Die Quelldichte $\varepsilon(x')$ hängt entscheidend von der Form des Körpers $y_K(x)$ ab. Maßgebend hierbei ist die Erfüllung der kinematischen Randbedingung (5.38b) sowie bei geschlossenen Körpern die Schließbedingung, die fordert, daß die Gesamtergiebigkeit $E = 0$ ist. Diese beiden Bedingungen lauten

$$\frac{dy_K}{dx} = \frac{v_K}{u_\infty + u_K} \approx \frac{v_K}{u_\infty} \qquad E = \int_{x'=0}^{l} \varepsilon(x')dx' = 0 . \tag{5.74b, c}$$

Es sind u_K und v_K die von der Quellverteilung am Ort des Körpers hervorgerufenen Störgeschwindigkeiten. Mit Ausnahme der unmittelbaren Umgebung eines Staupunkts ist bei schlanken Körpern $|u_K| \ll u_\infty$, so daß man für (5.74a) näherungsweise auch $dy_K/dx = v_K/u_\infty$ schreiben kann. Singularitäten im Sinn der hier skizzierten Methode können auch ebene Wirbel- und Dipolelemente sein, vgl. Kap. 5.4.3.2.

Das beschriebene Singularitätenverfahren ist sehr weit ausgebaut und hat für das Umströmungsproblem von Flügelprofilen große Bedeutung erlangt. Grundlegende Arbeiten hierzu stammen u. a. von Riegels [72], vgl. [79] sowie von Keune [41]. Neben dem Singularitätenverfahren spielt die Methode der konformen Abbildung nach Kap. 5.3.2.3 für die Beschreibung der Strömung um ebene Körper, wie z. B. elliptische Zylinder, Platten und Flügelprofile eine wesentliche Rolle. Auf die beiden letztgenannten Körperformen wird nachstehend eingegangen.

---

[24] Man vgl. den entsprechenden Körper bei drehsymmetrischer Strömung nach Abb. 5.30.

f) Normal angeströmte Platte[25]

Die ebene Strömung um eine normal zur Anströmrichtung stehende rechteckige Platte, deren Dicke unendlich klein und deren Breite quer zur Strömung unendlich groß ist, kann nach Abb. 5.23 mittels einer konformen Abbildung aus der Parallelströmung um den Kreiszylinder abgeleitet werden. Als Abbildungsfunktion der z-Ebene (x, y) auf die ζ-Ebene (ξ, η) diene die analytische Funktion

$$\zeta(z) = z - \frac{a^2}{z}, \qquad z(\zeta) = \frac{\zeta}{2} \mp \sqrt{\frac{\zeta^2}{4} + a^2} \quad \text{(Abbildungsfunktion)}\,, \tag{5.75a, b}$$

wobei $a = R$ den Halbmesser des Kreiszylinders bezeichnet. Für $z \to \mp \infty$ geht $\zeta \to \mp \infty$, d. h. sehr weit vor und hinter dem Körper stimmt die Strömung in der z-Ebene mit derjenigen ζ-Ebene überein; es herrscht dort ungestörte Parallelströmung. In (5.75b) gilt das obere Vorzeichen für stromaufwärts und das untere Vorzeichen für stromabwärts liegende Punkte. Um die dem Umfang des Zylinderquerschnitts entsprechenden Konturpunkte (Index K) in der ζ-Ebene zu bestimmen, setzt man $z = z_K = x_K + \mathrm{i}y_K = a\exp(\mathrm{i}\varphi) = a(\cos\varphi + \mathrm{i}\sin\varphi)$ und findet nach Umformung $\zeta_K = 2\mathrm{i}a\sin\varphi$. Hieraus folgt wegen $\zeta_K = \xi_K + \mathrm{i}\eta_K$ die Kontur in der ζ-Ebene $\xi_K = \mp 0$ und $\eta_K = 2a\sin\varphi$ mit φ als Parameter. Das Ergebnis bedeutet, daß der Kreis vom Halbmesser a in eine in die $\mp\eta$-Richtung fallende, doppelt durchlaufende Gerade von der Höhe 4a abgebildet wird, d. h. in die gesuchte Rechteckplatte normal zur Anströmrichtung. Die Zuordnung der Punkte $\varphi = 0, \pi/2, \pi, 3\pi/2, 2\pi$ in der z- und ζ-Ebene ist in Abb. 5.23 wiedergegeben. Nach (5.48a) erhält man das komplexe Geschwindigkeitspotential $\underline{\Phi}(\zeta)$, wenn man in (5.69a) für z die inverse Funktion von (5.75a), d. i. (5.75b) einsetzt. Durch Trennung der reellen und imaginären Glieder in dem Ausdruck $\underline{\Phi}[z(\zeta)] = \underline{\Phi}(\zeta)$ ergeben sich dann gemäß (5.48a) das Geschwindigkeitspotential $\Phi(\xi, \eta)$ und die Stromfunktion $\Psi(\xi, \eta)$ der Plattenströmung. Mittels der Transformation (5.75a) lassen sich dann die Stromlinien $\Psi = \text{const}$ auf die ζ-Ebene, d. h. für die Plattenströmung abbilden.

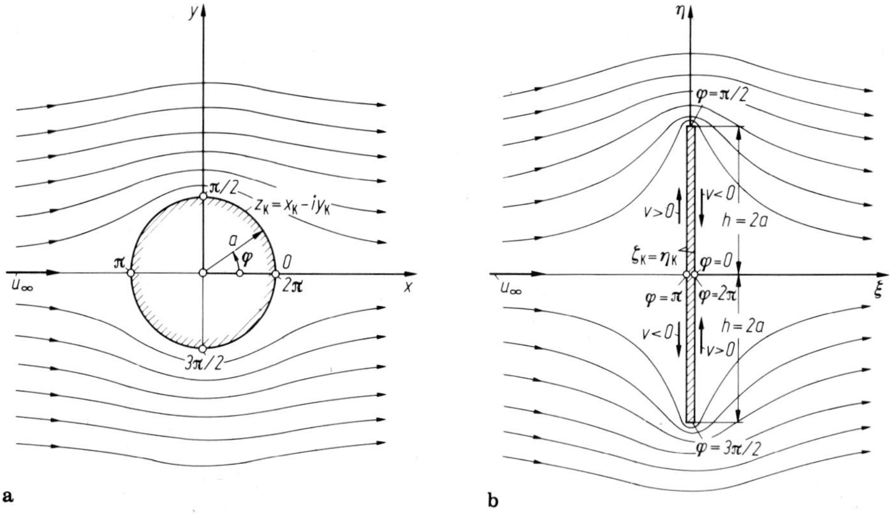

Abb. 5.23. Normal angeströmte ebene Platte bei Potentialströmung eines dichtebeständigen Fluids; Anwendung der konformen Abbildung. **a** z-Ebene, **b** ζ-Ebene

[25] Auf die Beispiele b.1 und b.2 in Kap. 3.6.2.2 zur Berechnung der Strahlkraft auf angeströmte Platten mittels der Impulsgleichung sei hingewiesen.

Die konjugiert komplexe Geschwindigkeit der normal angeströmten Platte erhält man aus (5.48b) mit $d\zeta/dz = 1 + a^2/z^2$ nach (5.75a) und $w_* = u_\infty[1 - (a/z)^2]$ nach (5.69b) zu

$$w_*(\zeta) = u_\infty \frac{z^2 - a^2}{z^2 + a^2} = \mp u_\infty \frac{\zeta}{\sqrt{h^2 + \zeta^2}} = u(\xi, \eta) - iv(\xi, \eta) \qquad (5.76a, b)$$

mit $h = 2a$ als halber Plattenhöhe. Am Ort der Platte $\zeta = \zeta_K = i\eta$ mit $-h \leqq \eta \leqq h$ findet man die Geschwindigkeitsverteilung zu

$$u_K = 0, \qquad v_K = \pm u_\infty \frac{\eta}{\sqrt{h^2 - \eta^2}} \qquad (\xi = \mp 0, \; -h \leqq \eta \leqq +h)\,, \qquad (5.77a, b)$$

wobei das obere Vorzeichen für die Vorder- und das untere Vorzeichen für die Rückseite der Platte gilt. Man erkennt, daß die Strömung an den Stellen $\xi = \mp 0, \eta = 0$ vor und hinter der Platte Staupunkte besitzt. Einem Aufwärtsströmen an der Vorderseite entspricht ein Abwärtsströmen an der Rückseite bzw. umgekehrt. An den Plattenrändern $\xi = \mp 0, \eta = \pm h$ werden die Geschwindigkeiten unendlich groß. Man hat also an den Rändern der Platte singuläre Stellen.

g) Umströmung von Flügelprofilen

g.1) Symmetrisches Joukowsky-Profil. Als weiteres einfaches Beispiel zur Anwendung der Methode der konformen Abbildung soll nach Abb. 5.24 die Strömung um ein symmetrisches Flügelprofil bei sehnenparalleler Anströmung kurz behandelt werden. Gelingt es, das vorgelegte Flügelprofil mittels einer analytischen Funktion konform auf einen Kreis abzubilden, so liefert die Strömung um den Kreiszylinder die gesuchte Strömung um den profilierten Körper, dessen Breite man sich dabei wieder unendlich groß vorzustellen hat (ebene Strömung). Eine solche Abbildung wird z. B. durch die Joukowskysche Abbildungsfunktion [35]

$$\zeta = z + \frac{a^2}{z} = \left(1 + \frac{a^2}{x^2 + y^2}\right)x + i\left(1 - \frac{a^2}{x^2 + y^2}\right)y \quad \text{(Kreisabbildung)} \qquad (5.78a, b)$$

geleistet. Diese Funktion unterscheidet sich von (5.75a) durch das Vorzeichen des mit $1/z$ behafteten Glieds. Sie bildet zunächst die Umströmung eines Kreiszylinders (K') vom Radius $a = x^2 + y^2$ in der z-Ebene auf die Strömung der längsangeströmten ebenen Platte der Länge $l = 4a$ in der ζ-Ebene ab. Mit der Abbildungsfunktion (5.78) lassen sich bei anderer Wahl des Bildkreises jedoch auch tragflügelartige Körperformen mit runder Nase und scharfer Hinterkante erzeugen, die sog. Joukowsky-Profile. In Abb. 5.24a stellt (K') einen Einheitskreis vom Radius a um den Ursprung der z-Ebene dar. Als Bildkreis in der z-Ebene sei ein Kreis (K) gewählt, dessen Mittelpunkt auf der negativen reellen Achse im Abstand

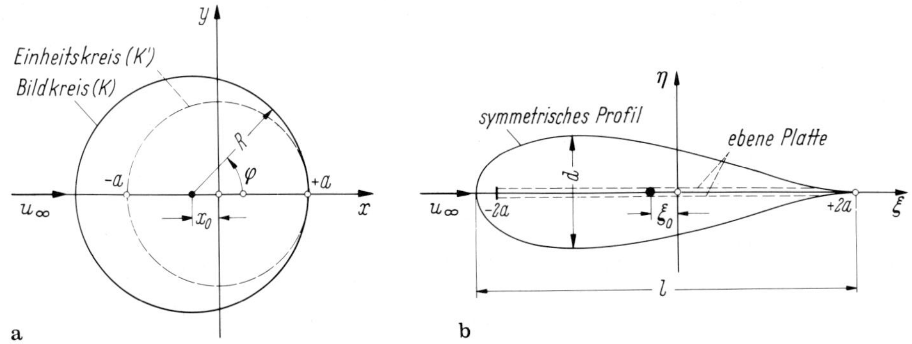

Abb. 5.24. Sehnenparallel angeströmtes symmetrisches Joukowsky-Profil, Anwendung der konformen Abbildung. **a** z-Ebene (Bildkreis), **b** ζ-Ebene (Tropfenprofil)

x_0 vom Ursprung liegt und der durch den Punkt $z = +a$ geht und somit den Radius $R = a + x_0 = a(1+\varepsilon)$ mit $\varepsilon = x_0/a$ besitzt. Die Profilkontur (Tropfenprofil) in der ζ-Ebene ergibt sich mit $z_K = -x_0 + R\exp(i\varphi) = -x_0 + R(\cos\varphi + i\sin\varphi)$ mittels (5.78) in folgender Parameterdarstellung:[26]

$$\frac{\xi}{a} = [(1+\varepsilon)\cos\varphi - \varepsilon]\left[1 + \frac{1}{1 + 2\varepsilon(1+\varepsilon)(1-\cos\varphi)}\right] \approx 2\cos\varphi\,, \tag{5.79a}$$

$$\frac{\eta}{a} = (1+\varepsilon)\sin\varphi\left[1 - \frac{1}{1 + 2\varepsilon(1+\varepsilon)(1-\cos\varphi)}\right] \approx 2\varepsilon\sin\varphi(1-\cos\varphi)\,. \tag{5.79b}$$

Das Profil ist in Abb. 5.24b dargestellt, wobei die Profiltiefe $l > 4a$ ist. Die zweiten Beziehungen gelten für ein kleines Dickenverhältnis $d/l = (3/4)\sqrt{3}\varepsilon = 1{,}299\varepsilon$. Einheitskreis und Bildkreis berühren sich im Punkt $z = a$, d. h. der Winkel ihrer Tangenten ist dort null. Da bei der konformen Abbildung die Winkel erhalten bleiben, ist der Hinterkantenwinkel des in der ζ-Ebene abgebildeten Profils null. Dies ist ein wesentliches Merkmal der Joukowsky-Profile. Die Geschwindigkeitsverteilung am Ort und in der Umgebung des Profils (ζ-Ebene) läßt sich aus der Geschwindigkeitsverteilung des angeströmten Kreiszylinders in der z-Ebene unter Zuhilfenahme der Beziehung (5.48b) ermitteln, vgl. [79].

g.2) Andere Flügelprofile. Die in (5.78) angegebene Joukowskysche Abbildungsfunktion kann noch in verschiedener Weise verallgemeinert werden, wodurch man aus der Kreisabbildung weitere, ungewölbte und gewölbte Flügelprofile erzeugen kann. Die Methode der konformen Abbildung ist in ähnlicher Weise wie das Singularitätenverfahren für die Profiltheorie sehr weit ausgebaut worden [5, 79]. Auf die Ausführungen zur Tragflügeltheorie in Kap. 5.4.3.2 sei hingewiesen.

h) Prinzip der Spiegelung

h.1) Gerade Wand. Überlagert man einer Strömung ihr Spiegelbild bezüglich einer Ebene, so wird die Spiegelungsebene zur Symmetrieebene und kann z. B. als feste Wand aufgefaßt werden. Umgekehrt kann die Wirkung einer ebenen Wand durch Überlagern der an der Wand gespiegelten Strömung dargestellt werden. In Abb. 5.25 ist die Spiegelung einer Quellströmung an einer Wand, deren Ursprung von der Wand den normalen Abstand $y = a$ besitzt, gezeigt. Nach dem Superpositionsgesetz (5.45) liefert die zusammengesetzte Strömung gemäß (5.60a) die komplexe Potentialfunktion

$$\underline{\Phi}(z) = \frac{E}{2\pi}[\ln(z - ia) + \ln(z + ia)] = \frac{E}{2\pi}\ln(z^2 + a^2)\,. \tag{5.80}$$

Hieraus lassen sich in bekannter Weise alle interessierenden fluidmechanischen Größen ableiten. Interessant ist die Feststellung, daß auf einem Kreis durch 0 mit $r_0 = a$ als Radius örtlich die

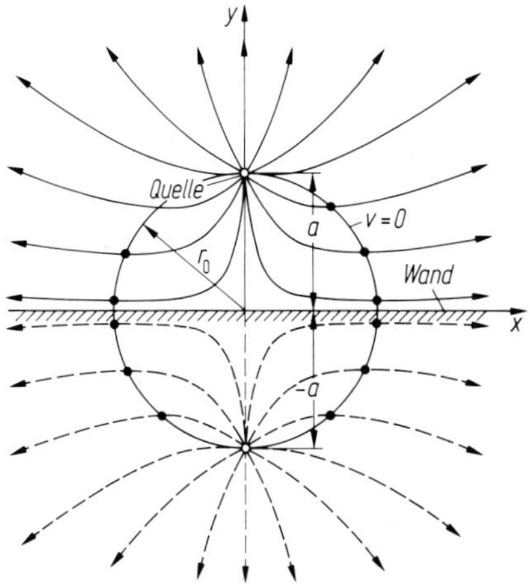

Abb. 5.25. Spiegelung der ebenen Quellströmung eines dichtebeständigen Fluids an einer geraden Wand

[26] Auf das Einführen eines Index K wie in Beispiel f wird hier verzichtet.

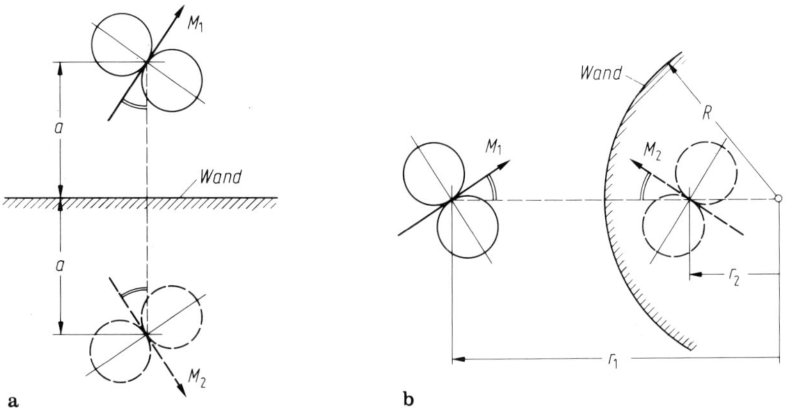

Abb. 5.26. Spiegelung der ebenen Dipolströmung eines dichtebeständigen Fluids. **a** Spiegelung an einer geraden Wand (Gerade), $M_2 = M_1$. **b** Spiegelung an einem Kreiszylinder (Kreis), $M_2 = (R/r_1)^2 M_1$

Geschwindigkeitskomponenten in y-Richtung v verschwinden. Quellen sind als Quellen, Sinken als Sinken und Potentialwirbel als entgegengesetzt drehende Potentialwirbel zu spiegeln. Bei der Spiegelung von Dipolen schließen nach Abb. 5.26a die Achsen der Dipole jeweils den gleichen Winkel mit der Normalen der Wand ein. Bei der Spiegelung an einer geraden Wand bleibt die Intensität der Singularitäten in allen Fällen erhalten.

h.2) Kreisförmige Wand. Besitzt eine ebene Strömung eine gerade Stromlinie, die zugleich Symmetrielinie ist, so stellt dies die bereits behandelte Spiegelungsaufgabe an einer geraden Wand dar. Auf eine solche symmetrische Strömung kann man die besprochene Methode der konformen Abbildung so anwenden, daß die Symmetriegerade in einen Kreis übergeht. Es wird also die konforme Abbildung der Wandspiegelung an einem Kreis durchgeführt. Die nach Abb. 5.26b am Kreis $r = R$ gespiegelte Singularität einer Singularität an der Stelle $r = r_1$ liegt bei $r_2 = R^2/r_1$. Es werden gespiegelt eine Quelle als gleichstarke Quelle, ein rechtsdrehender Wirbel als gleichstarker linksdrehender Potentialwirbel sowie ein Dipol von der Stärke M_1 als Dipol von der Stärke $M_2 = (R/r_1)^2 M_1$, dessen Achse nach Abb. 5.26b mit der Verbindungslinie der beiden Dipole den gleichen Winkel einschließt. Singularitäten, die im Unendlichen liegen, werden im Kreismittelpunkt abgebildet. Eine Quelle außerhalb des Kreises bedingt eine Sinke gleicher Intensität im Unendlichen, deren Spiegelbild im Kreismittelpunkt liegt. Die Spiegelung von Potentialwirbeln wird in Kap. 5.4.2.3 Beispiel d nochmals besonders gezeigt.

5.3.2.5 Grundlagen der räumlichen Potentialströmungen dichtebeständiger Fluide

Allgemeines. Die bisher in den Kap. 5.3.2.2 bis 5.3.2.4 besprochenen ebenen Strömungen sind einer rechnerischen Erfassung sehr viel leichter zugänglich als die räumlichen Strömungen. Dies hängt in besonderem Maß damit zusammen, daß bei einer Abhängigkeit des Strömungsvorgangs von zwei Ortskoordinaten x, y oder r, φ in den analytischen Funktionen des komplexen Arguments ein sehr weittragendes mathematisches Hilfsmittel zur Verfügung steht. Eine Lösung der dreidimensionalen Laplaceschen Potentialgleichung in kartesischen Koordinaten wurde bereits in (5.31) angegeben. Dabei gestaltet sich allerdings die praktische Auswertung recht schwierig. Für dreiachsige Ellipsoide liegen u. a. exakte Ergebnisse vor [55]. Über leicht zu übersehende Strömungen wird im folgenden berichtet.

Kugelsymmetrische Strömung. Ein besonders einfacher Fall einer räumlichen Strömung ergibt sich, wenn die Strömung nur von einer Kugelkoordinate, nämlich dem Radius $r_0 = \sqrt{x^2 + y^2 + z^2}$ abhängt. Für diese eindimensionale Strömung gilt $\Phi(r_0)$. Die Laplacesche Potentialgleichung sowie die Beziehung zur Berechnung der Geschwindigkeit lauten

$$\Delta\Phi = \frac{1}{r_0^2}\frac{\partial}{\partial r_0}\left(r_0^2 \frac{\partial\Phi}{\partial r_0}\right) = 0; \qquad v_{r_0} = \frac{\partial\Phi}{\partial r_0}. \qquad (5.81\text{a; b})$$

Da nur die Veränderliche r_0 auftritt, kann man schreiben $\partial/\partial r_0 = d/dr_0$. Gl. (5.81a) wird durch den Ansatz $r_0^2(d\Phi/dr_0) = \text{const}$ befriedigt, was mit (5.81b) zu $v_{r_0} = \text{const}/r_0^2$ führt. Wegen weiterer Aussagen sei auf Beispiel c in Kap. 5.3.2.6 (räumliche Quelle) verwiesen.

Drehsymmetrische Strömung. Zu den räumlichen Strömungen soll auch die drehsymmetrische (rotationssymmetrische) Strömung gerechnet werden. Dabei handelt es sich um eine zweidimensionale Strömung in den Zylinderkoordinaten r, z mit den Geschwindigkeitskomponenten $v_r(r, z)$, $v_\varphi = 0$ und $v_z(r, z)$, man vgl. Abb. 1.12b. Für solche Strömungen lassen sich die Geschwindigkeitskomponenten nach Tab. 5.1 sowie (2.25c) in der Form

$$v_r = \frac{\partial\Phi}{\partial r} = -\frac{1}{r}\frac{\partial\Psi}{\partial z}, \qquad v_z = \frac{\partial\Phi}{\partial z} = \frac{1}{r}\frac{\partial\Psi}{\partial r} \qquad (5.82\text{a, b})$$

ausdrücken, wobei Ψ die Stokessche Stromfunktion darstellt. Da es sich im vorliegenden Fall um eine Potentialströmung handeln soll, müssen die Ansätze (5.82a, b) sowohl die Kontinuitätsgleichung als auch die Bedingung der Drehungsfreiheit erfüllen. Unter Beachtung von Tab. 2.5 mit $\varrho = \text{const}$ und Tab. 2.3 mit $\omega_\varphi = 0$ muß also $\partial v_r/\partial r + v_r/r + \partial v_z/\partial z = 0$ und $\partial v_r/\partial z - \partial v_z/\partial r = 0$ sein. Nach Einsetzen von (5.82) erhält man die Bestimmungsgleichungen für Φ und Ψ zu

$$\Delta\Phi = \frac{\partial^2\Phi}{\partial r^2} + \frac{1}{r}\frac{\partial\Phi}{\partial r} + \frac{\partial^2\Phi}{\partial z^2} = 0; \qquad \frac{\partial^2\Psi}{\partial r^2} - \frac{1}{r}\frac{\partial\Psi}{\partial r} + \frac{\partial^2\Psi}{\partial z^2} = 0. \qquad (5.83\text{a; b})$$

Es erfüllen Φ die Bedingung der Drehungsfreiheit und Ψ die Bedingung der Kontinuität von selbst. Während (5.83a) entsprechend Tab. 5.2 eine Laplacesche Gleichung ist, gilt dies für (5.83b) wegen des negativen Vorzeichens vor dem zweiten Glied nicht. Dies bedeutet auch, daß das in Kap. 5.3.2.2 für ebene Strömung beschriebene Vertauschungsprinzip von Potential- und Stromfunktion bei drehsymmetrischer Strömung nicht gilt. Die Lösungen von (5.83a) und (5.83b) stellen sich in der Form $\Phi(r, z)$ bzw. $\Psi(r, z)$ dar.

5.3.2.6 Beispiele räumlicher Potentialströmungen dichtebeständiger Fluide

Die Behandlung stationärer räumlicher Potentialströmungen sei in folgender Weise vorgenommen: Von einer vorgegebenen Funktion $\Phi(\mathbf{r})$ wird zunächst geprüft, ob es sich um eine drehungsfreie Strömung handelt, d. h. ob nach (5.29), (5.81a) bzw. (5.83a) die Laplacesche Potentialgleichung $\Delta\Phi = 0$ erfüllt ist, vgl. Tab. 5.2. Ist dies der Fall, wird das zugehörige Geschwindigkeitsfeld $\mathbf{v}(\mathbf{r}) = \text{grad}\,\Phi$ entsprechend (5.21a) ermittelt, vgl. Tab. 5.1, und die so erhaltene Lösung physikalisch gedeutet, indem die Stromlinien gemäß (2.24a, d) berechnet werden.

a) Translationsströmung

Ein linearer Ansatz für die Potentialfunktion mit beliebigen Werten der Konstanten a, b, c ist eine Lösung der Laplaceschen Potentialgleichung $\Delta\Phi = 0$ und besitzt jeweils im ganzen Raum konstante Geschwindigkeitskomponenten

$$\Phi = ax + by + cz; \quad v_x = a, \quad v_y = b, \quad v_z = c; \quad |\boldsymbol{v}| = \sqrt{a^2 + b^2 + c^2}\,. \qquad (5.84\text{a; b; c})$$

Der Geschwindigkeitsvektor ist nach Größe und Richtung ungeändert. Es handelt sich um eine Parallelströmung (Translationsströmung), mit dem Geschwindigkeitsbetrag nach (5.84c). Die ebene Strömung wird mit $c = 0$ beschrieben. In diesem Fall ist die Geschwindigkeitsrichtung durch den Winkel α gegen die x-Richtung entsprechend $\tan\alpha = v_y/v_x = b/a$ gegeben.

b) Räumliche Staupunktströmung

Macht man für die Potential- oder Stromfunktion die zweidimensionalen, drehsymmetrischen Ansätze

$$\Phi(r, z) = \frac{a}{2}(r^2 - 2z^2), \qquad \Psi(r, z) = -ar^2 z\,, \qquad (5.85\text{a, b})$$

so erfüllen diese jeweils (5.83a) bzw. (5.83b) und liefern die Geschwindigkeitskomponenten nach (5.82)

$$v_r = ar, \qquad v_z = -2az\,. \qquad (5.86\text{a, b})$$

Die Projektion der Stromlinien $\Psi = \text{const}$ auf Ebenen normal zur z-Achse bildet Scharen von Geraden durch den Ursprung $r = 0$. Für die Projektion der Stromlinien auf die Meridianebene (r, z-Ebene) ergibt sich eine Schar kubischer Hyperbeln. Abb. 5.27 zeigt das Stromflächenbild dieser Strömung; es ist drehsymmetrisch um die z-Achse. Der Koordinatensprung $r = 0 = z$ ist wegen $v_r = 0 = v_z$ ein Staupunkt. Es handelt sich um die räumliche Staupunktströmung im Gegensatz zur ebenen Staupunktströmung von Kap. 5.3.2.4 Beispiel a.3.

e) Räumliche Quell- oder Sinkenströmung

Die in Kap. 5.3.2.5 für eine kugelsymmetrische Strömung angegebenen Beziehungen liefern

$$\Phi = -\frac{E}{4\pi r_0}; \qquad v_{r_0} = \frac{\partial\Phi}{\partial r_0} = \frac{E}{4\pi r_0^2} \sim \frac{1}{r_0^2} \qquad \text{(Punktquelle)}\,, \qquad (5.87\text{a; b})$$

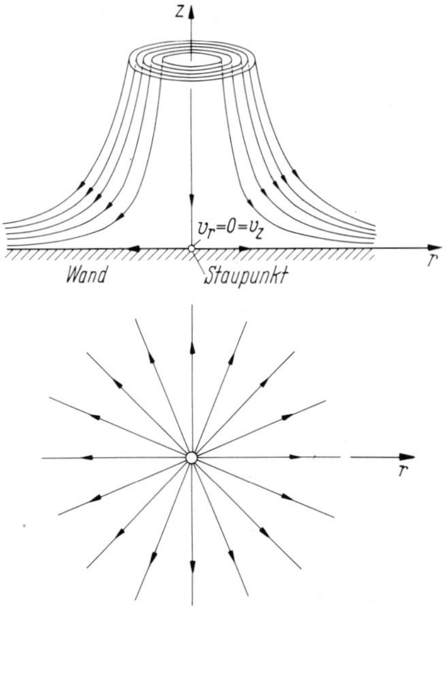

Abb. 5.27. Räumliche Staupunktströmung eines dichtebeständigen Fluids

wobei $E/4\pi$ eine noch näher zu erläuternde Konstante ist. Da die Potentialflächen $\Phi = \text{const}$ durch die zum Ursprung konzentrischen Kugeln $r_0 = \text{const}$ gegeben sind und der Geschwindigkeitsvektor auf den Potentialflächen normal steht, verlaufen die Stromlinien radial, $v = v_{r_0}$. Es handelt sich also bei diesem Beispiel um die räumliche Quell- oder Sinkenströmung (Punktquelle oder Punktsinke) im Vergleich zur ebenen Quell- oder Sinkenströmung von Kap. 5.3.2.4 Beispiel b. Die räumliche Quellströmung wurde bereits in Kap. 3.6.2.3 Beispiel e.1 auf einfache Weise durch Auswerten der Kontinuitätsgleichung gefunden. Dem Vergleich von (5.87b) und (3.261b) entnimmt man, daß E die Ergiebigkeit der Quelle ($E > 0$) bzw. Sinke ($E < 0$) in m^3/s ist. Die Geschwindigkeit nimmt im räumlichen Fall nach außen schneller ab als im ebenen Fall, nämlich wie $1/r_0^2$ statt $1/r$. Der Ursprung der räumlichen Quelle oder Sinke ($r_0 = 0$) stellt wie bei der ebenen Quelle oder Sinke wieder eine singuläre Stelle dar.

d) Räumliche Dipolströmung

In ähnlicher Weise wie in Kap. 5.3.2.4 Beispiel d.2 für den ebenen Fall läßt sich aus einem räumlichen Quell-Sinken-Paar der räumliche Dipol entwickeln. Fällt die Dipolachse mit der x-Achse zusammen, dann liefert die Rechnung für die Potential- und Stromfunktion die Ausdrücke

$$\Phi(r, x) = \frac{M}{4\pi}\frac{x}{r_0^3}, \qquad \Psi(r, x) = -\frac{M}{4\pi}\frac{r^2}{r_0^3} \qquad \text{(Punktdipol)} \qquad (5.88\text{a, b})^{27}$$

mit $r_0 = \sqrt{r^2 + x^2}$ und $r = \sqrt{y^2 + z^2}$ entsprechend Abb. 5.28a. $M = El = \text{const}$ ist das räumliche Dipolmoment. Bei der räumlichen Dipolströmung handelt es sich um eine drehsymmetrische Strömung, bei der in den r,x-Ebenen (Meridianebene = Drehfläche) jeweils gleiches Strömungsverhalten herrscht. Bemerkenswert ist, daß die Stromlinien in der Meridianebene im Gegensatz zur ebenen Dipolströmung nach Abb. 5.18a keine Kreise sind. Die Stromflächen stellen torusförmige Ringkörper dar (Torus = Ringfläche). Durch Anwenden von (5.82) findet man unter Vertauschen von x mit z die Geschwindigkeitskomponenten in drehsymmetrischen Koordinaten sowie die in der Meridianebene verlaufende resultierende Geschwindigkeit $v = |\boldsymbol{v}| = \sqrt{v_r^2 + v_x^2}$ zu

$$v_r = -\frac{3M}{4\pi r_0^3}\frac{xr}{r_0^2}, \qquad v_x = \frac{M}{4\pi r_0^3}\left[1 - 3\left(\frac{x}{r_0}\right)^2\right]; \qquad v = \frac{|M|}{4\pi r_0^3}\sqrt{1 + 3\left(\frac{x}{r_0}\right)^2}. \qquad (5.89\text{a, b; c})$$

Die Richtung der Dipolachse möge jetzt beliebig im Raum liegen und nach Abb. 5.28b durch den Vektor $\boldsymbol{a}$ gekennzeichnet werden. Das Dipolmoment ist dann ebenfalls als Vektor $\boldsymbol{M}$ anzusetzen. Bildet

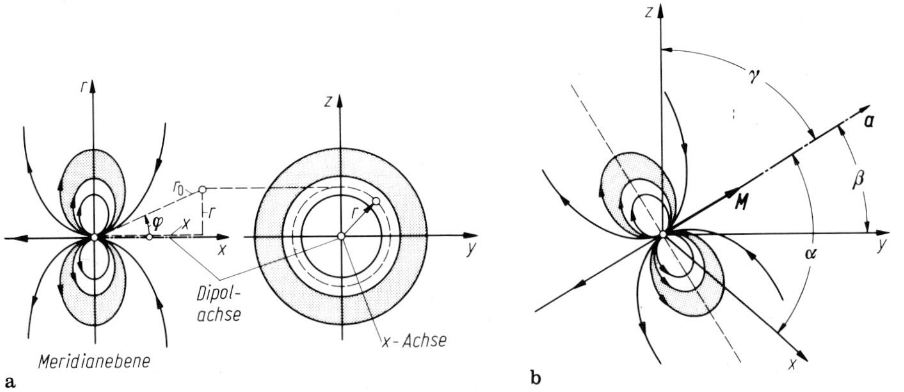

Abb. 5.28. Räumliche Dipolströmung eines dichtebeständigen Fluids. **a** x-Achse = Dipolachse, **b** beliebige Lage der Dipolachse $\boldsymbol{a}$

[27] Die Richtigkeit von (5.88b) weist man mittels (5.82a) durch die Identität $\partial\Phi/\partial r = -(1/r)(\partial\Psi/\partial x)$ bzw. $\partial\Phi/\partial x = (1/r)(\partial\Psi/\partial r)$ nach.

die Dipolachse mit den rechtwinkligen Koordinaten x, y, z die Winkel α, β, γ, die noch durch den Zusammenhang $\cos^2\alpha + \cos^2\beta + \cos^2\gamma = 1$ miteinander gekoppelt sind, dann ergeben sich für die x-, y- und z-Achse die Komponenten des Dipolmoments zu $M_x = M\cos\alpha$, $M_y = M\cos\beta$ und $M_z = M\cos\gamma$, wobei $M = |\boldsymbol{M}|$ gesetzt wurde. Unter Benutzung von (5.88a) wird dann die resultierende Potentialfunktion

$$\Phi = \frac{M}{4\pi r_0^3}(x\cos\alpha + y\cos\beta + z\cos\gamma) = \frac{\boldsymbol{M}\cdot\boldsymbol{r}_0}{4\pi r_0^3}. \qquad (5.90\text{a, b})$$

Wegen $\boldsymbol{r}_0 = \boldsymbol{e}_x x + \boldsymbol{e}_y y + \boldsymbol{e}_z z$ als Ortsvektor und $\boldsymbol{M} = (\boldsymbol{e}_x\cos\alpha + \boldsymbol{e}_y\cos\beta + \boldsymbol{e}_z\cos\gamma)M$ als Dipolvektor folgt (5.90b). Von $\boldsymbol{M}$ und $\boldsymbol{r}_0$ ist das skalare Produkt zu nehmen.

e) Umströmung drehsymmetrischer Körper

Ähnlich wie für den ebenen Fall in Kap. 5.3.2.4 Beispiel e läßt sich auch im räumlichen, hier drehsymmetrischen Fall das Überlagerungsprinzip zur Beschreibung der Umströmung von drehsymmetrischen Körpern, die in Richtung ihrer Drehachse angeströmt werden, anwenden.

e.1) Drehsymmetrischer Halbkörper. Die Überlagerung einer Translationsströmung mit einer räumlichen Quellströmung liefert den vorn abgerundeten und nach hinten bis ins Unendliche parallel zur Anströmrichtung verlaufenden offenen Körper (Nabenkörper). Der entsprechende ebene Halbkörper wurde in Abb. 5.20a gezeigt.

e.2) Kugelumströmung. Die Überlagerung einer Translationsströmung mit einer räumlichen Dipolströmung, bei welcher die Dipolachse mit der Anströmrichtung zusammenfällt, ergibt die potentialtheoretische Umströmung einer Kugel, man vgl. die potentialtheoretische Umströmung eines Kreiszylinders nach Kap. 5.3.2.4 Beispiel e.3. Die Anströmung erfolge in x-Richtung (= Drehachse) mit der Geschwindigkeit u_∞. Da es sich bei der Kugelumströmung um eine drehsymmetrische Strömung in der r,x-Ebene handelt, ist zunächst die Stromfunktion der Translationsströmung in den r,x-Koordinaten zu ermitteln. Wegen $v_x = (1/r)\,(\partial\Psi/\partial r) = u_\infty = \text{const}$ entsprechend (5.82b) erhält man nach partieller Integration über x hierfür $\Psi = (1/2)\,u_\infty r^2$. Für die resultierende Stromfunktion ergibt sich durch Überlagerung mit (5.88b)

$$\Psi(r, x) = \left(u_\infty - \frac{M}{2\pi r_0^3}\right)\frac{r^2}{2} = u_\infty\left[1 - \left(\frac{R}{r_0}\right)^3\right]\frac{r^2}{2} \quad (M = 2\pi u_\infty R^3) \qquad (5.91\text{a, b})$$

mit $r_0 = \sqrt{r^2 + x^2}$. Die weitere Behandlung der Aufgabe geschieht wie bei der Kreiszylinderströmung angegeben. Aus der Stromlinienbedingung $\Psi = \text{const} = 0$ erhält man mit $r_0 = R$ für das Dipolmoment $M = 2\pi u_\infty R^3$, wobei R der Radius der Kugel ist. Durch Einsetzen von M in (5.91a) findet man (5.91b).

Gesucht seien jetzt die Geschwindigkeits- und Druckverteilung auf der Körperkontur, die für jede Meridianebene jeweils gleich sind. Die Umfangsgeschwindigkeit in einem Meridianschnitt nach Abb. 5.29 beträgt $v_\varphi = v_r\cos\varphi_0 - v_x\sin\varphi_0$, wobei sich die Geschwindigkeitskomponenten nach (5.82) aus $v_r = -(1/r)\,(\partial\Psi/\partial x)$ und $v_x = (1/r)\,(\partial\Psi/\partial r)$ berechnen lassen. Auf der Kugeloberfläche $r_0 = R$ wird

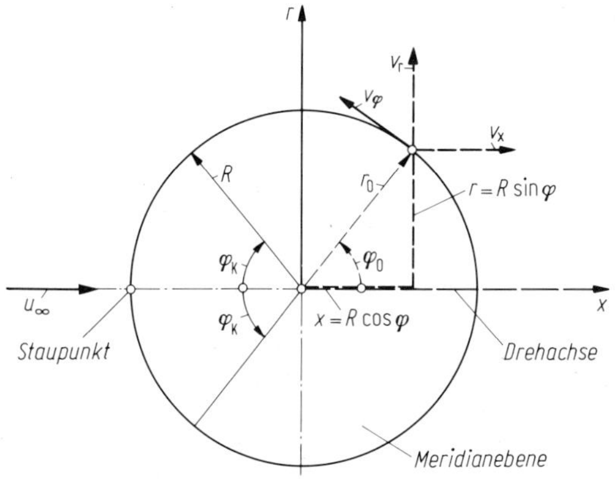

Abb. 5.29. Zur Erläuterung der Koordinaten und Geschwindigkeitskomponenten bei der Kugelumströmung

$v_r = -(3/2)u_\infty rx/R^2$ und $v_x = (3/2)u_\infty r^2/R^2$, was dann mit $r = R\sin\varphi_0$ und $x = R\cos\varphi_0$ zu $v_\varphi = -(3/2)u_\infty \sin\varphi_0$ führt. Für die Geschwindigkeit auf der Körperkontur v_K, gemessen in tatsächlicher Umströmungsrichtung $\varphi_K = \pi - \varphi_0$ im Bereich $0 \leqq \varphi_0 \leqq \pi$ bzw. $\varphi_K = \varphi_0 - \pi$ im Bereich $\pi \leqq \varphi_0 \leqq 2\pi$, sei $v_K = -v_\varphi(r_0 = R)$ bzw. $v_K = +v_\varphi(r_0 = R)$ gesetzt, d. h.

$$v_K = \frac{3}{2}u_\infty \sin\varphi_K \quad (0 \leqq \varphi_K \leqq \pi), \qquad v_{K\max} = \frac{3}{2}u_\infty \quad \text{(Kugel)}\,. \tag{5.92a, b}$$

An den Stellen $\varphi_K = 0$ und $\varphi_K = \pi$ wird $v_K = v_{K0} = 0$; dort stellen sich also potentialtheoretisch ein vorderer bzw. ein hinterer Staupunkt ein. Die größte Umströmungsgeschwindigkeit $v_K = v_{K\max}$ ergibt sich nach (5.92b) bei $\varphi_K = \pi/2$, d. h. dort, wo der Körper die größte Ausdehnung quer zur Anströmrichtung hat. Daß $v_{K\max}$ bei der Kugelumströmung kleiner als bei der Zylinderumströmung mit $v_{K\max} = 2u_\infty$ nach (5.71b) ist, erklärt sich daraus, daß bei der Kugel das ankommende Fluid nach allen Seiten hin ausweicht, während beim Zylinder das Fluid diesen nur in Ebenen quer zur Zylinderachse umströmen kann. Den Druckbeiwert berechnet man in Analogie zu (5.72):

$$\frac{p_K - p_\infty}{q_\infty} = 1 - \frac{9}{4}\sin^2\varphi_K, \qquad \left(\frac{p_K - p_\infty}{q_\infty}\right)_{\min} = -\frac{5}{4}\,. \tag{5.93a, b}$$

Diese Druckverteilung ist in Abb. 5.22b dargestellt. Gegenüber der Umströmung des Kreiszylinders ist der größte Unterdruck bei der Umströmung der Kugel wegen der geringeren Übergeschwindigkeit am Ort der größten Querausdehnung erheblich geringer. Die bei der Kreiszylinderumströmung gemachte Bemerkung über das Abweichen der potentialtheoretisch berechneten Druckverteilung von der gemessenen Druckverteilung trifft bei der Kugelumströmung in gleichem Maß zu, vgl. Abb. 5.22b.

e.3) Beliebige drehsymmetrische Körper. Das bei der ebenen Strömung in Kap. 5.3.2.4 Beispiel e.5 bereits erläuterte Singularitätenverfahren läßt sich mit gutem Erfolg auch bei drehsymmetrischer Strömung anwenden. Betrachtet man als Singularitäten nur räumliche Quell- oder Sinkenelemente, dann können diese im Raum, auf einer Fläche oder auf einer Strecke angeordnet sein. Hierauf beruht die praktische Mannigfaltigkeit der verschiedensten Lösungen. Als Beispiel sei die Anordnung einer längs einer geraden Strecke $0 \leqq x' \leqq l$ kontinuierlich verteilten räumlichen Quell-Sinken-Verteilung in einer Parallelströmung kurz besprochen. Dies führt zu drehsymmetrischen Körperformen. Ist $dE(x') = \varepsilon(x')dx'$ die Ergiebigkeit eines an der Stelle x' befindlichen räumlichen Quellelements der Länge dx', so gilt mit (5.87a) in sinngemäßer Anwendung von (5.74a) für das Geschwindigkeitspotential der Singularitätenströmung an der Stelle (Aufpunkt) r, x

$$\Phi(r, x) = -\frac{1}{4\pi}\int\limits_{x'=0}^{l} \frac{\varepsilon(x')dx'}{\sqrt{(x - x')^2 + r^2}} \quad \text{(drehsymmetrisch)}\,. \tag{5.94}$$

Die Rand- und Schließbedingung (5.74b, c) gilt auch hier. Die kinematische Randbedingung ist in entsprechender, dem vorliegenden Fall angepaßter Form anzuwenden. Das vorstehend geschilderte Verfahren wurde zuerst von Fuhrmann [19] vorgeschlagen, um die Strömung um Luftschiffkörper zu beschreiben. Abb. 5.30a zeigt den aus einer Punktquelle und einer gleichmäßig verteilten Sinkenstrecke gebildeten „Fuhrmann-Körper". Angegeben ist in Abb. 5.30b die theoretisch berechnete Druckverteilung. Diese stimmt mit der gemessenen Druckverteilung sehr gut überein. Im einzelnen wird auf das Singularitätenverfahren drehsymmetrischer Strömungen z. B. in [41, 79] näher eingegangen.

f) Räumlich verteilte Quell- bzw. Sinken-Verteilung

Eine Verallgemeinerung der eben besprochenen eindimensionalen Singularitätenmethode kann man folgendermaßen vornehmen: Ist an einer Stelle $\boldsymbol{r}'$ ein Quell- oder Sinkenelement der Stärke $dE(\boldsymbol{r}') = \varepsilon(\boldsymbol{r}')dV'$ mit dV' als Volumenelement gegeben, so besitzt dies nach (5.87a) im Aufpunkt $\boldsymbol{r}$ die Potentialfunktion $d\Phi(\boldsymbol{r}, \boldsymbol{r}') = -\varepsilon dV'/4\pi a$, wobei $a = |\boldsymbol{r} - \boldsymbol{r}'|$ der Abstand beider Punkte voneinander ist. Durch Integration über den gesamten von Quellen- und Sinkenelementen kontinuierlich belegten Raum (V) erhält man das Geschwindigkeitspotential der räumlichen Quell-Sinkenverteilung

$$\Phi(\boldsymbol{r}) = -\frac{1}{4\pi}\int\limits_{(V)} \frac{\varepsilon(\boldsymbol{r}')dV'}{|\boldsymbol{r} - \boldsymbol{r}'|} \quad \text{(dreidimensional)}\,. \tag{5.95}$$

In kartesischen rechtwinkligen Koordinaten ist $\boldsymbol{r}(x, y, z)$, $\boldsymbol{r}'(x', y', z')$ und $a = |\boldsymbol{a}| = |\boldsymbol{r} - \boldsymbol{r}'| = \sqrt{(x - x')^2 + (y - y')^2 + (z - z')^2}$ sowie $dV' = dx'dy'dz'$ zu setzen. Liegt der Aufpunkt $\boldsymbol{r}$ außerhalb des Quell- bzw. Sinkenbereichs, dann ist stets $a \neq 0$. Hierfür zeigt man, daß wegen $\Delta(1/a) = 0$ die Laplacesche Potentialgleichung $\Delta\Phi = 0$ erfüllt ist. Ein solches quell- und wirbelfreies Feld nennt man auch Laplacesches Feld. Befindet sich dagegen der Aufpunkt innerhalb des Quell- bzw. Sinkenbereichs,

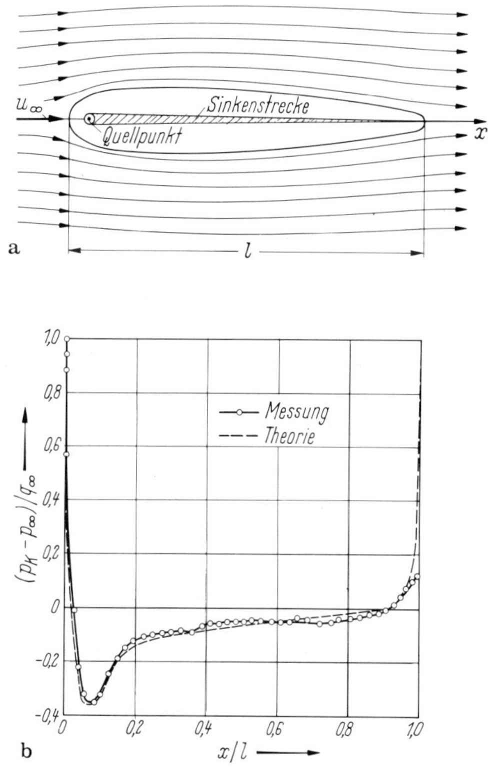

Abb. 5.30. Strömung um einen axial angeströmten Luftschiffkörper (Fuhrmann-Körper), [19]. **a** Stromlinienbild. **b** Druckverteilung, Messung $Re = u_\infty l/\nu = 1{,}3 \cdot 10^6$

d. h. an einem Ort, wo ein Quell- oder Sinkenelement angeordnet ist, dann ist $\Delta\Phi$ schwieriger zu bilden, man vgl. hierzu [48]. Unter bestimmten Stetigkeitsbedingungen wird dort $\Delta\Phi(\boldsymbol{r}) = \varepsilon(\boldsymbol{r})$, was als Poissonsche Differentialgleichung bekannt ist. Ein solches quellbehaftetes und wirbelfreies Feld bezeichnet man auch Poissonsches Feld.[28]

5.3.3 Stationäre Potentialströmungen dichteveränderlicher Fluide

5.3.3.1 Ausgangsgleichungen

Potentialgleichung. Während zur Ableitung der Potentialgleichung bei der stationären Potentialströmung eines dichtebeständigen Fluids die Kontinuitätsgleichung (5.25b) mit $\varrho = \text{const}$ genügt, ist bei der stationären Potentialströmung eines dichteveränderlichen Fluids mit $\varrho \neq \text{const}$ zusätzlich die Energiegleichung (5.27a) mitheranzuziehen. Die dieser Gleichung zugrunde liegenden Voraussetzungen sind

[28] Man beachte, daß die Dichte der Ergiebigkeit ε der Dilatationsgeschwindigkeit Ψ nach (2.37b) gleichwertig ist, d. h. $\varepsilon = \operatorname{div} \boldsymbol{v}$. Für die Potentialgeschwindigkeit $\boldsymbol{v} = \operatorname{grad} \Phi$ folgt dann $\varepsilon = \operatorname{div}(\operatorname{grad} \Phi) = \Delta\Phi$.

in Kap. 5.3.1 mitgeteilt. Die Strömung verlaufe stetig und drehungsfrei. Bei Überschallströmung dürfen an keiner Stelle des Strömungsfelds unstetige Verdichtungsstöße auftreten. Es soll darüber hinaus angenommen werden, daß das Strömungsfeld keinem Einfluß von außen, z. B. der Schwerkraft unterliege, d. h. $u_B = 0$ gesetzt werden kann. Die Dichte des Fluids (Gas) sei nur von einer Zustandsveränderlichen abhängig, und zwar soll es sich um ein barotropes Fluid mit $\varrho = \varrho(p)$ handeln.

Zur Aufstellung der sog. gasdynamischen Grundgleichung bei stationärer Strömung stehen die Kontinuitätsgleichung (5.25a), die Energiegleichung (5.27b) sowie die Beziehung für die Schallgeschwindigkeit (5.28b) zur Verfügung:

Kontinuitätsgleichung: $$\frac{d\varrho}{dt} + \varrho \operatorname{div} \boldsymbol{v} = 0\,, \tag{5.96a}$$

Energiegleichung: $$\frac{1}{\varrho}\frac{dp}{dt} + \boldsymbol{v}\cdot\operatorname{grad}\left(\frac{\boldsymbol{v}^2}{2}\right) = 0\,, \tag{5.96b}$$

Schallgeschwindigkeit: $$\frac{dp}{d\varrho} = c^2 = c_0^2 - \frac{\varkappa - 1}{2}\boldsymbol{v}^2\,. \tag{5.96c, d}$$

Bei der angenommenen stationären Strömung besteht nach (2.41c) wegen $\partial/\partial t = 0$ die Identität $d/dt = \boldsymbol{v}\cdot\operatorname{grad}$. Durch Eliminieren des Drucks und der Dichte erhält man die nur die Strömungs- und Schallgeschwindigkeit enthaltende Grundgleichung

$$c^2 \operatorname{div} \boldsymbol{v} - \boldsymbol{v}\cdot\operatorname{grad}\left(\frac{\boldsymbol{v}^2}{2}\right) = 0, \qquad \operatorname{rot} \boldsymbol{v} = 0\,. \tag{5.97a, b}$$

Der Fall des dichtebeständigen Fluids ($\varrho = \text{const}$) ist mit $c = \infty$ in (5.97a) enthalten. Hierfür gilt $\operatorname{div} \boldsymbol{v} = 0$, vgl. (5.96a).

Für die ebene Strömung sei (5.97a) in Komponentendarstellung angeschrieben. Mit $\boldsymbol{v} = \boldsymbol{e}_x u + \boldsymbol{e}_y v$, $\boldsymbol{v}^2 = u^2 + v^2$, $\operatorname{div}\boldsymbol{v} = \partial u/\partial x + \partial v/\partial y$, $(\operatorname{rot}\boldsymbol{v})_z = \partial v/\partial x - \partial u/\partial y = 0$ sowie $\operatorname{grad}(..) = \boldsymbol{e}_x(\partial/\partial x) + \boldsymbol{e}_y(\partial/\partial y)$ wird

$$(c^2 - u^2)\frac{\partial u}{\partial x} + (c^2 - v^2)\frac{\partial v}{\partial y} = uv\left(\frac{\partial u}{\partial y} + \frac{\partial v}{\partial x}\right), \quad \frac{\partial u}{\partial y} = \frac{\partial v}{\partial x}\,. \tag{5.98a, b}$$

Berücksichtigt man jetzt die Beziehung für die örtliche Schallgeschwindigkeit (5.96d), so erhält man

$$\left(c_0^2 - \frac{\varkappa+1}{2}u^2 - \frac{\varkappa-1}{2}v^2\right)\frac{\partial u}{\partial x} + \left(c_0^2 - \frac{\varkappa-1}{2}u^2 - \frac{\varkappa+1}{2}v^2\right)\frac{\partial v}{\partial y}$$

$$= uv\left(\frac{\partial u}{\partial y} + \frac{\partial v}{\partial x}\right) \quad \text{(Gasdynamische Grundgleichung)}\,, \tag{5.99a}$$

$$\frac{\partial u}{\partial y} - \frac{\partial v}{\partial x} = 0 \quad \text{(Drehungsfreiheit)}\,. \tag{5.99b}$$

Dies sind, da c_0 als Schallgeschwindigkeit des Ruhezustands eine konstante Größe ist, zwei Gleichungen für die beiden Unbekannten $u(x, y)$ und $v(x, y)$. Durch

Einführen der Potentialfunktion Φ gemäß (5.21a) wird (5.99b) von selbst erfüllt, und es verbleibt nur noch eine Gleichung für die Ermittlung von $\Phi(x, y)$. Mit $u = \partial\Phi/\partial x = \Phi_x$ und $v = \partial\Phi/\partial y = \Phi_y$ nach (5.22a) erhält man hierfür

$$A(\Phi_x, \Phi_y) \cdot \Phi_{xx} + 2B(\Phi_x, \Phi_y) \cdot \Phi_{xy} + C(\Phi_x, \Phi_y) \cdot \Phi_{yy} = 0 \,. \qquad (5.100)$$

Hierin sind die Funktionen

$$A = c_0^2 - \frac{\varkappa + 1}{2} \Phi_x^2 - \frac{\varkappa - 1}{2} \Phi_y^2, \quad B = -\Phi_x \Phi_y \,,$$

$$C = c_0^2 - \frac{\varkappa - 1}{2} \Phi_x^2 - \frac{\varkappa + 1}{2} \Phi_y^2$$

nur von Φ_x und Φ_y, nicht aber von Φ selbst und auch nicht von den unabhängigen Veränderlichen x, y abhängig. In (5.100) kommen die ersten und zweiten Ableitungen des Geschwindigkeitspotentials in nichtlinearen Verbindungen vor. Da aber die zweiten Ableitungen für sich allein linear eingehen, wird die Differentialgleichung auch quasilinear genannt. Bei der Differentialgleichung (5.100) unterscheidet man durch $AC - B^2 \gtrless 0$ den elliptischen und den hyperbolischen Fall. Diese mathematische Bedingung führt zu folgender physikalischen Aussage: Durch Vergleich mit (5.98) gilt $A = c^2 - u^2$, $B = -uv$ und $C = c^2 - v^2$ sowie $AC - B^2 = c^2[c^2 - (u^2 + v^2)] = c^4(1 - Ma^2) \gtrless 0$ mit der örtlichen Mach-Zahl $Ma^2 = (u^2 + v^2)/c^2 \lessgtr 1$. Dies bedeutet, daß bei der Strömung eines dichteveränderlichen Fluids die Potentialgleichung im Unterschallbereich $Ma < 1$ vom elliptischen und im Überschallbereich $Ma > 1$ vom hyperbolischen Typus ist. Daher rührt auch ihre grundsätzliche Verschiedenheit sowohl bei der mathematischen Behandlung als auch im physikalischen Verhalten für Unter- und Überschallströmungen, vgl. Kap. 1.3.3.4 und Kap. 4.3. Die durch die Berücksichtigung von Dichteänderungen des Fluids eingetretene mathematische Erschwerung besteht darin, daß (5.100) für die Potentialfunktion $\Phi(x, y)$ im Gegensatz zu (5.35a) für die Strömung eines dichtebeständigen Fluids nichtlinear ist. Bei der Strömung eines dichteveränderlichen Fluids gilt infolgedessen das Überlagerungsprinzip für die Potentialfunktionen (5.32), welches bei der Strömung dichtebeständiger Fluide nach Kap. 5.3.2 die Lösungsverfahren stark vereinfacht, nicht mehr. Auch die Verwendung der Funktionen einer komplexen Veränderlichen, welche bei der ebenen Strömung eines dichtebeständigen Fluids nach Kap. 5.3.2.3 wertvolle Dienste leistet, ist hier nicht mehr ohne weiteres möglich.

Geschwindigkeitsfeld. Kennt man das Geschwindigkeitspotential, z. B. bei ebener Strömung in der Form $\Phi(x, y)$, dann gilt wie bei der Strömung eines dichtebeständigen Fluids für die Geschwindigkeiten (5.21a) und (5.22), vgl. (5.37a),

$$\boldsymbol{v} = \operatorname{grad} \Phi; \qquad u = \frac{\partial \Phi}{\partial x}, \qquad v = \frac{\partial \Phi}{\partial y} \qquad (\varrho \neq \text{const}) \,. \qquad (5.101\text{a; b})$$

Druckfeld. Zwischen den Geschwindigkeiten an zwei Stellen (1) und (2) des Strömungsfelds $\boldsymbol{v}_1$ bzw. $\boldsymbol{v}_2$ und den zugehörigen Drücken gilt unter der getroffenen Bedingung, daß die Strömung bei konstanter Entropie ablaufen soll, die Beziehung

(4.46). Nach dem Druckverhältnis aufgelöst wird bei ebener Strömung

$$\frac{p_2}{p_1} = \left[1 + \frac{\varkappa - 1}{2\varkappa}\frac{\varrho_1}{p_1}(u_1^2 - u_2^2 + v_1^2 - v_2^2)\right]^{\frac{\varkappa}{\varkappa - 1}}. \qquad (5.102)$$

Hieraus erhält man den Druckbeiwert durch Einsetzen in (4.45).

Im Anschluß an einige Ausführungen über das Auffinden strenger Lösungen in Kap. 5.3.3.2 wird in Kap. 5.3.3.3 und 5.3.3.4 ein wichtiger Sonderfall, nämlich die Strömung bei kleiner Störung ausführlich behandelt. Dieser hat besondere Bedeutung für die Aerodynamik des Flugzeugs, vgl. [79].

5.3.3.2 Exakte Lösungen ebener Potentialströmungen dichteveränderlicher Fluide

Grundsätzliches. Im Gegensatz zur Strömung eines dichtebeständigen Fluids nach Kap. 5.3.2 handelt es sich bei der Strömung eines dichteveränderlichen Fluids nach (5.100) um eine nichtlineare partielle Differentialgleichung für $\Phi(x, y)$, deren weitere Behandlung gegenüber der linearen Differentialgleichung für das dichtebeständige Fluid eine so beträchtliche Erschwerung des mathematischen Problems darstellt, daß von (5.100) bisher nur eine geringe Anzahl von exakten Lösungen vorliegt.[29] Grundsätzlich bestehen zwei Möglichkeiten zur Lösung der Aufgabe, indem man entweder in der Strömungsebene (Ortsebene x, y) oder in der Geschwindigkeitsebene (Hodographenebene u, v) arbeitet.

a) Lineare Darstellung der Potentialgleichung in der Hodographenebene. Durch bestimmte Transformationen läßt sich die Potentialgleichung der ebenen Strömung, ohne daß irgendwelche Vernachlässigungen gemacht zu werden brauchen, linearisieren. Die gewünschte Linearisierung läßt sich erzielen entweder durch die Molenbroek-Tschapligin-Transformation oder durch die Legendre-Transformation. Dabei beruhen die Verfahren auf der eindeutigen und umkehrbaren Abbildung der Strömungsebene (x, y) auf die Geschwindigkeitsebene oder Hodographenebene (u, v), vgl. hierzu z. B. [77].

Die Linearisierung mittels der Legendre-Transformation sei hier kurz beschrieben. Führt man neben dem Potential $\Phi(x,y)$ das konjugierte Potential $\varphi(u,v)$ durch den Zusammenhang $\varphi = ux + vy - \Phi$ ein, dann folgen aus $d\varphi = (u\,dx + v\,dy - d\Phi) + x\,du + y\,dv = x\,du + y\,dv$ und $d\varphi = (\partial\varphi/\partial u)du + (\partial\varphi/\partial v)dv$ die Beziehungen $x = \partial\varphi/\partial u = \varphi_u$ und $y = \partial\varphi/\partial v = \varphi_v$.[30] Bildet man die Ableitungen dx und dy, wobei die zweiten Ableitungen φ_{uu}, φ_{vv} und φ_{uv} als stetig vorausgesetzt werden, so findet man nach hier nicht wiedergegebener Umformung, man vgl. [77], die Zusammenhänge $\Phi_{xx} = \varphi_{vv}/N$, $\Phi_{yy} = \varphi_{uu}/N$ und $\Phi_{xy} = -\varphi_{uv}/N$ mit $N = \varphi_{uu}\cdot\varphi_{vv} - \varphi_{uv}^2 \neq 0$. Die Potentialgleichung (5.100) nimmt somit die Form

$$A(u, v)\cdot\varphi_{vv} - 2B(u, v)\cdot\varphi_{uv} + C(u, v)\cdot\varphi_{uu} = 0 \qquad (5.103)$$

an, wobei die Funktionen A, B und C die gleiche Bedeutung wie in (5.100) haben, wenn man dort $\Phi_x = u$ und $\Phi_y = v$ setzt. Anstelle von x, y in (5.100) treten jetzt u, v als neue unabhängige Veränderliche auf. Gl. (5.103) ist jetzt eine lineare Differentialgleichung für das konjugierte Potential $\varphi = \varphi(u, v)$ in der Geschwindigkeitsebene (Hodographenebene).

b) Nichtlineare Unterschallströmung. Die Ausgangsgleichung für die Lösung in der x,y-Ebene stellt (5.100) dar, für die man

$$\frac{\partial^2\Phi}{\partial x^2} + \frac{\partial^2\Phi}{\partial y^2} = F(x, y) \quad \text{mit} \quad F = \frac{1}{c_0^2}\left[(c_0^2 - A)\Phi_{xx} - 2B\Phi_{xy} + (c_0^2 - C)\Phi_{yy}\right] \qquad (5.104\text{a, b})$$

schreiben kann. Für $F(x, y) = 0$ geht (5.104) in die Laplace-Gleichung (5.35a) über und liefert die Potentialströmung eines dichtebeständigen Fluids als eine erste Näherung der gesuchten Unterschallströmung. Nach dem Vorgehen von Janzen [33] und Lord Rayleigh [71] wird (5.104) durch Entwicklung der Funktion $\Phi(x,y)$ nach Potenzen von $1/c_0^2$, d. h. nach steigenden Potenzen der Mach-Zahl $Ma_0 = v_b/c_0$ mit v_b als Bezugsgeschwindigkeit, z. B. als Anströmgeschwindigkeit bei umströmten

---

[29] Auf die bereits in Kap. 4.3.2.7 Beispiel a.5 behandelte ebene Quellströmung sei hingewiesen.

[30] Man beachte, daß $u\,dx + v\,dy = (\partial\Phi/\partial x)dx + (\partial\Phi/\partial y)dy = d\Phi$ ist.

Körpern $v_b = v_\infty$, gelöst. Man macht also für die gesuchte Potentialfunktion die Potenzreihenentwicklung

$$\Phi(x, y) = \Phi_0(x, y) + Ma_0^2 \Phi_1(x, y) + Ma_0^4 \Phi_2(x, y) + \cdots \tag{5.105}$$

Durch Einsetzen in (5.104) und Vergleich der Koeffizienten gleicher Potenzen von Ma_0^2 ergibt sich eine Folge von Differentialgleichungen, aus denen die Funktionen $\Phi_0, \Phi_1, \Phi_2, \ldots$ nacheinander berechnet werden können:

$$\Delta\Phi_0 = 0, \qquad \Delta\Phi_1 = F_0(x, y), \qquad \Delta\Phi_2 = F_1(x, y), \ldots \tag{5.106a, b, c}$$

Hierin bedeutet $\Delta = \partial^2/\partial x^2 + \partial^2/\partial y^2$ den Laplace-Operator. Gl. (5.106a) stellt die Laplacesche Potentialgleichung dar, die man nach den Methoden von Kap. 5.3.2 berechnet, während (5.106b, c, ...) wegen des inhomogenen Glieds auf der rechten Seite Poissonsche Gleichungen sind. Die Funktionen auf der rechten Seite von (5.106) sind jeweils aus den vorausgegangenen Näherungen bekannt. Die Näherungen $\Phi_1, \Phi_2, \ldots$ kann man als Geschwindigkeitspotentiale der quellbehafteten Strömung eines dichtebeständigen Fluids deuten. Bei der Lösung der Differentialgleichungen ist jeweils die kinematische oder gegebenenfalls auch die dynamische Randbedingung zu beachten.

c) **Nichtlineare Überschallströmung.** Die stetige konvexe Umlenkung einer stationären Überschallströmung wurde als Prandtl-Meyersche Eckenströmung in Kap. 4.5.3.2 nach der Stromfadentheorie behandelt. Bei dieser Strömungsform liegt eine nichtlineare Potentialströmung vor. Nach Abb. 5.31 seien die Polarkoordinaten r, φ mit der Ecke A als Ursprung eingeführt. Da sich alle physikalischen Größen auf jeder durch einen bestimmten Winkel φ festgelegten Machlinie nicht ändern, sind sie unabhängig von r und nur abhängig von φ. Es gilt somit für die Komponenten der Geschwindigkeit v in Polarkoordinaten $v_r = v_r(\varphi)$ und $v_\varphi = v_\varphi(\varphi)$. Normal zu jeder Machlinie ist die Geschwindigkeit jeweils gleich der örtlichen Schallgeschwindigkeit $v_\varphi = c$, vgl. Abb. 1.17d. Als Ausgangspunkt für die weitere Behandlung der Aufgabe wird die Energiegleichung (4.27b) herangezogen. Mit $v^2 = v_r^2 + v_\varphi^2$ und $c^2 = v_\varphi^2$ wird mit v_{max} als größtmöglicher Geschwindigkeit bei einer Expansion ins Vakuum ($c = 0$)

$$v_r^2 + \frac{\varkappa + 1}{\varkappa - 1} v_\varphi^2 = v_{max}^2, \qquad \left(\frac{\partial\Phi}{\partial r}\right)^2 + \frac{\varkappa + 1}{\varkappa - 1}\frac{1}{r^2}\left(\frac{\partial\Phi}{\partial\varphi}\right)^2 = v_{max}^2 . \tag{5.107a, b}$$

Hierbei wurde in sinngemäßer Anwendung $v_r(\varphi) = \partial\Phi/\partial r$ und $v_\varphi(\varphi) = (1/r)(\partial\Phi/\partial\varphi)$ gesetzt.[31]

Der Separationsansatz $\Phi(r, \varphi) = r \cdot f(\varphi)$ liefert für die Geschwindigkeitskomponenten die Ausdrücke $v_r(\varphi) = f(\varphi)$ und $v_\varphi(\varphi) = df/d\varphi$. Weiterhin erfüllt der gemachte Ansatz die für die Potentialströmung maßgebende Bedingung der Drehungsfreiheit $\partial(rv_\varphi)/\partial r - \partial v_r/\partial\varphi = 0$. Nach Einsetzen von v_r und v_φ in (5.107a) entsteht eine gewöhnliche Differentialgleichung erster Ordnung für $f(\varphi)$, deren Lösung man in einfacher Form angeben kann:

$$\frac{\varkappa + 1}{\varkappa - 1}\left(\frac{df}{d\varphi}\right)^2 + f^2 = v_{max}^2, \qquad f(\varphi) = \sin\left(\sqrt{\frac{\varkappa - 1}{\varkappa + 1}}\,\varphi\right) v_{max} .$$

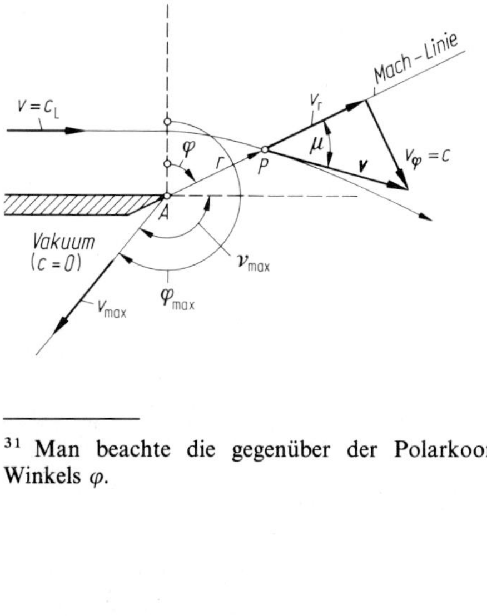

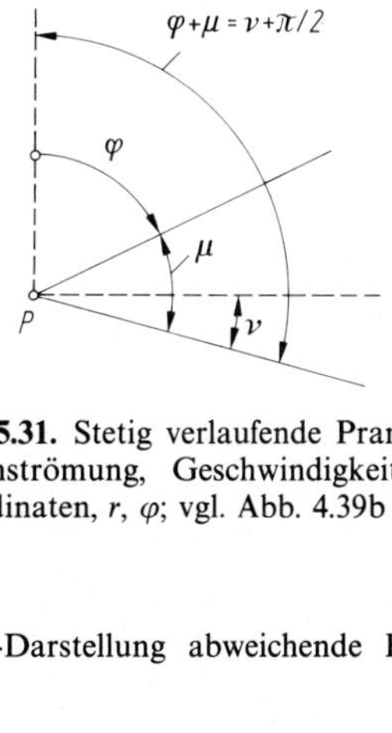

Abb. 5.31. Stetig verlaufende Prandtl-Meyersche Eckenströmung, Geschwindigkeiten in Polarkoordinaten, r, φ; vgl. Abb. 4.39b

[31] Man beachte die gegenüber der Polarkoordinaten-Darstellung abweichende Festlegung des Winkels φ.

Somit findet man das Geschwindigkeitspotential der konvexen Umlenkung einer Überschallströmung zu

$$\Phi(r,\varphi) = r\sin\left(\sqrt{\frac{\varkappa-1}{\varkappa+1}}\,\varphi\right)v_{\max} \qquad \left(v_{\max} = \sqrt{\frac{2}{\varkappa-1}}\,c_0 = \sqrt{\frac{\varkappa+1}{\varkappa-1}}\,c_L\right) \tag{5.108a}$$

mit $v_{\max}$ nach (4.65b) in Verbindung mit (4.34a). Für die Geschwindigkeitskomponenten gilt

$$v_r = \sin\left(\sqrt{\frac{\varkappa-1}{\varkappa+1}}\,\varphi\right)v_{\max}, \qquad v_\varphi = \sqrt{\frac{\varkappa-1}{\varkappa+1}}\cos\left(\sqrt{\frac{\varkappa-1}{\varkappa+1}}\,\varphi\right)v_{\max}\,. \tag{5.108b, c}$$

Die Integrationskonstante ist so gewählt, daß bei $\varphi = 0$ die radiale Geschwindigkeitskomponente verschwindet ($v_r = 0$), d. h. die Strömung dort für die Geschwindigkeit den Wert $v_\varphi = v_\varphi(\varphi = 0) = \sqrt{(\varkappa-1)/(\varkappa+1)}\,v_{\max}$ annimmt. Diese Beziehung besagt, daß die Geschwindigkeit v gleich der Laval-Geschwindigkeit c_L, im vorliegenden Fall gleich der örtlichen Schallgeschwindigkeit auf dem Strahl $\varphi = 0$, ist. Die umgelenkte Strömung entsteht also nach Abb. 5.31 aus einer Parallelströmung mit der Mach-Zahl $Ma = v/c_L = 1$. Wie bereits aus der Ausführung in Kap. 4.5.3.2 hervorgeht, kann man entsprechend Abb. 4.39a die Umlenkung statt bei $\varphi = 0$ und $Ma = 1$ auch an einer stromabwärts liegenden MachLinie $\varphi > 0$ und $Ma > 1$ beginnen lassen. Zwischen dem Polarwinkel φ nach (5.108b, c) mit $Ma^2 = v^2/c^2$, $v^2 = v_r^2 + v_\varphi^2$ sowie $c^2 = v_\varphi^2$, dem MachWinkel μ nach (4.144b) und dem Prandtl-Meyer-Winkel ν nach (4.156a) besteht der Zusammenhang $\nu = \varphi + \mu - \pi/2 = f(Ma)$.

5.3.3.3 Ebene Potentialströmungen dichteveränderlicher Fluide bei kleiner Störung

Annahme. Für den Fall, daß nur eine kleine Störung gegenüber einem Ausgangszustand auftritt, läßt sich bei stationärer drehungsfreier Strömung eines dichteveränderlichen Fluids (Gas) die gasdynamische Grundgleichung (5.97a) durch Linearisierung erheblich vereinfachen. Ein solcher Fall liegt z. B. vor, wenn eine Parallelströmung mit der konstanten Geschwindigkeit U_∞ in x-Richtung durch einen in Anströmrichtung schlanken Körper oder eine schwach angestellte Platte gestört wird. Handelt es sich um einen gewölbten, endlich dicken Körper (Flügelprofil), so bestimmen das Dickenverhältnis d/l (d = Dicke, l = Tiefe) und das Wölbungsverhältnis f/l (f = Wölbungshöhe) den Schlankheitsgrad des Körpers. Bei einem angestellten Körper (Profil, Platte) stellt der Anstellwinkel α die kennzeichnende Größe dar. Die genannten Parameter kann man zum Parameter der Querausdehnung

$$\delta = \left\{\frac{d}{l}, \frac{f}{l}, \alpha\right\} \ll 1 \qquad \text{(Schlankheitsgrad)} \tag{5.109}$$

zusammenfassen. In Abb. 5.32 ist die Definition von δ dargestellt.

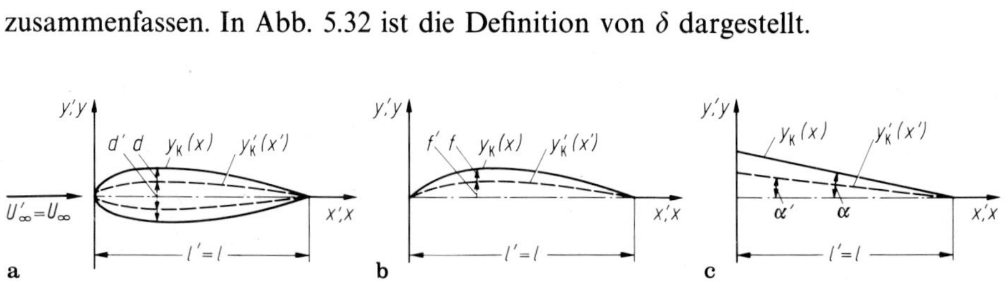

Abb. 5.32. Zur Definition des Schlankheitsgrads (Parameter der Querausdehnung) für ein Flügelprofil $\delta = \{d/l, f/l, \alpha\}$. **a** Profiltropfen, **b** Skelett-Profil, **c** angestelle ebene Platte. gestrichelt: nach subsonischer Ähnlichkeitsregel transformiertes Profil, vgl. (5.130b)

Die Gesamtströmung eines umströmten schlanken Körpers setzt sich aus der Grundströmung mit der Geschwindigkeit U_∞ und der Störströmung mit den Geschwindigkeitskomponenten u und v zusammen. Für die Geschwindigkeitskomponenten der Gesamtströmung sei $U = U_\infty + u$ und $V = v$ gesetzt. Es soll angenommen werden, daß die Störgeschwindigkeiten gegenüber der Grundgeschwindigkeit vernachlässigbar klein sind. Es soll also $(u^2 + v^2) \ll U_\infty^2$ und in dimensionsloser Darstellung

$$\left|\frac{u}{U_\infty}\right| \ll 1, \quad \left|\frac{v}{U_\infty}\right| \ll 1; \quad \frac{U}{U_\infty} = 1 + \frac{u}{U_\infty} \approx 1, \quad \frac{V}{U_\infty} = \frac{v}{U_\infty} \tag{5.110a; b}$$

gelten, was jedoch nicht bedeutet, daß $|u|$ und $|v|$ immer von gleicher Größenordnung sein müssen. Um die Voraussetzung der kleinen Störung zu erfüllen, müssen die umströmten Körper der Schlankheitsbedingung (5.109) genügen.

Ausgangsgleichung. Anstelle der Schallgeschwindigkeit des Ruhezustands c_0 in (5.99a) soll im folgenden die Schallgeschwindigkeit des Anströmzustands c_∞ eingeführt werden. Nach (5.96d) besteht der Zusammenhang

$$c_0^2 = c_\infty^2 + \frac{\varkappa - 1}{2} U_\infty^2 . \tag{5.111}$$

Mit $Ma_\infty = U_\infty / c_\infty$ als Mach-Zahl der Anströmung erhält man nach Einsetzen von (5.111) in (5.99a, b) unter Beachtung der Fußnote[32]

$$\left(\frac{1 - Ma_\infty^2}{Ma_\infty^2} - f_1\right)\frac{\partial u}{\partial x} + \left(\frac{1}{Ma_\infty^2} - f_2\right)\frac{\partial v}{\partial y} = f_3 \frac{\partial v}{\partial x} = f_3 \frac{\partial u}{\partial y} \tag{5.112}$$

mit den Geschwindigkeitsfunktionen der Störströmung

$$f_1 = (\varkappa + 1)\frac{u}{U_\infty} + \frac{\varkappa + 1}{2}\left(\frac{u}{U_\infty}\right)^2 + \frac{\varkappa - 1}{2}\left(\frac{v}{U_\infty}\right)^2, \quad |f_1| \ll 1 , \tag{5.113a}$$

$$f_2 = (\varkappa - 1)\frac{u}{U_\infty} + \frac{\varkappa - 1}{2}\left(\frac{u}{U_\infty}\right)^2 + \frac{\varkappa + 1}{2}\left(\frac{v}{U_\infty}\right)^2, \quad |f_2| \ll 1 , \tag{5.113b}$$

$$f_3 = 2\left(1 + \frac{u}{U_\infty}\right)\frac{v}{U_\infty}, \quad |f_3| \ll 1 . \tag{5.113c}$$

Linearisierung. Im Rahmen der getroffenen Annahme kleiner Störung lassen sich die angegebenen Geschwindigkeitsfunktionen vereinfacht darstellen. Die Kontur eines schlanken Profils nach Abb. 5.32 ist durch $y_K/l = h(x/l) \cdot \delta$ mit h als affiner Ordinatenverteilung und $\delta \ll 1$ als Schlankheitsgrad nach (5.109) gegeben. Wegen der kinematischen Konturbedingung (Stromlinienbedingung) muß $dy_K/dx = v/(U_\infty + u) \approx v/U_\infty$ sein. Da $dy_K/dx \sim \delta$ ist, gilt für die Geschwindigkeitskomponente normal zur Anströmrichtung $v/U_\infty \sim \delta$. Für die Störgeschwindigkeit in Anströmrichtung sei $u/U_\infty \sim \delta^n$ mit $n > 0$ als zunächst unbekanntem Exponent angenommen. Für die partielle Ableitung der Störgeschwindigkeit in x-Richtung kann man ohne Einschränkung der Allgemeingültigkeit $\partial/\partial x \sim \delta^0$ setzen. Aus der Bedingung der Drehungsfreiheit $\partial v/\partial x = \partial u/\partial y$ folgt mit $v/U_\infty \sim \delta^1$, $\partial/\partial x \sim \delta^0$ und $u/U_\infty \sim \delta^n$ für die Ableitung in y-Richtung $\partial/\partial y \sim \delta^{1-n}$. In Tab. 5.5 sind die Größenordnungen aller in (5.112) und (5.113)

---

32 In Abweichung zu den Bezeichnungen in Kap. 5.3.3.1 und 5.3.3.2 werden mit großen Buchstaben U, V die Gesamt- und mit kleinen Buchstaben u, v die Störgeschwindigkeiten bezeichnet. In (5.98) und (5.99) ist u durch U und v durch V zu ersetzen.

Tabelle 5.5. Zur Abschätzung der Größenordnungen δ^m der Geschwindigkeitsterme in (5.112) und (5.114)[33], vgl. Darstellung der Exponenten $m = f(n)$ in Abb. 5.33

a	$\frac{u}{U_\infty} \sim \delta^n$	b	$\frac{v}{U_\infty} \sim \delta^1$	c	$\frac{\partial}{\partial x} \sim \delta^0$	$\frac{\partial}{\partial y} \sim \delta^{1-n}$
1	$\frac{\partial u}{\partial x} \sim \delta^n$	2	$\frac{\partial v}{\partial y} \sim \delta^{2-n}$	3	$\frac{\partial v}{\partial x} \sim \delta^1$	$\frac{\partial u}{\partial y} \sim \delta^1$
f_1	$f_1 \frac{\partial u}{\partial x} = \left[(\varkappa+1)\frac{u}{U_\infty} + \frac{\varkappa+1}{2}\left(\frac{u}{U_\infty}\right)^2 + \frac{\varkappa-1}{2}\left(\frac{v}{U_\infty}\right)^2\right]\frac{\partial u}{\partial x}$					
1′	$\frac{u}{U_\infty}\frac{\partial u}{\partial x} \sim \delta^{2n}$	1″	$\left(\frac{u}{U_\infty}\right)^2 \frac{\partial u}{\partial x} \sim \delta^{3n}$	1‴	$\left(\frac{v}{U_\infty}\right)^2 \frac{\partial u}{\partial x} \sim \delta^{2+n}$	
f_2	$f_2 \frac{\partial v}{\partial y} = \left[(\varkappa-1)\frac{u}{U_\infty} + \frac{\varkappa-1}{2}\left(\frac{u}{U_\infty}\right)^2 + \frac{\varkappa+1}{2}\left(\frac{v}{U_\infty}\right)^2\right]\frac{\partial v}{\partial y}$					
2′	$\frac{u}{U_\infty}\frac{\partial v}{\partial y} \sim \delta^2$	2″	$\left(\frac{u}{U_\infty}\right)^2 \frac{\partial v}{\partial y} \sim \delta^{2+n}$	2‴	$\left(\frac{v}{U_\infty}\right)^2 \frac{\partial v}{\partial y} \sim \delta^{4-n}$	
f_3	$f_3 \frac{\partial v}{\partial x} = 2\left(1+\frac{u}{U_\infty}\right)\frac{v}{U_\infty}\frac{\partial v}{\partial x} = f_3 \frac{\partial u}{\partial y} = 2\left(1+\frac{u}{U_\infty}\right)\frac{v}{U_\infty}\frac{\partial u}{\partial y}$					
3′	$\frac{v}{U_\infty}\frac{\partial v}{\partial x} = \frac{v}{U_\infty}\frac{\partial u}{\partial y} \sim \delta^2$	3″	$\frac{u}{U_\infty}\frac{v}{U_\infty}\frac{\partial v}{\partial x} = \frac{u}{U_\infty}\frac{v}{U_\infty}\frac{\partial u}{\partial y} \sim \delta^{2+n}$			

auftretenden Geschwindigkeitsterme zusammengestellt, und in der Abb. 5.33 sind die Exponenten $m = f(n)$ der betreffenden Größenordnungen δ^m als Geraden a, b; 1, 1′, 1″, 1‴; 2, 2′, 2″, 2‴; 3′, 3″ für den nachstehend begründeten Wertebereich $0 < n \leqq 2$ dargestellt.

Die Einflüsse der Geschwindigkeitsfunktionen der Störströmung $f_1(\partial u/\partial x)$, $f_2(\partial v/\partial y)$ und $f_3(\partial v/\partial x)$ bzw. $f_3(\partial u/\partial y)$ haben unter Beachtung von Tab. 5.5 die Größenordnungen $\delta^m = \delta^{2n}, \delta^{3n}, \delta^{2+n}; \delta^2, \delta^{2+n}, \delta^{4-n}; \delta^2, \delta^{2+n}$. Es gilt also für die Exponenten $m = 2n, 3n, 2+n; 2, 2+n, 4-n; 2, 2+n$. Für $0 < n < 2$ bedeutet dies $2n < 3n$, $2n < 2+n$ (Gerade 1′, 1″, 1‴); $2 < 2+n$, $2 < 4-n$ (Gerade 2′, 2″, 2‴); $2 < 2+n$ (Gerade 3′, 3″). Nach dieser Betrachtung können die mit $(u/U_\infty)^2$, $(v/U_\infty)^2$ und $(u/U_\infty)(v/U_\infty)$ behafteten Glieder (Gerade 1″, 1‴; 2″, 2‴; 3″) gegenüber den mit u/U_∞ bzw. v/U_∞ behafteten Gliedern (Gerade 1′; 2′; 3′) unberücksichtigt bleiben. Für $n = 2$ gilt für die Exponenten $m = 4, 6, 4; 2, 4, 2; 2, 4$. Maßgebend ist $m = 2$. Daraus folgt, daß die Funktion $f_1(\partial u/\partial x)$ (Gerade 1′, 1″, 1‴) gegenüber den Funktionen $f_2(\partial v/\partial y)$ (Gerade 2′, 2″, 2‴) und $f_3(\partial v/\partial x)$ (Gerade 3′, 3″) ohne Bedeutung ist. In $f_2(\partial v/\partial y)$ darf das mit $(v/U_\infty)^2$ behaftete Glied (Gerade 2‴) nicht wie bei $0 < n < 2$ vernachlässigt werden, während in $f_3(\partial v/\partial x)$ das mit $(u/U_\infty)(v/U_\infty)$ behaftete Glied (Gerade 3″) wie bei $0 < n < 2$ gestrichen werden darf. Die durch Linearisierung nicht vernachlässigbaren Anteile sind in Tab. 5.5 durch Einrahmen gekennzeichnet.

Aufgrund der gemachten Vereinfachungen nehmen die Geschwindigkeitsfunktionen in (5.113) schließlich die Formen

---

[33] Beispiel (1‴): $\left(\frac{v}{U_\infty}\right)^2 \frac{\partial u}{\partial x} \mathrel{\hat{=}} \left(\frac{v}{U_\infty}\right)^2 \frac{\partial}{\partial x}\left(\frac{u}{U_\infty}\right)$ mit $\delta^2 \cdot \delta^0 \cdot \delta^n = \delta^{2+n} = \delta^m$ $(m = 2 + n)$

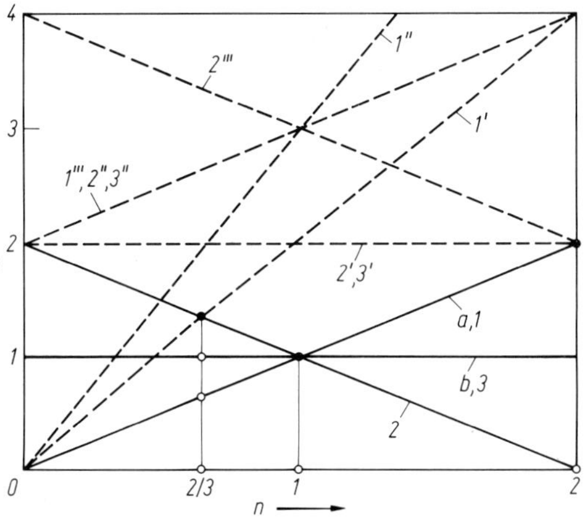

Abb. 5.33. Zur Abschätzung der Größenordnungen in (5.112) und (5.114) nach Tab. 5.5; Exponenten $m = f(n)$. Es bedeutet $n = 1$ sub- bzw. supersonische Strömung, $n = 2/3$ transsonische Strömung und $n = 2$ hypersonische Strömung

$$f_1 = (\varkappa + 1)\frac{u}{U_\infty}, \quad f_2 = (\varkappa - 1)\frac{u}{U_\infty} + \frac{\varkappa + 1}{2}\left(\frac{v}{U_\infty}\right)^2, \quad f_3 = 2\frac{v}{U_\infty} \tag{5.114a, b, c}$$

an. Diese sind jetzt in (5.112) einzusetzen. Damit ist die Ausgangsgleichung für die ebene Potentialströmung kleiner Störung bereitgestellt.

Bei einer vollständigen Linearisierung von (5.112) ist $f_1 = 0, f_2 = 0$ und $f_3 = 0$ zu setzen, was bedeutet, daß die Bedingungen $|(1 - Ma_\infty^2)/Ma_\infty^2| \gg |f_1|$ und $1/Ma_\infty^2 \gg |f_2|$ erfüllt sein müssen, vgl. Tab. 5.6. Man erhält somit die lineare Differentialgleichung

$$(1 - Ma_\infty^2)\frac{\partial u}{\partial x} + \frac{\partial v}{\partial y} = 0 \qquad (n = 1)\,. \tag{5.115a}$$

Die aus Tab. 5.5 entnommenen Größenordnungen betragen δ^n bzw. δ^{2-n}. Bei gleicher Größenordnung bedeutet dies, daß wegen $n = 2 - n$ als Schnittpunkt der Geraden 1 und 2 in Abb. 5.33 der Exponent $n = 1$ ist.[34]

Für den Fall sehr großer Mach-Zahlen $Ma_\infty \gg 1$, im Grenzfall $Ma_\infty = \infty$, geht (5.112) in Verbindung mit (5.114) sowie $|f_1| \ll 1$ über in, vgl. Tab. 5.6,

$$-\frac{\partial u}{\partial x} - (x - 1)\frac{u}{U_\infty}\frac{\partial v}{\partial y} - \frac{\varkappa + 1}{2}\left(\frac{v}{U_\infty}\right)^2\frac{\partial v}{\partial y} = 2\frac{v}{U_\infty}\frac{\partial u}{\partial y} \qquad (n = 2)\,. \tag{5.115b}$$

Alle Terme mit den aus Tab. 5.5 entnommenen Größenordnungen δ^m sind für $n = 2$ als Schnittpunkt der Geraden 1, 2′, 2‴ und 3′ in Abb. 5.33 von der gleichen Größenordnung δ^2.[35]

Mach-Zahl-Bereiche. Gl. (5.112) läßt sich weiter linearisieren, wenn auf der linken Seite die Bedingungen $|(1 - Ma_\infty^2)/Ma_\infty^2| \gg |f_1|$ und $(1/Ma_\infty^2) \gg |f_2|$ erfüllt sind. Dies ist jeweils nur für bestimmte Mach-Zahl-Bereiche möglich. Wie noch gezeigt wird, handelt es sich dabei um den Unterschallbereich ($0 < Ma_\infty \leqq Ma'_\infty$) und den Überschallbereich ($Ma''_\infty \leqq Ma_\infty \leqq Ma'''_\infty$) mit den Grenzwerten $Ma'_\infty < 1$, $Ma''_\infty > 1$ und $Ma'''_\infty \gg 1$.

[34] Auf den Fall $Ma_\infty \lessgtr 1$ sowie $Ma_\infty = 1$ wird in Kap. 5.3.3.4 Abschnitt a bzw. b eingegangen.

[35] Auf den Fall $Ma \gg 1$ wird in Kap. 5.3.3.4 Abschn. c eingegangen

Tabelle 5.6. Ebene linearisierte Potentialströmungen dichteveränderlicher Gase

	Mach-Zahl-Funktion		Geschwindigkeitsfunktion			Typ
Mach-Zahl der Anströmung	$\frac{1 - Ma_\infty^2}{Ma_\infty^2}$	$\frac{1}{Ma_\infty^2}$	f_1	f_2	f_3	
subsonisch ($Ma_\infty < 1$)	$\frac{1 - Ma_\infty^2}{Ma_\infty^2}$	$\frac{1}{Ma_\infty^2}$	0	0	0	linear
supersonisch ($Ma_\infty > 1$)						
transsonisch ($Ma_\infty \approx 1$)	$\to 0$	$\to 1$	$(\varkappa + 1)\frac{u}{U_\infty}$	0	0	
hypersonisch ($Ma_\infty \gg 1$)	$\to -1$	$\frac{1}{Ma_\infty^2} \ll 1$	0	$(\varkappa - 1)\frac{u}{U_\infty} + \frac{\varkappa + 1}{2}\left(\frac{v}{U_\infty}\right)^2$	$2\frac{v}{U_\infty}$	nichtlinear

Eine lineare Lösung im Sinn von (5.115a) liegt für die sub- und supersonische Strömung schlanker Körper vor, wenn die Bedingungen

$$M = \left|\frac{1 - Ma_\infty^2}{Ma_\infty^2}\right| \gg |f_1|, \quad N = \frac{\varkappa + 1}{\varkappa - 1}\frac{1}{Ma_\infty^2} \gg |f_1| . \tag{5.116a, b}$$

erfüllt sind.[36]

In Abb. 5.34 sind M and N in Abhängigkeit von der Mach-Zahl der Anströmung Ma_∞ für $\varkappa = 1{,}4$ (Luft) dargestellt. Die linke Seite von (5.112) läßt sich linearisieren, wenn die Bedingung $M \gg |f_1| \ll N$ erfüllt ist. Für die Grenzwerte sei $M = N = a$ gesetzt, wobei a ein bestimmter positiver Zahlenwert ist, der die Güte der Linearisierung bestimmt. Im einzelnen gilt für die Bereiche, in denen sich die linke Seite von (5.112) linear oder nichtlinear verhält, die Einteilung

linear: $M > a, \quad N > a$ (ausgezogene Kurve) ,

nichtlinear: $M < a, \quad N < a$ (gestrichelte Kurve) .

Für die weitere Betrachtung sei $a = 0{,}5$ angenommen.[37] Dieser Wert ist in Abb. 5.34 als Grenzwert eingetragen und legt die Mach-Zahl-Bereiche fest, in denen auf der linken Seite von (5.112) linearisiert werden darf. Die Grenz-Mach-

---

[36] Man beachte, daß $f_2 = [(\varkappa - 1)/(\varkappa + 1)]f_1$ ist, wenn man bei der Betrachtung die hypersonische Strömung ausläßt.

[37] Bei einer Störgeschwindigkeit $|u/U_\infty| \approx 0{,}05$ ist $|f_1| \approx 0{,}12$. Die Bedingung $|f_1| \ll a = 0{,}5$ sei hierfür als erfüllt angesehen.

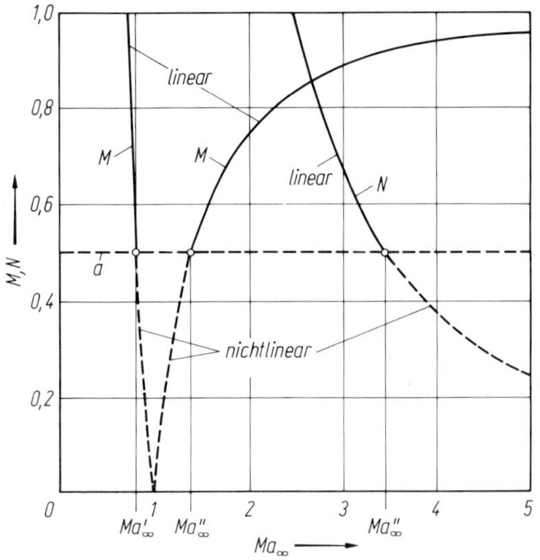

Abb. 5.34. Einteilung der Mach-Zahl-Bereiche bei ebener Potentialströmung kleiner Störung für Luft ($\varkappa = 1{,}4$), Mach-Zahl-Funktionen M und N nach (5.116), vgl. (5.118)

Zahlen findet man aus (5.116a, b) zu

$$Ma_\infty = \frac{1}{\sqrt{1 \pm a}} \lessgtr 1, \qquad Ma_\infty = \sqrt{\frac{\varkappa + 1}{\varkappa - 1}\frac{1}{a}} \,(=)\, \frac{2{,}45}{\sqrt{a}} \qquad (5.117\text{a, b})$$

Mit $\varkappa = 1{,}4$ für Luft und mit der willkürlichen Annahme $a = 0{,}5$ erhält man eine grobe Abschätzung für die vier in Abb. 5.34 gekennzeichneten Mach-Zahl-Bereiche. Die zugehörigen Strömungen nennt man[38]

$$\left.\begin{array}{ll} \text{subsonisch (Unterschallbereich):} & 0 < Ma_\infty < 0{,}8\,, \\ \text{transsonisch (Schallbereich):} & 0{,}8 < Ma_\infty < 1{,}4\,, \\ \text{supersonisch (Überschallbereich):} & 1{,}4 < Ma_\infty < 3{,}5\,, \\ \text{hypersonisch (Hyperschallbereich):} & 3{,}5 < Ma_\infty < \infty\,. \end{array}\right\} \qquad (5.118)$$

Die hier vorgenommene Einteilung geschieht nach rein mathematischen Erwägungen, und zwar nur der linken Seite von (5.112). Wie aus den weiteren Ausführungen jedoch noch hervorgeht, wird diese Einteilung durch physikalische Überlegungen sowie durch Vergleiche mit Messungen weitgehend bestätigt.

Potentialgleichung. Analog der Geschwindigkeit setzt sich bei der vorliegenden Strömung kleiner Störung das Geschwindigkeitspotential aus einem Grundpotential $\Phi_\infty = u_\infty x$ und einem Störpotential zusammen, wobei letzteres mit $\Phi(x, y)$ bezeichnet werden soll. Für die Störgeschwindigkeiten u, v und deren Ableitungen nach den Ortskoordinaten x, y gilt unter Beachtung von (5.101b)

$$u = \frac{\partial \Phi}{\partial x}, \quad v = \frac{\partial \Phi}{\partial y}; \quad \frac{\partial u}{\partial x} = \frac{\partial^2 \Phi}{\partial x^2}, \quad \frac{\partial v}{\partial y} = \frac{\partial^2 \Phi}{\partial y^2}, \quad \frac{\partial v}{\partial x} = \frac{\partial u}{\partial y} = \frac{\partial^2 \Phi}{\partial x \partial y}\,. \qquad (5.119\text{a; b})$$

[38] Für $a > 0{,}5$ werden die linearen Bereiche (sub-, supersonisch) z. T. stark eingeschränkt, und zwar ergibt sich z. B. für $a = 0{,}75$ für den Unterschallbereich $0 < Ma_\infty < 0{,}76$ und für den Überschallbereich $2{,}0 < Ma_\infty < 2{,}83$.

Diese Ausdrücke sind in die Beziehungen (5.112) und (5.114) einzusetzen. Auf die Wiedergabe der hieraus folgenden linearisierten Potentialgleichung wird hier verzichtet.

5.3.3.4 Lösungsansätze und Ähnlichkeitsregeln ebener linearisierter Potentialströmungen dichteveränderlicher Fluide

Entsprechend den oben angegebenen Mach-Zahl-Bereichen sollen im folgenden die sub- und supersonische, die transsonische sowie die hypersonische Strömung getrennt voneinander weiterbehandelt werden. Dabei lassen sich über die bereits eingeführte teilweise Linearisierung (Strömung kleiner Störung) hinaus noch weitere physikalisch bedingte Vereinfachungen machen. Neben der Angabe einfacher Lösungsansätze für die sub- und supersonische Strömung folgt die Ableitung von Ähnlichkeitsregeln für die in (5.118) genannten Mach-Zahl-Bereiche. Letztere sind von wesentlicher Bedeutung für die Beschreibung der ebenen linearisierten Potentialströmung eines dichteveränderlichen Gases.

a) Sub- und supersonische Potentialströmung

Potentialgleichung. Für die Strömung kleiner Störung im Unter- und Überschallbereich $Ma_\infty \lessgtr 1$ wurde bereits Gl. (5.115a) hergeleitet, aus der man durch Einsetzen von (5.119b) die Potentialgleichung erhält.

$$(1 - Ma_\infty^2)\frac{\partial u}{\partial x} + \frac{\partial v}{\partial y} = 0, \quad (1 - Ma_\infty^2)\frac{\partial^2 \Phi}{\partial x^2} + \frac{\partial^2 \Phi}{\partial y^2} = 0 \qquad (Ma_\infty \lessgtr 1)\,. \tag{5.120a, b}$$

Durch die getroffenen Vereinfachungen ist die Gleichung für das Geschwindigkeitspotential bei kleiner Störung $\Phi(x, y)$ linear geworden.[39] Es gilt auch hier das Überlagerungsgesetz (5.32) mit $\Phi = \Phi_1 + \Phi_2$. Gl. (5.120b) unterscheidet sich von der für die Strömung eines dichtebeständigen Fluids ($\varrho = \text{const}$, $Ma_\infty = 0$) gültigen Beziehung (5.35a) durch den konstanten Faktor $(1 - Ma_\infty^2)$ beim ersten Glied. Für Unterschallanströmung $Ma_\infty < 1$ ist (5.120b) wegen $(1 - Ma_\infty^2) > 0$ wie bei der Strömung eines dichtebeständigen Fluids von elliptischem Typ und bei Überschallanströmung $Ma_\infty > 1$ wegen $(1 - Ma_\infty^2) < 0$ von hyperbolischem Typ, man vgl. hierzu die Ausführung zu (5.100). Man kann also erwarten, daß die subsonische Strömung von ähnlicher Art wie die Strömung eines dichtebeständigen Fluids ist und daß die supersonische Strömung hiervon grundsätzlich verschieden ist. Diese Erkenntnis wurde früher in Kap. 1.3.3.4 gewonnen. Die hier dargestellte Theorie kleiner Störung nennt man bei supersonischer Strömung auch die akustische Näherung (Wellengleichung).

Lösungsansatz für die subsonische Potentialfunktion. Bei der ebenen Unterschallströmung ($Ma_\infty < 1$) können die in Kap. 5.3.2.3 für die Strömung eines dichtebeständigen Fluids ($Ma_\infty = 0$) gemachten Lösungsansätze in einfacher

---

[39] Wegen $n = 1$ sind die Störgeschwindigkeiten $|u/U_\infty| \sim \delta$ und $|v/U_\infty| \sim \delta$ proportional dem Schlankheitsgrad δ nach (5.109).

Weise übernommen werden. So folgt aus (5.41a) für den Fall $0 \leqq Ma_\infty < 1$

$$\Phi(x, y) = \Phi_1(x + \mathrm{i}y\sqrt{1 - Ma_\infty^2}) + \Phi_2(x - \mathrm{i}y\sqrt{1 - Ma_\infty^2}) \quad (Ma_\infty < 1)\,. \tag{5.121}$$

Von der Richtigkeit dieses Ansatzes überzeugt man sich durch Einsetzen in (5.120b). Der Einfluß der Mach-Zahl drückt sich in einer Transformation der zur Anströmrichtung normal verlaufenden y-Koordinate aus, indem diese mit dem Faktor $\sqrt{1 - Ma_\infty^2} < 1$ multipliziert wird. Hierauf wird bei der Herleitung der subsonischen Ähnlichkeitsregel eingegangen.

Lösungsansatz für die supersonische Potentialfunktion. Bei der ebenen Überschallströmung ($Ma_\infty > 1$) genügt in Analogie zu (5.121) der Ansatz

$$\Phi(x, y) = \Phi_1(x + y\sqrt{Ma_\infty^2 - 1}) + \Phi_2(x - y\sqrt{Ma_\infty^2 - 1}) \qquad (Ma_\infty > 1) \tag{5.122}$$

der Potentialgleichung (5.120b). Es sind Φ_1 und Φ_2 zunächst willkürliche, stetige und zweimal differenzierbare Funktionen der Veränderlichen $x \pm y\sqrt{Ma_\infty^2 - 1}$, die den Randbedingungen jeweils angepaßt werden müssen. Ähnlich wie bei der subsonischen Strömung drückt sich der Einfluß der Mach-Zahl in einer Transformation der y-Koordinate aus, die mit dem Faktor $\sqrt{Ma_\infty^2 - 1}$ zu multiplizieren ist. Hierauf wird bei der Herleitung der supersonischen Ähnlichkeitsregel noch eingegangen. Gl. (5.122) sagt weiterhin aus, daß die den Funktionen Φ_1 und Φ_2 zugeordneten physikalischen Größen auf den parallelen Geraden der beiden Scharen

$$y = y_0 \mp x \tan\mu \qquad \text{(Charakteristiken)} \tag{5.123}$$[40]

mit $y_0 = y(x = 0)$ und $\tan\mu = 1/\sqrt{Ma_\infty^2 - 1}$, wie in Abb. 5.35 gezeigt, konstant sind. Sämtliche Geraden dieser beiden Scharen bilden mit der Anströmrichtung U_∞ den Winkel $\pm\,\mu$, der nach (4.144b) gleich dem Machwinkel ist.

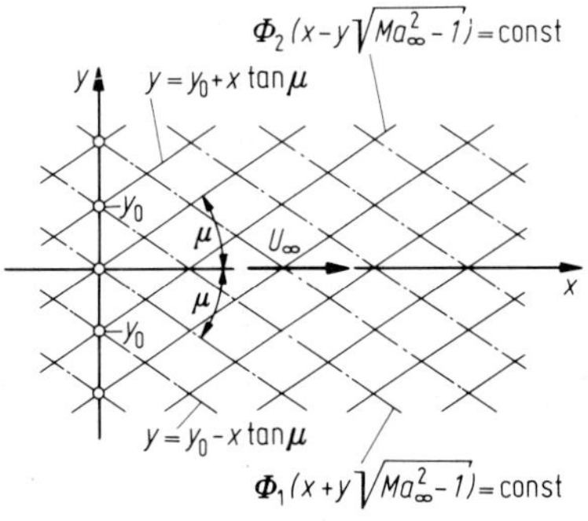

Abb. 5.35. Zum Lösungsansatz der supersonischen Potentialströmung bei kleiner Störung, Scharen von Mach-Linien (= Potentiallinien, Charakteristiken) bei $Ma_\infty > 1$, μ = Machwinkel.

[40] Auf die Anwendung von (5.123a) bei der mit Überschallgeschwindigkeit angestellten ebenen Platte in Kap. 4.5.3.1 Beispiel a sei hingewiesen.

Die Lösung (5.122) stellt demnach stehende Wellen von beliebiger Form dar, deren gerade Fronten unter dem Machwinkel gegen die Anströmrichtung geneigt sind. Die Geraden der Potentialfunktionen $\Phi(x \pm y\sqrt{Ma_\infty^2 - 1}) = \text{const}$ entsprechen den Machlinien, auch Machwellen genannt. Bei $Ma_\infty = \sqrt{2}$ ist $\tan\mu = 1$ und damit $\mu = 45°$.

Aus dem Ansatz $\Phi = \Phi(x - y\sqrt{Ma_\infty^2 - 1})$ lassen sich die Beziehungen

$$u = \partial\Phi/\partial x = \Phi^\bullet \qquad v = \partial\Phi/\partial y = -\Phi^\bullet\sqrt{Ma_\infty^2 - 1} \tag{5.124}$$

mit $\Phi^\bullet = d\Phi/d(x - y\sqrt{Ma_\infty^2 - 1})$ herleiten.

In Abb. 5.36a und b ist die bei einer konkaven bzw. konvexen Umlenkung um den Winkel $\Delta\vartheta \gtrless 0$ an der Knickstelle A ausgehende Mach-Linie (Potentiallinie $\Phi_2 = \text{const}$) dargestellt, vgl. Abb. 4.36. Miteingezeichnet sind unter Beachtung von Abb. 4.36 die Geschwindigkeitsdreiecke nach der Umlenkung. Aus dieser Darstellung liest man $v = (U_\infty + u)\Delta\vartheta \approx U_\infty \Delta\vartheta$ ab, wobei wegen der kleinen Störung $|u| \ll U_\infty$ gilt. Außerdem ist $\tan\mu = -u/v$, und man findet in Übereinstimmung mit (5.124)

$$\frac{u}{U_\infty} = -\frac{1}{\sqrt{Ma_\infty^2 - 1}}\frac{v}{U_\infty} \approx -\frac{\Delta\vartheta}{\sqrt{Ma_\infty^2 - 1}} . \tag{5.125}$$

Ausgehend von (4.83) erhält man für den Druckbeiwert

$$\frac{\Delta p}{q_\infty} \approx -2\frac{u}{U_\infty} = \frac{2\Delta\vartheta}{\sqrt{Ma_\infty^2 - 1}} \gtrless 0 \quad \text{(schwache Störung)} . \tag{5.126a,b}$$

Sub- und supersonische Ähnlichkeitsregel. Durch bestimmte Transformationen der körperfesten Ortskoordinaten x, y und des Geschwindigkeitspotentials Φ lassen sich die Fälle für die Unterschallanströmung $Ma_\infty < 1$ auf eine Vergleichsströmung eines dichtebeständigen Fluids bei $Ma'_\infty = 0$ und die Fälle bei Überschallanströmung $Ma_\infty > 1$ auf eine Vergleichsströmung eines dichteveränderlichen Fluids bei $Ma'_\infty = \sqrt{2}$ zurückführen. Die Größen der transformierten

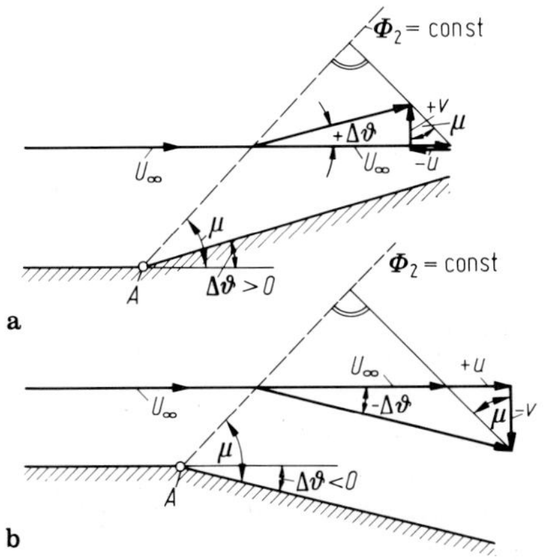

Abb. 5.36. Lineare supersonische Potentialströmung. **a** Konkave schwache Umlenkung, $\Delta\vartheta > 0$. **b** Konvexe schwache Umlenkung, $\Delta\vartheta < 0$

Vergleichsströmung seien mit einem Strich versehen. Die beiden Gleichungen der ausgezeichneten Vergleichsströmungen lauten also

$$\Delta\Phi' = \frac{\partial^2\Phi'}{\partial x'^2} + \frac{\partial^2\Phi'}{\partial y'^2} = 0 \qquad (Ma'_\infty = 0)\,,$$
$$\Box\Phi' = \frac{\partial^2\Phi'}{\partial x'^2} - \frac{\partial^2\Phi'}{\partial y'^2} = 0 \qquad (Ma'_\infty = \sqrt{2})\,. \qquad (5.127\text{a, b})^{41}$$

Die Transformationen sollen von der Art sein, daß in der transformierten Strömung die Mach-Zahl der Anströmung nicht mehr explizit auftritt. Die Transformationsformeln seien wie folgt angesetzt:

$$x' = x, y' = c_1 y; \qquad U'_\infty = U_\infty, \qquad q'_\infty = q_\infty; \qquad \Phi = c_2\Phi'\,. \qquad (5.128\text{a; b; c})$$

Es bedeutet c_1 den geometrischen und c_2 den fluidmechanischen Transformationsfaktor. Führt man (5.128a, c) in (5.120b) ein und vergleicht das Ergebnis mit (5.127), so erhält man

$$c_2\left[(1 - Ma_\infty^2)\frac{\partial^2\Phi'}{\partial x'^2} + c_1^2\frac{\partial^2\Phi'}{\partial y'^2}\right] = 0, \qquad c_1 = \sqrt{|1 - Ma_\infty^2|} > 0\,. \qquad (5.129\text{a, b})^{42}$$

Bezeichnen $y_K(x)$ und $y'_K(x')$ die vorliegende bzw. die transformierte Körperkontur des umströmten Körpers, dann folgt aus (5.128a) die Vorschrift für die geometrische Transformation:

$$y'_K(x') = y_K(x)\sqrt{|1 - Ma_\infty^2|}, \qquad \delta' = \delta\sqrt{|1 - Ma_\infty^2|}\,. \qquad (5.130\text{a, b})$$

Mit δ wurde der Schlankheitsgrad (Parameter der Querausdehnung) nach (5.109), vgl. Abb. 5.32, eingeführt. Mit Rücksicht auf die affine Verzerrung der y-Koordinaten sind die Aussagen in (5.130a) und (5.130b) gleichwertig.

Die Größe des Transformationsfaktors c_2 erhält man aus der zuerst von Göthert [22] formulierten Stromlinien-Analogie. Unter der Voraussetzung kleiner Störgeschwindigkeiten lauten die kinematischen Randbedingungen für die beiden Körper

$$dy_K/dx = v/U_\infty = (1/U_\infty)(\partial\Phi/\partial y) \quad \text{und}$$
$$dy'_K/dx' = v'/U'_\infty = (1/U'_\infty)\,(\partial\Phi'/\partial y')\,.$$

Setzt man die Transformationsformeln (5.128) ein, so findet man mit $y'_K = c_1 y_K$ den fluidmechanischen Transformationsfaktor c_2 aus

$$\frac{dy_K}{dx} = c_1 c_2\frac{dy'_K}{dx'} = c_1^2 c_2\frac{dy_K}{dx}, \qquad c_2 = \frac{1}{c_1^2} = \frac{1}{|1 - Ma_\infty^2|}\,. \qquad (5.131\text{a, b})$$

[41] Es ist $\Delta = \partial^2/\partial x^2 + \partial^2/\partial y^2$ der Laplace-Operator und $\Box = \partial^2/\partial x^2 - \partial^2/\partial y^2$ der d'Alembert-Operator.

[42] Die Lösung $c_2 = 0$ liefert das triviale Ergebnis $\Phi = 0$.

Im Rahmen der Theorie kleiner Störung gilt (5.126a) für die Druckbeiwerte am Ort der Kontur des schlanken Körpers $c_p = \Delta p/q_\infty = -2u/U_\infty = -(2/U_\infty)(\partial\Phi/\partial x)$ und $c'_p = \Delta p'/q'_\infty = -2u'/U'_\infty = -(2/U'_\infty)(\partial\Phi'/\partial x')$. Berücksichtigt man die fluidmechanische Transformation, so wird $c_p = c_2 c'_p$ oder mit c_2 nach (5.131b)[43]

$$c_p(x) = \frac{c'_p(x)}{|1 - Ma_\infty^2|}, \qquad \delta' = \delta\sqrt{|1 - Ma_\infty^2|} \qquad (Ma_\infty \lesseqgtr 1, \text{ 1. Fassung}) . \tag{5.132a, b}$$

Die Nebenbedingung (5.132b) gibt an, in welcher Weise der Vergleichskörper $y'_K(x)$ aus dem vorgegebenen Körper $y_K(x)$ zu bilden ist, vgl. Abb. 5.32. Man bezeichnet (5.132) als Ähnlichkeitsregel der sub- und supersonischen Strömung kleiner Störung, da sie den Zusammenhang zwischen zwei ähnlichen Strömungen beschreibt, nämlich einer Vergleichsströmung bei $Ma'_\infty = 0$ oder $Ma'_\infty = \sqrt{2}$ und einer Unter- bzw. Überschallanströmung bei $0 < Ma_\infty < 1$ bzw. $Ma_\infty > 1$. Das Ergebnis von (5.132a, b) ist in Abb. 5.37a, b über der Mach-Zahl der Anströmung Ma_∞ aufgetragen. Bei $Ma_\infty \to 1$ gehen für die Vergleichskörper die Koordinaten y'_K gegen null, und die Druckbeiwerte c'_p streben gegen das physikalisch nicht sinnvolle Ergebnis eines unendlich großen Druckbeiwerts. Für $Ma_\infty \to \infty$ wird $y'_K \to \infty$, was gegen die Schlankheitsbedingung der hier zugrunde gelegten Theorie kleiner Störung verstößt. Für die beiden Fälle $Ma_\infty \approx 1$ und $Ma_\infty \gg 1$ ist somit die sub- und supersonische Theorie nicht anwendbar. Der Gültigkeitsbereich bei der subsonischen Strömung hängt ab von der kritischen Anström-Mach-Zahl Ma_∞^*, bei der gerade am Körper erstmalig örtlich Schallgeschwindigkeit auftritt. Angaben über Ma_∞^* können z. B. Abb. 4.17 entnommen werden. Da man (5.132) eine noch einfachere Form geben kann, sei die bisher besprochene Beziehung als erste Fassung der sub- und supersonischen Ähnlichkeitsregel bezeichnet.

Im Rahmen der vorausgesetzten linearen Theorie sind die Druckbeiwerte an Körpern, die nach Abb. 5.32 in x-Richtung angeströmt werden, jeweils proportional der Querausdehnung (bei Tropfenprofilen proportional dem Dickenverhält

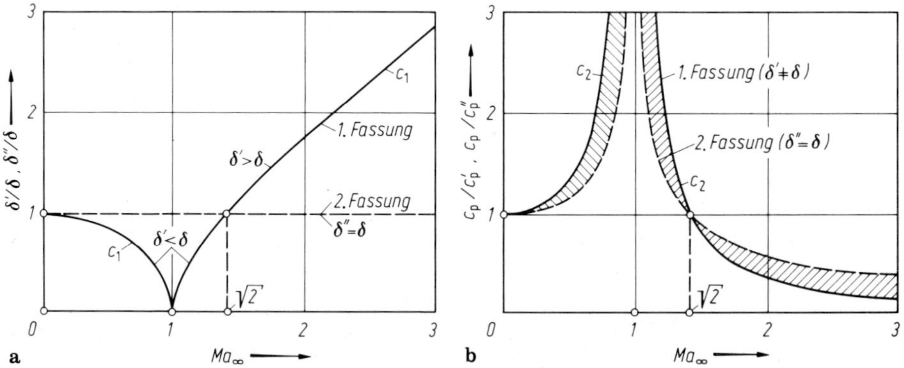

Abb. 5.37. Zur Erläuterung der sub- und supersonischen Ähnlichkeitsregel, 1. Fassung nach (5.132), 2. Fassung nach (5.133). **a** Transformation der Geometrie (Querausdehnung), **b** Transformation des Druckbeiwerts

[43] Nach (5.128a) ist $x' = x$.

nis, bei gewölbten Platten proportional dem Wölbungsverhältnis und bei angestellten ebenen Platten proportional dem Anstellwinkel). Mit δ' als Parameter der Querausdehnung des ebenen Vergleichskörpers nach (5.109) gilt für den Druckbeiwert $c'_p(x) = h(x)\delta'$, wenn $h(x)$ die Einheitsdruckverteilung für $Ma'_\infty = 0$ bzw. $Ma'_\infty = \sqrt{2}$ darstellt.[43] Zwischen δ' und dem Parameter der Querausdehnung des tatsächlichen ebenen Körpers δ besteht nach (5.132b) der Zusammenhang $\delta' = \delta\sqrt{|1 - Ma^2_\infty|}$, so daß man für den Druckbeiwert auch $c'_p(x) = h(x)\delta\sqrt{|1 - Ma^2_\infty|}$ schreiben kann. Der Ausdruck $c''_p(x) = h(x)\delta$ gibt die Druckverteilung einer Vergleichsströmung wieder, bei welcher der Körper nicht transformiert wird, d. h. bei dem $y''_K = y_K$ ist. Setzt man den Ausdruck für $c'_p = c''_p\sqrt{|1 - Ma^2_\infty|}$ in (5.132a) ein, so erhält man eine andere Fassung der Ähnlichkeitsregel in der Form

$$c_p(x) = \frac{c''_p(x)}{\sqrt{|1 - Ma^2_\infty|}}, \qquad \delta'' = \delta \qquad \text{(2. Fassung)}\,. \qquad (5.133\text{a, b})$$

Diese Beziehung ist einfacher als (5.132) zu handhaben, da auf die geometrische Transformation verzichtet werden kann. Auch das Ergebnis von (5.133) ist in Abb. 5.37 wiedergegeben.[44]

Das beschriebene Transformationsverfahren für die sub- und supersonische Strömung bezeichnet man als Prandtl-Glauert-Ackeretsche Ähnlichkeitsregel [2, 21, 65].

Beispiel: Angestellte ebene Platte.[45] Nach der sub- und supersonischen Ähnlichkeitsregel sei der Auftrieb einer unter dem Winkel α angestellten ebenen Platte berechnet. Anstelle der Auftriebskraft F_A werde der Auftriebsbeiwert $c_A = F_A/blq_\infty$ mit b als Breite und l als Tiefe der Platte sowie $q_\infty = (\varrho_\infty/2)U^2_\infty$ als Geschwindigkeitsdruck der Anströmung eingeführt. Es soll die zweite Fassung der Ähnlichkeitsregel nach (5.133) benutzt werden. Danach bleibt der Parameter der Querausdehnung ungeändert, d. h. der Anstellwinkel wird nicht transformiert, $\alpha'' = \alpha$. Für die Vergleichsströmungen gilt nach (5.209a) für $Ma''_\infty = 0$ der Wert $c''_A = 2\pi\alpha''$ und nach (4.154a) für $Ma''_\infty = \sqrt{2}$ der Wert $c''_A = 4\alpha''$. Da der Auftriebsbeiwert c_A dem Druckbeiwert c_p proportional ist, folgt unmittelbar aus (5.133a) für den Auftriebsanstieg

$$\frac{dc_A}{d\alpha} = \frac{2\pi}{\sqrt{1 - Ma^2_\infty}} \quad (Ma_\infty < 1), \qquad \frac{dc_A}{d\alpha} = \frac{4}{\sqrt{Ma^2_\infty - 1}} \quad (Ma_\infty > 1)\,. \qquad (5.134\text{a, b})$$

In Abb. 5.38 ist der theoretisch für die angestellte ebene Platte berechnete Auftriebsanstieg $dc_A/d\alpha$ über Ma_∞ dargestellt und mit dem typischen Verlauf einer Messung an einem dünnen Profil verglichen. Die Übereinstimmung von Messung und Theorie ist mit Ausnahme des Bereichs um $Ma_\infty \approx 1$ (schraffierter

---

[44] Besonders im älteren Schrifttum findet man für die Unterschallanströmung ($Ma_\infty < 1$) zuweilen eine Fassung, bei der die Druckverteilung bei geänderter Körperkontur gleich bleibt, vgl. Prandtl [65]:

$$c_p(x) = c'''_p(x), \qquad \delta''' = \frac{\delta}{\sqrt{1 - Ma^2_\infty}} \qquad \text{(3. Fassung)}\,.$$

Im Rahmen der linearen Theorie ebener Strömungen ist diese Beziehung mit der ersten und zweiten Fassung gleichwertig. Da sie jedoch nicht auf Fälle der Strömung um räumliche Körper (z. B. Tragflügel endlicher Spannweite) übertragen werden kann, kommt ihr keine weitere Bedeutung mehr zu.

[45] Die angestellte ebene Platte kann man nach Kap. 5.4.3.2 Beispiel a als Potentialwirbelfläche auffassen. Diese zunächst für das dichtebeständige Fluid gewonnene Erkenntnis gilt auch für ein dichteveränderliches Fluid. Man hätte somit die angestellte Platte grundsätzlich auch den Potentialwirbelströmungen von Kap. 5.4 zuordnen können. Auf die Anwendung der sub- und supersonischen Ähnlichkeitsregel würde man bei einem solchen Vorgehen jedoch nur schwer verzichten können.

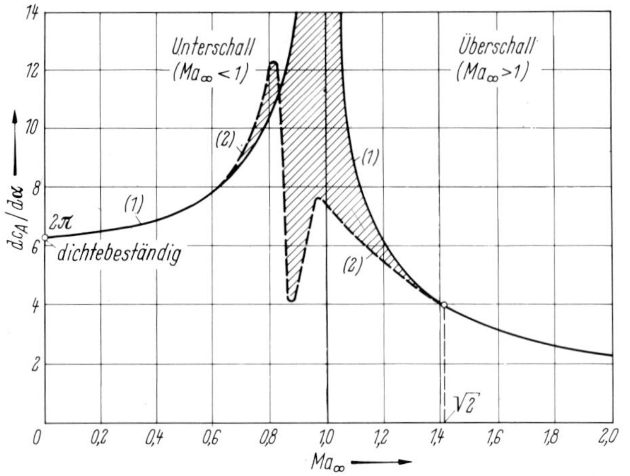

Abb. 5.38. Auftriebsanstieg der angestellten ebenen Platte bei Unter- und Überschallanströmung. (1) Theorie nach (5.134), Prandtl-Glauert-Ackeretsche Ähnlichkeitsregel; (2) Messung an einem dünnen Flügelprofil

Bereich) nahezu vollständig, wodurch die lineare Theorie für sub- und supersonische Strömungen sehr gut bestätigt wird. Der im transsonischen Geschwindigkeitsbereich recht verwickelte Strömungszustand wurde an Hand von Druckverteilungen und Stromlinienbildern (Schlierenaufnahmen) sehr eingehend untersucht, z. B. von Holder [30][46].

Vergleich von Theorie und Experiment. Eine Vorstellung darüber, in welchem Maß sich die Auftriebs- und Widerstandsbeiwerte für verschieden dicke, symmetrische Profile bei Unterschallanströmung, insbesondere bei Annäherung an die Schallgeschwindigkeit $Ma_\infty \to 1$, ändern, vermitteln die Abb. 5.39a und b. Bemerkenswert an diesen Ergebnissen ist, daß der plötzliche Auftriebsabfall und der starke Widerstandsanstieg bei hoher Unterschall-Mach-Zahl um so eher stattfinden, je dicker das Profil ist. In diesem Zusammenhang sei auf die Bemerkung über die kritische Mach-Zahl in Kap. 4.3.2.7 Beispiel c.2 hingewiesen.

Sowohl für den Unterschall- als auch für den Überschallbereich lassen sich durch sog. höhere Näherungen verbesserte Lösungen für die Ermittlung der fluidmechanischen Größen an umströmten Profilkörpern entwickeln, man vgl. hierzu [11, 91]. Bisher wurden nur ebene sub- und supersonische Strömungen und die ihnen zugeordnete Ähnlichkeitsregel besprochen. Auf den erweiterten Fall räumlicher Strömungen wird in Kap. 5.3.3.5 eingegangen.

b) Transsonische Potentialströmung

Potentialgleichung. Für die schallnahe Anströmung soll nur der Fall $Ma_\infty = 1$ untersucht werden. Fälle für $Ma_\infty \approx 1$ erfordern eine etwas längere Ableitung. Es sei hierzu auf [77, 103] verwiesen. In (5.112) gehen die Mach-Zahl-Funktionen für $Ma_\infty = 1$ gegen die Grenzwerte $(1 - Ma_\infty^2)/Ma_\infty^2 = 0$ sowie $1/Ma_\infty^2 = 1$. Dies bedeutet, daß die Geschwindigkeitsfunktion f_1 nach (5.114a) berücksichtigt werden muß, während $|f_2| \ll 1$ nach (5.114b) vernachlässigt werden darf, vgl. Tab. 5.6. Gemäß den Vorschriften für die Linearisierung der Potentialgleichung in Kap. 5.3.3.3, vgl. Tab. 5.5 und Abb. 5.33, betragen die Größenordnungen δ^m für die verbleibenden Geschwindigkeitsterme $f_1(\partial u/\partial x) \sim \delta^{2n}$, $\partial v/\partial y \sim \delta^{2-n}$ und $f_3(\partial v/\partial x) \sim \delta^2$. Sollen die drei Exponenten $m = 2n, 2 - n, 2$ (Gerade 1′, 2, 3′) von gleicher Größenordnung sein, so müßte $2n = 2 - n = 2$ sein, was nicht möglich ist. Aus der Gleichheit $2n = 2 - n$ als Schnittpunkt der Geraden 1′ und 2 folgt $n = 2/3$

[46] Man vgl. [79], Bd. 1, S. 216.

bzw. $m = 4/3$. Dies bedeutet, daß der Term $f_3\,(\partial v/\partial x)$ wegen $m = 2 > 4/3$ klein von höherer Ordnung ist und somit unberücksichtigt bleiben kann. Bei $Ma_\infty \approx 1$ ist in (5.112) in Verbindung mit (5.114) also $f_1 \neq 0$, $f_2 = 0$ und $f_3 = 0$ zu setzen, vgl. Tab. 5.6. In der Strömung eines mit Schall- oder Überschallgeschwindigkeit angeströmten schlanken Körpers (Flügelprofil) breiten sich Strömungen nach der Theorie kleiner Störung geradlinig auf Mach-Linien (Mach-Welle) aus. Längs einer

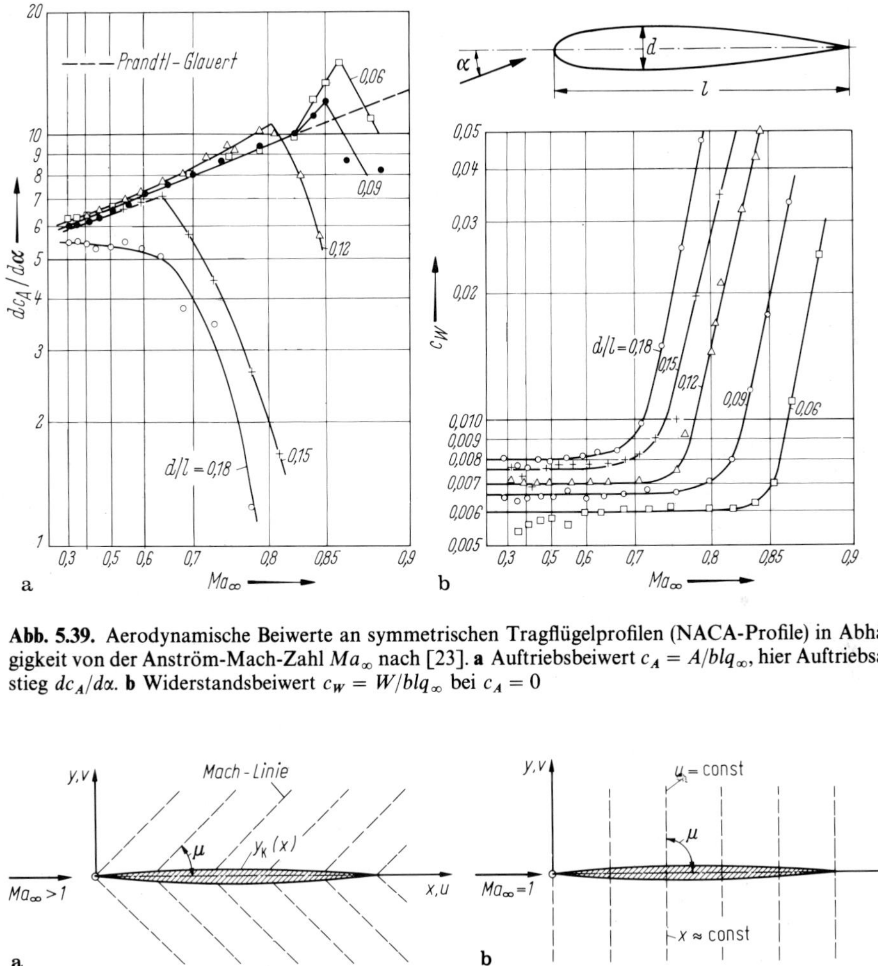

Abb. 5.39. Aerodynamische Beiwerte an symmetrischen Tragflügelprofilen (NACA-Profile) in Abhängigkeit von der Anström-Mach-Zahl Ma_∞ nach [23]. **a** Auftriebsbeiwert $c_A = A/blq_\infty$, hier Auftriebsanstieg $dc_A/d\alpha$. **b** Widerstandsbeiwert $c_W = W/blq_\infty$ bei $c_A = 0$

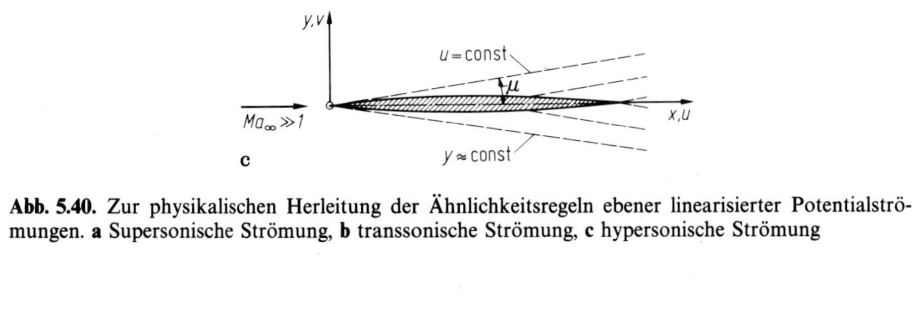

Abb. 5.40. Zur physikalischen Herleitung der Ähnlichkeitsregeln ebener linearisierter Potentialströmungen. **a** Supersonische Strömung, **b** transsonische Strömung, **c** hypersonische Strömung

Machlinie sind alle physikalischen Größen ungeändert. Das mögliche Vorhandensein von Verdichtungsstößen wird in der Weise berücksichtigt, daß man schwache, geradlinig verlaufende Stöße voraussetzt. Der Stoßwinkel σ ist gleich dem Machwinkel μ. Dieser berechnet sich nach (4.144a) zu $\sin\mu = 1/Ma_\infty$. In Abb. 5.40a ist das Feld der Machlinien bei supersonischer Strömung dargestellt, wobei $\mu < \pi/2$ ist. Bei schallnaher Anströmung ($Ma_\infty \approx 1$) ist $\mu \approx \pi/2$, was nach Abb. 5.40b bedeutet, daß die Störungen auf Flächen, welche mehr oder weniger normal zur Anströmrichtung ($x \approx$ const) stehen, nahezu ungeändert sind. Aus dieser Überlegung folgt für die Ableitungen der verschiedenen physikalischen Größen nach den Ortskoordinaten, daß $\partial/\partial x \gg \partial/\partial y$ ist. Mithin gilt für die Geschwindigkeitskomponenten

$$\left|\frac{\partial u}{\partial x}\right| \gg \left|\frac{\partial u}{\partial y}\right| = \left|\frac{\partial v}{\partial x}\right|, \qquad \left|\frac{u}{U_\infty}\right| \gg \left|\frac{v}{U_\infty}\right| \qquad (Ma_\infty \approx 1)\,. \qquad (5.135\text{a, b})^{47}$$

In (5.135a) wurde nach (5.99b) die Bedingung der Drehungsfreiheit mit $\partial u/\partial y = \partial v/\partial x$ berücksichtigt. Zur Berechnung der drehungsfreien transsonischen Strömung ergibt sich somit unter Einsetzen von (5.119)

$$-(\varkappa+1)\frac{u}{U_\infty}\frac{\partial u}{\partial x} + \frac{\partial v}{\partial y} = 0, \quad -\frac{\varkappa+1}{U_\infty}\frac{\partial\Phi}{\partial x}\frac{\partial^2\Phi}{\partial x^2} + \frac{\partial^2\Phi}{\partial y^2} = 0 \quad (n = 2/3)\,. \qquad (5.136\text{a, b})$$

Diese Differentialgleichung für Φ ist nichtlinear, was ihre mathematische Lösung gegenüber der linearen Differentialgleichung bei sub- und supersonischer Strömung (5.120b) wesentlich schwieriger gestaltet.

Transsonische Ähnlichkeitsregel. In analoger Weise wie bei der sub- und supersonischen Strömung läßt sich auch für die transsonische Strömung eine Ähnlichkeitsregel herleiten. Dabei soll die Aufgabenstellung wie folgt formuliert werden: Vorgegeben ist ein ebener Körper (Größen ohne Index) mit dem Schlankheitsgrad δ, vgl. (5.109), der mit Schallgeschwindigkeit ($Ma_\infty = 1$) angeströmt wird. Gefragt ist, wie ändert sich bei einem ebenen Vergleichskörper (Größen durch Strich gekennzeichnet) mit dem Schlankheitsgrad δ', der ebenfalls mit Schallgeschwindigkeit ($Ma'_\infty = 1$) angeströmt wird, die (affine) Druckverteilung. Gl. (5.136b) gilt für die Vergleichsströmung in entsprechender Form, nämlich

$$-\frac{\varkappa+1}{U'_\infty}\frac{\partial\Phi'}{\partial x'}\frac{\partial^2\Phi'}{\partial x'^2} + \frac{\partial^2\Phi'}{\partial y'^2} = 0 \qquad (Ma'_\infty = 1)\,. \qquad (5.137)$$

Um die gestellte Frage zu beantworten, werden analog (5.128) die Transformationsformeln

$$x' = x, \; y' = c_3 y; \; U'_\infty = U_\infty, \; q'_\infty = q_\infty; \; \Phi = c_4\Phi' \qquad (5.138\text{a; b; c})$$

[47] Das Ergebnis von (5.135b) wird durch die Größenordnungsbetrachtung in Tab. 5.5 bzw. Abb. 5.33 mit $u/U_\infty \sim \delta^{2/3}$ und $v/U_\infty \sim \delta^1$ bestätigt, d. h. für transsonische Strömungen ist die Beziehung $(v/U_\infty)^2 \sim (u/U_\infty)^3$ typisch.

eingeführt. Nach Einsetzen in (5.136b) und Vergleich mit (5.137) wird

$$c_4\left[-c_4\,\frac{\varkappa+1}{U'_\infty}\,\frac{\partial\Phi'}{\partial x'}\,\frac{\partial^2\Phi'}{\partial x'^2}+c_3^2\,\frac{\partial^2\Phi'}{\partial y'^2}\right]=0,\qquad c_3^2=c_4\,. \tag{5.139a, b}$$

Einen weiteren Zusammenhang zwischen den Koeffizienten c_3 und c_4 erhält man durch Anwenden der bei der sub- und supersonischen Ähnlichkeitsregel bereits benutzten Stromlinien-Analogie (kinematische Randbedingung). Mit (5.138) findet man aus der kinematischen Randbedingung analog zu (5.131b)

$$\frac{dy_K}{dx}=c_3c_4\,\frac{dy'_K}{dx'}=c_3^2c_4\,\frac{dy_K}{dx}\,,\qquad c_3^2c_4=1,\quad c_3c_4=\delta/\delta' \tag{5.140a, b, c}$$

Die Lösung $c_3^2c_4=1$ liefert in Verbindung mit $c_3^2=c_4$ nach (5.139b) das triviale Ergebnis $c_3=c_4=1$. Eine zweite Lösung findet man folgendermaßen: Für die Körperneigungen in (5.140a) gelten unter Einführen der Schlankheitsgrade (5.109) die Proportionalitäten $dy_K/dx\sim\delta$ und $dy'_K/dx'\sim\delta'$, was zu der in (5.140c) angegebenen Beziehung führt. Aus (5.139b) und (5.140c) erhält man also

$$c_3=\left(\frac{\delta}{\delta'}\right)^{1/3},\qquad c_4=\left(\frac{\delta}{\delta'}\right)^{2/3}. \tag{5.141a, b}$$

Auf eine Besonderheit sei aufmerksam gemacht. Während nach (5.138a) $c_3=\delta'/\delta$ ist, folgt aus (5.141a) $c_3=(\delta/\delta')^{1/3}$. Dies bedeutet, daß eine bestimmte Verträglichkeitsbedingung nicht erfüllt ist, und zeigt den Näherungscharakter der dargelegten Ableitung. Die auf den Körper angewendete Stromlinien-Analogie ist nicht für das gesamte Strömungsfeld gültig, vgl. [38].

Für den Druckbeiwert gilt in analoger Weise wie bei der sub- und supersonischen Ähnlichkeitsregel $c_p=\Delta p/q_\infty=c_4c'_p$, d. h. für die zwei miteinander zu vergleichenden schlanken Körper ist

$$\frac{c_p}{c'_p}=\left(\frac{\delta}{\delta'}\right)^{2/3},\qquad c_p(x)=h(x)\,\delta^{2/3}\qquad(Ma_\infty=Ma'_\infty=1) \tag{5.142a, b}$$

mit $h(x)$ als Einheitsdruckverteilung bei transsonischer Strömung. Nach der transsonischen Ähnlichkeitsregel ist also der Druckbeiwert bei Schallanströmung $Ma_\infty=1$ proportional $\delta^{2/3}$, während er bei der Unter- und Überschallanströmung $Ma_\infty\lessgtr 1$ proportional δ ist. In Abb. 5.41 ist für die transsonische Strömung das Verhältnis der Druckbeiwerte bei verschiedenem Verhältnis der Schlankheitsgrade δ_2/δ_1 als Kurve (2) mit dem Ergebnis für die sub- und supersonischen Strömungen entsprechend Kurve (1) verglichen.

Das beschriebene Transformationsverfahren für transsonische Strömungen nennt man häufig die von Kármánsche Ähnlichkeitsregel [38]. Auf die Darstellungen über transsonische Strömungen in [30, 61, 77, 103] sei hingewiesen.

Die transsonische Ähnlichkeitsregel für $Ma_\infty=1$ und die hier nicht wiedergegebene Erweiterung für $Ma_\infty\approx 1$ ist von besonderer Bedeutung für die Ordnung von Versuchsergebnissen verschieden dicker, gewölbter oder angestellter Flügelprofile bei schallnaher Anströmung. Eine experimentelle Bestätigung gibt Malavard [54]. In Abb. 5.42a, b sind Widerstandsbeiwerte c_W an Profilen im schallnahen

Anström-Bereich über der Mach-Zahl $0{,}7 < Ma_\infty < 1{,}1$ vor und nach der Transformation dargestellt. Danach kann man zeigen, daß die transsonische Ähnlichkeitsregel auch für Strömungen mit schwachen Verdichtungsstößen noch gültig ist. In Abb. 5.43 ist für ein Profil schematisch das verwickelte, von der Potentialtheorie

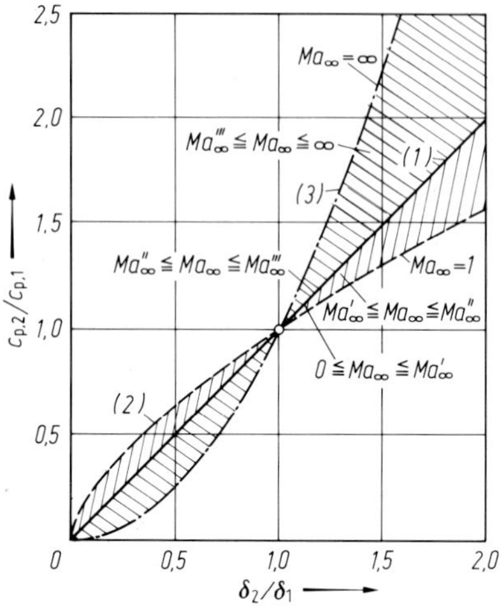

Abb. 5.41. Anwendung der Ähnlichkeitsregeln dichteveränderlicher Gase auf die Berechnung der Druckbeiwerte c_p zweier Körper (Index 1 und 2) verschiedenen Schlankheitsgrads δ, vgl. (5.109) und (5.118). (1) Sub- und supersonische Regel (Prandtl-Glauert-Ackeret), (2) transsonische Regel (von Kármán), (3) hypersonische Regel für $Ma_\infty \to \infty$ (Tsien)

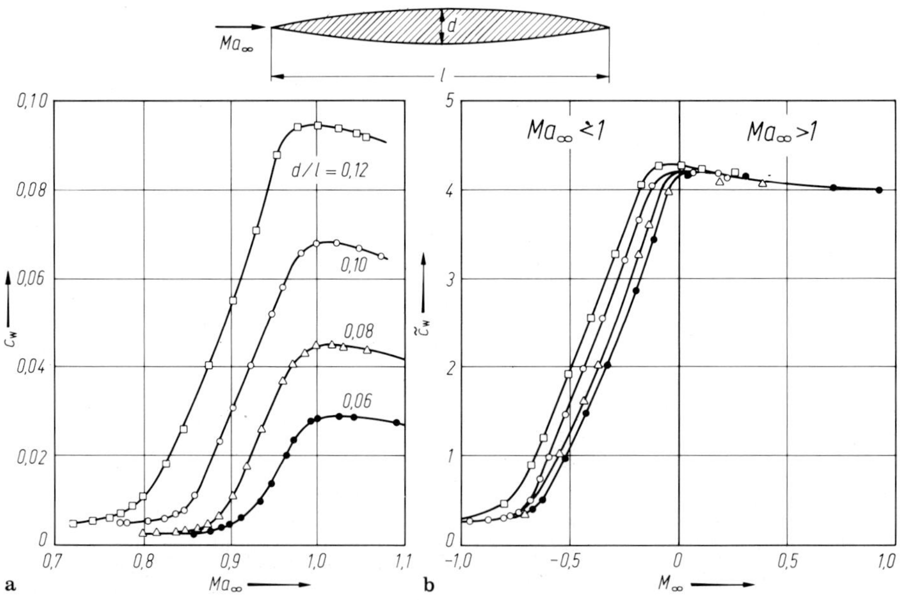

Abb. 5.42. Zur Anwendung der transsonischen Ähnlichkeitsregel, Widerstand von Profilen (Dickenverhältnis $\delta = d/l$) bei schallnaher Anströmung nach Malavard [54]. **a** Widerstandsbeiwert c_W in Abhängigkeit von der Mach-Zahl Ma_∞. **b** Reduzierter Widerstandsbeiwert $\tilde{c}_W = c_W/\delta^{5/3}$ in Abhängigkeit von der reduzierten Mach-Zahl $M_\infty = (Ma_\infty^2 - 1)/(\varkappa + 1)\delta^{2/3}$

stark abweichende Strömungsverhalten im transsonischen Geschwindigkeitsbereich, d. h. beim Übergang von der sub- zur supersonischen Strömung, dargestellt.

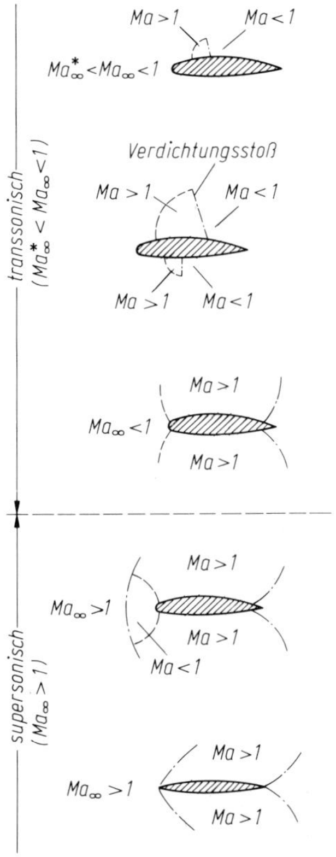

Abb. 5.43. Strömungsverhalten an einem Flügelprofil beim Übergang von Unter- zu Überschallanströmung, sub-, trans-, supersonische Strömung (schematisch)

c) Hypersonische Potentialströmung

Potentialgleichung. Im folgenden soll jetzt der Fall sehr großer Anström-Mach-Zahlen $Ma_\infty \gg 1$ besprochen werden. Solche hypersonischen Strömungen sind im allgemeinen für Anström-Mach-Zahlen $Ma_\infty > 4$ definiert.[48] Dies stellt etwa auch die Grenze dar, wo man ein Gas nicht mehr als ideal, sondern bereits als real ansehen muß, man vgl. hierzu die Ausführung in Fußnote 3, Bd. 1, S. 9. In (5.112) gilt bei $Ma_\infty \gg 1$ für die Mach-Zahl-Funktionen $(1 - Ma_\infty^2)/Ma_\infty^2 \to -1$ sowie $1/Ma_\infty \ll 1$. Dies bedeutet, daß die Geschwindigkeitsfunktion $|f_1| \ll 1$ nach (5.114a) vernachlässigt werden darf, während f_2 gemäß den Vorschriften für die Linearisierung der Potentialgleichung in Kap. 5.3.3.3, vgl. Tab. 5.5 bzw. Abb. 5.33, voll (beide Terme) berücksichtigt werden muß. In (5.115b) wurde aus der Gleichheit der Exponenten m der Exponent $n = 2$ gefunden. Bei $Ma_\infty \gg 1$ ist in (5.112) in Verbindung mit (5.114) also $f_1 = 0, f_2 \neq 0, f_3 \neq 0$ zu setzen, vgl. Tab. 5.6. Bei einer

[48] Für den Grenzfall $Ma_\infty = \infty$ wurde bereits (5.115b) abgeleitet.

hypersonischen Strömung ist nach Abb. 5.40c der Mach-Winkel sehr klein, $\mu \to 0$. Dies besagt, daß die Störungen auf Flächen, welche mehr oder weniger parallel zur Anströmrichtung ($y \approx$ const) verlaufen, nahezu ungeändert sind. Aus dieser Überlegung geht für die Ableitungen der verschiedenen Größen nach den Ortskoordinaten hervor, daß im Gegensatz zur transsonischen Strömung jetzt $\partial/\partial x \ll \partial/\partial y$ ist. Mithin gilt

$$\left|\frac{\partial u}{\partial x}\right| \ll \left|\frac{\partial u}{\partial y}\right| = \left|\frac{\partial v}{\partial x}\right|, \quad \left|\frac{u}{U_\infty}\right| \ll \left|\frac{v}{U_\infty}\right| \ll 1 \qquad (Ma_\infty \gg 1)\,. \qquad (5.143\text{a, b})^{49}$$

Diese Überlegung folgt auch daraus, daß sich bei einem mit Hyperschallgeschwindigkeit angeströmten Körper nach Abb. 4.53 Störungen nur in einer sehr schmalen, den Körper umgebenden hypersonischen Grenzschicht bemerkbar machen. Zur Berechnung der drehungsfreien hypersonischen Strömung ergibt sich mit $u = \partial\Phi/\partial x$ und $v = \partial\Phi/\partial y$ aus (5.112) die Potentialgleichung

$$\frac{\partial^2\Phi}{\partial x^2} - \left[\frac{1}{Ma_\infty^2} - \frac{\varkappa - 1}{U_\infty}\frac{\partial\Phi}{\partial x} - \frac{\varkappa + 1}{2U_\infty^2}\left(\frac{\partial\Phi}{\partial y}\right)^2\right]\frac{\partial^2\Phi}{\partial y^2} + \frac{2}{U_\infty}\frac{\partial\Phi}{\partial y}\frac{\partial^2\Phi}{\partial x\partial y} = 0$$
$$(Ma_\infty \gg 1)\,. \qquad (5.144)$$

Auch diese Gleichung für Φ ist wie diejenige der transsonischen Strömung (5.136b) nichtlinear, was das Auffinden von Lösungen erschwert.

Hypersonische Ähnlichkeitsregel. Wie bei der sub-, super- und transsonischen Strömung läßt sich auch für die hypersonische Strömung eine Ähnlichkeitsregel angeben. Die Potentialgleichung (5.144) möge dabei auf eine hypersonische Vergleichsströmung für $Ma'_\infty \gg 1$ zurückgeführt werden, bei der $Ma'_\infty \neq Ma_\infty \gg 1$ ist. Zu diesem Zweck ist (5.144) nochmals aufzuschreiben, wobei jetzt alle Größen der Vergleichsströmung mit einem Strich zu versehen sind. In diese Beziehung werden dann analog zu (5.128) oder (5.138) die Transformationsformeln

$$x' = x,\; y' = c_5 y;\; U'_\infty = U_\infty,\; q'_\infty = q_\infty;\quad Ma'_\infty = c_6 Ma_\infty;\; \Phi = c_7\Phi' \qquad (5.145\text{a; b; c})$$

eingesetzt. Eine kleine Zwischenrechnung liefert dann durch Vergleich mit (5.144) die Zusammenhänge $c_5 c_6 = 1$ und $c_5^2 c_7 = 1$ sowie hieraus $c_6^2 = c_7$. Durch Anwenden der Stromlinien-Analogie (kinematische Randbedingung) entsprechend (5.140c) folgt $c_5 c_7 = \delta/\delta'$ mit δ bzw. δ' als Schlankheitsgrad nach (5.109). Da aber auch $c_5 c_7 = c_6 = Ma'_\infty/Ma_\infty$ ist, kann man schreiben $\delta/\delta' = Ma'_\infty/Ma_\infty$ oder

$$K' = Ma'_\infty\delta' = Ma_\infty\delta = K \qquad \text{(Hyperschallparameter)}\,. \qquad (5.146)$$

Soll wie bei der sub- und supersonischen Strömung eine schwache Umlenkung entsprechend Abb. 5.36a, b mit $\Delta\vartheta \gtrless 0$ zugrunde gelegt werden, dann gilt wegen $\delta/\delta' \sim \Delta\vartheta/\Delta\vartheta'$ die Beziehung $K' = Ma'_\infty\Delta\vartheta' = Ma_\infty\Delta\vartheta = K$. Es ist die Größe K'

---

[49] Das Ergebnis von (5.143b) wird durch die Größenordnungsbetrachtung in Tab. 5.5 bzw. Abb. 5.33 oder nach (5.115b) mit $u/U_\infty \sim \delta^2$ und $v/U_\infty \sim \delta^1$ bestätigt.

bzw. K ein kennzeichnender Parameter einer hypersonischen Strömung bei kleiner Störung, der bereits in (4.168) als hypersonischer Ähnlichkeitsparameter eingeführt wurde. Hypersonische Strömungen verhalten sich also ähnlich, wenn sie gleichen Parameter K besitzen. Analog zur sub-, super- oder transsonischen Strömung gilt für den Druckbeiwert $c_p = \Delta p/q_\infty = c_7 c'_p = c_6^{2'} c'_p$, d. h.

$$\frac{c_p}{c'_p} = \left(\frac{Ma'_\infty}{Ma_\infty}\right)^2 = \left(\frac{\delta}{\delta'}\right)^2 \quad (K' = K)\,. \tag{5.147a}$$

Hieraus folgt, daß bei Hyperschallanströmung der Druckbeiwert bei einem schlanken Körper bei gegebenem Wert K proportional dem Quadrat der Querausdehnung δ^2 ist. Wird mit $h = h(K, x)$ die Einheitsdruckverteilung bei hypersonischer Strömung bezeichnet, dann ist

$$c_p = h(K, x)\delta^2, \qquad c_p = h(K = \infty, x)\delta^2 \quad (Ma_\infty = \infty)\,. \tag{5.147b, c}$$

Dies Ergebnis ist in Abb. 5.41 als Kurve (3) mit den Ergebnissen für die sub-, super- und transsonische Strömung verglichen. Während bei sub- und supersonischer Strömung die Druckverteilung proportional zu δ und bei transsonischer Strömung proportional zu $\delta^{2/3}$ ist, ist sie bei hypersonischer Strömung im Grenzfall $Ma_\infty \to \infty$ proportional δ^2.

Das beschriebene Transformationsverfahren nennt man häufig die Tsiensche Ähnlichkeitsregel [92]. Sie wurde in Kap. 4.5.3.4 auf andere Weise bereits hergeleitet. Die bisherigen Ableitungen bezogen sich auf homentrope Strömungen ohne Verdichtungsstöße, bei denen also im gesamten Strömungsfeld die Drehung verschwindet. Hayes [26], Goldsworthy [26] und andere haben gezeigt, daß die Tsiensche Ähnlichkeitsregel auch für Strömungen mit Verdichtungsstößen, d. h. für die anhomentrope Strömung hinter einem Verdichtungsstoß gültig bleibt. Auf die Darstellungen über hypersonische Strömungen in [26, 61, 77, 103] sei hingewiesen.

5.3.3.5 Räumliche Potentialströmungen dichteveränderlicher Fluide

Allgemeines. Während in Kap. 5.3.3.1 die Ausgangsgleichung für die Potentialströmung in allgemeiner Darstellung abgeleitet wurde, befaßten sich die Kap. 5.3.3.2 bis 5.3.3.4 zunächst mit den ebenen Strömungen. Gegenüber der ebenen Strömung treten bei der räumlichen Strömung zusätzliche Glieder auf, welche die schon bei der Lösung der vollständigen Potentialgleichung bei ebener Strömung auftretenden mathematischen Schwierigkeiten noch beträchtlich vergrößern. Auf Einzelheiten soll hier nicht näher eingegangen werden, man vgl. [77]. Über einige einfach zu übersehende Fälle wird nachstehend kurz berichtet.

Kugelsymmetrische Strömung. Hängt die Strömung eines dichteveränderlichen Fluids nur von einer einzigen Kugelkoordinate ab, nämlich dem Radius r_0, so ist sie in gleicher Weise wie die Strömung eines dichtebeständigen Fluids nach Kap. 5.3.2.5 eine Potentialströmung. Eine solche eindimensionale Strömung liegt z. B. bei der räumlichen Quellströmung vor, über die in Kap. 4.3.2.7 Beispiel a.5 bereits berichtet wurde.

Drehsymmetrische Strömung. Solche zweidimensionalen Strömungen in der r,z-Ebene wurden für ein dichtebeständiges Fluid in Kap. 5.3.2.5 beschrieben. Die Potentialgleichung für die stationäre drehsymmetrische Strömung eines dichteveränderlichen Fluids ist in hohem Maß nichtlinear, was die Integration gegenüber der ebenen Strömung noch schwieriger gestaltet, man vgl. [77].

Räumliche Potentialströmung bei kleiner Störung. Die in Kap. 5.3.3.3 für ebene Potentialströmungen dichteveränderlicher Fluide bei kleiner Störung gefundenen Beziehungen lassen sich auch auf dreidimensionale Potentialströmungen bei kleiner Störung erweitern. Besondere Bedeutung haben diese Strömungen für die Aerodynamik von Tragflügeln mit endlicher Spannweite erlangt, vgl. [79]. Bei vollständiger Linearisierung gilt anstelle von (5.120b)

$$(1 - Ma_\infty^2)\frac{\partial^2 \Phi}{\partial x^2} + \frac{\partial^2 \Phi}{\partial y^2} + \frac{\partial^2 \Phi}{\partial z^2} = 0 \qquad (Ma_\infty \lesseqgtr 1)\,. \tag{5.148}$$

Diese Potentialgleichung ist linear. Man kann ausgehend hiervon in analoger Weise wie bei der ebenen Strömung eine einfach zu handhabende sub- und supersonische Ähnlichkeitsregel ableiten. Einzelheiten findet man in [79].

Linearisierte kegelsymmetrische Strömung. Als besonders einfache räumliche Überschallströmung sei der Sonderfall erwähnt, bei dem nach Abb. 5.44 auf allen von einem Symmetriezentrum A ausgehenden Halbgeraden der Geschwindigkeitsvektor $\boldsymbol{v}$ und alle Zustandsgrößen wie Druck, Dichte usw. unverändert sind. Solche Strömungen liegen bei Körpern mit Kegelsymmetrie vor, wie z. B. bei schlanken Drehkegeln oder bei dreieckförmigen Flächen (Deltaflügel). Das so beschriebene Strömungsfeld nennt man nach Busemann [10] ein kegelsymmetrisches oder konisches Strömungsfeld. Eine notwendige Voraussetzung beim Umströmungsproblem der genannten Körper besteht darin, daß die Kanten geradlinig sind. Sie sind zwei ausgezeichnete Strahlen des kegelsymmetrischen Strömungsfelds. Für die kegelsymmetrische Strömung vereinfacht sich naturgemäß die allgemein gültige Potentialgleichung (5.148). Wählt man das Koordinatensystem nach Abb. 5.44, so hängt das Strömungsfeld nur von den beiden dimensionslosen Koordinaten

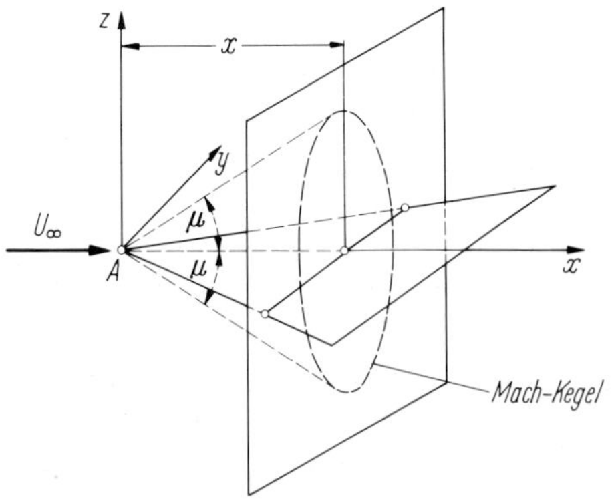

Abb. 5.44. Kegelsymmetrische Strömung bei Überschallgeschwindigkeit

$\eta = y/x$ und $\zeta = z/x$ ab. Führt man fernerhin für das Potential der Zusatzströmung den Separationsansatz $\Phi(x, y, z) = x \cdot f(\eta, \zeta)$ ein, so ist die Bedingung, daß die Geschwindigkeitskomponenten auf den Strahlen durch die Kegelspitze A konstant sind, erfüllt. Durch Einsetzen in die Potentialgleichung erhält man für $f(\eta, \zeta)$ eine partielle Differentialgleichung zweiter Ordnung. Diese Beziehung für die neue Funktion f hängt nur von den zwei Ortsveränderlichen η und ζ in der Ebene normal zur Anströmrichtung (x = const) ab. In den Querebenen x = const liegt also jeweils eine quasi-ebene Strömung vor. Eine umfangreiche Zusammenstellung von Ergebnissen ist von Jones und Cohen [34] angegeben worden.

5.3.4 Instationäre Potentialströmungen mit freier Flüssigkeitsoberfläche (Oberflächenwellen)[50]

5.3.4.1 Grundlagen und Bestimmungsgleichungen

Wellenbewegung. Die Gesamtheit der nichtstationären Flüssigkeitsbewegungen kann man zunächst rein äußerlich unterteilen in stehende und fortschreitende Wellen. Zu den ersteren gehören diejenigen Vorgänge, bei denen dieselbe Erscheinung am gleichen Ort periodisch wiederkehrt, d. h. Schwingungsknoten und Schwingungsbäuche bleiben an derselben Stelle. Die letzteren sind durch ein seitliches Fortschreiten der Erscheinung gekennzeichnet, welches aber nicht mit einem Fortschreiten der Substanz gleichbedeutend ist. Die einzelnen Fluidelemente beschreiben vielmehr geschlossene, oder doch nahezu geschlossene Bahnen (Orbitalbewegung), vorausgesetzt, daß keine translatorische Bewegung der ganzen Flüssigkeit vorhanden ist. Gerade dieser Unterschied zwischen dem Fortschreiten der Welle einerseits und der Bewegung der Fluidelemente andererseits ist kennzeichnend für das Wesen der fortschreitenden Welle. Als Entstehungsursache für Flüssigkeitswellen kommen in der Hauptsache in Betracht: Störungen der Flüssigkeit durch das Eintauchen, Herausziehen oder Fortbewegen fester Körper, Entnahme oder Zuführen von Flüssigkeit, Wirkung des Winds, Gleichgewichtsstörungen durch Erschütterungen, Anziehung durch andere Weltkörper u. a. m. Aus dieser Aufzählung geht hervor, daß Flüssigkeitswellen fast ausschließlich an der Oberfläche einer Flüssigkeit erzeugt werden, oder allgemeiner gesagt an der Grenzfläche zweier Fluide. Eine Ausnahme bilden die etwa durch Sprengungen oder Eruptionsvorgänge unter Wasser hervorgerufenen Wellen, die hier jedoch außerhalb der Betrachtung bleiben. Mit wachsender Entfernung von der Oberfläche klingen die Wellenbewegungen ziemlich schnell ab, weshalb man gewöhnlich nur von Oberflächenwellen spricht. Bei diesen kann man nach ihrer Symmetrie ebene Wellen, Ringwellen und Wellen vom Typ der Schiffswellen unterscheiden.

An der Wellenbewegung freier Oberflächen sind maßgeblich die Schwerkraft (Gravitation) und die Kraft der Oberflächenspannung (Kapillarität) beteiligt. Entsprechend unterscheidet man in Schwer- und Kapillarwellen. Die Schwerwellen

[50] Auf die Behandlung instationärer Potentialströmungen dichteveränderlicher Fluide ohne freie Oberfläche wird verzichtet und statt dessen auf Kap. 4.3.3 verwiesen, in dem die lineare Wellenausbreitung ausführlich besprochen wird.

kann man weiter unterteilen in reine Schwingungswellen, bei der kein oder fast kein Massentransport in der Ausbreitungsrichtung auftritt, und in Übertragungswellen, bei denen Flüssigkeitselemente in Wellenausbreitungsrichtung verschoben werden und nicht an ihren Ursprungsort zurückkehren (Einzelwellen, Brandungswellen). Bei den hier zu untersuchenden Schwingungswellen ist weiter in Tief- und Flachwasserwellen zu unterscheiden.

Voraussetzungen. Den Ausgangspunkt für die theoretische Behandlung der Wellenbewegung liefert die Bewegungsgleichung der Fluidmechanik (Impuls- und Kontinuitätsgleichung) in Verbindung mit den Randbedingungen. Letztere sind bestimmt durch feste Wände, besonders die Sohle, welche den Flüssigkeitsraum begrenzen sowie durch das Vorhandensein einer freien Oberfläche, d. h. bei den hier interessierenden Fällen einer Trennungsfläche zwischen Wasser und Luft. Die Flüssigkeit wird als reibungsloses Fluid angesehen, was bei Vorgängen an der Oberfläche wegen des geringen Reibungseinflusses weitgehend zutrifft. Da die Strömung unter dem Einfluß konservativer Kräfte (Schwere) steht und aus dem Zustand der Ruhe heraus erfolgt, ist diese Bewegung drehungsfrei, man vgl. hierzu den zeitlichen Wirbelerhaltungssatz nach Kap. 5.2.3.2. Aufgrund der getroffenen Voraussetzung stellt die Wellenbewegung eine Potentialströmung dar. Die folgende Untersuchung soll sich auf eine ebene Strömung (ebene Wellenbewegung) beschränken, d. h. es wird angenommen, daß alle Wellenkämme quer zur Ausbreitungsrichtung einander parallel sind (gerade Wellen) und daß in allen zu dieser Richtung parallelen Ebenen derselbe Bewegungszustand herrscht. Der Koordinatenursprung sei nach Abb. 5.45a in die ungestörte Oberfläche gelegt, die x-Achse falle in die Ausbreitungsrichtung und die z-Achse sei senkrecht nach aufwärts gerichtet. Ein bestimmter Bewegungszustand, der zur Zeit t an der Stelle x vorliegt, soll sich zur Zeit $t + \Delta t$ an der Stelle $x + \Delta x$ wiederfinden. Es hat sich das gesamte Bewegungsbild mit der Geschwindigkeit $c = \Delta x/\Delta t$ in der x-Richtung verlagert. Dabei hat sich nicht das Fluid, sondern nur der Zustand der Wellenform bewegt. Die Ortskoordinate x und die Zeit t treten daher immer in der Kombination $(x - ct)$ als Charakteristik auf. Verallgemeinert kann man hierfür auch schreiben

$$\alpha x - \beta t = \alpha(x - ct), \quad c = \frac{\beta}{\alpha} \quad \text{(Ausbreitungsgeschwindigkeit)} \qquad (5.149\text{a, b})$$

als Fortpflanzungsgeschwindigkeit der Welle, vgl. (4.96)

Geschwindigkeitsfeld. Für die drehungsfreie ebene Potentialströmung gilt die Kontinuitätsgleichung nach (5.35a) in der Form

$$\frac{\partial^2 \Phi}{\partial x^2} + \frac{\partial^2 \Phi}{\partial z^2} = 0; \qquad u = \frac{\partial \Phi}{\partial x}, \qquad w = \frac{\partial \Phi}{\partial z} \quad \text{(eben)} \qquad (5.150\text{a, b})$$

mit $\Phi = \Phi(t, x, z)$, $u = v_x(t, x, z)$ und $w = v_z(t, x, z)$.

Randbedingungen. Besondere Bedeutung kommt den Randbedingungen zu, die sowohl für die feste Begrenzung (Sohle) als auch für die freie Oberfläche (Flüssigkeitsspiegel) zu berücksichtigen sind. Dabei handelt es sich zunächst um kinematische Randbedingungen an der Sohle und an der freien Oberfläche, die bestimmte

Aussagen über das Verhalten der Vertikalgeschwindigkeit w fordern. An der horizontal angenommenen Sohle ($z = -h$) muß die Vertikalgeschwindigkeit verschwinden. Die freie Oberfläche sei durch $z = z_0(t, x)$ beschrieben, wobei z_0 die Erhebung bzw. Absenkung der Oberfläche über die ungestörte Spiegelfläche ($z = 0$) bedeutet. Unter der Annahme, daß die Oberfläche immer aus den gleichen Fluidelementen bestehen soll, d. h. die Fluidelemente immer an der Oberfläche bleiben, muß $dz_0 = w(t, z_0)\, dt$ sein. Es ist d/dt die substantielle Änderung nach der

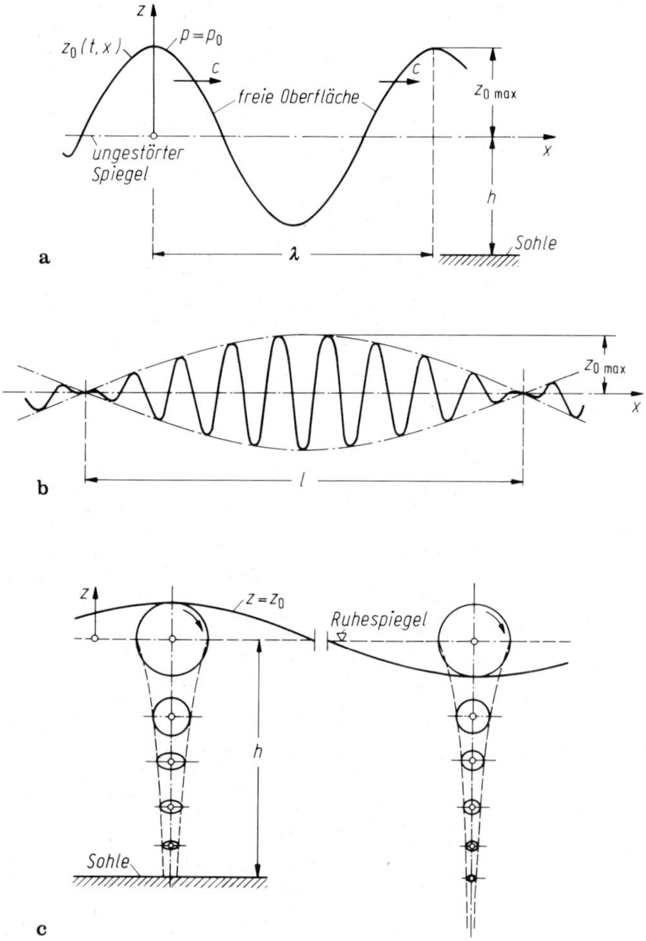

Abb. 5.45. Flache Oberflächenwellen an freien Flüssigkeitsoberflächen. **a** Bezeichnungen, fortschreitende Einzelwelle. **b** Wellengruppe. **c** Bahnlinien der Wellenbewegung nach der Airy-Laplaceschen Wellentheorie[a], vgl. [68]. *Links*: begrenzte Flüssigkeitstiefe, *rechts*: unbegrenzte Flüssigkeitstiefe.

[a] Die elliptischen Bahnlinien an der Flüssigkeitsoberfläche unterscheiden sich nur wenig von der Kreisform.

Transportgleichung (2.41b) mit $E = z_0$ und $v_x = u$. Mithin lauten die kinematischen Randbedingungen

$$w = 0 \quad \text{(feste Sohle)}, \quad w = \frac{dz_0}{dt} = \frac{\partial z_0}{\partial t} + u\frac{\partial z_0}{\partial x} \approx \frac{\partial z_0}{\partial t} \quad \text{(freie Oberfläche)}\,. \tag{5.151a, b}$$

Unter Einsetzen von (5.150b) gelten für das Geschwindigkeitspotential die kinematischen Randbedingungen

$$\frac{\partial \Phi}{\partial z} = 0 \quad (z = -h), \quad \frac{\partial \Phi}{\partial z} = \frac{\partial z_0}{\partial t} + \frac{\partial \Phi}{\partial x}\frac{\partial z_0}{\partial x} \approx \frac{\partial z_0}{\partial t} \quad (z = z_0)\,. \tag{5.152a, b}$$

Die letzte Beziehung in (5.151b) und (5.152b) gilt für den Fall, daß das Fluid mit Ausnahme der Wellenbewegung in Ruhe ist und die Amplituden klein sind.

Am Flüssigkeitsspiegel herrscht außerdem wegen der dynamischen Randbedingung der Druck $p = p_0 = p[z_0(t, x)]$. Dieser rührt her von dem ungeänderten Atmosphärendruck $p_a = \text{const}$ und vom Krümmungsdruck (Kapillardruck) p_K an der gekrümmten Oberfläche. Für eine zylindrische Wölbung (Krümmung nur in einer Richtung) gilt mit (1.40b) die dynamische Randbedingung

$$p_0 = p_a + p_K = p_a + \frac{\sigma}{r_K} \approx p_a - \sigma\frac{\partial^2 z_0}{\partial x^2} \quad (z = z_0) \tag{5.153a, b}$$

mit σ als Kapillarkonstante und $r_K > 0$ als Krümmungsradius, wenn sich der Krümmungsmittelpunkt unterhalb der Oberfläche, d. h. innerhalb der Flüssigkeit befindet.[51] Zwischen dem Krümmungshalbmesser und der Krümmung besteht bei schwacher Krümmung der Zusammenhang $1/r_K \approx -\partial^2 z_0/\partial x^2$ (partiell wegen $t = \text{const}$), was zu (5.153b) führt.

Der Zusammenhang zwischen der Geschwindigkeit $\boldsymbol{v} = \text{grad}\,\Phi$ und dem Druck p_0 ist durch die Energiegleichung (5.27a) gegeben. Mit $u_B = gz$ (nur Schwereinfluß) und $i = p/\varrho$ (dichtebeständiges Fluid) gilt

$$\frac{\partial \Phi}{\partial t} + \frac{\boldsymbol{v}^2}{2} + gz_0 + \frac{p_0}{\varrho} \approx \frac{\partial \Phi}{\partial t} + gz_0 + \frac{p_0}{\varrho} = F(t) = \text{const} \quad (z = z_0)\,. \tag{5.154a, b}$$

Für die zweite Beziehung gilt eine entsprechende Annahme wie bei (5.152b). Die Funktion $F(t)$, welche x nicht enthält, muß wegen (5.149a) eine Konstante sein, vgl. (5.27a).

Die Potentialfunktion $\Phi(t, x, z)$ muß an der freien Oberfläche $(z = z_0)$ zwei nichtlineare Randbedingungen, nämlich (5.152b) und (5.154b) erfüllen. Dies Verhalten unterscheidet sich stark von der linearen Randbedingung an der Sohle $(z = -h)$ nach (5.152a). Dies Ergebnis erklärt sich daraus, daß an der freien

---

[51] Es gilt für die Krümmung

$$-\frac{1}{r_K} = \frac{d^2 z_0/dx^2}{[1 + (dz_0/dx)^2]^{3/2}} \approx \frac{d^2 z_0}{dx^2} \quad \text{für} \quad \left|\frac{dz_0}{dx}\right| \ll 1\,.$$

Oberfläche nicht nur die Potentialfunktion $\Phi[t, z_0(x)]$, sondern auch die Erhebung der Oberfläche $z_0(t, x)$ unbekannte Funktionen von t und x sind.

Für den Fall, daß keine Grundströmung in x-Richtung erfolgt, läßt sich mit den Näherungsausdrücken in (5.152b), (5.153b) und (5.154b) für die Randbedingung der freien Oberfläche auch

$$\frac{\partial^2 \Phi}{\partial t^2} + g\frac{\partial \Phi}{\partial z} - \frac{\sigma}{\varrho}\frac{\partial}{\partial z}\left(\frac{\partial^2 \Phi}{\partial x^2}\right) = 0 \qquad (z = z_0) \tag{5.155}$$

schreiben. Die Gleichung $\partial^2\Phi/\partial t^2 + g(\partial\Phi/\partial z) = 0$ für $z = 0$ nennt man die Cauchy-Poissonsche Oberflächenbedingung.

Bestimmungsgleichungen. Zur Berechnung der Potentialfunktion $\Phi(t, x, z)$ der linearisierten ebenen Wellenbewegung stehen die Kontinuitätsgleichung in Form der Laplaceschen Potentialgleichung (5.150a) für $-h \leqq z \leqq z_0$, die Randbedingung der Sohle (5.152a) für $z = -h$ sowie die Oberflächenbedingung (5.155) für $z = z_0$ zur Verfügung.

Das angegebene Gleichungssystem ist in Φ nichtlinear. Lösungen instationärer Potentialströmungen mit freien Oberflächen kann man im allgemeinen nicht überlagern. Die Addition zweier Strömungen mit verschiedenen freien Oberflächen ergibt nicht notwendigerweise wieder eine Strömung mit einer freien Oberfläche. Im übrigen zeigt bereits die Differentialgleichung für den Spiegelverlauf der stationären Strömung in offenen Gerinnen gemäß (3.217), daß bereits hier ein nichtlineares Problem vorliegt.

Zusammenfassend wird über lineare und nichtlineare Wellenbewegung bei Flüssigkeiten von Stoker [81] berichtet, vgl. die Ausführungen in [52, 56, 68, 95, 102]. Im folgenden sei die linearisierte Aufgabe behandelt. Wegen der getroffenen Vereinfachungen geben die nachstehend abgeleiteten Gesetze die wirklichen Vorgänge manchmal nur qualitativ richtig wieder.

5.3.4.2 Gerade fortschreitende Oberflächenwellen

Die hier beschriebene Theorie ist im wesentlichen von Airy [3] begründet und dann von Levi-Civita und seinen Schülern [51] weiter ausgebaut worden. Vorausgesetzt wird eine reibungslose Flüssigkeit mit freier Oberfläche, welche nach unten durch eine horizontale Sohle im Abstand h vom ungestörten Spiegel entsprechend Abb. 5.45a begrenzt ist.

Geschwindigkeitspotential. Der nachfolgende Ansatz mit periodischem Zeitablauf

$$\Phi(t, x, z) = [A\exp(\alpha z) + B\exp(-\alpha z)]\cos(\alpha x - \beta t) \tag{5.156a}$$

stellt bei noch willkürlichen Konstanten α, β, A und B eine allgemeine Lösung der Laplaceschen Potentialgleichung (5.150a) dar. An der Sohle des Flüssigkeitsgebiets $z = -h$ muß nach (5.152a) die Vertikalgeschwindigkeit $w = \partial\Phi/\partial z = 0$ sein. Aus (5.156a) ergibt sich dann $A\exp(-\alpha h) = B\exp(\alpha h)$. Setzt man ein und beachtet, daß $\exp[\alpha(z + h)] + \exp[-\alpha(z + h)] = 2\cosh[\alpha(z + h)]$ ist, so wird mit

$C = 2A\exp(-\alpha h) = 2B\exp(\alpha h)$

$$\Phi(t, x, z) = C\cosh[\alpha(z + h)]\cos(\alpha x - \beta t) \qquad (-h \leqq z \leqq z_0)\,. \tag{5.156b}$$

Die Potentialfunktion, und damit auch die von ihr abgeleiteten Größen verhalten sich periodisch. Bei festgehaltener Zeit t nimmt Φ den gleichen Wert wieder an, wenn man x um $2\pi/\alpha$ wachsen läßt. Die zugehörige Länge stellt die Wellenlänge λ dar. Mithin gilt

$$\alpha = \frac{2\pi}{\lambda}, \qquad \lambda = \frac{2\pi}{\alpha} \qquad \text{(Wellenlänge)}\,. \tag{5.157a, b}$$

Auf die Beziehung für die Ausbreitungsgeschwindigkeit c in (5.149b) sei hingewiesen. Hieraus folgt der Zusammenhang $\beta = 2\pi c/\lambda$.

Ausbreitungsgeschwindigkeit der Welle. Die Wellenausbreitungsgeschwindigkeit c ergibt sich nach (5.149b) zu $c = \beta/\alpha$. Diesen Zusammenhang erhält man für Wellen mit kleiner Amplitude und unter der Annahme, daß die Flüssigkeit nur der Wellenbewegung unterworfen ist, aus (5.155). Setzt man $\Phi(t, x, y)$ nach (5.156b) ein, so findet man mit $\partial^2\Phi/\partial t^2 = -\beta^2\Phi$ und $\partial^2\Phi/\partial x^2 = -\alpha^2\Phi$

$$\beta^2\Phi = \left(g + \alpha^2\frac{\sigma}{\varrho}\right)\frac{\partial\Phi}{\partial z} \qquad (z = z_0)\,. \tag{5.158}$$

Unter der Annahme flacher Wellen $(z = z_0 \approx 0)$ erhält man mit $\partial\Phi/\partial z = \alpha\tanh(\alpha h)\Phi$ aus (5.156b) in Verbindung mit (5.149b) und (5.157a) die Ausbreitungsgeschwindigkeit der Oberflächenwelle (Fortpflanzungsgeschwindigkeit eines Wellenbergs, Phasengeschwindigkeit) zu

$$c = \sqrt{\left(\frac{\lambda}{2\pi}g + \frac{2\pi}{\lambda}\frac{\sigma}{\varrho}\right)\tanh\left(\frac{2\pi h}{\lambda}\right)} \qquad \text{(allgemein)}\,. \tag{5.159}$$

Sie hängt stark von der Wellenlänge λ und der Flüssigkeitstiefe h ab. Die Abhängigkeit der Ausbreitungsgeschwindigkeit von der Wellenlänge wird einem Sprachgebrauch aus der Optik folgend als Dispersion bezeichnet. Der Klammerausdruck in (5.159) gibt an, in welcher Weise die Schwere g und die Oberflächenspannung (Kapillarität) σ das Ergebnis bestimmen. Bei sehr großen Wellenlängen λ ist der zweite Summand gegenüber dem ersten bedeutungslos. Diese von der Oberflächenspannung unabhängigen Wellen nennt man Schwerwellen $(\sigma = 0)$. Bei sehr kleinen Wellenlängen überwiegt dagegen der zweite Summand gegenüber dem ersten. Diese nur von der Oberflächenspannung abhängigen Wellen bezeichnet man als Kapillar- oder Kräuselwellen $(g = 0)$.

Bei großer Flüssigkeitstiefe $h/\lambda \gg 1$ (Kopfzeiger ^) wird $\tanh(2\pi h/\lambda) \approx 1$, und man erhält aus (5.159) in Abhängigkeit von der Wellenlänge

$$\hat{c} = \sqrt{\frac{\lambda}{2\pi}g + \frac{2\pi}{\lambda}\frac{\sigma}{\varrho}} \quad \text{mit} \quad \hat{c}_{\min} = \sqrt[4]{4g\frac{\sigma}{\varrho}} \quad \text{(tiefes Wasser)} \tag{5.160a, b}$$

bei $\lambda = \lambda_m = 2\pi\sqrt{\sigma/\varrho g}$.[52] Für $\hat{c} < \hat{c}_{\min}$ tritt keine Wellenbewegung auf. Wie in Kap. 1.3.2.3 gezeigt wurde, sind für den Schwereeinfluß die Froude-Zahl $Fr \sim v^2/gl$ nach (1.47d) und für den Einfluß der Oberflächenspannung die Weber-Zahl $We \sim \varrho v^2 l/\sigma$ nach (1.47f) maßgebliche Kennzahlen. Mit $v = \hat{c}$ und $l = \lambda$ sowie $Fr = 2\pi\hat{c}^2/g\lambda$ und $We = \varrho\hat{c}^2\lambda/2\pi\sigma$ geht (5.160a) über in $1 = 1/Fr + 1/We$. Für Wasser gegen Luft ist $\sigma \approx 0{,}073$ N/m und $\varrho \approx 1000\ \mathrm{Ns^2/m^4}$. Damit wird $\hat{c}_{\min} = 23{,}1$ cm/s bei $\lambda_m = 1{,}7$ cm. Diese Grenze ist besonders zu beachten bei der Ausführung von Modellversuchen zur Erforschung von Strömungserscheinungen, welche mit Wellenbildung verbunden sind, z. B. bei der Bewegung eines Schiffs in ruhendem Wasser oder bei der Strömung um ein in fließendem Wasser festgehaltenes Hindernis. Da die Wellengeschwindigkeit den Wert $\hat{c}_{\min}$ nicht unterschreiten kann, hat man die Modellgeschwindigkeit entsprechend zu wählen, damit Oberflächenwellen überhaupt auftreten können. Der Einfluß der Oberflächenspannung auf die Wellengeschwindigkeit wurden zuerst von Thomson [85] untersucht. In Abb. 5.46a ist die Ausbreitungsgeschwindigkeit bei großer Flüssigkeitstiefe in der Form $\hat{c}/\hat{c}_{\min}$ über λ/λ_m nach (5.160) als Kurve (*1*) dargestellt.

Bei kleiner Flüssigkeitstiefe $h/\lambda \ll 1$ (Kopfzeiger $^\vee$) wird $\tanh(2\pi h/\lambda) \approx 2\pi h/\lambda$, und man erhält aus (5.159)

$$\check{c} = \sqrt{\left[1 + \left(\frac{2\pi}{\lambda}\right)^2 \frac{\sigma}{\varrho g}\right] gh} \quad \text{(flaches Wasser)}\,. \tag{5.161}$$

Treten nur Schwerwellen auf ($\sigma = 0$), so erhält man im einzelnen die Beziehungen

$$c = \sqrt{\frac{\lambda}{2\pi} g \tanh\left(\frac{2\pi h}{\lambda}\right)}, \quad \hat{c} = \sqrt{\frac{\lambda}{2\pi} g}, \quad \check{c} = c_0 = \sqrt{gh} \sim \sqrt{h} \quad \text{(Schwere)}\,, \tag{5.162a, b, c}$$

wobei (5.162b) für tiefes und (5.162c) für flaches (seichtes) Wasser gilt. In Abb. 5.46a ist die Ausbreitungsgeschwindigkeit der Schwerwelle bei tiefem Wasser $\hat{c}$ über der Wellenlänge λ als Kurve (*2*) dargestellt. Infolge der Dispersion breiten sich lange Wellen schneller aus als kurze. Der Unterschied der Kurve (*2*) gegenüber der Kurve (*1*) zeigt den Einfluß der Oberflächenspannung (Kapillarität). Schwerwellen bei flachem Wasser mit der Ausbreitungsgeschwindigkeit $\check{c}$ haben keine Dispersion. Man bezeichnet die von der Wellenlänge unabhängige Ausbreitungsgeschwindigkeit als Grundwellengeschwindigkeit $c_0 = \check{c}$, vgl. Kap. 1.3.3.3. Der Einfluß der Flüssigkeitstiefe h/λ auf die Ausbreitungsgeschwindigkeit der Schwerwelle ist in Abb. 5.46b wiedergegeben, und zwar ist bezogen auf $\check{c} = c_0$ nach (5.162c) c/c_0 als Kurve (*1*) mit c nach (5.162a) und $\hat{c}/c_0$ als Kurve (*2*) mit $\hat{c}$ nach (5.162b) aufgetragen. Während (*1*) den exakten Verlauf beschreibt, stellt (*2*) die asymptotische Lösung für große Flüssigkeitstiefen dar. Den Übergang von flachem zu tiefem Wasser kann man als Schnittpunkt der Kurve (*2*) mit der Geraden (*3*), d. h. $c/c_0 = 1$, bei $h/\lambda = 1/2\pi \approx 1/6$ angeben.

---

[52] Da Wellenvorgänge an freien Oberflächen im allgemeinen bei Wasser auftreten, wird anstelle von Flüssigkeit von Wasser gesprochen.

Gleichung der freien Oberfläche. Für Wellen mit kleiner Amplitude gilt zur Bestimmung der Form der freien Oberfläche nach (5.152b) in Verbindung mit (5.156b) die Bestimmungsgleichung

$$\frac{\partial z_0}{\partial t} = \frac{\partial \Phi}{\partial z} = \alpha C \sinh(\alpha h) \cos(\alpha x - \beta t) \qquad (z = z_0 \ll h) .$$

Durch Integration über der Zeit t erhält man unter Beachtung von (5.149a) und (5.157a)

$$z_0(t, x) = a_0 \sin(\alpha x - \beta t) = z_{0\,\max} \sin\left[\frac{2\pi}{\lambda}(x - ct)\right] \quad \text{(Oberfläche)} \tag{5.163a, b}$$

mit $z_{0\,\max} = -(C/c)\sinh(\alpha h)$. Die Oberfläche hat die Form einer Sinuskurve, die sich mit der Geschwindigkeit c in x-Richtung verschiebt.

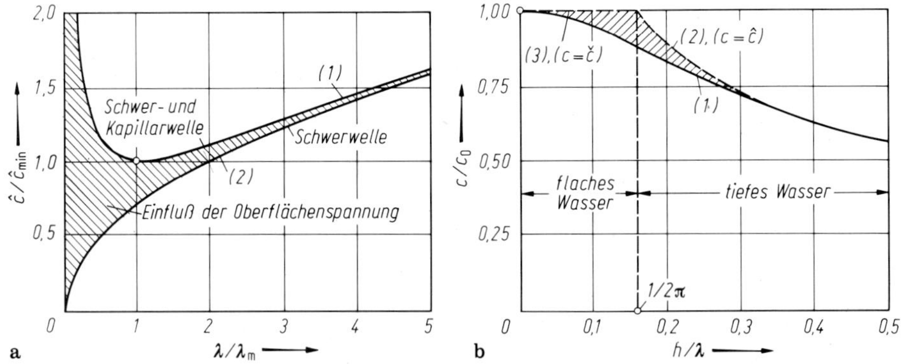

Abb. 5.46. Ausbreitungsgeschwindigkeit von flachen Oberflächenwellen. **a** Einfluß der Schwere und der Oberflächenspannung bei großer Wassertiefe. (*1*) Schwer- und Kapillarwelle nach (5.160a, b), $(\hat{c}/\hat{c}_{\min})^2 = (1/2)(\lambda/\lambda_m + \lambda_m/\lambda)$; (*2*) Schwerwelle nach (5.162b), $(\hat{c}/\hat{c}_{\min})^2 = (1/2)(\lambda/\lambda_m)$. **b** Einfluß der Wassertiefe bei Schwerwellen. (*1*) c nach (5.162a), exakter Verlauf; (*2*) $c = \hat{c}$ nach (5.162b), tiefes Wasser; (*3*) $c = \check{c} = c_0$ nach (5.162c) flaches Wasser

Bahnlinienverlauf. Die Geschwindigkeitskomponenten eines Fluidelements u und v erhält man mittels (5.156b) zu

$$u = \frac{dx}{dt} = \frac{\partial \Phi}{\partial x} = -C\frac{2\pi}{\lambda}\cosh\left[\frac{2\pi}{\lambda}(z + h)\right]\sin\left[\frac{2\pi}{\lambda}(x - ct)\right], \tag{5.164a}$$

$$w = \frac{dz}{dt} = \frac{\partial \Phi}{\partial z} = C\frac{2\pi}{\lambda}\sinh\left[\frac{2\pi}{\lambda}(z + h)\right]\cos\left[\frac{2\pi}{\lambda}(x - ct)\right]. \tag{5.164b}$$

Bei sehr langen Wellen $\lambda/(z + h) \gg 1$ ist u nahezu unabhängig von der Flüssigkeitstiefe z, während w annähernd null ist. Mithin ist die vertikale Beschleunigung vernachlässigbar, was bedeutet, daß bei langen Wellen der Druck nach der hydrostatischen Druckgleichung mit der Tiefe zunimmt.

Aus den Komponenten der Strömungsgeschwindigkeit $u(t, x, z)$ und $v(t, x, z)$ nach (5.164a, b) kann man durch Integration die Bahnen der Fluidelemente finden.

Macht man die Annahme, daß sich die Flüssigkeit (Wasser) periodisch um eine mittlere Lage (Mittelpunkt) $\bar{x}$, $\bar{z}$ herumbewege, und setzt in (5.164) rechts diese festen Werte für x, z ein, so kann man einfach integrieren und erhält

$$x - \bar{x} = -a\cos\left[\frac{2\pi}{\lambda}(\bar{x} - ct)\right], \quad a = \frac{C}{c}\cosh\left[\frac{2\pi}{\lambda}(\bar{z} + h)\right], \qquad (5.165\text{a, b})$$

$$z - \bar{z} = -b\sin\left[\frac{2\pi}{\lambda}(\bar{x} - ct)\right], \quad b = \frac{C}{c}\sinh\left[\frac{2\pi}{\lambda}(\bar{z} + h)\right]. \qquad (5.165\text{c, d})$$

Quadriert man die beiden Gleichungen für $(x - \bar{x})$ und $(z - \bar{z})$ und addiert sie anschließend, so ergibt sich $[(x - \bar{x})/a]^2 + [(z - \bar{z})/b]^2 = 1$. Dies ist die Gleichung einer Ellipse mit den Halbachsen a und b. Die einzelnen Fluidelemente beschreiben danach in Vertikalebenen geschlossene Ellipsen (Orbitalbahnen), deren Halbachsen mit der Tiefe $\bar{z}$ veränderlich sind. Das Verhältnis der vertikalen zur horizontalen Halbachse beträgt $b/a = \tanh\,[(2\pi/\lambda)(\bar{z} + h)] \leqq 1$. Für die Oberfläche ($\bar{z} \approx 0$) gilt $b/a = \tanh(2\pi h/\lambda)$. Für $h/\lambda = 1/2\pi$ (Übergang von flachem zu tiefem Wasser nach Abb. 5.46b) ist z. B. $b/a = 0{,}76$. Für $h/\lambda \geqq 1/\pi = 0{,}32$ ergibt sich $0{,}96 \leqq b/a \leqq 1$, d. h. die Ellipsen gehen praktisch in Kreise über. An der Sohle ($\bar{z} = -h$) ist $b = 0$. Dort sind also, wie es die Randbedingung (5.151a) erfordert, keine vertikalen Bewegungen der Fluidelemente vorhanden. Für eine unendlich große Tiefe $h = \infty$ wird $b/a = 1$; es handelt sich in diesem Fall bei allen Tiefen um Kreise vom Radius $r = a = b$. Aus (5.165b, d) errechnet man hierfür $r(\bar{z})/r(\bar{z} = 0) = \exp(2\pi\bar{z}/\lambda) \leqq 1$ wegen $\bar{z} \leqq 0$. In Abb. 5.45c sind die Bahnlinien für die Fälle der begrenzten und unbegrenzten Wassertiefe schematisch dargestellt.

Für Wellen von endlicher Amplitude sind, entgegen dem vorstehenden Ergebnis, die Bahnen der Fluidelemente keine vollständig geschlossenen Kurven, was seinen Grund darin hat, daß in den Wellenbergen die Vorwärtsbewegung stärker ist als die Rückwärtsbewegung in den Wellentälern. Die einzelnen Flüssigkeitselemente bleiben also im Mittel nicht am gleichen Ort, wie es der oben dargelegten Theorie entsprechen würde, sondern es findet ein, wenn auch geringer Massentransport in der Welle statt.

5.3.4.3 Überlagerte Oberflächenwellen

Die in Kap. 5.3.4.2 wiedergegebene lineare Theorie der Wellenbewegung von Flüssigkeitsoberflächen gestattet die Überlagerung von Wellensystemen. Im nachfolgenden mögen zwei einfache Fälle kurz besprochen werden.

Stehende Oberflächenwellen. Nach (5.163a) lautet die Gleichung der freien Oberfläche für einen Wellenzug, der sich mit der Geschwindigkeit c im Sinn der positiven x-Achse ausbreitet, $z_0' = a_0 \sin(\alpha x - \beta t)$. Trifft dieser Wellenzug auf einen zweiten von gleicher Amplitude, gleicher Wellenlänge und gleich großer, aber entgegengesetzt gerichteter Ausbreitungsgeschwindigkeit derart, daß für letzteren $z_0'' = a_0 \sin(\alpha x + \beta t)$ ist, so werden durch Beeinflussung der beiden sich begegnenden Wellenzüge stehende Wellen erzeugt. Da sich durch Überlagerung $z_0 = z_0' + z_0'' = 2a_0 \sin(\alpha x)\cos(\beta t)$ ergibt, so wird unabhängig von der Zeit für $\alpha x = k\pi$ mit $k = 1, 2, 3, \ldots$ $z_0 = 0$. In den durch $x = k\pi/\alpha = k\lambda/2$ bestimmten Punkten stellen sich Schwingungsknoten ein, deren Abstände gleich der halben Länge der fortschreitenden Welle sind. Die Dauer einer vollen Schwingung beträgt

$$T = \frac{2\pi}{\beta} = \frac{\lambda}{c}, \qquad \hat{T} = \sqrt{\frac{2\pi\lambda}{g}} \quad \text{(tiefes Wasser)}. \qquad (5.166)$$

Die letzte Beziehung gilt nach (5.162b) für Schwerwellen, deren Länge klein gegenüber der ungestörten Flüssigkeitstiefe h ist. In den Schwingungsbäuchen findet lediglich eine Vertikalbewegung der Fluidelemente statt. Denkt man sich also durch einen Schwingungsbauch eine vertikale Wand gelegt, so erhält man eine stehende Welle, wie sie unter Vernachlässigung aller Verluste etwa durch Interferenz einer gegen die Wand fortschreitenden und der durch die Wand reflektierten Welle erzeugt wird. Legt man noch durch einen zweiten Schwingungsbauch eine vertikale Wand, so ergeben sich stehende Wellen, wie sie z. B. in einem rechteckigen Trog auftreten können. Voraussetzung ist dabei allerdings, daß die Breite des Troges gerade gleich $k\lambda/2$ ist, wo k eine beliebige ganze Zahl bedeutet.

Gruppen von Oberflächenwellen. Von der Ausbreitungsgeschwindigkeit c eines Wellenbergs zu unterscheiden ist diejenige Geschwindigkeit, mit der eine Wellengruppe als Ganzes betrachtet fortschreitet und die man als Gruppengeschwindigkeit c_g bezeichnet. Man erhält die einfachste Form einer solchen Wellengruppe durch Überlagerung zweier im gleichen Sinn fortschreitender Wellenzüge vom Typ (5.163a), welche die gleiche Amplitude, aber etwas voneinander verschiedene Ausbreitungsgeschwindigkeit und Wellenlänge besitzen. Bezeichnet man die Werte der ersten Welle mit α' und β' sowie diejenigen der zweiten Welle mit α'' und β'', so ergibt sich durch Addition beider Ausdrücke als Gleichung der freien Oberfläche $z_0 = a_0\,[\sin(\alpha' x - \beta' t) + \sin(\alpha'' x - \beta'' t)]$, wofür man auch

$$z_0 = z_{0\,\max} \sin\left(\frac{\alpha' + \alpha''}{2} x - \frac{\beta' + \beta''}{2} t\right) \cos\left(\frac{\alpha' - \alpha''}{2} x - \frac{\beta' - \beta''}{2} t\right) \tag{5.167}$$

mit $2a_0 = z_{0\,\max}$ schreiben kann. Sind nun, wie vorausgesetzt, die Werte α' und α'' bzw. β' und β'' nur wenig voneinander verschieden, so ändert sich der Cosinus des vorstehenden Ausdrucks nur langsam. Gl. (5.167) kann also als eine Sinuswelle aufgefaßt werden, deren Amplitude

$$a = z_{0\,\max} \cos\left(\frac{\alpha' - \alpha''}{2} x - \frac{\beta' - \beta''}{2} t\right) \tag{5.168}$$

mit der kleinen Frequenz $(\beta' - \beta'')/2$ langsam zwischen 0 und $z_{0\,\max}$ schwankt (Schwebung), Abb. 5.45b. Die Länge l der Wellengruppe ist durch zwei aufeinander folgende Abszissen x bestimmt, für welche die Amplitude $a = 0$ wird. Man erhält sie, wenn das Argument des Cosinus in (5.168) gleich $\pi/2, 3\pi/2 \ldots$ wird, zu $l = 2\pi/(\alpha' - \alpha'')$. Weiter ergibt sich aus (5.167) für die Zeit, welche die Gruppe braucht, um die Länge l zu durchlaufen $t = 2\pi/(\beta' - \beta'')$. Aus l und t erhält man somit als Gruppengeschwindigkeit

$$c_g = \frac{l}{t} = \frac{\beta' - \beta''}{\alpha' - \alpha''} = \frac{d\beta}{d\alpha} = \frac{d(\alpha c)}{d\alpha} = c + \alpha \frac{dc}{d\alpha} = c - \lambda \frac{dc}{d\lambda}, \tag{5.169}$$

wobei man für kleine Differenzen $(\alpha' - \alpha'')$ und $(\beta' - \beta'')$, d. h. bei langen Wellengruppen, den Differentialquotient $d\beta/d\alpha$ einführen kann. Es ist $\lambda = 2\pi/\alpha$ die in (5.157b) für die Einzelwelle angegebene Wellenlänge. Für flache Wellen, deren Länge λ im Verhältnis zur Flüssigkeitstiefe h groß ist, d. h. für Schwerwellen erhält man mit (5.162c) aus (5.169)

$$\check{c}_g = \sqrt{gh} = \check{c} \qquad \text{(Schwerwelle in flachem Wasser)}\,, \tag{5.170}$$

d. h., die Gruppengeschwindigkeit stimmt in diesem Sonderfall mit der Geschwindigkeit der Einzelwelle überein.

Wichtiger ist der Fall großer Flüssigkeitstiefe im Verhältnis zur Wellenlänge. Mit (5.160a) erhält man aus (5.169) für die beiden Sonderfälle der Schwer- und Kapillarwelle

$$\hat{c}_g = \frac{1}{2}\hat{c} \quad (\sigma = 0), \qquad \hat{c}_g = \frac{3}{2}\hat{c} \quad (g = 0) \qquad \text{(tiefes Wasser)}\,. \tag{5.171a, b}$$

Die Gruppengeschwindigkeiten hängen in einfacher Weise mit den Ausbreitungsgeschwindigkeiten der fortschreitenden Einzelwellen zusammen. Die Gruppengeschwindigkeit der reinen Schwerwelle ist gleich der halben Geschwindigkeit der entsprechenden Einzelwelle. Letztere wandert also gewissermaßen durch die Gruppe hindurch. Zwischen den einzelnen Gruppen befinden sich Streifen, in denen die Oberfläche nahezu glatt ist. Es sind dies die Stellen, wo die Amplituden a gleich null oder wenig davon verschieden sind. In der Natur können derartige Wellengruppen auf Seen und Meeren häufig beobachtet werden. Die Gruppengeschwindigkeit der reinen Kapillarwelle beträgt das eineinhalbfache der Ausbreitungsgeschwindigkeit der entsprechenden Einzelwelle. Darauf ist eine Erscheinung zurückzuführen, die man mitunter an einem ruhenden Hindernis in strömendem Wasser beobachten kann, dessen Geschwindigkeit wenig größer als $\hat{c}_{\min}$ nach (5.160b) ist. Es zeigen sich dabei oberhalb des Hindernisses Kapillarwellen, unterhalb Schwerwellen. Die Kapillarwelle eilt also der

Störungsstelle voraus. Entsprechendes gilt, wenn das Wasser ruht und das Hindernis in ihm mit konstanter Geschwindigkeit bewegt wird.

5.3.4.4 Schiffswellen

Bei der Bewegung eines Schiffs in hinreichend tiefem Wasser beobachtet man zwei vom Bug und Heck ausgehende Wellenzüge, die dem Schiff folgen und als Schiffswellen bezeichnet werden. Die Form dieser Wellen hat große Ähnlichkeit mit denjenigen, welche durch eine punktförmige Druckstörung hervorgerufen werden, die sich mit konstanter Geschwindigkeit vorwärts bewegt, vgl. Abb. 1.17d. Die theoretische Untersuchung einer derartigen Störung ist zuerst von Thomson [85] durchgeführt worden und hat folgendes wichtiges Ergebnis geliefert: An der Oberfläche eines tiefen Wassers bildet sich hinter der Störquelle ein System von leicht gekrümmten Quer- und Seitenwellen (Schwerwellen) aus, die sich untereinander beeinflussen und mit der Störquelle fortschreiten. Der Abstand der Querwellen, d. h. deren Wellenlänge, ergibt sich nach (5.162b) zu $\lambda = 2\pi\hat{c}^2/g$, wobei $\hat{c}$ die Ausbreitungsgeschwindigkeit der Welle in tiefem Wasser bezeichnet. Der Winkel, welcher nach Abb. 5.47 das ganze Wellengebilde einschließt, beträgt bei größerer Wassertiefe $2\mu_F = 39° = \text{const}$. Es besteht ein grundsätzlicher Unterschied zu dem nach Abb. 1.17d bei der Strömung eines dichteveränderlichen Fluids auftretenden Machwinkel μ, der nach (1.52) von der Geschwindigkeit der bewegten Druckstörung abhängt.[53] Bei der Bewegung eines Schiffs sind die Anderungen gegenüber dem ungestörten Zustand am Bug und am Heck am größten, so daß man sich an diesen beiden Stellen je eine der oben genannten Störquellen konzentriert denken kann. Auf diese Weise entstehen zwei sich beeinflussende Wellensysteme. Voraussetzung ist dabei, daß die Geschwindigkeit des Schiffs größer ist als der oben ermittelte Kleinstwert für die Ausbreitungsgeschwindigkeit eines Wellenzugs. Zur Erzeugung der Schiffswellen wird ständig Energie verbraucht, die vom Schiffsantrieb geleistet werden muß. Der entsprechende Widerstand wird deshalb als Wellenwiderstand bezeichnet, der neben dem durch die Flüssigkeitsreibung bedingten Reibungs- und Druckwiderstand einen Teil des gesamten Schiffswiderstands bildet.

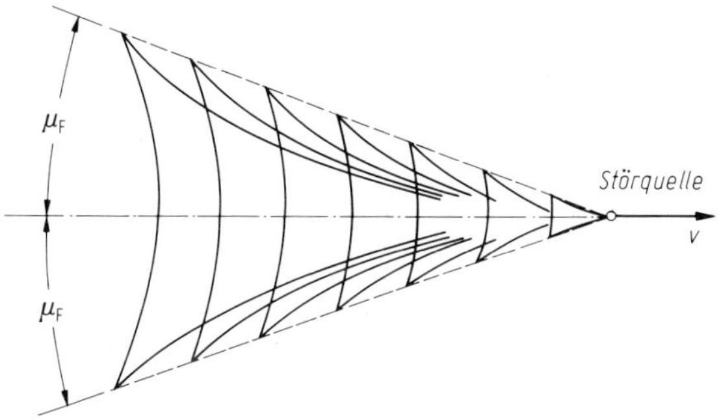

Abb. 5.47. Wellensystem (Schwerwellen, Schiffswellen) hinter einer durch eine ruhende tiefe Flüssigkeit bewegte Störquelle, $2\mu_F = 39° = \text{const}$, [48]

5.4 Drehungsbehaftete reibungslose Strömungen (Potentialwirbelströmungen)

5.4.1 Voraussetzungen und grundlegende Beziehungen

Allgemeines. In Kap. 5.2.1 wurde ein den ganzen Raum erfüllendes stationäres Geschwindigkeitsfeld gemäß (5.2a) in einen drehungsfreien und in einen drehungsbehafteten Anteil aufgeteilt. Die drehungsfreien Bewegungen lassen sich nach

---

[53] In diesem Zusammenhang sei auf die in Kap. 1.3.3.4 erwähnte Flachwasseranalogie hingewiesen.

(5.3a, b) mittels eines skalaren Geschwindigkeitspotentials Φ und die drehungsbehafteten Bewegungen mittels eines vektoriellen Geschwindigkeitspotentials $\boldsymbol{\Psi}$ darstellen. Über die erstgenannten Strömungen — im allgemeinen als Potentialströmungen bezeichnet — wurde ausführlich in Kap. 5.3 berichtet, während in diesem Kapitel die letztgenannten Strömungen untersucht werden. Dabei soll es sich um stationäre, reibungslose Strömungen handeln. Diese seien als Potentialwirbelströmungen bezeichnet. Einen wichtigen Sonderfall stellt der ebene Potentialwirbel dar, über den in Kap. 5.3.2.4 Beispiel c bereits einige Angaben gemacht wurden. Bei den folgenden Untersuchungen spielen die Ausführungen in Kap. 5.2.2 und 5.2.3 eine wesentliche Rolle, sofern sich diese auf reibungslose Strömungen beziehen.

Geschwindigkeitsfeld. Die Kontinuitätsgleichung einer stationären und quellfreien Strömung mit $\varrho = \varrho(\boldsymbol{r})$ und $\boldsymbol{v} = \boldsymbol{v}(\boldsymbol{r})$ wird durch Einführen eines vektoriellen Geschwindigkeitspotentials $\boldsymbol{\Psi}$ gemäß (5.3b) von selbst erfüllt. Diese Aussage wurde in Kap. 2.4.3.1 nachgewiesen. Für das Geschwindigkeitsfeld gilt somit

$$\varrho \boldsymbol{v} = \varrho_b \operatorname{rot} \boldsymbol{\Psi} \qquad (\operatorname{div}(\varrho \boldsymbol{v}) \equiv 0) \tag{5.172}$$

mit ϱ_b als Bezugsdichte. Für ein dichtebeständiges Fluid lauten die Geschwindigkeitskomponenten in kartesischen Koordinaten nach (2.65)

$$v_x = \frac{\partial \Psi_z}{\partial y} - \frac{\partial \Psi_y}{\partial z}, \quad v_y = \frac{\partial \Psi_x}{\partial z} - \frac{\partial \Psi_z}{\partial x}, \quad v_z = \frac{\partial \Psi_y}{\partial x} - \frac{\partial \Psi_x}{\partial y} \qquad (\varrho = \text{const}) . \tag{5.173}$$

Bei ebener Strömung vereinfachen sich die Beziehungen wegen $v_z = 0$ und $\partial/\partial z = 0$ beträchtlich. Dies führt mit $\boldsymbol{\Psi}(0, 0, \Psi_z)$ und $\Psi_z = \Psi(x, y)$ als (skalarer) Stromfunktion zu den bereits in (2.66a) angegebenen Formeln.

Wirbelfeld. Die Abhängigkeit des Vektors der Drehung (Wirbelvektor) $\boldsymbol{\omega}(\boldsymbol{r})$ vom Geschwindigkeitsvektor $\boldsymbol{v}(\boldsymbol{r})$ ist durch (5.1) gegeben. Für ein dichtebeständiges Fluid kann man nach (5.4) schreiben

$$\boldsymbol{\omega} = \frac{1}{2}[\operatorname{grad}(\operatorname{div} \boldsymbol{\Psi}) - \Delta \boldsymbol{\Psi}] = -\frac{1}{2}\Delta \boldsymbol{\Psi} \qquad (\operatorname{div} \boldsymbol{\Psi} = 0) . \tag{5.174a, b}$$

In dem letzten Ausdruck wurde die Nebenbedingung $\operatorname{div} \boldsymbol{\Psi} = 0$ eingeführt. Der Ansatz (5.174b) ändert an der Allgemeingültigkeit des Zusammenhangs von $\boldsymbol{\omega}$ und $\boldsymbol{\Psi}$ nichts, da hierdurch die Aussage des räumlichen Wirbelerhaltungssatzes (5.10), nämlich $\operatorname{div} \boldsymbol{\omega} = 0$, erhalten bleibt.[54] In kartesischen Koordinaten gilt bei ebener Strömung mit $\Psi_z = \Psi$, vgl. (5.5) und (5.36),

$$\omega = \frac{1}{2}\left(\frac{\partial v}{\partial x} - \frac{\partial u}{\partial y}\right) = -\frac{1}{2}\left(\frac{\partial^2 \Psi}{\partial x^2} + \frac{\partial^2 \Psi}{\partial y^2}\right); \quad u = \frac{\partial \Psi}{\partial y}, \, v = -\frac{\partial \Psi}{\partial x} \qquad (\text{eben}) . \tag{5.175a; b}$$

Die Beziehungen (5.174a) und (5.175a) sind Poissonsche Differentialgleichungen.

---

[54] Es ist also nachzuweisen, daß $\operatorname{div}(\Delta \boldsymbol{\Psi}) = 0$ ist, wenn man $\operatorname{div} \boldsymbol{\Psi} = 0$ setzt. Dies wird nach den Regeln der Vektor-Analysis wegen $\operatorname{div}(\Delta \boldsymbol{\Psi}) = \operatorname{div}[\operatorname{grad}(\operatorname{div} \boldsymbol{\Psi}) - \operatorname{rot}(\operatorname{rot} \boldsymbol{\Psi})] = \Delta(\operatorname{div} \boldsymbol{\Psi}) = 0$ bestätigt.

Vektorielles Geschwindigkeitspotential. In Analogie zum Ansatz für das skalare Geschwindigkeitspotential der drehungsfreien räumlichen Quell-Sinkenströmung kann man für das vektorielle Geschwindigkeitspotential einer stationären drehungsbehafteten räumlichen Wirbelströmung bei endlich ausgedehntem Feld ($V \neq \infty$) schreiben, vgl. (5.95),

$$\boldsymbol{\Psi}(\boldsymbol{r}) = \frac{1}{2\pi} \int\limits_{(V)} \frac{\boldsymbol{\omega}(\boldsymbol{r}')\,dV'}{|\boldsymbol{r} - \boldsymbol{r}'|} \quad (\operatorname{div} \boldsymbol{\Psi} = 0) \quad \text{(dreidimensional)}\,. \qquad (5.176\text{a, b})$$

In kartesischen Koordinaten ist $\boldsymbol{r}(x, y, z)$, $\boldsymbol{r}'(x', y', z')$, $|\boldsymbol{r} - \boldsymbol{r}'| = |\boldsymbol{a}| = a = \sqrt{(x - x')^2 + (y - y')^2 + (z - z')^2}$ und $dV' = dx'\,dy'\,dz'$ sowie $\boldsymbol{\omega} = \boldsymbol{e}_x\omega_x + \boldsymbol{e}_y\omega_y + \boldsymbol{e}_z\omega_z$ und $\boldsymbol{\Psi} = \boldsymbol{e}_x\Psi_x + \boldsymbol{e}_y\Psi_y + \boldsymbol{e}_z\Psi_z$ zu setzen. Die Integration ist über alle Raumelemente dV' zu erstrecken, die Wirbel enthalten. Liegt der Aufpunkt innerhalb des mit Wirbeln behafteten Bereichs, dann liefert die Anwendung des Δ-Operators auf (5.176a) die Beziehung in (5.174b). Befindet sich dagegen der Aufpunkt außerhalb des genannten Bereichs, dann gilt $\Delta\boldsymbol{\Psi} = 0$, d. h. in diesem Fall handelt es sich um eine Laplacesche Differentialgleichung und damit um eine Potentialströmung im Sinn von Kap. 5.3. Die Erfüllung der Nebenbedingung (5.176b), wonach von dem Vektorpotential $\boldsymbol{\Psi}(\boldsymbol{r})$ die Divergenz in bezug auf die Aufpunktveränderliche $\boldsymbol{r}$ (und nicht in bezug auf die Integrationsveränderliche $\boldsymbol{r}'$) zu bilden ist, führt unter Beachtung einiger Regeln der Vektor-Analysis, des räumlichen Wirbelerhaltungssatzes $\operatorname{div} \boldsymbol{\omega} = 0$ sowie des Gaußschen Integralsatzes zu der Aussage.

$$\operatorname{div} \boldsymbol{\Psi}(\boldsymbol{r}) = -\frac{1}{2\pi} \oint\limits_{(A)} \frac{\boldsymbol{\omega}(\boldsymbol{r}')\cdot d\boldsymbol{A}'}{|\boldsymbol{r} - \boldsymbol{r}'|} = 0 \quad \text{(Nebenbedingung)}\,. \qquad (5.176\text{c})$$

Am Rand des Wirbelgebiets (A) muß überall $\boldsymbol{\omega}' \cdot d\boldsymbol{A}' = 0$ sein. Dies bedeutet, daß die Wirbellinien in der Begrenzungsfläche A liegen und somit geschlossen sind.

5.4.2 Stationäre Potentialwirbelströmungen dichtebeständiger Fluide

5.4.2.1 Ausgangsgleichungen (Biot, Savart)

Induziertes Geschwindigkeitsfeld. Das vom Wirbelfeld $\boldsymbol{\omega}(\boldsymbol{r}')$ im Aufpunkt $\boldsymbol{r}$ herrührende (induzierte) Geschwindigkeitsfeld ergibt sich für ein dichtebeständiges Fluid ($\varrho = \varrho_b$) aus (5.172) mit (5.176a) zu

$$\boldsymbol{v}(\boldsymbol{r}) = \operatorname{rot} \boldsymbol{\Psi}(\boldsymbol{r}) = \frac{1}{2\pi} \operatorname{rot} \int\limits_{(V)} \frac{\boldsymbol{\omega}(\boldsymbol{r}')\,dV'}{|\boldsymbol{r} - \boldsymbol{r}'|} \quad \text{(Wirbelfeld)}\,. \qquad (5.177\text{a, b})$$

Von dem Vektorpotential $\boldsymbol{\Psi}(\boldsymbol{r})$ ist in analoger Weise wie bei (5.176c) für die Divergenz die Rotation in bezug auf die Aufpunktveränderliche $\boldsymbol{r}$ (und nicht in bezug auf die Integrationsveränderliche $\boldsymbol{r}'$) zu bilden.

Ausgehend von (5.177) lassen sich nachstehend einige für die praktische Anwendung wichtige Beziehungen an einfachen Wirbelbelegungen längs Linien und in Flächen ableiten.

Gekrümmter Wirbelfaden. In einer sonst drehungsfreien Strömung eines dichtebeständigen Fluids befinde sich ein beliebig geformter Wirbelfaden von hinreichend kleinem Querschnitt A'. In diesem Fall beträgt das Volumenelement $dV' = A'\,ds'$, wenn ds' das in Richtung des Wirbelfadens fallende Linienelement ist. Da $\boldsymbol{ds}'$ parallel zu $\boldsymbol{\omega}(\boldsymbol{r}') = \boldsymbol{\omega}'$ ist, gilt also $\boldsymbol{\omega}'\,dV' = \omega'\,A'\,\boldsymbol{ds}'$. Hierin stellt gemäß (5.12b) die Größe $2\omega' A' = \Gamma = \text{const}$ die längs des Wirbelfadens unveränderliche Zirkulation Γ dar. Es wird aus (5.177b)

$$\boldsymbol{v}(\boldsymbol{r}) = \frac{\Gamma}{4\pi} \oint\limits_{(l)} \operatorname{rot}\left(\frac{\boldsymbol{ds}'}{|\boldsymbol{r} - \boldsymbol{r}'|}\right) = -\frac{\Gamma}{4\pi} \oint\limits_{(l)} \frac{\boldsymbol{a} \times \boldsymbol{ds}'}{a^3} \quad \text{(Wirbelfaden)}\,. \tag{5.178a, b}$$
[55]

Mit $a = |\boldsymbol{a}| = |\boldsymbol{r} - \boldsymbol{r}'|$ wird nach Abb. 5.48a der Abstand des Aufpunkts vom Linienelement ds' bezeichnet. Die Integration ist über die gesamte Länge des Wirbelfadens l zu erstrecken. Mit Rücksicht auf den räumlichen Wirbelerhaltungssatz nach Kap. 5.2.3.1 muß der Wirbelfaden eine geschlossene Kurve bilden.

Die einzelnen Beiträge zur Geschwindigkeit $\boldsymbol{dv}$ stehen jeweils normal auf der von $\boldsymbol{ds}'$ und $\boldsymbol{a}$ gebildeten Ebene und sind so gerichtet, daß $\boldsymbol{ds}'$, $\boldsymbol{a}$ und $\boldsymbol{dv}$ ein Rechtssystem im Raum beschreiben. Nach Abb. 5.48a zeigt somit $\boldsymbol{dv}$ bei $\Gamma > 0$ aus der Zeichenebene heraus. Es ist $|\boldsymbol{a} \times \boldsymbol{ds}'| = a \sin\alpha\, ds'$ mit α als Winkel zwischen $\boldsymbol{ds}'$ und $\boldsymbol{a}$, so daß sich der Betrag der Teilgeschwindigkeit zu

$$dv = |\boldsymbol{dv}| = \frac{\Gamma}{4\pi} \frac{\sin\alpha}{a^2} ds' \quad \text{(Wirbelelement)} \tag{5.178c}$$

ergibt. Die Beziehung (5.178) ist rein kinematischer Natur. Diese Ausdrücke stellen

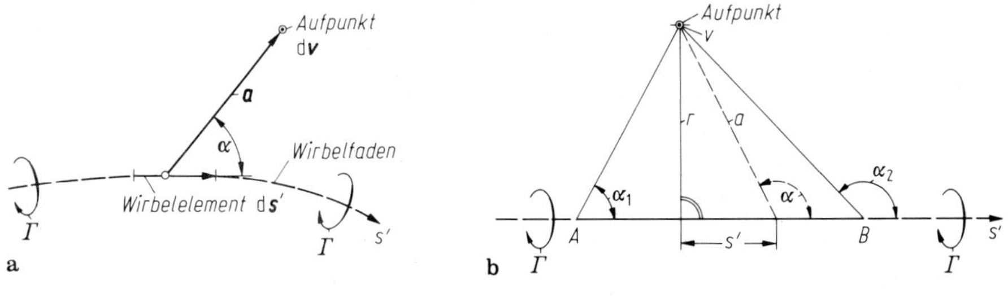

Abb. 5.48. Zur Berechnung des Geschwindigkeitsfelds von Wirbelfäden (Potentialwirbel) **a** Wirbelelement, **b** gerades Wirbelstück als Teil eines geschlossenen Wirbelfadens

---

[55] Nach den Regeln der Vektor-Analysis gilt $\operatorname{rot}\left(\dfrac{\boldsymbol{ds}'}{a}\right) = \dfrac{1}{a}\operatorname{rot}(\boldsymbol{ds}') + \operatorname{grad}\left(\dfrac{1}{a}\right) \times \boldsymbol{ds}' = -\dfrac{\boldsymbol{a}}{a^3} \times \boldsymbol{ds}'$.

Da die Rotation in bezug auf die Aufpunktveränderliche $\boldsymbol{r}$ zu bilden ist, tritt der Ausdruck $(1/a)\operatorname{rot}(\boldsymbol{ds}')$ wegen der Unabhängigkeit des Vektor $\boldsymbol{ds}'$ von $\boldsymbol{r}$ nicht auf.

das fluidmechanische Analogon zum Biot-Savartschen Gesetz der Elektrodynamik dar. Dem stromdurchflossenen Leiter entspricht hier der Wirbelfaden, der Stromstärke die Zirkulation und dem Magnetfeld des Stroms das zum Wirbelfaden gehörige Geschwindigkeitsfeld.

Wirbelring. Ist der Wirbelfaden mit der Zirkulation $\Gamma = \text{const}$ kreisförmig gebogen (Kreisradius R), dann erhält man die induzierte Geschwindigkeit im Kreismittelpunkt $a = R$ mit $\alpha = \pi/2 = \text{const}$ und $\oint ds' = 2\pi R$ zu $v = \Gamma/2R$.

Gerader Wirbelfaden. Für ein gerades Wirbelstück von der endlichen Länge $\overline{AB}$ nach Abb. 5.48b ist die induzierte Geschwindigkeit zu berechnen. Wegen $r = a \sin\alpha = \text{const}$, $dr = a\cos\alpha\, d\alpha + \sin\alpha\, da = 0$ und $s' = -a\cos\alpha$, $ds' = a\sin\alpha\, d\alpha - \cos\alpha\, da$ sowie daraus $ds' = (a/\sin\alpha)\, d\alpha$ erhält man ausgehend von (5.178c) zunächst $dv = (\Gamma/4\pi r)\sin\alpha\, d\alpha$, wobei r den Abstand des Aufpunkts normal zur Wirbelachse bezeichnet. Da im vorliegenden Fall alle Wirbelelemente ds' in der durch den Wirbelfaden und den Abstand r bestimmten Ebene liegen, sind alle Elementarbeiträge dv gleichgerichtet. Um die zu einem Wirbelfadenstück gehörige Geschwindigkeit v im Aufpunkt zu bekommen, kann man also den obigen Ausdruck skalar zwischen den Stellen A und B, d. h. von α_1 bis α_2, integrieren. Man erhält für die induzierte Geschwindigkeit

$$v = \frac{\Gamma}{4\pi r}(\cos\alpha_1 - \cos\alpha_2) \qquad \text{(Wirbelfadenstück)}\,. \qquad (5.179)$$

Es sei besonders hervorgehoben, daß es einen Wirbelfaden endlicher Länge an sich nicht gibt. Man kann ihn nur als Teil eines geschlossenen Wirbelfadens ansehen.

5.4.2.2 Einzelner ebener Potentialwirbel (Stabwirbel)

Geschwindigkeitsfeld. Das stationäre Strömungsfeld eines ebenen Potentialwirbels unendlicher Länge läßt sich auf drei verschiedene Weisen ableiten. Als erste Möglichkeit wurde dies in Kap. 5.3.2.4 als Beispiel c durch Vertauschen der Strom- und Potentiallinien aus einer ebenen Quellströmung gewonnen, vgl. Abb. 5.16. Das induzierte Geschwindigkeitsfeld des ebenen Potentialwirbels gehört hiernach zu den skalaren Potentialströmungen, bei denen sich in einer sonst drehungsfreien Strömung eine drehungsbehaftete singuläre Stelle befindet. Die Achse normal durch diese Stelle stellt eine gerade Wirbellinie mit infinitesimal kleinem Querschnitt dar. Aus dem Gesagten wird verständlich, warum das beschriebene Strömungsmodell als Potentialwirbel bezeichnet wird. Als zweite Möglichkeit läßt sich das Geschwindigkeitsfeld eines Wirbelfadens nach der allgemeinen Theorie der drehungsbehafteten Strömung entsprechend Kap. 5.4.2.1 bestimmen. Für den geraden und unendlich langen Wirbelfaden erhält man aus (5.179) mit $\alpha_1 = 0$ und $\alpha_2 = \pi$ die induzierte Geschwindigkeit des ebenen Potentialwirbels in Übereinstimmung mit (5.63) zu ($v = v_\varphi$, $\Gamma > 0$ linksdrehend)

$$v = \frac{\Gamma}{2\pi r}, \qquad \boldsymbol{v} = \frac{\boldsymbol{\Gamma} \times \boldsymbol{r}}{2\pi r^2} \quad \text{(ebener Potentialwirbel)}\,. \qquad (5.180\text{a, b})$$

Während (5.180a) den Betrag der Geschwindigkeit angibt, enthält (5.180b) auch die

Vorzeichenregelung für die Geschwindigkeit, wobei $\boldsymbol{r}$ der Radiusvektor und $\boldsymbol{\Gamma}$ der in Richtung der Wirbelachse fallende Zirkulationsvektor sind. Alle Punkte im gleichen Abstand r von der Wirbelfadenachse haben gleich große Geschwindigkeiten. Die den Wirbelfaden bildende Strömung besitzt nach Abb. 5.16b kreisförmige Stromlinien um den Faden, deren Ebenen normal zur Wirbelfadenachse stehen. Während die Geschwindigkeit für $r \to 0$ dem Wert $v \to \infty$ zustrebt (singuläre Stelle), nimmt sie mit wachsendem Abstand wie $1/r$ nach außen ab. Die Ausdrücke für die Geschwindigkeitskomponenten v_x, v_y sind Tab. 5.4e zu entnehmen. Eine dritte Möglichkeit zur Ableitung von (5.180a) besteht in der Untersuchung eines mit der konstanten Winkelgeschwindigkeit ω um seine Achse gleichförmig rotierenden Kreiszylinders vom Radius R in einem viskosen Fluid. Dieser Fall wurde als Lösung der Navier-Stokesschen Bewegungsgleichung in Kap. 2.5.3.3 Beispiel c bereits behandelt. Die Wirkung des Potentialwirbels kann man sich also auch so vorstellen, daß bei der Rotation eines Zylinders von sehr kleinem Radius das Fluid infolge der von Stromlinie zu Stromlinie übertragenen Schubspannung in drehende Bewegung gerät, bei der die Geschwindigkeit $v(r)$ wie $1/r$ nach außen abnimmt. Auf der Wirkung des besprochenen Potentialwirbels beruhen die als Wind- oder Wasserhose bekannten Naturerscheinungen. Infolge der sehr großen Geschwindigkeit in unmittelbarer Nähe der Wirbelachse entstehen dort erhebliche Unterdrücke, durch welche Sand, Wasser, Staub, selbst feste Gegenstände angesaugt und in kreisende Bewegung versetzt werden.

Geschwindigkeitspotential. Das Feld des unendlich langen geraden Wirbelfadens ist außerhalb des Wirbelfadens quell- und drehungsfrei und läßt sich dort gemäß (5.62b) mittels eines skalaren Geschwindigkeitspotentials

$$\Phi = \frac{\Gamma}{2\pi}(\varphi + 2\pi k) \quad \text{mit} \quad k = 0, \pm 1, \pm 2, \ldots \tag{5.181}$$

in verallgemeinerter Form darstellen. Da einem beliebigen Punkt $\varphi + 2\pi k$ des Strömungsfelds beliebig viele Werte Φ entsprechen können, ist die Potentialfunktion durch die Wahl von k mehrdeutig. Im Gegensatz dazu besitzt die Geschwindigkeit $v = (1/r)(\partial\Phi/\partial\varphi) = \Gamma/2\pi r$ in Übereinstimmung mit (5.180a) einen eindeutigen Wert. Der Vollständigkeit halber wird die Beziehung für die Stromfunktion (z-Komponenten des vektoriellen Geschwindigkeitspotentials, $\Psi_z = \Psi$) mit $\Psi = -(\Gamma/2\pi)\ln r$ und $v = -\partial\Psi/\partial r$ hier nochmals angegeben, vgl. (5.62c).

Wirbelenergie. Nachstehend soll die kinetische Energie des Geschwindigkeitsfelds berechnet werden, das zu einem einzelnen ebenen Potentialwirbel gehört. Die im Massenelement $dm = \varrho b\,dA$ mit b als Breite (Länge) des Wirbels und dA als Flächenelement in der Geschwindigkeitsebene gespeicherte Geschwindigkeitsenergie beträgt $dE = (dm/2)v^2$. Wegen der kreisförmigen Bewegung ist $v = v(r)$ und $dA = 2\pi r\,dr$ (= Fläche des Kreisrings im Abstand r vom Mittelpunkt). Die gesamte kinetische Energie ergibt sich durch Integration zu

$$E = b\frac{\varrho}{2}\int\limits_{(A)} v^2\,dA = \varrho\pi b\int\limits_0^\infty v^2 r\,dr = \frac{\varrho b\Gamma^2}{4\pi}\ln r\Big|_0^\infty = \infty\,. \tag{5.182a, b, c}$$

Dies führt auf das physikalisch unbefriedigende Ergebnis einer unendlich großen kinetischen Energie. Hieraus kann gefolgert werden, daß in einer drehungsfreien Strömung ein einzelner Potentialwirbel nicht auftreten kann. Nimmt man die unmittelbare Umgebung des Wirbelfadens bei der Integration aus, setzt also für die untere Grenze des Integrals $r = r_0 + 0$, so ergibt sich wegen der oberen Grenze $r = \infty$ dennoch $E = \infty$.

Anwendungen

a) Zirkulationsströmung um Kreiszylinder. Faßt man nach Abb. 5.16b einen der Stromlinienkreise des Potentialwirbels als Querschnitt eines Kreiszylinders auf, so erhält man eine ebene Strömung mit Zirkulation, die in konzentrischen Kreisen um diesen Kreiszylinder vor sich geht. In Kap. 5.3.1 war gezeigt worden, daß eine Strömung innerhalb eines einfach zusammenhängenden Raums drehungsfrei ist, wenn die Zirkulation für jede geschlossene Linie innerhalb dieses Raums verschwindet. Das steht nicht im Widerspruch zum vorliegenden Beispiel, da es sich hier um einen zweifach zusammenhängenden Raum handelt, in dem die geschlossene Linie des Integrationswegs, nicht nur ein Fluid, sondern auch einen festen Körper, nämlich den Kreiszylinder, umschließt. Eine solche Strömung wird als Zirkulationsströmung bezeichnet. Daß sie außerhalb des Kreiszylinders drehungsfrei, also eine Potentialströmung im Sinn von Kap. 5.3.2 ist, wurde bereits gezeigt.

b) Kreiszylinder bei unsymmetrischer Umströmung. Überlagert man der in Kap. 5.3.2.4 Beispiel e.3 besprochenen und in Abb. 5.21a dargestellten symmetrischen Kreiszylinderumströmung (Potentialströmung) die Zirkulationsströmung eines ebenen Potentialwirbels, dessen Achse (Ursprung) mit der Zylinderachse zusammenfällt, so entstehen die in Abb. 5.21b, c und d gezeigten Kreiszylinderumströmungen (Potentialwirbelströmung). Mit u_∞ als Anströmgeschwindigkeit in x-Richtung und Γ als rechtsdrehender Zirkulation findet man für das in (5.44) definierte komplexe Geschwindigkeitspotential $\phi(z)$ sowie die Geschwindigkeitsverteilung auf der Zylinderkontur $v_\varphi(r = R)$ unter Beachtung von (5.69) und (5.62a) sowie Tab. 5.4

$$\phi(z) = u_\infty\left(z + \frac{R^2}{z}\right) + \mathrm{i}\frac{\Gamma}{2\pi}\ln z, \qquad v_\varphi(r = R) = -2u_\infty \sin\varphi - \frac{\Gamma}{2\pi R}. \tag{5.183a, b}$$

Der Verlauf der Stromlinien ist wesentlich abhängig vom Verhältnis der Zirkulation Γ zur Anströmgeschwindigkeit u_∞. Insbesondere verschieben sich mit wachsender Zirkulation die Staupunkte (1) und (2) immer mehr nach abwärts. Ihre Lagen ergeben sich aus (5.183b) wegen $v_\varphi = 0$ zu $\sin\varphi_{1,2} = -\Gamma/4\pi R u_\infty$. Durch die Zirkulation wird die Geschwindigkeit der ankommenden Parallelströmung auf der Oberseite des Zylinders vergrößert, auf der Unterseite dagegen verkleinert. Aus der Bernoullischen Energiegleichung (5.27) folgt bei Vernachlässigung von Massenkräften mit $u_B = 0$ sowie $\partial/\partial t = 0$ und $i = p/\varrho$, daß auf der Unterseite ein größerer Druck auftritt als auf der Oberseite, so daß als resultierende Gesamtdruckkraft ein Auftrieb entsteht, der den Zylinder zu heben sucht. Bei der einfachen Parallelströmung der Abb. 5.21a ist ein solcher Auftrieb wegen der bestehenden Symmetrie der Druckverteilung nicht vorhanden. Man erkennt daraus, daß die Zirkulation in Verbindung mit einer Parallelströmung den Auftrieb eines Körpers bewirkt, der sich nach der Kutta-Joukowskyschen Formel (5.53a) zu $F_A = \varrho b \Gamma u_\infty$ errechnet, wobei b die Breite des Zylinders ist.

Soll die Anströmung im Unendlichen unter einem Winkel α gegen die x-Richtung erfolgen, so ist der bisherigen Strömung mit der Anströmgeschwindigkeit u_∞ noch eine zusätzliche Kreiszylinderumströmung mit der Anströmgeschwindigkeit v_∞ in y-Richtung zu überlagern, wobei $\tan\alpha = v_\infty/u_\infty$ ist. Die zusätzliche komplexe Potentialfunktion beträgt $\phi(z) = -\mathrm{i}v_\infty(z - R^2/z)$, man vgl. hierzu (5.69) und Tab. 5.4. Mit (5.183a) wird dann die resultierende komplexe Potentialfunktion

$$\phi(z) = (u_\infty - \mathrm{i}v_\infty)z + (u_\infty + \mathrm{i}v_\infty)\frac{R^2}{z} + \mathrm{i}\frac{\Gamma}{2\pi}\ln z\,. \tag{5.184}$$

Diese Beziehung ist von besonderer Bedeutung für die theoretische Berechnung der unsymmetrischen Umströmung von Tragflügelprofilen, die man aus dem Kreis mittels einer konformen Abbildung erzeugen kann, vgl. Kap. 5.4.3.2 Beispiel a.

c) Wirbelquelle. Die Überlagerung eines ebenen Potentialwirbels mit einer ebenen Quelle, die sich beide im gleichen Ursprung befinden, führt zur ebenen Wirbelquellströmung. Nach (5.60a) und (5.62a) lautet die entsprechende komplexe Potentialfunktion $\phi(z) = (a - ic) \ln z$ mit $a > 0$ (Quelle) und $c > 0$ (linksdrehender Wirbel). Die Stromlinien sind logarithmische Spiralen und werden durch die Gleichung $a\varphi - c \ln r = \text{const}$ bestimmt. Die Neigung der Stromlinien gegenüber der radialen Richtung ist überall die gleiche und durch die Beziehung $\tan \beta = v_\varphi / v_r = c/a$ gegeben.

d) Einfluß der Schwerkraft auf die Wirbelbewegung. Spielt sich die von einem vertikal stehenden Potentialwirbel verursachte Kreisströmung bei einer Flüssigkeit in horizontalen Ebenen ab, so hat die Schwerkraft einen besonderen Einfluß auf die Ausbildung der Gestalt der freien Flüssigkeitsoberfläche. Diese senkt sich bei der Kreisbewegung wie in Abb. 5.49 gezeigt ab. Auf der Flüssigkeitsoberfläche, die mit $z = z_0$ bezeichnet wird, herrscht überall der ungeänderte Druck $p = p_0 = \text{const}$. Der Koordinatenursprung befindet sich am Ort des Wirbelfadens in Höhe des ungestörten Flüssigkeitsspiegels. Während die Geschwindigkeitsverteilung nach (5.180a) mit $v(r) = c/r$ gegeben ist, gilt nach der Bernoullischen Energiegleichung (5.27) mit $\partial/\partial t = 0$ sowie $u_B = gz$ und $i = p/\varrho$ für die Druckverteilung $(\varrho/2)(c/r)^2 + \varrho g z + p(r, z) = p_0$. Wegen $p = p_0$ bei $z = z_0(r)$ folgt für die Form der Flüssigkeitsoberfläche

$$z_0(r) = -\frac{c^2}{2gR^2}\left(\frac{R}{r}\right)^2 \quad \text{für} \quad r \geqq R \qquad \text{(Potentialwirbel)}\,. \tag{5.185a}$$

Diese Beziehung beschreibt ein Rotationshyperboloid und ist in Abb. 5.49 als Kurve (*1*) dargestellt. Die trichterförmige Absenkung des Flüssigkeitsspiegels wird mit $r \to 0$ immer größer, wobei die Geschwindigkeit in den Kreisstromlinien ebenfalls zunimmt, $v \to \infty$. Dies Ergebnis entspricht nicht ganz der Wirklichkeit, da die tatsächliche Absenkung endlich bleiben muß. Den wirklichen Verhältnissen kommt man näher, wenn man nach einem Vorschlag von Rankine, vgl. [48], den Potentialwirbel in der Nähe des Wirbelkerns durch eine andere Kreisbewegung ersetzt. Ähnlich wie bei einer Flüssigkeit in einem mit der Winkelgeschwindigkeit ω rotierenden Gefäß nach Kap. 2.2.3.3 kann man für die Geschwindigkeitsverteilung $v(r) = \omega r$ annehmen (Festkörperrotation). Anstelle des Rotationshyperboloids wird jetzt die Flüssigkeitsoberfläche gemäß (2.17a) als Rotationsparaboloid dargestellt. An einer bestimmten Stelle $r = R$ geht der kombinierte Rankinesche Wirbel entsprechend Kurve (*2*) in Abb. 5.49 vom Hyperboloid zum Paraboloid über. Aus den Übergangsbedingungen $v(r = R) = c/R = \omega R$ und $z_0(r = R) = -c^2/2gR^2 = z_{0\,\text{min}} + \omega^2 R^2/2g$ erhält man $\omega = c/R^2$ sowie $z_{0\,\text{min}} = -c^2/gR^2$. Nach Einsetzen in (2.17a) folgt dann schließlich

$$z_0(r) = -\frac{c^2}{gR^2}\left[1 - \frac{1}{2}\left(\frac{r}{R}\right)^2\right] \quad \text{für} \quad 0 \leqq r \leqq R \qquad \text{(starrer Wirbel)}\,. \tag{5.185b}$$

Die größte Absenkung unter den ungestörten Flüssigkeitsspiegel bei $r = 0$ beträgt $z_{0\,\text{min}} = -c^2/gR^2$, und die Tiefe, bei welcher der Potentialwirbel in den starren Wirbel übergeht, ist $z_0(r = R) = -c^2/2gR^2$.

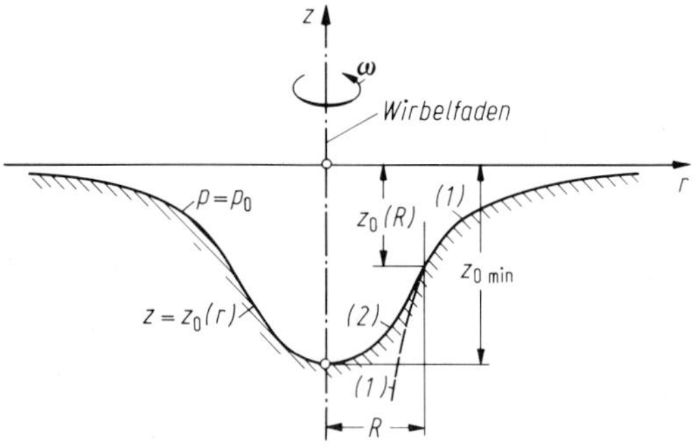

Abb. 5.49. Flüssigkeitsoberfläche eines dem Schwereinfluß unterworfenen vertikal stehenden Wirbels. (*1*) Rotationshyperboloid (Potentialwirbel nach (5.185a), (*2*) Rotationsparaboloid (starrer Wirbel) nach (5.185b). ———: Rankinescher kombinierter Wirbel

5.4.2.3 Mehrere parallel verlaufende ebene Potentialwirbel (Wirbelsysteme)

Man denke sich ein sonst drehungsfreies unendlich ausgedehntes Strömungsfeld durchsetzt von einer Anzahl gerader, der z-Achse paralleler Wirbelfäden von unendlich kleinen Querschnitten. Dann geht die zugehörige Strömung in Ebenen vor sich, welche der x,y-Ebene parallel sind, so daß es genügt, wenn man lediglich die Strömung in dieser Ebene betrachtet. Nach dem Biot-Savartschen Gesetz entspricht jedem dieser Wirbelfäden an einem beliebigen Ort $P(x, y)$ eine Geschwindigkeit, die nach (5.180a) von der Größe der Zirkulation abhängig ist. Die dadurch entstehende Bewegung ist außerhalb der Wirbelfäden eine ebene Potentialströmung im Sinn von Kap. 5.3. Die Wirbelfäden projizieren sich dann in die x,y-Ebene als Wirbelpunkte, von denen jeder mit einer bestimmten Zirkulation behaftet ist. Im folgenden seien einige Anwendungen von Systemen diskret verteilter Potentialwirbel besprochen.

a) Schwerpunktsatz der Wirbelbewegung. Befinden sich die mit $m = 1, 2, 3, \ldots, M$ bezeichneten Wirbelpunkte nach Abb. 5.50a an den Stellen x_m, y_m, dann ergeben sich die Komponenten des zugehörigen induzierten Geschwindigkeitsfelds an dem Aufpunkt x_n, y_n ohne den Beitrag der Eigeninduktion ($x_m = x_n$, $y_m = y_n$) nach Tab. 5.4e zu[56]

$$u_n = -\frac{1}{2\pi}\sum_m{}' \Gamma_m \frac{y_n - y_m}{r_{nm}^2}, \qquad v_n = \frac{1}{2\pi}\sum_m{}' \Gamma_m \frac{x_n - x_m}{r_{nm}^2} \tag{5.186a, b}$$

mit $r_{nm} = \sqrt{(x_n - x_m)^2 + (y_n - y_m)^2}$ als Abstand der Wirbelpunkte vom Aufpunkt. Multipliziert man die in den Punkten $1 \leqq n \leqq M$ herrschenden Zirkulationen $\Gamma_1, \Gamma_2, \ldots, \Gamma_n$ der Reihe nach mit den Geschwindigkeitskomponenten $u_1, u_2, \ldots, u_n$ bzw. $v_1, v_2, \ldots, v_n$ nach (5.186) und summiert die Ergebnisse, so erhält man

$$\sum_n \Gamma_n u_n = -\frac{1}{2\pi}\sum_n\sum_m{}' \Gamma_n\Gamma_m \frac{y_n - y_m}{r_{nm}^2} = 0, \quad \sum_n \Gamma_n v_n = \frac{1}{2\pi}\sum_n\sum_m{}' \Gamma_n\Gamma_m \frac{x_n - x_m}{r_{nm}^2} = 0\,. \tag{5.187a, b}$$

Durch elementare Rechnung zeigt man, daß sich in den Doppelsummen die Glieder paarweise aufheben. Faßt man die Zirkulationen $\Gamma_1, \Gamma_2, \ldots, \Gamma_n$ im Sinn der Mechanik als „Massenpunkte" auf, mit denen die einzelnen Wirbelpunkte behaftet sind, so sprechen die vorstehenden Bedingungen aus, daß der „Impuls dieses Massenpunktsystems" verschwindet. Dies bedeutet nach dem Schwerpunktsatz der Mechanik, daß der Massenmittelpunkt bei der Bewegung der einzelnen Massenpunkte seine Lage unverändert beibehält. Dieser so definierte Punkt mit den Koordinaten

$$x_S = \frac{\sum \Gamma_n x_n}{\sum \Gamma_n}, \qquad y_S = \frac{\sum \Gamma_n y_n}{\sum \Gamma_n} \qquad \text{(Wirbelschwerpunkt)} \tag{5.188a, b}$$

wird als Schwerpunkt des Wirbelsystems bezeichnet. Dabei ist hinsichtlich der Berechnung von x_S und y_S zu beachten, daß die Zirkulationen Γ_n je nach ihrem Drehsinn positiv oder negativ einzuführen sind.

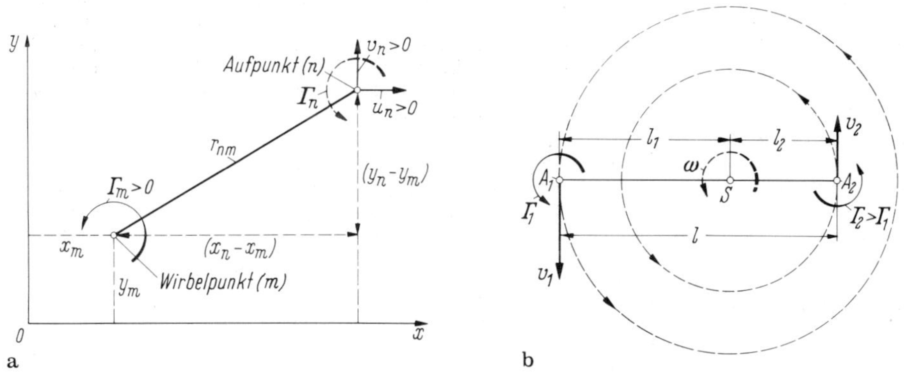

Abb. 5.50. Zur Erläuterung des Schwerpunktsatzes der Wirbelbewegung. **a** Lage der Wirbelpunkte eines aus diskreten Potentialwirbeln gebildeten Systems, **b** Anwendung auf zwei gleichsinnig drehende Potentialwirbel

[56] Das Zeichen $\sum'$ bedeutet, daß bei der Summation das Glied $m = n$ auszulassen ist.

Überlagert man dem Wirbelsystem eine Potentialströmung (etwa eine einfache Parallelströmung), so führt der Schwerpunkt des Wirbelsystems eine Bewegung aus, welche allein durch die überlagerte Strömung bestimmt ist. Relativ zu ihm bleibt die Bewegung der Wirbelpunkte unverändert bestehen. Die Wirbel schwimmen dann in der Strömung, was man in fließendem Wasser häufig beobachten kann. Die vorstehende Überlegung setzt voraus, daß die Wirbel dauernd an die einzelnen Fluidelemente gebunden sind, wie es bei reibungsloser Strömung nach dem zeitlichen Wirbelerhaltungssatz entsprechend Kap. 5.2.3.2 der Fall ist. Bei reibungsbehafteter Strömung gilt diese Aussage nicht.

Handelt es sich nach Abb. 5.50b lediglich um zwei Wirbelpunkte A_1 und A_2 mit den Zirkulationen Γ_1 und Γ_2, so erteilt jeder dem anderen eine Geschwindigkeit, die normal zur Verbindungsgeraden $\overline{A_1 A_2}$ steht. Die Beträge dieser Geschwindigkeiten ergeben sich nach (5.180a) mit $\overline{A_1 A_2} = l$ zu $v_1 = \Gamma_2/2\pi l$ und $v_2 = \Gamma_1/2\pi l$. Der Schwerpunkt S dieses Wirbelsystems liegt auf der Geraden $\overline{A_1 A_2}$ bei $l_1 = [\Gamma_2/(\Gamma_1 + \Gamma_2)]\,l$, und zwar zwischen den beiden Wirbelpunkten, wenn Γ_1 und Γ_2 gleichen Drehsinn haben, anderenfalls außerhalb auf der Seite der größeren Zirkulation. Um die durch S gehende Achse rotieren die beiden Wirbelpunkte auf konzentrischen Kreisen. Die Winkelgeschwindigkeit dieser Rotationsbewegung ist $\omega = v_1/l_1 = v_2/l_2$. Es mag noch bemerkt werden, daß das Fluidelement, welches sich augenblicklich an der Stelle S befindet, im allgemeinen nicht ruht, sondern eine Geschwindigkeit besitzt, die aus (5.186) berechnet werden kann. Haben Γ_1 und Γ_2 verschiedenen Drehsinn, und ist außerdem $|\Gamma_1| = |\Gamma_2|$, so sind die Geschwindigkeiten v_1 und v_2 gleich groß und gleich gerichtet. Die Wirbelpunkte, welche jetzt als Wirbelpaar bezeichnet werden, bewegen sich mit gleicher Geschwindigkeit normal zur Geraden $\overline{A_1 A_2}$. Der Schwerpunkt S liegt im Unendlichen.

b) Stromlinienbilder ebener Wirbelfelder. Für einige Anordnungen von Wirbelsystemen seien noch die Stromlinienbilder gezeigt. Es lautet die Stromfunktion gemäß (5.62b)

$$\Psi = -\frac{1}{2\pi}\sum_m \Gamma_m \ln r_m = -\frac{\Gamma}{2\pi}\sum_m \alpha_m \ln r_m = -\frac{\Gamma}{2\pi}\ln\left(r_1^{\alpha_1}\cdot r_2^{\alpha_2}\,...\,r_m^{\alpha_m}\,...\right), \qquad (5.189\text{a, b, c})$$

wenn r_m die jeweiligen Abstände der Wirbelpunkte $1 \leqq m \leqq M$ vom Aufpunkt sind und $\Gamma_m = \alpha_m \Gamma$ mit Γ als Festwert und $\alpha_m \lesseqgtr 0$ als Proportionalitätsfaktor entsprechend der Größe und dem Drehsinn der Zirkulation Γ_m gesetzt wird. Da Ψ für jede Stromlinie einen konstanten Wert besitzt, liefert die Bedingung $\Psi = \text{const}$ die Gleichung der Stromlinien. Von dem in einem endlichen Bereich liegenden Wirbelsystem nimmt die Stromfunktion in unendlich großer Entfernung ($r_m \to \infty$) bei $\sum \alpha_m \neq 0$ den Wert $\Psi_\infty = -\infty$ an. Ist dagegen $\sum \alpha_m = 0$, d. h. verschwindet die Gesamtzirkulation aller Wirbel $\sum \Gamma_m = 0$, so erhält man für die Stromlinie im Unendlichen ($r_m \to \infty$) den Grenzwert $\Psi_\infty = -(\Gamma/2\pi)\ln 1 = 0$.[57] Ein solcher Fall liegt z. B. bei $\alpha_2 = -\alpha_1$ und $\alpha_m = 0$ für $m \geqq 3$ vor, d. h. bei zwei entgegengesetzt drehenden Wirbeln mit absolut gleich großer Zirkulation. Abb. 5.51a zeigt für zwei Wirbelfäden mit gleichsinnig drehenden Zirkulationen Γ_1 und $\Gamma_2 = \Gamma_1/2$, d. h. $\alpha_1 = 2$ bzw. $\alpha_2 = 1$, den Verlauf der Stromlinien. Die beiden Wirbel grenzen ihre Gebiete durch eine Grenzstromlinie Ψ_0 ab, die am Ort 0 einen Knickpunkt aufweist. An dieser Stelle ist die Geschwindigkeit gleich null. Die Zirkulation um die Einzelwirbel innerhalb von Ψ_0, d. h. in den Gebieten (I) und (II), sind Γ_1 bzw. Γ_2, und im Gebiet (III), d. h. außerhalb von Ψ_0, ist die Zirkulation längs jeder Stromlinie gleich $\Gamma = \Gamma_1 + \Gamma_2 = (3/2)\Gamma_1$. Das Wirbelsystem verhält sich also in großer Entfernung von den Wirbelpunkten so, als wäre nur ein Wirbel mit der Zirkulation $\Gamma \neq 0$ vorhanden. Im Unendlichen besitzt die Stromlinie den Wert $\Psi_\infty = -\infty$.

Abb. 5.51b stellt den Stromlinienverlauf für zwei Wirbelfäden von gegensinnig drehenden absolut gleich großen Zirkulationen Γ_1 und $\Gamma_2 = -\Gamma_1$ dar. Für dies Wirbelpaar besitzt die Stromfunktion nach oben Gesagtem im Unendlichen den Wert null. In Wirklichkeit hat der Wirbelfaden einen endlich großen Querschnitt. Man spricht daher auch vom drehungsbehafteten Wirbelkern, wie er in Abb. 5.51b schematisch als schraffierte Fläche dargestellt ist.

c) Kinetische Energie ebener Wirbelfelder. Wie in Kap. 5.4.2.2 gezeigt wurde, besitzt ein einzelner ebener Potentialwirbel eine unendlich große kinetische Energie, was physikalisch nicht möglich ist und zu der Feststellung führt, daß einzelne Wirbelfäden in einer Strömung nicht vorkommen können. Es erhebt sich daher jetzt die Frage, ob es Wirbelsysteme gibt, bei denen die gesamte kinetische Energie einen endlichen Wert annimmt, wodurch die physikalische Wirklichkeit nachgewiesen würde. Zur Berechnung der kinetischen Energie betrachte man im Strömungsfeld nach Abb. 5.51a ein Flächenelement dA, das durch ein Längenelement ds der Stromlinie und durch den Normalabstand dn zweier

[57] Es ist der Grenzwert $\Psi_\infty = -\dfrac{\Gamma}{2\pi}\lim_{r_m \to \infty}\left[\ln(r_m^\varepsilon)\right]$ mit $\varepsilon = \sum \alpha_m = 0$.

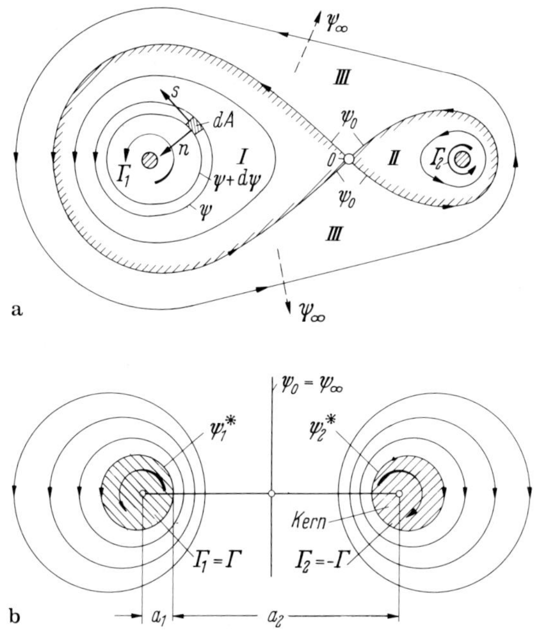

Abb. 5.51. Stromlinienbilder zweier ebener Wirbelfäden. **a** gleichsinnig drehend mit $\Gamma_2 = \Gamma_1/2$, **b** Wirbelpaar (gegensinnig drehend) mit $\Gamma_1 = -\Gamma_2$

benachbarter Stromlinien gebildet wird, also $dA = ds\,dn$. Dann erhält man als kinetische Energie des gesamten Felds der Breite b entsprechend (5.182a)

$$E = b\frac{\varrho}{2}\int\limits_{(A)}\int v^2\,dn\,ds = b\frac{\varrho}{2}\int\limits_{(s)}\int\limits_{(\Psi)} v\,ds\,d\Psi = b\frac{\varrho}{2}\int\limits_{\Psi_1}^{\Psi_2}\Gamma(\Psi)\,d\Psi\,. \qquad (5.190\text{a, b, c})$$

Mit $d\dot{V} = v\,b\,dn = b\,d\Psi$ nach Kap. 2.4.3.3 als Volumenstrom zwischen zwei durch die Werte Ψ und $\Psi + d\Psi$ gekennzeichnete benachbarte Stromlinien läßt sich (5.190a) in (5.190b) überführen. Weiterhin kann für jede geschlossene Stromlinie der Wert der Zirkulation $\Gamma = \oint v\,ds = \Gamma(\Psi)$ angegeben werden, wodurch man zu (5.190c) gelangt. Für das Beispiel in Abb. 5.51a mit zwei gleichsinnig drehenden Wirbeln hat man die drei für sich abgeschlossenen Gebiete (I), (II) und (III) zu betrachten. Dabei werden die Gebiete (I) mit $\Gamma = \Gamma_1$ und (II) mit $\Gamma = \Gamma_2$ nach außen durch die Grenzstromlinie Ψ_0 und bei Annahme endlicher Wirbelkerne anstelle infinitesimal kleiner Wirbelfadenquerschnitte nach innen in Anlehnung an Abb. 5.51b durch die Stromfunktionen der Kernränder Ψ_1^* bzw. Ψ_2^* begrenzt. Das Gebiet (III) mit $\Gamma = \Gamma_1 + \Gamma_2$ befindet sich zwischen Ψ_∞ und Ψ_0. Bezeichnet E^* die nicht näher bekannte kinetische Energie der beiden Wirbelkerne, so erhält man durch Integration von (5.190c) im Sinn der positiven Koordinaten, d. h. in den drei Gebieten jeweils von außen (untere Grenze) nach innen (obere Grenze), die kinetische Energie für das betrachtete Beispiel zu

$$E = E^* + b\frac{\varrho}{2}[\Gamma_1\Psi_1^* + \Gamma_2\Psi_2^* - (\Gamma_1 + \Gamma_2)\Psi_\infty]\,. \qquad (5.191\text{a})$$

Die Funktion Ψ_0 hat sich bei der Integration herausgehoben. Die gesuchte Energie ist neben E^* nur von den Stromfunktionen Ψ_1^* und Ψ_2^* an den Kernrändern und von der Stromfunktion Ψ_∞ im Unendlichen des Strömungsfelds abhängig. Während Ψ_1^* und Ψ_2^* bei endlich großen Kernquerschnitten endlich sind, wird nach den früher gemachtenAngaben $\Psi_\infty = -\infty$, wenn $\Gamma_1 + \Gamma_2 \neq 0$ ist. Dies bedeutet nach (5.191a) unendlich große kinetische Energie $E = \infty$. Solche Wirbelsysteme sind demnach ähnlich wie ein einziger Wirbel physikalisch nicht möglich. Eine Ausnahme bildet lediglich das in Abb. 5.51b dargestellte Wirbelpaar, bei dem $(\Gamma_1 + \Gamma_2) = 0$ und $\Psi_\infty = 0$ ist. Aus (5.189a) erhält man mit $\Gamma_2 = -\Gamma_1 = -\Gamma$, $\Gamma_3 = 0$ für $m \geqq 3$ sowie $r_1 = a_1$ und $r_2 = a_2$ für die Werte der Stromfunktionen an den Rändern der Wirbelkerne $\Psi_2^* = -\Psi_1^* = (\Gamma/2\pi)\ln(a_2/a_1)$ und somit nach (5.191a)

$$E = E^* + \frac{\varrho b\Gamma^2}{2\pi}\ln\left(\frac{a_2}{a_1}\right) \quad \text{(Wirbelpaar)}\,. \qquad (5.191\text{b})$$

Wie man sieht, nimmt die Energie des Wirbelpaars mit endlichen Kernquerschnitten einen endlichen Wert an. Im Gegensatz zu den vorher besprochenen Wirbelsystemen stellt also das Wirbelpaar ein physikalisch mögliches Gebilde dar; ein Ergebnis, das auch durch den Versuch bestätigt wird.

Die gefundenen Erkenntnisse lassen sich auf eine beliebig große Anzahl paralleler Wirbelfäden, die sämtlich im Endlichen liegen, ausdehnen. Die Energie eines solchen Wirbelfelds kann nur dann einen endlichen Wert annehmen, wenn $\Psi_\infty = 0$ ist, d. h. wenn die Gesamtzirkulation aller im Endlichen liegenden Wirbelfäden verschwindet. Daraus folgt allgemein, daß in einer Strömung nur solche, sämtlich im Endlichen liegenden, geraden Wirbelfäden möglich sind, die endliche Kernquerschnitte besitzen und deren Gesamtzirkulation gleich null ist. Um also die Gesamtenergie eines solchen Wirbelfelds numerisch berechnen zu können, muß man einerseits die Energie der Wirbelkerne und andererseits die Stromfunktionen der Kernränder kennen. Beide Größen hängen offenbar mit der Gestalt der Kerne und der Größe der Zirkulationen zusammen. Um darüber etwas aussagen zu können, muß die Entstehungsgeschichte der Kerne bekannt sein. Die Lösung dieser hier aufgeworfenen Frage ist in allgemeiner Form noch nicht gelungen. Für einen Sonderfall aus der Tragflügeltheorie hat Kaufmann [39] ein Näherungsverfahren zur Berechnung der Kernenergie für reibungslose Strömung angegeben. Über die zeitliche und räumliche Ausbreitung von Wirbeln in einem viskosen Fluid wird in Kap. 5.5.2.3 noch besonders berichtet.

d) Spiegelung eines ebenen Potentialwirbels.[58] Denkt man sich in Abb. 5.52a die Mittelebene zwischen den beiden Wirbeln eines Wirbelpaars durch eine feste gerade Wand ersetzt und betrachtet nur den rechten Teil der Abbildung, so erhält man das momentane Stromlinienbild eines Wirbelfadens, der sich im Abstand l parallel einer geraden festen Wand mit der Geschwindigkeit $v = \Gamma/4\pi l$ bewegt. Diese Strömung ist nichtstationär, da die gezeichneten Stromlinien der relativen Bewegung um den Wirbel entsprechen, der sich selbst noch mit der angegebenen Geschwindigkeit bewegt. Die Stromlinien sind Kreise mit $a = 2l/(c^2 - 1)$, $r = 2cl/(c^2 - 1)$ bei vorgegebenen Werten von $c > 0$.

Faßt man eine kreisförmige Stromlinie als feste Berandung auf, so entspricht dies der Aufgabe der Spiegelung eines geraden Wirbelfadens an einem festen Kreiszylinder. Legt man nach Abb. 5.52b den Koordinatenursprung in den Kreismittelpunkt, dann wird ein Wirbel der Stärke $-\Gamma$ im Abstand e vom Kreismittelpunkt durch einen Wirbel der Stärke $+\Gamma$, der sich im Abstand $a = R^2/e$ im Inneren des Kreises befindet, gespiegelt. Das Strömungsbild eines axialen Wirbelfadens in einem Kreisrohr vom Radius $r = R$ an einer Stelle $r = a$ erhält man also, wenn man außerhalb des Kreisrohrs einen Wirbel gleicher Stärke aber entgegengesetzter Drehrichtung im Abstand $e = R^2/a$ vom Kreismittelpunkt auf der Verbindungsgeraden durch den Kreismittelpunkt und den Wirbelpunkt spiegelt.

e) Wirbelstraße (von Kármán). Wird ein prismatischer oder zylindrischer Körper nach Abb. 5.53a normal zu seiner Achse gleichförmig mit der Geschwindigkeit U in einem ruhenden Fluid bewegt, so

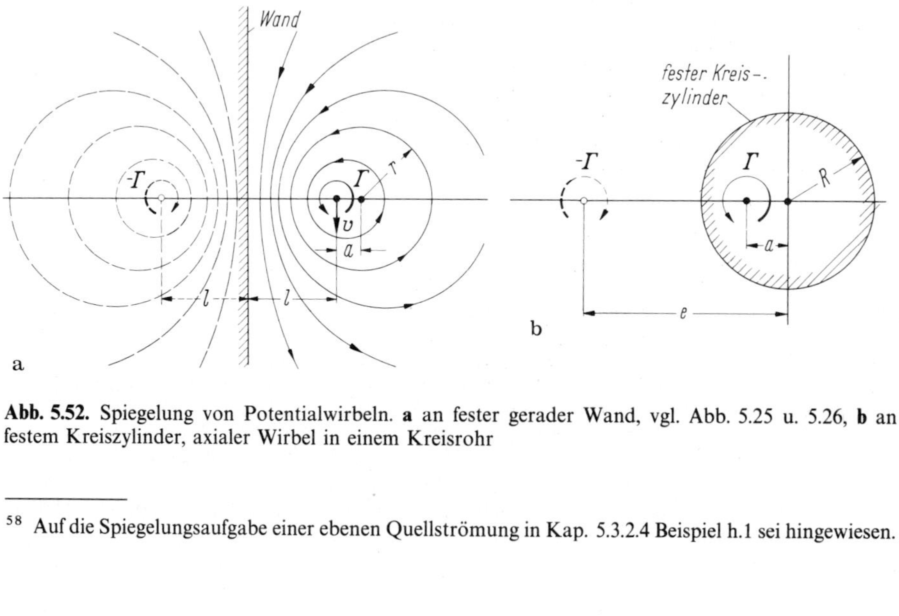

Abb. 5.52. Spiegelung von Potentialwirbeln. **a** an fester gerader Wand, vgl. Abb. 5.25 u. 5.26, **b** an festem Kreiszylinder, axialer Wirbel in einem Kreisrohr

[58] Auf die Spiegelungsaufgabe einer ebenen Quellströmung in Kap. 5.3.2.4 Beispiel h.1 sei hingewiesen.

bildet sich bei geeignetem Wert von U und entsprechender Körperabmessung hinter dem Körper ein System von Einzelwirbeln in bestimmten Abständen auf zwei nahezu parallelen Geraden aus. Es entsteht eine Wirbelstraße, die als Ganzes betrachtet dem Körper mit der kleineren Geschwindigkeit $u < U$ folgt. Zwischen den beiden Wirbelreihen stellt sich eine pendelnde Strömungsbewegung ein. Diese in Wasserrinnen zu beobachtende Erscheinung veranlaßte von Kármán [37], die Stabilität einer derartigen Wirbelanordnung genauer zu untersuchen, wobei er folgende idealisierende Annahmen machte: a) Das Fluid wird als reibungslos angesehen, b) der bewegte Körper ist normal zur Strömung unendlich lang (ebenes Problem), c) die einzelnen Wirbelfäden werden als Potentialwirbel normal zur Strömungsrichtung eingeführt (ihre Zirkulationen sind sämtlich gleich groß, haben aber nach Abb. 5.53a in den beiden Reihen der Straße entgegengesetzten Drehsinn), d) außerhalb dieser Wirbelfäden herrscht Potentialströmung, e) die Wirbelstraße wird als beiderseits unendlich lang angenommen. Unter diesen Voraussetzungen fand von Kármán, daß nur die aus Abb. 5.53a ersichtliche Wirbelanordnung, bei welcher die Wirbelfäden der beiden Reihen um die Strecke $l/2$ gegeneinander verschoben sind, gegenüber kleinen Störungen der Anfangslage stabil ist.[59] Dabei ergibt sich für das Verhältnis zwischen dem Abstand h der beiden Wirbelreihen und dem Wirbelabstand l der von der speziellen Querschnittsform des Körpers unabhängige Wert $\sinh(\pi h/l) = 1$ oder $h/l = 0{,}2806$. Die auf diese Weise gekennzeichnete stabile Anordnung der Wirbelstraße bildet sich derart aus, daß sich abwechselnd gegensinnig drehende Wirbel zu beiden Seiten des erzeugenden Körpers loslösen, wodurch die periodisch pendelnde Bewegung entsteht. Man stellt leicht fest, daß ein beliebiger Wirbel infolge aller übrigen Wirbel derselben unendlich langen Reihe keine Geschwindigkeit erlangen kann. Infolge der anderen Reihe erhält er nur eine der x-Richtung parallele Geschwindigkeit, da sich die zu je zwei symmetrisch zu ihm liegenden Einzelwirbel gehörigen y-Komponenten paarweise aufheben. Bei unendlich langen Reihen hat jeder Wirbelpunkt die gleiche Geschwindigkeit. Das ganze Wirbelsystem bewegt sich also mit konstanter Geschwindigkeit u in Richtung der x-Achse. Zur Berechnung dieser Geschwindigkeit soll die Methode der komplexen Funktionen nach Kap. 5.3.2.3, Lösungsansatz III, herangezogen werden. Bezeichnet $z_1 = x + iy_1$ die komplexe Lage irgendeines Wirbels der oberen Wirbelreihe, so ist die komplexe Potentialfunktion infolge dieses Wirbels an dem beliebigen Ort $z = x + iy$ nach (5.62a) $\Phi(z) = -i(\Gamma/2\pi)\ln(z - z_1)$. Die resultierende komplexe Potentialfunktion der oberen und unteren Reihe mit $z_2 = -z_1$ erhält man durch Summation über alle Wirbel nach elementarer Zwischenrechnung, vgl. die Bibliographie [A 22, 24], zu

$$\Phi = \frac{i\Gamma}{2\pi}\ln\frac{\sin\left(\pi\frac{z+z_1}{l}\right)}{\sin\left(\pi\frac{z-z_1}{l}\right)}, \quad w_* = \frac{i\Gamma}{2l}\left[\cot\left(\pi\frac{z+z_1}{l}\right) - \cot\left(\pi\frac{z-z_1}{l}\right)\right], \qquad (5.192\text{a, b})$$

wobei die zweite Beziehung nach (5.46a) die konjugiert komplexe Geschwindigkeit $w_*(z) = d\Phi/dz = u - iv$ im Aufpunkt ist. Zu dieser Geschwindigkeit liefern alle Wirbelpunkte beider Reihen einen Beitrag, sofern z nicht gerade mit einem Wirbelpunkt zusammenfällt. Um die Geschwindigkeit u eines beliebigen Wirbelpunkts und damit diejenige der Wirbelstraße zu bekommen, beachte man, daß diese Geschwindigkeit parallel der x-Achse gerichtet ist und daß die Bewegung dieses Wirbels durch sein eigenes Geschwindigkeitspotential nicht beeinflußt wird. Läßt man nun den Aufpunkt z mit einem Wirbelpunkt zusammenfallen, so liefert w_* die Geschwindigkeit dieses Wirbels zuzüglich der Geschwindigkeit infolge des eigenen Geschwindigkeitspotentials, welche nach (5.180a) unendlich groß ist. Für einen Wirbel der oberen Reihe ist $z = z_1 + kl$ (k ganzzahlig von $-\infty$ bis $+\infty$). Nach Einsetzen dieses Werts in (5.192b) erhält man unter Beachtung des vorher Gesagten wegen $\cot[\pi(z - z_1)/l] = \infty$ und wegen $2z_1 = l/2 + ih$, ohne Wiedergabe der Zwischenrechnung, als Geschwindigkeit der Wirbelstraße

$$u = \frac{\Gamma}{2l}\tanh\left(\pi\frac{h}{l}\right) = \frac{1}{\sqrt{8}}\frac{\Gamma}{l} = 0{,}354\,\frac{\Gamma}{l} \quad (\sinh(\pi h/l) = 1, \quad h/l = 0{,}281)\,. \qquad (5.193\text{a, b})$$

Die letzte Beziehung folgt durch Einsetzen der oben angegebenen Stabilitätsbedingung mit $\tanh(\pi h/l) = 1/\sqrt{2}$.

Das nach der dargelegten Theorie berechnete Stromlinienbild zeigt Abb. 5.53b. Bei kleinen Geschwindigkeiten U und kleinen Körperabmessungen stimmt es besonders in einiger Entfernung hinter dem Körper gut mit den von Kármán und Rubach [37] angestellten Versuchen überein, vgl. Abb. 5.53c.

---

[59] Auf die Möglichkeit, daß bei ganz speziellen Störungen auch die Wirbelanordnung nach Abb. 5.53a instabil sein kann, hat Schmieden [12] hingewiesen. Eine Verallgemeinerung des Kármánschen Stabilitätskriteriums stammt von Domm [12] und Maue [12].

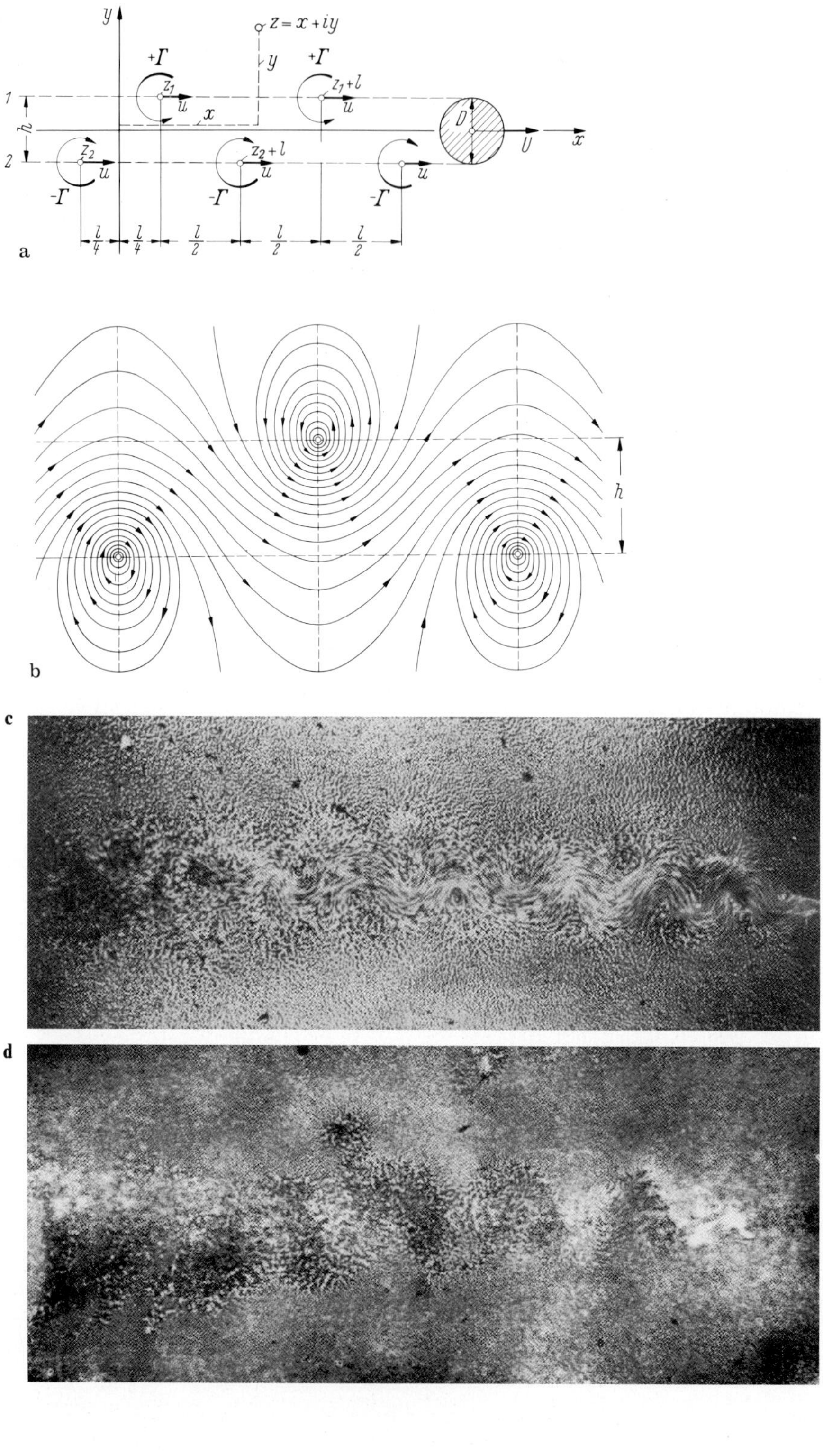
a
y
z = x + iy
+Γ
z_1
z_1+l
u
x
D
U
h
1
2
z_2
z_2+l
-Γ
l/4
l/2
b
h
c
d

Als Versuchskörper wurden dabei ein Kreiszylinder und eine dünne rechteckige Platte durch ruhendes Wasser geschleppt, dessen Oberfläche zur Sichtbarmachung der Stromlinien mit Lykopodiumsamen bestreut war. Beim Kreiszylinder ergab sich ein Längenverhältnis von $h/l = 0{,}282$, bei der Platte im Mittel $h/l = 0{,}306$. Diese Werte zeigen, zumindest beim Zylinder, eine gute Übereinstimmung mit dem theoretischen Wert von $h/l = 0{,}281$. Demgegenüber kann man auch bei sorgfältigsten Versuchen mit größerer Geschwindigkeit U (größere Reynolds-Zahl) bereits vom dritten oder vierten Wirbelpaar ab nach Abb. 5.53d ein Zerflattern der Wirbelstraße, mitunter sogar eine ganz unregelmäßige Wirbelbildung beobachten, was darauf schließen läßt, daß Einflüsse vorhanden sind, welche die für die reibungslose Strömung nachgewiesene Stabilität stören. Im Bereich von Reynolds-Zahlen $Re = UD/\nu = 40$ bis $10\,000$ (U = Anströmgeschwindigkeit, D = Zylinderdurchmesser, ν = kinematische Viskosität) wurden von Roshko [76] eingehende Untersuchungen durchgeführt. Dabei zeigt sich, daß die Ausbildung und Form der Wirbelstraße wesentlich von der Größe der Reynolds-Zahl abhängig ist. Bei $Re = 40$ bis 150 stellt sich ein stabiler Zustand ohne turbulente Störung ein, in dem die theoretisch ermittelte Kármánsche Wirbelstraße beobachtet wird. Zwischen $Re = 150$ bis $Re = 300$ bildet sich ein laminar-turbulentes Übergangsgebiet mit einzelnen Störungen der stabilen Form der Straße aus, während bei $Re = 300$ ein mehr oder weniger unregelmäßiger Zustand entsteht. Dieser ist dadurch gekennzeichnet, daß die periodische Anordnung der freien Einzelwirbel von turbulenten Geschwindigkeitsschwankungen überlagert ist, die im weiteren Verlauf zu einem Zerflattern der Wirbel führen. Dabei vergrößert sich die Breite der Straße stromabwärts ständig, während gleichzeitig die Zirkulation der Einzelwirbel abnimmt. Hinsichtlich der Wirbelfrequenz f der Kármánschen Wirbelstraße hinter einem Kreiszylinder besteht aufgrund der experimentellen Untersuchungen ein eindeutiger Zusammenhang zwischen der Strouhal-Zahl (dimensionslose Frequenz) $Sr = fD/U$, vgl. Kap. 1.3.2.3, und der Reynolds-Zahl $Re = UD/\nu$ entsprechend Abb. 5.53e. In Kap. 5.4.2.4 Beispiel a und in Kap. 5.5.2.1 Beispiel a sowie in Kap. 6.3.5.2 Beispiel b werden noch einige Bemerkungen zur Kármánschen Wirbelstraße gemacht. Eine zusammenfassende Berichterstattung mit einer umfangreichen Literaturangabe über die bei der mehr als sechzigjährigen Erforschung der Kármánschen Wirbelstraße erzielten Ergebnisse gibt Chen [12].

5.4.2.4 Potentialwirbelschichten

Trennungsflächen können bei Strömungen auftreten, wenn sich bestimmte Strömungsgrößen sprunghaft ändern. Solche Vorgänge können in Flächen vorkommen, bei denen die Beträge der Geschwindigkeiten, nicht aber ihre Richtungen beim Übergang von der einen zur anderen Seite unstetig sind. So definierte

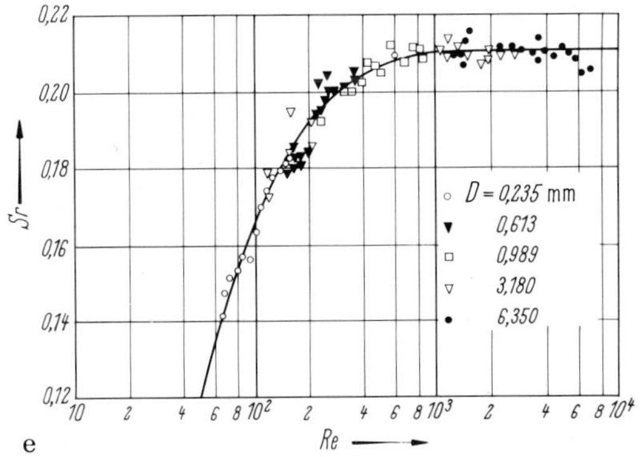

e

Abb. 5.53. Kármánsche Wirbelstraße hinter zylindrischen Körpern. **a** Wirbelanordnung (schematisch); **b** theoretisches Stromlinienbild der stabilen Wirbelstraße; **c**, **d** experimentelles Stromlinienbild bei $Re = UD/\nu = 4{,}75 \cdot 10^2$ bzw. $Re = 9{,}64 \cdot 10^2$; **e** Strouhal-Zahl $Sr = fD/U$ in Abhängigkeit von der Reynolds-Zahl $Re = UD/\nu$ nach Roshko. U Fortbewegungsgeschwindigkeit des Zylinders, u Geschwindigkeit des Wirbelsystems

Unstetigkeitsflächen treten im allgemeinen als Wirbelschichten auf. Im folgenden sollen nur ebene Strömungen behandelt werden.

a) Translationsströmung mit Trennungsfläche. Gegeben sei nach Abb. 5.54a eine ebene Translationsströmung parallel zur x-Achse, die für $y < 0$ die Geschwindigkeit u_1 und für $y > 0$ die Geschwindigkeit $u_2 > u_1$ besitzt. Es ist also die x,z-Ebene eine Trennungsfläche mit dem Geschwindigkeitssprung $u_2 - u_1$. Wäh-

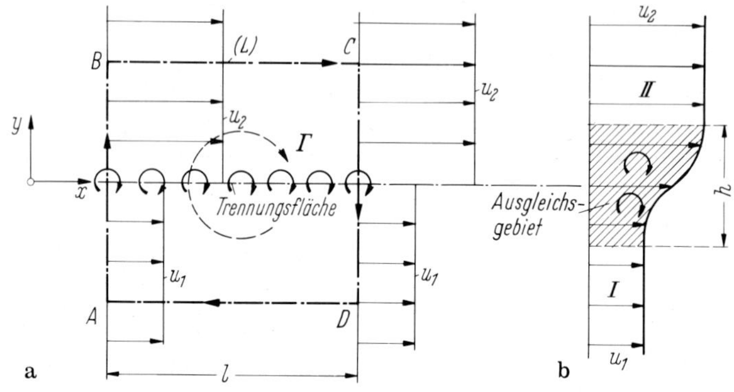

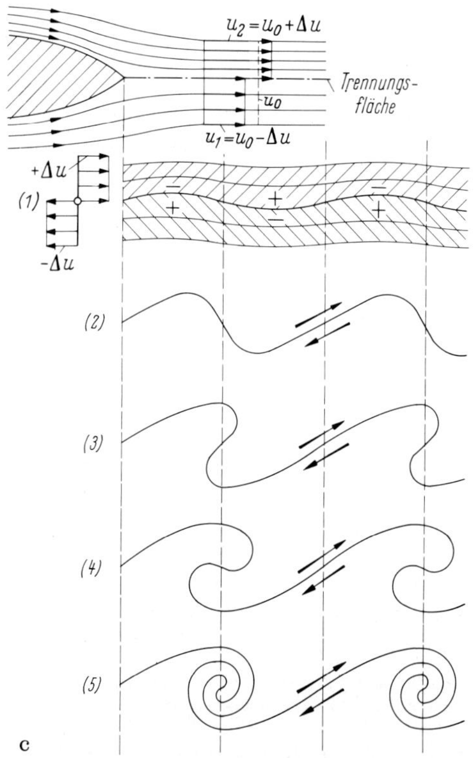

Abb. 5.54. Translationsströmung mit Trennungsfläche. **a** Unstetige Geschwindigkeitsverteilung (in reibungsloser Strömung), **b** stetige Geschwindigkeitsverteilung (in reibungsbehafteter Strömung), **c** Labilität einer Trennungsfläche nach dem Zusammentreffen von zwei vorher getrennten Strömungen

rend jede Parallelströmung u_1 bzw. u_2 für sich drehungs- und zirkulationsfrei ist, d. h. eine Potentialströmung im Sinn von Kap. 5.3.2 ist mit $\Phi_1 = u_1 x$ bzw. $\Phi_2 = u_2 x$, gilt diese Aussage nicht für die gesamte Strömung mit der Trennungsfläche. Die Zirkulation Γ erhält man als Linienintegral der Geschwindigkeit längs der mit (L) gekennzeichneten im Uhrzeigersinn positiv gewählten rechteckigen Kurve. Mit (5.6) wird sie durch Summation der Einzelbeträge über die vier Rechteckseiten ausgehend vom Punkt A zu $\Gamma = 0 + u_2 l + 0 - u_1 l = (u_2 - u_1)l \neq 0$. Die Zirkulation ist also von null verschieden. Dies bedeutet auch, daß das Geschwindigkeitspotential beim Durchgang durch die Trennungsfläche gemäß (5.23) den Sprung $\Phi_2 - \Phi_1 = (u_2 - u_1)l$ mit $x = l$ besitzt. Aus dem Stokesschen Zirkulationssatz (5.7a) folgt, da für $|y| \neq 0$ das Strömungsfeld drehungsfrei ist, daß die Trennungsfläche der Strömungsbereiche ($y \lessgtr 0$) diejenige Stelle ist, wo die Drehung $\omega_z \neq 0$ ist; man beachte, daß für $y = 0$ die Geschwindigkeitsänderung $\partial u/\partial y = \infty$ und damit nach (5.5a) die Drehung $|\omega_z| = \infty$ ist. Die Trennungsfläche stellt also fluidmechanisch gesehen eine Wirbelschicht dar.

Ein Geschwindigkeitssprung nach Abb. 5.54a kann nur in einer reibungslosen Strömung bestehen. In einer reibungsbehafteten Strömung bildet sich nach Abb. 5.54b ein Ausgleichsgebiet der Geschwindigkeitsverteilung $u(y)$ aus. Zwischen den beiden Gebieten (I) und (II) tritt ein Streifen der Höhe h auf, in welchem der Geschwindigkeitsgradient $\partial u/\partial y$ und damit auch die Drehung endlich und von null verschieden sind. Das Ausgleichsgebiet stellt also ein Wirbelgebiet dar. Über die reibungsbehaftete Trennungsfläche wird in Kap. 6.4.2.1 berichtet.

Trennungsflächen können beim Zusammentreffen von zwei vorher getrennten Strömungen, z. B. auf der Rückseite eines Körpers nach Abb. 5.54c entstehen. Dabei kann es vorkommen, daß zu beiden Seiten der Trennungsfläche die Konstante der Bernoullischen Gleichung verschieden, jedoch der Druck gleich ist. Solche Trennungsflächen (Wirbelschichten) sind instabil, d. h. zufällige kleine Störungen (Ausbuchtungen) vergrößern sich schnell. Die Wirbelschicht bewegt sich mit dem arithmetischen Mittel der Geschwindigkeiten beider Seiten $u_0 = (1/2)(u_1 + u_2)$. Der Strömungsvorgang ist instationär. In Abb. 5.54c ist ein Bezugssystem gewählt, das sich mit der mittleren Geschwindigkeit u_0 mitbewegt, wodurch der Strömungsvorgang zunächst als stationär angesehen werden kann. Wellentäler und Wellenberge bleiben bei dieser Betrachtungsweise ortsfest. Das obere Fluid strömt für dies Bezugssystem mit der Geschwindigkeit $\Delta u > 0$ nach rechts und das untere Fluid mit der Geschwindigkeit $\Delta u < 0$ nach links. Bei der nach *(1)* gewellten Trennungsfläche stellen sich für die untere Strömung in den Wellentälern vergrößerte Geschwindigkeit und in den Wellenbergen verkleinerte Geschwindigkeit ein. Die entsprechenden Drücke bewirken aber eine Vergrößerung der Wellenamplitude entsprechend *(2)*. Die Wellenform bildet sich somit mehr und mehr aus und wird bald wie *(3)* zur x-Achse unsymmetrisch. Die Wellen überschlagen sich nach *(4)* schließlich und rollen sich gemäß *(5)* zu einzelnen Wirbeln auf. Bei diesen, durch den Aufrollvorgang entstandenen Wirbeln handelt es sich nicht mehr um Wirbelfäden von unendlich kleinem Querschnitt, sondern um eine ganze Anzahl elementarer Fäden, die zusammen Wirbelkerne von endlichem Querschnitt bilden. Auch die in Kap. 5.4.2.3 als Beispiel e behandelte

Kármánsche Wirbelstraße kann man als Endergebnis zweier zerfallener Trennungsflächen auffassen, die sich hinter dem Körper bei seiner Bewegung ausbilden, aber infolge ihrer Instabilität nicht erhalten bleiben können.

In diesem Zusammenhang sei noch eine Bemerkung gemacht, die sich auf den Thomsonschen Zirkulationssatz (5.19) bezieht. Hiernach bleibt eine aus dem Zustand der Ruhe unter dem Einfluß konservativer Kräfte entstehende Bewegung einer reibungslosen Strömung zirkulationsfrei. Dieser Schluß ergibt sich daraus, daß in einer drehungsfreien Strömung die Zirkulation längs einer geschlossenen Kurve, die immer von denselben Fluidelementen gebildet wird und einen einfach zusammenhängenden Bereich umschließt, dauernd null sein muß. Nun zeigt aber die obige Überlegung, daß in einer reibungslosen Strömung unter gewissen Voraussetzungen Trennungsflächen und damit auch Wirbel entstehen können. Die Erklärung dieses scheinbaren Widerspruchs ist von Prandtl [67] dahingehend gegeben worden, daß alle materiellen Linien, die im Innern des ruhenden Fluids einen einfach zusammenhängenden Bereich bilden, sich nur so bewegen oder verformen, daß sie einer sich unter gegebenen Voraussetzungen bildenden Trennungsfläche ausweichen, d. h. diese nicht schneiden. In die geschlossene materielle Linie können demnach niemals Teile der Trennungsfläche (Wirbelschicht) hineingelangen, so daß der von ihr begrenzte Strömungsbereich ständig drehungsfrei bleibt, wenn er dies anfangs war.

b) Kontinuierliche Schicht ebener Potentialwirbel. Neben den in Kap. 5.4.2.3 besprochenen Wirbelsystemen diskret angeordneter, parallel verlaufender ebener Potentialwirbel spielt besonders auch die kontinuierliche Anordnung dicht nebeneinander in einer Fläche liegender Potentialwirbel eine große Rolle. Dabei kann die Fläche sowohl gerade als auch gewölbt sein. Solche Wirbelschichten waren bereits von Helmholtz [29] bekannt. Sie kommen im Sinn von Beispiel a als Trennungsflächen vor und bilden eine wesentliche Grundlage in der Tragflügeltheorie nach Kap. 5.4.3 sowie bei den Potentialströmungen mit freien Stromlinien nach Kap. 5.5.2.1.

Im folgenden soll nur die gerade Wirbelschicht untersucht werden. Nach Abb. 5.55a möge die normal zur Bildebene unendlich ausgedehnte Wirbelschicht mit der x-Achse zusammenfallen und sich über die gesamte Länge von $-\infty < x' < \infty$ erstrecken, wobei x' die laufende Koordinate bezeichnet. An einer Stelle x' sei die auf das Längenelement der Schicht dx' bezogene Zirkulation, d. h. die Zirkulationsdichte (Wirbeldichte) $\gamma(x') = d\Gamma(x')/dx'$ in m/s. Durch Anwendung des Biot-Savartschen Gesetzes (5.180a) auf einen unendlich langen rechtsdrehenden Potentialwirbel mit der Zirkulation $d\Gamma(x') = \gamma(x')dx'$ und $r = x - x'$ erhält man mit Tab. 5.4e die von der Wirbelschicht herrührenden Geschwindigkeitskomponenten in x- und y-Richtung an einem Aufpunkt x, y zu

$$u(x,y) = \frac{1}{2\pi}\int_{-\infty}^{\infty} \gamma(x')\frac{y\,dx'}{(x-x')^2+y^2}\,,$$

$$v(x,y) = -\frac{1}{2\pi}\int_{-\infty}^{\infty} \gamma(x')\frac{(x-x')dx'}{(x-x')^2+y^2} \qquad (5.194\text{a, b})$$

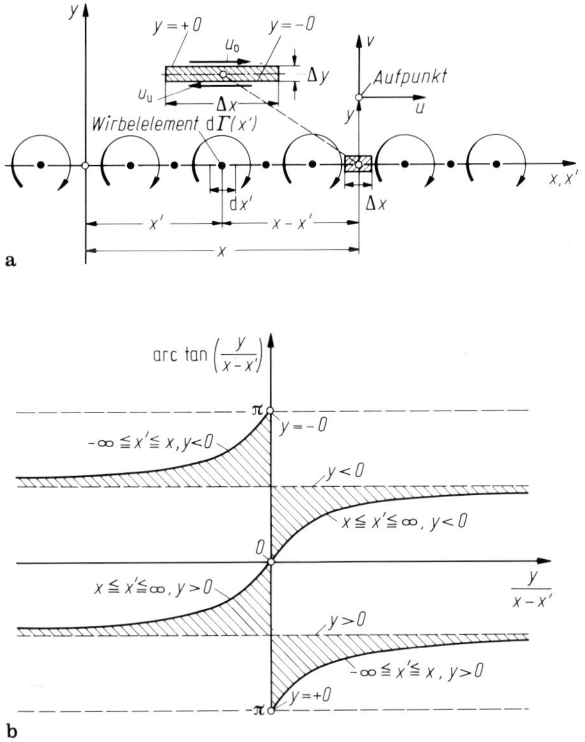

Abb. 5.55. Gerade Wirbelschicht mit kontinuierlich verteilter Zirkulationsdichte $\gamma(x') = d\Gamma(x')/dx'$. **a** Zur Berechnung der induzierten Geschwindigkeitskomponenten, **b** zur Ermittlung des Geschwindigkeitspotentials

Von besonderem Interesse sind die Geschwindigkeiten bei Annäherung an die Wirbelschicht $y \to 0$. Es ist der Grenzwert lim $(y \to 0)$ zu bilden, was zu

$$u(x, \pm 0) = \pm \frac{1}{2}\gamma(x), \quad v(x, 0) = -\frac{1}{2\pi} \oint_{-\infty}^{\infty} \frac{\gamma(x')dx'}{x - x'} \qquad (y \to 0)$$

(5.195a, b)

führt. Bei der Geschwindigkeitskomponente u bezieht sich das obere Vorzeichen auf Punkte dicht oberhalb und das untere Vorzeichen auf Punkte dicht unterhalb der Wirbelschicht, d. h. $u_0(x) = u(x, y = +0) > 0$ und $u_u(x) = u(x, y = -0) < 0$. Beim Durchgang durch die Wirbelschicht tritt also der Geschwindigkeitssprung $\Delta u(x) = u_0 - u_u = 2u_0 = \gamma(x)$ auf. Ohne von (5.194a) den mathematischen Grenzwert $\lim(y \to 0)$ zu bilden, kann man dies Ergebnis auch folgendermaßen anschaulich gewinnen: In der Umgebung des Punkts $x, y = 0$ sei ein flaches rechteckiges Element mit den Kantenlängen Δx und $\Delta y \to 0$ betrachtet. Für die Geschwindigkeiten ober- und unterhalb der Wirbelschicht gilt $u_u(x) = -u_0(x)$. Berechnet man ähnlich wie in Abb. 5.4 die Zirkulation (hier rechtsdrehend), dann ist $\Delta\Gamma = (u_0 - u_u)\Delta x = 2u_0\Delta x = -2u_u\Delta x$, was mit $\Delta\Gamma = \gamma\Delta x$ zu dem

Ergebnis (5.195a) führt.[60] Die besprochene Potentialwirbelströmung mit Trennungsfläche, bei deren Durchschreiten sich neben den Geschwindigkeiten parallel zur Fläche auch die Werte der Potentialfunktion ändern, nennt man häufig diskontinuierliche Potentialströmungen. Sie besitzen entsprechend Tab. 5.4e das Geschwindigkeitspotential

$$\Phi(x, y) = -\frac{1}{2\pi}\int_{-\infty}^{\infty} \gamma(x')\arctan\left(\frac{y}{x-x'}\right)dx', \tag{5.196a}$$

$$\Phi(x, y = \pm 0) = \pm\frac{1}{2}\int_{-\infty}^{x} \gamma(x')\,dx' = \pm\frac{1}{2}\Gamma(x) \tag{5.196b}$$

mit $\Gamma(x)$ als Zirkulation der Wirbelstrecke $-\infty \leqq x' \leqq x$.[61]

5.4.3 Tragflügeltheorie dichtebeständiger Fluide

Einzelne Tragflügel oder Anordnungen von mehreren Tragflügeln finden Verwendung bei Strömungsmaschinen der verschiedensten Art (Pumpe, Turbine, Propeller, Windrad) sowie in besonderem Maß bei Luftfahrzeugen. Die Ausführungen dieses Kapitels können nur einen gedrängten und somit auch unvollständigen Einblick vermitteln. Zum weiteren Studium muß auf das einschlägige Schrifttum verwiesen werden, z. B. [5, 64, 79, 80, 87].

5.4.3.1 Grundlagen der Theorie des Auftriebs

Über die Theorie des Auftriebs angeströmter ebener Körper bei reibungsloser Strömung eines dichtebeständigen Fluids wurde bereits in Kap. 3.6.2.1 und 5.3.2.3 berichtet. Dabei zeigte sich, daß eine Auftriebskraft an einem Körper nur bei Vorhandensein einer den Körper einschließenden zirkulatorischen Strömung möglich ist. Der Zusammenhang zwischen der Auftriebskraft F_A und der Zirkulation Γ wird durch den Kutta-Joukowskyschen Auftriebssatz angegeben. Wird ein beliebig geformter prismatischer Körper, im vorliegenden Fall ein Tragflügelprofil der Breite b in ebener Strömung mit der Geschwindigkeit w_∞ angeströmt, so gilt nach (3.240a), (3.242a) oder (5.53a)

$$F_A = \varrho b w_\infty \Gamma, \qquad F_A \perp w_\infty \qquad \text{(Auftriebssatz)} \tag{5.197a}$$

mit ϱ als Dichte des Fluids und Γ als Zirkulation um das Profil. Die Auftriebskraft (=Querkraft) steht normal auf der durch die Geschwindigkeit w_∞ bestimmten

---

[60] Bei dem Grenzwert $\lim(y \to 0)$ von (5.194b) genügt es nicht, im Nenner lediglich $y = 0$ zu setzen. Eine genaue Ableitung zeigt vielmehr, daß von dem verbleibenden Integral der Cauchysche Hauptwert in der Form

$$\oint_{-\infty}^{\infty} ..\, dx' = \lim_{\varepsilon \to 0}\left(\int_{-\infty}^{x-\varepsilon} ..\, dx' + \int_{x+\varepsilon}^{\infty} ..\, dx'\right)$$

zu nehmen ist. Bei der Integration ist also die singuläre Stelle bei $x' = x$ auszulassen.

[61] Den Grenzwert $\lim(y \to 0)$ kann man sich anhand von Abb. 5.55b anschaulich klarmachen.

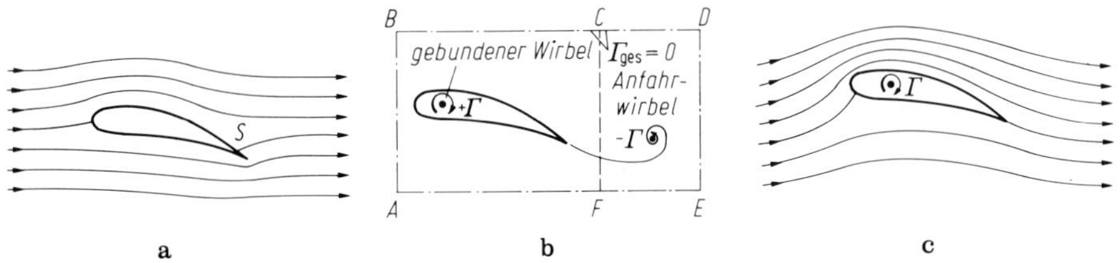

Abb. 5.56. Zur Entstehung der Zirkulation bei einem hinten scharfkantigen Tragflügelprofil. **a** Strömung ohne Zirkulation, S = hinterer Staupunkt; **b** Anwendung des Thomsonschen Zirkulationssatzes; **c** Strömung mit Zirkulation, Abströmbedingung an der Hinterkante erfüllt

Anströmrichtung. Zur Erzeugung der für das Auftreten eines Auftriebs notwendigen Zirkulation muß der Querschnitt des Tragflügels eine entsprechende Profilform erhalten. Während diese im allgemeinen vorn an der Flügelnase gut abgerundet ist, besitzt sie nach Abb. 5.56 eine mehr oder weniger scharf zugespitzte Hinterkante. Der Flügelschnitt sei gegen die ungestörte Parallelströmung angestellt. Nach den Lehren der Potentialtheorie von Kap. 5.3 ergibt sich ein Stromlinienbild mit einem hinteren Staupunkt S auf der Flügeloberseite gemäß Abb. 5.56a, man vgl. dazu Abb. 5.77b und die dort zu dieser Strömung gemachte Ausführung. Die scharfe Hinterkante wird dabei von unten her mit unendlich großer Geschwindigkeit umströmt. Eine resultierende Einzelkraft auf den Flügel wird durch diese Potentialströmung nicht erzeugt. Damit überhaupt ein Auftrieb entstehen kann, muß nach (5.197a) eine rechtsdrehende Zirkulationsströmung überlagert werden. Über die Größe der Zirkulation Γ, die wesentlich von der Profilform und dem Anstellwinkel abhängt, vermag der Kutta-Joukowskysche Satz selbst nichts auszusagen. Ihre Entstehung läßt sich nur erklären, wenn man die Reibung des strömenden Fluids mit in Betracht zieht. Bei Beginn der Bewegung stellt sich, wie bereits gesagt wurde, die Potentialströmung nach Abb. 5.56a ein, und auch bei der reibungsbehafteten Strömung eines Fluids mit nur geringer Viskosität kann man im ersten Augenblick ein starkes Umströmen der Flügelhinterkante beobachten. Da die Geschwindigkeit von der Hinterkante bis zum Staupunkt S sehr schnell auf den Wert null abfällt, herrscht in diesem Bereich nach der Bernoullischen Energiegleichung ein sehr starker Druckanstieg, den die verzögert strömende, wandnahe Reibungsschicht nicht zu überwinden vermag, vgl. Kap. 6.2.2.1 und 6.3.2.2. Sie löst sich also an der Hinterkante vom Flügel ab und wickelt sich entsprechend Abb. 5.56b zu einem starken Einzelwirbel, dem sog. Anfahrwirbel auf. Denkt man sich nun in Abb. 5.56b um den Flügel in hinreichend großem Abstand eine geschlossene Kurve (Fläche) A–B–D–E–A gelegt, welche diesen samt dem abgehenden Anfahrwirbel umfaßt, so ist die Zirkulation längs dieser Kurve, in deren Bereich reibungslose Strömung angenommen wird, nach dem Thomsonschen Zirkulationssatz (5.19) gleich null, da sie anfangs, d. h. im Ruhezustand, gleich null war. Da nun in dem Gebiet C–D–E–F–C ein linksdrehender Wirbel mit der Zirkulation $-\Gamma$ vorhanden ist, muß sich zum Ausgleich in dem Gebiet A–B–C–F–A eine Zirkulation um den Tragflügel von entgegengesetzt gleicher Stärke $+\Gamma$ ausbilden. Der Anfahrwirbel wächst so lange, und zwar sehr schnell, bis die Geschwindigkeiten auf beiden Seiten des Flügelprofils an der

Hinterkante gleich groß geworden sind, so daß ein Umströmen der Kante nicht mehr stattfindet. Man nennt dies die Kutta-Joukowskysche Abströmbedingung. Der Staupunkt S in Abb. 5.56a wird dadurch gerade in die Flügelhinterkante verschoben, Abb. 5.56c. Dies Verhalten der Strömung liefert somit eine Bedingung, mit deren Hilfe die Flügelzirkulation bei gegebener Profilform, Anstellung und Anströmgeschwindigkeit berechnet werden kann. Nach einiger Entfernung des Anfahrwirbels, der weiter stromabwärts vom Flügel wandert, stellt sich am Tragflügel ein nahezu stationärer Zustand ein, bestehend aus einer Parallelströmung mit Zirkulation, durch welche der Flügelauftrieb zustande kommt.

Man kann die Auftriebswirkung des Flügelprofils näherungsweise durch einen einzigen Wirbelfaden mit der Zirkulation Γ ersetzen, dessen Achse parallel der Flügelquerachse ist und durch den Angriffspunkt des Auftriebs auf der Profilsehne geht. Dieser den Tragflügel ersetzende hypothetische Wirbel wird im Gegensatz zu dem in der freien Strömung liegenden Anfahrwirbel als gebundener oder tragender Wirbel bezeichnet. Eine bessere Annäherung für den tragenden Wirbel stellt eine über das Flügelprofil kontinuierliche Zirkulationsverteilung dar, d. h. der Flügel wird durch eine tragende Wirbelfläche ersetzt. Nimmt man die Verteilung wie bei einer geraden Wirbelschicht nach Kap. 5.4.2.4 Beispiel b vor, dann gilt für die Zirkulationsdichte $\gamma(x) = d\Gamma/dx$, wobei sich die Elementarwirbel $d\Gamma(x)$ über die ganze Flügeltiefe $0 \leqq x \leqq l$ erstrecken. Beim Tragflügel endlicher Spannweite ist γ auch noch von der Spannweitenerstreckung abhängig. Die durch die Wirbelverteilung am Ort der Wirbelfläche in Anströmrichtung hervorgerufene Zusatzgeschwindigkeit erhält man in sinngemäßer Anwendung von (5.195a) zu $u(x) = \pm\gamma(x)/2$. Damit nun an der Hinterkante glattes Abströmen herrscht, muß dort $u(x = l) = 0$ sein. Daraus folgt dann für die Zirkulationsdichte an der Hinterkante, d. h. für die Kutta-Joukowskysche Abströmbedingung

$$\gamma(x = l) = \frac{d\Gamma(x = l)}{dx} = 0 \qquad \text{(Abströmbedingung)}\,. \tag{5.197b}$$

Diese Beziehung gilt für Flügel mit sehr kleiner Profildicke und sehr scharfer Hinterkante (theoretisch mit verschwindendem Hinterkantenwinkel).

Grenzen der Tragflügeltheorie. Aufgrund obiger Überlegungen wurden verschiedene Verfahren zur Berechnung des Auftriebs von Tragflügeln beliebiger Gestalt entwickelt, man vgl. hierzu [79]. Danach werden die theoretisch ermittelten Werte — abgesehen von nicht erfaßbaren Reibungseinflüssen — von den Versuchswerten bestätigt, solange bei gut geformten Flügelprofilen und kleinen Anstellwinkeln die Strömung, wie in Abb. 5.57a gezeigt, gut anliegt. Man spricht in diesem Fall von einer gesunden Strömung. Bei größeren Anstellwinkeln bildet sich nach Abb. 5.57b auf der Flügeloberseite ein breites Wirbelgebiet, wodurch gleichzeitig der Auftrieb stark abnimmt. Es entsteht eine abgelöste Strömung. In diesem von der Profil- und auch von der Flügelgrundrißform abhängigen Anstellwinkelbereich verliert die obige Zirkulationstheorie zur Berechnung des Tragflügelauftriebs ihre Gültigkeit.

a

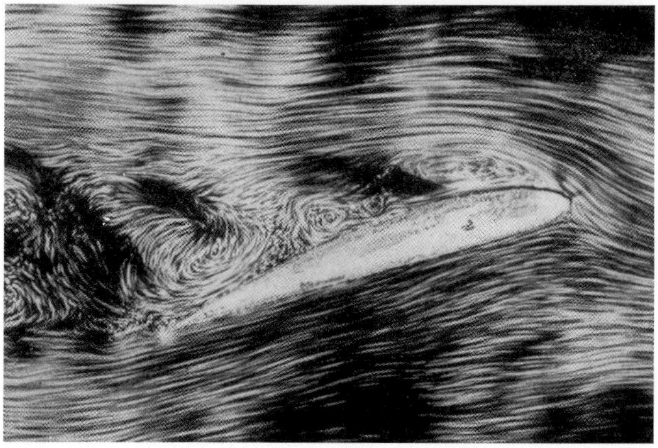

b

Abb. 5.57. Experimentell bestimmte Stromlinienbilder um angestellte Flügelprofile **a** Gesunde Strömung (kleines Wirbelgebiet), **b** abgelöste Strömung (großes Wirbelgebiet)

5.4.3.2 Tragflügel unendlicher Spannweite (Profiltheorie)[62]

Methode der konformen Abbildung. Ebene Potential- und Potentialwirbelströmungen lassen sich nach Kap. 5.3.2.3 mittels komplexer Funktionen beschreiben. Besondere Bedeutung hat dabei die Methode der konformen Abbildung erlangt. Danach läßt sich die Strömung von der komplexen z-Ebene (im allgemeinen die Kreiszylinderumströmung) mittels einer bestimmten konformen Abbildung in die Umströmung eines vorgegebenen ebenen Körpers (hier das Flügelprofil) in die komplexe ζ-Ebene transformieren.

Nach diesem Verfahren wurde in Kap. 5.3.2.4 als Beispiel f die normal angeströmte Platte behandelt, Abb. 5.23. Beim Beispiel g. 1 wurde gezeigt, wie man durch die einfache Joukowskysche Abbildungsfunktion (5.78) aus der Kreiszylinderumströmung in der z-Ebene die Umströmung eines sehnenparallel angeströmten symmetrischen Joukowsky-Profils gewinnen kann, vgl. Abb. 5.24. Wird der

[62] Ein Tragflügelprofil in ebener Strömung kann man sich als Tragflügel unendlicher Spannweite oder als Tragflügel zwischen parallelen Endscheiben vorstellen.

Mittelpunkt des Bildkreises nicht, wie in Abb. 5.24a gezeigt, auf der x-Achse, sondern auf der y-Achse verschoben, so entsteht eine kreisförmig gewölbte Platte. Eine Verschiebung sowohl in x- als auch in y-Richtung liefert ein gewölbtes Joukowsky-Profil, vgl. [79]. Über die einfache Joukowskysche Abbildungsfunktion hinaus gibt es eine Fülle weiterer analytischer Funktionen, die zur Beschreibung von in bestimmter Weise vorgegebenen Profilkonturen entwickelt wurden. Wesentlich für die Auftriebserzeugung eines Profils ist, daß nach (5.197a) die Strömung um den betrachteten ebenen Körper eine Zirkulation Γ besitzen muß. Als Beispiel zur Methode der konformen Abbildung wird unten die Umströmung der angestellten ebenen Platte mit Auftrieb behandelt. Auf weitere Anwendungen kann hier nicht eingegangen werden, man vgl. die Ausführung in [79]. Abschließend sei nochmals vermerkt, daß mittels der Methode der komplexen Funktionen nur ebene Strömungen um Tragflügelprofile, d. h. nur Fragen der Profiltheorie, beschrieben werden können.

Singularitätenverfahren. Im Gegensatz zur Methode der konformen Abbildung läßt sich das Singularitätenverfahren sowohl für ebene als auch räumliche Strömungen anwenden. Sofern es sich bei den Singularitäten um in Profiltiefenrichtung kontinuierlich verteilte ebene oder räumliche Quellen und Sinken handelt, wurden diesbezüglich Ausführungen bereits in Kap. 5.3.2.4 Beispiel e.5 bzw. Kap. 5.3.2.6 Beispiel e.3 gemacht. Um das Auftriebsproblem erfassen zu können, sind als Singularitäten kontinuierlich verteilte Potentialwirbel mit heranzuziehen. Da sich die Untersuchung im vorliegenden Fall nur auf Fragen der Profiltheorie, d. h. auf die ebene Strömung, beschränken soll, handelt es sich hierbei um ebene Potentialwirbel im Sinn von Kap. 5.4.2.2.

Die Umströmung eines schwachgewölbten Profils (Skelettprofil, Wölbungsverhältnis $f/l \ll 1$) von mäßig endlicher Dicke (Profiltropfen, Dickenverhältnis $d/l \ll 1$) mit Anstellung (Anstellwinkel α), Abb. 5.32, kann dadurch bestimmt werden, daß man die Strömungsfelder aus den Singularitäten des angestellten Skelettprofils (Wirbel) und des Profiltropfens (Quelle, Sinke, Dipol) mit der Parallelströmung überlagert. Das Geschwindigkeitsfeld im Inneren des Profils ist dabei ohne Belang.

Wesentliche Beiträge zur Profiltheorie stammen von Birnbaum [8], Glauert [20] und Riegels [72] sowie Keune und Burg [41]. Über experimentelle Untersuchungen und Vergleiche von Theorie und Messung berichten Abbott und von Doenhoff [1] sowie Riegels [73].

Skelett-Theorie. Im folgenden sollen nur sehr dünne gewölbte Profile, sog. Skelettprofile, besprochen werden. Solche gewölbten Platten stellen fluidmechanisch gesehen mit Zirkulation behaftete Trennungsflächen im Sinn von Kap. 5.4.2.4 Beispiel b dar.

Der Grundgedanke der Skelett-Theorie beruht darauf, das Flügelprofil nach Abb. 5.58 entsprechend dem Singularitätenverfahren durch eine Schicht von gebundenen ebenen Potentialwirbeln zu ersetzen und deren Zirkulationsstärke $d\Gamma(x') = \gamma(x')dx'$ so zu wählen, daß die resultierende Geschwindigkeit aus der ungestörten Anströmung w_∞ und der Zusatzgeschwindigkeit der Wirbelbelegung an jeder Stelle in die Richtung der Tangente des Flügelskeletts fällt. Es wird ein

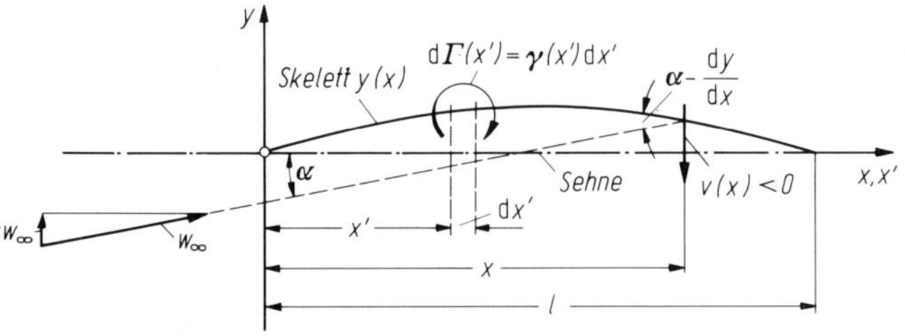

Abb. 5.58. Zur Anwendung des Singularitätenverfahrens bei dünnen gewölbten Skelett-Profilen (gewölbte Platten)

rechtwinkliges Koordinatensystem x, y mit dem Koordinatenursprung in der Profilvorderkante zugrunde gelegt, wobei die x-Achse mit der Profilsehne zusammenfällt und das Profil die Tiefe l hat. Die Wölbungshöhe des Skeletts wird als klein gegenüber der Profiltiefe vorausgesetzt. Die Sehne des Profils sei gegenüber der Anströmrichtung um den Anstellwinkel α angestellt, der ebenfalls als klein angesehen werden soll. Wegen der angenommenen geringen Wölbung des Skeletts kann man sich, ohne einen größeren Fehler zu begehen, die Wirbelschicht statt am Ort des Skeletts $y = y(x')$ auch am Ort der Sehne $y = 0$, d. h. auf der x-Achse im Bereich $0 \leqq x' \leqq l$ angeordnet denken. Die gesamte Zirkulation um das Profil beträgt

$$\Gamma = \int_0^l \gamma(x')dx', \qquad \gamma(x = l) = 0\,. \tag{5.198a, b}$$

Die zweite Beziehung stellt die Abströmbedingung nach (5.197b) dar.

Die von der Wirbelschicht $\gamma(x')$ am Ort $x, y = \pm 0$ induzierten Geschwindigkeitskomponenten $u(x, \pm 0)$ und $v(x, 0)$ erhält man aus (5.195a) bzw. (5.195b), wenn man statt $-\infty$ bis ∞ als Integrationsgrenzen 0 bis l einsetzt. Diese Störgeschwindigkeiten stellen bis auf kleine Größen höherer Ordnung auch die Störgeschwindigkeiten an dem entsprechenden Punkt des Profilskeletts $y(x)$ dar. Da die resultierende Geschwindigkeit aus der Anströmgeschwindigkeit w_∞ sowie den Störgeschwindigkeiten $u(x)$ und $v(x)$ an jeder Stelle des Profils die Richtung der Profiltangente haben muß, ergeben sich aus der kinematischen Randbedingung (2.24b) mit $w_\infty + u(x) \approx w_\infty$ für die Profilkontur $y(x)$

$$\alpha - \frac{dy(x)}{dx} = \frac{-v(x)}{w_\infty}, \qquad \frac{v(x)}{w_\infty} = -\frac{1}{2\pi w_\infty} \oint_{x'=0}^{l} \frac{\gamma(x')dx'}{x - x'}\,. \tag{5.199a, b}$$

Diese Beziehungen reichen in Verbindung mit (5.198b) zur Lösung der Aufgabe aus. Dabei ergeben sich zwei verschiedene Fragestellungen:

Ist $\gamma(x')$ vorgegeben, so kann die zu dieser Wirbelverteilung gehörende Profilform $y(x)$ und gegebenenfalls der Anstellwinkel α unmittelbar bestimmt werden. Im allgemeinen lautet die Frage jedoch umgekehrt, d. h. es sind die Profilform und der Anstellwinkel gegeben und die zugehörige Zirkulationsverteilung ist gesucht. Im letzten Fall ist eine Integralgleichung für $\gamma(x)$ zu lösen.

Da das Skelettprofil als Wirbelschicht dargestellt wird, besteht nach (5.195a) ein Sprung der Geschwindigkeit in x-Richtung zwischen der Profilober- und -unterseite. Wegen der vorausgesetzten Kleinheit von Wölbung und Anstellwinkel kann die resultierende Tangentialgeschwindigkeit am Profil gleich der Geschwindigkeitskomponente auf der x-Achse $\bar{u}(x) = w_\infty + u(x) = w_\infty \pm \gamma(x)/2$ gesetzt werden, wobei das obere Vorzeichen für die Profiloberseite (Index o) mit $\bar{u} = \bar{u}_0$ und das untere Vorzeichen für die Unterseite (Index u) mit $\bar{u} = \bar{u}_u$ gilt. Durch Anwenden der Bernoullischen Energiegleichung (5.27) mit $\partial/\partial t = 0$, $u_B = 0$ und $i = p/\varrho$ erhält man die Lastverteilung (Druckverteilung) über die Plattentiefe zu $\Delta p = p_u - p_0 = (\varrho/2)(\bar{u}_0^2 - \bar{u}_u^2)$. Diese Druckdifferenz bezieht man auf den Geschwindigkeitsdruck der Anströmung $q_\infty = (\varrho/2)\, w_\infty^2$ und erhält so den dimensionslosen Druckbeiwert der Lastverteilung

$$\Delta c_p(x) = \frac{p_u - p_0}{q_\infty} = \left(\frac{\bar{u}_0}{w_\infty}\right)^2 - \left(\frac{\bar{u}_u}{w_\infty}\right)^2 = 2\,\frac{\gamma(x)}{w_\infty}\,. \qquad (5.200\text{a, b})$$

Hierdurch ist bei bekannter Verteilung der Zirkulationsdichte $\gamma(x)$ die Druckverteilung unmittelbar gegeben. Die Auftriebskraft F_A eines Profils der Breite b ergibt sich durch Integration der Druckverteilung über die Profiltiefe zu

$$F_A = b\int_0^l (p_u - p_0)\,dx = \varrho b w_\infty \int_0^l \gamma(x)\,dx = \varrho b w_\infty \Gamma \qquad (5.201\text{a, b, c})^{63}$$

in Übereinstimmung mit dem Kutta-Joukowskyschen Auftriebssatz (5.197a). In ähnlicher Weise findet man das Moment der Druckverteilung M um die Vorderkante des Profils ($x = 0$). Unter Einführen der dimensionslosen Beiwerte $c_A = F_A/q_\infty S$ und $c_M = M/q_\infty S l$ ($c_M > 0$ schwanzlastig drehend) wird mit $q_\infty = (\varrho/2)\, w_\infty^2$ und $S = bl$

$$c_A = \frac{2}{w_\infty l}\int_0^l \gamma(x)\,dx, \qquad c_M = -\frac{2}{w_\infty l^2}\int_0^l \gamma(x)\,x\,dx, \qquad x_A = -\frac{c_M}{c_A} \qquad (5.202\text{a, b, c})$$

mit x_A als Lage des Angriffspunkts der Auftriebskraft auf der Profilachse von der Profilvorderkante aus gemessen. Auf weitere Einzelheiten der praktischen Handhabung des beschriebenen Singularitätenverfahrens wird hier verzichtet, vgl. [79].

Anwendungen

a) Angestellte ebene Platte. Die Anwendung komplexer Funktionen in Verbindung mit der Methode der konformen Abbildung soll am einfachsten Beispiel eines Tragflügelprofils, nämlich der angestellten ebenen Platte nach Abb. 5.59a in der Strömung eines dichtebeständigen Fluids näher erläutert werden.[64]

---

[63] Auf (5.207) und (5.208) bei der angestellten ebenen Platte sei hingewiesen.

[64] Die angestellte ebene Platte wurde in Kap. 4.5.3.1 als Beispiel für die schwache Umlenkung einer supersonischen Strömung und in Kap. 5.3.3.4 als Beispiel zur Anwendung der sub- und supersonischen Ähnlichkeitsregel besprochen. Dies sind beides Fälle von Strömungen dichteveränderlicher Fluide, die hier nicht zur Behandlung anstehen.

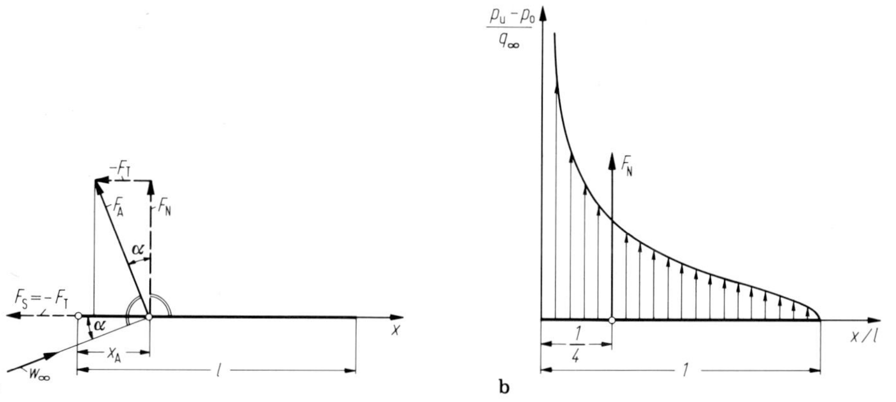

Abb. 5.59. Angestellte ebene Platte bei reibungsloser Strömung eines dichtebeständigen Fluids (Potentialwirbelströmung). **a** Bezeichnungen, Kräfte. **b** resultierende Druckverteilung (Lastverteilung) längs Plattentiefe

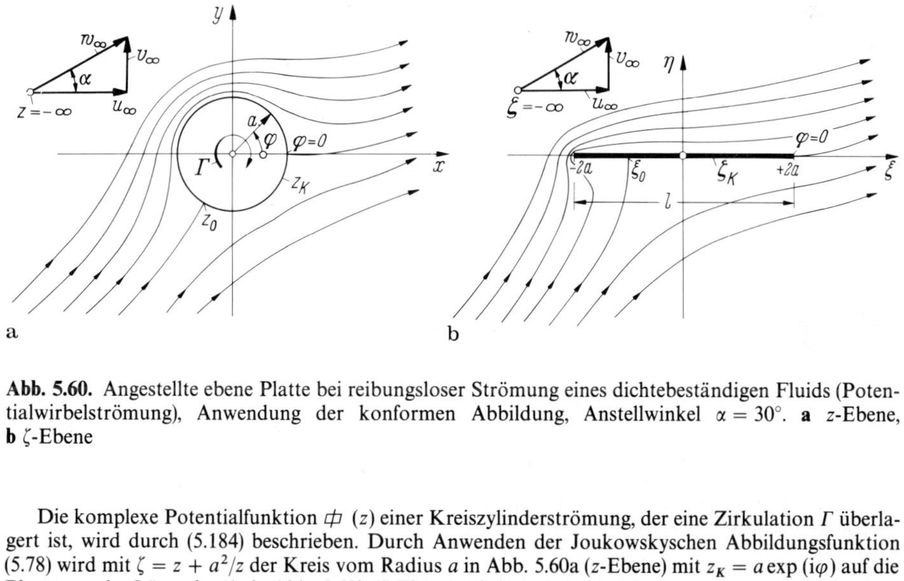

Abb. 5.60. Angestellte ebene Platte bei reibungsloser Strömung eines dichtebeständigen Fluids (Potentialwirbelströmung), Anwendung der konformen Abbildung, Anstellwinkel $\alpha = 30°$. **a** z-Ebene, **b** ζ-Ebene

Die komplexe Potentialfunktion $\phi\!\!\!\!-\,(z)$ einer Kreiszylinderströmung, der eine Zirkulation Γ überlagert ist, wird durch (5.184) beschrieben. Durch Anwenden der Joukowskyschen Abbildungsfunktion (5.78) wird mit $\zeta = z + a^2/z$ der Kreis vom Radius a in Abb. 5.60a (z-Ebene) mit $z_K = a \exp(\mathrm{i}\varphi)$ auf die Platte von der Länge $l = 4a$ in Abb. 5.60b (ζ-Ebene) mit $\zeta_K = 2a \cos\varphi$ oder $\xi_K = 2a \cos\varphi$, $\eta_K = \pm 0$ mit φ als Parameter abgebildet, man vgl. hierzu Abb. 5.23 für die normal angeströmte Platte. Die für das gesuchte Strömungsfeld geltende konjugiert komplexe Geschwindigkeit $w_*(\zeta)$ erhält man aus (5.48b) mit $d\zeta/dz = 1 - a^2/z^2$ und $w_*(z) = d\phi\!\!\!\!-\,/dz$ nach (5.46a) zunächst zu

$$w_*(\zeta) = u_\infty - \mathrm{i}\left[\frac{z^2 + a^2}{z^2 - a^2} v_\infty - \frac{z}{z^2 - a^2} \frac{\Gamma}{2\pi}\right], \qquad \zeta = z + \frac{a^2}{z}.$$

Da für große Abstände z und ζ der Differentialquotient der Abbildungsfunktion $(d\zeta/dz)_\infty = 1$ ist, sind die Geschwindigkeiten im Unendlichen in der z-Ebene und ζ-Ebene gleich groß: $w_*(z = \pm\infty) = w_*(\zeta = \pm\infty) = u_\infty - \mathrm{i}v_\infty$. Die weitere Ausrechnung ergibt mit

$$\frac{z^2 + a^2}{z^2 - a^2} = \pm \frac{\zeta}{\sqrt{\zeta^2 - 4a^2}}, \qquad \frac{z}{z^2 - a^2} = \pm \frac{1}{\sqrt{\zeta^2 - 4a^2}}$$

für die Geschwindigkeitsverteilung an der angestellten ebenen Platte und in ihrer Umgebung

$$w_*(\zeta) = u(\zeta) - \mathrm{i}v(\zeta) = u_\infty \mp \mathrm{i}\frac{v_\infty \zeta - \Gamma/2\pi}{\sqrt{\zeta^2 - 4a^2}} = u_\infty \mp \mathrm{i}v_\infty \sqrt{\frac{\zeta - 2a}{\zeta + 2a}} . \qquad (5.203\text{a, b, c})$$

Für sehr große Werte $\zeta = \mp \infty$ soll die konjugiert komplexe Anströmgeschwindigkeit im Unendlichen gleich $w_*(\zeta = \mp \infty) = u_\infty - \mathrm{i}v_\infty$ sein. Hieraus folgt, daß in (5.203b) das obere Vorzeichen für $\zeta > 0$ und das untere Vorzeichen für $\zeta < 0$ gilt. Die Größe der Zirkulation Γ bestimmt sich aus der Forderung des glatten Abströmens an der Plattenhinterkante (Kutta-Joukowskysche Abströmbedingung). Es muß also bei $\zeta = \xi = 2a$ die Geschwindigkeit endlich bleiben, was durch Verschwinden des Zählers in dem mit i behafteten Glied von (5.203b) erreicht wird. Es muß also $\Gamma = 4\pi a v_\infty$ sein. Nach Einsetzen in (5.203b) folgt die in (5.203c) angegebene Beziehung für die Verteilung der konjugiert komplexen Geschwindigkeit in der Umgebung der angestellten Platte nach Abb. 5.60b. An der Platte selbst $\zeta_K = \xi$ ergibt sich im Bereich $-2a \leqq \xi \leqq 2a$ die Geschwindigkeitsverteilung mit $4a = l$ als Plattentiefe zu

$$u(\xi) = w_\infty \left(\cos\alpha \pm \sin\alpha \sqrt{\frac{l - 2\xi}{l + 2\xi}} \right) \qquad (-l/2 \leqq \xi \leqq l/2) , \qquad (5.204)$$

wobei das obere Vorzeichen für die Plattenober- und das untere Vorzeichen für die Plattenunterseite gilt. In (5.204) wurden die resultierende Anströmgeschwindigkeit $w_\infty = \sqrt{u_\infty^2 + v_\infty^2}$ und der Anstellwinkel α durch $u_\infty = w_\infty \cos\alpha$ sowie $v_\infty = w_\infty \sin\alpha$ eingeführt. Nach (5.204) ist die Geschwindigkeit an der Plattenvorderkante $\xi = -l/2$ unendlich groß. Die Platte wird dort, wie in Abb. 5.60b gezeigt, von unten nach oben umströmt. An der Hinterkante $\xi = l/2$ ist die Tangentialgeschwindigkeit $u = w_\infty \cos\alpha$. Die Lage des Staupunkts auf der Plattenunterseite erhält man mit $u = 0$ aus (5.204) zu $\xi_0 = -(l/2)\cos 2\alpha$. An jeder Stelle der Platte mit Ausnahme der Hinterkante hat die Tangentialgeschwindigkeit $u(\xi)$ einen Sprung zwischen Ober- und Unterseite, welcher die Ursache für den Druckunterschied und damit für den Auftrieb der angestellten Platte ist. Den dimensionslosen Druckbeiwert der Lastverteilung über die Plattentiefe berechnet man nach (5.200a), wenn man die Geschwindigkeiten auf der Ober- und Unterseite der Platte nach (5.204) einsetzt:

$$\Delta c_p(x) = \frac{p_u - p_o}{q_\infty} = 2\sin 2\alpha \sqrt{\frac{l - x}{x}} \qquad (0 \leqq x \leqq l) . \qquad (5.205)$$

Anstelle von ξ wurde entsprechend Abb. 5.59a die Koordinate x mit der Plattenvorderkante ($x = 0$) als Ursprung eingeführt.[65]

Die Anwendung des oben beschriebenen Singularitätenverfahrens führt für kleine Anstellwinkel ($\sin 2\alpha \approx 2\alpha$) ebenfalls auf das mittels der Methode der konformen Abbildung gefundene Ergebnis. Mit $y(x) = 0$ für $0 \leqq x \leqq l$ liefert (5.199a, b) in Verbindung mit (5.198b) als Lösung der Integralgleichung die Wirbelverteilung, vgl. [79],

$$\frac{\gamma(x)}{w_\infty} = 2\alpha \sqrt{\frac{l - x}{x}} , \qquad \Delta c_p(x) = 4\alpha \sqrt{\frac{1 - x/l}{x/l}} \qquad (0 \leqq x/l \leqq 1) . \qquad (5.206\text{a, b})$$

Diese nennt man auch die erste Birnbaum-Ackermannsche Normalverteilung. Die Beziehung (5.206b) folgt durch Einsetzen von (5.206a) in (5.200b) und bestätigt die Übereinstimmung mit (5.205).

Die Lastverteilung ist in Abb. 5.59b über der Plattentiefe dargestellt. Die normal auf die Plattenoberfläche der Breite b wirkenden Drücke erzeugen die Normalkraft

$$F_N = b \int_0^l (p_u - p_o)\, dx = \pi \varrho b w_\infty^2 l \sin\alpha \cos\alpha . \qquad (5.207)$$

Nach der Kutta-Joukowskyschen Auftriebsformel (5.197a) beträgt die normal zur Anströmrichtung wirkende Auftriebskraft der angestellten ebenen Platte

$$F_A = \varrho b w_\infty \Gamma = \pi \varrho b w_\infty^2 l \sin\alpha, \qquad F_N = F_A \cos\alpha , \qquad (5.208\text{a, b})$$

wobei der im Anschluß an (5.203) angegebene Wert für die Zirkulation $\Gamma = \pi l w_\infty \sin\alpha$ berücksichtigt wurde. Zwischen F_N und F_A besteht der Zusammenhang (5.208b), d. h. F_N ist nach Abb. 5.59a eine Komponente von F_A. Da bei der zugrunde gelegten reibungslosen ebenen Strömung die Auftriebskraft zugleich die resultierende Kraft ist, tritt im vorliegenden Fall keine Kraftkomponente in Anströmrichtung, d. h. keine Widerstandskraft, auf. Damit F_A normal auf der Anströmrichtung steht, muß also

[65] Es besteht der Zusammenhang $\xi = x - l/2$.

noch eine nach vorn gerichtete Kraftkomponente tangential zur Platte vorhanden sein, $F_T = -F_A \sin\alpha$. Die Tangentialkraft wird auch Saugkraft $F_S = -F_T$ genannt. Sie entsteht durch das Umströmen der unendlich dünnen Vorderkante mit der theoretisch berechneten unendlich großen Geschwindigkeit. Dies zunächst nicht ohne weiteres einsichtige Ergebnis ist erstmalig als Paradoxon von Cisotti bekannt geworden. Weitere Einzelheiten hierzu werden u. a. in [79] besprochen.

Aus (5.208a) findet man für den Auftriebsbeiwert $c_A = F_A/q_\infty S$ mit $q_\infty = (\varrho/2)w_\infty^2$ und $S = bl$

$$c_A = 2\pi \sin\alpha \approx 2\pi\alpha, \qquad \frac{dc_A}{d\alpha} = 2\pi; \qquad \frac{x_A}{l} = \frac{1}{4}. \tag{5.209a, b; c}$$

Die Größe $dc_A/d\alpha$ bezeichnet man als den Auftriebsanstieg der angestellten ebenen Platte.[66] Dieser Wert gilt in erster Näherung auch für schlanke Flügelprofile. Während der Auftriebsanstieg nach der Potentialtheorie mit dem Profildickenverhältnis zunimmt, ist er infolge von Reibungseinflüssen je nach Profilform häufig etwas kleiner als 2π.

Die Lage des Angriffpunkts der Normalkraft (Auftriebskraft) x_A erhält man aus dem Moment der Lastverteilung um die Plattenvorderkante. Nach (5.209c) greift F_N im sog. Einviertelpunkt des Profils an. Man nennt den anstellwinkelunabhängigen Angriffspunkt der Auftriebskraft den Neutralpunkt des Profils.

b) Parabelskelett. Die Funktion $y(x) = 4(f/l)\,(x/l)\,(1 - x/l)$ stellt ein Parabelskelett mit der Wölbungshöhe $f = y(x/l = 1/2)$ dar. Wird dies in Sehnenrichtung (x-Richtung) angeströmt, dann ist $\alpha = 0$. Die Lösung von (5.199) ergibt in Verbindung mit (5.198b) und (5.200b) die Lastverteilung (Druckverteilung) [79]

$$\Delta c_p(x) = 32\frac{f}{l}\sqrt{\frac{x}{l}\left(1 - \frac{x}{l}\right)}, \qquad c_A = 4\pi\frac{f}{l}, \qquad \frac{x_A}{l} = \frac{1}{2} \qquad (\alpha = 0). \tag{5.210a, b, c}$$

Diese nimmt sowohl an der Vorderkante als auch an der Hinterkante jeweils den Wert null an. Während dies Ergebnis an der Hinterkante die Erfüllung der Abströmbedingung bedeutet, spricht man bei der Vorderkante, die im Gegensatz zur angestellten ebenen Platte jetzt nicht umströmt wird, von der umströmungsfreien Zuströmung. In (5.210b, c) sind in Analogie zu (5.209a, c) der Auftriebsbeiwert und die Lage des Angriffspunkts der Auftriebskraft wiedergegeben.

Die beiden gebrachten Beispiele der angestellten ebenen Platte und des Parabelskeletts können linear überlagert werden, wodurch man den Fall eines angestellten Parabelprofils erhält:

$$c_A = 2\pi\left(\alpha + 2\frac{f}{l}\right), \qquad \frac{x_A}{l} = \frac{1}{4}\left[1 + \frac{2(f/l)}{2(f/l) + \alpha}\right]. \tag{5.211a, b}$$

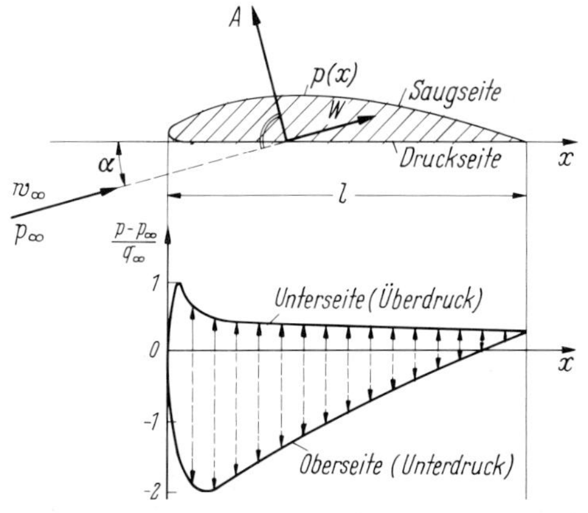

Abb. 5.61. Gemessene Druckverteilung um ein Flügelprofil, $q_\infty = (\varrho/2)w_\infty^2$ = Geschwindigkeitsdruck der Anströmung

[66] Beziehungen für den Auftriebsanstieg bei einem dichteveränderlichen Fluid wurden für die Unter- und Überschallanströmung bereits in (5.134a, b) mitgeteilt.

Da x_A/l von α abhängig ist, spricht man von einer Druckpunktwanderung der Auftriebskraft mit dem Anstellwinkel.

Auftrieb und Widerstand stellen die resultierenden Kräfte aller normal und parallel zur Anströmrichtung auf die Flügeloberfläche ausgeübten Druck- und Schubspannungen dar. Infolge der Anstellung des Tragflügels und infolge der im allgemeinen stärkeren Krümmung der Flügeloberseite gegenüber der Unterseite stellen sich auf ersterer, abgesehen von einem kleinen Gebiet in unmittelbarer Nähe der Hinterkante, Unterdrücke und auf letzterer dagegen Überdrücke ein. Abb. 5.61 zeigt für mittelgroße Anstellwinkel (gesunde Strömung) eine über die Flügeltiefe $0 \leqq x \leqq l$ aufgetragene gemessene Druckverteilung. Man erkennt daraus, daß die Unterdrücke absolut genommen wesentlich größer sind als die Überdrücke. Wegen des unterschiedlichen fluidmechanischen Verhaltens von Flügelober- und -unterseite nennt man die erstere häufig auch die Saugseite, die letztere dagegen die Druckseite des Flügels. Dabei können die Unterdrücke auf der Saugseite in der Nähe der Flügelnase bei größeren Anstellwinkeln Werte annehmen, welche das zwei- bis dreifache des Geschwindigkeitsdrucks der ungestörten Strömung erreichen. Der Flächeninhalt des dargestellten Druckdiagramms ist ein Maß für die Größe des Auftriebs.

5.4.3.3 Tragflügel endlicher Spannweite (räumliche Tragflügeltheorie)

Im folgenden sollen nur einige wenige Angaben über das fluidmechanische Verhalten des Tragflügels endlicher Spannweite gemacht werden. Da diese Aufgabe in hohem Maß die Aerodynamik des Flugzeugs betrifft, sei auf die ausführliche Darstellung in [79] verwiesen.

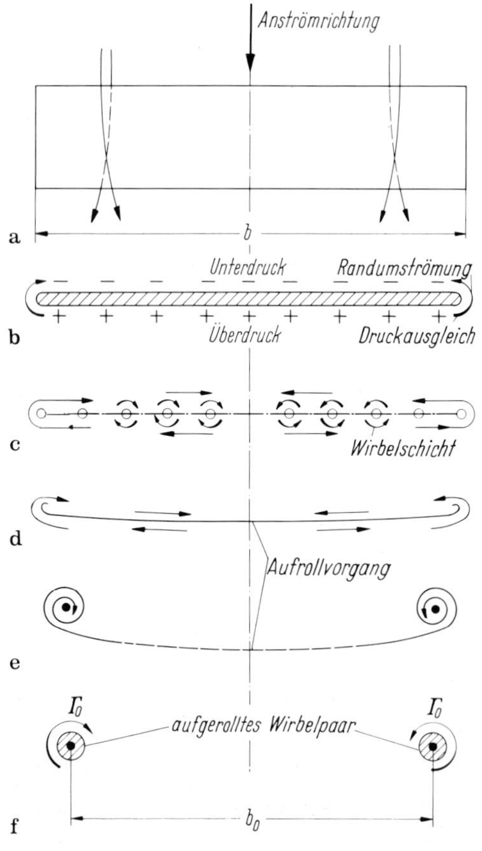

Abb. 5.62. Zur Entstehung der freien Wirbelschicht und der aufgerollten Einzelwirbel hinter einem Tragflügel endlicher Spannweite. **a**, **b** Flügelgrundriß, Ansicht von hinten; **c**, **d**, **e** Wirbelschicht, Aufrollvorgang; **f** aufgerolltes Wirbelpaar

Wirbelschicht hinter einem Flügel endlicher Spannweite. Die bei der Profiltheorie behandelten Vorgänge betrafen ebene Strömungen, d. h. bezogen sich auf den unendlich langen Flügel. Dabei zeigte sich, daß durch Überlagerung einer Parallel- und einer Zirkulationsströmung an der Flügeloberseite Unterdruck, an der Unterseite dagegen Überdruck, und somit als resultierende Kraft Auftrieb entsteht. Beim Tragflügel endlicher Spannweite bewirken diese Druckunterschiede ein Umströmen der seitlichen Flügelenden in dem aus Abb. 5.62a und b ersichtlichen Sinn. Die Folge davon ist das Entstehen einer räumlichen Strömung mit einer Verminderung der Druckunterschiede nach den seitlichen Flügelenden hin. An den Enden selbst verschwindet dieser Druckunterschied. Demnach muß auch der örtlich über die Spannweite veränderliche Auftrieb (Zirkulation) nach einem zunächst noch unbekannten Gesetz von der Mitte nach den Enden hin stetig bis auf den Wert null abfallen, vgl. Abb. 5.63a. Die durch die seitliche Strömung bedingte Sekundärströmung, welche sich der Hauptströmung überlagert, hält auch dann noch an, wenn das strömende Fluid den Tragflügel bereits wieder verlassen hat, so

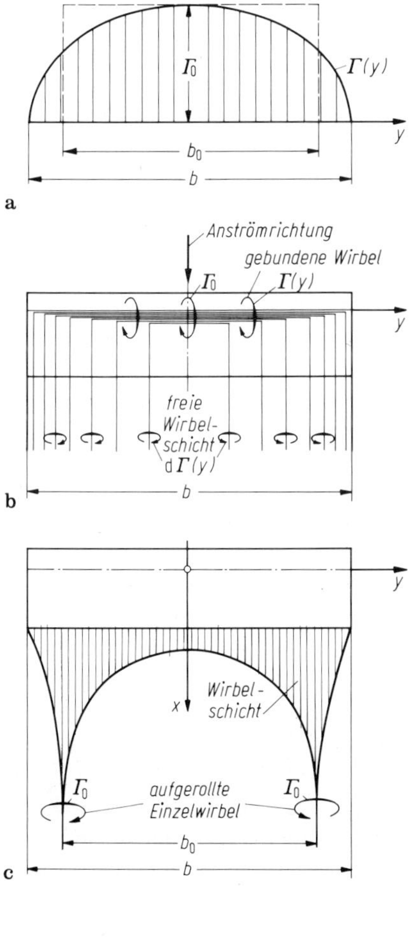

Abb. 5.63. Das Wirbelsystem hinter einem Tragflügel endlicher Spannweite (schematisch). **a** Zirkulationsverteilung über Spannweite, **b** nicht aufgerollte Wirbelschicht (bestehend aus einzelnen Hufeisenwirbeln, deren tragende Teile sich auf ein Viertel der örtlichen Flügeltiefe befinden), **c** Wirbelschicht mit Aufrollvorgang

daß hinter dem Flügel zwei Strömungsschichten vorhanden sind, die mit verschiedenen Geschwindigkeiten aneinander vorbeiströmen. Es entsteht somit eine Trennungsfläche, die man nach Kap. 5.4.2.4 als freie Wirbelschicht auffassen kann, deren Elementarzirkulationen nach Abb. 5.62c links und rechts der Flügelmitte entgegengesetzten Drehsinn haben, vgl. Abb. 5.63b.

Aufrollvorgang hinter einem Tragflügel. Die Wirbelschicht hinter dem Flügel wird bei der Vorwärtsbewegung des Tragflügels ständig in voller Breite der Flügelspannweite neu gebildet. Sie ist indessen nicht stabil, sondern rollt sich hinter dem Flügel von den seitlichen Enden her, wie in Abb. 5.62d und e gezeigt, spiralartig auf, bis schließlich entsprechend Abb. 5.62f bei symmetrischer Auftriebsverteilung über Spannweite allein zwei einzelne Wirbel mit nach innen drehender Zirkulation übrigbleiben, vgl. Abb. 5.63c. Es entsteht auf diese Weise in einiger Entfernung hinter dem Flügel, ähnlich wie in Abb. 5.51b, ein Wirbelpaar, das sich theoretisch bis ins Unendliche erstreckt. Da in reibungsloser Strömung Zirkulation nach dem Thomsonschen Zirkulationssatz (5.19) nicht verlorengehen kann, ist die Zirkulation jedes der beiden gegenläufigen Wirbel gleich der Zirkulation Γ_0 einer Hälfte der Trennungsfläche, aus der sie entstehen. Wie in Abb. 5.63a und c gezeigt, ist der Abstand der beiden Einzelwirbel kleiner als die Spannweite des Tragflügels, $b_0 < b$. Man kann ihn nach einem Vorschlag von Prandtl [64] mittels des Impulssatzes näherungsweise berechnen. Weitergehende theoretische Untersuchungen über den Aufrollvorgang der freien Wirbelschicht stammen u. a. von Kaufmann [40], wobei für die aufgerollten Einzelwirbel endliche Kernquerschnitte angenommen werden. Auf die Darstellung von Widnall [97] sei hingewiesen.

Wirbelsysteme der räumlichen Tragflügeltheorie. Es wurde bei der Profiltheorie bereits gezeigt, daß man den Flügel durch einen tragenden Wirbel von der Zirkulation Γ ersetzen kann. Ein solcher Wirbelfaden kann im Innern der Strömung gemäß dem räumlichen Wirbelerhaltungssatz von Kap. 5.2.3.1 weder beginnen noch enden. Er muß sich also entweder wie beim Tragflügel unendlicher Spannweite bis an die Grenze des Strömungsraums erstrecken oder, in sich zusammenlaufend, einen geschlossenen Wirbelfaden bilden. Im folgenden bleibe der Aufrollvorgang unberücksichtigt. Nimmt man beim Tragflügel endlicher Spannweite zunächst eine über Spannweite konstant verteilte Zirkulation an, so findet der tragende Wirbel nach hinten seine Fortsetzung in Gestalt der beiden Randwirbel, die von den seitlichen Flügelenden ausgehen. Man nennt diese Wirbel auch freie Wirbel. Bei endlicher Zeit nach der Anfahrt bilden der tragende Wirbel und die beiden Randwirbel zusammen mit dem Anfahrwirbel nach Abb. 5.64a ein geschlossenes Wirbelgebilde. Bei unendlich langer Zeit nach der Anfahrt verliert der Anfahrwirbel für das Strömungsverhalten am Tragflügel an Bedeutung, und die Randwirbel enden im Unendlichen. Es entsteht dann ein sog. Hufeisenwirbel. Nach dem Wirbelerhaltungssatz folgt, daß die Zirkulationen der Randwirbel gleich der Zirkulation des tragenden Wirbels und gegebenenfalls des Anfahrwirbels sind. Dabei ist der jeweilige Drehsinn zu beachten. In Abb. 5.63a ist die den beiden aufgerollten Einzelwirbeln von Abb. 5.63c mit der Zirkulation Γ_0 zugeordnete über die Spannweite konstante Zirkulationsverteilung $\Gamma(y) = \Gamma_0 = \text{const}$ für $-b_0/2 \leqq y \leqq b_0/2$ gestrichelt dargestellt.

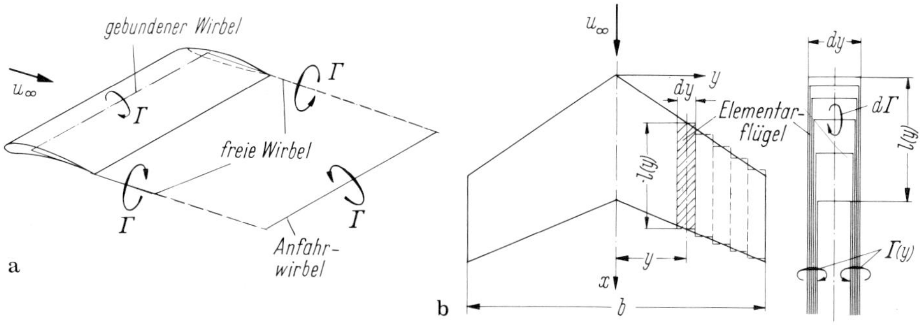

Abb. 5.64. Wirbelsysteme der räumlichen Tragflügeltheorie. **a** Tragflügel endlicher Spannweite mit konstanter Zirkulationsverteilung über Spannweite, Hufeisenwirbel bestehend aus gebundenem (tragendem) Wirbel und zwei freien Wirbeln. **b** Tragflügel endlicher Spannweite aus Elementarflügeln gebildet, bei denen die tragenden Wirbel als Hufeisenwirbel über die Tiefe verteilt sind, nach Truckenbrodt [64]

In Wirklichkeit liegen die Verhältnisse nicht so einfach wie vorstehend geschildert, da der Auftrieb und mit ihm die Zirkulation bei endlicher Flügelspannweite nicht konstant, sondern ähnlich wie in Abb. 5.63a etwa elliptisch über die Spannweite verteilt ist. Dementsprechend werden sich unmittelbar hinter dem Flügel nicht nur die beiden oben erwähnten Randwirbel ausbilden, die ja die Fortsetzung der plötzlich aufhörenden Flügelzirkulation darstellen, sondern es wird ein ganzes System paralleler freier Wirbel hinter dem Flügel entstehen, deren Verteilung und Stärke von der Verteilung der Zirkulation längs der Spannweite des Tragflügels abhängig sein wird, da jeder Änderung der Zirkulation ein vom Flügel nach hinten abgehender Wirbelfaden entsprechen muß. Man kann sich von diesem Wirbelsystem eine Vorstellung machen, wenn man sich gemäß Abb. 5.63b mehrere Hufeisenwirbel überlagert denkt, was einer stufenartigen Verteilung der Zirkulation längs der Flügelspannweite entsprechen würde. Bei stetiger Änderung der Zirkulation bilden die abgehenden Wirbelfäden die eingangs bereits erwähnte Wirbelschicht. Aus der Darstellung von Abb. 5.63b kann geschlossen werden, daß jede Änderung der Zirkulation $\Gamma = \Gamma(y)$ am Ort y um die Größe $d\Gamma(y)$ längs des Elements dy der Flügelspannweite einen nach hinten abgehenden Wirbelfaden von der Zirkulation $d\Gamma(y)$ zur Folge hat. Ist also das Verteilungsgesetz $\Gamma = \Gamma(y)$ bekannt, so kann auch die Stärke der Wirbelschicht hinter dem Tragflügel angegeben werden. Zwischen der Zirkulation $\Gamma(y)$ und der Auftriebsverteilung längs der Spannweite besteht nach (5.197a) der Zusammenhang $dA(y) = \varrho u_\infty \Gamma(y)\, dy$ mit dA als Teilauftrieb auf ein Flügelstück der Breite dy und u_∞ als Anströmgeschwindigkeit.[67]

Die bisherigen Betrachtungen setzen voraus, daß es sich um Flügel großen Seitenverhältnisses (= Spannweite/mittlere Flügeltiefe) handelt und die Anströmung normal zur tragenden Linie erfolgt. Kennzeichnend für diese Theorie ist der

---

[67] Für den Tragflügel endlicher Spannweite wird das Koordinatensystem folgendermaßen festgelegt: x-Achse = in Richtung der Symmetrieebene nach hinten, y-Achse = in Spannweitenrichtung nach rechts, z-Achse = normal auf Flügelfläche nach oben.

Ersatz des Tragflügels durch die an den Flügel gebundenen, geraden tragenden Wirbel von veränderlicher Zirkulation $\Gamma(y)$ und die Einführung eines von der Flügelhinterkante nach hinten annähernd in Anströmrichtung verlaufenden Systems freier Wirbel. Bei Flügeln mit kleinem Seitenverhältnis oder bei gepfeilten Flügeln, bei denen die tragende Linie keine Gerade ist, sondern in der Flügelmitte einen Knick nach hinten oder auch nach vorn aufweist, sowie ebenfalls bei schiebenden Flügeln, deren tragende Linie nicht normal zur Anströmrichtung steht, ist die obige Vorstellung von dem tragenden Wirbelfaden nicht ausreichend. Eine bessere Beschreibung der Verhältnisse am Ort des Flügels erhält man durch Einführen der tragenden Wirbelfläche. Hinsichtlich der Verteilung der einzelnen Wirbelelemente über die Flügelfläche kann man dabei z. B. nach Truckenbrodt [64] folgendermaßen vorgehen: Man denkt sich entsprechend Abb. 5.64b den gegebenen Tragflügel aus lauter Elementarflügeln von der Breite dy und der örtlichen Tiefe $l(y)$ aufgebaut und ersetzt diese Flügel jeweils durch eine längs der Flügeltiefe gegeneinander verschobene Schar von Hufeisenwirbeln. Dabei stellen die in Spannweitenrichtung verlaufenden Wirbelelemente und die in Längsrichtung verlaufenden Wirbelfäden, solange sie den Flügel noch berühren, gebundene Wirbel dar. Stromabwärts von der Hinterkante sind die nahezu in Anströmrichtung verlaufenden Wirbel wieder freie Wirbel.

Induzierter Widerstand. Die in Abb. 5.62 beschriebene Wirbelfläche hinter dem Flügel und der daraus folgende Aufrollvorgang der freien Wirbel werden bei der Vorwärtsbewegung eines Flügels endlicher Spannweite ständig neu gebildet, was naturgemäß einen entsprechenden Arbeitsaufwand notwendig macht. Der Flügel muß also auch bei reibungsloser Strömung einen Widerstand überwinden, der zusätzlich zu dem durch Reibung erzeugten Profilwiderstand auftritt. Dieser durch die endliche Spannweite des Flügels bedingte Widerstand wird als induzierter Widerstand oder Randwiderstand bezeichnet und bildet zusammen mit dem Profilwiderstand den Gesamtwiderstand des Tragflügels.[68] Während bereits Lanchester [50] eine qualitative Darstellung des Problems gegeben hat, stammt die theoretische Erklärung des induzierten Widerstands an Tragflügeln endlicher Spannweite von Prandtl [64]. Die ausgehend von der Prandtlschen Traglinientheorie gewonnene Erkenntnis sei nachstehend beschrieben.

Der Flügel wird nach Abb. 5.63b von in Spannweite verlaufenden tragenden Wirbeln ersetzt, die im Einviertelpunkt der Flügeltiefe (Angriffspunkt der Auftriebskraft nach (5.209c)) liegen und die Zirkulationsstärke $\Gamma(y)$ besitzen. Sobald sich die Zirkulation in y-Richtung um $d\Gamma(y)$ ändert, bildet sich ein freier Wirbel der gleichen Stärke. Für die weitere Betrachtung wird eine nichtaufgerollte Wirbelschicht angenommen, bei der die freien Wirbel sich geradlinig nach hinten bis ins Unendliche erstrecken. Es wird also der besprochene und in Abb. 5.63c dargestellte Aufrollvorgang der Wirbelschicht hinter dem Flügel vernachlässigt. Diese Näherung darf man machen, wenn man nur kleine Anstellwinkel α voraussetzt. Das

[68] Bei mit Überschallgeschwindigkeit angeströmten Flügeln tritt bei reibungsloser Strömung als weitere Widerstandsgröße auch noch der Wellenwiderstand hinzu, man vgl. hierzu die Ausführung in Kap. 4.5.3.1 Beispiele a und b.

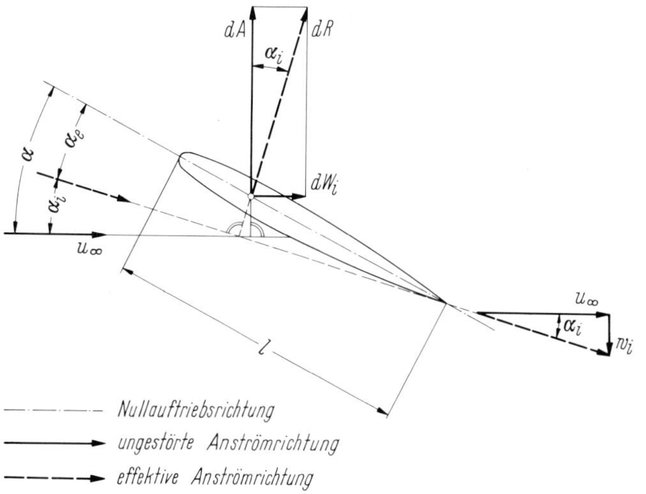

Abb. 5.65. Anstellwinkel (geometrisch, induziert, effektiv) und Kräfte (Auftrieb, induzierter Widerstand) am Flügelschnitt (Profil) eines Tragflügels endlicher Spannweite (räumliche Strömung)

System der freien Wirbelfäden erstreckt sich vom Ort des Flügels (gebundener Wirbel) einseitig nach hinten bis ins Unendliche (halbunendlich langer Wirbel). Am Ort des Flügels ist also die Störgeschwindigkeit eines solchen Wirbels nur halb so groß wie diejenige eines unendlich langen Wirbels. Betrachtet sei nach Abb. 5.65 ein Flügelschnitt an der Stelle y in Spannweitenrichtung. Der geometrische Anstellwinkel, d. i. der Winkel zwischen der ungestörten Anströmrichtung und der Nullauftriebsrichtung des Profils, sei $\alpha(y)$. Die freie Wirbelschicht, bestehend aus geradlinig verlaufenden halbunendlich langen Wirbelfäden, ruft am Ort des Flügels eine im wesentlichen abwärts gerichtete Störgeschwindigkeit hervor, die mit der Anströmgeschwindigkeit überlagert eine entsprechende Anstellwinkeländerung am Ort des Flügelschnitts bedeutet. Man nennt dies den induzierten Anstellwinkel $\alpha_i(y)$. Man kann also davon ausgehen, daß der Flügelschnitt y nicht unter dem geometrischen Anstellwinkel $\alpha(y)$, sondern unter einem um $\alpha_i(y)$ im allgemeinen verkleinerten effektiven Anstellwinkel $\alpha_e(y) = \alpha(y) - \alpha_i(y)$ angeströmt wird. Beim ebenen Problem (Profiltheorie) ist $\alpha_i = 0$, so daß dort $\alpha_e = \alpha$ gilt. Nach dem Kutta-Joukowskyschen Querkraftsatz (5.197a) steht die durch die Flügelzirkulation $\Gamma(y)$ bedingte Kraft $dR(y)$ normal zur tatsächlichen, d. h. effektiven Anströmrichtung. Sie ist demnach, wie in Abb. 5.65 gezeigt, um den Winkel $\alpha_i(y)$ nach hinten gedreht. Zerlegt man dR in die Komponenten dA normal und dW_i parallel zur ungestörten Anströmrichtung u_∞, so liefert dA den Flügelauftrieb und $dW_i = \alpha_i dA$ den zugehörigen induzierten Widerstand des Flügelelements der Breite dy an der Stelle y. Bezeichnet man mit $w_i(y) > 0$ die von den freien Wirbeln am Ort des Flügels induzierte Abwärtsgeschwindigkeit, dann gilt $\alpha_i = w_i/u_\infty$. Mit der bereits oben angegebenen Beziehung für die örtliche Auftriebskraft $dA = \varrho u_\infty \Gamma\, dy$ erhält man durch Integration über die Flügelspannweite

$-s \leqq y \leqq s$ mit $s = b/2$ als Halbspannweite die am Flügel angreifenden Gesamtkräfte zu

$$A = \varrho u_\infty \int_{-s}^{s} \Gamma(y)\,dy, \qquad W_i = \varrho \int_{-s}^{s} w_i(y)\Gamma(y)\,dy$$

$$\text{mit} \quad w_i(y) = \frac{1}{4\pi} \oint_{y'=-s}^{s} \frac{d\Gamma}{dy'} \frac{dy'}{y - y'}, \tag{5.212a, b, c}$$

wobei die induzierte Abwärtsgeschwindigkeit $w_i(y)$ als Einfluß der freien Wirbel hinter dem Flügel mittels des Biot-Savartschen Gesetzes (5.179) zu ermitteln ist. Ein halbunendlich langer gerader rechtsdrehender Wirbel an der Stelle y' mit der Stärke $d\Gamma(y')$ induziert an einer Stelle $y > y'$ die Abwärtsgeschwindigkeit $dw_i(y, y') = d\Gamma(y')/4\pi(y - y')$, was durch Integration über $-s \leqq y' \leqq s$ zu (5.212c) führt; auf die analoge Beziehung (5.195b) sowie auf Fußnote 60 von S. 218 sei hingewiesen. Da der induzierte Anstellwinkel linear von der Zirkulation abhängt, ist der induzierte Widerstand proportional dem Quadrat der Zirkulation. Wie man aus (5.212b) in Verbindung mit (5.212c) ersieht, ist der induzierte Widerstand nur von der Zirkulationsverteilung $\Gamma(y)$ abhängig, wobei es gleichgültig ist, ob diese Verteilung durch den Flügelgrundriß (Seitenverhältnis, Zuspitzung, Pfeilung) oder die Anstellwinkelverteilung (Verwindung) entstanden ist, vgl. [79]. Eine andere Möglichkeit zur Erklärung des induzierten Widerstands als die vorstehend besprochene ergibt sich, wenn man die Energiezunahme der aufgerollten Wirbelfläche betrachtet. Hiermit hat sich eingehend Kaufmann [39] beschäftigt.

Einige Ergebnisse. Für eine über Flügelspannweite elliptische Zirkulationsverteilung $\Gamma(y) = \Gamma_0\sqrt{1-(y/s)^2}$, vgl. Abb. 5.63a, nehmen die Werte der Integrale von (5.212) besonders einfache Ausdrücke an: $A = (\pi/4)\varrho b u_\infty \Gamma_0$, $w_i(y) = \Gamma_0/2b = \text{const}$ und $W_i = (\pi/8)\,\varrho\Gamma_0^2$. Bemerkenswert ist, daß die induzierte Abwärtsgeschwindigkeit längs der Spannweite konstant ist. Durch Eliminieren von Γ_0 sowie durch Einführen der dimensionslosen Beiwerte $c_A = A/q_\infty S$ und $c_{Wi} = W_i/q_\infty S$ mit S als Flügelgrundrißfläche und $q_\infty = (\varrho/2)u_\infty^2$ als Geschwindigkeitsdruck der Anströmung und des induzierten Anstellwinkels $\alpha_i = w_i/u_\infty$ erhält man

$$W_i = \frac{A^2}{\pi q_\infty b^2}, \qquad c_{Wi} = \frac{c_A^2}{\pi\Lambda}, \qquad \alpha_i = \frac{c_A}{\pi\Lambda} \quad \text{(Prandtl)}\,. \tag{5.213a, b, c}$$

In den letzten beiden Beziehungen wurde als Abkürzung noch das Flügelseitenverhältnis (Streckung) $\Lambda = b^2/S = b/l_m$ mit $l_m = S/b$ als mittlerer Tiefe eingesetzt. Die Beziehungen (5.213b, c) bestätigen den Zusammenhang $c_{Wi} = \alpha_i c_A$. Für den Flügel unendlicher Spannweite ($b = \infty$) ist erwartungsgemäß $W_i = 0$. Es läßt sich allgemein beweisen [79], daß der induzierte Widerstand W_i bei gegebenem Gesamtauftrieb A und gegebener Spannweite b dann am kleinsten wird, wenn die am Flügel von der freien Wirbelfläche induzierte Geschwindigkeit $w_i = \text{const}$ ist. Der hier besprochene Fall elliptischer Auftriebsverteilung liefert also das Minimum des induzierten Widerstands. Bei ihm bewegt sich die Wirbelfläche wegen $w_i = \text{const}$ wie ein starres Gebilde nach abwärts.

Der gesamte Widerstandsbeiwert c_W setzt sich zusammen aus demjenigen für den Profilwiderstand c_{Wp} und demjenigen für den induzierten Widerstand c_{Wi}, weshalb

$$c_W = c_{Wp} + c_{Wi} = c_{Wp} + \frac{c_A^2}{\pi\Lambda} \qquad (\Lambda = b^2/S) \tag{5.214}$$

gesetzt werden kann. Es hängt c_{Wi} wesentlich vom Seitenverhältnis des Flügels Λ ab, während $c_{Wp} \approx \text{const}$ als Folge von Reibungseinflüssen erfahrungsgemäß fast ausschließlich von der Profilform

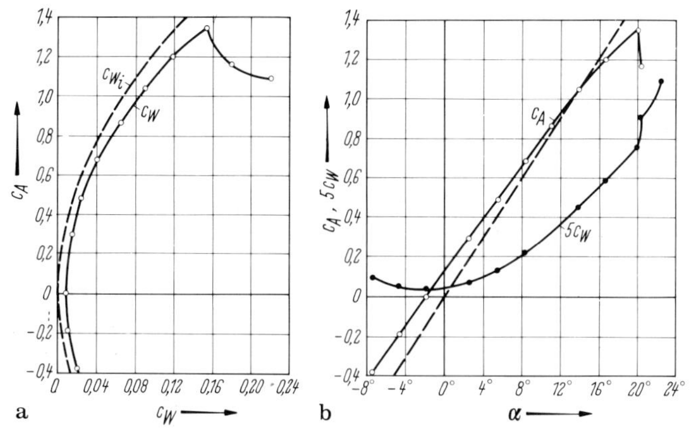

Abb. 5.66. Gemessene Auftriebs- und Widerstandsbeiwerte an einem Rechteckflügel (Seitenverhältnis = Spannweite/mittlere Tiefe $\Lambda = 5$, Profil NACA 2412). **a** Polarendarstellung $c_A(c_W)$, c_{Wi} = induzierter Widerstand nach (5.213b). **b** Abhängigkeit vom Anstellwinkel, $c_A(\alpha)$ nach (5.215a), $c_W(\alpha)$

abhängig ist. Gl. (5.214) beschreibt die sog. Widerstandspolare $c_W(c_A)$, deren Darstellung wohl erstmalig von Lilienthal [53] benutzt wurde. In Abb. 5.66a ist die aus einer Kraftmessung gewonnene Widerstandspolare dargestellt. Danach wird die Beziehung für den Beiwert des induzierten Widerstandsbeiwerts nach (5.213b) im Bereich kleiner und mittlerer Auftriebsbeiwerte sehr gut bestätigt [66]. Die Güte eines Tragflügels wird durch das Verhältnis von Widerstand zu Auftrieb bestimmt. Man bezeichnet dies häufig als Gleitzahl $\varepsilon = W/A = c_W/c_A$. Sie hängt außer von der Flügelform (Flügelprofil, Flügelgrundriß) wesentlich vom Anstellwinkel (Auftriebsbeiwert) ab, unter dem der Tragflügel angeströmt wird. Je kleiner ε ist, desto besser ist der Tragflügel für die ihm zufallende Aufgabe, nämlich einen Auftrieb zu erzeugen, geeignet.

Die Bestimmung der Auftriebskraft in Abhängigkeit vom Anstellwinkel für einen in bestimmter Weise vorgegebenen Tragflügel erfordert die Berechnung der Zirkulationsverteilung über die Flügelspannweite $\Gamma(y)$. Wegen der Vielzahl der geometrischen Parameter eines Tragflügels endlicher Spannweite sowie der verschiedenen Möglichkeiten der Anströmzustände hat sich eine sehr umfangreiche Tragflügeltheorie mit mehr oder weniger einschränkenden Voraussetzungen entwickelt, auf die hier im einzelnen nicht eingegangen werden kann. Man vergleiche die ausführlichen Darstellungen z. B. in [64, 79]. Im folgenden sei nur das Ergebnis für den Auftriebsbeiwert eines ungepfeilten und unverwundenen Flügels, der unter dem Anstellwinkel α = const angeströmt wird, wiedergegeben. Nimmt man weiterhin einen elliptischen Flügelgrundriß an, dann liefert die erweiterte Traglinientheorie für den Auftriebsanstieg

$$\frac{dc_A}{d\alpha} = \frac{2\pi\Lambda}{\sqrt{\Lambda^2+4}+2} \approx \frac{2\pi\Lambda}{\Lambda+2} \quad (\Lambda > 3)\,, \qquad (5.215\text{a, b})$$

wobei der letzte Ausdruck für die einfache Traglinientheorie von Prandtl [64] für große Seitenverhältnisse $\Lambda > 3$ gilt. Für den Flügel unendlicher Spannweite geht (5.215) mit $\Lambda = \infty$ über in den in (5.209b) angegebenen Wert $dc_A/d\alpha = 2\pi$. Die Beziehung (5.215) sagt aus, daß bei gleichem geometrischen Anstellwinkel der Auftriebsbeiwert c_A um so kleiner wird, je kleiner das Seitenverhältnis Λ ist. Dies hängt mit dem Druckausgleich an den Enden eines Flügels endlicher Spannweite zusammen. In Abb. 5.66b ist die aus derselben Kraftmessung wie in Abb. 5.66a gewonnene Abhängigkeit des Auftriebsbeiwerts vom Anstellwinkel $c_A(\alpha)$ wiedergegeben. Man erkennt, daß der Auftriebsbeiwert innerhalb des praktisch wichtigen Anstellwinkelbereichs von $-10° < \alpha < 20°$ nahezu geradlinig ansteigt, bei 20° ein Maximum von $c_{A\max} \approx 1{,}35$ erreicht und darauf mit weiter wachsendem Anstellwinkel schnell abfällt. Nach (5.215a) ist der theoretisch berechnete Auftriebsanstieg etwas größer als der gemessene. Die Nullpunktverschiebung bei $c_A = 0$ rührt her von der durch die Wölbung des Profils hervorgerufene gedrehten Nullauftriebsrichtung. Der ebenfalls aufgetragene Widerstandsbeiwert ist innerhalb der oben genannten Grenzen wesentlich kleiner als der Auftriebsbeiwert und folgt wie erwartet etwa einem quadratischen Gesetz. Auf die Wiedergabe des gemessenen Moments, aus dem die Lage des Angriffspunkts der resultierenden Strömungskraft zu ermitteln ist, wird hier verzichtet. Die Messung der

Strömungskräfte und des zugehörigen Moments erfolgt bei Luftströmungen in der Regel in einem Windkanal, oder bei Flüssigkeitsströmungen in einer entsprechenden Versuchsanlage, indem man an ähnlichen Modellen mittels einer besonderen Waageeinrichtung mißt. Um die Ergebnisse solcher Modellmessungen auf die Großausführung übertragen zu können, müssen die Ähnlichkeitsgesetze der Fluidmechanik entsprechend Kap. 1.3.2.3 (gleiche Reynolds-, Mach-, Froude-Zahl) beachtet werden. Alle Ähnlichkeitsgesetze lassen sich im allgemeinen nicht gleichzeitig erfüllen.

5.4.3.4 Tragflügelsysteme

Anordnungen mehrerer Tragflügel finden für die verschiedensten Aufgaben, insbesondere bei Strömungsmaschinen, Verwendung. Auf eine vollständige Beschreibung der einzelnen Möglichkeiten muß hier verzichtet werden, vgl. Nickel [59]. Als typische Beispiele sollen nur das gerade Flügelgitter und der Schraubenpropeller kurz besprochen werden. Über beide wurde schon bei den elementaren Strömungsvorgängen in Kap. 3.3.2.3 und 3.6.2.1 berichtet. Dort gelang es bereits, durch Anwendung insbesondere der Impulsgleichung wichtige Beziehungen über das fluidmechanische Verhalten herzuleiten, ohne die Einzelheiten der Strömung an den einzelnen Tragflügelelementen genauer zu kennen. Durch die Tragflügeltheorie ist die Möglichkeit einer noch besseren fluidmechanischen Erfassung gegeben. Hierüber seien noch einige Ausführungen gemacht. Dabei sollen sich diese Angaben wieder auf die Strömung dichtebeständiger Fluide beschränken.

a) Gerades Flügelgitter (Schaufelgittertheorie).[69] Die in Kap. 3.6.2.1 Beispiel a.1 und a.2 bei der Strömungsumlenkung durch ein gerades Flügelgitter unendlicher Spannweite gefundenen Beziehungen sind von der Form der Gitterprofile und vom Staffelungswinkel, das ist nach Abb. 5.67 der Winkel der Gitterfront gegenüber derjenigen eines ungestaffelten Gitters, unabhängig. Es ist jedoch einleuchtend, daß der Strömungsverlauf zwischen den einzelnen Gitterprofilen durch die Profil- und Gitterparameter beeinflußt wird, was sich besonders auf die Geschwindigkeits- und Druckverteilung in der wandnahen Reibungsschicht auswirken muß. Letztere ist von entscheidendem Einfluß auf die Größe des Profilwiderstands der einzelnen Flügel. Um über den durch Reibung des strömenden Fluids bedingten fluidmechanischen Energieverlust im Gitter etwas Genaueres aussagen zu können, muß zunächst Einblick über den Verlauf der reibungslosen Strömung zwischen den Flügeln gewonnen werden.

Zur Lösung dieser Frage kann grundsätzlich wie beim Einzelflügel in Kap. 5.4.3.2 die Methode der konformen Abbildung verwendet werden, indem man zunächst das in der z-Ebene gegebene Gitter mittels der Funktion $\zeta = \exp(2\pi z/t)$ mit t als Gitterteilung konform auf eine ζ-Ebene abbildet. Durch diese Transformation wird ein Streifen der z-Ebene von der Teilung t in die ganze ζ-Ebene überführt, so daß als Bild der gesamten Flügelreihe nur ein einziger, allerdings entsprechend verzerrter Flügel in der ζ-Ebene entsteht. Dieser Flügel der ζ-Ebene läßt sich nun weiter konform auf einen Kreis abbilden, und zwar so, daß der Außenraum des Flügels in das Äußere des Kreises transformiert wird. Eine ausführliche Darstellung dieser Abbildung gibt Betz [5].

Das in Abb. 5.67 dargestellte gestaffelte Flügelgitter ist im Gegensatz zu Abb. 3.73 auf das Koordinatensystem x, y orientiert, dessen x-Achse den Profilsehnen parallel läuft. Der Staffelungswinkel sei λ genannt und in der gezeichneten Weise definiert. Die Wirbelbelegung $d\Gamma(x') = \gamma(x')dx'$ auf der Profilsehne wird für alle Flügel auf parallelen Geraden zur Gitterfront gleich angenommen. Die Betrachtung sei in der komplexen Ebene $z = x + \mathrm{i}y$ durchgeführt. Mit den Bezeichnungen nach Abb. 5.67 gilt für den Ort z' eines auf einer Profilsehne liegenden Elementarwirbels $z'_n = x' + nt(\sin\lambda + \mathrm{i}\cos\lambda)$, wo $n = 0 \pm 1, \pm 2, \ldots$ die Ordnungsnummer der einzelnen Flügel ist. Die durch einen am Ort z'_n befindlichen, rechtsdrehenden Elementarwirbel $d\Gamma(x')$ im Punkt z hervorgerufene konjugiert komplexe Geschwindigkeit beträgt $dw_*(z, z'_n) = \mathrm{i}\,d\Gamma(x')/2\pi(z - z'_n)$, man vgl. (5.62a) in Verbindung mit (5.46a). Durch Summation der Geschwindigkeitsanteile aller Elementarwirbel der unendlichen Wirbelreihe, welche die gleiche relative Lage auf den verschiedenen Profilsehnen haben,

[69] Für ein kreisförmiges Flügelgitter wurde in Zusammenhang mit der Darstellung der Impulsmomentengleichung in Kap. 2.5.2.3 die Hauptgleichung der Strömungsmaschinentheorie (Eulersche Turbinengleichung) hergeleitet.

von $n = -\infty$ bis $n = +\infty$ sowie die anschließende Integration über die Profiltiefe $0 \leqq x' \leqq l$ erhält man nach einiger Zwischenrechnung, die infolge aller Wirbelbelegungen vorhandene konjugiert komplexe Geschwindigkeit zu

$$w_*(z) = u - \mathrm{i}v = \frac{\mathrm{i}}{2t}\exp(\mathrm{i}\lambda)\int_0^l \gamma(x')\coth\left[\pi\frac{z - x'}{t}\exp(\mathrm{i}\lambda)\right]dx' . \qquad (5.216)$$

Bewegt man sich in Abb. 5.67 normal zur Gitterfront auf einem Strahl $z = a(\cos\lambda - \mathrm{i}\sin\lambda)$ bis sehr weit vor oder hinter das Gitter, d. h. $a = \mp\infty$, so nimmt wegen $\coth(\mp\infty) = \mp 1$ die komplexe Geschwindigkeit die Werte $w_\Gamma = u_\Gamma + \mathrm{i}v_\Gamma = \pm(\Gamma/2t)(\sin\lambda + \mathrm{i}\cos\lambda)$ an, wobei Γ die Gesamtzirkulation um ein Schaufelprofil ist.[70] Es folgt, daß die induzierten Geschwindigkeiten weit vor und hinter dem Gitter parallel zur Gitterfront verlaufen und $w_\Gamma = \pm\Gamma/2t$ betragen. Das Gitter erzeugt also im gesamten Feld vor und hinter sich eine zu seiner Front parallele konstante Aufwärts- bzw. Abwärtsgeschwindigkeit.

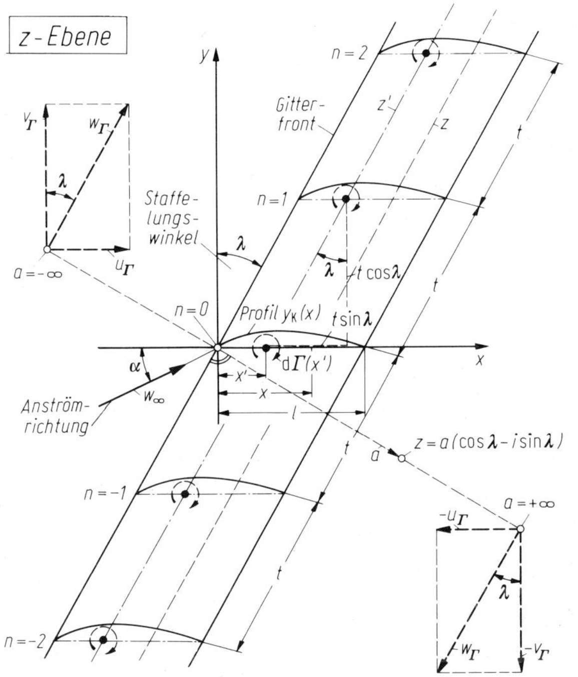

Abb. 5.67. Zur Berechnung der Strömung durch ein gestaffeltes, gerades Flügelgitter bestehend aus Skelettprofilen nach dem Singularitätenverfahren

Besonders einfach läßt sich der Strömungsvorgang für das ungestaffelte Gitter mit $\lambda = 0$ übersehen. Für Punkte auf der Profilsehne, d. h. auf der x-Achse, wird mit $z = x$ die rechte Seite von (5.216) rein imaginär, was bedeutet, daß nur eine von der Wirbelbelegung hervorgerufene Geschwindigkeitskomponente $v(x)$ auftritt. Dieser Störgeschwindigkeit ist nun die ungestörte Anströmgeschwindigkeit w_∞ zu überlagern, um die Strömung längs der Profilkontur zu erhalten. Es ist also, ähnlich wie für das Einzelprofil, die kinematische Randbedingung für die Skelettlinie $y(x)$ nach (5.199a) zu erfüllen. Es gilt also in Analogie zu (5.199b)

$$\alpha - \frac{dy}{dx} = \frac{1}{2t}\oint_0^l \gamma(x')\coth\left[\pi\frac{x - x'}{t}\right]dx' \quad \text{(ungestaffelt)}, \qquad (5.217)$$

---

[70] Man beachte, daß $\mathrm{i}\exp(\mathrm{i}\lambda) = -(\sin\lambda - \mathrm{i}\cos\lambda)$ nach (5.41b) und $\Gamma = \int_0^l \gamma(x')dx'$ nach (5.198a) ist.

wobei der Anstellwinkel α zwischen der ungestörten Anströmrichtung und der Profilsehne als klein vorausgesetzt wird. Für $t \to \infty$ geht (5.217) in (5.199b) über. Die rechnerische Durchführung der beschriebenen Aufgabe ist jedoch, selbst für einfache Profilformen, sehr umständlich. Aus diesem Grund ist es zweckmäßiger, sich zur Darstellung der Druckverteilung längs der Flügelkonturen des ebenfalls in Kap. 5.4.3.2 für den Einzelflügel bereits besprochenen Singularitätenverfahrens zu bedienen, besonders dann, wenn es sich um dünne Profile handelt, bei denen das Profil durch das Flügelskelett ersetzt werden kann. Bei der Anwendung dieses Verfahrens auf Flügelgitter werden die gleichen Voraussetzungen hinsichtlich Profilwölbung und Anstellwinkel gemacht wie früher, insbesondere sollen auch hier die Wirbelsingularitäten wieder auf den Profilsehnen der einzelnen Flügel angenommen werden.

Das Singularitätenverfahren läßt sich auch auf Profile von endlicher Dicke erweitern, wenn man als Singularitäten außer Wirbeln auch noch Quellen- und Sinkenverteilungen verwendet. Ein solches Verfahren ermöglicht in verhältnismäßig einfacher und übersichtlicher Weise die Berechnung der reibungslosen Strömung an der Schaufelkontur und damit unter Zuhilfenahme der Bernoullischen Energiegleichung auch der zugehörigen Druckverteilung. Damit sind dann die Voraussetzungen geschaffen, die beim Durchströmen des Gitters entstehenden Reibungsverluste auf rechnerischem Wege zu bestimmen, wie Schlichting und Scholz [80] gezeigt haben. Eine ausführlichere Darstellung über Gitterströmungen mit Angaben über das einschlägige Schrifttum findet man z. B. bei Betz [4], Scholz [80] und Traupel [87].

b) Schraubenpropeller (Flügelblatt-Theorie). In Kap. 3.3.2.3 Beispiel c.1 und Kap. 3.6.2.2 Beispiel d.1 wurde der Propeller als durchlässige Scheibe angesehen und hierfür eine einfache Strahltheorie entwickelt. Die Wirkungsweise der Propeller beruht im wesentlichen auf dem Tragflügelprinzip, jedoch mit dem Unterschied, daß der Schraubenflügel eine aus der Vorwärtsbewegung des Fahrzeugs und der Drehbewegung des Propellers resultierende Schraubenbewegung ausführt (daher auch die Bezeichnung Schraubenpropeller). Bei der Ausbildung der Propellerflügel spielen also ähnliche Überlegungen eine Rolle wie in der Tragflügeltheorie, besonders hinsichtlich einer günstigen Gleitzahl, die, wie bereits in Verbindung mit Abb. 5.66 gesagt, das Verhältnis des Widerstands zum Auftrieb darstellt. Die Flügelblatt-Theorie geht schon auf Froude [18] zurück.

Wirbelsystem. Betrachtet man zunächst einen Propeller mit jeweils konstanter Auftriebsverteilung über die einzelnen Flügelblätter, wobei der Auftrieb an den Flügelspitzen und an der Nabe plötzlich auf null abfällt, so ergibt sich infolge des in Kap. 5.4.3.3 geschilderten Verhaltens an jedem Schraubenflügel ein Wirbelgebilde, das dem Hufeisenwirbel des Tragflügels entspricht und etwa die in Abb. 5.68 schematisch dargestellte Form hat. Die äußeren, von den Flügelspitzen ausgehenden schraubenförmigen Wirbel umschlingen dabei den durch den Propeller tretenden Strahl. Die einzelnen Flügelblätter bilden die gebundenen Wirbel von zunächst konstant angenommener Zirkulation $\pm\Gamma$. Sie setzen sich an der Nabe in einem gemeinsamen Nabenwirbel und an den Flügelenden in den Spitzenwirbeln fort. Die zunächst gemachte Annahme einer über das Flügelblatt konstanten Auftriebsverteilung trifft in Wirklichkeit nicht zu, da an den seitlichen Flügelenden der zur Entstehung des Auftriebs erforderliche Druckunterschied auf der Ober- und Unterseite des Flügels durch Umströmen der Flügelränder ausgeglichen wird. Ähnlich wie beim Einzeltragflügel hat man es hier also mit einer veränderlichen Auftriebs- bzw. Zirkulationsverteilung in Richtung des Propellerradius $\Gamma(r)$ zu tun, so daß nicht nur von den Flügelenden, sondern von allen Stellen des Flügelblatts Wirbelfäden abgehen, die eine kontinuierliche, schraubenförmige Trennungsfläche bilden. Durch Übertragung der entsprechenden

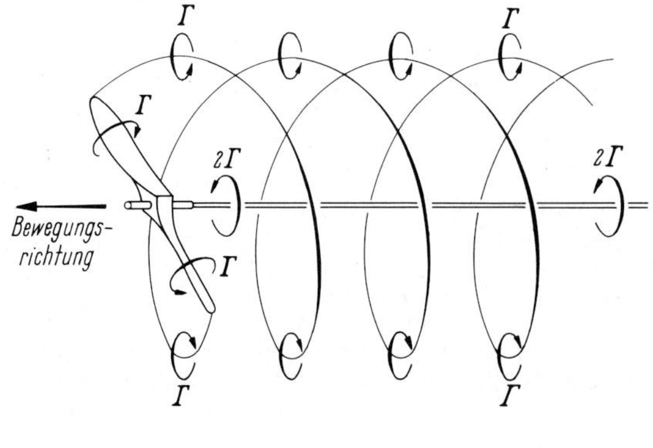

Abb. 5.68. Spitzen- und Nabenwirbel eines Schraubenpropellers bei konstant angenommener Zirkulationsverteilung über jedes Flügelblatt

Gedankengänge vom Einzeltragflügel auf den Schraubenflügel hat Betz [4, 6] einige für die Propellertheorie wichtige Gesetzmäßigkeiten abgeleitet. Insbesondere konnte er zeigen, daß die für Tragflügel gefundene Bedingung für das Minimum des induzierten Widerstands in erweiterter Form auch für Schraubenflügel gilt. Diese Bedingung lautet für schwach belastete freifahrende Propeller in der Formulierung von Betz: „Die Strömung hinter einer Schraube mit geringstem Energieverlust ist so, wie wenn die von jedem Schraubenflügel durchlaufene Bahn (Schraubenfläche) erstarrt wäre und sich mit einer bestimmten Geschwindigkeit nach hinten verschiebt oder sich mit einer bestimmten Winkelgeschwindigkeit um die Schraubenachse dreht.“ Wenn auch dieser Idealzustand bei praktischen Ausführungen nie ganz erreicht werden kann, so weichen doch die Strömungsvorgänge bei gut arbeitenden Propellern nicht allzu stark davon ab, so daß die aus der obigen Bedingung gezogenen Folgerungen dem wirklichen Zustand immerhin ziemlich nahe kommen dürften.

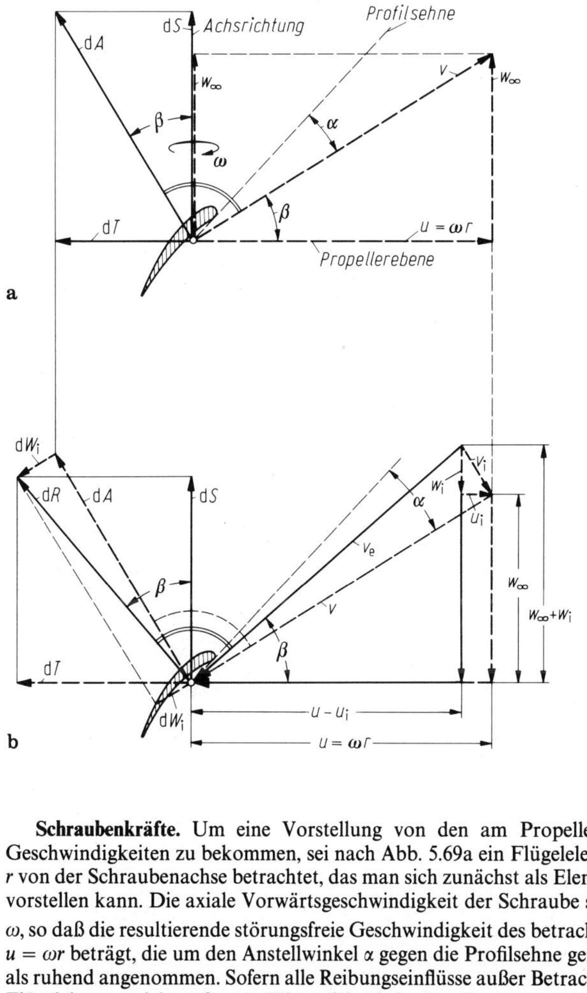

Abb. 5.69. Geschwindigkeiten und Kräfte am Flügelblatt eines Schraubenpropellers (reibungslose Strömung). **a** Unendliche Spannweite (ebenes Problem), bewegter Flügel in ruhendem Fluid; **b** endliche Spannweite (räumliches Problem), ruhender Flügel mit Anströmung

Schraubenkräfte. Um eine Vorstellung von den am Propellerflügel auftretenden Kräften und Geschwindigkeiten zu bekommen, sei nach Abb. 5.69a ein Flügelelement von der Breite dr im Abstand r von der Schraubenachse betrachtet, das man sich zunächst als Element eines unendlich langen Flügels vorstellen kann. Die axiale Vorwärtsgeschwindigkeit der Schraube sei w_∞, ihre Winkelgeschwindigkeit ω, so daß die resultierende störungsfreie Geschwindigkeit des betrachteten Elements $v = \sqrt{u^2 + w_\infty^2}$ mit $u = \omega r$ beträgt, die um den Anstellwinkel α gegen die Profilsehne geneigt ist. Das ungestörte Fluid wird als ruhend angenommen. Sofern alle Reibungseinflüsse außer Betracht bleiben, kann ein Widerstand am Flügelelement nicht auftreten. Dies erfährt bei seiner Bewegung gemäß (5.197a) also nur einen Auftrieb $dA = \varrho v \Gamma \, dr$, der normal zur Geschwindigkeit v steht. Seine Komponenten in axialer und tangentialer Richtung (Umfangsrichtung) liefern die Schubkraft $dS = dA \cos\beta = \varrho u \Gamma \, dr = \varrho \omega \Gamma r \, dr$ und die Tangentialkraft $dT = dA \sin\beta = \varrho w_\infty \Gamma \, dr$. Der Beitrag zum Drehmoment um die Propellerachse beträgt $dM = r \, dT = \varrho w_\infty \Gamma r \, dr$. Um die Schubkraft und das Drehmoment eines Flügelblatts zu erhalten, hat man über die Flügelspannweite, d. h. über den Schraubenradius von $0 \leqq r \leqq R$, zu integrieren und erhält

$$S = \varrho\omega \int_0^R \Gamma r\, dr, \qquad M = \varrho w_\infty \int_0^R \Gamma r\, dr\,. \tag{5.218a, b}$$

Die Nutzleistung der Schraube ist $w_\infty S$ und die Motorleistung $M\omega$. Aus dem Vergleich von (5.218a) und (5.218b) folgt somit, daß bei verlustloser Bewegung beide Leistungen einander gleich sind.

Bei einem Flügelblatt von endlicher Breite treten infolge der oben erläuterten Spitzen- und Nabenwirbel Stör- oder Zusatzgeschwindigkeiten auf, welche eine Beeinflussung des Strömungsverhaltens am Blattelement bewirken. Das Geschwindigkeitsfeld an dem betrachteten Flügelelement erfährt die in Abb. 5.69b ersichtliche Abänderung, wobei jetzt die Relativgeschwindigkeiten gegen den ruhend gedachten Flügel dargestellt sind. Die resultierende Störgeschwindigkeit v_i setzt sich mit v zur effektiven Geschwindigkeit v_e zusammen. Normal zu dieser steht in Analogie zu Abb. 5.65 die auf das Blattelement entfallende Kraft dR, deren Komponente nach der Richtung von v den induzierten Widerstand dW_i liefert. Der durch den induzierten Widerstand bedingte Leistungsverlust findet sein Äquivalent in der hinter der Schraube zurückbleibenden auf die Zeit bezogenen kinetischen Energie des Wirbelgebildes, die für den Bewegungsvorgang als verloren anzusehen ist (induzierte Verlustenergie). Die resultierende Kraft dR kann wieder wie in Abb. 5.69a in die axiale Schubkraft dS und in die Tangentialkraft dT zerlegt werden.

Wirkungsgrad. Zur Berechnung des Wirkungsgrads sei eine Schraube von unendlich großer Flügelzahl betrachtet. Weiter soll angenommen werden, daß die den stromabwärts abgehenden Wirbelflächen zugehörigen induzierten Störgeschwindigkeiten klein gegenüber der Vorwärtsgeschwindigkeit der Schraube sind. Insbesondere sollen im einzelnen folgende Annahmen gemacht werden: a) die Tangentialkomponente u_i in Abb. 5.69b sei so klein, daß die mit der Strahldrehung verbundenen Zentrifugalkräfte in radialer Richtung kein merkliches Druckgefälle erzeugen; b) die Änderung der Axialkomponente w_i sei so gering, daß die damit verbundene Strahleinschnürung praktisch bedeutungslos ist, und c) alle Radialkomponenten sollen unberücksichtigt bleiben. Unter diesen einschränkenden Voraussetzungen, die bei nicht zu hohen Belastungsgraden einigermaßen erfüllt sind (bei Schiffsschrauben mit ihren hohen Belastungsgraden treffen sie nicht mehr zu), lassen sich einige wichtige Aussagen über den Wirkungsgrad machen, wobei alle Reibungseinflüsse außer Betracht bleiben sollen. Zur Bestimmung des induzierten Wirkungsgrads für das Blattelement η_i im Abstand r von der Drehachse bildet man das Verhältnis aus der nutzbaren Schubleistung $w_\infty dS$ und der aufgewendeten Leistung des Drehmoments $\omega r\, dT$. Dann wird mit $u = \omega r$ als örtlicher Umfangsgeschwindigkeit

$$\eta_i = \frac{w_\infty dS}{u\, dT} = \frac{w_\infty}{u}\cot\beta = \frac{w_\infty}{w_\infty + w_i}\,\frac{u - u_i}{u} = \eta_a \cdot \eta_d < 1\,. \tag{5.219a, b, c, d}$$

Hierbei wurde nach Abb. 5.69b berücksichtigt, daß $\cot\beta = dS/dT = (u - u_i)/(w_\infty + w_i)$ ist. Der erste Faktor in (5.219c) stellt den axialen Wirkungsgrad $\eta_a < 1$ entsprechend (3.39) dar, während man den zweiten Faktor als Drallwirkungsgrad $\eta_d < 1$ bezeichnet. Der induzierte Wirkungsgrad berücksichtigt also sowohl die durch den Rückstoß bedingten axialen Verluste als auch die dadurch entstehenden Verluste, daß der Vortrieb von einem rotierenden Körper erzeugt wird, der dem Abstrom eine Drehgeschwindigkeit erteilt. Unter den oben gemachten Voraussetzungen kann, wie bei der einfachen Strahltheorie nach (3.38a), die axiale Störkomponente w_i am Ort des betrachteten Flügelblattelements gleich der Hälfte der axialen Geschwindigkeitszunahme Δw weit hinter der Schraube gesetzt werden (analog Abb. 3.15b ist $\Delta w = w_4 - w_1$). In ähnlicher Weise läßt sich mit Hilfe des Impulsmomentensatzes zeigen, daß die tangentiale Störkomponente u_i am Ort des Flügelblatts die halbe Größe der entsprechenden Abnahme der Umfangsgeschwindigkeit Δu im ausgebildeten Schraubenstrahl besitzt, also $w_i = \Delta w/2$ und $u_i = \Delta u/2$. Den Wirkungsgrad der ganzen Schraube $\bar{\eta}_i$ erhält man aus einer Integration der örtlich aufgewendeten Leistungen (= Nutzleistung/Wirkungsgrad $= w_\infty dS/\eta_i$) dividiert durch den Mittelwert der aufgewendeten Leistung $w_\infty S/\bar{\eta}_i$. Zur Auswertung des über $0 \leqq r \leqq R$ zu erstreckenden Integrals muß die Schubverteilung dS/dr bekannt sein, worauf hier allerdings nicht eingegangen werden kann. Der theoretisch höchste Wirkungsgrad bei Berücksichtigung des Drallverlusts läßt sich nach [4, 6] durch Beziehung

$$\bar{\eta}_i \approx \frac{2[1 - \lambda^2 \ln(1 + 1/\lambda^2)]}{1 + \sqrt{1 + c_S} - 2\lambda^2 \ln(1 + 1/\lambda^2)} < 1 \tag{5.220}$$

angenähert ermitteln. Hierin treten die für einen Propeller wichtigen Kenngrößen, nämlich der Fortschrittsgrad der Schraube $\lambda = w_\infty/U$ mit w_∞ als axialer Vorwärtsgeschwindigkeit und $U = \omega R$ als Umfangsgeschwindigkeit der Blattspitze sowie der Schubbelastungsgrad $c_S = S/q_\infty A$ mit $q_\infty =$

$(\varrho/2)w_\infty^2$ als Geschwindigkeitsdruck der ungestörten Vorwärtsbewegung und $A = \pi R^2$ als Schraubenkreisfläche. Für $\lambda \to 0$ geht $\bar{\eta}_i$ in η_a nach (3.39) über.

Über die Einflüsse, welche durch die Reibung (Profilwiderstand) entstehen, sagen die angegebenen Beziehungen nichts aus. Hierauf sowie auf die Berechnung der Schubverteilung, des Einflusses der endlichen Flügelzahl und auch noch weiterer Einzelheiten kann hier nicht eingegangen werden, man vgl. u. a. [4, 6, 31, 96].

Schlußbemerkung. Auf eine bei Propellern wichtige Erscheinung, die bei großen Geschwindigkeiten auftritt, sei hier noch hingewiesen: bei Wasserschrauben die Kavitation (Hohlraumbildung) und bei Luftschrauben die Kompressibilität (Dichteänderung) der Luft bei Annäherung an die Schallgeschwindigkeit. Bei Erreichung großer Geschwindigkeiten sinkt nach der Bernoullischen Energiegleichung der Druck, so daß dieser bei Wasserschrauben gegebenenfalls bis auf den Dampfdruck abfallen kann. Das Wasser scheidet dann unter Hohlraumbildung Dampf- und Luftblasen aus, vgl. Kap. 1.2.6.3, was zu einem Abreißen der Strömung an den Flügelblättern und damit zur Verschlechterung des Wirkungsgrads, ja sogar zu Materialbeschädigungen (Korrosion), führen kann. Derartige Schrauben müssen zur Vermeidung dieser Erscheinung wenig gewölbte Profile und kleine Anstellwinkel erhalten, damit die Unterdrücke auf der Saugseite klein bleiben. Dementsprechend sind breite Flügelblätter zur Erzeugung des gewünschten Schubs erforderlich. Bei schnellen Flugzeugen und großen Drehzahlen wird die Schallgeschwindigkeit und damit die widerstandskritische Mach-Zahl, vgl. Kap. 4.3.2.7 Beispiel e.2 und Abb. 5.39b, zuerst an den Propellerspitzen erreicht, was ebenfalls mit einer erheblichen Verschlechterung des Wirkungsgrads verbunden ist. Damit sind sowohl der Wahl des Propellerdurchmessers als auch der Drehzahl gewisse Grenzen gesetzt. Auch für derartige Luftschrauben kommen im wesentlichen, besonders nach den Blattspitzen zu, flach gewölbte Profile in Frage, wobei allerdings wegen der großen Geschwindigkeitsdrücke nur relativ kleine Profiltiefen verwendet werden können. Zur besseren Anpassung solcher Schrauben an die verschiedenen Betriebsbedingungen (Start, Schnellflug, Steigen und Landen) ist man zur Verwendung von Verstellpropellern übergegangen.

5.4.4 Stationäre Wirbelströmungen dichteveränderlicher Fluide

5.4.4.1 Ebener Potentialwirbel

In Kap. 5.3.2.4 Beispiel c und Kap. 5.4.2.2 wurde das Strömungsfeld eines unendlich langen geraden Wirbelfadens für ein dichtebeständiges Fluid besprochen. Mit Ausnahme der singulären Stelle, an der sich der Wirbelfaden befindet, verhält sich danach die Strömung drehungsfrei. Es liegt also hier im Sinn von Kap. 5.3 eine drehungsfreie Potentialströmung vor. Da der Wirbelfaden an seinem Entstehungsort drehungsbehaftet ist, spricht man von einem Potentialwirbel. Die für das dichtebeständige Fluid durchgeführte Untersuchung läßt sich auf den Fall des dichteveränderlichen Fluids (Gas) erweitern.[71]

Die Stromlinien seien nach Abb. 5.70a wieder Kreise, auf denen sowohl die Geschwindigkeit $v_\varphi = v = v(r)$ als auch die Dichte $\varrho = \varrho(r)$ jeweils konstant sind. Hierfür ist bei stationärer Strömung die Kontinuitätsgleichung nach Tab. 2.5 erfüllt. Bei Annahme homentroper und homenergeter Zustandsänderung liefert der Croccosche Wirbelsatz nach (5.8b) $\boldsymbol{v} \times \text{rot}\, \boldsymbol{v} = 0$. Bei Ausschluß von $\boldsymbol{v} = 0$ muß $\text{rot}\, \boldsymbol{v} = 2\boldsymbol{\omega} = 0$ sein. Wegen dieser Bedingung der Drehungsfreiheit ist dann, wie bei der Strömung des dichtebeständigen Fluids nach (5.180a) $vr = \Gamma/2\pi = \text{const}$. Bezieht man die Geschwindigkeit v auf die Lavalgeschwindigkeit $c_L = v^*$ nach (4.34), so erhält man durch Einführen der Laval-Zahl $La = v/c_L = v/v^*$ nach dem Radius

[71] Die ebene Quellströmung, die in engem Zusammenhang mit der Potentialwirbelströmung steht, wurde für das dichtebeständige Fluid in Kap. 3.6.2.3 Beispiel e.1 und Kap. 5.3.2.4 Beispiel b sowie für das dichteveränderliche Fluid in Kap. 4.3.2.7 Beispiel a.5 untersucht, vgl. Abb. 4.14.

aufgelöst

$$r = \frac{\Gamma}{2\pi c_L} \frac{1}{La} \geqq r_{min} = \frac{\Gamma}{2\pi c_L} \frac{1}{La_{max}} = \sqrt{\frac{\varkappa - 1}{\varkappa + 1}} \frac{\Gamma}{2\pi c_L} . \qquad (5.221a, b)$$

Bei $La_{max} = \sqrt{(\varkappa + 1)/(\varkappa - 1)}$ bzw. $Ma_{max} = \infty$ nach (4.38c, d) besitzt $r = r_{min}$ ein Minimum, was dem Zustand des Vakuums entspricht. In dimensionsloser Darstellung gilt

$$\frac{r}{r_{min}} = \sqrt{\frac{\varkappa + 1}{\varkappa - 1}} \frac{1}{La} = \sqrt{1 + \frac{2}{(\varkappa - 1) Ma^2}} \geqq 1 \quad \text{(Gas)} , \qquad (5.222a, b)$$

wobei die zweite Beziehung mittels (4.38b) folgt. In Abb. 5.70b ist die Geschwindigkeitsverteilung in der Form $La = v/v^*$ als Kurve (*1*) und (*2*) über dem Radiusverhältnis r/r_{min} aufgetragen. Der Radius, bei welchem gerade Schallgeschwindigkeit $La = 1 = Ma$ herrscht, spielt im Gegensatz zur Quellströmung eines dichteveränderlichen Fluids nach Abb. 4.14 keine ausgezeichnete Rolle. Die Strömung eines ebenen Potentialwirbels besteht bei einem dichteveränderlichen Fluid nur außerhalb des vom Radius $r = r_{min}$ durch La_{max} bzw. $Ma = \infty$ begrenzten Kreises. Wie man aufgrund der Herleitung sofort zeigt, gilt (5.222) auch für den Fall eines dichtebeständigen Fluids, wobei jedoch die Einschränkung $r/r_{min} \geqq 1$ nicht mehr gilt. Dies ist in Abb. 5.70b als Kurvenzug (*1*)–(*2*)–(*3*) wiedergegeben. Man erkennt, daß sich die Strömung eines ebenen Potentialwirbels bei dichteveränderlichem Fluid von derjenigen bei einem dichtebeständigen Fluid nur dadurch unterscheidet, daß sie sich im Kern $r < r_{min}$ nicht fortsetzen kann.

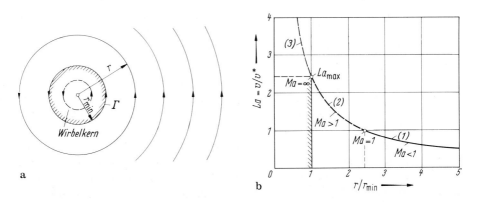

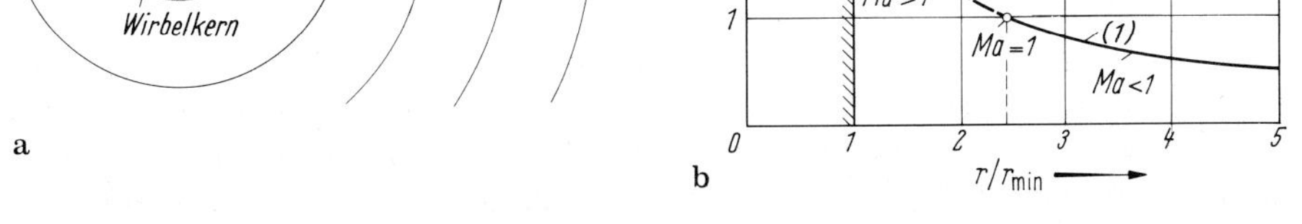

Abb. 5.70. Ebener Potentialwirbel bei einem dichteveränderlichen Fluid (Gas, $\varkappa = 1{,}4$). **a** Stromlinienbild. **b** Geschwindigkeitsverteilung. (*1*) Unterschallströmung $Ma < 1$ (———) (*2*) Überschallströmung $Ma > 1$ (- - - -) (*1*)–(*2*)–(*3*) dichtebeständiges Fluid

5.4.4.2 Freie Wirbelschicht

Übergang von einem Verdichtungsfächer zum Verdichtungsstoß. Bei einer Überschallströmung längs einer konkav gekrümmten Wand können die Machlinien in Wandnähe nach Abb. 5.71a, vgl. Abb. 4.32b (rechts), zunächst einen homentropen

Verdichtungsfächer (Wellen erster Ordnung) bilden, der in einem Punkt A zusammenläuft und von dort sich als gerader, schiefer Verdichtungsstoß in den Außenraum fortsetzt. Jeweils vor und hinter dem Verdichtungsfächer bzw. dem Verdichtungsstoß herrscht Parallelströmung. Im Punkt A entsteht ein zur Wand gerichteter Verdünnungsfächer (Wellen zweiter Ordnung), dessen Stärke gerade so groß ist, daß hinter diesem derselbe Druck und die gleiche Strömungsrichtung wie hinter dem Verdichtungsstoß herrschen. Vom Punkt A geht also eine Trennungsfläche aus, längs der die wandnahe homentrope Strömung und die Strömung, welche durch den Verdichtungsstoß einen Entropiesprung erfahren hat, aneinander entlang gleiten. Wegen der Entropieänderung beim Durchgang durch diese Trennungsfläche muß entsprechend dem Croccoschen Wirbelsatz (5.8b) diese drehungsbehaftet sein. Sie ist also eine Wirbelschicht.

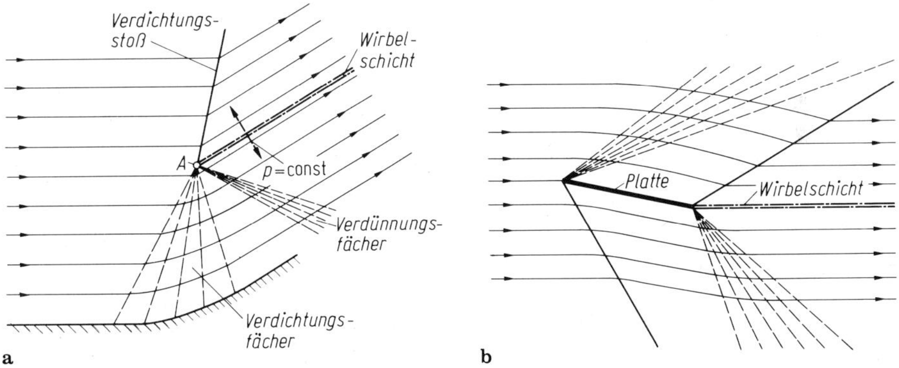

Abb. 5.71. Freie Wirbelschichten bei Überschallströmung. **a** Übergang von Verdichtungsfächer in Verdichtungsstoß, **b** angestellte ebene Platte, vgl. Abb. 4.51a

Angestellte ebene Platte. Eine freie Wirbelschicht, wie sie nach Abb. 5.71a entsteht, wenn sich in einem Punkt A sowohl ein Verdünnungsfächer als auch ein Verdichtungsstoß ausbilden, tritt bei der mit Überschallgeschwindigkeit angeströmten Platte nach Abb. 5.71b auf. Die Umlenkung der Anströmung in die Richtung der Platte erfolgt auf der Oberseite durch einen homentropen Verdünnungsfächer, während auf der Unterseite die Umlenkung durch einen anliegenden schiefen Verdichtungsstoß vor sich geht. Hinter der Platte schließt sich eine freie Wirbelschicht an, die wie in Abb. 5.71a dadurch bestimmt ist, daß zu beiden Seiten der Wirbelschicht die Bedingungen der gleichen Richtung des Geschwindigkeitsvektors und des gleichen Drucks erfüllt sein müssen. Durch einen Verdichtungsstoß auf der Oberseite und einen Verdünnungsfächer auf der Unterseite wird die Strömung hinter der Platte und damit auch die freie Wirbelschicht in die Richtung der Anströmung umgelenkt. Die Wirbelschicht ist dabei nur schwach, man vgl. [77].

5.4.4.3 Wirbelfeld hinter einem gekrümmten Verdichtungsstoß

Bei einem gekrümmten Verdichtungsstoß, wie er nach Abb. 4.53 besonders bei hypersonischer Strömung vorkommt, ergibt sich von Stromlinie zu Stromlinie beim Durchgang durch den Stoß nach Abb.

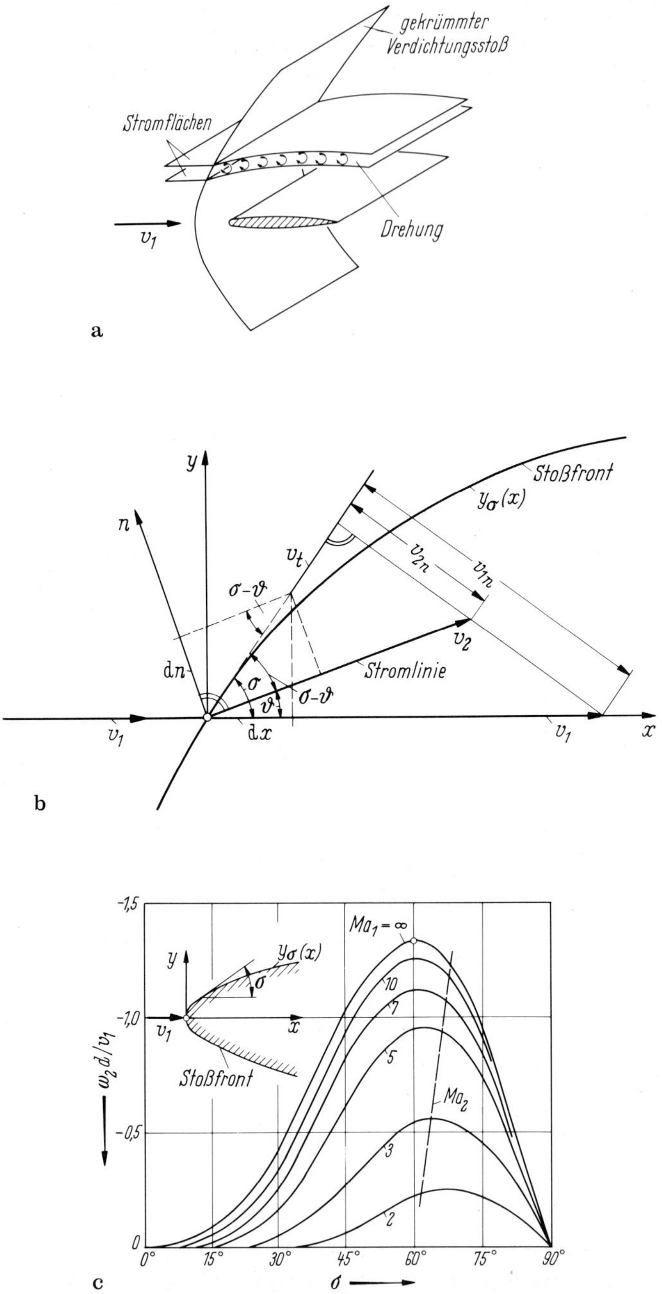

Abb. 5.72. Drehung hinter einem gekrümmten Verdichtungsstoß. **a** Schematische Darstellung. **b** Geometrie und Geschwindigkeit. **c** Drehung ω_2 hinter einem parabolisch gekrümmten Verdichtungsstoß $y_\sigma/d = \sqrt{x/d}$ in Abhängigkeit vom Stoßwinkel σ und von der Mach-Zahl der Zuströmung Ma_1 für $\varkappa = 1{,}4$

4.46d in Abhängigkeit vom Stoßwinkel eine unterschiedliche Entropiezunahme, so daß die Strömung hinter dem Stoß nicht mehr homentrop ist. Dies bedeutet nach dem Croccoschen Wirbelsatz (5.9), daß bereits die reibungslose Strömung drehungsbehaftet ist.[72] In Abb. 5.72a ist die Entstehung der Drehung hinter einem gekrümmten Verdichtungsstoß erläutert. Nach (5.9) beträgt die Drehung hinter dem Stoß

$$\omega_2 = \frac{1}{2}\frac{T_2}{v_2}\frac{ds_2}{dn} = \frac{1}{2}\frac{T_2}{v_1}\frac{dx}{dn}\frac{v_1}{v_2}\frac{ds_2}{d\sigma}\frac{d\sigma}{dx}\,. \tag{5.223}$$

Die in der zweiten Beziehung auftretenden Größen lassen sich aus Abb. 5.72b entnehmen, und zwar gilt

$$\frac{dx}{dn} = \frac{\cos\sigma}{\sin(\sigma-\vartheta)}, \qquad \frac{v_2}{v_1} = \frac{\cos\sigma}{\cos(\sigma-\vartheta)}, \qquad \cos^2\sigma\,\frac{d\sigma}{dx} = \frac{y''_\sigma}{(1+y'^2_\sigma)^2}\,.$$

Zu der letzten Gleichung gelangt man, wenn man beachtet, daß $\tan\sigma = dy_\sigma/dx = y'_\sigma$ ist. Weiterhin gilt nach Abb. 5.72b in Verbindung mit (4.146a) und (4.159b)

$$\frac{v_{1n}}{v_{2n}} = \frac{\tan\sigma}{\tan(\sigma-\vartheta)} = \frac{\varrho_2}{\varrho_1} = \frac{(\varkappa+1)C_1^2}{2+(\varkappa-1)C_1^2} \quad \text{mit} \quad C_1 = Ma_1\sin\sigma\,.$$

Die Entropieänderung berechnet man aus (4.29a), wenn man dort p_2/p_1 und ϱ_2/ϱ_1 nach (4.159a, b) einsetzt, nach σ differenziert, das Ergebnis mit $T_2/T_1 = (p_2/p_1)(\varrho_1/\varrho_2)$ multipliziert und die Mach-Zahl der Zuströmung $Ma_1 = v_1/c_1$ mit $c_1^2 = (\varkappa-1)\,c_pT_1$ einführt. Es wird

$$T_2\frac{ds_2}{d\sigma} = \frac{4v_1^2}{(\varkappa+1)^2}\left(\frac{C_1^2-1}{C_1^2}\right)^2 \sin\sigma\cos\sigma\,.$$

Nach Einsetzen der gefundenen Beziehungen in (5.223) erhält man für die Drehung hinter dem durch $y_\sigma(x)$ gegebenen gekrümmten Verdichtungsstoß, vgl. Truesdell [89, 90],

$$\omega_2 = \frac{2v_1}{\varkappa+1}\frac{(C_1^2-1)^2}{[2+(\varkappa-1)C_1^2]\,C_1^2}\frac{y''_\sigma}{(1+y'^2_\sigma)^2} \quad (C_1 = Ma_1\sin\sigma)\,. \tag{5.224a}$$

Die Drehung ist linksdrehend positiv angenommen. Da bei einem gekrümmten Verdichtungsstoß $y''_\sigma < 0$ ist, stellt sich hinter dem Stoß eine rechtsdrehende Drehung ein. Bei $Ma_1 = \infty$ bzw. $C_1 = \infty$ folgt aus (5.224a)

$$\omega_2 = \frac{2v_1}{\varkappa^2-1}\frac{y''_\sigma}{(1+y'^2_\sigma)^2} \quad (Ma_1 = \infty)\,. \tag{5.224b}$$

Für einen nach Abb. 5.72c angenommenen parabolischen Verdichtungsstoß mit $y_\sigma/d = \sqrt{x/d} > 0$ mit d als Durchmesser des Scheitelkrümmungskreises sowie $y'_\sigma = \tan\sigma$ und $y''_\sigma = -(2/d)\,\tan^3\sigma$ ist die Drehung in der Form $\omega_2 d/v_1$ über σ für verschiedene Mach-Zahlen Ma_1 aufgetragen. Während bei $\sigma = 90°$ und $\sigma = 0°$ keine Drehung auftritt, ist die Drehung am größten etwa dort, wo hinter dem Stoß die Schallgeschwindigkeit $Ma_2 \approx 1$ erreicht wird. Die Größe der Drehung ist durch die Kurve für $Ma_1 = \infty$ begrenzt und ergibt sich nach (5.224b) zu $\omega_2 d/v_1 = -[4/(\varkappa^2-1)]\,\cos\sigma\sin^3\sigma$. Der größtmögliche Wert tritt bei $\sigma = 60°$ mit $\omega_2 d/v_1 = -1{,}35$ für $\varkappa = 1{,}4$ auf.

5.5 Verwandte Probleme der Potentialtheorie

5.5.1 Einführung

Neben den in Kap. 5.3 und 5.4 besprochenen drehungsfreien und drehungsbehafteten reibungslosen Potential- bzw. Potentialwirbelströmungen lassen sich unter bestimmten Voraussetzungen auch Fälle mit reibungsbehafteter Strömung auf

---

[72] In einem schiefen Verdichtungsstoß mit gerader Stoßfront ändert sich die Entropie überall um den gleichen Betrag. Bei gleichförmiger Anströmung ist daher die Strömung auch hinter dem Stoß wieder homentrop und drehungsfrei.

der Grundlage der Potentialtheorie behandeln. Die nachstehend wiedergegebenen Anwendungen sollen die Möglichkeiten dieser sog. erweiterten Potentialtheorie aufzeigen. Dabei befaßt sich Kap. 5.5.2 mit Fragen grundsätzlicher Art, und zwar der Potentialströmung mit freier Stromlinie als Beitrag zur abgelösten Strömung hinter einem stumpfen Körper oder zur Einschnürung eines Freistrahls, der schleichenden Potentialströmung als experimenteller Methode zur Sichtbarmachung von ebenen drehungsfreien Potentialströmungen sowie der instationären Ausbreitung eines ebenen Wirbels in einem viskosen Fluid. In Kap. 5.5.3 werden Sickerströmungen durch poröse Medien als potentialtheoretische Aufgabe besprochen, die von besonderer Bedeutung für die Grundwasserströmung sind.

5.5.2 Grundsätzliche Erkenntnisse der erweiterten Potentialtheorie

5.5.2.1 Potentialströmung mit freier Stromlinie

Grundzüge der erweiterten Potentialtheorie. Die in Kap. 5.3 und 5.4 wiedergegebene Potential- bzw. Potentialwirbeltheorie stellt eine wesentliche Grundlage zur Beschreibung zwei- und dreidimensionaler reibungsloser Strömungsvorgänge dar. Zahlreiche Anwendungsbeispiele wurden für das dichtebeständige Fluid bei stationärer Strömung in Kap. 5.3.2.4, 5.3.2.6 und 5.4.3 besprochen. Wenn man von dem Widerstandsproblem absieht, können die genannten Theorien auch reibungsbehaftete Strömungen in guter Näherung beschreiben, sofern sich der durch- oder umströmte Körper in einer sog. gesunden Strömung, d. h. ablösungsfreien oder zumindest nahezu ablösungsfreien Strömung, befindet. Die in Kap. 5.4.3 entwikkelte Potentialwirbeltheorie dient daher weitgehend der Lösung des Auftriebsproblems,[73] vgl. Abb. 5.57a. Um das reibungsbedingte Widerstandsproblem erfassen zu können, muß die in Kap. 6.3 ausführlich dargelegte Grenzschicht-Theorie herangezogen werden.

Die Ergebnisse der Potential- und Potentialwirbeltheorie weichen von der Wirklichkeit entscheidend ab, wenn größere Ablösungen der Strömung auftreten, vgl. Abb. 5.57b. Solche Fälle kommen bei sehr scharfen Umlenkungen von Strömungen vor. Ein typisches Beispiel zeigt Abb. 5.73a. Die Strömung löst an der scharfen Kante ab, was zur Folge hat, daß sich hinter dem Körper ein stark verwirbeltes Gebiet ausbildet, kurz Wirbelgebiet genannt.[74] Dies Strömungsbild steht im Widerspruch zu dem mit der gewöhnlichen Potentialtheorie ermittelten Bild, bei dem sich die Strömung vor und hinter dem Störkörper spiegelbildlich verhält, vgl. Abb. 5.23.

Durch eine starke Idealisierung einer abgelösten Strömung haben von Helmholtz [29] und Kirchhoff [42] gezeigt, daß man die gewöhnliche Potentialtheorie

[73] Man beachte, daß man in einem fluidmechanisch orientierten Bezugssystem die Kraftkomponente in Anströmrichtung mit Widerstand und diejenige normal zur Anströmrichtung mit Auftrieb bezeichnet.

[74] Der Einsatz hochleistungsfähiger Rechner hat es ermöglicht, das Wirbelgebiet einer abgelösten Strömung mittels der Navier-Stokesschen Bewegungsgleichung bei nicht zu großer Reynolds-Zahl theoretisch zu ermitteln [16, 74].

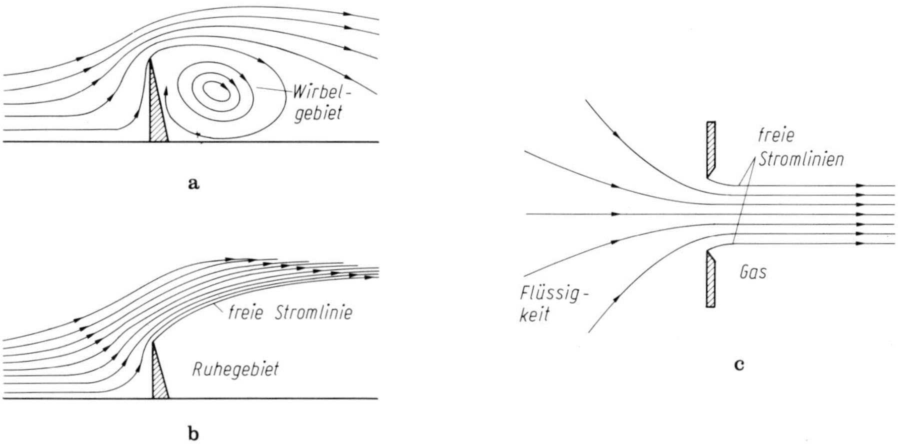

Abb. 5.73. Zur Potentialtheorie mit freier Stromlinie. **a** Scharfes Hindernis mit abgelöstem Wirbelgebiet, **b** scharfes Hindernis mit Ruhegebiet (idealisierte Vorstellung des Ablösegebiets), **c** aus scharfkantiger Öffnung austretender Strahl

zu einer erweiterten Potentialtheorie mit freien Stromlinien ausbauen kann. Hierbei bedient man sich der in Kap. 5.4.2.4 eingeführten Trennungsfläche (Wirbelschicht), indem man die Strömung stromabwärts von der Ablösestelle in zwei durch freie Stromlinien (Stromflächen) getrennte Bereiche aufteilt. Man unterscheidet in die Hauptströmung und in die Nebenströmung. Bei der Umströmung nach Abb. 5.73a besteht die Nebenströmung aus dem im allgemeinen wirbelbehafteten Nachlauf, oft auch Totwasser genannt. Nimmt man von dem Wirbelgebiet hinter dem Körper näherungsweise an, daß sich das Fluid dort in Ruhe befindet, d. h. ein Ruhegebiet vorliegt, so gelangt man zu dem in Abb. 5.73b wiedergegebenen idealisierten Bild.

Die Potentialtheorie mit freien Stromlinien läßt sich auch auf das Problem des Ausströmens eines Flüssigkeitsstrahls aus einer scharfkantigen Austrittsöffnung in ein Gas nach Abb. 5.73c anwenden. Man beobachtet hierbei eine Einschnürung (Kontraktion) des austretenden Strahls, vgl. Kap. 3.3.2.3 Beispiel b.1, 3.4.4.2 (plötzliche Rohrverengung) und 3.6.2.3 Beispiel e.2. In diesem Fall besteht die Nebenströmung aus der im wesentlichen in Ruhe befindlichen Umgebung des Strahls.

Der Theorie liegt die stationäre ebene und reibungslose Strömung eines dichtebeständigen Fluids zugrunde. Wegen dieser Voraussetzung können Fluidschichten, hier die freien Stromflächen (Trennungsflächen) aneinander vorbeigleiten, ohne daß dabei Schubspannungen entstehen. Beim Übergang von der Haupt- zur Nebenströmung verhält sich die tangentiale Geschwindigkeitskomponente quer zur freien Stromlinie unstetig, während der Druck quer zur freien Stromlinie stetig verläuft. Man hat es also mit einer Strömung zu tun, bei der in den genannten zwei Bereichen verschiedene Geschwindigkeitspotentiale und verschiedene Energieniveaus herrschen. Mit Ausnahme der Trennungsflächen (Wirbelschichten) sei das Strömungsfeld drehungsfrei. Liegt eine Zweiphasenströmung vor, so besäße auch die Dichte eine Unstetigkeit. Da auf der einen Seite der Trennungsfläche das Fluid nahezu in Ruhe ist, herrscht dort ein angenähert konstanter Druck $p = p_0 = \text{const}$. Nach der Bernoullischen Druckgleichung für das reibungslose Fluid (5.34) bedeutet dies bei Vernachlässigung des Schwereinflusses, daß die Geschwindigkeit längs der freien Stromlinie unverändert ist. Die freie Stromfläche (Index f) ist bei ebener Strömung also gekennzeichnet durch konstante Werte für die Stromfunktion $\Psi_f = \text{const}$, den Druck $p_f = p_0 = \text{const}$ und die Geschwindigkeit $v_f = \text{const}$. Dies ist eine nichtlineare Randbedingung für die zu lösende Aufgabe der Potentialtheorie. Da kinematische Gesichtspunkte das Problem weitgehend bestimmen, ist es zweckmäßig, die Behandlung nicht in der Strömungsebene (physikalische Ebene), sondern in der Geschwindigkeitsebene (Hodographenebene) durchzuführen, vgl. Kap. 5.3.2.3. Letztere erhält man, indem man die den einzelnen Fluidelementen einer Stromlinie zugehörigen Geschwindigkeitsvektoren von einem Festpunkt aus aufträgt und die Endpunkte dieser Vektoren miteinander verbindet. Dabei treten die freien Stromlinien entweder als Kreisstücke oder gerade Linien auf. Dies Verfahren wird im folgenden an den Beispielen der normal angeströmten Platte und der Berechnung der Kontraktionsziffer eines austretenden Strahls kurz erläutert. Auf die Arbeit [45], die sich mit der Berechnung der Strömung an einer geknickten Wand beschäftigt, sei hingewiesen. Daß die Theorie der unstetigen Potentialströmung auch für das Entstehen von Hohlräumen in der Strömung (Kavitation) von Bedeutung ist, sei erwähnt, vgl. Kap. 1.2.6.3. Ausführlichere Darstellungen der angesprochenen Fragenkreise findet man in [7, 24, 25, 62, 75, 101, 102].

Anwendungen

a) Normal angeströmte Platte. Wird eine unendlich dünne Platte von der Höhe $2h$ und der Breite b in ebener reibungsloser Strömung mit der ungestörten Geschwindigkeit u_∞ normal angeströmt, so stellt sich nach der gewöhnlichen Potentialtheorie von Kap. 5.3.2.4 Beispiel f ein Stromlinienbild wie in Abb. 5.23b ein, bei dem die Strömung auf der Vorder- und Rückseite der Platte symmetrisch ausgebildet ist. Die Stromlinien schließen sich hinter der Platte wieder genauso zusammen wie sie sich vor der Platte getrennt haben. Eine aus der Druckverteilung an der Platte resultierende in Anströmrichtung wirkende Widerstandskraft kann aus Symmetriegründen nicht auftreten. Weiterhin weisen die Randstromlinien bei scharfer Plattenkante am oberen und unteren Plattenende einen Knick auf, was praktisch nicht möglich ist. Um die genannten Unstimmigkeiten zu umgehen, kann man sich nach Abb. 5.74a vorstellen, daß sich das Fluid zwar auf der Vorderseite der Platte genauso verhält wie im Fall der gewöhnlichen Potentialströmung, daß es sich dagegen an den Kanten ablöst. Hinter der Platte wird, wie bereits oben beschrieben, ein sog. Ruhegebiet (Index 0) mit $v = v_0 = 0$ angenommen, welches durch zwei Trennungsflächen (Unstetigkeitsflächen) von dem äußeren Strömungsfeld abgegrenzt ist, und in dem der Druck $p = p_0 = \text{const}$ herrscht. Die auf der vorderen und hinteren Seite der Platte unterschiedliche Druckverteilung ruft im Gegensatz zur potentialtheoretisch berechneten Druckverteilung eine erhebliche Widerstandskraft W hervor, vgl. hierzu (2.81b) und (3.242c). Die Trennungsflächen, in denen der Druck $p_f = p_0 = \text{const}$ und die Geschwindigkeit $v_f = \text{const}$ herrschen, erstrecken sich theoretisch bis ins Unendliche. Da dort die Geschwindigkeit gleich der Anströmgeschwindigkeit $v_f = u_\infty$ ist, folgt, daß die Geschwindigkeit am äußeren Rand der Trennungsflächen überall gleich dem Betrag der Geschwindigkeit der ungestörten Strömung ist, d. h. $v_f = u_\infty$. Von diesem Wert springt die Geschwindigkeit auf dem Rand unstetig auf den Wert null im Innern des Ruhegebiets. Aus diesem Ergebnis findet man für den Druck $p_f = p_0 = p_\infty$. Der Ort der Begrenzung des Ruhegebiets, der zugleich freie Stromlinie ist, ist zunächst unbekannt. Man kann jedoch annehmen, daß die Begrenzungsstromlinien an den scharfen Plattenenden beginnen.

Die weitere Untersuchung soll in der Hodographenebene (Geschwindigkeitsebene) $w_* = u - iv$ durchgeführt werden. Das durch die Stromlinien A–O–B–C und A–O–B'–C' in Abb. 5.74a beschriebene Strömungsgebiet entspricht nach Abb. 5.74b im Hodographen dem Inneren eines Halbkreises vom Radius $v_f = u_\infty$. Bei der normal angeströmten Platte gemäß Abb. 5.23 wurde nach (5.75a) die Abbildungsfunktion $\zeta = z - a^2/z$ verwendet. Analog hierzu läßt sich der Hodograph mittels der konformen Abbildungsfunktion

$$\zeta = \frac{w_*}{u_\infty} - \frac{u_\infty}{w_*} \quad \text{mit} \quad \zeta = \xi + i\eta \tag{5.225}$$

in die einfachere Figur der Abb. 5.74c (ζ-Ebene) überführen.

Für die in den Abb. 5.74a, b, c gekennzeichneten Stellen (O Staupunkt; A ungestörte Anströmung; B, B' Plattenränder, C, C' freie Stromlinien) sind in Tab. 5.6a die Werte in der z-Ebene (x, y), in der w_*-Ebene $(u, v, w_*/u_\infty)$ und in der ζ-Ebene (ξ, η) zusammengestellt. Alle Stromlinien beginnen in jeder Ebene in A und enden in C bzw. C'. Daraus und aus der Symmetrie der Stromlinien zur Abszisse und Ordinate in der ζ-Ebene kann man auf einen Quadrupol bei $\zeta = 0$ schließen, mit dem komplexen Potential $\Phi(\zeta) \sim 1/\zeta^2$, vgl. (5.66).

Mittels der dargelegten Theorie ist man in der Lage, sowohl die Form der freien Stromlinien als auch den Plattenwiderstand zu berechnen, man vgl. z. B. Wieghardt [98]. Der Plattenwiderstandsbeiwert ergibt sich zu

$$c_W = \frac{W}{q_\infty A} = \frac{2\pi}{4 + \pi} = 0{,}88 \qquad \text{(Kirchhoff)} \tag{5.226}$$

mit $A = 2bh$ als Plattenstirnfläche und $q_\infty = (\varrho/2)u_\infty^2$ als Geschwindigkeitsdruck der Anströmung. Dieser zuerst von Kirchhoff [42] gefundene Zahlenwert ist etwa nur halb so groß wie der durch Messung ermittelte Wert, vgl. Tab. 3.9. Trotz dieser erheblichen Abweichung steht die Helmholtz-Kirchhoffsche Überlegung doch insofern in Übereinstimmung mit der Wirklichkeit, als eine Ablösung des Fluids vom Körper tatsächlich stattfindet, und zwar auch dann, wenn der Körper keine scharfen Ecken und Kanten besitzt, wie z. B. beim Kreiszylinder oder bei der Kugel, vgl. Kap. 6.3.5.2. Ein wesentlicher Unterschied besteht jedoch darin, daß nach der beschriebenen erweiterten Potentialtheorie bei reibungsloser Strömung das Ruhegebiet hinter der Platte stromabwärts immer breiter wird und bis ins Unendliche reicht, während das bei reibungsbehafteter Strömung sich hinter der Platte tatsächlich einstellende Wirbelgebiet eine endliche Ausbreitung besitzt, vgl. Abb. 5.73a. Man kann zeigen, daß die der Berechnung zugrunde liegenden Trennungsschichten zwischen zwei Fluiden gleicher Dichte entsprechend Kap. 5.4.2.4 Beispiel a labil sind und sich in einzelne Wirbel auflösen.

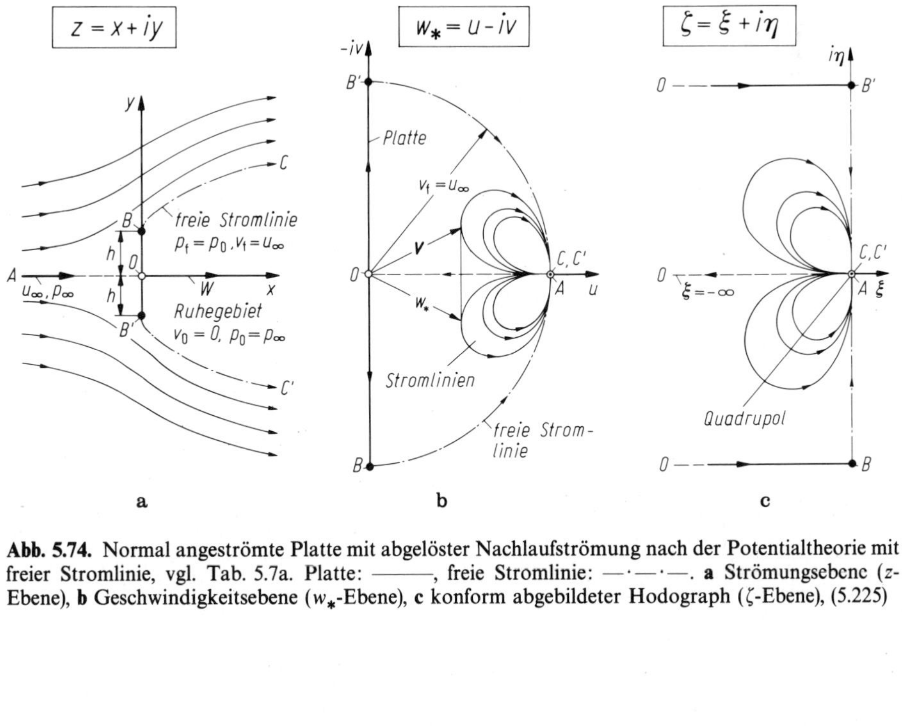

Abb. 5.74. Normal angeströmte Platte mit abgelöster Nachlaufströmung nach der Potentialtheorie mit freier Stromlinie, vgl. Tab. 5.7a. Platte: ———, freie Stromlinie: —·—·—. **a** Strömungsebene (z-Ebene), **b** Geschwindigkeitsebene (w_*-Ebene), **c** konform abgebildeter Hodograph (ζ-Ebene), (5.225)

Tabelle 5.7. Zur Potentialtheorie mit freier Stromlinie
a) normal angeströmte Platte nach Abb. 5.74
b) ebener Flüssigkeitsstrahl nach Abb. 5.76[a]

a)	z-Ebene		w_*-Ebene			ζ-Ebene	
Stelle	x	y	u	v	w_*/u_∞	ξ	η
O	0	0	0	0	0	$-\infty$	0
A	$-\infty$	0	$+u_\infty$	0	1	0	0
B, B'	0	$\pm h$	0	$\pm u_\infty$	$\mp \mathrm{i}$	0	∓ 2
C, C'	$+\infty$	$\pm\infty$	$+u_\infty$	0	$+1$	0	0

b)	z-Ebene		w_*-Ebene			ζ-Ebene	
Stelle	x	y	u	v	w_*/v_0	ξ	η
O	0	$+\infty$	0	0	0	$-\infty$	$\pi/2$
A, A'	$\mp\infty$	0	0	0	0	$-\infty$	$0, \pi$
B, B'	$\mp b$	0	$\pm v_0$	0	± 1	0	$0, \pi$
C, C'	$\mp b^*$	$-\infty$	0	$-v_0$	$+\mathrm{i}$	0	$\pi/2$

[a] Es ist $\ln \mathrm{i} = \mathrm{i}\pi/2$ und $\ln(-1) = 2 \ln \mathrm{i} = \mathrm{i}\pi$.

Einen anderen Versuch, den Widerstand eines mit der Geschwindigkeit u_∞ hinten stumpfen Körpers mit abgelöster Nachlaufströmung auf potentialtheoretische Weise zu bestimmen, stellt die Untersuchung von Kármán [37] über die Wirbelstraße nach Kap. 5.4.2.3 Beispiel e dar. Diese Theorie liefert für den Widerstandsbeiwert die Beziehung

$$c_W = 0{,}8\,\frac{l}{h}\left(1 - 0{,}4\,\frac{u_0}{u_\infty}\right)\frac{u_0}{u_\infty} \qquad \text{(von Kármán)} \tag{5.227}$$

und ist unter bestimmten Voraussetzungen in befriedigender Übereinstimmung mit der Wirklichkeit. Sie kann aber dabei nicht auf die experimentelle Bestimmung gewisser, ihr eigentümlicher Größen verzichten, welche mit dem reibungsbehafteten Verhalten des Fluids in Zusammenhang stehen. Dabei handelt es sich um das Verhältnis der Teilung der Wirbelreihen l zur halben Plattenhöhe h sowie um das Verhältnis der Geschwindigkeit des Wirbelsystems u_0 zur Anströmgeschwindigkeit des Körpers u_∞. Die Größen l/h und u_0/u_∞ lassen sich aus der Beobachtung des wirbelbehafteten Nachlaufs ermitteln. Für eine normal angeströmte Platte vom Seitenverhältnis $b/2h = 14{,}3$ fanden von Kármán und Rubach [37] die Zahlenwerte $l/h = 11{,}0$ und $u_0/u_\infty = 0.20$. Hiermit erhält man nach (5.227) einen Widerstandsbeiwert $c_W = 1{,}62$, welcher der Größenordnung nach mit den Werten in Tab. 3.9 übereinstimmt.

b) Freistrahl. Beim Ausströmen eines Fluids aus einem oben offenen Gefäß oder aus einem Überdruckbehälter bildet sich ein Freistrahl aus. Sein fluidmechanisches Verhalten hängt davon ab, ob es sich bei dem umgebenden Fluid um das gleiche Fluid wie im Strahl, d. h. Flüssigkeit—Flüssigkeit bzw. Gas—Gas, handelt, oder ob z. B. der Strahl aus Flüssigkeit und das umgebende Fluid aus Gas, d. h. Flüssigkeit—Gas, besteht. Diese beiden Fälle sind in Abb. 5.75 einander gegenübergestellt. Im ersten Fall vermischt sich der Strahl nach Abb. 5.75a infolge der Reibungswirkung an der Strahlgrenze mit dem umgebenden Fluid. Dadurch nimmt die Masse im Strahl stromabwärts zu, und der Strahl breitet sich bei abnehmender Geschwindigkeit immer mehr aus. Zu seiner Berechnung muß die Grenzschicht-Theorie nach Kap. 6.4.2.2 herangezogen werden. Im zweiten Fall spielt nach Abb. 5.75b

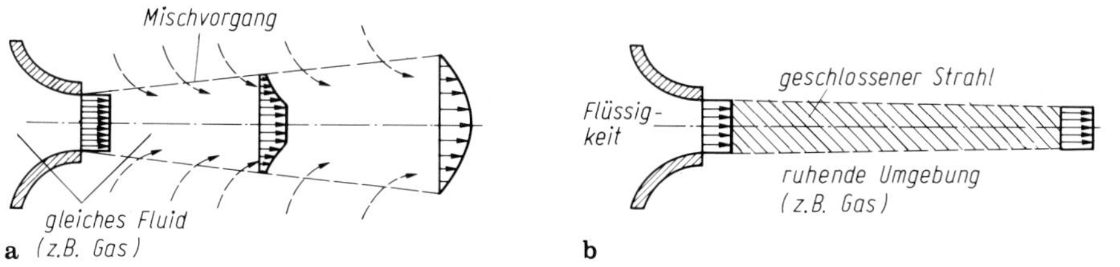

Abb. 5.75. Freistrahlen (schematisch). **a** Vermischung mit umgebendem Fluid (Flüssigkeit → Flüssigkeit, Gas → Gas). **b** Ohne Vermischung mit umgebendem Fluid (Flüssigkeit → Gas, Fluid → ruhendes Fluid)

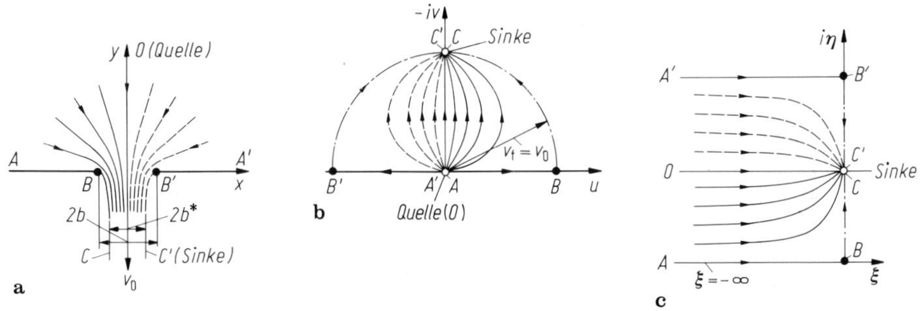

Abb. 5.76. Ausfluß durch einen Spalt aus einem großen Gefäß, ebener Flüssigkeitsstrahl, vgl. Tab. 5.7b. **a** Strömungsebene (z-Ebene), **b** Geschwindigkeitsebene (w_*-Ebene), **c** konform abgebildeter Hodograph (ζ-Ebene), (5.228a)

die Reibung für die Ausbildung des Strahls stromabwärts keine besondere Rolle. Nach einer gewissen Strahllänge löst sich die Flüssigkeit infolge der Grenzflächenspannung (Kapillarität) in einzelne Tropfen auf. Ist die Austrittsöffnung scharfkantig, so kann man mit Hilfe der oben geschilderten erweiterten Potentialtheorie der freien Stromlinie die Einschnürung des Strahls berechnen.

Die Bewegung erfolge nicht unter dem Einfluß der Schwere, sondern werde durch einen Überdruck erzeugt, den man sich über den Flüssigkeitsspiegel gleichmäßig verteilt vorstellt. Diese Voraussetzung ist aus Gründen der mathematischen Vereinfachung erforderlich. Es ist anzunehmen, daß beim lotrechten Austritt des Strahls in unmittelbarer Nähe der Öffnung die Austrittsgeschwindigkeit bei dem durch die Schwere erzeugten Strahl nur wenig von derjenigen eines durch Überdruck erzeugten Strahls abweichen kann, weil ja die Schwerkraft die Richtung des Strahls besitzt. Da aber gerade das Strömungsverhalten in nächster Nähe der Öffnung für die Größe der Kontraktionsziffer entscheidend ist, so wird man die getroffene Voraussetzung als zulässig ansehen dürfen.

Ähnlich wie bei der normal angeströmten Platte läßt sich auch der ebene Einschnürungsvorgang unter Zuhilfenahme der Methode der komplexen Funktionen und der konformen Abbildung behandeln. Auch hier empfiehlt sich der Übergang von der Strömungs- zur Geschwindigkeitsebene. Solche Spaltströmungen wurden sowohl hinsichtlich der Ausbildung der freien Stromlinien als auch der Werte für die Kontraktionsziffer verschiedentlich untersucht.

Die Begrenzung des Flüssigkeitsstrahls wird als freie Stromfläche (Stromlinie) aufgefaßt, auf der sich die Geschwindigkeit unstetig von der Strahlgeschwindigkeit auf den Wert null des den Strahl umgebenden Fluids (Gas) ändert. Der Druck am Strahlrand muß überall gleich dem konstanten Außendruck sein, $p_f = p_0 = \text{const}$, woraus aufgrund der Bernoullischen Druckgleichung folgt, daß die Flüssigkeitsgeschwindigkeit am Strahlrand überall gleich groß sein muß, $v_f = \text{const}$.

Nach Abb. 5.76a tritt der Strahl bei reibungslos angenommener ebener Strömung und bei Vernachlässigung des Schwereinflusses aus einem großen Gefäß durch einen Schlitz der Breite $2b$ mit der asymptotischen Geschwindigkeit v_0 ins Freie. In gleicher Weise, wie bei der normal angeströmten Platte, ist in Abb. 5.76b das Verhalten der Strömung in der Geschwindigkeitsebene (Hodographen-Ebene) dargestellt. Dem Strömungsgebiet (Gefäß und Strahl) entspricht im Hodographen das Innere eines Halbkreises vom Radius $v_f = v_0$. In Analogie zu (5.225) läßt sich der Hodograph durch eine Abbildungsfunktion, und zwar hier durch

$$\zeta = \ln\left(\frac{w_*}{v_0}\right), \qquad w_* = v_0 \exp(\zeta) \quad \text{mit} \quad \zeta = \xi + i\eta \tag{5.228a, b}$$

in die einfachere Figur nach Abb. 5.76c (ζ-Ebene) überführen.

Für die in den Abb. 5.76a, b, c gekennzeichneten Stellen (O Gefäß; A, A' Gefäßboden; B, B' Austrittsöffnung; C, C' freie Stromlinie) sind in Tab. 5.7b die Werte in der z-Ebene (x, y), in der w_*-Ebene (u, v, w_*/v_0) und in der ζ-Ebene (ξ, η) zusammengestellt. Alle Stromlinien beginnen in jeder Ebene in dem durch die Punkte O, A, A' beschriebenen Bereich und enden im Punkt C, C'. Im Punkt $w_*/v_0 = 0$ ist eine Quelle und im Punkt $w_*/v_0 = +\,i$ ist eine gleichstarke Sinke anzunehmen. Durch (5.228a) werden die Kreissektoren der w_*-Ebene in Halbstreifen der ζ-Ebene abgebildet. Dabei rücken die Punkte A, A' wieder ins Unendliche, so daß im Endlichen als einzige Singularität die Sinke in C, C' mit $\zeta = i\pi/2$ übrig bleibt. Die Strömung in diesem Halbstreifen der ζ-Ebene kann man durch eine unendliche Reihe von Sinken in den Punkten $\zeta = \pm\, i\pi/2$, $\pm\, 3i\pi/2, \ldots$ darstellen. In der z-Ebene verschwindet bei C, C' der Volumenstrom $\dot{V} = v_0 2b^* l$ mit l als der Länge des Austrittsspalts. Die Sinke in der ζ-Ebene muß doppelt so stark sein, da ihr auch aus dem rechten Halbstreifen ebensoviel zufließt wie aus dem hier nur interessierenden linken Streifen.

Hinsichtlich der weiteren Behandlung der Aufgabe — Berechnung der Form der freien Stromlinien und der Kontraktionsziffer — sei wieder auf [98] verwiesen. Für eine scharfkantige spaltförmige Öffnung der Breite $2b$ in einer Gefäßwand oder in einem Gefäßboden hat bereits Kirchhoff [42] die Kontraktionsziffer μ des austretenden Strahls der Breite $2b^*$ ermittelt, und zwar gilt in sehr guter Übereinstimmung mit Meßergebnissen

$$\mu = \frac{b^*}{b} = \frac{\pi}{2+\pi} = 0{,}611 \quad \text{(einfacher Spalt)}\,. \tag{5.229}$$

Die beschriebene erweiterte Potentialtheorie läßt sich auch auf die ebene Strahlströmung aus einem Gefäß mit endlichem Querschnitt anwenden [98]. Ein solcher Fall liegt bei der plötzlichen Querschnittsverengung (Rohrverengung) nach Kap. 3.4.4.2 vor. Die diesbezügliche Formel für die Kontraktionsziffer μ ist in (3.130b) und die grafische Darstellung in Abb. 3.40a wiedergegeben. Auf eine einfache Abschätzung der Kontraktionsziffer in Kap. 3.6.2.3 sei hingewiesen.

Aus der Vielzahl von Untersuchungen zur Theorie der Freistrahlen seien die Arbeiten von von Mises [42], Betz und Petersohn [42] sowie die bereits oben zitierten zusammenfassenden Darstellungen genannt.

5.5.2.2 Schleichende Potentialströmung (Hele-Shaw)

Eine zuerst von Stokes [82] angegebene Lösung der Bewegungsgleichung für die schleichende Strömung nach Kap. 2.5.3.4 bezieht sich auf die stationäre Strömung eines viskosen Fluids (Flüssigkeit) zwischen zwei festen, eng übereinander liegenden planparallelen Platten (z. B. Glasplatten). Nach Abb. 5.77a seien der Plattenabstand $2a$ sowie die Plattenrichtung horizontal und der x,y-Ebene parallel. Die Geschwindigkeitskomponente in der z-Richtung sei null, $w = 0$. An den festen Platten haftet Fluid, so daß bei der Strömung zwischen den eng gestellten Platten offenbar große Geschwindigkeitsänderungen in z-Richtung auftreten werden, denen gegenüber die partiellen Änderungen in den Koordinatenrichtungen x und y als vernachlässigbar klein angesehen werden können. Dann gilt nach Tab. 2.7 mit $u_B = gz$ (nur Schwerkrafteinfluß)

$$\frac{\partial p}{\partial x} = \eta \frac{\partial^2 u}{\partial z^2}, \quad \frac{\partial p}{\partial y} = \eta \frac{\partial^2 v}{\partial z^2}, \quad \frac{\partial p}{\partial z} = -\varrho g\,. \tag{5.230a, b, c}$$

Aus der letzten Gleichung ergibt sich durch Integration für den Druck $p(x, y, z) = -\varrho g z + f(x, y)$, was bedeutet, daß die Druckgradienten $\partial p/\partial x$ und $\partial p/\partial y$ von z unabhängig sind. Damit lassen sich die Geschwindigkeitskomponenten u und

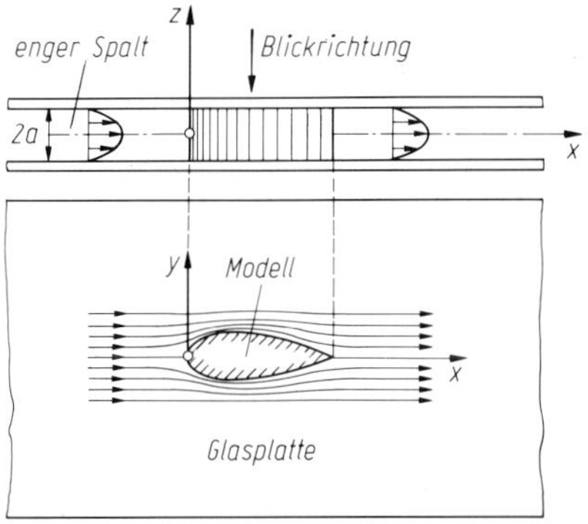

a

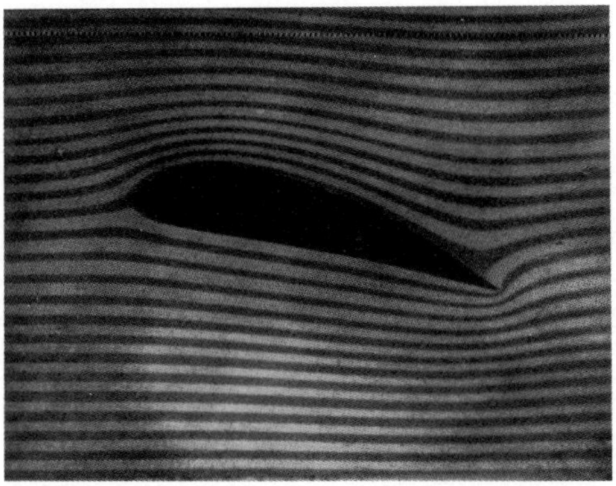

b

Abb. 5.77. Schleichende Potentialströmung (Hele-Shaw-Strömung). **a** Strömung zwischen zwei nahe übereinander liegenden parallelen Platten. **b** Strömung um angestelltes Profil

v aus (5.230a, b) durch zweimalige Integration über z unmittelbar berechnen; und zwar ergeben sich für $u(x, y, z)$ und $v(x, y, z)$ unter Beachtung der Randbedingungen $u(x, y, z = \pm a) = 0$ und $v(x, y, z = \pm a) = 0$ jeweils die parabolischen Geschwindigkeitsverteilungen, vgl. die Spaltströmung in Kap. 2.5.3.3 Beispiel a,

$$u = -\frac{a^2}{2\eta}\left[1 - \left(\frac{z}{a}\right)^2\right]\frac{\partial p}{\partial x}, \quad v = -\frac{a^2}{2\eta}\left[1 - \left(\frac{z}{a}\right)^2\right]\frac{\partial p}{\partial y}, \quad w = 0\,. \qquad (5.231)$$

Bei dieser Strömung sind für alle wandparallelen x,y-Ebenen (z = const) die Stromlinien zueinander kongruent. Weiterhin kann man zeigen, daß nach (5.5a) die Drehung in den x,y-Ebenen $w_z = (1/2)(\partial v/\partial x - \partial u/\partial y) = 0$ ist. Hieraus folgt, daß sich die zähigkeitsbehaftete schleichende Strömung hinsichtlich ihrer Geschwindigkeitskomponenten wie eine ebene drehungsfreie Strömung eines dichtebeständigen Fluids verhält. Von oben gesehen handelt es sich um eine Potentialströmung im Sinn von Kap. 5.3.2.2. Wegen $u = \partial\Phi/\partial x$ und $v = \partial\Phi/\partial y$ nach (5.35b) lautet hierfür das Geschwindigkeitspotential

$$\Phi(x, y) = -\frac{a^2}{2\eta}\left[1 - \left(\frac{z}{a}\right)^2\right]p(x, y) \qquad (z = \text{const})\,. \qquad (5.232)$$

Bringt man nach dem Vorschlag von Hele-Shaw [27] zwischen die parallelen Platten irgendeinen scheibenförmigen zylindrischen Körper von beliebigem Querschnitt, z. B. Flügelprofil, der den Plattenspalt der Höhe nach vollkommen ausfüllt, so wird das Fluid gezwungen, diesen Körper zu umströmen. Es bilden sich dabei ganz ähnliche Stromlinien wie im Falle der ebenen (reibungslosen) Potentialströmung eines dichtebeständigen Fluids aus. Man kann dies Stromlinienbild durch Zuführen von Farbstoff sichtbar machen, wie es in Abb. 5.77b für die Strömung um ein angestelltes Tragflügelprofil dargestellt ist. Das gewonnene Ergebnis setzt wegen der oben vorgenommenen Vereinfachungen in den Differentialgleichungen voraus, daß der Wandabstand hinreichend klein und die Strömungsgeschwindigkeit nicht zu groß ist. Letzteres bedeutet eine sehr kleine Reynolds-Zahl, wie sie für die schleichende Strömung kennzeichnend ist. In einer wandnahen Zone treten gewisse Abweichungen auf, die auf das Haften des Fluids an der Körperberandung zurückzuführen sind. Eine kritische Bewertung und Erweiterung des obigen Ergebnisses stammt von Riegels [27].

5.5.2.3 Instationäre Wirbelausbreitung in einem viskosen Fluid

Wesentlich schwieriger als in Kap. 5.3.2 bei reibungsloser Strömung gestaltet sich die Untersuchung der Wirbelbewegung, wenn der Einfluß der Viskosität auf den Strömungsverlauf berücksichtigt werden soll. Eine allgemeine Theorie besteht hierfür noch nicht. Jedoch können einige grundsätzliche Aussagen über die dabei auftretenden Fragen gemacht werden, wie zunächst Oseen und Hamel [60] gezeigt haben. Die folgende Betrachtung sei auf das ebene Problem eines dichtebeständigen und schwerlos angenommenen Fluids beschränkt.

Wirbelmodell. Wegen der ebenen Strömung steht der Wirbelvektor $\boldsymbol{\omega}$ überall normal auf der Geschwindigkeitsebene $\boldsymbol{v}$. Die sich zeitlich und räumlich ausbreitenden Wirbelfäden mögen jeweils kreisförmigen Querschnitt besitzen, so daß sich sowohl die Wirbelstärke als auch die Geschwindigkeit axialsymmetrisch verteilen. Bei der Geschwindigkeit tritt nur eine Komponente in Umfangsrichtung $v = v_\varphi$ auf. Für das Wirbel- und Geschwindigkeitsfeld gilt also in Zylinderkoordinaten:

$$\boldsymbol{v}\colon v_r = 0, \qquad v_\varphi = v(t, r), \qquad v_z = 0 \tag{5.233a}$$

$$\boldsymbol{\omega}\colon \omega_r = 0, \qquad \omega_\varphi = 0, \qquad \omega_z = \omega(t, r)\,. \tag{5.233b}$$

Diese Strömung erfüllt die Kontinuitätsgleichung (2.63b) und den räumlichen Wirbelerhaltungssatz nach (5.10). Entsprechende Abhängigkeiten von der Zeit t und dem Radius r gelten auch für die anderen Größen, wie z. B. die Druckspannung $p(t, r)$ und die Schubspannung $\tau(t, r)$.

Bestimmungsgleichungen. Zur Beschreibung des Strömungsvorgangs stehen die Navier-Stokessche Bewegungsgleichung nach Tab. 2.7 und die Wirbeltransportgleichung (5.16a) zur Verfügung. Mithin erhält man

$$\frac{v^2}{r} = \frac{1}{\varrho}\frac{\partial p}{\partial r}, \qquad \frac{\partial v}{\partial t} = \nu\left(\frac{\partial^2 v}{\partial r^2} + \frac{1}{r}\frac{\partial v}{\partial r} - \frac{v}{r^2}\right), \tag{5.234a, b}$$

$$\frac{\partial \omega}{\partial t} = \nu\left(\frac{\partial^2 \omega}{\partial r^2} + \frac{1}{r}\frac{\partial \omega}{\partial r}\right) \qquad (\boldsymbol{v}\cdot\operatorname{grad}\omega \equiv 0)\,, \tag{5.234c}$$

wobei $\nu = \eta/\varrho$ die kinematische Viskosität ist. Für den Zusammenhang zwischen Wirbel- und Geschwindigkeitsfeld gilt nach Tab. 2.3

$$\omega = \frac{1}{2r}\frac{\partial}{\partial r}(rv) = \frac{1}{2}\left(\frac{\partial v}{\partial r} + \frac{v}{r}\right). \tag{5.235}$$

Differenziert man diese Gleichung partiell nach r, so stellt $2\nu(\partial\omega/\partial r)$ gerade die rechte Seite von (5.234b) dar. Man kann also auch schreiben

$$\frac{\partial v}{\partial t} = 2\nu\frac{\partial \omega}{\partial r}. \tag{5.236}$$

Diese Beziehung besagt, daß die Wirbelausbreitung um so schneller erfolgt, je größer die Viskosität ist. Dies ist besonders an derjenigen Stelle r der Fall, an welcher $\partial\omega/\partial r$ einen möglichst großen Wert besitzt. Die Geschwindigkeitsverteilung $v(r)$ bei festgehaltener Zeit t hat aus Stetigkeitsgründen allgemein den aus Abb. 5.78 ersichtlichen Verlauf. Am Ort $r = 0$ ist $v = 0$. Da bei der Ausbreitung des Wirbels die Geschwindigkeit am Ort $r = 0$ auch weiterhin null bleiben muß, folgt für t, $r = 0$: $\partial v/\partial t = 2\nu(\partial\omega/\partial r) = 0$, d. h. es muß zu jeder Zeit $\partial\omega/\partial r$ für $r = 0$ verschwinden. Die Zirkulation Γ erhält man nach (5.6) aus dem Linienintegral der Geschwindigkeit längs eines Kreises vom Halbmesser r und ihre zeitliche Änderung unter Beachtung von (5.236) zu

$$\Gamma(t, r) = 2\pi r v(t, r), \quad \frac{d\Gamma}{dt} = \frac{\partial \Gamma}{\partial t} = 2\pi r\frac{\partial v}{\partial t} = 4\pi\nu r\frac{\partial\omega}{\partial r}. \tag{5.237a, b}$$

Bei $r = 0$ verschwinden sowohl Γ als auch $d\Gamma/dt$.

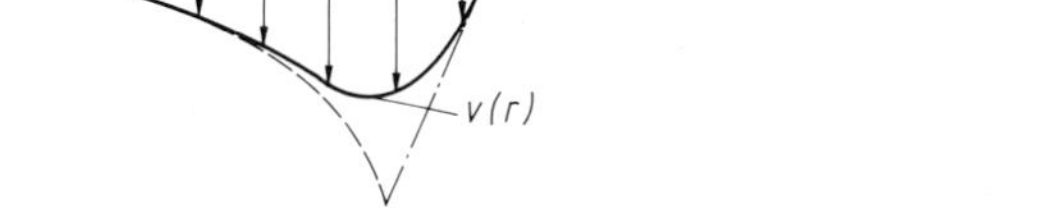

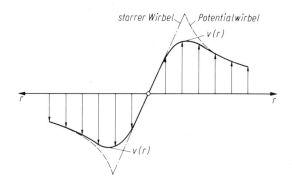

Abb. 5.78. Geschwindigkeitsverteilung eines Wirbels in der Strömung eines dichtebeständigen viskosen Fluids (schematisch). ----: Potentialwirbel, -·-·-: starrer Wirbel

Geschwindigkeits-, Wirbel- und Zirkulationsverteilung. Man findet durch Integration von (5.234b) für die Geschwindigkeit eines im Abstand r vom Wirbelzentrum liegenden Aufpunkts zur Zeit t

$$v(t, r) = \frac{\Gamma_\infty}{2\pi r}\left[1 - \exp\left(\frac{-r^2}{r_1^2}\right)\right] \quad \text{mit} \quad r_1^2 = 4\nu(t_0 + t), \tag{5.238a, b}$$

wobei mit t_0 eine Bezugszeit gekennzeichnet wird, die den bei $t = 0$ herrschenden Anfangszustand angibt. Es bedeutet Γ_∞ die Gesamtzirkulation, was man für $r \to \infty$ durch Einführen von (5.238a) in (5.237a) bestätigt. Mit $\nu = 0$, d. h. $r_1 = 0$, geht

(5.238a) in die Geschwindigkeitsverteilung eines Potentialwirbels mit der Zirkulation Γ_∞ über, nämlich $v_{\text{pot}} = \Gamma_\infty/2\pi r$. Dies ist auch die asymptotische Entwicklung von (5.238a) nach großen Werten von $r \gg r_1$.

Das Wirbelfeld erhält man entweder durch Integration von (5.234c) oder unmittelbar durch Einsetzen von (5.238a) in (5.235)

$$\omega(t, r) = \frac{\Gamma_\infty}{2\pi r_1^2} \exp\left(-\frac{r^2}{r_1^2}\right). \tag{5.239}$$

Dies Wirbelfeld soll als Oseenscher Wirbel bezeichnet werden. Für $r = 0$ erhält man $\omega(t, 0) = \Gamma_\infty/8\pi\nu(t_0 + t)$. Die Zirkulation findet man aus (5.237a) in Verbindung mit (5.238a) und ihre zeitliche Änderung zu

$$\Gamma(t, r) = \Gamma_\infty\left[1 - \exp\left(-\frac{r^2}{r_1^2}\right)\right], \quad \frac{d\Gamma}{dt} = -\frac{4\nu\Gamma_\infty}{r_1^2}\frac{r^2}{r_1^2}\exp\left(-\frac{r^2}{r_1^2}\right). \tag{5.240a, b}$$

Wie aus vorstehenden Gleichungen ersichtlich ist, besitzt der Oseensche Wirbel eine Eigenschaft, die ihn grundsätzlich vom Potentialwirbel der reibungslosen Strömung unterscheidet. Der anfangs in der Geraden $r = 0$ konzentrierte gerade Wirbelfaden breitet sich mit der Zeit t, und zwar plötzlich beginnend, in radialer Richtung aus, wobei die Zirkulation die zeitliche Änderung nach (5.240b) erfährt. Der zeitliche Erhaltungssatz der Zirkulation von Thomson nach (5.19), welcher für reibungslose Strömungen gilt, trifft also hier nicht mehr zu. Als Folge der Reibung ist die Strömung des Wirbelfelds ebenfalls im Gegensatz zum Potentialwirbel instationär. Indessen geht durch die Wirbelausbreitung insgesamt keine Zirkulation verloren, da die über die ganze Strömungsebene genommene Zirkulation für endliche Zeiten nach (5.240a) den anfänglichen Wert beibehält: $\Gamma(t, r \to \infty) = \Gamma(t = 0, r \to \infty) = \Gamma_\infty$.

In Abb. 5.79a sind die auf $v_1 = \Gamma_\infty/2\pi r_1$ bezogene Geschwindigkeitsverteilung als Kurve (*1*), die mit $\omega_0 = \omega(t, 0) = \Gamma_\infty/2\pi r_1^2$ dimensionslos gemachte Wirbelstärkenverteilung als Kurve (*2*) und die Zirkulationsverteilung Γ/Γ_∞ als Kurve (*3*) über $r/r_1 = r/\sqrt{4\nu(t_0 + t)}$ aufgetragen. Die zum Vergleich eingetragene Kurve (*1'*) für die Geschwindigkeitsverteilung des Potentialwirbels v_{pot} zeigt deutlich den Einfluß der flächenhaften Wirbelteilung auf das Geschwindigkeitsfeld. Während die Geschwindigkeit v, und damit auch die kinetische Energie des Wirbels, mit wachsender Zeit ständig abnimmt, ist dies für die Gesamtzirkulation nicht der Fall. Daraus muß gefolgert werden, daß im Gegensatz zur Energie die Wirbel nicht an die Masse der strömenden Fluidelemente gebunden sind. Die Ausbreitung des Wirbels erfolgt in radialer Richtung und ist nicht gleichbedeutend mit einem Fortschreiten der Substanz, da die Massenelemente, sofern keine translatorische Bewegung des gesamten Fluids damit verbunden ist, nach wie vor ihre Kreisbewegung um die Wirbelachse ausführen. Man hat es danach bei der Wirbelausbreitung offenbar mit einer Erscheinung zu tun, die in abgewandelter Form kennzeichnend für alle Wirbelbewegungen in zähigkeitsbehafteten Strömungen ist.

Um die Beziehungen zur Beschreibung der zeitlichen Wirbelausbreitung verwenden zu können, bedarf es noch der Angabe eines Anfangszustands ($t = 0$),

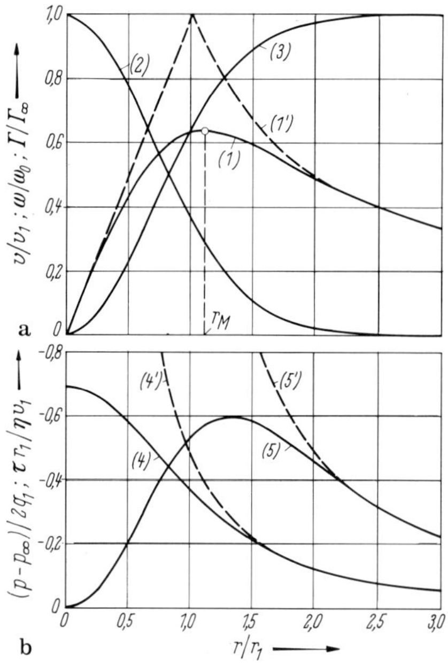

Abb. 5.79. Instationäre Ausbreitung eines kreiszylindrischen Wirbels in der Strömung eines dichtebeständigen viskosen Fluids (Potentialwirbel: ----), $r_1 = \sqrt{4\nu(t_0 + t)}$.
a Geschwindigkeit. (*1*) Geschwindigkeit v/v_1 nach (5.238a), (*2*) Wirbel (Drehung) ω/ω_0 nach (5.239), (*3*) Zirkulation Γ/Γ_∞ nach (5.240a). **b** Spannungsverteilung. (*4*) Druckspannung $(p - p_\infty)/q_1$ nach (5.241a), (*5*) Schubspannung $\tau r_1/\eta v_1$ nach (5.241 b)

welcher offenbar von der Entstehungsgeschichte des Wirbels abhängt. Darüber können nur von Fall zu Fall verbindliche Angaben gemacht werden. Die Auftragungen in Abb. 5.79a gelten auch für den Anfangszustand, wenn man $r = \sqrt{4\nu t_0}$ setzt. Im allgemeinen handelt es sich bei der Strömung eines nicht zu stark viskosen Fluids um Wirbelfäden von praktisch endlichen, nahezu kreisförmigen Querschnitten, wobei die einzelnen Wirbelelemente zur Zeit $t = 0$ kontinuierlich über ein verhältnismäßig eng begrenztes Gebiet verteilt sind. Unter dieser Voraussetzung kann ein derartiger Wirbel im Anfangszustand dargestellt werden durch einen drehungsbehafteten inneren Teil, den sog. Wirbelkern (starrer Wirbel) vom Radius r_K, und das ihn umgebende Wirbelfeld, in dem anfangs nahezu Potentialströmung herrscht. Der Wirbelkern breitet sich mit der Zeit unter dem Einfluß der Schubspannungen immer weiter in das ihn umgebende Wirbelfeld aus und vergrößert damit ständig seinen Radius r_K.

Kaufmann [60] hat für Einzelwirbel mit annähernd kreisförmigem Querschnitt eine Näherungstheorie entwickelt, die den Strömungsbereich in einen wirbelbehafteten Wirbelkern $0 \leqq r \leqq r_K$ und in einen wirbelfreien Außenbereich $r \geqq r_K$ aufteilt. Die Geschwindigkeits- und Wirbelverteilung innerhalb des Wirbelkerns werden durch Potenzansätze des radialen dimensionslosen Abstands r/r_K beschrieben, während außerhalb des Wirbelkerns Potentialströmung herrscht. Die Größe des Wirbelkerns im Anfangszustand (Radius des Wirbelkerns) bestimmt Kaufmann näherungsweise zu $r_K \approx \sqrt{12\nu t_0} = \sqrt{3}\, r_1$, wobei r_1 für $t = 0$ zu nehmen ist. Die Größe von r_K hängt im einzelnen von dem jeweiligen Mechanismus des Wirbels ab und muß, sofern keine anderen Angaben darüber vorliegen, experimentell bestimmt werden. Meßtechnisch läßt sich die Stelle r_M ermitteln, bei der die größte Geschwindigkeit auftritt. Für die Lösung von Oseen ist $r_M/r_1 = 1{,}121$ oder $r_K = 1{,}544 r_M$. Auf die Arbeiten [43] sei noch hingewiesen.

Spannungszustand. Herrscht in sehr großer Entfernung vom Ursprung, d. h. bei $r \to \infty$, der Druck p_∞, dann findet man die Druckspannung für eine beliebige Stelle r aus (5.234a) durch Integration über r zu $p(t, r) - p_\infty = -\varrho \int_r^\infty (v^2/r)\, dr$. Setzt man (5.238a) ein, so findet man nach Ausführen der Integration über r die Druckverteilung[75]

$$\frac{p - p_\infty}{q_1} = -\left[1 - \exp\left(-\frac{r^2}{r_1^2}\right)\right]^2 \frac{r_1^2}{r^2} + 2\left[Ei\left(-\frac{r^2}{r_1^2}\right) - E_i\left(-2\frac{r^2}{r_1^2}\right)\right], \tag{5.241a}$$

wobei wieder $v_1 = \Gamma_\infty/2\pi r_1$ bedeutet und $q_1 = (\varrho/2)v_1^2$ ist. Am Ort $r = 0$, d. h. im Mittelpunkt des Wirbelkerns, erhält man für den Druckbeiwert (Unterdruck) $(p_0 - p_\infty)/q_1 = -2\ln 2 = -1{,}386$, während der Potentialwirbel einen unendlich großen Unterdruck besitzen würde. In Abb. 5.79b ist die Verteilung des Druckbeiwerts $(p - p_\infty)/q_1$ über r/r_1 als Kurve (*4*) aufgetragen. Mit dargestellt ist die Druckverteilung des Potentialwirbels $(p - p_\infty)_{\text{pot}}/q_1 = -(r_1/r)^2$ als Kurve (*4'*). Für $r > r_K$ weicht die Druckverteilung des viskosen Wirbels von derjenigen des Potentialwirbels praktisch kaum mehr ab.

Kennt man die Geschwindigkeitsverteilung nach (5.238a), so erhält man für die Schubspannung in radialer und azimutaler Richtung $\tau(t, r) = \eta r \partial(v/r)/\partial r$, vgl. Tab. 2.8. Die Auswertung liefert

$$\tau = -2\frac{r_1^2}{r^2}\left[1 - \left(1 + \frac{r^2}{r_1^2}\right)\exp\left(-\frac{r^2}{r_1^2}\right)\right]\frac{\eta v_1}{r_1}. \tag{5.241b}$$

In Abb. 5.79b ist die dimensionslose Schubspannung in der Form $\tau r_1/\eta v_1$ über r/r_1 als Kurve (*5*) dargestellt. Während τ bei $r = 0$ verschwindet, ergibt sich bei $r = 1{,}355 r_1$ ein Maximalwert. Auch hier ist zum Vergleich die Schubspannung des Potentialwirbels, für die $\tau_{\text{pot}} r_1/\eta v_1 = -2(r_1/r)^2$ gilt, als Kurve (*5'*) herangezogen. Es sei in diesem Zusammenhang auf die bereits in Kap. 2.5.3.3 besprochene Tatsache hingewiesen, daß eine drehungsfreie Strömung (Potentialwirbel) durchaus Schubspannungen besitzen kann.

Kinetische Energie und Dissipation. Wie bereits in Kap. 5.4.2.2 gezeigt wurde, ist die kinetische Energie des Potentialwirbelfelds in einer unbegrenzten drehungsfreien ebenen Strömung unendlich groß. Ein solcher Wirbel besitzt also von diesem Standpunkt aus gesehen keine physikalische Wirklichkeit. Es erhebt sich nun die Frage, ob dies auch für den Oseenschen Wirbel zutrifft bzw. in welcher Form sich der Einfluß der Viskosität auf den Energieinhalt eines derartigen Wirbelfelds auswirkt. Durch Einsetzen von (5.238a) in (5.182b) und Integration über r läßt sich die kinetische Energie E in Abhängigkeit von r/r_1 ermitteln.[76] Auf die Wiedergabe der gefundenen Beziehung wird verzichtet; es wird nur das Ergebnis diskutiert. Während für $r = 0$ die Energie null ist, wird sie für sehr große Abstände $r \to \infty$ unendlich groß ($E \to \infty$). Die kinetische Energie des Oseenschen Wirbels wird also auch für endliche Zeiten t unendlich groß. Maßgebend dafür ist die Annahme eines allseitig unbegrenzten Felds $0 \leqq r \leqq \infty$. Man hat es hier also wohl mit einer mathematisch exakten Lösung der Wirbeltransportgleichung (5.16a) zu tun, nicht aber mit einer physikalisch möglichen, da im letzteren Fall stets ein im Endlichen liegender Rand vorhanden ist. Von der Art der dort herrschenden Randbedingungen hängt es ab, in welcher Weise der Rand das Geschwindigkeitsfeld beeinflussen wird. Jedenfalls müßte dies so geschehen, daß E einen endlichen Wert annimmt. Als zeitliche Änderung der kinetischen Energie des Gesamtfelds der Breite b erhält man unabhängig von der Viskosität

$$\frac{dE}{dt} = -b\frac{\varrho}{2}\frac{\Gamma_\infty^2}{4\pi t}, \quad \frac{dW_a}{dt} = 0 \qquad (r \to \infty), \tag{5.242a, b}$$

woraus eine ständige Abnahme von E ersichtlich ist, ohne daß dadurch E jedoch innerhalb einer endlichen Zeit einen endlichen Wert erreicht.

Eine Energiebetrachtung nach Kap. 2.6.1 lehrt, daß bei Vernachlässigung von Massenkräften die an der Begrenzungsfläche des Felds von den äußeren Kräften verrichtete Arbeit gleich der Summe aus der

---

[75] Es ist $Ei(-x) = \int_\infty^x \frac{1}{\xi}\exp(-\xi)\, d\xi$ das Exponentialintegral.

[76] Siehe Gl. (7.63) in der 1. Auflage.

kinetischen Energie E und der durch innere Reibung in Wärme umgewandelten Dissipationsarbeit des Felds ist. Um die Arbeit der äußeren Kräfte zu berechnen, betrachte man zunächst ein Gebiet, das nach außen von einem beliebigen Kreis $r > 0$ um das Wirbelzentrum begrenzt ist. Da die Normalspannungen am Zylinderrand bei einem dichtebeständigen Fluid keine Arbeit verrichten, erhält man als Arbeit der äußeren Kräfte, $dW_a = 2\pi b r \tau v \, dt$, wo τ nach (5.241b) die tangential gerichtete Schubspannung und v nach (5.238a) die Umfangsgeschwindigkeit bezeichnen. Somit erhält man, wenn man zur Grenze $r \to \infty$ übergeht, die Beziehung (5.242b). Da von den äußeren Kräften des Gesamtfelds keine Arbeit verrichtet wird, muß die durch (5.242a) dargestellte zeitliche Änderung der kinetischen Energie absolut gleich der Dissipationsarbeit sein, d. h. die zeitliche Abnahme der kinetischen Energie ist gleich der Dissipation des Felds. Der zeitliche Ausbreitungsvorgang des Wirbels ist also auf die Wirkung der Schubspannungen zurückzuführen.

Folgerung. Bei vielen Aufgaben der technischen Fluidmechanik hat man es mit ebenen Strömungen zu tun, bei denen die einzelnen Wirbelfäden anfangs kontinuierlich über ein verhältnismäßig kleines Gebiet, den Wirbelkern, verteilt sind, während das umgebende Strömungsfeld praktisch drehungsfrei ist. Derartige Wirbelfäden entstehen z. B. bei der Ablösung von Reibungsschichten hinter festen Körpern, die in einer translatorisch bewegten Strömung festgehalten sind, etwa Kármánsche Wirbelstraße nach Kap. 5.4.2.3 Beispiel e oder bei der seitlichen Aufwicklung von Trennungsflächen, welche sich hinter Tragflügeln von endlicher Spannweite ausbilden, vgl. Kap. 5.4.3.3. Die Querschnitte dieser Wirbel sind, wie Versuch und Theorie zeigen, gewöhnlich so ausgebildet, daß die Wirbelstärke der kontinuierlich über die Querschnittsfläche verteilten Elementarwirbel im Kernschwerpunkt ein Maximum besitzt und nach dem Kernrand hin stetig und stetig differenzierbar auf null abfällt, wobei der Kern im allgemeinen kein Kreis zu sein braucht. In einem viskosen Fluid kann ein von einer Potentialströmung umgebender Wirbelfaden mit endlichem Querschnitt auf die Dauer nicht bestehen. Es findet eine zeitliche Ausbreitung des Wirbelfadens in das ihn umgebende Strömungsfeld statt, wodurch die anfangs als drehungsfrei angesehenen strömenden Fluidelemente in Drehung geraten. Aus (5.234c) ist ersichtlich, daß sich dieser Vorgang um so schneller vollzieht, je größer die kinematische Viskosität ν ist.

5.5.3 Sickerströmung durch poröses Medium

5.5.3.1 Filtergesetz (Darcy)

Die stationäre Bewegung eines Fluids, im allgemeinen einer Flüssigkeit, durch ein poröses Medium (feinkörniger Sand) besitzt einen ähnlichen Strömungscharakter wie die laminare Bewegung in einem Rohr, vgl. Kap. 3.4.3.3. Bei einem derartigen Strömungsvorgang sind sowohl die Geschwindigkeit, mit der sich das Fluid durch die einzelnen Poren des porösen Mediums bewegt, als auch die Porendurchmesser in der Regel sehr klein, so daß die Voraussetzung für die Laminarhaltung (kleine Reynolds-Zahl) im allgemeinen erfüllt ist. Das besondere Merkmal der laminaren Spalt- und Rohrströmung ist nach (2.125a), (3.92b) und (3.94) die Proportionalität zwischen dem Volumenstrom und dem Druckgefälle, nämlich $\dot{V} \sim (1/\eta)\,(dp/dx)$.

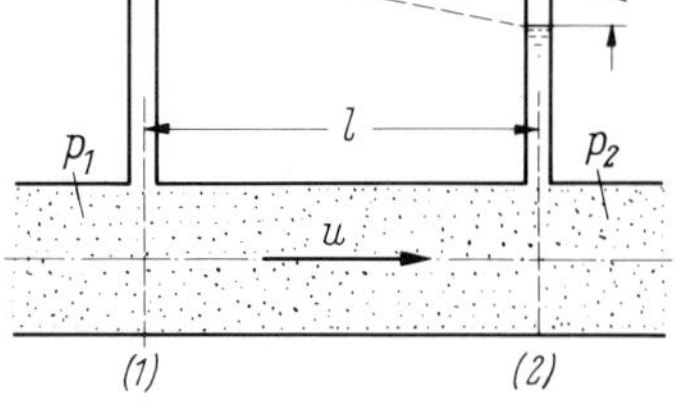

Abb. 5.80. Zur Erläuterung des Filtergesetzes nach Darcy

Daß ein analoges Gesetz bei kleinen Reynolds-Zahlen auch für die Strömung durch poröse Medien gilt, zeigt der folgende Filterversuch: Abb. 5.80 stellt ein mit feinem Sand gefülltes horizontal liegendes Rohr dar, an das zwei vertikal stehende, oben offene Steigrohre im Abstand l voneinander angeschlossen sind. Läßt man nun durch das Rohr in der angedeuteten Richtung als Folge eines linksseitigen Überdrucks Wasser strömen, so steigt dies entsprechend den in den Querschnitten (*1*) und (*2*) herrschenden Drücken p_1 und p_2 in den Steigrohren verschieden hoch. Der Unterschied h der Steigrohrspiegel ist dabei gleich dem Verlust an Druckhöhe auf der Länge l. Bezogen auf die Länge erhält man daraus bei konstantem Druckgefälle nach der hydrostatischen Grundgleichung (2.14c)

$$\frac{dp}{dx} = -\frac{p_1 - p_2}{l} = -\varrho g \frac{h}{l} \sim \frac{h}{l} \quad \text{(laminar)}\,, \tag{5.243}$$

wenn x die Richtung der horizontalen Rohrachse angibt. Den Volumenstrom des Wassers in m^3/s bezieht man auf die Fläche quer zur Strömungsrichtung und bezeichnet diese Größe als Filtergeschwindigkeit. Sie ist nicht identisch mit der tatsächlichen Geschwindigkeit, welche das Wasser beim Durchströmen der einzelnen Poren örtlich besitzt.

Der obige Versuch zeigt nun, daß die Filtergeschwindigkeit u in Richtung der x-Achse den Wert

$$u = -\frac{k}{\eta}\frac{\partial p}{\partial x} \quad \text{(eindimensional)} \tag{5.244}$$

besitzt, wobei k die Durchlässigkeit des porösen Mediums in m^2 und η die Viskosität des Fluids in $N\,s/m^2$ bezeichnet. Die Größe k/η soll im folgenden als unveränderlich angenommen werden, $k/\eta = \text{const}$. Das Gesetz nach (5.244) ist zuerst von Darcy [15] für feinen Sand nachgewiesen worden und ist als Darcysches Filtergesetz bekannt. Voraussetzung für seine Gültigkeit ist ein poröses Medium, in dem sich die oben vorausgesetzte Laminarströmung auch tatsächlich ausbilden kann. Kling [44] hat anhand des zur Verfügung stehenden Versuchsmaterials verschiedener Autoren festgestellt, daß bei der Strömung durch Kugelschüttungen aus den verschiedensten Materialien laminare Strömung nur bei Reynolds-Zahlen $Re = ud/\nu < 10$ vorhanden ist, wobei u die Filtergeschwindigkeit und d den Kugeldurchmesser bezeichnen. Nur in diesem Bereich wäre danach das Darcysche Gesetz gültig.

Gl. (5.244) läßt sich unter den gleichen Voraussetzungen wie oben für eine beliebige Strömungsrichtung erweitern, indem man die Filtergeschwindigkeit $\boldsymbol{v}$ in der Form

$$\boldsymbol{v} = -\frac{k}{\eta}\,\mathrm{grad}(p + \varrho g z) \quad \text{(dreidimensional)}\,, \tag{5.245a}$$

oder in Komponentenform mit $v_x = u$, $v_y = v$ und $v_z = w$

$$u = -\frac{k}{\eta}\frac{\partial p}{\partial x}, \qquad v = -\frac{k}{\eta}\frac{\partial p}{\partial y}, \qquad w = -\frac{k}{\eta}\frac{\partial}{\partial z}(p + \varrho g z) \tag{5.245b}$$

anschreibt. Der zweite Summand in der Gleichung für w gibt dabei den Einfluß der Schwere an, wenn die z-Koordinate vertikal nach aufwärts angenommen wird. Gl. (5.245) enthält keinen Einfluß der Trägheitskraft, so daß dies Gesetz nur für kleine Geschwindigkeit gültig sein kann. Solche Strömung ist im Sinn von Kap. 2.5.3.4 als schleichende Strömung zu betrachten. Die Filtergeschwindigkeit muß bei quellfreier Strömung die Kontinuitätsgleichung (2.132b) mit div $\boldsymbol{v} = 0$ erfüllen, was für den Druck $p(x, y, z)$ zu der Beziehung (2.132a)

$$\Delta p = \frac{\partial^2 p}{\partial x^2} + \frac{\partial^2 p}{\partial y^2} + \frac{\partial^2 p}{\partial z^2} = 0 \tag{5.246}$$

mit Δ als Laplace-Operator führt.

Die Größe der Durchlässigkeit k hängt wesentlich von der Korngröße des porösen Mediums bzw. von dessen Dichtigkeit (Porenvolumen) ab. Die Zahlenwerte für k schwanken sehr stark, vgl. Davies in [99]. Handelt es sich bei dem porösen Medium um Erdmaterial, so spielt der Umstand eine Rolle, ob dies frei von tonigen Beimengungen ist oder nicht. Im letzteren Fall kann die Durchlässigkeit k stark absinken. Ist die Gültigkeit des Filtergesetzes wegen zu großer Reynolds-Zahl (bei Kugelschüttungen $Re > 10$) nicht mehr gegeben, so muß ein Filtergesetz für die turbulente Bewegung zu verwenden sein. Nähere Angaben über die Strömung durch poröse Medien findet man u. a. bei de Wiest [99] und Scheidegger [78], vgl. [57, 63, 100].

5.5.3.2 Sickerströmung als potentialtheoretische Aufgabe

Gl. (5.245a, b) zeigt, daß sich die Filtergeschwindigkeit $\boldsymbol{v}$ nach (5.21a) als Gradient eines Geschwindigkeitspotentials

$$\Phi = -\frac{k}{\eta}(p + \varrho g z) \qquad \text{(laminar)} \tag{5.247a}$$

darstellen läßt, und zwar gilt

$$\boldsymbol{v} = \operatorname{grad} \Phi; \qquad u = \frac{\partial \Phi}{\partial x}, \qquad v = \frac{\partial \Phi}{\partial y}, \qquad w = \frac{\partial \Phi}{\partial z}\,. \tag{5.247b}$$

Daraus folgt, daß die in Kap. 5.3.2 für die drehungsfreie Potentialströmung entwickelten Rechenverfahren im vorliegenden Fall zur Anwendung gelangen können. Für die praktische Durchführung derartiger Rechnungen nach der Potentialtheorie kommen in der Hauptsache ebene und drehsymmetrische Vorgänge in Betracht, da diese der mathematischen Behandlung am ehesten zugänglich sind. Insbesondere kann für ebene Strömungen die Methode der komplexen Funktion und der konformen Abbildung nach Kap. 5.3.2.3 und 5.3.2.4 angewandt werden. Bei der ebenen Potentialströmung bilden die Stromlinien $\Psi = \text{const}$ und die Potentiallinien $\Phi = \text{const}$ (Linien gleichen Drucks $p + \varrho g z = \text{const}$) ein Netz sich normal schneidender Kurven.

5.5.3.3 Grundwasserströmung

Im Wasserbau hat man es häufig mit Staubauwerken zu tun, die auf durchlässigem Baugrund errichtet sind und unter denen sich infolge des durch Wasserunterschiede zu beiden Seiten des Bauwerks vorhandenen Druckgefälles eine Grundwasserströmung ausbildet. Mit Grundwasser bezeichnet man in der Hydrologie jenes Wasser, das lückenlos die kleinen zusammenhängenden Hohlräume des Bodens ausfüllt und dessen Bewegungszustand ausschließlich oder nahezu ausschließlich von der Schwerkraft und den durch die Bewegung ausgelösten Reibungskräften in der Flüssigkeit bestimmt ist.

In vielen Fällen gehorcht die Grundwasserströmung unter einer Bauwerksohle näherungsweise dem in Kap. 5.5.3.1 angegebenen Darcyschen Filtergesetz für die Sickerströmung. Es stellt dann (5.247) in Verbindung mit (5.245) die Ausgangsgleichung dar. Als Randbedingungen stehen zunächst folgende zur Verfügung: An jeder Stelle einer das Grundwasser begrenzenden undurchlässigen Schicht muß die Geschwindigkeit der Grundwasserbewegung nach der kinematischen Randbedingung in die Richtung der Begrenzung dieser Schicht fallen. Dabei kann das Netz der Strom- und Potentiallinien zur Untersuchung der Geschwindigkeits- und Druckverhältnisse in dem vom Grundwasser durchströmten Gebiet benutzt werden. An der freien Oberfläche des Grundwasserstroms ist nach der dynamischen Randbedingung der Druck konstant. Die freie Oberfläche bildet eine Stromfläche. Weitere Randbedingungen sind von Fall zu Fall gesondert anzusetzen. Ihre richtige Formulierung kann mitunter erhebliche Schwierigkeiten bereiten. Ausführliche Darstellungen zur Grundwasserströmung werden von Dachler [14], Raudkivi und Callander [70] sowie von Verruijt [94] gegeben, vgl. auch die Beiträge in [32, 68, 99].

Nachfolgend werden einige Anwendungen zur Grundwasserströmung kurz erörtert.

a) Sickerströmung unter einem Wehrkörper. Abb. 5.81a zeigt einen Wehrkörper, der auf einer wasserdurchlässigen Erdschicht ruht, die ihrerseits nach unten durch eine horizontale undurchlässige Schicht begrenzt ist. Es soll die zwischen dem Wehrkörper und der undurchlässigen Schicht stattfindende Durchsickerung untersucht werden. Bezüglich des Netzes der Potential- und Stromlinien in

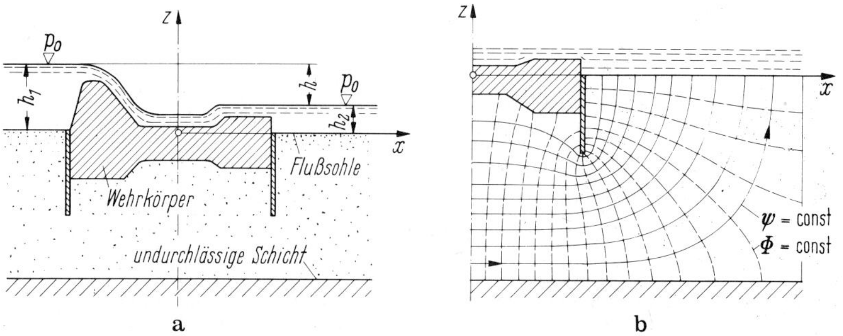

Abb. 5.81. Sickerströmung unter einem Wehrkörper. **a** Bezeichnungen. **b** Strom- und Potentiallinien (——— bzw. - - - -)

Abb. 5.81b ist zu beachten, daß die Unterkante des Wehrkörpers und die undurchlässige Schicht Stromlinien der Potentialströmung sind. Dagegen stellt die Flußsohle rechts und links des Wehrkörpers Potentiallinien dar, da das Sickerwasser die Flußsohle in vertikaler Richtung durchfließt. Die Stromlinien der Sickerströmung stehen also normal zur Flußsohle. Zur schnellen Auftragung der Stromlinien kann man sich eines Modellversuchs nach der in Kap. 5.5.2.2 besprochenen Methode von Hele-Shaw bedienen.

Nimmt man den Druck im Fluß als hydrostatisch verteilt über die Tiefe an, so kann, wenn die x,y-Ebene in die Flußsohle gelegt wird, das Potential der linksseitigen Sohle nach (5.247a) wegen $z_1 = 0$ und $p_1 = p_0 + \varrho g h_1$ in der Form $\Phi_1 = -(k/\eta)(p_0 + \varrho g h_1)$ angeschrieben werden. Entsprechend wird für die rechtsseitige Sohle $\Phi_2 = -(k/\eta)(p_0 + \varrho g h_2)$, woraus sich als Potentialdifferenz

$$\Phi_2 - \Phi_1 = -\varrho g \frac{k}{\eta}(h_2 - h_1) = \varrho g \frac{k}{\eta} h \tag{5.248}$$

ergibt.

b) Auftriebskraft auf Spundwand. Von der in Abb. 5.82 dargestellten ebenen, unten durch einen halben Kreiszylinder abgeschlossenen Spundwand ist die durch die Sickerströmung hervorgerufene Auftriebskraft zu ermitteln. Da die Stromlinien um den in der durchlässigen Schicht befindlichen halben Kreiszylinder konzentrische Kreise sind, müssen die auf den Stromlinien stehenden Potentiallinien gerade Linien durch den Kreismittelpunkt sein. Für das Potential kann man also schreiben

$$\Phi(\varphi) = c_1 + c_2\varphi = -\frac{k}{\eta}\left[p_0 + \varrho g\left(h_1 + (h_2 - h_1)\frac{\varphi}{\pi}\right)\right], \tag{5.249a, b}$$

wobei φ der Polarwinkel und c_1, c_2 Konstanten sind, die aus den Randbedingungen auf der Sohle bei $\varphi = 0$ (Stelle 1) und $\varphi = \pi$ (Stelle 2) zu bestimmen sind. Unter Beachtung von (5.247a) folgt $\Phi_1 = \Phi(\varphi = 0) = -(k/\eta)(p_0 + \varrho g h_1) = c_1$ und $\Phi_2 = \Phi(\varphi = \pi) = -(k/\eta)(p_0 + \varrho g h_2) = c_1 + \pi c_2$. Nach Einsetzen in (5.249a) ergibt sich (5.249b). Durch Vergleich mit (5.247a) erhält man mit $-z = R\sin\varphi$ nach Abb. 5.82 die Druckverteilung auf dem zylindrischen Körper, $0 \leqq \varphi \leqq \pi$, zu

$$p(\varphi) - p_0 = \varrho g\left[h_1 + (h_2 - h_1)\frac{\varphi}{\pi} + R\sin\varphi\right]. \tag{5.250}$$

Als interessantes Ergebnis ist hervorzuheben, daß die von der Sickerströmung hervorgerufenen Drücke unabhängig von der Durchlässigkeit k der porösen Schicht und der Viskosität η des Fluids sind.

Die gesamte Auftriebskraft infolge der Sickerströmung findet man durch Integration der an den Flächenelementen $dA = bR\,d\varphi$ (b = Breite der Spundwand) angreifenden Teilauftriebskräfte $dF_A = (p - p_0)\,dA\sin\varphi = bR(p - p_0)\sin\varphi\,d\varphi$ mit $(p - p_0)$ nach (5.250) zu

$$F_A = \varrho g b\left[\frac{\pi}{2}R^2 + R(h_1 + h_2)\right] = F_{A0}\left(1 + \frac{2}{\pi}\frac{h_1 + h_2}{R}\right). \tag{5.251a, b}$$

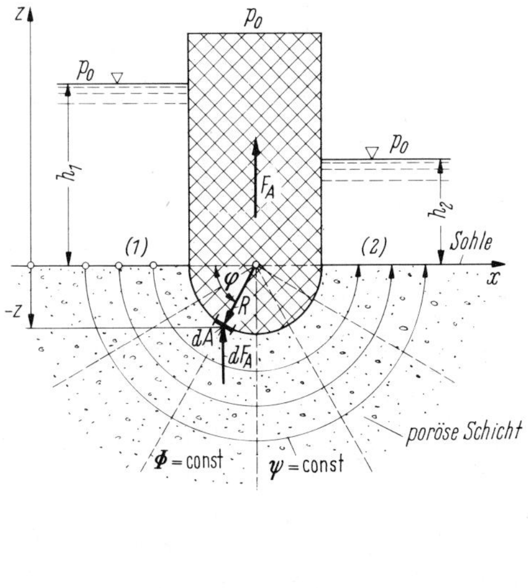

Abb. 5.82. In Sickerströmung stehende Spundwand, Berechnung der Auftriebskraft

Hierin stellt $V = (\pi/2)bR^2$ das Volumen des in die poröse Schicht eingetauchten halben Kreiszylinders dar. Mit ϱg multipliziert ist $\varrho g V$ nach (2.18a) gerade der hydrostatische Auftrieb eines vollkommen eingetauchten allseitig benetzten halben Kreiszylinders $F_{A0} = (\pi/2)\varrho g b R^2$. Somit kann man für (5.251a) auch (5.251b) schreiben. Der Auftrieb hängt ab von der mittleren Höhe der Wasserstände links und rechts der Spundwand. Über die durch die unterschiedlichen Wasserstände ($h_1 \neq h_2$) auf eine Spundwand hervorgerufene seitliche Druckkraft wurde in Kap. 3.2.2.1 Beispiel a.3 bereits berichtet.

c) Näherungslösungen. Die strenge Behandlung der Grundwasserbewegung in dem vorstehend besprochenen Sinn mittels der Potentialtheorie bereitet immer dann erhebliche Schwierigkeiten, wenn der Grundwasserstrom eine freie Oberfläche besitzt, deren Gestalt unbekannt ist. Man ist deshalb bei derartigen Untersuchungen im allgemeinen auf Näherungslösungen angewiesen. Erstmalig werden vereinfachende Annahmen von Dupuit angegeben, mittels derer man z. B. die Durchsickerung von Dämmen und Deichen sowie die Grundwasserabsenkung bei Gräben und Brunnen ermitteln kann. Die daraus gefundenen Ergebnisse können jedoch, besonders wegen der Unsicherheit der jeweils vorliegenden Randbedingungen, nur als mehr oder weniger grobe Näherungen gewertet werden. Da es hier nicht möglich ist, auf Einzelheiten einzugehen, wird auf das bereits für die Grundwasserströmung angegebene Schrifttum sowie [58] verwiesen. Dort wird z. B. auch die Wirkung von Kapillarkräften sowie das Verhalten bei nichtstationärer Strömung behandelt.

Literatur zu Kapitel 5

1. Abbott, I. H.: Doenhoff, A. E. von: Theory of wing sections. New York: McGraw-Hill 1949. Nachdruck: New York: Dover 1959
2. Ackeret, J.: Luftkräfte auf Flügel, die mit größerer als Schallgeschwindigkeit bewegt werden. Z. Flugtechn. Motorluftschiff. 16 (1925) 72–74. Helv. Phys. Acta 1 (1928) 301–322
3. Airy, G. B.: Tides and waves. Encyclop. Metrop. (1845)
4. Betz, A.: Einführung in die Theorie der Strömungsmaschinen. Abschn. C, D. Karlsruhe: Braun 1959. Betz, A.: Ing. Arch. 28 (1959) 6–12
5. Betz, A.: Konforme Abbildung, 2. Aufl. Berlin, Göttingen, Heidelberg: Springer 1964.
6. Betz, A.: Schraubenpropeller mit geringstem Energieverlust; mit Zusatz von L. Prandtl. Nachr. Ges. Wiss. Göttingen, Math.-Phys. Kl. (1919) 193–217; Vier Abh. Hydro- u. Aerodyn. Göttingen 1927. Betz, A.; Helmbold, H. B.: Ing.-Arch. 3 (1932) 1–23. Bienen, Th.; Kármán, Th. von: Z. VDI 68 (1924) 1237–1242, 1315–1318. Nachdruck: Coll. Works 2, S. 189–218. London: Butterworths 1956. Föttinger, H.: Jb. Schiffbautechn. Ges. 19 (1918) 385–472. Tietjens, O.: Jb. Wiss. Ges. Luftfahrt 1955, 236–245
7. Birkhoff, G.; Zarantonello, E. H.: Jets, wakes, and cavities, New York: Academic Press 1957
8. Birnbaum, W.; Ackermann, W.: Die tragende Wirbelfläche als Hilfsmittel zur Behandlung des ebenen Problems der Tragflügeltheorie. Z. angew. Math. Mech. 3 (1923) 290–297
9. Blasius, H.: Funktionentheoretische Methoden in der Hydrodynamik. Z. Math. Phys. 58 (1910) 90–110
10. Busemann, A.: Die achsensymmetrische kegelige Überschallströmung. Luftfahrtforsch. 19 (1942) 137–144
11. Busemann, A.: Aerodynamischer Auftrieb bei Überschallgeschwindigkeit. Volta Kongreß, Rom (1935) 328–360. Busemann, A.; Walchner, O.: Forsch.-Arb. Ing.-Wes. 4 (1933) 87–92
12. Chen, Y. N.: 60 Jahre Forschung über die Kármánschen Wirbelstraßen – Ein Rückblick. Schweiz. Bauztg. 91 (1973) 1079–1096. Domm, U.: Ing.-Arch. 22 (1954) 400–410. Z. angew. Math. Mech. 36 (1956) 367–371. Frimberger, R.: Z. Flugwiss. 5 (1957) 355–359. Humphreys, J. S.: J. Fluid Mech. 9 (1960) 603–612. Kaufmann, W.: Ing.-Arch. 19 (1951) 192–199. Maue, A. W.: Z. angew. Math. Mech. 20 (1940) 130–137. Schmieden, C.: Ing.-Arch. 7 (1936) 215–221, 337–341. Timme, A.: Ing.-Arch. 25 (1957) 205–225. Wille, R.: Z. Flugwiss. 9 (1961) 150–155
13. Crocco, L.: Eine neue Stromfunktion für die Erforschung der Bewegung der Gase mit Rotation. Z. angew. Math. Mech. 17 (1937) 1–7. Oswatitsch, K.: Luftfahrtforsch. 20 (1943) 260. Tollmien, W.: Luftfahrtforsch. 19 (1942) 145–147
14. Dachler, R.: Grundwasserströmung. Berlin, Wien: Springer 1936. Heinrich, G.; Desoyer, K.: Ing.-Arch. 23 (1955) 73–84; 24 (1956) 81–84; 26 (1958) 30–42
15. Darcy, H.: Les fontaines publiques de la ville de Dijon. Paris: Dalmont 1856
16. Durst, F.; Melling, A.; Whitelaw, J. H.: Low Reynolds number flow over a plane symmetric sudden expansion. J. Fluid Mech. 64 (1974) 111–128
17. Ertel, E.: Über das Verhältnis des neuen hydrodynamischen Wirbelsatzes zum Zirkulationssatz von Bjerknes. Meteor. Z. 59 (1942) 385–387

18. Froude, W.: On the elementary relation between pitch ship and propulsive efficiency. Trans. Inst. Nav. Arch. 19 (1878) 47–57
19. Fuhrmann, G.: Theoretische und experimentelle Untersuchungen an Ballonmodellen. Jb. Motorluftschiff-Studienges. 5 (1911/12) 63–123
20. Glauert, H.: The elements of aerofoil and airscrew theory, 2. Aufl. Cambridge: Univ. Press 1947. Übersetzt von H. Holl: Die Grundlagen der Tragflügel- und Luftschraubentheorie, Kap. 6, 7. Berlin: Springer 1929
21. Glauert, H.: The effect of compressibility on the lift of aerofoils. Proc. Roy. Soc. London A 118 (1928) 113–119
22. Göthert, B.: Ebene und räumliche Strömung bei hohen Unterschallgeschwindigkeiten. Jb. dtsch. Luftfahrtforsch. 1941, I, 156–158
23. Göthert, B.: Profilmessung im DVL-Hochgeschwindigkeits-Windkanal. Dtsch. Luftfahrtforsch. FB 1490 (1941)
24. Gilbarg, D.: Jets and cavities, Handb. Phys. (Hrsg. S. Flügge) IX, S. 311–445. Berlin, Göttingen, Heidelberg: Springer 1960
25. Gurevich, M. I.: The theory of jets in an ideal fluid (Übersetzg. d. russ. Aufl. 1961). Oxford: Pergamon Press
26. Hayes, W. D.; Probstein, R. F.: Hypersonic flow theory, Bd. 1. New York: Academic Press 1966. Goldsworthy, F. A.: Quart. J. Mech. Appl. Math. 5 (1952) 54–63. Hayes, W. D.: Quart. Appl. Math. 5 (1947) 105–106
27. Hele-Shaw, H. S.: Investigation of the nature of surface resistance of water and of stream-line motion under certain experimental conditions. Trans. Inst. Nav. Arch. 40 (1898) 21–46. Riegels, F.: Z. angew. Math. Mech. 18 (1938) 95–106
28. Helmholtz, H. von: Über Integrale der hydrodynamischen Gleichungen, welche den Wirbelbewegungen entsprechen. J. reine u. angew. Math. 55 (1858) 25–55.
Bauer, G.: Die Helmholtzsche Wirbeltheorie für Ingenieure. München: Oldenbourg 1919. Poincaré, H.: Théorie des tourbillons. Paris: Carré 1893
29. Helmholtz, H. von: Über discontinuierliche Flüssigkeitsbewegungen. Mon.-Ber. Akad. Wiss. Berlin 23 (1868) 215–228. Bergmann, S.: Z. angew. Math. Mech. 12 (1932) 95–216. Eichhöfer, G.: Ing.-Arch. 34 (1965) 353–372. Eppler, R.: J. Rat. Mech. a. Anal. 3 (1954) 591–644
30. Holder, D. W.: Transsonische Strömungen an zweidimensionalen Flügeln. Z. Flugwiss. 12 (1964) 285–303
31. Isay, W.-H.: Propellertheorie, 2 Bde. Berlin, Göttingen, Heidelberg: Springer 1964/1970
32. Jaeger, C.: Technische Hydraulik, Kap. D. Basel: Birkhäuser 1949
33. Janzen, O.: Beitrag zu einer Theorie der stationären Strömung kompressibler Flüssigkeiten. Z. Phys. 14 (1913) 639
34. Jones, R. T.; Cohen, D.: Aerodynamic components of aircraft at high speeds. Sect. A.: Aerodynamics of wings at high speeds, Bd. VII: High speed aerodynamic and jet propulsion, S. 3–243. (Hrsg. A. F. Donovan; H. R. Lawrence) Princeton: Univ. Press 1957
35. Joukowsky, N.: Über die Konturen der Tragflächen der Drachenflieger. Z. Flugtechn. Motorluftschiff. 1 (1910) 281–284; 3 (1912) 81–86
36. Kaplan, C.: Two-dimensional subsonic compressible flow elliptic cylinders. NACA Rep. 624 (1938). Kaplan, C.: NACA Rep. 621 (1938). Hoker, S. G.: ARC-Rep. a. Mem. 1684 (1936)
37. Kármán, Th. von: Über den Mechanismus des Widerstandes, den ein bewegter Körper in einer Flüssigkeit erfährt. Nachr. Ges. Wiss. Göttingen, Math.-Phys. Kl. (1911) 509–517; (1912) 547–556. Nachdruck: Coll. Works 1, S. 324–338. London: Butterworths 1956. Kármán, Th. von; Rubach, H.: Phys. Z. 13 (1912) 49–59: Coll. Works 1, S. 339–358. London: Butterworths 1956
38. Kármán, Th. von: The similarity law of transonic flow. J. Math. Phys. 24 (1947) 182–190. Nachdruck: Coll. Works 4, S. 327–335
39. Kaufmann, W.: Die energetische Berechnung des induzierten Widerstandes. Ing.-Arch. 17 (1949) 187–192; 18 (1950) 139–140
40. Kaufmann, W.: Betrachtungen zum Aufspulvorgang der hinter einem Tragflügel beim Geradeausflug entstehenden Wirbelschicht. Z. Flugwiss. 5 (1957) 327–331. Kaufmann, W.: Ing.-Arch. 19 (1951) 1–11. Kaufmann, W.: Sitzungsber. Bayer. Akad. Wiss., Math.-Naturwiss. Abt. (1945/46) 109–130
41. Keune, F.; Burg, K.: Singularitätenverfahren der Strömungslehre. Karlsruhe: Braun 1975
42. Kirchhoff, G.: Zur Theorie der freien Flüssigkeitsstrahlen. Crelles J. 70 (1869). Betz, A.; Petersohn, E.: Ing.-Arch. 2 (1931) 190–211. Mises, R. von: Z. VDI 61 (1917) 447–452
43. Kirde, K.: Untersuchungen über die zeitliche Weiterentwicklung eines Wirbels mit vorgegebener Anfangsverteilung. Ing.-Arch. 31 (1962) 385–404. Betz, A.: Naturwiss. 37 (1950) 193–196
44. Kling, G.: Druckverlust von Kugelschüttungen. Z. VDI 84 (1940) 85–86
45. Kraemer, K.: Die Potentialströmung mit Totwasser an einer geknickten Wand. Ing.-Arch. 33 (1963/64) 36–50

46. Küchemann, D.; Weber, J.: Vortex motions. Z. angew. Math. Mech. 45 (1965) 457–474
47. Kutta, W. M.: Auftriebskräfte in strömenden Flüssigkeiten. Jb. aeronaut. Mitt. 6 (1902) 133–135. Kutta, W. M.: Sitzungsber. Bayer. Akad. Wiss., Math.-Phys. Kl. (1911) 65–125
48. Lamb, H.: Hydrodynamics, 6. Aufl. Cambridge: Univ. Press. 1932, Nachdruck: New York. Dover Publ. 1945. Lehrbuch der Hydrodynamik, Übersetzg. 3. Aufl. von J. Friedel; 5. Aufl. von E. Helly mit Zusätzen von R. von Mises. Leipzig: Teubner 1907/1931
49. Lamla, E.: Die symmetrische Potentialströmung eines kompressiblen Gases um Kreiszylinder und Kegel im unterkritischen Gebiet. Jb. dtsch. Luftfahrtforsch. 1939, I, 167–178
50. Lanchester, F. W.: Aerodynamics. London 1907. Aerodynamik 2 Bde. Übersetzg. von C. u. A. Runge, Leipzig: Teubner 1909/11
51. Levi-Civita, T.: Détermination rigoureuse des ondes permanentes d'ampleur finie. Math. Ann. 93 (1925) 264–314
52. Lighthill, M. J.: Contributions to the theory of waves in nonlinear dispersive systems. J. Inst. Math. Appl. 1 (1965) 269–306. Lighthill, M. J.: J. Inst. Math. Appl. 1 (1965) 1–28
53. Lilienthal, O.: Der Vogelflug als Grundlage der Fliegekunst. Berlin: Gaertner 1889. Nachdruck: Walluf: Sändig 1977
54. Malavard, L.: Étude des écoulements transsoniques. Contrôle expérimental des règles de similitude. Wiss. Ges. Luftfahrt Jb. 1953, 96–103
55. Maruhn, K.: Druckverteilungsrechnungen an elliptischen Rümpfen und ihrem Außenraum. Jb. dtsch. Luftfahrtforsch. 1941, I, 135–147
56. Méhauté, B. le: An introduction to hydrodynamics and water waves. New York, Heidelberg, Berlin: Springer 1976
57. Muskat, M.: The flow of homogeneous fluids through porous media. New York: McGraw-Hill 1937
58. Nahrgang, G.: Zur Theorie des vollkommenen und unvollkommenen Brunnens. Berlin, Göttingen, Heidelberg: Springer 1954. Ehrenberger, F. N.: Z. Österr. Ing.- u. Arch.-Verein 80 (1928) 71–74; 89–92; 109–112. Heinrich, G.: Ing.-Arch. 32 (1962) 33–36
59. Nickel, K.: Über spezielle Tragflügelsysteme. Ing.-Arch. 20 (1952) 363–376; 22 (1954) 108–120; 23 (1955) 102–118; 179–188; 25 (1957) 134–139
60. Oseen, C. W.: Über Wirbelbewegung in einer reibenden Flüssigkeit. Ark. Mat., Astr. Fys. 7 (1911) Nr. 14, 1–13. Hamel, G.: J. dtsch. Math.-Verein. 25 (1916) 34–60. Kaufmann, W.: Ing.-Arch. 31 (1962) 1–9
61. Oswatitsch, K.: Spezialgebiete der Gasdynamik, Schallnähe, Hyperschall, Tragflächen, Wellenausbreitung. Wien, New York: Springer 1977. Oswatitsch, K.; Rues, D. (Hrsg.): Symposium Transsonicum I und II. Berlin, Heidelberg, New York: Springer 1962/76. Teipel, I.: Progr. Aero. Sci. 5 (1964) 104–142
62. Pai, S.-I.: Fluid dynamics of jets. New York: Van Nostrand 1954
63. Philip, J. R.: Flow in porous media. Ann. Rev. Fluid Mech. 2 (1970) 177–204
64. Prandtl, L.: Tragflügeltheorie. Nachr. Ges. Wiss. Göttingen, Math.-Phys. Kl. (1918) 151–177; (1919) 107–137. Nachdruck: Ges. Abh. S. 322–372. Berlin, Göttingen, Heidelberg: Springer 1961. Multhopp, H.: Luftfahrtforsch. 15 (1938) 153–169. Scholz, N.: Ing.-Arch. 18 (1950) 84–105. Truckenbrodt, E.: Jb. Wiss. Ges. Luftfahrt 1953, 40–65. Weissinger, J.: Handb. Phys. (Hrsg. S. Flügge) VIII/2, S. 385–437. Berlin, Göttingen, Heidelberg: Springer 1963
65. Prandtl, L.: Über Strömungen, deren Geschwindigkeiten mit der Schallgeschwindigkeit vergleichbar sind. J. Aeronaut. Res. Inst. Tokyo Imp. Univ. 65 (1930) 25–34. Nachdruck: Ges. Abh., S. 998–1003. Berlin, Göttingen, Heidelberg: Springer 1961
66. Prandtl, L.; Wieselsberger, C.; Betz, A. (Hrsg.): Ergebnisse der Aerodynamischen Versuchsanstalt Göttingen. I. bis IV. Lieferung 1921/1932. München: Oldenbourg 1935
67. Prandtl, L.: Über die Entstehung von Wirbeln in der idealen Flüssigkeit, mit Anwendung auf die Tragflügeltheorie und andere Aufgaben. Vortr. Geb. Hydro- u. Aerodyn., Innsbruck: (1922) 18–33. Nachdruck: Ges. Abh., S. 697–713. Berlin, Göttingen Heidelberg: Springer 1961. Betz, A.: Naturwiss, 37 (1950) 193–196. Wedemeyer, E.: Ing.-Arch. 30 (1961) 187–200
68. Press, H.; Schröder, R.: Hydromechanik im Wasserbau, Kap. 3, 5. Berlin: Ernst & Sohn 1966. Schröder, R.: Strömungsberechnungen im Bauwesen, Teil I, Kap. 6. Berlin: Ernst & Sohn 1968
69. Rankine, W. J. M.: On plane water-lines in two dimensions. Phil. Trans. Roy. Soc. (1864) 369–391
70. Raudkivi, A. J.; Callander, R. A.: Analysis of groundwater flow. New York: Halsted Press 1976
71. Rayleigh, Lord (Strutt, J. W.): On the flow of compressible fluid past an obstacle. Phil. Mag. 32, 6. Ser. (1916) 1–6
72. Riegels, F.: Das Umströmungsproblem bei inkompressiblen Potentialströmungen. Ing.-Arch. 16 (1948) 373–376; 17 (1949) 94–106; 18 (1950) 329.

Jacob, K.; Riegels, F.: Z. Flugwiss. 11 (1963) 357–367. Truckenbrodt, E.: Ing.-Arch. 18 (1950) 324–328. 19 (1951) 365–377
73. Riegels, F.: Aerodynamische Profile. München: Oldenbourg 1958. Aerofoil Sections (Übersetzg. D. G. Randall). London: Butterworths 1961
74. Roache, P. J.: Computational fluid dynamics. Albuquerque (N. M.): Hermosa Publ. 1972
75. Robertson, J. M.: Hydrodynamics in theory and application, Kap. 11. Englewood Cliffs (N. J.): Prentice-Hall 1965
76. Roshko, A.: On the development of turbulent wakes from vortex streets. NACA-Rep. 1191 (1954)
77. Sauer, R.: Einführung in die theoretische Gasdynamik. 3. Aufl. Berlin. Göttingen, Heidelberg: Springer 1960
78. Scheidegger, A. E.: Hydrodynamics in porous media. Handb. Phys. (Hrsg. S. Flügge) VIII/2, S. 623–662. Berlin, Göttingen, Heidelberg: Springer 1963
79. Schlichting, H.; Truckenbrodt, E.: Aerodynamik des Flugzeuges; 2 Bde. 2. Aufl. Berlin, Heidelberg, New York: Springer 1967/69. Schlichting, H.: Jb. Wiss. Ges. Luft- u. Raumfahrt 1966, 11–32
80. Scholz, N.: Aerodynamik der Schaufelgitter. Karlsruhe: Braun 1965. Schlichting, H.; Scholz, N.: Ing.-Arch. 19 (1951) 42–65
81. Stoker, J. J.: Water waves, The mathematical theory with applications. New York, London: Intersci. Publ. 1957
82. Stokes, G. G.: Mathematical proof of the identity of the stream lines obtained by means of a viscous film with those of a perfect fluid moving in two dimensions. Brit. Ass. Adv. Sci. London, Rep. (1898) 143–144
83. Thompson, P. A.: Compressible-fluid dynamics, Kap. 2.4. New York: McGraw-Hill 1972
84. Thomson, W. (Lord Kelvin): On vortex motion, Trans. Roy. Soc. Edinbg. 25 (1869) 217–260. Kaufmann, W.: Z. Flugwiss. 7 (1959) 103–106
85. Thomson, W.: Hydrokinetic solutions and observations. Phil. Mag. 42, Ser. 4 (1871) 362–377. Thomson, W. (Lord Kelvin): Popular lectures and adresses III. London 1891
86. Tietjens, O.: Strömungslehre, Bd. I. Kap. 5. Berlin, Göttingen, Heidelberg: Springer 1960
87. Traupel, W.: Thermische Turbomaschinen, Bd. I, 3. Aufl., Kap. 6. Berlin, Heidelberg, New York: Springer 1977
88. Truckenbrodt, E.: Zur Anwendung der Ähnlichkeitsregeln der kompressiblen Strömung in der räumlichen Tragflügeltheorie. Z. Flugwiss. 5 (1957) 341–346
89. Truesdell, C.: On curved shocks in steady plane flow of an ideal fluid. J. Aeronaut. Sci. 19 (1952) 826–828
90. Truesdell, C.: The kinematics of vorticity. Bloomington: Indiana Univ. Press 1954
91. Tsien, H. S.: Two-dimensional subsonic flow of compressible fluids. J. Aeronaut. Sci. 6 (1939) 399–407
92. Tsien, H. S.: Similarity laws of hypersonic flows. J. Math. Phys. 25 (1946) 247–251
93. Vazsonyi, A.: On the rotational gas flow. Quart. Appl. Math. 3 (1945) 29–37
94. Verruijt, A.: Theory of ground water flow. New York: Gordon and Breach 1970
95. Wehausen, J. V.; Laitone, E. V.: Surface waves. Handb. Phys. (Hrsg. S. Flügge), IX, 446–796. Berlin, Göttingen, Heidelberg 1960. Yeung, R. W.: Ann. Rev. 14 (1982) 395–442
96. Weinig, F.: Aerodynamik der Luftschraube. Berlin: Springer 1940
97. Widnall, S. E.: The structure and dynamics of vortex filaments, Ann. Rev. Fluid Mech. 7 (1975) 141–165
98. Wieghardt, K.: Theoretische Strömungslehre, Kap. 2.2.8. Stuttgart: Teubner 1965
99. Wiest, R. J. M. de (Hrsg.): Flow through porous media. New York: Academic Press 1969
100. Wooding, R. A.; Morel-Seytoux, H. J.: Multiphase fluid flow through porous media. Ann. Rev. Fluid Mech. 8 (1976) 233–274
101. Wu, T. Y.: Cavity and wake flows. Ann. Rev. Fluid Mech. 4 (1972) 243–284
102. Yih, C.-S.: Fluid mechanics, A concise introduction to the theory, Kap. 4.23, 5. New York: McGraw-Hill 1969
103. Zierep, J.: Theorie der schallnahen und der Hyperschallströmungen. Karlsruhe: Braun 1966

6. Grenzschichtströmungen

6.1 Überblick

Über die Kräfte, welche auf einen umströmten Körper ausgeübt werden, kann man folgende Feststellung treffen: Solange die Strömung vom Körper nicht ablöst, läßt sich die normal zur Anströmrichtung wirkende Kraft (Querkraft, Auftriebskraft) auch bei Vernachlässigung der Reibung recht zuverlässig durch die Potentialtheorie nach Kap. 5.3 und 5.4 ermitteln. Über die für das Auftriebsproblem am Tragflügel entwickelten Berechnungsmethoden wurde in Kap. 5.4.3 berichtet. Die Theorie der reibungslosen Strömung eines dichtebeständigen Fluids vermag im allgemeinen das Vorhandensein einer in Anströmrichtung wirkenden Widerstandskraft nicht zu erklären, bekannt als d'Alembertsches Paradoxon (2.81b). Eine vollständige physikalische Erklärung des Widerstandsproblems läßt sich jedoch nur geben, wenn auch die Reibung in der Strömung berücksichtigt wird.[1]

Für die bei der reibungsbehafteten Strömung in Wandnähe und bei einem Freistrahl oder einer Nachlaufdelle auftretenden Probleme ist die Prandtlsche Grenzschicht-Theorie zum Ausgangspunkt eines besonderen Zweigs der Fluidmechanik geworden. Dieser hat neben der theoretischen und experimentellen Aufklärung vieler bis dahin nicht lösbarer Fragen in besonderer Weise für den technischen Anwendungsbereich eine entscheidende Bedeutung erlangt. Die Grenzschicht-Theorie diente zunächst der Berechnung von Strömungsgrenzschichten (Reibungsschichten) und ist so als asymptotische Lösung der Navier-Stokesschen Bewegungsgleichung für die laminare Strömung eines normalviskosen Fluids bei großer Reynolds-Zahl anzusehen. Sie hat im Zug der Entwicklung der Fluidmechanik in verschiedenster Weise Erweiterungen erfahren.

Ähnlich wie bei der Rohr- und Gerinneströmung in Kap. 3.4 bzw. 3.5 tritt auch in Grenzschichten sowohl der laminare als auch der turbulente Strömungszustand auf. Diesem Umstand trägt die Grenzschicht-Theorie in vollem Maß Rechnung. Darüber hinaus erfaßt sie den Einfluß, der bei einem inhomogenen Fluid (veränderliche Stoffgrößen) durch Temperaturänderung in der Grenzschicht hervorgerufen wird. Neben der Strömungsgrenzschicht kennt man somit auch eine Temperaturgrenzschicht. Spielt ein Stoffaustausch zwischen einer porösen Wand und einem vorbeiströmenden Fluid eine Rolle, so liegt eine Diffusionsgrenzschicht vor.

[1] Daß auch in reibungsloser Strömung Widerstände auftreten können, wurde in Kap. 4.5.3.1 für den Wellenwiderstand bei Überschallanströmung einer angestellten Platte oder eines profilierten Körpers und in Kap. 5.4.3.3 für den induzierten Widerstand beim Tragflügel endlicher Spannweite gezeigt.

In Kap. 6.2 werden zunächst allgemeine Aussagen über das Verhalten von Grenzschichten gemacht und die Grundzüge der Grenzschicht-Theorie für die Strömungs- und Temperaturgrenzschicht einschließlich der sie betreffenden Stoffgesetze dargelegt. Mit der laminaren und turbulenten Grenzschichtströmung an festen Wänden befaßt sich ausführlich Kap. 6.3, wobei sowohl die differentielle als auch die integrale Darstellung behandelt werden. Den Grenzschichtströmungen ohne feste Begrenzung ist Kap. 6.4 gewidmet.

Die Forschungstätigkeit auf dem Gebiet der Grenzschichtströmung ist in besonders rascher Entwicklung begriffen.[2] Dies trifft vor allem für die turbulente Grenzschicht zu. Die hier mitgeteilten Erkenntnisse und Ergebnisse können daher nur als Einführung in dies wohl wichtigste Teilgebiet der Fluidmechanik gewertet werden.

Die Darstellung erstreckt sich nahezu ausschließlich auf die ebene Grenzschichtströmung. Fragen der drehsymmetrischen Strömung werden nur bei der laminaren Grenzschicht gestreift, während über die räumliche Grenzschichtströmung nicht berichtet wird, man vgl. hierzu [27].

6.2 Grundzüge der Grenzschicht-Theorie

6.2.1 Einführung

Aus der Erfahrung ist bekannt, daß ein fester Körper in reibungsbehafteter Strömung einen Widerstand zu überwinden hat. Dieser sei Reibungswiderstand genannt. Er setzt sich zusammen aus den Beiträgen der Schubspannungskräfte (Schubspannungswiderstand) und den durch die Reibung beeinflußten Druckspannungskräften (Druckwiderstand infolge Reibung). Wie in Abb. 1.15 für den Widerstandsbeiwert querangeströmter elliptischer Zylinder und in Abb. 3.84 für den querangeströmten Kreiszylinder und für die angeströmte Kugel gezeigt wurde, hängt dieser stark ab von der Reynolds-Zahl $Re = Ul/\nu$ bzw. UD/ν mit U als Anströmgeschwindigkeit, l als Körperlänge bzw. D als Kreis- oder Kugeldurchmesser und ν als kinematischer Viskosität. Bei der Strömung dichteveränderlicher Fluide spielt neben der Reynolds-Zahl auch die Mach-Zahl $Ma = U/c$ mit U als Anströmgeschwindigkeit und c als Schallgeschwindigkeit eine wichtige Rolle. Abb. 6.1 zeigt Messungen von Widerstandsbeiwerten c_W an Kugeln in Abhängigkeit von der Reynolds- und Mach-Zahl; es ist $c_W = W/qA$ mit W als Widerstandskraft, $q = (\varrho/2)U^2$ als Geschwindigkeitsdruck der Anströmung und $A = (\pi/4)D^2$ als Bezugsfläche. Bei kleinen Mach-Zahlen ist der Widerstandsbeiwert fast nur eine Funktion der Reynolds-Zahl $c_W(Re, Ma) \approx c_W(Re)$. Die plötzliche starke Verminderung des Widerstandsbeiwerts im Bereich

---

[2] Einschlägiges in Buchform erschienenes Schrifttum ist in der Bibliographie (Abschnitt C) am Ende dieses Bandes zusammengestellt. Auf die in deutscher Sprache vorliegenden Werke von Schlichting [94], Walz [115] und Rotta [88] sowie Tollmien [108] sei hingewiesen. Im übrigen enthalten die meisten Lehrbücher über Fluidmechanik mehr oder weniger ausführliche Abschnitte über die Grenzschichtströmung.

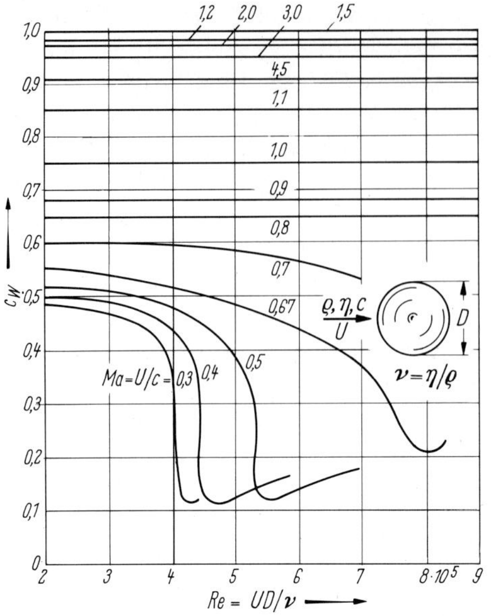

Abb. 6.1. Widerstandsbeiwerte von Kugeln $c_W = W/qA$ in Abhängigkeit von der Reynolds-Zahl $Re = UD/\nu$ und von der Mach-Zahl $Ma = U/c$ nach Messungen von Naumann [71]

$2 \cdot 10^5 < Re < 6 \cdot 10^5$ ist auf den Umschlag von laminarer in turbulente Strömung zurückzuführen. Auf ein solches fluidmechanisches Verhalten wurde in Kap. 1.3.3.2 schon kurz hingewiesen. In Kap. 2.5.3.6 wurden Überlegungen zur Entstehung der Turbulenz gemacht. Weiterhin wird in Kap. 6.3.5.2 in Zusammenhang mit dem Auftreten abgelöster Strömungen auf das angesprochene Problem nochmals eingegangen. Bei Erhöhung der Mach-Zahl verschwindet der Einfluß der Reynolds-Zahl immer mehr und ist bei großen Mach-Zahlen überhaupt nicht mehr vorhanden $c_w(Re, Ma) \approx c_w(Ma)$. Auf den starken Widerstandsanstieg an Tragflügelprofilen bei Anströmung mit hohen Unterschall-Mach-Zahlen ($Ma \to 1$) nach Abb. 5.39b sei hier ebenfalls aufmerksam gemacht.

Die vollständige theoretische Erfassung des Reibungswiderstands umströmter Körper ist, insbesondere wenn die Strömung bereits Ablösungsgebiete besitzt, nur näherungsweise möglich. Kap. 3.6.3.1 berichtet über die Ermittlung des Reibungswiderstands aus dem Impulsverlust hinter einem angeströmten Körper in einem dichtebeständigen Fluid. Im folgenden wird gezeigt, wie man durch Einführen einer sog. wandnahen Strömungsgrenzschicht eine Möglichkeit zur Berechnung der reibungsbehafteten Strömung an umströmten Körpern gewinnt.

6.2.2 Begriff der Grenzschicht und ihr grundsätzliches Verhalten

6.2.2.1 Strömungsgrenzschicht

Allgemeines. In Kap. 2.5.3.3 und 2.5.3.5 wurde darauf hingewiesen, daß eine allgemeine Lösung der Navier-Stokesschen Bewegungsgleichung (Impuls- und Kontinuitätsgleichung) sowohl für die zähigkeitsbehaftete laminare Strömung als auch für die zähigkeitsbehaftete turbulente Strömung (Reynoldssche Bewegungsgleichung) bis jetzt noch nicht gelungen ist. Insbesondere gilt dies für den Fall, wenn die Zähigkeits- und Trägheitskräfte im ganzen Strömungsgebiet von der gleichen Größenordnung sind, so daß keine Kraftart gegen die andere vernachlässigt werden darf. Bei den schleichenden Bewegungen in Kap. 2.5.3.4 wird den Zähigkeitskräften die überwiegende Bedeutung zuerkannt und auf diese Weise die Lösung einer Anzahl praktisch wichtiger Strömungsvorgänge, wie z. B. die hydromechanische Schmiermittelreibung nach Kap. 3.6.3.2, ermöglicht. Es handelt sich dabei durchweg um Bewegungen mit sehr kleinen Reynolds-Zahlen. Nunmehr soll der entgegengesetzte Fall betrachtet werden, der — abgesehen von den Vorgängen in unmittelbarer Nähe fester Wände — durch sehr große Reynolds-Zahlen

$$Re = \frac{Ul}{\nu} \quad \text{(Reynolds-Zahl)} \tag{6.1}$$

gekennzeichnet ist. Hierin bedeutet U eine charakteristische Bezugsgeschwindigkeit, z. B. die Anströmgeschwindigkeit bei umströmten Körpern, l eine charakteristische Körperabmessung, etwa den Durchmesser eines Kreiszylinders oder einer Kugel, die Profiltiefe eines Tragflügels oder eine sonstwie festgelegte Länge, und $\nu = \eta/\varrho$ die kinematische Viskosität des Fluids, vgl. Tab. 1.1.

Von einem Fluid mit geringer Viskosität (Wasser, Luft) darf angenommen werden, daß es sich in größerer Entfernung von einer umströmten festen Wand nahezu wie ein reibungsloses Fluid verhält. Ist nämlich die Viskosität η sehr klein, dann kann die Reibung wegen (2.119b) nur dann einen merklichen Einfluß ausüben, wenn große Geschwindigkeitsgradienten, insbesondere quer zur Strömungsrichtung, vorhanden sind. In der freien Strömung ist das im allgemeinen nicht der Fall, wohl aber in unmittelbarer Nähe einer umströmten festen Wand. An dieser haftet nach Abb. 1.14b das Fluid, hat also dort die relative Geschwindigkeit null. Dagegen besitzt es bereits in geringem Abstand von der Wand annähernd den Wert der äußeren reibungslosen Strömung. Zwischen der Wand einerseits und der äußeren Strömung andererseits befindet sich also eine dünne Übergangsschicht, die sogenannte Reibungs- oder Grenzschicht, in welcher ein starker Geschwindigkeitsanstieg vom Wert null an der Wand auf den Wert der äußeren Strömung stattfindet. Danach kann das vom Fluid durchströmte Gebiet in zwei, allerdings nicht scharf trennbare Bereiche eingeteilt werden: den äußeren Bereich, in dem angenähert reibungslose Strömung herrscht und in dem bei Drehungsfreiheit die Gesetze der Potentialströmung nach Kap. 5.3 gelten[3] und den inneren Bereich, d. h. die Strömungsgrenzschicht, für welche die Gesetze des reibungsbehafteten Fluids maßgebend sind. Es ist das große Verdienst von Prandtl [76], diese Trennung zuerst vorgenommen und die Vorgänge in der Grenzschicht einer theoretischen Behandlung zugänglich gemacht zu haben.

Physikalisch kann man sich die Entstehung der wandnahen Strömungsgrenzschicht klarmachen, wenn man die Strömung um einen prismatischen Körper nach

[3] Die Außenströmung braucht nicht immer eine drehungsfreie Potentialströmung zu sein. Zum Beispiel ist das reibungslose Strömungsfeld hinter einem gekrümmten Verdichtungsstoß nach Kap. 5.4.4.3 drehungsbehaftet.

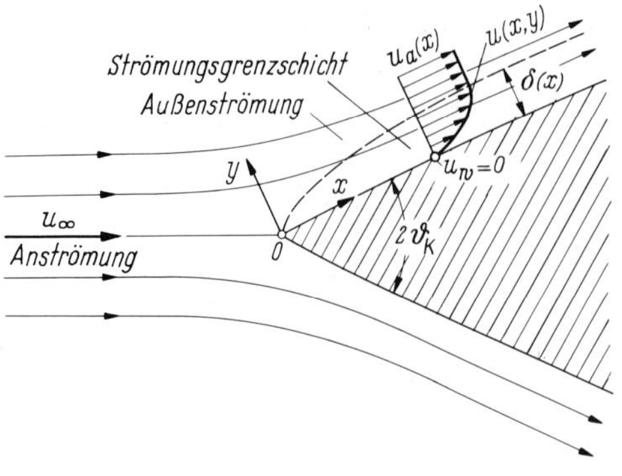

Abb. 6.2. Ausbildung der Strömungsgrenzschicht an einem prismatischen Körper mit dem Keilwinkel $2\vartheta_K$, Koordinaten x, y längs bzw. normal zur Körperoberfläche (feste Wand)

Abb. 6.2 betrachtet, der in einem wenig viskosen Fluid festgehalten ist und, wie gezeigt, mit der Geschwindigkeit u_∞ angeströmt wird. Im Punkt 0 findet eine Verzweigung der zugehörigen Stromlinie nach der Ober- und Unterseite des Körpers statt. Die x-Richtung verlaufe längs der Körperoberfläche (Lauflänge) und die y-Richtung normal dazu (Wandabstand). Entsprechend gelte für die Geschwindigkeitskomponenten innerhalb der Grenzschicht $u(x, y)$ bzw. $v(x, y)$. Während an der Körperoberfläche (feste Wand, Index w) die Geschwindigkeit infolge des Reibungseinflusses nach (2.119c) verschwindet, $u_w = 0 = v_w$, herrscht bereits in geringem Abstand vom Körper nahezu reibungslose Außenströmung (Index a) mit der Geschwindigkeit $u_a(x)$. Die sehr starke Geschwindigkeitsänderung vom Wandwert null auf den Wert der Außenströmung vollzieht sich in der schmalen Grenzschicht, deren Dicke im Punkt 0 null ist und im weiteren Verlauf allmählich zunimmt.[4] Der Übergang von der Grenzschicht- zur Außenströmung ist jedoch nicht scharf begrenzt, er erfolgt vielmehr asymptotisch. Zur Definition der Grenzschichtdicke ist deshalb im allgemeinen eine bestimmte Festsetzung erforderlich. So wird häufig als Dicke der Strömungsgrenzschicht $\delta_S(x)$ derjenige Wert in y-Richtung angenommen, für welchen die Geschwindigkeit $u(x, y)$ der Grenzschicht nur noch um 1% kleiner als die Geschwindigkeit der äußeren reibungslosen Strömung $u_a(x)$ ist, $u[x, y = \delta_S(x)] = 0{,}99\ u_a(x)$. Diese Feststellung hat indessen nur vom mathematischen Standpunkt aus Bedeutung. Physikalisch wichtig ist allein die Tatsache, daß bereits in einem sehr kleinen Abstand von der Wand praktisch die Geschwindigkeit der reibungslosen Außenströmung erreicht ist und daß in der schmalen Wandzone starke Reibungskräfte übertragen werden.

Strömungszustand in der Grenzschicht. Aus den Erkenntnissen über die Rohrströmung nach Kap. 3.4.3 ist bekannt, daß man zwei verschiedene Strömungsarten zu unterscheiden hat, nämlich die laminare und die turbulente Strömung; man beachte hierzu auch die Ausführung in Kap. 1.3.3.2. Durch Vergleich von experimentell gefundenen Ergebnissen mit entsprechenden theoretischen Überlegungen hat sich gezeigt, daß auch in den Grenzschichten sowohl die laminare als auch die

[4] Bei einem vorn stumpfen Körper hat die Grenzschichtdicke bei $x = 0$ bereits einen endlich großen Wert, vgl. (6.77).

turbulente Strömungsart vorkommen kann. Bei der laminaren Strömung sind die Vorgänge durch die Viskosität und die Trägheit bestimmt und damit nach Kap. 2.5.3.3 physikalisch vollkommen übersehbar. Bei der turbulenten Strömung treten, wie bereits in Kap. 2.5.3.5 dargelegt wurde, neben den statistisch gemittelten Werten der Geschwindigkeit und des Drucks noch zusätzliche Schwankungsgrößen auf, durch welche u. a. turbulente Scheinspannungen ausgelöst werden, die nicht durch die Viskosität, sondern durch die entstehende Mischbewegung bedingt sind. Es ist deshalb notwendig, das Problem der Grenzschichtströmung auch auf das mögliche Auftreten der turbulenten Strömungsart hin genauer zu untersuchen.

Umschlag laminar-turbulent. Der laminar-turbulente Umschlag in der Grenzschicht eines umströmten Körpers wird von vielen Parametern beeinflußt, von denen außer der Reynolds-Zahl die wichtigsten der Druckverlauf der Außenströmung, die Wandbeschaffenheit (Rauheit) und die Störungsfreiheit der Außenströmung (Turbulenzgrad) sind. Es erhebt sich also die Frage, an welcher Stelle des umströmten Körpers die laminare in die turbulente Strömungsgrenzschicht übergeht, falls sich die laminare Grenzschicht nicht bereits vorher abgelöst hat. Es ist im allgemeinen nicht so, daß die Grenzschicht längs der Berandung eines festen Körpers (Zylinder, Tragflügel usw.) bereits vom vorderen Staupunkt ab entweder laminar oder turbulent strömt. Sie wird vielmehr anfangs, d. h. bei geringer Lauflänge x, immer laminar sein und bei größer werdendem Abstand x unter gegebenen Voraussetzungen turbulent werden. In Abb. 6.3a ist dieser Tatbestand schematisch dargestellt. An welcher Stelle $x = x_u$ der Umschlag mit der zugehörigen Reynolds-Zahl des Umschlagpunktes $Re_u = Ux_u/\nu$ erfolgt, kann zunächst nicht ohne weiteres

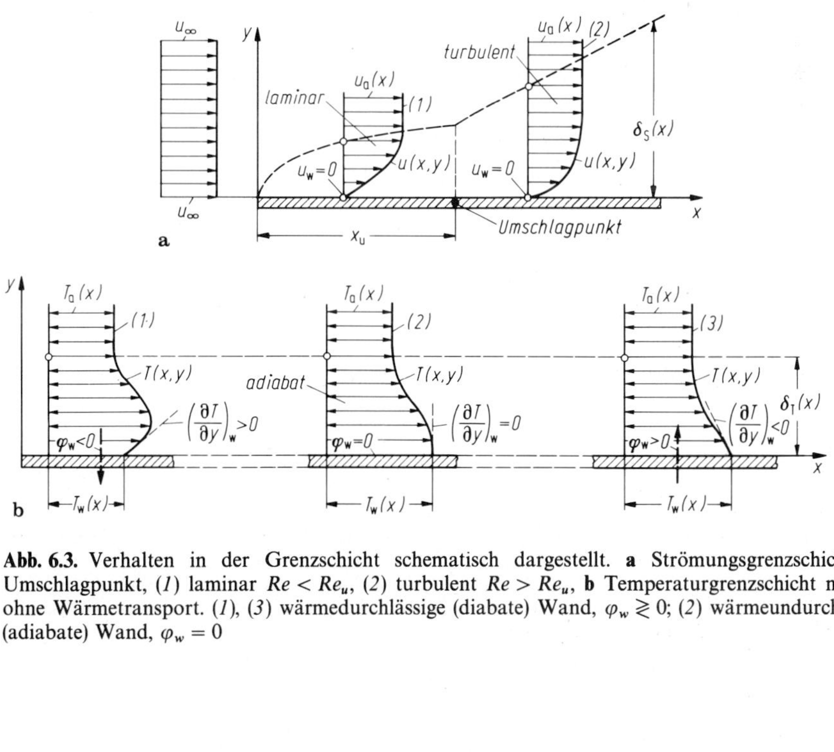

Abb. 6.3. Verhalten in der Grenzschicht schematisch dargestellt. **a** Strömungsgrenzschicht mit Umschlagpunkt, (*1*) laminar $Re < Re_u$, (*2*) turbulent $Re > Re_u$, **b** Temperaturgrenzschicht mit und ohne Wärmetransport. (*1*), (*3*) wärmedurchlässige (diabate) Wand, $\varphi_w \gtrless 0$; (*2*) wärmeundurchlässige (adiabate) Wand, $\varphi_w = 0$

angegeben werden. Im allgemeinen ist es auch hier wie bei der Rohrströmung so, daß sich bei kleinen Reynolds-Zahlen $Re < Re_u$ die laminare und bei $Re > Re_u$ dagegen die turbulente Strömungsart einstellt. Da im allgemeinen der bei turbulenter Strömung an der Körperwandung auftretende Reibungswiderstand wesentlich größer als bei laminarer Strömung ist, kommt der Bestimmung des Umschlagpunkts eine erhebliche Bedeutung zu. Es handelt sich hier um die Lösung eines Stabilitätsproblems, welches eine der wichtigsten Aufgaben der Fluidmechanik darstellt. Als ungefährer Anhaltspunkt gilt, daß der Umschlagpunkt angenähert mit der Stelle des Druckminimums der Außenströmung zusammenfällt. In Kap. 2.5.3.6 wurde diese wichtige Frage bereits erörtert. Neben den dort bereits genannten grundlegenden Arbeiten über die Entstehung der Turbulenz, Lit. Kap. 2 [11, 12, 38, 48, 49, 50], seien hier noch diejenigen zusammenfassenden Berichte erwähnt, die sich vornehmlich mit dem Problem des laminar-turbulenten Umschlags und dem Stabilitätsverhalten von Grenzschichten befassen. Es handelt sich dabei um die Darstellungen von Michalke [67], Reshotko [102] und Tani [102]. Gewisse Störungen können der laminaren Grenzschichtströmung zunächst eine Sekundärströmung überlagern, ehe der Umschlag in die turbulente Strömung erfolgt. Beispiele dieser Art sind die sog. Taylor- und Görtler-Wirbel [38].

Ablösung der Strömungsgrenzschicht. Das sich in der Grenzschicht bewegende Fluid erfährt infolge der Wandreibung eine ständige Verzögerung und damit eine Verminderung seiner kinetischen Energie. Herrscht in Strömungsrichtung x ein Druckabfall, so wirkt dies antreibend auf die Grenzschichtbewegung in Längsrichtung. Bei Druckanstieg dagegen wird die Verzögerung des Grenzschichtmaterials weiter verstärkt. Das so abgebremste Fluid wird zunächst von der äußeren Strömung noch mitgeschleppt, wobei die Grenzschicht ständig an Dicke zunimmt; bei weiter steigendem Druck kann es zum Stillstand gelangen und sogar zur Umkehr gezwungen werden. Diese rückläufige Strömung schiebt sich zwischen Körperoberfläche und Grenzschicht, wodurch die Außenströmung vom Körper abgedrängt und sich an einer bestimmten Stelle des um- oder durchströmten Körpers ablöst. Zwischen beiden Strömungen entsteht eine Unstetigkeitsfläche, die sich jedoch wegen ihrer Labilität spiralartig in Einzelwirbel auflöst, welche ihrerseits von der äußeren Strömung mit fortgeführt werden. Die zur Erzeugung dieser Wirbel verbrauchte Energie geht im wesentlichen mechanisch verloren. Sie findet ihr Äquivalent in einem entsprechenden Widerstand, den der Körper dem Fluid entgegensetzt. Weitere Aussagen über das Auftreten von Ablösung bei Strömungsgrenzschichten werden in Kap. 6.3.5 noch gemacht.

Maßnahmen zur Beeinflussung der Strömungsgrenzschicht. Die bisherigen Überlegungen haben gezeigt, welch entscheidenden Einfluß das Verhalten der Grenzschicht auf die Größe des Widerstands ausübt, den ein fester Körper in einer Strömung erfährt. Eine laminare Grenzschicht ohne Ablösung besitzt einen geringeren Schubspannungswiderstand als eine unter gleichen Randbedingungen sich ausbildende turbulente Grenzschicht, vgl. das Verhalten der längsangeströmten ebenen Platte in Abb. 1.15. Eine Ablösung der Grenzschicht von der Körperwand hat ein großes Wirbelgebiet hinter dem Körper und damit einen besonders hohen Druckwiderstand zur Folge, vgl. das Verhalten des Kreiszylinders in Abb. 1.15. Um die beiden genannten widerstandserhöhenden Ursachen günstig zu verändern, hat man nach Mitteln gesucht, durch welche die Grenzschicht derart beeinflußt wird, daß einerseits eine nicht abgelöste Grenzschicht möglichst lange laminar bleibt, d. h. der Umschlagpunkt möglichst weit stromabwärts liegt, und andererseits eine Ablösung entweder ganz verhindert oder in ihrer Auswirkung wesentlich abgeschwächt wird.

Um bei einem umströmten Körper den Druckwiderstand infolge Reibung gering zu halten, muß der im Fluid bewegte Körper eine solche Körperform erhalten, daß das hinter ihm entstehende Wirbelgebiet möglichst klein wird. Dies bedeutet fluidmechanisch gesehen, daß die Ablösungsstelle der Grenzschicht soweit wie möglich stromabwärts zu verlegen ist. Da deren Lage wesentlich von der Größe des Druckanstiegs längs der Körperkontur abhängt, liefert eine nach hinten schlank verlaufende Körperform unter sonst gleichen Voraussetzungen einen geringeren Druckwiderstand als eine mehr oder weniger stumpf abgeschnittene Form. Bei entsprechend schlanken Körperformen kann der Druckwiderstand nahezu vermieden werden, man vgl. hierzu die Druckverteilung in Abb. 5.30b, die derjenigen aus der Potentialströmung sehr nahe kommt. Bei Strömungen mit größeren Druckanstiegen läßt sich jedoch eine Ablösung ohne besondere Maßnahmen im allgemeinen nicht vermeiden. Das optimal Erreichbare bestünde darin, durch konstruktive Mittel die Ausbildung einer Grenzschicht überhaupt unmöglich zu machen. Dies wäre offenbar dann der Fall, wenn die Körperoberfläche sich an jeder Stelle mit der gleichen Geschwindigkeit bewegen würde wie das umgebende Fluid. Es ist einleuchtend, daß sich eine derartige Maßnahme einer mitbewegten Wand praktisch kaum vollkommen verwirklichen läßt.

Mit Vorteil verwendet man besonders in der Flugtechnik sog. Schlitzflügel. Das sind Flügel, bei denen z. B. nach Abb. 6.4a vor dem eigentlichen Tragflügel ein Vorflügel in geeigneter Stellung so angeordnet ist, daß ein düsenförmiger Spalt zwischen beiden Flügeln entsteht. Die durch den Schlitz von unten nach oben mit großer Geschwindigkeit eindringende Luft führt der auf der Flügeloberseite gegen steigenden Druck strömenden Grenzschicht neue mechanische Energie zu und verhindert damit ihre Ablösung. Da diese Anordnung auch noch bei großer Anstellung der Flügel gegenüber der Anströmrichtung wirksam ist, lassen sich damit besonders große Auftriebskräfte erzielen.Hilfsflügel werden auch bei verschiedenen anderen Strömungsvorgängen benutzt, die ohne eine derartige Maßnahme mit starker Ablösung und Wirbelbildung verbunden wären. Ein Beispiel dafür zeigt Abb. 6.4b, in welcher die Möglichkeit angedeutet ist, wie sich durch Anordnung von Vorflügeln die Ablösungserscheinung stark herabsetzen läßt. In diesem Zusammenhang sei auf die bereits in Abb. 3.41b gezeigte Anordnung von Umlenkschaufeln in stark gekrümmten Kanälen oder Rohren hingewiesen. Eine weitere Möglichkeit zur Verhinderung der Grenzschichtablösung besteht darin, die verzögert strömende Grenzschicht durch zusätzliche Maßnahmen zu beschleunigen. Bei Tragflügeln versucht man, dies nach Abb. 6.4c durch Ausblasen von Frischluft auf der Flügeloberseite aus dem Inneren des Flügels zu erreichen.

Eine weitere besonders erfolgversprechende Methode ist das Absaugen der Grenzschicht. Dies Verfahren ist zuerst von Prandtl vorgeschlagen worden, um die Ablösung der Grenzschicht im Druckanstiegsgebiet von Zylindern und an stark erweiterten Diffusorwandungen zu verhindern. Zu diesem Zweck ordnet man ein oder mehrere Schlitze in der Wand eines hohl ausgeführten Zylinders bzw. in der Diffusorwand an. Durch das Absaugen des im Druckanstiegsgebiet bereits stark abgebremsten Grenzschichtmaterials wird vor den Schlitzen eine Druckminderung erzeugt, so daß die sich hinter dem Schlitz neu bildende Grenzschicht jetzt in die Lage versetzt wird, den neuerlichen Druckanstieg zu überwinden. Auf diese Weise kann man bei entsprechender Anordnung des Schlitzes eine Ablösung vollkommen vermeiden.

Kam es bei den vorstehend angedeuteten Maßnahmen in erster Linie darauf an, eine Ablösung der Grenzschicht zu verhindern, so hat man auch erkannt, daß sich durch Grenzschichtbeeinflussung eine Verschiebung der Umschlagstelle laminar-turbulent stromabwärts und damit eine Vergrößerung der Reynolds-Zahl des Umschlagpunkts Re_u erreichen läßt. Hierdurch kann der Schubspannungswiderstand vermindert werden. Dieser hängt, wie im einzelnen in Kap. 6.3 noch ausgeführt wird, abgesehen von der Güte der Körperoberfläche (fluidmechanisch glatt oder rauh), wesentlich davon ab, ob die Grenzschicht laminar oder turbulent strömt. Da laminare Grenzschichten erheblich kleinere Wandschubspannungen als turbulente erzeugen, muß man zwecks Kleinhaltung des Schubspannungswiderstands bestrebt sein, die laminare Grenzschicht möglichst lange am Körper zu erhalten oder, anders

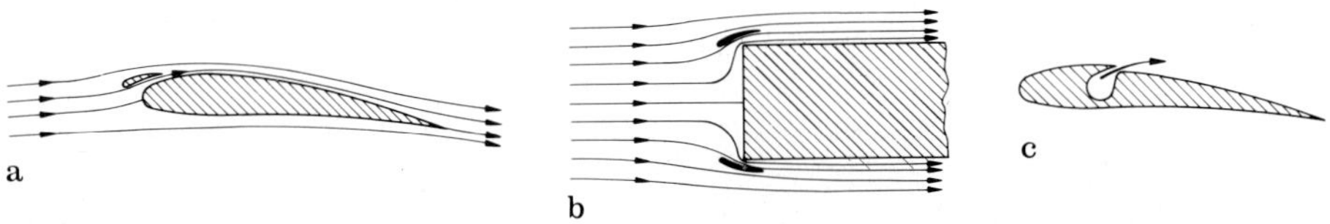

Abb. 6.4. Maßnahme zur Beeinflussung der Strömungsgrenzschicht. **a**, **b** Vorflügel (Schlitzflügel). **c** Ausblasen

gesprochen, den Umschlagpunkt möglichst weit stromabwärts zu verlegen. Diese Frage ist besonders für die Flugtechnik wichtig, wo man durch entsprechende Formgebung sog. Laminarprofile für die Tragflügel entwickelt hat, die durch lange laminare Lauflängen gekennzeichnet sind. Da der Umschlagpunkt in der Nähe des Druckminimums bzw. Geschwindigkeitsmaximums der Außenströmung liegt, ist es nötig, die Stelle der größten Profildicke möglichst weit nach hinten zu verlegen [29, 121].

Ähnlich wie bei der Beeinflussung der Lage des Ablösungspunkts läßt sich auch die Lage des Umschlagpunkts durch Grenzschichtabsaugung stromabwärts verschieben. Bei kontinuierlicher Absaugung durch entsprechend nahe beieinanderliegende Löcher oder Schlitze in der Wand kann die Reynolds-Zahl des Umschlagpunkts Re_u erheblich gesteigert werden. Die Folge davon ist ein längeres Laminarbleiben der Grenzschicht mit geringerer Oberflächenreibung als bei turbulenter Grenzschicht. Es ist einleuchtend, daß bei all diesen Überlegungen auch die Frage nach dem Leistungsbedarf für die Absaugung eine Rolle spielt, denn eine große Absaugleistung könnte den Leistungsgewinn infolge Laminarhaltung der Grenzschicht ganz oder zu einem wesentlichen Teil wieder aufheben. Entsprechende Rechnungen zur Ermittlung des für die Laminarhaltung mindestens erforderlichen Absaugvolumens haben jedoch gezeigt, daß dazu nur verhältnismäßig geringe Massen benötigt werden. Die durch derartige Maßnahmen erzielte Widerstandsersparnis ist bei großen Reynolds-Zahlen recht erheblich.

Die Lage des Umschlagpunkts läßt sich durch bestimmte Maßnahmen auch stromaufwärts verschieben. Bringt man z. B. vorn am Körper einen sog. Stolperdraht an, so kann man durch diese künstliche Störung erzwingen, daß die Grenzschicht sofort turbulent wird, d. h. die Lage des Umschlagpunkts sich bei $x_u = 0$ befindet. Auf diese Weise kann der bei der Umströmung von Kreiszylindern und Kugeln auftretende Druckwiderstand bei turbulenter Strömung kleiner als bei laminarer Strömung gehalten werden, vgl. Abb. 3.84.

Die zahlreichen theoretischen und experimentellen Untersuchungen zur Grenzschichtbeeinflussung, insbesondere beim Ausblasen und Absaugen, sind in einer umfangreichen Darstellung bei Lachmann [61] zu finden, vgl. auch Schlichting [94]. Auf die Frage der Absaugung wird bei der laminaren Plattengrenzschicht in Kap. 6.3.2.3 Abschn. a noch etwas näher eingegangen.

Zusammenwirken von Grenzschicht und Verdichtungsstoß. Treten bei trans- und supersonischen Strömungen an den Wänden Verdichtungsstöße auf, so ist eine starke gegenseitige Beeinflussung von Grenzschicht und Verdichtungsstoß die Folge. Hierüber berichten zusammenfassend Green [39] und Ryzhov [90]. Über das besondere Verhalten bei hypersonischer Strömung wurde in Kap. 4.5.3.4 eine kurze Bemerkung gemacht, vgl. Abb. 4.53. Auf den Übersichtsbeitrag von Mikhailov, Neiland und Sychev [25] sei hingewiesen. Um das Zusammenwirken von Grenzschicht und Verdichtungsstoß mittels der Grenzschicht-Theorie beschreiben zu können, bedarf es einer Theorie höherer Ordnung, die im Rahmen dieses Buches mit Ausnahme von Kap. 6.3.2.5 Abschn. b nicht behandelt wird.

6.2.2.2 Temperaturgrenzschicht

Allgemeines. Handelt es sich um die Strömung eines inhomogenen Fluids ($\varrho \neq$ const, $\eta \neq$ const), so kann die Temperatur T für den Strömungsvorgang eine wichtige Rolle spielen, da nach Kap. 1.2 die Dichte ϱ und die Viskosität η von ihr abhängen. Geschwindigkeitsänderungen in der wandnahen Strömungsgrenzschicht bedingen also auch Temperaturänderungen in unmittelbarer Wandnähe. Infolge der Wärmeleitfähigkeit λ und der spezifischen Wärmekapazität c_p des strömenden Fluids treten somit auch Wärmeströme infolge von Wärmeaustausch durch Leitung bzw. von Wärmeübertragung durch Konvektion (Mitführen) in der Grenzschicht auf. Bei sehr hohen Temperaturen kommt eine Wärmeübertragung durch Strahlung hinzu. Sie kann im Rahmen der hier zu behandelnden Aufgaben vernachlässigt werden. Demgegenüber kann ein Aufheizen oder Abkühlen der umströmten Wand, d. h. ein Wärmeübergang vom Körper auf das Fluid, die Grenzschicht beeinträchtigen. Man muß also neben der Strömungsgrenzschicht auch eine Temperaturgrenzschicht, auch Wärmegrenzschicht genannt, und deren gegenseitige Beeinflussung beachten. Bei der Beschreibung der mit Wärmetransport verbundenen Strömungen spielt die Péclet-Zahl nach (1.47g) eine bestimmende Rolle:

$$Pe = \frac{Ul}{a} \quad \text{(Péclet-Zahl)} . \tag{6.2}$$

Hierin bedeuten U und l wie in (6.1) die Bezugsgeschwindigkeit bzw. die Bezugslänge und $a = \lambda/\varrho c_p$ nach (1.35) die Temperaturleitfähigkeit. Gemäß (1.47i) stellt

$$Pr = \frac{Pe}{Re} = \frac{\nu}{a} = \frac{c_p \eta}{\lambda} \quad \text{(Prandtl-Zahl)} \tag{6.3}$$

die Prandtl-Zahl dar. Sie ist eine reine Stoffgröße, vgl. Tab. 1.1.

Abb. 6.3b zeigt schematisch das mögliche Verhalten in der Temperaturgrenzschicht $T(x, y)$. Der Übergang der durch Reibung und Wärmetransport bestimmten Temperaturgrenzschicht in die von der Wand unbeeinflußte äußere Temperatur geschieht in einem Wandabstand $y = \delta_T(x)$, den man die Dicke der Temperaturgrenzschicht nennt. Dort herrscht die Außentemperatur $T_a(x)$. Im allgemeinen sind die Dicken der Strömungsgrenzschicht $\delta_S(x)$ und der Temperaturgrenzschicht $\delta_T(x)$ nicht gleich groß. Das Verhältnis δ_T/δ_S hängt stark von der Prandtl-Zahl Pr ab.

Wärmeübergang. Die Randbedingungen an der Körperwand ($y = 0$) sind beim Temperaturfeld vielfältiger als beim Strömungsfeld. Längs der Oberfläche des umströmten Körpers kann nicht nur konstante oder mit der Lauflänge x veränderliche Temperatur $T_w(x)$ vorgegeben sein, sondern es kann auch ein Wärmeübergang von der Wand in das Fluid oder umgekehrt vorgeschrieben sein. Letzteres tritt nach (1.33) wegen $\varphi_w(x) = -\lambda_w(\partial T/\partial y)_w$ (Wärmestromdichte) dann ein, wenn an der Wand ein bestimmter Temperaturgradient $(\partial T/\partial y)_w \neq 0$ vorhanden ist. Bei $(\partial T/\partial y)_w > 0$ geht Wärme vom Fluid an die Wand und bei $(\partial T/\partial y)_w < 0$ von der Wand in das Fluid über. Der Sonderfall $(\partial T/\partial y)_w = 0$ stellt die wärmeundurchlässige (adiabate) Wand dar. Dieser Fall liegt bei einem völlig wärmeisolierten Körper vor. Durch die Reibungswärme des vorbeiströmenden Fluids erfolgt solange ein Aufheizen der Wand, bis der Zustand $(\partial T/\partial y)_w = 0$ erreicht wird. Die Wand nimmt dabei eine Übertemperatur gegenüber dem Fluid außerhalb der Temperaturgrenzschicht an, die man als Eigentemperatur der Wand bezeichnet. Man nennt diesen Fall, besonders im älteren Schrifttum, auch das Thermometerproblem.

Zur Beschreibung der Temperaturgrenzschicht reicht die in Kap. 6.2.2.1 für die Bestimmung der Strömungsgrenzschicht genannte Bewegungsgleichung (Impuls- und Kontinuitätsgleichung) allein nicht aus. Man muß darüber hinaus die Energiegleichung der Thermo-Fluidmechanik (erster Hauptsatz der Thermodynamik), welche die Umwandlung zwischen mechanischer und thermischer Energie angibt, mit heranziehen. Nach Kap. 2.6.3.3 kommt hierfür die Wärmetransportgleichung in Frage. Dabei ist ähnlich wie bei den Strömungsgrenzschichten neben dem molekularen Wärmeaustausch bei laminarer Strömung auch der zusätzliche Wärmeaustausch infolge der turbulenten Mischbewegung zu berücksichtigen. Die Bewegungsgleichung und die Wärmetransportgleichung sind nicht voneinander unabhängig. Ihre Kopplung erfolgt über die physikalischen Stoffgrößen des Fluids nach Kap. 1.2, da diese im allgemeinen Funktionen der Temperatur sind.

6.2.2.3 Diffusionsgrenzschicht

Werden durch eine poröse Wand in das vorbeiströmende Fluid ein anderes Fluid oder kleine Festkörperteilchen eingeblasen oder wird Wandmaterial durch Ablation abgetragen, so findet in Wandnähe ein Stoffaustausch (Diffusion) statt, welcher dem Wärmeaustausch in der Temperaturgrenzschicht ähnlich ist. Da sich auch diese Vorgänge in einer wandnahen Schicht abspielen, hat man es neben der Strömungs- und Temperaturgrenzschicht auch noch mit einer Diffusionsgrenzschicht, auch Stoffgrenzschicht genannt, zu tun. Im allgemeinen interessieren hierbei besonders die Zweistoffgrenzschichten. Analog zur Reynolds-Zahl nach (6.1) und zur Péclet-Zahl nach (6.2) kennt man die Bodenstein-Zahl

$$Bo = \frac{Ul}{D} \quad \text{(Bodenstein-Zahl)} \qquad (6.4)$$

mit D als Diffusionskoeffizient. Diese Kennzahl wird häufig auch als Péclet-Zahl der Stoffübertragung Pe^* bezeichnet, vgl. DIN 5491.

6.2.3 Ausgangsgleichungen der Grenzschicht-Theorie (Prandtl)

6.2.3.1 Grundgesetze der Strömung mit Reibungs- und Temperatureinfluß

Im folgenden werden von den in Kap. 2 bereits hergeleiteten Grundgesetzen diejenigen zusammengestellt, die zur Lösung der in Kap. 6.2.1 und 6.2.2 beschriebenen Aufgaben benötigt werden. Dabei handelt es sich zur Erfassung des Reibungs- und Temperatureinflusses in der wandnahen Grenzschicht um den Massenerhaltungssatz (Kontinuitätsgleichung), den Impulssatz (Kraftgleichung) und den Energiesatz (Wärmetransportgleichung). Zunächst wird nur die differentielle Darstellung behandelt, wobei die Beziehungen vornehmlich in kartesischen Koordinaten angegeben werden. Für andere Koordinatensysteme wird auf die einschlägigen Tabellen verwiesen. Die nachstehenden Gleichungen beziehen sich grundsätzlich sowohl auf die laminare als auch auf die turbulente Strömung. Im letzteren Fall sind jeweils die momentanen Größen entsprechend (2.134) als maßgeblich anzusehen.

Kontinuitätsgleichung. Nach (2.62) gilt für ein quellfreies Strömungsfeld

$$\frac{d\varrho}{dt} + \varrho\frac{\partial v_j}{\partial x_j} = \frac{\partial \varrho}{\partial t} + \frac{\partial(\varrho v_j)}{\partial x_j} = 0\,. \qquad (6.5a)$$

Hierin bedeutet ϱ die Dichte, x_j mit $j = 1, 2, 3$ die Ortskoordinaten und v_j mit $j = 1, 2, 3$ die zugehörigen Geschwindigkeitskomponenten.

Impulsgleichung. Die Impulsgleichung viskoser Fluide lautet nach (2.119b) bei Vernachlässigung der Massenkraft (enthalten im Massenkraftpotential u_B)

$$\varrho\frac{dv_i}{dt} = -\frac{\partial p}{\partial x_i} + \frac{\partial}{\partial x_j}\left[\eta\left(\frac{\partial v_i}{\partial x_j} + \frac{\partial v_j}{\partial x_i}\right)\right] - \frac{2}{3}\frac{\partial}{\partial x_i}\left(\eta\frac{\partial v_j}{\partial x_j}\right) \quad (i = 1, 2, 3) \qquad (6.5b)$$

mit p als Druck und η als dynamischer Scherviskosität.

Wärmetransportgleichung. Für die Strömung eines inhomogenen Fluids (veränderliche Stoffgrößen) wird nach (2.205b) in Verbindung mit (2.204a, b)

$$\varrho c_p \frac{dT}{dt} = \alpha \frac{dp}{dt} + \frac{\partial}{\partial x_j}\left(\lambda \frac{\partial T}{\partial x_j}\right) + \eta \,\mathrm{diss}\, \boldsymbol{v} \quad \text{mit} \quad \alpha = \alpha_p = -\frac{T}{\varrho}\left(\frac{\partial \varrho}{\partial T}\right)_p, \tag{6.6a}$$

wobei T das Temperaturfeld und diss $\boldsymbol{v}$ die von dem Geschwindigkeitsfeld bestimmte Dissipationsfunktion gemäß (2.201a)

$$\mathrm{diss}\, \boldsymbol{v} = \frac{\partial v_i}{\partial x_j}\left(\frac{\partial v_i}{\partial x_j} + \frac{\partial v_j}{\partial x_i}\right) - \frac{2}{3}\left(\frac{\partial v_j}{\partial x_j}\right)^2 > 0 \tag{6.6b}$$

ist. Im einzelnen gilt entsprechend der Ausführung zu (2.205b)

$$\alpha = 0\text{: Flüssigkeit } (\varrho = \text{const}), \qquad \alpha = 1\text{: Gas } (\varrho = p/RT)\,. \tag{6.6c}$$

Gleichungssystem. In (6.5a), (6.5b) und (6.6a) bedeutet $d/dt = \partial/\partial t + v_j(\partial/\partial x_j)$ die substantielle Ableitung nach (2.41b), wobei das erste Glied den lokalen und das zweite Glied den konvektiven Anteil angibt. Die genannten Gleichungen stellen im dreidimensionalen Fall bei bekannten Stoffgesetzen nach Kap. 6.2.3.3 für $\varrho(p, T)$, $\eta(p, T)$, $c_p(p, T)$ und $\lambda(p, T)$ fünf Gleichungen für die fünf Unbekannten $v_i (i = 1, 2, 3)$, p und T dar. Die kinematische Randbedingung (2.119c) fordert bei umströmten Körpern für die Geschwindigkeit, daß wegen der Haftbedingung die tangentiale Geschwindigkeitskomponente relativ zur Körperwand verschwindet, $v_t = 0$. Ist die Wand gegen Stoffströme undurchlässig (nichtporös), so muß auch die Geschwindigkeitskomponente normal zur Wand null sein, $v_n = 0$. Für die Temperatur kann die Wandtemperatur T_w oder die Wärmestromdichte entsprechend (1.33) durch $\varphi_w = -\lambda_w(\partial T/\partial y)_w$ gegeben sein. Auf die Angabe weiterer Randbedingungen sei hier zunächst verzichtet. Es leuchtet ein, daß die angegebenen fünf Gleichungen in Verbindung mit den Stoffgesetzen einer geschlossenen Lösung im allgemeinen Fall nicht zugänglich sind. Erst das Einführen der Prandtlschen Grenzschicht-Theorie vereinfacht das Problem so weit, daß seine Behandlung möglich wird.

6.2.3.2 Formulierung der Grenzschicht-Theorie

Die Prandtlschen Grenzschichtvereinfachungen sollen für die ebene Strömung besprochen werden. Es wird also mit den Koordinaten $x_1 = x$, $x_2 = y$ und $\partial/\partial x_3 \equiv 0$ sowie mit den zugehörigen Geschwindigkeitskomponenten $v_1 = u$, $v_2 = v$ und $v_3 \equiv 0$ gerechnet.[5] Wenn die x-Achse in die Wandrichtung fällt und die y-Achse normal dazu steht, bedeutet die Verwendung der kartesischen Koordinaten x, y zunächst, daß die Wand ungewölbt, d. h. eine gerade Begrenzungsfläche ist. Die folgenden Betrachtungen zur Grenzschicht-Theorie lassen sich, sofern die Grenzschichtdicke als klein gegen den Krümmungsradius der Wand angesehen werden darf, im Rahmen einer Theorie erster Ordnung auch auf gekrümmte Begrenzungsflächen übertragen. Man führt dazu nach Abb. 6.5 ein krummliniges Koordinatensystem ein, bei dem als x-Koordinate die Bogenlänge der Wand

---

[5] Auf einen besonderen Hinweis über die Zeitabhängigkeit der in der Grenzschicht auftretenden Größen wird hier verzichtet.

(Lauflänge) gewählt wird, während die y-Koordinate jeweils normal zur Wand (Wandabstand) steht. Der Einfluß größerer Wandkrümmung wird im Rahmen einer Grenzschicht-Theorie zweiter Ordnung in Kap. 6.3.2.5 Abschn. b kurz behandelt.

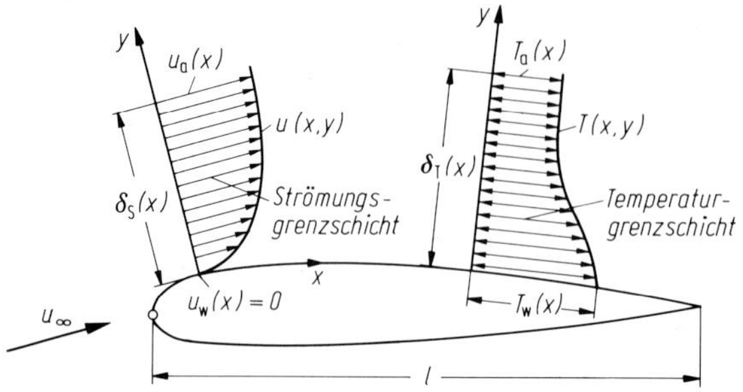

Abb. 6.5. Zur Berechnung der Strömungs- und Temperaturgrenzschicht an mäßig gekrümmter Körperoberfläche (mit Ausnahme der Umgebung $x/l \ll 1$), z. B. profilierter Körper; Wahl des krummlinigen Koordinatensystems x, y (Geschwindigkeits- und Temperaturprofile stark überhöht gezeichnet)

Randbedingungen der Grenzschicht. Für die Strömungsgrenzschicht $0 \leqq y \leqq \delta_S(x)$ und für die Temperaturgrenzschicht $0 \leqq y \leqq \delta_T(x)$ gelten an einer feststehenden, masseundurchlässigen (nichtporösen) Wand sowie an den Rändern der Grenzschichten die Randbedingungen

$$y = 0\colon u = u_w(x) = 0, \quad y = \delta_S(x)\colon u = u_a(x) \quad \text{(Geschwindigkeit)}\,; \qquad (6.7\text{a})^6$$

$$y = 0\colon T = T_w(x), \quad y = \delta_T(x)\colon T = T_a(x) \quad \text{(Temperatur)}\,. \qquad (6.7\text{b})$$

Der Index w soll die Werte an der Wand $y = 0$ und der Index a diejenigen am Rand der Grenzschicht $y = \delta$ kennzeichnen. Die Randbedingungen an der Wand bezeichnet man als Wandbedingungen und diejenigen am Rand der Grenzschicht, d. h. dort wo die Grenzschicht in die Außenströmung bzw. Außentemperatur übergeht, als Übergangsbedingungen. In Tab. 6.1 sind alle denkbar vorkommenden Randbedingungen zusammengestellt.[7] Dabei sind auch die Bedingungen für eine massedurchlässige (poröse) und eine wärmedurchlässige (diabate) Wand mitangegeben.

Grenzschichtvereinfachungen. Aufgrund des Prandtlschen Grenzschichtkonzepts soll die Dicke der Grenzschicht $\delta(x)$, abgesehen von der Stelle $x = 0$, an welcher die Grenzschicht beginnt, sowie deren unmittelbarer Umgebung, die Bedingung $\delta \ll x$ erfüllen. Diese Annahme findet auch seitens experimenteller Erkenntnisse ihre Rechtfertigung. Ist l eine charakteristische Körperlänge, z. B. nach Abb. 6.5 die Tiefe l eines profilierten Körpers, dann gilt wegen der geringen Ausdehnung der Grenzschicht normal zur Wand für die bezogenen Grenzschichtdicken $\delta_S/l \ll 1$ bzw. $\delta_T/l \ll 1$. Für die Koordinaten kann man somit die

[6] Auf die Möglichkeit, an der Wand die Wärmestromdichte vorzugeben, wird hingewiesen.

[7] Die Haftbedingung gilt nur so lange, als man das strömende Fluid als Kontinuum ansehen darf, was für Luft in Erdnähe auch bei großen Geschwindigkeiten noch zutrifft. Handelt es sich jedoch um Strömungsprobleme, die sich in großen Höhen abspielen, dann ist die Luft so stark verdünnt, daß die mittlere freie Weglänge der Gasmoleküle von der Größenordnung der Körperabmessung oder auch der Grenzschichtdicke ist. In solchen Fällen ist die Haftbedingung nicht mehr erfüllt; vielmehr muß jetzt anstelle des Haftens an der Wand eine entsprechende Gleitbewegung in die Theorie eingeführt werden.

Tabelle 6.1. Randbedingungen der Grenzschicht-Theorie

		Strömungsgrenzschicht ($0 \leqq y \leqq \delta_S$)			Temperaturgrenzschicht ($0 \leqq y \leqq \delta_T$)	
Wand ($y = 0$)		$u = 0$	Haftbedingung bei feststehender Wand		$T = T_w(x)$	Wandtemperatur
		$u = u_w(x)$	Haftbedingung bei bewegter Wand		$\varphi = \varphi_w(x)$	Wärmeübergang zwischen Wand und Fluid oder umgekehrt[a]
		$v = 0$	masseundurchlässige (nichtporöse) Wand		$\varphi = 0$	wärmeundurchlässige (adiabate) Wand
		$v = v_w(x)$	massedurchlässige (poröse) Wand		$\varphi = \varphi_w(x)$	wärmedurchlässige (diabate) Wand
		$v_w > 0$	ausblasende Wand Massenstrom: Wand → Fluid		$\varphi_w > 0$	heizende Wand Wärmestrom: Wand → Fluid
		$v_w < 0$	absaugende Wand Massenstrom: Fluid → Wand		$\varphi_w < 0$	kühlende Wand Wärmestrom: Fluid → Wand
Übergang ($y = \delta$)	$y = \delta_S(x)$	$u = u_a(x)$	Außengeschwindigkeit	$y = \delta_T(x)$	$T = T_a(x)$	Außentemperatur
		$\left(\frac{\partial u}{\partial y}\right)_a = 0$	Geschwindigkeits-Gradient		$\left(\frac{\partial T}{\partial y}\right)_a = 0$	Temperatur-Gradient

[a] Wärmestromdichte an der Wand $\varphi_w = -\lambda_w \left(\frac{\partial T}{\partial y}\right)_w$

Größenordnungen mit $x \sim l$ und $y \sim \delta_S$ bzw. $y \sim \delta_T$ abschätzen. Dies bedeutet für die Änderungen normal zur Wand bei dem Geschwindigkeitsprofil $\partial/\partial y \sim 1/\delta_S$ und bei dem Temperaturprofil $\partial/\partial y \sim 1/\delta_T$. Da sich sowohl die Geschwindigkeiten als auch die Temperaturen in der Grenzschicht im allgemeinen sehr viel stärker normal zur Wand (y-Richtung) als längs der Wand (x-Richtung) ändern, kann man bei den Ableitungen annehmen

$$\left|\frac{\partial}{\partial x}\right| \ll \left|\frac{\partial}{\partial y}\right| \sim \frac{1}{\delta_S} \qquad \text{(Geschwindigkeitsprofil, } 0 \leqq y \leqq \delta_S) \,, \qquad (6.8\text{a})^8$$

$$\left|\frac{\partial}{\partial x}\right| \ll \left|\frac{\partial}{\partial y}\right| \sim \frac{1}{\delta_T} \qquad \text{(Temperaturprofil, } 0 \leqq y \leqq \delta_T) \,. \qquad (6.8\text{b})^8$$

Im allgemeinen ist $\delta_T \neq \delta_S$, und zwar hängt, wie noch gezeigt wird, δ_T/δ_S im wesentlichen von der Prandtl-Zahl Pr ab. Durch das Abschätzen der Größenordnung nach (6.8) erfahren die Ausgangsgleichungen von Kap. 6.2.3.1 zur Berechnung der Geschwindigkeits- und Temperaturverteilungen in der Grenzschicht entscheidende Vereinfachungen. Die wesentlichste Aussage besteht nach (6.16b) darin, daß sich die Drücke an einem festgehaltenen Schnitt x innerhalb der Grenzschicht kaum ändern. Der Druck wird der Grenzschicht von außen aufgeprägt. Es gilt also in Ergänzung von (6.8a, b) für die Druckverteilung die Druckbedingung

$$p(x, y) \approx p(x, y = \delta) = p_a(x) \qquad \text{(Druckverteilung, } 0 \leqq y \leqq \delta) \,. \qquad (6.8\text{c})^9$$

Die sich aufgrund der Annahmen (6.8a, b, c) aus (6.5) und (6.6) ergebende Prandtlsche Grenzschichtgleichung stellt bei gegebenen Anfangs- und Randbedingungen an der Wand $y = 0$ sowie am Rand der Grenzschicht $y = \delta(x)$ die Grundlage für die weiteren Untersuchungen dar.

6.2.3.3 Stoffgesetze innerhalb der Grenzschicht

Die Kopplung der Gleichungen zur Berechnung der Strömungs- und Temperaturgrenzschicht erfolgt über die bei dem Strömungsvorgang beteiligten Stoffgrößen, wie die Dichte ϱ, die Viskosität η, die spezifische Wärmekapazität c_p und die Wärmeleitfähigkeit λ. Dies ist der Fall, wenn diese Größen mindestens von einer Veränderlichen, nämlich der Temperatur T abhängen. Wichtiger als bei einer Flüssigkeit ist das Zusammenwirken von Strömungs- und Temperaturgrenzschicht bei einem Gas. Drei der genannten Stoffgrößen kann man nach (6.3) in der Prandtl-Zahl $Pr = c_p\eta/\lambda$ zusammenfassen. Sie kann bei Gasen als druck- und temperaturunabhängig angenommen werden und besitzt näherungsweise den Wert $Pr = 1{,}0$, vgl. (1.38a, b).

Dichte. Unter normalen Bedingungen kann man eine Flüssigkeit nach (1.6) als dichtebeständig mit $\varrho/\varrho_b = 1{,}0$ annehmen, d. h. es ist $\varrho(x, y) = \text{const}$. Bei einem

---

[8] Als Profil wird die Änderung mit dem Wandabstand y bei $x = \text{const}$ und als Verteilung die Änderung mit der Lauflänge x bei $y = \delta(x)$ bezeichnet.

[9] Unter δ ist jeweils der größte Wert von δ_S oder δ_T zu verstehen.

idealen Gas besteht zwischen der Dichte ϱ, dem Druck p und der Temperatur T nach der thermischen Zustandsgleichung (1.7b) der Zusammenhang $p = \varrho R T$ mit R als spezifischer Gaskonstanten. Da der Druck nach (6.8c) an einer Stelle x innerhalb der Grenzschicht $0 \leqq y \leqq \delta$ unverändert gleich dem Außendruck $p(x, y) = p_a(x)$ ist, folgt aus der Zustandsgleichung innerhalb der Grenzschicht zwischen der Dichte und der Temperatur die Beziehung

$$\varrho(x, y) = \varrho_a(x) \frac{T_a(x)}{T(x, y)} \sim \frac{1}{T(x, y)} \qquad \text{(Gas)} \qquad (6.9\text{a, b})$$

mit ϱ_a, p_a, T_a als den Werten am Rand der Grenzschicht $y_a = \delta(x)$.

Viskosität. Während die Druckänderung eine vernachlässigbare Rolle spielt, muß die Temperaturänderung bei der dynamischen Viskosität $\eta = \eta(T)$ gemäß den Angaben in Kap. 1.2.3.2 beachtet werden. Bei bekannter Temperaturverteilung $T(x, y)$ kann man die zugehörigen Werte $\eta(x, y)$ für Flüssigkeiten und Gase aus Abb. 1.4 in Verbindung mit den Bezugswerten nach Tab. 1.1 ermitteln. Für ein Gas läßt sich die Temperaturabhängigkeit nach (1.14b) durch

$$\eta(x, y) = \eta_a(x) \left[\frac{T(x, y)}{T_a(x)}\right]^{\omega} \sim T(x, y) \qquad \text{(Gas)} \qquad (6.10\text{a, b})$$

mit $0{,}7 < \omega < 0{,}8$ angeben. In erster Näherung kann man $\omega \approx 1{,}0$ setzen und erhält so das lineare Temperaturgesetz für die Viskosität.

Wärmekapazität. Für ein thermisch ideales Gas hängt die spezifische Wärmekapazität nur von der Temperatur ab, $c_p = c_p(T)$, vgl. Tab. C.1 auf S. XVIII. Meistens kann man den Temperatureinfluß vernachlässigen und mit

$$c_p(x, y) \approx c_p = \text{const} \qquad \text{(Gas)} \qquad (6.11)$$

rechnen.

Wärmeleitfähigkeit. Ähnlich wie die dynamische Viskosität η ist auch die Wärmeleitfähigkeit gemäß den Angaben in Kap. 1.2.5.3 nur von der Temperatur abhängig, $\lambda = \lambda(T)$. Unter Einführen der Prandtl-Zahl Pr nach (6.3) gilt

$$\lambda(x, y) = \frac{c_p}{Pr} \eta(x, y), \qquad \lambda(x, y) = c_p \eta(x, y) \qquad (Pr = 1)\,. \qquad (6.12\text{a, b})$$

Bei der vorausgesetzten konstanten Wärmekapazität $c_p = \text{const}$ sowie bei Annahme konstanter Prandtl-Zahl $Pr = \text{const}$, was für ein Gas im Temperaturbereich $50\,\text{K} < T < 1500\,\text{K}$ mit $Pr \approx 1$ nach Tab. 1.1 sehr gut zutrifft, ist die Wärmeleitfähigkeit proportional der dynamischen Viskosität

$$\lambda(x, y) \sim \eta(x, y) \qquad (c_p = \text{const}, Pr = \text{const})\,. \qquad (6.12\text{c})$$

Hinsichtlich ihrer Abhängigkeit von der Temperatur gilt also sinngemäß (6.10).

6.3 Grenzschichtströmung an festen Wänden

6.3.1 Einführung

Dies Kapitel befaßt sich mit Strömungs- und Temperaturgrenzschichten, die sich an umströmten festen Wänden ausbilden. Die Beschaffenheit der Körperoberfläche (glatt, rauh, masse- oder wärmedurchlässig u. a. m., vgl. Tab. 6.1) bestimmt die Randbedingungen an der Wand, die jeweils zu erfüllen sind. Als wichtigste ist die Haftbedingung anzusehen. Besondere Bedeutung kommt der Strömung am Außenrand der Grenzschicht zu. Diese Außenströmung kann in Strömungsrichtung beschleunigt, gleichförmig oder verzögert verlaufen. Dadurch können in Strömungsrichtung Bereiche mit Druckabfall, Gleichdruck oder Druckanstieg auftreten, wobei im letzteren Fall die Strömungsgrenzschicht zur Ablösung kommen kann.

Im einzelnen befassen sich Kap. 6.3.2 mit der laminaren und Kap. 6.3.3 mit der turbulenten Grenzschicht an festen Wänden. Dabei stellt die längsangeströmte ebene Platte jeweils den Sonderfall mit Gleichdruck dar. Während in den genannten Kapiteln die differentielle Darstellung besprochen wird, betrifft Kap. 6.3.4 die Integralverfahren der Grenzschicht-Theorie, aus denen sowohl für die laminare als auch für die turbulente Grenzschicht einfach zu handhabende Näherungsverfahren entwickelt werden. Einigen Fragen der Strömungsablösung ist Kap. 6.3.5 gewidmet.

6.3.2 Laminare Grenzschichten an festen Wänden

6.3.2.1 Grenzschichtgleichungen der laminaren ebenen Scherströmung

Die Ausführungen dieses Kapitels beziehen sich auf die ebene laminare Grenzschichtströmung mit dem Koordinatensystem x, y nach Abb. 6.5, während die drehsymmetrische Grenzschichtströmung in Kap. 6.3.2.5 Abschn. a besprochen wird. Auf das Schrifttum über laminare Grenzschichten in Buchform, Abschnitt C der Bibliographie am Ende dieses Buches, sowie auf den Handbuchbeitrag von Howarth [50] sei hingewiesen.

a) Strömungsgrenzschicht

Ausgangsgleichungen. Nach (6.5a) und (6.5b) lautet die Bewegungsgleichung bei laminarer Strömung eines inhomogenen Fluids ($\varrho \neq \text{const}$, $\eta \neq \text{const}$)[10]

$$\frac{\partial \varrho}{\partial t} + \frac{\partial(\varrho u)}{\partial x} + \frac{\partial(\varrho v)}{\partial y} = \frac{\partial \varrho}{\partial t} + u\frac{\partial \varrho}{\partial x} + v\frac{\partial \varrho}{\partial y} + \varrho\left(\underline{\frac{\partial u}{\partial x}} + \underline{\frac{\partial v}{\partial y}}\right) = 0\,, \tag{6.13a}$$

$$\varrho\left(\frac{\partial u}{\partial t} + \underline{u\frac{\partial u}{\partial x}} + \underline{v\frac{\partial u}{\partial y}}\right) = -\frac{\partial p}{\partial x} + \frac{2}{3}\underline{\frac{\partial}{\partial x}}\left[\eta\left(2\underline{\frac{\partial u}{\partial x}} - \underline{\frac{\partial v}{\partial y}}\right)\right]$$
$$+ \underline{\frac{\partial}{\partial y}}\left[\eta\left(\underline{\frac{\partial u}{\partial y}} + \frac{\partial v}{\partial x}\right)\right], \tag{6.13b}$$

[10] Für ein homogenes Fluid gilt (2.121) mit $\nu = \eta/\varrho$.

$$\varrho\left(\frac{\partial v}{\partial t}+\underline{u}\frac{\partial v}{\partial x}+\underline{v}\frac{\partial v}{\partial y}\right)=-\frac{\partial p}{\partial y}+\frac{2}{3}\frac{\partial}{\partial y}\left[\eta\left(2\frac{\partial v}{\partial y}-\frac{\partial u}{\partial x}\right)\right]$$
$$+\frac{\partial}{\partial x}\left[\eta\left(\frac{\partial u}{\partial y}+\frac{\partial v}{\partial x}\right)\right]. \qquad (6.13c)$$

Für eine feststehende und masseundurchlässige (nichtporöse) Wand gilt nach Tab. 6.1 die kinematische Randbedingung, vgl. (6.7a),

$$u(t,x,0)=0=v(t,x,0) \qquad (\text{Wand},\ y=0)\,. \qquad (6.13d)$$

Abschätzen der Größenordnungen. Zunächst folgt aus der Kontinuitätsgleichung (6.13a), daß $\partial u/\partial x$ und $\partial v/\partial y$ von gleicher Größenordnung sind. Dies wird verständlich, wenn man beachtet, daß die Kontinuitätsgleichung auch für die Strömung mit $\varrho=$ const erhalten bleiben muß. Die Grenzschichtvereinfachung (6.8a) führt für die Geschwindigkeitsgradienten in der Grenzschicht in Verbindung mit (6.13a) zu den Abschätzungen

$$\left|\frac{\partial}{\partial y}\right|\gg\left|\frac{\partial}{\partial x}\right|,\quad\left|\frac{\partial u}{\partial y}\right|\gg\left|\frac{\partial u}{\partial x}\right|\approx\left|\frac{\partial v}{\partial y}\right|\gg\left|\frac{\partial v}{\partial x}\right| \qquad (0\leqq y\leqq\delta_S)\,. \qquad (6.14a,b)$$

Die Größenordnungen sind durch Unterstreichungen besonders gekennzeichnet, und zwar ein sehr großer Ausdruck durch eine ausgezogene, ein mittelgroßer Ausdruck durch eine gestrichelte und ein sehr kleiner Ausdruck durch eine punktierte Linie. Durch Integration der Ausdrücke $\partial u/\partial y$ und $\partial v/\partial y$ über y wird zunächst

$$\int_0^y\frac{\partial u}{\partial y}\,dy=u(t,x,y)-u(t,x,0),\qquad\int_0^y\frac{\partial v}{\partial y}\,dy=v(t,x,y)-v(t,x,0)\,.$$

Wegen der Randbedingung an einer feststehenden, nichtporösen Wand nach (6.13d) ist $u(t,x,0)=0=v(t,x,0)$, so daß sich unter Berücksichtigung von (6.14b) für die Geschwindigkeitskomponenten selbst die Abschätzung

$$|v|\ll|u| \qquad (0\leqq y\leqq\delta_S) \qquad (6.14c)$$

angeben läßt.[11]

Für die geschwindigkeitsbehafteten Glieder in den Impulsgleichungen (6.13b, c) sind die Größenordnungen durch die vereinbarten Unterstreichungen vermerkt. Von den lokalen Beschleunigungen $\partial u/\partial t$ und $\partial v/\partial t$ sei angenommen, daß sie von gleicher Größenordnung wie die zugehörigen konvektiven Beschleunigungen sind.[12] Die Impulsgleichungen lassen sich durch Einführen der Komponenten für die Trägheits-, Druck- und Zähigkeitskraft in der Kurzform folgendermaßen anschreiben:[13]

$$\underline{F_{Ex}}+\underline{F_{Px}}+\underline{F_{Zx}}=0,\qquad F_{Ey}+F_{Py}+F_{Zy}=0\,. \qquad (6.15a,b)$$

Es sind F_{Ex}, F_{Ey} die Komponenten der Trägheitskraft (negative Ausdrücke der linken Seite von (6.13b, c)), F_{Px}, F_{Py} die Komponenten der Druckkraft und F_{Zx}, F_{Zy} die Komponenten der Zähigkeitskraft.

Die Gegenüberstellung von (6.15a, b) zeigt durch Vergleich der unterstrichenen Glieder in (6.13b, c), daß $|F_{Ey}|\ll|F_{Ex}|$ und $|F_{Zy}|\ll|F_{Zx}|$ ist, d. h. die Kraftkomponenten sind in y-Richtung wesentlich kleiner als in x-Richtung. Diese Erkenntnis ist in (6.15a, b) durch unterschiedliches Unterstreichen gekennzeichnet. Wenn man jetzt davon ausgeht, daß die Komponenten der Trägheits-, Druck- und Zähigkeitskraft jeweils von gleichen Größenordnungen sein können, dann folgt für den Vergleich der Druckkraftkomponenten ebenfalls $|F_{Py}|\ll|F_{Px}|$. Nach Einsetzen der Ausdrücke für die Druckkraft

---

[11] Hierbei wird vorausgesetzt, daß $\partial u/\partial y$ bzw. $\partial v/\partial y$ in den betrachteten Integrationsbereichen ihre Vorzeichen nicht ändern.

[12] Stark instationäre Vorgänge in Grenzschichten können nur mit der vollständigen Navier-Stokesschen Bewegungsgleichung beschrieben werden.

[13] In (6.13b, c) stellen die einzelnen Größen Kraftdichten in N/m^3 dar.

nach (6.13b, c) gilt also folgendes Verhalten:

$$\left|\frac{\partial p}{\partial x}\right| \gg \left|\frac{\partial p}{\partial y}\right| \approx 0 \quad \text{(Druckbedingung)}\,, \tag{6.16a}$$

$$p(t, x, y) \approx p(t, x) = p_a(t, x) \qquad (0 \leqq y \leqq \delta_S)\,. \tag{6.16b}$$

Dies nennt man die Druckbedingung der Grenzschicht-Theorie. Sie besagt, daß innerhalb der Grenzschicht der Druck näherungsweise unabhängig vom Wandabstand y ist. Er darf demnach über den Querschnitt $x = \text{const}$ als unveränderlich angesehen und gleich dem am äußeren Rand der Strömungsgrenzschicht $y = \delta_S$ bestimmten Wert der reibungslosen Strömung $p_a(t, x)$ gesetzt werden, (6.16b). Der Druck tritt somit als eine von der äußeren Strömung aufgeprägte bekannte Größe auf. Er ist lediglich von der Längskoordinate x und bei instationärer Strömung noch von der Zeit t abhängig. Für die Strömung eines viskosen Fluids ist nach (2.115b) die Spannung normal zur Wand

$$\sigma_{yy} = -p + 2\eta\frac{\partial v}{\partial y} = -p - 2\eta\left[\frac{\partial u}{\partial x} + \frac{1}{\varrho}\left(u\frac{\partial \varrho}{\partial x} + v\frac{\partial \varrho}{\partial y}\right)\right] = -p \quad (y = 0)\,. \tag{6.16c}$$

Für den Fall stationärer Strömung wurde $\partial v/\partial y$ nach (6.13a) eingesetzt. Da an der Wand nach (6.13d) sowohl $u = 0 = v$ als auch $\partial u/\partial x = 0$ ist, gilt für den Druck an der Wand die letzte Beziehung, d. h. dort ist die Normalspannung σ_{yy} gleich dem negativen Wert des Drucks p. Damit ist gezeigt, daß bei stationärer Strömung die Viskosität auf die Normalspannung an einer festen und masseundurchlässigen Wand keinen Einfluß hat.

Grenzschichtgleichung. Das Ergebnis über das Verhalten des Drucks in der Grenzschicht bedeutet, daß der Aussagewert der Impulsgleichung normal zur umströmten Wand (6.13c) erschöpft ist. Diese Gleichung braucht also für die weitere Grenzschichtrechnung nicht mehr herangezogen zu werden. Die Grenzschichtgleichung besteht nurmehr aus (6.13a) und (6.13b), wobei letztere mit den besprochenen Grenzschichtvereinfachungen anzuschreiben ist. Zur Berechnung der laminaren Strömungsgrenzschicht erhält man so bei instationärer ebener Strömung das Gleichungssystem

$$\left.\begin{aligned} &\text{(I)} \quad \frac{\partial \varrho}{\partial t} + \frac{\partial(\varrho u)}{\partial x} + \frac{\partial(\varrho v)}{\partial y} = 0\,, && \text{(6.17a)}\\ &\text{(II)} \quad \varrho\left(\frac{\partial u}{\partial t} + u\frac{\partial u}{\partial x} + v\frac{\partial u}{\partial y}\right) = -\frac{\partial p}{\partial x} + \frac{\partial}{\partial y}\left(\eta\frac{\partial u}{\partial y}\right) && \text{(6.17b)}\end{aligned}\right\}\ \text{(inhomogen)}$$

mit der Randbedingung an der Wand nach (6.13d) oder gegebenenfalls nach Tab. 6.1. Am Rand der Strömungsgrenzschicht (äußere Strömung $y = \delta_S(t, x)$, Index a) ist $u(t, x, \delta_S) = u_a(t, x)$. Weiterhin soll das Geschwindigkeitsprofil der Grenzschicht ohne Knick in die Außenströmung übergehen, d. h., es muß $(\partial u/\partial y)_a = 0$ sein (Übergangsbedingung), vgl. Tab. 6.1. So erhält man aus (6.17b) für den über einen Schnitt $x = \text{const}$ unveränderlichen Druckgradienten $\partial p/\partial x = \partial p_a/\partial x$

$$\frac{\partial p_a}{\partial x} = -\varrho_a\left(\frac{\partial u_a}{\partial t} + u_a\frac{\partial u_a}{\partial x}\right) \text{ (instationär)}, \quad \frac{dp_a}{dx} = -\varrho_a u_a\frac{du_a}{dx} \text{ (stationär)}\,. \tag{6.18a, b}$$

Mit ϱ_a wird die Dichte am Rand der Grenzschicht bezeichnet. Gl. (6.18b) gilt mit $\partial/\partial t = 0$ und $\partial/\partial x = d/dx$ für den Fall stationärer Strömung. Unter der Annahme, daß die Stoffgrößen ϱ und η bekannt und die Druckverteilung $p_a(t, x) = p(t, x)$ bzw. die Geschwindigkeitsverteilung der Außenströmung $u_a(t, x)$ gegeben sind, stellt

(6.17) ein Gleichungssystem für die Geschwindigkeitskomponenten $u(t, x, y)$ und $v(t, x, y)$ dar. Sind dagegen ϱ und η nicht gegeben, so müssen die Stoffgesetze nach Kap. 6.2.3.3. in Verbindung mit der Gleichung für die Temperaturgrenzschicht herangezogen werden.

Für ein homogenes Fluid ($\varrho = \text{const}$, $\eta = \text{const}$) geht (6.17) in das Gleichungssystem

$$\left.\begin{aligned} &\text{(I)} \quad \frac{\partial u}{\partial x} + \frac{\partial v}{\partial y} = 0, && (6.19\text{a}) \\ &\text{(II)} \quad \frac{\partial u}{\partial t} + u\frac{\partial u}{\partial x} + v\frac{\partial u}{\partial y} = \frac{\partial u_a}{\partial t} + u_a\frac{\partial u_a}{\partial x} + \nu\frac{\partial^2 u}{\partial y^2} && (6.19\text{b}) \end{aligned}\right\} \text{(homogen)}$$

über. Als neue Stoffgröße tritt die kinematische Viskosität $\nu = \eta/\varrho = \text{const}$ auf. Die Geschwindigkeit $u_a(t, x)$ wird der äußeren reibungslosen Strömung (Potentialströmung) entnommen und ist somit als gegeben anzusehen. Damit genügen die gekoppelten partiellen Differentialgleichungen (6.19a, b) in Verbindung mit den Randbedingungen nach Tab. 6.1 zur Bestimmung der beiden Geschwindigkeitsverteilungen $u(t, x, y)$ und $v(t, x, y)$ in der Strömungsgrenzschicht.

Aus $u(x, y)$ kann gemäß (1.11) die Schubspannung $\tau = \eta(\partial u/\partial y)$ und insbesondere die Wandschubspannung $\tau_w = \tau(x, 0)$ berechnet werden. Führt man die Schubspannung in (6.17b) ein, so kann man verallgemeinert bei stationärer Strömung auch schreiben

$$\text{(II)} \quad \varrho\left(u\frac{\partial u}{\partial x} + v\frac{\partial u}{\partial y}\right) = -\frac{dp}{dx} + \frac{\partial \tau}{\partial y} \quad (dp/dx = dp_a/dx)\,. \qquad (6.20)^{14}$$

Hierin stellen die einzelnen Glieder der Reihe nach die (negative) Trägheits-, Druck- und Schubspannungskraft in x-Richtung dar.

Die Beziehungen (6.19a) und (6.20) kann man auch als Gleichungen für die turbulente Strömungsgrenzschicht ansehen, wenn man in ihnen die durch den Turbulenzmechanismus hervorgerufenen gemittelten Schwankungsgrößen berücksichtigt, vgl. (6.96b).

b) Temperaturgrenzschicht

Ausgangsgleichung. Neben dem Gleichungssystem für die Strömungsgrenzschicht, z. B. nach (6.17), gilt die Wärmetransportgleichung (6.6). Sie lautet für die ebene laminare Strömung eines inhomogenen Fluids (Gas, $\alpha = 1$), vgl. (2.207),

$$\varrho c_p \frac{dT}{dt} = \frac{dp}{dt} + \underline{\underline{\frac{\partial}{\partial x}}}\left(\lambda \underline{\underline{\frac{\partial T}{\partial x}}}\right) + \underline{\frac{\partial}{\partial y}}\left(\lambda \underline{\frac{\partial T}{\partial y}}\right) + \eta \operatorname{diss} \boldsymbol{v} \quad \text{(inhomogen)}\,. \qquad (6.21\text{a})$$

Die Ausdrücke dT/dt und dp/dt bedeuten substantielle Änderungen, für die $d/dt = \partial/\partial t + u(\partial/\partial x) + v(\partial/\partial y)$ gilt. Weiterhin stellt diss $\boldsymbol{v}$ die Dissipationsfunktion

---

14 Diese Formel läßt sich auch aus einer einfachen Kräftebilanz in x-Richtung herleiten.

(Reibungsarbeit) nach (6.6b) mit

$$\operatorname{diss} \boldsymbol{v} = 2\left[\left(\frac{\partial u}{\partial x}\right)^2 + \left(\frac{\partial v}{\partial y}\right)^2\right] + \left(\frac{\partial v}{\partial x} + \frac{\partial u}{\partial y}\right)^2 - \frac{2}{3}\left(\frac{\partial u}{\partial x} + \frac{\partial v}{\partial y}\right)^2 > 0 \qquad (6.21\text{b})$$

dar. Die Größe $\operatorname{diss} \boldsymbol{v}$ enthält nur Größen der Strömungsgrenzschicht.

Abschätzen der Größenordnungen. In gleicher Weise wie bei du/dt, linke Seite von (6.13b), kann bei dT/dt keine Grenzschichtvereinfachung vorgenommen werden, während dies bei dp/dt möglich ist; wegen (6.14c) und (6.16a) ist

$$\left|u \frac{\partial p}{\partial x}\right| \gg \left|v \frac{\partial p}{\partial y}\right| \qquad (0 \leqq y \leqq \delta) . \qquad (6.22\text{a})^{15}$$

Für die mit λ behafteten Glieder der Wärmeleitung findet man unter Beachtung von (6.8b) analog zu (6.14a)

$$\left|\frac{\partial T}{\partial y}\right| \gg \left|\frac{\partial T}{\partial x}\right| \qquad (0 \leqq y \leqq \delta_T) , \qquad (6.22\text{b})$$

was bedeutet, daß das zweite Glied auf der rechten Seite von (6.21a) gestrichen werden kann. Die Dissipationsfunktion $\operatorname{diss} \boldsymbol{v}$ läßt sich durch Einführen von (6.14b) in (6.21b) erheblich vereinfachen. Die verschiedenen Größenordnungen sind wieder durch Unterstreichen gekennzeichnet, und man erhält

$$\eta \operatorname{diss} \boldsymbol{v} = \eta \left(\frac{\partial u}{\partial y}\right)^2 = \tau \frac{\partial u}{\partial y} > 0 \qquad (0 \leqq y \leqq \delta) , \qquad (6.22\text{c})$$

wobei nach (1.11) die Schubspannung $\tau = \eta(\partial u/\partial y)$ eingesetzt wurde.

Grenzschichtgleichung. Nach Berücksichtigung der gefundenen Vereinfachungen folgt aus (6.21a) die Gleichung für die Temperaturgrenzschicht eines inhomogenen Fluids (Gas, $\alpha = 1$)

$$\text{(III)} \quad \varrho c_p \left(\frac{\partial T}{\partial t} + u \frac{\partial T}{\partial x} + v \frac{\partial T}{\partial y}\right) = \frac{\partial p}{\partial t} + u \frac{\partial p}{\partial x} + \frac{\partial}{\partial y}\left(\lambda \frac{\partial T}{\partial y}\right) + \eta \left(\frac{\partial u}{\partial y}\right)^2$$

(inhomogen) (6.23)

mit der Randbedingung an der Wand nach (6.7b) oder gegebenenfalls nach Tab. 6.1. Am Rand der Temperaturgrenzschicht ($y = \delta_T(t, x)$, Index a) ist $T(t, x, \delta_T) = T_a(t, x)$. Weiterhin soll das Temperaturprofil ohne Knick in die Außentemperatur übergehen, d. h. es muß $(\partial T/\partial y)_a = 0$ sein (Übergangsbedingung), vgl. Tab. 6.1. So erhält man aus (6.23) für den Zusammenhang von Druck und Temperatur am Rand der Grenzschicht

$$\frac{\partial p_a}{\partial t} + u_a \frac{\partial p_a}{\partial x} = \varrho_a c_p \left(\frac{\partial T_a}{\partial t} + u_a \frac{\partial T_a}{\partial x}\right) \quad \text{(instationär)} . \qquad (6.24\text{a})$$

Bei stationärem Strömungsvorgang gilt mit $\partial/\partial t = 0$ und $\partial/\partial x = d/dx$ in Verbindung mit (6.18b) zwischen dem Druck, der Geschwindigkeit und der Temperatur am Rand der Grenzschicht der Zusammenhang

$$\frac{dp_a}{dx} = -\varrho_a u_a \frac{du_a}{dx} = \varrho_a c_p \frac{dT_a}{dx}, \quad \frac{u_a^2}{2} + c_p T_a = \text{const} \qquad \text{(stationär)} . \quad (6.24\text{b})$$

[15] Vgl. Fußnote 9, S. 282.

Die letzte Beziehung stellt die über x integrierte Form der Energiegleichung der Thermo-Fluidmechanik gemäß (2.191b) dar. Sie gilt nach Voraussetzung für eine reibungslose, adiabat verlaufende Strömung eines dichteveränderlichen Fluids ($\varrho_a \neq$ const).

Für die stationäre Strömung eines homogenen Fluids (Flüssigkeit, $\alpha = 0$) erhält man aus (6.6) nach Einführen der Grenzschichtvereinfachungen analog zu (6.23)

$$\text{(III)} \quad \varrho c_p \left(u \frac{\partial T}{\partial x} + v \frac{\partial T}{\partial y} \right) = \lambda \frac{\partial^2 T}{\partial y^2} + \eta \left(\frac{\partial u}{\partial y} \right)^2 \qquad (\text{homogen, } dp/dx \lesseqgtr 0). \tag{6.25}$$

Diese für eine Flüssigkeit gültige Formel unterscheidet sich gegenüber der für ein Gas gültigen Formel (6.23) dadurch, daß der Druckeinfluß nicht auftritt. Auch in den Randbedingungen ist ein entscheidender Unterschied zu beachten. Während an der Wand ($y = 0$) die Angaben in Tab. 6.1 unverändert gelten, ist am Rand der Temperaturgrenzschicht $y = \delta_T(x)$ die Außentemperatur $T_a(x)$ nicht frei wählbar. Wegen der Übergangsbedingung $(\partial/\partial y)_a = 0$ folgt aus (6.25) die Zwangsbedingung

$$\frac{dT_a}{dx} = 0, \qquad T_a(x) = \text{const} \qquad (\text{stationär, homogen})\,. \tag{6.26a, b}$$

Für die stationäre Strömung des homogenen Fluids sind die Geschwindigkeitskomponenten $u(x, y)$ und $v(x, y)$ nach (6.19a, b) bekannt, so daß man die Temperaturverteilung $T(x, y)$ unmittelbar aus (6.25) berechnen kann.

Mittels des Ansatzes für die Wärmestromdichte nach (1.33) mit $\varphi = -\lambda(\partial T/\partial y)$ und für die Schubspannung nach (1.11) mit $\tau = \eta(\partial u/\partial y)$ kann man für (6.23) verallgemeinert bei stationärer Strömung auch schreiben

$$\text{(III)} \quad \varrho c_p \left(u \frac{\partial T}{\partial x} + v \frac{\partial T}{\partial y} \right) = u \frac{dp}{dx} - \frac{\partial \varphi}{\partial y} + \tau \frac{\partial u}{\partial y} \quad (dp/dx = dp_a/dx)\,. \tag{6.27}$$

Hierin stellen die einzelnen Glieder der Reihe nach die Konvektions-, Kompressions-, Konduktions- (Leitungs-) und Reibungswärme dar.

Die Beziehung (6.27) kann man auch als Gleichung für die turbulente Temperaturgrenzschicht ansehen, wenn man in ihr die durch den Turbulenzmechanismus hervorgerufenen gemittelten Schwankungsgrößen berücksichtigt, vgl. (6.99).

c) Kopplung von Strömungs- und Temperaturgrenzschicht

Das für die Strömungsgrenzschicht mit (I) und (II) in (6.17a, b) angegebene Gleichungssystem wird durch die für die Temperaturgrenzschicht mit (III) gekennzeichnete Gleichung (6.23) ergänzt. Bei bekannten Stoffgesetzen für ϱ, η, c_p und λ nach Kap. 6.2.3.3 sowie bei vorgegebener Druck- und Temperaturverteilung der Außenströmung $p_a(t, x)$ bzw. $T_a(t, x)$ stellen die genannten Formeln drei Gleichungen für die Geschwindigkeitskomponenten $u(t, x, y)$, $v(t, x, y)$ und die Temperatur $T(t, x, y)$ dar. Während sich bei einem homogenen Fluid die Strömungsgrenzschicht nach (6.19) ohne Kenntnis der Temperaturgrenzschicht berechnen läßt, muß bei der Ermittlung der Temperaturgrenzschicht nach (6.25) die Strömungsgrenzschicht nach (6.19) bekannt sein.

Bei den Gleichungssystemen zur Berechnung der Strömungs- und Temperaturgrenzschicht handelt es sich um gekoppelte partielle Differentialgleichungen, deren geschlossene Lösung nur in einigen wenigen Fällen möglich ist. Man ist daher in besonderem Maß auf die Anwendung numerischer Methoden angewiesen. Einen Übersichtsbericht hierüber gibt Krause [60]. Ohne zunächst auf die Integration der Gleichungen einzugehen, lassen sich aus ihnen bereits einige wesentliche Erkenntnisse und Folgerungen der Grenzschicht-Theorie gewinnen.

6.3.2.2 Folgerungen aus den Grenzschichtgleichungen

a) Geschwindigkeitsprofil

In Abb. 6.6 sind einige denkbare Geschwindigkeitsverteilungen in der Strömungsgrenzschicht (Geschwindigkeitsprofile) dargestellt. Sie erfüllen jeweils die Haftbedingung bei $y = 0$ und die Übergangsbedingung bei $y = \delta_S$ nach Tab. 6.1. Wegen der Übergangsbedingung am Rand der Strömungsgrenzschicht $y = \delta_S$ besitzen alle Geschwindigkeitsprofile die gleiche konvexe Krümmung (konvex im Sinn der x-Achse, gestrichelt dargestellt), d. h. $(\partial^2 u/\partial y^2)_a < 0$. Für Punkte an der Wand ($y = 0$, Index w) folgt im Fall stationärer Strömung an einer massedurchlässigen (porösen) feststehenden Wand mit $u_w = 0 \neq v_w$ nach (6.17b) die Beziehung

$$\eta_w \left(\frac{\partial^2 u}{\partial y^2}\right)_w = \frac{dp}{dx} - \left(\frac{\partial \eta}{\partial y}\right)_w \left(\frac{\partial u}{\partial y}\right)_w + \varrho_w v_w \left(\frac{\partial u}{\partial y}\right)_w . \tag{6.28}$$

Diese als Wandbindung der Strömungsgrenzschicht bekannte Beziehung gibt über die Krümmung des Geschwindigkeitsprofils $(\partial^2 u/\partial y^2)_w$ in Wandnähe ($y \to 0$) Auskunft. Sie gilt gleichermaßen für laminare und turbulente Strömung, da unmittelbar an der Wand die turbulente Schwankungsbewegung erlischt und dort nur die viskose Unterschicht wirksam ist.

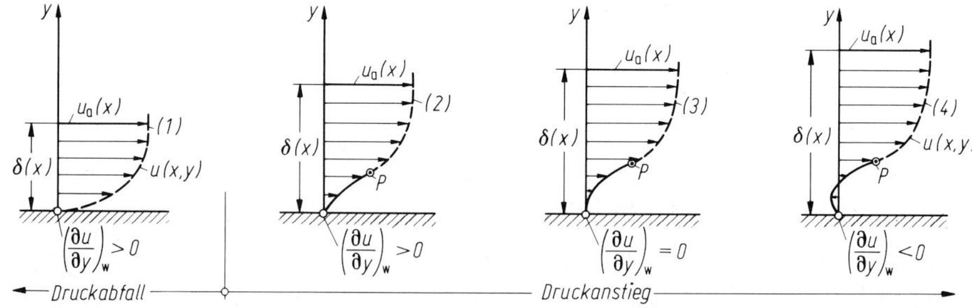

Abb. 6.6. Mögliche Geschwindigkeitsprofile in der Grenzschicht in einem Schnitt $x = \text{const}$; am Rand der Grenzschicht ist $(\partial u/\partial y)_a = 0$, $(\partial^2 u/\partial y^2)_a < 0$. (*1*) Wendepunktfrei: bei Druckabfall $dp_a/dx < 0$ und Gleichdruck $dp_a/dx = 0$ mit $(\partial u/\partial y)_w > 0$, $(\partial^2 u/\partial y^2)_w \leqq 0$. (*2*) Wendepunktbehaftet: bei mäßigem Druckanstieg $dp_a/dx > 0$ mit $(\partial u/\partial y)_w > 0$, $(\partial^2 u/\partial y^2)_w > 0$. (*3*) Wendepunktbehaftet: bei Druckanstieg $dp_a/dx > 0$ mit $(\partial u/\partial y)_w = 0$, $(\partial^2 u/\partial y^2)_w > 0$, beginnende Strömungsablösung (Ablösungspunkt). (*4*) Wendepunktbehaftet: bei Druckanstieg $dp_a/dx > 0$ mit $(\partial u/\partial y)_w < 0$, $(\partial^2 u/\partial y^2)_w > 0$, abgelöste Grenzschicht mit Rückströmung in Wandnähe, $u < 0$

Einfluß des Druckgradienten. Nach (6.28) gilt bei Nichtberücksichtigen des Einflusses der Temperaturabhängigkeit der Viskosität für eine masseundurchlässige Wand mit $dp/dx = dp_a/dx$ (1. Wandbindung)

$$\eta_w \left(\frac{\partial^2 u}{\partial y^2}\right)_w = \frac{dp_a}{dx} = -\varrho_a u_a \frac{du_a}{dx} \lesseqgtr 0 \quad (\eta = \text{const}) , \tag{6.29a, b}$$

wobei die letzte Beziehung aus (6.18b) folgt. Je nach Art der von der Wandkrümmung hervorgerufenen Geschwindigkeits- oder Druckverteilung der Außenströmung $u_a(x)$ bzw. $p_a(x)$ kann man drei Fälle unterscheiden:

1) Bei Druckabfall in Strömungsrichtung $dp_a/dx < 0$ bzw. bei beschleunigter Strömung $du_a/dx > 0$ (z. B. auf der Vorderseite eines umströmten Körpers) wird $(\partial^2 u/\partial y^2)_w < 0$, was bedeutet, daß das Geschwindigkeitsprofil der Grenzschicht an der Wand nach Abb. 6.6, Bild 1, konvex im Sinn der x-Achse gekrümmt ist. Das Geschwindigkeitsprofil ist wegen der überall gleichen Krümmung (gestrichelte Kurve) wendepunktfrei. 2) Bei Gleichdruck $dp_a/dx = 0$ bzw. bei gleichförmiger Strömung $du_a/dx = 0$ (z. B. Strömung längs einer ebenen Platte) ist $(\partial^2 u/\partial y^2)_w = 0$. Das zugehörige Geschwindigkeitsprofil ist wie in Bild 1 ebenfalls wendepunktfrei, wobei sich der Wendepunkt bei $y = 0$ befindet. 3) Bei Druckanstieg in Strömungsrichtung $dp_a/dx > 0$ bzw. bei verzögerter Strömung $du_a/dx < 0$ (z. B. auf der Rückseite eines umströmten Körpers) ist $(\partial^2 u/\partial y^2)_w > 0$ und damit das Geschwindigkeitsprofil an der Wand nach Bild 2 bis Bild 4 konkav im Sinn der x-Achse gekrümmt (ausgezogene Kurve). Diese Geschwindigkeitsprofile besitzen wegen der sich von der Wand $y = 0$ bis zur Außenströmung $y = \delta_S$ ändernden Krümmung in einem bestimmten Abstand von der Wand einen Wendepunkt (P).

Nach Abb. 6.6 ist bei Druckabfall und Gleichdruck der Geschwindigkeitsgradient an der Wand gemäß Bild 1 immer $(\partial u/\partial y)_w > 0$, während bei Druckanstieg nach Bild 4 auch $(\partial u/\partial y)_w < 0$ auftreten kann. Der Fall $(\partial u/\partial y)_w = 0$ nach Bild 3 stellt somit die Grenze zwischen Vor- und Rückströmung in der Grenzschicht dar. Rückströmung bedeutet Ablösung der Grenzschicht von der umströmten Körperwand. Sie kann sich nur bei Druckanstieg der Außenströmung einstellen und wird durch die Bedingung

$$\tau_w = \eta_w \left(\frac{\partial u}{\partial y}\right)_w = 0 \qquad (\text{beginnende Ablösung, } dp_a/dx > 0) \tag{6.30}$$

gekennzeichnet. Die Stelle, bei der sich dies Verhalten einstellt, definiert man als die Lage des Ablösungspunkts der Grenzschicht (A). Zu ihrer genauen Bestimmung ist die Integration der Grenzschicht-Differentialgleichung erforderlich, worüber in diesem Kapitel noch nicht berichtet wird.

Die gefundenen Zusammenhänge sind in Abb. 6.7 schematisch für eine Profilumströmung dargestellt. Aufgetragen ist der Druckverlauf längs der Körperkontur $p_a(x)$, wobei das Geschwindigkeitsmaximum der Außenströmung dem Druckminimum entspricht. Weiterhin sind einige Geschwindigkeitsprofile der Strömungsgrenzschicht eingezeichnet. Das der Bedingung (6.30) gehorchende Profil befindet sich an der Stelle A. Die Linie $\overline{AB}$ stellt die Trennungslinie zwischen Vor- und Rückströmung dar.

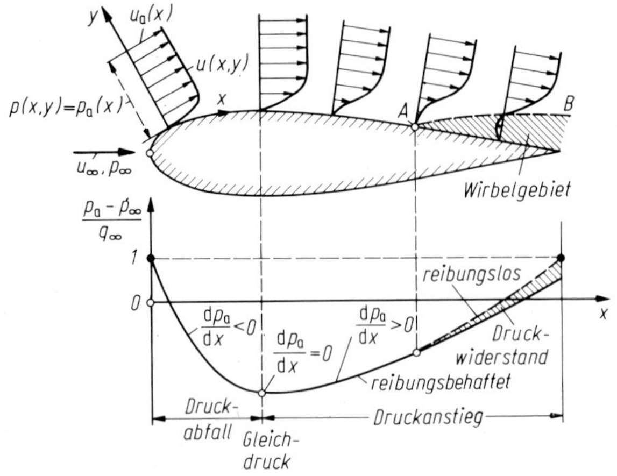

Abb. 6.7. Geschwindigkeitsprofile in der laminaren Grenzschicht eines umströmten Körpers (schematisch gezeichnet), Einfluß der Druckverteilung (Druckabfall, Gleichdruck, Druckanstieg) der Außenströmung, $p_a(x) = p(x, y)$ für $0 \leqq y \leqq \delta_S(x)$, $q_\infty = (\varrho_\infty/2)u_\infty^2$ (*A*) beginnende Ablösung

Einfluß eines Wärmeübergangs an der Wand. Wegen $(\partial\eta/\partial y)_w = (\partial\eta/\partial T)_w(\partial T/\partial y)_w$ und $\varphi_w = -\lambda_w(\partial T/\partial y)_w$ als Wärmestromdichte nach (1.33) folgt aus (6.28), daß die Krümmung des Geschwindigkeitsprofils auch von einem Wärmeübergang von der Wand zum Fluid oder umgekehrt abhängen kann (2. Wandbindung).

Einfluß eines Ausblasens oder Absaugens an der Wand. Bei einer massedurchlässigen (porösen) Wand eines umströmten Körpers besteht die Möglichkeit, die Strömungsgrenzschicht nach außen zu blasen ($v_w > 0$) oder nach innen abzusaugen ($v_w < 0$). Das in (6.28) angegebene Ergebnis (3. Wandbindung) kann man nach (6.29a) für $(\partial u/\partial y)_w > 0$ in Vergleich zu einem entsprechenden Druckgradienten der Außenströmung $dp_a/dx \lessgtr 0$ setzen, woraus folgt: 1) Absaugen entspricht einem Druckabfall (Geschwindigkeitsprofil ohne Wendepunkt), 2) Ausblasen entspricht einem Druckanstieg (Geschwindigkeitsprofil mit Wendepunkt).

b) Temperaturprofil

Ohne, ähnlich wie bei der Strömungsgrenzschicht, zunächst auf die Integration der Gleichung für die Temperaturgrenzschicht einzugehen, kann man eine Aussage über die Krümmung des Temperaturprofils in Wandnähe ($y \to 0$) machen. Wegen $u_w = 0 = v_w$ bei nichtporöser Wand folgt aus (6.23) im Fall stationärer Strömung analog zu (6.29) die Wandbindung für die Temperaturgrenzschicht, wenn die Temperaturabhängigkeit der Wärmeleitfähigkeit λ unberücksichtigt bleibt, zu (4. Wandbindung)

$$\lambda_w \left(\frac{\partial^2 T}{\partial y^2}\right)_w = -\eta_w \left(\frac{\partial u}{\partial y}\right)_w^2 \leqq 0 \quad (\lambda = \text{const}) \,. \tag{6.31}$$

Der Ausdruck auf der rechten Seite entspricht nach (6.22c) der negativen Dissipationsarbeit an der Wand und besagt, daß dort das Temperaturprofil konvex (im Sinn der x-Achse) gekrümmt ist. Da am Rand der Temperaturgrenzschicht die Profilkrümmung sowohl konvex als auch konkav sein kann, treten Temperaturprofile ohne und mit Wendepunkt auf, man vgl. die Ausführung zu Abb. 6.12 auf S. 307.

e) Einfluß der Reynolds- und Péclet-Zahl

Es möge jetzt die Frage erörtert werden, in welcher Weise der Verlauf der laminaren Strömungs- und Temperaturgrenzschicht an einem vorgegebenen Körper von den in Kap. 6.2.2.1 bzw. 6.2.2.2 genannten Kennzahlen beeinflußt wird. Die Untersuchung sei für die stationäre Strömung eines homogenen Fluids (konstante Stoffgrößen) durchgeführt. Es seien alle Längen auf eine charakteristische Körperlänge l, alle Geschwindigkeiten auf eine Bezugsgeschwindigkeit, z. B. die Anströmgeschwindigkeit u_∞, sowie die Temperatur auf die Größe u_∞^2/c_p, welche die Dimension einer Temperatur besitzt, bezogen. Setzt man für die dimensionslosen Größen, ohne diese besonders zu kennzeichnen, $x \triangleq x/l$, $y \triangleq y/l$, $u \triangleq u/u_\infty$, $v \triangleq v/u_\infty$ sowie $T \triangleq c_p T/u_\infty^2$, so lassen sich (6.19a, b) und (6.25) wie folgt anschreiben:

$$\text{(I)} \quad \frac{\partial u}{\partial x} + \frac{\partial v}{\partial y} = 0, \qquad \text{(II)} \quad u\frac{\partial u}{\partial x} + v\frac{\partial u}{\partial y} = u_a\frac{du_a}{dx} + \frac{1}{Re}\frac{\partial^2 u}{\partial y^2}, \tag{6.32a, b}$$

$$\text{(III)} \quad u\frac{\partial T}{\partial x} + v\frac{\partial T}{\partial y} = \frac{1}{Pe}\frac{\partial^2 T}{\partial y^2} + \frac{1}{Re}\left(\frac{\partial u}{\partial y}\right)^2 \quad \text{(homogen)}\,. \tag{6.33}$$

Es bedeuten $Re = u_\infty l/\nu$ nach (6.1) die Reynolds-Zahl mit $\nu = \eta/\varrho$ als kinematischer Viskosität und $Pe = u_\infty l/a$ nach (6.2) die Péclet-Zahl mit $a = \lambda/\varrho c_p$ als Temperaturleitfähigkeit. Während bei vorgegebener Körperform und damit bekannter Außengeschwindigkeit $u_a \triangleq u_a/u_\infty$ der Verlauf der Strömungsgrenzschicht nur von einem Parameter, nämlich der Reynolds-Zahl abhängt, wird der Verlauf der Temperaturgrenzschicht zusätzlich noch von der Péclet-Zahl bestimmt. Es treten also für die Berechnung der Temperaturgrenzschicht die zwei Parameter Re und Pe auf.[16]

Setzt man in (6.19a, b) die Transformationen

$$\tilde{x} = \frac{x}{l}, \quad \tilde{y} = \frac{y}{l}\sqrt{Re}; \qquad \tilde{u} = \frac{u}{u_\infty}, \quad \tilde{v} = \frac{v}{u_\infty}\sqrt{Re} \tag{6.34a, b}$$

ein, dann folgt eine weitere dimensionslose Darstellung in der Form

$$\text{(I)} \quad \frac{\partial \tilde{u}}{\partial \tilde{x}} + \frac{\partial \tilde{v}}{\partial \tilde{y}} = 0, \qquad \text{(II)} \quad \tilde{u}\frac{\partial \tilde{u}}{\partial \tilde{x}} + \tilde{v}\frac{\partial \tilde{u}}{\partial \tilde{y}} = \tilde{u}_a\frac{d\tilde{u}_a}{d\tilde{x}} + \frac{\partial^2 \tilde{u}}{d\tilde{y}^2} \tag{6.35a, b}$$

mit den im allgemeinen auftretenden Randbedingungen $\tilde{u} = 0 = \tilde{v}$ bei $\tilde{y} = 0$ und $\tilde{u}_a = u_a/u_\infty$ bei $\tilde{y} = (\delta_S/l)\sqrt{Re}$. Gl. (6.35) enthält die Reynolds-Zahl nicht mehr. Daraus folgt, daß die Lösungen $\tilde{u}(\tilde{x}, \tilde{y})$ und $\tilde{v}(\tilde{x}, \tilde{y})$ von der Reynolds-Zahl unabhängig sind. Bei Änderung der Reynolds-Zahl erfährt die Grenzschicht also lediglich eine Maßstabsverzerrung, derart, daß die dimensionslose Querkoordinate und

---

[16] Bei kleiner Mach-Zahl $Ma_\infty = u_\infty/c_\infty \to 0$ ist die Dissipationsarbeit gegenüber der Arbeit durch Wärmeleitung vernachlässigbar. Unter Einführen der Kennzahlen $Pr = c_p\eta/\lambda$ nach (1.47i) und der Eckert-Zahl $Ec = u_\infty^2/c_p T_\infty = (c_\infty^2/c_p T_\infty)\, Ma_\infty^2 \sim Ma_\infty^2$ nach (1.47h) gilt für das Verhältnis der genannten (dimensionsbehafteten) Arbeiten

$$\frac{\eta(\partial u/\partial y)^2}{\lambda(\partial^2 T/\partial y^2)} \sim Pr \cdot Ec \sim Ma_\infty^2\,.$$

die dimensionslose Geschwindigkeit in der Querrichtung mit $1/\sqrt{Re}$ multipliziert werden. Dies kann man so ausdrücken, daß für einen vorgegebenen Körper die dimensionslosen Geschwindigkeitskomponenten u/u_∞ und $v\sqrt{l/u_\infty v}$ Funktionen der dimensionslosen Koordinaten x/l und $y\sqrt{u_\infty/lv}$ sind. Die Nutzanwendung dieses Ähnlichkeitsgesetzes bezüglich der Reynolds-Zahl besteht darin, daß für einen vorgegebenen Körper die Berechnung der Strömungsgrenzschicht in den dimensionslosen Veränderlichen nur einmal nach (6.35) ausgeführt zu werden braucht und man auf diese Weise den Grenzschichtverlauf für alle Reynolds-Zahlen sofort kennt. Insbesondere folgt daraus, daß die Lage der Ablösungsstelle bei laminarer Strömung von der Reynolds-Zahl unabhängig ist.

d) Grenzschichtdicken

Aus (6.32b) und (6.33) folgen in Übereinstimmung mit (6.8a, b) für die Dicken der Strömungs- und Temperaturgrenzschicht die Abschätzungen

$$\frac{\delta_S}{l} \sim 1/\sqrt{Re} \sim \sqrt{v}, \quad \frac{\delta_T}{l} \sim 1/\sqrt{Pe} \sim \sqrt{a} \quad \text{(laminar)}\,. \tag{6.36a, b}$$

Hiernach sind die bei der Herleitung der Grenzschichtgleichungen gemachten Annahmen $\delta_S/l \ll 1$ und $\delta_T/l \ll 1$ um so besser erfüllt, je größer die Reynolds- bzw. Péclet-Zahl ist oder je kleiner die kinematische Viskosität v bzw. die Temperaturleitzahl $a = \lambda/\varrho c_p$ ist. Je nach Größe der Reynolds- und Péclet-Zahl sind die beiden Grenzschichtdicken verschieden groß.

Das Verhältnis der beiden Grenzschichtdicken zueinander erhält man durch Abschätzen der Größenordnungen in (6.33a, b, c) nach Tab. 6.2 mit dem Ergebnis

$$\frac{\delta_T}{\delta_S} \sim \sqrt{\frac{Re}{Pe}} = \frac{1}{\sqrt{Pr}}, \quad \frac{\delta_T}{\delta_S} \sim 1 \quad (Pr = v/a = c_p\eta/\lambda)\,. \tag{6.37a, b}$$

Hierin bedeutet Pr die nur von den Stoffgrößen abhängige Prandtl-Zahl.

Die Gegenüberstellung von (6.37a) und (6.37b) zeigt, daß die beiden Aussagen für das Grenzschichtdickenverhältnis δ_T/δ_S nicht eindeutig sind. In Verallgemeinerung

Tabelle 6.2. Zur Abschätzung der Größenordnungen ~ 1 [in (6.32a, b) und (6.33) mit $u \sim 1$, $T \sim 1$, $\partial/\partial x \sim 1$ und $\partial/\partial y$ nach (6.8a, b)] bei der Ermittlung der Grenzschichtdicken und des Grenzschichtdickenverhältnisses

I	$\frac{\partial u}{\partial x} \sim 1$	$\frac{\partial v}{\partial y} \sim \frac{\delta}{\delta_S} \sim 1$	$v \sim \delta \sim \delta_S$	$u \sim 1,\, v \sim \delta_S$
II	$\frac{\partial}{\partial y} \sim \frac{1}{\delta_S}$	$v\frac{\partial u}{\partial y} \sim \frac{\delta_S}{\delta_S} \sim 1$	$\frac{1}{Re}\frac{\partial^2 u}{\partial y^2} \sim \frac{1}{Re\,\delta_S^2} \sim 1$	
III	$\frac{\partial}{\partial y} \sim \frac{1}{\delta_T}$	$v\frac{\partial T}{\partial y} \sim \frac{\delta_S}{\delta_T} \sim 1$	$\frac{1}{Pe}\frac{\partial^2 T}{\partial y^2} \sim \frac{1}{Pe\,\delta_T^2} \sim 1$	$\frac{1}{Re}\left(\frac{\partial u}{\partial y}\right)^2 \sim \frac{1}{Re\,\delta_S^2} \sim 1$

von (6.36a) sei daher geschrieben

$$\frac{\delta_T}{\delta_S} \sim Pr^{-n} \qquad (1/2 > n > 0)\,. \tag{6.37c}$$

In Abb. 6.8 ist der Verlauf $\delta_T/\delta_S = f(Pr)$ aufgetragen. Für $Pr \to 0$, d. h. nach (6.37c) für $\delta_S/\delta_T \approx 0$, ist mit $n = 1/2$ zu rechnen, wie es (6.37a) entspricht. Dies Ergebnis wird nach Tab. 6.2 wegen des jetzt nicht auftretenden Einflusses von $v(\partial T/\partial y) \approx 0$ bestätigt. Eine genauere Untersuchung liefert für $Pr > 1$ den zwischen $1/2 > n > 0$ liegenden Wert $n = 1/3$ [94]. White [116] gibt den Wert $n = 0{,}4$ an, vgl. Jischa [52].

Für Gase, bei denen nach Tab. 1.1 $Pr \approx 1$ ist, ist also die Dicke der Temperaturgrenzschicht etwa von der gleichen Größenordnung wie die Dicke der Strömungsgrenzschicht $\delta_T \sim \delta_S$, während für Flüssigkeiten, bei denen $Pr > 1$ ist, die Temperaturgrenzschicht dünner als die Strömungsgrenzschicht ist, $\delta_T < \delta_S$. Obwohl Quecksilber als flüssiges Metall gilt, weicht es hinsichtlich des Verhältnisses der beiden Grenzschichtdicken wegen $Pr \ll 1$ sowohl von den Flüssigkeiten als auch von den Gasen entscheidend ab, $\delta_T \gg \delta_S$. Abb. 6.9 zeigt einen Vergleich der Geschwindigkeits- und Temperaturprofile bei Grenzschichtströmungen von Fluiden mit stark unterschiedlichen Prandtl-Zahlen.

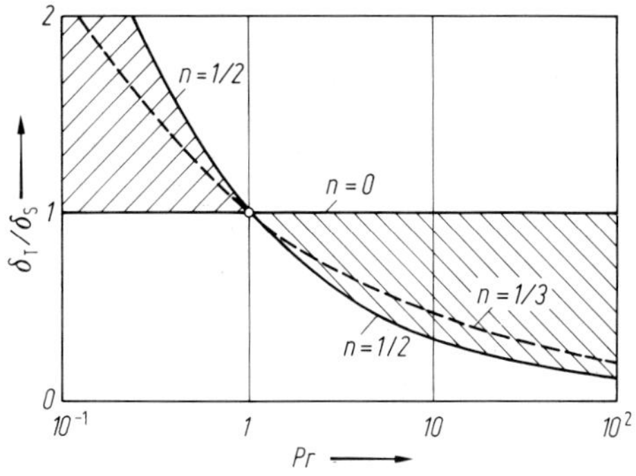

Abb. 6.8. Verhältnis der Dicken der Temperatur-zur Strömungsgrenzschicht δ_T/δ_S in Abhängigkeit von der Prandtl-Zahl Pr

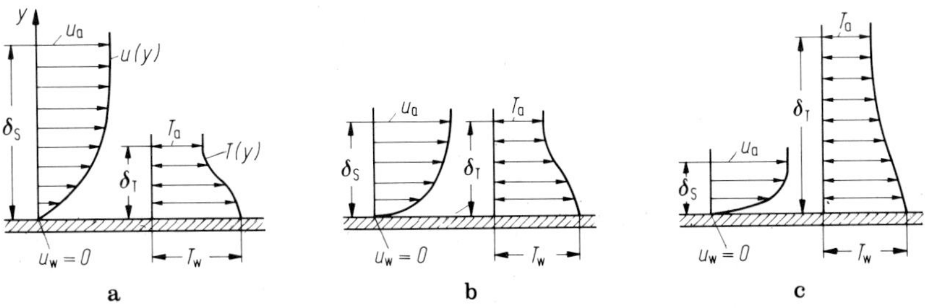

Abb. 6.9. Geschwindigkeits- und Temperaturprofile $u(y)$ bzw. $T(y)$ bei Grenzschichtströmungen von Fluiden mit unterschiedlichen Prandtl-Zahlen. **a** $Pr > 1$: $\delta_T < \delta_S$ (Flüssigkeit, Wasser, Öl); **b** $Pr \approx 1$: $\delta_T \approx \delta_S$ (Gas, Luft); **c** $Pr \ll 1$: $\delta_T \gg \delta_S$ (flüssiges Metall, Quecksilber)

6.3.2.3 Laminare Grenzschicht an der längsangeströmten ebenen Platte

Allgemeines. Als einfachstes Beispiel einer Grenzschichtströmung sei die längsangeströmte ebene Platte betrachtet, d. h. die Plattengrenzschicht. Die dabei gewonnenen Erkenntnisse sind für die praktische Anwendung der Grenzschicht-Theorie von besonderer Bedeutung. Betrachtet wird nach Abb. 6.10a eine dünne ebene Platte, die mit der Geschwindigkeit $u = u_\infty$ in Richtung der Plattenebene angeströmt wird. Der Koordinatenursprung sei in die Vorderkante gelegt, die x-Achse falle mit der Plattenebene zusammen, und die y-Achse sei normal dazu. Außerhalb der Strömungsgrenzschicht $\delta_S \leqq y \leqq \infty$ herrscht die Geschwindigkeit $u_a = u_\infty = U$. Während bei stationärer Strömung $U = \text{const}$ ist und damit eine Strömung mit verschwindendem Druckgradienten $dp/dx = 0$ vorliegt, kann bei instationärer Strömung $U = U(t, x)$ sein. Die Anfangs- und Randbedingungen hängen von der jeweiligen Aufgabenstellung ab.

Die Ergebnisse für die längsangeströmte Platte gelten, näherungsweise auch für gewölbte Oberflächen mit mäßigen Druckgradienten. Somit bildet die Theorie der Plattengrenzschicht die Grundlage für das Widerstandsproblem aller solcher Körperformen, bei denen keine wesentliche Strömungsablösung auftritt. Die Erweiterung der Untersuchungen auf Strömungen mit Druckanstieg wird durch Auswertung der hierfür gültigen Differentialgleichungen sowie durch Anwendung entsprechender Integralmethoden später noch gezeigt.

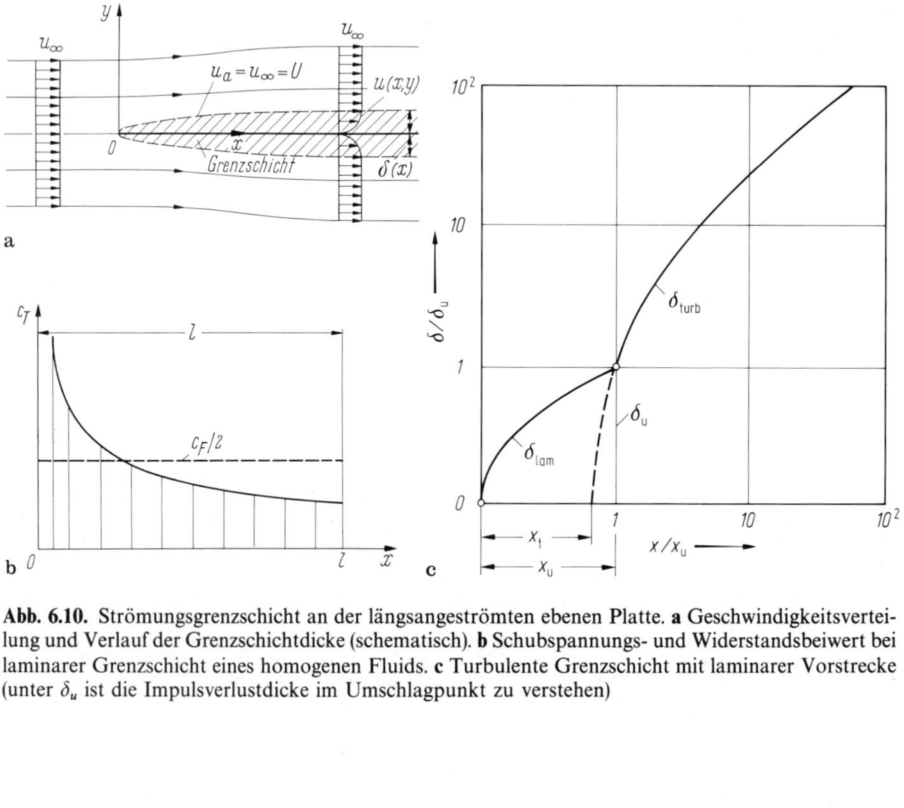

Abb. 6.10. Strömungsgrenzschicht an der längsangeströmten ebenen Platte. **a** Geschwindigkeitsverteilung und Verlauf der Grenzschichtdicke (schematisch). **b** Schubspannungs- und Widerstandsbeiwert bei laminarer Grenzschicht eines homogenen Fluids. **c** Turbulente Grenzschicht mit laminarer Vorstrecke (unter δ_u ist die Impulsverlustdicke im Umschlagpunkt zu verstehen)

a) Laminare Plattengrenzschicht eines homogenen Fluids

Stationäre Strömungsgrenzschicht. Für die längsangeströmte Platte bei einem homogenen Fluid (konstante Stoffgrößen) steht das Gleichungssystem (6.19a, b) mit $u_a = u_\infty = U = \text{const}$ zur Verfügung. Durch Einführen einer Stromfunktion $\Psi = \Psi(x, y)$ nach (2.25a) wird die Kontinuitätsgleichung (6.19a) von selbst erfüllt, man vergleiche hierzu die Ausführung in Kap. 2.4.3. Mithin wird als Ausgangsgleichung der laminaren Plattengrenzschicht mit

$$u\frac{\partial u}{\partial x} + v\frac{\partial u}{\partial y} = \nu\frac{\partial^2 u}{\partial y^2} \quad \text{mit} \quad u = \frac{\partial \Psi}{\partial y}, \quad v = -\frac{\partial \Psi}{\partial x} \tag{6.38a, b}$$

gerechnet. Bei masseundurchlässiger (nichtporöser) Wand sind nach Tab. 6.1 die Randbedingungen

$$y = 0\colon\ u = 0 = v, \qquad y = \infty\colon\ u = u_a = u_\infty = U \tag{6.39a, b}$$

zu erfüllen. Anstelle einer endlich großen Grenzschichtdicke $y = \delta_S(x)$ wird hier der physikalisch einleuchtendere asymptotische Übergang von der zähigkeitsbehafteten wandnahen Strömung in die Außenströmung bei $y \to \infty$ angenommen. Nach Einführen der geometrischen Transformationen

$$\tilde{x} = x,\ \tilde{y} = y\sqrt{\frac{U}{\nu x}};\quad \frac{\partial}{\partial x} = \frac{\partial}{\partial \tilde{x}} - \frac{1}{2}\frac{\tilde{y}}{\tilde{x}}\frac{\partial}{\partial \tilde{y}},\quad \frac{\partial}{\partial y} = \sqrt{\frac{U}{\nu \tilde{x}}}\frac{\partial}{\partial \tilde{y}} \tag{6.40a; b}$$ [17]

sowie des Ansatzes für die Stromfunktion

$$\Psi(x, y) = \sqrt{\nu U \tilde{x}}\cdot f(\tilde{y}) \qquad \text{(Separationsansatz)} \tag{6.41}$$

mit f als dimensionsloser Stromfunktion kann man für die Geschwindigkeitskomponenten gemäß (6.38b)

$$\frac{u}{U} = \frac{\partial f}{\partial \tilde{y}} = f',\quad \frac{v}{U} = \frac{1}{2}\sqrt{\frac{\nu}{U\tilde{x}}}\left(\tilde{y}\frac{\partial f}{\partial \tilde{y}} - f\right) = \frac{1}{2}\sqrt{\frac{\nu}{U\tilde{x}}}(\tilde{y}f' - f) \tag{6.42a, b}$$

schreiben. Da $f(\tilde{y})$ nur von der einen Veränderlichen $\tilde{y}$ abhängt, darf $\partial f/\partial \tilde{y} = df/d\tilde{y} = f'$ geschrieben werden. Unter Berücksichtigung von (6.40b) findet man die in (6.38a) auftretenden Geschwindigkeitsableitungen, wobei die Größen $f'' = d^2 f/d\tilde{y}^2$ und $f''' = d^3 f/d\tilde{y}^3$ auftreten. Mithin geht die partielle Differentialgleichung (6.38a) in die gewöhnliche nichtlineare Differentialgleichung dritter Ordnung für $f(\tilde{y})$

$$2f''' + ff'' = 0;\quad \tilde{y} = 0\colon\ f = 0 = f',\quad \tilde{y} = \infty\colon\ f' = 1 \tag{6.43a, b}$$ [18]

---

[17] Bei der Bildung der partiellen Differentialoperatoren beachte man, daß wegen $x = x(\tilde{x}, \tilde{y})$ und $y = y(\tilde{x}, \tilde{y})$

$$\frac{\partial}{\partial x} = \frac{\partial \tilde{x}}{\partial x}\frac{\partial}{\partial \tilde{x}} + \frac{\partial \tilde{y}}{\partial x}\frac{\partial}{\partial \tilde{y}} \quad \text{und} \quad \frac{\partial}{\partial y} = \frac{\partial \tilde{x}}{\partial y}\frac{\partial}{\partial \tilde{x}} + \frac{\partial \tilde{y}}{\partial y}\frac{\partial}{\partial \tilde{y}}$$

mit $\partial\tilde{x}/\partial x = 1$ und $\partial\tilde{x}/\partial y = 0$ für $x = \tilde{x}$ ist. Während $\tilde{x}$ die Dimension einer Länge behält, wird $\tilde{y}$ dimensionslos.

[18] Die häufig verwendeten Transformationen $\tilde{x} = x$, $\tilde{y} = y\sqrt{U/2\nu x}$ und $\Psi = \sqrt{2\nu U\tilde{x}}\cdot f(\tilde{y})$ führen zu $f''' + ff'' = 0$.

mit den Randbedingungen nach (6.39) über. Diese Gleichung wurde erstmalig von Blasius [7] angegeben und auch numerisch durch entsprechende Reihenentwicklungen nach $\tilde{y}$ gelöst. Hat man $f(\tilde{y})$ gefunden, dann ist wegen (6.42a) auch das Geschwindigkeitsprofil $u/U = f'$ bekannt und kann entsprechend Abb. 6.11a über der dimensionslosen Ordinate $\tilde{y}$ aufgetragen werden. Es liegen also affine Geschwindigkeitsprofile vor, die sich an verschiedenen Stellen längs der Platte nur durch einen Längenmaßstab normal zur Platte voneinander unterscheiden. Messungen von Nikuradse [7] zur Untersuchung der laminaren Reibungsschicht zeigen eine ausgezeichnete Übereinstimmung zwischen der Blasiusschen Theorie und dem Versuch. Eine Ablösung der Grenzschicht tritt bei der längsangeströmten ebenen Platte nicht auf, da immer $(\partial u/\partial y)_w > 0$ ist. In Abb. 6.11a ist die Querkomponente der Geschwindigkeit in der Grenzschicht miteingetragen, und zwar in der Form $(v/U)\sqrt{Ux/v}$ über $\tilde{y} = y\sqrt{U/vx}$. Ausgehend vom Wert $v = 0$ bei $\tilde{y} = 0$ strebt v für $\tilde{y} \to \infty$ gegen den von x abhängigen Wert $v/\sqrt{x/vU} = 0{,}8604$. Die Strömungsgrenzschicht erzeugt also in der äußeren Strömung eine Querströmung. Diese läßt sich durch das Haften des Fluids an der Plattenoberfläche erklären. Darin besteht die Rückwirkung der Grenzschicht auf die Außenströmung.

Setzt man zur Ermittlung der Grenzschichtdicke die Größe δ_S ziemlich willkürlich so fest, daß die Viskosität keinen merklichen Einfluß auf die Strömung mehr hat, wenn z. B. $u(x, y_\delta) \approx 0{,}99U$ geworden ist, so kann aus Abb. 6.11a als ungefähre Dicke der Strömungsgrenzschicht der Wert

$$\delta_S(x) \approx 5\sqrt{\frac{vx}{U}} \sim \sqrt{x} \quad (u/U \approx 0{,}99) \qquad \text{(laminar)} \tag{6.44}$$

entnommen werden. Die Grenzschichtdicke nimmt also bei laminarer Strömung wie $\sqrt{x}$ zu. Die laminare Grenzschichtdicke für $x = l = 1\,\text{m}$, $U = 15\,\text{m/s}$ und $v = 15 \cdot 10^{-6}\,\text{m}^2/\text{s}$ (Luft) beträgt $\delta_S \approx 0{,}005\,\text{m} = 5\,\text{mm}$. Man erkennt, wie außerordentlich dünn die Grenzschicht ist. Zur Kennzeichnung der Grenzschichtdicke kann man auch die Verdrängungsdicke verwenden, zu welcher man durch folgende

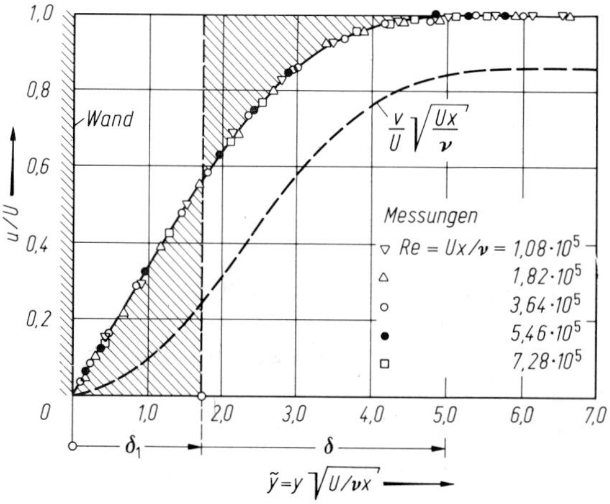

Abb. 6.11a. Geschwindigkeitsprofile u/U und v/U in der laminaren Grenzschicht an der längsangeströmten ebenen Platte. Theorie nach Blasius [7], Messungen nach Nikuradse [7], Querkoordinate $y\sqrt{U/vx}$, δ_1 = Verdrängungsdicke nach (6.45a)

Überlegung gelangt: Infolge der Reibungswirkung in der Grenzschicht vermindert sich der durch einen Querschnitt normal zur Plattenober- oder Unterseite tretende Volumenstrom gegenüber dem Fall, bei dem der Reibungseinfluß nicht berücksichtigt ist, um die über $0 \leqq y \leqq \infty$ integrierten Teilvolumenströme $d\dot{V} = (U - u)b\,dy$ mit b als Plattenbreite. Setzt man diesen Ausdruck gleich $Ub\delta_1$, so kann δ_1 als diejenige Querkoordinate aufgefaßt werden, um welche die Außenströmung infolge der Grenzschichtwirkung von der Wand abgedrängt wird. Somit ist die Verdrängungsdicke definiert durch den Ansatz

$$\delta_1 = \int\limits_0^\infty \left(1 - \frac{u}{U}\right) dy = 1{,}721 \sqrt{\frac{\nu x}{U}} \quad \text{(Verdrängungsdicke)}\,. \tag{6.45a}$$

Der angegebene Zahlenwert ergibt sich aus der Blasiusschen Theorie. Er ist in Abb. 6.11a eingezeichnet. Die beiden schraffierten Gebiete sind gleich groß. Eine weitere häufig interessierende Größe ist die Impulsverlustdicke δ_2. Für sie gilt

$$\delta_2 = \int\limits_0^\infty \frac{u}{U}\left(1 - \frac{u}{U}\right) dy = 0{,}664 \sqrt{\frac{\nu x}{U}} \quad \text{(Impulsverlustdicke)}\,. \tag{6.45b}$$

Das Geschwindigkeitsprofil kann durch einen Formparameter gekennzeichnet werden, der aus dem Verhältnis von Verdrängungs- und Verlustdicke besteht:

$$H_{12} = \frac{\delta_1}{\delta_2} = 2{,}591 \quad \text{(Formparameter)}\,. \tag{6.45c}$$

Aus dem Geschwindigkeitsprofil in der Grenzschicht kann nun auch der Geschwindigkeitsgradient an der Platte und damit nach (1.11) die Wandschubspannung $\tau_w = \eta(\partial u/\partial y)_w = \eta U \sqrt{U/\nu x}\, f''_w$ mit $f''_w = 0{,}332$ berechnet werden. Für den Beiwert wird mit $\nu = \eta/\varrho$

$$c_T(x) = \frac{\tau_w(x)}{\varrho U^2} = \frac{0{,}332}{\sqrt{\dfrac{Ux}{\nu}}} = \frac{0{,}220}{\dfrac{U\delta_2}{\nu}} = \frac{d\delta_2}{dx} \quad \text{(Wandschubspannung)}\,. \tag{6.46a, b, c}$$

Die Wandschubspannung ändert sich also wie $\tau_w \sim 1/\sqrt{x}$; sie ist in Abb. 6.10b dargestellt und besitzt an der Vorderkante einen unendlich großen Wert. Man erkennt hieraus, daß für sehr kleine Werte von x die Grenzschicht-Theorie nur bedingt gültig ist. Die Beziehungen (6.46b, c) folgen durch Einführen der Impulsverlustdicke nach (6.45b).

Der Reibungswiderstand einer einseitig überströmten Platte von der Länge l und der Breite b ergibt sich durch Integration der von den Wandschubspannungen hervorgerufenen Reibungswiderstände $dW = \tau_w b\,dx$ über $0 \leqq x \leqq l$. Im allgemeinen drückt man den Widerstand durch den Plattenwiderstandsbeiwert $c_F = W/q_\infty S$ mit $q_\infty = (\varrho/2)u_\infty^2$ als Geschwindigkeitsdruck der Anströmung ($u_\infty = U$) und $S = bl$ als überströmter Oberfläche aus. Es folgt mit (6.46a) oder (6.46c), vgl. (3.269),

$$c_F = \frac{W}{q_\infty S} = \frac{2}{l}\int\limits_0^l c_T\,dx = 2\frac{\delta_2(l)}{l} = \frac{1{,}328}{\sqrt{Re_\infty}} \quad \text{(Plattenwiderstand)}\,, \tag{6.47a, b, c}$$

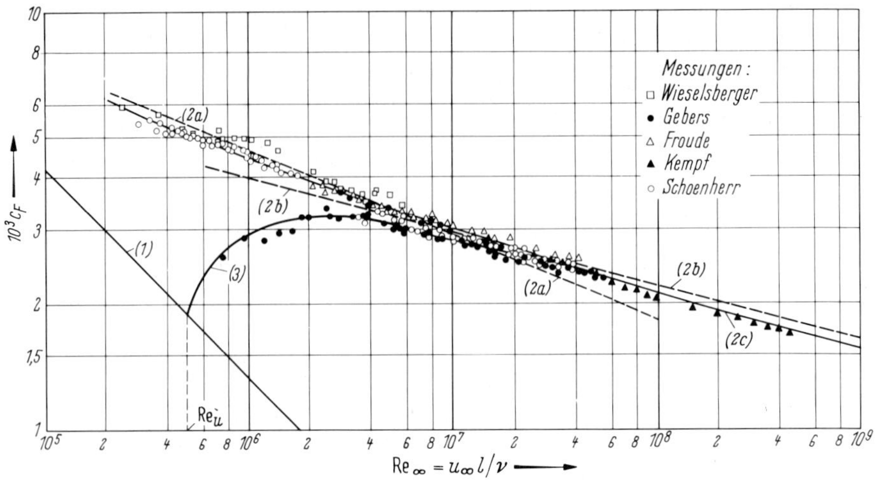

Abb. 6.11b. Widerstandsbeiwerte der längsangeströmten ebenen Platte bei fluidmechanisch glatter Wand, $c_F = c_F(Re_\infty)$, Vergleich von Theorie und Messung. (*1*) laminar nach (6.47c), (*2a*) turbulent (Rohranalogie) nach (6.109a), (*2b*) turbulent nach (6.121a), (*2c*) turbulent nach (6.121c), (*3*) Übergang laminar-turbulent nach (6.109b)

wobei $Re_\infty = u_\infty l/\nu$ die auf die Plattentiefe l bezogene Reynolds-Zahl bezeichnet. In Abb. 6.10b ist $c_F/2$ als Mittelwert des Beiwerts der Wandschubspannung dargestellt. Der Plattenwiderstandsbeiwert nimmt mit wachsender Reynolds-Zahl ab. Er ist in Abb. 6.11b in der Form $c_F = c_F(Re_\infty)$ als Kurve (*1*) wiedergegeben. Dies Gesetz gilt entsprechend seiner Herleitung nur für laminare Reibung, während für turbulente Reibung c_F wesentlich größer wird. Nach den Beobachtungen kommen laminare Strömungen bis zu einer Reynolds-Zahl Re_∞ von etwa $5 \cdot 10^5$ bis 10^6 vor. Der genaue Wert hängt von der Störung der Parallelströmung an der Plattenvorderkante (Stolperkante), vom Turbulenzgrad der Anströmung und von der Oberflächenbeschaffenheit der Platte ab.

Stationäre Strömungsgrenzschicht mit Absaugung. Als Beispiel einer der in Kap. 6.2.2.1 erwähnten Methoden zur Grenzschichtbeeinflussung sei das gleichmäßige Absaugen an der längsangeströmten ebenen Platte bei einem homogenen Fluid untersucht. Ausgangspunkt stellt wieder (6.19a, b) mit $u_a = U = \text{const}$ dar, vgl. (6.38a), wobei im Gegensatz zu (6.39a, b) jetzt die Randbedingungen

$$y = 0: \quad u = 0\,, \quad v = v_w = \text{const}; \qquad y = \infty: \quad u = U \tag{6.48a, b}$$

lauten. Das Gleichungssystem besitzt eine partikuläre Lösung, bei welcher das Geschwindigkeitsprofil von der Lauflänge x unabhängig ist, $u(x, y) = u(y)$. Mit $\partial u/\partial x = 0$ folgt aus (6.19a) unmittelbar $v(x, y) = v_w$ mit $v_w < 0$ als Absauggeschwindigkeit an der Wand ($y = 0$). Aus (6.38a) wird weiterhin $v(\partial u/\partial y) = \nu(\partial^2 u/\partial y^2)$, was zu der Lösung [94]

$$u(y) = U\left[1 - \exp\left(\frac{v_w y}{\nu}\right)\right] \qquad (v_w < 0, \quad x \to \infty) \tag{6.49}$$

führt.[19] Das hier gefundene Ergebnis kann sich bei einer längsangeströmten Platte erst in einiger Entfernung von der Vorderkante ausbilden. Die angegebene Geschwindigkeitsverteilung $u(y)$ stellt die

[19] Diese einfache Lösung ist zugleich eine exakte Lösung der Navier-Stokesschen Bewegungsgleichung.

asymptotische Lösung für $x \to \infty$, auch asymptotisches Absaugprofil genannt, dar. Das Geschwindigkeitsprofil mit Absaugung ist völliger als das ohne Absaugung nach Abb. 6.11a. Damit besitzt aber die Strömung eine größere Stabilität gegenüber kleinen Störungen, wodurch sich der Indifferenzpunkt stromabwärts verlagert, vgl. die Ausführung in Kap. 2.5.3.6 zur Entstehung der Turbulenz. Durch Absaugen läßt sich die Reynolds-Zahl des Umschlagpunkts Re_u um eine bis zwei Zehnerpotenzen vergrößern. Für die Verdrängungsdicke nach (6.45a) wird $\delta_1 = \nu/(-v_w) > 0$, und für die Wandschubspannung $\tau_w = \eta(\partial u/\partial y)_w$ ergibt sich unabhängig von der Viskosität $\tau_w = -\varrho v_w U > 0$.

Instationäre Strömungsgrenzschicht. Hierbei handelt es sich entweder um Bewegungen aus der Ruhe heraus (Anfahrvorgang) oder um periodische Bewegungen. In beiden Fällen kann entweder der Körper in ruhendem Fluid zeitveränderlich bewegt werden oder die zeitlich veränderliche Außenströmung an dem ruhenden Körper vorbeiströmen. Für die Plattengrenzschicht bei einem homogenen Fluid gilt das Gleichungssystem (6.19a, b) in Verbindung mit (6.18a). Neben der kinematischen Strömungsbedingung bei $y = 0$ mit $v = 0$ können als weitere kinematische Randbedingungen bei bewegter Wand $u = u_w(t)$ oder bei zeitveränderlicher Außenströmung bei $y = \infty$: $u = u_a(t, x)$ auftreten.
Außenströmung bei $y = \infty$: $u = u_a(t, x)$ auftreten.

Im folgenden sei kurz über die Ausbildung der Plattengrenzschicht beim Anfahrvorgang berichtet. Dabei soll vereinfacht eine sog. Schichtenströmung angenommen werden. Hierunter versteht man eine Strömung, bei der nur eine Geschwindigkeitskomponente auftritt. Ist bei ebener Strömung $u(t, x, y) \neq 0$ und $v(t, x, y) = 0$, so folgt aus der Kontinuitätsgleichung (6.19a), daß $\partial u/\partial x = 0$ und somit $u(t, x, y) = u(t, y)$ ist. Damit entfallen in (6.19b) auf der linken Seite die konvektiven Beschleunigungen. Der Druck ist im ganzen Raum konstant, was nach (6.18a) bedeutet, daß in (6.19b) das Glied $\partial u_a/\partial t + u_a(\partial u_a/\partial x)$ zu streichen ist. Mithin lautet die zu lösende Grenzschichtgleichung

$$\frac{\partial u}{\partial t} = \nu \frac{\partial^2 u}{\partial y^2} . \tag{6.50a}$$

Die zunächst im ruhenden Fluid befindliche ebene Platte wird plötzlich (ruckartig) in ihrer eigenen Ebene auf die konstant bleibende Geschwindigkeit u_w gebracht. Im ruhenden Bezugssystem gelten also die Anfangs- und Randbedingungen

$$t \leqq 0: \quad u = 0 \quad (0 \leqq y \leqq \infty), \tag{6.50b}$$

$$t > 0: \quad u = u_w = \text{const} \quad (y = 0), \qquad u = 0 \quad (y = \infty) . \tag{6.50c}$$

Die Lösung lautet, vgl. [94],[20]

$$u(t, y) = u_w \left[1 - \operatorname{erf}\left(\frac{y}{2\sqrt{\nu t}} \right) \right] \qquad (x \to \infty) . \qquad (6.51)^{21}$$

Die Geschwindigkeitsprofile u/u_w sind für verschiedene Zeiten t zueinander affin, d. h. sie können durch Änderung des Maßstabs in der y-Richtung zur Deckung gebracht werden. Bei $y/2\sqrt{\nu t} \approx 2{,}0$ ist $u/u_w \approx 0{,}01$. Unter Berücksichtigung der Definition für die Dicke der Strömungsgrenzschicht δ_S analog (6.44) beträgt die Dicke der von der Reibung mitgenommenen Schicht $\delta_S \approx 4\sqrt{\nu t}$. Sie ist proportional der Wurzel aus der kinematischen Viskosität und der Wurzel aus der Zeit. Das Ergebnis von (6.51) ist wegen der getroffenen Annahmen noch nicht die vollständige Lösung des Problems. Es gilt nur weit genug stromabwärts, wo der Störeinfluß der Vorderkante nicht mehr wirksam ist und sich daher die Strömung wie bei der unendlich langen Platte verhält. Strenggenommen muß die vollständige Lösung noch die zusätzliche Bedingung $u(t, x = 0, y) = 0$ für alle y und alle Zeiten t erfüllen. Wegen der vollständigen Lösung sei auf Stewartson [101] verwiesen.

b) Laminare Plattengrenzschicht eines inhomogenen Fluids

Bei der Strömung eines inhomogenen Fluids sind die Stoffgrößen im allgemeinen veränderlich ($\varrho \neq$ const, $\eta \neq$ const, $c_p \neq$ const, $\lambda \neq$ const). Sie können sowohl vom

---

[20] Sie entspricht der Lösung der Differentialgleichung der Wärmeleitung im eindimensionalen Fall.

[21] Es ist $\operatorname{erf} \xi = \frac{2}{\sqrt{\pi}} \int_0^{\xi} \exp(-\xi^2)\, d\xi$ das Gaußsche Fehler- oder Wahrscheinlichkeitsintegral (erf = error function).

Druck p als auch von der Temperatur T abhängen. Insbesondere gilt bei einem Gas $\varrho = \varrho(p, T)$, $\eta = \eta(T)$ und $\lambda = \lambda(T)$. Als unveränderliche Größe soll die spezifische Wärmekapazität angesehen werden, $c_p = \text{const}$. Über die Stoffgesetze innerhalb der Grenzschicht wurde in Kap. 6.2.3.3 bereits berichtet. Diese stellen die Kopplungsgleichungen für die in Kap. 6.3.2.1 angegebenen Gleichungen zur Berechnung der Strömungs- und Temperaturgrenzschicht dar. Untersuchungen der Plattengrenzschicht bei einem inhomogenen Fluid sind im Schrifttum recht ausführlich behandelt worden. Einige der wichtigsten und aufschlußreichsten Ergebnisse seien bei Beschränkung auf stationäre Strömungen besprochen.

Stationäre Strömungsgrenzschicht. Mit $\partial/\partial t = 0$ sowie $u_a = u_\infty = U = \text{const}$ lautet das Gleichungssystem (6.17) in Verbindung mit (6.18b) für die längsangeströmte ebene Platte bei einem inhomogenen Fluid

$$\text{(I)} \quad \frac{\partial(\varrho u)}{\partial x} + \frac{\partial(\varrho v)}{\partial y} = 0, \qquad \text{(II)} \quad \varrho\left(u\frac{\partial u}{\partial x} + v\frac{\partial u}{\partial y}\right) = \frac{\partial}{\partial y}\left(\eta\frac{\partial u}{\partial y}\right). \tag{6.52a, b}$$

Bei masseundurchlässiger Wand sind die Randbedingungen dieselben wie in (6.39). Unter bestimmten z. T. einschränkenden Voraussetzungen lassen sich die Grenzschichtgleichungen für die Strömung des inhomogenen Fluids durch die von Dorodnitsyn und Howarth [49] eingeführte Stoffgrößen-Transformation auf die gleiche Form wie bei der Strömung eines homogenen Fluids bringen. Dabei wird ein mit dem Index b gekennzeichneter Bezugszustand eingeführt. Die Kontinuitätsgleichung (6.52a) wird wie bei der Plattengrenzschicht eines homogenen Fluids wieder durch Einführen einer Stromfunktion $\Psi(x, y)$ befriedigt, wobei jetzt nach (2.66a, b)

$$\varrho u = \varrho_b \frac{\partial \Psi}{\partial y}, \qquad \varrho v = -\varrho_b \frac{\partial \Psi}{\partial x} \tag{6.53a, b}$$

mit ϱ_b als Bezugsdichte zu setzen ist. Weiterhin werden die Ortskoordinaten unter Einbeziehen der Stoffgrößen durch die Ansätze

$$\tilde{x} = \int_0^x \zeta_w \, dx, \quad \tilde{y} = \int_0^y \frac{\varrho}{\varrho_b} dy \qquad \text{mit} \qquad \zeta_w = \frac{\varrho_w \eta_w}{\varrho_b \eta_b} \tag{6.54a}$$

als Dichte-Viskositätsfunktion nach (1.15a) an der Wand $\zeta_w = \zeta(x, y = 0)$ transformiert.

Für die in den Bestimmungsgleichungen auftretenden partiellen Ableitungen gilt dann

$$\frac{\partial}{\partial x} = \zeta_w \frac{\partial}{\partial \tilde{x}} + m\frac{\partial}{\partial \tilde{y}}, \quad \frac{\partial}{\partial y} = \frac{\varrho}{\varrho_b}\frac{\partial}{\partial \tilde{y}}. \tag{6.54b}$$ [22]

---

[22] Unter Beachtung der Regeln für die partiellen Differentiationen nach Fußnote 17 auf S. 297 ist

$$\frac{\partial \tilde{x}}{\partial x} = \zeta_w, \quad \frac{\partial \tilde{x}}{\partial y} = 0, \quad \frac{\partial \tilde{y}}{\partial y} = \frac{\varrho}{\varrho_b}, \quad \frac{\partial \tilde{y}}{\partial x} = m; \quad \frac{\partial m}{\partial y} = \frac{\partial}{\partial y}\left(\frac{\partial \tilde{y}}{\partial x}\right) = \frac{\partial}{\partial x}\left(\frac{\varrho}{\varrho_b}\right).$$

Anstelle der Geschwindigkeitskomponenten u, v in (6.53) sollen die transformierten Geschwindigkeitskomponenten $\tilde{u}$, $\tilde{v}$ eingeführt werden, die sich aus der Stromfunktion $\Psi(\tilde{x}, \tilde{y})$ entsprechend dem Ansatz (6.38b) für die Strömung eines homogenen Fluids, d. h. $\tilde{u} = \partial\Psi/\partial\tilde{y}$ und $\tilde{v} = -\partial\Psi/\partial\tilde{x}$ zu

$$u = \tilde{u}, \qquad \varrho v = \varrho_b(\zeta_w \tilde{v} - m\tilde{u}) \tag{6.55a, b}$$

ergeben. Nach Einsetzen von (6.55a, b) in Verbindung mit (6.54b) in (6.52a, b) erhält man, ohne auf die Zwischenrechnung im einzelnen einzugehen, das transformierte Gleichungssystem für die Strömungsgrenzschicht eines inhomogenen Fluids zu

$$\text{(I)} \quad \frac{\partial \tilde{u}}{\partial \tilde{x}} + \frac{\partial \tilde{v}}{\partial \tilde{y}} = 0, \qquad \text{(II)} \quad \tilde{u}\frac{\partial \tilde{u}}{\partial \tilde{x}} + \tilde{v}\frac{\partial \tilde{u}}{\partial \tilde{y}} = \nu_b \frac{\partial}{\partial \tilde{y}}\left(\tilde{\zeta}\frac{\partial \tilde{u}}{\partial \tilde{y}}\right) \quad \text{mit} \quad \tilde{\zeta} = \frac{\varrho\eta}{\varrho_w \eta_w}. \tag{6.56a, b}$$

Hierin bedeuten $\nu_b = \eta_b/\varrho_b$ die kinematische Viskosität des Bezugszustands sowie $\tilde{\zeta} = \zeta/\zeta_w$ die auf den Wert an der Wand bezogene Dichte-Viskositätsfunktion. Während die Kontinuitätsgleichung (6.56a) formal vollständig mit der Kontinuitätsgleichung für die Strömung eines homogenen Fluids (6.19a) übereinstimmt, tritt bei der Impulsgleichung (6.56b) gegenüber (6.38a) auf der rechten Seite die Größe $\tilde{\zeta}$ auf. Mit $\tilde{\zeta} = 1$ geht auch die Impulsgleichung der Strömungsgrenzschicht des inhomogenen Fluids formal vollständig in diejenige eines homogenen Fluids nach (6.38a) über. Damit lassen sich alle Ergebnisse der laminaren Plattengrenzschicht bei homogenem Fluid unmittelbar auf die laminare Plattengrenzschicht bei inhomogenem Fluid (Gas) übertragen. Bei $\tilde{\zeta} = 1$ entfällt die Kopplung der Gleichungen für die Strömungs- und Temperaturgrenzschicht, was das Auffinden von Lösungen naturgemäß sehr wesentlich vereinfacht. Die Randbedingungen sind analog (6.39) einzusetzen.

Für die Wandschubspannung gilt

$$\tau_w = \eta_w\left(\frac{\partial u}{\partial y}\right)_w = \eta_w \frac{\varrho_w}{\varrho_b}\left(\frac{\partial \tilde{u}}{\partial \tilde{y}}\right)_w = f_w'' \eta_b U \sqrt{\frac{U}{\nu_b x}} \qquad (\tilde{\zeta} = \tilde{\zeta}_w = 1) \tag{6.57}$$

mit $f_w'' = 0{,}332$. Als Bezugszustand (Index b) sei derjenige der Anströmung (Index ∞) gewählt. Mithin gilt für den Plattenwiderstandsbeiwert nach (6.47c)

$$c_F = \frac{W}{q_\infty S} = \frac{1{,}328}{\sqrt{Re_\infty}} \qquad (\tilde{\zeta} = 1;\, Ma_\infty,\, Pr = \text{beliebig})\,. \tag{6.58}$$

Es ist $q_\infty = (\varrho_\infty/2)u_\infty^2$ und $Re_\infty = u_\infty l/\nu_\infty$. Die angegebenen Beziehungen gelten für beliebige Mach-Zahlen $Ma_\infty = u_\infty/c_\infty$. Diese Kennzahl hat bei der Herleitung keine Rolle gespielt. Als maßgebende Kenngröße tritt also nur die Reynolds-Zahl der Anströmung Re_∞ auf. Wegen der Entkopplung der Strömungs- und Temperaturgrenzschicht ($\tilde{\zeta} = 1$) gelten (6.57) und (6.58) auch für beliebige Prandtl-Zahlen, Pr = beliebig. Auch die thermischen Randbedingungen (Wandtemperatur, ohne oder mit Wärmeübergang) haben keinen Einfluß auf das gefundene Ergebnis.

Nach (1.16a) ist für ein Gas $\tilde{\zeta} = (p/p_w)\tilde{\mu}$ mit $\tilde{\mu} = T_w\eta/T\eta_w$ als Temperatur-Viskositätsfunktion nach (1.15b), vgl. Abb. 1.5. Da innerhalb der Grenzschicht

$p/p_w = 1$ ist, folgt $\tilde{\zeta}(\tilde{x}, \tilde{y}) = \tilde{\mu}(\tilde{x}, \tilde{y})$. Dem Wert $\tilde{\zeta} = 1$ entspricht bei einem Gas somit eine lineare Abhängigkeit der dynamischen Viskosität η von der Temperatur T, d. h. $\eta/\eta_w = T/T_w$. Dies bedeutet nach (6.10a) für den Exponenten der Temperaturfunktion $\omega = 1$. Chapman und Rubesin [19] schlagen näherungsweise $\tilde{\mu}(\tilde{x}, \tilde{y}) \approx \tilde{\mu}_w(\tilde{x}) = 1$ vor, indem sie davon ausgehen, daß der Temperatureinfluß in Wandnähe am größten ist.

Stationäre Temperaturgrenzschicht. Zur Berechnung der Temperaturgrenzschicht an der längsangeströmten ebenen Platte bei einem inhomogenen Fluid steht die Wärmetransportgleichung (6.23) mit $\partial/\partial t = 0$ und $p = \text{const}$ zur Verfügung:

$$\text{(III)} \quad \varrho c_p\left(u\frac{\partial T}{\partial x} + v\frac{\partial T}{\partial y}\right) = \frac{\partial}{\partial y}\left(\lambda\frac{\partial T}{\partial y}\right) + \eta\left(\frac{\partial u}{\partial y}\right)^2 \quad \text{(Gas)} . \qquad (6.59)$$

Die Randbedingungen für u und T bei $y = 0$ (Wand) und bei $y = \infty$ (entspricht den Grenzschichtdicken δ_S bzw. δ_T) sind Tab. 6.1 zu entnehmen.

Durch Multiplikation der Impulsgleichung (6.52b) mit u und Addition der so gewonnenen Gleichung zu der Wärmetransportgleichung (6.59) erhält man mit (6.12a) bei unverändert angenommener Prandtl-Zahl $Pr = c_p\eta/\lambda = \text{const}$ über dem Grenzschichtquerschnitt $x = \text{const}$[23]

$$\text{(IIIa)} \quad \varrho\left(u\frac{\partial \hat{h}}{\partial x} + v\frac{\partial \hat{h}}{\partial y}\right) = \frac{1}{Pr}\frac{\partial}{\partial y}\left[\eta\frac{\partial}{\partial y}\left(\hat{h} + (Pr - 1)\frac{u^2}{2}\right)\right] \quad (Pr = \text{const}) . \qquad (6.60a)$$

Dabei wird als neue Größe die spezifische Gesamtenthalpie eingeführt, d. h.[24]

$$h_t = \hat{h} = c_p T + \frac{u^2}{2} \qquad (c_p = \text{const}) . \qquad (6.60b)$$

Die Randbedingungen bei masseundurchlässiger Wand lauten gemäß Tab. 6.1

$$y = 0\colon\ u = 0 = v,\ \hat{h} = \hat{h}_w = c_p T_w \quad \text{oder} \quad (\partial\hat{h}/\partial y)_w = c_p(\partial T/\partial y)_w\,, \qquad (6.61a)$$

$$y = \infty\colon\ u = u_\infty,\quad \hat{h} = \hat{h}_\infty = c_p T_\infty + u_\infty^2/2 . \qquad (6.61b)$$

Nimmt man $Pr = 1$ an, was für ein Gas nach (1.38b) eine erste Näherung bedeutet, so vereinfacht sich (6.60a) erheblich und führt zu der Enthalpie-Transportgleichung

$$\text{(IIIb)} \quad \varrho\left(u\frac{\partial \hat{h}}{\partial x} + v\frac{\partial \hat{h}}{\partial y}\right) = \frac{\partial}{\partial y}\left(\eta\frac{\partial \hat{h}}{\partial y}\right) \qquad (Pr = c_p\eta/\lambda = 1) . \qquad (6.62)$$

---

[23] Man beachte, daß $u\dfrac{\partial}{\partial y}\left(\eta\dfrac{\partial u}{\partial y}\right) + \eta\left(\dfrac{\partial u}{\partial y}\right)^2 = \dfrac{\partial}{\partial y}\left[\eta\dfrac{\partial}{\partial y}\left(\dfrac{u^2}{2}\right)\right]$ ist.

[24] Genau genommen, ist die spezifische totale Enthalpie durch $\hat{h} = c_p T + (u^2 + v^2)/2$ definiert, was jedoch wegen $|v| \ll |u|$ nach (6.14c) zu (6.60b) führt, vgl. Fußnote 76 in Bd. 1, S. 165.

Diese Gleichung ist linear in $\hat{h}$ und besitzt die beiden partikulären Lösungen

$$(1)\quad \hat{h} = \hat{h}_w = \hat{h}_\infty = \text{const}\,, \tag{6.63a}$$

$$(2)\quad \hat{h} = \hat{h}_w + (\hat{h}_\infty - \hat{h}_w)\frac{u}{u_\infty} \tag{6.63b}$$

mit $\hat{h}_w = c_p T_w = \text{const}$ wegen $u_w = 0$ bei $y = 0$ und $\hat{h}_\infty = c_p T_\infty + u_\infty^2/2 = \text{const}$ bei $y = \infty$. Von dem ersten Ansatz zeigt man wegen $\hat{h} = \text{const}$ unmittelbar, daß er (6.62) erfüllt. Durch Einsetzen des zweiten Ansatzes in (6.62) geht die Enthalpietransportgleichung wegen $\partial\hat{h}/\partial x \sim \partial u/\partial x$ und $\partial\hat{h}/\partial y \sim \partial u/\partial y$ exakt in die Impulsgleichung (6.52b) über, was bestätigt, daß auch (6.63b) eine partikuläre Lösung von (6.62) ist.[25]

Die erste Lösung (6.63a) liefert nach der Temperatur aufgelöst[26]

$$(1)\quad T = T_\infty + \frac{u_\infty^2}{2c_p}\left[1 - \left(\frac{u}{u_\infty}\right)^2\right] \quad (\text{Gas}, Pr = 1)\,. \tag{6.64a}$$

In dies Ergebnis läßt sich die Mach-Zahl der Anströmung $Ma_\infty = u_\infty/c_\infty$ mit $c_\infty^2 = (\varkappa - 1)c_p T_\infty$ für ein Gas nach (4.31a) einführen, und man erhält

$$\frac{T}{T_\infty} = 1 + \frac{\varkappa - 1}{2}Ma_\infty^2\left[1 - \left(\frac{u}{u_\infty}\right)^2\right]. \tag{6.64b}$$

An der Wand stellt sich die Temperatur $T = T_w = \text{const}$ ein. Weiterhin nimmt an der Wand die Wärmestromdichte $\varphi_w = -\lambda_w(\partial T/\partial y)_w$ wegen $u_w = 0$ den Wert $\varphi_w = 0$ an. Dies ist eine Zwangsbedingung, die besagt, daß eine wärmeundurchlässige (adiabate) Wand vorliegt. Die adiabate Wandtemperatur T_w, auch Eigentemperatur T_e genannt, beträgt

$$T_e = \left(1 + \frac{u_\infty^2}{2c_p T_\infty}\right)T_\infty = \left(1 + \frac{\varkappa - 1}{2}Ma_\infty^2\right)T_\infty \quad (\text{adiabate Wand}, Pr = 1)\,. \tag{6.65}$$

Der Temperaturunterschied $T_e - T_\infty > 0$ stellt die Aufheizung der wärmeundurchlässigen Wand durch die Reibungswärme dar (Thermometerproblem). Bemerkenswert ist, daß diese vom Viskositätsgesetz $\eta(T)$ nicht abhängt. Formal stimmt (6.65) mit (4.41) für die Ruhetemperatur T_0 bei adiabater Kompression im Staupunkt eines mit der Geschwindigkeit u_∞ bei der Temperatur T_∞, d. h. mit der Mach-Zahl $Ma_\infty = u_\infty/c_\infty$, angeströmten vorn stumpfen Körpers überein.

Die zweite Lösung (6.63b) liefert nach der Temperatur aufgelöst[26]

$$(2)\quad T = T_w + \left[T_\infty - T_w + \frac{u_\infty^2}{2c_p}\left(1 - \frac{u}{u_\infty}\right)\right]\frac{u}{u_\infty} \quad (Pr = 1)\,, \tag{6.66a}$$

$$= T_w - \left[T_w - T_e - (T_\infty - T_e)\frac{u}{u_\infty}\right]\frac{u}{u_\infty} \tag{6.66b}$$

mit T_e als Abkürzung für die Eigentemperatur der adiabaten Wand nach (6.65).

---

[25] Der bei der Umformung auftretende Faktor $(\hat{h}_\infty - \hat{h}_w)/u_\infty = \text{const}$ kommt sowohl auf der linken als auch auf der rechten Seite von (6.62) vor.

[26] Die Wandbindung für das Temperaturprofil (6.31) ist unter Beachtung der Wandbindung der Strömungsgrenzschicht (6.29a) mit $dp_a/dx = 0$ erfüllt.

Die Wärmestromdichte an der Wand ergibt sich mit $u_w = 0$ zu $\varphi_w = -\lambda_w(\partial T/\partial y)_w = \lambda_w[(T_w - T_e)/u_\infty](\partial u/\partial y)_w$. Der auftretende Geschwindigkeitsgradient läßt sich durch die Wandschubspannung $\tau_w = \eta_w(\partial u/\partial y)_w$ ausdrücken. Man erhält mit $\lambda_w/\eta_w = c_p/Pr = c_p$ für $Pr = 1$ die gesuchte Wärmestromdichte

$$\varphi_w = c_p \frac{T_w - T_e}{u_\infty} \tau_w \gtrless 0 \quad \text{(diabate Wand, } Pr = 1) . \tag{6.67}$$

Auf den bemerkenswerten Zusammenhang zwischen der Wärmestromdichte (Wärmeübergang an der Wand) und der Wandschubspannung hat erstmalig Reynolds hingewiesen. Man spricht daher auch von der Reynoldsschen Analogie. Die Wandschubspannung läßt sich nach (6.57) mit der dort angegebenen Einschränkung berechnen. Es ist stets $\tau_w > 0$. Ob Wärme von der Wand auf das strömende Fluid übergeht oder umgekehrt (Richtung des Wärmestroms), bestimmt das Vorzeichen der Temperaturdifferenz $(T_w - T_e) \gtrless 0$. Eine gleichwertige Aussage erhält man nach Einsetzen von T_e nach (6.65) in (6.67), so daß man die Ungleichungen

$$\frac{T_w}{T_e} \gtrless 1, \quad \frac{T_w}{T_\infty} \gtrless 1 + \frac{\varkappa - 1}{2} Ma_\infty^2 \quad \begin{Bmatrix} \varphi_w > 0 & \text{(Wand} \to \text{Gas)} \\ \varphi_w < 0 & \text{(Gas} \to \text{Wand)} \end{Bmatrix} \tag{6.68a, b}$$

anschreiben kann. Hierin gilt das obere Vorzeichen für einen Wärmetransport von der Wand in das Fluid (heizende Wand = von Fluid gekühlte Wand) und das untere Vorzeichen für einen Wärmetransport vom Fluid an die Wand (von Fluid beheizte Wand = kühlende Wand), vgl. Tab. 6.1.

In Abb. 6.12 sind einige Temperaturprofile schematisch dargestellt, und zwar handelt es sich in Abb. 6.12a um solche, bei denen die Wandtemperatur größer als die Außentemperatur $T_w > T_\infty$ und in Abb. 6.12b um solche, bei denen die Wandtemperatur kleiner als die Außentemperatur $T_w < T_\infty$ ist.[27] Die Bedeutung der einzelnen Kurven ist der Abbildungsunterschrift zu entnehmen. Obgleich bei Kurve (*1*) in Abb. 6.12a $T_w > T_\infty$ ist, wird bedingt durch die starke Reibungswärme (Dissipationsarbeit) der Wand Wärme zugeführt, was auch für die Kurven (*1*) bis (*4*) in Abb. 6.12b gilt. Die Kurven (*2*) in Abb. 6.12a und (*5*) in Abb. 612b beschreiben die wärmeundurchlässige (adiabate) Wand.[28] Bei den Kurven (*2*) und (*3*) in Abb. 6.12a wird Wärme von der Wand dem Fluid zugeführt.

Die besprochenen Temperaturprofile sind in Übereinstimmung mit der Wandbindung (6.31) bei $y = 0$ konkav gekrümmt $(\partial^2 T/\partial y^2)_w < 0$, während sie bei $y = \delta$ konvex oder konkav gekrümmt sein können, $(\partial^2 T/\partial y^2)_a \lesseqgtr 0$. Es treten also Temperaturprofile ohne und mit Wendepunkt auf.

Den Kurven (4) in Abb. 6.12a, b ist die Mach-Zahl $Ma_\infty = 0$ zugeordnet. Hierfür gilt nach (6.66b) mit $T_e = T_\infty$ nach (6.65)

$$T - T_w = (T_\infty - T_w)\frac{u}{u_\infty} \sim \frac{u}{u_\infty} \quad (Pr = 1, Ma_\infty = 0) . \tag{6.69}$$

---

[27] Bei allen Fällen wurde das gleiche Geschwindigkeitsprofil u/u_∞ zugrundegelegt.

[28] Die Kurve (*5*) ist eine mathematisch denkbare Lösung, die jedoch wegen der zugehörigen imaginären Mach-Zahl $Ma_\infty = \sqrt{-2}$ keine physikalische Bedeutung hat.

Beim Grenzfall einer Strömung mit $Ma = 0$ gilt die Zuordnung $u \neq 0$, $c = \infty$. Für ein thermisch ideales Gas mit $c \sim \sqrt{T}$ führt dies zu dem unbrauchbaren Ergebnis unendlich großer Temperatur $T = \infty$. Geht man jedoch von einem dichtebeständigen Fluid mit $\varrho = \text{const}$ aus, dann stellt (6.69) wegen $c = \sqrt{dp/d\varrho} = \infty$ eine brauchbare Lösung dar. Diese erhält man auch aus (6.25), wenn man die Dissipationsarbeit vernachlässigt und die Impulsgleiung (6.38a) mitheranzieht.

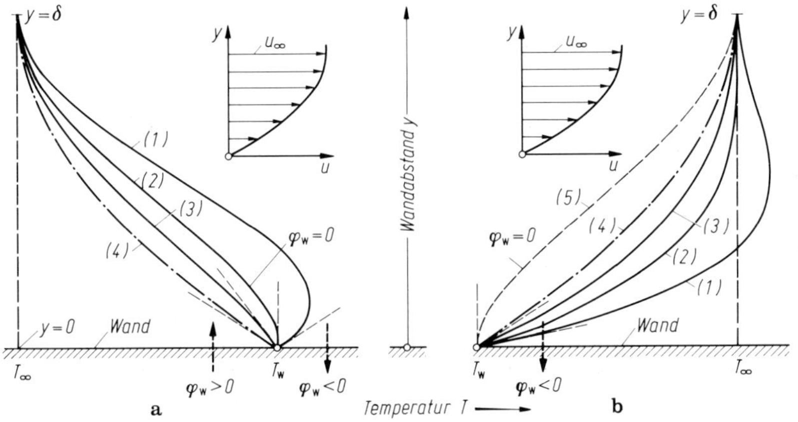

Abb. 6.12. Temperaturprofile der längsangeströmten ebenen Platte bei laminarer Grenzschicht, eines inhomogenen Fluids (Gas, $\varkappa = 1{,}4$, $Pr = 1$) nach (6.66b) in Verbindung mit (6.65), Geschwindigkeitsprofile angenähert durch $u/u_\infty = (2 - y/\delta)(y/\delta)$. **a** Wandtemperatur größer als Außentemperatur, $T_w > T_\infty$. **b** Wandtemperatur kleiner als Außentemperatur, $T_w < T_\infty$

Kurve		Nr.	*(1)*	*(2)*	*(3)*	*(4)*	*(5)*
Mach-Zahl		Ma_∞	2	$\sqrt{2}$	1	0	$\sqrt{-2}$
Eigentemperatur		T_e/T_∞	1,8	1,4	1,2	1,0	0,6
a	$T_w/T_\infty = 1{,}4$	T_w/T_e	< 1	$= 1$	> 1	> 1	—
		φ_w	< 0	$= 0$	> 0	> 0	—
b	$T_w/T_\infty = 0{,}6$	T_w/T_e	< 1	< 1	< 1	< 1	$= 1$
		φ_w	< 0	< 0	< 0	< 0	$= 0$

Die Temperaturverteilungen der partikulären Lösungen (6.64a) und (6.66) sind eindeutige Funktionen der Geschwindigkeitsverteilungen, $T = T(u)$. Es wurde eine solche Temperatur-Geschwindigkeitsfunktion $T(u)$ von Busemann [12] und Crocco [12] eingeführt. Nach ihr sind die Isotachen $u = \text{const}$ gleichzeitig auch Isothermen $T = \text{const}$. An der Wand ($u = 0$) ist nach (6.66b) unabhängig von der Mach-Zahl $(dT/du)_w = -(T_w - T_e)/u_\infty$, was für die erste Lösung zu $(dT/du)_w = 0$ führt.

Für $Pr \neq 1$ läßt sich (6.60a) nicht geschlossen lösen, man vgl. [94]. Für den Fall der wärmeundurchlässigen Wand kann man näherungsweise für die adiabate

Wandtemperatur (Eigentemperatur)

$$T_e \approx T_\infty + r\frac{u_\infty^2}{2c_p} = T_\infty\left(1 + r\frac{\varkappa - 1}{2}Ma_\infty^2\right) \qquad \text{(adiabate Wand, } Pr \neq 1\text{)} \tag{6.70a, b}$$

schreiben, wobei r das Verhältnis der Erwärmung der längsangeströmten ebenen Platte infolge Reibung ($T_e - T_\infty$) zur Erwärmung durch adiabate Kompression im Staupunkt nach (4.78a) darstellt, auch Recovery-Faktor genannt. Es ist $r \approx \sqrt{Pr}\,(=)\,0{,}843$, wobei der Zahlenwert für Luft mit $Pr = 0{,}71$ gilt und durch Messungen sehr gut bestätigt wird. Gl. (6.70b) führt hierfür mit $\varkappa = 1{,}4$ zu $T_e = T_\infty(1 + 0{,}169\,Ma_\infty^2)$.

Weitere Ergebnisse. Bei der Grenzschichtströmung eines inhomogenen Fluids (Gase) spielt neben der Prandtl-Zahl die Mach-Zahl eine wesentliche Rolle. Um hierüber eine Vorstellung zu bekommen, werden im folgenden einige typische Ergebnisse der laminaren Plattengrenzschicht bei verschiedenen Mach-Zahlen Ma_∞ wiedergegeben.

Abb. 6.13 zeigt einige Geschwindigkeits- und Temperaturprofile an der wärmeundurchlässigen (adiabaten) Wand für den Fall eines stark vereinfachten Gases mit der Prandtl-Zahl $Pr = 1$ und einer linearen Abhängigkeit der Viskosität von der Temperatur $\eta \sim T$, d. h. $\zeta = \varrho\eta/\varrho_\infty\eta_\infty = 1$.[29] Die Ergebnisse sind zunächst in Abb. 6.13a und b über dem dimensionslosen Wandabstand $\tilde{y} = y\sqrt{u_\infty/\nu_\infty x}$ aufgetragen. Mit wachsender Mach-Zahl ergibt sich eine beträchtliche Zunahme der Grenzschichtdicke. Für sehr große Mach-Zahlen ist das Geschwindigkeitsprofil nahezu geradlinig über die gesamte Grenzschichtdicke. Die Temperaturprofile zeigen bei großen Mach-Zahlen erhebliche Temperaturerhöhungen in der Grenzschicht, die von der Reibungswärme herrühren. Die Temperaturerhöhung an der Wand T_w/T_∞ berechnet sich nach (6.65). Die Zuordnung der Geschwindigkeits- und Temperaturwerte bei gegebener Mach-Zahl und gegebenem Wandabstand folgt aus (6.64a). Man kann die Geschwindigkeitsprofile von Abb. 6.13a für verschiedene Mach-Zahlen nahezu zur Deckung bringen, wenn man den Wandabstand y statt auf $\sqrt{u_\infty/\nu_\infty x}$ auf $\sqrt{u_\infty/\nu_w x}$ bezieht, d. h. $\bar{y} = y\sqrt{u_\infty/\nu_w x} = (T_\infty/T_w)\,\tilde{y}$ als dimensionslosen Wandabstand wählt.[30] Aus diesem Ergebnis läßt sich schließen, daß die Zunahme der Grenzschichtdicke mit wachsender Mach-Zahl (bei konstanter Reynolds-Zahl) hauptsächlich auf die mit der Erwärmung der wandnahen Schicht verbundene Volumenvergrößerung zurückzuführen ist.

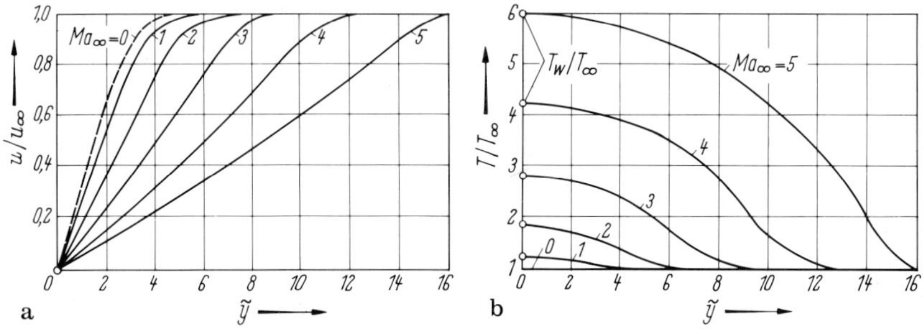

Abb. 6.13. Laminare Plattengrenzschichtströmung eines inhomogenen Fluids ($\varkappa = 1{,}4$, $Pr = 1$, $\zeta = 1$) bei wärmeundurchlässiger Wand, Einfluß der Mach-Zahl Ma_∞ nach Crocco [12], Querkoordinate $\tilde{y} = y\sqrt{u_\infty/\nu_\infty x}$. **a** Geschwindigkeitsprofil u/u_∞, **b** Temperaturprofil T/T_∞ mit $T_w = T_e$ als Eigentemperatur

[29] Man beachte, daß nach der thermischen Zustandsgleichung $\varrho T/\varrho_\infty T_\infty = p/p_\infty = 1$ ist.

[30] Für Gase ist $\sqrt{\nu_w/\nu_\infty} = \sqrt{\eta_w\varrho_\infty/\eta_\infty\varrho_w} = T_w/T_\infty$ wegen $\eta_w/\eta_\infty = T_w/T_\infty$ und $\varrho_\infty/\varrho_w = T_w/T_\infty$ mit $p_w/p_\infty = 1$.

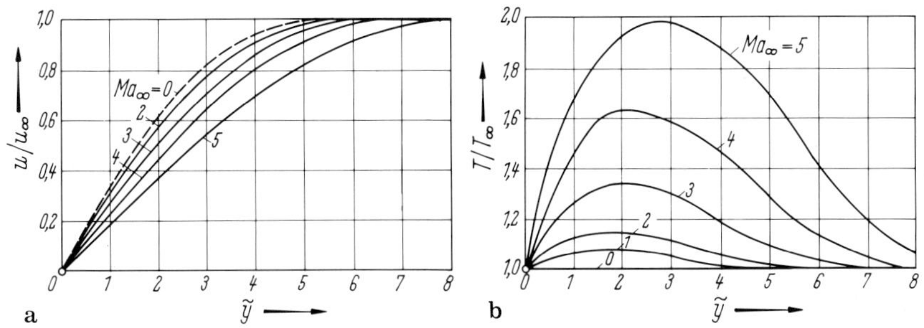

Abb. 6.14. Laminare Plattengrenzschichtströmung eines inhomogenen Fluids ($\varkappa = 1{,}4$, $Pr = 0{,}7$, $\tilde{\zeta} = 1$) mit Wärmeübergang bei $T_w = T_\infty$, Einfluß der Mach-Zahl Ma_∞ nach Hantzsche und Wendt [41], Querkoordinate $\tilde{y} = y\sqrt{u_\infty/\nu_\infty x}$. **a** Geschwindigkeitsprofil u/u_∞, **b** Temperaturprofil T/T_∞

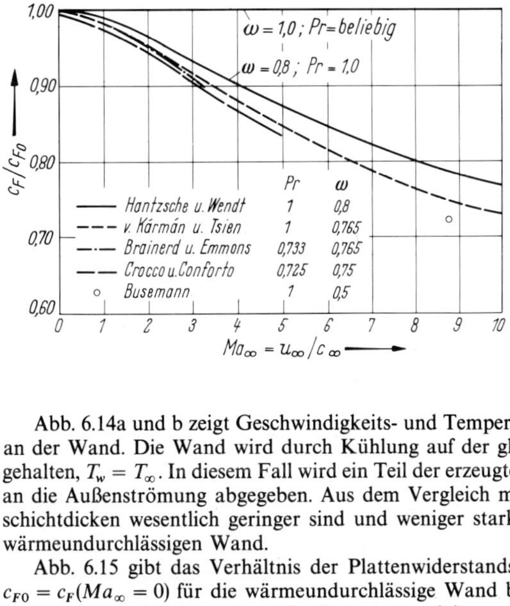

Abb. 6.15. Widerstandsbeiwerte c_F der längsangeströmten, wärmeundurchlässigen ebenen Platte bei laminarer Grenzschicht eines inhomogenen Fluids (Gas, $\eta/\eta_\infty = (T/T_\infty)^\omega$); c_F/c_{Fo} in Abhängigkeit von der Mach-Zahl Ma_∞ nach Rubesin und Johnson [89], c_{Fo} = Widerstandsbeiwert bei $Ma_\infty = 0$ nach Abb. 6.11 mit $Re_\infty = u_\infty l/\nu_\infty$

Abb. 6.14a und b zeigt Geschwindigkeits- und Temperaturprofile für den Fall mit Wärmeübergang an der Wand. Die Wand wird durch Kühlung auf der gleichen Temperatur wie die Außenströmung gehalten, $T_w = T_\infty$. In diesem Fall wird ein Teil der erzeugten Reibungswärme an die Wand und ein Teil an die Außenströmung abgegeben. Aus dem Vergleich mit Abb. 6.13a erkennt man, daß die Grenzschichtdicken wesentlich geringer sind und weniger stark von der Mach-Zahl abhängen als bei der wärmeundurchlässigen Wand.

Abb. 6.15 gibt das Verhältnis der Plattenwiderstandsbeiwerte c_F/c_{F0} mit $c_F = c_F(Ma_\infty \neq 0)$ und $c_{F0} = c_F(Ma_\infty = 0)$ für die wärmeundurchlässige Wand bei einem Gas als Fluid wieder. Ist die Viskosität nicht exakt proportional der Temperatur, d. h. $\eta \sim T^\omega$ mit $\omega < 1$, dann nimmt der Plattenwiderstandsbeiwert c_F mit wachsender Mach-Zahl Ma_∞ ab, vgl. Abb. 6.21. Auf den Sonderfall nach (6.58) mit $\omega = 1$ wurde bereits hingewiesen.

6.3.2.4 Laminare ebene Grenzschicht mit Druckgradient der Außenströmung

Allgemeines. Als Fortsetzung der Betrachtungen über die Grenzschicht an der längsangeströmten ebenen Platte, d. h. der Strömung ohne Druckgradient (Gleichdruck), soll jetzt die Grenzschicht an der Wand mit Druckgradient (Druckabfall, Druckanstieg) längs der Wandkontur für den Fall stationärer Strömung untersucht werden. Der Druckabfall und besonders der Druckanstieg haben einen starken Einfluß auf die Ausbildung der Grenzschicht. Neben dem Reibungswiderstand interessiert besonders die Frage, ob Ablösung der Strömungsgrenzschicht eintritt und wo gegebenenfalls die Ablösungsstelle liegt, man vgl. hierzu die Ausführung in Kap. 6.2.2.1 sowie die Feststellung in Kap. 6.3.2.2 Abschn. a, wonach gemäß der Wandbindung (6.29) Strömungsablösung im allgemeinen nur bei Druckanstieg in Strömungsrichtung (verzögerte Strömung) auftreten kann. Als Kriterium für die Ablösungsstelle gilt (6.30). Zwischen dem Druck-, Geschwindigkeits- und Temperaturgradienten der Außenströmung bestehen die Beziehungen nach (6.24b).

a) Laminare Grenzschicht eines homogenen Fluids mit Druckgradient der Außenströmung

Stationäre Strömungsgrenzschicht. Für die stationäre Strömung mit der vorgegebenen Geschwindigkeit $u_a(t, x) = u_a(x) = U(x)$ eines homogenen Fluids ($\varrho = \text{const}$, $\eta = \text{const}$, $\nu = \eta/\varrho = \text{const}$) gilt das aus Kontinuitäts- und Impulsgleichung bestehende Gleichungssystem (6.19a, b) in der Form

$$\text{(I)} \quad \frac{\partial u}{\partial x} + \frac{\partial v}{\partial y} = 0, \qquad \text{(II)} \quad u\frac{\partial u}{\partial x} + v\frac{\partial u}{\partial y} = U\frac{dU}{dx} + \nu\frac{\partial^2 u}{\partial y^2}. \tag{6.71a, b}$$

Wie bei der Plattengrenzschicht läßt sich die Kontinuitätsgleichung (6.71a) durch Einführen einer Stromfunktion gemäß (6.38b) identisch erfüllen. Es verbleibt dann die aus (6.71b) gewonnene Grenzschichtgleichung

$$\frac{\partial \Psi}{\partial y}\frac{\partial^2 \Psi}{\partial x\,\partial y} - \frac{\partial \Psi}{\partial x}\frac{\partial^2 \Psi}{\partial y^2} = U\frac{dU}{dx} + \nu\frac{\partial^3 \Psi}{\partial y^3} \quad \text{mit} \quad u = \frac{\partial \Psi}{\partial y}, \quad v = -\frac{\partial \Psi}{\partial x}. \tag{6.72}$$

Für die masseundurchlässige (nichtporöse) Wand lauten nach Tab. 6.1 die Randbedingungen

$$y = 0{:}\ u = \frac{\partial \Psi}{\partial y} = 0, \quad v = -\frac{\partial \Psi}{\partial x} = 0; \qquad y = \delta_S(x){:}\ u = u_a(x) = U(x). \tag{6.73a, b}$$

Strenge Lösungen von (6.71) oder (6.72) sind bislang nur für einige Sonderfälle gelungen. Hierzu gehört u. a. die in Kap. 6.3.2.3 Abschn. a behandelte laminare Plattengrenzschicht.

Affine Lösungen für die laminare Strömungsgrenzschicht eines homogenen Fluids. Für die laminare Plattengrenzschicht wurde gezeigt, daß man die partielle Differentialgleichung (6.38a) durch Einführen bestimmter Transformationen für die Ortskoordinaten x, y und für die Stromfunktion Ψ in eine gewöhnliche Differentialgleichung umformen kann. Für bestimmte Sonderfälle gelingt dies auch bei der laminaren Grenzschicht mit Druckgradient in Strömungsrichtung. Dies trifft z. B. für sog. ähnliche Lösungen zu, die dadurch gekennzeichnet sind, daß die dafür in Frage kommenden Strömungen affine Geschwindigkeitsprofile $u(x, y)$ aufweisen. Hierunter sind Profile zu verstehen, welche in verschiedenen Abständen x zur Deckung gebracht werden können, wenn man sie mit bestimmten Maßstabfaktoren für u und y dimensionslos macht. Affine Lösungen sind möglich, wenn die

Geschwindigkeitsverteilung der vorgegebenen Außenströmung um einen festen Körper einer Potenz der Lauflänge x, gerechnet vom vorderen Staupunkt aus, oder einer Exponentialfunktion proportional ist, [116]

$$U(x) = cx^m \qquad \text{(einfacher Potenzansatz)}\,, \tag{6.74a}$$

$$U(x) = c\exp(nx) \qquad \text{(Exponentialansatz)}\,. \tag{6.74b}$$

Im folgenden wird nur der Ansatz (6.74a) weiterbehandelt. Durch $m = 0$ wird mit $U(x) = c = \text{const}$ die längsangeströmte ebene Platte beschrieben, über die in Kap. 6.3.2.3 Abschn. a bereits berichtet wurde. Für $m \neq 0$ ergeben sich nach Kap. 5.3.2.4 Beispiel a ebene Winkel- und Eckenströmungen, vgl. Abb. 5.12 und 5.13.[31] Die ebene Staupunktströmung nach Abb. 5.13b liegt bei $m = 1$ vor. Die Fälle mit $0 < m < 1$ können als Keilströmungen nach Abb. 5.15a gedeutet werden, wobei der halbe Keilwinkel durch $\vartheta_K = [m/(m+1)]\pi < \pi/2$ bestimmt ist. Wegen $dU/dx = cmx^{m-1}$ handelt es sich für $m > 0$ stets um beschleunigte Strömungen (Druckabfall), bei denen Strömungsablösung nicht auftreten kann. Für $m < 0$ ist die Strömung verzögert (Druckanstieg), und die Grenzschichtströmung kann daher zur Ablösung führen, vgl. Abb. 6.6 (Bild 3).

In Erweiterung der Blasiusschen Transformationsformeln für die längsangeströmte Platte nach (6.40) und (6.41) haben Falkner und Skan [31] die Transformationen für die Ortskoordinaten und die Stromfunktion

$$\tilde{x} = x,\ \tilde{y} = y\sqrt{\frac{m+1}{\nu}\frac{U(x)}{x}}\,; \quad \Psi(x, y) = \sqrt{\frac{\nu}{m+1}\tilde{x}U(\tilde{x})}\cdot f(\tilde{y}) \tag{6.75a; b}$$

mit $U(\tilde{x}) = U(x)$ nach (6.74a) gewählt. Die weitere Rechnung geht wie bei der längsangeströmten ebenen Platte vor sich und führt auf die gegenüber (6.43a) erweiterte gewöhnliche Differentialgleichung dritter Ordnung

$$2f''' + ff'' + \beta(1 - f'^2) = 0 \qquad (\beta = 2m/(m+1))\,. \qquad (6.76)^{32}$$

Die Striche bedeuten die Ableitungen nach $\tilde{y}$. Für die Randbedingungen gilt sinngemäß (6.43b). Die Lösungen sind von Hartree [31] untersucht worden. Als wichtigstes Ergebnis sind die Geschwindigkeitsprofile $u/U = f'(m, \tilde{y})$ anzusehen. Diese sind als sog. Hartree-Profile in Abb. 6.16a für verschiedene Werte β dargestellt. Bei $\beta = \beta_A = -0{,}1988$ bzw. $m = m_A = -0{,}0904$ ist $(\partial u/\partial y)_w = 0$, d. h. es handelt sich hierbei nach (6.30) um das Profil der beginnenden Strömungsablösung (Index A).

Für die Grenzschichtdicke ergibt sich mit $\delta_S = y_\delta$ für $u/U = 0{,}99$ bei den affinen Geschwindigkeitsprofilen der ähnlichen Lösung ein bestimmter Wert $\tilde{y}_\delta = \text{const}$. Mithin folgt für die Abhängigkeit der Grenzschichtdicke $\delta = y_\delta$ von der Lauflänge

$$\delta(x) \sim \sqrt{\frac{\nu x}{U(x)}} \sim x^{\frac{1-m}{2}} = x^a \quad (\vartheta_K = \pi m/(m+1),\ a = (1-m)/2)\,. \tag{6.77}$$

---

[31] Übereinstimmung zwischen (5.56) und (6.74a) besteht mit $|\boldsymbol{v}| = U$, $|a| = c$, $r = x$ und $n - 1 = m$.

[32] Die häufig verwendete Transformation $\tilde{x} = x$, $\tilde{y} = y\sqrt{(m+1)U(x)/2\nu x}$ und $\Psi = \sqrt{[2/(m+1)]\nu\tilde{x}U(\tilde{x})}\cdot f(\tilde{y})$ führt zu $f''' + ff'' + \beta(1 - f'^2) = 0$.

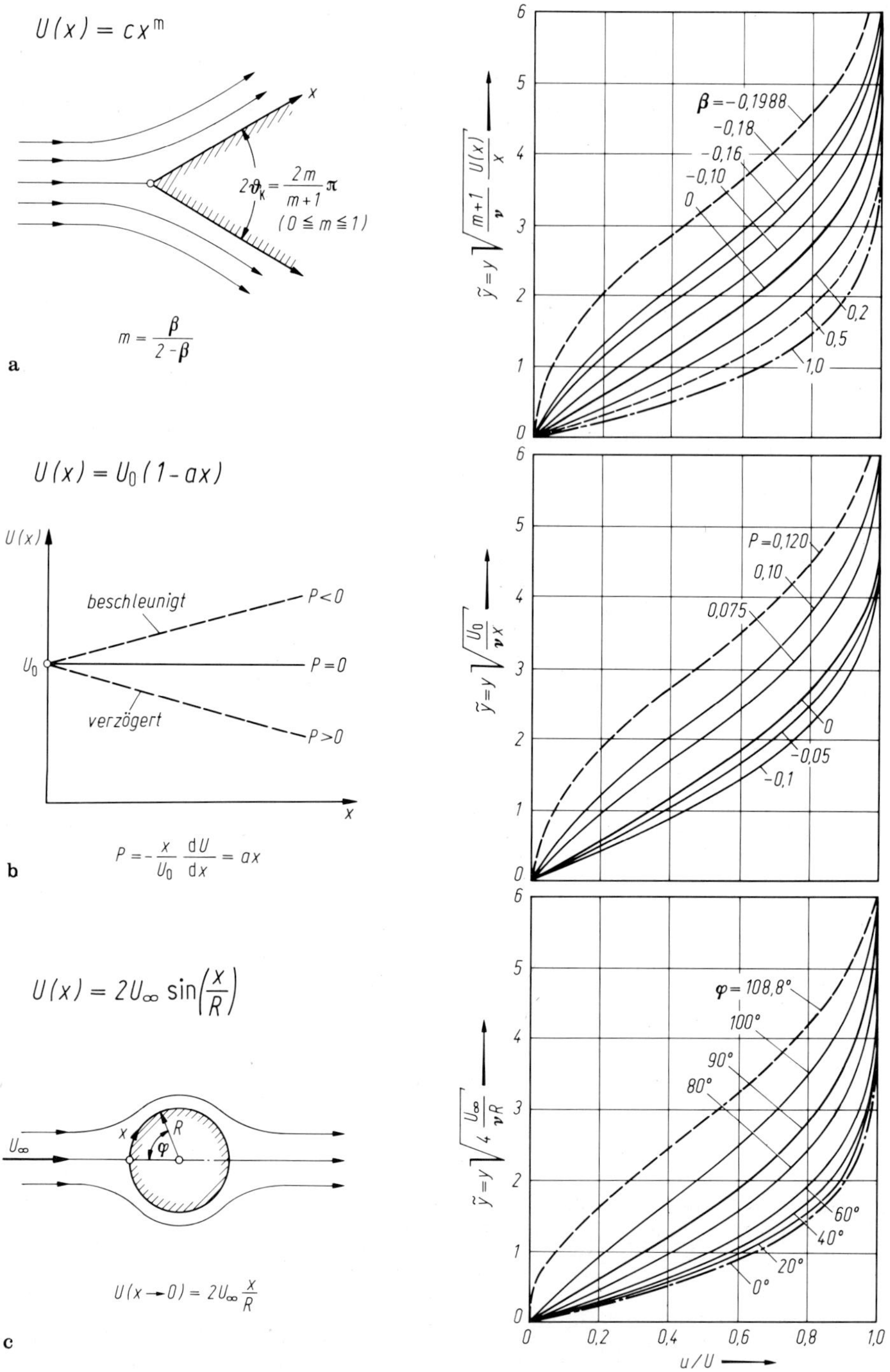

Abb. 6.16. Laminare Geschwindigkeitsprofile u/U in der Strömungsgrenzschicht bei Strömungen homogener Fluide mit Druckgradient der Außenströmung in Abhängigkeit vom dimensionslosen Wandabstand $\tilde{y}$. **a** Ähnliche Lösungen nach Falkner und Skan [31] sowie Hartree [31]. **b** Linear veränderliche Außenströmung nach Howarth [48]. **c** Kreiszylinder mit potentialtheoretischer Außenströmung, vgl. [94].
– – – –: Ablösung, –·–·–: ebener Staupunkt

Für die längsangeströmte Platte mit $U(x) = \text{const}$, d. h. $m = 0$, folgt $\delta(x) \sim \sqrt{x}$ in Übereinstimmung mit (6.44). Bei der ebenen Staupunktströmung (normal angeströmte Wand) mit $U(x) \sim x$, d. h. $a = 0$, ergibt sich $\delta(x) = \text{const}$[33]. Im Staupunkt selbst ($x = 0$) besitzt die Grenzschichtdicke $\delta \neq 0$ also einen endlichen Wert. Keilströmungen ($0 < \vartheta_K < \pi/2$) liegen bei $0 < m < 1$ vor. Für solche Strömungen nimmt die Grenzschichtdicke vom Wert $\delta = 0$ bei $x = 0$ laufend mit x entsprechend $\delta(x) \sim x^a$ für $1/2 > a > 0$ zu.

Laminare Strömungsgrenzschicht für die Außenströmung $U(x) = U_0(1 - ax^n)$. Neben der besprochenen affinen Lösung wurde eine weitere Klasse von exakten Lösungen für die laminare Strömungsgrenzschicht bei einem homogenen Fluid für die Außengeschwindigkeit

$$U(x) = U_0(1 - ax^n) \quad \text{(erweiterter Potenzansatz)} \tag{6.78}$$

gefunden, und zwar für $n = 1$ (lineare Geschwindigkeitsverteilung) von Howarth [48] und für $n \neq 1$ von Tani [48]. Für $a > 0$ liegt verzögerte und für $a < 0$ beschleunigte Außenströmung vor. Bei der durch (6.78) beschriebenen Strömung handelt es sich bis auf den Fall mit $n = 0$ (längsangeströmte ebene Platte) nicht um eine affine Lösung der Grenzschichtgleichung. In Abb. 6.16b sind für $n = 1$, d. h. für die Geschwindigkeitsverteilung der Außenströmung $U(x) = U_0(1 - ax)$, die Geschwindigkeitsprofile in der Grenzschicht u/U in Abhängigkeit von $\tilde{y} = y\sqrt{U_0/\nu x}$ bei verschiedenen Werten $P = -(x/U_0)(dU/dx) = ax$ dargestellt. Im Bereich der verzögerten Strömung ist $P > 0$, und alle Geschwindigkeitsprofile weisen einen Wendepunkt auf. Ablösung tritt bei $P_A = 0{,}1198$ ein, d. h. wenn $x_A = 0{,}12/a$ ist.[34] Schreibt man für die Außenströmung $U(x) = U_0(1 - x/l)$, so kann diese Strömung auch gedeutet werden als die Potentialströmung längs einer ebenen Wand, die bei $x = 0$ beginnt und die bei $x = l$ normal auf einer zweiten unendlich ausgedehnten Wand aufsitzt (gebremste Staupunktströmung).

Laminare Strömungsgrenzschicht am Kreiszylinder. Für den allgemeinen Fall der ebenen Grenzschichtströmung kann einem Vorschlag von Blasius [7] folgend ein Berechnungsverfahren in der Weise aufgebaut werden, daß die Geschwindigkeitsverteilung der Außenströmung und das Geschwindigkeitsprofil in der Grenzschicht als Potenzreihen der Lauflänge längs der Körperkontur x angesetzt werden (Blasiussche Reihe). Für die Potenzreihe der Geschwindigkeitsprofile sind dabei die Koeffizienten Funktionen des normal zur Wand gemessenen Abstands y. Auf Einzelheiten dieses Berechnungsverfahrens wird hier nicht eingegangen. Mit Vorteil werden auch Differenzenverfahren zur Lösung der Grenzschichtgleichung benutzt, die sich besonders für den Einsatz elektronischer Rechenanlagen eignen. Auf die Entwicklung von Näherungsverfahren wird in Kap. 6.3.4 eingegangen.

Für den symmetrisch umströmten Kreiszylinder ist die Geschwindigkeitsverteilung der Außenströmung nach der Potentialtheorie entsprechend (5.71) durch

$$U(\varphi) = 2U_\infty \sin\varphi = 2U_\infty \sin\left(\frac{x}{R}\right) = U(x) \quad \text{(Kreiszylinder)} \tag{6.79}$$

mit $x = R\varphi$ als Lauflänge und R als Zylinderradius gegeben. Bei $\varphi = 0$ ergibt sich der Staupunkt $U = 0$, und bei $\varphi = 90°$ erreicht die Geschwindigkeit ihren Größtwert $U_{max} = 2U_\infty$. Dort ist $dU/dx = 0$, d. h. es liegt örtlich verschwindender Druckgradient ähnlich wie bei der längsangeströmten ebenen Platte vor. Die Geschwindigkeitsprofile in der Strömungsgrenzschicht u/U sind für verschiedene Winkel φ über dem dimensionslosen Wandabstand $\tilde{y} = y\sqrt{4U_\infty/\nu R}$ in Abb. 6.16c dargestellt. Die Kurve für die ebene Staupunktströmung ($\varphi = 0$) stimmt mit der entsprechenden Kurve für $m = 1$ in Abb. 6.16a exakt überein.[35] Die Kurve für $\varphi = 90°$ (örtlich verschwindender Druckgradient) weicht von derjenigen für die längsangeströmte Platte (über ganze Länge verschwindender Druckgradient, $m = 0$ in Abb. 6.16a

---

[33] Die als affine Lösung beschriebene ebene Staupunktströmung stellt eine exakte Lösung der Navier-Stokesschen Bewegungsgleichung dar [94].

[34] Die Rechnungen von Howarth wurden mehrfach nachgeprüft und verbessert [116, Tab. 4.6]. In [116] wird für [111] fälschlicherweise der Wert $x_A/a = 0{,}1036$ statt 0,114 angegeben.

[35] Man beachte, daß $\tilde{y} = y\sqrt{\dfrac{4U_\infty}{\nu R}} = y\sqrt{\dfrac{2U(x)}{\nu R\sin(x/R)}} = y\sqrt{\dfrac{2U(x)}{\nu x}}$ für $x \to 0$ in Übereinstimmung mit $m = 1$ in (6.75a) ist, vgl. Abb. 6.16a für $\beta = 1$.

oder $P = 0$ in Abb. 6.16b) nur wenig ab. Nach Abb. 6.16c tritt unabhängig von der Reynolds-Zahl Ablösung bei einem Winkel $\varphi_A \approx 109°$ auf. Würde man für die Durchführung der Grenzschichtrechnung die Geschwindigkeits- oder die Druckverteilung außerhalb der Grenzschicht dem Experiment entnehmen, z. B. nach Abb. 5.22a, so würde sich nach Hiemenz [7] die Ablösungsstelle bei $\varphi_A = 82°$ ergeben, während nach dem Experiment $\varphi_A = 81°$ beobachtet wurde. Bemerkenswert ist die Feststellung, daß sich bei den drei Beispielen die Geschwindigkeitsprofile bei beginnender Ablösung der Grenzschicht bei der jeweils angegebenen Transformation für den Wandabstand $\tilde{y}$ nicht sehr stark voneinander unterscheiden.

b) Ebene laminare Grenzschicht eines inhomogenen Fluids mit Druckgradient der Außenströmung

Was den Einfluß der veränderlichen Stoffgrößen auf die Gleichungen zur Berechnung der Strömungs- und Temperaturgrenzschicht bei inhomogenen Fluiden (Gasen) betrifft, kann im wesentlichen auf die entsprechenden Ausführungen für die laminare Plattengrenzschicht inhomogener Fluide in Kap. 6.3.2.3 Abschn. b verwiesen werden. Die Erweiterung der Untersuchung besteht jetzt darin, einen möglichen Druckgradienten in Strömungsrichtung zu berücksichtigen. Dabei soll auch hier wieder nur die stationäre Strömung besprochen werden. Für die Zusammenhänge der Druck-, Geschwindigkeits- und Temperaturverteilung der Außenströmung gilt bei dichteveränderlichem Fluid ($\varrho_a \neq \text{const}$) (6.24b).

Strömungsgrenzschicht. Mit $\partial/\partial t = 0$ lautet das Gleichungssystem (6.17) in Verbindung mit (6.18b) für die Grenzschicht mit Druckgradient der Außenströmung

$$\text{(I)}\quad \frac{\partial(\varrho u)}{\partial x} + \frac{\partial(\varrho v)}{\partial y} = 0\,, \qquad \text{(II)}\quad \varrho\left(u\frac{\partial u}{\partial x} + v\frac{\partial u}{\partial y}\right) = \varrho_a u_a \frac{du_a}{dx} + \frac{\partial}{\partial y}\left(\eta\frac{\partial u}{\partial y}\right) \tag{6.80a, b}$$

mit den Randbedingungen für die masseundurchlässige (nichtporöse) Wand nach (6.73). Durch Erweiterung der Dorodnitsyn-Howarth-Transformation für den Fall ohne Druckgradient (Plattengrenzschicht in Kap. 6.3.2.3 Abschn. b) läßt sich die Grenzschichtgleichung für die Strömung des inhomogenen Fluids mit Druckgradient mittels einer Illingworth-Stewartson-Transformation [51], vgl. Riegels in [94, Kap. 13], auf nahezu die gleiche Form wie bei der Strömung eines homogenen Fluids bringen. Der Bezugszustand sei zunächst durch den Index b gekennzeichnet. Die Kontinuitätsgleichung (6.80a) werde entsprechend (6.53) durch Einführen einer Stromfunktion $\Psi(x, y)$ befriedigt. Die Ortskoordinaten werden in Erweiterung von (6.54a) wie folgt transformiert

$$\tilde{x} = \int_0^x \zeta_w \left(\frac{T_a}{T_b}\right)^{\frac{1}{2}} dx, \qquad \tilde{y} = \left(\frac{T_a}{T_b}\right)^{\frac{1}{2}} \int_0^y \frac{\varrho}{\varrho_b}\,dy \quad \text{mit} \quad \zeta_w = \frac{\varrho_w \eta_w}{\varrho_b \eta_b}\,, \tag{6.81a}$$

wobei $\zeta_w = \zeta(x, y = 0)$ die Dichte-Viskositätsfunktion nach (1.15a) an der Wand $y = 0$ bedeutet. Anstelle von (6.54b) für die Plattengrenzschicht erhält man in erweiterter Form die partiellen Differentialoperatoren

$$\frac{\partial}{\partial x} = \zeta_w \left(\frac{T_a}{T_b}\right)^{\frac{1}{2}} \frac{\partial}{\partial \tilde{x}} + m\frac{\partial}{\partial \tilde{y}}\,, \quad \frac{\partial}{\partial y} = \frac{\varrho}{\varrho_b}\left(\frac{T_a}{T_b}\right)^{\frac{1}{2}} \frac{\partial}{\partial \tilde{y}}\,. \tag{6.81b}$$

Es wird auch hier als Abkürzung $m = \partial\tilde{y}/\partial x$ eingeführt. Für die transformierten Geschwindigkeitskomponenten gilt analog zu (6.55)

$$u = \left(\frac{T_a}{T_b}\right)^{\frac{1}{2}} \tilde{u}, \qquad \varrho v = \varrho_b \left[\zeta_w \left(\frac{T_a}{T_b}\right)^{\frac{1}{2}} \tilde{v} - m\tilde{u}\right]. \tag{6.82a, b}$$

Bei der weiteren Untersuchung geht man ähnlich wie bei der Plattengrenzschicht eines inhomogenen Fluids vor. Ohne auf die Zwischenrechnung einzugehen, erhält man als Erweiterung von (6.56) das transformierte Gleichungssystem für die Strömungsgrenzschicht eines inhomogenen Fluids (Gas) mit Druckgradient der Außengeschwindigkeit zu[36]

$$\text{(I)} \quad \frac{\partial \tilde{u}}{\partial \tilde{x}} + \frac{\partial \tilde{v}}{\partial \tilde{y}} = 0, \qquad \text{(II)} \quad \tilde{u}\frac{\partial \tilde{u}}{\partial \tilde{x}} + \tilde{v}\frac{\partial \tilde{u}}{\partial \tilde{y}} = g\tilde{u}_a \frac{d\tilde{u}_a}{d\tilde{x}} + \nu_b \frac{\partial}{\partial \tilde{y}}\left(\tilde{\zeta}\frac{\partial \tilde{u}}{\partial \tilde{y}}\right) \tag{6.83a, b}$$

mit $\tilde{\zeta} = \tilde{\mu} = T_w\eta/T\eta_w \approx 1{,}0$ für Gase, vgl. Abb. 1.5, sowie mit der Temperaturfunktion

$$g = \frac{\varrho_a}{\varrho} + \left[\frac{\varrho_a}{\varrho} - \left(\frac{\tilde{u}}{\tilde{u}_a}\right)^2\right] \frac{\tilde{u}_a}{2T_a} \frac{dT_a}{d\tilde{u}_a} = \frac{c_pT + u^2/2}{c_pT_a + u_a^2/2} = \frac{\hat{h}}{\hat{h}_a} = \frac{c_pT + u^2/2}{c_pT_0}. \tag{6.83c}$$

Die zweite Gleichung folgt unter Berücksichtigung der für ein Gas gültigen Beziehungen (6.9a), (6.24b) sowie (6.82a). Weiterhin wird die spezifische Gesamtenthalpie $\hat{h}$ nach (6.60b) eingeführt, wobei bei homenerget angenommener Außenströmung $\hat{h}_a = h_0 = c_pT_0 = \text{const}$ ist. Man bezeichnet daher die Temperaturfunktion $g = \hat{h}/\hat{h}_a$ auch als dimensionslose Gesamtenthalpie. Die transformierten Gleichungen für die Strömungsgrenzschicht eines inhomogenen Fluids (6.83a, b) unterscheiden sich von den entsprechenden Gleichungen für die Strömungsgrenzschicht eines homogenen Fluids (6.71a, b) bei der Kontinuitätsgleichung überhaupt nicht und bei der Impulsgleichung neben der Größe $\tilde{\zeta}$ um die bei $\tilde{u}_a(d\tilde{u}_a/d\tilde{x})$ als Faktor auftretende Funktion $g(\tilde{x}, \tilde{y})$.[37] Diese ist aus der Gleichung für die Temperaturgrenzschicht zu berechnen. Die Randbedingungen zu (6.83) sind sinngemäß aus (6.73) zu entnehmen.

Temperaturgrenzschicht. Ausgangsgleichung für die Berechnung der stationären Temperaturgrenzschicht für ein Gas ist (6.27). Durch Multiplikation von (6.20) mit u und Addition der so gewonnenen Gleichung zu (6.27) läßt sich der Druckgradient dp/dx eliminieren, und man erhält unter Einführen der spezifischen Gesamtenthalpie $\hat{h}$ nach (6.60b)

$$\text{(IIIa)} \quad \varrho\left(u\frac{\partial \hat{h}}{\partial x} + v\frac{\partial \hat{h}}{\partial y}\right) = \frac{\partial(u\tau)}{\partial y} - \frac{\partial \varphi}{\partial y} \qquad (dp/dx \gtrless 0). \tag{6.84}$$

---

[36] Man beachte, daß $\dfrac{\partial m}{\partial y} = \dfrac{\partial}{\partial y}\left(\dfrac{\partial \tilde{y}}{\partial x}\right) = \dfrac{\partial}{\partial x}\left[\dfrac{\varrho}{\varrho_b}\left(\dfrac{T_a}{T_b}\right)^{\frac{1}{2}}\right]$ ist, vgl. Fußnote 22, S. 302.

[37] Man beachte, daß $u_a(x) = U(x)$ ist.

Mit $\tau = \eta(\partial u/\partial y)$, $\varphi = -\lambda(\partial T/\partial y)$, $\lambda = (c_p/Pr)\,\eta$ und $\hat{h} = c_p T + u^2/2$ erhält man die bereits bei der Plattengrenzschicht für $dp/dx = 0$ gefundene Beziehung (6.60).[38] Diese gilt somit auch für die laminare Strömung eines inhomogenen Fluids (Gas) mit Druckgradient der Außenströmung sowie auch für Fälle ohne und mit Wärmeübergang an der Wand. Die Randbedingungen sind aus (6.61) zu entnehmen, wobei man $y = \infty$ durch $y = \delta(x)$, u_∞ durch $u_a(x)$ sowie T_∞ durch $T_a(x)$ bzw. $\hat{h}_\infty$ durch $\hat{h}_a(x)$ zu ersetzen hat. Unter $\delta(x)$ ist fallweise die Dicke der Strömungsgrenzschicht δ_S oder der Temperaturgrenzschicht δ_T zu verstehen.

Für den Sonderfall $Pr = 1$ gilt (6.62) in der Form

$$\text{(IIIb)} \quad \varrho\left(u\frac{\partial \hat{h}}{\partial x} + v\frac{\partial \hat{h}}{\partial y}\right) = \frac{\partial}{\partial y}\left(\eta\frac{\partial \hat{h}}{\partial y}\right) \qquad (Pr = 1, dp/dx \lesseqgtr 0) \qquad (6.85a)$$

mit der ersten partikulären Lösung nach (6.63a)[39]

$$\hat{h}(x, y) = \hat{h}_a(x) = c_p T_a(x) + \frac{u_a^2(x)}{2} = \text{const}\,. \qquad (6.85b)$$

Mithin erhält man den Zusammenhang zwischen der Temperaturverteilung $T(x, y)$ und der Geschwindigkeitsverteilung $u(x, y)$ analog (6.64a) zu

$$T = T_a + \frac{u_a^2}{2c_p}\left[1 - \left(\frac{u}{u_a}\right)^2\right] \qquad \text{(adiabate Wand)} \qquad (6.85c)$$

mit der Zwangsbedingung der adiabaten Wand $\varphi_w = 0$ und mit der Wandtemperatur (Eigentemperatur) $T_w = T_e = T_a + u_a^2/2c_p$.

Auf Einzelheiten der weiteren Berechnungen der Temperaturprofile bei Grenzschichten inhomogener Fluide mit Druckgradient der Außenströmung sowie auch auf die Wiedergabe von Ergebnissen wird verzichtet, vgl. Gersten in [94, Kap. 12] sowie [35].

6.3.2.5 Laminare Grenzschicht an Körpern mit gekrümmter Oberfläche

a) Laminare Grenzschicht an einem axial angeströmten Rotationskörper

Grenzschichtgleichung. Neben der ebenen Grenzschichtströmung spielt auch die drehsymmetrische Grenzschichtströmung eine wichtige Rolle. Hierzu gehört die Umströmung drehsymmetrischer Körper mit transversaler Oberflächenkrümmung (Rotationskörper, Kugel) nach Abb. 6.17a. Bei Anströmung in axialer Richtung handelt es sich wie bei der ebenen Grenzschichtströmung um eine zweidimensionale Grenzschichtströmung an einer festen Wand. Ist bei der drehsymmetrischen Grenzschichtströmung die Grenzschichtdicke δ sehr klein im Vergleich zum radialen Abstand r eines Punkts in der Grenzschicht gemessen von der Körperdrehachse, d. h. ist $\delta/r \ll 1$, so läßt sich auch für diesen Fall eine Grenzschicht-Theorie, ähnlich derjenigen für den Fall der ebenen Strömung, aufbauen.

Analog der ebenen Strömung in Abb. 6.5 sei in einem Meridianschnitt r, z ein krummliniges Koordinatensystem zugrunde gelegt, bei dem x die vom Staupunkt aus gemessene Bogenlänge und y der Abstand normal zur Oberfläche ist. Die Kontur des Rotationskörpers ist durch die Radiusverteilung $R(z) = R(x)$ gegeben.

---

[38] Man beachte, daß bei den Untersuchungen $c_p = \text{const}$ gesetzt wird, vgl. Kap. 6.2.3.3.

[39] Die zweite partikuläre Lösung nach (6.63b) gilt für den hier vorliegenden Fall der Außenströmung mit Druckgradient ($dp/dx \neq 0$) nicht, da sich der Nachweis für ihre Richtigkeit nur für verschwindende Druckgradienten ($dp/dx = 0$) führen läßt.

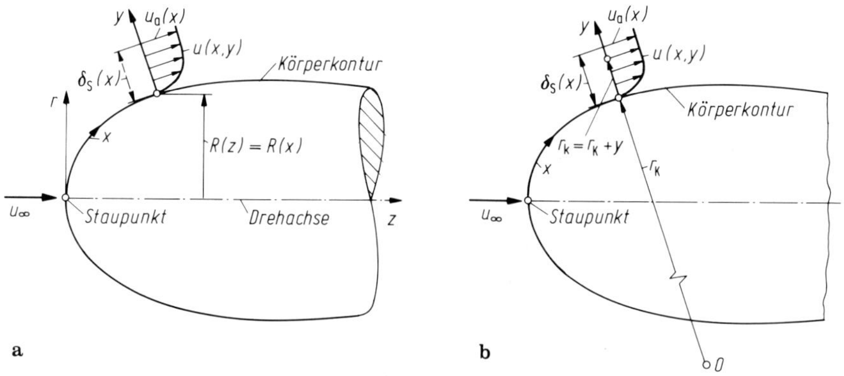

Abb. 6.17. Zur Berechnung der Strömungsgrenzschicht an Körpern mit gekrümmter Oberfläche. **a** Transversale Krümmung, **b** longitudinale Krümmung

Die Ausgangsgleichungen für die stationäre Strömung eines homogenen Fluids lauten in Analogie zu (6.13) in Zylinderkoordinaten nach Tab. 2.5 und 2.7 mit $\partial/\partial t = 0$ und $\varrho = \text{const}$

$$\frac{\partial(rv_z)}{\partial z} + \frac{\partial(rv_r)}{\partial r} = 0 \qquad (6.86a)^{40}$$

$$\varrho\left(v_z\frac{\partial v_z}{\partial z} + v_r\frac{\partial v_z}{\partial r}\right) = -\frac{\partial p}{\partial z} + \eta\left[\frac{\partial}{\partial z}\left(\frac{\partial v_z}{\partial z}\right) + \frac{1}{r}\frac{\partial}{\partial r}\left(r\frac{\partial v_z}{\partial r}\right)\right] \qquad (6.86b)$$

$$\varrho\left(v_z\frac{\partial v_r}{\partial z} + v_r\frac{\partial v_r}{\partial r}\right) = -\frac{\partial p}{\partial r} + \eta\left[\frac{\partial}{\partial z}\left(\frac{\partial v_r}{\partial z}\right) + \frac{1}{r}\frac{\partial}{\partial r}\left(r\frac{\partial v_r}{\partial r}\right) - \frac{v_r}{r^2}\right]. \qquad (6.86c)$$

Durch ähnliche Abschätzung der Größenordnungen für die geschwindigkeitsbehafteten Glieder wie bei der ebenen Strömung, vgl. (6.14), erhält man die Grenzschichtgleichung der drehsymmetrischen Strömung zu

$$\text{(I)}\quad \frac{\partial(uR)}{\partial x} + \frac{\partial(vR)}{\partial y} = 0, \qquad \text{(II)}\quad u\frac{\partial u}{\partial x} + v\frac{\partial u}{\partial y} = U\frac{dU}{dx} + v\frac{\partial^2 u}{\partial y^2}. \qquad (6.87a, b)$$

Hierin sind $u(x, y) \triangleq v_z$ und $v(x, y) \triangleq v_r$ die Geschwindigkeitskomponenten parallel und normal zur Wand innerhalb der Grenzschicht $0 \leqq y \leqq \delta_S(x)$. Weiterhin wurde berücksichtigt, daß wegen $y \leqq \delta_S$ und $\delta_S/R \ll 1$ der Radius $r \approx R(x)$ gleich dem Körperradius ist, vgl. Abb. 6.17a. Auch für die drehsymmetrische Grenzschicht gilt die Druckbedingung der Grenzschicht-Theorie (6.16), nach welcher der Druck der Außenströmung $p_a(x)$ bei $y = \delta_S(x)$ der Grenzschichtströmung im Querschnitt $x = \text{const}$ aufgeprägt wird, $p(x, y) \approx p(x) = p_a(x)$. Zwischen der Geschwindigkeit am Rand der Grenzschicht $u(x, \delta) = u_a(x) = U(x)$ und dem Druck $p(x, y) = p_a(x)$ besteht der Zusammenhang nach (6.18b). Die Gl. (6.87) wurde erstmalig von Boltze [68] angegeben, vgl. auch Millikan [68] sowie Rott und Crabtree [86].

Verglichen mit dem Gleichungssystem für die ebene Grenzschicht eines homogenen Fluids (6.71a, b) ergibt sich, daß die Impulsgleichung (6.87b) mit (6.71b) übereinstimmt, während die Kontinuitätsgleichung (6.87a) gegenüber (6.71a) zusätzlich den Körperradius $R(x)$ enthält. Der Fall einer ebenen Strömung ist durch $R \to \infty$ gegeben. Die Randbedingungen für die masseundurchlässige Wand sind in (6.73) formuliert, vgl. auch Tab. 6.1.

Zusammenhang zwischen drehsymmetrischer und ebener Strömungsgrenzschicht. Durch eine von Mangler [65] vorgeschlagene Transformation läßt sich das Gleichungssystem (6.87) in ein entsprechendes Gleichungssystem nach (6.71) überführen. Ist L eine konstante Bezugslänge, dann gilt für die

[40] Man beachte, daß $r(\partial v_z/\partial z) = \partial(rv_z)/\partial z$ ist, da r und z voneinander unabhängige Veränderliche sind.

Koordinaten

$$\tilde{x} = \int_0^x \left(\frac{R}{L}\right)^2 dx, \; \tilde{y} = \frac{R}{L} y; \quad \frac{\partial}{\partial x} = \left(\frac{R}{L}\right)^2 \frac{\partial}{\partial \tilde{x}} + \frac{\tilde{y}}{R}\frac{dR}{dx}\frac{\partial}{\partial \tilde{y}}, \; \frac{\partial}{\partial y} = \frac{R}{L}\frac{\partial}{\partial \tilde{y}} \qquad (6.88a; b)^{41}$$

und für die Geschwindigkeitskomponenten

$$u = \tilde{u}, \quad v = \frac{L}{R}\left[\left(\frac{R}{L}\right)^2 \tilde{v} - \frac{\tilde{y}}{R}\frac{dR}{dx}\tilde{u}\right]; \quad \tilde{U}(\tilde{x}) = U(x). \qquad (6.88c; d)$$

Nach Einführen dieser Rechenregeln in (6.87a, b) tritt in allen Gliedern der Faktor $(R/L)^2$ auf. Man kann ihn fortlassen und erhält so das Gleichungssystem für die aus der Transformation hervorgehende ebene Strömung. In (6.71a, b) sind im vorliegenden Fall alle Glieder als transformierte Glieder mit einer Schlange zu versehen. Die Strömungsgrenzschicht an einem Rotationskörper $R(x)$ mit der Geschwindigkeitsverteilung der Außenströmung $U(x)$ kann also so ermittelt werden, daß man eine ebene Strömungsgrenzschicht für die Geschwindigkeitsverteilung $\tilde{U}(\tilde{x}) = U(x)$ mit $\tilde{x} = \tilde{x}(x)$ nach (6.88a, d) berechnet. Aus den für die transformierte Strömung ermittelten Geschwindigkeitskomponenten $\tilde{u}(\tilde{x}, \tilde{y})$ und $\tilde{v}(\tilde{x}, \tilde{y})$ findet man mittels (6.88c) die gesuchten Geschwindigkeitskomponenten der drehsymmetrischen Strömung $u(x, y)$ und $v(x, y)$.

Laminare räumliche Staupunktströmung. Für die Umgebung eines räumlichen (drehsymmetrischen) Staupunkts und die zugehörige Geschwindigkeitsverteilung ist nach Abb. 6.17a sowie bei sinngemäßer Anwendung von (5.86a)

$$R(x) = x, \qquad U(x) = cx \quad \text{mit} \quad c = (dU/dx)_0 \qquad (6.89a, b)$$

beschrieben. Nach (6.88a) und (6.88d) gilt für die zugeordnete ebene Staupunktströmung

$$\frac{\tilde{x}}{L} = \frac{1}{3}\left(\frac{x}{L}\right)^3, \quad \tilde{U}(\tilde{x}) = \tilde{c}\tilde{x}^{1/3} \quad \text{mit} \quad \tilde{c} = \sqrt[3]{3L^2}\, c. \qquad (6.90a, b)$$

Diese ebene Strömung gehört zu den affinen Lösungen nach (6.74a), und zwar ist $m = 1/3$, was nach (6.76) einem Wert $\tilde{\beta} = 1/2$ entspricht. Das zugehörige Geschwindigkeitsprofil ist in Abb. 6.16a wiedergegeben ($\beta = 0{,}5$) und kann mit der des ebenen Staupunkts ($\beta = 1{,}0$) verglichen werden.

b) Einfluß der Oberflächenkrümmung auf die ebene Strömungsgrenzschicht

Bei der bisher besprochenen Grenzschichtströmung um einen ebenen Körper mit longitudinaler Oberflächenkrümmung (Flügelprofil, Kreiszylinder) wurde der Einfluß der Stromlinienkrümmung nur im Rahmen einer Grenzschicht-Theorie erster Ordnung erfaßt. Dies geschieht nach Abb. 6.17b durch Einführen eines krummlinigen Koordinatensystems, bei dem als x-Koordinate die Bogenlänge der Wand gewählt wird, während die y-Koordinate jeweils normal zur Wand steht. Dabei wird vorausgesetzt, daß die Grenzschichtdicke δ sehr klein im Vergleich zum Krümmungsradius der betrachteten Stromlinie r_k ist, d. h. $\delta_S/r_k \ll 1$. Die longitudinale Körperkrümmung wird nur mittelbar über die Geschwindigkeitsverteilung der Außenströmung $u_a(x) = U(x)$ erfaßt. Eine genauere Berücksichtigung der Krümmung auf das Verhalten der Grenzschichtströmung kann mittels der Grenzschicht-Theorie zweiter Ordnung erfolgen.[42] Sie ist überall dort von Bedeutung, wo sich eine dicke Grenzschicht ausbildet. Dies ist bei langgestreckten Körperformen (schlanke Profile) in der Nähe der Grenzschichtablösung der Fall. Untersuchungen über den genannten Krümmungseinfluß stammen u. a. von Murphy [70], van Dyke [25], Schultz-Grunow und Breuer [99] sowie Teipel [70]. Dabei bestehen gewisse Unterschiede im näherungsweisen Erfassen des Krümmungseinflusses und somit auch in den Ergebnissen.

Die Radien $r_K(x)$ und $r_k(x, y) = r_K(x) + y$ beschreiben nach Abb. 6.17b die Krümmung der Strömung. Als Krümmungsparameter wird die Abkürzung $k = r_k(x, y)/r_K(x)$ eingeführt, und zwar gilt $k > 1$ für konvexe und $k < 1$ für konkave Krümmung. Die Grenzschichtgleichung mit Berücksichtigung

---

[41] Man vgl. Fußnote 17, S. 297.

[42] Neben dem Einfluß der longitudinalen und transversalen Körperkrümmung zählt man zur Grenzschicht-Theorie zweiter und höherer Ordnung die Verdrängungswirkung der Grenzschicht und deren Verhalten bei starkem Ausblasen oder Absaugen. Weiterhin stellt auch eine wirbelbehaftete Außenströmung, z. B. hinter einem gekrümmten Verdichtungsstoß, oder eine Außenströmung mit Änderung der Ruheenthalpie, eine Erweiterung der Grenzschicht-Theorie erster Ordnung dar. Zusammenfassend berichtet hierüber van Dyke [25], vgl. auch Gersten; Gross; Börger [34].

der longitudinalen Körperkrümmung lautet für die stationäre Strömung, vgl. [25],

$$\text{(I)} \quad \frac{\partial u}{\partial x} + \frac{\partial (kv)}{\partial y} = 0 \qquad (k = r_k/r_K = 1 + y/r_K \lesssim 1)\,, \tag{6.91a}$$

$$\text{(IIa)} \quad u\frac{\partial u}{\partial x} + v\frac{\partial (ku)}{\partial y} = -\frac{1}{\varrho}\frac{\partial p}{\partial x} + vk\frac{\partial}{\partial y}\left[\frac{1}{k}\frac{\partial}{\partial y}(ku)\right], \tag{6.91b}$$

$$\text{(IIb)} \quad \frac{u^2}{r_K} = \frac{1}{\varrho}\frac{\partial p}{\partial y}\,. \tag{6.91c}$$

Außer dem Auftreten des Krümmungsparameters k unterscheiden sich die Gleichungen von denen der Theorie erster Ordnung durch die Aussage über die Änderung des Drucks normal zur Körperoberfläche nach (6.91c). Mit wachsender konvexer Krümmung nimmt die Grenzschichtdicke ab. Die Geschwindigkeitsprofile erfahren am Rand der Grenzschicht größere Änderungen.

Die Theorie erster Ordnung folgt aus dem Gleichungssystem (6.91), wenn man $r_k \approx r_K$, d. h. $k \approx 1$ setzt. Die Vernachlässigung der longitudinalen Krümmung bedeutet darüber hinaus $r_K \to \infty$, was mit $u^2/r_K \to 0$ nach (6.91c) zu der Druckbedingung der Grenzschicht-Theorie (6.16) führt, wonach der Druck in einem Schnitt x der Grenzschicht von außen aufgeprägt wird.

6.3.3 Turbulente Grenzschichten an festen Wänden

6.3.3.1 Grenzschichtgleichungen der turbulenten ebenen Scherströmung

Allgemeines. Eine exakte Berechnung des Geschwindigkeits- und Temperaturprofils in der turbulenten Grenzschicht aus den hierfür geltenden Grenzschichtgleichungen bereitet ungleich größere Schwierigkeiten als im laminaren Fall und ist bisher noch nicht vollständig gelungen. Es ist dies vor allem darauf zurückzuführen, daß der eigentliche Turbulenzmechanismus in seinen Einzelheiten noch nicht vollständig bekannt ist. Darüber hinaus spielen die Umstände eine Rolle, daß bei der turbulenten Strömungsart in unmittelbarer Wandnähe eine sehr schmale Zone als viskose Unterschicht vorhanden ist, in welcher die Strömung laminar verläuft, und daß der Strömungsvorgang in dem Übergangsgebiet zwischen turbulenter Grenzschicht und Außenströmung mehr oder weniger stark von dem Druckgradienten der Außenströmung beeinflußt wird. In diesem Zusammenhang sei auf die Erscheinung der Intermittenz der Turbulenz in der äußeren Hälfte der Grenzschicht hingewiesen, vgl. Kap. 6.4.3.1.

Wie bereits in Kap. 6.2.2.1 beschrieben und in Abb. 6.3a gezeigt wurde, besitzt die Grenzschicht bei einem umströmten Körper zunächst, d. h. für $0 \leqq x \leqq x_u$, laminaren Strömungscharakter. Bei $x = x_u$ (Lage des laminar-turbulenten Umschlags) geht die Grenzschicht in die turbulente Strömungsart über. Hiervon werden das Geschwindigkeitsprofil und die Wandschubspannung sowie auch das Temperaturprofil in bestimmter Weise betroffen. Häufig vereinfacht man die Aufgabe dadurch, daß man bereits von $x = 0$ an eine vollturbulente Grenzschicht annimmt. Durch bestimmte Maßnahmen, wie z. B. durch einen sog. Stolperdraht, läßt sich dies Verhalten fluidmechanisch verwirklichen. Der Einfluß der laminaren Vorstrecke ($0 \leqq x \leqq x_u$) kann man auch durch Einführen einer idealisierten turbulenten Grenzschicht berücksichtigen, indem man die turbulente Grenzschicht an einer Stelle $x = x_t$ beginnen läßt, derart, daß sie im Umschlagpunkt ($x = x_u$) die gleiche Grenzschichtdicke (Impulsverlustdicke) besitzt wie diejenige der dort herrschenden laminaren Grenzschicht, man vgl. die Ausführung bei der längsangeströmten ebenen Platte in Kap. 6.3.3.2 sowie Abb. 6.10c.

Wie bei der turbulenten Rohrströmung in Kap. 3.4.3.4 und 3.4.3.5 hat man auch bei der turbulenten Grenzschichtströmung zu unterscheiden, ob es sich um eine fluidmechanisch glatte oder fluidmechanisch rauhe Oberfläche handelt.

Zu den Aufgaben der Grenzschicht-Theorie turbulenter Strömungen gehören sowohl die Bestimmung der Lage des Umschlagpunkts laminar-turbulent als auch des Ablösungspunkts. Über die Entstehung der Turbulenz wurde bereits in Kap. 2.5.3.6 berichtet. Auf das umfangreiche Schrifttum über turbulente Grenzschichten in Buchform sei hingewiesen, Abschnitt C der Bibliographie am Ende dieses Bandes.

Das momentane Geschwindigkeits-, Druck- und Temperaturfeld einer turbulenten Strömung ($\boldsymbol{v}^*$, p^*, T^*) wird nach (2.134) aufgeteilt in die Grundbewegung (Hauptströmung mit gemittelten Werten für die Geschwindigkeit $\bar{\boldsymbol{v}}$, den Druck $\bar{p}$ und die Temperatur $\bar{T}$) sowie in die Schwankungsbewegung (Nebenströmung mit unregelmäßigen Verteilungen für die Geschwindigkeit $\boldsymbol{v}'$, den Druck p' und die Temperatur T'). Die folgenden Ausführungen sollen sich auf eine im Mittel stationäre ebene Strömung mit $\partial/\partial z = 0$ sowie $\bar{u}(x, y)$, $\bar{v}(x, y)$, $\bar{w}(x, y) = 0$ und $u'(x, y)$, $v'(x, y)$, $w'(x, y) = 0$ beschränken. Sowohl an der festen Wand ($y = 0$) als auch am Rand der Grenzschicht ($y = \delta_S$) verschwinden die Schwankungsgrößen.

Strömungsgrenzschicht bei homogenem Fluid. Als Ausgangsgleichung für die stationäre turbulente Strömung eines homogenen Fluids ($\varrho = \text{const}$, $\eta = \text{const}$) steht die Reynoldssche Bewegungsgleichung (Kontinuitäts- und Impulsgleichung) (2.149) zur Verfügung:

$$\frac{\partial \bar{u}}{\partial x} + \frac{\partial \bar{v}}{\partial y} = 0\,, \tag{6.92a}$$

$$\varrho\left(\bar{u}\frac{\partial \bar{u}}{\partial x} + \bar{v}\frac{\partial \bar{u}}{\partial y}\right) = -\frac{\partial \bar{p}}{\partial x} + \eta\left(\frac{\partial^2 \bar{u}}{\partial x^2} + \frac{\partial^2 \bar{u}}{\partial y^2}\right) - \varrho\left(\frac{\partial(\overline{u'^2})}{\partial x} + \frac{\partial(\overline{u'v'})}{\partial y}\right), \tag{6.92b}$$

$$\varrho\left(\bar{u}\frac{\partial \bar{v}}{\partial x} + \bar{v}\frac{\partial \bar{v}}{\partial y}\right) = -\frac{\partial \bar{p}}{\partial y} + \eta\left(\frac{\partial^2 \bar{v}}{\partial x^2} + \frac{\partial^2 \bar{v}}{\partial y^2}\right) - \varrho\left(\frac{\partial(\overline{u'v'})}{\partial x} + \frac{\partial(\overline{v'^2})}{\partial y}\right). \tag{6.92c}$$

Gegenüber dem Gleichungssystem für die laminare Strömung (6.13) mit $\partial/\partial t = 0$, $\varrho = \text{const}$ und $\eta = \text{const}$ besteht der Unterschied einerseits darin, daß für die Geschwindigkeiten u, v sowie für den Druck p die zeitlich gemittelten Werte $\bar{u}$, $\bar{v}$ bzw. $\bar{p}$ einzusetzen sind, und andererseits darin, daß in (6.92b, c) die von der turbulenten Schwankungsbewegung hervorgerufenen zusätzlichen Turbulenzkräfte (negative Trägheitskräfte der turbulenten Schwankungsbewegung) auftreten. Man kann im allgemeinen annehmen, daß die gemittelten Werte über die Produkte der Schwankungsgeschwindigkeiten $\overline{u'^2}$, $\overline{v'^2}$ und $\overline{u'v'}$ von gleicher Größenordnung sind.

Hinsichtlich der Abschätzung der Größenordnungen für die gemittelten Geschwindigkeiten $\bar{u}$ und $\bar{v}$ einer turbulenten Grenzschicht in (6.92b, c) geht man wie bei der laminaren Grenzschicht in (6.13b, c) für die Geschwindigkeiten u und v vor. Aus dem Vergleich von (6.92b) und (6.92c) folgt für das Verhalten der Druckkraft bei turbulenter Grenzschicht in Analogie zu (6.16) bei laminarer Grenzschicht

$$\left|\frac{\partial \bar{p}}{\partial x}\right| \gg \left|\frac{\partial \bar{p}}{\partial y} + \varrho \frac{\partial \overline{(v'^2)}}{\partial y}\right| \approx 0, \qquad \bar{p}(x, y) \approx \bar{p}_a(x) - \varrho \overline{v'^2} \,. \qquad (6.93\text{a, b})$$

Die letzte Beziehung erhält man durch Integration über y, wobei $\bar{p}_a(x)$ der Druck an denjenigen Stellen der Grenzschicht ist, an denen $v' = 0$ ist. Dies trifft bei turbulenzarmer Außenströmung für den Rand der Grenzschicht $y = \delta_S(x)$ und für die feste Wandbegrenzung $y = 0$ zu, d. h. es ist $\bar{p}_w(x) = \bar{p}_a(x)$. Innerhalb der Grenzschicht $0 \leqq y \leqq \delta_S(x)$ ist der Druck nicht wie bei der laminaren Strömung über einen Grenzschichtquerschnitt $x = \text{const}$ unveränderlich, sondern es gilt $\bar{p}(x, y) \leqq \bar{p}_a(x)$. Um den für den Druck gefundenen Zusammenhang in (6.92b) einsetzen zu können, ist (6.93b) partiell nach x zu differenzieren, was zu der Druckbedingung

$$\frac{\partial \bar{p}}{\partial x} = \frac{d\bar{p}_a}{dx} - \varrho \frac{\partial \overline{(v'^2)}}{\partial x} = -\varrho\left(\bar{u}_a \frac{d\bar{u}_a}{dx} + \frac{\partial \overline{(v'^2)}}{\partial x}\right) \qquad (6.93\text{c, d})$$

führt. Hierin ist der Druckgradient $d\bar{p}_a/dx$ identisch mit dp_a/dx nach (6.18b). Es sind $\bar{p}_a(x)$ bzw. $\bar{u}_a(x)$ der reibungslosen Außenströmung zu entnehmen. Nach Einsetzen von (6.93c) in (6.92b) geht die Impulsgleichung in x-Richtung unter Beachtung der Grenzschichtvereinfachungen für die gemittelten Geschwindigkeiten $\bar{u}(x, y)$ und $\bar{v}(x, y)$ über in

$$\varrho\left(\bar{u}\frac{\partial \bar{u}}{\partial x} + \bar{v}\frac{\partial \bar{u}}{\partial y}\right) = -\frac{d\bar{p}_a}{dx} + \frac{\partial}{\partial y}\left(\eta\frac{\partial \bar{u}}{\partial y} - \varrho\overline{u'v'}\right) - \varrho\frac{\partial}{\partial x}(\overline{u'^2} - \overline{v'^2}) \,. \qquad (6.94)$$

Diese Gleichung unterscheidet sich gegenüber derjenigen bei laminarer Strömung (6.17b) durch das Auftreten der gemittelten Geschwindigkeiten $\bar{u}$ und $\bar{v}$ sowie durch die zusätzlich von den turbulenten Spannungen hervorgerufenen Turbulenzkräfte. Da im allgemeinen $\overline{u'^2} \approx \overline{v'^2}$ ist, kann das letzte Glied meistens vernachlässigt werden. Es erlangt nur in der Nähe des Ablösungspunkts eine gewisse Bedeutung. Der Ausdruck in der Klammer des vorletzten Glieds stellt nach (2.151) die gesamte von der Viskosität und von der Turbulenz in der Strömungsgrenzschicht hervorgerufene gemittelte Schubspannung dar, vgl. (1.18), d. h.

$$\bar{\tau}^* = \eta\frac{\partial \bar{u}}{\partial y} - \varrho\overline{u'v'} = (\eta + A_\tau)\frac{\partial \bar{u}}{\partial y}, \quad \bar{\tau}_w = \eta\left(\frac{\partial \bar{u}}{\partial y}\right)_w \quad (y = 0) \,. \qquad (6.95\text{a, b})$$

Unter A_τ wird nach (1.18b) die Impulsaustauschgröße der turbulenten Schwankungsbewegung verstanden. An der Wand ($y = 0$) verschwindet der turbulente Impulsaustausch mit $A_\tau = 0$. Dies führt zu der Beziehung für die Wandschubspannung $\bar{\tau}_w$ nach (6.95b). Auch in der viskosen Unterschicht ($0 \leqq y \leqq \delta_0$) spielt A_τ keine Rolle, d. h. hier gilt $A_\tau \approx 0$. Abgesehen von der Übergangsschicht zur vollturbulenten

Grenzschichtströmung ($\delta_0 \leqq y \leqq \delta_t$), in der η und A_τ von gleicher Größenordnung sein können, kann man für die vollturbulente Wandschicht ($\delta_t \leqq y \leqq \delta_S$) die Viskosität gegenüber der Impulsaustauschgröße vernachlässigen.

Für die Berechnung der im Mittel stationären turbulenten ebenen Strömungsgrenzschicht eines homogenen Fluids steht somit das Gleichungssystem

$$\text{(I)} \quad \frac{\partial \bar{u}}{\partial x} + \frac{\partial \bar{v}}{\partial y} = 0\,, \tag{6.96a}$$

$$\text{(II)} \quad \varrho\left(\bar{u}\frac{\partial \bar{u}}{\partial x} + \bar{v}\frac{\partial \bar{u}}{\partial y}\right) = -\frac{d\bar{p}_a}{dx} + \frac{\partial \overline{\tau^*}}{\partial y} \tag{6.96b}$$

zur Verfügung. Diese Beziehung stimmt formal mit derjenigen für die stationäre laminare Grenzschicht (6.20) überein. Die Schwierigkeit bei der Auswertung von (6.96a, b) besteht darin, daß bei dem Ansatz für die Schubspannung keine allgemeingültige Angabe für die Impulsaustauschgröße A_τ vorliegt. Man muß sich vielmehr mit halbempirischen Ansätzen behelfen, man vgl. (2.152b) und die dort gemachte Ausführung.

Die in Tab. 6.1 angegebenen Randbedingungen sind sinngemäß für die gemittelten Geschwindigkeitskomponenten anzuwenden. Bei feststehender, masseundurchlässiger Wand ist $A_\tau = 0$ sowie $\bar{u} = 0 = \bar{v}$.

In gleicher Weise wie die laminare Grenzschicht ist die Ausbildung der turbulenten Grenzschicht vom Druckgradienten der Außenströmung betroffen. Es gilt auch hier die Wandbindung (6.29), da an der Wand die turbulente Schwankungsbewegung erlischt und sich die Strömung in der viskosen Unterschicht wie bei einer laminaren Strömung mit der gemittelten Geschwindigkeit $\bar{u}$ verhält. Eine Ablösung der Strömungsgrenzschicht kann nur bei Druckanstieg in Strömungsrichtung (verzögerte Außenströmung) auftreten, während bei Gleichdruck und Druckabfall (konstante bzw. beschleunigte Außenströmung) eine Rückströmung der Strömungsgrenzschicht nicht vorkommen kann. Im allgemeinen ist bei gleichem Druckverhalten der Außenströmung eine turbulente Grenzschicht in der Lage, größere Drückanstiege ablösungsfrei zu überwinden als eine laminare Grenzschicht.

Temperaturgrenzschicht bei homogenem Fluid. Die für die stationäre laminare Temperaturgrenzschicht gefundene Gleichung (6.27) läßt sich näherungsweise auch auf eine im Mittel stationäre turbulente Temperaturgrenzschicht eines homogenen Fluids übertragen.[43] Ähnlich dem Vorgehen bei der turbulenten Strömungsgrenzschicht gemäß (6.96) sind für die Geschwindigkeitskomponenten u und v sowie für die Temperatur T jeweils die zeitlich gemittelten Werte $\bar{u}$, $\bar{v}$ bzw. $\bar{T}$ einzusetzen. Für die gemittelte Schubspannung $\overline{\tau^*}$ und die gemittelte Wärmestromdichte $\overline{\varphi^*}$ sind die von der turbulenten Schwankungsbewegung zusätzlich hervorgerufenen Einflüsse zu berücksichtigen. Dies geschieht nach (6.95) und (2.243) durch die Ansätze, vgl.

[43] Bei einem dichtebeständigen Fluid ($\varrho = \text{const}$) entfällt gemäß (6.25) das den Druck enthaltende Glied.

(1.18) und (1.34),

$$\overline{\tau^*} = (\eta + A_\tau)\frac{\partial \bar{u}}{\partial y}, \quad \overline{\varphi^*} = -(\lambda + c_p A_q)\frac{\partial \bar{T}}{\partial y}. \qquad (6.97a, b)$$

Hierin ist A_q die Wärmeaustauschgröße.[44] An der Wand ($y = 0$) verschwindet der turbulente Austausch, d. h. es ist dort $A_\tau = 0 = A_q$. Mithin erhält man für die Wandschubspannung und die Wärmestromdichte an der Wand

$$\bar{\tau}_w = \eta\left(\frac{\partial \bar{u}}{\partial y}\right)_w, \quad \bar{\varphi}_w = -\lambda\left(\frac{\partial \bar{T}}{\partial y}\right)_w \quad \text{(Wand)}. \qquad (6.98a, b)$$

Mit Ausnahme der unmittelbaren Wandnähe (viskose bzw. wärmeleitende Unterschicht) ist $A_\tau \gg \eta$ und $c_p A_q \gg \lambda$. Das Verhältnis der Austauschgrößen wird nach (1.39b) als turbulente Prandtl-Zahl $Pr' = A_\tau/A_q$ bezeichnet. In erster Näherung kann für Gase mit $Pr' \approx 1{,}0$ gerechnet werden. Die Gleichung für die im Mittel stationäre turbulente ebene Temperaturgrenzschicht eines homogenen Fluids folgt aus (6.25), vgl. (6.27), zu

$$\text{(III)} \quad \varrho c_p\left(\bar{u}\frac{\partial \bar{T}}{\partial x} + \bar{v}\frac{\partial \bar{T}}{\partial y}\right) = -\frac{\partial \overline{\varphi^*}}{\partial y} + \overline{\tau^*}\frac{\partial \bar{u}}{\partial y} \quad (\text{homogen}, d\bar{p}_a/dx \lesseqgtr 0). \qquad (6.99)$$

Die in Tab. 6.1 angegebenen Randbedingungen gelten sinngemäß für die gemittelten Geschwindigkeitskomponenten und die gemittelte Temperatur. Zu beachten ist die Zwangsbedingung für die Temperatur am Rand der Temperaturgrenzschicht ($y = \delta_T$) gemäß (6.26).

6.3.3.2 Turbulente Grenzschicht an der längsangeströmten ebenen Platte

Allgemeines. Da die Behandlung der turbulenten Plattengrenzschicht gegenüber der laminaren Plattengrenzschicht in Kap. 6.3.2.3 wesentlich schwieriger ist, soll hier nur über einige einfache Ansätze berichtet werden. Die Untersuchung beschränkt sich dabei auf eine im Mittel stationäre ebene Strömung eines homogenen Fluids. Es soll im wesentlichen die turbulente Strömungsgrenzschicht und nur kurz die turbulente Temperaturgrenzschicht besprochen werden.

Ausgangsgleichungen. Der Betrachtung wird wie bei der laminaren Plattengrenzschicht eine Anordnung gemäß Abb. 6.10a mit $\bar{u}_a = u_\infty = U = \text{const}$ als Anströmgeschwindigkeit zugrunde gelegt. Zunächst wird angenommen, daß die Strömungsgrenzschicht (Reibungsschicht) bereits von der Plattenvorderkante ($x = 0$) ab turbulent sei. Die Gleichungen für die Strömungsgrenzschicht lauten nach (6.96a, b)

$$\frac{\partial \bar{u}}{\partial x} + \frac{\partial \bar{v}}{\partial y} = 0, \quad \varrho\left(\bar{u}\frac{\partial \bar{u}}{\partial x} + \bar{v}\frac{\partial \bar{u}}{\partial y}\right) = \frac{\partial \overline{\tau^*}}{\partial y}, \qquad (6.100a, b)$$

[44] Es gilt für die spezifische Wärmekapazität $c_p = c_v$.

wobei $\bar{u}$ und $\bar{v}$ zeitlich gemittelte Werte über die Haupt- und Nebenströmung (Grund- und Schwankungsbewegung) sind. Unter $\overline{\tau^*}$ ist die Schubspannung nach (6.95a) zu verstehen. Da über die Impulsaustauschgröße A_τ keine allgemein gültigen Ansätze bekannt sind, trägt (6.95a) zur Berechnung der Schubspannung und damit nach (6.100) auch zur Ermittlung der Geschwindigkeitsverteilung in der Strömungsgrenzschicht nicht viel bei. Während bei laminarer Strömung ein fester Zusammenhang in der Form $\tau = \eta(\partial u/\partial y)$ besteht, muß ein solcher für turbulente Strömung erst noch hergeleitet werden.

Von der mit $\varrho(U - \bar{u})$ multiplizierten Kontinuitätsgleichung (6.100a) werde die Impulsgleichung (6.100b) subtrahiert und das Ergebnis anschließend über $0 \leqq y \leqq \infty$ integriert. Dies liefert nach elementarer Zwischenrechnung

$$\varrho\left\{\frac{\partial}{\partial x}[\bar{u}(U - \bar{u})] + \frac{\partial}{\partial y}[\bar{v}(U - \bar{u})]\right\} = -\frac{\partial\overline{\tau^*}}{\partial y}, \tag{6.101a}$$

$$\varrho\int_0^\infty \frac{\partial}{\partial x}[\bar{u}(U - \bar{u})]\,dy = \varrho\frac{d}{dx}\int_0^{\delta(x)} \bar{u}(U - \bar{u})\,dy = \bar{\tau}_w(x)\,. \tag{6.101b}$$

Bei der Integration von (6.101a) über $0 \leqq y \leqq \infty$ ist folgendes zu berücksichtigen: Die eckige Klammer $[\bar{u}(U - \bar{u})]$ verschwindet an der oberen Grenze $(y = \infty)$ wegen $\bar{u} = U$. Man kann daher in (6.101b) den Differentialoperator $\partial/\partial x = d/dx$ vor das Integral ziehen und wegen $(U - \bar{u}) = 0$ für $\delta \leqq y \leqq \infty$ die obere Integrationsgrenze $y = \delta(x)$ anstelle von $y = \infty$ einführen.[45] Die eckige Klammer $[\bar{v}(U - \bar{u})]$ verschwindet sowohl an der oberen Grenze $(y = \infty)$ wegen $\bar{u} = U$ als auch an der unteren Grenze $(y = 0)$ wegen $\bar{v} = 0$. Damit liefert das zweite Glied in (6.101a) nach Ausführen der Integration keinen Beitrag. Das Glied auf der rechten Seite von (6.101a) nimmt nach der Integration wegen $\overline{\tau^*}(x, y = \infty) = 0$ den Wert der Wandschubspannung $\overline{\tau^*}(x, y = 0) = \bar{\tau}_w(x)$ an.

Nach Einführen der Impulsverlustdicke analog (6.45b) gelangt man für die Berechnung des Beiwerts der Wandschubspannung zu dem Ausdruck

$$c_T = \frac{\bar{\tau}_w}{\varrho U^2} = \frac{d\delta_2}{dx} \quad \text{mit} \quad \delta_2(x) = \int_0^{\delta(x)} \frac{\bar{u}}{U}\left(1 - \frac{\bar{u}}{U}\right)dy\,. \tag{6.102a, b}$$

als Impulsverlustdicke. Die Wandschubspannung läßt sich somit durch ein in bestimmter Weise definiertes Integral über das Geschwindigkeitsprofil $\bar{u}/U$ darstellen. Hieraus folgt, daß bei Kenntnis von $\bar{u}/U$ über $0 \leqq y \leqq \delta$ zunächst $\delta_2(x)$ und daraus $\bar{\tau}_w(x)$ berechnet werden kann.

Den Reibungswiderstand der einseitig überströmten Platte findet man nach (6.47a) durch Integration der Schubspannungsverteilung über die Plattentiefe $0 \leqq x \leqq l$ oder nach (6.47b) unmittelbar aus der Impulsverlustdicke am Ende der

---

[45] Auf die besondere Kennzeichnung der Dicke der Strömungsgrenzschicht durch $\delta_S(x)$ wird zugunsten der einfacheren Schreibweise $\delta(x)$ verzichtet.

Platte ($x = l$). Der Plattenwiderstandsbeiwert beträgt somit

$$c_F = \frac{W}{q_\infty S} = \frac{2}{l}\int_0^l c_T(x)\,dx = 2\frac{\delta_2(l)}{l}, \qquad (6.103\text{a, b})$$

wobei $S = bl$ die überströmte Oberfläche und $q_\infty = (\varrho/2)u_\infty^2$ den Geschwindigkeitsdruck der Anströmung ($u_\infty = U$) bezeichnen.

a) Turbulente Plattengrenzschicht bei glatter Wand

Analogie zur Rohrströmung. Nach Prandtl [77] kann man näherungsweise davon ausgehen, daß sich die turbulente Grenzschichtströmung längs der Platte nicht wesentlich von der turbulenten Strömung in einem Rohr unterscheidet. Im Zustand der vollausgebildeten Turbulenz kann man sich die Rohrströmung als eine Grenzschichtströmung vorstellen, wobei die Dicke der Strömungsgrenzschicht δ der Größe des Rohrhalbmessers R und die maximale Geschwindigkeit in Rohrmitte $v_{\max}$ der Anströmgeschwindigkeit U bei der Platte entspricht. Ein grundsätzlicher Unterschied besteht bei dieser Analogie darin, daß der Rohrradius R = const ist, während die Grenzschichtdicke $\delta = \delta(x)$ ist. Darüber hinaus ist die Rohrströmung mit einem Druckabfall ($d\bar{p}/dx < 0$) verbunden, während bei der Plattenströmung Gleichdruck ($d\bar{p}/dx = 0$) herrscht. Eine kritische Bewertung der Analogiebetrachtung wird von Truckenbrodt [77] gegeben.

Wie bei der turbulenten Rohrströmung läßt sich auch bei der turbulenten Plattenströmung das Geschwindigkeitsprofil über einen Querschnitt der Grenzschicht an einer Stelle x durch das 1/7-Potenzgesetz des Geschwindigkeitsprofils näherungsweise darstellen, vgl. (3.97a) mit $n = 1/7$. Mithin gilt

$$\bar{u}/U = (y/\delta)^{1/7}; \qquad \delta_1/\delta = 0{,}125, \qquad \delta_2/\delta = 0{,}0972, \qquad H_{12} = 1{,}286\,. \qquad (6.104)$$

Mitangegeben sind die Zahlenwerte für die Verdrängungsdicke δ_1/δ nach (6.45a) und die Impulsverlustdicke δ_2/δ nach (6.45b) sowie für den Formparameter $H_{12} = \delta_1/\delta_2$ nach (6.45c).

Es gilt für die Wandschubspannung bei der Rohrströmung gemäß (3.86b) bzw. bei der Plattenströmung gemäß (6.102a) die Gegenüberstellung

$$\text{Rohr} \rightarrow \frac{\lambda}{8}\varrho v_m^2 = \boxed{\bar{\tau}_w} = \varrho\, U^2 \frac{d\delta_2}{dx} \leftarrow \text{Platte}\,. \qquad (6.105)$$

Die Analogie zwischen der Rohr- und der Plattenströmung besteht nun darin, daß $D = 2R = 2\delta$ und $v_{\max} = U$ mit $v_m/v_{\max} = 49/60 = 0{,}817$ nach (3.98a) sowie λ nach (3.96) und δ_2/δ nach (6.104) angenommen wird. Setzt man in (6.105) ein, so wird mit (3.96) bei fluidmechanisch glatter Oberfläche $(U\delta/\nu)^{1/4}(d\delta/dx) = 0{,}240$. Bei turbulenter Grenzschicht von der Plattenvorderkante ($x = 0$) an liefert die Integration über x die Grenzschichtdicke des 1/7-Potenzgesetzes des Geschwindigkeitsprofils zu

$$\delta(x) = 0{,}381\left(\frac{Ux}{\nu}\right)^{-1/5} x \sim x^{4/5} \qquad (\text{turbulent, glatt})\,. \qquad (6.106\text{a})$$

Unter Beachtung von (6.104) erhält man für die Verdrängungs- und Impulsverlustdicke die Ausdrücke

$$\delta_1(x) = 0{,}048\left(\frac{Ux}{\nu}\right)^{-1/5} x, \quad \delta_2(x) = 0{,}037\left(\frac{Ux}{\nu}\right)^{-1/5} x\,. \qquad (6.106\text{b, c})$$

Die Kenntnis der Impulsverlustdicken der laminaren und turbulenten Grenzschicht nach (6.45b) bzw. (6.106c) ermöglicht die Berechnung des virtuellen Anfangspunkts ($x = x_t$) der in Kap. 6.3.3.1 erwähnten idealisierten turbulenten Plattengrenzschicht, Abb. 6.10c. Wegen der Gleichheit der Impulsverlustdicken im Umschlagpunkt ($x = x_u$) gilt die Bedingung

$$0{,}664\left(\frac{\nu}{U}\right)^{1/2} x_u^{1/2} = 0{,}037\left(\frac{\nu}{U}\right)^{1/5}(x_u - x_t)^{4/5}\,.$$

Hieraus erhält man dann

$$\frac{x_t}{x_u} = 1 - 37\left(\frac{Ux_u}{\nu}\right)^{-3/8} = 0{,}73 \qquad (Re_u = 5\cdot 10^5)\,. \qquad (6.107)$$

Der Zahlenwert gilt für die Reynolds-Zahl des laminar-turbulenten Umschlags $Re_u = Ux_u/\nu = 5\cdot 10^5$.

Den Beiwert der Wandschubspannung ermittelt man aus (6.102a) in Verbindung mit (6.106c) zu

$$c_T = \frac{\bar{\tau}_w}{\varrho U^2} = 0{,}0297\left(\frac{Ux}{\nu}\right)^{-1/5} = 0{,}0130\left(\frac{U\delta_2}{\nu}\right)^{-1/4} . \tag{6.108a, b}$$

Die zweite Gleichung folgt durch Einführen der Impulsverlustdicke $\delta_2(x)$, man vgl. die entsprechenden Beziehungen für die laminare Plattengrenzschicht nach (6.46a, b). Der Plattenwiderstandsbeiwert der vollturbulenten Grenzschicht bei fluidmechanisch glatter Wand beträgt nach (6.103)

$$c_F = \frac{0{,}074}{\sqrt[5]{Re_\infty}} \quad \text{(vollturbulent, glatt, } Re_\infty < 10^7\text{)} \tag{6.109a}$$

mit $Re_\infty = u_\infty l/\nu$ als Reynolds-Zahl der Anströmung ($u_\infty = U$). Dies von Prandtl [77] angegebene Ergebnis ist in Abb. 6.11b als Kurve (*2a*) wiedergegeben. Der benutzte Ansatz für die Wandschubspannung $\bar{\tau}_w$ ist aufgrund des Blasiusschen Gesetzes für die Rohrströmung nach (3.96) berechnet worden, das, wie früher angegeben wurde, nur für Reynolds-Zahlen $Re = v_m D/\nu < 10^5$ gilt. Man muß also erwarten, daß auch (6.109a) nur einen beschränkten Gültigkeitsbereich besitzt. Er beträgt $5 \cdot 10^5 < Re_\infty < 10^7$. In diesem Bereich ist der Widerstandsbeiwert für Platten, deren Reibungsschicht von vorn an turbulent ist, in guter Übereinstimmung mit Versuchsergebnissen.

Mittels der Analogie zur Rohrströmung läßt sich auch eine Angabe über die Reynolds-Zahl des laminar-turbulenten Umschlags $Re_u = Ux_u/\nu$ machen. Unter Beachtung der Beziehungen für die laminare Rohrströmung nach Kap. 3.4.3.3 und für die laminare Plattenströmung nach (6.44) kann man schreiben

$$\text{Rohr} \rightarrow \frac{v_m D}{\nu} = \frac{v_{\max} R}{\nu} = \underline{2320} = \frac{U\delta}{\nu} = 5\left(\frac{Ux}{\nu}\right)^{1/2} \leftarrow \text{Platte} .$$

Hieraus folgt mit $x = x_u$ der Zahlenwert $Re_u = 2{,}2 \cdot 10^5$ in befriedigender Übereinstimmung mit dem in Abb. 6.11b für den beginnenden laminar-turbulenten Umschlag angegebenen Wert $Re_u = 5 \cdot 10^5$.

Um den Einfluß der in Abb. 6.10c dargestellten laminaren Vorstrecke zu erfassen, schlägt Prandtl [77] vor, diesen durch ein Zusatzglied in der Formel (6.109a) zu berücksichtigen:

$$c_F = \frac{0{,}074}{\sqrt[5]{Re_\infty}} - \frac{A}{Re_\infty} \quad \text{(laminar-turbulent)} . \tag{6.109b}$$

Für die Reynolds-Zahl des laminar-turbulenten Umschlags $Re_u = 5 \cdot 10^5$ ist $A = 1700$ zu setzen. Der durch (6.109b) beschriebene Kurvenverlauf ist in Abb. 6.11b als Kurve (*3*) wiedergegeben.

Verallgemeinerte Potenzdarstellung. In Erweiterung von (6.104) lassen sich das Gesetz für das Geschwindigkeitsprofil entsprechend (3.97a) und die daraus folgenden Beziehungen für die Verdrängungs- und Impulsverlustdicke sowie den Formparameter folgendermaßen anschreiben[46]

$$\frac{\bar{u}}{U} = \left(\frac{y}{\delta}\right)^p; \quad \frac{\delta_1}{\delta} = \frac{p}{1+p}, \quad \frac{\delta_2}{\delta} = \frac{p}{(1+p)(1+2p)}, \quad H_{12} = \frac{\delta_1}{\delta_2} = 1 + 2p . \tag{6.110}$$

Unter Einführen der Schubspannungsgeschwindigkeit $u_\tau = \sqrt{\bar{\tau}_w/\varrho}$ läßt sich das Gesetz für das Geschwindigkeitsprofil aufgrund eines Vorschlags von Prandtl [77] auch in der Form

$$\frac{\bar{u}}{u_\tau} = \chi(p)\left(\frac{u_\tau y}{\nu}\right)^p, \quad \frac{U}{u_\tau} = \chi(p)\left(\frac{u_\tau \delta}{\nu}\right)^p \tag{6.111a, b}$$

mit $\chi = 8{,}73$ für $p = 1/7$ darstellen. Den Schubspannungsbeiwert $c_T = (u_\tau/U)^2$ findet man unmittelbar aus (6.111b). Führt man noch die Impulsverlustdicke δ_2 anstelle der Grenzschichtdicke δ mittels δ_2/δ nach (6.110) ein, so erhält man

$$c_T = \alpha\left(\frac{U\delta_2}{\nu}\right)^{-a} \quad \text{mit} \quad \alpha = \left[\frac{a(2-a)}{2(2+a)}\right]^a \chi^{-(2-a)}, \quad a = \frac{2p}{1+p} . \tag{6.112a}$$

Für $p = 1/7$ ist $a = 1/4$ und $\alpha = 0{,}013$ in Übereinstimmung mit (6.108b). Es sind p und damit auch $\alpha(p)$ und $a(p)$ von der Reynolds-Zahl abhängige Größen. Mit wachsender Reynolds-Zahl nehmen die Exponenten p und a ab.

---

[46] Der Exponent $p = 1$ beschreibt eine lineare Geschwindigkeitsverteilung in der Grenzschicht. Dieser Verlauf stellt eine erste grobe Näherung für die laminare Plattengrenzschicht dar.

Nach Einsetzen von (6.112a) in (6.102a) erhält man bei Annahme konstanter Werte für α und a nach Ausführen der Integration mit $\delta_2 = 0$ bei $x = 0$ für die mit der Impulsverlustdicke gebildete Reynolds-Zahl

$$\frac{U\delta_2}{\nu} = \left[(1 + a)\alpha \frac{Ux}{\nu}\right]^{\frac{1}{1+a}} \sim \left(\frac{Ux}{\nu}\right)^{\frac{1}{1+a}}. \tag{6.112b}$$

Mithin kann man für (6.112a) auch schreiben

$$c_T = \beta \left(\frac{Ux}{\nu}\right)^{-b} \quad \text{mit} \quad \beta = \alpha[(1 + a)\alpha]^{-\frac{a}{1+a}}, \quad b = \frac{a}{1 + a}. \tag{6.112c}$$

Für $a = 1/4$ ist $b = 1/5$ und $\beta = 0{,}030$ in Übereinstimmung mit (6.108a).

Schließlich erhält man für den Plattenwiderstandsbeiwert nach (6.103a, b) mit (6.112b)

$$c_F = \gamma \left(\frac{Ul}{\nu}\right)^{-b} \quad \text{mit} \quad \gamma = 2[(1 + a)\alpha]^{\frac{1}{1+a}}, \quad b = \frac{a}{1 + a}. \tag{6.113}$$

Für $a = 1/4$ ist $b = 1/5$ und $\gamma = 0{,}074$ in Übereinstimmung mit (6.109a).

Einführen der Nachlauf-Funktion. Auf den Umstand, daß am äußeren Rand der Grenzschicht das Turbulenzverhalten bei der Platte und beim Rohr verschieden sein muß, weist Wieghardt [77] hin. Bei der Platte sind bei turbulenzarmer Außenströmung die Schwankungsgeschwindigkeiten dort nahezu null, während sie in Rohrmitte noch beträchtliche Werte haben, da dort die andere Seite einwirkt. Bei künstlich stark turbulent gemachter Außenströmung läßt sich zeigen, daß das Geschwindigkeitsprofil der Plattengrenzschicht demjenigen der Rohrströmung sehr nahe kommt. Messungen von Schultz-Grunow [77] und Nikuradse [7] zeigen allerdings, daß das Geschwindigkeitsprofil der Platte $\bar{u}/u_\tau = f(y_\tau)$ mit $u_\tau = \sqrt{\bar{\tau}_w/\varrho}$ als Schubspannungsgeschwindigkeit und $y_\tau = u_\tau y/\nu$ als dimensionslosem Wandabstand im äußeren Teil der Grenzschicht systematisch von dem logarithmischen Verteilungsgesetz des Geschwindigkeitsprofils nach (2.156) oder (3.99) nach oben abweicht, vgl. Abb. 2.42 und 6.24b. Die Messungen lassen sich nach Abb. 6.18 durch die von der Reynolds-Zahl nahezu unabhängige Beziehung $(U - \bar{u})/u_\tau = f(y/\delta)$ beschreiben. Aus den gemachten Feststellungen

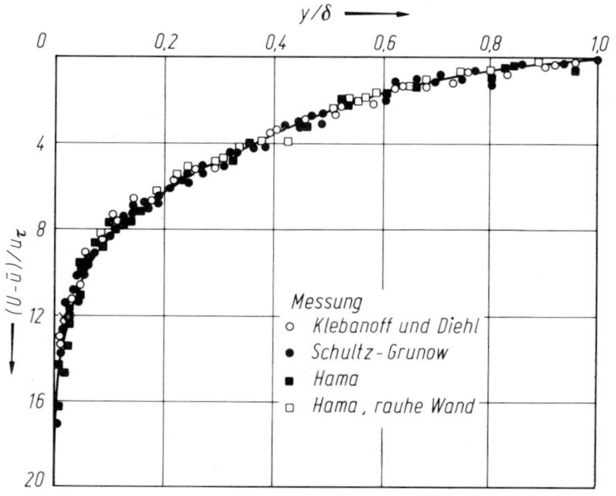

Abb. 6.18. Messungen der turbulenten Geschwindigkeitsprofile $(U - \bar{u})/u_\tau$ an der längsangeströmten ebenen, fluidmechanisch glatten Platte in Abhängigkeit vom Wandabstand y/δ, vgl. [116]. Theorie nach Mellor und Gibson [66].

geht hervor, daß für eine genauere Erfassung der turbulenten Grenzschicht — und dies gilt besonders für den Fall mit Druckanstieg der Außenströmung – eine bessere Kenntnis über die Geschwindigkeitsprofile als nur die aus der Analogie zur Rohrströmung erforderlich ist.

In Kap. 2.5.3.5 wurde bei der Besprechung der Bewegungsgleichung der turbulenten Strömung bereits gezeigt, daß sich in unmittelbarer Wandnähe ($0 \leqq y \leqq \delta_0$) eine viskose Unterschicht der Dicke δ_0 ausbildet, in der keine merklichen turbulenten Mischbewegungen auftreten. Der zugehörige Geschwindigkeitsverlauf ist in Abb. 2.42c als Kurve (*1*) dargestellt. Im Anschluß an eine Übergangsschicht ($\delta_0 \leqq y \leqq \delta_t$) läßt sich die turbulente Schicht ($\delta_t < y < \delta$) unter Zuhilfenahme der Modellvorstellung des Mischungswegs durch das turbulente Wandgesetz beschreiben, was in Abb. 2.42c als Kurve (*2*) in der Form $\bar{u}/u_\tau = f(u_\tau y/\nu)$ wiedergegeben ist. Genau genommen müßte der Bereich ($\delta_t < y < \delta$) noch unterteilt werden in die turbulente Wand- und Außenschicht. Während man bei der längsangeströmten Wand hierauf weitgehend verzichten kann, spielt dies bei Außenströmungen mit Druckanstieg jedoch eine wesentliche Rolle, vgl. Kap. 6.3.3.3. Eine schematische Darstellung des Geschwindigkeitsprofils in der turbulenten Grenzschicht zeigt Abb. 6.19a.

Unter den zahlreichen Vorschlägen, die Tatbestände im äußeren Bereich der vollturbulenten Strömungsgrenzschicht möglichst treffend zu erfassen, verdient die Arbeit von Coles [22] besondere Bedeutung. Danach läßt sich die Geschwindigkeit im äußeren Teil der turbulenten Grenzschicht durch ein allgemeines Gesetz darstellen, wie es im turbulenten Mischungsbereich eines Freistrahls oder im Nachlauf hinter einem festen Körper beobachtet wird. Für das Außengesetz besteht wegen der Anschlußbedingung an das Wandgesetz eine (allerdings geringe) Abhängigkeit von der Wandschubspannung. Für das Geschwindigkeitsprofil in der turbulenten Plattengrenzschicht gilt in Erweiterung von (2.156a), vgl. [116]

$$\frac{\bar{u}}{u_\tau} = \frac{1}{\varkappa} \ln\left(\frac{u_\tau y}{\nu}\right) + B + \frac{\Pi(x)}{\varkappa} w\left(\frac{y}{\delta}\right) \qquad (0 \leqq y \leqq \delta)\,. \qquad (6.114a)$$

Hierin bezeichnet man $w(y/\delta)$ als Nachlauf-Funktion[47] und $\Pi(x)$ als Parameter des Nachlaufprofils. Letzterer ist besonders von Bedeutung für turbulente Grenzschichten, die einem Druckgradienten der Außenströmung unterliegen. Aufgrund empirischer Auswertung ist

$$w\left(\frac{y}{\delta}\right) = 1 - \cos\left(\pi \frac{y}{\delta}\right) = 2\sin^2\left(\frac{\pi}{2}\frac{y}{\delta}\right), \qquad \int_0^1 w\, d\left(\frac{y}{\delta}\right) = 1\,. \qquad (6.114b)$$

In Abb. 6.19b ist das Geschwindigkeitsprofil der turbulenten Grenzschicht, wie es sich nach (6.114) ergibt, dargestellt. Für die Strömung längs der ebenen Platte, d. h. bei verschwindendem Druckgradient, ist $\Pi \approx 0{,}5$, während für Fälle mit starkem Druckanstieg der Außenströmung wesentlich größere Werte bis $\Pi \approx 4$ vorkommen.

---

[47] Das von Coles eingeführte Modell wird von Pfeil und Lehmann näher untersucht und erweitert [22]

Am Rand der Grenzschicht ist $y = \delta$ und $\bar{u} = U$, was zu

$$\frac{U}{u_\tau} = \frac{1}{\varkappa} \ln\left(\frac{u_\tau \delta}{\nu}\right) + B + \frac{2}{\varkappa} \Pi \qquad (y = \delta) \tag{6.114c}$$

führt. Subtrahiert man hiervon (6.114a), so erhält man in Analogie zur Rohrströmung nach (3.100a) für das Geschwindigkeitsprofil in der turbulenten Grenzschicht nach Abb. 6.18

$$\frac{U - \bar{u}}{u_\tau} = -\frac{1}{\varkappa} \ln\left(\frac{y}{\delta}\right) + \frac{2\Pi}{\varkappa} \cos^2\left(\frac{\pi}{2}\frac{y}{\delta}\right) = f\left[\Pi(x), \frac{y}{\delta}\right] \qquad \text{(Außengesetz)}. \tag{6.114d}$$

Diese Beziehung wird sowohl für die längsangeströmte ebene Platte als auch für die Außenströmung mit Druckgradient durch Messungen bestätigt. Ausgehend von

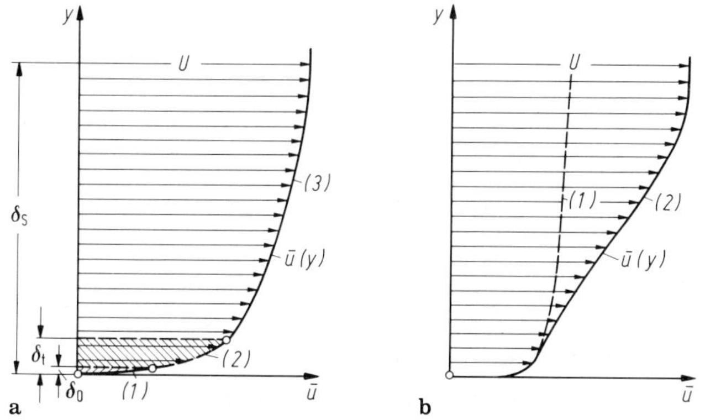

Abb. 6.19. Geschwindigkeitsprofil der turbulenten Grenzschicht (schematisch). **a** Bereichseinteilung (längsangeströmte ebene Platte), vgl. Abb. 2.42. (*1*) Viskose Unterschicht ($0 \leqq y \leqq \delta_0$), (*2*) Übergangsschicht ($\delta_0 < y < \delta_t$), (*3*) turbulente Grenzschicht ($\delta_t < y \leqq \delta$). **b** Beschreibung (mit Druckgradient der Außenströmung, Druckabfall $0 < \Pi < 0{,}5$, Gleichdruck $\Pi = 0{,}5$, Druckanstieg $\Pi > 0{,}5$). (*1*) Logarithmisches Gesetz nach (2.156a); (*2*) logarithmisches Gesetz + Nachlauf-Gesetz nach (6.114a)

(6.114d) lassen sich analog zu (6.45a, b, c) bestimmte Grenzschichtdicken Δ_1 und Δ_2 sowie ein Formparameter für das Geschwindigkeitsprofil $G = G_{21} = \Delta_2/\Delta_1$ bilden. Zwischen diesen allgemein gültigen Größen sowie der Verdrängungsdicke δ_1 und der Impulsverlustdicke δ_2 und dem Formparameter $H_{12} = \delta_1/\delta_2$ bestehen die Zusammenhänge

$$\Delta_1 = \int_0^\delta \frac{U - \bar{u}}{u_\tau} dy = \frac{1}{\sqrt{c_T}} \delta_1 , \tag{6.115a}$$ [48]

$$\Delta_2 = \int_0^\delta \left(\frac{U - \bar{u}}{u_\tau}\right)^2 dy = \frac{1}{c_T}(\delta_1 - \delta_2) , \tag{6.115b}$$

[48] Englisch: Defect thickness.

$$G = \frac{\Delta_2}{\Delta_1} = \frac{\delta_1 - \delta_2}{\delta_1} \frac{1}{\sqrt{c_T}} > 1\,, \tag{6.115c}$$

wobei $c_T = \tau_w/\varrho U^2 = (u_\tau/U)^2$ ist. Für die bezogenen Grenzschichtdicken und das Grenzschichtdickenverhältnis sei geschrieben

$$c_1 = \frac{\Delta_1}{\delta}, \quad c_2 = \frac{\Delta_2}{\delta}, \quad G = \frac{c_2}{c_1}\,. \tag{6.116a}$$

Ohne Berücksichtigung der Nachlauf-Funktion lassen sich die Integrale (6.115a, b) elementar auswerten, und man erhält mit $\varkappa = 0{,}4$ hierfür

$$c_1 = \frac{1}{\varkappa} = 2{,}5, \quad c_2 = \frac{2}{\varkappa^2} = 12{,}5, \quad G = \frac{2}{\varkappa} = 5{,}0 \qquad (\Pi = 0)\,. \tag{6.116b}$$

In [15, 116] werden für die turbulente Plattengrenzschicht die Zahlenwerte

$$c_1 = 3{,}78(3{,}75), \quad c_2 = 25{,}0(24{,}8), \quad \varkappa = 0{,}41(0{,}40)$$

$$G = 6{,}61(6{,}61), \quad \Pi = 0{,}55(0{,}50) \tag{6.116c}$$

angegeben.

Aus (6.116a) ergeben sich in Verbindung mit (6.115a, b) für die Verdrängungs- und Impulsverlustdicke δ_1 bzw. δ_2 sowie den Formparameter H_{12} die Beziehungen

$$\frac{\delta_1}{\delta} = c_1\sqrt{c_T}, \quad \frac{\delta_2}{\delta} = (c_1 - c_2\sqrt{c_T})\sqrt{c_T}, \; H_{12} = (1 - G\sqrt{c_T})^{-1}\,. \tag{6.116c}$$

Man erkennt, daß alle drei Größen von dem Beiwert der Wandschubspannung c_T abhängen. Insbesondere ist zu vermerken, daß im allgemeinen der Formparameter $H_{12} \neq$ const ist. Mit sich entwickelnder Grenzschicht wird $c_T(x)$ kleiner, und $H_{12}(x)$ nimmt langsam ab. Auf diese Tatsache wird in Kap. 6.3.3.3 bei der Besprechung der sog. Gleichgewichtsgrenzschichten nochmals kurz eingegangen.

Den Beiwert der Wandschubspannung erhält man aus (6.114c) zu

$$\frac{1}{\sqrt{c_T}} = \frac{1}{\varkappa}\ln(Re_\delta\sqrt{c_T}) + C, \qquad c_T = f(Re_\delta) \tag{6.117a, b}$$

mit $Re_\delta = U\delta/\nu$, $B = 5{,}5$ und $C = B + 2\Pi/\varkappa = 8{,}0$. Mittels (6.116c) läßt sich die mit der Grenzschichtdicke δ gebildete Reynolds-Zahl $U\delta/\nu$ umformen in die mit der Impulsverlustdicke δ_2 gebildete Reynolds-Zahl $U\delta_2/\nu = (\delta_2/\delta)\,(U\delta/\nu)$. Auf diese Weise erhält man eine implizite Formel für die Berechnung des Schubspannungsbeiwerts $c_T = f(U\delta_2/\nu)$, auf deren Wiedergabe jedoch verzichtet wird. Da $\delta_2 = \delta_2(x)$ ist, vgl. (6.112b), gilt auch $c_T = f(Re_x)$ mit $\mathrm{Re}_x = Ux/\nu$. Eine solche Art der Darstellung hat bereits von Kármán [54] gegeben.

Die Ergebnisse der oben dargelegten verfeinerten Theorie können nach White [116] durch einfache Approximationsformeln beschrieben werden. Danach berechnet sich die Grenzschichtdicke unter Annahme des Parameters $\Pi = 0{,}5$ zu

$$\delta(x) = 0{,}14\left(\frac{Ux}{\nu}\right)^{-1/7} x \sim x^{6/7} \qquad \text{(turbulent, glatt)}\,, \tag{6.118a}$$

während die Analogiebetrachtung zu (6.106a) geführt hat. Bei turbulenter Strömung nimmt die Grenzschichtdicke nahezu linear mit der Lauflänge x zu, während sie bei laminarer Strömung nach (6.44) proportional $\sqrt{x}$ anwächst. Für $x = 1$ m, $U = 15$ m/s und $\nu = 15 \cdot 10^{-6}$ m^2/s (Luft) beträgt die turbulente Grenzschichtdicke $\delta \approx 0{,}02$ m $= 20$ mm, während die laminare Grenzschicht bei gleichen Ausgangswerten nur $\delta \approx 0{,}02$ m $= 20$ mm, während die laminare Grenzschicht bei gleichen Ausgangswerten nur $\delta \approx 5$ mm dick ist.

Für den Zusammenhang der Impulsverlustdicke δ_2 mit der Lauflänge x gilt, vgl. (6.112b),

$$\delta_2(x) = 0{,}0142\left(\frac{Ux}{\nu}\right)^{-1/7} x, \quad \frac{U\delta_2}{\nu} = 0{,}0142\left(\frac{Ux}{\nu}\right)^{6/7} \qquad (6.118\text{b, c})$$

und für den Beiwert der Wandschubspannung, vgl. (6.108a, b)

$$c_T = 0{,}0125\left(\frac{Ux}{\nu}\right)^{-1/7} = 0{,}0062\left(\frac{U\delta_2}{\nu}\right)^{-1/6}. \qquad (6.119\text{a, b})$$

Läßt man den Einfluß der Nachlauf-Funktion unberücksichtigt, d. h. setzt man in der obigen Ableitung $\Pi = 0$, so ist das Ergebnis in (6.119) hiervon nur geringfügig betroffen. Gl. (6.119b) gibt die Meßergebnisse am besten wieder, wenn man 0,013 anstelle von 0,0125 setzt.

Im Aufbau entsprechen die Näherungsformeln denjenigen, die bereits aus der Analogie zur Rohrströmung, d. h. dem Potenzgesetz des Geschwindigkeitsprofils, gewonnen wurden. Durch Vergleich mit (6.112) und (6.113) stellt man fest, daß anstelle der Exponenten $a = 1/4$ und $b = 1/5$ die genaueren Werte $a = 1/6$ und $b = 1/7$ treten. Dies bedeutet nach (6.112a) eine Verkleinerung des Exponenten des Geschwindigkeitsprofils von $p = a/(2 - a) = 1/7$ auf $p = 1/11$. An die Stelle der Zahlenwerte in (6.104) treten nach [116] jetzt die nahezu ungeänderten Werte

$$\delta_1/\delta = 0{,}129\ (0{,}083), \quad \delta_2/\delta = 0{,}101\ (0{,}071), \quad H_{12} = 1{,}268\ (1{,}18)\,. \qquad (6.120)$$

Die in den Klammern angegebenen, stark abweichenden Werte wurden nach (6.110) mit $p = 1/11$ berechnet.

Kennt man den Verlauf der Schubspannungsverteilung $c_T(x)$ längs der Platte $(0 \leqq x \leqq l)$ oder die Impulsverlustdicke am Ende der Platte $\delta_2(x = l)$, so läßt sich hieraus gemäß (6.103a, b) der Plattenwiderstandsbeiwert leicht ermitteln. Nach Einsetzen von (6.119a) in (6.103a) und Ausführen der Integration über $0 \leqq x \leqq l$ erhält man für die längsangeströmte ebene, fluidmechanisch glatte Platte bei vollturbulenter Grenzschicht ohne Einschränkung des Gültigkeitsbereichs der Reynolds-Zahl

$$c_F = \frac{0{,}0303}{\sqrt[7]{Re_\infty}} \quad \text{(vollturbulent, glatt)}\,, \qquad (6.121\text{a})$$

wobei der Zahlenwert den Messungen angepaßt ist. Diese Formel wurde bereits früher von Falkner [30] vorgeschlagen, wobei nur der Zahlenwert unwesentlich abweicht, nämlich 0,0306 statt 0,0303.

Die Genauigkeit verschiedener Formeln zur Berechnung des Plattenwiderstandsbeiwerts der vollturbulenten Plattengrenzschicht bei fluidmechanisch glatter Wand hat White [116] untersucht. Die unter Verwendung der Nachlauf-Funktion „exakt“ berechneten Werte erfaßt am besten die Beziehung

$$c_F = 0{,}523[\ln(0{,}06\, Re_\infty)]^{-2} \quad \text{(White)}\,. \tag{6.121b}$$

Die Zahlenwerte stimmen mit denjenigen von (6.121a) weitgehend überein. Die von Prandtl und Schlichting [77] vorgeschlagene Formel

$$c_F = 0{,}455(\lg Re_\infty)^{-2{,}58} \quad \text{(Schlichting)} \tag{6.121c}$$

kann ebenfalls als sehr zuverlässig angesehen werden. In Abb. 6.11b ist das Ergebnis der Gleichungen (6.121a, c) als Kurve (*2b*) bzw. (*2c*) dargestellt.

b) Turbulente Plattengrenzschicht bei rauher Wand

Die bisher in diesem Kapitel durchgeführte Untersuchung bezog sich auf die turbulente Grenzschicht an der längsangeströmten Platte, sofern die Wand als fluidmechanisch (hydraulisch) glatt angesehen werden kann. Bei rauher Wand tritt, ähnlich wie bei dem fluidmechanisch (hydraulisch) rauhen Rohr nach Kap. 3.4.3.5, eine erhebliche Abweichung gegenüber dem Ergebnis der glatten Wand auf. Mit k werde auch hier die Rauheitshöhe bezeichnet. Während für unveränderlich angenommene Werte $k = \text{const}$ bei der Rohrströmung die relative Rauheit k/D über die ganze Rohrlänge konstant ist, ändert sich bei der Plattenströmung die relative Rauheit k/δ wegen $\delta = \delta(x)$ längs der Lauflänge x. Man hat dann im vorderen Plattenteil bei kleiner Grenzschichtdicke δ einen großen und stromabwärts dagegen einen ständig kleiner werdenden Rauheitsparameter k/δ. Zur Berechnung des Widerstandsbeiwerts rauher Platten kann man wieder die bei der Rohrströmung gefundenen Gesetzmäßigkeiten auf die Platte umrechnen, wobei man zunächst zweckmäßig von der Sandkornrauheit (künstliche Rauheit) ausgeht, vgl. Kap. 3.4.3.5. Derartige Rechnungen sind von Prandtl und Schlichting [77] und entsprechende Messungen von Schultz-Grunow [77] durchgeführt worden.

Für den Bereich der vollausgebildeten Rauheitsströmung läßt sich für den Plattenwiderstandsbeiwert c_F analog zu (3.107b) die Interpolationsformel

$$c_F = \left[1{,}89 - 1{,}62\lg\left(\frac{k}{l}\right)\right]^{-2{,}5} \quad (\text{turbulent, rauh,} \quad 10^{-6} < k/l < 10^{-2}) \tag{6.122a}$$

angeben.

Dabei ist wieder angenommen, daß die turbulente Grenzschicht an der Plattenvorderkante $x = 0$ beginnt. Die angegebene Beziehung gilt zunächst für die Sandkornrauheit im Bereich $10^{-6} < k/l < 10^{-2}$. Das Ergebnis ist in Abb. 6.20 angegeben, wobei $c_F = c_F(k/l)$ über der Reynolds-Zahl Re_∞ mit der relativen Rauheit k/l als Parameter dargestellt ist.

Eine verfeinerte Methode zur Berechnung des Plattenwiderstands an einer rauhen Wand, die von der gleichen Vorstellung wie bei der glatten Wand ausgeht,

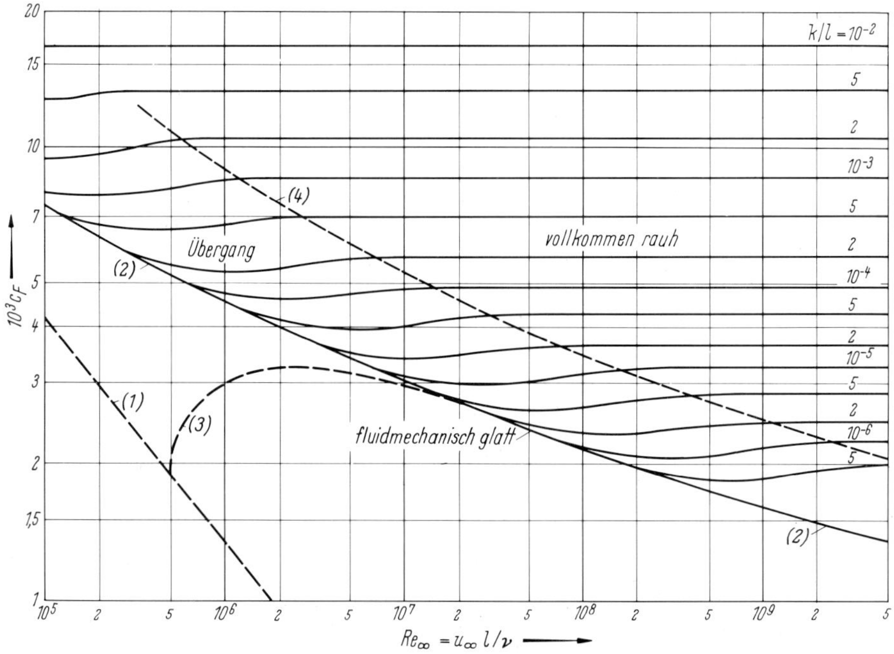

Abb. 6.20. Widerstandsbeiwerte c_F der längsangeströmten sandrauhen ebenen Platte bei der Strömung eines homogenen Fluids nach (6.122a). (*1*) Laminar nach (6.47c), (*2*) turbulent glatt nach (6.121c), (*3*) laminar-turbulent nach (6.109b), (*4*) Grenze des Bereichs der vollausgebildeten Rauhheitsströmung

wird in [88, 116], beschrieben. Hiernach ergibt sich für den Plattenwiderstandsbeiwert die Näherungsformel

$$c_F = 0{,}024\left(\frac{k}{l}\right)^{1/6} . \tag{6.122b}$$

Gegenüber (6.122a) tritt eine Abweichung bis zu 10% auf. Da man hinsichtlich der Rauheitshöhen k stets mit gewissen Ungenauigkeiten rechnen muß, kann man davon ausgehen, daß die angegebenen Beziehungen etwa gleichwertig sind.

Werte für technische Rauheitshöhen sind für die Rohrströmung in Tab. 3.4 zusammengestellt. Sie können auf den vorliegenden Fall der längsangeströmten Platte übertragen werden. Ergänzend sei noch auf die Arbeit von Perry, Schofield und Joubert [74] aufmerksam gemacht.

Ebenso wie beim Rohr wirkt eine bestimmte relative Rauheit nicht bei allen Reynolds-Zahlen widerstanderhöhend, sondern erst oberhalb einer bestimmten Reynolds-Zahl. Für kleine Reynolds-Zahlen ist eine rauhe Platte unter Umständen als fluidmechanisch (hydraulisch) glatt anzusehen. Man kann hierfür eine zulässige Rauheitshöhe k_{zul} angeben, bis zu der gerade noch keine Widerstandszunahme gegenüber der glatten Oberfläche auftritt. Es gilt

$$\frac{u_\infty k_{zul}}{\nu} = Re_\infty \frac{k_{zul}}{l} = 100 . \tag{6.123}$$

Um also ein fluidmechanisch glattes Verhalten zu haben, muß $k \leqq k_{\mathrm{zul}} \approx 100 l/Re_\infty$ mit $Re_\infty = u_\infty l/\nu$ sein.

c) Turbulente Plattengrenzschicht eines inhomogenen Fluids

Über die turbulente Grenzschicht bei einem inhomogenen Fluid (veränderliche Stoffgrößen) wird z. B. von Rotta in [94] Kap. 23 berichtet. Wie schon bei der laminaren Grenzschicht spielt die gegenseitige Beeinflussung von Strömungs- und Temperaturgrenzschicht hierbei eine besondere Rolle. Die einfachste Methode, die Ergebnisse der Strömung eines inhomogenen Fluids auf die Strömung eines homogenen Fluids zu übertragen, besteht im Einführen einer bestimmten Bezugstemperatur für die Stoffgrößen. Bei

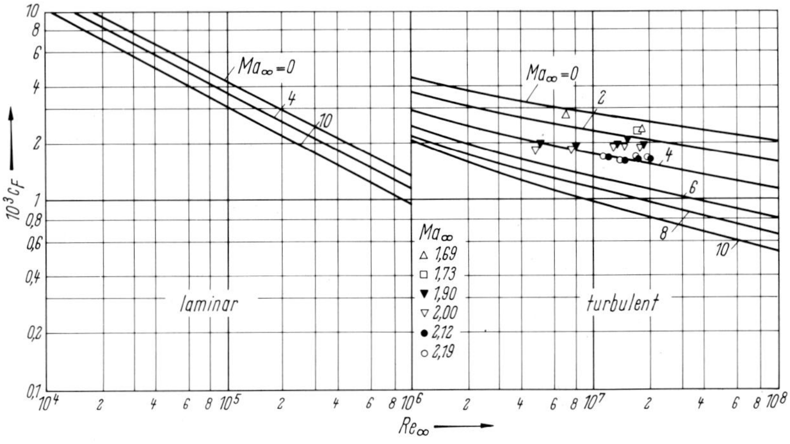

Abb. 6.21. Widerstandsbeiwerte c_F der längsangeströmten wärmeundurchlässigen ebenen Platte bei laminarer und turbulenter Grenzschichtströmung eines inhomogenen Fluids ($Pr = 1, \omega = 0{,}76, \varkappa = 1{,}4$) in Abhängigkeit von der Reynolds- und Mach-Zahl $Re_\infty = u_\infty l/\nu_\infty$ bzw. $Ma_\infty = u_\infty/c_\infty$, nach van Driest [24]

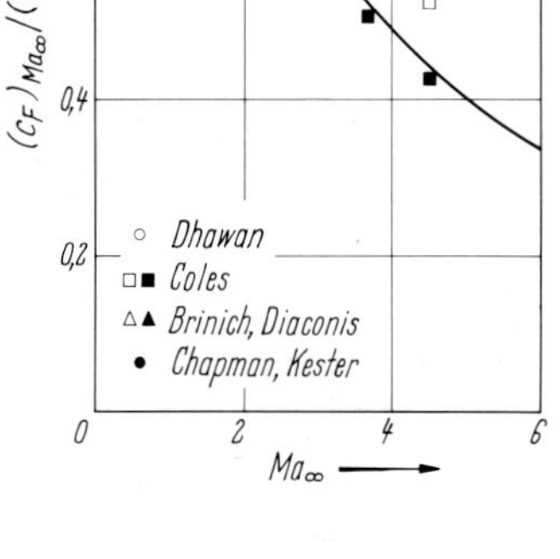

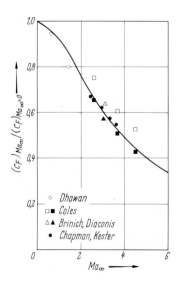

Abb. 6.22. Einfluß der Mach-Zahl Ma_∞ auf die Widerstandsbeiwerte der längsangeströmten wärmeundurchlässigen Wand bei turbulenter Grenzschichtströmung, $Re_\infty \approx 10^7$, fluidmechanisch glatte Wand, Theorie nach Wilson [120]

wärmeundurchlässiger Wand empfiehlt sich, hierfür die Wandtemperatur zu wählen. Die Anwendung des Prandtlschen Mischungsweganſatzes auf die turbulente Genzschichtströmung eines inhomogenen Fluids wurde von van Driest [24] vorgenommen. Von seinen Ergebnissen ist in Abb. 6.21 der Plattenwiderstandsbeiwert für die wärmeundurchlässige glatte Wand bei verschiedenen Mach-Zahlen wiedergegeben. Der starke Abfall des Plattenwiderstandsbeiwerts mit der Mach-Zahl ist in Abb. 6.22 gezeigt. Bei rauher Wand ist der Einfluß der Mach-Zahl auf den Widerstandsbeiwert noch größer als bei glatter Wand.

Die Eigentemperatur $\bar{T}_e$ (Wandtemperatur bei wärmeundurchlässiger Wand) kann man mit der gleichen Beziehung (6.70) wie für die laminare Temperaturgrenzschicht ermitteln, wenn man den bei der turbulenten Grenzschicht etwas größeren Recovery-Faktor $r = \sqrt[3]{Pr}\,(=)\,0{,}892$ einsetzt. Der Zahlenwert gilt für Luft mit $Pr = 0{,}71$.

Auch der Zusammenhang zwischen der Wärmestromdichte an der Wand $\bar{\varphi}_w$ und der Wandschubspannung $\bar{\tau}_w$ gilt nach (6.67) unter den gemachten Voraussetzungen ($Pr = 1$) sinngemäß für die turbulente Grenzschicht (Reynoldssche Analogie).

6.3.3.3 Turbulente ebene Grenzschicht mit Druckgradient der Außenströmung

Grenzschichtgleichungen. Zur Berechnung der turbulenten Strömungs- und Temperaturgrenzschicht bei stationärer ebener Strömung eines homogenen Fluids wurde das Gleichungssystem (6.96a, b) und (6.99) bereitgestellt. Es sollen hier nur einige grundsätzliche Angaben über die turbulente Strömungsgrenzschicht bei veränderlicher Außenströmung $\bar{u}_a(x) = U(x)$ gemacht werden. In (6.96a, b) stellen $\bar{u}$ und $\bar{v}$ gemittelte Werte der Geschwindigkeitskomponenten dar. Die Auswertung ist wie bei der Plattengrenzschicht durch das Fehlen allgemeingültiger Aussagen über das Verhalten der Schubspannung $\overline{\tau^*}$ in der turbulenten Grenzschicht sehr erschwert.

Schon bei der Behandlung der turbulenten Plattengrenzschicht in Kap. 6.3.3.2 zeigte sich der halbempirische Charakter der Methoden zur Erfassung des Turbulenzeinflusses. Während dort durch eine Analogiebetrachtung zur turbulenten Rohrströmung bereits einige Fragen der unmittelbaren Anwendung auf strömungstechnische Aufgaben zufriedenstellend gelöst werden konnten, stehen für den Fall mit Druckgradient der Außenströmung Aussagen über turbulente Strömungsvorgänge in einer ähnlichen Form nicht zur Verfügung. Dabei ist die Forschungstätigkeit auf dem Gebiet der turbulenten Grenzschicht außerordentlich groß und hat bereits zu beachtlichen Erkenntnissen und Erfolgen geführt. Einen Überblick über den Entwicklungsstand der Grenzschichtberechnung einschließlich vieler Vergleiche mit Versuchsergebnissen bis zum Jahr 1968 vermitteln die „Sitzungsberichte der 1968 AFOSR-IFP-Standford Conference“ [56]; der zweite Band über diese Tagung stellt eine umfassende Sammlung von Versuchsergebnissen zur Verfügung. Weitere Fortschrittsberichte über turbulente Grenzschichten stammen von Wieghardt [117], Kovasznay [58], Fernholz [33] und Bradshaw [9]. Rechenverfahren sowie vergleichende Gegenüberstellungen der Grundlagen (Turbulenzmodelle) und Ergebnisse werden u. a. in [10, 62, 113, 114] mitgeteilt, vgl. Keller [55], Reynolds [82] sowie Cebeci und Bradshaw [13]. Auf einige weitere Verfahren der Integralmethode wird in Kap. 6.3.4 noch hingewiesen.

Turbulente Gleichgewichtsgrenzschicht. Ähnlich wie bei den affinen Lösungen der laminaren Grenzschicht in Kap. 6.3.2.4 Abschn. a hat man sich auch bei der turbulenten Grenzschicht mit der Frage sog. affiner Lösungen beschäftigt. Man bezeichnet eine turbulente Grenzschicht mit veränderlichem Druckgradienten der Außenströmung im turbulenten Gleichgewicht, wenn sich die grob-strukturellen Eigenschaften dieser Grenzschichten durch konstante Parameter erfassen lassen. Man nennt solche Grenzschichten daher Gleichgewichts- oder Äquilibriumsgrenzschichten.[49]

Für das auf die Schubspannungsgeschwindigkeit u_τ bezogene Geschwindigkeitsprofil (6.114d) gilt z. B. mit β als Gleichgewichtsparameter

$$\frac{U - \bar{u}}{u_\tau} = f\left(\beta, \frac{y}{\delta}\right) \quad \text{mit} \quad \beta = \text{const} \qquad \text{(Gleichgewicht)}\,. \tag{6.124}$$

Erstmalig hat Clauser [20] turbulente Gleichgewichtsgrenzschichten mit veränderlichem Druckgradienten (Druckanstieg) der Außenströmung $d\bar{p}_a/dx \neq 0$ experimentell untersucht und festgestellt, daß bei diesen der dimensionslose Druckgradient (Druck-Formparameter)

$$\beta_1 = \frac{\delta_1}{\bar{\tau}_w}\frac{d\bar{p}_a}{dx} = -\frac{\Delta_1}{u_\tau}\frac{dU}{dx} \qquad \text{(Clauser-Parameter)} \tag{6.125a)^{50}$$

längs der Lauflänge x unveränderlich zu halten ist, $\beta_1 = \text{const}$. Es stellt β_1 das Verhältnis der Druckkraft zur Wandschubspannungskraft dar. Nach (6.125a) ist die turbulente Grenzschicht an der längsangeströmten ebenen Platte wegen $d\bar{p}_a/dx = 0$ eine Gleichgewichtsgrenzschicht. Dabei ist allerdings über den Verlauf der Wandschubspannung $\bar{\tau}_w(x)$ noch nichts ausgesagt, vgl. (6.127b). Für $d\bar{p}_a/dx > 0$ liegen Messungen von Clauser [20] für $\beta_1 = 1{,}8$ und $\beta_1 = 8{,}0$ sowie von Herring und Norbury [8] für $\beta_1 = -0{,}35$ und $\beta_1 = -0{,}53$ vor.

Ausgehend von (6.115c) kann man auch den Formparameter des Geschwindigkeitsprofils (Geschwindigkeits-Formparameter) in der Form

$$\beta_2 = \frac{\Delta_2}{\Delta_1} = G \approx 6{,}1\sqrt{\beta_1 + 1{,}81} - 1{,}7 \tag{6.125b}$$

einführen, wobei der Zusammenhang mit dem Druck-Formparameter β_1 von Nash [8] angegeben wird. Für eine Gleichgewichtsgrenzschicht muß gemäß (6.124) $\beta_2 = \text{const}$ sein. Bei einer ablösungsgefährdeten Grenzschicht nimmt nach (6.30) die Wandschubspannung den Wert $\bar{\tau}_w = 0$ an. Dies bedeutet für die Gleichgewichtsparameter theoretisch $\beta_1 = \infty$ und $\beta_2 = \infty$.[51] Für den Geschwindigkeits-Formparameter H_{12} kann man nach (6.116c) jetzt auch schreiben

$$H_{12} = \frac{\delta_1}{\delta_2} = \left(1 - \beta_2 \frac{u_\tau}{U}\right)^{-1} = (1 - \beta_2\sqrt{c_T})^{-1} > 1\,. \tag{6.126}$$

Affine Geschwindigkeitsprofile mit $H_{12}(x) = \text{const}$ lassen sich genau genommen nur verwirklichen, wenn zugleich auch der Beiwert der Wandschubspannung

[49] Englisch: Equilibrium or self-preserving boundary layer.

[50] Die zweite Beziehung folgt durch Einsetzen von (6.93c, d) mit $d\bar{p}_a/dx = -\varrho U(dU/dx)$ sowie (6.115a) mit $\delta_1 = (u_\tau/U)\Delta_1$ und $\bar{\tau}_w = \varrho u_\tau^2$.

[51] Nach (6.115c) erhält man für $\delta_2 \neq \delta_1$ und $c_T = 0$ den Wert $G = \infty$.

$c_T(x) = \text{const}$ ist:

$$H_{12} = \text{const}, \quad c_T = (u_\tau/U)^2 = \text{const} \qquad \text{(Gleichgewicht)}\,. \tag{6.127a, b}$$

Die Aussage $u_\tau/U = \text{const}$ kann im allgemeinen nur durch eine fluidmechanisch rauhe Wand verwirklicht werden. Wie man aus (6.126) jedoch erkennt, hat der Parameter u_τ/U einen nur geringen Einfluß auf das Geschwindigkeitsprofil von Gleichgewichtsgrenzschichten. Da für ablösungsgefährdete Grenzschichten $u_\tau/U = 0$ und $\beta_2 = \infty$ ist, kann H_{12} mittels (6.126) hierfür nicht berechnet werden.

Zwischen dem Nachlauf-Parameter Π in (6.114a) und dem Clauser-Parameter β_1 nach (6.125a) besteht für Gleichgewichtsgrenzschichten bei veränderlichem Druckgradienten der Außenströmung ($\beta_1 \lesseqgtr 0$) näherungsweise nach Mellor und Gibson [66] der Zusammenhang,

$$\Pi \approx 0{,}8(\beta_1 + 0{,}5)^{0{,}75} \qquad (\beta_1 = \text{const})\,. \tag{6.128}$$

In Abb. 6.23 ist dieser Zusammenhang dargestellt und mit Meßwerten für Gleichgewichts- und Nichtgleichgewichtsgrenzschichten (offener bzw. voller Punkt) verglichen, [116]. Als Abszisse ist auch der Parameter β_2 gemäß (6.125b) mitangegeben. Bei Gleichdruck ist $\beta_1 = 0$, $\beta_2 \approx 6{,}5$ und $\Pi \approx 0{,}48$ in Übereinstimmung mit den bei der längsangeströmten ebenen Platte angegebenen Werten ($\beta_2 = 6{,}61$, $\Pi = 0{,}5$). Auch von den Nichtgleichgewichtsgrenzschichten wird der durch (6.128) beschriebene Verlauf sowohl bei Druckabfall ($\beta_1 < 0$) als auch bei Druckanstieg ($\beta_1 > 0$) der Außenströmung qualitativ richtig wiedergegeben. In erster Näherung kann man auch quantitativ mit (6.128) rechnen. Dies ist so zu rechtfertigen, daß der Parameter Π nach (6.114a) nur das Geschwindigkeitsprofil der Nachlaufströmung $w(y/\delta)$ betrifft.

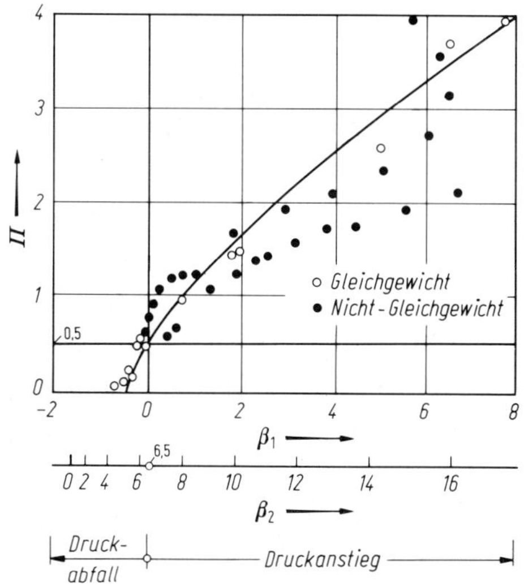

Abb. 6.23. Nachlauf-Parameter Π in Abhängigkeit vom Clauser-Parameter β_1 für turbulente Gleichgewichts- und Nichtgleichgewichtsgrenzschichten. Interpolationskurve für Gleichgewichtsgrenzschicht nach (6.128) und β_2 nach (6.125b)

Ausgehend von der noch abzuleitenden integralen Impulsgleichung (6.144a).

$$\frac{d\delta_2}{dx} + (H_{12} + 2)\frac{\delta_2}{U}\frac{dU}{dx} = c_T \tag{6.129a}$$

läßt sich noch eine weitere Bedingung für das Auftreten turbulenter Gleichgewichtsgrenzschichten formulieren, und zwar ist nach (6.127a, b) $H_{12}(x) = \text{const}$ und $c_T(x) = \text{const}$ zu setzen. Weiterhin ist $\delta_2(x) = \delta_1(x)/H_{12} \sim \delta_1(x)$ mit $\delta_1(x) = \Delta_1(x)\sqrt{c_T} \sim \Delta_1(x)$ nach (6.115a). Mithin kann man für (6.129a) im turbulenten Gleichgewicht schreiben

$$\frac{d\Delta_1}{dx} + (H_{12} + 2)\frac{\Delta_1}{U}\frac{dU}{dx} = H_{12}\sqrt{c_T} = \text{const}\,. \tag{6.129b}$$

Damit die linke Seite von x unabhängig ist, müssen unter Beachtung von (6.125a) mit $\beta_1 = \text{const}$ und (6.127b) mit $u_\tau/U = \text{const}$ die Bedingungen

$$\beta_3 = \frac{\Delta_1}{U}\frac{dU}{dx} = \text{const}, \quad \frac{d\Delta_1}{dx} = \text{const} \quad \text{(Gleichgewicht)} \tag{6.130a, b}$$

erfüllt werden.[52] Lösungen von (6.130a, b) sind, wie man durch elementare Rechnung nachweist,[53]

$$U(x) = cx^m \quad \text{mit} \quad \Delta_1 = \hat{c}x \sim x \quad (\hat{c} = \beta_3/m)\,, \tag{6.131a}$$

$$U(x) = c\exp(nx) \quad \text{mit} \quad \Delta_1 = \hat{c} = \text{const} \quad (\hat{c} = \beta_3/n)\,. \tag{6.131b}$$

Aufschlußreiche Messungen an Gleichgewichtsgrenzschichten vom Typ der Gl. (6.131a) hat Bradshaw [8] durchgeführt.

Da die Verdrängungsdicke $\delta_1 = \sqrt{c_T}\Delta_1$ stets positiv ist, müssen in (6.131a, b) die Konstanten $\hat{c} \geqq 0$ sein. Setzt man (6.131a) in (6.129b) ein und beachtet, daß stets $H_{12}\sqrt{c_T} \geqq 0$ ist, dann folgt für die zulässigen Werte von m

$$1 + (H_{12} + 2)m \geqq 0 \quad \text{oder} \quad \infty > m \geqq -1/(H_{12} + 2)\,. \tag{6.132a, b}$$

Negative Werte $m < 0$ treten bei verzögerter Außenströmung (Druckanstieg) auf. Liegt eine Strömung vor, bei der überall $c_T = 0$ ist, so handelt es sich bei allen Geschwindigkeitsverteilungen um Profile, die unmittelbar vor der Ablösung stehen (Index A). Hierfür gilt $m = m_A$. Bei turbulenten Grenzschichten hat man in der Nähe ihrer Ablösung Werte $2{,}00 < (H_{12})_A < 4{,}05$ beobachtet, die nach (6.132b) zu $-0{,}25 < m_A < -0{,}165$ führen. Nach Stratford und Townsend [110] ist (halbempirisch) $m_A = -0{,}23$, während die bei Versuchen gefundenen Kleinstwerte bei $m_A = -0{,}29$ liegen. Zum Vergleich sei erwähnt, daß nach Kap. 6.3.2.4 Abschn. a der Minimalwert der affinen Lösung der laminaren Grenzschicht $m_A = -0{,}0904$ beträgt. Turbulente Grenzschichten können also, ohne abzulösen, wesentlich steilere Druckanstiege als laminare überwinden.

---

[52] Es ist $\beta_3 = -(u_\tau/U)\beta_1$.

[53] Für die affinen laminaren Grenzschichten gelten nach (6.74a, b) die gleichen in (6.131a, b) angegebenen Geschwindigkeitsverteilungen der Außenströmung.

Die Gleichgewichtsgrenzschichten geben auch einen Hinweis darüber wie die Druckverteilung der Außenströmung einzurichten ist, damit ein möglichst großer Druckanstieg ohne Ablösung erreicht wird. Eine Druckverteilung mit anfänglich hohem und dann fortschreitend abnehmendem Anstieg erzeugt eine dünnere Grenzschicht und erlaubt insgesamt eine größere Druckzunahme als ein gleichförmiger Druckanstieg. Dies wurde für turbulente Grenzschichten von Schubauer und Spangenberg [98] und von Stratford [110] experimentell bestätigt.

Die bei den Gleichgewichtsgrenzschichten gewonnenen Erkenntnisse haben sich sehr vorteilhaft auf die Entwicklung der praktischen Berechnung vor turbulenten Grenzschichten bei beliebigem Druckgradient der Außenströmung ausgewirkt. Die Verfahren zur Berechnung turbulenter Grenzschichten bei beliebiger Druckverteilung der Außenströmung $\bar{p}_a(x)$ lassen sich wie bei der laminaren Grenzschicht in zwei Gruppen unterteilen, und zwar in die Feld- und Integralmethode. Dabei sind beide Methoden in hohem Maß auf empirische Erkenntnisse angewiesen, um die Schließungsbedingungen jeweils erfüllen zu können.

Feldmethode. Bei dieser Methode ist man bemüht, möglichst genaue Aussagen über das gesamte Feld der Strömungs- und Temperaturgrenzschicht zu finden. Was dies z. B. für die Strömungsgrenzschicht bedeutet, wird in Abb. 6.24a durch die Wiedergabe von möglichen turbulenten Geschwindigkeitsprofilen bei verschiedenen Druckgradienten der Außenströmung (Druckabfall, Gleichdruck, Druckanstieg) klar gemacht. Trägt man diese Ergebnisse, wie schon bei der Rohrströmung in Abb. 2.42 in der Form $\bar{u}/u_\tau = f(u_\tau y/\nu)$ mit $u_\tau = \sqrt{\tau_w/\varrho}$ als Schubspannungsgeschwindigkeit auf, so ergibt sich Abb. 6.24b. Man erkennt, daß die gemessenen Werte im äußeren Teil der Grenzschicht mit größer werdendem

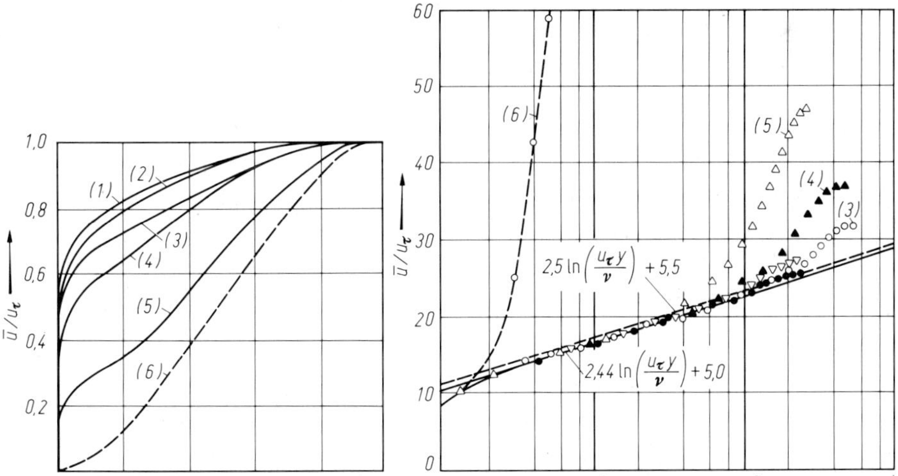

Abb. 6.24. Geschwindigkeitsprofile in turbulenten Strömungsgrenzschichten. **a** $\bar{u}/u_\tau = f(y/\delta)$, **b** $\bar{u}/u_\tau = f(u_\tau y/\nu)$. (*1*) ● Druckabfall, Herring (1967); (*2*) ▽ Gleichdruck, Wieghardt (1944); (*3*) ○ mäßiger Druckanstieg, Bradshaw (1966); (*4*) ▲ starker Druckanstieg, Ludwieg (1949); (*5*) △ sehr starker Druckanstieg, Schubauer (1960); (*6*) - -○- - abgelöste Strömung, Moses (1964), vgl. [116]

Druckanstieg der Außenströmung immer stärker vom logarithmischen Geschwindigkeitsgesetz (2.156) abweichen. Dieser Umstand wurde bereits in Kap. 6.3.3.2 bei der längsangeströmten Platte erwähnt und hat dazu geführt, im Außenbereich der Grenzschicht des logarithmischen Geschwindigkeitsprofils noch ein sog. Nachlaufprofil gemäß (6.114a) zu überlagern, vgl. Abb. 6.19b. Nach Abb. 6.23 nimmt der Nachlaufparameter Π und damit auch der Einfluß des Nachlaufprofils mit wachsendem Druckanstieg ($d\bar{p}_a/dx > 0$) zu. Während man bei der turbulenten Grenzschicht an der längsangeströmten ebenen Platte zunächst mit einer Bereichseinteilung nach Abb. 6.19a auskommt, um das verschiedenartige Strömungsverhalten (viskose Unterschicht, Übergangsschicht, turbulente Schicht) zu beschreiben, ist bei der turbulenten Grenzschicht mit veränderlicher Druckverteilung $\bar{p}_a(x)$ eine weitere Aufgliederung erforderlich, Abb. 6.25. Für die Beschreibung der Innenschicht wurde (2.158a) in Verbindung mit (2.158b) oder (2.158c) bereitgestellt. Eine genauere Formel für diesen Bereich einer turbulenten Strömungsgrenzschicht stammt von Spalding [100].

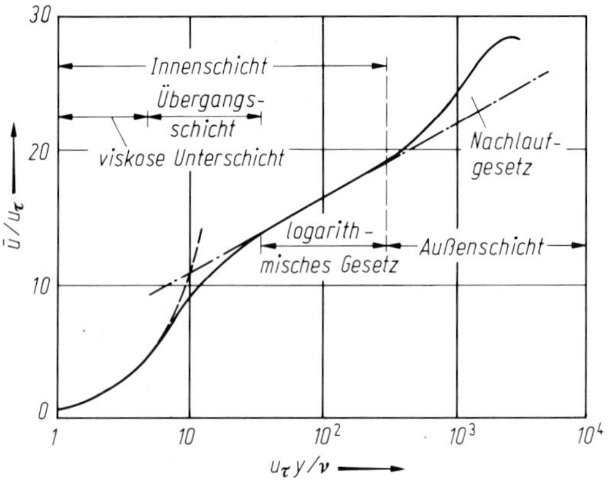

Abb. 6.25. Bereichseinteilung turbulenter Strömungsgrenzschichten mit Druckgradient der Außenströmung

Die Feldmethoden gehen von den partiellen Differentialgleichungen der Grenzschicht-Theorie aus. Bei der turbulenten Grenzschicht treten dabei jeweils gemittelte Größen für die Geschwindigkeit und Temperatur auf. Um die Gleichungssysteme geschlossen lösen zu können, müssen zusätzliche Schließungsansätze für die Austauschgrößen (Impuls, Wärme) und damit für die gemittelte Schubspannung sowie das gemittelte Energiefeld gemacht werden, vgl. Kap. 2.5.3.5 und Kap. 2.6.5.2.

Zur Anwendung der für die Feldmethode entwickelten Berechnungsverfahren müssen die partiellen Differentialgleichungen numerisch in der Regel unter Benutzung von Differenzenverfahren und unter Einsatz hochleistungsfähiger Rechner gelöst werden. Die Güte der verschiedenen Verfahren läßt sich besonders an Beispielen der turbulenten Gleichgewichtsgrenzschicht beurteilen.

Integralmethode. Bei dieser Methode beschränkt man sich auf die Ermittlung einiger globaler Größen. Bei der Strömungsgrenzschicht sind dies z. B. eine Grenzschichtdicke (Verdrängungs-, Impulsverlust-, Energieverlustdicke), die Wandschubspannung sowie ein das Geschwindigkeitsprofil in der Grenzschicht kennzeichnender Formparameter (Verhältnis zweier Grenzschichtdicken), durch den die Stelle der Grenzschichtablösung vorausgesagt werden kann. Bei diesen Verfahren lassen sich die partiellen Differentialgleichungen der Grenzschicht-Theorie in gewöhnliche Differentialgleichungen überführen. Diese Methode wurde erstmalig bei der Berechnung der laminaren Grenzschicht angewendet [53, 75]. Bei der turbulenten Grenzschicht läßt sich die Integralmethode ohne genauere Kenntnis der Einzelheiten des Turbulenzmechanismus in der Grenzschicht formulieren. Dem möglichen Nachteil bei der Anwendung einer solchen Methode auf eine allgemeinere Strömung als derjenigen, für die sie ursprünglich entwickelt wurde, steht der wesentliche Vorteil des erheblich geringeren Rechenaufwands gegenüber. Über die Integralverfahren der Grenzschicht-Theorie wird in Kap. 6.3.4 sowohl für die laminare als auch für die turbulente Grenzschicht berichtet.

6.3.4 Integralverfahren der Grenzschicht-Theorie

6.3.4.1 Allgemeines

In Kap. 6.3.2 und 6.3.3 wurde gezeigt, in wieweit es möglich ist, mittels der partiellen Differentialgleichungen der Grenzschicht-Theorie Aussagen über das Verhalten der Strömungs- und Temperaturgrenzschichten zu machen. Während die Methoden, welche zur strengen Lösung der Grenzschichtgleichungen entwickelt wurden, nur für die laminare Grenzschicht gelten, müssen bei der turbulenten Grenzschicht noch zusätzliche, im allgemeinen aus dem Versuch gewonnene, physikalische Eigenschaften mit herangezogen werden.

Bei der Strömung längs einer ebenen Platte ist die Geschwindigkeit der reibungslosen Strömung am äußeren Rand der Grenzschicht konstant, der Druckgradient in der Grenzschicht ist also gleich null (Gleichdruck). Bei den praktisch wichtigen Körperformen von Tragflügeln, Turbinenschaufeln usw. ist dies jedoch nicht der Fall. Vielmehr treten bei der Umströmung derartiger Körper Druckgradienten in Strömungsrichtung längs der Körperkontur auf, die sich teilweise als Druckabfall und teilweise als Druckanstieg äußern. Die exakte Berechnung solcher Fälle erfordert bei laminarer Strömung einen erheblichen Rechenaufwand und ist bei turbulenter Strömung, wie schon bei der längsangeströmten ebenen Platte nach Kap 6.3.3.2, nur näherungsweise möglich. Aus den, auch am Ende von Kap. 6.3.3.3 angegebenen Gründen werden daher sowohl für die laminare als auch für die turbulente Grenzschicht für praktische Rechnungen häufig Näherungsmethoden bevorzugt, die auf der Anwendung bestimmter Integralsätze der Grenzschicht-Theorie beruhen.

Von Kármán [53] und Pohlhausen [75] machten erstmalig den Vorschlag, nicht mit den die Einzelheiten der Strömungsgrenzschicht beschreibenden partiellen Differentialgleichungen zu rechnen, sondern diese über die Grenzschichtdicke zu mitteln. Bei diesem Vorgehen wird die Grenzschichtgleichung in eine gewöhnliche Differentialgleichung erster Ordnung übergeführt, was die integrale Form der Impulsgleichung darstellt. Es liegt nahe, neben der Impulsgleichung auch die integrale Form der Energiegleichung der Fluidmechanik (Arbeitssatz der Mechanik) zu verwenden. Wieghardt [118] leitet die Impuls- und Energiegleichung für die Strömungsgrenzschicht als Sonderfälle einer unendlichen Vielzahl von gewöhnlichen Differentialgleichungen her. Diese gewinnt man dadurch, daß man die partiellen Differentialgleichungen mit bestimmten Funktionen der Geschwindigkeitsverteilung multipliziert und anschließend über die Grenzschichtdicke integriert. Auf einige ältere und weitgehend überholte, jedoch richtungsweisende Integralverfahren zur Berechnung von Strömungsgrenzschichten bei einem homogenen Fluid sei für die laminare Strömung auf [105, 111, 114, 118] und für die turbulente Strömung auf [40, 111] hingewiesen. Die integrale Form der Energiegleichung der Thermo-Fluidmechanik (erster Hauptsatz der Thermo-Fluidmechanik, Wärmetransportgleichung), die man in ähnlicher Weise wie die oben genannte Impuls- und Energiegleichung herleitet, dient der Berechnung der Temperaturgrenzschicht.

Die Integralbeziehungen der Strömungsgrenzschicht werden zunächst in verallgemeinerter Darstellung für den Fall stationärer Strömung wiedergegeben. Die so gewonnenen Integralsätze der Grenzschicht-Theorie dienen dann als Grundlage für die Entwicklung von Näherungsverfahren zur Berechnung der Strömungsgrenzschichten, insbesondere bei turbulenter Strömung. Bei den nachstehenden Überlegungen gelten wieder die gleichen Voraussetzungen für die Grenzschicht, wie sie in Kap. 6.2.2 und 6.2.3 getroffen wurden. Der Druck in einem bestimmten Schnitt x der Grenzschicht ist als eine bekannte Funktion der Lauflänge x anzusehen, Massenkräfte sollen außer Betracht bleiben. Die Untersuchung wird für das homogene Fluid ($\varrho = \text{const}$, $\eta = \text{const}$) durchgeführt.

6.3.4.2 Integralbeziehungen der Strömungsgrenzschicht

Allgemeine Herleitung. Sowohl die laminare als auch die turbulente ebene Strömungsgrenzschicht lassen sich bei stationärer Strömung durch die Kontinuitätsgleichung (6.96a) und durch die Impulsgleichung (6.96b) beschreiben.[54] Die angegebenen Gleichungen werden mit den Geschwindigkeitsfunktionen $(U^{k+1} - u^{k+1})$ bzw. $(k+1)u^k$ multipliziert und dann voneinander subtrahiert. Man erhält, vgl. [111],

$$\varrho\left[\frac{\partial}{\partial x}[u(U^{k+1} - u^{k+1})] + \frac{\partial}{\partial y}[v(U^{k+1} - u^{k+1})] + (k+1)u[u^{k-1} - U^{k-1}]U\frac{dU}{dx}\right] = -(k+1)u^k\frac{\partial \tau}{\partial y}. \tag{6.133}$$

Die Richtigkeit von (6.133) bestätigt man durch Ausführen der Differentiationen und Vergleich mit den Ausgangsgleichungen, wobei zu beachten ist, daß $\partial U/\partial y = 0$ ist. Die angegebenen Klammerausdrücke $[\ldots]$ verschwinden am Rand und außerhalb der Grenzschicht $y \geqq \delta(x)$ wegen $u = U$. Es ist also $[\ldots] = 0$ für jeden Abstand $\delta_\infty = \text{const}$, der die Bedingung $\delta_\infty > \delta(x)$ erfüllt.

Die Ordnungsziffer k kann man beliebig wählen. Der Faktor $(k+1)u^k$, mit dem die Impulsgleichung multipliziert wurde, nimmt für $k = 0$ und $k = 1$ die Werte 1 bzw. $2u$ an. Dies bedeutet, daß mit $k = 0$ der

---

[54] Der Einfachheit halber wird $\bar{u} \triangleq u$, $\bar{v} \triangleq v$ und $\overline{\tau^*} \triangleq \tau$ gesetzt, womit die folgenden Beziehungen auch für die laminare Strömungsgrenzschicht gelten. Da keine Verwechslung auftreten kann, wird im folgenden $\delta_S = \delta$ gesetzt. Die Geschwindigkeit am Außenrand der Grenzschicht beträgt $u(x, y = \delta) = u_a(x) = U(x)$. Weiterhin gilt zwischen dem Außendruck $\bar{p}_a \triangleq p_a = p(x, y = \delta)$ und der Außengeschwindigkeit nach (6.18b) der Zusammenhang $dp_a = -\varrho U\, dU$.

Impulssatz und mit $k = 1$ der Energiesatz der Fluidmechanik (Arbeitssatz der Mechanik) beschrieben werden:

$$\text{Impulssatz:} \quad k = 0, \qquad \text{Energiesatz:} \quad k = 1\,. \tag{6.134a, b}$$

Integriert man jetzt (6.133) für einen bestimmten Schnitt $x = \text{const}$ über $0 \leqq y \leqq \delta_\infty = \text{const}$, so kann man den Differentialoperator $\partial/\partial x = d/dx$ vor das erste Integral ziehen. Da jedoch für $\delta(x) \leqq y \leqq \delta_\infty$ der Klammerausdruck $[\ldots] = 0$ ist, kann man nachträglich die obere Integrationsgrenze δ_∞ wieder durch die Dicke der Strömungsgrenzschicht $\delta(x)$ ersetzen. Man erhält

$$\frac{1}{U^{k+2}} \frac{d}{dx}(U^{k+2} f_k) + \frac{g_k}{U}\frac{dU}{dx} = \frac{df_k}{dx} + \left(\frac{g_k}{f_k} + k + 2\right)\frac{f_k}{U}\frac{dU}{dx} = e_k + j_k\,. \tag{6.135a, b}$$

Es wurden folgende universelle Kenngrößen der Strömungsgrenzschicht eingeführt:

$$f_k = \int_0^\delta \frac{u}{U}\left[1 - \left(\frac{u}{U}\right)^{k+1}\right] dy, \qquad g_k = (k+1)\int_0^\delta \left[\left(\frac{u}{U}\right)^k - \frac{u}{U}\right] dy\,, \tag{6.136a, b}$$

$$e_k = \frac{k+1}{\varrho U^{k+2}}\left[\int_0^\delta \tau \frac{\partial(u^k)}{\partial y}\,dy + u_w^k \tau_w\right], \qquad j_k = \left[1 - \left(\frac{u_w}{U}\right)^{k+1}\right]\frac{v_w}{U}\,. \tag{6.136c, d)[55]}$$

Die Größen f_k und g_k stellen Längen dar und können entsprechend ihrer jeweiligen Definition für bestimmte Werte k als universelle Dicken der Strömungsgrenzschicht bezeichnet werden. Diese werden bei einem dichtebeständigen Fluid nur von der Geschwindigkeitsverteilung u/U in der Grenzschicht des betrachteten Schnitts x bestimmt.

In (6.135b) ist g_k/f_k das Verhältnis der beiden Grenzschichtdicken g_k und f_k. Es stellt

$$A_k = \frac{g_k}{f_k} + k + 2 \qquad \text{(Geschwindigkeits-Formparameter I)} \tag{6.137a}$$

einen Formparameter der Geschwindigkeitsverteilung in der Grenzschicht dar. Er nimmt für $k = 1$ wegen $g_1 = 0$ den Wert $A_1 = 3 = \text{const}$ an.

Eine Vereinfachung der Darstellung erreicht man durch Einführen des Verhältnisses der Grenzschichtdicken f_m und f_n als weiterem Formparameter der Geschwindigkeitsverteilung in der Grenzschicht

$$B_{mn} = \frac{f_m}{f_n} \qquad \text{(Geschwindigkeits-Formparameter II)}\,. \tag{6.137b}$$

Die Größe e_k enthält die Schubspannung und ist dimensionslos. Sie werde als Schubspannungsgröße bezeichnet. Unter Beachtung der Fußnote 55 ist $e_0 = \tau_w/\varrho U^2$ der Beiwert der Wandschubspannung. Bei fester, d. h. nicht bewegter Wand verschwindet wegen $u_w = 0$ das zweite Glied in (6.136c). Die Schubspannungsgröße hängt für einen bestimmten Schnitt x außer von der Geschwindigkeitsverteilung u/U von der dimensionslosen Schubspannungsverteilung $\tau/\varrho U^2$ ab. Die Größe j_k tritt bei poröser (massedurchlässiger) Wand $v_w \neq 0$ auf. Sie beschreibt die durch Ausblasen oder Absaugen hervorgerufene Grenzschichtbeeinflussung. Ist die Geschwindigkeit einer möglicherweise bewegten Wand gleich der Außenströmung $u_w/U = 1$, so wird $j_k = 0$, und die beschriebene Grenzschichtbeeinflussung durch Ausblasen oder Absaugen ist ohne Wirkung.

Der Einfluß des Druckgradienten der Außenströmung soll durch den Druckparameter der Außenströmung

$$P_k = \frac{f_k}{U}\frac{dU}{dx} \qquad \text{(Druckparameter)} \tag{6.137c}$$

dargestellt werden.

Man kann also für den Fall ohne Grenzschichtbeeinflussung nach (6.135b) mit $j_k = 0$ schreiben

$$\frac{df_k}{dx} + A_k P_k = e_k, \qquad \frac{df_k}{dx} = e_k \qquad (P_k = 0)\,. \tag{6.138a, b}$$

Die zweite Beziehung gilt für die Strömung ohne Druckgradient der Außenströmung, d. h. für die längsangeströmte ebene Platte.

Die bisherige Ableitung hat gezeigt, daß die partiellen. Differentialgleichungen zur Beschreibung der Grenzschichtströmung an jedem einzelnen Ort x, y innerhalb der Grenzschicht durch die angegebene

---

[55] Die Formel für e_k wurde durch partielle Integration des letzten Glieds in (6.133) gewonnen.

Integralbeziehung an einem Schnitt x in ein System beliebig vieler, durch k gekennzeichneter gewöhnlicher Differentialgleichungen für ebenso viele eindeutig definierte Grenzschichtdicken $f_k(x)$ umgewandelt werden können.

Da k jeden beliebigen Wert annehmen kann, soll (6.138a) nochmals getrennt für die beiden Werte $k = m$ und $k = n$ angeschrieben werden:

$$\frac{df_m}{dx} + A_m P_m = e_m, \qquad \frac{df_n}{dx} + A_n P_n = e_n \,. \tag{6.139a, b}$$

Während man (6.139b) unverändert übernimmt, wird (6.139a) wegen $f_m = B_{mn} f_n$ und $df_m = B_{mn} df_n + f_n dB_{mn}$ noch umgeformt, und man erhält nach kleiner Zwischenrechnung die beiden Beziehungen

$$\text{(I)} \quad \frac{df_n}{dx} + A_n \frac{f_n}{U} \frac{dU}{dx} = e_n \,, \tag{6.140a}$$

$$\text{(II)} \quad f_n \frac{dB_{mn}}{dx} + (A_m - A_n) B_{mn} \frac{f_n}{U} \frac{dU}{dx} = d_{mn} \tag{6.140b}$$

mit $d_{mn} = e_m - B_{mn} e_n$ als modifizierter Schubspannungsgröße. Es sind (6.140a, b) bei vorgegebener Geschwindigkeitsverteilung $U(x)$ und bekannten Abhängigkeiten für A_n und A_m sowie für e_m und e_n zwei miteinander gekoppelte Differentialgleichungen für die Grenzschichtdicke f_n und für den Formparameter B_{mn}. In welcher Weise mit dem Gleichungssystem (6.140) weitergearbeitet wird, wird im folgenden gezeigt.

Impuls- und Energiesatz der Strömungsgrenzschicht. Nach (6.134a, b) stellen die Werte $k = 0$ und $k = 1$ den Impuls- bzw. den Energiesatz (Arbeitssatz) der Grenzschicht dar. Beschränkt man sich auf diese beiden Fälle, so kommen nach (6.138a) von den Grenzschichtdicken die in Tab. 6.3 mit (6.141a, b, c) wiedergegebenen Größen vor. Die üblicherweise verwendeten Symbole und Beziehungen sind mitangegeben.

Tabelle 6.3. Definition der Grenzschichtdicken, vgl. [111]

Bezeichnung	Symbol	Formel	Gleichung
Verdrängungsdicke	$g_0 = \delta_1$	$\int_0^\delta \left(1 - \frac{u}{U}\right) dy$	(6.141a)
Impulsverlustdicke	$f_0 = \delta_2$	$\int_0^\delta \frac{u}{U}\left(1 - \frac{u}{U}\right) dy$	(6.141b)
Energieverlustdicke	$f_1 = \delta_3$	$\int_0^\delta \frac{u}{U}\left[1 - \left(\frac{u}{U}\right)^2\right] dy$	(6.141c)

(6.141)

Mit (6.137a, b) wurden Geschwindigkeits-Formparameter der Strömungsgrenzschicht eingeführt, welche bestimmte Verhältnisse von Grenzschichtdicken enthalten. Im einzelnen werden unter Einführen der üblichen Bezeichnungen beim Impuls- und Energiesatz benötigt

$$A_0 = \frac{g_0}{f_0} + 2 = \frac{\delta_1}{\delta_2} + 2 = H_{12} + 2, \quad A_1 = 3 \,, \tag{6.142a}$$

$$B_{01} = \frac{f_0}{f_1} = \frac{\delta_2}{\delta_3} = H_{23}, \quad B_{10} = \frac{f_1}{f_0} = \frac{\delta_3}{\delta_2} = H_{32} \,. \tag{6.142b, c}$$

Für die Schubspannungsgrößen erhält man aus (6.136c) bei feststehender Wand mit $u_w = 0$

$$e_0 = -\int_0^\delta \frac{\partial}{\partial y}\left(\frac{\tau}{\varrho U^2}\right) dy = \frac{\tau_w}{\varrho U^2} = c_T \qquad \text{(Wandschubspannung)}\,, \tag{6.143a}$$

$$\frac{e_1}{2} = \int_0^\delta \frac{\tau}{\varrho U^3}\frac{\partial u}{\partial y}\, dy = \frac{\varepsilon}{\varrho U^3} = c_D \qquad \text{(Dissipationsarbeit)}\,. \tag{6.143b}$$

Die Handhabung des beschriebenen Integralverfahrens der Grenzschicht-Theorie kann in der Weise erfolgen, daß man in (6.140a, b) entweder das Wertepaar $m = 1$, $n = 0$ oder das Wertepaar $m = 0$, $n = 1$ wählt. Dabei sollen entsprechend den auftretenden Grenzschichtdicken, nämlich im ersten Fall der Impulsverlustdicke $f_0 = \delta_2$ und im zweiten Fall der (mechanischen) Energieverlustdicke $f_1 = \delta_3$, für die Rechenverfahren die Bezeichnungen Impulsverfahren bzw. Energieverfahren der Strömungsgrenzschicht benutzt werden. Die zugehörigen Beziehungen lauten:
Impulsverfahren ($m = 1$, $n = 0$; Index 2)

$$\text{(I)} \quad \frac{d\delta_2}{dx} + (H_{12} + 2)\frac{\delta_2}{U}\frac{dU}{dx} = \frac{1}{U^2}\frac{d}{dx}(U^2\delta_2) + H_{12}\frac{\delta_2}{U}\frac{dU}{dx} = c_T\,, \tag{6.144a}$$

$$\text{(II)} \quad \delta_2\frac{dH_{32}}{dx} - (H_{12} - 1)H_{32}\frac{\delta_2}{U}\frac{dU}{dx} = 2c_D - H_{32}c_T\,; \tag{6.144b}$$

Energieverfahren ($m = 0$, $n = 1$; Index 3)

$$\text{(I)} \quad \frac{d\delta_3}{dx} + 3\frac{\delta_3}{U}\frac{dU}{dx} = \frac{1}{U^3}\frac{d}{dx}(U^3\delta_3) = 2c_D\,, \tag{6.145a}$$

$$\text{(II)} \quad \delta_3\frac{dH_{23}}{dx} + (H_{12} - 1)H_{23}\frac{\delta_3}{U}\frac{dU}{dx} = c_T - 2H_{23}c_D\,. \tag{6.145b}$$

Das Impuls- oder Energieverfahren kann nur angewendet werden, wenn weitere Angaben über das Verhalten der Formparameter H_{12} und $H_{23} = 1/H_{32}$ sowie über die schubspannungsbedingten Größen c_T und c_D vorliegen. Dies gilt sowohl für die laminare als auch turbulente Strömung. Die folgenden Ausführungen beziehen sich alle auf die Strömung eines dichtebeständigen Fluids. Weiterhin soll auch nur der Fall der fluidmechanisch glatten Wand behandelt werden.

Geschwindigkeits-Formparameter. Eine durch theoretische Betrachtungen und viele Versuchsergebnisse immer wieder bestätigte Tatsache ist, daß sich die Geschwindigkeitsprofile mit bemerkenswerter Genauigkeit durch eine Kurvenschar mit nur einem freien Parameter beschreiben lassen; d. h. im einzelnen, daß sich die in Kap. 6.3.2.4 Abschn. a für die affinen (ähnlichen) Lösungen der laminaren Grenzschicht sowie in Kap. 6.3.3.3 für die turbulenten Gleichgewichtsgrenzschichten gefundenen Ergebnisse als brauchbare Näherungen anbieten. Für die in

(6.142) definierten Formparameter läßt sich schreiben

$$H_{12} = fkt(H_{32}) \qquad (m = 1, n = 0)\,, \tag{6.146a}$$

$$H_{12} = fkt(H_{23}) \qquad (m = 0, n = 1)\,. \tag{6.146b}$$

Für die laminare Grenzschicht werden die Hartree-Profile (affine Lösung) zugrunde gelegt. Der Zusammenhang $H_{12}(H_{32})$ ist in Abb. 6.26a als Kurve (*1*) dargestellt. Eppler [28] gibt Interpolationsformeln für den Zusammenhang der beiden Formparameter an.

Für die turbulente Grenzschicht sind die nach der Interpolationsformel von Fernholz [32]

$$H_{12} = 1 + 1{,}48(2 - H_{32}) + 104(2 - H_{32})^{6,7}\,. \tag{6.147}$$

berechneten Werte $H_{12} = fkt(H_{32})$ in Abb. 6.26a als Kurve (*2*) aufgetragen.[56]

Während sich bei der laminaren Strömung jeweils bestimmte Werte für die Gleichdruckströmung und für die Strömung in der Nähe der Ablösungsstelle angeben lassen, können bei der turbulenten Strömung jeweils nur bestimmte Bereiche, die noch von der Grenzschichtentwicklung selbst abhängen, durch Angabe von Mittelwerten gekennzeichnet werden. Im Schrifttum finden sich für turbulente Grenzschichten folgende Zahlenangaben, vgl. Walz [115] S. 166:

$$\text{Gleichdruck (Index } \infty\text{): } (H_{32})_\infty = 1{,}572\,(Re_2)_\infty^{0,013}\,, \tag{6.148a}$$

$$\text{Ablösung (Index } A\text{): } 2{,}00 \leqq (H_{12})_A \leqq 4{,}05 \tag{6.148b}$$

mit $Re_2 = U\delta_2/\nu$ und $\nu = \eta/\varrho$.

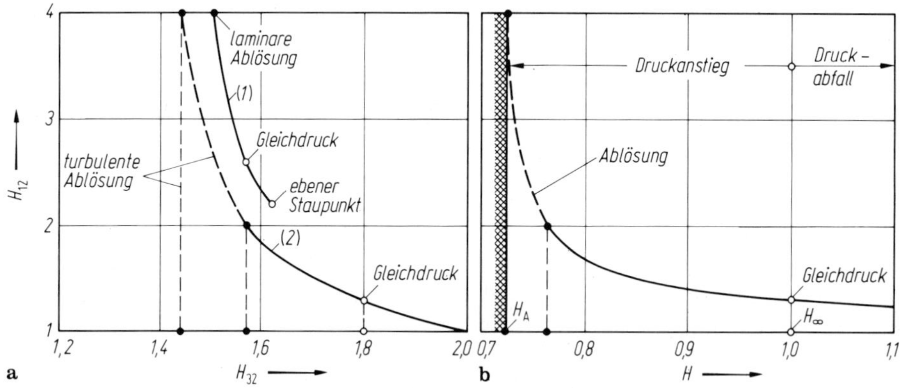

Abb. 6.26. Geschwindigkeits-Formparameter der Strömungsgrenzschicht bei einem dichtebeständigen Fluid, **a** Verhältnis zweier Grenzschichtdicken $H_{12} = f(H_{32})$. (*1*) laminar (Hartree- Profil); (*2*) turbulent, glatt. **b** Modifizierter Formparameter, $H_{12} = f(H)$, turbulent, glatt

[56] Auf die von Mylonas [111] entwickelte Interpolationsformel sei hingewiesen.

Die Gleichungen für die Formparameter (6.144b) und (6.145b) legen es nahe, einen modifizierten Formparameter H in der Form

$$\frac{dH}{H} = \frac{dH_{32}}{(H_{12}-1)H_{32}} = -\frac{dH_{23}}{(H_{12}-1)H_{23}} \tag{6.149a}$$

einzuführen Da nach (6.146a) $H_{12}(H_{32})$ ist, läßt sich die Integration unmittelbar ausführen, und man erhält

$$H = \exp\left[\int\limits_{(H_{32})_\infty}^{H_{32}} \frac{dH_{32}}{(H_{12}-1)H_{32}}\right] \quad \text{(modifizierter Formparameter)}\,. \tag{6.149b}$$

Hierin ist $(H_{32})_\infty$ gleich dem Wert für die Gleichdruckströmung. Er hat nach Abb. 6.26a für die laminare Grenzschicht einen festen Wert, während er für die turbulente Grenzschicht nach (6.148a) von der Reynolds-Zahl abhängt. Als Mittelwert soll $(H_{12})_\infty = 1{,}3$ bzw. $(H_{32})_\infty = 1{,}799$ nach (6.147) gelten, vgl. (6.104) und (6.120). Die Gleichdruckströmung ist also mit $H_\infty = 1{,}0$ festgelegt. Mithin gilt für den Druckgradient der Außenströmung

$$\text{Druckabfall: } 1{,}0 < H \leqq H_0, \quad \text{Druckanstieg: } H_A \leqq H < 1{,}0 \tag{6.150}$$

mit H_0 als Formparameter für einen gegebenenfalls vorliegenden Staupunkt und H_A als Formparameter der beginnenden Ablösung.

Durch Einsetzen von (6.147) in (6.149b) erhält man durch numerische Integration den Zusammenhang $H(H_{32})$ und hieraus die Abhängigkeit $H_{32}(H)$ sowie aus $H_{12}(H_{32})$ nach (6.147) auch $H_{12}(H)$. Dieser Verlauf ist in Abb. 6.26b wiedergegeben. Dort sind für die beginnende Ablösung einer turbulenten Grenzschicht im Schrifttum angegebenen Werte gemäß (6.148b) eingetragen. Verglichen mit Abb. 6.26a zeigt sich, daß die Werte für die Formparameter $(H_{12})_A$ und $(H_{32})_A$

Tabelle 6.4. Funktionen zur Berechnung turbulenter Grenzschichten $Z = c_0 + c_1 H + c_2 H^{-1} + c_3 H^{-2}$, Gleichdruck (Index ∞): $H_\infty = 1$ $(H_{12} = 1{,}3)$, Ablösung (Index A): $H_A = 0{,}730$ $(\alpha = 0)$[57]

Z	c_0	c_1	c_2	c_3	Z_∞	Z_A	
H_{12}	41,944	−13,145	−42,528	15,029	[1,300]	2,288	3,150
H_{32}	−1,792	1,216	4,051	−1,676	1,799	1,501	1,476
α	−0,413	0,142	0,450	−0,163	0,0157	0,001	[0]
β	−0,0070	0,0070	0,0069	−0,0014	0,0055	0,0049	0,0046
a	0,268						
b	0,167						
A	5,808	−2,704	−4,343	1,129	−0,110	0,002	0
B	−2,188	0,945	1,778	−0,498	0,0369	0,0030	0,0031

[57] Die Ableitung der Potenzansätze stammt von G. Heller (Lehrstuhl für Fluidmechanik, TU München). Die letzte Spalte gibt die Werte für den Fall der Ablösung nach (6.147) und (6.156a, b) an.

schwanken. In [111] wird als Kriterium für die beginnende Ablösung der Wert $H_A = 0{,}723$ vorgeschlagen. Im folgenden soll hiervon abweichend

$$H_A = 0{,}730 \quad \text{(beginnende turbulente Ablösung)} \tag{6.151}$$

gelten, vgl. die Ausführung im Zusammenhang mit (6.156a).

Durch einfache Potenzansätze

$$Z = c_0 + c_1 H + c_2 H^{-1} + c_3 H^{-2} \tag{6.152}$$

lassen sich die Funktionen $Z = H_{32}(H)$ bzw. $Z = H_{12}(H)$ beschreiben. Die Zahlenwerte c_0 bis c_3 sind in Tab. 6.4 zusammengestellt.

Schubspannungsbedingte Größen. Beim Impuls- und Energieverfahren tritt die Schubspannung in der Grenzschicht $\tau(x, y)$ in Form des Beiwerts der Wandschubspannung $c_T = \tau_w/\varrho U^2$ und des Beiwerts der Dissipationsarbeit $c_D = \varepsilon/\varrho U^3$ auf. Ähnlich wie in (6.146a, b) kann man bei fluidmechanisch glatter Wand schreiben

$$c_T = fkt\left(H_{32}, \frac{U\delta_2}{\nu}\right) = fkt(H, Re_2) \quad (m = 1, n = 0)\,, \tag{6.153a}$$

$$c_D = fkt\left(H_{23}, \frac{U\delta_3}{\nu}\right) = fkt(H, Re_3) \quad (m = 0, n = 1)\,. \tag{6.153b}$$

In die Beziehungen wurden der modifizierte Formparameter H wegen $H_{32}(H)$ bzw. $H_{23}(H)$ sowie die mit der Impuls- bzw. Energieverlustdicke gebildeten Reynolds-Zahlen

$$Re_2 = \frac{U\delta_2}{\nu}, \quad Re_3 = \frac{U\delta_3}{\nu} \tag{6.154a, b}$$

eingesetzt.

Bei der laminaren Grenzschicht lassen sich wegen des eindeutigen Zusammenhangs von Schubspannung und Geschwindigkeitsgradient $\tau = \eta(\partial u/\partial y)$ für die Schubspannungsgrößen einfache Angaben machen, vgl. [5].

Bei der turbulenten Grenzschicht liegen mehrere halbempirische Formeln zur Berechnung der schubspannungsbedingten Größen vor. Mit ihrer kritischen Bewertung haben sich besonders Fernholz [32] und Walz [115] befaßt und dabei die in (6.153a, b) angegebene einparametrige Abhängigkeit (Parameter $H_{32} = 1/H_{23}$) weitgehend bestätigt gefunden. Auf die von Ludwieg und Tillmann [64] entwickelte und häufig benutzte Formel zur Berechnung des Beiwerts der Wandschubspannung sei hingewiesen. In Analogie zu (6.112a) werden die stark vereinfachten Ansätze

$$c_T = \alpha(H) Re_2^{-a} \qquad c_D = \beta(H) Re_3^{-b} \quad \text{(turbulent, glatt)} \tag{6.155a, b}$$

gemacht, wobei Re_2 und Re_3 die Bedeutung von (6.154a, b) haben.[58]

---

[58] Die Größen α, a, β und b haben eine andere Bedeutung als in (6.112c).

Die von Fernholz [32] vorgeschlagenen Interpolationsformeln lauten

$$\alpha = 0{,}0245(1 - 2{,}007 \lg H_{12})^{1{,}705}, \quad a = 0{,}268\,,$$

$$\beta = [0{,}00481 + 0{,}0822(H_{32} - 1{,}5)^{4{,}81}]H_{32}^{b}, \quad b = 0{,}167\,. \qquad (6.156\text{a,b})$$

Für die längsangeströmte ebene Platte, d. h. für Gleichdruck bei $H = H_\infty = 1{,}0$, folgen die Werte $\alpha_\infty = 0{,}0157$, $a_\infty = 0{,}268$ und $\beta_\infty = 0{,}0055$, $b_\infty = 0{,}167$.[59] Im Fall der Ablösung muß nach (6.30) die Wandschubspannung verschwinden, d. h. $c_T = 0$ oder $\alpha(H_A) = 0$ sein, was gemäß (6.151) zu $H = H_A = 0{,}730$ führt.

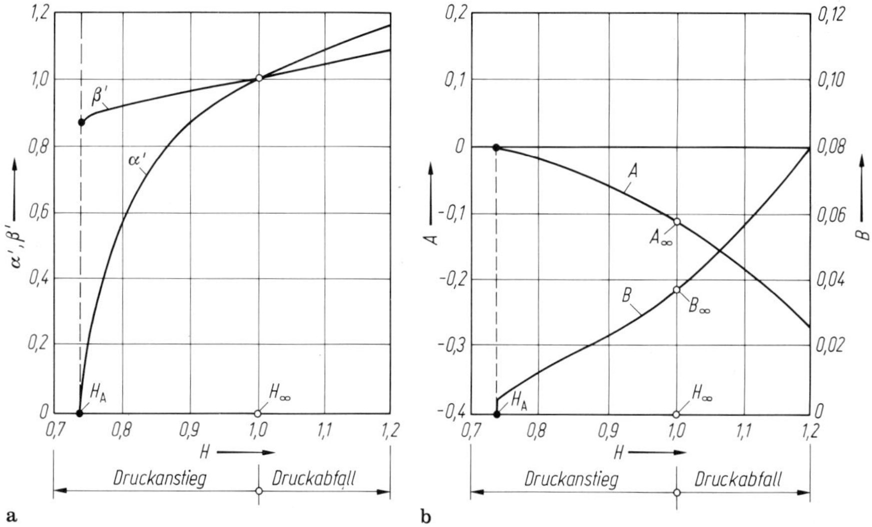

Abb. 6.27. Schubspannungsbedingte Größen der turbulenten Grenzschicht **a** $\alpha' = \alpha(H)/\alpha_\infty$, $\beta' = \beta(H)/\beta_\infty$, **b** $A(H)$, $B(H)$

In Abb. 6.27a sind die auf die Werte bei Gleichdruck bezogenen Größen $\alpha' = \alpha/\alpha_\infty$ und $\beta' = \beta/\beta_\infty$ als Funktionen des Formparameters H dargestellt. Während sich α' sehr stark mit H ändert, verläuft β' nahezu konstant. Die Potenzansätze für α und β sind gemäß (6.152) in Tab. 6.4 angegeben.

6.3.4.3 Quadraturverfahren zur Berechnung der Strömungsgrenzschicht bei einem homogenen Fluid

Allgemeines. Um einen Einblick über die Möglichkeit der Anwendung der in Kap. 6.3.4.2 abgeleiteten Integralbeziehungen für die näherungsweise Berechnung von Strömungsgrenzschichten mit Druckgradient der Außenströmung zu geben, seien nachstehend hierzu einige Ausführungen gemacht. Dabei soll die Entwicklung eines einfach zu handhabenden Quadraturverfahrens für die Strömung eines Fluids mit

[59] Für die längsangeströmte ebene Platte gelten bei turbulenter Strömung nach (6.108b) und (6.119b) die Wertepaare $\alpha_\infty = 0{,}0130$, $a_\infty = 1/4$ bzw. $\alpha_\infty = 0{,}0062$, $a_\infty = 1/6$.

unveränderlicher Dichte und Viskosität ($\varrho = \text{const}$ bzw. $\eta = \text{const}$) gezeigt werden.[60] Da man laminare Grenzschichten aus den partiellen Differentialgleichungen der Grenzschicht-Theorie numerisch exakt berechnen kann, besteht hierfür ein geringeres Bedürfnis an der Entwicklung von Näherungsverfahren als bei turbulenten Grenzschichten.[61] Die nachstehenden Ausführungen beziehen sich daher auf den Fall der turbulenten Grenzschicht.

Während meistens das Impulsverfahren benutzt wird, bevorzugt vor allem Truckenbrodt [111] das Energieverfahren.[62] Für diese Wahl sind folgende Gesichtspunkte maßgebend: 1) Die linke Seite von (6.145a) hängt im Gegensatz zu (6.144a) nicht explizit vom Formparameter H ab. 2) Die auf der rechten Seite von (6.145a) auftretende Dissipationsarbeit c_D berechnet sich nach (6.143b) aus einem Integral der Schubspannung über die Grenzschichtdicke $0 \leq y \leqq \delta(x)$, während beim Impulsverfahren auf der rechten Seite von (6.144a) die Wandschubspannung c_T nur von Größen der reibenden Wand ($y = 0$) bestimmt wird. Dies bedeutet, daß die Dissipationsarbeit weit weniger stark vom Formparameter H abhängt als die Wandschubspannung, was durch die Darstellungen $\alpha'(H)$ und $\beta'(H)$ in Abb. 6.27a bestätigt wird. Beim Energieverfahren ist somit die Kopplung zwischen der Gleichung zur Bestimmung der Grenzschichtdicke (Energieverlustdicke δ_3) und der Gleichung zur Ermittlung des Formparameters H wesentlich schwächer als beim Impulsverfahren.

Führt man in die Ausgangsgleichungen des Energieverfahrens (6.145a, b) die Reynolds-Zahl Re_3 nach (6.154b)[63] sowie den modifizierten Formparameter H nach (6.149a) ein, so kann man zusammengefaßt für das Energieverfahren bei einem homogenen Fluid schreiben

$$\text{(I)} \quad \frac{d}{dx}(Re\,U^2) = \Phi(H, Re)\cdot U^3(x)\,, \tag{6.157a}$$

$$\text{(II)} \quad \frac{d}{dx}\left(\frac{H}{U}\right) = \Psi(H, Re)\cdot Re^{-1}(x)\,. \tag{6.157b}$$

Es sind Φ und Ψ Einflußfunktionen des Energieverfahrens, welche die Abhängigkeiten von H und Re enthalten. Für diese gilt im einzelnen

$$\Phi = \frac{2}{v} c_D = \frac{2}{v}\beta(H) Re^{-b} \tag{6.158a}$$

$$\Psi = \frac{H}{v}\,\frac{2c_D - H_{32}c_T}{H_{12} - 1} = \frac{1}{v}\left[A(H) Re^{-a} + B(H) Re^{-b}\right] \tag{6.158b}$$

mit $A = -\alpha H H_{32}^{1+a}/(H_{12} - 1)$ und $B = 2\beta H/(H_{12} - 1)$. Die Beziehungen für $\beta(H)$, $A(H)$ und $B(H)$ sind Tab. 6.4 zu entnehmen, vgl. Abb. 6.27.

Durch simultane Lösung des Gleichungssystems I/II (stückweise Integration) findet man bei vorgegebener Geschwindigkeitsverteilung der Außenströmung $U(x)$ die in der Reynolds-Zahl $Re(x) = U\delta_3/v$ enthaltene Energieverlustdicke $\delta_3(x)$ sowie den Geschwindigkeits-Formparameter $H(x)$. Wegen der von H abhängigen Zusammenhänge $H_{12} = \delta_1/\delta_2$ und $H_{32} = \delta_3/\delta_2$ nach Tab. 6.4 lassen sich aus der Energieverlustdicke δ_3 die Verdrängungsdicke δ_1 und die Impulsverlustdicke δ_2 wie folgt ermitteln:

$$\delta_1 = (H_{12}/H_{32})\delta_3, \quad \delta_2 = (1/H_{32})\delta_3\,. \tag{6.159a, b}$$

Durch die Kenntnis des Formparameters ist man in der Lage festzustellen, ob bei einer verzögerten Außenströmung (Druckanstieg) eine Ablösung der Strömungsgrenzschicht auftritt ($H \leqq H_A$) und wo sich gegebenenfalls die Ablösungsstelle ($x = x_A$) befindet.

---

[60] Quadratur: Lösen von Differentialgleichungen durch eine endliche Anzahl von Integrationen (Bronstein).

[61] Auf die Berechnungsverfahren für die laminare Grenzschicht in [23], [42], [52] und [75] sei hingewiesen.

[62] Ein anderer Gedanke zur Berechnung turbulenter Grenzschichten findet in einem Verfahren von Head [43] Anwendung. Zusammenstellungen und kritische Bewertungen der verschiedenen, hier nicht besonders genannten Verfahren findet man u. a. in [56] sowie bei Rotta [87] und Thompson [104].

[63] Bei der Reynolds-Zahl wird auf eine besondere Kennzeichnung durch den Index 3 (Hinweis auf Energieverlustdichte δ_3) verzichtet, d. h. es ist $Re \triangleq Re_3$.

Längsangeströmte ebene Platte (Gleichdruckströmung). Bei der Anwendung des beschriebenen Energieverfahrens auf den Fall der längsangeströmten Platte (Index ∞) bei turbulenter Grenzschicht gelten die Beziehungen $U(x) = U_\infty = \text{const}$ und $H(x) \approx H_\infty = 1{,}0$ sowie $\beta \approx \beta_\infty = 0{,}0055$ und $b = 0{,}167$. Mit diesen Annahmen läßt sich (6.157a) in Verbindung mit (6.158a) geschlossen integrieren, was zu

$$Re_3(x)^{1+b} \approx 2(1+b)\beta_\infty \frac{U_\infty x}{\nu}, \quad \delta_3(x) \approx 0{,}0239 \left(\frac{U_\infty x}{\nu}\right)^{-0,14} x \qquad (6.160\text{a, b})$$

führt. Dabei stellt $x = 0$ den Plattenanfang dar.

Nach Tab. 6.4 beträgt das Verhältnis der Impuls- zur Energieverlustdicke $\delta_2/\delta_3 = 0{,}556$, so daß bei der Impulsverlustdicke $\delta_2(x)$ statt 0,0239 der Wert 0,0133 auftritt. Dies Ergebnis stimmt mit (6.118b) zufriedenstellend überein.

Näherungsweise Berechnung der Energieverlustdicke. Eine erste Näherung zur Berechnung der Energieverlustdicke $\delta_3(x)$ bei einer turbulenten Grenzschicht für eine veränderliche Außenströmung $U(x)$ besteht in der Anwendung der Energiegleichung (6.157a) verbunden mit (6.158a), wenn man für die vom Formparameter H abhängige Größe den Wert der Gleichdruckströmung $\beta \approx \beta_\infty$ annimmt. In Erweiterung von (6.160a) erhält man bei glatter Oberfläche

$$Re_3(x)^{1+b} = \frac{1}{U(x)^{2(1+b)}} \left[(Re_3 U^2)_{x_1}^{1+b} + \frac{2(1+b)\beta_\infty}{\nu} \int_{x_1}^{x} U(x')^{3+2b}\, dx' \right] \qquad (6.161)$$

mit $\beta_\infty = 0{,}0055$ und $b = 0{,}167$.

Für die Berechnung der aus der vorgegebenen Geschwindigkeitsverteilung der Außenströmung $U(x)$ und der gesuchten Energieverlustdicke $\delta_3(x)$ gebildeten Reynolds-Zahl $Re_3 = U\delta_3/\nu$ ist nur eine einfache Integration über die Geschwindigkeitsverteilung $U(x)^{3+2b}$ auszuführen. Besonders einfach ist eine solche Auswertung z. B. für die Verteilungen $U(x) = U_b(x/l)^m$ und $U(x) = U_b(1 - x/l)$. Da keine Ableitung dU/dx auftritt, bereitet die Rechnung mit einer nicht analytisch vorgegebenen, sondern z. B. mit einer aus dem Experiment gewonnenen Geschwindigkeitsverteilung keine besondere Schwierigkeit.

Profilierter Körper. Das als Integralmethode beschriebene Energieverfahren (6.157a, b) wurde auf die Umströmung eines profilförmig ausgebildeten Körpers angewendet, bei dem nach Abb. 6.28a in Strömungsrichtung zunächst ein starker Druckabfall (positiver Geschwindigkeitsgradient) und weiter stromabwärts ein starker Druckanstieg (negativer Geschwindigkeitsgradient) mit dem Eintreten einer Strömungsablösung vorliegen [56, 97]. Abb. 6.28b, c zeigt den Vergleich von Theorie und Messung für die mit der Impulsverlustdicke δ_2 gebildete Reynolds-Zahl Re_2 und dem Geschwindigkeits-Formparameter H_{32}. Die Übereinstimmung ist im Bereich des Druckanstiegs und der beginnenden Ablösung als gut anzusehen.

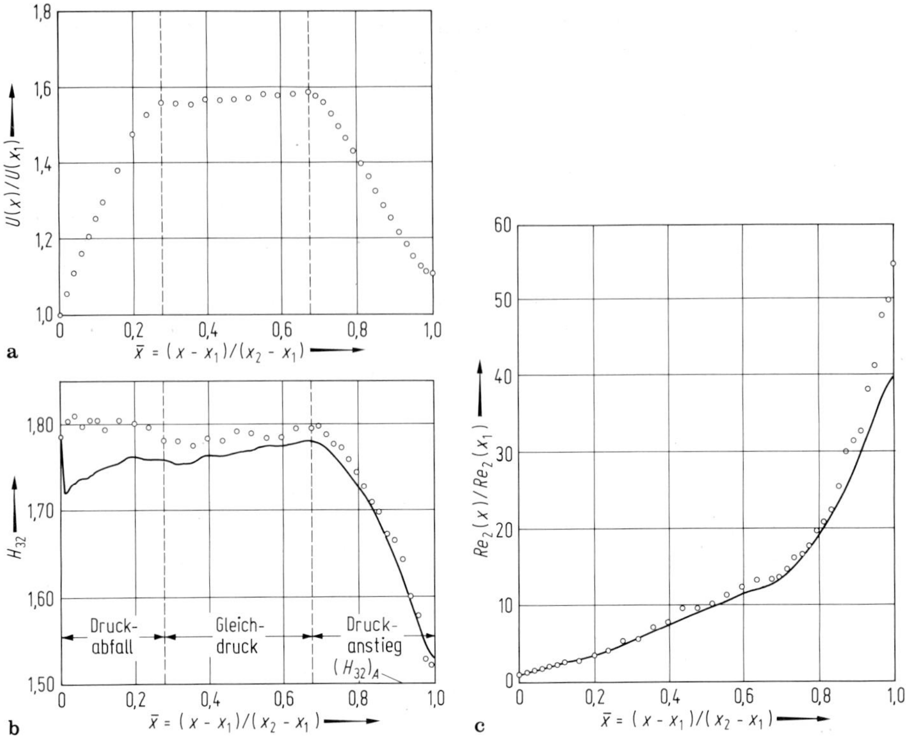

Abb. 6.28. Turbulente Grenzschicht an einem profilierten Körper nach Schubauer und Klebanoff [97], vgl. [56], IDENT 2100. ○ Messung nach [56]
$\bar{x}=(x-x_1)/(x_2-x_1)$ mit x_1 für den ersten und x_2 für den letzten Meßpunkt, $x_2-x_1=7{,}68$ m, $U(x_1)=30{,}7$ m/s, $\nu=1{,}48\cdot 10^{-5}$ m²/s. **a** Geschwindigkeitsverteilung $U(x)/U(x_1)$ längs Körperkontur; **b** mit Impulsverlustdicke δ_2 gebildete Reynolds-Zahl $Re_2(\bar{x})=U(\bar{x})\,\delta_2(\bar{x})/\nu$, **c** Formparameter $H_{32}(\bar{x})$. Messung: U, Re_2, H_{32}, Theorie: $Re_2=Re_3/H_{32}$ mit Re_3 nach (6.161) und $H_{32}=H_{32}(H)$ mit H nach (6.157b) und Tab. 6.4

6.3.5 Abgelöste Grenzschicht bei umströmten Körpern

6.3.5.1 Grundsätzliche Erkenntnisse

Anliegende Strömung. Bei der Anwendung der Grenzschicht-Theorie an festen Wänden auf das Umströmungsproblem von Körpern liefern die in Kap. 6.3.2 bis 6.3.4 geschilderten Berechnungsverfahren als Integral der Wandschubspannung über die Oberfläche zunächst nur den Schubspannungswiderstand. Auch in solchen Fällen, wo keine Ablösung vorliegt, enthält der gesamte Reibungswiderstand noch einen Druckwiderstand. Dieser rührt physikalisch daher, daß die Reibungsschicht (Strömungsgrenzschicht) auf die Außenströmung (Potentialströmung) eine Verdrängungswirkung ausübt. Die Stromlinien der Außenströmung werden um einen Betrag, der gleich der Verdrängungsdicke δ_1 ist, von der Körperkontur abgedrängt, vgl. Abb. 6.11a für die laminare Grenzschicht an der längsangeströmten ebenen Platte. Dadurch wird an der Körperkontur auch bei nichtabgelöster Strömung die Druckverteilung etwas geändert, vgl. Abb. 5.30b für den axial angeströmten Luftschiffkörper. Diese geänderte Druckverteilung hat in Anströmrichtung nicht wie nach dem d'Alembertschen Paradoxon die Resultierende null, sondern erzeugt einen reibungsbedingten Druckwiderstand (Verdrängungswiderstand), der zu dem reibungsbedingten Schubspannungswiderstand noch hinzukommt. Beide zusammen ergeben den Reibungswiderstand, auch Form- oder Profilwiderstand genannt. Der reibungsbedingte Druckwiderstand bleibt nur dann klein, wenn eine Ablösung vermieden wird. Dies kann man durch zweckmäßige Formgebung des Körpers erreichen.

Auf die experimentelle Ermittlung und theoretische Berechnung des Reibungswiderstands aus dem Impulsverlust hinter dem Körper wurde bereits in Kap. 3.6.3.1 eingegangen.

Abgelöste Strömung. Die Vorgänge, die zum Entstehen einer abgelösten Grenzschichtströmung führen, können physikalisch als geklärt angesehen werden. Mittels der Grenzschicht-Theorie läßt sich bei ebener und drehsymmetrischer und z. T. auch bei einigen einfachen Fällen räumlicher Strömung die Stelle der Ablösung, d. h. der Zustand, wo nach Abb. 6.6 (Bild 3) Rückströmung in der wandnahen Reibungsschicht erstmalig beginnt, ermitteln. Im allgemeinen tritt Ablösung nur bei Druckanstieg der Außenströmung in Strömungsrichtung auf, man vgl. hierzu die Ausführungen in Kap. 6.2.2.1 und 6.3.2.2 Abschn. a. Das hinter der Ablösungsstelle stromabwärts gelegene mit Wirbeln versehene Strömungsgebiet weicht wesentlich von dem nach der Potentialtheorie berechneten reibungslosen Strömungsbild ab.

Ablösungserscheinungen an um- und auch durchströmten Körpern lassen sich mit der in Kap. 6.3.2 bis 6.3.4 beschriebenen Grenzschicht-Theorie nicht erfassen. Dies beruht z. T. darauf, daß in dem Ablösungsgebiet nach Abb. 6.7 die Grenzschichtdicke erheblich anwächst, so daß die der Grenzschicht-Theorie zugrunde liegende Voraussetzung kleiner Grenzschichtdicke nur noch sehr angenähert erfüllt ist. Fortschritte in der Berechnung laminarer Ablösungsgebiete hat man seit einiger Zeit dadurch erzielt, daß man unter Einsatz hochleistungsfähiger Rechner die vollständige Navier-Stokessche Gleichung löst. Auf die Arbeiten in [11, 14] wird aufmerksam gemacht.

Um die Auswirkung einer Strömungsablösung auf die Druckverteilung eines umströmten Körpers und die dadurch hervorgerufene reibungsbedingte Kraft, feststellen zu können, ist man weitgehend auf Versuche im Wind- oder Wasserkanal angewiesen. Mehr noch als bei der anliegenden spielt bei der abgelösten Strömung die Ermittlung des oben definierten Reibungswiderstands eine besondere Rolle. Dies kann entweder mittels einer Kraftmessung oder durch Auswerten der Körpernachlaufströmung gemäß Kap. 3.6.3.1 erfolgen. Auf die Möglichkeiten, die Strömungsablösung und damit auch das Widerstandsverhalten durch eine geeignete Grenzschichtbeeinflussung günstig zu gestalten, wurde in Kap. 6.2.2.1 hingewiesen.

Nach (3.268b) führt man im allgemeinen einen dimensionslosen Widerstandsbeiwert c_W ein. Dieser kann außer von der Form des umströmten Körpers noch von der Reynolds- und Mach-Zahl $Re_\infty = u_\infty l/v_\infty$ bzw. $Ma_\infty = u_\infty/c_\infty$ mit u_∞ als Anströmgeschwindigkeit, v_∞ und c_∞ als kinematischer Viskosität bzw. Schallgeschwindigkeit des Anströmzustands sowie l als charakteristischer Länge abhängen:

$$c_W = \frac{W}{q_\infty A} = fkt(\text{Körperform}, Re_\infty, Ma_\infty)\,. \tag{6.162}$$

Es ist $q_\infty = (\varrho_\infty/2)u_\infty^2$ der Geschwindigkeitsdruck der Anströmung in N/m^2 und A die Bezugsfläche in m^2. Bei der Strömung eines dichtebeständigen Fluids entfällt der Einfluß der Mach-Zahl, und es verbleibt nur derjenige der Reynolds-Zahl.

Im Gegensatz zu gewölbten Körperformen, wie Zylinder, Profile, Kugeln, Ellipsoide u. a., bei denen über die möglicherweise von der Reynolds-Zahl abhängige Lage der Ablösestelle von vornherein nichts Bestimmtes ausgesagt werden kann, fällt bei kantigen Körperformen die Ablösestelle meistens mit eindeutig bevorzugten Kanten zusammen. Der Einfluß der Reynolds-Zahlen tritt hierbei kaum in Erscheinung.

Zusammenfassende Darstellungen zum Problem der Strömungsablösung geben Chang [17, 18] und Roshko [85]. Viele praktisch verwertbare Ergebnisse zum Widerstandsproblem umströmter Körper findet man bei Hoerner [45] und Eck [26].

Da es hier nicht möglich ist, einen auch nur annähernd vollständigen Überblick über den Fragenkreis abgelöster Grenzschichtströmungen zu geben, seien nachstehend nur einige Fälle etwas ausführlicher beschrieben.

6.3.5.2 Abgelöste Strömung an gewölbten Körpern

a) Elliptischer Zylinder. In Abb. 1.15 werden Widerstandsbeiwerte von elliptischen Zylindern mit verschiedenem Dickenverhältnis, die in Richtung der großen Achse angeströmt werden, wiedergegeben. Maßgebend für den Verlauf $c_W(Re_\infty)$ ist die Lage des Umschlagpunkts von der laminaren in die turbulente Strömungsgrenzschicht. Beim Dickenverhältnis $d/l = 1$, d. h. beim angeströmten Kreiszylinder, ändert sich die Abhängigkeit $c_W(Re_\infty)$ entscheidend gegenüber derjenigen bei verschwindendem Dickenverhältnis $d/l = 0$, d. h. bei der längsangeströmten ebenen Platte. Dies hängt mit der Grenzschichtablösung bei einem endlich dicken hinten stumpfen Körper und der hinter dem Körper sich ausbildenden Nachlaufströmung zusammen.

b) Kreiszylinder und Kugel. Die Umströmung eines Kreiszylinders oder einer Kugel ohne Berücksichtigung des Reibungseinflusses läßt sich für ein dichtebeständiges Fluid nach den Methoden der Potentialtheorie in Kap. 5.3.2 berechnen. In Abb. 5.22a und b sind die potentialtheoretisch ermittelten Druckverteilungen wiedergegeben. Sie liefern wegen ihrer Symmetrie von Vorder- und Hinterteil keinen Widerstand (d'Alembertsches Paradoxon).

Hält man einen unendlich langen Kreiszylinder (ebenes Problem) in einem anfangs ruhenden Fluid fest und setzt dies dann in Bewegung, so stellt sich im ersten Augenblick nach Abb. 6.29a eine nahezu reibungslose Potentialströmung um den Zylinder ein. Die Geschwindigkeit ist im vorderen Staupunkt null, steigt von dort auf der Vorderseite oben und unten zu ihrem Maximalwert an und fällt auf der Rückseite wieder auf den Wert null im hinteren Staupunkt ab, vgl. Kap. 5.3.2.4 Beispiel e 3. Im vorderen Bereich herrscht gemäß der Bernoullischen Energiegleichung nach Abb. 5.22a Druckabfall und im hinteren Bereich Druckanstieg, der im weiteren Verlauf zu einer Ablösung der Grenzschicht vom Zylinder führt. Durch weitere Ansammlung des abgebremsten Grenzschichtmaterials wird die Ablösungsstelle solange stromaufwärts verschoben, bis sich schließlich, wie in Abb. 6.29b schematisch gezeigt, ein quasistationärer Zustand einstellt. Die Fortbewegung der Wirbel im Nachlauf des Körpers erfolgt jedoch nicht paarweise symmetrisch oben und unten, sondern unsymmetrisch, dergestalt, daß abwechselnd oben und unten ein freier Wirbel in den Nachlaufstrom gelangt. Dies in Abb. 6.29c schematisch dargestellte Stromlinienbild läßt sich theoretisch als Kármánsche Wirbelstraße berechnen, vgl. die Ausführung über die Kármánsche Wirbelstraße in Kap. 5.4.2.3 Beispiel e.

Bei weiterer Steigerung der Anströmgeschwindigkeit entstehen nach Abb. 6.29d und e weitgehend durch unregelmäßige Bewegung gekennzeichnete Stromlinienbilder. In der Unterschrift zu Abb. 6.29 a bis e sind für die unterschiedlichen Stromlinienbilder die Bereiche der Reynolds-Zahlen $Re_\infty = u_\infty D/\nu$, bei denen diese auftreten, angegeben. Der vorstehend qualitativ angedeutete Strömungsvorgang über die Wirbelbildung hinter dem Kreiszylinder wird durch das Experiment bestätigt.

In Abb. 5.22a, b sind für den Kreiszylinder und die Kugel die gemessenen Druckverteilungen für jeweils zwei verschiedene Reynolds-Zahlen dargestellt. Die sehr großen Unterschiede gegenüber der potentialtheoretisch berechneten Druckverteilung werden besonders im hinteren Bereich ($\pi/2 < \varphi_K < \pi$) durch die Strömungsablösung verursacht. Dabei ist von entscheidender Bedeutung, ob es sich wie bei der kleineren Reynolds-Zahl um die Ablösung einer laminaren Strömungsgrenzschicht oder wie bei der größeren Reynolds-Zahl um die Ablösung einer turbulenten Strömungsgrenzschicht handelt.

Die Druckverteilungen von Abb. 5.22 sind in Abb. 6.30 nochmals anschaulich über dem Meridianschnitt aufgetragen. Man erkennt deutlich die verschiedenen Gebiete, in denen Unter- oder Überdruck herrscht. In Übereinstimmung mit theoretischen Ergebnissen einer Grenzschichtrechnung stellt man fest, daß die turbulente Grenzschicht länger an der Körperoberfläche anliegt als die laminare. Bei laminarer Ablösung befindet sich die Ablösungsstelle nahe des größten Körperquerschnitts, und es bildet sich hinter dem Körper nach Abb. 6.29d ein normal zur Anströmrichtung breites Wirbelgebiet aus, welches einen großen reibungsbedingten Druckwiderstand und damit einen großen Widerstandsbeiwert c_W

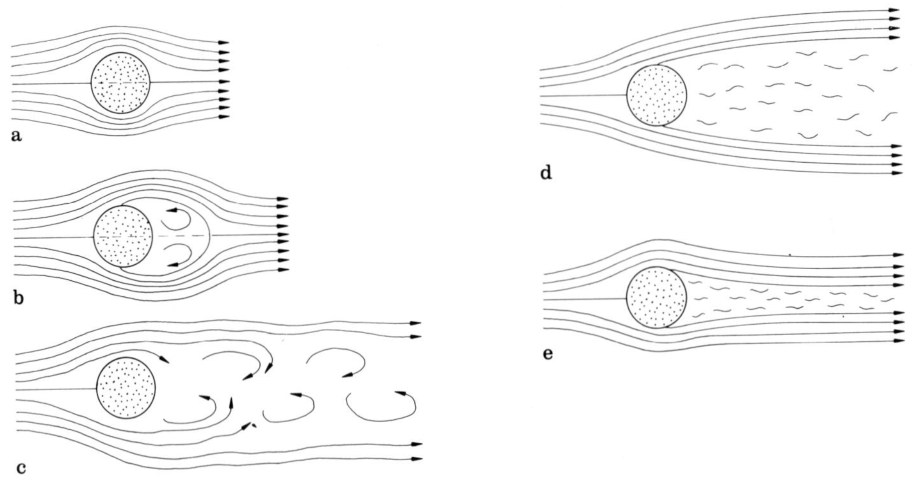

Abb. 6.29. Strömungsablösung hinter einem normal angeströmten Kreiszylinder und Stromlinienbilder in der Nachlaufströmung (schematische Darstellung). **a** Zustand beim Ingangsetzen der Strömung, $0 < Re_\infty < 4$; **b** Ausbildung der Nachlaufströmung, $4 < Re_\infty < 40$; **c** Regelmäßige (periodische) Nachlaufströmung (Kármánsche Wirbelstraße), $40 < Re_\infty < 160$ (< 5000); **d** Unregelmäßige Nachlaufströmung (laminare Grenzschichtablösung), $5 \cdot 10^3 < Re_\infty < 2 \cdot 10^5$; **e** Unregelmäßige Nachlaufströmung (turbulente Grenzschichtablösung), $Re_\infty > 2 \cdot 10^5$

zur Folge hat. Dieser Fall tritt jeweils bei der kleineren Reynolds-Zahl ein. Bei größerer Geschwindigkeit und damit bei größerer Reynolds-Zahl schlägt die laminare Grenzschichtströmung, bevor sie sich vom Körper ablöst, in die turbulente Strömungsform um, und zwar mitunter ganz plötzlich, d. h. ohne ein wesentliches Übergangsgebiet. Die Ablösungsstelle verschiebt sich dabei weiter stromabwärts, und das Wirbelgebiet hinter dem Körper wird dadurch nach Abb. 6.29e normal zur Anströmrichtung schmaler. Die Folge davon ist ein fast plötzliches Absinken des Widerstandsbeiwerts. Man spricht daher von einem laminaren oder auch unterkritischen und einem turbulenten oder auch überkritischen Bereich.

In Abb. 3.84 ist für einen Kreiszylinder, der normal zu seiner Achse angeströmt wird (ebene Strömung), das Widerstandsverhalten in Abhängigkeit von der Reynolds-Zahl ($10^3 < Re_\infty < 10^6$) als Kurve (*1*) wiedergegeben. Bis $Re_\infty \approx 1{,}8 \cdot 10^5$ ist der Widerstandsbeiwert $c_W \approx 1{,}2$. Dies laminare Verhalten geht bei $Re_u \approx 2 \cdot 10^5$ mit einem starken Sprung in das turbulente Verhalten über, wobei der Widerstandsbeiwert vom Wert $c_W \approx 1{,}2$ auf den Wert $c_W \approx 0{,}3$ abfällt. Bei der Kugel (räumliche Strömung) zeigt sich nach Kurve (*2*) ein ähnliches Bild. Sowohl im laminaren als auch im turbulenten Reynolds-Zahl-Bereich sind die Widerstände nach (6.162) wegen der nahezu konstanten Widerstandsbeiwerte proportional dem Quadrat der Anströmgeschwindigkeit.

Für die laminare Strömung um den Kreiszylinder wurde von Thoman und Szewczyk [103] sowohl die Druckverteilung als auch der Widerstand als Lösung der Navier-Stokesschen Bewegungsgleichung theoretisch berechnet. Der Vergleich mit der Messung fällt dabei recht zufriedenstellend aus.

Für den laminaren Bereich einschließlich des Verhaltens bei schleichender Strömung gibt White [116] die Interpolationsformeln

$$\text{Kreiszylinder: } c_W = 1 + 10/\sqrt[3]{Re^2} \qquad (1 < Re < 2 \cdot 10^5)\,, \qquad (6.163a)$$

$$\text{Kugel: } c_W = \frac{24}{Re} + \frac{6}{1 + \sqrt{Re}} + 0{,}4 \qquad (0 < Re < 2 \cdot 10^5) \qquad (6.163b)$$

an, vgl. (2.133a). Über das Widerstandsverhalten im turbulenten Bereich über Werte $Re_\infty = 10^6$ hinaus liegen kaum Untersuchungen vor.

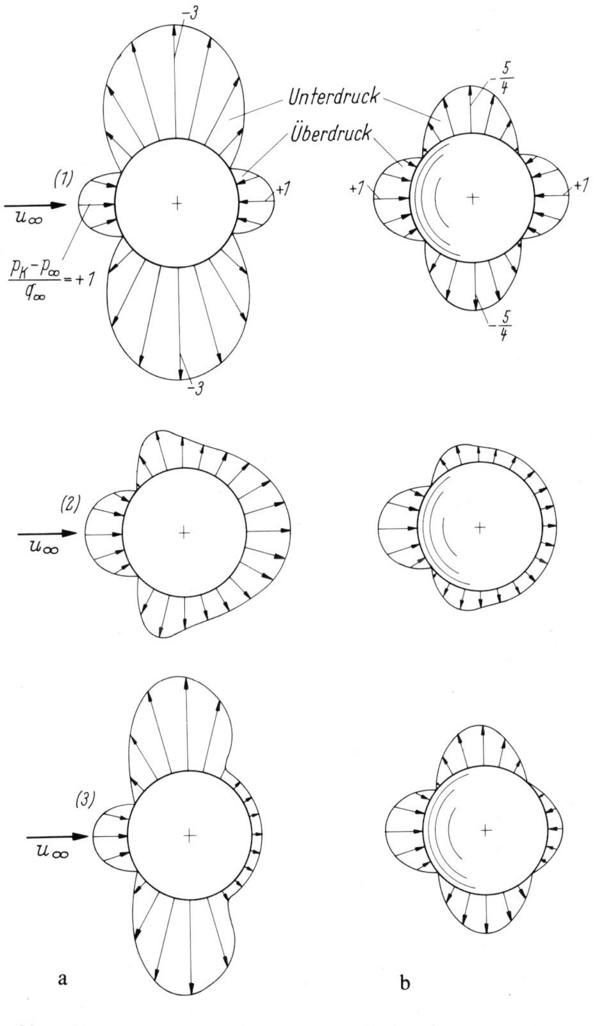

Abb. 6.30. Druckverteilung über den Meridianschnitt an Körpern mit kreisförmigem Querschnitt (Durchmesser D) bei anliegender und abgelöster Strömung, nach Abb. 5.22. **a** Kreiszylinder, **b** Kugel. (*1*) Potentialtheoretisch (ohne Reibungseinfluß); (*2*) laminare Strömungsgrenzschicht: $Re_\infty = u_\infty D/\nu = 1{,}86 \cdot 10^5$ bzw. $1{,}6 \cdot 10^5$; (*3*) turbulente Strömungsgrenzschicht: $Re_\infty = 6{,}7 \cdot 10^5$ bzw. $4{,}35 \cdot 10^5$

Über den Einfluß der Mach-Zahl Ma_∞ und der Reynolds-Zahl Re_∞ auf den Widerstandsbeiwert einer Kugel in der Strömung eines dichteveränderlichen Fluids gibt Abb. 6.1 Aufschluß. Während bei kleinen Mach-Zahlen der Widerstandsbeiwert $c_W(Ma_\infty, Re_\infty)$ stark von der Reynolds-Zahl abhängt, verschwindet diese Abhängigkeit bei großen Mach-Zahlen ($Ma_\infty > 0{,}8$) vollständig.

Turbulenzfaktor. Für Kugeln wurde in Niedergeschwindigkeits-Windkanälen die sog. kritische Reynolds-Zahl (laminar-turbulenter Umschlag) zu $2 \cdot 10^5 < Re_{kr} < 4 \cdot 10^5$ bestimmt. Der verhältnismäßig große Streubereich ist zu einem großen Teil auf die Verschiedenheit des Turbulenzgrads Tu des betreffenden Kanals zurückzuführen, vgl. Kap. 2.5.3.6. Bei großem Turbulenzgrad wird der Umschlag laminar-turbulent eher als bei kleinem erfolgen und damit eine kleinere Reynolds-Zahl des Umschlags beobachtet. Messungen in der freien Atmosphäre haben gezeigt, daß $Re_u \approx 3{,}8 \cdot 10^5$ ist, und zwar unabhängig von atmosphärischen Schwankungen. Das läßt darauf schließen, daß die großen Turbulenzballen der atmosphärischen Luft die Vorgänge in der Grenzschicht praktisch überhaupt nicht beeinflussen. Der angegebene Wert Re_u entspricht damit praktisch einem turbulenzfreien oder doch sehr turbulenzarmen Luftstrom, vgl. Abb. 2.45. Aus diesem Grund wird häufig das Verhältnis dieses Werts zu der in einem Windkanal gemessenen Reynolds-Zahl des Umschlags als ein Maß für die Turbulenz des Windkanals verwendet. Als Reynolds-Zahl des Umschlags der Kugel, auch Kugelkennzahl genannt, gilt dabei diejenige, für welche der Widerstandsbeiwert $c_W = 0{,}3$ ist (Bezugsfläche $A = \pi D^2/4$). Der Wert

$$\varphi = \frac{3{,}8 \cdot 10^5}{(Re_u)_{\text{Kanal}}} > 1 \quad \text{(Kugelkennzahl)} \tag{6.164}$$

kann somit als Turbulenzfaktor definiert werden. Je größer er ist, desto turbulenzreicher ist der betreffende Kanal. Der Turbulenzfaktor läßt sich durch eine Kraftmessung leichter bestimmen als der in (2.165) eingeführte, durch Messung der turbulenten Schwankungsgeschwindigkeiten zu ermittelnde Turbulenzgrad Tu. Der Turbulenzfaktor ist nicht so eindeutig wie der Turbulenzgrad.

c) Tragflügelprofil

Den Auftrieb an einem Tragflügelprofil (ebenes Problem) bei kleinem oder mittlerem Anstellwinkel kann man unter Vernachlässigung des Reibungseinflusses nach Kap. 5.4.3.2 in sehr guter Übereinstimmung mit Messungen berechnen. Die wandnahe Reibungsschicht hat sich hierbei noch nicht abgelöst. Solange diese Voraussetzung gilt, kann man auch den Profilwiderstand, der hierbei weitgehend aus den Schubspannungskräften an der Oberfläche besteht, mittels der Grenzschicht-Theorie berechnen. Bei mäßig angestelltem oder schwach gewölbtem Tragflügelprofil mit guter Abrundung an der Profilnase entsteht auf der Oberseite (Saugseite) vom vorderen Staupunkt aus zunächst eine laminare Grenzschicht. Daran schließt sich mit dicker werdender Grenzschicht im allgemeinen ein Übergangsgebiet bis zur vollständigen Ausbildung der turbulenten Grenzschicht an, welche nach Abb. 5.57a bei anliegender Strömung bis fast zur Profilhinterkante läuft. Bei größerem Anstellwinkel mit auftretendem starken Druckanstieg löst die Strömung nach Abb. 5.57b von der Flügeloberseite unter starker Wirbelbildung ab. In Verbindung mit der genannten Abbildung wurde bereits darauf hingewiesen, daß mit der Verbreiterung des Wirbelgebiets auf der Saugseite eine Verminderung des Tragflügelauftriebs verbunden ist. Dies Wirbelgebiet ist von entscheidendem Einfluß auf die Größe des Reibungswiderstands. Daraus kann gefolgert werden, daß zwischen Auftrieb und Profilwiderstand ein ursächlicher Zusammenhang bestehen muß [4].

Der Einfluß eines Wirbelgebiets auf die Druckverteilung ist in Abb. 6.31 dargestellt und mit dem theoretischen Ergebnis bei reibungsloser Strömung verglichen. Bei einem mittleren Anstellwinkel tritt nach Abb. 6.31a Strömungsablösung zuerst

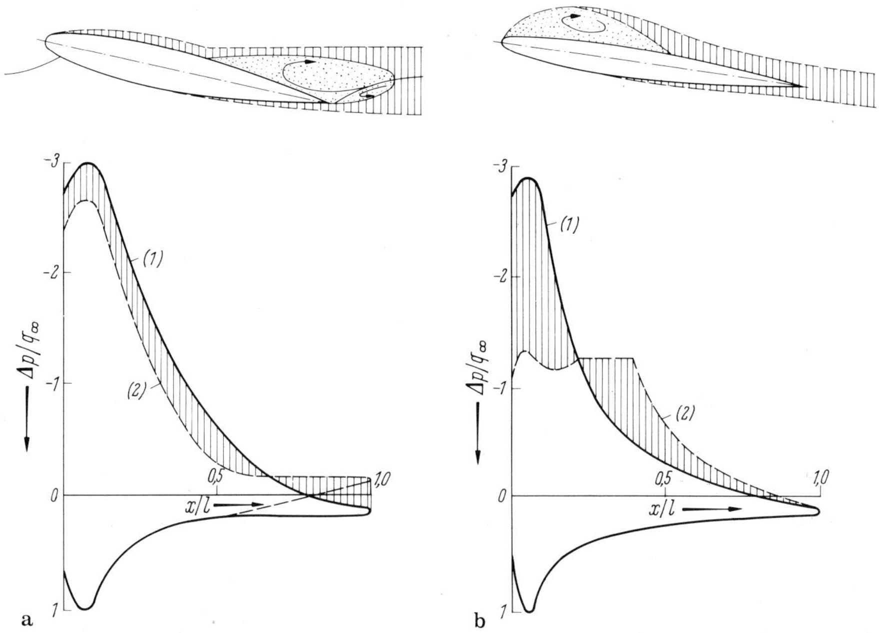

Abb. 6.31. Einfluß der Strömungsablösung auf die Druckverteilung um ein angestelltes Tragflügelprofil (schematisch), $\Delta p/q_\infty$ mit $\Delta p = p - p_\infty$ und $q_\infty = (\varrho/2)u_\infty^2$, nach Thwaites [106]. **a** Ablösung an der Hinterkante, **b** Ablösung an der Vorderkante. (*1*) Theoretisches Ergebnis (reibungslos); (*2*) experimentell beobachtetes Ergebnis

auf der Oberseite des Profils in der Nähe der Hinterkante auf. Von dort aus wandert sie mit zunehmendem Anstellwinkel nach vorn. Es bildet sich dabei ein Gebiet aus, welches einen in sich geschlossenen Wirbel einschließt. Bei einem dünnen angestellten Profil kann die in Abb. 6.31b dargestellte Druckverteilung mit laminarer Ablösung an der Vorderkante und Wiederanlegen der turbulenten Reibungsschicht weiter stromabwärts beobachtet werden.

Über Untersuchungen zur Berechnung der Druckverteilung an Tragflügelprofilen unter Berücksichtigung des Reibungseinflusses berichtet u. a. Thwaites [106]. In Abb. 6.32a, b sind für zwei verschiedene Profile die gemessenen und theoretisch ermittelten Druckverteilungen bei anliegender und bei abgelöster Strömung gegenübergestellt. Aufgetragen sind die anstellwinkelabhängigen Anteile, indem von der resultierenden Druckverteilung jeweils die Druckverteilung des symmetrisch angeströmten Profiltropfens abgezogen ist. Die Darstellungen stellen somit vergleichbare Druckverteilungen zur angestellten ebenen Platte nach Abb. 5.59b dar. Es zeigt sich, daß der Einfluß der Reibung auf die Druckverteilung entscheidend von der Form des Profils abhängt.

Kennzahl. Das auch die Reynolds-Zahl $Re_\infty = U_\infty l/\nu$ in der Profiltheorie (laminar, turbulent, Umschlagpunkt, Ablösung) eine wichtige Rolle spielt, ist nach den Erkenntnissen der Grenzschichttheorie ohne weiteres verständlich. Damit erhebt sich auch hier die Frage, inwieweit die Messung an einem Tragflügelmodell in einem Windkanal auch für die Großausführung, für welche die Reynolds-Zahl eine andere als beim Versuch ist, übertragbar ist. Eine weitere Rolle spielt dabei auch der Turbulenzgrad des

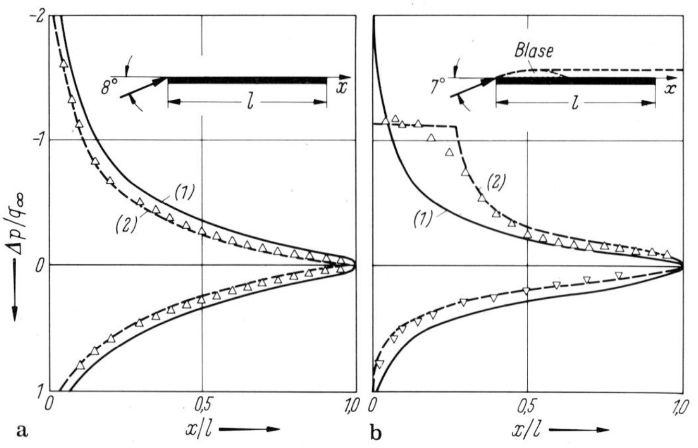

Abb. 6.32. Gemessene und berechnete Druckverteilung an Tragflügelprofilen, nur anstellwinkelabhängiger Anteil. **a** Anliegende Strömung, Profil RAE 101 bei $\alpha = 8°$, nach [73]. **b** Abgelöste Strömung, Profil NACA 64A – 006 bei $\alpha = 7°$, nach [78] S. 338. (*1*) Theoretische Kurve ohne Reibungseinfluß; (*2*) theoretische Kurve mit Reibungseinfluß

strömenden Fluids (Luft). So ist z. B. einleuchtend, daß bei hohem Turbulenzgrad die laminare Strömung früher in die turbulente umschlägt, was einem entsprechend höheren Reibungswiderstand zur Folge hat. Auch die relative Wandrauheit spielt dabei eine Rolle, da die turbulente Strömungsgrenzschicht durch Wandunebenheiten erheblich beeinflußt wird vgl. Kap. 6.3.3.2 Abschn.b. Auch der Höchstauftrieb ist von der Reynolds-Zahl und vom Turbulenzgrad abhängig. Darauf sind u. a. Abweichungen zurückzuführen, die in Windkanälen verschiedener Bauart, besonders mit verschiedenem Turbulenzgrad, beobachtet werden. Allgemein kann man sagen, daß bei nicht zu stark gewölbtem Profil der Höchstauftrieb mit zunehmender Reynolds-Zahl etwas ansteigt. Dasselbe ist der Fall bei erhöhter Turbulenz des Luftstroms. Bei $0{,}8 \cdot 10^5 < Re_\infty < 10^5$ zeigt sich ein starker Abfall des Auftriebsbeiwerts $c_{A\max}$ und ein Anstieg des Widerstandsbeiwerts c_W. Dieser Vorgang ist ähnlich zu erklären, wie das Ablösungsverhalten bei der Umströmung eines Zylinders oder einer Kugel nach Kap. 6.3.5.2.

Den Einfluß der Turbulenz und der Reynolds-Zahl auf die Tragflügeleigenschaften hat schon frühzeitig Schlichting [93] systematisch untersucht. Umfangreiche Zusammenstellungen über die fluidmechanischen Eigenschaften von Tragflügelprofilen stammen von Abbott und von Doenhoff [1], Riegels [83], Hoerner [45, 46] sowie Schmitz [96].

6.3.5.3 Abgelöste Strömung um Körper mit scharfen Kanten

Normal angeströmte Einzelkörper. Besitzt der umströmte Körper vorspringende Ecken oder scharfe Kanten, so findet die Ablösung der Strömungsgrenzschicht an den Ecken oder Kanten statt. Setzt man z.B. eine dünne rechteckige Platte einer Strömung normal zur Plattenebene aus, so stellt sich zunächst eine Potentialströmung nach Abb. 5.23b ein. An den Kanten oben und unten tritt theoretisch eine unendlich große Geschwindigkeit auf, die am hinteren Staupunkt wieder auf null abfällt. Auf der rückwärtigen Plattenseite herrscht also am oberen und unteren Plattenrand ein sehr starker Druckanstieg, der zur Ablösung der Grenzschicht an den Plattenrändern und starker Wirbelbildung hinter der Platte Veranlassung gibt, man vgl. Kap. 5.5.2.1 Beispiel a über die normal angestellte Platte mit freien

Stromlinien. Durch die auf der Plattenvorder- und -rückseite unsymmetrische Druckverteilung entsteht eine große Widerstandskraft. In Tab. 3.9 sind Angaben über gemessene Widerstandsbeiwerte gemacht. Bei einer Platte unendlicher Breite ist der auf die Stirnfläche bezogene Widerstandsbeiwert $c_W \approx 2{,}0$, während bei einer Kreisscheibe der Wert mit $c_W \approx 1{,}1$ nur etwa halb so groß ist. Diese Werte sind nahezu unabhängig von der Reynolds-Zahl. Dies ist in erster Linie darauf zurückzuführen, daß die Grenzschichtablösung unabhängig von der Reynolds-Zahl stets an der gleichen Stelle, nämlich an den scharfen Kanten erfolgt. Diese Erscheinung gilt danach nicht nur für Platten, sondern für alle Körper mit quer überströmten scharfen Kanten. Widerstandsbeiwerte für abgeschnittene Kegel und Halbkugeln sind in Tab. 3.10 mitgeteilt. Unterlagen über Auftriebs- und Widerstandsbeiwerte von unendlich langen scharfkantigen und winkligen Profilstäben findet man u. a. in [44].

Aerodynamik des Bauwerks. Die genaue Kenntnis der Druckverteilung an Bauwerken (scharfkantige Körper der verschiedensten Art), die unter Windeinfluß stehen, ist besonders im Hinblick auf Festig- und Steifigkeitsfragen von großer Bedeutung. Es hat sich hierfür die Aerodynamik des Bauwerks als ein wichtiges Anwendungsgebiet der Fluidmechanik entwickelt. Da eine theoretische Behandlung sowohl wegen der vielfältigen Geometrie der Bauwerke als auch wegen der in hohem Maß vorliegenden abgelösten Strömung nur bedingt erfolgreich sein kann, ist die Aerodynamik der Bauwerke ein bevorzugtes Gebiet des strömungstechnischen Versuchswesens. Da bei der Umströmung von Körperformen mit scharfen Kanten, ähnlich wie bei der normal angeströmten Platte, die Reynolds-Zahl nur einen sehr geringen Einfluß besitzt, können die Ergebnisse aus Modellversuchen weitgehend auf die Großausführung übertragen werden. Gewisse Fehlerquellen sind bei dieser Übertragung allerdings nicht immer ganz zu vermeiden. Sie rühren einerseits daher, daß es sich bei dem natürlichen Wind nicht um eine stationäre Strömung, sondern um eine sowohl nach Richtung und Stärke als auch der Höhe nach mehr oder weniger veränderliche Bewegung handelt, weshalb man geeignete Mittelwerte für die Anströmgeschwindigkeit anzunehmen hat. Andererseits spielt auch die Bodenbeschaffenheit (Rauheit) in der Umgebung des Bauwerks eine gewisse Rolle, die sich im Modellversuch nur schwer nachahmen läßt. Winddruckverteilungen über die Oberfläche eines geometrisch ähnlichen Bauwerksmodells können in Windkanälen manometrisch gemessen werden. Dies geschieht dadurch, daß an dem Modell gemäß Abb. 3.11a kleine Bohrungen angebracht werden, die den an der betreffenden Stelle herrschenden Druck mittels eines Schlauches an das Manometer weiterleiten.

Neben der Aerodynamik des einzelnen Bauwerks kommt der gegenseitigen aerodynamischen Beeinflussung von Gebäudeteilen oder Gebäudegruppen große Bedeutung zu. In Abb. 6.33a ist die Druckverteilung an den Außenwänden eines einfachen Gebäudes und in Abb. 6.33b diejenige an zwei in Windrichtung (Anströmrichtung) hintereinander angeordneten einfachen Gebäuden dargestellt. Während auf der windzugewandten Vorderseite (Luvseite) Überdruck herrscht, bildet sich als Folge der Strömungsablösung an der scharfen Gebäudeoberkante auf der windabgewandten Hinterseite (Leeseite) Unterdruck aus. Da zwischen den beiden sich gegenseitig beeinflussenden Gebäuden ein starkes Wirbelgebiet entsteht, erfährt das im Windschatten liegende zweite Gebäude auf seiner Vorderseite den gleichen Unterdruck wie das erste Gebäude auf seiner Hinterseite.

Auf den Dächern der dem Wind unmittelbar ausgesetzten Gebäude entsteht Unterdruck, während bei dem zweiten Gebäude auf dem Dach ein Gebiet mit Überdruck auftritt.

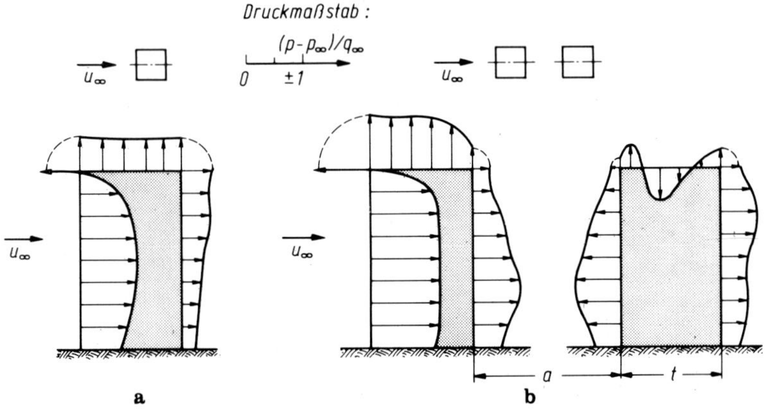

Abb. 6.33. Winddruckverteilung an einfachen Bauwerken, nach Frimberger [2]. **a** Allein stehendes Bauwerk, **b** zwei hintereinander stehende Bauwerke, $a/t = 4{,}6$

Neben vielen z. T. systematischen Untersuchungen zur Gebäudeaerodynamik [2, 16] findet man zusammenfassende Darstellungen mit ausführlichen Literaturangaben in [47, 84, 99a] sowie Bibliographie [D.4c].

Aerodynamik des Fahrzeugs. Mit Rücksicht auf die ständig wachsende Geschwindigkeit der Landfahrzeuge spielt das Strömungsverhalten auch auf diesem Gebiet der Technik eine große Rolle. Bei Geschwindigkeiten bis 70 km/h ist der Luftwiderstand noch verhältnismäßig gering gegenüber dem Rollwiderstand, steigt dann aber schnell an, da er ungefähr quadratisch mit der Geschwindigkeit wächst. Man ist deshalb bestrebt, den Fahrzeugen Formen (Stromlinienverkleidung) zu geben, die unter weitgehender Vermeidung von Strömungsablösung auf möglichst kleinen Luftwiderstand hinzielen. Während bei älteren verhältnismäßig kantigen Bauformen der auf die Stirnfläche des Fahrzeugs bezogene Widerstandsbeiwert noch bei $0{,}6 > c_W > 0{,}5$ lag (bei offenem Fahrzeug noch höher), ist er inzwischen auf Werte $0{,}3 > c_W > 0{,}25$ reduziert worden. Unterlagen zur Aerodynamik des Landfahrzeugs findet man in [50a, 57] sowie Bibliographie [D.3c].

Aerodynamik des Flugzeugs. Da man bei Luftfahrzeugen besonders bestrebt ist, abgelöste Strömungen zu vermeiden, spielen die in diesem Kapitel besprochenen Fragen der Ablösung an scharfen Kanten nahezu keine Rolle, [95] sowie Bibliographie [D.5].

6.4 Grenzschichtströmung ohne feste Begrenzung

6.4.1 Einführung

Bei der in Kap. 6.3 besprochenen Grenzschicht handelt es sich durchweg um die Strömung längs einer festen Wand (Platte, umströmter Körper). Ist keine feste Wand vorhanden, so läßt sich auch hierauf die Grenzschicht-Theorie anwenden. Zu solchen Strömungen der freien Grenzschicht, im turbulenten Fall als freie Turbulenz bezeichnet, gehören die reibungsbehaftete freie Trennungsschicht (Halbstrahl), der Freistrahl und die Nachlaufströmung. Im folgenden soll ein kurzer Überblick gegeben werden, der die grundlegenden Erkenntnisse und Ergebnisse enthält. Obwohl in den meisten Fällen die Strömung der freien Grenzschicht turbulent verläuft, seien auch einige Aussagen über die laminare Strömung gemacht. Zusammenfassende Darstellungen zu dem angesprochenen Fragenkreis in Buchform geben Birkhoff und Zarantonello [6] sowie Pai [72], vgl. auch [3, 79].

Abschließend wird die Frage der Intermittenz bei turbulenter Strömung sowie der sog. Coanda-Effekt bei Strahlablenkung erörtert.

6.4.2 Freie Strömungsgrenzschicht

6.4.2.1 Reibungsbehaftete Trennungsschicht (ebener Halbstrahl)

Als freie Trennungsschicht wird nach Kap. 5.4.2.4 Beispiel a die Berührungsfläche von zwei gleichgerichteten Strömungen eines Fluids gleicher Art mit verschieden großen Geschwindigkeiten bezeichnet. Letztere bildet eine Unstetigkeitsfläche der Geschwindigkeit, die infolge von Reibungswirkung nach Abb. 5.54a, b innerhalb eines bestimmten Ausgleichsgebiets zu einem stetigen Geschwindigkeitsübergang der beiden Strömungen führt.

In Abb. 6.34a ist die Strömung einer Trennungsschicht dargestellt, die dadurch entsteht, daß ein zunächst längs einer festen Wand mit der Geschwindigkeit $u_a = U = \text{const}$ strömendes Fluid sich plötzlich ohne Führung weiterbewegt und mit dem umgebenden ruhenden Fluid in Berührung tritt. Das Ausgleichsgebiet, auch Halbstrahl bezeichnet, ist gegenüber dem ruhenden Fluid durch eine freie Trennungsschicht, oder auch freie Strahlgrenze genannt, abgegrenzt. Die sich abspielenden Strömungsvorgänge sind nahe verwandt mit der Strömung in einer Grenzschicht (Reibungsschicht), die sowohl laminar als auch turbulent verlaufen kann. In beiden Fällen ist der Geschwindigkeitsgradient $\partial u/\partial y$ quer zur Strömungsrichtung groß, und die Querausdehnung des reibungsbehafteten Ausgleichsgebiets ist klein gegenüber der Länge, die für den Ausgleichsvorgang benötigt wird. Bei hinreichend großer Reynolds-Zahl löst sich die Trennungsfläche in eine turbulente Vermischungszone auf. Sowohl bei der laminaren als auch bei der turbulenten Strömung nimmt die Querausdehnung des freien Halbstrahls mit wachsendem Abstand x ständig zu, da immer neues Fluid aus der zunächst ruhenden Umgebung mitgerissen wird. In erster Näherung kann man den Druck als unveränderlich annehmen, $p(x, y) \approx \text{const}$.

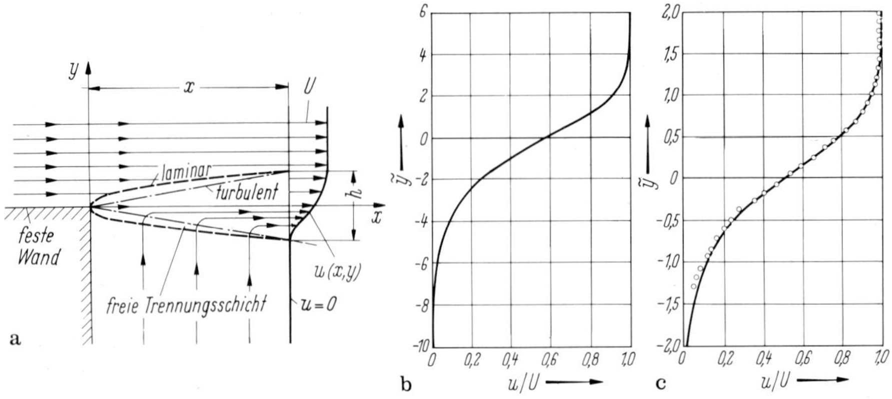

Abb. 6.34. Freie reibungsbehaftete Trennungsschicht (ebener Halbstrahl) bei einem homogenen Fluid. **a** Ausbreitung eines freien Strahlrands (schematisch). **b** Laminares Geschwindigkeitsprofil u/U über $\tilde{y} = y\sqrt{U/\nu x}$, nach [107]. **c** Turbulentes Geschwindigkeitsprofil u/U über $\tilde{y} = \sigma(y/x)$ mit $\sigma = 13{,}5$, Theorie nach [37], Messung nach [81]

Zur theoretischen Untersuchung des Ausgleichsvorgangs kann man die Prandtlsche Grenzschichtgleichung heranziehen. Diese lautet für die stationäre ebene Strömungsgrenzschicht bei einem homogenen Fluid (konstante Stoffgrößen) nach (6.19a) und (6.20) mit $dp/dx \approx 0$, vgl. (6.100a, b),

$$\text{(I)}\quad \frac{\partial u}{\partial x} + \frac{\partial v}{\partial y} = 0, \qquad \text{(II)}\quad \varrho\left(u\frac{\partial u}{\partial x} + v\frac{\partial u}{\partial y}\right) = \frac{\partial \tau}{\partial y} \tag{6.165a, b}$$

mit den Randbedingungen

$$y = +\infty\colon u = U, \qquad y = -\infty\colon u = 0\,. \tag{6.165c}$$

Bei turbulenter Strömung bedeuten $u \triangleq \bar{u}$ und $v \triangleq \bar{v}$ die gemittelten Werte für die Geschwindigkeitskomponenten und $\tau \triangleq \overline{\tau^*}$ der zugehörige Wert für die Schubspannung.

Laminare Trennungsschicht. Im laminaren Fall gilt für die Schubspannung $\tau = \eta(\partial u/\partial y)$. Zur Lösung des Gleichungssystems (6.165) führt man wie bei der laminaren Plattengrenzschicht in Kap. 6.3.2.3 Abschn. a die dimensionslose Querkoordinate $\tilde{y} = y\sqrt{U/\nu x}$ und die Stromfunktion $\Psi = \sqrt{\nu U x}\,f(\tilde{y})$ ein, wobei in der Trennungsebene ($y = 0$) bei parallel verlaufender Strömung $\Psi = \text{const} = 0$ ist. Die Lösung der dabei auftretenden gewöhnlichen Differentialgleichung $f(\tilde{y})$ mit den Randbedingungen (6.165c) kann nicht in geschlossener Form angegeben werden. Numerische Ergebnisse stammen von Lock [63]. Die sich einstellenden affinen Geschwindigkeitsprofile u/U sind in Abb. 6.34b wiedergegeben. Die Querausdehnung der Ausgleichszone $h(x)$ nimmt in Analogie zur laminaren Plattengrenzschichtdicke nach (6.44) wie $x^{1/2}$ zu.

Turbulente Trennungsschicht. Wie in Kap. 6.4.1 bemerkt wurde, verläuft die Strömung bei nicht zu kleiner Reynolds-Zahl turbulent, weshalb jetzt für die

Schubspannung $\overline{\tau^*}$ ein Ansatz entsprechend (1.18) eingeführt werden muß. Da bei der freien Turbulenz die turbulente Schubspannung sehr viel größer als die zähigkeitsbedingte Schubspannung ist, kann $\bar{\tau}'$ nach der Mischungswegformel (2.152) in (6.165b) eingesetzt werden. Bei der Integration der Grenzschichtgleichung (6.165) ergibt sich eine wesentliche Vereinfachung, wenn man von vornherein einen Zusammenhang beachtet, der zwischen der Querausdehnung der Vermischungszone und der Abszisse x besteht.

Bei der turbulenten freien Strahlgrenze kann man annehmen, daß sich ihre Höhe $h(x)$ in Analogie zur turbulenten Plattengrenzschichtdicke nach (6.118a) näherungsweise proportional x ändert, vgl. [94]. Mit dem Mischungswegansatz für die Schubspannung wurde die Aufgabe erstmalig von Tollmien [107] und später von Görtler [37] mittels eines Austauschansatzes für die Schubspannung mit jeweils konstant angenommener Austauschgröße A_τ über die Querausdehnung der Vermischungszone gelöst. Letzteres Ergebnis ist verglichen mit Messungen von Reichardt [81] in Abb. 6.34c wiedergegeben. Die Größe σ ist die einzige empirische Konstante, die in der Theorie frei bleibt und aus den Messungen mit $11{,}1 \leqq \sigma \leqq 13{,}5$ ermittelt wurde. Auf die Untersuchungen von Szablewski [37] sei hingewiesen.

6.4.2.2 Reibungsbehafteter Freistrahl

In Kap. 3.3.2.3 Beispiel b wurde der Ausfluß eines dichtebeständigen Fluids aus einem mit einer kleinen Öffnung versehenen Gefäß untersucht. Hierbei handelt es sich um ein Beispiel zur Anwendung der Stromfadentheorie für ein reibungsloses Fluid. Unterschieden werden die Fälle des Austritts eines dichtebeständigen Fluids in ein weniger dichtebeständiges ruhendes Fluid (Ausfluß ins Freie, Wasser → Luft) und des Austritts eines Fluids in das gleiche ruhende Fluid (Ausfluß unter Wasser, Wasser → Wasser; Ausströmen aus Überdruckkessel, Luft → Luft). Beim Austritt ins Freie erfährt der austretende Strahl nach Abb. 3.13b eine Strahleinschnürung (Strahlkontraktion). Diese läßt sich nach der Potentialtheorie mit freier Stromlinie gemäß Kap. 5.5.2.1 Beispiel b berechnen. Durch das Einführen der freien Stromlinien (freie Stromfläche = Trennungsschicht) wird der Reibungseinfluß in erster Näherung erfaßt, vgl. Abb. 5.73c.

Der hier zu behandelnde reibungsbehaftete Freistrahl entsteht beim Ausströmen eines Fluids aus einer kleinen Öffnung (Spalt, Düse) in ein ihn umgebendes ruhendes Fluid gleicher Art, Abb. 5.75a. Mit wachsendem Abstand von der Austrittsöffnung stellt sich nach Abb. 6.35a ein Geschwindigkeitsausgleich ein, bei dem wie bei der freien Trennungsschicht nach Kap. 6.4.2.1 teilweise aus der Umgebung Fluidmasse mitgerissen wird. Der im Strahl beförderte Massenstrom nimmt also stromabwärts zu. Der reibungsbehaftete Freistrahl erfährt also eine Strahlausbreitung. Mit wachsender Ausbreitung des Strahls verringert sich die Strahlgeschwindigkeit. Abgesehen von sehr kleinen Strahlgeschwindigkeiten ist der Freistrahl kurz nach dem Austritt vollturbulent. Es findet also dann eine turbulente Strahlvermischung statt. Ähnlich wie bei der freien Trennungsschicht kann auch bei dem Freistrahl angenommen werden, daß der jeweils über y konstante Druckgradient in x-Richtung vernachlässigt werden kann, $dp/dx \approx 0$. Dem Strahl wird also der konstante Druck des umgebenden ruhenden

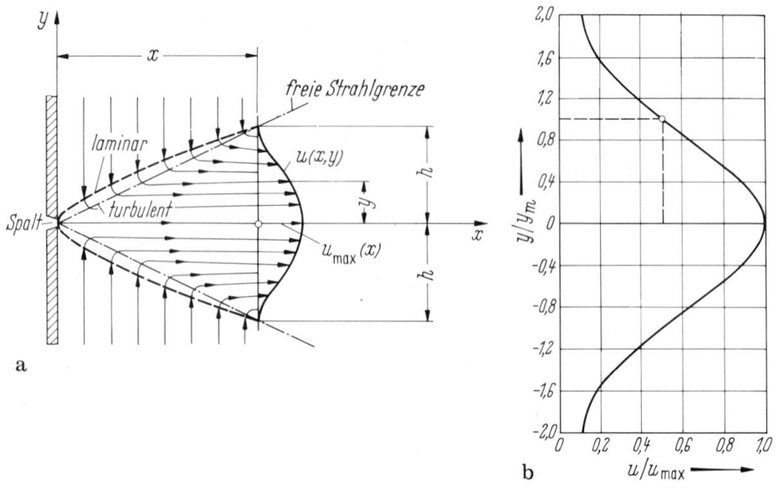

Abb. 6.35. Reibungsbehafteter Freistrahl aus einer kleinen Spaltöffnung (ebene Strömung) bei einem homogenen Fluid. **a** Ausbreitung und Stromlinienbild (schematisch). **b** Geschwindigkeitsprofil bei laminarer und turbulenter Strömung, nach [37, 92]

Fluids aufgeprägt. Es wird auch wieder nur die ebene Strömung, d. h. der ebene Strahl, behandelt.

Auf eine Kontrollfläche, die von zwei die Strahlachse normal schneidenden und zwei außerhalb des Strahls liegenden Parallelebenen zu bilden ist, wird die Impulsgleichung bei stationärer Strömung nach (3.225a) angewendet. Da überall der Druck gleich groß sein soll, ist $F_{Ax} = 0$; weiterhin ist wegen des Fehlens eines körpergebundenen Teils der Kontrollfläche $F_{Sx} = 0$. Darüber hinaus soll der Schwereinfluß unberücksichtigt bleiben, d. h. $F_{Bx} = 0$. Damit erhält man mit $v_x = u$ und $d\dot{V} = u\,dA = u\,b\,dy$ den Impulsstrom in x-Richtung zu

$$\dot{I}_x = \frac{dI_x}{dt} = \varrho b \int_{-h}^{h} u^2\,dy = \varrho K = \text{const} \quad \text{(ebener Strahl)}\,, \tag{6.166}$$

wobei b die Breite und $2h(x)$ die Höhe der Strahlausbreitung ist. Gl. (6.166) sagt aus, daß der Impulsstrom für jeden Strahlquerschnitt unabhängig vom Abstand der Spalt- oder Schlitzöffnung unverändert ist. Über $h(x)$ läßt sich ähnlich wie für die Grenzschichtdicke keine eindeutig definierte Angabe machen. Die Größe K in (6.166) wird als kinematischer Impulsstrom in m^4/s^2 bezeichnet. Sie ist eine für den Strahl vorgegebene Konstante, und zwar muß in der Spaltöffnung selbst $K = K_s = 2b\,h_s u_s^2$ mit $2h_s = s$ als Spalthöhe und u_s als Strahlaustrittsgeschwindigkeit sein.

Sowohl für die laminare als auch für die turbulente Strömung kann man wie bei der freien Trennungsschicht nach Abb. 6.34b, c affine Geschwindigkeitsprofile $u/u_{max} = f(y/h)$ annehmen, wobei $u_{max} = u_{max}(x)$ die Maximalgeschwindigkeit in dem betreffenden Schnitt an der Stelle x bezeichnet. Maßgebend für die weitere Behandlung der Aufgabe ist wieder (6.165a, b), und zwar jetzt mit den Randbedingungen

$$y = 0\colon v = 0, \qquad \frac{\partial u}{\partial y} = 0, \qquad y = \mp \infty\colon u = 0\,. \tag{6.167}$$

Anstelle der oberen Grenze $y = \mp h$ kann auch $y = \mp\infty$ gesetzt werden, da im Sinn der Grenzschicht-Theorie für $y = \mp h$ angenommen wird, daß $u = 0$ ist.

Nach Reichardt [81] läßt sich sowohl das laminare als auch das turbulente Geschwindigkeitsprofil eines Freistrahls näherungsweise durch

$$\frac{u}{u_{\max}} = \exp(-c\eta^2) \qquad (c = \ln 2) \tag{6.168}$$

beschreiben. Dabei sind $\eta = y/y_m$ für den ebenen und $\eta = r/r_m$ für den runden Strahl einzusetzen. Es bedeuten $y = y_m$ bzw. $r = r_m$ Abstände für die Strahlausbreitung gemessen von der Strahlmittenebene bzw. von der Strahlachse, bei denen $u/u_{\max} = 1/2$ ist.

Laminarer Freistrahl. Die exakte Lösung für den ebenen Freistrahl bei laminarer Strömung wurde zunächst von Schlichting [92] und später von Bickley [92] angegeben. Das Geschwindigkeitsprofil $u/u_{\max} = f(y/y_m)$ ist in Abb. 6.35b dargestellt. In Tab. 6.5 sind die Beziehungen für die Strahlausbreitung, die maximale Strahlgeschwindigkeit in der Strahlmittenebene ($y = 0$) und den Volumenstrom zusammengestellt. Der Volumenstrom im Strahl nimmt wie $x^{1/3}$ mit wachsendem Abstand von der Spaltöffnung zu, da laufend von den Seiten ruhendes Fluid mitgerissen wird; er wächst auch mit dem Impulsstrom.

Tabelle 6.5. Ebener und runder Freistrahl (schmaler Spalt von der Breite b und der Höhe s bzw. kreisförmiges Loch vom Durchmesser d) nach [94], vgl. [59]
Strahlausbreitung y_m bzw. r_m, Austrittsgeschwindigkeit u_s bzw. u_d, Reynolds-Zahl $Re_s = u_s s/\nu$ bzw. $Re_d = u_d d/\nu$, Volumenstrom $\dot{V}_s = b\,s\,u_s$ bzw. $\dot{V}_d = (\pi/4)d^2 u_d$.

Strahlform	Zustand	Strahlausbreitung		Maximale Strahlgeschwindigkeit		Volumenstrom	
ebener Strahl (schmaler Spalt)	laminar	y_m/s	$c\left(\frac{1}{Re_s}\frac{x}{s}\right)^{2/3}$ ($c = 3{,}203$)	$u_{\max}/u_s$	$c\left(\frac{1}{Re_s}\frac{x}{s}\right)^{-1/3}$ ($c = 0{,}454$)	$\dot{V}/\dot{V}_s$	$c\left(\frac{1}{Re_s}\frac{x}{s}\right)^{1/3}$ ($c = 3{,}302$)
	turbulent		$c\left(\frac{x}{s}\right)$ ($c = 0{,}115$)		$c\left(\frac{x}{s}\right)^{-1/2}$ ($c = 2{,}398$)		$c\left(\frac{x}{s}\right)^{1/2}$ ($c = 0{,}625$)
runder Strahl (kreisförmiges Loch)	laminar	r_m/d	$c\left(\frac{1}{Re_d}\frac{x}{d}\right)$ ($c = 5{,}945$)	$u_{\max}/u_d$	$c\left(\frac{1}{Re_d}\frac{x}{d}\right)^{-1}$ ($c = 0{,}0938$)	$\dot{V}/\dot{V}_d$	$c\left(\frac{1}{Re_d}\frac{x}{d}\right)$ ($c = 32{,}00$)
	turbulent		$c\left(\frac{x}{d}\right)$ ($c = 0{,}0848$)		$c\left(\frac{x}{d}\right)^{-1}$ ($c = 6{,}571$)		$c\left(\frac{x}{d}\right)$ ($c = 0{,}456$)

Turbulenter Freistrahl. Die turbulente Strömung ist in gleicher Weise wie der turbulente Halbstrahl aufgrund des Mischungsweganssatzes von Tollmien [107] und mittels des Austauschansatzes mit konstant angenommener Impulsaustauschgröße A_τ von Reichardt [81] und Görtler [37] untersucht worden. Wie bei der freien Trennungsschicht der turbulenten Strömung in Kap. 6.4.2.1 kann man die Querausdehnung der Vermischungszone proportional dem Abstand x annehmen. Die Lösung (6.165a, b) mit den Randbedingungen (6.167) geschieht bei Annahme des Austauschansatzes in ähnlicher Weise wie beim laminaren Fall. Wie bei der freien Trennungsschicht kommt wieder eine empirisch zu bestimmende Konstante vor, nämlich $\sigma = 7{,}67$. Unter den gemachten Annahmen haben die Geschwindigkeitsprofile $\bar{u}/\bar{u}_{max}$ die gleiche Form wie im laminaren Fall. Es gilt also auch die Auftragung in Abb. 6.35b. Die Formeln zur Berechnung der Strahlausbreitung, der maximalen Geschwindigkeit in Strahlmitte sowie des Volumenstroms sind in Tab. 6.5 mitgeteilt. Zusammenfassend berichtet Rajaratnam [79] über turbulente Freistrahlen, vgl. [6, 72]. Die fluidmechanischen Eigenschaften isothermer und nichtisothermer turbulenter Freistrahlen bei verschiedenen Strahlaustrittsöffnungen (eben, rund, rechteckig, radial) untersucht Truckenbrodt [112] hinsichtlich ihrer praktischen Anwendung.

Gegenüberstellung. Um den Unterschied zwischen dem ebenen und runden (drehsymmetrischen) Freistrahl zu zeigen, sind in Tab. 6.5 die Strahlausbreitungen, die maximalen Geschwindigkeiten in der Strahlmittenebene ($y = 0$) bzw. auf der Strahlachse ($r = 0$) und die Volumenströme einander gegenübergestellt. Eine Übersicht experimenteller Untersuchungen über Freistrahlen gibt Wille [119].

6.4.2.3 Reibungsbehaftete Nachlaufströmung

Über die durch Reibung hinter einem Körper bedingte Nachlaufströmung (Windschatten) wurde in Kap. 3.6.3.1 bei der Ermittlung des Widerstands aus dem Impulsverlust bereits berichtet.

Laminarer Nachlauf. Die ebene Nachlaufströmung hinter einer längsangeströmten ebenen Platte bei laminarer Strömung wurde von Goldstein [36] und Tollmien [108] berechnet. In sehr großer Entfernung hinter der Platte stellt sich dabei ein asymptotisches Geschwindigkeitsprofil ein, für das man eine geschlossene Lösung angeben kann [94]:

$$\frac{u}{u_\infty} = 1 - 0{,}375\sqrt{\frac{l}{x}}\exp\left(-\frac{u_\infty y^2}{4\nu x}\right) \qquad (x/l > 3)\,. \qquad (6.169)$$

Der von u_∞ abzuziehende Geschwindigkeitsbetrag stellt die eigentliche Nachlaufgeschwindigkeit $\Delta u = u_\infty - u$ dar. Sie ist bei $y = 0$ am größten und beträgt $\Delta u_{max} = u_\infty - u_{min} = 0{,}375 u_\infty \sqrt{l/x} \ll u_\infty$. Es ist festzustellen, daß dieser Wert von der kinematischen Viskosität unabhängig ist. Man kann $\Delta u/\Delta u_{max}$ über der dimensionslosen Querkoordinate $\tilde{y} = y\sqrt{u_\infty/\nu x}$ auftragen und erhält so das affine Geschwindigkeitsprofil der laminaren Nachlaufströmung.

Zusammenfassend berichtet Berger [3] über laminare Nachlaufströmungen, vgl. [6].

Turbulenter Nachlauf. Bei turbulenter Strömung wurde die ebene Nachlaufströmung hinter einem Einzelkörper (Zylinder) zuerst von Schlichting [91] und später von Tollmien [109] sowie Görtler [37] theoretisch untersucht. Für das Geschwindigkeitsprofil der Nachlaufströmung $\Delta u/\Delta u_{max}$ erhält man unter Annahme des Austauschansatzes sehr weit hinter dem Körper wieder ein Geschwindigkeitsprofil ähnlich der Verteilung (6.169).

Die durch den Reibungswiderstand eines umströmten Körpers verursachte Nachlaufströmung läßt sich in Beziehung zum Widerstandsbeiwert des Körpers setzen. Für die turbulente Strömung hinter einem Kreiszylinder vom Durchmesser D kann man schreiben [94]

$$\frac{u}{u_\infty} = 1 - \left[1 - \left(\frac{y}{h}\right)^{3/2}\right]^2 \frac{\Delta u_{max}}{u_\infty} \qquad (x/D > 10\,c_w) \qquad (6.170a)$$

mit

$$\frac{\Delta u_{max}}{u_\infty} = 0{,}98\sqrt{\frac{c_W D}{x}} \quad \text{und} \quad \frac{h(x)}{D} = 0{,}57\sqrt{\frac{c_W x}{D}}\,. \qquad (6.170b)$$

Es ist $2h(x)$ die Höhe des Nachlaufs und c_W der auf die Stirnfläche $A = b\,D$ und den Geschwindigkeitsdruck der Anströmung $q_\infty = (\varrho/2)u_\infty^2$ bezogene Widerstandsbeiwert des Kreiszylinders. Die in (6.170) angegebene halbempirische Beziehung stimmt mit Messungen der Nachlaufströmung sehr gut überein.

6.4.3 Besondere turbulente Scherströmungen

6.4.3.1 Intermittenz bei turbulenter Strömung

Der aus dem Englischen entlehnte Begriff der Intermittenz kennzeichnet allgemein einen Vorgang, dessen Ablauf aus Intervallen der Ruhe und der Bewegung zusammengesetzt ist. In der Theorie turbulenter Scherströmungen sind Ruhe und Bewegung gleichbedeutend mit einem nichtturbulenten und einem turbulenten Strömungszustand. Durch experimentelle Untersuchungen des Umschlags der laminar-turbulenten Rohr- und Grenzschichtströmung hat sich ein intermittierender Charakter gezeigt, der darin besteht, daß die Strömung an einer festgehaltenen Stelle zeitweise laminar oder turbulent verläuft. Eine ähnliche Beobachtung hat man auch im Bereich der freien Grenze vollausgebildeter turbulenter Scherströmung gemacht. Man kann somit unterscheiden in die Intermittenz der Turbulenzentstehung und in die Intermittenz der Turbulenzgrenze.

Bei der Rohreinlaufströmung hat sich bei der Reynolds-Zahl in der Umgebung der Reynolds-Zahl des laminar-turbulenten Umschlags nach Messungen des Geschwindigkeitsverlaufs in Abhängigkeit von Ort und Zeit gezeigt, daß Zeitabschnitte mit laminarer und turbulenter Strömung in unregelmäßiger Folge wechseln. Für Stellen in der Nähe der Rohrmitte ist in den laminaren Zeitabschnitten die Geschwindigkeit größer als der zeitlich gemittelte Wert in den turbulenten Zeitabschnitten; für Stellen in der Nähe der Rohrwand ist es umgekehrt. Der physikalische Charakter dieser Strömung kann gut gekennzeichnet werden durch den Intermittenzfaktor γ, welcher den Bruchteil der Zeit angibt, in welchem an einer bestimmten Stelle turbulente Strömung herrscht. Es bedeutet also $\gamma = 1$ die andauernd turbulente und $\gamma = 0$ die andauernd laminare Strömung. Im laminar-turbulenten Umschlaggebiet der Grenzschicht einer längsangeströmten ebenen Platte vollziehen sich die physikalischen Vorgänge in gleicher Weise wie bei der Rohrströmung.

Die Verschiedenheit der Geschwindigkeitsprofile im Mittengebiet im Rohr und im äußeren Teil der Plattengrenzschicht läßt sich daraus erklären, daß am Grenzschichtrand nicht nur die Schubspannung, sondern auch die turbulenten Bewegungen selbst abklingen, während in Rohrmitte Schwankungsgeschwindigkeiten in der Größenordnung $\sqrt{\overline{u'^2}} \approx \sqrt{\overline{v'^2}} \approx \sqrt{\overline{w'^2}} \approx 0{,}75 u_\tau$ gemessen werden. Oszillographische Aufzeichnungen der turbulenten Schwankungsgeschwindigkeiten zeigen, daß die Lage der ziemlich

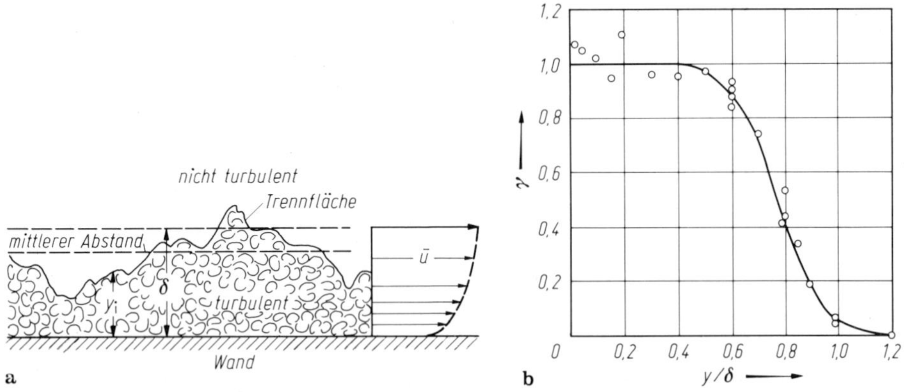

Abb. 6.36. Zur Intermittenz bei turbulenter Strömung [88]. **a** Schematische Darstellung der Trennfläche. **b** Intermittenz-Faktor γ in der turbulenten Grenzschicht an der längsangeströmten ebenen Platte, nach Messungen von Klebanoff [97]

ausgeprägten Grenze zwischen der turbulenten Grenzschichtströmung und der nahezu turbulenzfreien Außenströmung eine fast zusammenhängende Trennfläche bildet, die jedoch zeitlich stark schwankt. In Abb. 6.36a, in der ein Schnitt durch eine Wandgrenzschicht skizziert ist, erscheint die momentane Lage der Grenzfläche als eine Schnittlinie mit dem Abstand $y_i(t, x)$ von der Wand. Wenn man im äußeren Teil der Grenzschicht an einem festen Punkt des Raums Turbulenzmessungen ausführt, stellt man folglich nur zeitweise turbulente Schwankungen fest; zwischendurch ist die Strömung ruhig und drehungsfrei. Man nimmt an, daß die Grenzfläche von der Hauptbewegung mitgenommen wird. Als Intermittenzfaktor γ bezeichnet man nun den Bruchteil der Zeit, während dessen die Strömung am Beobachtungsort turbulent ist. In der Plattengrenzschicht ist nach Abb. 6.36b im wandnahen Teil mit $0 < \gamma/\delta < 0{,}5$ für die vollturbulente Strömung $\gamma = 1$, während zwischen $0{,}5 < y/\delta < 1{,}2$ der Intermittenzfaktor γ auf den Wert null abklingt. Mit wachsendem Wandabstand bleiben die momentanen turbulenten Schwankungen zwar etwa gleich stark, sie treten aber immer seltener auf. Die bei der Rohrströmung und bei der turbulenten Wandgrenzschicht im Außenbereich der Grenzschicht beobachtete Erscheinung der Intermittenz tritt auch auf bei dem turbulenten Freistrahl und der turbulenten Nachlaufströmung. Einen zusammenfassenden Bericht über Fragen der Intermittenz gibt Mollo-Christensen [69].

6.4.3.2 Strahlablenkung durch feste Wand (Coanda-Effekt)

Mit Coanda-Effekt bezeichnet man die Ablenkung eines Fluidstrahls, sobald man einen festen Körper an die Strahlgrenzfläche bringt. Die Ablenkung erfolgt gegen den Körper hin. Diese Erscheinung kann man z. B. beobachten, wenn man einen Finger an einen dünnen Wasserstrahl hält. Experimentelle Untersuchungen an haftenden Strahlen hat erstmalig Coanda [21] durchgeführt.

Strahlablenkung durch eine Schneide. Ein ebener Strahl sei nach Abb. 6.37a auf der einen Seite durch eine quer zur Strömungsrichtung gehaltene Schneide gestört. Dabei wird der Hauptstrahl vom Querschnitt A aufgeteilt in einen entlang der festen Wand strömenden Wandstrahl vom Querschnitt A_2 und in einen abgelenkten Freistrahl vom Querschnitt A_1. Die Berechnung des Ablenkwinkels α läßt sich in einfacher Weise mittels des Impulssatzes durchführen. Die Wahl der Kontrollfläche $(O) = (A) + (S)$ ist in Abb. 6.37a gezeigt. Die Stromlinien der einzelnen Strahlen sollen am freien Teil der Kontrollfläche (A) gradlinig verlaufen. Die Geschwindigkeiten seien jeweils gleichmäßig über die Strahlquerschnitte verteilt. Der Druck außerhalb der Strahlen p_∞ wird den Strahlen jeweils aufgeprägt. Dies führt nach der Energiegleichung (3.231) mit $u_B = 0$ zu dem Ergebnis $v = v_1 = v_2$. vgl. Beispiel b in Kap. 3.6.2.2 über die Strahlablenkung an einer geneigten Wand. Zur Anwendung kommt die Impulsgleichung in x-Richtung (3.225a). Es sind die Komponenten der Massenkraft (Schwerkraft) und der Druckkraft null, d. h. $F_{Bx} = 0$ bzw. $F_{Ax} = 0$. Weiterhin tritt wegen der angenommenen reibungslosen Strömung an der festen Wand keine Stützkraftkomponente auf, d. h. $F_{Sx} = 0$. Mithin liefert (3.225a) auf die vorliegende Aufgabe angewendet die Aussage

$$\varrho(v_2^2 A_2 - v_1^2 A_1 \sin\alpha) = 0 \quad \text{mit} \quad v_1 = v_2 \, .$$

Hieraus erhält man für den Ablenkwinkel die einfache Beziehung

$$\sin\alpha = \frac{A_2}{A_1} = \frac{h_2}{h_1} \qquad (A = A_1 + A_2)\,, \tag{6.171}$$

wobei wegen des ebenen Strahls $A_1 = bh_1$ und $A_2 = bh_2$ mit b als Strahlbreite ist. Wie zu erwarten war, ergibt sich für $h_2/h_1 = 1$ eine Ablenkung der beiden Teilstrahlen um $\alpha = \pi/2$.

Ebener Strahl an gekrümmter Wand. Eine weitere Möglichkeit der Strahlablenkung besteht im Ausblasen eines Fluids tangential oder annähernd tangential zu einer gekrümmten Oberfläche. Die Eigenschaft des Fluids, sich an eine in der Nähe befindliche gekrümmte Wand anzulegen und daran entlang zu strömen, bezeichnet man als den eigentlichen Coanda-Effekt. Das charakteristische Merkmal einer solchen Strömung ist das Auftreten eines Druckgefälles normal zur Hauptströmungsrichtung infolge der Zentrifugalkraft. Es entsteht eine endliche Druckdifferenz $p_\infty - p_w$ zwischen dem Außenraum und der Wand, weshalb man hier nicht mehr von einer einfachen Grenzschichtströmung sprechen kann.

Wenn am Kreiszylinder nach Abb. 6.37b ein Strahl aus einem Schlitz tangential in das ruhende Fluid austritt, so strömt er als Wandstrahl um den Zylinder herum. Ein solcher Wandstrahl hat bei genügend großer Reynolds-Zahl außen die Eigenschaft eines turbulenten Freistrahls. Die Ausdehnung des Wandstrahls wächst mit dem Abstand vom Schlitz, und der Druck nimmt von der Öffnung stromabwärts zu. Dies bewirkt schließlich eine Ablösung der Strömung von der festen Wand. Bei großer Reynolds-Zahl und kleinem Verhältnis Schlitzweite/Radius des Zylinders s/R tritt die Ablösung bei einem Umlenkwinkel $\alpha = 240°$ ein.

Über experimentelle und theoretische Untersuchungen der ebenen Strahlströmung entlang einer Kreiszylinderkontur berichtet Gersten [21]. Bei dem Experiment wurden die Druckverteilung auf der Zylinderkontur sowie die Strömungsgrößen im abgelenkten Strahl bei den geometrischen Parametern R/s, t/s mit s als Schlitzweite und t als Eindringtiefe der Zylinderkontur in den Strahl vermessen. Für die theoretische Behandlung wurde die Strömung in zwei Bereiche unterteilt, und zwar in einen Einlaufbereich mit reibungslosem Kern unmittelbar hinter dem Ausblaseschlitz, und in einen Bereich, bei dem die Geschwindigkeitsprofile untereinander affin sind. Unter Benutzung der vollständigen Navier-Stokesschen Bewegungsgleichung für die radiale Richtung und gewisser empirischer Beziehungen gelang es, die Druckverteilung an der Zylinderkontur zu berechnen. Abb. 6.37b zeigt einen Vergleich von Theorie und Messung für verschiedene relative Eindringtiefen t/s.

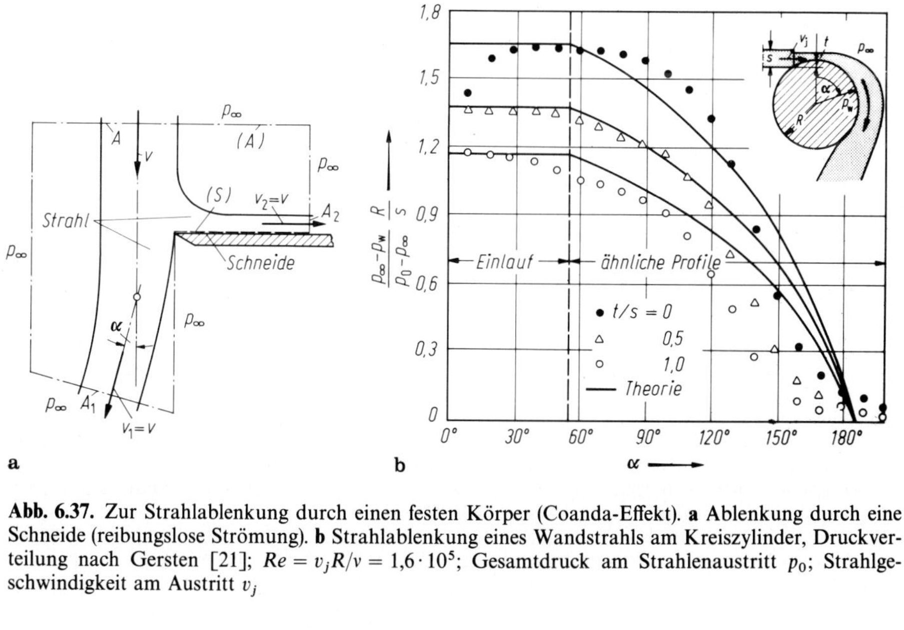

Abb. 6.37. Zur Strahlablenkung durch einen festen Körper (Coanda-Effekt). **a** Ablenkung durch eine Schneide (reibungslose Strömung). **b** Strahlablenkung eines Wandstrahls am Kreiszylinder, Druckverteilung nach Gersten [21]; $Re = v_j R/\nu = 1{,}6\cdot 10^5$; Gesamtdruck am Strahlenaustritt p_0; Strahlgeschwindigkeit am Austritt v_j

Über die Möglichkeit, den Coanda-Effekt zur Verbesserung der Eigenschaften von Tragflügelprofilen heranzuziehen, liegen verschiedene Untersuchungen vor, man vgl. z. B. Riedel [21]. Bei einem Klappenflügel kann der mit hoher kinetischer Energie auf der Profiloberseite an der Nase der Klappe ausgeblasene Strahl nicht nur die Ablösung an der Profilklappe verhindern, sondern in Verlängerung der Profilklappe auch als Strahlklappe wirken. Hierbei legt sich der Ausblasestrahl an die Profilklappe an und folgt damit der Klappenneigung (Coanda-Effekt). Auf diese Weise sind Auftriebsbeiwerte von $c_A \approx 6$ erreichbar.

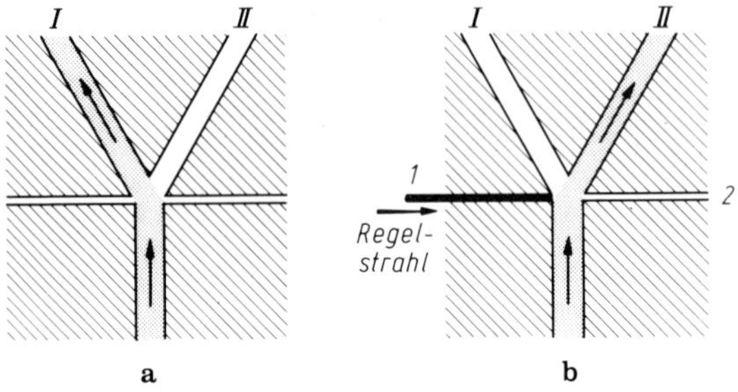

Abb. 6.38. Bi-stabiles Haftstrahlelement (Fluidik). **a** Ohne, **b** mit Regelstrahl

Fluidmechanischer Regelkreis. Auch die Automatisierungstechnik nutzt die Eigenschaft des Coanda-Effekts. Das diese Technik umfassende Gebiet heißt Fluidik. Durch die Steuerung von Flüssigkeits- und Gasstrahlen lassen sich bestimmte Schaltvorgänge der Signalübertragung und Signalverarbeitung erreichen. Für die Schaltaufgaben der Fluidik ist in erster Linie der ebene Strahl geeignet.

Die einfachste Anordnung eines bi-stabilen symmetrisch aufgebauten Haftstrahlelements ist in Abb. 6.38 dargestellt. Wird das Fluid, welches nach Abb. 6.38a zunächst durch den Kanal (*I*) strömt, mittels eines sog. Regelstrahls (*1*) nach Abb. 6.38b gestört, so wechselt das Fluid seine Richtung und strömt jetzt durch den Kanal (*II*). Soll die Strömung wieder im Kanal (*I*) erfolgen, so geschieht dies durch einen Regelstrahl (*2*). Der Fluidstrahl kann also auf die beschriebene Weise in die eine oder andere Haftlage umgesteuert werden. Dieser durch den Coanda-Effekt erzielte Vorgang verhält sich stabil. Die Strahlablenkung bleibt auch noch dann erhalten, wenn die Steuerwirkung nicht mehr vorhanden ist. Eine zusammenfassende Darstellung zum Themenkreis der Fluidik einschließlich ihrer Grundlagen, Bauelemente und Schaltungen gibt Rechten [80].

Literatur zu Kapitel 6

1. Abbott, I. H.; Doenhoff A. E. von: Theory of wing sections. New York: McGraw-Hill 1949, Nachdruck: New York: Dover 1959
2. Ackeret, J.: Anwendung der Aerodynamik im Bauwesen. Z. Flugwiss. 13 (1965) 109–122. Frimberger, R.: DVGW-Schriftenreihe, Gas Nr. 12, 7–34. Frankfurt: ZfGW-Verl. 1975. Jensen, M.; Frank, N.: Teil 1/2. Kopenhagen: Danish Tech. Press 1963/65. Leutheuser, H. J.; Baines, W. D.: J. Hyd. Div. 93 (1967) 35–49. Lusch, G.; Truckenbrodt, E.: Ber. Bauforsch. 41 (1964) 1–94
3. Berger, S. A.: Laminar wakes. New York: Elsevier 1971
4. Betz, A.; Lotz, I.: Verminderung des Auftriebs von Tragflügeln durch den Widerstand. Z. Flugtech. Motorluftschiff 23 (1932) 277–279
5. Bhatia, J. C.; Truckenbrodt, E.: A simple quadrature method for computing laminar boundary layers. Acta Mech. 14 (1972) 239–250. Truckenbrodt, E.: Dtsch. Luft- u. Raumf. DLR-Ber. 71–13, S. 5–27 (1971)
6. Birkhoff, G.; Zarantonello, E. H.: Jets, wakes, and cavites. New York: Academic Press 1957
7. Blasius, H.: Grenzschichten in Flüssigkeiten mit kleiner Reibung. Z. Math. Phys. 56 (1908) 1–37. Hiemenz, K.: Dinglers Polytech. J. 326 (1911) 321–324, 344–348, 357–362, 372–376, 391–393, 407–410. Liepmann, H. W.: NACA Wartime Rep. W 107 (ACR 3 H 30) 1943. Nikuradse, J.: Zentr. wiss. Berichtswes. Luftfahrtforsch. Berlin (1942)
8. Bradshaw, P.: The turbulence structure of equilibrium boundary layers. J. Fluid Mech. 29 (1967) 625–645. Herring, H. J.; Norbury, J. F.: J. Fluid Mech. 27 (1967) 541–549. Nash, J. F.: NPL Aeron. Rep. 1137 (1965)

9. Bradshaw, P.: Compressible turbulent shear layers. Ann. Rev. Fluid Mech. 9 (1977) 33–54; Jb. 1972 Dtsch. Ges. Luft- u. Raumf. (DGLR) 1973, S. 51–82. Smith, A. M. O.: Appl. Mech. Rev. 23 (1970) 1–9
10. Bradshaw, P.; Ferriss, D. H.; Atwell, N. P.: Calculation of boundary-layer development using the turbulent energy equation. J. Fluid Mech. 28 (1967) 593–616; 46 (1971) 83–110. Patel, V. C.; Head, M. R.: Aeron. Quart. 21 (1970) 243–262
11. Brown, S. N.; Stewartson, K.: Laminar separation. Ann. Rev. Fluid Mech. 1 (1969) 45–72. Gadd, G. E.: Aeron. Quart. 4 (1953) 123–150. Williams III, J. C.: Ann. Rev. Fluid Mech. 9 (1977) 113–144
12. Busemann, A.: Gasströmung mit laminarer Grenzschicht entlang einer Platte. Z. angew. Math. Mech. 15 (1935) 23–25. Crocco, L.: L'Aerotecnica 12 (1932) 181–197; Rend. Mat. Uni. Roma V 2 (1941) 138–152; Mon. Sci. Aeron. Roma (1946). Young, A. D.: Aeron. Quart. 1 (1950) 137–164
13. Cebeci, T.; Bradshaw, P.: Momentum transfer in boundary layers, Kap. 6. New York: McGraw-Hill 1977
14. Cebeci, T.; Mosinskis, G. J.; Smith, A. M. O.: Calculation of separation points in incompressible turbulent flows. J. Airc. 9 (1972) 618–624 Goldschmied, F. R.: J. Aircr. 2 (1965) 108–115. Stratford, B. S.: J. Fluid Mech. 5 (1959) 1–16. Takada, H. T.: Z. Flugwiss. Weltraumforsch. 1 (1977) 63–64
15. Cebeci, T.; Smith, A. M. O.: Analysis of turbulent boundary layers, Kap. 5. New York: Academic Press 1974. Cousteix, J.: Ann. Rev. Fluid Mech. 18 (1986) 173–196
16. Cermak, J. E.: Aerodynamics of buildings. Ann. Rev. Fluid Mech. 8 (1976) 75–106
17. Chang, P. K.: Separation of flow. Oxford: Pergamon Press 1970
18. Chang, P. K.: Control of flow separation. Washington: Hemisphere 1976
19. Chapman, D. R.; Rubesin, M. W.: Temperaure and velocity profiles in the compressible laminar boundary layer with arbitrary distribution of surface-temperature. J. Aeron. Sci 16 (1949) 547–565
20. Clauser, F. H.: Turbulent boundary layers in adverse pressure gradients. J. Aeron. Sci. 21 (1954) 91–108. Fünfzig Jahre Grenzschichtforschung, S. 153–163. Braunschweig: Vieweg. Bradshaw, P.: J. Fluid Mech. 29 (1967) 625–645. Clauser, F. H.: Adv. Appl. Mech. 4 (1956) 1–51
21. Coanda, H.: Procédé et dispositif pour faire dévier une veine fluide pénétrant autre fluides. Franz. Pat. Nr. 788, 140 (1934). Fernholz, H.-H.: Z. Flugwiss. 15 (1967) 136–142. Jb. 1964. Wiss. Ges. Luft-u. Raumf. S. 149–157. Gersten, K.: EUROMECH I, Berlin 1965. Riedel, H.: Dtsch. Luft- u. Raumf. DLR-Ber. 71–46 (1971); DLR-Ber. 73–98 (1973). Thomas, F.: Z. Flugwiss. 10 (1962) 46–65
22. Coles, D.: The law of the wake in the turbulent boundary layer. J. Fluid Mech. 1 (1956) 191–226. Persen, L. N.: Proc. Theodorsen Coll. S. 79–100. Trondheim: Univ. Verlag 1976. Pfeil, W.; Lehmann, K.: Z. Flugwiss. u. Raumfahrt 5 (1981) 395–402
23. Curle, N.: The steady compressible laminar boundary layer, with arbitrary pressure gradient and uniform wall temperature. Proc. Roy. Soc. London A 249 (1959) 206–224. Curle, N.; Skan, S. W.: Aeron. Quart. 8 (1957) 257–268
24. Driest, E. R. van: Turbulent boundary layer in compressible fluids. J. Aeron. Sci. 18 (1951) 145–160. Driest, E. R. van: J. Aeron. Sci. 23 (1956) 1007–1011, 1036.
25. Dyke, M. van: Higher-order boundary-layer theory. Ann. Rev. Fluid Mech. 1 (1969) 265–292. Davies, R. T.; Flügge-Lotz, I.: J. Fluid Mech. 20 (1964) 593–623. Dyke, M. van: J. Fluid Mech. 14 (1962) 161–177, 481–495; 19 (1964) 145–159. Fannelöp, T. K.; Flügge-Lotz, I.: Z. Flugwiss. 13 (1965) 282–296. Markovitz, H.; Coleman, B.: Adv. Appl. Mech. 8 (1964) 69–101. Mikhailov, V. V.; Neiland, V. Y.; Sychev, V. V.: Ann. Rev. Fluid Mech. 3 (1971) 371–396
26. Eck, B.: Technische Strömungslehre, 8. Aufl., 2 Bde. Berlin, Heidelberg, New York: Springer 1978/80
27. Eichelbrenner, E. A.: Three-dimensional boundary layers. Ann. Rev. Fluid Mech. 5 (1973) 339–360. Cooke, J. C.; Hall, M. G.: Progr. Aeron. Sci. 2 (1962) 222–282. Moore, F. K.: Adv. Appl. Mech. 4 (1956) 160–228. Sears, W. R.: Appl. Mech. Rev. 7 (1954) 281–285
28. Eppler, R.: Praktische Berechnung laminarer und turbulenter Absauge-Grenzschichten. Ing.-Arch. 32 (1963) 221–245
29. Eppler, R.: Laminarprofile für Reynolds-Zahlen größer als $4 \cdot 10^6$. Ing.-Arch. 38 (1969) 232–240. Z. Flugwiss. 3 (1955) 345–353
30. Falkner, V. M.: A new law for calculation drag; the resistance of a smooth flat plate with turbulent boundary layer. Aircr. Eng. 15 (1943) 65–69
31. Falkner, V. M.; Skan, S. W.: Some approximate solutions of the boundary layer equations. Phil. Mag. 12 (1931) 685–896; Aeron. Res. Council (ARC) 1314 (1930). Hartree, D. R.: Proc. Cambr. Phil. Soc. 33 (1937) 223–239. Mangler, W.: Z. angew. Math. Mech. 23 (1943) 241–251
32. Fernholz, H.: Halbempirische Gesetze zur Berechnung turbulenter Grenzschichten nach der Methode der Integralbedingungen. Ing.-Arch. 33 (1964) 384–395. Fernholz, H.: Ing.-Arch. 38 (1969) 311–328. Nicoll, W. B.; Escudier, M. P.: AIAA J. 4 (1966) 940–942. Tani, I.: J. Aeron. Sci. 23 (1956) 606–607. Truckenbrodt, E.: Ing.-Arch. 20 (1952) 215.

33. Fernholz, H.-H.: External flows. In: Turbulence (Hrsg. P. Bradshaw) S. 45–107. Berlin, Heidelberg, New York: Springer 1976
34. Gersten, K.; Gross, J. F.; Börger, G.-G.: Die Grenzschicht höherer Ordnung an der Staulinie eines schiebenden Zylinders mit starkem Absaugen und Ausblasen. Z. Flugwiss. 20 (1972) 330–341; Wärme- u. Stoffübertr. 1 (1973) 52–61; Festschrift E. Truckenbrodt 1977, S. 134–148. Gersten, K.: Z. angew. Math. Mech. 54 (1974) 165–171. Gersten, K.; Gross, J. F.: Int. J. Heat Mass Transfer 16 (1973) 2241–2260
35. Gersten, K.; Körner, H.: Wärmeübergang unter Berücksichtigung der Reibungswärme bei laminaren Keilströmungen mit veränderlicher Temperatur und Normalgeschwindigkeit entlang der Wand. Int. J. Mass Transfer 11 (1968) 655–673
36. Goldstein, S.: Concerning some solutions of the boundary layer equations in hydrodynamics, Proc. Cambr. Phil. Soc. 26 (1930) 1–30
37. Görtler, H.: Berechnung von Aufgaben der freien Turbulenz aufgrund eines neuen Näherungsansatzes. Z. angew. Math. Mech. 22 (1942) 244–254. Szablewski, W.: Ing.-Arch. 20 (1952) 73–80; 25 (1957) 10–25; 26 (1958) 358–377; 30 (1961) 96–104; 32 (1963) 37–39; 34 (1965) 69–79; Z. angew. Math. Mech. 39 (1959) 50–67
38. Görtler, H.: Über eine dreidimensionale Instabilitat laminarer Grenzschichten an konkaven Wänden. Nachr. Ges. Wiss. Göttingen, Math.-Phys. Kl. 2 (1940) 1–26; Z. angew. Math. Mech. 21 (1941) 250–252. Taylor, G. I.: Phil. Trans. Ser. A 223 (1923) 289–343
39. Green, J. E.: Interactions between shock waves and turbulent boundary layers. Progr. Aerosp. Sci. 11 (1970) 235–340. Inger, G.: Z. Flugwiss. Weltraumf. 2 (1978) 312–320 . Liepmann, H. W.; Roshko, A.; Dhawan, S.: NACA Rep. 1100 (1952)
40. Gruschwitz, E.: Die turbulente Reibungsschicht in ebener Strömung bei Druckabfall und Druckanstieg. Ing.-Arch. 2 (1931) 321–346. Buri, A.: Diss. Zürich 1931. Doenhoff, A. E. von; Tetervin, N.: NACA Rep. 772 (1943). Garner, H. C.: Aeron. Res. Council (ARC) 2133 (1944). Spence, D. A.: J. Aeron. Sci 23 (1956) 3–15
41. Hantzsche, W.; Wendt, H.: Zum Kompressibilitätseinfluß bei der laminaren Grenzschicht der ebenen Platte. Jb. 1940 Dtsch. Luftfahrtforsch. I, 517–521
42. Head, M. R.: An approximate method for calculating the laminar boundary layer in two-dimensional incompressible flow. Aeron. Res. Council (ARC) 3123 (1957); 3124 (1957). Head, M. R.; Hayasi, N.: Aeron. Quart. 18 (1967) 259–272
43. Head, M. R.: Entrainment in the turbulent boundary layer. Aeron. Res. Council (ARC) 3152 (1960). Head, M. R.: J. Fluid Mech. 73 (1976) 1–8. Head, M. R.; Patel, V. C.: Aeron. Res. Council (ARC) 3643 (1968)
44. Hoerner, S. F.: Der Widerstand von Strebenprofilen und Drehkörpern. Jb. 1942 Dtsch. Luftfahrtforsch. I. 374–384. Flachsbart, O.; Winter, H.: Stahlbau 7 (1934) 65–69, 73–79; 8 (1935) 57–63, 65–69, 73–77
45. Hoerner, S. F.: Fluid-dynamic drag, 3. Aufl. Midland Park: Eigenverlag 1965
46. Hoerner, S. F.; Borst, H. V.: Fluid-dynamic lift. Brick Town (N. J.): Eigenverlag 1975
47. Houghton, E. L.; Carruthers, N. B.: Wind forces on buildings and structures, An introduction. London: Arnold 1976
48. Howarth, L.: On the solution of the laminar boundary layer equations. Proc. Roy. Soc. London A 164 (1938) 547–579. Tani, I.: J. Phys. Soc. Japan 4 (1949) 149–154
49. Howarth, L.: Concerning the effect of compressibility on laminar boundary layers and their separation. Proc. Roy. Soc. London A 194 (1948) 16–42. Dorodnitsyn, A. A.: Prikl. Mat. Mekh. 6 (1942) 449–485
50. Howarth, L.: Laminar boundary layers. Handb. Phys. (Hrsg. S. Flügge) VIII/1, S. 264–350. Berlin, Göttingen, Heidelberg: Springer 1959
50a. Hucho, W.-H. (Hrsg.): Aerodynamik des Automobils, Kap. 4; 1981; Z. Flugwiss. 20 (1972) 341–351
51. Illingworth, C. R.: Steady flow in the laminar boundary layer of a gas. Proc. Roy. Soc. London A 199 (1949) 533–558. Stewartson, K.: Proc. Roy. Soc. London A 200 (1949) 84–100
52. Jischa, M.: Konvektiver Impuls-, Wärme- und Stoffaustausch, Kap. 3.2; Braunschweig: Vieweg
53. Kármán, Th. von: Über laminare und turbulente Reibung. Z. angew. Math. Mech. 1 (1921) 233–252. Nachdruck: Coll. Works 2, S. 70–97. London: Butterworths 1956
54. Kármán, Th. von: Turbulence and skin friction. J. Aeron. Sci. 1 (1934) 1–20. Nachdruck: Coll. Works, 3, S. 20–48. London: Butterworths 1956
55. Keller, H. B.: Numerical methods in boundary-layer theory. Ann. Rev. Fluid Mech. 10 (1978) 417–433
56. Kline, S. J.; Morkovin, M. V.; Sovran, G.; Cockrell, D. J.; Coles, D. E.; Hirst, E. A.: Proc.

AFOSR-IFP-Stanford 1968. Computation of turbulent boundary layers, 2 Bde. Stanford: Univ. Press 1969

57. Koenig-Fachsenfeld, R.: Aerodynamik des Kraftfahrzeugs. Frankfurt: Umschau Verlag 1951. Barth, R.: Automobiltech. Z. 62 (1960) 80–85, 89–95. Möller, E.: Automobiltech. Z. 53 (1953) 1–4. Neppert, H.; Sanderson, R.: Z. Flugwiss. 22 (1974) 347–359
58. Kovasznay, L. S. G.: The turbulent boundary layer. Ann. Rev. Fluid Mech. 2 (1970) 95–112. Phys. Fluids Suppl. (1967) 25–30
59. Kraemer, K.: Die Potentialströmung in der Umgebung von Freistrahlen. Z. Flugwiss. 19 (1971) 93–104
60. Krause, E.: Anwendung numerischer Methoden in der Strömungsmechanik. Jb. 1974 Dtsch. Ges. Luft- u. Raumf. (DGLR) S. 11–47. Krause, E.: AIAA J. 5 (1967) 1231 bis 1237. AGARD Lect. Ser. 64 (1973) 4–1 bis 4–21. Krause, E.: Com. Pure and App. Math. 32 (1979) 749–781. Eiseman, P. R.: Grid generation for fluid mechanics computations. Ann. Rev. Fluid Mech. 17 (1985), 487–522
61. Lachmann, G. V. (Hrsg.): Boundary layer and flow control, 2 Bde. London: Pergamon Press 1961
62. Launder, B. E.; Spalding, D. B.: The numerical computation of turbulent flow. Comp. Math. Appl. Mech. Eng. 3 (1974) 269–289
63. Lock, R. C.: The velocity distribution in the laminar boundary layer between parallel streams. Quart. J. Mech. Appl. Math. 4 (1951) 42–63. Christian, W. J.: J. Aerosp. Sci. 28 (1961) 911–912
64. Ludwieg, H.; Tillmann, W.: Untersuchungen über die Wandschubspannung in turbulenten Reibungsschichten. Ing.-Arch. 17 (1949) 288–299
65. Mangler, W.: Zusammenhang zwischen ebenen und rotationssymmetrischen Grenzschichten in kompressiblen Flüssigkeiten. Z. angew. Math. Mech. 28 (1948) 97–103
66. Mellor, G. L.; Gibson, D. M.: Equilibrium turbulent boundary layers. J. Fluid Mech. 24 (1966) 225–253. Mellor, G. L.: J. Fluid Mech. 24 (1966) 255–274
67. Michalke, A.: The instability of free shear layers. Progr. Aerosp. Sci. 12 (1972) 213–239. Michalke, A.; Schade, H.: Ing.-Arch. 33 (1963/64) 1–23
68. Millikan, C. B.: The boundary layer and skin friction for a figure of revolution. J. Appl. Mech. 54 (1932) 29–43. Boltze, E.: Diss. Göttingen, 1908
69. Mollo-Christensen, E.: Intermittency in large-scale turbulent flows. Ann. Rev. Fluid Mech. 5 (1973) 101–118. Fiedler, H.; Head, M. R.: J. Fluid Mech. 25 (1966) 719–736. Kuo, A. Y.-S.; Corrsin, S.: J. Fluid Mech. 50 (1971) 285–319
70. Murphy, J. S.: Some effects of surface curvature on laminar boundary-layer flow. J. Aeron. Sci. 20 (1953) 338–344. Murphy, J. S.: AIAA J. 3 (1965) 2043–2049. Teipel, I.: Dtsch. Luft- u. Raumf. DLR-68-01 (1968)
71. Naumann, A.: Luftwiderstand der Kugel bei hohen Unterschallgeschwindigkeiten. Allg. Wärmetechn. 4 (1953) 217–221. Miller, D. G.; Bailey, A. B.: J. Fluid Mech. 93 (1979) 449–464
72. Pai, S.-I.: Fluid dynamics of jets. New York: Van Nostrand 1954
73. Pankhurst, R. C.; Squire, H. B.: Calculated pressure distributions for the RAE 100 to 104 aerofoil sections. Aeron. Res. Council (ARC) Curr. Pap. 80 (1952)
74. Perry, A. E.; Schofield, W. H.; Joubert, P. N.: Rough wall turbulent boundary layers. J. Fluid Mech. 37 (1969) 383–413
75. Pohlhausen, K.: Zur näherungsweisen Integration der Differentialgleichungen der laminaren Reibungsschicht. Z. angew. Math. Mech. 1 (1921) 252–268. Ginzel, J.: Z. angew. Math. Mech. 29 (1949) 321–337. Holstein, H.; Bohlen, T.: Lilienthal-Ber. S 10 (1940) 5–16. Mangler, W.: Z. angew. Math. Mech. 24 (1944) 251–256
76. Prandtl, L.: Über Flüssigkeitsbewegung bei sehr kleiner Reibung. Verh. 3 Intern. Math. Kongr., Heidelberg 1904, S. 484–491. Nachdruck: Ges. Abh. S. 575–584; Berlin, Göttingen, Heidelberg: Springer 1961. Dryden, H. L.: Fifty years of boundary-layer theory and experiments. Sci. 121 (1955) 375–380. Schlichting, H.: Entwicklung der Grenzschichttheorie in den letzten drei Jahrzehnten. Z. Flugwiss. Weltraumforsch. 8 (1960) 93–111. Tani, I.: History of boundary layer theory. Ann. Rev. 9 (1977) 87–111. Gersten, K.; Die Bedeutung der Prandtlschen Grenzschichttheorie nach 85 Jahren. Z. Flugwiss. Weltraumforsch. 13 (1989) 209–218
77. Prandtl, L.: Über den Reibungswiderstand strömender Luft. Erg. Aero. Vers-Anst. Göttingen; 3 Liefg. S. 1–5; 4 Liefg. S. 18–29. München: Oldenbourg 1927. Nachdruck: Ges. Abh., S. 620–626, 632–648. Berlin, Göttingen, Heidelberg: Springer 1961. Prandtl, L.: Schlichting, H.: Werft, Reederei, Hafen 15 (1934) 1–4. Nachdruck: Ges. Abh. S. 649–662. Berlin, Göttingen, Heidelberg: Springer 1961. Schlutz-Grunow, F.: Luftfahrtforsch. 17 (1940) 239–246; Jb. Schiffbautechn. Ges. Bd. 39, 1938, S. 176–199. Truckenbrodt, E.: Z. Flugwiss. 24 (1976) 177–187. Wieghardt, K.: Z. angew. Math. Mech. 24 (1944) 294–296
78. Prandtl, L.: Oswatitsch, K.; Wieghardt, K.: Strömungslehre, 7. Aufl. Braunschweig: Vieweg & Sohn 1969, S. 338

79. Rajaratnam, N.: Turbulent jets. Amsterdam: Elsevier 1976. Yegna Narayan, K.; Narasimha, R.: Aeron. Quart. 24 (1973) 207–218. List, E. J.: Ann. Rev. 14 (1982) 189–212
80. Rechten, A. W.: Fluidik, Berlin, Heidelberg, New York: Springer 1976
81. Reichardt, H.: Gesetzmäßigkeiten der freien Turbulenz. Forsch. Ing.-Wes., VDI-Heft 414 (1942); Forsch. Ing.-Wes. 30 (1964) 133–139. Förthmann, E.: Ing.-Arch. 5 (1934) 42–54. Yamaguchi, S.: Ing.-Arch. 35 (1966/67) 172–180
82. Reynolds, W. C.: Computation of turbulent flows. Ann. Rev. Fluid Mech. 8 (1976) 183–208; Chem. Eng. 9 (1974) 193–246. Reynolds, W. C.; Cebeci, T.: In: Turbulence (Hrsg. P. Bradshaw) Berlin, Heidelberg, New York: Springer 1976, S. 193–229
83. Riegels, F. W.: Aerodynamische Profile. München: Oldenbourg 1958. Aerofoil sections (Übersetzg. D.G. Randall). London: Butterworth 1961
84. Rosemeier, G.: Winddruckprobleme bei Bauwerken. Berlin, Heidelberg, New York: Springer 1976
85. Roshko, A.: A review of concepts in separated flow. Proc. Can. Congr. Appl. Mech. Quebec (1967) 3–081 bis 3–115. Wauschkuhn, P.; Vasanta Ram, V. I.: Z. Flugwiss. 23 (1975) 1–9
86. Rott, N.; Crabtree, L. F.: Simplified laminar boundary-layer calculations for bodies of revolution and for yawed wings. J. Aeron. Sci. 19 (1952) 553–565
87. Rotta, J. C.: Critical review of existing methods for calculating the development of turbulent boundary layers. In: Fluidmechanics of internal flow (Hrsg. G. Sovran). Amsterdam: Elsevier 1967, S. 80–109. Ing.-Arch. 38 (1969) 212–222; Ber. 68 A 53 AVA Göttingen (1968). Rotta, J.: Ing.-Arch. 18 (1950) 277–280; 19 (1951) 31–41; 20 (1952) 195–207
88. Rotta, J. C.: Turbulente Strömungen. Stuttgart: Teubner 1972. Rotta, J.: Progr. Aeron. Sci. 2 (1962) 1–219
89. Rubesin, M. W.; Johnson, H. A.: A critical review of skin friction and heat-transfer solutions of the laminar boundary layer of a flat plate. Trans. ASME 71 (1949) 383–388
90. Ryzhov, O. S.: Viscous Transonic flows. Ann. Rev. Fluid Mech. 10 (1978) 65–92. Liepmann, H. W.: J. Aeron. Sci. 13 (1946) 623–638
91. Schlichting, H.: Über das ebene Windschattenproblem. Ing.-Arch. 1 (1930) 533–571
92. Schlichting, H.: Laminare Strahlausbreitung. Z. angew. Math. Mech. 13 (1933) 260–263. Bickley, W.: Phil. Mag. Ser. 7, 23 (1937) 727–731
93. Schlichting, H.: Einfluß der Turbulenz und der Reynoldsschen Zahl auf die Tragflügeleigenschaften. Ringb. Luftf. I A 1 (1937) 1–14
94. Schlichting, H.: Grenzschicht-Theorie, 8 Aufl. Karlsruhe: Braun 1982. Boundary-layer theory, 7. Aufl. (Übersetzg. J. Kestin). New York: McGraw-Hill 1979
95. Schlichting, H.; Truckenbrodt, E.: Aerodynamik des Flugzeuges, 2 Bde., 2. Aufl. Berlin, Heidelberg, New York: Springer 1967/69
96. Schmitz, F. W.: Aerodynamik des Flugmodells, 4. Aufl. Duisburg: Lange 1960
97. Schubauer, G. B.; Klebanoff, P S.: Investigation of separation of the turbulent boundary layer. NACA Rep. 1030 (1951). Klebanoff, P. S.: NACA Rep. 1247 (1955)
98. Schubauer, G. B.; Spangenberg, W. G.: Forced mixing in boundary layers. J. Fluid Mech. 8 (1960) 10–32. Simpson, R. L.: Ann. Rev. Fluid Mech. 21 (1989) 205–234
99. Schultz-Grunow, F.; Breuer, W.: Laminar boundary layers on cambered walls. In: Basic Developments in Fluid Dynamics (Hrsg. Holt, M.), Bd. 1, S. 377–436. New York: Acad. Press 1965. Schultz-Grunow, F.: Z. Flugwiss. 23 (1975) 175–183
99a. Sockel, H.: Aerodynamik der Bauwerke. Braunschweig: Vieweg 1984.
100. Spalding, D. B.: A single formula for the law of the wall. J. Appl. Mech. 28 (1961) 455–458
101. Stewartson, K.: The theory of unsteady laminar boundary layers. Adv. Appl. Mech. 6 (1960) 1–37. Becker, E.: Progr. Aeron. Sci. 1 (1961) 104–173. Becker, E.: Z. angew. Math. Phys. 11 (1960) 146–152
102. Tani, I.: Boundary-layer transition. Ann. Rev. Fluid Mech. 1 (1969) 169–196. Reshotko, E.: Ann. Rev. Fluid Mech. 8 (1976) 311–350
103. Thoman, D. C.; Szewczyk, A. A.: Time-dependent viscous flow over a circular cylinder. Comput. Fluid Dyn., Phys. Fluid, Suppl. II (1969) 76–86. Kawaguti, M.: J. Phys. Soc. Japan 8 (1953) 747–757. Thom, A.: Proc. Roy. Soc. London A 141 (1933) 651–669
104. Thompson, B. G. J.: A critical review of existing methods of calculating the turbulent boundary layers. Aeron. Res. Council (ARC) 3447 (1964); AIAA J. 3 (1965) 746–747
105. Thwaites, B.: Approximate calculation of the laminar boundary layer. Aeron. Quart. 1 (1949) 245–280
106. Thwaites, B.: Incompressible Aerodynamics. Oxford: Clarendon Press 1960
107. Tollmien, W.: Berechnung turbulenter Ausbreitungsvorgänge. Z. angew. Math. Mech. 6 (1926) 468–478
108. Tollmien, W.: Grenzschichttheorie. In: Handb. Exp. Phys. IV, Teil 1, S. 241–287 (1931)

109. Tollmien, W.: Die Kármánsche Ähnlichkeitshypothese in der Turbulenz-Theorie und das ebene Windschattenproblem. Ing.-Arch. 4 (1933) 1–15
110. Townsend, A. A.: The development of turbulent boundary layers with negligible wall stress. J. Fluid Mech. 8 (1960) 143–155; 11 (1961) 97–120. Stratford, B. S.: J. Fluid Mech. 5 (1959) 1–16; 17–35
111. Truckenbrodt, E.: Ein Quadraturverfahren zur Berechnung der laminaren und turbulenten Reibungsschicht bei ebener und rotationssymmetrischer Strömung. Ing.-Arch. 20 (1952) 211–228; NACA TM 1379 (1955). Scholz, N.: Z. angew. Math. Mech. 31 (1951) 292–293; Jb. Schiffbautechn. Ges. Bd. 45 1951, S. 244–263. Scholz, N.: Ing.-Arch. 29 (1960) 82–92; Z. Flugwiss. 7 (1959) 33–39. Scholz, N.: Z. angew. Math. Mech. 38 (1958) 319–321. Truckenbrodt, E.: Neuere Erkenntnisse über die Berechnung von Strömungsgrenzschichten mittels einfacher Quadraturformeln. Ing.-Arch. 43 (1973) 9–25; 43 (1974) 136–144. Mylonas, J.: VDI-Bericht 572.1 (1985) 111–127
112. Truckenbrodt, E.: Strömungstechnik. In: Heiz- und Raumlufttechnik (Hrsg. Esdorn); in Vorbereitung.
113. Voges, R.: Berechnung turbulenter Wandgrenzschichten mit Zwei-Gleichungs-Turbulenzmodellen. Diss. TU München 1978
114. Walz, A.: Über Fortschritte in Näherungstheorie und Praxis der Berechnung kompressibler laminarer und turbulenter Grenzschichten mit Wärmeübergang. Z. Flugwiss. 13 (1965) 89–102. Felsch. O.: Diss. TU Karlsruhe 1965. Geropp, D.: Diss. TU Karlsruhe 1963; DVL-Ber. 288. Koschmieder, F.; Walz, A.: Lilienthal-Ber. 141 (1941) 8–12. Neubert, W.; Walz, A. Festschrift E. Truckenbrodt 1977, S. 256–278. Walz, A.: Z. angew. Math. Mech. Sonderheft 156, 50–56
115. Walz, A.: Strömungs- und Temperaturgrenzschichten. Karlsruhe: Braun 1966
116. White, F. M.: Viscous fluid flow. Kap. 4 bis 6. New York: Mc-Graw-Hill 1974. White, F. M.: ASME D, J. Bas. Eng. 91 (1969) 371–378
117. Wieghardt, K.: Turbulente Reibungsschichten. Monographien über Fortschritte der deutschen Luftfahrtforschung seit 1939, Beitrag B 5 (1946)
118. Wieghardt, K.: Über einen Energiesatz zur Berechnung laminarer Grenzschichten. Ing.-Arch. 16 (1948) 231–242. Head, M. R.: Aeron. Res. Council (ARC) 3121 (1957). Walz, A.: Ing.-Arch. 16 (1948) 243–248. Wieghardt, K. E. G.: Aeron. Quart. 5 (1954) 25–38
119. Wille, R.: Beiträge zur Phänomenologie der Freistrahlen. Z. Flugwiss. 11 (1963) 222–233. Wille, R.; Fernholz, H.: J. Fluid Mech. 23 (1965) 801–819
120. Wilson, R. E.: Turbulent boundary layer characteristics at supersonic speeds; Theory and experiment. J. Aeron. Sci. 17 (1950) 585–594
121. Wortmann, F. X.: Ein Beitrag zum Entwurf von Laminarprofilen für Segelflugzeuge und Hubschrauber. Z. Flugwiss. 3 (1955) 333–344; 5 (1957) 228–243

Bibliographie

Das Fachwissen auf dem Gebiet der Fluidmechanik wird in Lehr-, Hand- und Jahrbüchern, in Tagungs- und Fortschrittsberichten sowie als Einzelbeiträge in Zeitschriften veröffentlicht. Die nachstehende Bibliographie enthält eine aus etwa 1500 seit dem Jahr 1850 erschienenen Büchern ausgewählte und nach Sachgebieten geordnete Zusammenstellung. Dabei sind deutsche, englische und französische Lehrbücher (einschließlich Übersetzungen) aufgenommen, während auf Werke, die vornehmlich Zeitquerschnitte darstellen, verzichtet wurde. Hinter dem Verfassernamen sind jeweils das Jahr der ersten und gegebenenfalls der letzten Auflage angegeben. Bei Nachdrucken ist auch das letzte bekannt gewordene Erscheinungsjahr hinter dem Verlagsnamen vermerkt. Fachübergreifende Hinweise auf die in den Abschnitten der Bibliographie und in den Literaturverzeichnissen der Kapitel aufgeführten Bücher ergänzen die Übersicht. Auf die Zusammenstellung der in deutscher Sprache bis zum Jahr 1987 erschienenen Bücher in [A.58] wird hingewiesen.

Inhaltsverzeichnis

c) Hypersonische Strömung
d) Weitere Bücher zu Abschnitt B.1 und B.2

B.3 Sondergebiete
a) Thermo-Fluidmechanik, Wärme- und Stoffübertragung
b) Freie Molekülströmung, kinetische Theorie der Fluide
c) Magneto-Fluidmechanik

C Reibungshehaftete Strömung, Grenzschichtströmung

C.1 Gesamtdarstellung

C.2 Teildarstellung
a) Laminare Strömung
b) Turbulente Strömung
c) Strömung bei kleiner Reynolds-Zahl
d) Strömungsablösung, Grenzschichtbeeinflussung
e) Strömung mit freier Grenze, Freistrahl, Nachlauf

C.3 Sondergebiete
a) Nichtnewtonsches Fluid, Rheologie
b) Mehrphasenströmung
c) Strömung durch poröscs Medium

D Angewandte Fluidmechanik

D.1 Gesamtdarstellung

D.2 Rohr- und Gerinueströmung
a) Rohrströmung
b) Gerinneströmung
c) Fluidik

D.3 Maschinenwesen
a) Elemente der Strömungsmaschine, Flügelgitter
b) Fluidmechanische Schmiermittelreibung
c) Aerodynamik des Landfahrzeugs

D.4 Bauwesen
a) Hydromechanik im Wasserbau
b) Sicker-, Grundwasserströmung
c) Aerodynamik des Bauwerks

D.5 Flugwesen
a) Aerodynamik des Flugzeugs
b) Profil, Tragflügel, Rumpfkörper
c) Propeller, Strahlantrieb

D.6 Strömungstechnisches Versuchswesen
a) Gesamtdarstellung
b) Strömungsmeßtechnik
c) Windkanaltechnik

A Grundlagen der Fluidmechanik

A.1 Gesamtdarstellung

1. Allen, T. jr.; Ditsworth, R. L. (1972): Fluid mechanics. New York: McGraw-Hill
2. Basset, A. B. (1888): A treatise on hydrodynamics, with numerous examples, 2 Bde. New York: Dover (Nachdruck 1961)
3. Batchelor, G. K. (1967): An introduction to fluid dynamics. Cambridge: Uni. Press (1970)
4. Becker, E. (1968/77): Technische Strömungslehre, 4. Aufl. Stuttgart: Teubner
5. Becker, E.; Bürger, W. (1975): Kontinuumsmechanik. Stuttgart: Teubner
6. Binder, R. C. (1943/73): Fluid mechanics, 5. Aufl. Englewood Cliffs (N. J.): Prentice-Hall
6a. Bober, W.; Kenyon, R. A. (1980): Fluid mechanics. New York: Wiley
7. Brun, E. A.; Martinot-Lagarde, A.; Mathieu, J. (1959/70): Mécanique des fluides, 2. Aufl., 3 Bde. Paris: Dunod
8. Chorlton, F. (1967): Textbook of fluid dynamics. London: Van Nostrand
9. Curle, N.; Davies, H. J. (1968/71): Modern fluid dynamics, 2 Bde London: Van Nostrand
10. Currie, I. G. (1974): Fundamental mechanics of fluids. New York: Mc-Graw-Hill
11. Daily, J. W.; Harleman, D. R. F. (1966): Fluid dynamics. Reading (Mass.): Addison-Wesley
11a. Dryden, H. L.; Murnaghan, F. D.; Bateman, H. (1956): Hydrodynamics. New York: Dover
12. Duncan, W. J.; Thom, A. S.; Young, A. D. (1960/70): An elementary treatise on the mechanics of fluids, 2. Aufl. (SI Units) London: Arnold
13. Eppler, R. (1975): Strömungsmechanik. Wiesbaden: Akad. Verlagsges.
14. Eskinazi, S. (1967): Vector mechanics of fluids and magnetofluids. New York: Acad. Press
15. Fox, R. W.; McDonald, A. T. (1973/78): Introduction to fluid mechanics, 2. Aufl. New York: Wiley
16. Gersten, K. (1974/81): Einführung in die Strömungsmechanik, 2. Aufl. Düsseldorf: Bertelsmann
17. Hackeschmidt, M. (1969/70): Grundlagen der Strömungstechnik, 2. Bde. Leipzig: VEB Dtsch. Verl. Grundstoffindustrie
18. Hansen, A. G. (1967): Fluid mechanics. New York: Wiley
19. Hughes, W. F.; Brighton, J. A. (1967): Theory and problems of fluid dynamics. New York: Schaum
20. Hughes, W. F.; Gaylord, E. W. (1964): Fluid mechanics; Basic equations of engineering science, 1. Kap. New York: Schaum
21. John, J. E. A.; Haberman, W. L. (1971/80): Introduction to fluid mechanics. 2. Aufl. Englewood Cliffs (N. J.): Prentice-Hall
21a. Karamcheti, K. (1966): Principles of ideal-fluid aerodynamics. New York: Wiley
22. Kaufmann, W. (1954/63): Technische Hydro- und Aeromechanik, 3. Aufl. Berlin, Göttingen, Heidelberg: Springer
   – (1963): Fluid mechanics (Übersetzg. 2. Aufl.) New York: McGraw-Hill
23. Kenyon, R. A. (1960): Principles of fluid mechanics. New York: Ronald
24. Kotschin, N. J.; Kibel, I. A.; Rose, N. W. (1954/55): Theoretische Hydromechanik, 2 Bde. (Übersetzg. 3./4. russ. Aufl. 1948). Berlin: Akad.-Verl.
25. Lamb, H. (1879/1932): Hydrodynamcis, 6. Aufl. New York: Dover (1957)
   – (1907/31): Lehrbuch der Hydrodynamik (Dtsch. Übersetzg. 1., 3. und 5. Aufl.). Leizig: Teubner
26. Landau, L. D.; Lifschitz, E. M. (1966): Hydrodynamik (Übersetzg. russ. Aufl. 1953). Berlin: Akad.-Verl.
27. Li. W.-H; Lam, S.-H. (1964): Principles of fluid mchanics. Reading (Mass.): Addison-Wesley
28. Loitsynaskii, L. G. (1966): Mechanics of liquids and gases (Übersetzg. 2. russ. Aufl.). Oxford: Pergamon Press
29. Longwell, P. A. (1966): Mechanics of fluid flow. New York: McGraw-Hill
30. Lüst, R. (1978): Hydrodynamik. Mannheim: Bibl. Inst.
31. Massey, B. S. (1968/83): Mechanics of fluids, 5. Aufl. London: Van Nostrand Reinhold
32. McCormack, P. D.; Crane, L. (1973): Physical fluid dynamics. New York: Acad. Press
33. Meyer, R. E. (1971): Introduction to mathematical fluid dynamics. New York: Wiley-Intersci.
34. Michelson, I. (1970): The science of fluids. New York: Van Nostrand Reinhold
35. Milne-Thomson, L. M. (1938/68): Theoretical hydrodynamics, 5. Aufl. London: Macmillan
36. Owczarek, J. A. (1968): Introduction to fluid mechanics. Scranton (Penn.): Internat. Textbook
37. Panton, R. L. (1984): Incompressible flow. New York: Wiley
38. Pao, R. H. F. (1967): Fluid dynamics. Columbus (Ohio): Merrill
39. Peerless, S. J. (1967): Basic fluid mechanics. Oxford: Pergamon Press
40. Prandtl, L. (1952): The essentials of fluid dynamics. (Ubersetzg. Führer durch die Strömungslehre, 3. Aufl.). London: Blackie

41. Prandtl, L.; Oswatitsch, K.; Wieghardt, K. (1942/90): Führer durch die Strömungslehre, 9. Aufl. Braunschweig: Vieweg
42. Prandtl, L.; Tietjens, O. (1929/44): Hydro- und Aeromechanik 2. Aufl., 2 Bde. Berlin: Springer – (1934): Hydro- and aeromechanics (Übersetzg. 1. Aufl. 1929). 2 Bde. New York: Dover (1957)
42a. Prasuhn, A. L. (1980): Fundamentals of fluid mechanics. Englewood Cliffs (N.J.): Prentice-Hall.
43. Raudkivi, A. J.; Callander, R. A. (1975): Advanced fluid mechanics; An introduction. London: Arnold
44. Robertson, J. M. (1965): Hydrodynamics in theory and application. Englewood Cliffs (N. J.): Prentice-Hall
45. Rouse, H. (1946): Elementary mechanics of fluids. New York: Wiley (1960)
46. Rouse, H. (Hrsg. 1959): Advanced mechanics of fluids. New York: Wiley (1965)
47. Sabersky, R. H.; Acosta, A. J. (1964): Fluid flow; A first course in fluid mechanics. London: Macmillan (1969)
48. Schade, H. (1970): Kontinuumstheorie strömender Medien. Berlin, Heidelberg, New York: Springer
49. Schade, H.; Kunz, E.; Vagt, J.-D. (1980/89): Strömungslehre, mit einer Einführung in die Strömungsmeßtechnik, 2. Aufl. Berlin: De Gruyter
50. Shames, I. H. (1962): Mechanics of fluids. New York: McGraw-Hill
51. Shepherd, D. G. (1965): Elements of fluid mechanics. New York: Hartcourt, Brace and World
52. Shinbrot, M. (1973): Lectures on fluid mechanics. New York: Gordon and Breach
52a. Spurk, J. H. (1987): Strömungslehre; Einführung in die Theorie der Strömungen. Berlin, Heidelberg, New York: Springer
53. Streeter, V L. (Hrsg. 1961): Handbook of fluid dynamics. New York: McGraw-Hill
54. Streeter, V. L.; Wylie, E. B. (1958/75): Fluid mechanics, 6. Aufl. New York: McGraw-Hill
55. Swanson, W. M. (1970): Fluid mechanics. New York: Holt, Rinehart and Winston
56. Tietjens, O. (1960/70): Strömungslehre; Physikalische Grundlagen vom technischen Standpunkt, 2 Bde. Berlin, Heidelberg, New York: Springer
57. Tritton, D. J. (1977): Physical fluid dynamics. New York: Van Nostrand Reinhold
58. Truckenbrodt, E. (1983/88): Lehrbuch der angewandten Fluidmechanik, 2. Aufl. Berlin, Heidelberg, New York: Springer
59. Vallentine, H. R. (1959/69): Applied hydrodynamics, 3. Aufl. (SI Units). London: Butterworths.
60. Vennard, J. K.; Street, R. L. (1940/75): Elementary fluid mechanics, 5. Aufl. (SI-Version) New York: Wiley
61. Walshaw, A. C.; Jobson, D. A. (1962/79): Mechanics of fluids, 3. Aufl. (SI-Units). London: Longman
62. Whitaker, S. (1968): Introduction to fluid mechanics. Englewood Cliffs (N. J.): Prentice-Hall
63. White, F. M. (1979): Fluid mechanics. New York: McGraw-Hill
64. Wieghardt, K. (1965): Theoretische Strömungslehre; Eine Einführung. Stuttgart: Teubner
65. Yih, C.-S. (1969): Fluid mechanics; A concise introduction to the theory. New York: McGraw-Hill
66. Yuan, S. W. (1967/70): Foundations of fluid mechanics (SI Units). London: Prentice-Hall
67. Zierep, J. (1979/82): Grundzüge der Strömungslehre, 2. Aufl. Karlsruhe: Braun

A.2 Methoden zur Beschreibungvon Strömungsvorgängen

a) Theoretische Verfahren

68. Aris, R. (1962): Vectors, tensors, and the basic equations of fluid mechanics. Englewood Cliffs (N. J.): Prentice-Hall
69. Betz, A. (1948/64): Konforme Abbildung, 2. Aufl. Berlin, Göttingen, Heidelberg: Springer
70. Dyke, M. van (1964/75): Perturbation methods in fluid mechanics (Aufl. mit Anmerkungen). New York: Acad. Press
71. Keune, F.; Burg, K. (1975): Singularitätenverfahren der Strömungslehre. Karlsruhe: Braun
72. Schneider, W. (1978): Mathematische Methoden der Strömungsmechanik. Braunschweig: Vieweg

b) Numerische Verfahren

73. Chow, C.-Y. (1979): An introduction to computational fluid mechanics. New York: Wiley
74. Chung, T. J. (1978): Finite element analysis in fluid dynamics. New York: McGraw-Hill

75. Connor, J. J.; Brebbia, C. A. (1976): Finite element techniques for fluid flow. London: Newnes-Butterworths
76. Gallagher, R. H.; Oden, J. T.; Taylor, C.; Zienkiewicz, O. C. (Hrsg. 1975): Finite elements in fluids. 2 Bde. New York: Wiley-Intersci.
77. Holt, M. (1977): Numerical methods in fluid dynamics. Berlin, Heidelbeg, New York: Springer
78. Roache, P. J. (1972): Computational fluid dynamics. Albuquerque (N. M.): Hermosa

c) Dimensionsanalyse, Ähnlichkeit, Analogie

79. Birkhoff, G. (1950/60): Hydrodynamics. A study in logic, fact and similitude, 2 Aufl. Princeton (N. J.): Univ. Press
80. Duncan, W. J. (1953): Physical similarity and dimensional analysis; An elementary treatise. London: Arnold (1955)
81. Görtler, H. (1975): Dimensionsanalyse; Theorie der physikalischen Dimensionen mit Anwendungen. Berlin, Heidelberg, New York: Springer
82. Hackeschmidt, M. (1972): Strömungstechnik; Ähnlichkeit, Analogie, Modell. Leipzig: VEB Dtsch. Verl. Grundstoffindustrie
83. Kline, S. J. (1965): Similitude and approximation theory. New York: McGraw-Hill
84. Malavard, L. (1974): Hydronautique et hydromécanique, Techniques de calcul et méthodes analogiques. Wien, New York: Springer
85. Pankhurst, R. C. (1964): Dimensional analysis and scale factors. London: Chapman and Hall
86. Zierep, J. (1972/82): Ähnlichkeitsgesetze und Modellregeln der Strömungslehre, 2. Aufl. Karlsruhe: Braun – (1971): Similarity laws and modeling (Übersetzg.) New York: Dekker

A.3 Sondergebiete

a) Fluidmechanische Stabilität

87. Betchow, R.; Criminale, W. O. Jr. (1967): Stability of parallel flows. New York: Acad. Press
88. Chandrasekhar, S. (1961): Hydrodynamic and hydromagnetic stability. Oxford: Clarendon
89. Joseph, D. D. (1976): Stability of fluid motions, 2 Bde. Berlin, Heidelberg, New York: Springer
90. Lin, C. C. (1955): The theory of hydrodynamic stability. Cambridge: Univ. Press

Bibliographie: A 36, 57, 64, 65; B 9; C 12, 13

b) Wirbelbewegung

90a. Albring, W. (1981): Elementarvorganje fluider Wirbelbewegungen. Berlin: Akad.-Verl.
91. Bauer, G. (1919): Die Helmholtzsche Wirbeltheorie; für Ingenieure. München: Oldenbourg
92. Lugt, H. J. (1979): Wirbelströmung in Natur und Technik. Karlsruhe: Braun
93. Poincaré, H. (1883): Théorie des tourbillons. Paris: Carré
94. Truesdell, C. (1954): The kinematics of vorticity. Bloomington: Indiana Uni. Press
95. Villat, H. (1930): Leçons sur la théorie des tourbillons. Paris: Gauthier-Villars
96. Zeytounian, R. K. (1974): Notes sur les écouluments rotationnels de fluides parfaits. Berlin, Heidelberg, New York: Springer

Bibliographie: A 3, 14, 22, 24, 25, 32, 35, 42, 44, 49, 56

c) Wellenbewegung

97. Le Méhauté, B. (1976): An introduction to hydrodynamics and water waves. New York, Heidelberg, Berlin: Springer
98. Lighthill, J. (1980): Waves in fluids. Cambridge: Uni. Press
99. Stoker, J. J. (1957): Water waves; The mathematical theory with applications. New York: Intersci. Publ. (1966)
100. Whitham, G. B. (1974): Linear and nonlinear waves. New York: Wiley-Intersci.

Bibliographie: A 10, 12, 22, 24, 25, 30, 34, 35, 44, 65, 76; B 1–61; D 17, 22, 47, 53, 60; Kap. 5: 3

B Strömung dichteveränderlicher Fluide

B.1 Gesamtdarstellung

1. Abramowitsch, G. N. (1958): Angewandte Gasdynamik (Übersetzg. 2. russ. Aufl.). Berlin: VEB Verl. Technik
2. Becker, E. (1965): Gasdynamik, Stuttgart: Teubner
   – (1968): Gasdynamics (Übersetzg.) New York: Acad. Press
3. Cambel, A. B.; Jennings, B. H. (1958): Gas dynamics. New York: Dover (1967)
4. Carafoli, E. (1956): High-speed aerodynamics (compressible flow). London: Pergamon (Übersetzg. rumän. Aufl.)
5. Chapman, A. J.; Walker, W. F. (1971): Introductory gas dynamics. New York: Holt, Rinehart and Winston
6. Emmons, H. W. (Hrsg. 1958): Fundamentals of gas dynamics; High speed aerodynamics and jet propulsion, 3. Bd. Princeton (N. J.): Uni. Press
7. Ganzer, U., u.a. (1988): Gasdynamik. Berlin, Heidelberg, New York: Springer
8. Howarth, L. (Hrsg. 1953): Modern developments in fluid dynamics; High speed flow, 2 Bde. Oxford: Clarendon (1964)
9. Kuethe, A. M.; (Schetzer, J. D.); Chow, C.-Y. (1950/76): Foundations of aerodynamics; Bases of aerodynamic design, 3. Aufl. New York: Wiley
10. Liepmann, H. W.; Roshko, A. (1957)-Elements of gasdynamics. New York: Wiley (1967)
11. Mises, R. von; Geiringer, H.; Ludford, G. S. S. (1958): Mathematical theory of compressible fluid flow. New York: Acad. Press (1966)
12. Oswatitsch, K. (1976): Grundlagen der Gasdynamik. Wien, New York: Springer
13. Owczarek, J. A. (1964): Fundamentals of gas dynamics. Scranton (Penn.): Internat. Textbook
14. Pai, S.-I. (1959): Introduction to the theory of compressible flow. Princeton (N. J.): Van Nostrand
15. Rotty, R. M. (1962): Introduction to gas dynamics. New York: Wiley
16. Sauer, R. (1943/60): Einführung in die theoretische Gasdynamik, 3. Aufl. Berlin, Göttingen, Heidelberg: Springer
   – (1947): Introduction to theoretical gasdynamics (Übersetzg.) Ann. Arbor. (Mich.): Edwards
17. Sauer, R. (1966): Nichtstationäre Probleme der Gasdynamik. Berlin, Heidelberg, New York: Springer
18. Sears, W. R. (Hrsg. 1954): General theory of high speed aerodynamics; High speed aerodynamics and jet propulsion, 6. Bd. Princeton: Uni. Press
19. Shapiro, A. H. (1953/54): The dynamics and thermodynamics of compressible fluid flow, 2 Bde. Nev York: Ronald
20. Thompson, P. A. (1972): Compressible-fluid dynamics. New York: McGraw-Hill
21. Zierep, J. (1963/76): Theoretische Gasdynamik, 3. Aufl. (hervorgegangen aus: Vorlesungen über theoretische Gasdynamik und Theorie der schallnahen und der Hyperschallströmungen). Karlsruhe: Braun
22. Zucrow, M. J.; Hofffman, J. D. (1976/77): Gasdynamics, 2 Bde. New York: Wiley

B.2 Teildarstellung

a) Sub- und supersonische Strömung

23. Bers, L. (1958): Mathematical aspects of subsonic and transonic gasdynamics. New York: Wiley
24. Courant, R.; Friedrichs, K. O. (1948): Supersonic flow and shock waves. New York, Heidelberg, Berlin: Springer (1976)
25. Dorfner, K.-R. (1957): Dreidimensionale Überschallprobleme der Gasdynamik. Berlin, Göttingen, Heidelberg: Springer
26. Ferri, A. (1949): Elements of aerodynamics of supersonic flows. New York: Macmillan
27. Miles, E. R. C. (1950): Supersonic aerodynamics; A theoretical introduction. New York: Dover (1961)
28. Miles, J. W. (1959): The potential theory of unsteady supersonic flow. Cambridge: Uni. Press
29. Ward, G. N. (1955): Linearized theory of steady high-speed flow. Cambridge: Uni. Press
30. Woods, L. C. (1961): The theory of subsonic plane flow. Cambridge: Uni. Press

b) Transsonische Strömung

31. Ferrari, C.; Tricomi, F. G. (1968): Transonic aerodynamics (Übersetzg. ital. Aufl. 1962). New York: Acad. Press
32. Guderley, K. G. (1957): Theorie schallnaher Strömungen. Berlin, Göttingen, Heidelberg: Springer – (1962): The theory of transonic flow (Übersetzg.) New York: Pergamon Press
33. Landahl, M. T. (1961): Unsteady transonic flow. New York: Pergamon Press
34. Oertel, H. (1966): Stoßrohre, Shock tubes, Tubes à choc. Theorie, Praxis, Anwendungen; Mit einer Einführung in die Physik der Gase. Wien, New York: Springer
35. Oswatitsch, K. (1977): Spezialgebiete der Gasdynamik; Schallnähe, Hyperschall, Tragflächen, Wellenausbreitung. Wien, New York: Springer

Bibliographie: B 23

c) Hypersonische Strömung

36. Chernyi, G. G. (1961): Introduction to hypersonic flow (Übersetzg. russ. Aufl. 1959). New York: Acad. Press (1969)
37. Cox, R. N.; Crabtree, L. F. (1965): Elements of hypersonic aerodynamics. London: Engl. Uni. Press
38. Dorrance, W. H. (1962): Viscous hypersonic flow; Theory of reacting and hypersonic boundary layers. New York: McGraw-Hill
39. Hayes, W. D.; Probstein, R. F. (1959/66): Hypersonic flow theory. 2. Aufl. 1. Bd.: Inviscid flows. New York: Acad. Press
40. Truitt, R. W. (1959): Hypersonic aerodynamics. New York: Ronald

Bibliographie: B 35

d) Weitere Bücher zu Abschnitt B.1 und B.2

Kap. 4: 3, 7, 8, 15, 25, 27, 29, 32, 52

B.3 Sondergebiete

a) Thermo-Fluidmechanik, Wärme- und Stoffübertragung

41. Bennett, C. O.; Myers, J. E. (1962/74): Momentum, heat, and mass transfer, 2 Aufl. New York: McGraw-Hill
42. Bird, R. B.; Stewart, W. E.; Lightfoot, E. N. (1960): Transport phenomena. New York: Wiley
43. Gibbings, J. C. (1970): Thermomechanics; An introduction to the governing equations of thermodynamics and the mechanics of fluids. Oxford: Pergamon Press
43a. Grimson, J. (1970): Mechanics and thermodynamics of fluids. London: McGraw-Hill
44. Grimson, J. (1971): Advanced fluid dynamics and heat transfer. London: McGraw-Hill
44a. Jischa, M. (1982): Konvektiver Impuls-, Wärme- und Stoffaustausch. Braunschweig: Vieweg
45. Knudsen, J. G.; Katz, D. L. (1958): Fluid dynamics and heat transfer. New York: McGraw-Hill
46. Parker, J. D.; Boggs, J. H.; Blick, E. F. (1969): Introduction to fluid mechanics and heat transfer. Reading (Mass.): Addison-Wiley
47. Pefley, R. K.; Murray, R. I. (1966): Thermofluid mechanics. New York: McGraw-Hill
48. Reynolds, A. J. (1971): Thermofluid dynamics. London: Wiley-Intersci.
48a. Rohsenow, W. M.; Choi, H. Y. (1961): Heat, mass, and momentum transfer. Englewood Cliffs (N.J.): Prentice-Hall
49. Welty, J. R.; Wicks, C. E.; Wilson, R. E. (1969/76): Fundamentals of momentum, heat, and mass transfer, 2. Aufl. New York: Wiley

Bibliographie: A 41; B 7; C 17, 18

b) Freie Molekülströmung, kinetische Theorie der Fluide

50. Bird, G. A. (1976): Molecular gas dynamics. Oxford: Clarendon
51. Chapman, S.; Cowling, T. G. (1939/70): The mathematical theory of non-uniform gases; An account of the kinetic theory of viscosity, thermal conduction and diffusion in gases. 3. Aufl. Cambridge: Uni. Press
52. Frenkel, J. I. (1957): Kinetische Theorie der Flüssigkeiten. (Übersetzg. russ. Aufl. 1945). Berlin: VEB Dtsch. Verl. Wissensch.
– (1946): Kinetic theory of liquids (Übersetzg.). New York: Dover 1955)

53. Kogan, M. N. (1969): Rarefied gas dynamics (Übersetzg. russ. Aufl. 1967). New York: Plenum Press
54. Patterson, G. N. (1956): Molecular flow of gases. New York: Wiley
55. Present, R. D. (1958): Kinetic theory of gases. New York: McGraw-Hill
56. Résibois, P.; Leener, M. de (1977): Classical kinetic theory of fluids. New York: Wiley-Intersci.
57. Vincenti, W. G.; Kruger, C. H. jr. (1965): Introduction to physical gas dynamics. New York: Wiley (1967)

Bibliographie: A 34, 55; B 6, 10, 37, 49

c) Magneto-Fluidmechanik

58. Cabannes, H. (1970): Theoretical Magnetofluiddynamics (Übersetzg. 2. franz. Aufl. 1969). New York: Acad. Press
59. Cramer, K. R.; Pai, S.-I. (1974): Magnetofluid dynamics for engineers and applied physicists. New York: McGraw-Hill
60. Pai, S.-I. (1962): Magnetogasdynamics and plasma dynamics. Wien: Springer
61. Shercliff, J. A. (1965): A textbook of magnetohydrodynamics. Oxford: Pergamon Press

Bibliographie: A 8, 14, 19, 37, 53, 55, 87, 88; B 14; C 4, 59

C Reibungsbehaftete Strömung, Grenzschichtströmung

C.1 Gesamtdarstellung

1. Cebeci, T.; Bradshaw, P. (1977): Momentum transfer in boundary layers. New York: McGraw-Hill
2. Goldstein, S. (Hrsg. 1938): Modern developments in fluid dynamics; An account of theory and experiment relating to boundary layers, turbulent motion and wakes, 2 Bde. New York: Dover (1965)
3. Lu, P.-C. (1977): Introduction to the mechanics of viscous fluids. New York: McGraw-Hill
4. Pai, S.-I. (1956/57): Viscous flow theory, 2 Bde. Princeton (N. J.): Van Nostrand
5. Patankar, S. V.; Spalding, D. B. (1968/70): Heat and mass transfer in boundary layers, 2. Aufl. London: Intertext books
6. Schlichting, H. (1951/82): Grenzschicht-Theorie, 8. Aufl. Karlsruhe: Braun
   – (1955/79): Boundary-layer theory (Übersetzg. J. Kestin), 7. Aufl. New York: McGraw-Hill
7. Walz, A. (1966): Strömungs- und Temperaturgrenzschichten. Karlsruhe: Braun
   –(1969): Boundary layers of flow and temperature (Übersetzg.). Cambridge (Mass.): MIT Press
8. White, F. M. (1974): Viscous fluid flow. New York: McGraw-Hill
8a. Young, A. D. (1989): Boundary layers. Oxford: PSP

C.2 Teildarstellung

a) Laminare Strömung

9. Evans, H. L. (1968): Laminar boundary-layer theory. Reading (Mass.): Addison-Wesley
10. Loitsianski, L. G. (1967): Laminare Grenzschichten (Übersetzg. russ. Aufl. 1961). Berlin: Akad. Verl.
11. Meksyn, D. (1961): New methods in laminar boundary-layer theory. Oxford: Pergamon Press
12. Moore, F. K. (Hrsg. 1964): Theory of laminar flows; High speed aerodynamics and jet propulsion, 4. Bd. Princeton (N. J.): Uni. Press
13. Rosenhead, L. (Hrsg. 1963): Laminar boundary layers; An account of the development, structure and stability of laminar boundary layers in incompressible fluids, together with a description of the associated experimental techniques. Oxford: Clarendon (1965)
13a. Schetz, J. A. (1984): Foundations of boundary layer theory for momentum, heat, and mass transfer. Englewood Cliffs (N.J.): Prentice-Hall
14. Stewartson, K. (1964): The theory of laminar boundary layers in compressible fluids. Oxford: Clarendon (1965)

b) Turbulente Strömung

15. Batchelor, G. K. (1953): The theory of homogeneous turbulence. Cambridge: Uni. Press (1970)
16. Bradshaw, P. (1971): An introduction to turbulence and its measurement. Oxford: Pergamon Press
17. Bradshaw, P. (Hrsg. 1976/78): Turbulence, 2. Aufl. Berlin, Heidelberg, New York: Springer
18. Cebeci, T.; Smith, A. M. O. (1974): Analysis of turbulent boundary layers. New York: Acad. Press

19. Davies, J. T. (1972): Turbulence Phenomena; An introduction to eddy transfer of momentum, mass, and heat, particularly at interfaces. New York: Acad. Press
20. Frost, W.; Moulden, T. H. (Hrsg. 1977): Handbook of turbulence, 2 Bde. New York: Plenum Press
20a. Gebelein, H. (1935): Turbulenz; Physikalische Statistik und Hydrodynamik. Berlin: Springer
21. Hinze, J. O. (1959/75): Turbulence; An introduction to its mechanism and theory, 2. Aufl. New York: McGraw-Hill
22. Kline, S. J.; Morkovin, M. V.; Sovran, G.; Cockrell, D. J.; Coles, D. E.; Hirst, E. A. (Hrsg. 1969): Computation of turbulent boundary layers. AFOSR-IFP-Stanford Conference 1968; Stanford: Uni. Press
23. Kutateladze, S. S.; Leont'ev, A. I. (1964): Turbulent boundary layers in compressible gases (Übersetzg. russ. Aufl. 1962). London: Arnold
24. Launder, B. E.; Spalding, D. B. (1972): Lectures in mathematical models of turbulence. London: Acad. Press
25. Leslie, D. C. (1973): Developments in the theory of turbulence. Oxford: Clarendon
26. Lin, C. C. (Hrsg. 1959): Turbulent flows and heat transfer; High speed aerodynamics and jet propulsion, 5. Bd. Princeton (N. J.): Uni. Press
27. Lumley, J. L. (1970): Stochastic tools in turbulence. New York: Acad. Press
28. Monin, A. S.; Yaglom, A. M. (1971/75): Statistical fluid mechanics; Mechanics of turbulence, 2 Bde. (Übersetzg. russ. Aufl. 1965). Cambridge (Mass): MIT Press
29. Reynolds, A. J. (1974): Turbulent flows in engineering. London: Wiley-Intersci.
30. Rotta, J. C. (1972): Turbulente Strömungen; Eine Einführung in die Theorie und ihre Anwendung. Stuttgart: Teubner
31. Szablewski, W. (1976): Turbulente Scherströmungen. Berlin: Akad. Verl.
32. Townsend, A. A. (1956/76): The structure of turbulent shear flow, 2. Aufl. Cambridge Uni. Press

c) Strömung bei kleiner Reynolds-Zahl

33. Happel, J.; Brenner, H. (1965/73): Low Reynolds number hydrodynamics, with special applications to particulate media, 2. Aufl. Leyden: Noordhoff Internat. Publ.
34. Langlois, W. E. (1964): Slow viscous flow. New York: Macmillan

Bibliographie: A 10, 11, 32, 35, 70; C 4, 6, 8, 12, 13; D 90

d) Strömungsablösung, Grenzschichtbeeinflussung

35. Chang, P. K. (1970): Separation of flow. Oxford: Pergamon Press
36. Chang, P. K. (1976): Control of flow separation; Energy conservation, operational efficiency, and safety. New York: McGraw-Hill
37. Lachmann, G. V. (Hrsg. 1961): Boundary layer and flow control; Its principles and application, 2 Bde. Oxford: Pergamon Press

Bibliographie: A 53; D 6, 76, 77

e) Strömung mit freier Grenze, Freistrahl, Nachlauf

38. Abramovich, G. N. (Hrsg. 1963): The theory of turbulent jets (Übersetzg. russ. Aufl.). Cambridge (Mass): MIT Press
39. Berger, S. A. (1971): Laminar wakes. New York: Amer. Elsevier
40. Birkhoff, G.; Zarantonello, E. H. (1957): Jets, wakes, and cavities. New York: Acad. Press
41. Gurevich, M. I. (1966): The theory of jets in an ideal fluid (Übersetzg. russ. Aufl. 1961). Oxford: Pergamon Press[1]
42. Logvinovich, G. V. (1972): Hydrodynamics of free-boundary flows (Übersetzg. russ. Aufl. 1965). Jerusalem: Isr. Progr. Sci. Translat.[1]
43. Pai, S.-I. (1954): Fluid dynamics of jets. New York: Van Nostrand
44. Rajaratnam, N. (1976): Turbulent jets. Amsterdam: Elsevier

Bibliographie: A 44; B 30; C 2, 6, 8, 10, 30, 32

[1] Reibungslose Strömung

C.3 Sondergebiete

a) Nichtnewtonsches Fluid, Rheologie

45. Astarita, G.; Marrucci, G. (1974): Principles of non-newtonian fluid mechanics. London: McGraw-Hill
46. Bird, R. B.; Armstrong, R. C.; Hassager, O. (1977/79): Dynamics of polymeric liquids, 2 Bde. New York: Wiley
47. Coleman, B. D.; Markovitz, H.; Noll, W. (1966): Viscometric flows of non-newtonian fluids; Theory and experiment. Berlin, Heidelberg, New York: Springer
48. Eirich, F. R. (Hrsg. 1956/69): Rheology; Theory and applications, 5 Bde. New York Acad. Press
49. Frederickson, A. G. (1964): Principles and applications of rheology. Englewood Cliffs (N. J.): Prentice-Hall
50. Harris, J. (1977): Rheology and non-newtonian flow. London: Longman
51. Persoz, B. (1969): La rhéologie. Paris: Masson
52. Reiner, M. (1969): Rheologie in elementarer Darstellung, 2. Aufl. (Übersetzg. engl. Aufl. 1960). München: Hanser
53. Scott Blair, G. W. (1969): Elementary rheology. New York: Acad. Press
54. Skelland, A. H. P. (1967): Non-newtonian flow and heat transfer. New York: Wiley
55. Wilkinson, W. L. (1960): Non-newtonian fluids; Fluid mechanics, mixing and heat transfer. London: Pergamon Press

Bibliographie: A 19, 29, 53, 76; C 17, 56–58; D 12, 19, 61
Kap. 1: 36

b) Mehrphasenströmung

56. Brauer, H. (1971): Grundlagen der Einphasen- und Mehrphasenströmungen. Aarau (Schweiz): Sauerländer
57. Brodkey, R. S. (1967): The phenomena of fluid motions. Reading (Mass.): Addison-Wesley
58. Govier, G. W.; Aziz, K. (1972): The flow of complex mixtures in pipes. New York: Van Nostrand Reinhold
59. Pai, S.-I. (1977): Two-phase flows. Braunschweig: Vieweg
60. Soo, S. L. (1967): Fluid dynamics of multiphase systems. Waltham (Mass): Blaisdell
61. Wallis, G. B. (1969): One-dimensional two-phase flow. New York: McGraw-Hill

Bibliographie: A 53; C 17; D 12

c) Strömung durch poröses Medium

62. Aravin, V. I.; Numerov, S. N. (1965): Theory of fluid flow in undeformable porous media (Übersetzg. russ. Aufl. 1953). Jerusalem: Isr. Progr. Sci. Translat.
63. Bear, J. (1972): Dynamics of fluids in porous media. New York: Amer, Elsevier
64. Carman, P. C. (1956): Flow of gases through porous media. London: Butterworths
65. Scheidegger, A. E. (1957/74): The physics of flow through porous media, 3 Aufl. Toronto: Uni. Press
66. Wiest, R. J. M. de (Hrsg. 1969): Flow through porous media. New York: Acad. Press

Bibliographie: A 29, 53, 75, 76; C 59; D 19, 66, 67

D Angewandte Fluidmechanik

D.1 Gesamtdarstellung

1. Albertson, M. L.; Barton, J. R.; Simons, D. B. (1960): Fluid mechanics for engineers. Englewood Cliffs (N. J.): Prentice-Hall
2. Albring, W. (1961/78): Angewandte Strömungslehre, 5. Aufl. Berlin: Akad. Verl.
3. Barna, P. S. (1958/71): Fluid mechanics for engineers, 3. Aufl. (SI Units). London: Butterworths
3a. Bertin, J. J. (1984): Engineering fluid mechanics. Englewood Cliffs (N.J.): Prentice-Hall
4. Bohl, W. (1971/89): Technische Strömungslehre, 8. Aufl. Würzburg: Vogel
5. Daugherty, R. L.; (Ingersoll, A. C.); Franzini, J. B. (1916/77): Fluid mechanics with engineering applications, 7. Aufl. New York: McGraw-Hill
6. Eck, B. (1935/80): Technische Strömungslehre; Grundlagen und Anwendungen. 8. Aufl., 2 Bde. Berlin, Heidelberg, New York: Springer

7. Francis, J. R. D.; Jackson, G. (1958/69): A textbook of fluid mechanics for engineering students, 3. Aufl. (SI Units). London: Arnold
8. Gibson, A. H. (1908/52): Hydraulics and its applications, 5 Aufl. London: Constable
9. Gilbrech, D. A. (1965): Fluid mechanics. London: Iliffe Books
10. Giles, R. V. (1962): Theory and problems of fluid mechanics and hydraulics, 2. Aufl. New York: Schaum
– (1976): Strömungslehre und Hydraulik; Theorie und Anwendungen. Düsseldorf: McGraw-Hill
11. Granet, I. (1971): Fluid mechanics for engineering technology. Englewood Cliffs (N. J.): Prentice-Hall
12. Holland, F. A. (1973): Fluid flow for chemical engineers. London: Arnold
13. Hunsaker, J. C.; Rightmire, B. G. (1947): Engineering applications of fluid mechanics. New York: McGraw-Hill
14. Ireland, J. W. (1971): Mechanics of fluids. London: Butterworths
15. Kalide, W. (1965/76): Einführung in die technische Strömungslehre, 4, Aufl. München: Hanser
16. Käppeli, E. (1972/76): Strömungslehre; Blaue TR-Reihe 113, 114, 115. Bern: Hallwag
17. King, H. W.; Brater, E. F. (1918/76): Handbook of hydraulics for the solution of hydrostatic and fluid-flow problems, 6. Aufl. New York: McGraw-Hill
18. Murdock, J. W. (1976): Fluid mechanics and its applications. Boston: Hoghton Mifflin
19. Nevers, N. de (1970): Fluid mechanics. Reading (Mass.): Addison-Wesley
20. Olson, R. M. (1961/66): Essentials of engineering fluid mechanics. 2. Aufl. London: Internat. Textbook (1968)
20a. Plapp, J. E. (1968): Engineering fluid mechanics. Englewood Cliffs (N.J.): Prentice Hall
21. Roberson, J. A.; Crowe, C. T. (1975): Engineering fluid mechanics. Boston: Houghton Miffin
22. Rouse, H. (1938): Fluid mechanics for hydraulic engineers New York: Dover (1961)
22a. Sigloch, H. (1980): Technische Fluidmechanik. Hannover: Schroedel

D.2 Rohr- und Gerinneströmung

a) Rohrströmung

23. Benedict, R. P.; Carlucci, N. A. (1966): Handbook of specific losses in flow systems. New York: Plenum Press Data Division
24. Herning, F. (1950/67): Stoffströme in Rohrleitungen, 3. Aufl. Düsseldorf: VDI-Verl.
24a. Idelchick, I. E. (1986): Handbook of hydraulik resistance (Übersetzg. 2. russ. Aufl. 1975) Washington: Hemisphere
25. Miller, D. S. (1971): Internal flow, a guide to losses in pipe and duct systems. Cranfield: Brit. Hydr. Res. Ass. (BHRA)
– (1978) Internal flow systems. Cranfield: Brit. Hydr. Res. Ass. (BHRA)
26. Richter, H. (1933/71): Rohrhydraulik; Ein Handbuch zur praktischen Strömungsberechnung, 5. Aufl. Berlin, Heidelberg, New York: Springer
27. Schwaigerer, S. (Hrsg. 1967): Rohrleitungen, Theorie und Praxis. Berlin, Heidelberg. New York: Springer
28. Zoebl, H.; Kruschick, J. (1978/82): Strömung durch Rohre und Ventile; Tabellen und Berechnungsverfahren zur Dimensionierung von Rohrleitungssystemen, 2. Aufl. Wien, New York: Springer

Bibliographie: A 4, 6, 7, 11, 12, 15–19, 21, 22, 31, 38, 39, 42, 47, 49–51, 53–56, 58, 60–63; B 1, 3, 5–7, 13, 15, 19, 20, 22, 42, 44–49; C 1–4, 6, 8, 17, 23, 26, 28–32, 56–58, 60; D 1–22, 37, 38, 47–51, 53–61, 63–65
Kap. 3: 16, 19, 28, 74, 84;
Kap. 4: 4, 8, 15, 25, 27, 29, 32, 37, 52, 61

b) Gerinneströmung

29. Chow, V. T. (1959): Open-channel hydraulics. New York: McGraw-Hill
30. Henderson, F. M. (1971): Open channel flow. New York: Macmillan
31. Schmidt, M. (1957): Gerinnehydraulik. Wiesbaden: Bau-Verl.
32. Sellin, R. H. J. (1970): Flow in channels. New York: Gordon and Breach

Bibliographie: A 6, 12, 21, 22, 31, 38, 39, 42, 47, 50, 53–56, 58, 60–63; D 1, 3, 5, 7–12, 14, 15, 17, 18, 20–22, 37, 46–51, 53–56, 58–61, 63, 64

c) Fluidik

33. Conway, A. (Hrsg. 1971): A guide to fluidics. London: Macdonald
34. Foster, K.; Parker, G. A. (1970): Fluidics; Components and circuits. London: Wiley-Intersci.

35. Kirshner, J. M.; Katz, S. (1975): Design theory of fluidic components. New York: Acad. Press
36. Rechten, A. W. (1976): Fluidik; Grundlagen, Bauelemente, Schaltungen. Berlin, Heidelberg, New York: Springer

Bibliographie: D 11, 16, 19
Kap. 4: 61

D.3 Maschinenwesen

a) Elemente der Strömungsmaschine, Flügelgitter

37. Addison, H. (1934/64): A treatise on applied hydraulics, 5. Aufl. London: Chapman and Hall
38. Betz, A. (1959): Einführung in die Theorie der Strömungsmaschinen. Karlsruhe: Braun
–(1966): Introduction to the theory of flow machines. Oxford: Pergamon Press
39. Scholz, N. (1965): Aerodynamik der Schaufelgitter; Grundlagen, zweidimensionale Theorie, Anwendungen. Karlsruhe: Braun
– (1977): Aerodynamics of cascades (Übersetzg. A. Klein) AGARD-AG-220

Bibliographie: A 4, 6, 7, 12, 21, 22, 31, 38, 39, 47, 51, 53, 54, 61, 63, 76; B 1, 30, 44, 48; D 1–10, 12–16, 19–21, 46, 60

b) Fluidmechanische Schmiermittelreibung

40. Cameron, A. (1971): Basic lubrication theory. London: Longmans
41. Fuller, D. D. (1956): Theory and practice of lubrication for engineers. New York: Wiley
– (1961): Theorie und Praxis der Schmierung (Übersetzg.) VEB-Verl. Technik
42. Pinkus, O.; Sternlicht, B. (1961): Theory of hydrodynamic lubrication. New York: McGraw-Hill

Bibliographie: A 6, 7, 53, 76; D 13, 16, 22, 63

c) Aerodynamik des Landfahrzeugs

42a. Hucho, W.-H. (Hrsg. 1981): Aerodynamik des Automobils. Eine Brücke von der Strömungsmechanik zur Fahrzeugtechnik. Würzburg: Vogel
43. Koenig-Fachsenfeld, R. (1951): Aerodynamik des Kraftfahrzeugs, 2 Bde. Frankfurt: Umschau Verl.
44. Scibor-Rylski, A. J. (1975): Road vehicles aerodynamics. London: Pentech Press
45. Stephens, H. S. (Hrsg. 1973): Advances in road vehicle aerodynamics. Cranfield: Brit. Hydr. Res. Ass. (BHRA)

Bibliographie: D 76

D.4 Bauwesen

a) Hydromechanik im Wasserbau

46. Davis, C. V.; Sorensen, K. E. (Hrsg. 1942/69): Handbook of applied hydraulics, 3. Aufl. New York: McGraw-Hill
47. Forchheimer, P. (1914/30): Hydraulik, 3. Aufl. Leipzig: Teubner
48. Franke, P.-G. (1970/76): Abriß der Hydraulik, 10 Hefte. Wiesbaden: Bau-Verl.
49. Franke, P.-G. (1974): Hydraulik für Bauingenieure. Berlin: De Gruyter
50. Hutarew, G. (1965/73): Einführung in die technische Hydraulik, 2. Aufl. Berlin, Göttingen, Heidelberg, New York: Springer
51. Jaeger, C. (1949): Technische Hydraulik. Basel: Birkhäuser
52. Knapp, F. H. (1960): Ausfluß, Überfall und Durchfluß im Wasserbau. Karlsruhe: Braun
53. Kozeny, J (1953): Hydraulik; ihre Grundlagen und praktische Anwendung. Wien: Springer
54. Mises, R. von (1914): Elemente der technischen Hydromechanik. Leipzig: Teubner
55. Neményi, P. (1933): Wasserbauliche Strömungslehre, Leipzig: Barth
56. Press, H.; Schröder, R. (1966): Hydromechanik im Wasserbau. Berlin: Ernst
57. Rich, G. R. (1951/63): Hydraulic transients, 2. Aufl. New York: Dover
58. Rödel, H. (1953/78): Hydromechanik, 8. Aufl. München: Hanser
59. Rössert, R. (1964): Hydraulik im Wasserbau. München: Oldenbourg
60. Rouse, H. (Hrsg. 1950): Engineering hydraulics. New York: Wiley (1967)

61. Schröder, R. (1968/72): Strömungsberechnungen im Bauwesen, Bauing. Praxis, Heft 121/122. Berlin: Ernst
62. Stucky, A. (1962): Druckwasserschlösser von Wasserkraftanlagen (Übersetzg. 3. franz. Aufl. 1958). Berlin, Göttingen, Heidelberg: Springer
63. Webber, N. B. (1965/71): Fluid mechanics for civil engineers 2. Aufl. (SI Units). London: Chapman and Hall
64. Weisbach, J. (1855): Die Experimental-Hydraulik. Freiberg: Engelhardt
65. Wilson, D. H. (1959): Hydrodynamics. London: Arnold (1964)

Bibliographie: A 2, 97, 99, 100; D 8, 17, 29–32
Kap. 3: 13; Kap. 5: 3

b) Sicker-, Grundwasserströmung

66. Raudkivi, A. J.; Callander, R. A. (1976): Analysis of groundwater flow. London: Arnold
67. Verruijt, A. (1970): Theory of groundwater flow. New York: Gordon and Breach

Bibliographie: A 17; C 62, 63, 65, 66; D 46, 47, 49, 51, 53, 55, 56, 59–61
Kap. 5: 14, 57, 58

c) Aerodynamik des Bauwerks

68. Eaton, K. J. (1976): Wind effects on building and structures. Cambridge: Uni. Press
69. Houghton, E. L.; Carruthers, N. B. (1976): Wind forces on buildings and structures; An introduction. London: Arnold
70. Rosemeier, G.-E. (1976): Winddruckprobleme bei Bauwerken. Berlin, Heidelberg, New York: Springer
70a. Ruscheweyh, H. (1982): Dynamische Windwirkung an Bauwerken; Grundlagen und praktische Anwendungen. 2 Bde. Wiesbaden: Bauverlag
70b. Sockel, H. (1984): Aerodynamik der Bauwerke. Braunschweig: Vieweg
71. Z̄urański, J. A. (1972): Windbelastung von Bauwerken und Konstruktionen (Übersetzg. poln. Aufl. 1969). Köln-Braunsfeld: Müller

Bibliographie: D 76

D.5 Flugwesen

a) Aerodynamik des Flugzeugs

71a. Arshanikow, N. S.; Malzew, W. N. (1959): Aerodynamik. (Übersetzg. 2. russ. Aufl. Berlin: Technik
71b. Bertin, J. J.; Smith, M. L. (1979): Aerodynamics for engineers. Englewood Cliffs (N.J.): Prentice-Hall
72. Clancy, L. J. (1975): Aerodynamics. London: Pitman
73. Dommasch, D. O.; Sherby, S. S.; Conolly, T. F. (1951/67): Airplane aerodynamics, 4. Aufl. New York: Pitman
74. Donovan, A. F.; Lawrence, H. R. (Hrsg. 1957): Aerodynamic components of aircraft at high speeds. High speed aerodynamics and jet propulsion, 7. Bd. Princeton (N. J.): Uni. Press
74a. Dubs, F. (1953/66): Aerodynamik der reinen Unterschallströmung, 2. Aufl.; (1961): Hochgeschwindigkeitsaerodynamik. Basel: Birkhäuser
75. Durand, W. F. (Hrsg. 1934/36): Aerodynamic Theory; A general review of progress, 6 Bde. Berlin: Springer. Nachdruck New York: Dover (1963)
76. Hoerner, S. F. (1951/65): Fluid-dynamic drag: Practical information on aerodynamic drag and hydrodynamic resistance, 3. Aufl. Midland Park (N. J.): Eigenverlag
77. Hoerner, S. F.; Borst, H. V. (1975): Fluid-dynamic lift; Practical information on aerodynamic and hydrodynamic lift. Brick Town (N. J.): Eigenverlag
78. Houghton, E. L.; Brock, A. E. (1960/70): Aerodynamics for engineering students 2. Aufl. (SI Units). London: Arnold
79. McCormick, B. W. (1979): Aerodynamics, aeronautics, and flight mechanics. New York: Wiley
80. Schlichting, H.; Truckenbrodt, E. (1959/69): Aerodynamik des Flugzeuges, 2. Aufl., 2 Bde. Berlin, Heidelberg, New York: Springer
– (1979): Aerodynamics of the airplane. (Übersetzg. H. J. Ramm). New York: McGraw-Hill

Bibliographie: B 9; D 91

b) Profil, Tragflügel, Rumpfkörper

81. Abbott, I. H.; Doenhoff, A. E. von (1949): Theory of wing sections; Including a summary of airfoil data. New York: Dover (1959)
82. Ashley, H.; Landahl, M. (1965): Aerodynamics of wings and bodies. Reading (Mass.): Addison-Wesley
83. Bauer, F.; Garabedian, P.; Korn, D.; Jameson, A. (1972/77): Supercritical wing sections, 3 Teile. Berlin, Heidelberg, New York: Springer

83a. Carafoli, E. (1954): Tragflügeltheorie; inkompressible Flüssigkeiten. (Übersetzg. rumän. Aufl.). Berlin: Verl. Technik

84. Carafoli, E. (1969): Wing theory in supersonic flow. Oxford: Pergamon Press
85. Glauert, H. (1926/48): The elements of aerofoil and airscrew theory, 2. Aufl. Cambridge: Uni. Press (1959)
   – (1929): Die Grundlagen der Tragflügel- und Luftschraubentheorie (Übersetzg. 1. Aufl. 1926). Berlin: Springer
86. Houghton, E. L.; Boswell, R. P. (1969): Further aerodynamics for engineering students. London: Arnold
87. Krasnov, N. F.; Morris, D. N. (1970): Aerodynamics of bodies of revolution (Übersetzg. 2. russ. Aufl. 1964). New York: Amer. Elsevier
88. Milne-Thomson, L. M. (1948/66): Theoretical aerodynamics, 4. Aufl. London: Macmillan
89. Riegels, F. W. (1958): Aerodynamische Profile; Windkanal-Meßergebnisse, theoretische Unterlagen. München: Oldenbourg
   – (1961): Aerofoil sections (Übersetzg.). London: Butterworths
90. Schmitz, F. W. (1941/77): Aerodynamik des Flugmodells; Tragflügelmessungen bei kleinen Geschwindigkeiten, 6. Aufl. Steinebach (Wörthsee); Zuerl
91. Thwaites, B. (Hrsg. 1960): Incompressible aerodynamics; An account of the theory and observation of the steady flow of incompressible fluid past aerofoils, wings, and other bodies. Oxford: Clarendon

Bibliographie: A 7, 12, 22, 35, 41, 42, 44, 55, 70, 71; B 1, 4, 8–10, 14, 16, 17, 19, 21, 23, 25–28, 31–33, 35–40, 58; C 1, 2, 6; D 1–11, 13, 15, 16, 20–22, 72–80

c) Propeller, Strahlantrieb

92. Alexandrow, W. L. (1954): Luftschrauben (Übersetzg. russ. Aufl. 1951). Berlin: VEB Verl. Technik
93. Isay, W.-H. (1964): Propellertheorie; Hydrodynamische Probleme. Berlin, Göttingen, Heidelberg: Springer[2]
94. Isay, W.-H. (1970): Moderne Probleme der Propellertheorie. Berlin, Heidelberg. New York: Springer[2]
95. Theodorsen, T. (1948): Theory of propellers. New York: McGraw-Hill
96. Weinig, F. (1940): Aerodynamik der Luftschraube. Berlin: Springer

Bibliographie: A 6, 7, 12, 21, 22, 41, 44, 51, 61; B 1, 5; D 13, 38, 72–79, 85, 88

D.6 Strömungstechnisches Versuchswesen

a) Gesamtdarstellung

97. Böswirth, L.; Plint, A. (1975): Technische Strömungslehre; Ein Laboratoriumslehrgang. Düsseldorf: VDI-Verlag
98. Bradshaw, P. (1964/70): Experimental fluid mechanics, 2. Aufl. Oxford: Pergamon Press
99. Dowden, R. R. (1972): Fluid flow measurement, A bibliography. Cranfield: Brit. Hydr. Res. Ass. (BHRA)
100. Ladenburg, R. W.; Lewis, B.; Pease, R. N.; Taylor, H. S. (Hrsg. 1954): Physical measurements in gas dynamics and combustion. High speed aerodynamics and jet propulsion, 9. Bd. Princeton (N. J.): Uni. Press
101. Mayer, N.; Rohrbach, C. (Hrsg. 1977): Handbuch für fluidische Meßtechnik. Düsseldorf: VDI-Verl.
102. Ower, E.; Pankhurst, R. C. (1927/77): The measurement of air flow, 5. Aufl. (SI Units). Oxford: Pergamon Press

---

[2] Im wesentlichen Schiffspropeller

103. Popow, S. G. (1958): Strömungstechnisches Meßwesen; Eine Einführung (Ubersetzg. 2. russ. Aufl.). Berlin: VEB Verl. Technik
104. Profos, P. (Hrsg. 1974): Handbuch der industriellen Meßtechnik. Essen: Vulkan-Verl
105. Rebuffet, P. (1945/69): Aérodynamique expérimentale, 3. Aufl., 2 Bde. Paris: Dunod
106. Wuest, W. (1969): Strömungsmeßtechnik. Braunschweig: Vieweg

Bibliographie: A 12, 41, 42; B 7; C 13

b) Strömungsmeßtechnik

107. Addison, H. (1940/49): Hydraulic measurements; A manual for engineers, 2. Aufl. New York: Wiley
108. Durst, F.; Melling, A.; Whitelaw, J. H. (1976): Principles and practice of Laser-Doppler Anemometry. London: Acad. Press
109. Merzkirch, W. (1974): Flow visualisation. New York: Acad. Press
110. Strickert, H. (1973): Hitzdraht- und Hitzfilmanemometrie. Berlin: VEB Verl. Technik

Bibliographie: A 21, 31, 38, 49, 53, 54, 60, 61, 82; B 3, 10, 26, 34; C 2, 16, 20, 21, 47, 52; D 1, 3–6, 12, 14, 15, 17, 18, 20, 21, 32, 56, 60, 63, 69, 70, 72

c) Windkanaltechnik

111. Gorlin, S. M.; Slezinger, I. I. (1966): Wind tunnels and their instrumentation (Übersetzg. russ. Aufl. 1964). Jerusalem: Isr. Progr. Sci. Translat.
112. Göthert, B. H. (1961): Transonic wind tunnel testing. AGARDograph 49. London: Pergamon Press
113. Lukasiewicz, J. (1973): Experimental methods of hypersonics. New York: Dekker
114. Pankhurst, R. C.; Holder, D. W. (1952/65): Wind-tunnel technique; An account of experimental methods in low- and high-speed wind tunnels. London: Pitman
115. Pope, A.; Goin, K. L. (1965): High-speed wind tunnel testing. New York: Wiley
116. Pope, A.; Harper, J. J. (1966): Low-speed wind tunnel testing. New York: Wiley

Bibliographie: B 10, 30; D 15, 72, 75, 88

Namenverzeichnis

Sachverzeichnis*

* Mit (•) versehene Begriffe kommen bereits im Sachverzeichnis von Band 1 vor.